关于颁布《水电工程设计概算编制规定（2007年版）》、《水电工程设计概算费用标准（2007年版）》和《水电建筑工程概算定额（2007年版）》的通知

可再生定额［2008］5号

各有关单位：

为进一步加强和规范水电工程定额和造价管理工作，完善水电工程定额和造价管理体系，统一水电工程设计概算编制规则、计算方法以及费用和定额标准，充分发挥标准定额在水电工程建设管理中的引导约束作用，合理确定工程投资，确保市场有效配置资源，提高投资效益，维护工程参建各方的合法权益，促进水电建设事业的健康发展，根据《国家发展改革委办公厅关于印发〈可再生能源发电工程定额和造价工作管理办法〉的通知》（发改办能源［2008］649号）精神，经国家发展和改革委员会批准（发改办能源［2008］1250号），现颁布《水电工程设计概算编制规定（2007年版）》、《水电工程设计概算费用标准（2007年版）》和《水电建筑工程概算定额（2007年版）》，自颁布之日起施行。

《水电工程设计概算编制办法及计算标准（2002年版）》和《水力发电建筑工程概算定额（1997年版）》同时废止。

本标准由中国电力出版社出版、发行。

本标准配套软件由北京木联能软件技术有限公司开发。

执行中如有问题，请函告水电水利规划设计总院（可再生能源定额站）。

联系电话：010-62041369

传　　真：010-62352734

电子邮箱：dez@checc.cn

网　　址：http://www.hydrocost.org.cn

附件：

1. 国家发展改革委办公厅关于同意颁布水电工程设计概算编制规定、水电工程设计概算费用标准和水电建筑工程概算定额的复函（发改办能源［2008］1250号）

2. 水电工程设计概算编制规定（2007年版）（另发）

3. 水电工程设计概算费用标准（2007年版）（另发）

4. 水电建筑工程概算定额（2007年版）（另发）

水电水利规划设计总院

可再生能源定额站

二〇〇八年六月十八日

抄　送：国家发展和改革委员会，国家能源局，国家电力监管委员会，各省（区、市）发展和改革委员会，国家电网公司、南方电网公司、中国华能集团公司、中国大唐集团公司、中国国电集团公司、中国华电集团公司、中国电力投资集团公司、国家开发投资公司、中国长江三峡工程开发总公司、中国水电工程顾问集团公司、中国国际工程咨询公司、中国水利水电建设集团公司、中国葛洲坝集团公司、武警水电指挥部

中华人民共和国国家发展和改革委员会 批准

SHUIDIAN JIANZHU GONGCHENG GAISUAN DING'E

水电建筑工程概算定额（上册）

（2007年版）

水电水利规划设计总院
可再生能源定额站 颁布

中国电力出版社
CHINA ELECTRIC POWER PRESS

图书在版编目（CIP）数据

水电建筑工程概算定额：2007 年版. 上册 / 中华人民共和国国家发展和改革委员会发布. —北京：中国电力出版社，2008（2021.9重印）
ISBN 978-7-5083-7363-8

Ⅰ. 水… Ⅱ. 中… Ⅲ. ①水利工程–概算定额–中国②水力发电工程–概算定额–中国 Ⅳ. TV512

中国版本图书馆 CIP 数据核字（2008）第 082081 号

中国电力出版社出版、发行
（北京市东城区北京站西街 19 号 100005 http://www.cepp.sgcc.com.cn）
三河市百盛印装有限公司印刷
各地新华书店经售
*
2008 年 6 月第一版 2021 年 9 月北京第四次印刷
889 毫米×1194 毫米 32 开本 37.875 印张 1094 千字
上、下册定价 **290.00** 元

国家发展改革委办公厅关于同意颁布水电工程设计概算编制规定、水电工程设计概算费用标准和水电建筑工程概算定额的复函

发改办能源［2008］1250号

水电水利规划设计总院：

报来《关于申请颁布水电工程设计概算编制规定、费用标准和建筑工程概算定额的请示》（水电规造价［2008］4号）收悉。经研究，现函复如下：

一、为统一水电工程设计概算的编制和计算规则，合理确定水电工程造价，完善水电工程定额和造价管理体系，规范水电建设市场秩序，维护工程建设各方的合法权益，促进水电建设的健康持续发展，根据我委印发的《可再生能源发电工程定额和造价工作管理办法》（发改办能源［2008］649 号），原则同意你院（可再生能源定额站）颁布《水电工程设计概算编制规定（2007 年版）》、《水电工程设计概算费用标准（2007 年版）》和《水电建筑工程概算定额（2007 年版）》，自颁布之日起施行。

二、设计概算是做好工程管理工作的重要依据。随着技术、政策和市场等因素的变化，概算定额和费用标准也会发生变化。请你院（可再生能源定额站）进一步加强对可再生能源工程定额和造价的管理，建立健全可再生能源定额和造价监测分析体系，根据可再生能源建设技术、政策和市场环境的变化情况，及时修订和完善造

价指标、概算定额和费用标准，并按有关程序要求及时进行发布，以规范和指导可再生能源工程概算编制工作。

特此复函。

国家发展和改革委员会办公厅

二〇〇八年六月四日

前　言

《水电建筑工程概算定额（2007年版）》（以下简称本定额）是根据《国家发展改革委办公厅关于印发<可再生能源发电工程定额和造价工作管理办法>的通知》（发改办能源［2008］649号）的精神，遵照国家法律、法规，并结合水电工程的建设特点以及有关规程、规范的要求编制的，其目的是为了进一步加强和规范水电工程定额和造价管理工作，充分发挥标准定额在水电工程建设过程中的引导和约束作用，合理确定工程投资，提高投资效益，维护水电工程建设各方的合法权益，促进水电建设事业的健康发展。

本定额在编制过程中汲取了《水力发电建筑工程概算定额（1997年版）》及以往各版本的编制经验和内容精华，主要以《水电建筑工程预算定额（2004年版）》为基础，根据水电工程可行性研究设计阶段深度要求对相应的项目进行了综合，并充分考虑了目前水电工程建设的施工工艺和技术水平。

本定额由水电水利规划设计总院提出，中华人民共和国国家发展和改革委员会批准颁布。

本定额由可再生能源定额站归口管理并解释。

本定额编制单位：可再生能源定额站。

本定额参编单位：中国水电顾问集团北京勘测设计研究院、中国水电顾问集团西北勘测设计研究院、中国水电顾问集团华东勘测设计研究院、中国水电顾问集团中南勘测设计研究院、中国水电顾问集团成都勘测设计研究院、中国水电顾问集团昆明勘测设计研究院。

本定额主要参编人：关宗印、易升、郭建欣、苏灵芝、徐爱香、王友政、王林、程宁、陈光、孙会东、李永林、吴荣民、徐旭敏、王建德、李小山、李胜文、殷许生、王少华、李芳、马理、陈家才、管昆翔、胡勇。

本定额主要审查人：王民浩、周尚洁、史立山、陈皓、王筱华、王嘉惠、黄汉成、王莉萍、姚汉平、周波、杜景灿、孟宪魁、陈宏宇、李国华、郑路华、孙镇西、林鹏、杨荣、张书军、陈晓彬、严作宾、张捍慧、陈华英、王学智、袁浩、汪克惠、江波、李志、王礼、吴道专、蔡建国、李汉银、胡玉强、幸新龙、庞汉文、何启敏、栾远新。

总　目　录

上　册

下　册

总 说 明

一、《水电建筑工程概算定额》（以下简称本定额），是在《水电建筑工程预算定额（2004 年版）》基础上，根据目前水电工程建设项目可行性研究设计阶段规程、规范要求，并结合水电工程造价控制和管理标准体系的需要编制而成。本定额包括土方工程、石方工程、堆砌石工程、混凝土及模板工程、锚喷支护工程、砂石备料工程、基础处理工程、疏浚工程、其他工程共九章及附录。

二、本定额适用于新建、扩建的大中型水电工程建设项目（表0–1）。本定额是编制水电工程投资估算指标和其他扩大指标的依据，是编制水电工程可行性研究报告设计概算文件的指导性依据，是国家有关部门和单位监督水电工程项目投资管理的计价基础，是编制招标标底、投标报价和合同管理的计价参考。

表 0–1　　　　水电枢纽工程的分等指标

工程等别	工程规模	水库总库容（亿 m^3）	装机容量（MW）
一	大（1）型	≥10	≥1200
二	大（2）型	＜10 ≥1	＜1200 ≥300
三	中型	＜1 ≥0.1	＜300 ≥50
四	小（1）型	＜0.1 ≥0.01	＜50 ≥10
五	小（2）型	＜0.01	＜10

注　水电枢纽工程的防洪作用与工程等别的关系，应按照 GB 50201—1994《防洪标准》的有关规定确定。

三、本定额适用于海拔高程低于或等于 2000m 地区的工程建设项目。海拔高程高于 2000m 的地区，应根据工程项目所在地的海拔高程确定的调整系数（见表0–2）调整计算。

表0–2　　高海拔地区人工、机械定额调整系数

项　目	海　拔　高　程（m）					
	2000～2500	2500～3000	3000～3500	3500～4000	4000～4500	4500～5000
人　工	1.10	1.15	1.20	1.25	1.30	1.35
机　械	1.25	1.35	1.45	1.55	1.65	1.75

注　1. 海拔高程以拦河坝或水闸顶的海拔高程为准，没有拦河坝或水闸的工程项目，以进水口或厂房顶的海拔高程为准。
2. 机械是指燃油动力机械和电动空气压缩机。
3. 高海拔植被良好地区，定额调整系数下调一挡。

四、本定额不包括冬季、雨季和特殊地区气候而影响施工的因素和因此增加的费用。

五、本定额按一日三班，每班八小时工作制拟定。在采用一日一班或一日两班工作制时，定额不需调整。

六、本定额的“工作内容”仅扼要说明各项目的主要施工过程及工序，次要的施工过程及工序和必要的辅助工作，虽未为列出，但已包括在定额内。

七、本定额均以工程设计几何轮廓尺寸进行计算的工程量为计量单位。即由完成每一有效单位实体所消耗的人工、材料、机械的数量定额组成。不构成实体的各种施工操作损耗、允许超挖及超填量和体积变化等因素已计入定额。

八、本定额中人工消耗量以“工时”为计量单位，是指完成该项定额子目工作内容所需的人工消耗量，它包括主要用工和辅助用工，并按完成该项定额子目工作内容所需人工的技术等级分别列示出高级熟练工、熟练工、半熟练工、普工的工时及其合计数。定额中人工工时包括基本工作、辅助工作，作业班内的准备与结束、不可避免的中断、必要的休息、工程检查、交接班、施工干扰、夜间施工工效影响，以及常用工具和机械维护保养、加油、加水等全部时间。

九、本定额中材料消耗量是指完成该项目工作内容所需的全部材料，它包括主要材料和辅助材料。主要材料以法定计量单位表示，

辅助材料以“其他材料费”表示。没有主要材料但需发生辅助材料的定额子目，以“零星材料费”表示。

定额中消耗材料，未列示品种、规格的，均可根据一般常用或施工组织设计选定的品种、规格计算，但定额消耗量一般不需调整。

材料场内运输所消耗的人工、机械数量及费用，已包括在各相应定额内，除另有规定外一般不需调整。

十、本定额中机械消耗量以“台（组）时”为计量单位，是指完成该项定额子目工作内容所需的机械消耗量，它由主要机械和辅助机械组成，主要机械以“台（组）时”表示，辅助机械以“其他机械使用费”表示。定额中机械台（组）时只包括机械运转时间，非运转时间的机械自然损耗以及无形损耗已计入施工机械台时费定额中。

定额中机械消耗量单位以“组时”表示的，其机械数量的配备按施工组织设计选定计算，定额消耗量不变。

十一、本定额中挖掘机除注明外均按液压正铲编制，如改用其他形式挖掘机，相应定额子目中的挖掘机和人工消耗量乘调整系数，见表 0–3。

表 0–3　　　　　　挖掘机定额调整系数表

项　目		挖掘机调整系数	人工调整系数
挖掘机	油动液压正铲	1.00	1.00
	油动液压反铲	1.33	1.34
	电动	1.30	2.60

十二、本定额表中材料、机械的表示方式：

1. 在定额表中不同行中分别列出名称、型号、品种、规格的材料、机械，表示各行定额消耗量均属于计价部分。

2. 只在一行中列出材料、机械的名称，而在不同行中分别列出不同型号、品种、规格的，表示这种材料、机械只能选用其中一种型号、品种、规格的定额消耗量进行计价。

3. 在定额表不同行中列出材料、机械的名称，但各行所列的型号、品种、规格不相同的，表示这些相同的材料、机械定额消耗量都同时进行计价。

十三、本定额中的其他材料费、其他机械使用费、零星材料费是指定额未明确列示的材料和机械（如工作面内的脚手架、简易操作平台、消耗量小的机械等摊销费或使用费，地下工程工作面内的照明费及其他用量较少的材料费）均以金额表示，在使用定额时，可按定额主管部门的有关规定进行调整。

十四、本定额中定额子目以建筑物尺寸或运输距离等划分的定额，当需要选用定额介于两子目之间时，可用插入法进行定额调整。

十五、本定额中数字表示的适用范围：

1. 用一个数字，仅适用于该数字本身。

2. 数字后用“以上”、“以外”、“大于”、“超过”表示的，都不包括数字本身。

3. 数字后用“以下”、“以内”、“小于或等于”、“不大于”表示的，都包括数字本身。

4. 数字用“××～××”表示的，是用于这两个数字区间的范围，相当于“××以上至××以下”。

十六、本定额中的汽车运输定额，适用于一般水电工程施工路况和运输距离不大于10km的场内运输（当运输距离大于10km时，按场外运输和工程所在地区的运价标准计算）。使用时不再另计高差折平和路面等级系数。

十七、本定额中的人力运输定额，均按水平运输拟定。如在有坡度的施工场地运输，应按实际斜距乘坡度折平系数调整折算为该段水平距离长度，坡度折平系数见表0–4、表0–5、表0–6。

表0–4　　人力挑抬运输坡度折平系数表

项　目	上坡坡度（%）		下坡坡度（%）	
	5～30	>30	16～30	>30
系　数	1.8	3.5	1.3	1.9

表0–5　　人力胶轮车运输坡度折平系数表

项　目	上坡坡度（%）		下坡坡度（%）	
	3～10	>10	≤10	>10
系　数	2.5	4.0	1.0	2.0

表 0–6　　　　　人力推斗车运输坡度折平系数表

项目	上坡坡度（%）	
	0.4～1.5	＞1.5
系数	1.7	2.4

十八、各定额章节说明或附注有关的定额的调整系数，除注明外，一般均按连乘计算。

十九、如工程遇到XIV级以上的岩石，可按相应各节XIII～XIV级岩石的开挖定额乘表 0–7 系数进行调整。

表 0–7　　　　　XIV级以上岩石开挖定额调整系数表

项　　目	调整系数		
	人工	材料	机械
风钻为主定额	1.30	1.10	1.40
潜孔钻为主定额	1.15	1.20	1.20
液压钻、多臂钻为主定额	1.18	1.10	1.20
地质钻为主定额	1.15	1.10	1.20

目录

第2章　石 方 工 程

第3章　堆砌石工程

第4章 混凝土及模板工程

第1章

土 方 工 程

说　明

一、本章定额包括土方开挖、运输、压实等，共 49 节。

二、本章定额的计量单位，除注明外均按自然方计。

三、本章定额土质级别的划分，除砂砾土、淤泥、流沙、冻土外，按土石十六级分类法的前四类划分土类级别。

四、土方定额计量单位的名称：

自然方：指未经扰动的自然状态土方。

松方：指自然方在经过机械或人工开挖而松动过的土方。

压实方：指填筑（回填）并经过压实后的成品方。

五、土方开挖和填筑工程各节定额，除规定的工作内容外，还包括挖小排水沟、修坡、清除场地草皮、杂物、伐树、挖树根、交通指挥等工作。

六、推土机推土距离，指取土中心至卸土中心的平均距离，推土机推土定额推运松土时定额乘 0.8 系数。

七、挖掘机装土自卸汽车运输、装载机装土自卸汽车运输定额用于挖装松土时，人工和挖装机械定额乘 0.85 系数。

八、第 1.47、1.48 节为坝体、堤、堰的压实定额，计量单位均按压实成品方计。根据技术要求和施工必须增加的损耗，在计算压实工程的开挖量和运输量时，按如下公式计算：

每压实成品方需要的自然方量 =（1 + A）× 设计干容重 / 天然干容重

综合系数 A，包括开挖、上坝运输、削坡、施工沉陷、超填及施工附加量等损失因素。A 值应根据建筑物结构类型、施工方法、运输条件和施工技术参数分析确定，也可参考表 1–1 计算。

表 1–1　　　　综合系数 A 值

项　目	A（%）
机械填筑混合坝坝体土料	6.86
机械填筑均质坝坝体土料	5.93
机械填筑心（斜）墙土料	6.70
人工填筑坝体土料	4.43
人工填筑心（斜）墙土料	4.43

编制坝体填筑综合单价无土料设计资料时，也可按表1–2计算运输量（土料运输量已考虑填筑压实过程中的所有损耗）。

表1–2　　　　　　　　土料运输量计算表

项　　目	运　输　量
机械填筑均质坝坝体土料	1压实方 =1.25自然方
机械填筑心（斜）墙土料	1压实方 =1.26自然方

1.1 人工挖运一般土方

适用范围：一般土方开挖。

工作内容：挖松、就地堆放，挖装、运输、卸除、空回。

单位：100m³

项目	单位	挖土			挖装运卸 50m			每增运 10m
		土类级别						
		Ⅰ～Ⅱ	Ⅲ	Ⅳ	Ⅰ～Ⅱ	Ⅲ	Ⅳ	Ⅰ～Ⅳ
高级熟练工	工时							
熟练工	工时							
半熟练工	工时							
普工	工时	57	104	155	207	254	305	15
合计	工时	57	104	155	207	254	305	15
零星材料费	元	15	15	15	15	15	15	
编号		10001	10002	10003	10004	10005	10006	10007

1.2 人工挖运砂砾土

适用范围：天然砂砾土。

工作内容：挖装、运输、卸除、空回。

单位：100m³

项目	单位	挖装运卸 50m			每增运 10m
		砂砾含量（%）			
		15～30	30～50	50～70	15～70
高级熟练工	工时				
熟练工	工时				
半熟练工	工时				
普工	工时	255	279	301	20
合计	工时	255	279	301	20
零星材料费	元	15	15	15	
编号		10008	10009	10010	10011

注　砂砾含量超过 70%按石方计。

1.3 人工挖运淤泥、流沙

适用范围： 用泥兜、水桶挑抬运输。

工作内容： 挖装、运输、卸除、空回、洗涮工具。

单位：100m³

项　　目	单位	挖装运卸 50m			每增运 10m
		一般淤泥	淤泥流沙	稀泥流沙	
高级熟练工	工时				
熟　练　工	工时				
半 熟 练 工	工时				
普　　　工	工时	379	470	607	24
合　　　计	工时	379	470	607	24
零星材料费	元	15	15	15	
编　　号		10012	10013	10014	10015

注　1. 泥质分类：

（1）一般淤泥：指含水量较大、黏筐、黏锹、行走陷脚的淤泥，使用铁锹装，泥兜或土箕运输。

（2）淤泥流沙：含水量超过饱和状态的淤泥，虽然能用铁锹开挖，但挖后的坑能平复无痕，挖而复涨，一般用铁锹开挖，用泥兜或水桶运输。

（3）稀泥流沙：含水量超过饱和状态的稀淤泥，稍经扰动既成糊状，挖后随即平复无痕，只能用水斗掏起，用水桶运输。

2. 排水用工另计。

1.4 人工挖土　双胶轮车运输

适用范围： 一般土方开挖。

工作内容： 挖土、装车、运输、卸车、空回。

单位：100m³

项　　目	单位	挖装运卸 50m			每增运 50m
		土　类　级　别			
		Ⅰ～Ⅱ	Ⅲ	Ⅳ	Ⅰ～Ⅳ
高级熟练工	工时				
熟　练　工	工时				
半 熟 练 工	工时				
普　　　工	工时	123	172	238	16
合　　　计	工时	123	172	238	16
零星材料费	元	15	15	15	
双 胶 轮 车	台时	57.68	67.16	76.22	12.29
编　　号		10016	10017	10018	10019

1.5 人工挖土　轻轨斗车运输

适用范围： 土方开挖。

工作内容： 挖土、装车、运输、卸车、空回。

单位：100m³

项　　目	单位	挖　装　运　卸　50m			每增运 50m
		土　类　级　别			
		Ⅰ～Ⅱ	Ⅲ	Ⅳ	Ⅰ～Ⅳ
高级熟练工	工时				
熟　练　工	工时				
半 熟 练 工	工时				
普　　　工	工时	107	158	224	7
合　　　计	工时	107	158	224	7
零星材料费	元	15	15	15	
V 型 斗 车　0.6m³	台时	30.16	33.55	37.42	3.61
编　　号		10020	10021	10022	10023

1.6 机 动 船 运 土

适用范围： 人工装船、运土。

工作内容： 装船、运输、卸至岸上、空回。

单位：100m³

项　　目	单位	一　般　土　料	
		装运卸 500m	每增运 100m
高级熟练工	工时		
熟　练　工	工时		
半 熟 练 工	工时	57	2
普　　　工	工时	229	5
合　　　计	工时	286	7
零星材料费	元	15	
机　动　船　10t	台时	16.25	1.46
编　　号		10024	10025

1.7　卷扬机牵引双胶轮车运土

适用范围： 适用于1:3～1:5坡道运土。
工作内容： 挂钩、拉运、摘钩、空回、清扫坡道。

单位：100m³

项　　目		单位	斜　距（m）		
			100	150	200
高级熟练工		工时			
熟　练　工		工时			
半熟练工		工时			
普　　工		工时	83	99	123
合　　计		工时	83	99	123
零星材料费		元	15	15	15
卷　扬　机	5t	台时	4.84		
	10t	台时		4.27	4.69
双胶轮车		台时	29.05	42.75	97.44
编　　号			10026	10027	10028

1.8　卷扬机牵引轻轨斗车运土

适用范围： 斜坡道运土。
工作内容： 装拉、运输、卸除、空回。

单位：100m³

项　　目		单位	斗　容（m³）					
			0.6			1.0		
			斜　距（m）					
			100	150	200	100	150	200
高级熟练工		工时						
熟　练　工		工时						
半熟练工		工时						
普　　工		工时	119	143	168	72	85	101
合　　计		工时	119	143	168	72	85	101
零星材料费		元	15	15	15	15	15	15
卷　扬　机	5t	台时	24.87	29.77	35.02	14.92	17.86	21.01
V型斗车	0.6m³	台时	49.75	59.53	70.04			
	1.0m³	台时				29.85	35.72	42.02
编　　号			10029	10030	10031	10032	10033	10034

1.9 人工挖运及人工打眼松动爆破冻土

适用范围：冻土开挖、人工操作、使用一般手工工具。

工作内容：人工开挖，包括挖撬、打碎、装土、运土、卸除、空回。
人工爆破，包括打眼、装药、填塞、爆破、撬落、打碎、装土、运土、卸除、空回。

1.9.1 人 工 挖 运 冻 土

单位：100m^3

项　　目	单位	人工挖装挑抬				人工挖装胶轮车运输			
		挖装运 50m			每增运 10m	挖装运 50m			每增运 50m
		冻　土　厚　度（cm）							
		20	50	80	20～80	20	50	80	20～80
高级熟练工	工时								
熟　练　工	工时								
半 熟 练 工	工时								
普　　　工	工时	706	851	1033	16	589	734	917	19
合　　　计	工时	706	851	1033	16	589	734	917	19
零星材料费	元	15	15	15		15	15	15	
双 胶 轮 车	台时					76.22	76.22	76.22	14.00
编　　号		10035	10036	10037	10038	10039	10040	10041	10042

1.9.2 人工打眼松动爆破冻土

单位：100m^3

项　　目	单位	人工挖挑抬		人工挖装胶轮车运输	
		装运卸 50m	每增运 10m	装运卸 50m	每增运 50m
高级熟练工	工时				
熟　练　工	工时				
半 熟 练 工	工时				
普　　　工	工时	372	16	298	19
合　　　计	工时	372	16	298	19
炸　　　药	kg	18		18	
导　火　线	m	61		61	
火　雷　管	个	31		31	
其他材料费	元	51		51	
双 胶 轮 车	台时			76.22	14.00
编　　号		10043	10044	10045	10046

1.10 人 工 挖 沟 槽

适用范围：排水沟、地沟及室内外沟槽。

工作内容：挖土、抛土于槽边、修边。

1.10.1 Ⅰ～Ⅱ 类 土

单位：100m³

项　　目	单位	上 口 宽 度（m）										
		≤0.8	0.8～1.5				1.5～3.0					
			深　度（m）									
			≤1.0	1.5	2.0	2.5	≤1.5	2.0	2.5	3.0	3.5	4.0
高级熟练工	工时											
熟　练　工	工时											
半 熟 练 工	工时											
普　　　工	工时	148	117	125	133	141	111	119	125	132	145	158
合　　　计	工时	148	117	125	133	141	111	119	125	132	145	158
零星材料费	元	17	16	16	16	16	15	15	15	15	15	15
编　　号		10047	10048	10049	10050	10051	10052	10053	10054	10055	10056	10057

1.10.2 Ⅲ 类 土

单位：100m³

项　　目	单位	上 口 宽 度（m）										
		≤0.8	0.8～1.5				1.5～3.0					
			深　度（m）									
			≤1.0	1.5	2.0	2.5	≤1.5	2.0	2.5	3.0	3.5	4.0
高级熟练工	工时											
熟　练　工	工时											
半 熟 练 工	工时											
普　　　工	工时	286	225	239	248	263	215	233	239	255	275	300
合　　　计	工时	286	225	239	248	263	215	233	239	255	275	300
零星材料费	元	17	16	16	16	16	15	15	15	15	15	15
编　　号		10058	10059	10060	10061	10062	10063	10064	10065	10066	10067	10068

1.10.3 Ⅳ 类 土

单位：100m^3

项 目	单位	上口宽度（m）										
		≤0.8	0.8～1.5				1.5～3.0					
			深度（m）									
			≤1.0	1.5	2.0	2.5	≤1.5	2.0	2.5	3.0	3.5	4.0
高级熟练工	工时											
熟 练 工	工时											
半熟练工	工时											
普 工	工时	425	336	357	377	406	317	331	353	376	410	450
合 计	工时	425	336	357	377	406	317	331	353	376	410	450
零星材料费	元	17	16	16	16	16	15	15	15	15	15	15
编 号		10069	10070	10071	10072	10073	10074	10075	10076	10077	10078	10079

注 1. 上口宽度超过3m，各类土均采用一般土方开挖定额。
2. 不需要修边的沟槽，定额乘0.9系数。

1.11 人工挖柱坑

适用范围：柱坑、试验坑。

工作内容：挖土、抛土于坑边。

1.11.1 Ⅰ～Ⅱ 类 土

单位：100m^3

项 目	单位	上口面积（m^2）											
		≤1.0	1.0～2.5		2.5～6.5			6.5～12.0			12.0～20.0		
			坑深（m）										
			≤1.5	2.5	≤2	3	4	≤3	4	5	≤3	4	5
高级熟练工	工时												
熟 练 工	工时												
半熟练工	工时												
普 工	工时	194	170	187	156	173	197	152	173	201	143	160	187
合 计	工时	194	170	187	156	173	197	152	173	201	143	160	187
零星材料费	元	19	18	18	18	18	18	17	17	17	16	16	16
编 号		10080	10081	10082	10083	10084	10085	10086	10087	10088	10089	10090	10091

1.11.2 Ⅲ 类 土

单位：100m³

项目	单位	上口面积（m²）											
		≤1.0	1.0～2.5		2.5～6.5			6.5～12.0			12.0～20.0		
			坑深（m）										
			≤1.5	2.5	≤2	3	4	≤3	4	5	≤3	4	5
高级熟练工	工时												
熟练工	工时												
半熟练工	工时												
普工	工时	370	325	360	302	333	380	292	331	386	276	309	361
合计	工时	370	325	360	302	333	380	292	331	386	276	309	361
零星材料费	元	19	18	18	18	18	18	17	17	17	16	16	16
编号		10092	10093	10094	10095	10096	10097	10098	10099	10100	10101	10102	10103

1.11.3 Ⅳ 类 土

单位：100m³

项目	单位	上口面积（m²）											
		≤1.0	1.0～2.5		2.5～6.5			6.5～12.0			12.0～20.0		
			坑深（m）										
			≤1.5	2.5	≤2	3	4	≤3	4	5	≤3	4	5
高级熟练工	工时												
熟练工	工时												
半熟练工	工时												
普工	工时	556	488	539	452	498	570	440	496	579	414	463	541
合计	工时	556	488	539	452	498	570	440	496	579	414	463	541
零星材料费	元	19	18	18	18	18	18	17	17	17	16	16	16
编号		10104	10105	10106	10107	10108	10109	10110	10111	10112	10113	10114	10115

注 1. 上口面积超过 20m²，各类土均采用一般土方开挖定额。

2. 不需要修边的柱坑，定额乘 0.9 系数。

1.12 液压反铲挖掘机挖沟槽

适用范围： 开挖断面面积小于 15m^2，上口宽度小于 8m，深度小于 3m 的沟槽。

工作内容： 机械开挖，人工配合挖保护层、修边、修坡，双胶轮车倒运土等。

单位：100m^3

项目		单位	土类级别		
			Ⅰ～Ⅱ	Ⅲ	Ⅳ
高级熟练工		工时			
熟练工		工时			
半熟练工		工时			
普工		工时	46	53	62
合计		工时	46	53	62
零星材料费		元	22	22	22
挖掘机	液压反铲 0.6m^3	台时	1.19	8.96	1.56
	1m^3	台时	0.95	1.09	1.24
	1.6m^3	台时	0.74	0.85	0.97
双胶轮车		台时	9.41	9.41	9.41
其他机械使用费		元	3	3	3
编号			10116	10117	10118

1.13 0.6m³液压反铲挖掘机挖沟槽 自卸汽车运土

适用范围：开挖断面面积小于15m²，上口宽度小于8m，深度小于3m的沟槽。

工作内容：机械挖装汽车运土，人工配合挖保护层、修边、修坡，双胶轮车运土50m以内。

1.13.1 Ⅰ～Ⅱ 类 土

单位：100m³

项目		单位	运距（km）					每增运1km
			0.5	1	2	3	4	
高级熟练工		工时						
熟练工		工时						
半熟练工		工时						
普工		工时	47	47	47	47	47	
合计		工时	47	47	47	47	47	
零星材料费		元	28	28	28	28	28	
挖掘机	液压反铲 0.6m³	台时	1.19	1.19	1.19	1.19	1.19	
推土机	59kW	台时	0.39	0.39	0.39	0.39	0.39	
自卸汽车	3.5t	台时	7.90	10.04	13.70	17.35	21.01	3.27
	5t	台时	5.82	7.20	9.58	11.95	14.31	2.12
双胶轮车		台时	9.41	9.41	9.41	9.41	9.41	
其他机械使用费		元	3	3	3	3	3	
编号			10119	10120	10121	10122	10123	10124

1.13.2 Ⅲ 类 土

单位：100m³

项 目		单位	运距（km） 0.5	1	2	3	4	每增运1km
高级熟练工		工时						
熟练工		工时						
半熟练工		工时						
普工		工时	54	54	54	54	54	
合计		工时	54	54	54	54	54	
零星材料费		元	28	28	28	28	28	
挖掘机	液压反铲 0.6m³	台时	1.36	1.36	1.36	1.36	1.36	
推土机	59kW	台时	0.45	0.45	0.45	0.45	0.45	
自卸汽车	3.5t	台时	8.06	10.24	13.98	17.71	21.44	3.27
	5t	台时	5.94	7.35	9.77	12.19	14.60	2.12
双胶轮车		台时	9.41	9.41	9.41	9.41	9.41	
其他机械使用费		元	3	3	3	3	3	
编号			10125	10126	10127	10128	10129	10130

1.13.3 Ⅳ 类 土

单位：100m³

项 目		单位	运距（km） 0.5	1	2	3	4	每增运1km
高级熟练工		工时						
熟练工		工时						
半熟练工		工时						
普工		工时	62	62	62	62	62	
合计		工时	62	62	62	62	62	
零星材料费		元	28	28	28	28	28	
挖掘机	液压反铲 0.6m³	台时	1.56	1.56	1.56	1.56	1.56	
推土机	59kW	台时	0.52	0.52	0.52	0.52	0.52	
自卸汽车	3.5t	台时	8.30	10.55	14.39	18.23	22.09	3.27
	5t	台时	6.12	7.57	10.06	12.56	15.04	2.12
双胶轮车		台时	9.41	9.41	9.41	9.41	9.41	
其他机械使用费		元	3	3	3	3	3	
编号			10131	10132	10133	10134	10135	10136

注 卸土场地不需要平整时，推土机台时应乘 0.5 系数。

1.14 $1m^3$液压反铲挖掘机挖沟槽 自卸汽车运土

适用范围： 开挖断面面积小于 $15m^2$，上口宽度小于 8m，深度小于 3m 的沟槽。

工作内容： 机械挖装汽车运土，人工配合挖保护层、修边、修坡，双胶轮车运 50m 以内。

1.14.1 Ⅰ～Ⅱ 类 土

单位：$100m^3$

项目		单位	运距（km）					每增运1km
			0.5	1	2	3	4	
高级熟练工		工时						
熟练工		工时						
半熟练工		工时						
普工		工时	45	45	45	45	45	
合计		工时	45	45	45	45	45	
零星材料费		元	28	28	28	28	28	
挖掘机	液压反铲 $1m^3$	台时	0.95	0.95	0.95	0.95	0.95	
推土机	74kW	台时	0.31	0.31	0.31	0.31	0.31	
自卸汽车	3.5t	台时	7.27	9.34	12.89	16.44	19.98	3.27
	5t	台时	5.25	6.60	8.89	11.19	13.50	2.12
	6.5t	台时	4.54	5.61	7.46	9.32	11.17	1.70
	8t	台时	3.98	4.85	6.35	7.86	9.36	1.39
	10t	台时	3.58	4.29	5.50	6.72	7.94	1.12
	12t	台时	3.33	3.94	5.01	6.07	7.13	0.99
双胶轮车		台时	9.41	9.41	9.41	9.41	9.41	
其他机械使用费		元	3	3	3	3	3	
编号			10137	10138	10139	10140	10141	10142

1.14.2 Ⅲ 类 土

单位：$100m^3$

项 目		单位	运距（km）					每增运1km
			0.5	1	2	3	4	
高级熟练工		工时						
熟练工		工时						
半熟练工		工时						
普工		工时	52	52	52	52	52	
合计		工时	52	52	52	52	52	
零星材料费		元	28	28	28	28	28	
挖掘机	液压反铲 $1m^3$	台时	1.09	1.09	1.09	1.09	1.09	
推土机	74kW	台时	0.36	0.36	0.36	0.36	0.36	
自卸汽车	3.5t	台时	7.66	9.83	13.56	15.45	21.03	3.27
	5t	台时	5.53	6.94	9.36	11.78	14.20	2.12
	6.5t	台时	4.77	5.90	7.85	9.80	11.75	1.70
	8t	台时	4.18	5.11	6.69	8.28	9.86	1.39
	10t	台时	3.76	4.51	5.79	7.08	8.36	1.12
	12t	台时	3.49	4.16	5.28	6.40	7.52	0.99
双胶轮车		台时	9.41	9.41	9.41	9.41	9.41	
其他机械使用费		元	3	3	3	3	3	
编号			10143	10144	10145	10146	10147	10148

1.14.3 Ⅳ 类土

单位：100m³

项目		单位	运距（km）					每增运1km
			0.5	1	2	3	4	
高级熟练工		工时						
熟练工		工时						
半熟练工		工时						
普工		工时	59	59	59	59	59	
合计		工时	59	59	59	59	59	
零星材料费		元	28	28	28	28	28	
挖掘机	液压反铲 1m³	台时	1.24	1.24	1.24	1.24	1.24	
推土机	74kW	台时	0.41	0.41	0.41	0.41	0.41	
自卸汽车	3.5t	台时	8.12	10.43	14.38	18.33	22.30	3.27
	5t	台时	5.87	7.36	9.92	12.49	15.05	2.12
	6.5t	台时	5.06	6.26	8.32	10.39	12.45	1.70
	8t	台时	4.44	5.41	7.09	8.77	10.45	1.39
	10t	台时	4.00	4.78	6.14	7.49	8.86	1.12
	12t	台时	3.71	4.40	5.59	6.78	7.96	0.99
双胶轮车		台时	9.41	9.41	9.41	9.41	9.41	
其他机械使用费		元	3	3	3	3	3	
编号			10149	10150	10151	10152	10153	10154

注 卸土场地不需要平整时，推土机台时应乘 0.5 系数。

1.15 1.6m³液压反铲挖掘机挖沟槽 自卸汽车运土

适用范围：开挖断面面积小于 15m²，上口宽度小于 8m，深度小于 3m 的沟槽。

工作内容：机械挖装汽车运土、人工配合挖保护层、修边、修坡，双胶轮车运 50m 以内。

1.15.1 Ⅰ～Ⅱ 类 土

单位：100m³

项目		单位	运距（km）					每增运1km
			0.5	1	2	3	4	
高级熟练工		工时						
熟练工		工时						
半熟练工		工时						
普工		工时	43	43	43	43	43	
合计		工时	43	43	43	43	43	
零星材料费		元	28	28	28	28	28	
挖掘机	液压反铲 1.6m³	台时	0.74	0.74	0.74	0.74	0.74	
推土机	74kW	台时	0.25	0.25	0.25	0.25	0.25	
自卸汽车	5t	台时	4.87	6.19	8.47	10.74	13.01	2.12
	6.5t	台时	4.16	5.22	7.04	8.88	10.71	1.70
	8t	台时	3.60	4.47	5.96	7.44	8.93	1.39
	10t	台时	3.20	3.91	5.11	6.32	7.52	1.12
	12t	台时	2.96	3.57	4.63	5.68	6.73	0.99
	15t	台时	2.69	3.21	4.11	5.01	5.90	0.84
	18t	台时	2.52	2.99	3.79	4.58	5.36	0.74
	20t	台时	2.40	2.82	3.54	4.26	4.97	0.67
双胶轮车		台时	9.41	9.41	9.41	9.41	9.41	
其他机械使用费		元	3	3	3	3	3	
编号			10155	10156	10157	10158	10159	10160

1.15.2 Ⅲ 类 土

单位：$100m^3$

项目		单位	运距（km）					每增运1km
			0.5	1	2	3	4	
高级熟练工		工时						
熟练工		工时						
半熟练工		工时						
普工		工时	49	49	49	49	49	
合计		工时	49	49	49	49	49	
零星材料费		元	28	28	28	28	28	
挖掘机	液压反铲 $1.6m^3$	台时	0.85	0.85	0.85	0.85	0.85	
推土机	74kW	台时	0.28	0.28	0.28	0.28	0.28	
自卸汽车	5t	台时	5.17	6.59	9.00	11.42	13.84	2.12
	6.5t	台时	4.41	5.56	7.50	9.45	11.39	1.70
	8t	台时	3.83	4.75	6.33	7.92	9.50	1.39
	10t	台时	3.42	4.16	5.44	6.72	8.00	1.12
	12t	台时	3.15	3.80	4.92	6.04	7.16	0.99
	15t	台时	2.87	3.42	4.38	5.33	6.28	0.83
	18t	台时	2.69	3.18	4.02	4.87	5.71	0.74
	20t	台时	2.55	3.00	3.76	4.52	5.30	0.67
双胶轮车		台时	9.41	9.41	9.41	9.41	9.41	
其他机械使用费		元	3	3	3	3	3	
编号			10161	10162	10163	10164	10165	10166

1.15.3 Ⅳ 类 土

单位：100m^3

项　目		单位	运　距（km）					每增运1km
			0.5	1	2	3	4	
高级熟练工		工时						
熟练工		工时						
半熟练工		工时						
普工		工时	57	57	57	57	57	
合计		工时	57	57	57	57	57	
零星材料费		元	28	28	28	28	28	
挖掘机	液压反铲 1.6m^3	台时	0.97	0.97	0.97	0.97	0.97	
推土机	74kW	台时	0.32	0.32	0.32	0.32	0.32	
自卸汽车	5t	台时	5.54	7.04	9.64	12.23	14.82	2.12
	6.5t	台时	4.73	5.94	8.03	10.11	12.20	1.70
	8t	台时	4.10	5.08	6.78	8.47	10.17	1.39
	10t	台时	3.65	4.45	5.82	7.19	8.56	1.12
	12t	台时	3.36	4.07	5.26	6.46	7.66	0.99
	15t	台时	3.07	3.66	4.68	5.70	6.72	0.83
	18t	台时	2.87	3.40	4.30	5.21	6.12	0.74
	20t	台时	2.73	3.20	4.03	4.85	5.67	0.67
双胶轮车		台时	9.41	9.41	9.41	9.41	9.41	
其他机械使用费		元	3	3	3	3	3	
编　号			10167	10168	10169	10170	10171	10172

注　卸土场地不需要平整时，推土机台时应乘 0.5 系数。

1.16 人工挖土隧洞 胶轮车运土

适用范围： 直墙圆拱型隧洞，含水量小于25%，洞轴线与水平夹角小于6°。

工作内容： 挖土，包括挖土、修整断面、安全工作等。

挖运，包括挖土、装车、运土、卸土、空回、修整断面、安全工作等。

1.16.1 Ⅲ 类 土

单位：100m³

项目	单位	断面面积（m²）								
		≤5			5～10			10～20		
		挖土	挖运20m	每增运20m	挖土	挖运20m	每增运20m	挖土	挖运20m	每增运20m
高级熟练工	工时									
熟练工	工时									
半熟练工	工时	24	23		19	18		17	16	
普工	工时	213	299	22	173	256	21	152	234	21
合计	工时	237	322	22	192	274	21	169	250	21
零星材料费	元	58	58		67	67		77	77	
双胶轮车	台时		36.19	6.91		36.51	6.62		36.19	6.56
编号		10173	10174	10175	10176	10177	10178	10179	10180	10181

1.16.2 Ⅳ 类 土

单位：100m³

项目	单位	断面面积（m²）								
		≤5			5～10			10～20		
		挖土	挖运20m	每增运20m	挖土	挖运20m	每增运20m	挖土	挖运20m	每增运20m
高级熟练工	工时									
熟练工	工时									
半熟练工	工时	27	26		21	20		19	18	
普工	工时	245	344	22	199	295	21	174	269	21
合计	工时	272	370	22	220	315	21	193	287	21
零星材料费	元	58	58		67	67		77	77	
双胶轮车	台时		38.14	6.91		36.51	6.62		36.19	6.56
编号		10182	10183	10184	10185	10186	10187	10188	10189	10190

注 如为圆形、蛋形或马蹄形隧洞，人工和胶轮车乘以下表系数：

项目	断面面积（m²）								
	≤5			5～10			10～20		
	挖土	挖运20m	每增运20m	挖土	挖运20m	每增运20m	挖土	挖运20m	每增运20m
人工	1.01	1.04	1.09	1.01	1.03	1.07	1.01	1.02	1.06
双胶轮车		1.09	1.09		1.07	1.07		1.05	1.05

1.17 人工挖土隧洞　斗车运土

适用范围：直墙圆拱型隧洞，含水量小于25%，洞轴线与水平夹角小于6°。

工作内容：挖土，包括挖土、修整断面、安全等。

挖运，包括挖土、修整断面、装运卸、空回、道路维护、搬道叉、安全等。

1.17.1 Ⅲ 类 土

单位：100m³

项目	单位	断面面积（m²）								
		≤5			5～10			10～20		
		挖土	挖运50m	每增运50m	挖土	挖运50m	每增运50m	挖土	挖运50m	每增运50m
高级熟练工	工时									
熟练工	工时									
半熟练工	工时	24	24		19	19		17	17	
普工	工时	213	308	11	173	264	10	152	242	10
合计	工时	237	332	11	192	283	10	169	259	10
零星材料费	元	58	58		67	67		77	77	
V型斗车 0.6m³	台时		54.11	5.12		51.80	4.91		51.34	4.86
编号		10191	10192	10193	10194	10195	10196	10197	10198	10199

1.17.2 Ⅳ 类 土

单位：100m³

项目	单位	断面面积（m²）								
		≤5			5～10			10～20		
		挖土	挖运50m	每增运50m	挖土	挖运50m	每增运50m	挖土	挖运50m	每增运50m
高级熟练工	工时									
熟练工	工时									
半熟练工	工时	27	26		21	21		19	19	
普工	工时	245	340	11	199	291	10	174	265	10
合计	工时	272	366	11	220	312	10	193	284	10
零星材料费	元	58	58		67	67		77	77	
V型斗车 0.6m³	台时		54.11	5.12		51.80	4.91		51.34	4.86
编号		10200	10201	10202	10203	10204	10205	10206	10207	10208

注　如为圆形、蛋形或马蹄形隧洞，人工和斗车乘以下表系数：

项目	断面面积（m²）								
	≤5			5～10			10～20		
	挖土	挖运50m	每增运50m	挖土	挖运50m	每增运50m	挖土	挖运50m	每增运50m
人工	1.01	1.05	1.09	1.01	1.04	1.07	1.01	1.03	1.05
V型斗车 0.6m³		1.09	1.09		1.07	1.07		1.05	1.05

1.18　人工开挖土竖井（人工提升）

适用范围： 井深20m以内，断面面积2.5～20m^2，井轴线斜度大于75°。

工作内容： 挖土、修整断面、装斗（筐）、人工滑车提升至井口5m以外堆放。

单位：100m^3

项　目	单位	土类级别			
		Ⅲ		Ⅳ	
		井深5m	每增深5m	井深5m	每增深5m
高级熟练工	工时				
熟练工	工时				
半熟练工	工时	61	12	80	13
普工	工时	549	108	718	118
合计	工时	610	120	798	131
零星材料费	元	27	3	32	4
编号		10209	10210	10211	10212

1.19 人工开挖土竖井（卷扬机提升）

适用范围： 井深40m以内。

工作内容： 挖土、修整断面、装斗（桶）、卷扬机提升至井口5m以外堆放。

1.19.1 Ⅲ 类 土

单位：$100m^3$

项目	单位	断面面积（m^2）											
		≤5				5～10				10～20			
		吊斗斗容（m^3）											
		0.18		0.6		0.18		0.6		0.18		0.6	
		井深10m	每增深10m	井深10m	每增深10m	井深10m	每增深10m	井深10m	每增深10m	井深10m	每增深10m	井深10m	每增深10m
高级熟练工	工时												
熟练工	工时												
半熟练工	工时	65	6	52	2	57	8	41	2	56	9	37	3
普工	工时	582	54	464	18	510	68	369	21	500	81	333	24
合计	工时	647	60	516	20	567	76	410	23	556	90	370	27
零星材料费	元	17		17		16		16		16		16	
卷扬机 1t	台时	129.22	12.31			95.04	11.77			79.80	11.66		
3t	台时			59.63	3.83			43.86	3.66			36.83	3.63
其他机械使用费	元	57		80		44		65		32		54	
编号		10213	10214	10215	10216	10217	10218	10219	10220	10221	10222	10223	10224

1.19.2 Ⅳ 类 土

单位：100m³

项目		单位	断面面积（m²）											
			≤5				5～10				10～20			
			吊斗斗容（m³）											
			0.18		0.6		0.18		0.6		0.18		0.6	
			井深10m	每增深10m	井深10m	每增深10m	井深10m	每增深10m	井深10m	每增深10m	井深10m	每增深10m	井深10m	每增深10m
高级熟练工		工时												
熟练工		工时												
半熟练工		工时	91	7	77	2	77	8	60	3	73	10	53	3
普工		工时	820	61	697	18	692	73	542	23	657	87	478	26
合计		工时	911	68	774	20	769	81	602	26	730	97	531	29
零星材料费		元	17		17		16		16		16		16	
卷扬机	1t	台时	136.01	13.68			100.03	13.08			84.00	12.96		
	3t	台时			64.60	4.10			47.51	3.92			39.90	3.89
其他机械使用费		元	68		86		55		76		43		70	
编号			10225	10226	10227	10228	10229	10230	10231	10232	10233	10234	10235	10236

1.20 推土机推土

适用范围：推土机推土、集料。

工作内容：推松、运送、拖平、空回。

1.20.1 55kW 推土机

单位：100m³

项目		单位	推运距离（m）		
			30	50	80
高级熟练工		工时			
熟练工		工时			
半熟练工		工时			
普工		工时	5.3	8.4	13.3
合计		工时	5.3	8.4	13.3
零星材料费		元	21	21	21
推土机	Ⅰ～Ⅱ类土	台时	2.86	4.78	7.81
	Ⅲ类土	台时	3.33	5.28	8.37
	Ⅳ类土	台时	3.79	5.79	8.94
编号			10237	10238	10239

1.20.2 59kW 推土机

单位：100m³

项目		单位	推运距离（m）		
			30	50	80
高级熟练工		工时			
熟练工		工时			
半熟练工		工时			
普工		工时	2.3	3.2	5.3
合计		工时	2.3	3.2	5.3
零星材料费		元	21	21	21
推土机	Ⅰ～Ⅱ类土	台时	1.31	1.83	3.01
	Ⅲ类土	台时	1.44	2.00	3.30
	Ⅳ类土	台时	1.57	2.18	3.61
编号			10240	10241	10242

1.20.3 74kW 推土机

单位：100m³

项目		单位	推运距离（m）		
			30	50	80
高级熟练工		工时			
熟练工		工时			
半熟练工		工时			
普工		工时	2.3	3.1	5.2
合计		工时	2.3	3.1	5.2
零星材料费		元	21	21	21
推土机	Ⅰ～Ⅱ类土	台时	1.30	1.81	2.96
	Ⅲ类土	台时	1.42	1.98	3.28
	Ⅳ类土	台时	1.55	2.16	3.58
编号			10243	10244	10245

1.20.4 88kW 推土机

单位：100m³

项目		单位	推运距离（m）		
			30	50	80
高级熟练工		工时			
熟练工		工时			
半熟练工		工时			
普工		工时	2.3	3.1	5.2
合计		工时	2.3	3.1	5.2
零星材料费		元	21	21	21
推土机	Ⅰ～Ⅱ类土	台时	1.28	1.78	2.91
	Ⅲ类土	台时	1.40	1.94	3.21
	Ⅳ类土	台时	1.51	2.12	3.52
编号			10246	10247	10248

1.20.5 103kW 推土机

单位：100m³

项目		单位	推运距离（m）			
			30	50	80	100
高级熟练工		工时				
熟练工		工时				
半熟练工		工时				
普工		工时	1.8	2.7	4.2	5.5
合计		工时	1.8	2.7	4.2	5.5
零星材料费		元	21	21	21	21
推土机	Ⅰ～Ⅱ类土	台时	1.03	1.50	2.33	2.91
	Ⅲ类土	台时	1.14	1.68	2.63	3.47
	Ⅳ类土	台时	1.26	1.83	2.96	3.93
编号			10249	10250	10251	10252

1.20.6 118kW 推土机

单位：100m³

项目		单位	推运距离（m）			
			30	50	80	100
高级熟练工		工时				
熟练工		工时				
半熟练工		工时				
普工		工时	1.6	2.5	3.8	4.9
合计		工时	1.6	2.5	3.8	4.9
零星材料费		元	21	21	21	21
推土机	Ⅰ～Ⅱ类土	台时	0.99	1.43	2.19	2.83
	Ⅲ类土	台时	1.06	1.56	2.40	3.13
	Ⅳ类土	台时	1.13	1.65	2.59	3.37
编号			10253	10254	10255	10256

1.20.7 132kW 推土机

单位：100m³

项目		单位	推运距离（m）			
			30	50	80	100
高级熟练工		工时				
熟练工		工时				
半熟练工		工时				
普工		工时	1.5	2.4	3.5	4.4
合计		工时	1.5	2.4	3.5	4.4
零星材料费		元	21	21	21	21
推土机	Ⅰ～Ⅱ类土	台时	0.93	1.38	2.10	2.65
	Ⅲ类土	台时	1.00	1.46	2.24	2.80
	Ⅳ类土	台时	1.06	1.52	2.30	2.86
编号			10257	10258	10259	10260

1.20.8 162kW 推土机

单位：100m³

项目		单位	推运距离（m）			
			30	50	80	100
高级熟练工		工时				
熟练工		工时				
半熟练工		工时				
普工		工时	1.4	2.2	3.4	4.3
合计		工时	1.4	2.2	3.4	4.3
零星材料费		元	21	21	21	21
推土机	Ⅰ～Ⅱ类土	台时	0.88	1.34	2.11	2.68
	Ⅲ类土	台时	0.93	1.39	2.16	2.73
	Ⅳ类土	台时	0.99	1.45	2.22	2.79
编号			10261	10262	10263	10264

1.20.9　176kW 推土机

单位：100m³

项　　目		单位	推运距离（m）			
			30	50	80	100
高级熟练工		工时				
熟练工		工时				
半熟练工		工时				
普工		工时	1.0	1.4	2.2	2.7
合计		工时	1.0	1.4	2.2	2.7
零星材料费		元	21	21	21	21
推土机	Ⅰ～Ⅱ类土	台时	0.62	0.89	1.34	1.57
	Ⅲ类土	台时	0.66	0.93	1.38	1.71
	Ⅳ类土	台时	0.70	0.98	1.47	1.83
编号			10265	10266	10267	10268

1.20.10　235kW 推土机

单位：100m³

项　　目		单位	推运距离（m）			
			30	50	80	100
高级熟练工		工时				
熟练工		工时				
半熟练工		工时				
普工		工时	0.6	0.8	1.1	1.3
合计		工时	0.6	0.8	1.1	1.3
零星材料费		元	21	21	21	21
推土机	Ⅰ～Ⅱ类土	台时	0.36	0.48	0.67	0.79
	Ⅲ类土	台时	0.39	0.52	0.70	0.82
	Ⅳ类土	台时	0.42	0.55	0.73	0.88
编号			10269	10270	10271	10272

1.20.11 301kW 推土机

单位：100m³

项目		单位	推运距离（m）			
			30	50	80	100
高级熟练工		工时				
熟练工		工时				
半熟练工		工时				
普工		工时	0.4	0.5	0.6	0.7
合计		工时	0.4	0.5	0.6	0.7
零星材料费		元	21	21	21	21
推土机	Ⅰ～Ⅱ类土	台时	0.22	0.29	0.38	0.44
	Ⅲ类土	台时	0.24	0.31	0.40	0.47
	Ⅳ类土	台时	0.27	0.33	0.43	0.50
编号			10273	10274	10275	10276

1.20.12 391kW 推土机

单位：100m³

项目		单位	推运距离（m）			
			30	50	80	100
高级熟练工		工时				
熟练工		工时				
半熟练工		工时				
普工		工时	0.3	0.4	0.6	0.7
合计		工时	0.3	0.4	0.6	0.7
零星材料费		元	21	21	21	21
推土机	Ⅰ～Ⅱ类土	台时	0.19	0.25	0.34	0.40
	Ⅲ类土	台时	0.21	0.27	0.36	0.42
	Ⅳ类土	台时	0.22	0.28	0.37	0.43
编号			10277	10278	10279	10280

1.20.13 456kW 推土机

单位：$100m^3$

项目		单位	推运距离（m）			
			30	50	80	100
高级熟练工		工时				
熟练工		工时				
半熟练工		工时				
普工		工时	0.3	0.4	0.5	0.6
合计		工时	0.3	0.4	0.5	0.6
零星材料费		元	21	21	21	21
推土机	Ⅰ～Ⅱ类土	台时	0.16	0.23	0.32	0.38
	Ⅲ类土	台时	0.18	0.24	0.33	0.39
	Ⅳ类土	台时	0.20	0.25	0.34	0.40
编号			10281	10282	10283	10284

1.20.14 514kW 推土机

单位：$100m^3$

项目		单位	推运距离（m）			
			30	50	80	100
高级熟练工		工时				
熟练工		工时				
半熟练工		工时				
普工		工时	0.2	0.3	0.4	0.4
合计		工时	0.2	0.3	0.4	0.4
零星材料费		元	21	21	21	21
推土机	Ⅰ～Ⅱ类土	台时	0.13	0.18	0.24	0.28
	Ⅲ类土	台时	0.14	0.19	0.25	0.29
	Ⅳ类土	台时	0.15	0.20	0.26	0.30
编号			10285	10286	10287	10288

1.20.15 574kW 推土机

单位：100m³

项目		单位	推运距离（m）			
			30	50	80	100
高级熟练工		工时				
熟练工		工时				
半熟练工		工时				
普工		工时	0.2	0.3	0.4	0.4
合计		工时	0.2	0.3	0.4	0.4
零星材料费		元	21	21	21	21
推土机	Ⅰ～Ⅱ类土	台时	0.12	0.16	0.23	0.26
	Ⅲ类土	台时	0.13	0.18	0.24	0.28
	Ⅳ类土	台时	0.14	0.19	0.25	0.29
编号			10289	10290	10291	10292

注　推土机推运松土时，定额乘 0.8 系数。

1.21 挖掘机挖土

适用范围：挖自然土方。

工作内容：挖松、堆放。

单位：100m³

项目		单位	土类级别		
			Ⅰ～Ⅱ	Ⅲ	Ⅳ
高级熟练工		工时			
熟练工		工时			
半熟练工		工时			
普工		工时	3.9	4.4	4.9
合计		工时	3.9	4.4	4.9
零星材料费		元	21	21	21
挖掘机	液压反铲 0.6m³	台时	0.97	1.10	1.27
	液压反铲 1m³	台时	0.77	0.89	1.01
	液压反铲 1.6m³	台时	0.63	0.70	0.81
	液压正铲 2m³	台时	0.41	0.46	0.54
	液压正铲 3m³	台时	0.31	0.35	0.40
	液压正铲 4m³	台时	0.25	0.28	0.32
编号			10293	10294	10295

1.22 胶带输送机运土

适用范围： 土方开挖。

工作内容： 看管、操作、检查、掌握漏斗下料、清理胶带机和小移动。

单位：$100m^3$

项目		单位	心（斜）墙土料	一般土料	砂砾料
高级熟练工		工时			
熟练工		工时			
半熟练工		工时			
普工		工时	4.3	2.9	2.2
合计		工时	4.3	2.9	2.2
零星材料费		元	15	15	15
胶带输送机	*B*=500mm	台时	2.11	1.34	1.13
	B=650mm	台时	1.55	1.03	0.88
	B=800mm	台时	1.39	0.93	0.77
	B=1000mm	台时	1.13	0.72	0.62
	B=1200mm	台时	0.88	0.57	0.52
	B=1400mm	台时	0.67	0.41	0.41
编号			10296	10297	10298

1.23 人工装车 自卸汽车运土

适用范围： 工人固定在装料地点装料。

工作内容： 人工装车、自卸汽车运输、卸除、空回等。

1.23.1 Ⅰ～Ⅱ 类 土

单位：100m³

项目		单位	运距（km）					每增运1km
			0.5	1	2	3	4	
高级熟练工		工时						
熟练工		工时						
半熟练工		工时						
普工		工时	93	93	93	93	93	
合计		工时	93	93	93	93	93	
零星材料费		元	15	15	15	15	15	
推土机	59kW	台时	0.27	0.27	0.27	0.27	0.27	
自卸汽车	3.5t	台时	6.91	8.82	12.07	15.34	18.60	2.85
	5t	台时	5.06	6.29	8.40	10.52	12.63	1.85
	6.5t	台时	4.39	5.39	7.09	8.79	10.49	1.49
	8t	台时	3.87	4.69	6.07	7.45	8.84	1.21
编号			10299	10300	10301	10302	10303	10304

1.23.2 Ⅲ 类 土

单位：100m³

项目		单位	运距（km）					每增运1km
			0.5	1	2	3	4	
高级熟练工		工时						
熟练工		工时						
半熟练工		工时						
普工		工时	122	122	122	122	122	
合计		工时	122	122	122	122	122	
零星材料费		元	15	15	15	15	15	
推土机	59kW	台时	0.30	0.30	0.30	0.30	0.30	
自卸汽车	3.5t	台时	7.27	9.28	12.71	16.15	19.58	3.01
	5t	台时	5.33	6.62	8.85	11.07	13.30	1.95
	6.5t	台时	4.62	5.67	7.46	9.25	11.04	1.57
	8t	台时	4.08	4.93	6.39	7.84	9.30	0.30
编号			10305	10306	10307	10308	10309	10310

1.23.3 Ⅳ 类 土

单位：100m³

项目		单位	运距（km）					每增运1km
			0.5	1	2	3	4	
高级熟练工		工时						
熟练工		工时						
半熟练工		工时						
普工		工时	154	154	154	154	154	
合计		工时	154	154	154	154	154	
零星材料费		元	15	15	15	15	15	
推土机	59kW	台时	0.32	0.32	0.32	0.32	0.32	
自卸汽车	3.5t	台时	7.64	9.74	13.35	16.95	20.56	3.15
	5t	台时	5.59	6.95	9.29	11.63	13.96	2.04
	6.5t	台时	4.85	5.95	7.83	9.71	11.60	1.65
	8t	台时	4.28	5.18	6.71	8.24	9.76	1.34
编号			10311	10312	10313	10314	10315	10316

1.24　$1m^3$液压反铲挖掘机装土　自卸汽车运输

适用范围：露天作业。

工作内容：挖装、运输、卸除、空回。

1.24.1　Ⅰ～Ⅱ　类　土

单位：$100m^3$

项　　目		单位	运　距（km）					每增运1km
			0.5	1	2	3	4	
高级熟练工		工时						
熟练工		工时						
半熟练工		工时						
普工		工时	2.7	2.7	2.7	2.7	2.7	
合计		工时	2.7	2.7	2.7	2.7	2.7	
零星材料费		元	30	30	30	30	30	
挖掘机	液压反铲 $1m^3$	台时	0.83	0.83	0.83	0.83	0.83	
推土机	74kW	台时	0.28	0.28	0.28	0.28	0.28	
自卸汽车	3.5t	台时	6.62	8.53	11.79	15.05	18.31	3.01
	5t	台时	4.77	6.00	8.12	10.23	12.35	1.95
	6.5t	台时	4.11	5.10	6.80	8.50	10.21	1.57
	8t	台时	3.59	4.40	5.78	7.17	8.55	1.28
	10t	台时	3.22	3.88	5.00	6.12	7.23	1.03
	12t	台时	3.00	3.56	4.54	5.52	6.50	0.90
其他机械使用费		元	3	3	3	3	3	
编　号			10317	10318	10319	10320	10321	10322

1.24.2 Ⅲ 类 土

单位：$100m^3$

项目		单位	运距（km）					每增运1km
			0.5	1	2	3	4	
高级熟练工		工时						
熟练工		工时						
半熟练工		工时						
普工		工时	3.0	3.0	3.0	3.0	3.0	
合计		工时	3.0	3.0	3.0	3.0	3.0	
零星材料费		元	30	30	30	30	30	
挖掘机	液压正铲 $1m^3$	台时	0.95	0.95	0.95	0.95	0.95	
推土机	74kW	台时	0.32	0.32	0.32	0.32	0.32	
自卸汽车	3.5t	台时	6.97	8.98	12.41	15.84	19.28	3.01
	5t	台时	5.03	6.32	8.55	10.77	13.00	1.95
	6.5t	台时	4.33	5.37	7.16	8.95	10.74	1.57
	8t	台时	3.78	4.62	6.09	7.54	8.99	1.28
	10t	台时	3.40	4.09	5.26	6.44	7.61	1.03
	12t	台时	3.15	3.75	4.78	5.81	6.84	0.90
其他机械使用费		元	3	3	3	3	3	
编号			10323	10324	10325	10326	10327	10328

1.24.3 Ⅳ 类 土

单位：$100m^3$

项目		单位	运距（km）					每增运1km
			0.5	1	2	3	4	
高级熟练工		工时						
熟练工		工时						
半熟练工		工时						
普工		工时	3.0	3.0	3.0	3.0	3.0	
合计		工时	3.0	3.0	3.0	3.0	3.0	
零星材料费		元	30	30	30	30	30	
挖掘机	液压反铲 $1m^3$	台时	1.09	1.09	1.09	1.09	1.09	
推土机	74kW	台时	0.36	0.36	0.36	0.36	0.36	
自卸汽车	3.5t	台时	7.32	9.42	13.03	16.63	20.24	3.01
	5t	台时	5.27	6.63	8.97	11.31	13.65	1.95
	6.5t	台时	4.54	5.63	7.52	9.39	11.28	1.57
	8t	台时	3.97	4.86	6.39	7.92	9.45	1.28
	10t	台时	3.56	4.28	5.52	6.76	7.99	1.03
	12t	台时	3.31	3.94	5.03	6.11	7.19	0.90
其他机械使用费		元	3	3	3	3	3	
编号			10329	10330	10331	10332	10333	10334

1.25　1.5m³液压反铲挖掘机装土　自卸汽车运输

适用范围：露天作业。

工作内容：挖装、运输、卸除、空回。

1.25.1　Ⅰ～Ⅱ　类　土

单位：100m³

项　目		单位	运　距（km）					每增运1km
			0.5	1	2	3	4	
高级熟练工		工时						
熟练工		工时						
半熟练工		工时						
普工		工时	2.3	2.3	2.3	2.3	2.3	
合计		工时	2.3	2.3	2.3	2.3	2.3	
零星材料费		元	30	30	30	30	30	
挖掘机	液压反铲 1.5m³	台时	0.70	0.70	0.70	0.70	0.70	
推土机	74kW	台时	0.24	0.24	0.24	0.24	0.24	
自卸汽车	5t	台时	4.54	5.78	7.89	10.00	12.12	1.95
	6.5t	台时	3.88	4.87	6.57	8.28	9.98	1.57
	8t	台时	3.37	4.17	5.55	6.94	8.32	1.28
	10t	台时	3.00	3.66	4.77	5.89	7.01	1.03
	12t	台时	2.77	3.34	4.32	5.30	6.27	0.90
	15t	台时	2.52	3.01	3.84	4.68	5.51	0.76
	18t	台时	2.37	2.80	3.53	4.27	5.02	0.68
	20t	台时	2.25	2.64	3.31	3.98	4.65	0.62
其他机械使用费		元	3	3	3	3	3	
编　号			10335	10336	10337	10338	10339	10340

1.25.2 Ⅲ 类 土

单位：$100m^3$

项 目		单位	运距（km）					每增运1km
			0.5	1	2	3	4	
高级熟练工		工时						
熟练工		工时						
半熟练工		工时						
普工		工时	2.5	2.5	2.5	2.5	2.5	
合计		工时	2.5	2.5	2.5	2.5	2.5	
零星材料费		元	30	30	30	30	30	
挖掘机	液压反铲 $1.5m^3$	台时	0.79	0.79	0.79	0.79	0.79	
推土机	74kW	台时	0.27	0.27	0.27	0.27	0.27	
自卸汽车	5t	台时	4.79	6.09	8.31	10.54	12.76	1.95
	6.5t	台时	4.09	5.13	6.92	8.71	10.51	1.57
	8t	台时	3.54	4.39	5.85	7.30	8.76	1.28
	10t	台时	3.16	3.85	5.03	6.20	7.37	1.03
	12t	台时	2.91	3.51	4.54	5.57	6.60	0.90
	15t	台时	2.66	3.17	4.05	4.92	5.80	0.76
	18t	台时	2.49	2.95	3.72	4.50	5.27	0.68
	20t	台时	2.37	2.78	3.48	4.19	4.89	0.62
其他机械使用费		元	3	3	3	3	3	
编号			10341	10342	10343	10344	10345	10346

1.25.3 Ⅳ 类 土

单位：$100m^3$

项 目		单位	运距（km）					每增运1km
			0.5	1	2	3	4	
高级熟练工		工时						
熟练工		工时						
半熟练工		工时						
普工		工时	2.9	2.9	2.9	2.9	2.9	
合计		工时	2.9	2.9	2.9	2.9	2.9	
零星材料费		元	30	30	30	30	30	
挖掘机	液压反铲 $1.5m^3$	台时	0.92	0.92	0.92	0.92	0.92	
推土机	74kW	台时	0.31	0.31	0.31	0.31	0.31	
自卸汽车	5t	台时	5.03	6.39	8.72	11.06	13.39	1.95
	6.5t	台时	4.28	5.39	7.26	9.15	11.03	1.57
	8t	台时	3.72	4.61	6.14	7.66	9.20	1.28
	10t	台时	3.32	4.04	5.27	6.51	7.75	1.03
	12t	台时	3.06	3.69	4.77	5.85	6.94	0.90
	15t	台时	2.79	3.33	4.24	5.17	6.09	0.76
	18t	台时	2.62	3.09	3.90	4.73	5.54	0.68
	20t	台时	2.48	2.91	3.66	4.40	5.14	0.62
其他机械使用费		台时	3	3	3	3	3	
编号			10347	10348	10349	10350	10351	10352

1.26 $2m^3$挖掘机装土 自卸汽车运输

适用范围： 露天作业。

工作内容： 挖装、运输、卸除、空回。

1.26.1 Ⅰ～Ⅱ 类 土

单位：$100m^3$

项目		单位	运距（km）					每增运1km
			0.5	1	2	3	4	
高级熟练工		工时						
熟练工		工时						
半熟练工		工时						
普工		工时	1.4	1.4	1.4	1.4	1.4	
合计		工时	1.4	1.4	1.4	1.4	1.4	
零星材料费		元	30	30	30	30	30	
挖掘机	液压正铲 $2m^3$	台时	0.44	0.44	0.44	0.44	0.44	
推土机	74kW	台时	0.14	0.14	0.14	0.14	0.14	
自卸汽车	6.5t	台时	3.46	4.45	6.16	7.86	9.56	1.57
	8t	台时	2.95	3.75	5.14	6.52	7.90	1.28
	10t	台时	2.59	3.23	4.36	5.47	6.59	1.03
	12t	台时	2.35	2.93	3.90	4.88	5.86	0.91
	15t	台时	2.10	2.60	3.42	4.25	5.09	0.76
	18t	台时	1.95	2.38	3.12	3.85	4.59	0.68
	20t	台时	1.83	2.22	2.89	3.56	4.23	0.62
	25t	台时	1.65	1.98	2.53	3.09	3.66	0.52
	27t	台时	1.58	1.87	2.39	2.90	3.42	0.47
其他机械使用费		元	3.09	3.09	3.09	3.09	3.09	
编号			10353	10354	10355	10356	10357	10358

1.26.2 Ⅲ 类 土

单位：100m³

项目		单位	运距（km）					每增运1km
			0.5	1	2	3	4	
高级熟练工		工时						
熟练工		工时						
半熟练工		工时						
普工		工时	1.5	1.5	1.5	1.5	1.5	
合计		工时	1.5	1.5	1.5	1.5	1.5	
零星材料费		元	30	30	30	30	30	
挖掘机	液压正铲 2m³	台时	0.50	0.50	0.50	0.50	0.50	
推土机	74kW	台时	0.16	0.16	0.16	0.16	0.16	
自卸汽车	6.5t	台时	3.65	4.69	6.48	8.27	10.06	1.57
	8t	台时	3.10	3.96	5.41	6.86	8.32	1.28
	10t	台时	2.72	3.41	4.58	5.76	6.94	1.03
	12t	台时	2.47	3.08	4.11	5.14	6.17	0.91
	15t	台时	2.21	2.73	3.61	4.48	5.36	0.76
	18t	台时	2.05	2.50	3.29	4.06	4.84	0.68
	20t	台时	1.93	2.34	3.05	3.75	4.45	0.62
	25t	台时	1.73	2.08	2.67	3.25	3.84	0.52
	27t	台时	1.66	1.98	2.51	3.06	3.61	0.47
其他机械使用费		元	3	3	3	3	3	
编号			10359	10360	10361	10362	10363	10364

1.26.3 Ⅳ 类 土

单位：100m³

项 目		单位	运距（km）					每增运1km
			0.5	1	2	3	4	
高级熟练工		工时						
熟练工		工时						
半熟练工		工时						
普工		工时	1.9	1.9	1.9	1.9	1.9	
合计		工时	1.9	1.9	1.9	1.9	1.9	
零星材料费		元	30	30	30	30	30	
挖掘机	液压正铲 2m³	台时	0.58	0.58	0.58	0.58	0.58	
推土机	74kW	台时	0.20	0.20	0.20	0.20	0.20	
自卸汽车	6.5t	台时	3.82	4.92	6.81	8.68	10.57	1.57
	8t	台时	3.25	4.15	5.68	7.21	8.73	1.28
	10t	台时	2.85	3.57	4.81	6.05	7.28	1.03
	12t	台时	2.60	3.22	4.31	5.39	6.47	0.91
	15t	台时	2.33	2.86	3.78	4.71	5.62	0.76
	18t	台时	2.15	2.63	3.45	4.26	5.08	0.68
	20t	台时	2.03	2.45	3.19	3.93	4.68	0.62
	25t	台时	1.82	2.18	2.80	3.42	4.04	0.52
	27t	台时	1.74	2.07	2.65	3.21	3.78	0.47
其他机械使用费		元	3	3	3	3	3	
编号			10365	10366	10367	10368	10369	10370

1.27 $3m^3$挖掘机装土 自卸汽车运输

适用范围：露天作业。

工作内容：挖装、运输、卸除、空回。

1.27.1 Ⅰ～Ⅱ 类 土

单位：$100m^3$

项目		单位	运距（km）					每增运1km
			0.5	1	2	3	4	
高级熟练工		工时						
熟练工		工时						
半熟练工		工时						
普工		工时	1.0	1.0	1.0	1.0	1.0	
合计		工时	1.0	1.0	1.0	1.0	1.0	
零星材料费		元	30	30	30	30	30	
挖掘机	液压正铲 $3m^3$	台时	0.33	0.33	0.33	0.33	0.33	
推土机	88kW	台时	0.11	0.11	0.11	0.11	0.11	
自卸汽车	10t	台时	2.40	3.06	4.17	5.29	6.41	1.03
	12t	台时	2.17	2.74	3.72	4.70	5.68	0.91
	15t	台时	1.93	2.41	3.24	4.08	4.91	0.76
	18t	台时	1.77	2.19	2.94	3.68	4.42	0.68
	20t	台时	1.65	2.04	2.71	3.38	4.05	0.62
	25t	台时	1.46	1.79	2.35	2.91	3.47	0.52
	27t	台时	1.39	1.70	2.21	2.73	3.24	0.47
	30t	台时	1.30	1.57	2.03	2.49	2.96	0.42
	32t	台时	1.23	1.46	1.88	2.30	2.71	0.38
	40t	台时	1.09	1.29	1.63	1.96	2.30	0.31
其他机械使用费		元	3	3	3	3	3	
编号			10371	10372	10373	10374	10375	10376

1.27.2 Ⅲ 类 土

单位：100m^3

项目		单位	运距（km）					每增运1km
			0.5	1	2	3	4	
高级熟练工		工时						
熟练工		工时						
半熟练工		工时						
普工		工时	1.1	1.1	1.1	1.1	1.1	
合计		工时	1.1	1.1	1.1	1.1	1.1	
零星材料费		元	30	30	30	30	30	
挖掘机	液压正铲 3m^3	台时	0.37	0.37	0.37	0.37	0.37	
推土机	88kW	台时	0.12	0.12	0.12	0.12	0.12	
自卸汽车	10t	台时	2.53	3.21	4.40	5.57	6.75	1.03
	12t	台时	2.29	2.88	3.91	4.94	5.97	0.91
	15t	台时	2.03	2.53	3.42	4.30	5.17	0.76
	18t	台时	1.86	2.32	3.09	3.87	4.65	0.68
	20t	台时	1.74	2.15	2.85	3.55	4.26	0.62
	25t	台时	1.55	1.88	2.47	3.07	3.66	0.52
	27t	台时	1.47	1.78	2.33	2.87	3.41	0.47
	30t	台时	1.37	1.66	2.14	2.63	3.11	0.42
	32t	台时	1.29	1.55	1.98	2.41	2.85	0.38
	40t	台时	1.15	1.36	1.71	2.06	2.42	0.31
其他机械使用费		元	3	3	3	3	3	
编号			10377	10378	10379	10380	10381	10382

1.27.3 Ⅳ 类 土

单位：100m³

项　　目		单位	运　距（km）					每增运1km
			0.5	1	2	3	4	
高级熟练工		工时						
熟　练　工		工时						
半熟练工		工时						
普　　工		工时	1.3	1.3	1.3	1.3	1.3	
合　　计		工时	1.3	1.3	1.3	1.3	1.3	
零星材料费		元	30	30	30	30	30	
挖　掘　机	液压正铲 3m³	台时	0.43	0.43	0.43	0.43	0.43	
推　土　机	88kW	台时	0.14	0.14	0.14	0.14	0.14	
自卸汽车	10t	台时	2.66	3.38	4.61	5.85	7.09	1.03
	12t	台时	2.40	3.03	4.11	5.19	6.27	0.91
	15t	台时	2.13	2.67	3.58	4.50	5.43	0.76
	18t	台时	1.96	2.43	3.24	4.06	4.88	0.68
	20t	台时	1.82	2.26	3.00	3.74	4.47	0.62
	25t	台时	1.62	1.98	2.60	3.21	3.83	0.52
	27t	台时	1.55	1.87	2.44	3.02	3.58	0.47
	30t	台时	1.44	1.74	2.25	2.75	3.27	0.42
	32t	台时	1.35	1.62	2.08	2.53	3.00	0.38
	40t	台时	1.21	1.42	1.79	2.16	2.54	0.31
其他机械使用费		元	3	3	3	3	3	
编　号			10383	10384	10385	10386	10387	10388

1.28　$4m^3$挖掘机装土　自卸汽车运输

适用范围：露天作业。

工作内容：挖装、运输、卸除、空回。

1.28.1　Ⅰ～Ⅱ　类　土

单位：$100m^3$

项目		单位	运距（km）					每增运1km
			0.5	1	2	3	4	
高级熟练工		工时						
熟练工		工时						
半熟练工		工时						
普工		工时	0.8	0.8	0.8	0.8	0.8	
合计		工时	0.8	0.8	0.8	0.8	0.8	
零星材料费		元	30	30	30	30	30	
挖掘机	液压正铲 $4m^3$	台时	0.26	0.26	0.26	0.26	0.26	
推土机	88kW	台时	0.08	0.08	0.08	0.08	0.08	
自卸汽车	15t	台时	1.82	2.31	3.14	3.97	4.80	0.76
	18t	台时	1.66	2.09	2.83	3.56	4.31	0.68
	20t	台时	1.55	1.94	2.61	3.28	3.94	0.62
	25t	台时	1.36	1.69	2.25	2.80	3.37	0.52
	27t	台时	1.29	1.59	2.10	2.62	3.13	0.47
	30t	台时	1.19	1.46	1.93	2.38	2.84	0.42
	32t	台时	1.11	1.36	1.77	2.18	2.61	0.38
	40t	台时	0.99	1.18	1.51	1.85	2.19	0.31
	45t	台时	0.89	1.04	1.31	1.57	1.83	0.25
其他机械使用费		元	3	3	3	3	3	
编号			10389	10390	10391	10392	10393	10394

1.28.2 Ⅲ 类 土

单位：100m³

项目		单位	运距（km）					每增运1km
			0.5	1	2	3	4	
高级熟练工		工时						
熟练工		工时						
半熟练工		工时						
普工		工时	0.8	0.8	0.8	0.8	0.8	
合计		工时	0.8	0.8	0.8	0.8	0.8	
零星材料费		元	30	30	30	30	30	
挖掘机	液压正铲 4m³	台时	0.26	0.26	0.26	0.26	0.26	
推土机	88kW	台时	0.08	0.08	0.08	0.08	0.08	
自卸汽车	15t	台时	1.82	2.31	3.14	3.97	4.80	0.76
	18t	台时	1.66	2.09	2.83	3.56	4.31	0.68
	20t	台时	1.55	1.94	2.61	3.28	3.94	0.62
	25t	台时	1.36	1.69	2.25	2.80	3.37	0.52
	27t	台时	1.29	1.59	2.10	2.62	3.13	0.47
	30t	台时	1.19	1.46	1.93	2.38	2.84	0.42
	32t	台时	1.11	1.36	1.77	2.18	2.61	0.38
	40t	台时	0.99	1.18	1.51	1.85	2.19	0.31
	45t	台时	0.89	1.04	1.31	1.57	1.83	0.25
其他机械使用费		元	3	3	3	3	3	
编号			10395	10396	10397	10398	10399	10400

1.28.3 Ⅳ 类 土

单位：100m³

项目		单位	运距（km）					每增运1km
			0.5	1	2	3	4	
高级熟练工		工时						
熟练工		工时						
半熟练工		工时						
普工		工时	1.1	1.1	1.1	1.1	1.1	
合计		工时	1.1	1.1	1.1	1.1	1.1	
零星材料费		元	30	30	30	30	30	
挖掘机	液压正铲 4m³	台时	0.34	0.34	0.34	0.34	0.34	
推土机	88kW	台时	0.11	0.11	0.11	0.11	0.11	
自卸汽车	15t	台时	2.01	2.54	3.47	5.42	5.30	0.76
	18t	台时	1.83	2.31	3.13	3.48	4.76	0.68
	20t	台时	1.71	2.14	2.87	3.62	4.36	0.62
	25t	台时	1.50	1.86	2.48	3.10	3.72	0.52
	27t	台时	1.42	1.75	2.33	2.89	3.46	0.47
	30t	台时	1.32	1.62	2.12	2.64	3.14	0.42
	32t	台时	1.24	1.50	1.96	2.42	2.87	0.38
	40t	台时	1.09	1.31	1.68	2.05	2.42	0.31
	45t	台时	0.95	1.14	1.44	1.73	2.03	0.25
其他机械使用费		元	3	3	3	3	3	
编号			10401	10402	10403	10404	10405	10406

1.29　$5m^3$挖掘机装土　自卸汽车运输

适用范围：露天作业。

工作内容：挖装、运输、卸除、空回。

1.29.1　Ⅰ～Ⅱ　类　土

单位：$100m^3$

项　目		单位	运　距（km）					每增运1km
			0.5	1	2	3	4	
高级熟练工		工时						
熟练工		工时						
半熟练工		工时						
普工		工时	0.7	0.7	0.7	0.7	0.7	
合计		工时	0.7	0.7	0.7	0.7	0.7	
零星材料费		元	30	30	30	30	30	
挖掘机	液压正铲 $5m^3$	台时	0.23	0.23	0.23	0.23	0.23	
推土机	88kW	台时	0.07	0.07	0.07	0.07	0.07	
自卸汽车	18t	台时	1.69	2.14	2.85	3.57	4.30	0.72
	20t	台时	1.56	1.97	2.62	3.28	3.92	0.65
	25t	台时	1.36	1.70	2.25	2.79	3.34	0.55
	27t	台时	1.29	1.60	2.10	2.61	3.11	0.50
	30t	台时	1.18	1.47	1.92	2.37	2.81	0.44
	32t	台时	1.09	1.35	1.76	2.15	2.56	0.40
	40t	台时	0.96	1.17	1.49	1.82	2.15	0.33
	45t	台时	0.85	1.01	1.27	1.52	1.78	0.26
	50t	台时	0.80	0.95	1.18	1.42	1.66	0.24
	65t	台时	0.75	0.89	1.09	1.31	1.51	0.21
	68t	台时	0.74	0.87	1.07	1.28	1.47	0.20
其他机械使用费		元	3	3	3	3	3	
编　号			10407	10408	10409	10410	10411	10412

1.29.2 Ⅲ 类土

单位：100m³

项目		单位	运距（km） 0.5	1	2	3	4	每增运1km
高级熟练工		工时						
熟练工		工时						
半熟练工		工时						
普工		工时	0.8	0.8	0.8	0.8	0.8	
合计		工时	0.8	0.8	0.8	0.8	0.8	
零星材料费		元	30	30	30	30	30	
挖掘机	液压正铲 $5m^3$	台时	0.26	0.26	0.26	0.26	0.26	
推土机	88kW	台时	0.08	0.08	0.08	0.08	0.08	
自卸汽车	18t	台时	1.69	2.14	2.91	3.70	4.47	0.68
	20t	台时	1.57	1.98	2.68	3.39	4.09	0.62
	25t	台时	1.37	1.71	2.31	2.89	3.48	0.52
	27t	台时	1.30	1.61	2.15	2.70	3.23	0.47
	30t	台时	1.19	1.48	1.97	2.45	2.94	0.42
	32t	台时	1.11	1.37	1.80	2.25	2.68	0.38
	40t	台时	0.98	1.18	1.53	1.90	2.25	0.31
	45t	台时	0.87	1.03	1.31	1.59	1.87	0.25
	50t	台时	0.82	0.98	1.24	1.48	1.74	0.23
	65t	台时	0.77	0.91	1.13	1.36	1.59	0.20
	68t	台时	0.76	0.91	1.11	1.33	1.56	0.20
其他机械使用费		元	3	3	3	3	3	
编号			10413	10414	10415	10416	10417	10418

1.29.3 Ⅳ 类 土

单位：$100m^3$

项目		单位	运距（km）					每增运1km
			0.5	1	2	3	4	
高级熟练工		工时						
熟练工		工时						
半熟练工		工时						
普工		工时	0.9	0.9	0.9	0.9	0.9	
合计		工时	0.9	0.9	0.9	0.9	0.9	
零星材料费		元	30	30	30	30	30	
挖掘机	液压正铲 $5m^3$	台时	0.30	0.30	0.30	0.30	0.30	
推土机	88kW	台时	0.10	0.10	0.10	0.10	0.10	
自卸汽车	18t	台时	1.77	2.25	3.06	3.88	4.70	0.68
	20t	台时	1.64	2.07	2.81	3.55	4.30	0.62
	25t	台时	1.44	1.80	2.42	3.04	3.66	0.52
	27t	台时	1.36	1.69	2.27	2.83	3.40	0.47
	30t	台时	1.26	1.56	2.06	2.58	3.08	0.42
	32t	台时	1.17	1.44	1.90	2.36	2.81	0.38
	40t	台时	1.03	1.25	1.62	1.99	2.36	0.31
	45t	台时	0.92	1.08	1.38	1.67	1.97	0.25
	50t	台时	0.87	1.03	1.33	1.57	1.83	0.23
	65t	台时	0.81	0.96	1.19	1.43	1.67	0.20
	68t	台时	0.80	0.94	1.16	1.40	1.63	0.20
其他机械使用费		元	3	3	3	3	3	
编号			10419	10420	10421	10422	10423	10424

1.30　6m³挖掘机装土　自卸汽车运输

适用范围：露天作业。

工作内容：挖装、运输、卸除、空回。

1.30.1　Ⅰ～Ⅱ　类　土

单位：100m³

项　　目		单位	运距（km） 0.5	1	2	3	4	每增运1km
高级熟练工		工时						
熟练工		工时						
半熟练工		工时						
普工		工时	0.6	0.6	0.6	0.6	0.6	
合计		工时	0.6	0.6	0.6	0.6	0.6	
零星材料费		元	30	30	30	30	30	
挖掘机	液压正铲 6m³	台时	0.21	0.21	0.21	0.21	0.21	
推土机	88kW	台时	0.07	0.07	0.07	0.07	0.07	
自卸汽车	25t	台时	1.27	1.59	2.15	2.71	3.27	0.52
	27t	台时	1.19	1.49	2.01	2.52	3.04	0.47
	30t	台时	1.10	1.37	1.82	2.29	2.75	0.42
	32t	台时	1.02	1.27	1.68	2.09	2.50	0.38
	40t	台时	0.89	1.08	1.42	1.76	2.09	0.31
	45t	台时	0.78	0.94	1.21	1.47	1.74	0.25
	50t	台时	0.75	0.89	1.13	1.37	1.62	0.23
	65t	台时	0.70	0.82	1.04	1.26	1.47	0.20
	68t	台时	0.69	0.81	1.02	1.23	1.43	0.20
	77t	台时	0.64	0.75	0.93	1.11	1.30	0.16
其他机械使用费		元	3	3	3	3	3	
编号			10425	10426	10427	10428	10429	10430

1.30.2 Ⅲ 类土

单位：100m^3

项目		单位	运距（km）					每增运1km
			0.5	1	2	3	4	
高级熟练工		工时						
熟练工		工时						
半熟练工		工时						
普工		工时	0.7	0.7	0.7	0.7	0.7	
合计		工时	0.7	0.7	0.7	0.7	0.7	
零星材料费		元	30	30	30	30	30	
挖掘机	液压正铲 6m^3	台时	0.23	0.23	0.23	0.23	0.23	
推土机	88kW	台时	0.07	0.07	0.07	0.07	0.07	
自卸汽车	25t	台时	1.33	1.67	2.27	2.85	3.44	0.52
	27t	台时	1.26	1.57	2.11	2.66	3.20	0.47
	30t	台时	1.15	1.44	1.93	2.41	2.89	0.42
	32t	台时	1.07	1.33	1.76	2.20	2.64	0.38
	40t	台时	0.94	1.14	1.49	1.85	2.20	0.31
	45t	台时	0.82	0.99	1.27	1.56	1.83	0.25
	50t	台时	0.78	0.94	1.19	1.44	1.70	0.23
	65t	台时	0.73	0.87	1.09	1.32	1.55	0.20
	68t	台时	0.72	0.85	1.07	1.29	1.51	0.20
	77t	台时	0.68	0.79	0.98	1.17	1.37	0.16
其他机械使用费		元	3	3	3	3	3	
编号			10431	10432	10433	10434	10435	10436

1.30.3 Ⅳ 类土

单位：100m³

项目		单位	运距（km）					每增运1km
			0.5	1	2	3	4	
高级熟练工		工时						
熟练工		工时						
半熟练工		工时						
普工		工时	0.8	0.8	0.8	0.8	0.8	
合计		工时	0.8	0.8	0.8	0.8	0.8	
零星材料费		元	30	30	30	30	30	
挖掘机	液压正铲 6m³	台时	0.27	0.27	0.27	0.27	0.27	
推土机	88kW	台时	0.09	0.09	0.09	0.09	0.09	
自卸汽车	25t	台时	1.40	1.76	2.38	3.00	3.62	0.52
	27t	台时	1.32	1.65	2.21	2.79	3.36	0.47
	30t	台时	1.22	1.51	2.02	2.53	3.04	0.42
	32t	台时	1.13	1.40	1.85	2.31	2.77	0.38
	40t	台时	0.99	1.21	1.58	1.95	2.32	0.31
	45t	台时	0.88	1.04	1.34	1.63	1.93	0.25
	50t	台时	0.82	0.98	1.25	1.51	1.78	0.23
	65t	台时	0.77	0.91	1.14	1.38	1.63	0.20
	68t	台时	0.76	0.90	1.12	1.36	1.59	0.20
	77t	台时	0.71	0.82	1.03	1.24	1.43	0.16
其他机械使用费		元	3	3	3	3	3	
编号			10437	10438	10439	10440	10441	10442

1.31 7m³挖掘机装土 自卸汽车运输

适用范围：露天作业。

工作内容：挖装、运输、卸除、空回。

1.31.1 Ⅰ～Ⅱ 类 土

单位：100m³

项目		单位	运距（km）					每增运1km
			0.5	1	2	3	4	
高级熟练工		工时						
熟练工		工时						
半熟练工		工时						
普工		工时	0.6	0.6	0.6	0.6	0.6	
合计		工时	0.6	0.6	0.6	0.6	0.6	
零星材料费		元	30	30	30	30	30	
挖掘机	液压正铲 7m³	台时	0.18	0.18	0.18	0.18	0.18	
推土机	132kW	台时	0.06	0.06	0.06	0.06	0.06	
自卸汽车	27t	台时	1.15	1.45	1.97	2.48	3.00	0.47
	30t	台时	1.06	1.33	1.79	2.26	2.71	0.42
	32t	台时	0.99	1.23	1.64	2.05	2.47	0.38
	40t	台时	0.85	1.05	1.38	1.72	2.06	0.31
	45t	台时	0.75	0.91	1.17	1.43	1.70	0.25
	50t	台时	0.71	0.85	1.09	1.34	1.58	0.23
	65t	台时	0.66	0.78	1.00	1.22	1.43	0.20
	68t	台时	0.65	0.77	0.98	1.19	1.40	0.20
	77t	台时	0.61	0.71	0.90	1.08	1.27	0.16
其他机械使用费		元	3	3	3	3	3	
编号			10443	10444	10445	10446	10447	10448

1.31.2 Ⅲ 类 土

单位：100m³

项 目		单位	运 距（km）					每增运1km
			0.5	1	2	3	4	
高级熟练工		工时						
熟练工		工时						
半熟练工		工时						
普工		工时	0.6	0.6	0.6	0.6	0.6	
合计		工时	0.6	0.6	0.6	0.6	0.6	
零星材料费		元	30	30	30	30	30	
挖掘机	液压正铲 7m³	台时	0.21	0.21	0.21	0.21	0.21	
推土机	132kW	台时	0.07	0.07	0.07	0.07	0.07	
自卸汽车	27t	台时	1.22	1.53	2.07	2.62	3.16	0.47
	30t	台时	1.11	1.40	1.88	2.37	2.85	0.42
	32t	台时	1.04	1.29	1.73	2.16	2.60	0.38
	40t	台时	0.90	1.10	1.46	1.81	2.16	0.31
	45t	台时	0.79	0.96	1.24	1.51	1.79	0.25
	50t	台时	0.75	0.90	1.15	1.41	1.66	0.23
	65t	台时	0.70	0.82	1.05	1.28	1.50	0.20
	68t	台时	0.69	0.81	1.03	1.26	1.47	0.20
	77t	台时	0.64	0.75	0.95	1.13	1.33	0.16
其他机械使用费		元	3	3	3	3	3	
编 号			10449	10450	10451	10452	10453	10454

1.31.3 Ⅳ 类 土

单位：100m³

项目		单位	运距（km）					每增运1km
			0.5	1	2	3	4	
高级熟练工		工时						
熟练工		工时						
半熟练工		工时						
普工		工时	0.7	0.7	0.7	0.7	0.7	
合计		工时	0.7	0.7	0.7	0.7	0.7	
零星材料费		元	30	30	30	30	30	
挖掘机	液压正铲 7m³	台时	0.24	0.24	0.24	0.24	0.24	
推土机	132kW	台时	0.08	0.08	0.08	0.08	0.08	
自卸汽车	27t	台时	1.28	1.61	2.17	2.75	3.32	0.47
	30t	台时	1.17	1.47	1.98	2.49	3.00	0.42
	32t	台时	1.09	1.36	1.81	2.27	2.73	0.38
	40t	台时	0.95	1.16	1.53	1.91	2.28	0.31
	45t	台时	0.83	1.00	1.30	1.59	1.88	0.25
	50t	台时	0.78	0.94	1.21	1.47	1.74	0.23
	65t	台时	0.73	0.87	1.10	1.35	1.59	0.20
	68t	台时	0.72	0.85	1.08	1.32	1.55	0.20
	77t	台时	0.67	0.79	0.99	1.19	1.40	0.16
其他机械使用费		元	3	3	3	3	3	
编号			10455	10456	10457	10458	10459	10460

1.32 $8m^3$ 挖掘机装土 自卸汽车运输

适用范围：露天作业。

工作内容：挖装、运输、卸除、空回。

1.32.1 Ⅰ～Ⅱ 类 土

单位：$100m^3$

项目		单位	运距（km）					每增运1km
			0.5	1	2	3	4	
高级熟练工		工时						
熟练工		工时						
半熟练工		工时						
普工		工时	0.5	0.5	0.5	0.5	0.5	
合计		工时	0.5	0.5	0.5	0.5	0.5	
零星材料费		元	30	30	30	30	30	
挖掘机	液压正铲 $8m^3$	台时	0.16	0.16	0.16	0.16	0.16	
推土机	132kW	台时	0.05	0.05	0.05	0.05	0.05	
自卸汽车	30t	台时	1.03	1.30	1.76	2.22	2.69	0.42
	32t	台时	0.96	1.19	1.62	2.03	2.44	0.38
	40t	台时	0.82	1.02	1.36	1.69	2.03	0.31
	45t	台时	0.72	0.88	1.14	1.41	1.67	0.25
	50t	台时	0.68	0.82	1.07	1.31	1.56	0.23
	65t	台时	0.64	0.76	0.98	1.18	1.40	0.20
	68t	台时	0.63	0.74	0.96	1.16	1.37	0.20
	77t	台时	0.58	0.69	0.87	1.05	1.24	0.16
其他机械使用费		元	3	3	3	3	3	
编号			10461	10462	10463	10464	10465	10466

1.32.2 Ⅲ 类 土

单位：$100m^3$

项目		单位	运距（km）					每增运1km
			0.5	1	2	3	4	
高级熟练工		工时						
熟练工		工时						
半熟练工		工时						
普工		工时	0.6	0.6	0.6	0.6	0.6	
合计		工时	0.6	0.6	0.6	0.6	0.6	
零星材料费		元	30	30	30	30	30	
挖掘机	液压正铲 $8m^3$	台时	0.19	0.19	0.19	0.19	0.19	
推土机	132kW	台时	0.06	0.06	0.06	0.06	0.06	
自卸汽车	30t	台时	1.09	1.37	1.85	2.34	2.82	0.42
	32t	台时	1.01	1.26	1.70	2.13	2.56	0.38
	40t	台时	0.87	1.07	1.43	1.78	2.13	0.31
	45t	台时	0.76	0.93	1.21	1.48	1.76	0.25
	50t	台时	0.72	0.87	1.12	1.38	1.64	0.23
	65t	台时	0.67	0.80	1.03	1.25	1.47	0.20
	68t	台时	0.66	0.78	1.00	1.23	1.44	0.20
	77t	台时	0.61	0.72	0.92	1.11	1.30	0.16
其他机械使用费		元	3	3	3	3	3	
编号			10467	10468	10469	10470	10471	10472

1.32.3 Ⅳ 类 土

单位：$100m^3$

项目		单位	运距（km）					每增运1km
			0.5	1	2	3	4	
高级熟练工		工时						
熟练工		工时						
半熟练工		工时						
普工		工时	0.7	0.7	0.7	0.7	0.7	
合计		工时	0.7	0.7	0.7	0.7	0.7	
零星材料费		元	30	30	30	30	30	
挖掘机	液压正铲 $8m^3$	台时	0.22	0.22	0.22	0.22	0.22	
推土机	132kW	台时	0.07	0.07	0.07	0.07	0.07	
自卸汽车	30t	台时	1.14	1.44	1.95	2.46	2.97	0.42
	32t	台时	1.06	1.33	1.78	2.24	2.70	0.38
	40t	台时	0.92	1.13	1.50	1.87	2.25	0.31
	45t	台时	0.80	0.97	1.27	1.56	1.85	0.25
	50t	台时	0.75	0.91	1.17	1.44	1.71	0.23
	65t	台时	0.70	0.83	1.08	1.32	1.56	0.20
	68t	台时	0.69	0.82	1.05	1.29	1.51	0.20
	77t	台时	0.64	0.76	0.96	1.16	1.37	0.16
其他机械使用费		元	3	3	3	3	3	
编号			10473	10474	10475	10476	10477	10478

1.33　$9m^3$挖掘机装土　自卸汽车运输

适用范围：露天作业。

工作内容：挖装、运输、卸除、空回。

1.33.1　Ⅰ～Ⅱ　类　土

单位：$100m^3$

项　目		单位	运　距（km）					每增运1km
			0.5	1	2	3	4	
高级熟练工		工时						
熟　练　工		工时						
半熟练工		工时						
普　　工		工时	0.5	0.5	0.5	0.5	0.5	
合　　计		工时	0.5	0.5	0.5	0.5	0.5	
零星材料费		元	30	30	30	30	30	
挖　掘　机	液压正铲　$9m^3$	台时	0.14	0.14	0.14	0.14	0.14	
推　土　机	132kW	台时	0.05	0.05	0.05	0.05	0.05	
自卸汽车	32t	台时	0.94	1.17	1.59	2.01	2.42	0.38
	40t	台时	0.80	1.00	1.34	1.67	2.01	0.31
	45t	台时	0.70	0.85	1.12	1.39	1.65	0.25
	50t	台时	0.66	0.80	1.04	1.29	1.52	0.23
	65t	台时	0.61	0.74	0.95	1.16	1.38	0.20
	68t	台时	0.60	0.72	0.94	1.14	1.35	0.20
	77t	台时	0.56	0.67	0.84	1.03	1.22	0.16
其他机械使用费		元	3	3	3	3	3	
编　号			10479	10480	10481	10482	10483	10484

1.33.2 Ⅲ 类 土

单位：$100m^3$

项目		单位	运距（km）					每增运1km
			0.5	1	2	3	4	
高级熟练工		工时						
熟练工		工时						
半熟练工		工时						
普工		工时	0.5	0.5	0.5	0.5	0.5	
合计		工时	0.5	0.5	0.5	0.5	0.5	
零星材料费		元	30	30	30	30	30	
挖掘机	液压正铲 $9m^3$	台时	0.16	0.16	0.16	0.16	0.16	
推土机	132kW	台时	0.05	0.05	0.05	0.05	0.05	
自卸汽车	32t	台时	0.99	1.24	1.68	2.11	2.54	0.38
	40t	台时	0.84	1.05	1.40	1.76	2.11	0.31
	45t	台时	0.74	0.90	1.18	1.46	1.74	0.25
	50t	台时	0.70	0.84	1.10	1.36	1.61	0.23
	65t	台时	0.65	0.77	1.00	1.23	1.45	0.20
	68t	台时	0.64	0.76	0.98	1.21	1.42	0.20
	77t	台时	0.59	0.70	0.90	1.08	1.28	0.16
其他机械使用费		元	3	3	3	3	3	
编号			10485	10486	10487	10488	10489	10490

1.33.3 Ⅳ 类土

单位：$100m^3$

项目		单位	运距（km）					每增运1km
			0.5	1	2	3	4	
高级熟练工		工时						
熟练工		工时						
半熟练工		工时						
普工		工时	0.6	0.6	0.6	0.6	0.6	
合计		工时	0.6	0.6	0.6	0.6	0.6	
零星材料费		元	30	30	30	30	30	
挖掘机	液压正铲 $9m^3$	台时	0.20	0.20	0.20	0.20	0.20	
推土机	132kW	台时	0.06	0.06	0.06	0.06	0.06	
自卸汽车	32t	台时	1.03	1.30	1.76	2.21	2.68	0.38
	40t	台时	0.89	1.10	1.47	1.84	2.21	0.31
	45t	台时	0.77	0.95	1.24	1.53	1.82	0.25
	50t	台时	0.73	0.89	1.15	1.42	1.69	0.23
	65t	台时	0.68	0.81	1.05	1.29	1.52	0.20
	68t	台时	0.67	0.80	1.03	1.26	1.49	0.20
	77t	台时	0.62	0.73	0.94	1.14	1.34	0.16
其他机械使用费		元	3	3	3	3	3	
编号			10491	10492	10493	10494	10495	10496

1.34 $10m^3$挖掘机装土 自卸汽车运输

适用范围：露天作业。

工作内容：挖装、运输、卸除、空回。

1.34.1 Ⅰ～Ⅱ 类 土

单位：$100m^3$

项目		单位	运距（km）					每增运1km
			0.5	1	2	3	4	
高级熟练工		工时						
熟练工		工时						
半熟练工		工时						
普工		工时	0.4	0.4	0.4	0.4	0.4	
合计		工时	0.4	0.4	0.4	0.4	0.4	
零星材料费		元	30	30	30	30	30	
挖掘机	液压正铲 $10m^3$	台时	0.13	0.13	0.13	0.13	0.13	
推土机	132kW	台时	0.04	0.04	0.04	0.04	0.04	
自卸汽车	40t	台时	0.78	0.98	1.32	1.66	1.99	0.31
	45t	台时	0.68	0.83	1.10	1.37	1.64	0.25
	50t	台时	0.64	0.78	1.03	1.27	1.51	0.23
	65t	台时	0.60	0.72	0.94	1.15	1.36	0.20
	68t	台时	0.59	0.71	0.92	1.12	1.33	0.20
	77t	台时	0.54	0.65	0.83	1.01	1.19	0.16
其他机械使用费		元	3	3	3	3	3	
编号			10497	10498	10499	10500	10501	10502

1.34.2 Ⅲ 类 土

单位：100m³

项目		单位	运距（km）					每增运1km
			0.5	1	2	3	4	
高级熟练工		工时						
熟练工		工时						
半熟练工		工时						
普工		工时	0.5	0.5	0.5	0.5	0.5	
合计		工时	0.5	0.5	0.5	0.5	0.5	
零星材料费		元	30	30	30	30	30	
挖掘机	液压正铲 10m³	台时	0.15	0.15	0.15	0.15	0.15	
推土机	132kW	台时	0.05	0.05	0.05	0.05	0.05	
自卸汽车	40t	台时	0.82	1.03	1.39	1.74	2.09	0.31
	45t	台时	0.72	0.89	1.16	1.44	1.72	0.25
	50t	台时	0.68	0.82	1.08	1.34	1.60	0.23
	65t	台时	0.63	0.76	0.99	1.21	1.43	0.20
	68t	台时	0.62	0.74	0.96	1.18	1.40	0.20
	77t	台时	0.57	0.68	0.88	1.07	1.26	0.16
其他机械使用费		元	3	3	3	3	3	
编号			10503	10504	10505	10506	10507	10508

1.34.3 Ⅳ 类 土

单位：$100m^3$

项目		单位	运距（km）					每增运1km
			0.5	1	2	3	4	
高级熟练工		工时						
熟练工		工时						
半熟练工		工时						
普工		工时	0.6	0.6	0.6	0.6	0.6	
合计		工时	0.6	0.6	0.6	0.6	0.6	
零星材料费		元	30	30	30	30	30	
挖掘机	液压正铲 $10m^3$	台时	0.19	0.19	0.19	0.19	0.19	
推土机	132kW	台时	0.06	0.06	0.06	0.06	0.06	
自卸汽车	40t	台时	0.87	1.08	1.45	1.83	2.20	0.31
	45t	台时	0.75	0.93	1.22	1.51	1.80	0.25
	50t	台时	0.71	0.87	1.13	1.40	1.67	0.23
	65t	台时	0.66	0.79	1.03	1.27	1.50	0.20
	68t	台时	0.65	0.78	1.01	1.25	1.47	0.20
	77t	台时	0.60	0.71	0.92	1.12	1.32	0.16
其他机械使用费		元	3	3	3	3	3	
编号			10509	10510	10511	10512	10513	10514

1.35 装载机挖运土

适用范围：露天作业。

工作内容：挖运、卸除、空回。

1.35.1 Ⅰ～Ⅱ 类 土

单位：100m³

项目		单位	挖卸土	运距（m）					
				50	100	200	300	400	500
高级熟练工		工时							
熟练工		工时							
半熟练工		工时							
普工		工时	1.7	1.7	1.7	1.7	1.7	1.7	1.7
合计		工时	1.7	1.7	1.7	1.7	1.7	1.7	1.7
零星材料费		元	22	22	22	22	22	22	22
推土机	88kW	台时	0.18	0.18	0.18	0.18	0.18	0.18	0.18
装载机	$1m^3$	台时	1.32	1.88	2.95	4.87	6.71	8.39	10.03
	$2m^3$	台时	0.75	0.94	1.46	2.43	3.35	4.19	5.01
	$3m^3$	台时	0.53	0.62	0.98	1.62	2.22	2.79	3.33
	$4m^3$	台时	0.42	0.47	0.73	1.22	1.67	2.09	2.50
	$5m^3$	台时	0.36	0.41	0.59	0.96	1.34	1.67	2.00
编号			10515	10516	10517	10518	10519	10520	10521

1.35.2 Ⅲ 类 土

单位：100m^3

项目		单位	挖卸土	运距（m）					
				50	100	200	300	400	500
高级熟练工		工时							
熟练工		工时							
半熟练工		工时							
普工		工时	2.0	2.0	2.0	2.0	2.0	2.0	2.0
合计		工时	2.0	2.0	2.0	2.0	2.0	2.0	2.0
零星材料费		元	22	22	22	22	22	22	22
推土机	88kW	台时	0.20	0.20	0.20	0.20	0.20	0.20	0.20
装载机	1m^3	台时	1.49	2.14	3.34	5.53	7.61	9.54	11.39
	2m^3	台时	0.85	1.06	1.66	2.76	3.80	4.76	5.69
	3m^3	台时	0.60	0.70	1.10	1.83	2.52	3.16	3.78
	4m^3	台时	0.48	0.54	0.83	1.38	1.90	2.38	2.84
	5m^3	台时	0.41	0.46	0.66	1.09	1.51	1.90	2.27
编号			10522	10523	10524	10525	10526	10527	10528

1.35.3 Ⅳ 类 土

单位：100m^3

项目		单位	挖卸土	运距（m）					
				50	100	200	300	400	500
高级熟练工		工时							
熟练工		工时							
半熟练工		工时							
普工		工时	2.8	2.8	2.8	2.8	2.8	2.8	2.8
合计		工时	2.8	2.8	2.8	2.8	2.8	2.8	2.8
零星材料费		元	22	22	22	22	22	22	22
推土机	88kW	台时	0.97	0.97	0.97	0.97	0.97	0.97	0.97
装载机	1m^3	台时	1.32	1.88	2.95	4.87	6.71	8.39	10.03
	2m^3	台时	0.75	0.94	1.46	2.43	3.35	4.19	5.01
	3m^3	台时	0.53	0.62	0.98	1.62	2.22	2.79	3.33
	4m^3	台时	0.42	0.47	0.73	1.22	1.67	2.09	2.50
	5m^3	台时	0.36	0.41	0.59	0.96	1.34	1.67	2.00
编号			10529	10530	10531	10532	10533	10534	10535

1.36 $1m^3$装载机装土 自卸汽车运输

适用范围：露天作业。

工作内容：挖装、运输、卸除、空回。Ⅳ类土包括推土机推松土。

1.36.1 Ⅰ～Ⅱ 类 土

单位：$100m^3$

项目		单位	运距（km）					每增运1km
			0.5	1	2	3	4	
高级熟练工		工时						
熟练工		工时						
半熟练工		工时						
普工		工时	4.5	4.5	4.5	4.5	4.5	
合计		工时	4.5	4.5	4.5	4.5	4.5	
零星材料费		元	22	22	22	22	22	
装载机	$1m^3$	台时	1.42	1.42	1.42	1.42	1.42	
推土机	74kW	台时	0.47	0.47	0.47	0.47	0.47	
自卸汽车	3.5t	台时	7.58	9.48	12.74	16.01	19.26	3.01
	5t	台时	5.72	6.95	9.06	11.19	13.30	1.95
	6.5t	台时	5.06	6.05	7.75	9.46	11.15	1.57
	8t	台时	4.54	5.35	6.73	8.12	9.50	1.28
	10t	台时	4.06	4.72	5.83	6.90	8.06	1.03
	12t	台时	3.75	4.32	5.29	6.27	7.25	0.91
其他机械使用费		元	3	3	3	3	3	
编号			10536	10537	10538	10539	10540	10541

1.36.2 Ⅲ 类土

单位：100m³

项目		单位	运距（km）					每增运1km
			0.5	1	2	3	4	
高级熟练工		工时						
熟练工		工时						
半熟练工		工时						
普工		工时	5.1	5.1	5.1	5.1	5.1	
合计		工时	5.1	5.1	5.1	5.1	5.1	
零星材料费		元	22	22	22	22	22	
装载机	1m³	台时	1.62	1.62	1.62	1.62	1.62	
推土机	74kW	台时	0.54	0.54	0.54	0.54	0.54	
自卸汽车	3.5t	台时	7.97	9.98	13.41	16.84	20.28	3.01
	5t	台时	6.03	7.32	9.55	11.77	14.00	1.95
	6.5t	台时	5.33	6.37	8.16	9.95	11.74	1.57
	8t	台时	4.78	5.62	7.09	8.54	9.99	1.28
	10t	台时	4.27	4.96	6.14	7.31	8.50	1.03
	12t	台时	3.94	4.54	5.57	6.60	7.63	0.91
其他机械使用费		元	3	3	3	3	3	
编号			10542	10543	10544	10545	10546	10547

1.36.3 Ⅳ类土

单位：100m³

项目		单位	运距（km）					每增运1km
			0.5	1	2	3	4	
高级熟练工		工时						
熟练工		工时						
半熟练工		工时						
普工		工时	5.7	5.7	5.7	5.7	5.7	
合计		工时	5.7	5.7	5.7	5.7	5.7	
零星材料费		元	22	22	22	22	22	
装载机	1m³	台时	1.42	1.42	1.42	1.42	1.42	
推土机	74kW	台时	1.29	1.29	1.29	1.29	1.29	
自卸汽车	3.5t	台时	7.97	9.98	13.41	16.84	20.28	3.01
	5t	台时	6.03	7.32	9.55	11.77	14.00	1.95
	6.5t	台时	5.33	6.37	8.16	9.95	11.74	1.57
	8t	台时	4.78	5.62	7.09	8.54	9.99	1.28
	10t	台时	4.27	4.96	6.14	7.31	8.50	1.03
	12t	台时	3.94	4.54	5.57	6.60	7.63	0.91
其他机械使用费		元	3	3	3	3	3	
编号			10548	10549	10550	10551	10552	10553

1.37 1.5m³装载机装土 自卸汽车运输

适用范围：露天作业。

工作内容：挖装、运输、卸除、空回。Ⅳ类土包括推土机推松土。

1.37.1 Ⅰ～Ⅱ 类 土

单位：100m³

项目		单位	运距（km）					每增运1km
			0.5	1	2	3	4	
高级熟练工		工时						
熟练工		工时						
半熟练工		工时						
普工		工时	3.2	3.2	3.2	3.2	3.2	
合计		工时	3.2	3.2	3.2	3.2	3.2	
零星材料费		元	22	22	22	22	22	
装载机	1.5m³	台时	1.01	1.01	1.01	1.01	1.01	
推土机	74kW	台时	0.34	0.34	0.34	0.34	0.34	
自卸汽车	5t	台时	5.05	6.27	8.38	10.51	12.62	1.95
	6.5t	台时	4.38	5.37	7.08	8.78	10.48	1.57
	8t	台时	3.86	4.67	6.06	7.44	8.82	1.28
	10t	台时	3.50	4.15	5.27	6.39	7.51	1.03
	12t	台时	3.27	3.83	4.81	5.79	6.77	0.91
	15t	台时	2.97	3.45	4.28	5.12	5.95	0.76
	18t	台时	2.75	3.18	3.92	4.66	5.40	0.68
	20t	台时	2.60	2.99	3.66	4.33	5.00	0.62
其他机械使用费		元	3	3	3	3	3	
编号			10554	10555	10556	10557	10558	10559

1.37.2 Ⅲ 类 土

单位：100m^3

项目		单位	运距（km）					每增运1km
			0.5	1	2	3	4	
高级熟练工		工时						
熟练工		工时						
半熟练工		工时						
普工		工时	3.6	3.6	3.6	3.6	3.6	
合计		工时	3.6	3.6	3.6	3.6	3.6	
零星材料费		元	22	22	22	22	22	
装载机	1.5m^3	台时	1.14	1.14	1.14	1.14	1.14	
推土机	74kW	台时	0.38	0.38	0.38	0.38	0.38	
自卸汽车	5t	台时	5.30	6.60	8.83	11.05	13.28	1.95
	6.5t	台时	4.60	5.65	7.45	9.24	11.03	1.57
	8t	台时	4.07	4.91	6.37	7.83	9.28	1.28
	10t	台时	3.69	4.37	5.55	6.73	7.90	1.03
	12t	台时	3.44	4.04	5.07	6.10	7.13	0.91
	15t	台时	3.12	3.64	4.51	5.39	6.26	0.76
	18t	台时	2.89	3.35	4.13	4.90	5.69	0.68
	20t	台时	2.73	3.14	3.86	4.55	5.25	0.62
其他机械使用费		元	3	3	3	3	3	
编号			10560	10561	10562	10563	10564	10565

1.37.3 Ⅳ 类 土

单位：100m³

项目		单位	运距（km）					每增运1km
			0.5	1	2	3	4	
高级熟练工		工时						
熟练工		工时						
半熟练工		工时						
普工		工时	4.4	4.4	4.4	4.4	4.4	
合计		工时	4.4	4.4	4.4	4.4	4.4	
零星材料费		元	22	22	22	22	22	
装载机	1.5m³	台时	1.01	1.01	1.01	1.01	1.01	
推土机	74kW	台时	1.15	1.15	1.15	1.15	1.15	
自卸汽车	5t	台时	5.05	6.27	8.38	10.51	12.62	1.95
	6.5t	台时	4.38	5.37	7.08	8.78	10.48	1.57
	8t	台时	3.86	4.67	6.06	7.44	8.82	1.28
	10t	台时	3.50	4.15	5.27	6.39	7.51	1.03
	12t	台时	3.27	3.83	4.81	5.79	6.77	0.91
	15t	台时	2.97	3.45	4.28	5.12	5.95	0.76
	18t	台时	2.75	3.18	3.92	4.66	5.40	0.68
	20t	台时	2.60	2.99	3.66	4.33	5.00	0.62
其他机械使用费		元	3	3	3	3	3	
编号			10566	10567	10568	10569	10570	10571

1.38 $2m^3$装载机装土 自卸汽车运输

适用范围： 露天作业。

工作内容： 挖装、运输、卸除、空回。Ⅳ类土包括推土机推松土。

1.38.1 Ⅰ～Ⅱ 类 土

单位：$100m^3$

项目		单位	运距（km） 0.5	1	2	3	4	每增运1km
高级熟练工		工时						
熟练工		工时						
半熟练工		工时						
普工		工时	2.6	2.6	2.6	2.6	2.6	
合计		工时	2.6	2.6	2.6	2.6	2.6	
零星材料费		元	22	22	22	22	22	
装载机	$2m^3$	台时	0.81	0.81	0.81	0.81	0.81	
推土机	74kW	台时	0.27	0.27	0.27	0.27	0.27	
自卸汽车	6.5t	台时	4.51	5.61	7.50	9.38	11.27	1.57
	8t	台时	3.94	4.83	6.37	7.90	9.43	1.28
	10t	台时	3.54	4.26	5.50	6.74	7.98	1.03
	12t	台时	3.28	3.91	5.00	6.08	7.17	0.91
	15t	台时	3.01	3.54	4.47	5.40	6.31	0.76
	18t	台时	2.82	3.31	4.12	4.93	5.76	0.68
	20t	台时	2.65	3.08	3.82	4.56	5.30	0.62
	25t	台时	2.38	2.74	3.36	3.98	4.59	0.52
	27t	台时	2.13	2.43	2.94	3.45	3.96	0.42
其他机械使用费		元	3	3	3	3	3	
编号			10572	10573	10574	10575	10576	10577

1.38.2 Ⅲ 类 土

单位：100m³

项 目		单位	运 距（km）					每增运 1km
			0.5	1	2	3	4	
高级熟练工		工时						
熟练工		工时						
半熟练工		工时						
普工		工时	3.0	3.0	3.0	3.0	3.0	
合计		工时	3.0	3.0	3.0	3.0	3.0	
零星材料费		元	22	22	22	22	22	
装载机	$2m^3$	台时	0.93	0.93	0.93	0.93	0.93	
推土机	74kW	台时	0.31	0.31	0.31	0.30	0.31	
自卸汽车	6.5t	台时	4.28	5.34	7.13	8.91	10.70	1.57
	8t	台时	3.75	4.59	6.05	7.51	8.96	1.28
	10t	台时	3.36	4.05	5.22	6.41	7.58	1.03
	12t	台时	3.12	3.72	4.75	5.78	6.81	0.91
	15t	台时	2.86	3.37	4.24	5.12	6.00	0.76
	18t	台时	2.68	3.13	3.91	4.69	5.47	0.68
	20t	台时	2.51	2.93	3.64	4.34	5.04	0.62
	25t	台时	2.26	2.60	3.19	3.78	4.37	0.52
	27t	台时	2.02	2.31	2.79	3.28	3.76	0.42
其他机械使用费		元	3	3	3	3	3	
编号			10578	10579	10580	10581	10582	10583

1.38.3 Ⅳ 类 土

单位：100m³

项 目		单位	运 距（km）					每增运1km
			0.5	1	2	3	4	
高级熟练工		工时						
熟练工		工时						
半熟练工		工时						
普工		工时	3.8	3.8	3.8	3.8	3.8	
合计		工时	3.8	3.8	3.8	3.8	3.8	
零星材料费		元	22	22	22	22	22	
装载机	2m³	台时	0.81	0.81	0.81	0.81	0.81	
推土机	74kW	台时	1.08	1.08	1.08	1.08	1.08	
自卸汽车	6.5t	台时	4.51	5.61	7.50	9.38	11.27	1.57
	8t	台时	3.94	4.83	6.37	7.90	9.43	1.28
	10t	台时	3.54	4.26	5.50	6.74	7.98	1.03
	12t	台时	3.28	3.91	5.00	6.08	7.17	0.91
	15t	台时	3.01	3.54	4.47	5.40	6.31	0.76
	18t	台时	2.82	3.31	4.12	4.93	5.76	0.68
	20t	台时	2.65	3.08	3.82	4.56	5.30	0.62
	25t	台时	2.38	2.74	3.36	3.98	4.59	0.52
	27t	台时	2.13	2.43	2.94	3.45	3.96	0.42
其他机械使用费		元	3	3	3	3	3	
编号			10584	10585	10586	10587	10588	10589

1.39 $3m^3$装载机装土 自卸汽车运输

适用范围：露天作业。

工作内容：挖装、运输、卸除、空回。Ⅳ类土包括推土机推松土。

1.39.1 Ⅰ～Ⅱ 类 土

单位：$100m^3$

项目		单位	运距（km）					每增运1km
			0.5	1	2	3	4	
高级熟练工		工时						
熟练工		工时						
半熟练工		工时						
普工		工时	1.9	1.9	1.9	1.9	1.9	
合计		工时	1.9	1.9	1.9	1.9	1.9	
零星材料费		元	22	22	22	22	22	
装载机	$3m^3$	台时	0.58	0.58	0.58	0.58	0.58	
推土机	74kW	台时	0.20	0.20	0.20	0.20	0.20	
自卸汽车	10t	台时	2.80	3.45	4.57	5.69	6.81	1.03
	12t	台时	2.56	3.13	4.11	5.09	6.07	0.91
	15t	台时	2.32	2.80	3.64	4.47	5.30	0.76
	18t	台时	2.16	2.60	3.34	4.07	4.81	0.68
	20t	台时	2.05	2.44	3.11	3.78	4.44	0.62
	25t	台时	1.86	2.19	2.75	3.31	3.86	0.52
	27t	台时	1.78	2.08	2.60	3.11	3.63	0.47
	30t	台时	1.19	1.93	2.39	2.84	3.31	0.42
	32t	台时	1.56	1.79	2.20	2.63	3.04	0.38
	40t	台时	1.38	1.58	1.91	2.25	2.58	0.31
其他机械使用费		元	3	3	3	3	3	
编号			10590	10591	10592	10593	10594	10595

1.39.2 Ⅲ 类 土

单位：100m³

项目		单位	运距（km）					每增运1km
			0.5	1	2	3	4	
高级熟练工		工时						
熟练工		工时						
半熟练工		工时						
普工		工时	2.1	2.1	2.1	2.1	2.1	
合计		工时	2.1	2.1	2.1	2.1	2.1	
零星材料费		元	22	22	22	22	22	
装载机	$3m^3$	台时	0.65	0.65	0.65	0.65	0.65	
推土机	74kW	台时	0.22	0.22	0.22	0.22	0.22	
自卸汽车	10t	台时	2.95	3.64	4.81	5.98	7.17	1.03
	12t	台时	2.70	3.30	4.33	5.36	6.39	0.91
	15t	台时	2.44	2.96	3.83	4.71	5.58	0.76
	18t	台时	2.28	2.73	3.51	4.28	5.07	0.68
	20t	台时	2.15	2.56	3.27	3.98	4.68	0.62
	25t	台时	1.96	2.31	2.89	3.48	4.07	0.52
	27t	台时	1.87	2.19	2.74	3.28	3.82	0.47
	30t	台时	1.74	2.03	2.51	3.00	3.48	0.42
	32t	台时	1.64	1.88	2.33	2.76	3.19	0.38
	40t	台时	1.45	1.66	2.01	2.36	2.72	0.31
其他机械使用费		元	3	3	3	3	3	
编号			10596	10597	10598	10599	10600	10601

1.39.3 Ⅳ 类 土

单位：100m³

项　目		单位	运距（km）					每增运1km
			0.5	1	2	3	4	
高级熟练工		工时						
熟练工		工时						
半熟练工		工时						
普工		工时	3.0	3.0	3.0	3.0	3.0	
合计		工时	3.0	3.0	3.0	3.0	3.0	
零星材料费		元	22	22	22	22	22	
装载机	3m³	台时	0.58	0.58	0.58	0.58	0.58	
推土机	74kW	台时	1.01	1.01	1.01	1.01	1.01	
自卸汽车	10t	台时	2.80	3.45	4.57	5.69	6.81	1.03
	12t	台时	2.56	3.13	4.11	5.09	6.07	0.91
	15t	台时	2.32	2.80	3.64	4.47	5.30	0.76
	18t	台时	2.16	2.60	3.34	4.07	4.81	0.68
	20t	台时	2.05	2.44	3.11	3.78	4.44	0.62
	25t	台时	1.86	2.19	2.75	3.31	3.86	0.52
	27t	台时	1.78	2.08	2.60	3.11	3.63	0.47
	30t	台时	1.19	1.93	2.39	2.84	3.31	0.42
	32t	台时	1.56	1.79	2.20	2.63	3.04	0.38
	40t	台时	1.38	1.58	1.91	2.25	2.58	0.31
其他机械使用费		元	3	3	3	3	3	
编　号			10602	10603	10604	10605	10606	10607

1.40 $4m^3$装载机装土 自卸汽车运输

适用范围：露天作业。

工作内容：挖装、运输、卸除、空回。Ⅳ类土包括推土机推松土。

1.40.1 Ⅰ～Ⅱ 类 土

单位：$100m^3$

项目		单位	运距（km）					每增运1km
			0.5	1	2	3	4	
高级熟练工		工时						
熟练工		工时						
半熟练工		工时						
普工		工时	1.4	1.4	1.4	1.4	1.4	
合计		工时	1.4	1.4	1.4	1.4	1.4	
零星材料费		元	22	22	22	22	22	
装载机	$4m^3$	台时	0.46	0.46	0.46	0.46	0.46	
推土机	88kW	台时	0.15	0.15	0.15	0.15	0.15	
自卸汽车	15t	台时	2.14	2.63	3.46	4.30	5.12	0.76
	18t	台时	1.98	2.41	3.15	3.89	4.62	0.68
	20t	台时	1.86	2.26	2.93	3.59	4.26	0.62
	25t	台时	1.68	2.01	2.56	3.13	3.69	0.52
	27t	台时	1.61	1.91	2.43	2.95	3.46	0.47
	30t	台时	1.51	1.78	2.25	2.71	3.16	0.42
	32t	台时	1.43	1.68	2.09	2.50	2.91	0.38
	40t	台时	1.26	1.45	1.79	2.12	2.46	0.31
	45t	台时	1.11	1.27	1.53	1.79	2.06	0.25
其他机械使用费		元	3	3	3	3	3	
编号			10608	10609	10610	10611	10612	10613

1.40.2 Ⅲ 类 土

单位：100m³

项目		单位	运距（km）					每增运1km
			0.5	1	2	3	4	
高级熟练工		工时						
熟练工		工时						
半熟练工		工时						
普工		工时	1.6	1.6	1.6	1.6	1.6	
合计		工时	1.6	1.6	1.6	1.6	1.6	
零星材料费		元	22	22	22	22	22	
装载机	4m³	台时	0.53	0.53	0.53	0.53	0.53	
推土机	88kW	台时	0.18	0.18	0.18	0.18	0.18	
自卸汽车	15t	台时	2.26	2.76	3.64	4.52	5.40	0.76
	18t	台时	2.09	2.54	3.32	4.01	4.87	0.68
	20t	台时	1.97	2.38	3.08	3.78	4.49	0.62
	25t	台时	1.77	2.11	2.70	3.30	3.88	0.52
	27t	台时	1.69	2.01	2.55	3.10	3.64	0.47
	30t	台时	1.60	1.87	2.37	2.85	3.34	0.42
	32t	台时	1.50	1.76	2.19	2.64	3.07	0.38
	40t	台时	1.32	1.52	1.88	2.24	2.59	0.31
	45t	台时	1.17	1.33	1.62	1.90	2.17	0.25
其他机械使用费		元	3	3	3	3	3	
编号			10614	10615	10616	10617	10618	10619

1.40.3 Ⅳ 类 土

单位：$100m^3$

项目		单位	运距（km）					每增运1km
			0.5	1	2	3	4	
高级熟练工		工时						
熟练工		工时						
半熟练工		工时						
普工		工时	2.6	2.6	2.6	2.6	2.6	
合计		工时	2.6	2.6	2.6	2.6	2.6	
零星材料费		元	22	22	22	22	22	
装载机	$4m^3$	台时	0.46	0.46	0.46	0.46	0.46	
推土机	88kW	台时	0.95	0.95	0.95	0.95	0.95	
自卸汽车	15t	台时	2.14	2.63	3.46	4.30	5.12	0.76
	18t	台时	1.98	2.41	3.15	3.89	4.62	0.68
	20t	台时	1.86	2.26	2.93	3.59	4.26	0.62
	25t	台时	1.68	2.01	2.56	3.13	3.69	0.52
	27t	台时	1.61	1.91	2.43	2.95	3.46	0.47
	30t	台时	1.51	1.78	2.25	2.71	3.16	0.42
	40t	台时	1.43	1.68	2.09	2.50	2.91	0.38
	45t	台时	1.26	1.45	1.79	2.12	2.46	0.31
其他机械使用费		元	3	3	3	3	3	
编号			10620	10621	10622	10623	10624	10625

1.41　$5m^3$装载机装土　自卸汽车运输

适用范围： 露天作业。

工作内容： 挖装、运输、卸除、空回。Ⅳ类土包括推土机推松土。

1.41.1　Ⅰ～Ⅱ　类　土

单位：$100m^3$

项　　目		单位	运距（km） 0.5	1	2	3	4	每增运1km
高级熟练工		工时						
熟练工		工时						
半熟练工		工时						
普工		工时	1.2	1.2	1.2	1.2	1.2	
合计		工时	1.2	1.2	1.2	1.2	1.2	
零星材料费		元	22	22	22	22	22	
装载机	$5m^3$	台时	0.39	0.39	0.39	0.39	0.39	
推土机	88kW	台时	0.13	0.13	0.13	0.13	0.13	
自卸汽车	18t	台时	1.87	2.31	3.04	3.78	4.52	0.68
	20t	台时	1.76	2.15	2.81	3.48	4.15	0.62
	25t	台时	1.58	1.90	2.46	3.02	3.57	0.52
	27t	台时	1.50	1.80	2.32	2.83	3.35	0.47
	30t	台时	1.41	1.68	2.14	2.60	3.06	0.42
	32t	台时	1.33	1.58	1.99	2.40	2.81	0.38
	40t	台时	1.18	1.38	1.72	2.05	2.39	0.31
	45t	台时	1.04	1.19	1.46	1.72	1.99	0.25
	50t	台时	0.99	1.12	1.37	1.62	1.85	0.23
	65t	台时	0.92	1.05	1.26	1.47	1.69	0.20
	68t	台时	0.91	1.03	1.24	1.44	1.66	0.20
其他机械使用费		元	3	3	3	3	3	
编号			10626	10627	10628	10629	10630	10631

1.41.2 Ⅲ 类 土

单位：100m³

项　　目		单位	运距（km）					每增运1km
			0.5	1	2	3	4	
高级熟练工		工时						
熟练工		工时						
半熟练工		工时						
普工		工时	1.4	1.4	1.4	1.4	1.4	
合计		工时	1.4	1.4	1.4	1.4	1.4	
零星材料费		元	22	22	22	22	22	
装载机	5m³	台时	0.44	0.44	0.44	0.44	0.44	
推土机	88kW	台时	0.14	0.14	0.14	0.14	0.14	
自卸汽车	18t	台时	1.97	2.43	3.20	3.98	4.76	0.68
	20t	台时	1.85	2.27	2.97	3.67	4.38	0.62
	25t	台时	1.66	2.00	2.59	3.17	3.77	0.52
	27t	台时	1.58	1.90	2.44	2.99	3.52	0.47
	30t	台时	1.48	1.76	2.25	2.73	3.22	0.42
	32t	台时	1.40	1.66	2.09	2.52	2.97	0.38
	40t	台时	1.25	1.45	1.80	2.16	2.51	0.31
	45t	台时	1.09	1.26	1.53	1.81	2.09	0.25
	50t	台时	1.04	1.18	1.44	1.70	1.96	0.23
	65t	台时	0.97	1.10	1.33	1.56	1.78	0.20
	68t	台时	0.96	1.08	1.30	1.52	1.74	0.20
其他机械使用费		元	3	3	3	3	3	
编　　号			10632	10633	10634	10635	10636	10637

1.41.3 Ⅳ 类 土

单位：100m³

项目		单位	运距（km）					每增运1km
			0.5	1	2	3	4	
高级熟练工		工时						
熟练工		工时						
半熟练工		工时						
普工		工时	2.4	2.4	2.4	2.4	2.4	
合计		工时	2.4	2.4	2.4	2.4	2.4	
零星材料费		元	22	22	22	22	22	
装载机	5m³	台时	0.39	0.39	0.39	0.39	0.39	
推土机	88kW	台时	0.93	0.93	0.93	0.93	0.93	
自卸汽车	18t	台时	1.87	2.31	3.04	3.78	4.52	0.68
	20t	台时	1.76	2.15	2.81	3.48	4.15	0.62
	25t	台时	1.58	1.90	2.46	3.02	3.57	0.52
	27t	台时	1.50	1.80	2.32	2.83	3.35	0.47
	30t	台时	1.41	1.68	2.14	2.60	3.06	0.42
	32t	台时	1.33	1.58	1.99	2.40	2.81	0.38
	40t	台时	1.18	1.38	1.72	2.05	2.39	0.31
	45t	台时	1.04	1.19	1.46	1.72	1.99	0.25
	50t	台时	0.99	1.12	1.37	1.62	1.85	0.23
	65t	台时	0.92	1.05	1.26	1.47	1.69	0.20
	68t	台时	0.91	1.03	1.24	1.44	1.66	0.20
其他机械使用费		元	3	3	3	3	3	
编号			10638	10639	10640	10641	10642	10643

1.42 6m³装载机装土 自卸汽车运输

适用范围：露天作业。

工作内容：挖装、运输、卸除、空回。Ⅳ类土包括推土机推松土。

1.42.1 Ⅰ～Ⅱ 类 土

单位：100m³

项目		单位	运距（km） 0.5	1	2	3	4	每增运1km
高级熟练工		工时						
熟练工		工时						
半熟练工		工时						
普工		工时	1.1	1.1	1.1	1.1	1.1	
合计		工时	1.1	1.1	1.1	1.1	1.1	
零星材料费		元	22	22	22	22	22	
装载机	6m³	台时	0.35	0.35	0.35	0.35	0.35	
推土机	88kW	台时	0.11	0.11	0.11	0.11	0.11	
自卸汽车	25t	台时	1.50	1.82	2.39	2.95	3.50	0.52
	27t	台时	1.41	1.73	2.25	2.76	3.28	0.47
	30t	台时	1.34	1.61	2.06	2.52	2.99	0.42
	32t	台时	1.26	1.50	1.92	2.33	2.74	0.38
	40t	台时	1.12	1.32	1.66	2.00	2.33	0.31
	45t	台时	0.99	1.14	1.41	1.68	1.95	0.25
	50t	台时	0.94	1.08	1.32	1.57	1.80	0.23
	65t	台时	0.88	1.00	1.22	1.43	1.64	0.20
	68t	台时	0.85	0.98	1.18	1.40	1.61	0.20
	77t	台时	0.80	0.91	1.09	1.28	1.45	0.16
其他机械使用费		元	3	3	3	3	3	
编号			10644	10645	10646	10647	10648	10649

1.42.2 Ⅲ 类 土

单位：100m³

项目		单位	运距（km）					每增运1km
			0.5	1	2	3	4	
高级熟练工		工时						
熟练工		工时						
半熟练工		工时						
普工		工时	1.2	1.2	1.2	1.2	1.2	
合计		工时	1.2	1.2	1.2	1.2	1.2	
零星材料费		元	22	22	22	22	22	
装载机	$6m^3$	台时	0.40	0.40	0.40	0.40	0.40	
推土机	88kW	台时	0.13	0.13	0.13	0.13	0.13	
自卸汽车	25t	台时	1.58	1.93	2.51	3.10	3.69	0.52
	27t	台时	1.50	1.82	2.36	2.90	3.45	0.47
	30t	台时	1.41	1.69	2.17	2.66	3.14	0.42
	32t	台时	1.33	1.58	2.02	2.45	2.88	0.38
	40t	台时	1.18	1.39	1.75	2.10	2.45	0.31
	45t	台时	1.04	1.21	1.48	1.76	2.04	0.25
	50t	台时	0.99	1.13	1.39	1.65	1.91	0.23
	65t	台时	0.92	1.05	1.28	1.50	1.73	0.20
	68t	台时	0.91	1.03	1.26	1.47	1.69	0.20
	77t	台时	0.84	0.96	1.14	1.34	1.53	0.16
其他机械使用费		元	3	3	3	3	3	
编号			10650	10651	10652	10653	10654	10655

1.42.3 Ⅳ 类 土

单位：$100m^3$

项目		单位	运距（km） 0.5	1	2	3	4	每增运1km
高级熟练工		工时						
熟练工		工时						
半熟练工		工时						
普工		工时	2.3	2.3	2.3	2.3	2.3	
合计		工时	2.3	2.3	2.3	2.3	2.3	
零星材料费		元	22	22	22	22	22	
装载机	$6m^3$	台时	0.35	0.35	0.35	0.35	0.35	
推土机	88kW	台时	0.91	0.91	0.91	0.91	0.91	
自卸汽车	25t	台时	1.50	1.82	2.39	2.95	3.50	0.52
	27t	台时	1.41	1.73	2.25	2.76	3.28	0.47
	30t	台时	1.34	1.61	2.06	2.52	2.99	0.42
	32t	台时	1.26	1.50	1.92	2.33	2.74	0.38
	40t	台时	1.12	1.32	1.66	2.00	2.33	0.31
	45t	台时	0.99	1.14	1.41	1.68	1.95	0.25
	50t	台时	0.94	1.08	1.32	1.57	1.80	0.23
	65t	台时	0.88	1.00	1.22	1.43	1.64	0.20
	68t	台时	0.85	0.98	1.18	1.40	1.61	0.20
	77t	台时	0.80	0.91	1.09	1.28	1.45	0.16
其他机械使用费		元	3	3	3	3	3	
编号			10656	10657	10658	10659	10660	10661

1.43 $7m^3$装载机装土 自卸汽车运输

适用范围：露天作业。

工作内容：挖装、运输、卸除、空回。Ⅳ类土包括推土机推松土。

1.43.1 Ⅰ～Ⅱ 类 土

单位：$100m^3$

项目		单位	运距（km）					每增运1km
			0.5	1	2	3	4	
高级熟练工		工时						
熟练工		工时						
半熟练工		工时						
普工		工时	1.0	1.0	1.0	1.0	1.0	
合计		工时	1.0	1.0	1.0	1.0	1.0	
零星材料费		元	22	22	22	22	22	
装载机	$7m^3$	台时	0.32	0.32	0.32	0.32	0.32	
推土机	132kW	台时	0.10	0.10	0.10	0.10	0.10	
自卸汽车	27t	台时	1.38	1.68	2.19	2.71	3.22	0.47
	30t	台时	1.29	1.56	2.01	2.47	2.94	0.42
	32t	台时	1.21	1.45	1.86	2.28	2.69	0.38
	40t	台时	1.07	1.27	1.61	1.95	2.28	0.31
	45t	台时	0.96	1.11	1.38	1.64	1.91	0.25
	50t	台时	0.91	1.04	1.29	1.53	1.77	0.23
	65t	台时	0.83	0.97	1.17	1.39	1.61	0.20
	68t	台时	0.82	0.95	1.15	1.36	1.58	0.20
	77t	台时	0.76	0.88	1.05	1.24	1.42	0.16
其他机械使用费		元	3	3	3	3	3	
编号			10662	10663	10664	10665	10666	10667

1.43.2 Ⅲ 类 土

单位：100m³

项目		单位	运距（km）					每增运1km
			0.5	1	2	3	4	
高级熟练工		工时						
熟练工		工时						
半熟练工		工时						
普工		工时	1.1	1.1	1.1	1.1	1.1	
合计		工时	1.1	1.1	1.1	1.1	1.1	
零星材料费		元	22	22	22	22	22	
装载机	$7m^3$	台时	0.36	0.36	0.36	0.36	0.36	
推土机	132kW	台时	0.12	0.12	0.12	0.12	0.12	
自卸汽车	27t	台时	1.45	1.76	2.31	2.85	3.40	0.47
	30t	台时	1.35	1.64	2.12	2.61	3.09	0.42
	32t	台时	1.27	1.52	1.96	2.40	2.83	0.38
	40t	台时	1.13	1.34	1.69	2.05	2.40	0.31
	45t	台时	1.01	1.17	1.45	1.73	2.01	0.25
	50t	台时	0.95	1.10	1.36	1.61	1.86	0.23
	65t	台时	0.89	1.02	1.24	1.46	1.69	0.20
	68t	台时	0.87	1.00	1.22	1.43	1.66	0.20
	77t	台时	0.80	0.92	1.11	1.31	1.49	0.16
其他机械使用费		元	3	3	3	3	3	
编号			10668	10669	10670	10671	10672	10673

1.43.3 Ⅳ 类 土

单位：100m³

项目		单位	运距（km）					每增运1km
			0.5	1	2	3	4	
高级熟练工		工时						
熟练工		工时						
半熟练工		工时						
普工		工时	2.3	2.3	2.3	2.3	2.3	
合计		工时	2.3	2.3	2.3	2.3	2.3	
零星材料费		元	22	22	22	22	22	
装载机	7m³	台时	0.32	0.32	0.32	0.32	0.32	
推土机	132kW	台时	0.95	0.95	0.95	0.95	0.95	
自卸汽车	27t	台时	1.38	1.68	2.19	2.71	3.22	0.47
	30t	台时	1.29	1.56	2.01	2.47	2.94	0.42
	32t	台时	1.21	1.45	1.86	2.28	2.69	0.38
	40t	台时	1.07	1.27	1.61	1.95	2.28	0.31
	45t	台时	0.96	1.11	1.38	1.64	1.91	0.25
	50t	台时	0.91	1.04	1.29	1.53	1.77	0.23
	65t	台时	0.83	0.97	1.17	1.39	1.61	0.20
	68t	台时	0.82	0.95	1.15	1.36	1.58	0.20
	77t	台时	0.76	0.88	1.05	1.24	1.42	0.16
其他机械使用费		元	3	3	3	3	3	
编号			10674	10675	10676	10677	10678	10679

1.44 8m³装载机装土 自卸汽车运输

适用范围：露天作业。

工作内容：挖装、运输、卸除、空回。Ⅳ类土包括推土机推松土。

1.44.1 Ⅰ～Ⅱ 类 土

单位：100m³

项目		单位	运距（km） 0.5	1	2	3	4	每增运1km
高级熟练工		工时						
熟练工		工时						
半熟练工		工时						
普工		工时	0.9	0.9	0.9	0.9	0.9	
合计		工时	0.9	0.9	0.9	0.9	0.9	
零星材料费		元	22	22	22	22	22	
装载机	8m³	台时	0.29	0.29	0.29	0.29	0.29	
推土机	132kW	台时	0.09	0.09	0.09	0.09	0.09	
自卸汽车	30t	台时	1.25	1.51	1.98	2.43	2.89	0.42
	32t	台时	1.16	1.41	1.82	2.24	2.65	0.38
	40t	台时	1.04	1.24	1.57	1.91	2.25	0.31
	45t	台时	0.93	1.08	1.35	1.62	1.88	0.25
	50t	台时	0.88	1.02	1.26	1.50	1.75	0.23
	65t	台时	0.81	0.94	1.15	1.37	1.59	0.20
	68t	台时	0.80	0.92	1.13	1.34	1.55	0.20
	77t	台时	0.74	0.84	1.03	1.22	1.39	0.16
其他机械使用费		元	3	3	3	3	3	
编号			10680	10681	10682	10683	10684	10685

1.44.2 Ⅲ 类 土

单位：100m³

项目		单位	运距（km）					每增运1km
			0.5	1	2	3	4	
高级熟练工		工时						
熟练工		工时						
半熟练工		工时						
普工		工时	1.1	1.1	1.1	1.1	1.1	
合计		工时	1.1	1.1	1.1	1.1	1.1	
零星材料费		元	22	22	22	22	22	
装载机	8m³	台时	0.33	0.33	0.33	0.33	0.33	
推土机	132kW	台时	0.11	0.11	0.11	0.11	0.11	
自卸汽车	30t	台时	1.31	1.60	2.08	2.56	3.05	0.42
	32t	台时	1.23	1.48	1.92	2.36	2.79	0.38
	40t	台时	1.09	1.30	1.65	2.01	2.36	0.31
	45t	台时	0.98	1.14	1.42	1.70	1.98	0.25
	50t	台时	0.93	1.07	1.33	1.59	1.83	0.23
	65t	台时	0.85	0.99	1.22	1.44	1.67	0.20
	68t	台时	0.84	0.97	1.18	1.41	1.63	0.20
	77t	台时	0.78	0.90	1.08	1.28	1.47	0.16
其他机械使用费		元	3	3	3	3	3	
编号			10686	10687	10688	10689	10690	10691

1.44.3 Ⅳ 类 土

单位：100m³

项目		单位	运距（km）					每增运1km
			0.5	1	2	3	4	
高级熟练工		工时						
熟练工		工时						
半熟练工		工时						
普工		工时	2.2	2.2	2.2	2.2	2.2	
合计		工时	2.2	2.2	2.2	2.2	2.2	
零星材料费		元	22	22	22	22	22	
装载机	$8m^3$	台时	0.30	0.30	0.30	0.30	0.30	
推土机	132kW	台时	0.09	0.09	0.09	0.09	0.09	
自卸汽车	30t	台时	1.29	1.56	2.04	2.50	2.98	0.43
	32t	台时	1.19	1.45	1.87	2.31	2.73	0.39
	40t	台时	1.07	1.28	1.62	1.97	2.32	0.32
	45t	台时	0.96	1.11	1.39	1.67	1.94	0.26
	50t	台时	0.91	1.05	1.30	1.55	1.80	0.24
	65t	台时	0.83	0.97	1.18	1.41	1.64	0.21
	68t	台时	0.82	0.95	1.16	1.38	1.60	0.21
	77t	台时	0.76	0.87	1.06	1.26	1.47	0.16
其他机械使用费		元	3	3	3	3	3	
编号			10692	10693	10694	10695	10696	10697

1.45 $9m^3$装载机装土 自卸汽车运输

适用范围： 露天作业。

工作内容： 挖装、运输、卸除、空回。Ⅳ类土包括推土机推松土。

1.45.1 Ⅰ～Ⅱ 类 土

单位：$100m^3$

项目		单位	运距（km）					每增运1km
			0.5	1	2	3	4	
高级熟练工		工时						
熟练工		工时						
半熟练工		工时						
普工		工时	0.9	0.9	0.9	0.9	0.9	
合计		工时	0.9	0.9	0.9	0.9	0.9	
零星材料费		元	22	22	22	22	22	
装载机	$9m^3$	台时	0.28	0.28	0.28	0.28	0.28	
推土机	132kW	台时	0.09	0.09	0.09	0.09	0.09	
自卸汽车	32t	台时	1.13	1.38	1.79	2.21	2.63	0.38
	40t	台时	1.01	1.21	1.53	1.87	2.21	0.31
	45t	台时	0.91	1.06	1.33	1.59	1.85	0.25
	50t	台时	0.85	1.00	1.25	1.48	1.73	0.23
	65t	台时	0.79	0.92	1.13	1.35	1.57	0.20
	68t	台时	0.78	0.90	1.11	1.32	1.52	0.20
	77t	台时	0.72	0.82	1.01	1.19	1.38	0.16
其他机械使用费		元	3	3	3	3	3	
编号			10698	10699	10700	10701	10702	10703

1.45.2 Ⅲ 类 土

单位：100m³

项目		单位	运距（km）					每增运1km
			0.5	1	2	3	4	
高级熟练工		工时						
熟练工		工时						
半熟练工		工时						
普工		工时	1.0	1.0	1.0	1.0	1.0	
合计		工时	1.0	1.0	1.0	1.0	1.0	
零星材料费		元	22	22	22	22	22	
装载机	$9m^3$	台时	0.31	0.31	0.31	0.31	0.31	
推土机	132kW	台时	0.10	0.10	0.10	0.10	0.10	
自卸汽车	32t	台时	1.19	1.45	1.88	2.33	2.76	0.38
	40t	台时	1.06	1.27	1.62	1.98	2.33	0.31
	45t	台时	0.93	1.11	1.39	1.67	1.96	0.25
	50t	台时	0.91	1.05	1.31	1.57	1.81	0.23
	65t	台时	0.83	0.97	1.19	1.42	1.65	0.20
	68t	台时	0.82	0.95	1.16	1.39	1.61	0.20
	77t	台时	0.76	0.87	1.06	1.26	1.45	0.16
其他机械使用费		元	3	3	3	3	3	
编号			10704	10705	10706	10707	10708	10709

1.45.3 Ⅳ 类 土

单位：100m³

项目		单位	运距（km）					每增运1km
			0.5	1	2	3	4	
高级熟练工		工时						
熟练工		工时						
半熟练工		工时						
普工		工时	2.2	2.2	2.2	2.2	2.2	
合计		工时	2.2	2.2	2.2	2.2	2.2	
零星材料费		元	22	22	22	22	22	
装载机	$9m^3$	台时	0.28	0.28	0.28	0.28	0.28	
推土机	132kW	台时	0.94	0.94	0.94	0.94	0.94	
自卸汽车	32t	台时	1.13	1.38	1.79	2.20	2.63	0.38
	40t	台时	1.01	1.21	1.53	1.87	2.21	0.31
	45t	台时	0.91	1.06	1.33	1.59	1.85	0.25
	50t	台时	0.85	1.00	1.25	1.48	1.73	0.23
	65t	台时	0.79	0.92	1.13	1.35	1.55	0.20
	68t	台时	0.78	0.90	1.11	1.32	1.52	0.20
	77t	台时	0.72	0.82	1.01	1.19	1.38	0.16
其他机械使用费		元	3	3	3	3	3	
编号			10710	10711	10712	10713	10714	10715

1.46　$10m^3$装载机装土　自卸汽车运输

适用范围：露天作业。

工作内容：挖装、运输、卸除、空回。Ⅳ类土包括推土机推松土。

1.46.1　Ⅰ～Ⅱ　类　土

单位：$100m^3$

项　　目		单位	运　距（km）					每增运1km
			0.5	1	2	3	4	
高级熟练工		工时						
熟练工		工时						
半熟练工		工时						
普工		工时	0.8	0.8	0.8	0.8	0.8	
合计		工时	0.8	0.8	0.8	0.8	0.8	
零星材料费		元	22	22	22	22	22	
装载机	$10m^3$	台时	0.26	0.26	0.26	0.26	0.26	
推土机	132kW	台时	0.08	0.08	0.08	0.08	0.08	
自卸汽车	40t	台时	0.98	1.17	1.51	1.85	2.18	0.31
	45t	台时	0.88	1.03	1.30	1.57	1.83	0.25
	50t	台时	0.84	0.98	1.23	1.46	1.71	0.23
	65t	台时	0.77	0.91	1.11	1.33	1.55	0.20
	68t	台时	0.76	0.89	1.09	1.30	1.51	0.20
	77t	台时	0.70	0.81	0.99	1.17	1.36	0.16
其他机械使用费		元	3	3	3	3	3	
编　号			10716	10717	10718	10719	10720	10721

1.46.2 Ⅲ 类 土

单位：100m³

项目		单位	运距（km）					每增运1km
			0.5	1	2	3	4	
高级熟练工		工时						
熟练工		工时						
半熟练工		工时						
普工		工时	0.9	0.9	0.9	0.9	0.9	
合计		工时	0.9	0.9	0.9	0.9	0.9	
零星材料费		元	22	22	22	22	22	
装载机	10m³	台时	0.30	0.30	0.30	0.30	0.30	
推土机	132kW	台时	0.10	0.10	0.10	0.10	0.10	
自卸汽车	40t	台时	1.03	1.24	1.60	1.95	2.30	0.31
	45t	台时	0.93	1.09	1.37	1.65	1.93	0.25
	50t	台时	0.89	1.03	1.29	1.55	1.80	0.23
	65t	台时	0.81	0.95	1.17	1.40	1.63	0.20
	68t	台时	0.80	0.93	1.15	1.37	1.59	0.20
	77t	台时	0.74	0.85	1.05	1.24	1.43	0.16
其他机械使用费		元	3	3	3	3	3	
编号			10722	10723	10724	10725	10726	10727

1.46.3 Ⅳ 类 土

单位：$100m^3$

项 目		单位	运距（km）					每增运1km
			0.5	1	2	3	4	
高级熟练工		工时						
熟练工		工时						
半熟练工		工时						
普工		工时	2.1	2.1	2.1	2.1	2.1	
合计		工时	2.1	2.1	2.1	2.1	2.1	
零星材料费		元	22	22	22	22	22	
装载机	$10m^3$	台时	0.26	0.26	0.26	0.26	0.26	
推土机	132kW	台时	0.93	0.93	0.93	0.93	0.93	
自卸汽车	40t	台时	0.98	1.17	1.51	1.85	2.18	0.31
	45t	台时	0.88	1.03	1.30	1.57	1.83	0.25
	50t	台时	0.84	0.98	1.23	1.46	1.71	0.23
	65t	台时	0.77	0.91	1.11	1.33	1.55	0.20
	68t	台时	0.76	0.89	1.09	1.30	1.51	0.20
	77t	台时	0.70	0.81	0.99	1.17	1.36	0.16
其他机械使用费		元	3	3	3	3	3	
编号			10728	10729	10730	10731	10732	10733

1.47 机械压实土料

适用范围： 坝体土料碾压。

工作内容： 推平、碾压、刨毛、补边夯、削坡及坝面各种辅助工作。

1.47.1 羊足碾压实

单位：100m³压实方

项目	单位	干容重（t/m³）					
		≤1.7			>1.7		
		土类级别					
		Ⅰ～Ⅱ	Ⅲ	Ⅳ	Ⅰ～Ⅱ	Ⅲ	Ⅳ
高级熟练工	工时						
熟练工	工时	1	1	1	1	1	1
半熟练工	工时	5	6	7	6	7	8
普工	工时	16	18	21	18	21	24
合计	工时	22	25	29	25	29	33
零星材料费	元	30	30	30	30	30	30
压实机械							
拖拉机 59kW 牵引羊足碾 5～7t	组时	1.34	1.53	1.76	1.78	2.03	2.33
拖拉机 74kW 牵引羊足碾 5～7t	组时	1.03	1.17	1.35	1.39	1.58	1.82
拖拉机 74kW 牵引羊足碾 8～12t	组时	0.99	1.13	1.30	1.26	1.44	1.66
推土机 74kW	台时	0.45	0.50	0.59	0.45	0.50	0.59
蛙式打夯机 2.8kW	台时	0.79	0.90	1.04	0.79	0.90	1.04
刨毛机	台时	0.45	0.50	0.59	0.45	0.50	0.59
其他机械使用费	元	13	13	13	13	13	13
编号		10734	10735	10736	10737	10738	10739

注　刨毛机用带有刨毛齿44kW平地机代替。

1.47.2 轮胎碾压实

单位：100m^3压实方

项目	单位	干容重（t/m^3）≤1.7 土类级别 Ⅰ～Ⅱ	≤1.7 Ⅲ	≤1.7 Ⅳ	＞1.7 Ⅰ～Ⅱ	＞1.7 Ⅲ	＞1.7 Ⅳ
高级熟练工	工时						
熟练工	工时	1	1	1	1	1	1
半熟练工	工时	5	6	7	6	7	8
普工	工时	16	18	21	18	21	24
合计	工时	22	25	29	25	29	33
零星材料费	元	30	30	30	30	30	30
拖拉机 74kW 牵引轮胎碾 9～16t	组时	0.83	0.95	1.09	1.07	1.22	1.40
推土机 74kW	台时	0.45	0.50	0.59	0.45	0.50	0.59
蛙式打夯机 2.8kW	台时	0.79	0.90	1.04	0.79	0.90	1.04
刨毛机	组时	0.45	0.50	0.59	0.45	0.50	0.59
其他机械使用费	元	13	13	13	13	13	13
编号		10740	10741	10742	10743	10744	10745

注 刨毛机用带有刨毛齿44kW平地机代替。

1.47.3 打夯机夯实

单位：100m³压实方

项目	单位	干容重（t/m³）					
		≤1.7			>1.7		
		土类级别					
		Ⅰ～Ⅱ	Ⅲ	Ⅳ	Ⅰ～Ⅱ	Ⅲ	Ⅳ
高级熟练工	工时						
熟练工	工时	1	1	1	1	1	1
半熟练工	工时	5	6	7	6	7	8
普工	工时	16	18	21	18	21	24
合计	工时	22	25	29	25	29	33
零星材料费	元	30	30	30	30	30	30
压实机械							
打夯机 0.5m³	组时	1.07	1.22	1.40	1.15	1.31	1.51
打夯机 1m³	组时	0.95	1.08	1.24	1.03	1.17	1.35
推土机 74kW	台时	0.45	0.50	0.59	0.45	0.50	0.59
蛙式夯机 2.8kW	台时	0.79	0.90	1.04	0.79	0.90	1.04
刨毛机	组时	0.45	0.50	0.59	0.45	0.50	0.59
其他机械使用费	元	13	13	13	13	13	13
编号		10746	10747	10748	10749	10750	10751

注 1. 打夯机系用油动挖掘机改装，型号规格指挖掘机斗容。

2. 刨毛机用带有刨毛齿44kW平地机代替。

1.47.4 拖拉机压实

单位：100m³压实方

项目	单位	干容重（t/m³）					
		≤1.7			>1.7		
		土类级别					
		Ⅰ～Ⅱ	Ⅲ	Ⅳ	Ⅰ～Ⅱ	Ⅲ	Ⅳ
高级熟练工	工时						
熟练工	工时	1	1	1	1	1	1
半熟练工	工时	5	6	7	6	7	8
普工	工时	16	18	21	18	21	24
合计	工时	22	25	29	25	29	33
零星材料费	元	30	30	30	30	30	30
拖拉机 74kW	台时	1.66	1.89	2.17	2.13	2.43	2.79
推土机 74kW	台时	0.45	0.50	0.59	0.45	0.50	0.59
蛙式打夯机 2.8kW	台时	0.79	0.90	1.04	0.79	0.90	1.04
刨毛机	组时	0.45	0.50	0.59	0.45	0.50	0.59
其他机械使用费	元	13	13	13	13	13	13
编号		10752	10753	10754	10755	10756	10757

注　刨毛机用带有刨毛齿44kW平地机代替。

1.47.5 振动凸块碾压实

单位：100m³ 压实方

项目		单位	干容重（t/m³）					
			≤1.7			>1.7		
			土类级别					
			Ⅰ～Ⅱ	Ⅲ	Ⅳ	Ⅰ～Ⅱ	Ⅲ	Ⅳ
高级熟练工		工时						
熟练工		工时	1	1	1	1	1	1
半熟练工		工时	5	6	7	6	7	8
普工		工时	16	18	21	18	21	24
合计		工时	22	25	29	25	29	33
零星材料费		元	30	30	30	30	30	30
压实机械								
拖拉机74kW牵引振动凸块碾	13.5t	组时	0.36	0.41	0.47	0.46	0.52	0.60
自行式振动凸块碾	10t以内	台时	1.36	1.55	1.78	1.69	1.93	2.22
自行式振动凸块碾	15t以内	台时	0.94	1.07	1.23	1.18	1.34	1.54
自行式振动凸块碾	20t以内	台时	0.66	0.75	0.86	0.83	0.94	1.08
自行式振动凸块碾	25t以内	台时	0.46	0.52	0.60	0.58	0.66	0.75
推土机	74kW	台时	0.45	0.50	0.59	0.45	0.50	0.59
蛙式打夯机	2.8kW	台时	0.79	0.90	1.04	0.79	0.90	1.04
刨毛机		组时	0.45	0.50	0.59	0.45	0.50	0.59
其他机械使用费		元	13	13	13	13	13	13
编号			10758	10759	10760	10761	10762	10763

注 刨毛机用带有刨毛齿44kW平地机代替。

1.48 机械压实心（斜）墙土料

适用范围： 坝体心（斜）墙土料碾压。

工作内容： 推平、碾压、刨毛、补边夯、洒水及坝面各种辅助工作。

单位：100m^3压实方

项目		单位	心（斜）墙宽度（m）	
			≤10	>10
高级熟练工		工时		
熟练工		工时	4	4
半熟练工		工时	16	16
普工		工时	25	25
合计		工时	45	45
零星材料费		元	30	30
压实机械				
拖拉机74kW牵引羊足碾	12～18t	组时	4.05	3.34
拖拉机74kW牵引轮胎碾	9～16t	组时	3.08	2.55
打夯机	0.5m^3	台时	1.88	1.58
打夯机	1m^3	台时	1.65	1.39
拖拉机74kW牵引振动凸块碾	13.5t	组时	0.74	0.62
自行式振动凸块碾	10t以内	台时	2.78	2.32
自行式振动凸块碾	15t以内	台时	1.93	1.25
自行式振动凸块碾	20t以内	台时	1.35	0.88
自行式振动凸块碾	25t以内	台时	0.95	0.61
推土机	74kW	台时	0.59	0.59
蛙式打夯机	2.8kW	台时	0.81	0.81
刨毛机		台时	0.59	0.59
其他机械使用费		元	13	13
编号			10764	10765

注 1. 选择其中一台（组）主要压实机械与推土机、蛙式打夯机、刨毛机组成一种机械压实方式。

2. 刨毛机用带有刨毛齿44kW平地机代替。

1.49 蛙夯夯实土料

使用范围：沟槽、狭窄及不适宜大型设备施工的场地。

工作内容：回填土5m以内取土。

原土夯实包括碎土、平土、找平、洒水。

项目	单位	回填土夯实（$100m^3$压实方）	原土夯实（$100m^2$）
高级熟练工	工时		
熟练工	工时		
半熟练工	工时		
普工	工时	89	10
合计	工时	89	10
零星材料费	元	15	8
蛙式打夯机 2.8kW	台时	27.90	3.17
编号		10766	10767

第 2 章

石 方 工 程

说　明

一、本章定额包括一般石方、一般坡面石方、沟槽石方、坑石方、基础石方、基础坡面石方、平（斜）洞石方、竖（斜）井石方、地下厂房石方开挖及石渣运输等，共89节。

二、本章定额计量单位，除注明者外，均按自然方计。石方开挖定额的计量，应按工程设计开挖的几何轮廓尺寸计算。根据施工技术规定允许的超挖量及必要的施工附加量所消耗的人工、材料、机械的数量和费用等均已计入定额。

三、本章各节石方开挖定额的工作内容，均已包括钻孔、爆破、撬移、解小、翻渣、清面、修整断面、安全处理、挖排水沟坑等。

四、各节石方明挖定额，均已按各部位的不同要求，根据施工技术规范的规定，分别考虑了保护开挖措施，如预裂爆破、分层保护爆破等，除注明外在使用定额时不需调整。

五、一般坡面石方开挖定额，适用于设计倾角大于20°、且垂直于设计面的平均厚度小于或等于5m的石方开挖工程。

六、沟槽石方开挖定额，适用于设计底宽小于或等于7m，两侧垂直或有边坡的长条形石方开挖。如渠道、截水槽、排水沟、地槽等。底宽超过7m，宽深比大于或等于1的按一般石方开挖定额计算；宽深比小于1的可按沟槽（底宽4～7m）石方开挖定额计算。

七、基础坡面石方开挖定额，适用于设计倾角大于20°、且垂直于设计面的平均厚度小于或等于5m的坡面基础石方开挖。如混凝土坝、水闸、排沙闸等建造在岩基上的两岸边坡石方开挖。

八、基础石方开挖定额，适用于不同开挖深度的底部基础石方开挖及设计倾角小于或等于20°的坡面基础石方开挖。如混凝土坝、水闸、厂房、溢流堰、消力池等基础石方开挖。基础石方开挖定额应根据设计开挖线的垂直平均深度选用定额。

九、平洞石方开挖定额，适用于洞轴线与水平夹角小于或等于6°的地下洞挖。

十、斜洞石方开挖定额，适用于洞轴线与水平夹角为 6°～10° 的地下洞挖工程。对洞轴线与水平夹角为 10°～25° 的斜洞开挖工程，按 25°～45° 的斜井开挖定额人工乘 0.92、钻孔机械乘 0.95 的系数。

十一、斜井石方开挖定额，适用于洞轴线与水平夹角为 25°～75° 的地下洞挖。

十二、竖井石方开挖定额，适用于洞轴线与水平夹角大于 75°，深度大于上口短边长度或直径的地下洞挖。如调压井、闸门井等石方开挖工程。

十三、地下厂房石方开挖定额，适用于地下厂房、窑洞式厂房、主变压器洞（室）、开关洞（室）、调压室等。

十四、平（斜）洞、竖（斜）井等各节石方开挖定额的开挖断面系指内径加设计衬砌厚度尺寸，不包括允许超挖部分，断面面积只供选择定额使用。

十五、地下洞（井）石方开挖定额各节均已按施工各部位的不同要求，根据施工规范的规定分别考虑了预裂爆破或光面爆破等措施，在使用定额时一般不需调整。如不采用光面爆破，按相应定额乘表 2–1 系数。

表 2–1　　地下石方开挖定额（无光面爆破）调整系数表

项　目	断面面积（m^2）		
	0～10	10～20	20～40
人工	0.88	0.90	0.92
钻头、钻杆、导线、雷管及炸药	0.85	0.86	0.87
钻孔机械	0.85	0.86	0.87

十六、炸药的型号规格。

（1）石方明挖按岩石铵锑炸药拟定。

（2）石方明挖若采用乳化炸药计算，可按岩石铵锑炸药的定额量乘以换算系数 1.10～1.15。

（3）平（斜）洞、竖（斜）井、地下厂房等石方开挖，定额中均按抗水岩石铵锑炸药拟定。

（4）定额中的非电毫秒雷管按不带脚线拟定，电雷管按带 2m

脚线拟定。

十七、石方洞挖中的挖掘机（或装载机）装石渣自卸汽车运输定额，洞内部分执行洞内运输定额，洞外部分执行洞外增运定额。定额已综合了水电工程一般地下施工运输路况，使用时一般不需调整。

十八、地下石方开挖定额（反井钻机钻导井除外），是按水利水电地下工程围岩工程地质特征Ⅰ～Ⅲ类围岩类别拟定。在Ⅳ～Ⅴ类围岩地质条件下开挖时，按表2–2系数调整定额。

表2–2　地下石方开挖定额（围岩类别Ⅰ～Ⅴ类）调整系数表

围岩类别	Ⅰ～Ⅲ	Ⅳ	Ⅴ
人工	1.00	1.10	1.25
钻头、钻杆	1.00	0.90	0.85
炸药	1.00	0.95	0.90
风（潜孔）钻	1.00	1.10	1.20
凿岩台车（液压履带钻）	1.00	1.05	1.15

十九、地下工程开挖定额中未包括通风设施和运行费用。

2.1　一般石方开挖（风钻）

适用范围：一般石方开挖。

工作内容：钻孔、爆破、撬移、解小、翻渣、清面等。

单位：$100m^3$

项　　目	单位	岩石级别				
		Ⅴ～Ⅵ	Ⅶ～Ⅷ	Ⅸ～Ⅹ	Ⅺ～Ⅻ	ⅩⅢ～ⅩⅣ
高级熟练工	工时	1	2	2	2	3
熟练工	工时	8	10	12	15	20
半熟练工	工时	9	11	13	16	22
普工	工时	46	55	67	84	110
合计	工时	64	78	94	117	155
合金钻头	个	0.71	0.95	1.29	1.78	2.46
风钻钻杆	kg	0.23	0.37	0.60	0.97	1.57
炸药	kg	22	27	34	40	48
电雷管	发	4.55	4.89	5.29	5.72	6.20
非电毫秒雷管	发	16.37	20.41	26.06	33.28	42.49
导爆管	m	68	85	109	139	177
导电线	m	104	116	130	146	165
其他材料费	元	18	20	22	24	32
风钻　手持式	台时	2.52	3.82	6.02	9.50	15.01
载重汽车　5t	台时	0.28	0.28	0.28	0.28	0.28
修钎设备	台时	0.07	0.11	0.15	0.22	0.31
其他机械使用费	元	6	8	13	22	32
石渣运输	m^3	104	104	104	104	104
编　号		20001	20002	20003	20004	20005

2.2　一般石方开挖（潜孔钻　80 型）

适用范围： 一般石方开挖，潜孔钻钻孔，风钻配合。

工作内容： 钻孔、爆破、撬移、解小、翻渣、清面等。

2.2.1　孔深＜6m

单位：$100m^3$

项　　目	单位	岩石级别				
		Ⅴ～Ⅵ	Ⅶ～Ⅷ	Ⅸ～Ⅹ	Ⅺ～Ⅻ	ⅩⅢ～ⅩⅣ
高级熟练工	工时	1	1	1	1	2
熟练工	工时	5	6	7	9	11
半熟练工	工时	5	7	8	10	13
普工	工时	29	34	43	54	67
合计	工时	40	48	59	74	93
合金钻头	个	0.09	0.12	0.16	0.23	0.31
潜孔钻钻头	个	0.17	0.24	0.32	0.44	0.60
风钻钻杆	kg	0.03	0.05	0.09	0.14	0.22
钻杆	kg	0.22	0.27	0.34	0.43	0.56
冲击器	套	0.020	0.030	0.040	0.050	0.070
炸药	kg	38	42	47	54	60
电雷管	发	5.88	6.42	7.08	7.81	8.62
非电毫秒雷管	发	6.22	7.03	8.05	9.22	10.56
导爆管	m	33	36	42	48	55
导电线	m	58	65	72	81	91
其他材料费	元	17	19	22	26	31
潜孔钻　80 型	台时	2.98	3.97	5.45	7.49	10.27
风钻　手持式	台时	0.38	0.57	0.90	1.42	2.25
载重汽车　5t	台时	0.28	0.28	0.28	0.28	0.28
其他机械使用费	元	10	13	18	27	39
石渣运输	m^3	105	105	105	105	105
编　号		20006	20007	20008	20009	20010

2.2.2 孔深 6～9m

单位：100m³

项目	单位	岩石级别				
		Ⅴ～Ⅵ	Ⅶ～Ⅷ	Ⅸ～Ⅹ	Ⅺ～Ⅻ	ⅩⅢ～ⅩⅣ
高级熟练工	工时	1	1	1	1	2
熟练工	工时	4	5	7	8	10
半熟练工	工时	5	6	7	9	12
普工	工时	26	31	38	48	61
合计	工时	36	43	53	66	85
合金钻头	个	0.09	0.12	0.16	0.23	0.31
潜孔钻钻头	个	0.14	0.20	0.27	0.36	0.50
风钻钻杆	kg	0.03	0.05	0.09	0.14	0.22
钻杆	kg	0.18	0.23	0.28	0.36	0.46
冲击器	套	0.017	0.023	0.031	0.043	0.059
炸药	kg	35	38	43	49	55
电雷管	发	7.17	8.24	9.62	11.21	13.08
导爆索	m	23	27	31	35	40
导电线	m	42	46	52	59	66
其他材料费	元	17	19	22	26	31
潜孔钻 80型	台时	2.59	3.45	4.74	6.50	8.93
风钻 手持式	台时	0.38	0.57	0.90	1.42	2.25
载重汽车 5t	台时	0.28	0.28	0.28	0.28	0.28
其他机械使用费	元	10	13	18	27	39
石渣运输	m^3	103	103	103	103	103
编号		20011	20012	20013	20014	20015

2.2.3 孔深＞9m

单位：100m³

项目	单位	岩石级别				
		Ⅴ～Ⅵ	Ⅶ～Ⅷ	Ⅸ～Ⅹ	Ⅺ～Ⅻ	XⅢ～XⅣ
高级熟练工	工时	1	1	1	1	2
熟练工	工时	4	5	6	8	10
半熟练工	工时	4	5	7	9	11
普工	工时	23	27	34	44	57
合计	工时	32	38	48	62	80
合金钻头	个	0.09	0.12	0.16	0.23	0.31
潜孔钻钻头	个	0.12	0.17	0.23	0.32	0.43
风钻钻杆	kg	0.03	0.05	0.09	0.14	0.22
钻杆	kg	0.16	0.20	0.24	0.31	0.40
冲击器	套	0.014	0.020	0.027	0.037	0.051
炸药	kg	32	35	39	45	49
电雷管	发	5.45	6.27	7.31	8.53	9.95
导爆索	m	20	23	26	30	35
导电线	m	33	36	41	46	51
其他材料费	元	17	19	22	26	31
潜孔钻 80型	台时	2.25	3.00	4.11	5.64	7.73
风钻 手持式	台时	0.38	0.57	0.90	1.42	2.25
载重汽车 5t	台时	0.28	0.28	0.28	0.28	0.28
其他机械使用费	元	10	13	18	27	39
石渣运输	m³	102	102	102	102	102
编号		20016	20017	20018	20019	20020

2.3 一般石方开挖（潜孔钻 100型）

适用范围：一般石方开挖，潜孔钻钻孔，风钻配合。

工作内容：钻孔、爆破、撬移、解小、翻渣、清面等。

2.3.1 孔深＜6m

单位：100m³

项目		单位	岩石级别				
			Ⅴ～Ⅵ	Ⅶ～Ⅷ	Ⅸ～Ⅹ	Ⅺ～Ⅻ	ⅩⅢ～ⅩⅣ
高级熟练工		工时	1	1	1	1	2
熟练工		工时	5	6	7	9	11
半熟练工		工时	5	6	8	10	12
普工		工时	28	33	41	52	65
合计		工时	39	46	57	72	90
合金钻头		个	0.06	0.08	0.11	0.15	0.21
潜孔钻钻头		个	0.12	0.17	0.23	0.31	0.43
风钻钻杆		kg	0.02	0.04	0.06	0.09	0.15
钻杆		kg	0.36	0.43	0.54	0.69	0.88
冲击器		套	0.014	0.020	0.027	0.037	0.050
炸药		kg	42	46	52	59	66
电雷管		发	5.16	5.72	6.43	7.23	8.13
非电毫秒雷管		发	4.28	4.83	5.53	6.33	7.25
塑料导爆管		m	22	25	29	33	37
导电线		m	51	57	64	72	81
其他材料费		元	17	19	22	26	31
潜孔钻	100型	台时	1.54	2.05	2.82	3.86	5.31
风钻	手持式	台时	0.73	0.99	1.38	1.93	2.68
载重汽车	5t	台时	0.28	0.28	0.28	0.28	0.28
其他机械使用费		元	10	13	18	27	39
石渣运输		m³	105	105	105	105	105
编号			20021	20022	20023	20024	20025

2.3.2 孔深6～9m

单位：100m^3

项　　目	单位	岩石级别				
		Ⅴ～Ⅵ	Ⅶ～Ⅷ	Ⅸ～Ⅹ	Ⅺ～Ⅻ	ⅩⅢ～ⅩⅣ
高级熟练工	工时	1	1	1	1	2
熟练工	工时	4	5	6	8	10
半熟练工	工时	5	6	7	9	11
普工	工时	25	29	36	46	59
合计	工时	35	41	50	64	82
合金钻头	个	0.06	0.08	0.11	0.15	0.21
潜孔钻钻头	个	0.10	0.14	0.19	0.26	0.35
风钻钻杆	kg	0.02	0.04	0.06	0.09	0.15
钻杆	kg	0.30	0.36	0.45	0.57	0.73
冲击器	套	0.012	0.016	0.023	0.031	0.042
炸药	kg	38	42	47	54	60
电雷管	发	6.27	7.20	8.40	9.80	11.43
导爆索	m	17	20	23	26	30
导电线	m	40	44	49	56	63
其他材料费	元	17	19	22	26	31
潜孔钻 100型	台时	1.34	1.78	2.45	3.36	4.61
风钻 手持式	台时	0.73	0.99	1.38	1.93	2.68
载重汽车 5t	台时	0.28	0.28	0.28	0.28	0.28
其他机械使用费	元	10	13	18	27	39
石渣运输	m^3	103	103	103	103	103
编号		20026	20027	20028	20029	20030

2.3.3 孔深＞9m

单位：100m³

项目	单位	岩石级别				
		Ⅴ～Ⅵ	Ⅶ～Ⅷ	Ⅸ～Ⅹ	Ⅺ～Ⅻ	ⅩⅢ～ⅩⅣ
高级熟练工	工时	1	1	1	1	1
熟练工	工时	4	4	6	7	9
半熟练工	工时	4	5	6	8	10
普工	工时	22	26	32	42	53
合计	工时	31	36	45	58	73
合金钻头	个	0.06	0.08	0.11	0.15	0.21
潜孔钻钻头	个	0.09	0.12	0.16	0.22	0.31
风钻钻杆	kg	0.02	0.04	0.06	0.09	0.15
钻杆	kg	0.26	0.31	0.39	0.49	0.63
冲击器	套	0.010	0.014	0.019	0.026	0.036
炸药	kg	35	38	43	49	55
电雷管	发	4.96	5.70	6.65	7.76	9.05
导爆索	m	14	16	19	21	25
导电线	m	30	32	35	39	42
其他材料费	元	17	19	22	26	31
潜孔钻 100型	台时	1.17	1.55	2.12	2.91	3.99
风钻 手持式	台时	0.73	0.99	1.38	1.93	2.68
载重汽车 5t	台时	0.28	0.28	0.28	0.28	0.28
其他机械使用费	元	10	13	18	27	39
石渣运输	m³	102	102	102	102	102
编号		20031	20032	20033	20034	20035

2.4 一般石方开挖（潜孔钻 100型高风压）

适用范围： 一般石方开挖，潜孔钻钻孔，风钻配合。

工作内容： 钻孔、爆破、撬移、解小、翻渣、清面等。

2.4.1 孔深<6m

单位：100m³

项目		单位	岩石级别				
			Ⅴ～Ⅵ	Ⅶ～Ⅷ	Ⅸ～Ⅹ	Ⅺ～Ⅻ	ⅩⅢ～ⅩⅣ
高级熟练工		工时	1	1	1	1	2
熟练工		工时	4	5	6	8	10
半熟练工		工时	5	6	7	9	11
普工		工时	26	31	39	48	60
合计		工时	36	43	53	66	83
合金钻头		个	0.04	0.07	0.11	0.14	0.19
潜孔钻钻头		个	0.03	0.04	0.06	0.08	0.11
风钻钻杆		kg	0.14	0.21	0.28	0.36	0.44
钻杆		kg	0.30	0.43	0.53	0.67	0.84
冲击器		套	0.003	0.005	0.007	0.010	0.014
炸药		kg	42	46	52	59	66
电雷管		发	5.16	5.72	6.43	7.23	8.13
非电毫秒雷管		发	4.28	4.83	5.53	6.33	7.25
导爆管		m	22	25	29	33	37
导电线		m	51	57	64	72	81
其他材料费		元	17	19	22	26	31
潜孔钻	CM351型	台时	0.99	1.32	1.80	2.47	3.39
空气压缩机	XHP750型	台时	0.99	1.32	1.80	2.47	3.39
风钻	手持式	台时	0.87	1.16	1.62	2.26	3.14
载重汽车	5t	台时	0.28	0.28	0.28	0.28	0.28
其他机械使用费		元	10	13	18	27	39
石渣运输		m³	105	105	105	105	105
编号			20036	20037	20038	20039	20040

2.4.2 孔深 6～9m

单位：100m³

项目		单位	岩石级别				
			Ⅴ～Ⅵ	Ⅶ～Ⅷ	Ⅸ～Ⅹ	Ⅺ～Ⅻ	ⅩⅢ～ⅩⅣ
高级熟练工		工时	1	1	1	1	1
熟练工		工时	4	4	6	7	9
半熟练工		工时	4	5	6	8	10
普工		工时	22	26	33	42	53
合计		工时	31	36	46	58	73
合金钻头		个	0.04	0.07	0.11	0.14	0.19
潜孔钻钻头		个	0.03	0.03	0.05	0.07	0.09
风钻钻杆		kg	0.14	0.21	0.28	0.36	0.44
钻杆		kg	0.25	0.36	0.44	0.55	0.70
冲击器		套	0.002	0.004	0.006	0.008	0.011
炸药		kg	38	42	47	54	60
电雷管		发	6	7	8	10	11
导爆索		m	17	20	23	26	30
导电线		m	40	44	49	56	63
其他材料费		元	17	19	22	26	31
潜孔钻	CM351型	台时	0.94	1.25	1.71	2.35	3.23
空气压缩机	XHP750型	台时	0.94	1.25	1.71	2.35	3.23
风钻	手持式	台时	0.87	1.16	1.62	2.26	3.14
载重汽车	5t	台时	0.28	0.28	0.28	0.28	0.28
其他机械使用费		元	10	13	18	27	39
石渣运输		m³	103	103	103	103	103
编号			20041	20042	20043	20044	20045

2.4.3 孔深>9m

单位：100m³

项目		单位	岩石级别				
			Ⅴ～Ⅵ	Ⅶ～Ⅷ	Ⅸ～Ⅹ	Ⅺ～Ⅻ	XⅢ～XⅣ
高级熟练工		工时	1	1	1	1	1
熟练工		工时	3	4	5	6	8
半熟练工		工时	4	4	6	7	9
普工		工时	19	23	29	37	47
合计		工时	27	32	41	51	65
合金钻头		个	0.04	0.07	0.11	0.14	0.19
潜孔钻钻头		个	0.02	0.03	0.04	0.05	0.07
风钻钻杆		kg	0.14	0.21	0.28	0.36	0.44
钻杆		kg	0.25	0.29	0.36	0.46	0.58
冲击器		套	0.003	0.004	0.005	0.007	0.010
炸药		kg	35	38	43	49	55
电雷管		发	4.96	5.70	6.65	7.76	9.05
导爆索		m	14	16	19	21	25
导电线		m	30	32	35	39	42
其他材料费		元	17	19	22	26	31
潜孔钻	CM351型	台时	0.89	1.19	1.63	2.24	3.07
空气压缩机	XHP750型	台时	0.89	1.19	1.63	2.24	3.07
风钻	手持式	台时	0.87	1.16	1.62	2.26	3.14
载重汽车	5t	台时	0.28	0.28	0.28	0.28	0.28
其他机械使用费		元	10	13	18	27	39
石渣运输		m³	102	102	102	102	102
编号			20046	20047	20048	20049	20050

2.5 一般石方开挖（潜孔钻 150型）

适用范围：一般石方开挖，潜孔钻钻孔，风钻配合。

工作内容：钻孔、爆破、撬移、解小、翻渣、清面等。

2.5.1 孔深＜6m

单位：100m^3

项目		单位	岩石级别				
			Ⅴ～Ⅵ	Ⅶ～Ⅷ	Ⅸ～Ⅹ	Ⅺ～Ⅻ	ⅩⅢ～ⅩⅣ
高级熟练工		工时	1	1	1	1	1
熟练工		工时	4	5	6	8	10
半熟练工		工时	5	6	7	9	11
普工		工时	20	23	28	35	45
合计		工时	30	35	42	53	67
合金钻头		个	0.04	0.07	0.11	0.14	0.19
潜孔钻钻头		个	0.04	0.06	0.08	0.10	0.14
风钻钻杆		kg	0.14	0.21	0.28	0.36	0.44
钻杆		kg	0.31	0.37	0.46	0.58	0.73
冲击器		套	0.005	0.007	0.010	0.014	0.019
炸药		kg	46	51	57	65	72
电雷管		发	4.46	5.05	5.77	6.61	7.57
非电毫秒雷管		发	2.26	2.56	2.93	3.36	3.84
导爆管		m	12	13	15	17	20
导电线		m	40	43	48	52	58
其他材料费		元	17	19	22	26	31
潜孔钻	KQ-150型	台时	0.93	1.23	1.68	2.31	3.17
风钻	手持式	台时	0.87	1.16	1.62	2.26	3.14
载重汽车	5t	台时	0.28	0.28	0.28	0.28	0.28
其他机械使用费		元	10	13	18	27	39
石渣运输		m^3	105	105	105	105	105
编号			20051	20052	20053	20054	20055

2.5.2 孔深6～9m

单位：$100m^3$

项　　目		单位	岩石级别				
			Ⅴ～Ⅵ	Ⅶ～Ⅷ	Ⅸ～Ⅹ	Ⅺ～Ⅻ	ⅫⅠ～ⅩⅣ
高级熟练工		工时		1	1	1	1
熟练工		工时	4	5	6	7	9
半熟练工		工时	4	5	6	8	10
普工		工时	16	20	25	31	39
合计		工时	24	31	38	47	59
合金钻头		个	0.04	0.07	0.11	0.14	0.19
潜孔钻钻头		个	0.03	0.05	0.06	0.09	0.12
风钻钻杆		kg	0.14	0.21	0.28	0.36	0.44
钻杆		kg	0.30	0.36	0.45	0.56	0.71
冲击器		套	0.005	0.007	0.009	0.013	0.017
炸药		kg	42	46	52	59	66
电雷管		发	5.04	5.79	6.76	7.89	9.20
导爆索		m	9	10	12	13	15
导电线		m	31	34	37	41	45
其他材料费		元	17	19	22	26	31
潜孔钻	KQ-150型	台时	0.79	1.06	1.45	1.99	2.74
风钻	手持式	台时	0.87	1.16	1.62	2.26	3.14
载重汽车	5t	台时	0.28	0.28	0.28	0.28	0.28
其他机械使用费		元	10	13	18	27	39
石渣运输		m^3	103	103	103	103	103
编号			20056	20057	20058	20059	20060

2.5.3 孔深＞9m

单位：100m³

项目		单位	岩石级别				
			Ⅴ～Ⅵ	Ⅶ～Ⅷ	Ⅸ～Ⅹ	Ⅺ～Ⅻ	ⅩⅢ～ⅩⅣ
高级熟练工		工时		1	1	1	1
熟练工		工时	3	4	5	6	8
半熟练工		工时	3	4	6	7	9
普工		工时	13	17	22	28	36
合计		工时	19	26	34	42	54
合金钻头		个	0.04	0.07	0.11	0.14	0.19
潜孔钻钻头		个	0.03	0.04	0.05	0.07	0.10
风钻钻杆		kg	0.14	0.21	0.28	0.36	0.44
钻杆		kg	0.27	0.32	0.39	0.49	0.62
冲击器		套	0.004	0.006	0.008	0.011	0.016
炸药		kg	38	42	47	54	60
电雷管		发	4.38	5.03	5.86	6.84	7.98
导爆索		m	7	8	10	11	13
导电线		m	24	26	28	31	34
其他材料费		元	17	19	22	26	31
潜孔钻	KQ-150型	台时	0.69	0.91	1.25	1.72	2.36
风钻	手持式	台时	0.87	1.16	1.62	2.26	3.14
载重汽车	5t	台时	0.28	0.28	0.28	0.28	0.28
其他机械使用费		元	10	13	18	27	39
石渣运输		m³	102	102	102	102	102
编号			20061	20062	20063	20064	20065

2.6 一般石方开挖（潜孔钻 150 型高风压）

适用范围：一般石方开挖，潜孔钻钻孔，风钻配合。

工作内容：钻孔、爆破、撬移、解小、翻渣、清面等。

2.6.1 孔深＜6m

单位：$100m^3$

项　　目		单位	岩石级别				
			Ⅴ～Ⅵ	Ⅶ～Ⅷ	Ⅸ～Ⅹ	Ⅺ～Ⅻ	ⅩⅢ～ⅩⅣ
高级熟练工		工时	1	1	1	1	1
熟练工		工时	4	5	6	8	10
半熟练工		工时	5	6	7	9	11
普工		工时	20	23	28	35	45
合计		工时	30	35	42	53	67
合金钻头		个	0.04	0.07	0.11	0.14	0.19
潜孔钻钻头		个	0.01	0.02	0.03	0.04	0.05
风钻钻杆		kg	0.14	0.21	0.28	0.36	0.44
钻杆		kg	0.15	0.19	0.23	0.29	0.36
冲击器		套	0.002	0.002	0.003	0.005	0.006
炸药		kg	46	51	57	65	72
电雷管		发	4.46	5.05	5.77	6.61	7.57
非电毫秒雷管		发	2.26	2.56	2.93	3.36	3.84
导爆管		m	12	13	15	17	20
导电线		m	40	43	48	53	58
其他材料费		元	17	19	22	26	31
潜孔钻	KQG-150 型	台时	0.62	0.82	1.13	1.55	2.13
空气压缩机	XHP750 型	台时	0.62	0.82	1.13	1.55	2.13
风钻	手持式	台时	0.87	1.16	1.62	2.26	3.14
载重汽车	5t	台时	0.28	0.28	0.28	0.28	0.28
其他机械使用费		元	10	13	18	27	39
石渣运输		m^3	105	105	105	105	105
编　号			20066	20067	20068	20069	20070

2.6.2 孔深6～9m

单位：100m³

项目		单位	岩石级别				
			Ⅴ～Ⅵ	Ⅶ～Ⅷ	Ⅸ～Ⅹ	Ⅺ～Ⅻ	ⅩⅢ～ⅩⅣ
高级熟练工		工时		1	1	1	1
熟练工		工时	4	5	6	7	9
半熟练工		工时	4	5	6	8	10
普工		工时	16	20	25	31	39
合计		工时	24	31	38	47	59
合金钻头		个	0.04	0.07	0.11	0.14	0.19
潜孔钻钻头		个	0.01	0.02	0.02	0.03	0.04
风钻钻杆		kg	0.14	0.21	0.28	0.36	0.44
钻杆		kg	0.12	0.15	0.19	0.24	0.30
冲击器		套	0.002	0.002	0.003	0.004	0.005
炸药		kg	42	46	52	59	66
电雷管		发	5.04	5.79	6.76	7.89	9.20
导爆索		m	9	10	12	13	15
导电线		m	31	34	37	41	45
其他材料费		元	17	19	22	26	31
潜孔钻	KQG-150型	台时	0.54	0.71	0.98	1.35	1.85
空气压缩机	XHP750型	台时	0.54	0.71	0.98	1.35	1.85
风钻	手持式	台时	0.87	1.16	1.62	2.26	3.14
载重汽车	5t	台时	0.28	0.28	0.28	0.28	0.28
其他机械使用费		元	10	13	18	27	39
石渣运输		m³	103	103	103	103	103
编号			20071	20072	20073	20074	20075

2.6.3 孔深＞9m

单位：100m^3

项目		单位	岩石级别				
			Ⅴ～Ⅵ	Ⅶ～Ⅷ	Ⅸ～Ⅹ	Ⅺ～Ⅻ	ⅩⅢ～ⅩⅣ
高级熟练工		工时		1	1	1	1
熟练工		工时	3	4	5	6	8
半熟练工		工时	3	4	6	7	9
普工		工时	13	17	22	28	36
合计		工时	19	26	34	42	54
合金钻头		个	0.04	0.07	0.11	0.14	0.19
潜孔钻钻头		个	0.01	0.01	0.02	0.03	0.04
风钻钻杆		kg	0.14	0.21	0.28	0.36	0.44
钻杆		kg	0.10	0.13	0.16	0.20	0.25
冲击器		套	0.001	0.002	0.002	0.003	0.004
炸药		kg	38	42	47	54	60
电雷管		发	4.38	5.03	5.86	6.84	7.98
导爆索		m	7	8	10	11	13
导电线		m	24	26	28	31	34
其他材料费		元	17	19	22	26	31
潜孔钻	KQG-150型	台时	0.46	0.62	0.85	1.17	1.60
空气压缩机	XHP750型	台时	0.46	0.62	0.85	1.17	1.60
风钻	手持式	台时	0.87	1.16	1.62	2.26	3.14
载重汽车	5t	台时	0.28	0.28	0.28	0.28	0.28
其他机械使用费		元	10	13	18	27	39
石渣运输		m^3	102	102	102	102	102
编号			20076	20077	20078	20079	20080

2.7 一般石方开挖（液压履带钻 ROC742）

适用范围：一般石方开挖，液压钻钻孔，风钻配合。

工作内容：钻孔、爆破、撬移、解小、翻渣、清面等。

2.7.1 孔深＜6m

单位：100m³

项目	单位	岩石级别				
		Ⅴ～Ⅵ	Ⅶ～Ⅷ	Ⅸ～Ⅹ	Ⅺ～Ⅻ	ⅩⅢ～ⅩⅣ
高级熟练工	工时	1	1	1	1	2
熟练工	工时	4	5	6	8	10
半熟练工	工时	5	6	7	9	11
普工	工时	26	31	39	48	60
合计	工时	36	43	53	66	83
合金钻头	个	0.04	0.07	0.11	0.14	0.19
钻头 ϕ89～105	个	0.04	0.05	0.07	0.10	0.13
风钻钻杆	kg	0.14	0.21	0.28	0.36	0.44
钻杆 T45	kg	0.67	0.87	1.20	1.62	2.09
连接套	个	0.037	0.048	0.064	0.086	0.116
钎尾	个	0.013	0.018	0.024	0.033	0.045
炸药	kg	42	46	52	59	66
电雷管	发	5.16	5.72	6.43	7.23	8.13
非电毫秒雷管	发	4.28	4.83	5.53	6.33	7.25
导爆管	m	22	25	29	33	38
导电线	m	51	57	64	72	80
其他材料费	元	17	19	22	26	31
液压履带钻 ROC742	台时	0.74	0.93	1.18	1.50	1.91
风钻 手持式	台时	0.87	1.16	1.62	2.26	3.14
载重汽车 5t	台时	0.28	0.28	0.28	0.28	0.28
其他机械使用费	元	10	13	18	27	39
石渣运输	m³	105	105	105	105	105
编号		20081	20082	20083	20084	20085

2.7.2 孔深 6~9m

单位：$100m^3$

项目		单位	岩石级别				
			Ⅴ~Ⅵ	Ⅶ~Ⅷ	Ⅸ~Ⅹ	Ⅺ~Ⅻ	ⅩⅢ~ⅩⅣ
高级熟练工		工时	1	1	1	1	1
熟练工		工时	4	4	6	7	9
半熟练工		工时	4	5	6	8	10
普工		工时	22	26	33	42	53
合计		工时	31	36	46	58	73
合金钻头		个	0.04	0.07	0.11	0.14	0.19
钻头	ϕ89~105	个	0.03	0.04	0.06	0.08	0.11
风钻钻杆		kg	0.14	0.21	0.28	0.36	0.44
钻杆	T45	kg	0.56	0.72	0.99	1.34	1.73
连接套		个	0.030	0.040	0.053	0.071	0.096
钎尾		个	0.011	0.016	0.022	0.030	0.041
炸药		kg	38	42	47	54	60
电雷管		发	6.27	7.20	8.40	9.80	11.43
导爆索		m	18	20	23	26	30
导电线		m	40	44	50	56	63
其他材料费		元	17	19	22	26	31
液压履带钻	ROC742	台时	0.60	0.75	0.96	1.22	1.55
风钻	手持式	台时	0.87	1.16	1.62	2.26	3.14
载重汽车	5t	台时	0.28	0.28	0.28	0.28	0.28
其他机械使用费		元	10	13	18	27	39
石渣运输		m^3	103	103	103	103	103
编号			20086	20087	20088	20089	20090

2.7.3 孔深＞9m

单位：100m³

项目		单位	岩石级别				
			Ⅴ～Ⅵ	Ⅶ～Ⅷ	Ⅸ～Ⅹ	Ⅺ～Ⅻ	ⅩⅢ～ⅩⅣ
高级熟练工		工时	1	1	1	1	1
熟练工		工时	3	4	5	6	8
半熟练工		工时	4	4	6	7	9
普工		工时	19	23	29	37	47
合计		工时	27	32	41	51	65
合金钻头		个	0.04	0.07	0.11	0.14	0.19
钻头	ϕ89～105	个	0.03	0.04	0.05	0.07	0.09
风钻钻杆		kg	0.14	0.21	0.28	0.36	0.44
钻杆	T45	kg	0.46	0.60	0.81	1.11	1.43
连接套		个	0.025	0.033	0.044	0.059	0.079
钎尾		个	0.009	0.013	0.018	0.024	0.034
炸药		kg	35	38	43	49	55
电雷管		发	4.96	5.70	6.65	7.76	9.05
导爆索		m	15	16	19	22	25
导电线		m	29	32	35	39	43
其他材料费		元	17	19	22	26	31
液压履带钻	ROC742	台时	0.49	0.61	0.78	1.00	1.27
风钻	手持式	台时	0.87	1.16	1.62	2.26	3.14
载重汽车	5t	台时	0.28	0.28	0.28	0.28	0.28
其他机械使用费		元	10	13	18	27	39
石渣运输		m³	102	102	102	102	102
编号			20091	20092	20093	20094	20095

2.8 一般石方开挖（液压履带钻 D7）

适用范围：一般石方开挖，液压钻钻孔，风钻配合。

工作内容：钻孔、爆破、撬移、解小、翻渣、清面等。

2.8.1 孔深<6m

单位：$100m^3$

项目		单位	岩石级别				
			Ⅴ～Ⅵ	Ⅶ～Ⅷ	Ⅸ～Ⅹ	Ⅺ～Ⅻ	ⅩⅢ～ⅩⅣ
高级熟练工		工时	1	1	1	1	2
熟练工		工时	4	5	6	8	10
半熟练工		工时	5	6	7	9	11
普工		工时	25	30	38	47	58
合计		工时	35	42	52	65	81
合金钻头		个	0.04	0.07	0.11	0.14	0.19
钻头	ϕ89～105	个	0.04	0.05	0.07	0.10	0.13
风钻钻杆		kg	0.14	0.21	0.28	0.36	0.44
钻杆	T45	kg	0.67	0.87	1.20	1.62	2.09
连接套		个	0.037	0.048	0.064	0.086	0.116
钎尾		个	0.013	0.018	0.024	0.033	0.045
炸药		kg	42	46	52	59	66
电雷管		发	5.16	5.72	6.43	7.23	8.13
非电毫秒雷管		发	4.28	4.83	5.53	6.33	7.25
导爆管		m	22	25	29	33	38
导电线		m	51	57	64	72	80
其他材料费		元	17	19	22	26	31
液压履带钻	D7	台时	0.60	0.75	0.95	1.21	1.54
风钻	手持式	台时	0.87	1.16	1.62	2.26	3.14
载重汽车	5t	台时	0.28	0.28	0.28	0.28	0.28
其他机械使用费		元	10	13	18	27	39
石渣运输		m^3	105	105	105	105	105
编号			20096	20097	20098	20099	20100

2.8.2 孔深 6～9m

单位：100m³

项目	单位	岩石级别				
		Ⅴ～Ⅵ	Ⅶ～Ⅷ	Ⅸ～Ⅹ	Ⅺ～Ⅻ	ⅩⅢ～ⅩⅣ
高级熟练工	工时	1	1	1	1	1
熟练工	工时	3	4	5	7	8
半熟练工	工时	4	5	6	8	10
普工	工时	22	26	32	40	52
合计	工时	30	36	44	56	71
合金钻头	个	0.04	0.07	0.11	0.14	0.19
钻头 ϕ89～105	个	0.03	0.04	0.06	0.08	0.11
风钻钻杆	kg	0.14	0.21	0.28	0.36	0.44
钻杆 T45	kg	0.56	0.72	0.99	1.34	1.73
连接套	个	0.030	0.040	0.053	0.071	0.096
钎尾	个	0.011	0.016	0.022	0.030	0.041
炸药	kg	38	42	47	54	60
电雷管	发	6.27	7.20	8.40	9.80	11.43
导爆索	m	18	20	23	26	30
导电线	m	40	44	50	56	63
其他材料费	元	17	19	22	26	31
液压履带钻 D7	台时	0.48	0.60	0.77	0.98	1.25
风钻 手持式	台时	0.87	1.16	1.62	2.26	3.14
载重汽车 5t	台时	0.28	0.28	0.28	0.28	0.28
其他机械使用费	元	10	13	18	27	39
石渣运输	m³	103	103	103	103	103
编号		20101	20102	20103	20104	20105

2.8.3 孔深>9m

单位：100m³

项目	单位	岩石级别				
		Ⅴ～Ⅵ	Ⅶ～Ⅷ	Ⅸ～Ⅹ	Ⅺ～Ⅻ	ⅩⅢ～ⅩⅣ
高级熟练工	工时		1	1	1	1
熟练工	工时	3	4	5	6	8
半熟练工	工时	3	4	5	7	9
普工	工时	19	22	28	36	46
合计	工时	25	31	39	50	64
合金钻头	个	0.04	0.07	0.11	0.14	0.19
钻头 ϕ89～105	个	0.03	0.04	0.05	0.07	0.09
风钻钻杆	kg	0.14	0.21	0.28	0.36	0.44
钻杆 T45	kg	0.46	0.60	0.81	1.11	1.43
连接套	个	0.025	0.033	0.044	0.059	0.079
钎尾	个	0.009	0.013	0.018	0.024	0.034
炸药	kg	35	38	43	49	55
电雷管	发	4.96	5.70	6.65	7.76	9.05
导爆索	m	15	16	19	22	25
导电线	m	29	32	35	39	43
其他材料费	元	17	19	22	26	31
液压履带钻 D7	台时	0.40	0.49	0.62	0.81	1.02
风钻 手持式	台时	0.87	1.16	1.62	2.26	3.14
载重汽车 5t	台时	0.28	0.28	0.28	0.28	0.28
其他机械使用费	元	10	13	18	27	39
石渣运输	m³	102	102	102	102	102
编号		20106	20107	20108	20109	20110

2.9 一般坡面石方开挖（风钻）

适用范围：倾角大于 20°，平均厚度 5m 以下，无保护层。

工作内容：钻孔、爆破、撬移、解小、翻渣、清面等。

单位：$100m^3$

项目	单位	岩石级别				
		Ⅴ～Ⅵ	Ⅶ～Ⅷ	Ⅸ～Ⅹ	Ⅺ～Ⅻ	ⅩⅢ～ⅩⅣ
高级熟练工	工时	2	3	3	4	5
熟练工	工时	15	17	20	25	31
半熟练工	工时	16	18	22	27	33
普工	工时	83	94	113	137	170
合计	工时	116	132	158	193	239
合金钻头	个	0.60	0.79	1.08	1.49	2.06
风钻钻杆	kg	0.22	0.35	0.57	0.92	1.49
炸药	kg	22	27	34	40	48
电雷管	发	5.00	5.37	5.80	6.28	6.79
非电毫秒雷管	发	17.91	22.34	28.53	36.43	46.52
导爆管	m	74	93	119	152	193
导电线	m	111	124	139	156	175
其他材料费	元	18	20	22	26	32
风钻 手持式	台时	2.48	3.76	5.95	9.39	14.83
载重汽车 5t	台时	0.28	0.28	0.28	0.28	0.28
修钎设备	台时	0.06	0.09	0.13	0.19	0.28
其他机械使用费	元	6	8	13	22	32
石渣运输	m^3	110	110	110	110	110
编号		20111	20112	20113	20114	20115

2.10 沟槽石方开挖（风钻）

适用范围：沟槽石方开挖。

工作内容：钻孔、爆破、撬移、解小、翻渣、清面、修断面等。

2.10.1 底宽≤1m

单位：100m³

项目	单位	岩石级别				
		Ⅴ～Ⅵ	Ⅶ～Ⅷ	Ⅸ～Ⅹ	Ⅺ～Ⅻ	ⅩⅢ～ⅩⅣ
高级熟练工	工时	6	8	10	12	16
熟练工	工时	87	102	125	161	214
半熟练工	工时	200	236	289	372	495
普工	工时	374	440	540	694	922
合计	工时	667	786	964	1239	1647
合金钻头	个	9.03	11.99	16.34	22.49	31.08
风钻钻杆	kg	2.92	4.58	7.45	12.08	19.66
炸药	kg	180	232	253	299	349
电雷管	发	114	116	119	121	123
非电毫秒雷管	发	655	778	941	1140	1378
导爆管	m	698	829	1003	1214	1469
导电线	m	618	618	618	618	618
其他材料费	元	36	42	52	69	93
风钻 手持式	台时	23.67	35.83	56.52	89.25	140.97
载重汽车 5t	台时	0.28	0.28	0.28	0.28	0.28
修钎设备	台时	0.96	1.31	1.87	2.71	3.93
其他机械使用费	元	26	48	73	97	122
石渣运输	m³	116	116	116	116	116
编号		20116	20117	20118	20119	20120

2.10.2 底宽 1～2m

单位：$100m^3$

项目		单位	岩石级别				
			Ⅴ～Ⅵ	Ⅶ～Ⅷ	Ⅸ～Ⅹ	Ⅺ～Ⅻ	ⅩⅢ～ⅩⅣ
高级熟练工		工时	4	4	5	7	9
熟练工		工时	47	57	69	88	118
半熟练工		工时	110	130	159	204	272
普工		工时	205	242	297	382	508
合计		工时	366	433	530	681	907
合金钻头		个	4.03	5.36	7.30	10.06	13.89
风钻钻杆		kg	1.41	2.21	3.60	5.83	9.49
炸药		kg	100	117	137	160	186
电雷管		发	31	32	34	35	36
非电毫秒雷管		发	194	226	269	319	379
导爆管		m	252	294	349	414	493
导电线		m	144	144	144	144	144
其他材料费		元	28	33	43	58	75
风钻	手持式	台时	14.01	21.24	33.54	52.99	83.73
载重汽车	5t	台时	0.28	0.28	0.28	0.28	0.28
修钎设备		台时	0.43	0.60	0.86	1.24	1.81
其他机械使用费		元	21	37	56	74	93
石渣运输		m^3	113	113	113	113	113
编号			20121	20122	20123	20124	20125

2.10.3 底宽 2～4m

单位：100m³

项目	单位	岩石级别				
		Ⅴ～Ⅵ	Ⅶ～Ⅷ	Ⅸ～Ⅹ	Ⅺ～Ⅻ	ⅩⅢ～ⅩⅣ
高级熟练工	工时	2	2	3	3	5
熟练工	工时	25	29	35	45	61
半熟练工	工时	57	67	82	105	140
普工	工时	105	124	153	197	261
合计	工时	189	222	273	350	467
合金钻头	个	2.11	2.81	3.82	5.27	7.27
风钻钻杆	kg	0.73	1.16	1.88	3.06	4.97
炸药	kg	50	60	71	84	97
电雷管	发	11	11	12	12	13
非电毫秒雷管	发	72	84	100	119	141
导爆管	m	193	225	268	318	377
导电线	m	51	51	51	51	51
其他材料费	元	21	26	32	44	58
风钻 手持式	台时	7.26	11.00	17.39	27.46	43.37
载重汽车 5t	台时	0.28	0.28	0.28	0.28	0.28
修钎设备	台时	0.23	0.32	0.45	0.65	0.94
其他机械使用费	元	15	30	47	63	80
石渣运输	m³	108	108	108	108	108
编号		20126	20127	20128	20129	20130

2.10.4 底宽 4~7m

单位：$100m^3$

项　　目	单位	岩石级别				
		Ⅴ～Ⅵ	Ⅶ～Ⅷ	Ⅸ～Ⅹ	Ⅺ～Ⅻ	ⅩⅢ～ⅩⅣ
高级熟练工	工时	1	1	2	2	3
熟练工	工时	16	19	24	31	41
半熟练工	工时	38	46	55	71	95
普工	工时	71	84	104	133	178
合计	工时	126	150	185	237	317
合金钻头	个	1.29	1.71	2.33	3.20	4.43
风钻钻杆	kg	0.45	0.70	1.14	1.85	3.02
炸药	kg	40	47	56	66	76
电雷管	发	5.71	5.91	6.16	6.40	6.66
非电毫秒雷管	发	26	31	38	47	58
导爆管	m	86	104	128	158	194
导电线	m	28	28	28	28	28
其他材料费	元	20	23	30	42	52
风钻　手持式	台时	5.45	8.25	13.04	20.59	32.51
载重汽车　5t	台时	0.28	0.28	0.28	0.28	0.28
修钎设备	台时	0.13	0.19	0.27	0.40	0.58
其他机械使用费	元	10	23	38	52	67
石渣运输	m^3	106	106	106	106	106
编号		20131	20132	20133	20134	20135

2.11 坑石方开挖（风钻）

适用范围：坑石方开挖。

工作内容：钻孔、爆破、撬移、解小、翻渣、清面、修断面等。

2.11.1 坑口面积≤2m²

单位：100m³

项目	单位	岩石级别				
		Ⅴ～Ⅵ	Ⅶ～Ⅷ	Ⅸ～Ⅹ	Ⅺ～Ⅻ	ⅩⅢ～ⅩⅣ
高级熟练工	工时	11	13	17	21	29
熟练工	工时	311	362	449	577	772
半熟练工	工时	322	376	466	598	801
普工	工时	506	591	732	940	1259
合计	工时	1150	1342	1664	2136	2861
合金钻头	个	8.21	10.91	14.86	20.47	28.29
风钻钻杆	kg	2.87	4.49	7.33	11.87	19.31
炸药	kg	215	224	265	327	388
电雷管	发	38	44	51	59	69
非电毫秒雷管	发	407	492	606	747	920
导爆管	m	367	473	626	828	1095
导电线	m	257	262	268	273	278
其他材料费	元	54	66	88	131	188
风钻 手持式	台时	28.00	42.48	67.10	106.04	167.53
载重汽车 5t	台时	0.28	0.28	0.28	0.28	0.28
修钎设备	台时	0.89	1.22	1.74	2.52	3.68
其他机械使用费	元	41	84	131	179	226
石渣运输	m³	122	122	122	122	122
编号		20136	20137	20138	20139	20140

2.11.2 坑口面积 2～4m²

单位：100m³

项目	单位	岩石级别				
		Ⅴ～Ⅵ	Ⅶ～Ⅷ	Ⅸ～Ⅹ	Ⅺ～Ⅻ	ⅩⅢ～ⅩⅣ
高级熟练工	工时	10	11	14	18	24
熟练工	工时	265	308	382	490	657
半熟练工	工时	274	320	396	508	681
普工	工时	432	503	623	800	1070
合计	工时	981	1142	1415	1816	2432
合金钻头	个	6.21	8.26	11.25	15.49	21.41
风钻钻杆	kg	2.17	3.40	5.54	8.99	14.61
炸药	kg	152	162	210	260	308
电雷管	发	28	32	36	41	47
非电毫秒雷管	发	246	302	378	474	595
导爆管	m	423	511	630	776	956
导电线	m	117	122	127	132	137
其他材料费	元	42	49	64	98	148
风钻 手持式	台时	22.06	33.46	52.86	83.47	131.82
载重汽车 5t	台时	0.28	0.28	0.28	0.28	0.28
修钎设备	台时	0.67	0.92	1.32	1.91	2.78
其他机械使用费	元	32	67	106	145	185
石渣运输	m³	119	119	119	119	119
编号		20141	20142	20143	20144	20145

2.11.3 坑口面积 4～6m²

单位：100m³

项　　目	单位	岩石级别				
		Ⅴ～Ⅵ	Ⅶ～Ⅷ	Ⅸ～Ⅹ	Ⅺ～Ⅻ	ⅫⅠ～ⅩⅣ
高级熟练工	工时	7	8	11	14	18
熟　练　工	工时	199	232	286	368	493
半熟练工	工时	206	240	297	382	511
普　　工	工时	323	377	467	600	803
合　　计	工时	735	857	1061	1364	1825
合金钻头	个	5.28	7.03	9.58	13.19	18.22
风钻钻杆	kg	1.85	2.90	4.72	7.65	12.44
炸　　药	kg	117	134	177	219	258
电　雷　管	发	23	26	30	34	39
非电毫秒雷管	发	200	242	298	367	452
导　爆　管	m	389	462	558	675	817
导　电　线	m	80	83	86	90	93
其他材料费	元	33	41	53	73	106
风　钻　手持式	台时	19.07	28.86	45.55	71.99	113.66
载重汽车　5t	台时	0.28	0.28	0.28	0.28	0.28
修钎设备	台时	0.57	0.79	1.12	1.62	2.37
其他机械使用费	元	27	58	93	128	163
石渣运输	m^3	111	111	111	111	111
编　　号		20146	20147	20148	20149	20150

2.11.4 坑口面积 6~9m²

单位：100m³

项目	单位	岩石级别				
		Ⅴ～Ⅵ	Ⅶ～Ⅷ	Ⅸ～Ⅹ	Ⅺ～Ⅻ	ⅩⅢ～ⅩⅣ
高级熟练工	工时	6	7	8	11	14
熟练工	工时	155	180	224	287	384
半熟练工	工时	161	187	232	297	399
普工	工时	252	294	364	468	626
合计	工时	574	668	828	1063	1423
合金钻头	个	4.29	5.71	7.77	10.71	14.80
风钻钻杆	kg	1.50	2.35	3.83	6.21	10.10
炸药	kg	108	122	142	173	206
电雷管	发	17.46	19.73	22.59	25.86	29.61
非电毫秒雷管	发	140.76	169.93	209.10	258.06	317.83
导爆管	m	256.02	309.06	380.87	469.81	578.75
导电线	m	48.96	51.82	54.88	58.75	61.81
其他材料费	元	27	33	44	67	97
风钻 手持式	台时	16.13	24.45	38.61	61.01	96.36
载重汽车 5t	台时	0.28	0.28	0.28	0.28	0.28
修钎设备	台时	0.46	0.64	0.91	1.32	1.93
其他机械使用费	元	23	45	70	94	119
石渣运输	m³	109	109	109	109	109
编号		20151	20152	20153	20154	20155

2.11.5 坑口面积 9～12m²

单位：100m³

项目		单位	岩石级别				
			Ⅴ～Ⅵ	Ⅶ～Ⅷ	Ⅸ～Ⅹ	Ⅺ～Ⅻ	XⅢ～XⅣ
高级熟练工		工时	4	5	7	8	11
熟练工		工时	124	145	178	230	308
半熟练工		工时	129	150	185	238	319
普工		工时	202	236	291	374	501
合计		工时	459	536	661	850	1139
合金钻头		个	3.68	4.90	6.67	9.19	12.70
风钻钻杆		kg	1.29	2.02	3.29	5.33	8.68
炸药		kg	82	95	126	153	183
电雷管		发	15	17	19	22	25
非电毫秒雷管		发	105	132	167	214	273
导爆管		m	197	246	314	401	512
导电线		m	37	39	42	45	50
其他材料费		元	26	32	42	61	90
风钻	手持式	台时	14.01	21.21	33.53	52.94	83.62
载重汽车	5t	台时	0.28	0.28	0.28	0.28	0.28
修钎设备		台时	0.39	0.55	0.79	1.14	1.65
其他机械使用费		元	20	42	67	91	116
石渣运输		m³	107	107	107	107	107
编号			20156	20157	20158	20159	20160

2.11.6 坑口面积 12～20m²

单位：$100m^3$

项目	单位	岩石级别				
		Ⅴ～Ⅵ	Ⅶ～Ⅷ	Ⅸ～Ⅹ	Ⅺ～Ⅻ	ⅩⅢ～ⅩⅣ
高级熟练工	工时	4	5	6	7	10
熟练工	工时	108	125	155	200	267
半熟练工	工时	111	130	161	207	277
普工	工时	175	204	253	325	436
合计	工时	398	464	575	739	990
合金钻头	个	2.62	3.49	4.75	6.54	9.04
风钻钻杆	kg	0.92	1.43	2.34	3.80	6.17
炸药	kg	58	74	100	121	145
电雷管	发	11	12	14	16	18
非电毫秒雷管	发	62	80	106	140	185
导爆管	m	122	158	210	277	366
导电线	m	22	24	26	28	30
其他材料费	元	23	28	38	57	80
风钻 手持式	台时	10.17	15.40	24.36	38.47	60.77
载重汽车 5t	台时	0.28	0.28	0.28	0.28	0.28
修钎设备	台时	0.28	0.39	0.56	0.81	1.17
其他机械使用费	元	16	35	56	76	97
石渣运输	m^3	105	105	105	105	105
编号		20161	20162	20163	20164	20165

2.11.7 坑口面积 20～50m²

单位：$100m^3$

项目	单位	岩石级别				
		Ⅴ～Ⅵ	Ⅶ～Ⅷ	Ⅸ～Ⅹ	Ⅺ～Ⅻ	ⅩⅢ～ⅩⅣ
高级熟练工	工时	3	3	4	5	7
熟练工	工时	75	88	109	140	187
半熟练工	工时	78	91	113	145	194
普工	工时	123	143	177	228	305
合计	工时	279	325	403	518	693
合金钻头	个	1.58	2.10	2.86	3.94	5.45
风钻钻杆	kg	0.52	0.82	1.33	2.16	3.51
炸药	kg	53	67	86	104	130
电雷管	发	4.48	5.06	5.80	6.63	7.59
非电毫秒雷管	发	29	35	43	54	68
导爆管	m	66	81	102	127	160
导电线	m	9	9	10	11	12
其他材料费	元	22	27	36	54	78
风钻 手持式	台时	6.33	9.58	15.14	23.91	37.76
载重汽车 5t	台时	0.28	0.28	0.28	0.28	0.28
修钎设备	台时	0.16	0.23	0.33	0.48	0.70
其他机械使用费	元	14	33	54	74	95
石渣运输	m^3	104	104	104	104	104
编号		20166	20167	20168	20169	20170

2.11.8 坑口面积 50～100m²

单位：100m³

项目	单位	岩石级别				
		Ⅴ～Ⅵ	Ⅶ～Ⅷ	Ⅸ～Ⅹ	Ⅺ～Ⅻ	ⅩⅢ～ⅩⅣ
高级熟练工	工时	2	2	3	4	5
熟练工	工时	57	67	83	107	142
半熟练工	工时	59	69	86	110	148
普工	工时	93	108	135	173	232
合计	工时	211	246	307	394	527
合金钻头	个	1.20	1.59	2.18	2.99	4.14
风钻钻杆	kg	0.42	0.65	1.07	1.74	2.83
炸药	kg	41	54	70	88	104
电雷管	发	3.53	3.99	4.57	5.23	5.99
非电毫秒雷管	发	17	22	29	38	49
导爆管	m	46	58	76	98	127
导电线	m	6.12	6.12	7.14	7.96	8.98
其他材料费	元	21	26	35	52	74
风钻 手持式	台时	5.49	8.32	13.12	20.72	32.71
载重汽车 5t	台时	0.28	0.28	0.28	0.28	0.28
修钎设备	台时	0.13	0.18	0.26	0.37	0.54
其他机械使用费	元	12	31	52	72	93
石渣运输	m³	103	103	103	103	103
编号		20171	20172	20173	20174	20175

2.11.9 坑口面积 100～200m²

单位：100m³

项目	单位	岩石级别				
		Ⅴ～Ⅵ	Ⅶ～Ⅷ	Ⅸ～Ⅹ	Ⅺ～Ⅻ	ⅩⅢ～ⅩⅣ
高级熟练工	工时	2	2	2	3	4
熟练工	工时	45	54	66	84	114
半熟练工	工时	47	56	69	88	118
普工	工时	74	87	108	139	185
合计	工时	168	199	245	314	421
合金钻头	个	0.74	0.99	1.36	1.86	2.57
风钻钻杆	kg	0.26	0.39	0.64	1.04	1.69
炸药	kg	37	51	68	83	98
电雷管	发	1.37	1.54	1.77	2.02	2.32
非电毫秒雷管	发	9	12	15	20	25
导爆管	m	26	33	43	56	72
导电线	m	3.06	3.06	3.06	3.06	3.88
其他材料费	元	20	25	34	50	74
风钻 手持式	台时	3.37	5.11	8.06	12.73	20.11
载重汽车 5t	台时	0.28	0.28	0.28	0.28	0.28
修钎设备	台时	0.08	0.11	0.16	0.23	0.33
其他机械使用费	元	10	27	46	64	83
石渣运输	m³	103	103	103	103	103
编号		20176	20177	20178	20179	20180

2.12 基础石方开挖（风钻）

适用范围： 混凝土坝、水闸、厂房等基础石方开挖，包括底部保护层石方开挖、预裂爆破、基岩面整修。

工作内容： 钻孔、爆破、撬移、解小、翻渣、清面、最后修规格等。

2.12.1 开挖深度 2m

单位：$100m^3$

项目	单位	岩石级别				
		Ⅴ～Ⅵ	Ⅶ～Ⅷ	Ⅸ～Ⅹ	Ⅺ～Ⅻ	ⅩⅢ～ⅩⅣ
高级熟练工	工时	2	2	3	3	4
熟练工	工时	31	36	43	52	67
半熟练工	工时	38	44	52	63	81
普工	工时	215	229	270	318	402
合计	工时	286	311	368	436	554
合金钻头	个	1.48	1.97	2.68	3.69	5.10
风钻钻杆	kg	0.47	0.73	1.19	1.92	3.13
炸药	kg	34	40	48	57	67
电雷管	发	17	19	22	26	31
非电毫秒雷管	发	168	194	228	267	313
导爆管	m	251	292	345	408	484
导电线	m	72	82	95	110	127
其他材料费	元	100	103	125	150	196
风钻 手持式	台时	4.48	6.79	10.73	16.94	26.75
载重汽车 5t	台时	0.28	0.28	0.28	0.28	0.28
修钎设备	台时	0.15	0.22	0.31	0.44	0.64
其他机械使用费	元	7	11	18	30	50
石渣运输	m^3	113	113	113	113	113
编号		20181	20182	20183	20184	20185

2.12.2 开挖深度 3m

单位：$100m^3$

项　　目	单位	岩石级别				
		Ⅴ～Ⅵ	Ⅶ～Ⅷ	Ⅸ～Ⅹ	Ⅺ～Ⅻ	XIII～XIV
高级熟练工	工时	2	2	3	3	4
熟练工	工时	23	27	32	40	51
半熟练工	工时	28	32	39	47	61
普工	工时	157	169	200	238	302
合计	工时	210	230	274	328	418
合金钻头	个	1.22	1.62	2.20	3.04	4.20
风钻钻杆	kg	0.39	0.61	0.98	1.60	2.60
炸药	kg	30	36	44	51	61
电雷管	发	12	14	17	19	23
非电毫秒雷管	发	116	135	159	187	220
导爆管	m	188	221	264	316	379
导电线	m	83	94	107	122	140
其他材料费	元	72	75	90	107	140
风钻　手持式	台时	4	6	9	14	23
载重汽车　5t	台时	0.28	0.28	0.28	0.28	0.28
修钎设备	台时	0.13	0.18	0.25	0.36	0.52
其他机械使用费	元	7	10	16	27	44
石渣运输	m^3	108	108	108	108	108
编号		20186	20187	20188	20189	20190

2.12.3 开挖深度 4m

单位：100m³

项目	单位	岩石级别				
		Ⅴ～Ⅵ	Ⅶ～Ⅷ	Ⅸ～Ⅹ	Ⅺ～Ⅻ	ⅩⅢ～ⅩⅣ
高级熟练工	工时	2	2	3	3	4
熟练工	工时	19	23	27	33	43
半熟练工	工时	23	27	32	39	51
普工	工时	128	139	165	197	252
合计	工时	172	191	227	272	350
合金钻头	个	1.09	1.45	1.97	2.71	3.75
风钻钻杆	kg	0.35	0.55	0.88	1.43	2.33
炸药	kg	28	33	41	48	58
电雷管	发	10	12	14	16	18
非电毫秒雷管	发	90	105	124	147	174
导爆管	m	157	185	224	270	326
导电线	m	89	100	113	129	147
其他材料费	元	58	61	72	85	112
风钻 手持式	台时	3.47	5.26	8.31	13.12	20.72
载重汽车 5t	台时	0.28	0.28	0.28	0.28	0.28
修钎设备	台时	0.11	0.16	0.23	0.33	0.47
其他机械使用费	元	6	9	15	26	41
石渣运输	m³	106	106	106	106	106
编号		20191	20192	20193	20194	20195

2.12.4 开挖深度5m

单位：100m³

项目	单位	岩石级别				
		Ⅴ～Ⅵ	Ⅶ～Ⅷ	Ⅸ～Ⅹ	Ⅺ～Ⅻ	ⅩⅢ～ⅩⅣ
高级熟练工	工时	1	2	2	2	3
熟练工	工时	17	20	24	29	38
半熟练工	工时	20	24	28	34	45
普工	工时	111	122	145	173	222
合计	工时	149	168	199	238	308
合金钻头	个	1.01	1.34	1.82	2.51	3.48
风钻钻杆	kg	0.32	0.51	0.82	1.34	2.17
炸药	kg	27	32	40	47	56
电雷管	发	9	10	12	14	16
非电毫秒雷管	发	75	87	103	123	146
导爆管	m	138	164	199	242	295
导电线	m	92	103	117	132	150
其他材料费	元	50	52	62	72	95
风钻 手持式	台时	3.27	4.96	7.83	12.36	19.53
载重汽车 5t	台时	0.28	0.28	0.28	0.28	0.28
修钎设备	台时	0.10	0.15	0.21	0.30	0.44
其他机械使用费	元	6	9	15	25	39
石渣运输	m³	105	105	105	105	105
编号		20196	20197	20198	20199	20200

2.12.5 开挖深度 6m

单位：$100m^3$

项目	单位	岩石级别				
		Ⅴ～Ⅵ	Ⅶ～Ⅷ	Ⅸ～Ⅹ	Ⅺ～Ⅻ	ⅩⅢ～ⅩⅣ
高级熟练工	工时	1	2	2	2	3
熟练工	工时	16	19	23	28	36
半熟练工	工时	19	22	27	33	43
普工	工时	101	111	133	160	205
合计	工时	137	154	185	223	287
合金钻头	个	0.98	1.31	1.77	2.44	3.38
风钻钻杆	kg	0.32	0.50	0.80	1.30	2.11
炸药	kg	26	32	39	46	55
电雷管	发	9	10	11	13	15
非电毫秒雷管	发	69	81	96	115	137
导爆管	m	132	157	191	232	284
导电线	m	93	104	118	134	152
其他材料费	元	44	46	55	64	84
风钻 手持式	台时	3.20	4.86	7.66	12.10	19.11
载重汽车 5t	台时	0.28	0.28	0.28	0.28	0.28
修钎设备	台时	0.10	0.15	0.20	0.30	0.42
其他机械使用费	元	6	9	14	25	38
石渣运输	m^3	104	104	104	104	104
编号		20201	20202	20203	20204	20205

2.12.6 开挖深度 7.5m

单位：100m^3

项目	单位	岩石级别				
		Ⅴ～Ⅵ	Ⅶ～Ⅷ	Ⅸ～Ⅹ	Ⅺ～Ⅻ	ⅩⅢ～ⅩⅣ
高级熟练工	工时	1	2	2	2	3
熟练工	工时	14	17	21	25	33
半熟练工	工时	17	20	24	29	38
普工	工时	89	99	118	143	185
合计	工时	121	138	165	199	259
合金钻头	个	0.93	1.23	1.67	2.30	3.19
风钻钻杆	kg	0.30	0.47	0.76	1.23	2.00
炸药	kg	26	31	38	45	54
电雷管	发	8	9	10	11	13
非电毫秒雷管	发	58	68	81	97	116
导爆管	m	118	141	173	212	261
导电线	m	96	107	121	137	155
其他材料费	元	39	41	48	56	73
风钻 手持式	台时	3.06	4.63	7.32	11.55	18.24
载重汽车 5t	台时	0.28	0.28	0.28	0.28	0.28
修钎设备	台时	0.09	0.14	0.19	0.28	0.40
其他机械使用费	元	6	9	14	24	37
石渣运输	m^3	104	104	104	104	104
编号		20206	20207	20208	20209	20210

2.13 基础石方开挖（潜孔钻 80 型）

适用范围：混凝土坝、水闸、厂房等基础石方开挖，包括底部保护层石方开挖、预裂爆破、基岩面整修。

工作内容：钻孔、爆破、撬移、解小、翻渣、清面、最后修规格等。

2.13.1 开挖深度 7.5m

单位：100m³

项目		单位	岩石级别				
			Ⅴ～Ⅵ	Ⅶ～Ⅷ	Ⅸ～Ⅹ	Ⅺ～Ⅻ	ⅩⅢ～ⅩⅣ
高级熟练工		工时	1	1	2	2	3
熟练工		工时	14	16	20	24	31
半熟练工		工时	17	19	24	29	37
普工		工时	76	83	100	121	152
合计		工时	108	119	146	176	223
合金钻头		个	0.52	0.69	0.94	1.30	1.79
潜孔钻钻头		个	0.10	0.13	0.18	0.25	0.34
风钻钻杆		kg	0.16	0.26	0.42	0.68	1.11
钻杆		kg	0.13	0.16	0.19	0.25	0.32
冲击器		套	0.012	0.016	0.022	0.030	0.041
炸药		kg	34	38	44	50	57
电雷管		发	10	12	14	16	19
非电毫秒雷管		发	64	73	86	100	117
导爆管		m	86	99	116	133	138
导爆索		m	16	19	21	24	28
导电线		m	34	39	45	51	59
其他材料费		元	38	40	48	59	75
潜孔钻	80型	台时	1.81	2.41	3.31	4.53	6.22
风钻	手持式	台时	1.59	2.40	3.79	5.99	9.46
载重汽车	5t	台时	0.28	0.28	0.28	0.28	0.28
修钎设备		台时	0.05	0.06	0.09	0.13	0.19
其他机械使用费		元	10	13	19	29	45
石渣运输		m^3	104	104	104	104	104
编号			20211	20212	20213	20214	20215

2.13.2 开挖深度 10m

单位：100m³

项目		单位	岩石级别				
			Ⅴ～Ⅵ	Ⅶ～Ⅷ	Ⅸ～Ⅹ	Ⅺ～Ⅻ	ⅩⅢ～ⅩⅣ
高级熟练工		工时	1	1	1	2	2
熟练工		工时	12	14	17	21	27
半熟练工		工时	14	17	20	25	32
普工		工时	62	69	84	102	129
合计		工时	89	101	122	150	190
合金钻头		个	0.44	0.58	0.78	1.09	1.49
潜孔钻钻头		个	0.10	0.14	0.19	0.27	0.36
风钻钻杆		kg	0.14	0.22	0.36	0.57	0.94
钻杆		kg	0.14	0.17	0.20	0.26	0.34
冲击器		套	0.012	0.017	0.023	0.031	0.043
炸药		kg	34	38	43	49	56
电雷管		发	9	11	13	15	17
非电毫秒雷管		发	51	59	69	80	93
导爆管		m	69	80	93	108	126
导爆索		m	17	20	22	26	30
导电线		m	34	38	44	51	57
其他材料费		元	32	34	41	50	63
潜孔钻	80型	台时	1.90	2.53	3.47	4.76	6.52
风钻	手持式	台时	1.35	2.04	3.22	5.08	8.04
载重汽车	5t	台时	0.28	0.28	0.28	0.28	0.28
修钎设备		台时	0.04	0.05	0.07	0.11	0.15
其他机械使用费		元	10	13	19	29	44
石渣运输		m³	103	103	103	103	103
编号			20216	20217	20218	20219	20220

2.13.3 开挖深度 15m

单位：100m³

项目	单位	岩石级别				
		Ⅴ～Ⅵ	Ⅶ～Ⅷ	Ⅸ～Ⅹ	Ⅺ～Ⅻ	ⅩⅢ～ⅩⅣ
高级熟练工	工时	1	1	1	1	2
熟练工	工时	10	11	14	17	22
半熟练工	工时	11	13	16	20	26
普工	工时	49	55	67	82	104
合计	工时	71	80	98	120	154
合金钻头	个	0.33	0.44	0.59	0.83	1.13
潜孔钻钻头	个	0.11	0.15	0.20	0.28	0.38
风钻钻杆	kg	0.10	0.16	0.28	0.44	0.72
钻杆	kg	0.15	0.18	0.22	0.28	0.36
冲击器	套	0.013	0.018	0.024	0.033	0.046
炸药	kg	33	37	42	48	54
电雷管	发	8	9	11	13	15
非电毫秒雷管	发	36	41	48	56	65
导爆管	m	48	55	65	75	88
导爆索	m	18	21	24	27	31
导电线	m	33	38	43	49	56
其他材料费	元	27	29	34	41	51
潜孔钻 80型	台时	2.01	2.68	3.68	5.04	6.91
风钻 手持式	台时	1.06	1.60	2.52	3.98	6.28
载重汽车 5t	台时	0.28	0.28	0.28	0.28	0.28
修钎设备	台时	0.03	0.04	0.05	0.07	0.11
其他机械使用费	元	10	13	19	28	42
石渣运输	m³	102	102	102	102	102
编号		20221	20222	20223	20224	20225

2.13.4 开挖深度 20m

单位：$100m^3$

项目	单位	岩石级别				
		Ⅴ～Ⅵ	Ⅶ～Ⅷ	Ⅸ～Ⅹ	Ⅺ～Ⅻ	ⅩⅢ～ⅩⅣ
高级熟练工	工时	1	1	1	1	2
熟练工	工时	7	9	11	14	17
半熟练工	工时	8	10	13	16	20
普工	工时	39	45	55	69	87
合计	工时	55	65	80	100	126
合金钻头	个	0.24	0.31	0.42	0.59	0.81
潜孔钻钻头	个	0.12	0.16	0.21	0.30	0.40
风钻钻杆	kg	0.08	0.12	0.20	0.32	0.52
钻杆	kg	0.15	0.19	0.23	0.29	0.37
冲击器	套	0.013	0.019	0.025	0.035	0.048
炸药	kg	33	36	41	47	52
电雷管	发	7.04	8.13	9.54	11.18	13.11
非电毫秒雷管	发	22	25	29	34	39
导爆管	m	29	33	39	45	53
导爆索	m	19	22	25	28	33
导电线	m	33	37	43	48	54
其他材料费	元	24	26	30	36	45
潜孔钻 80型	台时	2.11	2.82	3.86	5.29	7.26
风钻 手持式	台时	0.79	1.19	1.88	2.97	4.69
载重汽车 5t	台时	0.28	0.28	0.28	0.28	0.28
修钎设备	台时	0.02	0.02	0.03	0.04	0.06
其他机械使用费	元	10	13	18	28	41
石渣运输	m^3	102	102	102	102	102
编号		20226	20227	20228	20229	20230

2.13.5 开挖深度 30m

单位：$100m^3$

项　目	单位	岩石级别				
		Ⅴ～Ⅵ	Ⅶ～Ⅷ	Ⅸ～Ⅹ	Ⅺ～Ⅻ	ⅩⅢ～ⅩⅣ
高级熟练工	工时	1	1	1	1	2
熟练工	工时	7	8	10	13	16
半熟练工	工时	8	9	12	15	19
普工	工时	35	40	49	62	79
合计	工时	51	58	72	91	116
合金钻头	个	0.22	0.28	0.38	0.54	0.74
潜孔钻钻头	个	0.12	0.16	0.22	0.30	0.41
风钻钻杆	kg	0.07	0.11	0.19	0.30	0.48
钻杆	kg	0.16	0.19	0.23	0.30	0.38
冲击器	套	0.014	0.019	0.025	0.035	0.049
炸药	kg	33	36	41	47	52
电雷管	发	7	8	9	11	13
非电毫秒雷管	发	18	21	25	29	34
导爆管	m	25	29	33	39	45
导爆索	m	19	22	25	29	33
导电线	m	33	37	43	48	54
其他材料费	元	21	23	27	32	40
潜孔钻 80型	台时	2.14	2.86	3.92	5.37	7.36
风钻 手持式	台时	0.73	1.10	1.74	2.75	4.35
载重汽车 5t	台时	0.28	0.28	0.28	0.28	0.28
修钎设备	台时	0.01	0.02	0.03	0.04	0.06
其他机械使用费	元	10	13	18	28	41
石渣运输	m^3	102	102	102	102	102
编号		20231	20232	20233	20234	20235

2.14 基础石方开挖（潜孔钻 100型）

适用范围：混凝土坝、水闸、厂房等基础石方开挖，包括底部保护层石方开挖、预裂爆破、基岩面整修。

工作内容：钻孔、爆破、撬移、解小、翻渣、清面、最后修规格等。

2.14.1 开挖深度 7.5m

单位：$100m^3$

项目		单位	岩石级别				
			Ⅴ～Ⅵ	Ⅶ～Ⅷ	Ⅸ～Ⅹ	Ⅺ～Ⅻ	ⅩⅢ～ⅩⅣ
高级熟练工		工时	1	1	2	2	2
熟练工		工时	14	16	20	24	30
半熟练工		工时	17	19	23	29	36
普工		工时	75	82	98	119	150
合计		工时	107	118	143	174	218
合金钻头		个	0.50	0.66	0.90	1.24	1.71
潜孔钻钻头		个	0.07	0.10	0.13	0.18	0.25
风钻钻杆		kg	0.16	0.25	0.40	0.64	1.05
钻杆		kg	0.21	0.25	0.31	0.39	0.51
冲击器		套	0.008	0.011	0.015	0.021	0.029
炸药		kg	37	41	47	54	61
电雷管		发	10	11	13	16	18
非电毫秒雷管		发	64	73	86	100	117
塑料导爆管		m	86	99	116	135	158
导爆索		m	12	13	15	17	20
导电线		m	31	35	40	45	52
其他材料费		元	38	40	48	59	75
潜孔钻	100型	台时	0.94	1.25	1.71	2.34	3.21
风钻	手持式	台时	1.87	2.74	4.18	6.39	9.80
载重汽车	5t	台时	0.28	0.28	0.28	0.28	0.28
修钎设备		台时	0.05	0.06	0.09	0.13	0.19
其他机械使用费		元	10	13	19	29	45
石渣运输		m^3	104	104	104	104	104
编号			20236	20237	20238	20239	20240

2.14.2 开挖深度 10m

单位：$100m^3$

项目	单位	岩石级别				
		Ⅴ～Ⅵ	Ⅶ～Ⅷ	Ⅸ～Ⅹ	Ⅺ～Ⅻ	ⅩⅢ～ⅩⅣ
高级熟练工	工时	1	1	1	2	2
熟练工	工时	12	13	17	20	26
半熟练工	工时	14	17	20	24	31
普工	工时	61	68	82	100	126
合计	工时	88	99	120	146	185
合金钻头	个	0.41	0.54	0.74	1.02	1.41
潜孔钻钻头	个	0.08	0.10	0.13	0.18	0.26
风钻钻杆	kg	0.13	0.21	0.33	0.53	0.87
钻杆	kg	0.22	0.26	0.33	0.41	0.53
冲击器	套	0.009	0.012	0.016	0.022	0.030
炸药	kg	36	41	47	53	60
电雷管	发	9	10	12	14	17
非电毫秒雷管	发	51	59	69	80	93
塑料导爆管	m	69	80	93	108	126
导爆索	m	12	14	16	18	21
导电线	m	31	35	39	44	50
其他材料费	元	32	34	41	50	63
潜孔钻 100型	台时	0.98	1.31	1.79	2.46	3.37
风钻 手持式	台时	1.64	2.39	3.62	5.51	8.39
载重汽车 5t	台时	0.28	0.28	0.28	0.28	0.28
修钎设备	台时	0.04	0.05	0.07	0.11	0.15
其他机械使用费	元	10	13	19	29	44
石渣运输	m^3	103	103	103	103	103
编号		20241	20242	20243	20244	20245

2.14.3 开挖深度 15m

单位：100m³

项目		单位	岩石级别				
			Ⅴ～Ⅵ	Ⅶ～Ⅷ	Ⅸ～Ⅹ	Ⅺ～Ⅻ	ⅩⅢ～ⅩⅣ
高级熟练工		工时	1	1	1	1	1
熟练工		工时	10	11	14	16	21
半熟练工		工时	11	13	16	20	25
普工		工时	48	54	65	80	102
合计		工时	70	79	96	117	149
合金钻头		个	0.30	0.40	0.55	0.76	1.05
潜孔钻钻头		个	0.08	0.11	0.14	0.20	0.27
风钻钻杆		kg	0.10	0.16	0.25	0.40	0.65
钻杆		kg	0.23	0.28	0.35	0.44	0.56
冲击器		套	0.009	0.012	0.017	0.023	0.032
炸药		kg	36	40	46	52	58
电雷管		发	8	9	10	12	14
非电毫秒雷管		发	36	41	48	56	65
塑料导爆管		m	48	55	65	75	88
导爆索		m	13	14	17	19	22
导电线		m	31	34	38	42	48
其他材料费		元	27	29	34	41	51
潜孔钻	100型	台时	1.04	1.38	1.90	2.60	3.57
风钻	手持式	台时	1.37	1.97	2.94	4.43	6.66
载重汽车	5t	台时	0.28	0.28	0.28	0.28	0.28
修钎设备		台时	0.03	0.04	0.05	0.07	0.11
其他机械使用费		元	10	13	19	28	42
石渣运输		m³	102	102	102	102	102
编号			20246	20247	20248	20249	20250

2.14.4 开挖深度 20m

单位：100m³

项目	单位	岩石级别				
		Ⅴ～Ⅵ	Ⅶ～Ⅷ	Ⅸ～Ⅹ	Ⅺ～Ⅻ	ⅩⅢ～ⅩⅣ
高级熟练工	工时	1	1	1	1	2
熟练工	工时	7	9	11	14	17
半熟练工	工时	9	11	13	16	20
普工	工时	41	47	57	71	89
合计	工时	58	68	82	102	128
合金钻头	个	0.21	0.28	0.37	0.52	0.71
潜孔钻钻头	个	0.10	0.13	0.18	0.24	0.33
风钻钻杆	kg	0.07	0.11	0.17	0.28	0.45
钻杆	kg	0.28	0.34	0.42	0.53	0.68
冲击器	套	0.012	0.015	0.021	0.029	0.039
炸药	kg	38	43	49	55	62
电雷管	发	8	9	11	12	15
非电毫秒雷管	发	22	25	29	34	39
导爆管	m	29	33	39	45	53
导爆索	m	16	19	22	25	28
导电线	m	40	45	50	57	65
其他材料费	元	24	26	30	36	45
潜孔钻 100型	台时	1.26	1.67	2.30	3.16	4.33
风钻 手持式	台时	1.12	1.58	2.33	3.44	5.09
载重汽车 5t	台时	0.28	0.28	0.28	0.28	0.28
修钎设备	台时	0.02	0.02	0.03	0.04	0.06
其他机械使用费	元	10	13	18	28	41
石渣运输	m³	102	102	102	102	102
编号		20251	20252	20253	20254	20255

2.14.5 开挖深度30m

单位：100m³

项目		单位	岩石级别				
			V～Ⅵ	Ⅶ～Ⅷ	Ⅸ～X	XI～Ⅻ	XIII～XIV
高级熟练工		工时	1	1	1	1	2
熟练工		工时	7	8	10	13	16
半熟练工		工时	9	10	12	15	19
普工		工时	36	42	51	64	81
合计		工时	53	61	74	93	118
合金钻头		个	0.19	0.25	0.34	0.46	0.64
潜孔钻钻头		个	0.10	0.13	0.18	0.25	0.33
风钻钻杆		kg	0.06	0.10	0.16	0.25	0.41
钻杆		kg	0.28	0.34	0.43	0.54	0.69
冲击器		套	0.012	0.015	0.022	0.029	0.040
炸药		kg	39	43	49	55	62
电雷管		发	8	9	10	12	14
非电毫秒雷管		发	18	21	25	29	34
导爆管		m	25	29	33	39	45
导爆索		m	17	19	22	25	29
导电线		m	40	45	50	57	65
其他材料费		元	21	23	27	32	40
潜孔钻	100型	台时	1.28	1.70	2.33	3.20	4.39
风钻	手持式	台时	1.07	1.50	2.20	3.23	4.75
载重汽车	5t	台时	0.28	0.28	0.28	0.28	0.28
修钎设备		台时	0.01	0.02	0.03	0.04	0.06
其他机械使用费		元	10	13	18	28	41
石渣运输		m³	102	102	102	102	102
编号			20256	20257	20258	20259	20260

2.15 基础石方开挖（潜孔钻 100型高风压）

适用范围：混凝土坝、水闸、厂房等基础石方开挖，包括底部保护层石方开挖、预裂爆破、基岩面整修。

工作内容：钻孔、爆破、撬移、解小、翻渣、清面、最后修规格等。

2.15.1 开挖深度 7.5m

单位：$100m^3$

项目		单位	岩石级别				
			Ⅴ～Ⅵ	Ⅶ～Ⅷ	Ⅸ～Ⅹ	Ⅺ～Ⅻ	ⅩⅢ～ⅩⅣ
高级熟练工		工时	1	1	2	2	2
熟练工		工时	13	16	19	23	29
半熟练工		工时	17	18	23	28	35
普工		工时	72	80	96	115	145
合计		工时	103	115	140	168	211
合金钻头		个	0.48	0.65	0.90	1.23	1.69
潜孔钻钻头		个	0.02	0.02	0.03	0.04	0.06
风钻钻杆		kg	0.25	0.38	0.58	0.86	1.29
钻杆		kg	0.20	0.23	0.29	0.37	0.47
冲击器		套	0.002	0.003	0.004	0.006	0.008
炸药		kg	37	41	47	54	61
电雷管		发	10	11	13	16	18
非电毫秒雷管		发	64	73	86	100	117
导爆管		m	86	99	116	135	158
导爆索		m	12	13	15	17	20
导电线		m	31	35	40	45	52
其他材料费		元	38	40	48	59	75
潜孔钻	CM351型	台时	0.71	0.96	1.31	1.80	2.47
空气压缩机	XHP750型	台时	0.71	0.96	1.31	1.80	2.47
风钻	手持式	台时	1.98	2.87	4.37	6.66	10.17
载重汽车	5t	台时	0.28	0.28	0.28	0.28	0.28
修钎设备		台时	0.05	0.06	0.09	0.13	0.19
其他机械使用费		元	10	13	19	29	45
石渣运输		m^3	104	104	104	104	104
编号			20261	20262	20263	20264	20265

2.15.2 开挖深度 10m

单位：100m³

项目		单位	岩石级别				
			Ⅴ～Ⅵ	Ⅶ～Ⅷ	Ⅸ～Ⅹ	Ⅺ～Ⅻ	ⅩⅢ～ⅩⅣ
高级熟练工		工时	1	1	1	2	2
熟练工		工时	11	13	16	19	25
半熟练工		工时	14	16	20	24	30
普工		工时	59	66	79	96	121
合计		工时	85	96	116	141	178
合金钻头		个	0.39	0.54	0.74	1.01	1.40
潜孔钻钻头		个	0.02	0.02	0.03	0.04	0.06
风钻钻杆		kg	0.23	0.35	0.52	0.76	1.12
钻杆		kg	0.21	0.24	0.31	0.39	0.49
冲击器		套	0.003	0.003	0.004	0.006	0.008
炸药		kg	36	41	47	53	60
电雷管		发	9	10	12	14	17
非电毫秒雷管		发	51	59	69	80	93
导爆管		m	69	80	93	108	126
导爆索		m	12	14	16	18	21
导电线		m	31	35	39	44	50
其他材料费		元	32	34	41	50	63
潜孔钻	CM351 型	台时	0.75	1.00	1.38	1.89	2.59
空气压缩机	XHP750 型	台时	0.75	1.00	1.38	1.89	2.59
风钻	手持式	台时	1.76	2.54	3.82	5.79	8.78
载重汽车	5t	台时	0.28	0.28	0.28	0.28	0.28
修钎设备		台时	0.04	0.05	0.07	0.11	0.15
其他机械使用费		元	10	13	19	29	44
石渣运输		m³	103	103	103	103	103
编号			20266	20267	20268	20269	20270

2.15.3 开挖深度15m

单位：$100m^3$

项　目		单位	岩石级别				
			Ⅴ～Ⅵ	Ⅶ～Ⅷ	Ⅸ～Ⅹ	Ⅺ～Ⅻ	ⅩⅢ～ⅩⅣ
高级熟练工		工时	1	1	1	1	1
熟练工		工时	9	10	13	15	20
半熟练工		工时	11	12	15	19	24
普工		工时	45	51	62	76	96
合计		工时	66	74	91	111	141
合金钻头		个	0.29	0.39	0.55	0.75	1.03
潜孔钻钻头		个	0.02	0.03	0.03	0.05	0.06
风钻钻杆		kg	0.21	0.31	0.45	0.64	0.91
钻杆		kg	0.22	0.26	0.32	0.41	0.52
冲击器		套	0.003	0.003	0.004	0.006	0.009
炸药		kg	36	40	46	52	58
电雷管		发	8	9	10	12	14
非电毫秒雷管		发	36	41	48	56	65
导爆管		m	48	55	65	75	88
导爆索		m	13	14	17	19	22
导电线		m	31	34	38	42	48
其他材料费		元	27	29	34	41	51
潜孔钻	CM351型	台时	0.79	1.06	1.46	2.00	2.75
空气压缩机	XHP750型	台时	0.79	1.06	1.46	2.00	2.75
风钻	手持式	台时	1.49	2.12	3.16	4.72	7.07
载重汽车	5t	台时	0.28	0.28	0.28	0.28	0.28
修钎设备		台时	0.03	0.04	0.05	0.07	0.11
其他机械使用费		元	10	13	19	28	42
石渣运输		m^3	102	102	102	102	102
编　号			20271	20272	20273	20274	20275

2.15.4 开挖深度 20m

单位：100m³

项目		单位	岩石级别				
			Ⅴ～Ⅵ	Ⅶ～Ⅷ	Ⅸ～Ⅹ	Ⅺ～Ⅻ	ⅩⅢ～ⅩⅣ
高级熟练工		工时	1	1	1	1	1
熟练工		工时	7	8	10	12	15
半熟练工		工时	8	9	12	14	18
普工		工时	35	41	50	62	78
合计		工时	51	59	73	89	112
合金钻头		个	0.19	0.27	0.37	0.51	0.70
潜孔钻钻头		个	0.02	0.03	0.04	0.05	0.07
风钻钻杆		kg	0.18	0.27	0.38	0.53	0.73
钻杆		kg	0.23	0.27	0.34	0.43	0.54
冲击器		套	0.003	0.004	0.005	0.007	0.009
炸药		kg	36	40	45	51	57
电雷管		发	7	8	9	10	12
非电毫秒雷管		发	22	25	29	34	39
导爆管		m	29	33	39	45	53
导爆索		m	13	15	18	20	24
导电线		m	30	33	37	41	46
其他材料费		元	24	26	30	36	45
潜孔钻	CM351型	台时	0.83	1.12	1.53	2.11	2.89
空气压缩机	XHP750型	台时	0.83	1.12	1.53	2.11	2.89
风钻	手持式	台时	1.24	1.74	2.55	3.75	5.52
载重汽车	5t	台时	0.28	0.28	0.28	0.28	0.28
修钎设备		台时	0.02	0.02	0.03	0.04	0.06
其他机械使用费		元	10	13	18	28	41
石渣运输		m³	102	102	102	102	102
编号			20276	20277	20278	20279	20280

2.15.5 开挖深度 30m

单位：100m³

项　　目		单位	岩石级别				
			Ⅴ～Ⅵ	Ⅶ～Ⅷ	Ⅸ～Ⅹ	Ⅺ～Ⅻ	ⅩⅢ～ⅩⅣ
高级熟练工		工时	1	1	1	1	1
熟练工		工时	6	7	9	11	14
半熟练工		工时	8	8	11	13	17
普工		工时	31	36	45	55	70
合计		工时	46	52	66	80	102
合金钻头		个	0.17	0.24	0.34	0.46	0.62
潜孔钻钻头		个	0.02	0.03	0.04	0.05	0.07
风钻钻杆		kg	0.18	0.26	0.37	0.51	0.69
钻杆		kg	0.23	0.28	0.34	0.44	0.55
冲击器		套	0.003	0.004	0.005	0.007	0.009
炸药		kg	36	40	45	51	57
电雷管		发	6	7	9	10	12
非电毫秒雷管		发	18	21	25	29	34
导爆管		m	25	29	33	39	45
导爆索		m	14	15	18	20	24
导电线		m	30	33	37	41	45
其他材料费		元	21	23	27	32	40
潜孔钻	CM351 型	台时	0.84	1.13	1.55	2.13	2.93
空气压缩机	XHP750 型	台时	0.84	1.13	1.55	2.13	2.93
风钻	手持式	台时	1.19	1.66	2.42	3.54	5.19
载重汽车	5t	台时	0.28	0.28	0.28	0.28	0.28
修钎设备		台时	0.01	0.02	0.03	0.04	0.06
其他机械使用费		元	10	13	18	28	41
石渣运输		m³	102	102	102	102	102
编号			20281	20282	20283	20284	20285

2.16 基础石方开挖（潜孔钻 150型）

适用范围： 混凝土坝、水闸、厂房等基础石方开挖，包括底部保护层石方开挖、预裂爆破、基岩面整修。

工作内容： 钻孔、爆破、撬移、解小、翻渣、清面、最后修规格等。

2.16.1 开挖深度 7.5m

单位：$100m^3$

项目		单位	岩石级别				
			Ⅴ～Ⅵ	Ⅶ～Ⅷ	Ⅸ～Ⅹ	Ⅺ～Ⅻ	ⅩⅢ～ⅩⅣ
高级熟练工		工时	1	1	2	2	2
熟练工		工时	13	16	19	23	29
半熟练工		工时	16	18	23	28	35
普工		工时	68	75	90	108	136
合计		工时	98	110	134	161	202
合金钻头		个	0.48	0.65	0.90	1.23	1.69
潜孔钻钻头		个	0.02	0.03	0.04	0.06	0.08
风钻钻杆		kg	0.25	0.38	0.58	0.86	1.29
钻杆		kg	0.21	0.26	0.31	0.39	0.50
冲击器		套	0.003	0.005	0.006	0.009	0.013
炸药		kg	39	44	51	58	65
电雷管		发	9	11	13	15	18
非电毫秒雷管		发	64	73	86	100	117
导爆管		m	86	99	116	135	158
导爆索		m	6	7	8	9	10
导电线		m	27	30	34	39	45
其他材料费		元	38	40	48	59	75
潜孔钻	KQ-150型	台时	0.56	0.73	1.01	1.39	1.90
风钻	手持式	台时	1.98	2.87	4.37	6.66	10.17
载重汽车	5t	台时	0.28	0.28	0.28	0.28	0.28
修钎设备		台时	0.05	0.06	0.09	0.13	0.19
其他机械使用费		元	10	13	19	29	45
石渣运输		m^3	104	104	104	104	104
编号			20286	20287	20288	20289	20290

2.16.2 开挖深度10m

单位：100m³

项目	单位	岩石级别				
		Ⅴ～Ⅵ	Ⅶ～Ⅷ	Ⅸ～Ⅹ	Ⅺ～Ⅻ	ⅩⅢ～ⅩⅣ
高级熟练工	工时		1	1	2	2
熟练工	工时	11	13	16	20	25
半熟练工	工时	13	16	20	24	30
普工	工时	54	61	73	88	112
合计	工时	78	91	110	134	169
合金钻头	个	0.39	0.54	0.74	1.01	1.40
潜孔钻钻头	个	0.03	0.03	0.04	0.06	0.08
风钻钻杆	kg	0.23	0.35	0.52	0.76	1.12
钻杆	kg	0.22	0.27	0.33	0.41	0.52
冲击器	套	0.003	0.005	0.007	0.009	0.013
炸药	kg	39	44	50	57	64
电雷管	发	8	10	11	13	16
非电毫秒雷管	发	51	59	69	80	93
导爆管	m	69	80	93	108	126
导爆索	m	6	7	8	9	11
导电线	m	26	29	33	38	43
其他材料费	元	32	34	41	50	63
潜孔钻 KQ-150型	台时	0.58	0.77	1.06	1.45	1.99
风钻 手持式	台时	1.76	2.54	3.82	5.79	8.78
载重汽车 5t	台时	0.28	0.28	0.28	0.28	0.28
修钎设备	台时	0.04	0.05	0.07	0.11	0.15
其他机械使用费	元	10	13	19	29	44
石渣运输	m³	103	103	103	103	103
编号		20291	20292	20293	20294	20295

2.16.3 开挖深度15m

单位：100m³

项目		单位	岩石级别				
			Ⅴ～Ⅵ	Ⅶ～Ⅷ	Ⅸ～Ⅹ	Ⅺ～Ⅻ	ⅩⅢ～ⅩⅣ
高级熟练工		工时		1	1	1	1
熟练工		工时	9	10	13	16	20
半熟练工		工时	10	12	15	19	24
普工		工时	40	46	56	68	86
合计		工时	59	69	85	104	131
合金钻头		个	0.29	0.39	0.55	0.75	1.03
潜孔钻钻头		个	0.03	0.03	0.04	0.06	0.09
风钻钻杆		kg	0.21	0.31	0.45	0.64	0.91
钻杆		kg	0.24	0.29	0.35	0.44	0.55
冲击器		套	0.004	0.005	0.007	0.010	0.014
炸药		kg	39	43	49	56	63
电雷管		发	7	8	10	11	13
非电毫秒雷管		发	36	41	48	56	65
导爆管		m	48	55	65	75	88
导爆索		m	7	8	9	10	11
导电线		m	25	28	32	36	41
其他材料费		元	27	29	34	41	51
潜孔钻	KQ-150型	台时	0.62	0.81	1.12	1.54	2.11
风钻	手持式	台时	1.49	2.12	3.16	4.72	7.07
载重汽车	5t	台时	0.28	0.28	0.28	0.28	0.28
修钎设备		台时	0.03	0.04	0.05	0.07	0.11
其他机械使用费		元	10	13	19	28	42
石渣运输		m³	102	102	102	102	102
编号			20296	20297	20298	20299	20300

2.16.4 开挖深度 20m

单位：100m³

项　　目		单位	岩石级别				
			Ⅴ～Ⅵ	Ⅶ～Ⅷ	Ⅸ～Ⅹ	Ⅺ～Ⅻ	ⅩⅢ～ⅩⅣ
高级熟练工		工时		1	1	1	1
熟练工		工时	7	8	10	12	15
半熟练工		工时	7	9	12	14	18
普工		工时	31	35	44	53	68
合计		工时	45	53	67	80	102
合金钻头		个	0.19	0.27	0.37	0.51	0.70
潜孔钻钻头		个	0.03	0.04	0.05	0.07	0.09
风钻钻杆		kg	0.18	0.27	0.38	0.53	0.73
钻杆		kg	0.25	0.30	0.37	0.46	0.58
冲击器		套	0.004	0.006	0.007	0.010	0.015
炸药		kg	38	43	49	55	62
电雷管		发	6	7	8	10	11
非电毫秒雷管		发	22	25	29	34	39
导爆管		m	29	33	39	45	53
导爆索		m	7	8	9	10	12
导电线		m	25	27	30	34	38
其他材料费		元	24	26	30	36	45
潜孔钻	KQ-150型	台时	0.65	0.86	1.18	1.62	2.22
风钻	手持式	台时	1.24	1.74	2.55	3.75	5.52
载重汽车	5t	台时	0.28	0.28	0.28	0.28	0.28
修钎设备		台时	0.02	0.02	0.03	0.04	0.06
其他机械使用费		元	10	13	18	28	41
石渣运输		m³	102	102	102	102	102
编号			20301	20302	20303	20304	20305

2.16.5 开挖深度 30m

单位：100m^3

项　　目	单位	岩石级别				
		Ⅴ～Ⅵ	Ⅶ～Ⅷ	Ⅸ～Ⅹ	Ⅺ～Ⅻ	ⅩⅢ～ⅩⅣ
高级熟练工	工时		1	1	1	1
熟练工	工时	6	7	9	11	14
半熟练工	工时	7	8	11	13	17
普工	工时	26	30	38	47	59
合计	工时	39	46	59	72	91
合金钻头	个	0.17	0.24	0.34	0.46	0.62
潜孔钻钻头	个	0.03	0.04	0.05	0.07	0.09
风钻钻杆	kg	0.18	0.26	0.37	0.51	0.69
钻杆	kg	0.25	0.31	0.37	0.47	0.59
冲击器	套	0.004	0.006	0.008	0.011	0.015
炸药	kg	39	43	49	55	62
电雷管	发	5.81	6.71	7.87	9.22	10.81
非电毫秒雷管	发	18.40	21.15	24.68	28.77	33.56
导爆管	m	24.87	28.60	33.34	38.87	45.36
导爆索	m	7.14	8.06	9.23	10.57	12.09
导电线	m	24.63	27.16	30.29	33.84	37.86
其他材料费	元	21	23	27	32	40
潜孔钻 KQ-150型	台时	0.66	0.87	1.19	1.64	2.25
风钻 手持式	台时	1.19	1.66	2.42	3.54	5.19
载重汽车 5t	台时	0.28	0.28	0.28	0.28	0.28
修钎设备	台时	0.01	0.02	0.03	0.04	0.06
其他机械使用费	元	10	13	18	28	41
石渣运输	m^3	102	102	102	102	102
编号		20306	20307	20308	20309	20310

2.17 基础石方开挖（潜孔钻　150型高风压）

适用范围： 混凝土坝、水闸、厂房等基础石方开挖，包括底部保护层石方开挖、预裂爆破、基岩面整修。

工作内容： 钻孔、爆破、撬移、解小、翻渣、清面、最后修规格等。

2.17.1 开挖深度7.5m

单位：100m³

项目		单位	岩石级别				
			Ⅴ～Ⅵ	Ⅶ～Ⅷ	Ⅸ～Ⅹ	Ⅺ～Ⅻ	ⅩⅢ～ⅩⅣ
高级熟练工		工时	1	1	2	2	2
熟练工		工时	13	16	19	23	29
半熟练工		工时	16	18	23	28	35
普工		工时	68	75	90	108	136
合计		工时	98	110	134	161	202
合金钻头		个	0.48	0.65	0.90	1.23	1.69
潜孔钻钻头		个	0.01	0.01	0.02	0.02	0.03
风钻钻杆		kg	0.25	0.38	0.58	0.86	1.29
钻杆		kg	0.08	0.10	0.13	0.16	0.20
冲击器		套	0.001	0.001	0.002	0.002	0.003
炸药		kg	39	44	51	58	65
电雷管		发	9	11	13	15	18
非电毫秒雷管		发	64	73	86	100	117
导爆管		m	86	99	116	135	158
导爆索		m	6	7	8	9	10
导电线		m	27	30	34	39	45
其他材料费		元	38	40	48	59	75
潜孔钻	KQG-150型	台时	0.37	0.50	0.69	0.94	1.29
空气压缩机	XHP750型	台时	0.37	0.50	0.69	0.94	1.29
风钻	手持式	台时	1.98	2.87	4.37	6.66	10.17
载重汽车	5t	台时	0.28	0.28	0.28	0.28	0.28
修钎设备		台时	0.05	0.06	0.09	0.13	0.19
其他机械使用费		元	10	13	19	29	45
石渣运输		m³	104	104	104	104	104
编号			20311	20312	20313	20314	20315

2.17.2 开挖深度 10m

单位：100m³

项目		单位	岩石级别				
			Ⅴ～Ⅵ	Ⅶ～Ⅷ	Ⅸ～Ⅹ	Ⅺ～Ⅻ	ⅩⅢ～ⅩⅣ
高级熟练工		工时		1	1	2	2
熟练工		工时	11	13	16	20	25
半熟练工		工时	13	16	20	24	30
普工		工时	54	61	73	88	112
合计		工时	78	91	110	134	169
合金钻头		个	0.39	0.54	0.74	1.01	1.40
潜孔钻钻头		个	0.01	0.01	0.02	0.02	0.03
风钻钻杆		kg	0.23	0.35	0.52	0.76	1.12
钻杆		kg	0.09	0.11	0.13	0.17	0.21
冲击器		套	0.001	0.002	0.002	0.003	0.003
炸药		kg	39	44	50	57	64
电雷管		发	8	10	11	13	16
非电毫秒雷管		发	51	59	69	80	93
导爆管		m	69	80	93	108	126
导爆索		m	6	7	8	9	11
导电线		m	26	29	33	38	43
其他材料费		元	32	34	41	50	63
潜孔钻	KQG-150型	台时	0.39	0.52	0.72	0.99	1.35
空气压缩机	XHP750型	台时	0.39	0.52	0.72	0.99	1.35
风钻	手持式	台时	1.76	2.54	3.82	5.79	8.78
载重汽车	5t	台时	0.28	0.28	0.28	0.28	0.28
修钎设备		台时	0.04	0.05	0.07	0.11	0.15
其他机械使用费		元	10	13	19	29	44
石渣运输		m³	103	103	103	103	103
编号			20316	20317	20318	20319	20320

2.17.3 开挖深度 15m

单位：$100m^3$

项目		单位	岩石级别				
			Ⅴ～Ⅵ	Ⅶ～Ⅷ	Ⅸ～Ⅹ	Ⅺ～Ⅻ	XⅢ～XⅣ
高级熟练工		工时		1	1	1	1
熟练工		工时	9	10	13	16	20
半熟练工		工时	10	12	15	19	24
普工		工时	40	46	56	68	86
合计		工时	59	69	85	104	131
合金钻头		个	0.29	0.39	0.55	0.75	1.03
潜孔钻钻头		个	0.01	0.01	0.02	0.03	0.03
风钻钻杆		kg	0.21	0.31	0.45	0.64	0.91
钻杆		kg	0.09	0.12	0.14	0.18	0.22
冲击器		套	0.001	0.002	0.002	0.003	0.004
炸药		kg	39	43	49	56	63
电雷管		发	7	8	10	11	13
非电毫秒雷管		发	36	41	48	56	65
导爆管		m	48	55	65	75	88
导爆索		m	7	8	9	10	11
导电线		m	25	28	32	36	41
其他材料费		元	27	29	34	41	51
潜孔钻	KQG-150 型	台时	0.41	0.55	0.76	1.05	1.43
空气压缩机	XHP750 型	台时	0.41	0.55	0.76	1.05	1.43
风钻	手持式	台时	1.49	2.12	3.16	4.72	7.07
载重汽车	5t	台时	0.28	0.28	0.28	0.28	0.28
修钎设备		台时	0.03	0.04	0.05	0.07	0.11
其他机械使用费		元	10	13	19	28	42
石渣运输		m^3	102	102	102	102	102
编号			20321	20322	20323	20324	20325

2.17.4 开挖深度 20m

单位：100m³

项目		单位	岩石级别				
			Ⅴ～Ⅵ	Ⅶ～Ⅷ	Ⅸ～Ⅹ	Ⅺ～Ⅻ	ⅩⅢ～ⅩⅣ
高级熟练工		工时		1	1	1	1
熟练工		工时	7	8	10	12	15
半熟练工		工时	7	9	12	14	18
普工		工时	31	35	44	53	68
合计		工时	45	53	67	80	102
合金钻头		个	0.19	0.27	0.37	0.51	0.70
潜孔钻钻头		个	0.01	0.01	0.02	0.03	0.04
风钻钻杆		kg	0.18	0.27	0.38	0.53	0.73
钻杆		kg	0.10	0.12	0.15	0.19	0.23
冲击器		套	0.001	0.002	0.002	0.003	0.004
炸药		kg	38	43	49	55	62
电雷管		发	6	7	8	10	11
非电毫秒雷管		发	22	25	29	34	39
导爆管		m	29	33	39	45	53
导爆索		m	7	8	9	10	12
导电线		m	25	27	30	34	38
其他材料费		元	24	26	30	36	45
潜孔钻	KQG-150型	台时	0.44	0.58	0.80	1.10	1.51
空气压缩机	XHP750型	台时	0.44	0.58	0.80	1.10	1.51
风钻	手持式	台时	1.24	1.74	2.55	3.75	5.52
载重汽车	5t	台时	0.28	0.28	0.28	0.28	0.28
修钎设备		台时	0.02	0.02	0.03	0.04	0.06
其他机械使用费		元	10	13	18	28	41
石渣运输		m³	102	102	102	102	102
编号			20326	20327	20328	20329	20330

2.17.5 开挖深度 30m

单位：$100m^3$

项目		单位	岩石级别				
			Ⅴ～Ⅵ	Ⅶ～Ⅷ	Ⅸ～Ⅹ	Ⅺ～Ⅻ	ⅩⅢ～ⅩⅣ
高级熟练工		工时		1	1	1	1
熟练工		工时	6	7	9	11	14
半熟练工		工时	7	8	11	13	17
普工		工时	26	30	38	47	59
合计		工时	39	46	59	72	91
合金钻头		个	0.17	0.24	0.34	0.46	0.62
潜孔钻钻头		个	0.01	0.01	0.02	0.03	0.04
风钻钻杆		kg	0.18	0.26	0.37	0.51	0.69
钻杆		kg	0.10	0.12	0.15	0.19	0.24
冲击器		套	0.001	0.002	0.002	0.003	0.004
炸药		kg	39	43	49	55	62
电雷管		发	6	7	8	9	11
非电毫秒雷管		发	18	21	25	29	34
导爆管		m	25	29	33	39	45
导爆索		m	7	8	9	11	12
导电线		m	25	27	30	34	38
其他材料费		元	21	23	27	32	40
潜孔钻	KQG-150型	台时	0.44	0.59	0.81	1.12	1.53
空气压缩机	XHP750型	台时	0.44	0.59	0.81	1.12	1.53
风钻	手持式	台时	1.19	1.66	2.42	3.54	5.19
载重汽车	5t	台时	0.28	0.28	0.28	0.28	0.28
修钎设备		台时	0.01	0.02	0.03	0.04	0.06
其他机械使用费		元	10	13	18	28	41
石渣运输		m^3	102	102	102	102	102
编号			20331	20332	20333	20334	20335

2.18 基础石方开挖（液压履带钻 ROC742）

适用范围：混凝土坝、水闸、厂房等基础石方开挖，包括底部保护层石方开挖、预裂爆破、基岩面整修。

工作内容：钻孔、爆破、撬移、解小、翻渣、清面、最后修规格等。

2.18.1 开挖深度 7.5m

单位：$100m^3$

项目		单位	岩石级别				
			Ⅴ～Ⅵ	Ⅶ～Ⅷ	Ⅸ～Ⅹ	Ⅺ～Ⅻ	XIII～XIV
高级熟练工		工时	1	1	2	2	2
熟练工		工时	13	16	19	23	29
半熟练工		工时	17	18	23	28	35
普工		工时	72	80	96	115	145
合计		工时	103	115	140	168	211
合金钻头		个	0.48	0.65	0.90	1.23	1.69
钻头	ϕ89～105	个	0.02	0.03	0.04	0.06	0.07
风钻钻杆		kg	0.25	0.38	0.58	0.86	1.29
钻杆	T45	kg	0.37	0.48	0.65	0.89	1.15
连接套		个	0.020	0.026	0.035	0.047	0.064
钎尾		个	0.007	0.010	0.014	0.019	0.027
炸药		kg	37	41	47	54	61
电雷管		发	10	11	13	16	18
非电毫秒雷管		发	64	73	86	100	117
导爆管		m	86	99	116	135	158
导爆索		m	12	13	15	17	20
导电线		m	31	35	40	45	52
其他材料费		元	38	40	48	59	75
液压履带钻	ROC742	台时	0.40	0.49	0.63	0.80	1.02
风钻	手持式	台时	1.98	2.87	4.37	6.66	10.17
载重汽车	5t	台时	0.28	0.28	0.28	0.28	0.28
修钎设备		台时	0.05	0.06	0.09	0.13	0.19
其他机械使用费		元	10	13	19	29	45
石渣运输		m^3	104	104	104	104	104
编号			20336	20337	20338	20339	20340

2.18.2 开挖深度 10m

单位：$100m^3$

项目		单位	岩石级别				
			Ⅴ～Ⅵ	Ⅶ～Ⅷ	Ⅸ～Ⅹ	Ⅺ～Ⅻ	ⅩⅢ～ⅩⅣ
高级熟练工		工时	1	1	1	2	2
熟练工		工时	11	13	16	19	25
半熟练工		工时	14	16	20	24	30
普工		工时	59	66	79	96	121
合计		工时	85	96	116	141	178
合金钻头		个	0.39	0.54	0.74	1.01	1.40
钻头	ϕ89～105	个	0.03	0.03	0.04	0.06	0.08
风钻钻杆		kg	0.23	0.35	0.52	0.76	1.12
钻杆	T45	kg	0.39	0.50	0.69	0.93	1.21
连接套		个	0.021	0.028	0.037	0.049	0.067
钎尾		个	0.008	0.011	0.015	0.020	0.028
炸药		kg	36	41	47	53	60
电雷管		发	9	10	12	14	17
非电毫秒雷管		发	51	59	69	80	93
导爆管		m	69	80	93	108	126
导爆索		m	12	14	16	18	21
导电线		m	31	34	39	44	50
其他材料费		元	32	34	41	50	63
液压履带钻	ROC742	台时	0.42	0.52	0.66	0.84	1.07
风钻	手持式	台时	1.76	2.54	3.82	5.79	8.78
载重汽车	5t	台时	0.28	0.28	0.28	0.28	0.28
修钎设备		台时	0.04	0.05	0.07	0.11	0.15
其他机械使用费		元	10	13	19	29	44
石渣运输		m^3	103	103	103	103	103
编号			20341	20342	20343	20344	20345

2.18.3 开挖深度 15m

单位：100m³

项目	单位	岩石级别				
		Ⅴ～Ⅵ	Ⅶ～Ⅷ	Ⅸ～Ⅹ	Ⅺ～Ⅻ	ⅩⅢ～ⅩⅣ
高级熟练工	工时	1	1	1	1	1
熟练工	工时	9	10	13	15	20
半熟练工	工时	11	12	15	19	24
普工	工时	45	51	62	76	96
合计	工时	66	74	91	111	141
合金钻头	个	0.29	0.39	0.55	0.75	1.03
钻头 ϕ89～105	个	0.03	0.03	0.04	0.06	0.08
风钻钻杆	kg	0.21	0.31	0.45	0.64	0.91
钻杆 T45	kg	0.41	0.53	0.73	0.99	1.28
连接套	个	0.022	0.029	0.039	0.052	0.071
钎尾	个	0.008	0.012	0.016	0.021	0.030
炸药	kg	36	40	46	52	58
电雷管	发	8	9	10	12	14
非电毫秒雷管	发	36	41	48	56	65
导爆管	m	48	55	65	75	88
导爆索	m	13	15	17	19	22
导电线	m	30	34	38	43	48
其他材料费	元	27	29	34	41	51
液压履带钻 ROC742	台时	0.44	0.55	0.70	0.89	1.13
风钻 手持式	台时	1.49	2.12	3.16	4.72	7.07
载重汽车 5t	台时	0.28	0.28	0.28	0.28	0.28
修钎设备	台时	0.03	0.04	0.05	0.07	0.11
其他机械使用费	元	10	13	19	28	42
石渣运输	m³	102	102	102	102	102
编号		20346	20347	20348	20349	20350

2.18.4 开挖深度 20m

单位：100m³

项目	单位	岩石级别				
		Ⅴ～Ⅵ	Ⅶ～Ⅷ	Ⅸ～Ⅹ	Ⅺ～Ⅻ	ⅩⅢ～ⅩⅣ
高级熟练工	工时	1	1	1	1	1
熟练工	工时	7	8	10	12	15
半熟练工	工时	8	9	12	14	18
普工	工时	35	41	50	62	78
合计	工时	51	59	73	89	112
合金钻头	个	0.19	0.27	0.37	0.51	0.70
钻头 ϕ89～105	个	0.03	0.04	0.05	0.07	0.08
风钻钻杆	kg	0.18	0.27	0.38	0.53	0.73
钻杆 T45	kg	0.43	0.56	0.76	1.04	1.35
连接套	个	0.023	0.031	0.041	0.055	0.075
钎尾	个	0.009	0.012	0.017	0.022	0.032
炸药	kg	36	40	45	51	57
电雷管	发	7	8	9	10	12
非电毫秒雷管	发	22	25	29	34	39
导爆管	m	29	33	39	45	53
导爆索	m	14	15	18	20	23
导电线	m	30	33	37	41	46
其他材料费	元	24	26	30	36	45
液压履带钻 ROC742	台时	0.46	0.58	0.73	0.94	1.19
风钻 手持式	台时	1.24	1.74	2.55	3.75	5.52
载重汽车 5t	台时	0.28	0.28	0.28	0.28	0.28
修钎设备	台时	0.02	0.02	0.03	0.04	0.06
其他机械使用费	元	10	13	18	28	41
石渣运输	m³	102	102	102	102	102
编号		20351	20352	20353	20354	20355

2.18.5 开挖深度 30m

单位：100m³

项目		单位	岩石级别				
			Ⅴ～Ⅵ	Ⅶ～Ⅷ	Ⅸ～Ⅹ	Ⅺ～Ⅻ	ⅩⅢ～ⅩⅣ
高级熟练工		工时	1	1	1	1	1
熟练工		工时	6	7	9	11	14
半熟练工		工时	8	8	11	13	17
普工		工时	31	36	45	55	70
合计		工时	46	52	66	80	102
合金钻头		个	0.17	0.24	0.34	0.46	0.62
钻头	ϕ89～105	个	0.03	0.04	0.05	0.07	0.09
风钻钻杆		kg	0.18	0.26	0.37	0.51	0.69
钻杆	T45	kg	0.44	0.57	0.77	1.05	1.37
连接套		个	0.023	0.031	0.042	0.056	0.076
钎尾		个	0.009	0.012	0.017	0.023	0.032
炸药		kg	36	40	45	51	57
电雷管		发	6	7	9	10	12
非电毫秒雷管		发	18	21	25	29	34
导爆管		m	25	29	33	39	45
导爆索		m	14	16	18	21	24
导电线		m	30	33	37	41	46
其他材料费		元	21	23	27	32	40
液压履带钻	ROC742	台时	0.47	0.59	0.74	0.95	1.21
风钻	手持式	台时	1.19	1.66	2.42	3.54	5.19
载重汽车	5t	台时	0.28	0.28	0.28	0.28	0.28
修钎设备		台时	0.01	0.02	0.03	0.04	0.06
其他机械使用费		元	10	13	18	28	41
石渣运输		m³	102	102	102	102	102
编号			20356	20357	20358	20359	20360

2.19 基础石方开挖（液压履带钻 D7）

适用范围： 混凝土坝、水闸、厂房等基础石方开挖，包括底部保护层石方开挖、预裂爆破、基岩面整修。

工作内容： 钻孔、爆破、撬移、解小、翻渣、清面、最后修规格等。

2.19.1 开挖深度 7.5m

单位：100m^3

项目	单位	岩石级别				
		Ⅴ～Ⅵ	Ⅶ～Ⅷ	Ⅸ～Ⅹ	Ⅺ～Ⅻ	ⅫⅠ～ⅩⅣ
高级熟练工	工时	1	1	2	2	2
熟练工	工时	13	16	19	23	29
半熟练工	工时	16	18	22	28	35
普工	工时	72	79	95	114	144
合计	工时	102	114	138	167	210
合金钻头	个	0.48	0.65	0.90	1.23	1.69
钻头 ϕ89～105	个	0.02	0.03	0.04	0.06	0.07
风钻钻杆	kg	0.25	0.38	0.58	0.86	1.29
钻杆 T45	kg	0.37	0.48	0.65	0.89	1.15
连接套	个	0.020	0.026	0.035	0.047	0.064
钎尾	个	0.007	0.010	0.014	0.019	0.027
炸药	kg	37	41	47	54	61
电雷管	发	10	11	13	16	18
非电毫秒雷管	发	64	73	86	100	117
导爆管	m	86	99	116	135	158
导爆索	m	12	13	15	17	20
导电线	m	31	35	40	45	52
其他材料费	元	38	40	48	59	75
液压履带钻 D7	台时	0.32	0.40	0.50	0.65	0.82
风钻 手持式	台时	1.98	2.87	4.37	6.66	10.17
载重汽车 5t	台时	0.28	0.28	0.28	0.28	0.28
修钎设备	台时	0.05	0.06	0.09	0.13	0.19
其他机械使用费	元	10	13	19	29	45
石渣运输	m^3	104	104	104	104	104
编号		20361	20362	20363	20364	20365

2.19.2 开挖深度10m

单位：100m³

项目	单位	岩石级别				
		Ⅴ～Ⅵ	Ⅶ～Ⅷ	Ⅸ～Ⅹ	Ⅺ～Ⅻ	ⅩⅢ～ⅩⅣ
高级熟练工	工时		1	1	2	2
熟练工	工时	11	13	16	19	25
半熟练工	工时	13	16	19	24	30
普工	工时	59	65	78	95	120
合计	工时	83	95	114	140	177
合金钻头	个	0.39	0.54	0.74	1.01	1.40
钻头 ϕ89～105	个	0.03	0.03	0.04	0.06	0.08
风钻钻杆	kg	0.23	0.35	0.52	0.76	1.12
钻杆 T45	kg	0.39	0.50	0.69	0.93	1.21
连接套	个	0.021	0.028	0.037	0.049	0.067
钎尾	个	0.008	0.011	0.015	0.020	0.028
炸药	kg	36	41	47	53	60
电雷管	发	9	10	12	14	17
非电毫秒雷管	发	51	59	69	80	93
导爆管	m	69	80	93	108	126
导爆索	m	12	14	16	18	21
导电线	m	31	34	39	44	50
其他材料费	元	32	34	41	50	63
液压履带钻 D7	台时	0.34	0.42	0.53	0.68	0.86
风钻 手持式	台时	1.76	2.54	3.82	5.79	8.78
载重汽车 5t	台时	0.28	0.28	0.28	0.28	0.28
修钎设备	台时	0.04	0.05	0.07	0.11	0.15
其他机械使用费	元	10	13	19	29	44
石渣运输	m³	103	103	103	103	103
编号		20366	20367	20368	20369	20370

2.19.3 开挖深度 15m

单位：100m³

项目		单位	岩石级别				
			Ⅴ～Ⅵ	Ⅶ～Ⅷ	Ⅸ～Ⅹ	Ⅺ～Ⅻ	ⅩⅢ～ⅩⅣ
高级熟练工		工时		1	1	1	1
熟练工		工时	9	10	13	15	20
半熟练工		工时	10	12	15	19	24
普工		工时	45	51	61	75	95
合计		工时	64	74	90	110	140
合金钻头		个	0.29	0.39	0.55	0.75	1.03
钻头	ϕ89～105	个	0.03	0.03	0.04	0.06	0.08
风钻钻杆		kg	0.21	0.31	0.45	0.64	0.91
钻杆	T45	kg	0.41	0.53	0.73	0.99	1.28
连接套		个	0.022	0.029	0.039	0.052	0.071
钎尾		个	0.008	0.012	0.016	0.021	0.030
炸药		kg	36	40	46	52	58
电雷管		发	8	9	10	12	14
非电毫秒雷管		发	36	41	48	56	65
导爆管		m	48	55	65	75	88
导爆索		m	13	15	17	19	22
导电线		m	30	34	38	43	48
其他材料费		元	27	29	34	41	51
液压履带钻	D7	台时	0.36	0.44	0.56	0.72	0.91
风钻	手持式	台时	1.49	2.12	3.16	4.72	7.07
载重汽车	5t	台时	0.28	0.28	0.28	0.28	0.28
修钎设备		台时	0.03	0.04	0.05	0.07	0.11
其他机械使用费		元	10	13	19	28	42
石渣运输		m³	102	102	102	102	102
编号			20371	20372	20373	20374	20375

2.19.4 开挖深度 20m

单位：100m³

项目		单位	岩石级别				
			Ⅴ～Ⅵ	Ⅶ～Ⅷ	Ⅸ～Ⅹ	Ⅺ～Ⅻ	ⅩⅢ～ⅩⅣ
高级熟练工		工时		1	1	1	1
熟练工		工时	7	8	10	12	15
半熟练工		工时	7	9	11	14	18
普工		工时	35	40	49	61	77
合计		工时	49	58	71	88	111
合金钻头		个	0.19	0.27	0.37	0.51	0.70
钻头	ϕ89～105	个	0.03	0.04	0.05	0.07	0.08
风钻钻杆		kg	0.18	0.27	0.38	0.53	0.73
钻杆	T45	kg	0.43	0.56	0.76	1.04	1.35
连接套		个	0.023	0.031	0.041	0.055	0.075
钎尾		个	0.009	0.012	0.017	0.022	0.032
炸药		kg	36	40	45	51	57
电雷管		发	7	8	9	10	12
非电毫秒雷管		发	22	25	29	34	39
导爆管		m	29	33	39	45	53
导爆索		m	14	15	18	20	23
导电线		m	30	33	37	41	46
其他材料费		元	24	26	30	36	45
液压履带钻	D7	台时	0.38	0.46	0.59	0.76	0.96
风钻	手持式	台时	1.24	1.74	2.55	3.75	5.52
载重汽车	5t	台时	0.28	0.28	0.28	0.28	0.28
修钎设备		台时	0.02	0.02	0.03	0.04	0.06
其他机械使用费		元	10	13	18	28	41
石渣运输		m³	102	102	102	102	102
编号			20376	20377	20378	20379	20380

2.19.5 开挖深度 30m

单位：$100m^3$

项目		单位	岩石级别				
			Ⅴ～Ⅵ	Ⅶ～Ⅷ	Ⅸ～Ⅹ	Ⅺ～Ⅻ	ⅩⅢ～ⅩⅣ
高级熟练工		工时		1	1	1	1
熟练工		工时	6	7	9	11	14
半熟练工		工时	7	8	10	13	17
普工		工时	31	35	44	54	69
合计		工时	44	51	64	79	101
合金钻头		个	0.17	0.24	0.34	0.46	0.62
钻头	ϕ89～105	个	0.03	0.04	0.05	0.07	0.09
风钻钻杆		kg	0.18	0.26	0.37	0.51	0.69
钻杆	T45	kg	0.44	0.57	0.77	1.05	1.37
连接套		个	0.023	0.031	0.042	0.056	0.076
钎尾		个	0.009	0.012	0.017	0.023	0.032
炸药		kg	36	40	45	51	57
电雷管		发	6	7	9	10	12
非电毫秒雷管		发	18	21	25	29	34
导爆管		m	25	29	33	39	45
导爆索		m	14	16	18	21	24
导电线		m	30	33	37	41	46
其他材料费		元	21	23	27	32	40
液压履带钻	D7	台时	0.38	0.47	0.60	0.77	0.97
风钻	手持式	台时	1.19	1.66	2.42	3.54	5.19
载重汽车	5t	台时	0.28	0.28	0.28	0.28	0.28
修钎设备		台时	0.01	0.02	0.03	0.04	0.06
其他机械使用费		元	10	13	18	28	41
石渣运输		m^3	102	102	102	102	102
编号			20381	20382	20383	20384	20385

2.20　基础坡面石方开挖（风钻）

适用范围：混凝土坝、水闸、厂房等岸坡基础石方开挖，边坡倾角大于 20°，平均厚度 5m 以下。包括保护层石方开挖、基岩面整修。

工作内容：钻孔、爆破、撬移、解小、翻渣、清面、最后修规格等。

2.20.1　开挖深度 2m

单位：$100m^3$

项　目	单位	岩石级别				
		Ⅴ～Ⅵ	Ⅶ～Ⅷ	Ⅸ～Ⅹ	Ⅺ～Ⅻ	ⅩⅢ～ⅩⅣ
高级熟练工	工时	3	3	4	5	6
熟练工	工时	44	50	60	74	93
半熟练工	工时	53	61	73	89	112
普工	工时	257	276	325	384	481
合计	工时	357	390	462	552	692
合金钻头	个	1.28	1.70	2.31	3.19	4.41
风钻钻杆	kg	0.46	0.71	1.16	1.87	3.05
炸药	kg	32	38	46	55	65
电雷管	发	15	16	18	20	22
非电毫秒雷管	发	139	160	188	221	260
导爆管	m	213	248	295	351	417
导电线	m	72	82	92	105	119
其他材料费	元	99	102	123	146	189
风钻　手持式	台时	4.42	6.69	10.57	16.69	26.36
载重汽车　5t	台时	0.28	0.28	0.28	0.28	0.28
修钎设备	台时	0.14	0.19	0.27	0.40	0.58
其他机械使用费	元	7	10	16	27	45
石渣运输	m^3	115	115	115	115	115
编　号		20386	20387	20388	20389	20390

2.20.2 开挖深度 3m

单位：100m³

项目	单位	岩石级别				
		Ⅴ～Ⅵ	Ⅶ～Ⅷ	Ⅸ～Ⅹ	Ⅺ～Ⅻ	ⅫⅠ～ⅩⅣ
高级熟练工	工时	2	3	4	5	6
熟练工	工时	34	39	47	57	72
半熟练工	工时	40	46	55	68	85
普工	工时	197	214	252	300	374
合计	工时	273	302	358	430	537
合金钻头	个	1.05	1.39	1.89	2.60	3.60
风钻钻杆	kg	0.38	0.59	0.96	1.55	2.52
炸药	kg	29	34	42	50	59
电雷管	发	11	12	14	15	17
非电毫秒雷管	发	97	113	133	158	187
导爆管	m	165	195	234	282	341
导电线	m	86	96	108	122	138
其他材料费	元	71	74	88	105	135
风钻 手持式	台时	3.75	5.69	8.98	14.18	22.40
载重汽车 5t	台时	0.28	0.28	0.28	0.28	0.28
修钎设备	台时	0.11	0.16	0.22	0.32	0.47
其他机械使用费	元	7	9	15	25	40
石渣运输	m³	110	110	110	110	110
编号		20391	20392	20393	20394	20395

2.20.3 开挖深度 4m

单位：100m³

项目		单位	岩石级别				
			V～VI	VII～VIII	IX～X	XI～XII	XIII～XIV
高级熟练工		工时	2	3	4	4	5
熟练工		工时	29	33	40	49	61
半熟练工		工时	34	39	47	57	72
普工		工时	168	182	216	257	321
合计		工时	233	257	307	367	459
合金钻头		个	0.93	1.23	1.68	2.31	3.20
风钻钻杆		kg	0.34	0.53	0.85	1.38	2.25
炸药		kg	27	32	40	47	56
电雷管		发	10	11	12	13	14
非电毫秒雷管		发	77	89	106	126	150
导爆管		m	142	168	204	248	302
导电线		m	92	103	116	131	148
其他材料费		元	57	60	71	84	108
风钻	手持式	台时	3.42	5.18	8.19	12.93	20.43
载重汽车	5t	台时	0.28	0.28	0.28	0.28	0.28
修钎设备		台时	0.10	0.14	0.20	0.29	0.42
其他机械使用费		元	7	9	14	24	38
石渣运输		m³	108	108	108	108	108
编号			20396	20397	20398	20399	20400

2.20.4 开挖深度 5m

单位：$100m^3$

项目	单位	岩石级别				
		Ⅴ～Ⅵ	Ⅶ～Ⅷ	Ⅸ～Ⅹ	Ⅺ～Ⅻ	ⅩⅢ～ⅩⅣ
高级熟练工	工时	2	3	3	4	5
熟练工	工时	26	30	36	44	55
半熟练工	工时	30	35	42	51	64
普工	工时	150	164	194	232	289
合计	工时	208	232	275	331	413
合金钻头	个	0.86	1.14	1.55	2.14	2.96
风钻钻杆	kg	0.31	0.49	0.79	1.28	2.09
炸药	kg	26	31	39	46	54
电雷管	发	9	9	10	12	13
非电毫秒雷管	发	64	75	90	107	128
导爆管	m	127	152	186	228	279
导电线	m	96	108	121	136	154
其他材料费	元	49	51	61	72	92
风钻 手持式	台时	3.22	4.88	7.72	12.18	19.25
载重汽车 5t	台时	0.28	0.28	0.28	0.28	0.28
修钎设备	台时	0.09	0.13	0.18	0.27	0.39
其他机械使用费	元	7	9	14	24	37
石渣运输	m^3	106	106	106	106	106
编号		20401	20402	20403	20404	20405

2.21 平洞石方开挖（风钻）

适用范围：风钻全断面作业。

工作内容：钻孔、光面爆破、安全处理、翻渣、清面、修整等。

2.21.1 开挖断面面积≤$10m^2$

单位：$100m^3$

项目	单位	岩石级别				
		Ⅴ～Ⅵ	Ⅶ～Ⅷ	Ⅸ～Ⅹ	Ⅺ～Ⅻ	ⅩⅢ～ⅩⅣ
高级熟练工	工时	16	23	32	43	58
熟练工	工时	63	92	127	173	235
半熟练工	工时	120	172	238	324	440
普工	工时	143	206	286	389	529
合计	工时	342	493	683	929	1262
合金钻头	个	2.98	4.80	7.00	9.58	12.69
风钻钻杆	kg	1.62	2.41	3.76	6.19	10.21
炸药	kg	89	118	140	154	167
非电毫秒雷管	个	122	162	191	212	227
导爆管	m	244	323	382	424	454
其他材料费	元	95	128	177	212	249
风钻 气腿式	台时	25.24	42.74	66.68	99.09	143.92
修钎设备	台时	0.36	0.57	0.84	1.22	1.75
载重汽车 5t	台时	0.49	0.49	0.49	0.49	0.49
其他机械使用费	元	66	66	66	66	66
石渣运输	m^3	130	130	130	130	130
编号		20406	20407	20408	20409	20410

2.21.2 开挖断面面积 $20m^2$

单位：$100m^3$

项目	单位	岩石级别				
		Ⅴ～Ⅵ	Ⅶ～Ⅷ	Ⅸ～Ⅹ	Ⅺ～Ⅻ	ⅩⅢ～ⅩⅣ
高级熟练工	工时	12	17	23	32	43
熟练工	工时	47	67	93	127	172
半熟练工	工时	87	125	174	237	322
普工	工时	104	150	209	284	386
合计	工时	250	359	499	680	923
合金钻头	个	2.17	3.50	5.11	7.00	9.27
风钻钻杆	kg	2.75	3.34	4.76	7.94	16.10
炸药	kg	85	113	134	148	159
非电毫秒雷管	个	88	118	139	155	166
导爆管	m	176	235	278	309	331
其他材料费	元	63	85	118	141	165
风钻 气腿式	台时	15.60	26.49	41.37	61.51	89.39
风钻 手持式	台时	2.75	4.67	7.30	10.85	15.77
修钎设备	台时	0.37	0.52	0.75	1.13	1.86
载重汽车 5t	台时	0.49	0.49	0.49	0.49	0.49
其他机械使用费	元	49	49	49	49	49
石渣运输	m^3	122	122	122	122	122
编号		20411	20412	20413	20414	20415

2.21.3　开挖断面面积 $40m^2$

单位：$100m^3$

项　　目	单位	岩石级别				
		Ⅴ～Ⅵ	Ⅶ～Ⅷ	Ⅸ～Ⅹ	Ⅺ～Ⅻ	ⅩⅢ～ⅩⅣ
高级熟练工	工时	9	12	16	23	30
熟练工	工时	33	47	65	89	121
半熟练工	工时	62	89	123	167	227
普工	工时	74	106	147	201	272
合计	工时	178	254	351	480	650
合金钻头	个	1.53	2.47	3.61	4.94	6.55
风钻钻杆	kg	1.07	1.59	2.48	4.08	6.74
炸药	kg	77	103	122	135	145
非电毫秒雷管	个	62	83	99	109	117
导爆管	m	125	167	198	218	235
其他材料费	元	56	75	103	124	145
风钻　气腿式	台时	11.00	18.69	29.21	43.45	63.14
风钻　手持式	台时	1.94	3.30	5.16	7.66	11.15
修钎设备	台时	0.20	0.32	0.47	0.69	1.01
载重汽车　5t	台时	0.48	0.48	0.48	0.48	0.48
其他机械使用费	元	42	42	42	42	42
石渣运输	m^3	115	115	115	115	115
编　号		20416	20417	20418	20419	20420

2.22　平洞石方开挖（二臂液压凿岩台车）

适用范围：液压凿岩台车全断面作业。

工作内容：钻孔、光面爆破、安全处理、翻渣、清面、修整等。

2.22.1　开挖断面面积≤$10m^2$

单位：$100m^3$

项　目		单位	岩石级别				
			Ⅴ～Ⅵ	Ⅶ～Ⅷ	Ⅸ～Ⅹ	Ⅺ～Ⅻ	ⅩⅢ～ⅩⅣ
高级熟练工		工时	10	12	14	15	16
熟练工		工时	34	42	48	53	57
半熟练工		工时	52	65	74	83	91
普工		工时	62	77	88	98	107
合计		工时	158	196	224	249	271
钻头	ϕ45～48	个	0.62	0.84	1.01	1.15	1.25
钻头	ϕ100～102	个	0.12	0.17	0.20	0.22	0.25
钻杆		kg	7.90	11.27	15.09	18.53	22.04
炸药		kg	120	160	188	209	224
非电毫秒雷管		个	107	142	168	186	200
导爆管		m	428	567	670	742	799
其他材料费		元	162	196	243	272	302
凿岩台车	二臂液压	台时	4.38	6.02	7.39	8.54	9.71
平台车	液压	台时	1.81	2.40	2.84	3.15	3.38
挖掘机	液压 $0.6m^3$	台时	3.28	3.28	3.28	3.28	3.28
载重汽车	5t	台时	0.49	0.49	0.49	0.49	0.49
其他机械使用费		元	122	122	122	122	122
石渣运输		m^3	130	130	130	130	130
编　号			20421	20422	20423	20424	20425

2.22.2 开挖断面面积 $20m^2$

单位：$100m^3$

项目		单位	岩石级别				
			Ⅴ～Ⅵ	Ⅶ～Ⅷ	Ⅸ～Ⅹ	Ⅺ～Ⅻ	ⅩⅢ～ⅩⅣ
高级熟练工		工时	7	8	10	11	12
熟练工		工时	24	30	35	39	42
半熟练工		工时	38	47	55	60	66
普工		工时	46	56	65	72	78
合计		工时	115	141	165	182	198
钻头	ϕ45～48	个	0.45	0.63	0.77	0.89	0.99
钻头	ϕ100～102	个	0.09	0.12	0.16	0.18	0.20
钻杆		kg	5.75	8.22	11.01	13.54	16.10
炸药		kg	97	129	153	170	182
非电毫秒雷管		个	77	103	122	136	145
导爆管		m	232	412	489	542	582
其他材料费		元	161	195	241	271	300
凿岩台车	二臂液压	台时	3.18	4.38	5.39	6.24	7.11
平台车	液压	台时	1.31	1.75	2.08	2.31	2.47
挖掘机	液压 $0.6m^3$	台时	2.30	2.30	2.30	2.30	2.30
载重汽车	5t	台时	0.49	0.49	0.49	0.49	0.49
其他机械使用费		元	87	87	87	87	87
石渣运输		m^3	122	122	122	122	122
编号			20426	20427	20428	20429	20430

2.22.3 开挖断面面积 $40m^2$

单位：$100m^3$

项　目		单位	岩石级别				
			Ⅴ～Ⅵ	Ⅶ～Ⅷ	Ⅸ～Ⅹ	Ⅺ～Ⅻ	ⅩⅢ～ⅩⅣ
高级熟练工		工时	5	6	7	7	9
熟练工		工时	17	21	24	28	30
半熟练工		工时	27	33	39	43	47
普工		工时	32	39	45	51	55
合计		工时	81	99	115	129	141
钻头	ϕ45～48	个	0.32	0.44	0.54	0.62	0.70
钻头	ϕ100～102	个	0.06	0.09	0.11	0.12	0.14
钻杆		kg	4.05	5.80	7.78	9.56	11.38
炸药		kg	84	112	133	148	158
非电毫秒雷管		个	55	73	86	96	103
导爆管		m	220	293	345	385	411
其他材料费		元	124	149	184	207	230
凿岩台车	二臂液压	台时	2.24	3.10	3.81	4.41	5.02
平台车	液压	台时	0.93	1.24	1.46	1.63	1.75
挖掘机	液压 $0.6m^3$	台时	1.60	1.60	1.60	1.60	1.60
载重汽车	5t	台时	0.48	0.48	0.48	0.48	0.48
其他机械使用费		元	70	70	70	70	70
石渣运输		m^3	115	115	115	115	115
编号			20431	20432	20433	20434	20435

2.22.4 开挖断面面积 $60m^2$

单位：$100m^3$

项目		单位	岩石级别				
			Ⅴ～Ⅵ	Ⅶ～Ⅷ	Ⅸ～Ⅹ	Ⅺ～Ⅻ	ⅩⅢ～ⅩⅣ
高级熟练工		工时	4	5	6	7	7
熟练工		工时	16	19	22	24	27
半熟练工		工时	25	30	35	39	42
普工		工时	29	36	41	45	51
合计		工时	74	90	104	115	127
钻头	ϕ45～48	个	0.29	0.42	0.54	0.64	0.75
钻头	ϕ100～102	个	0.05	0.08	0.10	0.12	0.15
钻杆		kg	3.67	5.26	7.05	8.67	10.32
炸药		kg	76	102	121	134	144
非电毫秒雷管		个	50	66	78	87	93
导爆管		m	198	264	312	347	373
其他材料费		元	112	134	167	187	208
凿岩台车	二臂液压	台时	2.04	2.80	3.46	4.00	4.55
平台车	液压	台时	0.84	1.13	1.33	1.48	1.59
挖掘机	液压 $0.6m^3$	台时	1.30	1.30	1.30	1.30	1.30
载重汽车	5t	台时	0.48	0.48	0.48	0.48	0.48
其他机械使用费		元	59	59	59	59	59
石渣运输		m^3	115	115	115	115	115
编号			20436	20437	20438	20439	20440

2.23 平洞石方开挖（三臂液压凿岩台车）

适用范围：液压凿岩台车全断面作业。

工作内容：钻孔、光面爆破、安全处理、翻渣、清面、修整等。

2.23.1 开挖断面面积≤20m²

单位：100m³

项目	单位	岩石级别				
		Ⅴ～Ⅵ	Ⅶ～Ⅷ	Ⅸ～Ⅹ	Ⅺ～Ⅻ	ⅩⅢ～ⅩⅣ
高级熟练工	工时	7	7	9	10	11
熟练工	工时	22	27	30	33	37
半熟练工	工时	34	42	47	53	57
普工	工时	39	49	56	62	68
合计	工时	102	125	142	158	173
钻头 ϕ45～48	个	0.45	0.63	0.77	0.89	0.99
钻头 ϕ100～102	个	0.09	0.12	0.16	0.18	0.20
钻杆	kg	5.75	8.22	11.01	13.54	16.10
炸药	kg	97	129	153	170	182
非电毫秒雷管	个	77	103	122	136	145
导爆管	m	310	412	489	542	582
其他材料费	元	161	195	241	271	300
凿岩台车 三臂液压	台时	2.12	2.92	3.59	4.15	4.74
平台车 液压	台时	0.88	1.17	1.38	1.53	1.64
挖掘机 液压 0.6m³	台时	2.30	2.30	2.30	2.30	2.30
载重汽车 5t	台时	0.49	0.49	0.49	0.49	0.49
其他机械使用费	元	87	87	87	87	87
石渣运输	m³	122	122	122	122	122
编号		20441	20442	20443	20444	20445

2.23.2 开挖断面面积 $40m^2$

单位：$100m^3$

项目		单位	岩石级别				
			Ⅴ～Ⅵ	Ⅶ～Ⅷ	Ⅸ～Ⅹ	Ⅺ～Ⅻ	ⅩⅢ～ⅩⅣ
高级熟练工		工时	4	5	6	6	7
熟练工		工时	15	19	21	23	26
半熟练工		工时	23	29	34	37	40
普工		工时	28	35	40	44	48
合计		工时	70	88	101	110	121
钻头	ϕ45～48	个	0.32	0.44	0.54	0.62	0.70
钻头	ϕ100～102	个	0.06	0.09	0.11	0.12	0.14
钻杆		kg	4.05	5.80	7.78	9.56	11.38
炸药		kg	84	112	133	148	158
非电毫秒雷管		个	55	73	86	96	103
导爆管		m	220	293	345	385	411
其他材料费		元	124	149	184	207	230
凿岩台车	三臂液压	台时	1.49	2.06	2.54	2.94	3.34
平台车	液压	台时	0.62	0.83	0.98	1.09	1.17
挖掘机	液压 $0.6m^3$	台时	1.60	1.60	1.60	1.60	1.60
载重汽车	5t	台时	0.48	0.48	0.48	0.48	0.48
其他机械使用费		元	70	70	70	70	70
石渣运输		m^3	115	115	115	115	115
编号			20446	20447	20448	20449	20450

2.23.3 开挖断面面积 $60m^2$

单位：$100m^3$

项目		单位	岩石级别				
			Ⅴ～Ⅵ	Ⅶ～Ⅷ	Ⅸ～Ⅹ	Ⅺ～Ⅻ	ⅩⅢ～ⅩⅣ
高级熟练工		工时	4	5	5	6	6
熟练工		工时	14	17	19	21	23
半熟练工		工时	21	26	30	34	37
普工		工时	25	31	36	40	43
合计		工时	64	79	90	101	109
钻头	ϕ45～48	个	0.28	0.42	0.53	0.64	0.75
钻头	ϕ100～102	个	0.05	0.08	0.10	0.12	0.14
钻杆		kg	3.66	5.24	7.01	8.63	10.27
炸药		kg	76	101	120	133	143
非电毫秒雷管		个	49	66	78	86	93
导爆管		m	247	329	389	432	464
其他材料费		元	111	134	166	186	207
凿岩台车	三臂液压	台时	1.35	1.86	2.29	2.65	3.02
平台车	液压	台时	0.56	0.74	0.88	0.98	1.05
挖掘机	液压 $0.6m^3$	台时	1.29	1.29	1.29	1.29	1.29
载重汽车	5t	台时	0.48	0.48	0.48	0.48	0.48
其他机械使用费		元	58	58	58	58	58
石渣运输		m^3	112	112	112	112	112
编号			20451	20452	20453	20454	20455

2.23.4 开挖断面面积 $100m^2$

单位：$100m^3$

项目		单位	岩石级别				
			Ⅴ～Ⅵ	Ⅶ～Ⅷ	Ⅸ～Ⅹ	Ⅺ～Ⅻ	ⅩⅢ～ⅩⅣ
高级熟练工		工时	4	5	5	6	6
熟练工		工时	14	16	19	21	23
半熟练工		工时	21	26	30	33	36
普工		工时	24	31	35	38	42
合计		工时	63	78	89	98	107
钻头	ϕ45～48	个	0.28	0.41	0.53	0.66	0.79
钻头	ϕ100～102	个	0.05	0.08	0.11	0.13	0.16
钻杆		kg	3.56	5.11	6.85	8.42	10.02
炸药		kg	74	99	117	130	139
非电毫秒雷管		个	48	64	76	85	91
导爆管		m	291	386	457	508	546
其他材料费		元	97	118	145	163	182
凿岩台车	三臂液压	台时	1.31	1.81	2.23	2.59	2.94
平台车	液压	台时	0.55	0.73	0.86	0.96	1.03
挖掘机	液压 $0.6m^3$	台时	0.99	0.99	0.99	0.99	0.99
载重汽车	5t	台时	0.47	0.47	0.47	0.47	0.47
其他机械使用费		元	57	57	57	57	57
石渣运输		m^3	108	108	108	108	108
编号			20456	20457	20458	20459	20460

2.24 斜洞石方开挖（风钻）

适用范围：适用于洞斜 6° ～10° ，风钻全断面作业。

工作内容：钻孔、光面爆破、安全处理、翻渣、清面、修整等。

2.24.1 开挖断面面积≤$10m^2$

单位：$100m^3$

项　目		单位	岩石级别				
			V～VI	VII～VIII	IX～X	XI～XII	XIII～XIV
高级熟练工		工时	16	24	33	46	62
熟练工		工时	67	96	134	181	247
半熟练工		工时	126	181	250	341	462
普工		工时	151	217	300	409	556
合计		工时	360	518	717	977	1327
合金钻头		个	3.05	4.90	7.14	9.77	12.94
风钻钻杆		kg	1.65	2.46	3.83	6.32	10.42
炸药		kg	102	136	161	178	191
非电毫秒雷管		个	136	181	213	237	255
导爆管		m	272	362	427	474	509
其他材料费		元	108	145	201	240	282
风钻	气腿式	台时	26.24	44.88	70.07	104.33	151.72
风钻	手持式	台时	2.92	4.99	7.78	11.59	16.86
修钎设备		台时	0.37	0.58	0.86	1.25	1.79
载重汽车	5t	台时	0.49	0.49	0.49	0.49	0.49
其他机械使用费		元	82	82	82	82	82
石渣运输		m^3	130	130	130	130	130
编　号			20461	20462	20463	20464	20465

2.24.2 开挖断面面积 20m²

单位：100m³

项　目	单位	岩石级别				
		Ⅴ～Ⅵ	Ⅶ～Ⅷ	Ⅸ～Ⅹ	Ⅺ～Ⅻ	ⅩⅢ～ⅩⅣ
高级熟练工	工时	12	18	24	33	45
熟练工	工时	49	70	97	133	180
半熟练工	工时	91	131	183	248	338
普工	工时	110	158	219	299	405
合计	工时	262	377	523	713	968
合金钻头	个	2.22	3.57	5.21	7.14	9.46
风钻钻杆	kg	1.33	1.99	3.11	5.13	8.46
炸药	kg	106	141	167	185	199
非电毫秒雷管	个	99	131	156	173	186
导爆管	m	198	263	312	346	372
其他材料费	元	76	102	141	169	198
风钻 气腿式	台时	19.10	32.65	51.18	76.23	110.91
风钻 手持式	台时	2.12	3.63	5.69	8.47	12.32
修钎设备	台时	0.27	0.44	0.65	0.95	1.36
载重汽车 5t	台时	0.49	0.49	0.49	0.49	0.49
其他机械使用费	元	61	61	61	61	61
石渣运输	m³	122	122	122	122	122
编号		20466	20467	20468	20469	20470

2.24.3 开挖断面面积 40m²

单位：100m³

项　　目	单位	岩石级别				
		Ⅴ～Ⅵ	Ⅶ～Ⅷ	Ⅸ～Ⅹ	Ⅺ～Ⅻ	ⅩⅢ～ⅩⅣ
高级熟练工	工时	9	12	17	24	32
熟练工	工时	34	49	68	93	127
半熟练工	工时	64	93	129	176	238
普工	工时	77	111	154	210	286
合计	工时	184	265	368	503	683
合金钻头	个	1.56	2.52	3.68	5.04	6.68
风钻钻杆	kg	1.09	1.62	2.53	4.16	6.87
炸药	kg	96	129	152	169	182
非电毫秒雷管	个	70	93	110	122	131
导爆管	m	139	186	221	245	262
其他材料费	元	62	83	116	138	162
风钻　气腿式	台时	13.47	23.05	36.16	53.87	70.37
风钻　手持式	台时	1.49	2.56	4.02	5.99	8.71
修钎设备	台时	0.20	0.32	0.48	0.70	1.03
载重汽车 5t	台时	0.48	0.48	0.48	0.48	0.48
其他机械使用费	元	51	51	51	51	51
石渣运输	m³	115	115	115	115	115
编号		20471	20472	20473	20474	20475

2.24.4 开挖断面面积＞$40m^2$

单位：$100m^3$

项　　目	单位	岩石级别				
		Ⅴ～Ⅵ	Ⅶ～Ⅷ	Ⅸ～Ⅹ	Ⅺ～Ⅻ	ⅩⅢ～ⅩⅣ
高级熟练工	工时	7	10	14	20	26
熟练工	工时	29	40	56	77	104
半熟练工	工时	53	76	106	144	196
普工	工时	64	92	127	173	235
合计	工时	153	218	303	414	561
合金钻头	个	1.28	2.06	3.03	4.14	5.48
风钻钻杆	kg	0.97	1.44	2.25	3.72	6.13
炸药	kg	79	106	125	139	149
非电毫秒雷管	个	57	76	91	101	108
导爆管	m	114	152	181	201	216
其他材料费	元	62	83	116	138	162
风钻　气腿式	台时	11.05	18.93	29.69	44.25	64.37
风钻　手持式	台时	1.23	2.11	3.30	4.92	7.15
修钎设备	台时	0.17	0.27	0.41	0.60	0.87
载重汽车　5t	台时	0.48	0.48	0.48	0.48	0.48
其他机械使用费	元	46	46	46	46	46
石渣运输	m^3	115	115	115	115	115
编号		20476	20477	20478	20479	20480

2.25 斜洞石方开挖（三臂液压凿岩台车）

适用范围： 适用于洞斜 6°～10°，液压凿岩台车全断面作业。

工作内容： 钻孔、光面爆破、安全处理、翻渣、清面、修整等。

2.25.1 开挖断面面积≤40m²

单位：100m³

项目		单位	岩石级别				
			Ⅴ～Ⅵ	Ⅶ～Ⅷ	Ⅸ～Ⅹ	Ⅺ～Ⅻ	ⅩⅢ～ⅩⅣ
高级熟练工		工时	4	5	6	7	7
熟练工		工时	16	19	22	25	28
半熟练工		工时	25	30	36	39	42
普工		工时	29	36	42	46	51
合计		工时	74	90	106	117	128
钻头	ϕ45～48	个	0.35	0.48	0.59	0.69	0.77
钻头	ϕ100～102	个	0.07	0.09	0.12	0.14	0.16
钻杆		kg	4.46	6.38	8.56	10.52	12.52
炸药		kg	93	124	146	162	174
非电毫秒雷管		个	57	76	90	99	107
导爆管		m	228	305	359	398	428
其他材料费		元	135	163	202	226	251
凿岩台车	三臂液压	台时	1.72	2.38	2.91	3.38	3.85
平台车	液压	台时	0.97	1.29	1.54	1.70	1.82
挖掘机	液压 0.6m³	台时	1.60	1.60	1.60	1.60	1.60
载重汽车	5t	台时	0.48	0.48	0.48	0.48	0.48
其他机械使用费		元	88	88	88	88	88
石渣运输		m³	115	115	115	115	115
编号			20481	20482	20483	20484	20485

2.25.2 开挖断面面积 $60m^2$

单位：$100m^3$

项目	单位	岩石级别				
		Ⅴ～Ⅵ	Ⅶ～Ⅷ	Ⅸ～Ⅹ	Ⅺ～Ⅻ	ⅩⅢ～ⅩⅣ
高级熟练工	工时	4	5	6	6	7
熟练工	工时	14	18	20	22	24
半熟练工	工时	22	27	31	36	39
普工	工时	27	32	38	42	45
合计	工时	67	82	95	106	115
钻头 ϕ45～48	个	0.32	0.46	0.59	0.70	0.82
钻头 ϕ100～102	个	0.06	0.09	0.11	0.14	0.17
钻杆	kg	4.02	5.76	7.71	9.50	11.29
炸药	kg	84	112	132	147	157
非电毫秒雷管	个	51	69	81	91	97
导爆管	m	257	344	404	453	485
其他材料费	元	123	148	183	206	229
凿岩台车 三臂液压	台时	1.55	2.14	2.64	3.05	3.47
平台车 液压	台时	0.97	1.29	1.53	1.69	1.81
挖掘机 液压 $0.6m^3$	台时	1.29	1.29	1.29	1.29	1.29
载重汽车 5t	台时	0.48	0.48	0.48	0.48	0.48
其他机械使用费	元	73	73	73	73	73
石渣运输	m^3	112	112	112	112	112
编号		20486	20487	20488	20489	20490

2.25.3 开挖断面面积 100m²

单位：100m³

项目		单位	岩石级别				
			Ⅴ～Ⅵ	Ⅶ～Ⅷ	Ⅸ～Ⅹ	Ⅺ～Ⅻ	ⅩⅢ～ⅩⅣ
高级熟练工		工时	4	5	5	6	7
熟练工		工时	14	17	20	22	24
半熟练工		工时	22	27	31	34	37
普工		工时	25	32	36	40	44
合计		工时	65	81	92	102	112
钻头	ϕ45～48	个	0.31	0.45	0.59	0.73	0.87
钻头	ϕ100～102	个	0.06	0.09	0.12	0.14	0.17
钻杆		kg	3.93	5.61	7.53	9.26	11.02
炸药		kg	82	120	142	157	169
非电毫秒雷管		个	50	67	79	88	94
导爆管		m	303	399	476	527	565
其他材料费		元	103	124	153	172	192
凿岩台车	三臂液压	台时	1.51	2.08	2.57	2.98	3.38
平台车	液压	台时	0.86	1.15	1.35	1.51	1.61
挖掘机	液压 0.6m³	台时	0.99	0.99	0.99	0.99	0.99
载重汽车	5t	台时	0.47	0.47	0.47	0.47	0.47
其他机械使用费		元	72	72	72	72	72
石渣运输		m³	108	108	108	108	108
编号			20491	20492	20493	20494	20495

2.25.4 开挖断面面积＞$100m^2$

单位：$100m^3$

项目	单位	岩石级别				
		Ⅴ～Ⅵ	Ⅶ～Ⅷ	Ⅸ～Ⅹ	Ⅺ～Ⅻ	ⅩⅢ～ⅩⅣ
高级熟练工	工时	3	4	5	5	5
熟练工	工时	11	14	16	18	20
半熟练工	工时	18	22	26	28	31
普工	工时	21	26	31	33	36
合计	工时	53	66	78	84	92
钻头 ϕ45～48	个	0.25	0.37	0.51	0.63	0.77
钻头 ϕ100～102	个	0.05	0.07	0.10	0.13	0.15
钻杆	kg	3.20	4.60	6.16	7.58	9.02
炸药	kg	80	107	126	140	151
非电毫秒雷管	个	41	54	65	71	77
导爆管	m	247	326	391	429	461
其他材料费	元	92	111	136	154	170
凿岩台车 三臂液压	台时	1.23	1.71	2.11	2.43	2.77
平台车 液压	台时	0.70	0.93	1.11	1.23	1.31
挖掘机 液压 $0.6m^3$	台时	0.86	0.86	0.86	0.86	0.86
载重汽车 5t	台时	0.47	0.47	0.47	0.47	0.47
其他机械使用费	元	72	72	72	72	72
石渣运输	m^3	108	108	108	108	108
编号		20496	20497	20498	20499	20500

2.26 斜井石方开挖（反导井风钻、吊笼施工）

适用范围：风钻钻孔，适用于井斜 25°～75°，包括导井断面面积 $5m^2$ 内反导井开挖作业和导井形成后的斜井自上而下全断面扩挖作业。

工作内容：钻孔、光面爆破、安全处理、翻渣、清面、修整等。

2.26.1 井斜 25°～45°

2.26.1.1 开挖断面面积≤$20m^2$

单位：$100m^3$

项目	单位	岩石级别				
		Ⅴ～Ⅵ	Ⅶ～Ⅷ	Ⅸ～Ⅹ	Ⅺ～Ⅻ	ⅩⅢ～ⅩⅣ
高级熟练工	工时	14	20	27	36	50
熟练工	工时	220	77	106	146	202
半熟练工	工时	412	145	199	273	380
普工	工时	495	174	238	328	456
合计	工时	1141	416	570	783	1088
合金钻头	个	19.69	6.84	9.48	12.69	16.65
风钻钻杆	kg	35.05	3.34	4.89	8.24	16.74
炸药	kg	195	138	161	180	199
非电毫秒雷管	个	127	101	119	133	146
导爆管	m	381	266	310	348	382
其他材料费	元	206	120	166	198	233
风钻 气腿式	台时	80.82	22.26	34.52	52.03	77.32
风钻 手持式	台时	20.20	3.15	4.75	7.15	10.73
修钎设备	台时	4.02	0.80	1.13	1.63	2.53
载重汽车 5t	台时	0.49	0.49	0.49	0.49	0.49
其他机械使用费	元	39	68	68	68	68
石渣运输	m^3	122	122	122	122	122
编号		20501	20502	20503	20504	20505

2.26.1.2 开挖断面面积40m²

单位：100m³

项目	单位	岩石级别				
		Ⅴ～Ⅵ	Ⅶ～Ⅷ	Ⅸ～Ⅹ	Ⅺ～Ⅻ	ⅩⅢ～ⅩⅣ
高级熟练工	工时	12	16	22	31	43
熟练工	工时	48	64	88	122	171
半熟练工	工时	90	121	165	229	321
普工	工时	109	145	199	275	385
合计	工时	259	346	474	657	920
合金钻头	个	4.23	5.98	8.32	11.28	15.02
风钻钻杆	kg	2.45	3.11	4.57	7.74	15.85
炸药	kg	110	131	152	172	191
非电毫秒雷管	个	71	85	99	112	125
导爆管	m	257	302	351	397	442
其他材料费	元	73	97	135	161	190
风钻 气腿式	台时	12.60	19.48	30.05	45.51	68.24
风钻 手持式	台时	2.48	3.66	5.57	8.45	12.76
修钎设备	台时	0.52	0.71	1.01	1.47	2.33
载重汽车 5t	台时	0.48	0.48	0.48	0.48	0.48
其他机械使用费	元	48	48	48	48	48
石渣运输	m³	115	115	115	115	115
编号		20506	20507	20508	20509	20510

2.26.1.3 开挖断面面积60m²

单位：100m³

项目	单位	岩石级别				
		Ⅴ～Ⅵ	Ⅶ～Ⅷ	Ⅸ～Ⅹ	Ⅺ～Ⅻ	ⅩⅢ～ⅩⅣ
高级熟练工	工时	11	15	20	28	40
熟练工	工时	45	59	81	114	160
半熟练工	工时	84	112	153	213	299
普工	工时	101	134	184	255	359
合计	工时	241	320	438	610	858
合金钻头	个	4.01	5.63	7.88	10.73	14.38
风钻钻杆	kg	2.37	2.99	4.41	7.52	15.45
炸药	kg	100	119	139	157	175
非电毫秒雷管	个	66	79	92	104	116
导爆管	m	303	357	412	469	525
其他材料费	元	69	92	128	153	180
风钻 气腿式	台时	11.67	17.89	27.62	41.97	63.21
风钻 手持式	台时	2.48	3.67	5.61	8.54	12.94
修钎设备	台时	0.50	0.67	0.96	1.41	2.25
载重汽车 5t	台时	0.48	0.48	0.48	0.48	0.48
其他机械使用费	元	39	39	39	39	39
石渣运输	m³	112	112	112	112	112
编号		20511	20512	20513	20514	20515

2.26.1.4 开挖断面面积100m²

单位：100m³

项目	单位	岩石级别				
		Ⅴ～Ⅵ	Ⅶ～Ⅷ	Ⅸ～Ⅹ	Ⅺ～Ⅻ	ⅩⅢ～ⅩⅣ
高级熟练工	工时	10	14	19	26	37
熟练工	工时	42	54	75	105	147
半熟练工	工时	77	102	141	195	276
普工	工时	93	122	169	234	332
合计	工时	222	292	404	560	792
合金钻头	个	3.72	5.23	7.34	10.06	13.57
风钻钻杆	kg	2.24	2.84	4.19	7.17	14.81
炸药	kg	89	106	124	141	157
非电毫秒雷管	个	60	72	84	96	107
导爆管	m	285	338	395	451	502
其他材料费	元	65	87	121	144	169
风钻 气腿式	台时	10.67	16.26	25.13	38.34	58.02
风钻 手持式	台时	2.40	3.58	5.51	8.41	12.79
修钎设备	台时	0.46	0.63	0.90	1.33	2.14
载重汽车 5t	台时	0.47	0.47	0.47	0.47	0.47
其他机械使用费	元	34	34	34	34	34
石渣运输	m³	108	108	108	108	108
编号		20516	20517	20518	20519	20520

2.26.1.5　开挖断面面积150m^2

单位：100m^3

项　　目		单位	岩石级别				
			Ⅴ～Ⅵ	Ⅶ～Ⅷ	Ⅸ～Ⅹ	Ⅺ～Ⅻ	ⅩⅢ～ⅩⅣ
高级熟练工		工时	10	13	18	25	35
熟练工		工时	39	51	71	99	141
半熟练工		工时	74	97	133	186	264
普工		工时	88	116	160	223	316
合计		工时	211	277	382	533	756
合金钻头		个	3.56	5.00	7.05	9.69	13.12
风钻钻杆		kg	2.16	2.75	4.06	6.96	14.42
炸药		kg	82	97	114	129	146
非电毫秒雷管		个	58	68	80	92	103
导爆管		m	278	326	382	438	492
其他材料费		元	57	76	106	126	148
风钻	气腿式	台时	11.28	17.11	26.48	40.33	61.36
风钻	手持式	台时	1.17	1.76	2.71	4.16	6.33
修钎设备		台时	0.45	0.61	0.87	1.28	2.07
载重汽车	5t	台时	0.46	0.46	0.46	0.46	0.46
其他机械使用费		元	32	32	32	32	32
石渣运输		m^3	106	106	106	106	106
编号			20521	20522	20523	20524	20525

2.26.1.6 开挖断面面积>150m²

单位：100m³

项　目	单位	岩石级别				
		Ⅴ～Ⅵ	Ⅶ～Ⅷ	Ⅸ～Ⅹ	Ⅺ～Ⅻ	ⅩⅢ～ⅩⅣ
高级熟练工	工时	10	13	18	25	35
熟练工	工时	38	51	70	98	140
半熟练工	工时	73	96	132	184	262
普工	工时	87	115	159	222	315
合计	工时	208	275	379	529	752
合金钻头	个	3.52	4.96	7.00	9.63	13.04
风钻钻杆	kg	2.13	2.72	4.03	6.92	14.34
炸药	kg	77	92	107	122	138
非电毫秒雷管	个	57	68	80	91	102
导爆管	m	273	325	381	433	488
其他材料费	元	57	76	106	126	148
风钻　气腿式	台时	11.15	16.96	26.29	40.25	61.19
风钻　手持式	台时	1.16	1.74	2.69	4.13	6.29
修钎设备	台时	0.44	0.60	0.86	1.28	2.06
载重汽车　5t	台时	0.46	0.46	0.46	0.46	0.46
其他机械使用费	元	32	32	32	32	32
石渣运输	m³	106	106	106	106	106
编　号		20526	20527	20528	20529	20530

2.26.2 井斜45°～75°

2.26.2.1 开挖断面面积≤20m^2

单位：100m^3

项目	单位	岩石级别				
		Ⅴ～Ⅵ	Ⅶ～Ⅷ	Ⅸ～Ⅹ	Ⅺ～Ⅻ	ⅩⅢ～ⅩⅣ
高级熟练工	工时	17	23	32	44	61
熟练工	工时	68	93	127	175	244
半熟练工	工时	127	174	239	329	457
普工	工时	153	209	287	395	549
合计	工时	365	499	685	943	1311
合金钻头	个	4.77	6.84	9.48	12.69	16.65
风钻钻杆	kg	2.60	3.34	4.89	8.24	16.74
炸药	kg	121	147	171	192	211
非电毫秒雷管	个	82	101	119	133	146
导爆管	m	274	329	382	429	471
其他材料费	元	89	120	166	198	233
风钻 气腿式	台时	15.09	23.94	37.08	55.88	83.08
风钻 手持式	台时	2.40	3.51	5.28	7.95	11.92
修钎设备	台时	0.58	0.80	1.13	1.63	2.53
载重汽车 5t	台时	0.49	0.49	0.49	0.49	0.49
其他机械使用费	元	68	68	68	68	68
石渣运输	m^3	122	122	122	122	122
编号		20531	20532	20533	20534	20535

2.26.2.2 开挖断面面积40m²

单位：100m³

项 目	单位	岩石级别				
		Ⅴ～Ⅵ	Ⅶ～Ⅷ	Ⅸ～Ⅹ	Ⅺ～Ⅻ	XIII～XIV
高级熟练工	工时	14	19	26	37	52
熟练工	工时	58	77	106	147	206
半熟练工	工时	109	146	200	276	386
普工	工时	131	174	240	331	464
合计	工时	312	416	572	791	1108
合金钻头	个	4.23	5.98	8.32	11.28	15.02
风钻钻杆	kg	2.45	3.11	4.57	7.74	15.85
炸药	kg	110	131	152	172	191
非电毫秒雷管	个	71	85	99	112	125
导爆管	m	257	302	351	397	442
其他材料费	元	73	97	135	161	190
风钻 气腿式	台时	13.20	20.39	31.44	47.62	71.42
风钻 手持式	台时	2.62	3.86	5.87	8.90	13.44
修钎设备	台时	0.52	0.71	1.01	1.47	2.33
载重汽车 5t	台时	0.48	0.48	0.48	0.48	0.48
其他机械使用费	元	48	48	48	48	48
石渣运输	m³	115	115	115	115	115
编号		20536	20537	20538	20539	20540

2.26.2.3 开挖断面面积60m²

单位：100m³

项目	单位	岩石级别				
		Ⅴ～Ⅵ	Ⅶ～Ⅷ	Ⅸ～Ⅹ	Ⅺ～Ⅻ	ⅩⅢ～ⅩⅣ
高级熟练工	工时	14	18	25	34	49
熟练工	工时	54	72	98	137	193
半熟练工	工时	102	135	185	256	361
普工	工时	121	162	222	308	434
合计	工时	291	387	530	735	1037
合金钻头	个	4.01	5.63	7.88	10.73	14.38
风钻钻杆	kg	2.37	2.99	4.41	7.52	15.45
炸药	kg	100	119	139	157	175
非电毫秒雷管	个	66	79	92	104	116
导爆管	m	246	291	336	382	428
其他材料费	元	69	92	128	153	180
风钻 气腿式	台时	12.24	18.76	28.94	44.00	66.27
风钻 手持式	台时	2.60	3.86	5.91	8.99	13.62
修钎设备	台时	0.50	0.67	0.96	1.41	2.25
载重汽车 5t	台时	0.48	0.48	0.48	0.48	0.48
其他机械使用费	元	39	39	39	39	39
石渣运输	m³	112	112	112	112	112
编号		20541	20542	20543	20544	20545

2.26.2.4 开挖断面面积100m²

单位：100m³

项目	单位	岩石级别				
		Ⅴ～Ⅵ	Ⅶ～Ⅷ	Ⅸ～Ⅹ	Ⅺ～Ⅻ	XIII～XIV
高级熟练工	工时	12	16	23	31	44
熟练工	工时	49	66	91	126	177
半熟练工	工时	93	123	170	236	333
普工	工时	112	148	203	283	399
合计	工时	266	353	487	676	953
合金钻头	个	3.72	5.23	7.34	10.06	13.57
风钻钻杆	kg	2.24	2.84	4.19	7.17	14.81
炸药	kg	89	106	124	141	157
非电毫秒雷管	个	60	72	84	96	107
导爆管	m	230	274	319	365	407
其他材料费	元	59	79	109	131	154
风钻 气腿式	台时	12.46	18.95	29.27	44.67	67.64
风钻 手持式	台时	1.27	1.88	2.90	4.42	6.73
修钎设备	台时	0.46	0.63	0.90	1.33	2.14
载重汽车 5t	台时	0.47	0.47	0.47	0.47	0.47
其他机械使用费	元	34	34	34	34	34
石渣运输	m^3	108	108	108	108	108
编号		20546	20547	20548	20549	20550

2.26.2.5 开挖断面面积150m²

单位：100m³

项　　目	单位	岩石级别				
		Ⅴ～Ⅵ	Ⅶ～Ⅷ	Ⅸ～Ⅹ	Ⅺ～Ⅻ	ⅩⅢ～ⅩⅣ
高级熟练工	工时	12	16	21	30	43
熟练工	工时	47	63	86	120	170
半熟练工	工时	89	117	161	225	318
普工	工时	107	140	193	270	381
合计	工时	255	336	461	645	912
合金钻头	个	3.56	5.00	7.05	9.69	13.12
风钻钻杆	kg	2.16	2.75	4.06	6.96	14.42
炸药	kg	82	97	114	129	146
非电毫秒雷管	个	58	68	80	92	103
导爆管	m	224	263	308	353	397
其他材料费	元	57	76	106	126	148
风钻　气腿式	台时	11.86	17.98	27.83	42.59	64.69
风钻　手持式	台时	1.23	1.85	2.85	4.38	6.67
修钎设备	台时	0.45	0.61	0.87	1.28	2.07
载重汽车 5t	台时	0.46	0.46	0.46	0.46	0.46
其他机械使用费	元	32	32	32	32	32
石渣运输	m³	106	106	106	106	106
编号		20551	20552	20553	20554	20555

2.26.2.6 开挖断面面积＞150m²

单位：100m³

项　　目	单位	岩石级别				
		Ⅴ～Ⅵ	Ⅶ～Ⅷ	Ⅸ～Ⅹ	Ⅺ～Ⅻ	ⅩⅢ～ⅩⅣ
高级熟练工	工时	12	16	21	29	42
熟练工	工时	47	62	85	119	169
半熟练工	工时	88	116	159	223	316
普工	工时	105	139	192	268	380
合计	工时	252	333	457	639	907
合金钻头	个	3.52	4.96	7.00	9.63	13.04
风钻钻杆	kg	2.13	2.72	4.03	6.92	14.34
炸药	kg	77	92	107	122	138
非电毫秒雷管	个	57	68	80	91	102
导爆管	m	220	262	307	349	394
其他材料费	元	57	76	106	126	148
风钻 气腿式	台时	11.73	17.83	27.62	42.30	64.30
风钻 手持式	台时	1.22	1.84	2.83	4.34	6.62
修钎设备	台时	0.44	0.60	0.86	1.28	2.06
载重汽车 5t	台时	0.46	0.46	0.46	0.46	0.46
其他机械使用费	元	32	32	32	32	32
石渣运输	m³	106	106	106	106	106
编号		20556	20557	20558	20559	20560

2.27 斜井石方开挖（爬罐开导井）

适用范围： 风钻钻孔，适用于井斜25°～75°，井深超过50m，包括导井断面面积$5m^2$内反导井开挖作业和导井形成后的斜井自上而下全断面扩挖作业。

工作内容： 钻孔、光面爆破、撬挖、安全处理、清面、修整等。

2.27.1 井斜25°～45°

2.27.1.1 开挖断面面积≤$20m^2$

单位：$100m^3$

项目	单位	岩石级别				
		Ⅴ～Ⅵ	Ⅶ～Ⅷ	Ⅸ～Ⅹ	Ⅺ～Ⅻ	ⅩⅢ～ⅩⅣ
高级熟练工	工时	14	20	27	36	50
熟练工	工时	56	77	106	146	202
半熟练工	工时	106	145	199	273	380
普工	工时	127	174	238	328	456
合计	工时	303	416	570	783	1088
合金钻头	个	4.77	6.84	9.48	12.69	16.65
风钻钻杆	kg	2.60	3.34	4.89	8.24	16.74
炸药	kg	114	138	161	180	199
非电毫秒雷管	个	82	101	119	133	146
导爆管	m	219	266	310	340	382
其他材料费	元	89	120	166	198	233
风钻 气腿式	台时	13.97	22.26	34.52	52.03	77.32
风钻 手持式	台时	2.16	3.15	4.75	7.15	10.73
爬罐	台时	9.09	11.26	14.19	18.16	23.63
修钎设备	台时	0.58	0.80	1.13	1.63	2.53
载重汽车 5t	台时	0.49	0.49	0.49	0.49	0.49
其他机械使用费	元	49	49	49	49	49
石渣运输	m^3	122	122	122	122	122
编号		20561	20562	20563	20564	20565

2.27.1.2 开挖断面面积≤40m²

单位：$100m^3$

项　目	单位	岩石级别				
		Ⅴ～Ⅵ	Ⅶ～Ⅷ	Ⅸ～Ⅹ	Ⅺ～Ⅻ	ⅩⅢ～ⅩⅣ
高级熟练工	工时	12	16	22	31	43
熟练工	工时	48	64	88	122	171
半熟练工	工时	90	121	165	229	321
普工	工时	109	145	199	275	385
合计	工时	259	346	474	657	920
合金钻头	个	4.23	5.98	8.32	11.28	15.02
风钻钻杆	kg	2.45	3.11	4.57	7.74	15.85
炸药	kg	110	131	152	172	191
非电毫秒雷管	个	71	85	99	112	125
导爆管	m	257	302	351	397	442
其他材料费	元	73	97	135	161	190
风钻　气腿式	台时	12.60	19.48	30.05	45.51	68.24
风钻　手持式	台时	2.48	3.66	5.57	8.45	12.76
爬罐	台时	4.54	5.63	7.10	9.08	11.82
修钎设备	台时	0.52	0.71	1.01	1.47	2.33
载重汽车　5t	台时	0.48	0.48	0.48	0.48	0.48
其他机械使用费	元	39	39	39	39	39
石渣运输	m^3	115	115	115	115	115
编　号		20566	20567	20568	20569	20570

2.27.1.3 开挖断面面积60m²

单位：100m³

项目	单位	岩石级别				
		Ⅴ～Ⅵ	Ⅶ～Ⅷ	Ⅸ～Ⅹ	Ⅺ～Ⅻ	ⅩⅢ～ⅩⅣ
高级熟练工	工时	11	15	20	28	40
熟练工	工时	45	59	81	114	160
半熟练工	工时	84	112	153	213	299
普工	工时	101	134	184	255	359
合计	工时	241	320	438	610	858
合金钻头	个	4.01	5.63	7.88	10.73	14.38
风钻钻杆	kg	2.37	2.99	4.41	7.52	15.45
炸药	kg	100	119	139	157	175
非电毫秒雷管	个	66	79	92	104	116
导爆管	m	303	357	412	469	525
其他材料费	元	69	92	128	153	180
风钻 气腿式	台时	11.67	17.89	27.62	41.97	63.21
风钻 手持式	台时	2.48	3.67	5.61	8.54	12.94
爬罐	台时	3.03	3.75	4.73	6.05	7.88
修钎设备	台时	0.50	0.67	0.96	1.41	2.25
载重汽车 5t	台时	0.48	0.48	0.48	0.48	0.48
其他机械使用费	元	33	33	33	33	33
石渣运输	m³	112	112	112	112	112
编号		20571	20572	20573	20574	20575

2.27.1.4 开挖断面面积100m²

单位：100m³

项目	单位	岩石级别				
		Ⅴ～Ⅵ	Ⅶ～Ⅷ	Ⅸ～Ⅹ	Ⅺ～Ⅻ	ⅩⅢ～ⅩⅣ
高级熟练工	工时	10	14	19	26	37
熟练工	工时	42	54	75	105	147
半熟练工	工时	77	102	141	195	276
普工	工时	93	122	169	234	332
合计	工时	222	292	404	560	792
合金钻头	个	3.72	5.23	7.34	10.06	13.57
风钻钻杆	kg	2.24	2.84	4.19	7.17	14.81
炸药	kg	89	106	124	141	157
非电毫秒雷管	个	60	72	84	96	107
导爆管	m	285	338	395	451	502
其他材料费	元	65	87	121	144	169
风钻 气腿式	台时	10.67	16.26	25.13	38.34	58.02
风钻 手持式	台时	2.40	3.58	5.51	8.41	12.79
爬罐	台时	1.82	2.25	2.84	3.63	4.73
修钎设备	台时	0.46	0.63	0.90	1.33	2.14
载重汽车 5t	台时	0.47	0.47	0.47	0.47	0.47
其他机械使用费	元	31	31	31	31	31
石渣运输	m³	108	108	108	108	108
编号		20576	20577	20578	20579	20580

2.27.1.5　开挖断面面积150m²

单位：100m³

项　　目	单位	岩石级别				
		Ⅴ～Ⅵ	Ⅶ～Ⅷ	Ⅸ～Ⅹ	Ⅺ～Ⅻ	ⅩⅢ～ⅩⅣ
高级熟练工	工时	10	13	18	25	35
熟练工	工时	39	51	71	99	141
半熟练工	工时	74	97	133	186	264
普工	工时	88	116	160	223	316
合计	工时	211	277	382	533	756
合金钻头	个	3.56	5.00	7.05	9.69	13.12
风钻钻杆	kg	2.16	2.75	4.06	6.96	14.42
炸药	kg	82	97	114	129	146
非电毫秒雷管	个	58	68	80	92	103
导爆管	m	278	326	382	438	492
其他材料费	元	57	76	106	126	148
风钻　气腿式	台时	11.28	17.11	26.48	40.53	61.56
风钻　手持式	台时	1.17	1.76	2.71	4.16	6.33
爬罐	台时	1.21	1.50	1.89	2.42	3.15
修钎设备	台时	0.45	0.61	0.87	1.28	2.07
载重汽车　5t	台时	0.46	0.46	0.46	0.46	0.46
其他机械使用费	元	29	29	29	29	29
石渣运输	m³	106	106	106	106	106
编号		20581	20582	20583	20584	20585

2.27.1.6 开挖断面面积＞150m²

单位：100m³

项目	单位	岩石级别				
		Ⅴ～Ⅵ	Ⅶ～Ⅷ	Ⅸ～Ⅹ	Ⅺ～Ⅻ	ⅩⅢ～ⅩⅣ
高级熟练工	工时	10	13	18	25	35
熟练工	工时	38	51	70	98	140
半熟练工	工时	73	96	132	184	262
普工	工时	87	115	159	222	315
合计	工时	208	275	379	529	752
合金钻头	个	3.52	4.96	7.00	9.63	13.04
风钻钻杆	kg	2.13	2.72	4.03	6.92	14.34
炸药	kg	77	92	107	122	138
非电毫秒雷管	个	57	68	80	91	102
导爆管	m	273	325	381	433	488
其他材料费	元	57	76	106	126	148
风钻 气腿式	台时	11.15	16.96	26.29	40.25	61.19
风钻 手持式	台时	1.16	1.74	2.69	4.13	6.29
爬罐	台时	1.21	1.50	1.89	2.42	3.15
修钎设备	台时	0.44	0.60	0.86	1.28	2.06
载重汽车 5t	台时	0.46	0.46	0.46	0.46	0.46
其他机械使用费	元	29	29	29	29	29
石渣运输	m³	106	106	106	106	106
编号		20586	20587	20588	20589	20590

2.27.2 井斜 45°～75°

2.27.2.1 开挖断面面积≤20m²

单位：100m³

项目	单位	岩石级别				
		Ⅴ～Ⅵ	Ⅶ～Ⅷ	Ⅸ～Ⅹ	Ⅺ～Ⅻ	ⅩⅢ～ⅩⅣ
高级熟练工	工时	17	23	32	44	61
熟练工	工时	68	93	127	175	244
半熟练工	工时	127	174	239	329	457
普工	工时	153	209	287	395	549
合计	工时	365	499	685	943	1311
合金钻头	个	4.77	6.84	9.48	12.69	16.65
风钻钻杆	kg	2.60	3.34	4.89	8.24	16.74
炸药	kg	121	147	171	192	211
非电毫秒雷管	个	82	101	119	133	146
导爆管	m	274	329	382	429	471
其他材料费	元	89	120	166	198	233
风钻 气腿式	台时	15.09	23.94	37.08	55.88	83.08
风钻 手持式	台时	2.40	3.51	5.28	7.95	11.92
爬罐	台时	9.16	11.40	14.42	18.49	24.13
修钎设备	台时	0.58	0.80	1.13	1.63	2.53
载重汽车 5t	台时	0.49	0.49	0.49	0.49	0.49
其他机械使用费	元	49	49	49	49	49
石渣运输	m³	122	122	122	122	122
编号		20591	20592	20593	20594	20595

2.27.2.2 开挖断面面积≤40m²

单位：100m³

项目	单位	岩石级别				
		Ⅴ～Ⅵ	Ⅶ～Ⅷ	Ⅸ～Ⅹ	Ⅺ～Ⅻ	ⅩⅢ～ⅩⅣ
高级熟练工	工时	14	19	26	37	52
熟练工	工时	58	77	106	147	206
半熟练工	工时	109	146	200	276	386
普工	工时	131	174	240	331	464
合计	工时	312	416	572	791	1108
合金钻头	个	4.23	5.98	8.32	11.28	15.02
风钻钻杆	kg	2.45	3.11	4.57	7.74	15.85
炸药	kg	110	131	152	172	191
非电毫秒雷管	个	71	85	99	112	125
导爆管	m	257	302	351	397	442
其他材料费	元	73	97	135	161	190
风钻 气腿式	台时	13.20	20.39	31.44	47.62	71.42
风钻 手持式	台时	2.62	3.86	5.87	8.90	13.44
爬罐	台时	4.58	5.70	7.21	9.25	12.06
修钎设备	台时	0.52	0.71	1.01	1.47	2.33
载重汽车 5t	台时	0.48	0.48	0.48	0.48	0.48
其他机械使用费	元	39	39	39	39	39
石渣运输	m³	115	115	115	115	115
编号		20596	20597	20598	20599	20600

2.27.2.3 开挖断面面积$60m^2$

单位：$100m^3$

项　　目	单位	岩石级别				
		Ⅴ～Ⅵ	Ⅶ～Ⅷ	Ⅸ～Ⅹ	Ⅺ～Ⅻ	ⅩⅢ～ⅩⅣ
高级熟练工	工时	14	18	25	34	49
熟练工	工时	54	72	98	137	193
半熟练工	工时	102	135	185	256	361
普工	工时	121	162	222	308	434
合计	工时	291	387	530	735	1037
合金钻头	个	4.01	5.63	7.88	10.73	14.38
风钻钻杆	kg	2.37	2.99	4.41	7.52	15.45
炸药	kg	100	119	139	157	175
非电毫秒雷管	个	66	79	92	104	116
导爆管	m	246	291	336	382	428
其他材料费	元	69	92	128	153	180
风钻　气腿式	台时	12.24	18.76	28.94	44.00	66.27
风钻　手持式	台时	2.60	3.86	5.91	8.99	13.62
爬罐	台时	3.05	3.80	4.81	6.16	8.04
修钎设备	台时	0.50	0.67	0.96	1.41	2.25
载重汽车　5t	台时	0.48	0.48	0.48	0.48	0.48
其他机械使用费	元	33	33	33	33	33
石渣运输	m^3	112	112	112	112	112
编　号		20601	20602	20603	20604	20605

2.27.2.4 开挖断面面积100m²

单位：100m³

项　　目	单位	岩石级别				
		Ⅴ～Ⅵ	Ⅶ～Ⅷ	Ⅸ～Ⅹ	Ⅺ～Ⅻ	ⅩⅢ～ⅩⅣ
高级熟练工	工时	12	16	23	31	44
熟练工	工时	49	66	91	126	177
半熟练工	工时	93	123	170	236	333
普工	工时	112	148	203	283	399
合计	工时	266	353	487	676	953
合金钻头	个	3.72	5.23	7.34	10.06	13.57
风钻钻杆	kg	2.24	2.84	4.19	7.17	14.81
炸药	kg	89	106	124	141	157
非电毫秒雷管	个	60	72	84	96	107
导爆管	m	230	274	319	365	407
其他材料费	元	59	79	109	131	154
风钻　气腿式	台时	12.46	18.95	29.27	44.67	67.64
风钻　手持式	台时	1.27	1.88	2.90	4.42	6.73
爬罐	台时	1.83	2.28	2.88	3.70	4.83
修钎设备	台时	0.46	0.63	0.90	1.33	2.14
载重汽车　5t	台时	0.47	0.47	0.47	0.47	0.47
其他机械使用费	元	31	31	31	31	31
石渣运输	m³	108	108	108	108	108
编号		20606	20607	20608	20609	20610

2.27.2.5 开挖断面面积150m²

单位：100m³

项目	单位	岩石级别				
		Ⅴ～Ⅵ	Ⅶ～Ⅷ	Ⅸ～Ⅹ	Ⅺ～Ⅻ	XIII～XIV
高级熟练工	工时	12	16	21	30	43
熟练工	工时	47	63	86	120	170
半熟练工	工时	89	117	161	225	318
普工	工时	107	140	193	270	381
合计	工时	255	336	461	645	912
合金钻头	个	3.56	5.00	7.05	9.69	13.12
风钻钻杆	kg	2.16	2.75	4.06	6.96	14.42
炸药	kg	82	97	114	129	146
非电毫秒雷管	个	58	68	80	92	103
导爆管	m	224	263	308	353	397
其他材料费	元	57	76	106	126	148
风钻 气腿式	台时	11.86	17.98	27.83	42.59	64.69
风钻 手持式	台时	1.23	1.85	2.85	4.38	6.67
爬罐	台时	1.22	1.52	1.92	2.47	3.22
修钎设备	台时	0.45	0.61	0.87	1.28	2.07
载重汽车 5t	台时	0.46	0.46	0.46	0.46	0.46
其他机械使用费	元	29	29	29	29	29
石渣运输	m³	106	106	106	106	106
编号		20611	20612	20613	20614	20615

2.27.2.6 开挖断面面积＞150m^2

单位：100m^3

项目	单位	岩石级别				
		Ⅴ～Ⅵ	Ⅶ～Ⅷ	Ⅸ～Ⅹ	Ⅺ～Ⅻ	ⅩⅢ～ⅩⅣ
高级熟练工	工时	12	16	21	29	42
熟练工	工时	47	62	85	119	169
半熟练工	工时	88	116	159	223	316
普工	工时	105	139	192	268	380
合计	工时	252	333	457	639	907
合金钻头	个	3.52	4.96	7.00	9.63	13.04
风钻钻杆	kg	2.13	2.72	4.03	6.92	14.34
炸药	kg	77	92	107	122	138
非电毫秒雷管	个	57	68	80	91	102
导爆管	m	220	262	307	349	394
其他材料费	元	57	76	106	126	148
风钻 气腿式	台时	11.73	17.83	27.62	42.30	64.30
风钻 手持式	台时	1.22	1.84	2.83	4.34	6.62
爬罐	台时	1.22	1.52	1.92	2.47	3.22
修钎设备	台时	0.44	0.60	0.86	1.28	2.06
载重汽车 5t	台时	0.46	0.46	0.46	0.46	0.46
其他机械使用费	元	29	29	29	29	29
石渣运输	m^3	106	106	106	106	106
编号		20616	20617	20618	20619	20620

2.28 斜井石方开挖（正导井风钻、吊笼施工）

适用范围： 风钻钻孔，适用于井斜 25°～75°，井深小于 40m，包括导井断面面积 5m^2 内正导井开挖作业和导井形成后的斜井自上而下全断面扩挖作业。

工作内容： 钻孔、光面爆破、安全处理、翻渣、清面、修整等。

2.28.1 井斜 25°～45°

2.28.1.1 开挖断面面积≤20m^2

单位：100m^3

项目	单位	岩石级别				
		Ⅴ～Ⅵ	Ⅶ～Ⅷ	Ⅸ～Ⅹ	Ⅺ～Ⅻ	ⅩⅢ～ⅩⅣ
高级熟练工	工时	15	21	28	38	54
熟练工	工时	59	82	112	155	214
半熟练工	工时	111	153	211	290	403
普工	工时	134	184	252	348	483
合计	工时	319	440	603	831	1154
合金钻头	个	4.83	6.94	9.62	12.87	16.88
风钻钻杆	kg	2.67	3.44	5.04	8.51	17.28
炸药	kg	115	140	163	183	201
非电毫秒雷管	个	86	107	126	141	155
导爆管	m	226	277	323	364	399
其他材料费	元	110	148	205	244	288
风钻 气腿式	台时	8.67	12.62	19.01	28.59	42.93
风钻 手持式	台时	8.26	14.24	22.59	34.11	50.28
修钎设备	台时	0.59	0.81	1.15	1.66	2.58
载重汽车 5t	台时	0.49	0.49	0.49	0.49	0.49
其他机械使用费	元	56	56	56	56	56
石渣运输	m^3	122	122	122	122	122
编号		20621	20622	20623	20624	20625

2.28.1.2 开挖断面面积 40m²

单位：100m³

项目	单位	岩石级别				
		Ⅴ～Ⅵ	Ⅶ～Ⅷ	Ⅸ～Ⅹ	Ⅺ～Ⅻ	ⅩⅢ～ⅩⅣ
高级熟练工	工时	12	17	23	32	44
熟练工	工时	50	66	92	126	177
半熟练工	工时	92	125	171	237	332
普工	工时	112	150	206	285	399
合计	工时	266	358	492	680	952
合金钻头	个	4.26	6.03	8.39	11.37	15.14
风钻钻杆	kg	2.49	3.16	4.65	7.87	16.12
炸药	kg	111	132	153	173	192
非电毫秒雷管	个	73	88	103	116	129
导爆管	m	261	307	358	405	451
其他材料费	元	83	111	155	185	217
风钻 气腿式	台时	9.95	14.66	22.29	33.79	51.05
风钻 手持式	台时	5.53	9.20	14.49	21.93	32.53
修钎设备	台时	0.52	0.72	1.02	1.49	2.36
载重汽车 5t	台时	0.48	0.48	0.48	0.48	0.48
其他机械使用费	元	42	42	42	42	42
石渣运输	m³	115	115	115	115	115
编号		20626	20627	20628	20629	20630

2.28.1.3 开挖断面面积 60m²

单位：100m³

项目	单位	岩石级别				
		Ⅴ～Ⅵ	Ⅶ～Ⅷ	Ⅸ～Ⅹ	Ⅺ～Ⅻ	ⅩⅢ～ⅩⅣ
高级熟练工	工时	12	15	21	29	41
熟练工	工时	46	61	84	117	164
半熟练工	工时	85	114	157	219	307
普工	工时	103	138	189	262	368
合计	工时	246	328	451	627	880
合金钻头	个	4.03	5.66	7.92	10.79	14.45
风钻钻杆	kg	2.39	3.03	4.46	7.61	15.63
炸药	kg	101	120	139	158	176
非电毫秒雷管	个	67	81	94	107	119
导爆管	m	305	361	417	475	531
其他材料费	元	76	101	141	168	198
风钻 气腿式	台时	9.91	14.68	22.44	34.16	51.75
风钻 手持式	台时	4.51	7.36	11.56	17.53	26.12
修钎设备	台时	0.50	0.68	0.96	1.42	2.27
载重汽车 5t	台时	0.48	0.48	0.48	0.48	0.48
其他机械使用费	元	35	35	35	35	35
石渣运输	m³	112	112	112	112	112
编号		20631	20632	20633	20634	20635

2.28.1.4 开挖断面面积 $100m^2$

单位：$100m^3$

项目	单位	岩石级别				
		Ⅴ～Ⅵ	Ⅶ～Ⅷ	Ⅸ～Ⅹ	Ⅺ～Ⅻ	ⅩⅢ～ⅩⅣ
高级熟练工	工时	10	14	19	26	37
熟练工	工时	42	55	76	106	150
半熟练工	工时	78	104	143	199	281
普工	工时	94	124	172	238	337
合计	工时	224	297	410	569	805
合金钻头	个	3.73	5.25	7.37	10.10	13.61
风钻钻杆	kg	2.26	2.86	4.22	7.23	14.91
炸药	kg	89	107	124	141	158
非电毫秒雷管	个	61	73	86	98	109
导爆管	m	286	341	397	454	506
其他材料费	元	69	92	128	153	180
风钻 气腿式	台时	9.61	14.33	22.03	33.65	51.14
风钻 手持式	台时	3.62	5.80	9.07	13.80	20.70
修钎设备	台时	0.46	0.63	0.90	1.34	2.15
载重汽车 5t	台时	0.47	0.47	0.47	0.47	0.47
其他机械使用费	元	32	32	32	32	32
石渣运输	m^3	108	108	108	108	108
编号		20636	20637	20638	20639	20640

2.28.1.5　开挖断面面积 150m²

单位：100m³

项　　目	单位	岩石级别				
		Ⅴ～Ⅵ	Ⅶ～Ⅷ	Ⅸ～Ⅹ	Ⅺ～Ⅻ	ⅩⅢ～ⅩⅣ
高级熟练工	工时	10	13	18	25	36
熟练工	工时	40	52	72	101	142
半熟练工	工时	74	98	135	188	267
普工	工时	88	118	162	226	320
合计	工时	212	281	387	540	765
合金钻头	个	3.56	5.01	7.07	9.72	13.15
风钻钻杆	kg	2.17	2.76	4.08	7.00	14.50
炸药	kg	82	97	114	129	146
非电毫秒雷管	个	58	69	81	93	104
导爆管	m	279	327	384	440	495
其他材料费	元	60	80	111	132	156
风钻　气腿式	台时	10.57	15.83	24.42	37.41	56.97
风钻　手持式	台时	1.99	3.24	5.09	7.75	11.61
修钎设备	台时	0.45	0.61	0.87	1.29	2.08
载重汽车　5t	台时	0.46	0.46	0.46	0.46	0.46
其他机械使用费	元	30	30	30	30	30
石渣运输	m³	106	106	106	106	106
编　号		20641	20642	20643	20644	20645

2.28.1.6 开挖断面面积＞150m²

单位：100m³

项目	单位	岩石级别				
		Ⅴ～Ⅵ	Ⅶ～Ⅷ	Ⅸ～Ⅹ	Ⅺ～Ⅻ	ⅩⅢ～ⅩⅣ
高级熟练工	工时	10	13	18	25	36
熟练工	工时	39	52	71	100	141
半熟练工	工时	73	97	134	187	265
普工	工时	87	117	161	224	318
合计	工时	209	279	384	536	760
合金钻头	个	3.53	4.97	7.01	9.66	13.07
风钻钻杆	kg	2.14	2.73	4.05	6.95	14.41
炸药	kg	77	92	107	123	138
非电毫秒雷管	个	57	69	81	92	103
导爆管	m	274	326	383	435	491
其他材料费	元	60	80	111	132	156
风钻 气腿式	台时	10.44	15.67	24.22	37.13	56.60
风钻 手持式	台时	1.98	3.22	5.07	7.72	11.57
修钎设备	台时	0.44	0.60	0.86	1.28	2.07
载重汽车 5t	台时	0.46	0.46	0.46	0.46	0.46
其他机械使用费	元	30	30	30	30	30
石渣运输	m³	106	106	106	106	106
编号		20646	20647	20648	20649	20650

2.28.2 井斜45°～75°

2.28.2.1 开挖断面面积≤20m²

单位：100m³

项目		单位	岩石级别				
			Ⅴ～Ⅵ	Ⅶ～Ⅷ	Ⅸ～Ⅹ	Ⅺ～Ⅻ	ⅩⅢ～ⅩⅣ
高级熟练工		工时	17	25	34	47	65
熟练工		工时	71	98	135	186	258
半熟练工		工时	134	184	253	349	485
普工		工时	161	221	304	419	581
合计		工时	383	528	726	1001	1389
合金钻头		个	4.83	6.94	9.62	12.87	16.88
风钻钻杆		kg	2.67	3.44	5.04	8.51	17.28
炸药		kg	123	148	173	194	214
非电毫秒雷管		个	86	107	126	141	155
导爆管		m	281	340	396	445	489
其他材料费		元	110	148	205	244	288
风钻	气腿式	台时	9.63	14.02	21.13	31.77	47.70
风钻	手持式	台时	8.67	14.91	23.63	35.68	52.60
修钎设备		台时	0.59	0.81	1.15	1.66	2.58
载重汽车	5t	台时	0.49	0.49	0.49	0.49	0.49
其他机械使用费		元	56	56	56	56	56
石渣运输		m³	122	122	122	122	122
编号			20651	20652	20653	20654	20655

2.28.2.2 开挖断面面积 40m²

单位：100m³

项目		单位	岩石级别				
			Ⅴ～Ⅵ	Ⅶ～Ⅷ	Ⅸ～Ⅹ	Ⅺ～Ⅻ	ⅩⅢ～ⅩⅣ
高级熟练工		工时	15	20	27	38	54
熟练工		工时	60	80	110	152	213
半熟练工		工时	112	151	207	286	400
普工		工时	135	180	249	343	480
合计		工时	322	431	593	819	1147
合金钻头		个	4.26	6.03	8.39	11.37	15.14
风钻钻杆		kg	2.49	3.16	4.65	7.87	16.12
炸药		kg	111	132	153	173	192
非电毫秒雷管		个	73	88	103	116	129
导爆管		m	261	307	358	405	451
其他材料费		元	83	111	155	185	217
风钻	气腿式	台时	10.48	15.43	23.47	35.57	53.74
风钻	手持式	台时	5.75	9.56	15.05	22.76	33.78
修钎设备		台时	0.52	0.72	1.02	1.49	2.36
载重汽车	5t	台时	0.48	0.48	0.48	0.48	0.48
其他机械使用费		元	42	42	42	42	42
石渣运输		m³	115	115	115	115	115
编号			20656	20657	20658	20659	20660

2.28.2.3 开挖断面面积 $60m^2$

单位：$100m^3$

项目	单位	岩石级别				
		Ⅴ～Ⅵ	Ⅶ～Ⅷ	Ⅸ～Ⅹ	Ⅺ～Ⅻ	ⅩⅢ～ⅩⅣ
高级熟练工	工时	14	19	25	35	50
熟练工	工时	55	74	101	140	197
半熟练工	工时	104	139	190	263	370
普工	工时	124	166	228	316	444
合计	工时	297	398	544	754	1061
合金钻头	个	4.03	5.66	7.92	10.79	14.45
风钻钻杆	kg	2.39	3.03	4.46	7.61	15.63
炸药	kg	101	120	139	158	176
非电毫秒雷管	个	67	81	94	107	119
导爆管	m	248	295	341	388	434
其他材料费	元	76	101	141	168	198
风钻 气腿式	台时	10.42	13.43	23.63	33.96	54.48
风钻 手持式	台时	4.69	7.66	12.03	18.23	27.18
修钎设备	台时	0.50	0.68	0.96	1.42	2.27
载重汽车 5t	台时	0.48	0.48	0.48	0.48	0.48
其他机械使用费	元	35	35	35	35	35
石渣运输	m^3	112	112	112	112	112
编号		20661	20662	20663	20664	20665

2.28.2.4 开挖断面面积 $100m^2$

单位：$100m^3$

项目		单位	岩石级别				
			Ⅴ～Ⅵ	Ⅶ～Ⅷ	Ⅸ～Ⅹ	Ⅺ～Ⅻ	ⅩⅢ～ⅩⅣ
高级熟练工		工时	12	16	23	32	45
熟练工		工时	50	67	92	128	180
半熟练工		工时	94	125	173	240	338
普工		工时	113	150	207	287	406
合计		工时	269	358	495	687	969
合金钻头		个	3.73	5.25	7.37	10.10	13.61
风钻钻杆		kg	2.26	2.86	4.22	7.23	14.91
炸药		kg	89	107	124	141	158
非电毫秒雷管		个	61	73	86	98	109
导爆管		m	232	276	322	368	410
其他材料费		元	63	85	117	140	165
风钻	气腿式	台时	11.37	16.97	26.08	39.85	60.56
风钻	手持式	台时	2.52	4.16	6.57	9.97	14.86
修钎设备		台时	0.46	0.63	0.90	1.34	2.15
载重汽车	5t	台时	0.47	0.47	0.47	0.47	0.47
其他机械使用费		元	32	32	32	32	32
石渣运输		m^3	108	108	108	108	108
编号			20666	20667	20668	20669	20670

2.28.2.5 开挖断面面积 150m²

单位：100m³

项目	单位	岩石级别				
		Ⅴ～Ⅵ	Ⅶ～Ⅷ	Ⅸ～Ⅹ	Ⅺ～Ⅻ	ⅩⅢ～ⅩⅣ
高级熟练工	工时	12	16	21	31	43
熟练工	工时	47	63	87	122	172
半熟练工	工时	89	119	163	227	321
普工	工时	108	142	195	273	386
合计	工时	256	340	466	653	922
合金钻头	个	3.56	5.01	7.07	9.72	13.15
风钻钻杆	kg	2.17	2.76	4.08	7.00	14.50
炸药	kg	82	97	114	129	146
非电毫秒雷管	个	58	69	81	93	104
导爆管	m	225	264	310	355	399
其他材料费	元	60	80	111	132	156
风钻 气腿式	台时	11.13	16.66	25.71	39.38	59.97
风钻 手持式	台时	2.07	3.37	5.30	8.07	12.09
修钎设备	台时	0.45	0.61	0.87	1.29	2.08
载重汽车 5t	台时	0.46	0.46	0.46	0.46	0.46
其他机械使用费	元	30	30	30	30	30
石渣运输	m³	106	106	106	106	106
编号		20671	20672	20673	20674	20675

2.28.2.6 开挖断面面积＞150m²

单位：100m³

项目	单位	岩石级别				
		Ⅴ～Ⅵ	Ⅶ～Ⅷ	Ⅸ～Ⅹ	Ⅺ～Ⅻ	ⅩⅢ～ⅩⅣ
高级熟练工	工时	12	16	21	30	42
熟练工	工时	47	63	86	121	171
半熟练工	工时	88	118	161	226	320
普工	工时	106	141	194	271	384
合计	工时	253	338	462	648	917
合金钻头	个	3.53	4.97	7.01	9.66	13.07
风钻钻杆	kg	2.14	2.73	4.05	6.95	14.41
炸药	kg	77	92	107	123	138
非电毫秒雷管	个	57	69	81	92	103
导爆管	m	221	263	309	351	396
其他材料费	元	60	80	111	132	156
风钻 气腿式	台时	11.00	16.51	25.49	39.08	59.58
风钻 手持式	台时	2.06	3.36	5.28	8.04	12.04
修钎设备	台时	0.44	0.60	0.86	1.28	2.07
载重汽车 5t	台时	0.46	0.46	0.46	0.46	0.46
其他机械使用费	元	30	30	30	30	30
石渣运输	m³	106	106	106	106	106
编号		20676	20677	20678	20679	20680

2.29 斜井石方开挖（反井钻机钻导井）

2.29.1 导井直径 1.2m

适用范围： Ⅱ～Ⅲ类围岩，井深 150m 以内，包括导井反拉成井作业和导井形成后的斜井自上而下全断面扩挖作业。

工作内容： 反井钻机就位、钻导孔、接反拉钻头、风钻钻孔、光面爆破、安全处理、翻渣、清面、修整等。

2.29.1.1 开挖断面面积≤$20m^2$

单位：$100m^3$

项目		单位	斜井（45°～75°）			
			岩石级别			
			Ⅶ～Ⅷ	Ⅸ～Ⅹ	Ⅺ～Ⅻ	ⅫⅠ～ⅪⅤ
高级熟练工		工时	19	25	35	48
熟练工		工时	78	105	143	200
半熟练工		工时	153	204	280	389
普工		工时	180	241	330	458
合计		工时	430	575	788	1095
合金钻头		个	5.84	8.03	10.87	14.56
导孔钻头	ϕ216	个	0.024	0.029	0.039	0.059
扩孔钻头体	ϕ1200	个	0.018	0.018	0.018	0.018
风钻钻杆		kg	3.28	4.73	7.98	16.29
普通钻杆	ϕ176	m	0.23	0.27	0.31	0.37
滚刀		把	0.14	0.18	0.23	0.35
炸药		kg	132	150	168	187
非电毫秒雷管		个	78	90	101	111
导爆管		m	314	358	402	444
水		m^3	93	127	168	223
其他材料费		元	660	694	718	744
风钻	气腿式	台时	17.39	26.20	39.41	59.17
风钻	手持式	台时	4.35	6.55	9.86	14.79
反井钻机	LM-120	台时	7.86	10.71	14.16	18.74
潜水泵	3～5kW	台时	7.86	10.71	14.16	18.74
泥浆泵	TBW850/50	台时	3.25	4.95	6.46	8.55
修钎设备		台时	0.71	1.00	1.46	2.32
载重汽车	5t	台时	0.70	0.74	0.78	0.83
其他机械使用费		元	101	101	101	101
石渣运输		m^3	122	122	122	122
编号			20681	20682	20683	20684

2.29.1.2 开挖断面面积 40m²

单位：100m³

项目	单位	斜井（45°～75°）			
		岩石级别			
		Ⅶ～Ⅷ	Ⅸ～Ⅹ	Ⅺ～Ⅻ	ⅩⅢ～ⅩⅣ
高级熟练工	工时	17	23	32	45
熟练工	工时	69	94	130	183
半熟练工	工时	134	181	249	350
普工	工时	159	216	297	417
合计	工时	379	514	708	995
合金钻头	个	5.43	7.54	10.31	13.90
导孔钻头 ϕ216	个	0.012	0.015	0.020	0.029
扩孔钻头体 ϕ1200	个	0.009	0.009	0.009	0.009
风钻钻杆	kg	3.06	4.46	7.56	15.54
普通钻杆 ϕ176	m	0.12	0.14	0.16	0.19
滚刀	把	0.07	0.09	0.12	0.18
炸药	kg	122	141	159	178
非电毫秒雷管	个	73	84	95	107
导爆管	m	292	337	381	426
水	m³	47	64	84	111
其他材料费	元	366	398	420	443
风钻 气腿式	台时	17.07	25.96	39.35	59.45
风钻 手持式	台时	4.27	6.50	9.84	14.86
反井钻机 LM–120	台时	3.93	5.35	7.08	9.37
潜水泵 3～5kW	台时	3.93	5.35	7.08	9.37
泥浆泵 TBW850/50	台时	1.62	2.47	3.23	4.27
修钎设备	台时	0.66	0.93	1.38	2.22
载重汽车 5t	台时	0.58	0.60	0.62	0.65
其他机械使用费	元	64	64	64	64
石渣运输	m³	115	115	115	115
编号		20685	20686	20687	20688

2.29.1.3 开挖断面面积 60m²

单位：100m³

项目		单位	斜井（45°～75°）			
			岩石级别			
			Ⅶ～Ⅷ	Ⅸ～Ⅹ	Ⅺ～Ⅻ	ⅩⅢ～ⅩⅣ
高级熟练工		工时	17	23	31	44
熟练工		工时	66	90	125	177
半熟练工		工时	127	173	239	337
普工		工时	151	205	284	401
合计		工时	361	491	679	959
合金钻头		个	5.25	7.34	10.07	13.61
导孔钻头	ϕ216	个	0.008	0.010	0.013	0.020
扩孔钻头体	ϕ1200	个	0.006	0.006	0.006	0.006
风钻钻杆		kg	2.95	4.33	7.39	15.22
普通钻杆	ϕ176	m	0.08	0.09	0.10	0.12
滚刀		把	0.05	0.06	0.08	0.12
炸药		kg	113	130	148	165
非电毫秒雷管		个	71	81	93	104
导爆管		m	284	326	371	417
水		m³	31	42	56	74
其他材料费		元	272	304	325	349
风钻	气腿式	台时	16.50	25.21	38.41	58.19
风钻	手持式	台时	4.13	6.31	9.60	14.55
反井钻机	LM-120	台时	2.62	3.57	4.72	6.25
潜水泵	3～5kW	台时	2.62	3.57	4.72	6.25
泥浆泵	TBW850/50	台时	1.08	1.65	2.15	2.85
修钎设备		台时	0.64	0.91	1.34	2.17
载重汽车	5t	台时	0.55	0.56	0.57	0.59
其他机械使用费		元	49	49	49	49
石渣运输		m³	112	112	112	112
编号			20689	20690	20691	20692

2.29.1.4 开挖断面面积 $100m^2$

单位：$100m^3$

项目		单位	斜井（45°～75°）			
			岩石级别			
			Ⅶ～Ⅷ	Ⅸ～Ⅹ	Ⅺ～Ⅻ	ⅩⅢ～ⅩⅣ
高级熟练工		工时	15	21	29	41
熟练工		工时	62	86	119	168
半熟练工		工时	118	162	225	318
普工		工时	141	193	268	380
合计		工时	336	462	641	907
合金钻头		个	5.00	7.01	9.65	13.09
导孔钻头	ϕ216	个	0.005	0.006	0.008	0.012
扩孔钻头体	ϕ1200	个	0.004	0.004	0.004	0.004
风钻钻杆		kg	2.81	4.14	7.08	14.65
普通钻杆	ϕ176	m	0.05	0.05	0.06	0.07
滚刀		把	0.03	0.04	0.05	0.07
炸药		kg	102	119	135	151
非电毫秒雷管		个	67	78	89	100
导爆管		m	269	313	358	399
水		m^3	19	25	34	45
其他材料费		元	186	214	234	255
风钻	气腿式	台时	17.65	27.13	41.46	63.00
风钻	手持式	台时	1.96	3.02	4.60	7.00
反井钻机	LM-120	台时	1.57	2.14	2.83	3.75
潜水泵	3～5kW	台时	1.57	2.14	2.83	3.75
泥浆泵	TBW850/50	台时	0.65	0.99	1.29	1.71
修钎设备		台时	0.61	0.87	1.29	2.09
载重汽车	5t	台时	0.51	0.52	0.53	0.54
其他机械使用费		元	41	41	41	41
石渣运输		m^3	108	108	108	108
编号			20693	20694	20695	20696

2.29.1.5 开挖断面面积 $150m^2$

单位：$100m^3$

项目	单位	斜井（45°～75°）			
		岩石级别			
		Ⅶ～Ⅷ	Ⅸ～Ⅹ	Ⅺ～Ⅻ	ⅩⅢ～ⅩⅣ
高级熟练工	工时	15	20	29	41
熟练工	工时	60	83	116	163
半熟练工	工时	114	155	217	308
普工	工时	136	186	260	368
合计	工时	325	444	622	880
合金钻头	个	4.84	6.83	9.41	12.80
导孔钻头 ϕ216	个	0.003	0.004	0.005	0.008
扩孔钻头体 ϕ1200	个	0.002	0.002	0.002	0.002
风钻钻杆	kg	2.73	4.02	6.90	14.31
普通钻杆 ϕ176	m	0.03	0.04	0.04	0.05
滚刀	把	0.02	0.02	0.03	0.05
炸药	kg	94	110	125	141
非电毫秒雷管	个	65	76	87	98
导爆管	m	259	304	348	392
水	m^3	12	17	22	30
其他材料费	元	148	175	195	216
风钻 气腿式	台时	17.11	26.39	40.43	61.57
风钻 手持式	台时	1.90	2.93	4.49	6.84
反井钻机 LM-120	台时	1.05	1.43	1.89	2.50
潜水泵 3～5kW	台时	1.05	1.43	1.89	2.50
泥浆泵 TBW850/50	台时	0.43	0.66	0.86	1.14
修钎设备	台时	0.59	0.85	1.26	2.04
载重汽车 5t	台时	0.49	0.50	0.50	0.51
其他机械使用费	元	36	36	36	36
石渣运输	m^3	106	106	106	106
编号		20697	20698	20699	20700

2.29.1.6 开挖断面面积＞150m²

单位：100m³

项目		单位	斜井（45°～75°）			
			岩石级别			
			Ⅶ～Ⅷ	Ⅸ～Ⅹ	Ⅺ～Ⅻ	ⅩⅢ～ⅩⅣ
高级熟练工		工时	15	20	28	40
熟练工		工时	60	82	115	162
半熟练工		工时	113	154	216	306
普工		工时	135	185	258	366
合计		工时	323	441	617	874
合金钻头		个	4.80	6.77	9.35	12.71
导孔钻头	ϕ216	个	0.003	0.004	0.005	0.008
扩孔钻头体	ϕ1200	个	0.002	0.002	0.002	0.002
风钻钻杆		kg	2.70	3.99	6.86	14.23
普通钻杆	ϕ176	m	0.03	0.04	0.04	0.05
滚刀		把	0.02	0.02	0.03	0.05
炸药		kg	88	103	118	133
非电毫秒雷管		个	65	76	86	97
导爆管		m	258	303	344	389
水		m³	12	17	22	30
其他材料费		元	148	175	195	216
风钻	气腿式	台时	16.95	26.17	40.12	61.17
风钻	手持式	台时	1.89	2.91	4.45	6.80
反井钻机	LM–120	台时	1.05	1.43	1.89	2.50
潜水泵	3～5kW	台时	1.05	1.43	1.89	2.50
泥浆泵	TBW850/50	台时	0.43	0.66	0.86	1.14
修钎设备		台时	0.58	0.84	1.25	2.03
载重汽车	5t	台时	0.49	0.50	0.50	0.51
其他机械使用费		元	36	36	36	36
石渣运输		m³	106	106	106	106
编号			20701	20702	20703	20704

2.29.2 导井直径 1.4m

适用范围：Ⅱ～Ⅲ类围岩，井深 300m 以内，包括导井反拉成井作业和导井形成后的斜井自上而下全断面扩挖作业。

工作内容：反井钻机就位、钻导孔、接反拉钻头、风钻钻孔、光面爆破、安全处理、翻渣、清面、修整等。

2.29.2.1 开挖断面面积≤20m²

单位：100m³

项目		单位	斜井（45°～75°）			
			岩石级别			
			Ⅶ～Ⅷ	Ⅸ～Ⅹ	Ⅺ～Ⅻ	XIII～XIV
高级熟练工		工时	19	25	34	48
熟练工		工时	78	105	143	199
半熟练工		工时	154	206	281	390
普工		工时	180	242	330	459
合计		工时	431	578	788	1096
合金钻头		个	5.72	7.87	10.65	14.26
导孔钻头	ϕ216	个	0.024	0.029	0.039	0.059
扩孔钻头体	ϕ1400	个	0.018	0.018	0.018	0.018
风钻钻杆		kg	3.21	4.64	7.81	15.96
普通钻杆	ϕ182	m	0.23	0.27	0.31	0.37
滚刀		把	0.14	0.18	0.23	0.35
炸药		kg	129	147	165	183
非电毫秒雷管		个	77	88	99	109
导爆管		m	307	351	394	435
水		m³	141	192	253	335
其他材料费		元	775	808	832	857
风钻	气腿式	台时	17.04	25.67	38.60	57.96
风钻	手持式	台时	4.26	6.41	9.66	14.49
反井钻机	LM-200	台时	9.47	12.90	17.06	22.58
潜水泵	3～5kW	台时	9.47	12.90	17.06	22.58
泥浆泵	TBW850/50	台时	3.91	5.96	7.78	10.30
修钎设备		台时	0.70	0.98	1.43	2.27
载重汽车	5t	台时	0.74	0.79	0.83	0.90
其他机械使用费		元	114	114	114	114
石渣运输		m³	122	122	122	122
编号			20705	20706	20707	20708

2.29.2.2 开挖断面面积 40m²

单位：100m³

项 目		单位	斜井（45°～75°）			
			岩石级别			
			Ⅶ～Ⅷ	Ⅸ～Ⅹ	Ⅺ～Ⅻ	ⅩⅢ～ⅩⅣ
高级熟练工		工时	17	23	32	45
熟练工		工时	69	94	130	183
半熟练工		工时	135	182	250	351
普工		工时	159	216	298	417
合计		工时	380	515	710	996
合金钻头		个	5.38	7.47	10.20	13.76
导孔钻头	ϕ216	个	0.012	0.015	0.020	0.029
扩孔钻头体	ϕ1400	个	0.009	0.009	0.009	0.009
风钻钻杆		kg	3.03	4.42	7.49	15.39
普通钻杆	ϕ182	m	0.12	0.14	0.16	0.19
滚刀		把	0.07	0.09	0.12	0.18
炸药		kg	121	139	158	176
非电毫秒雷管		个	72	83	94	106
导爆管		m	289	333	377	422
水		m³	70	96	127	168
其他材料费		元	424	456	477	500
风钻	气腿式	台时	16.90	25.70	38.95	58.85
风钻	手持式	台时	4.22	6.43	9.74	14.71
反井钻机	LM-200	台时	4.74	6.45	8.53	11.29
潜水泵	3～5kW	台时	4.74	6.45	8.53	11.29
泥浆泵	TBW850/50	台时	1.96	2.98	3.89	5.15
修钎设备		台时	0.66	0.92	1.36	2.19
载重汽车	5t	台时	0.60	0.63	0.65	0.68
其他机械使用费		元	70	70	70	70
石渣运输		m³	115	115	115	115
编号			20709	20710	20711	20712

2.29.2.3 开挖断面面积60m²

单位：100m³

项目		单位	斜井（45°～75°）			
			岩石级别			
			Ⅶ～Ⅷ	Ⅸ～Ⅹ	Ⅺ～Ⅻ	ⅩⅢ～ⅩⅣ
高级熟练工		工时	17	22	31	44
熟练工		工时	66	90	125	177
半熟练工		工时	128	173	239	337
普工		工时	151	206	285	402
合计		工时	362	491	680	960
合金钻头		个	5.22	7.29	10.00	13.52
导孔钻头	ϕ216	个	0.008	0.010	0.013	0.020
扩孔钻头体	ϕ1400	个	0.006	0.006	0.006	0.006
风钻钻杆		kg	2.93	4.30	7.34	15.12
普通钻杆	ϕ182	m	0.08	0.09	0.10	0.12
滚刀		把	0.05	0.06	0.08	0.12
炸药		kg	112	129	147	164
非电毫秒雷管		个	70	81	92	103
导爆管		m	282	324	369	414
水		m³	47	64	84	112
其他材料费		元	310	342	363	387
风钻	气腿式	台时	16.39	25.07	38.15	57.80
风钻	手持式	台时	4.10	6.27	9.54	14.45
反井钻机	LM-200	台时	3.16	4.30	5.69	7.53
潜水泵	3～5kW	台时	3.16	4.30	5.69	7.53
泥浆泵	TBW850/50	台时	1.30	1.99	2.59	3.43
修钎设备		台时	0.63	0.90	1.33	2.15
载重汽车	5t	台时	0.56	0.58	0.59	0.61
其他机械使用费		元	54	54	54	54
石渣运输		m³	112	112	112	112
编号			20713	20714	20715	20716

2.29.2.4 开挖断面面积100m²

单位：100m³

项　　目		单位	斜井（45°～75°）			
			岩石级别			
			Ⅶ～Ⅷ	Ⅸ～Ⅹ	Ⅺ～Ⅻ	ⅩⅢ～ⅩⅣ
高级熟练工		工时	15	21	29	41
熟练工		工时	62	86	119	168
半熟练工		工时	118	162	226	318
普工		工时	141	193	269	380
合计		工时	336	462	643	907
合金钻头		个	4.98	6.98	9.61	13.04
导孔钻头	ϕ216	个	0.005	0.006	0.008	0.012
扩孔钻头体	ϕ1400	个	0.004	0.004	0.004	0.004
风钻钻杆		kg	2.80	4.12	7.05	14.59
普通钻杆	ϕ182	m	0.05	0.05	0.06	0.07
滚刀		把	0.03	0.04	0.05	0.07
炸药		kg	102	118	134	151
非电毫秒雷管		个	67	78	89	99
导爆管		m	268	312	356	398
水		m³	28	38	51	67
其他材料费		元	210	237	257	277
风钻	气腿式	台时	17.58	27.02	41.29	62.75
风钻	手持式	台时	1.95	3.00	4.58	6.97
反井钻机	LM–200	台时	1.89	2.58	3.41	4.52
潜水泵	3～5kW	台时	1.89	2.58	3.41	4.52
泥浆泵	TBW850/50	台时	0.78	1.19	1.56	2.06
修钎设备		台时	0.61	0.86	1.28	2.08
载重汽车	5t	台时	0.52	0.53	0.54	0.55
其他机械使用费		元	43	43	43	43
石渣运输		m³	108	108	108	108
编号			20717	20718	20719	20720

2.29.2.5 开挖断面面积 150m²

单位：100m³

项目		单位	斜井（45°～75°）			
			岩石级别			
			Ⅶ～Ⅷ	Ⅸ～Ⅹ	Ⅺ～Ⅻ	ⅩⅢ～ⅩⅣ
高级熟练工		工时	15	20	29	41
熟练工		工时	60	83	116	163
半熟练工		工时	114	156	218	308
普工		工时	136	186	260	368
合计		工时	325	445	623	880
合金钻头		个	4.82	6.81	9.39	12.77
导孔钻头	ϕ216	个	0.003	0.004	0.005	0.008
扩孔钻头体	ϕ1400	个	0.002	0.002	0.002	0.002
风钻钻杆		kg	2.72	4.01	6.88	14.27
普通钻杆	ϕ182	m	0.03	0.04	0.04	0.05
滚刀		把	0.02	0.02	0.03	0.05
炸药		kg	93	109	125	141
非电毫秒雷管		个	65	76	87	98
导爆管		m	258	303	347	391
水		m³	19	26	34	45
其他材料费		元	163	191	210	231
风钻	气腿式	台时	17.06	26.32	40.32	61.40
风钻	手持式	台时	1.90	2.92	4.48	6.83
反井钻机	LM-200	台时	1.26	1.72	2.27	3.01
潜水泵	3～5kW	台时	1.26	1.72	2.27	3.01
泥浆泵	TBW850/50	台时	0.52	0.79	1.04	1.37
修钎设备		台时	0.59	0.85	1.25	2.03
载重汽车	5t	台时	0.50	0.50	0.51	0.52
其他机械使用费		元	38	38	38	38
石渣运输		m³	106	106	106	106
编号			20721	20722	20723	20724

2.29.2.6 开挖断面面积＞150m²

单位：100m³

项目		单位	斜井（45°～75°）			
			岩石级别			
			Ⅶ～Ⅷ	Ⅸ～Ⅹ	Ⅺ～Ⅻ	ⅩⅢ～ⅩⅣ
高级熟练工		工时	15	20	28	40
熟练工		工时	60	82	115	162
半熟练工		工时	113	154	216	306
普工		工时	135	185	258	366
合计		工时	323	441	617	874
合金钻头		个	4.78	6.75	9.33	12.68
导孔钻头	ϕ216	个	0.003	0.004	0.005	0.008
扩孔钻头体	ϕ1400	个	0.002	0.002	0.002	0.002
风钻钻杆		kg	2.69	3.98	6.84	14.19
普通钻杆	ϕ182	m	0.03	0.04	0.04	0.05
滚刀		把	0.02	0.02	0.03	0.05
炸药		kg	88	103	118	133
非电毫秒雷管		个	64	76	86	97
导爆管		m	258	302	343	388
水		m³	19	26	34	45
其他材料费		元	163	191	210	231
风钻	气腿式	台时	16.90	26.10	40.01	61.00
风钻	手持式	台时	1.88	2.90	4.44	6.78
反井钻机	LM-200	台时	1.26	1.72	2.27	3.01
潜水泵	3～5kW	台时	1.26	1.72	2.27	3.01
泥浆泵	TBW850/50	台时	0.52	0.79	1.04	1.37
修钎设备		台时	0.58	0.84	1.25	2.02
载重汽车	5t	台时	0.50	0.50	0.51	0.52
其他机械使用费		元	38	38	38	38
石渣运输		m³	106	106	106	106
编号			20725	20726	20727	20728

2.29.3 导井直径 2.0m

适用范围： Ⅱ～Ⅲ类围岩，井深 400m 以内，包括导井反拉成井作业和导井形成后的斜井自上而下全断面扩挖作业。

工作内容： 反井钻机就位、钻导孔、接反拉钻头、风钻钻孔、光面爆破、安全处理、翻渣、清面、修整等。

2.29.3.1 开挖断面面积≤20m²

单位：100m³

项目		单位	斜井（45°～75°）岩石级别 Ⅶ～Ⅷ	Ⅸ～Ⅹ	Ⅺ～Ⅻ	ⅩⅢ～ⅩⅣ
高级熟练工		工时	17	23	32	44
熟练工		工时	72	96	132	184
半熟练工		工时	142	190	260	360
普工		工时	166	223	305	423
合计		工时	397	532	729	1011
合金钻头		个	5.25	7.22	9.78	13.09
导孔钻头	ϕ270	个	0.024	0.029	0.039	0.059
扩孔钻头体	ϕ2000	个	0.018	0.018	0.018	0.018
风钻钻杆		kg	2.95	4.26	7.17	14.65
普通钻杆	ϕ228	m	0.23	0.27	0.31	0.37
滚刀		把	0.28	0.35	0.47	0.70
炸药		kg	118	135	151	168
非电毫秒雷管		个	71	81	90	100
导爆管		m	282	322	362	399
水		m³	134	182	241	319
其他材料费		元	837	867	889	912
风钻	气腿式	台时	15.64	23.57	35.44	53.21
风钻	手持式	台时	3.91	5.89	8.86	13.30
反井钻机	LM–400	台时	9.00	12.25	16.21	21.45
潜水泵	3～5kW	台时	9.00	12.25	16.21	21.45
泥浆泵	TBW850/50	台时	3.91	5.96	7.78	10.30
修钎设备		台时	0.64	0.90	1.31	2.08
载重汽车	5t	台时	0.70	0.75	0.80	0.86
其他机械使用费		元	118	118	118	118
石渣运输		m³	122	122	122	122
编号			20729	20730	20731	20732

2.29.3.2 开挖断面面积 40m²

单位：100m³

项目	单位	斜井（45°～75°）			
		岩石级别			
		Ⅶ～Ⅷ	Ⅸ～Ⅹ	Ⅺ～Ⅻ	ⅩⅢ～ⅩⅣ
高级熟练工	工时	16	22	31	43
熟练工	工时	67	91	125	175
半熟练工	工时	129	175	240	337
普工	工时	153	208	285	400
合计	工时	365	496	681	955
合金钻头	个	5.16	7.17	9.79	13.21
导孔钻头 ϕ270	个	0.012	0.015	0.020	0.029
扩孔钻头体 ϕ2000	个	0.009	0.009	0.009	0.009
风钻钻杆	kg	2.91	4.24	7.18	14.77
普通钻杆 ϕ228	m	0.12	0.14	0.16	0.19
滚刀	把	0.14	0.18	0.23	0.35
炸药	kg	116	134	151	169
非电毫秒雷管	个	69	80	91	101
导爆管	m	277	320	362	405
水	m³	67	91	120	159
其他材料费	元	455	486	506	529
风钻 气腿式	台时	16.22	24.67	37.39	56.48
风钻 手持式	台时	4.06	6.17	9.35	14.12
反井钻机 LM-400	台时	4.50	6.13	8.10	10.72
潜水泵 3～5kW	台时	4.50	6.13	8.10	10.72
泥浆泵 TBW850/50	台时	1.96	2.98	3.89	5.15
修钎设备	台时	0.63	0.89	1.31	2.11
载重汽车 5t	台时	0.58	0.61	0.63	0.66
其他机械使用费	元	73	73	73	73
石渣运输	m³	115	115	115	115
编号		20733	20734	20735	20736

2.29.3.3 开挖断面面积 60m²

单位：100m³

项目	单位	斜井（45°～75°）			
		岩石级别			
		Ⅶ～Ⅷ	Ⅸ～Ⅹ	Ⅺ～Ⅻ	ⅩⅢ～ⅩⅣ
高级熟练工	工时	16	22	30	43
熟练工	工时	65	88	122	172
半熟练工	工时	124	168	233	328
普工	工时	147	200	277	391
合计	工时	352	478	662	934
合金钻头	个	5.08	7.10	9.73	13.16
导孔钻头 ϕ270	个	0.008	0.010	0.013	0.020
扩孔钻头体 ϕ2000	个	0.006	0.006	0.006	0.006
风钻钻杆	kg	2.85	4.19	7.14	14.72
普通钻杆 ϕ228	m	0.08	0.09	0.10	0.12
滚刀	把	0.09	0.12	0.16	0.23
炸药	kg	109	126	143	160
非电毫秒雷管	个	69	79	90	101
导爆管	m	274	315	359	403
水	m³	45	61	80	106
其他材料费	元	331	362	383	406
风钻 气腿式	台时	13.96	24.40	37.14	56.26
风钻 手持式	台时	3.99	6.10	9.28	14.06
反井钻机 LM-400	台时	3.00	4.08	5.40	7.15
潜水泵 3～5kW	台时	3.00	4.08	5.40	7.15
泥浆泵 TBW850/50	台时	1.30	1.99	2.59	3.43
修钎设备	台时	0.62	0.88	1.30	2.10
载重汽车 5t	台时	0.55	0.56	0.58	0.60
其他机械使用费	元	56	56	56	56
石渣运输	m³	112	112	112	112
编号		20737	20738	20739	20740

2.29.3.4　开挖断面面积100m²

单位：100m³

项　　目		单位	斜井（45°～75°）			
			岩石级别			
			Ⅶ～Ⅷ	Ⅸ～Ⅹ	Ⅺ～Ⅻ	ⅩⅢ～ⅩⅣ
高级熟练工		工时	15	21	29	41
熟练工		工时	61	84	117	165
半熟练工		工时	116	160	222	313
普工		工时	139	190	264	373
合计		工时	331	455	632	892
合金钻头		个	4.90	6.87	9.46	12.83
导孔钻头	ϕ270	个	0.005	0.006	0.008	0.012
扩孔钻头体	ϕ2000	个	0.004	0.004	0.004	0.004
风钻钻杆		kg	2.76	4.05	6.94	14.36
普通钻杆	ϕ228	m	0.05	0.05	0.06	0.07
滚刀		把	0.06	0.07	0.09	0.14
炸药		kg	100	116	132	148
非电毫秒雷管		个	66	77	88	98
导爆管		m	264	307	351	391
水		m³	27	36	48	64
其他材料费		元	222	249	268	289
风钻	气腿式	台时	17.30	26.58	40.62	61.74
风钻	手持式	台时	1.92	2.96	4.51	6.86
反井钻机	LM–400	台时	1.80	2.45	3.24	4.29
潜水泵	3～5kW	台时	1.80	2.45	3.24	4.29
泥浆泵	TBW850/50	台时	0.78	1.19	1.56	2.06
修钎设备		台时	0.60	0.85	1.26	2.05
载重汽车	5t	台时	0.51	0.52	0.53	0.54
其他机械使用费		元	44	44	44	44
石渣运输		m³	108	108	108	108
编号			20741	20742	20743	20744

2.29.3.5 开挖断面面积 $150m^2$

单位：$100m^3$

项目		单位	斜井（45°～75°）			
			岩石级别			
			Ⅶ～Ⅷ	Ⅸ～Ⅹ	Ⅺ～Ⅻ	ⅩⅢ～ⅩⅣ
高级熟练工		工时	15	20	28	40
熟练工		工时	60	82	114	161
半熟练工		工时	113	154	215	304
普工		工时	134	184	257	364
合计		工时	322	440	614	869
合金钻头		个	4.77	6.73	9.29	12.63
导孔钻头	ϕ270	个	0.003	0.004	0.005	0.008
扩孔钻头体	ϕ2000	个	0.002	0.002	0.002	0.002
风钻钻杆		kg	2.69	3.97	6.81	14.12
普通钻杆	ϕ228	m	0.03	0.04	0.04	0.05
滚刀		把	0.04	0.05	0.06	0.09
炸药		kg	92	108	123	139
非电毫秒雷管		个	64	75	86	97
导爆管		m	256	300	344	387
水		m^3	18	24	32	42
其他材料费		元	172	199	218	239
风钻	气腿式	台时	16.88	26.04	39.88	60.74
风钻	手持式	台时	1.88	2.89	4.43	6.75
反井钻机	LM–400	台时	1.20	1.63	2.16	2.86
潜水泵	3～5kW	台时	1.20	1.63	2.16	2.86
泥浆泵	TBW850/50	台时	0.52	0.79	1.04	1.37
修钎设备		台时	0.58	0.84	1.24	2.01
载重汽车	5t	台时	0.49	0.50	0.50	0.51
其他机械使用费		元	39	39	39	39
石渣运输		m^3	106	106	106	106
编号			20745	20746	20747	20748

2.29.3.6 开挖断面面积＞150m²

单位：100m³

项　目	单位	斜井（45°～75°）			
		岩石级别			
		Ⅶ～Ⅷ	Ⅸ～Ⅹ	Ⅺ～Ⅻ	ⅩⅢ～ⅩⅣ
高级熟练工	工时	15	20	28	39
熟练工	工时	59	81	113	160
半熟练工	工时	112	153	213	302
普工	工时	133	183	255	362
合计	工时	319	437	609	863
合金钻头	个	4.73	6.68	9.23	12.54
导孔钻头 ϕ270	个	0.003	0.004	0.005	0.008
扩孔钻头体 ϕ2000	个	0.002	0.002	0.002	0.002
风钻钻杆	kg	2.66	3.94	6.76	14.03
普通钻杆 ϕ228	m	0.03	0.04	0.04	0.05
滚刀	把	0.04	0.05	0.06	0.09
炸药	kg	87	101	116	131
非电毫秒雷管	个	64	75	85	96
导爆管	m	255	299	340	383
水	m³	18	24	32	42
其他材料费	元	172	199	218	239
风钻 气腿式	台时	16.72	25.82	39.58	60.34
风钻 手持式	台时	1.86	2.87	4.39	6.70
反井钻机 LM–400	台时	1.20	1.63	2.16	2.86
潜水泵 3～5kW	台时	1.20	1.63	2.16	2.86
泥浆泵 TBW850/50	台时	0.52	0.79	1.04	1.37
修钎设备	台时	0.58	0.83	1.23	2.00
载重汽车 5t	台时	0.49	0.50	0.50	0.51
其他机械使用费	元	39	39	39	39
石渣运输	m³	106	106	106	106
编号		20749	20750	20751	20752

2.30 竖井石方开挖（反导井风钻、吊笼施工）

适用范围：风钻钻孔，适用于井斜 75°～90°，包括导井断面面积 $5m^2$ 内反导井开挖作业和导井形成后的竖井自上而下全断面扩挖作业。

工作内容：钻孔、光面爆破、安全处理、翻渣、清面、修整等。

2.30.1 开挖断面面积≤$20m^2$

单位：$100m^3$

项目		单位	岩石级别				
			Ⅴ～Ⅵ	Ⅶ～Ⅷ	Ⅸ～Ⅹ	Ⅺ～Ⅻ	ⅩⅢ～ⅩⅣ
高级熟练工		工时	13	18	24	33	46
熟练工		工时	52	71	96	133	185
半熟练工		工时	97	132	181	250	347
普工		工时	117	158	217	299	416
合计		工时	279	379	518	715	994
合金钻头		个	3.90	5.60	7.77	10.39	13.62
风钻钻杆		kg	2.13	2.73	4.00	6.74	13.71
炸药		kg	104	127	148	166	183
非电毫秒雷管		个	96	116	136	153	168
导爆管		m	260	311	362	407	448
其他材料费		元	77	102	142	170	200
风钻	气腿式	台时	8.71	14.51	22.80	34.39	50.87
风钻	手持式	台时	8.54	12.42	18.72	28.16	42.27
修钎设备		台时	0.47	0.65	0.92	1.33	2.07
载重汽车	5t	台时	0.46	0.46	0.46	0.46	0.46
其他机械使用费		元	66	66	66	66	66
石渣运输		m^3	117	117	117	117	117
编号			20753	20754	20755	20756	20757

2.30.2 开挖断面面积 $40m^2$

单位：$100m^3$

项　　目	单位	岩石级别				
		Ⅴ～Ⅵ	Ⅶ～Ⅷ	Ⅸ～Ⅹ	Ⅺ～Ⅻ	ⅩⅢ～ⅩⅣ
高级熟练工	工时	12	15	21	29	41
熟练工	工时	46	62	84	117	164
半熟练工	工时	87	115	158	219	307
普工	工时	104	138	190	263	368
合计	工时	249	330	453	628	880
合金钻头	个	3.51	4.97	6.92	9.38	12.48
风钻钻杆	kg	2.06	2.61	3.83	6.49	13.28
炸药	kg	95	114	131	149	166
非电毫秒雷管	个	87	103	121	136	151
导爆管	m	246	291	340	383	425
其他材料费	元	68	91	127	152	178
风钻　气腿式	台时	6.43	10.34	16.13	24.41	36.38
风钻　手持式	台时	9.10	13.40	20.39	30.90	46.68
修钎设备	台时	0.43	0.60	0.84	1.23	1.94
载重汽车　5t	台时	0.46	0.46	0.46	0.46	0.46
其他机械使用费	元	47	47	47	47	47
石渣运输	m^3	112	112	112	112	112
编　号		20758	20759	20760	20761	20762

2.30.3 开挖断面面积 $60m^2$

单位：$100m^3$

项目		单位	岩石级别				
			Ⅴ～Ⅵ	Ⅶ～Ⅷ	Ⅸ～Ⅹ	Ⅺ～Ⅻ	ⅩⅢ～ⅩⅣ
高级熟练工		工时	11	15	20	28	39
熟练工		工时	44	58	80	110	156
半熟练工		工时	82	109	149	207	291
普工		工时	98	131	179	249	350
合计		工时	235	313	428	594	836
合金钻头		个	3.34	4.70	6.57	8.96	11.99
风钻钻杆		kg	2.00	2.53	3.72	6.33	13.02
炸药		kg	86	103	120	135	151
非电毫秒雷管		个	83	98	114	130	145
导爆管		m	239	282	327	373	415
其他材料费		元	60	80	111	133	156
风钻	气腿式	台时	4.81	7.70	12.01	18.23	27.26
风钻	手持式	台时	7.30	10.81	16.54	25.17	38.13
修钎设备		台时	0.42	0.57	0.81	1.18	1.88
载重汽车	5t	台时	0.46	0.46	0.46	0.46	0.46
其他机械使用费		元	38	38	38	38	38
石渣运输		m^3	109	109	109	109	109
编号			20763	20764	20765	20766	20767

2.30.4 开挖断面面积 $100m^2$

单位：$100m^3$

项　　目	单位	岩石级别				
		V～VI	VII～VIII	IX～X	XI～XII	XIII～XIV
高级熟练工	工时	11	14	19	26	37
熟练工	工时	41	54	75	105	148
半熟练工	工时	78	102	141	196	277
普工	工时	93	123	170	235	332
合计	工时	223	293	405	562	794
合金钻头	个	3.15	4.44	6.23	8.54	11.52
风钻钻杆	kg	1.93	2.45	3.61	6.16	12.73
炸药	kg	77	92	108	123	138
非电毫秒雷管	个	78	92	109	123	138
导爆管	m	229	270	317	360	402
其他材料费	元	52	70	96	115	136
风钻　气腿式	台时	4.11	6.46	10.06	15.33	23.06
风钻　手持式	台时	7.23	10.79	16.59	25.34	38.50
修钎设备	台时	0.40	0.54	0.77	1.13	1.83
载重汽车　5t	台时	0.46	0.46	0.46	0.46	0.46
其他机械使用费	元	34	34	34	34	34
石渣运输	m^3	107	107	107	107	107
编　号		20768	20769	20770	20771	20772

2.30.5 开挖断面面积 $150m^2$

单位：$100m^3$

项　　目	单位	岩石级别				
		Ⅴ～Ⅵ	Ⅶ～Ⅷ	Ⅸ～Ⅹ	Ⅺ～Ⅻ	ⅩⅢ～ⅩⅣ
高级熟练工	工时	10	13	18	26	36
熟练工	工时	40	53	72	101	144
半熟练工	工时	75	99	135	190	269
普工	工时	90	119	163	228	322
合计	工时	215	284	388	545	771
合金钻头	个	3.05	4.29	6.04	8.31	11.25
风钻钻杆	kg	1.88	2.39	3.53	6.05	12.53
炸药	kg	72	85	99	114	127
非电毫秒雷管	个	76	89	105	120	134
导爆管	m	223	263	309	353	396
其他材料费	元	51	68	94	112	132
风钻　气腿式	台时	3.74	5.81	9.05	13.82	20.88
风钻　手持式	台时	7.15	10.70	16.52	25.30	38.53
修钎设备	台时	0.38	0.52	0.75	1.11	1.79
载重汽车　5t	台时	0.46	0.46	0.46	0.46	0.46
其他机械使用费	元	32	32	32	32	32
石渣运输	m^3	106	106	106	106	106
编号		20773	20774	20775	20776	20777

2.30.6 开挖断面面积＞$150m^2$

单位：$100m^3$

项目		单位	岩石级别				
			Ⅴ～Ⅵ	Ⅶ～Ⅷ	Ⅸ～Ⅹ	Ⅺ～Ⅻ	ⅩⅢ～ⅩⅣ
高级熟练工		工时	10	13	18	25	36
熟练工		工时	39	53	72	100	143
半熟练工		工时	74	98	134	189	267
普工		工时	89	118	162	226	321
合计		工时	212	282	386	540	767
合金钻头		个	3.01	4.25	6.00	8.26	11.18
风钻钻杆		kg	1.86	2.36	3.50	6.01	12.46
炸药		kg	67	80	94	108	120
非电毫秒雷管		个	75	88	104	119	133
导爆管		m	220	260	307	350	393
其他材料费		元	51	68	94	112	132
风钻	气腿式	台时	3.70	5.77	8.99	13.74	20.78
风钻	手持式	台时	7.07	10.61	16.38	25.11	38.28
修钎设备		台时	0.37	0.52	0.74	1.10	1.78
载重汽车	5t	台时	0.46	0.46	0.46	0.46	0.46
其他机械使用费		元	32	32	32	32	32
石渣运输		m^3	106	106	106	106	106
编号			20778	20779	20780	20781	20782

2.31 竖井石方开挖（正导井风钻、吊笼施工）

适用范围： 适用于井斜 75°～90°，井深小于 40m，包括导井断面面积 5m^2 内正导井开挖作业和导井形成后的竖井自上而下全断面扩挖作业。卷扬机、吊桶提渣定额另计。

工作内容： 钻孔、光面爆破、安全处理、翻渣、清面、修整等。

2.31.1 开挖断面面积≤20m^2

单位：100m^3

项目	单位	岩石级别				
		Ⅴ～Ⅵ	Ⅶ～Ⅷ	Ⅸ～Ⅹ	Ⅺ～Ⅻ	ⅩⅢ～ⅩⅣ
高级熟练工	工时	13	18	25	35	48
熟练工	工时	54	74	102	141	195
半熟练工	工时	102	139	191	263	366
普工	工时	122	167	229	316	439
合计	工时	291	398	547	755	1048
合金钻头	个	4.13	5.99	8.32	11.10	14.51
风钻钻杆	kg	2.19	2.82	4.14	6.97	14.17
炸药	kg	105	128	150	168	185
非电毫秒雷管	个	110	137	161	181	198
导爆管	m	200	352	412	460	500
其他材料费	元	81	108	151	180	211
风钻 气腿式	台时	9.47	15.88	25.02	37.74	55.78
风钻 手持式	台时	8.54	12.42	18.72	28.16	42.27
修钎设备	台时	0.49	0.69	0.98	1.40	2.18
载重汽车 5t	台时	0.46	0.46	0.46	0.46	0.46
其他机械使用费	元	54	54	54	54	54
石渣运输	m^3	117	117	117	117	117
编号		20783	20784	20785	20786	20787

2.31.2 开挖断面面积 $40m^2$

单位：$100m^3$

项　目	单位	岩石级别				
		Ⅴ～Ⅵ	Ⅶ～Ⅷ	Ⅸ～Ⅹ	Ⅺ～Ⅻ	ⅩⅢ～ⅩⅣ
高级熟练工	工时	12	16	22	30	42
熟练工	工时	47	63	87	121	169
半熟练工	工时	89	119	163	226	316
普工	工时	107	143	196	271	380
合计	工时	255	341	468	648	907
合金钻头	个	3.63	5.16	7.19	9.73	12.93
风钻钻杆	kg	2.09	2.65	3.89	6.60	13.51
炸药	kg	95	114	132	150	167
非电毫秒雷管	个	94	114	133	150	166
导爆管	m	260	312	364	411	455
其他材料费	元	71	94	131	157	184
风钻　气腿式	台时	6.80	11.03	17.24	26.09	38.84
风钻　手持式	台时	9.10	13.40	20.39	30.90	46.68
修钎设备	台时	0.44	0.61	0.86	1.26	2.00
载重汽车　5t	台时	0.46	0.46	0.46	0.46	0.46
其他机械使用费	元	41	41	41	41	41
石渣运输	m^3	112	112	112	112	112
编号		20788	20789	20790	20791	20792

2.31.3 开挖断面面积 $60m^2$

单位：$100m^3$

项目		单位	岩石级别				
			Ⅴ～Ⅵ	Ⅶ～Ⅷ	Ⅸ～Ⅹ	Ⅺ～Ⅻ	ⅩⅢ～ⅩⅣ
高级熟练工		工时	11	15	21	28	39
熟练工		工时	45	59	81	113	159
半熟练工		工时	84	112	153	212	298
普工		工时	100	133	183	254	357
合计		工时	240	319	438	607	853
合金钻头		个	3.42	4.83	6.75	9.20	12.29
风钻钻杆		kg	2.02	2.56	3.76	6.41	13.18
炸药		kg	87	103	120	136	152
非电毫秒雷管		个	87	105	122	139	155
导爆管		m	249	296	344	391	435
其他材料费		元	62	82	114	136	160
风钻	气腿式	台时	5.06	8.16	12.75	19.34	28.90
风钻	手持式	台时	7.30	10.81	16.54	25.17	38.13
修钎设备		台时	0.43	0.58	0.82	1.21	1.92
载重汽车	5t	台时	0.46	0.46	0.46	0.46	0.46
其他机械使用费		元	34	34	34	34	34
石渣运输		m^3	109	109	109	109	109
编号			20793	20794	20795	20796	20797

2.31.4 开挖断面面积 $100m^2$

单位：$100m^3$

项目		单位	岩石级别				
			Ⅴ～Ⅵ	Ⅶ～Ⅷ	Ⅸ～Ⅹ	Ⅺ～Ⅻ	ⅩⅢ～ⅩⅣ
高级熟练工		工时	11	14	19	26	37
熟练工		工时	42	55	76	106	150
半熟练工		工时	79	104	143	199	281
普工		工时	94	125	172	239	337
合计		工时	226	298	410	570	805
合金钻头		个	3.20	4.52	6.34	8.69	11.70
风钻钻杆		kg	1.94	2.46	3.63	6.21	12.82
炸药		kg	78	92	109	124	138
非电毫秒雷管		个	81	97	114	129	144
导爆管		m	234	278	327	371	414
其他材料费		元	53	71	98	117	138
风钻	气腿式	台时	4.26	6.74	10.50	16.00	24.04
风钻	手持式	台时	7.23	10.79	16.59	25.34	38.50
修钎设备		台时	0.40	0.55	0.78	1.15	1.85
载重汽车	5t	台时	0.46	0.46	0.46	0.46	0.46
其他机械使用费		元	32	32	32	32	32
石渣运输		m^3	107	107	107	107	107
编号			20798	20799	20800	20801	20802

2.31.5 开挖断面面积 150m²

单位：100m³

项目		单位	岩石级别				
			Ⅴ～Ⅵ	Ⅶ～Ⅷ	Ⅸ～Ⅹ	Ⅺ～Ⅻ	ⅩⅢ～ⅩⅣ
高级熟练工		工时	10	14	19	26	36
熟练工		工时	40	53	73	102	145
半熟练工		工时	75	100	137	192	272
普工		工时	90	120	165	230	325
合计		工时	215	287	394	550	778
合金钻头		个	3.08	4.34	6.11	8.41	11.37
风钻钻杆		kg	1.88	2.40	3.55	6.08	12.60
炸药		kg	72	85	99	114	128
非电毫秒雷管		个	77	92	108	124	138
导爆管		m	227	269	316	360	404
其他材料费		元	51	69	95	114	134
风钻	气腿式	台时	3.84	6.00	9.35	14.26	21.54
风钻	手持式	台时	7.15	10.70	16.52	25.30	38.53
修钎设备		台时	0.39	0.52	0.76	1.12	1.81
载重汽车	5t	台时	0.46	0.46	0.46	0.46	0.46
其他机械使用费		元	30	30	30	30	30
石渣运输		m³	106	106	106	106	106
编号			20803	20804	20805	20806	20807

2.31.6 开挖断面面积＞$150m^2$

单位：$100m^3$

项目	单位	岩石级别				
		Ⅴ～Ⅵ	Ⅶ～Ⅷ	Ⅸ～Ⅹ	Ⅺ～Ⅻ	ⅩⅢ～ⅩⅣ
高级熟练工	工时	10	14	18	25	36
熟练工	工时	39	53	73	101	144
半熟练工	工时	74	99	136	190	270
普工	工时	89	119	164	228	324
合计	工时	212	285	391	544	774
合金钻头	个	3.04	4.30	6.08	8.36	11.30
风钻钻杆	kg	1.86	2.37	3.52	6.04	12.52
炸药	kg	67	80	94	108	121
非电毫秒雷管	个	76	91	108	123	137
导爆管	m	224	266	314	357	401
其他材料费	元	51	69	95	114	134
风钻 气腿式	台时	3.80	5.95	9.29	14.19	21.43
风钻 手持式	台时	7.07	10.61	16.38	25.11	38.28
修钎设备	台时	0.38	0.52	0.75	1.11	1.79
载重汽车 5t	台时	0.46	0.46	0.46	0.46	0.46
其他机械使用费	元	30	30	30	30	30
石渣运输	m^3	106	106	106	106	106
编号		20808	20809	20810	20811	20812

2.32 竖井石方开挖（爬罐开导井）

适用范围：风钻钻孔，适用于井斜 75°～90°，井深超过 50m，包括导井断面面积 $5m^2$ 内反导井作业和导井形成后的竖井自上而下全断面扩挖作业。

工作内容：钻孔、光面爆破、安全处理、翻渣、清面、修整等。

2.32.1 开挖断面面积≤$20m^2$

单位：$100m^3$

项目		单位	岩石级别				
			Ⅴ～Ⅵ	Ⅶ～Ⅷ	Ⅸ～Ⅹ	Ⅺ～Ⅻ	ⅩⅢ～ⅩⅣ
高级熟练工		工时	13	18	24	33	46
熟练工		工时	52	71	96	133	185
半熟练工		工时	97	132	181	250	347
普工		工时	117	158	217	299	416
合计		工时	279	379	518	715	994
合金钻头		个	3.96	5.70	7.91	10.56	13.84
风钻钻杆		kg	2.13	2.73	4.00	6.74	13.71
炸药		kg	104	127	148	166	183
非电毫秒雷管		个	105	129	152	170	187
导爆管		m	278	337	393	441	486
其他材料费		元	77	102	142	170	200
风钻	气腿式	台时	8.71	14.51	22.80	34.39	50.87
风钻	手持式	台时	8.54	12.42	18.72	28.16	42.27
爬罐		台时	8.96	11.03	13.82	17.60	22.82
修钎设备		台时	0.47	0.66	0.93	1.34	2.09
载重汽车	5t	台时	0.46	0.46	0.46	0.46	0.46
其他机械使用费		元	47	47	47	47	47
石渣运输		m^3	117	117	117	117	117
编号			20813	20814	20815	20816	20817

2.32.2 开挖断面面积 40m²

单位：$100m^3$

项目	单位	岩石级别				
		Ⅴ～Ⅵ	Ⅶ～Ⅷ	Ⅸ～Ⅹ	Ⅺ～Ⅻ	ⅩⅢ～ⅩⅣ
高级熟练工	工时	12	15	21	29	41
熟练工	工时	46	62	84	117	164
半熟练工	工时	87	115	158	219	307
普工	工时	104	138	190	263	368
合计	工时	249	330	453	628	880
合金钻头	个	3.54	5.02	6.99	9.47	12.59
风钻钻杆	kg	2.06	2.61	3.83	6.49	13.28
炸药	kg	95	114	131	149	166
非电毫秒雷管	个	91	110	129	145	161
导爆管	m	255	304	355	401	444
其他材料费	元	68	91	127	152	178
风钻 气腿式	台时	6.43	10.34	16.13	24.41	36.38
风钻 手持式	台时	9.10	13.40	20.39	30.90	46.68
爬罐	台时	4.48	5.51	6.91	8.80	11.41
修钎设备	台时	0.43	0.60	0.84	1.23	1.95
载重汽车 5t	台时	0.46	0.46	0.46	0.46	0.46
其他机械使用费	元	38	38	38	38	38
石渣运输	m^3	112	112	112	112	112
编号		20818	20819	20820	20821	20822

2.32.3 开挖断面面积 $60m^2$

单位：$100m^3$

项目		单位	岩石级别				
			Ⅴ～Ⅵ	Ⅶ～Ⅷ	Ⅸ～Ⅹ	Ⅺ～Ⅻ	ⅩⅢ～ⅩⅣ
高级熟练工		工时	11	15	20	28	39
熟练工		工时	44	58	80	110	156
半熟练工		工时	82	109	149	207	291
普工		工时	98	131	179	249	350
合计		工时	235	313	428	594	836
合金钻头		个	3.36	4.73	6.62	9.02	12.06
风钻钻杆		kg	2.00	2.53	3.72	6.33	13.02
炸药		kg	86	103	120	135	151
非电毫秒雷管		个	86	103	119	136	151
导爆管		m	245	291	337	384	428
其他材料费		元	60	80	111	133	156
风钻	气腿式	台时	4.81	7.70	12.01	18.23	27.26
风钻	手持式	台时	7.30	10.81	16.54	25.17	38.13
爬罐		台时	2.99	3.68	4.61	5.87	7.61
修钎设备		台时	0.42	0.57	0.81	1.19	1.89
载重汽车	5t	台时	0.46	0.46	0.46	0.46	0.46
其他机械使用费		元	32	32	32	32	32
石渣运输		m^3	109	109	109	109	109
编号			20823	20824	20825	20826	20827

2.32.4 开挖断面面积 100m²

单位：100m³

项　目	单位	岩石级别				
		Ⅴ～Ⅵ	Ⅶ～Ⅷ	Ⅸ～Ⅹ	Ⅺ～Ⅻ	XIII～XIV
高级熟练工	工时	11	14	19	26	37
熟练工	工时	41	54	75	105	148
半熟练工	工时	78	102	141	196	277
普工	工时	93	123	170	235	332
合计	工时	223	293	405	562	794
合金钻头	个	3.17	4.46	6.26	8.58	11.57
风钻钻杆	kg	1.93	2.45	3.61	6.16	12.73
炸药	kg	77	92	108	123	138
非电毫秒雷管	个	80	95	112	127	142
导爆管	m	232	275	323	367	410
其他材料费	元	52	70	96	115	136
风钻　气腿式	台时	4.11	6.46	10.06	15.33	23.06
风钻　手持式	台时	7.23	10.79	16.59	25.34	38.50
爬罐	台时	1.79	2.21	2.76	3.52	4.56
修钎设备	台时	0.40	0.54	0.77	1.14	1.83
载重汽车　5t	台时	0.46	0.46	0.46	0.46	0.46
其他机械使用费	元	30	30	30	30	30
石渣运输	m³	107	107	107	107	107
编　号		20828	20829	20830	20831	20832

2.32.5 开挖断面面积 150m²

单位：100m³

项目	单位	岩石级别				
		Ⅴ～Ⅵ	Ⅶ～Ⅷ	Ⅸ～Ⅹ	Ⅺ～Ⅻ	ⅩⅢ～ⅩⅣ
高级熟练工	工时	10	13	18	26	36
熟练工	工时	40	53	72	101	144
半熟练工	工时	75	99	135	190	269
普工	工时	90	119	163	228	322
合计	工时	215	284	388	545	771
合金钻头	个	3.06	4.30	6.06	8.33	11.28
风钻钻杆	kg	1.88	2.39	3.53	6.05	12.53
炸药	kg	71.84	84.93	99.12	113.57	127.21
非电毫秒雷管	个	76.74	91.17	107.23	122.28	136.89
导爆管	m	225.45	266.75	313.45	357.56	400.58
其他材料费	元	51	68	94	112	132
风钻 气腿式	台时	3.74	5.81	9.05	13.82	20.88
风钻 手持式	台时	7.15	10.70	16.52	25.30	38.53
爬罐	台时	1.19	1.47	1.84	2.35	3.04
修钎设备	台时	0.39	0.52	0.75	1.11	1.80
载重汽车 5t	台时	0.46	0.46	0.46	0.46	0.46
其他机械使用费	元	29	29	29	29	29
石渣运输	m³	106	106	106	106	106
编号		20833	20834	20835	20836	20837

2.32.6 开挖断面面积＞150m²

单位：100m³

项目	单位	岩石级别				
		Ⅴ～Ⅵ	Ⅶ～Ⅷ	Ⅸ～Ⅹ	Ⅺ～Ⅻ	XIII～XIV
高级熟练工	工时	10	13	18	25	36
熟练工	工时	39	53	72	100	143
半熟练工	工时	74	98	134	189	267
普工	工时	89	118	162	226	321
合计	工时	212	282	386	540	767
合金钻头	个	3.02	4.26	6.02	8.28	11.21
风钻钻杆	kg	1.86	2.36	3.50	6.01	12.46
炸药	kg	66.91	80.19	93.99	107.65	120.31
非电毫秒雷管	个	75.75	90.19	106.44	121.30	135.90
导爆管	m	222.50	263.79	311.09	354.61	397.62
其他材料费	元	51	68	94	112	132
风钻 气腿式	台时	3.70	5.77	8.99	13.74	20.78
风钻 手持式	台时	7.07	10.61	16.38	25.11	38.28
爬罐	台时	1.19	1.47	1.84	2.35	3.04
修钎设备	台时	0.38	0.52	0.74	1.10	1.78
载重汽车 5t	台时	0.46	0.46	0.46	0.46	0.46
其他机械使用费	元	29	29	29	29	29
石渣运输	m³	106	106	106	106	106
编号		20838	20839	20840	20841	20842

2.33 竖井石方开挖（反井钻机钻导井）

2.33.1 导井直径 1.2m

适用范围： Ⅱ～Ⅲ类围岩，井深 150m 以内，包括导井反拉成井作业和导井形成后的竖井自上而下全断面扩挖作业。

工作内容： 反井钻机就位、钻导孔、接反拉钻头、风钻钻孔、光面爆破、安全处理、翻渣、清面、修整等。

2.33.1.1 开挖断面面积≤20m^2

单位：100m^3

项目		单位	竖井（75°～90°）			
			岩石级别			
			Ⅶ～Ⅷ	Ⅸ～Ⅹ	Ⅺ～Ⅻ	ⅩⅢ～ⅩⅣ
高级熟练工		工时	15	20	28	39
熟练工		工时	64	85	117	164
半熟练工		工时	125	167	229	320
普工		工时	147	196	269	377
合计		工时	351	468	643	900
合金钻头		个	4.72	6.50	8.80	11.79
导孔钻头	ϕ216	个	0.021	0.027	0.035	0.053
扩孔钻头体	ϕ1200	个	0.018	0.018	0.018	0.018
风钻钻杆		kg	2.69	3.89	6.55	13.39
普通钻杆	ϕ176	m	0.19	0.22	0.25	0.30
滚刀		把	0.13	0.16	0.21	0.32
炸药		kg	108	124	138	153
非电毫秒雷管		个	99	113	127	140
导爆管		m	296	339	380	420
水		m^3	81	108	145	207
其他材料费		元	647	677	697	719
风钻	气腿式	台时	6.70	10.10	15.18	22.79
风钻	手持式	台时	15.63	23.55	35.42	53.18
反井钻机	LM-120	台时	6.79	9.11	12.24	17.46
潜水泵	3～5kW	台时	6.79	9.11	12.24	17.46
泥浆泵	TBW850/50	台时	2.97	4.45	5.86	8.55
修钎设备		台时	0.58	0.81	1.18	1.89
载重汽车	5t	台时	0.62	0.65	0.68	0.72
其他机械使用费		元	99	99	99	99
石渣运输		m^3	117	117	117	117
编号			20843	20844	20845	20846

2.33.1.2 开挖断面面积 40m²

单位：100m³

项目	单位	竖井（75°～90°）			
		岩石级别			
		Ⅶ～Ⅷ	Ⅸ～Ⅹ	Ⅺ～Ⅻ	ⅩⅢ～ⅩⅣ
高级熟练工	工时	14	19	26	37
熟练工	工时	58	78	108	152
半熟练工	工时	111	150	207	292
普工	工时	132	179	246	347
合计	工时	315	426	587	828
合金钻头	个	4.49	6.24	8.53	11.50
导孔钻头 ϕ216	个	0.011	0.013	0.018	0.027
扩孔钻头体 ϕ1200	个	0.009	0.009	0.009	0.009
风钻钻杆	kg	2.57	3.74	6.35	13.05
普通钻杆 ϕ176	m	0.09	0.11	0.13	0.15
滚刀	把	0.06	0.08	0.11	0.16
炸药	kg	103	118	134	150
非电毫秒雷管	个	94	109	123	136
导爆管	m	281	326	368	409
水	m³	40	54	73	104
其他材料费	元	364	394	415	438
风钻 气腿式	台时	6.38	9.71	14.71	22.22
风钻 手持式	台时	14.89	22.64	34.32	51.84
反井钻机 LM-120	台时	3.40	4.55	6.12	8.73
潜水泵 3～5kW	台时	3.40	4.55	6.12	8.73
泥浆泵 TBW850/50	台时	1.48	2.23	2.93	4.27
修钎设备	台时	0.55	0.77	1.15	1.84
载重汽车 5t	台时	0.54	0.56	0.57	0.59
其他机械使用费	元	63	63	63	63
石渣运输	m³	112	112	112	112
编号		20847	20848	20849	20850

2.33.1.3 开挖断面面积 60m²

单位：100m³

项目		单位	竖井（75°～90°）			
			岩石级别			
			Ⅶ～Ⅷ	Ⅸ～Ⅹ	Ⅺ～Ⅻ	ⅫⅠ～ⅩⅣ
高级熟练工		工时	14	19	26	36
熟练工		工时	55	75	105	148
半熟练工		工时	106	144	199	281
普工		工时	126	171	237	335
合计		工时	301	409	567	800
合金钻头		个	4.37	6.10	8.38	11.32
导孔钻头	ϕ216	个	0.007	0.009	0.012	0.018
扩孔钻头体	ϕ1200	个	0.006	0.006	0.006	0.006
风钻钻杆		kg	2.49	3.65	6.23	12.84
普通钻杆	ϕ176	m	0.06	0.07	0.08	0.10
滚刀		把	0.04	0.05	0.07	0.11
炸药		kg	95	110	125	140
非电毫秒雷管		个	92	106	120	135
导爆管		m	275	317	361	404
水		m³	27	36	48	69
其他材料费		元	261	289	308	328
风钻	气腿式	台时	4.96	7.58	11.55	17.49
风钻	手持式	台时	11.57	17.70	26.94	40.81
反井钻机	LM−120	台时	2.26	3.04	4.08	5.82
潜水泵	3～5kW	台时	2.26	3.04	4.08	5.82
泥浆泵	TBW850/50	台时	0.99	1.48	1.95	2.85
修钎设备		台时	0.54	0.76	1.13	1.81
载重汽车	5t	台时	0.51	0.53	0.54	0.55
其他机械使用费		元	49	49	49	49
石渣运输		m³	109	109	109	109
编号			20851	20852	20853	20854

2.33.1.4 开挖断面面积 $100m^2$

单位：$100m^3$

项目		单位	竖井（75°～90°）岩石级别 Ⅶ～Ⅷ	Ⅸ～Ⅹ	Ⅺ～Ⅻ	ⅩⅢ～ⅩⅣ
高级熟练工		工时	13	18	25	35
熟练工		工时	53	73	101	143
半熟练工		工时	100	138	191	271
普工		工时	120	165	228	323
合计		工时	286	394	545	772
合金钻头		个	4.24	5.95	8.19	11.11
导孔钻头	ϕ216	个	0.004	0.005	0.007	0.011
扩孔钻头体	ϕ1200	个	0.004	0.004	0.004	0.004
风钻钻杆		kg	2.42	3.56	6.10	12.61
普通钻杆	ϕ176	m	0.04	0.04	0.05	0.06
滚刀		把	0.03	0.03	0.04	0.06
炸药		kg	87	102	117	131
非电毫秒雷管		个	88	103	118	132
导爆管		m	265	310	353	395
水		m^3	16	22	29	41
其他材料费		元	178	202	220	238
风钻	气腿式	台时	4.81	7.39	11.31	17.18
风钻	手持式	台时	11.22	17.26	26.37	40.07
反井钻机	LM-120	台时	1.36	1.82	2.45	3.49
潜水泵	3～5kW	台时	1.36	1.82	2.45	3.49
泥浆泵	TBW850/50	台时	0.59	0.89	1.17	1.71
修钎设备		台时	0.52	0.74	1.10	1.79
载重汽车	5t	台时	0.49	0.50	0.51	0.51
其他机械使用费		元	40	40	40	40
石渣运输		m^3	107	107	107	107
编号			20855	20856	20857	20858

2.33.1.5　开挖断面面积 150m²

单位：100m³

项　目		单位	竖井（75°～90°）			
			岩石级别			
			Ⅶ～Ⅷ	Ⅸ～Ⅹ	Ⅺ～Ⅻ	ⅩⅢ～ⅩⅣ
高级熟练工		工时	13	18	25	35
熟练工		工时	52	71	99	140
半熟练工		工时	98	133	186	265
普工		工时	117	160	223	316
合计		工时	280	382	533	756
合金钻头		个	4.15	5.85	8.07	10.97
导孔钻头	ϕ216	个	0.003	0.004	0.005	0.007
扩孔钻头体	ϕ1200	个	0.002	0.002	0.002	0.002
风钻钻杆		kg	2.37	3.50	6.00	12.45
普通钻杆	ϕ176	m	0.03	0.03	0.03	0.04
滚刀		把	0.02	0.02	0.03	0.04
炸药		kg	82	95	109	122
非电毫秒雷管		个	87	102	116	130
导爆管		m	260	305	348	391
水		m³	11	14	19	28
其他材料费		元	140	165	182	201
风钻	气腿式	台时	4.71	7.27	11.13	16.95
风钻	手持式	台时	10.99	16.96	25.98	39.56
反井钻机	LM-120	台时	0.91	1.21	1.63	2.33
潜水泵	3～5kW	台时	0.91	1.21	1.63	2.33
泥浆泵	TBW850/50	台时	0.40	0.59	0.78	1.14
修钎设备		台时	0.50	0.73	1.08	1.76
载重汽车	5t	台时	0.48	0.49	0.49	0.50
其他机械使用费		元	36	36	36	36
石渣运输		m³	106	106	106	106
编　号			20859	20860	20861	20862

2.33.1.6 开挖断面面积＞150m²

单位：100m³

项目	单位	竖井（75°～90°）			
		岩石级别			
		Ⅶ～Ⅷ	Ⅸ～Ⅹ	Ⅺ～Ⅻ	ⅩⅢ～ⅩⅣ
高级熟练工	工时	13	17	24	35
熟练工	工时	52	70	98	139
半熟练工	工时	97	132	185	263
普工	工时	116	159	221	314
合计	工时	278	378	528	751
合金钻头	个	4.11	5.81	8.02	10.90
导孔钻头 ϕ216	个	0.003	0.004	0.005	0.007
扩孔钻头体 ϕ1200	个	0.002	0.002	0.002	0.002
风钻钻杆	kg	2.34	3.47	5.96	12.37
普通钻杆 ϕ176	m	0.03	0.03	0.03	0.04
滚刀	把	0.02	0.02	0.03	0.04
炸药	kg	77	90	103	115
非电毫秒雷管	个	86	101	115	129
导爆管	m	257	302	345	388
水	m³	11	14	19	28
其他材料费	元	140	165	182	201
风钻 气腿式	台时	4.66	7.21	11.05	16.85
风钻 手持式	台时	10.89	16.82	25.78	39.30
反井钻机 LM−120	台时	0.91	1.21	1.63	2.33
潜水泵 3～5kW	台时	0.91	1.21	1.63	2.33
泥浆泵 TBW850/50	台时	0.40	0.59	0.78	1.14
修钎设备	台时	0.50	0.72	1.07	1.75
载重汽车 5t	台时	0.48	0.49	0.49	0.50
其他机械使用费	元	36	36	36	36
石渣运输	m³	106	106	106	106
编号		20863	20864	20865	20866

2.33.2 导井直径 1.4m

适用范围： Ⅱ～Ⅲ类围岩，井深 300m 以内，包括导井反拉成井作业和导井形成后的竖井自上而下全断面扩挖作业。

工作内容： 反井钻机就位、钻导孔、接反拉钻头、风钻钻孔、光面爆破、安全处理、翻渣、清面、修整等。

2.33.2.1 开挖断面面积≤20m²

单位：100m³

项目		单位	竖井（75°～90°）			
			岩石级别			
			Ⅶ～Ⅷ	Ⅸ～Ⅹ	Ⅺ～Ⅻ	ⅩⅢ～ⅩⅣ
高级熟练工		工时	15	20	28	38
熟练工		工时	64	85	117	164
半熟练工		工时	126	168	230	323
普工		工时	147	197	270	378
合计		工时	352	470	645	903
合金钻头		个	4.62	6.36	8.61	11.54
导孔钻头	ϕ216	个	0.021	0.027	0.035	0.053
扩孔钻头体	ϕ1400	个	0.018	0.018	0.018	0.018
风钻钻杆		kg	2.64	3.81	6.41	13.10
普通钻杆	ϕ182	m	0.19	0.22	0.25	0.30
滚刀		把	0.13	0.16	0.21	0.32
炸药		kg	106	121	135	150
非电毫秒雷管		个	97	111	124	137
导爆管		m	290	332	372	411
水		m³	122	163	219	312
其他材料费		元	763	792	812	833
风钻	气腿式	台时	6.56	9.88	14.85	22.30
风钻	手持式	台时	15.29	23.04	34.65	52.03
反井钻机	LM-200	台时	8.18	10.97	14.74	21.03
潜水泵	3～5kW	台时	8.18	10.97	14.74	21.03
泥浆泵	TBW850/50	台时	3.58	5.37	7.06	10.30
修钎设备		台时	0.56	0.79	1.15	1.85
载重汽车	5t	台时	0.65	0.68	0.72	0.77
其他机械使用费		元	111	111	111	111
石渣运输		m³	117	117	117	117
编号			20867	20868	20869	20870

2.33.2.2 开挖断面面积 $40m^2$

单位：$100m^3$

项 目		单位	竖井（75°～90°）			
			岩 石 级 别			
			Ⅶ～Ⅷ	Ⅸ～Ⅹ	Ⅺ～Ⅻ	ⅩⅢ～ⅩⅣ
高级熟练工		工时	14	19	26	37
熟练工		工时	58	78	108	152
半熟练工		工时	112	151	208	293
普工		工时	132	179	247	348
合计		工时	316	427	589	830
合金钻头		个	4.45	6.18	8.44	11.38
导孔钻头	$\phi216$	个	0.011	0.013	0.018	0.027
扩孔钻头体	$\phi1400$	个	0.009	0.009	0.009	0.009
风钻钻杆		kg	2.54	3.71	6.28	12.91
普通钻杆	$\phi182$	m	0.09	0.11	0.13	0.15
滚刀		把	0.06	0.08	0.11	0.16
炸药		kg	102	117	133	148
非电毫秒雷管		个	93	107	121	135
导爆管		m	278	322	364	405
水		m^3	61	82	110	156
其他材料费		元	421	452	473	495
风钻	气腿式	台时	6.32	9.60	14.56	21.99
风钻	手持式	台时	14.73	22.40	33.96	51.30
反井钻机	LM–200	台时	4.09	5.49	7.37	10.52
潜水泵	3～5kW	台时	4.09	5.49	7.37	10.52
泥浆泵	TBW850/50	台时	1.79	2.68	3.53	5.15
修钎设备		台时	0.55	0.77	1.13	1.82
载重汽车	5t	台时	0.55	0.57	0.59	0.62
其他机械使用费		元	69	69	69	69
石渣运输		m^3	112	112	112	112
编号			20871	20872	20873	20874

2.33.2.3 开挖断面面积 60m²

单位：100m³

项　目	单位	竖井（75°～90°）			
		岩石级别			
		Ⅶ～Ⅷ	Ⅸ～Ⅹ	Ⅺ～Ⅻ	ⅩⅢ～ⅩⅣ
高级熟练工	工时	14	19	26	36
熟练工	工时	55	75	105	148
半熟练工	工时	106	144	200	282
普工	工时	126	172	238	336
合计	工时	301	410	569	802
合金钻头	个	4.34	6.06	8.32	11.24
导孔钻头 φ216	个	0.007	0.009	0.012	0.018
扩孔钻头体 φ1400	个	0.006	0.006	0.006	0.006
风钻钻杆	kg	2.48	3.63	6.19	12.75
普通钻杆 φ182	m	0.06	0.07	0.08	0.10
滚刀	把	0.04	0.05	0.07	0.11
炸药	kg	95	110	124	139
非电毫秒雷管	个	91	105	120	134
导爆管	m	273	315	359	401
水	m³	41	54	73	104
其他材料费	元	300	327	346	366
风钻 气腿式	台时	4.93	7.53	11.46	17.37
风钻 手持式	台时	11.49	17.58	26.75	40.53
反井钻机 LM–200	台时	2.73	3.66	4.91	7.01
潜水泵 3～5kW	台时	2.73	3.66	4.91	7.01
泥浆泵 TBW850/50	台时	1.19	1.79	2.35	3.43
修钎设备	台时	0.53	0.76	1.12	1.80
载重汽车 5t	台时	0.52	0.54	0.55	0.57
其他机械使用费	元	53	53	53	53
石渣运输	m³	109	109	109	109
编号		20875	20876	20877	20878

2.33.2.4 开挖断面面积 100m²

单位：100m³

项　目		单位	竖井（75°～90°）			
			岩石级别			
			Ⅶ～Ⅷ	Ⅸ～Ⅹ	Ⅺ～Ⅻ	ⅩⅢ～ⅩⅣ
高级熟练工		工时	13	18	25	35
熟练工		工时	53	73	101	143
半熟练工		工时	101	138	191	271
普工		工时	120	165	228	323
合计		工时	287	394	545	772
合金钻头		个	4.22	5.92	8.15	11.06
导孔钻头	ϕ216	个	0.004	0.005	0.007	0.011
扩孔钻头体	ϕ1400	个	0.004	0.004	0.004	0.004
风钻钻杆		kg	2.41	3.55	6.07	12.56
普通钻杆	ϕ182	m	0.04	0.04	0.05	0.06
滚刀		把	0.03	0.03	0.04	0.06
炸药		kg	87	102	116	130
非电毫秒雷管		个	88	103	117	131
导爆管		m	264	309	351	393
水		m³	24	33	44	62
其他材料费		元	201	225	243	261
风钻	气腿式	台时	4.79	7.36	11.26	17.11
风钻	手持式	台时	11.18	17.19	26.26	39.90
反井钻机	LM–200	台时	1.64	2.19	2.95	4.21
潜水泵	3～5kW	台时	1.64	2.19	2.95	4.21
泥浆泵	TBW850/50	台时	0.72	1.07	1.41	2.06
修钎设备		台时	0.52	0.74	1.09	1.78
载重汽车	5t	台时	0.50	0.51	0.51	0.52
其他机械使用费		元	43	43	43	43
石渣运输		m³	107	107	107	107
编号			20879	20880	20881	20882

2.33.2.5 开挖断面面积 150m²

单位：100m³

项目	单位	竖井（75°～90°）岩石级别			
		Ⅶ～Ⅷ	Ⅸ～Ⅹ	Ⅺ～Ⅻ	ⅩⅢ～ⅩⅣ
高级熟练工	工时	13	18	25	35
熟练工	工时	52	71	99	140
半熟练工	工时	98	133	187	265
普工	工时	117	160	223	316
合计	工时	280	382	534	756
合金钻头	个	4.14	5.83	8.05	10.94
导孔钻头 ϕ216	个	0.003	0.004	0.005	0.007
扩孔钻头体 ϕ1400	个	0.002	0.002	0.002	0.002
风钻钻杆	kg	2.37	3.49	5.98	12.42
普通钻杆 ϕ182	m	0.03	0.03	0.03	0.04
滚刀	把	0.02	0.02	0.03	0.04
炸药	kg	81	95	109	122
非电毫秒雷管	个	86	101	116	130
导爆管	m	259	304	347	389
水	m³	16	22	29	42
其他材料费	元	155	180	197	216
风钻 气腿式	台时	4.70	7.25	11.10	16.91
风钻 手持式	台时	10.96	16.91	25.91	39.45
反井钻机 LM–200	台时	1.09	1.46	1.97	2.80
潜水泵 3～5kW	台时	1.09	1.46	1.97	2.80
泥浆泵 TBW850/50	台时	0.48	0.72	0.94	1.37
修钎设备	台时	0.50	0.73	1.08	1.76
载重汽车 5t	台时	0.49	0.49	0.50	0.50
其他机械使用费	元	38	38	38	38
石渣运输	m³	106	106	106	106
编号		20883	20884	20885	20886

2.33.2.6 开挖断面面积＞150m²

单位：100m³

项目	单位	竖井（75°～90°）			
		岩石级别			
		Ⅶ～Ⅷ	Ⅸ～Ⅹ	Ⅺ～Ⅻ	ⅩⅢ～ⅩⅣ
高级熟练工	工时	13	17	24	35
熟练工	工时	52	70	98	139
半熟练工	工时	97	132	185	263
普工	工时	116	159	221	315
合计	工时	278	378	528	752
合金钻头	个	4.10	5.79	8.00	10.87
导孔钻头 ϕ216	个	0.003	0.004	0.005	0.007
扩孔钻头体 ϕ1400	个	0.002	0.002	0.002	0.002
风钻钻杆	kg	2.34	3.46	5.95	12.34
普通钻杆 ϕ182	m	0.03	0.03	0.03	0.04
滚刀	把	0.02	0.02	0.03	0.04
炸药	kg	77	89	103	115
非电毫秒雷管	个	85	101	115	129
导爆管	m	256	302	344	386
水	m³	16	22	29	42
其他材料费	元	155	180	197	216
风钻 气腿式	台时	4.65	7.19	11.02	16.80
风钻 手持式	台时	10.86	16.77	25.71	39.19
反井钻机 LM-200	台时	1.09	1.46	1.97	2.80
潜水泵 3～5kW	台时	1.09	1.46	1.97	2.80
泥浆泵 TBW850/50	台时	0.48	0.72	0.94	1.37
修钎设备	台时	0.50	0.72	1.07	1.74
载重汽车 5t	台时	0.49	0.49	0.50	0.50
其他机械使用费	元	38	38	38	38
石渣运输	m³	106	106	106	106
编号		20887	20888	20889	20890

2.33.3 导井直径2.0m

适用范围： Ⅱ～Ⅲ类围岩，井深400m以内，包括导井反拉成井作业和导井形成后的竖井自上而下全断面扩挖作业。

工作内容： 反井钻机就位、钻导孔、接反拉钻头、风钻钻孔、光面爆破、安全处理、翻渣、清面、修整等。

2.33.3.1 开挖断面面积≤20m²

单位：100m³

项目		单位	竖井（75°～90°）			
			岩石级别			
			Ⅶ～Ⅷ	Ⅸ～Ⅹ	Ⅺ～Ⅻ	ⅩⅢ～ⅩⅣ
高级熟练工		工时	14	18	25	35
熟练工		工时	59	78	108	150
半熟练工		工时	116	155	212	297
普工		工时	135	181	248	347
合计		工时	324	432	593	829
合金钻头		个	4.22	5.81	7.87	10.54
导孔钻头	φ270	个	0.021	0.027	0.035	0.053
扩孔钻头体	φ2000	个	0.018	0.018	0.018	0.018
风钻钻杆		kg	2.41	3.48	5.85	11.96
普通钻杆	φ228	m	0.19	0.22	0.25	0.30
滚刀		把	0.25	0.32	0.42	0.64
炸药		kg	97	110	123	137
非电毫秒雷管		个	88	101	113	125
导爆管		m	265	303	339	376
水		m³	115	155	208	297
其他材料费		元	825	852	870	889
风钻	气腿式	台时	5.99	9.02	13.56	20.36
风钻	手持式	台时	13.97	21.04	31.65	47.51
反井钻机	LM-400	台时	7.77	10.43	14.01	19.98
潜水泵	3～5kW	台时	7.77	10.43	14.01	19.98
泥浆泵	TBW850/50	台时	3.58	5.37	7.06	10.30
修钎设备		台时	0.52	0.72	1.05	1.69
载重汽车	5t	台时	0.61	0.65	0.68	0.73
其他机械使用费		元	116	116	116	116
石渣运输		m³	117	117	117	117
编号			20891	20892	20893	20894

2.33.3.2 开挖断面面积 40m²

单位：100m³

项目	单位	竖井（75°～90°）			
		岩石级别			
		Ⅶ～Ⅷ	Ⅸ～Ⅹ	Ⅺ～Ⅻ	ⅩⅢ～ⅩⅣ
高级熟练工	工时	13	18	25	35
熟练工	工时	55	75	104	146
半熟练工	工时	107	145	199	281
普工	工时	126	172	236	333
合计	工时	301	410	564	795
合金钻头	个	4.26	5.92	8.09	10.91
导孔钻头 ϕ270	个	0.011	0.013	0.018	0.027
扩孔钻头体 ϕ2000	个	0.009	0.009	0.009	0.009
风钻钻杆	kg	2.43	3.55	6.02	12.37
普通钻杆 ϕ228	m	0.09	0.11	0.13	0.15
滚刀	把	0.13	0.16	0.21	0.32
炸药	kg	98	112	127	142
非电毫秒雷管	个	89	103	116	129
导爆管	m	267	309	349	388
水	m³	58	77	104	148
其他材料费	元	453	482	502	523
风钻 气腿式	台时	6.05	9.20	13.95	21.07
风钻 手持式	台时	14.12	21.47	32.55	49.16
反井钻机 LM-400	台时	3.89	5.21	7.00	9.99
潜水泵 3～5kW	台时	3.89	5.21	7.00	9.99
泥浆泵 TBW850/50	台时	1.79	2.68	3.53	5.15
修钎设备	台时	0.52	0.73	1.09	1.75
载重汽车 5t	台时	0.54	0.56	0.57	0.60
其他机械使用费	元	72	72	72	72
石渣运输	m³	112	112	112	112
编号		20895	20896	20897	20898

2.33.3.3 开挖断面面积 60m²

单位：100m³

项目	单位	竖井（75°～90°）			
		岩石级别			
		Ⅶ～Ⅷ	Ⅸ～Ⅹ	Ⅺ～Ⅻ	ⅩⅢ～ⅩⅣ
高级熟练工	工时	14	18	25	35
熟练工	工时	54	73	102	144
半熟练工	工时	103	140	194	274
普工	工时	122	167	231	326
合计	工时	293	398	552	779
合金钻头	个	4.22	5.90	8.09	10.93
导孔钻头 ϕ270	个	0.007	0.009	0.012	0.018
扩孔钻头体 ϕ2000	个	0.006	0.006	0.006	0.006
风钻钻杆	kg	2.41	3.53	6.02	12.41
普通钻杆 ϕ228	m	0.06	0.07	0.08	0.10
滚刀	把	0.08	0.11	0.14	0.21
炸药	kg	92	107	120	135
非电毫秒雷管	个	89	102	116	130
导爆管	m	266	306	349	390
水	m³	38	52	69	99
其他材料费	元	321	347	366	386
风钻 气腿式	台时	4.79	7.32	11.15	16.09
风钻 手持式	台时	11.18	17.10	26.02	39.42
反井钻机 LM-400	台时	2.59	3.48	4.67	6.66
潜水泵 3～5kW	台时	2.59	3.48	4.67	6.66
泥浆泵 TBW850/50	台时	1.19	1.79	2.35	3.43
修钎设备	台时	0.52	0.74	1.09	1.75
载重汽车 5t	台时	0.51	0.52	0.54	0.55
其他机械使用费	元	55	55	55	55
石渣运输	m³	109	109	109	109
编号		20899	20900	20901	20902

2.33.3.4 开挖断面面积 $100m^2$

单位：$100m^3$

项目	单位	竖井（75°～90°）			
		岩石级别			
		Ⅶ～Ⅷ	Ⅸ～Ⅹ	Ⅺ～Ⅻ	ⅩⅢ～ⅩⅣ
高级熟练工	工时	13	18	24	34
熟练工	工时	52	72	99	141
半熟练工	工时	99	136	188	266
普工	工时	118	162	224	318
合计	工时	282	388	535	759
合金钻头	个	4.15	5.83	8.02	10.88
导孔钻头 ϕ270	个	0.004	0.005	0.007	0.011
扩孔钻头体 ϕ2000	个	0.004	0.004	0.004	0.004
风钻钻杆	kg	2.37	3.49	5.97	12.35
普通钻杆 ϕ228	m	0.04	0.04	0.05	0.06
滚刀	把	0.05	0.06	0.08	0.13
炸药	kg	86	100	114	128
非电毫秒雷管	个	87	101	115	129
导爆管	m	260	304	346	387
水	m^3	23	31	42	59
其他材料费	元	214	238	255	273
风钻 气腿式	台时	4.72	7.24	11.08	16.83
风钻 手持式	台时	11.00	16.91	25.84	39.26
反井钻机 LM-400	台时	1.55	2.09	2.80	4.00
潜水泵 3～5kW	台时	1.55	2.09	2.80	4.00
泥浆泵 TBW850/50	台时	0.72	1.07	1.41	2.06
修钎设备	台时	0.51	0.72	1.08	1.75
载重汽车 5t	台时	0.49	0.50	0.51	0.52
其他机械使用费	元	44	44	44	44
石渣运输	m^3	107	107	107	107
编号		20903	20904	20905	20906

2.33.3.5 开挖断面面积 150m²

单位：100m³

项目		单位	竖井（75°～90°）			
			岩石级别			
			Ⅶ～Ⅷ	Ⅸ～Ⅹ	Ⅺ～Ⅻ	ⅩⅢ～ⅩⅣ
高级熟练工		工时	13	18	25	34
熟练工		工时	51	70	97	139
半熟练工		工时	97	132	184	262
普工		工时	115	158	221	313
合计		工时	276	378	527	748
合金钻头		个	4.09	5.77	7.96	10.82
导孔钻头	ϕ270	个	0.003	0.004	0.005	0.007
扩孔钻头体	ϕ2000	个	0.002	0.002	0.002	0.002
风钻钻杆		kg	2.34	3.45	5.92	12.28
普通钻杆	ϕ228	m	0.03	0.03	0.03	0.04
滚刀		把	0.03	0.04	0.06	0.08
炸药		kg	80	94	107	121
非电毫秒雷管		个	85	100	114	128
导爆管		m	256	301	343	385
水		m³	15	21	28	40
其他材料费		元	164	188	205	224
风钻	气腿式	台时	4.65	7.17	10.98	16.73
风钻	手持式	台时	10.84	16.73	25.63	39.02
反井钻机	LM–400	台时	1.04	1.39	1.87	2.66
潜水泵	3～5kW	台时	1.04	1.39	1.87	2.66
泥浆泵	TBW850/50	台时	0.48	0.72	0.94	1.37
修钎设备		台时	0.50	0.72	1.07	1.74
载重汽车	5t	台时	0.48	0.49	0.49	0.50
其他机械使用费		元	39	39	39	39
石渣运输		m³	106	106	106	106
编号			20907	20908	20909	20910

2.33.3.6 开挖断面面积＞150m²

单位：100m³

项目	单位	竖井（75°～90°）			
		岩石级别			
		Ⅶ～Ⅷ	Ⅸ～Ⅹ	Ⅺ～Ⅻ	ⅩⅢ～ⅩⅣ
高级熟练工	工时	13	17	24	34
熟练工	工时	51	70	96	138
半熟练工	工时	96	131	183	260
普工	工时	114	157	219	311
合计	工时	274	375	522	743
合金钻头	个	4.05	5.73	7.91	10.75
导孔钻头 ϕ270	个	0.003	0.004	0.005	0.007
扩孔钻头体 ϕ2000	个	0.002	0.002	0.002	0.002
风钻钻杆	kg	2.31	3.42	5.88	12.21
普通钻杆 ϕ228	m	0.03	0.03	0.03	0.04
滚刀	把	0.03	0.04	0.06	0.08
炸药	kg	76	88	101	114
非电毫秒雷管	个	84	99	113	127
导爆管	m	253	298	340	382
水	m³	15	21	28	40
其他材料费	元	164	188	205	224
风钻 气腿式	台时	4.60	7.11	10.90	16.62
风钻 手持式	台时	10.74	16.59	25.43	38.77
反井钻机 LM-400	台时	1.04	1.39	1.87	2.66
潜水泵 3～5kW	台时	1.04	1.39	1.87	2.66
泥浆泵 TBW850/50	台时	0.48	0.72	0.94	1.37
修钎设备	台时	0.50	0.71	1.06	1.72
载重汽车 5t	台时	0.48	0.49	0.49	0.50
其他机械使用费	元	39	39	39	39
石渣运输	m³	106	106	106	106
编号		20911	20912	20913	20914

2.34 竖井石方开挖（井深 40m 内，风钻正井吊笼施工）

适用范围：适用于井斜 75°～90°，全断面开挖，卷扬机、吊桶提渣。
工作内容：钻孔、光面爆破、安全处理、翻渣、清面、修整等。

2.34.1 开挖断面面积≤5m²

单位：100m³

项目	单位	岩石级别				
		Ⅴ～Ⅵ	Ⅶ～Ⅷ	Ⅸ～Ⅹ	Ⅺ～Ⅻ	ⅩⅢ～ⅩⅣ
高级熟练工	工时	36	43	59	80	109
熟练工	工时	142	171	237	322	438
半熟练工	工时	268	321	444	604	822
普工	工时	320	384	533	726	986
合计	工时	766	919	1273	1732	2355
合金钻头	个	8.89	12.98	16.98	20.86	24.81
风钻钻杆	kg	3.37	4.80	7.19	11.96	23.64
炸药	kg	174	231	273	302	325
非电毫秒雷管	个	265	353	417	462	496
导爆管	m	530	705	834	924	991
其他材料费	元	186	249	345	413	486
风钻 气腿式	台时	47.07	79.70	124.33	184.74	268.36
修钎设备	台时	0.98	1.42	1.91	2.56	3.68
载重汽车 5t	台时	0.46	0.46	0.46	0.46	0.46
其他机械使用费	元	103	103	103	103	103
石渣运输	m³	134	134	134	134	134
编号		20915	20916	20917	20918	20919

2.34.2 开挖断面面积 $10m^2$

单位：$100m^3$

项目	单位	岩石级别				
		Ⅴ～Ⅵ	Ⅶ～Ⅷ	Ⅸ～Ⅹ	Ⅺ～Ⅻ	ⅩⅢ～ⅩⅣ
高级熟练工	工时	21	31	42	58	78
熟练工	工时	84	122	169	230	313
半熟练工	工时	158	229	317	432	588
普工	工时	190	274	381	519	705
合计	工时	453	656	909	1239	1684
合金钻头	个	6.28	9.44	12.62	15.86	19.28
风钻钻杆	kg	2.86	4.11	6.15	10.26	20.30
炸药	kg	136	183	215	240	257
非电毫秒雷管	个	188	252	297	330	355
导爆管	m	375	503	594	661	710
其他材料费	元	126	169	234	279	329
风钻 气腿式	台时	33.22	56.82	88.71	132.08	192.07
修钎设备	台时	0.72	1.07	1.48	2.03	2.99
载重汽车 5t	台时	0.46	0.46	0.46	0.46	0.46
其他机械使用费	元	62	62	62	62	62
石渣运输	m^3	124	124	124	124	124
编号		20920	20921	20922	20923	20924

2.34.3 开挖断面面积 $20m^2$

单位：$100m^3$

项　　目		单位	岩石级别				
			Ⅴ～Ⅵ	Ⅶ～Ⅷ	Ⅸ～Ⅹ	Ⅺ～Ⅻ	ⅩⅢ～ⅩⅣ
高级熟练工		工时	20	22	31	42	58
熟练工		工时	79	89	124	169	230
半熟练工		工时	148	167	233	317	432
普工		工时	178	200	280	381	518
合计		工时	425	478	668	909	1238
合金钻头		个	4.59	7.03	9.64	12.40	15.40
风钻钻杆		kg	2.32	3.34	5.02	8.37	16.57
炸药		kg	105	140	167	185	200
非电毫秒雷管		个	137	183	218	243	261
导爆管		m	273	367	437	485	521
其他材料费		元	96	129	178	213	251
风钻	气腿式	台时	7.29	12.46	19.52	29.09	42.32
风钻	手持式	台时	17.01	29.08	45.57	67.88	98.75
修钎设备		台时	0.55	0.82	1.15	1.60	2.41
载重汽车	5t	台时	0.46	0.46	0.46	0.46	0.46
其他机械使用费		元	46	46	46	46	46
石渣运输		m^3	117	117	117	117	117
编号			20925	20926	20927	20928	20929

2.34.4　开挖断面面积 40m²

单位：100m³

项　　目	单位	岩石级别				
		Ⅴ～Ⅵ	Ⅶ～Ⅷ	Ⅸ～Ⅹ	Ⅺ～Ⅻ	XIII～XIV
高级熟练工	工时	11	16	22	30	41
熟练工	工时	44	64	89	122	166
半熟练工	工时	83	121	167	228	311
普工	工时	100	144	201	274	373
合计	工时	238	345	479	654	891
合金钻头	个	3.67	5.73	8.05	10.56	13.41
风钻钻杆	kg	1.92	2.77	4.16	6.93	13.72
炸药	kg	80	106	127	141	151
非电毫秒雷管	个	99	132	157	175	187
导爆管	m	297	397	471	524	562
其他材料费	元	66	89	123	146	173
风钻　气腿式	台时	5.24	8.97	14.07	20.95	30.48
风钻　手持式	台时	12.23	20.93	32.82	48.88	71.12
修钎设备	台时	0.44	0.67	0.96	1.35	2.06
载重汽车　5t	台时	0.46	0.46	0.46	0.46	0.46
其他机械使用费	元	40	40	40	40	40
石渣运输	m³	112	112	112	112	112
编　号		20930	20931	20932	20933	20934

2.34.5 开挖断面面积>40m²

单位：100m³

项目		单位	岩石级别				
			Ⅴ～Ⅵ	Ⅶ～Ⅷ	Ⅸ～Ⅹ	Ⅺ～Ⅻ	ⅩⅢ～ⅩⅣ
高级熟练工		工时	9	13	18	25	34
熟练工		工时	36	53	73	100	136
半熟练工		工时	68	99	138	188	256
普工		工时	82	119	165	225	307
合计		工时	195	284	394	538	733
合金钻头		个	3.01	4.81	6.89	9.25	12.00
风钻钻杆		kg	1.71	2.46	3.71	6.19	12.25
炸药		kg	68	92	110	121	131
非电毫秒雷管		个	81	109	129	144	154
导爆管		m	242	326	387	431	462
其他材料费		元	54	72	100	120	141
风钻	气腿式	台时	4.30	7.36	11.55	17.21	25.04
风钻	手持式	台时	10.03	17.18	26.94	40.16	58.42
修钎设备		台时	0.37	0.57	0.83	1.19	1.84
载重汽车	5t	台时	0.46	0.46	0.46	0.46	0.46
其他机械使用费		元	35	35	35	35	35
石渣运输		m³	112	112	112	112	112
编号			20935	20936	20937	20938	20939

2.35 地下厂房石方开挖
（三臂液压凿岩台车）

适用范围： 地下厂房石方开挖（顶拱、岩壁吊车梁、中下部开挖钻孔采用三臂液压凿岩台车，底部开挖钻孔采用潜孔钻钻孔，风钻配合）。

工作内容： 钻孔、光面爆破、安全处理、翻渣、清面、最后修规格等。

单位：100m³

项目		单位	岩石级别				
			Ⅴ～Ⅵ	Ⅶ～Ⅷ	Ⅸ～Ⅹ	Ⅺ～Ⅻ	ⅩⅢ～ⅩⅣ
高级熟练工		工时	3	4	5	5	5
熟练工		工时	12	14	16	18	21
半熟练工		工时	17	21	24	28	31
普工		工时	27	31	36	41	47
合计		工时	59	70	81	92	104
钻头	ϕ45～48	个	0.25	0.35	0.44	0.51	0.58
钻头	ϕ100～102	个	0.02	0.02	0.03	0.04	0.04
合金钻头		个	0.06	0.08	0.10	0.12	0.15
潜孔钻钻杆		kg	0.03	0.04	0.04	0.05	0.06
钻杆		kg	2.42	3.46	4.64	5.71	6.79
风钻钻杆			0.03	0.05	0.08	0.15	0.26
炸药		kg	63	83	97	108	117
非电毫秒雷管		个	33	42	50	56	60
导爆管		m	188	247	289	323	348
其他材料费		元	68	82	101	113	127
风钻	气腿式	台时	0.51	0.74	1.11	1.66	2.49
风钻	手持式	台时	0.13	0.18	0.28	0.42	0.62
潜孔钻	100型	台时	0.15	0.19	0.24	0.31	0.40
凿岩台车	三臂液压	台时	0.89	1.23	1.51	1.75	1.99
平台车	液压	台时	0.37	0.49	0.59	0.65	0.70
挖掘机	液压 0.6m³	台时	0.80	0.80	0.80	0.80	0.80
载重汽车	5t	台时	0.46	0.46	0.46	0.46	0.46
其他机械使用费		元	57	57	57	57	57
石渣运输		m³	105	105	105	105	105
编号			20940	20941	20942	20943	20944

2.36 地下厂房石方开挖（潜孔钻）

适用范围：地下厂房石方开挖（顶拱、岩壁吊车梁开挖钻孔采用三臂液压凿岩台车，中下部、底部开挖钻孔采用潜孔钻钻孔，风钻配合）。

工作内容：钻孔、光面爆破、安全处理、翻渣、清面、最后修规格等。

单位：100m³

项目		单位	岩石级别				
			Ⅴ～Ⅵ	Ⅶ～Ⅷ	Ⅸ～Ⅹ	Ⅺ～Ⅻ	ⅩⅢ～ⅩⅣ
高级熟练工		工时	6	7	7	8	9
熟练工		工时	26	29	32	34	38
半熟练工		工时	33	37	39	43	48
普工		工时	50	55	60	66	74
合计		工时	115	128	138	151	169
钻头	ϕ45～48	个	0.05	0.07	0.09	0.11	0.12
钻头	ϕ100	个	0.18	0.21	0.26	0.31	0.36
合金钻头		个	0.29	0.37	0.46	0.57	0.70
潜孔钻钻杆		kg	0.48	0.58	0.67	0.78	0.91
钻杆		kg	0.57	0.82	1.11	1.42	1.77
炸药		kg	61	73	84	95	108
非电毫秒雷管		个	37	45	51	58	65
导爆管		m	216	262	297	337	378
其他材料费		元	51	61	75	85	95
风钻	气腿式	台时	0.51	0.74	1.11	1.66	2.49
风钻	手持式	台时	2.46	3.58	5.37	8.08	12.11
潜孔钻	100型	台时	1.90	2.25	2.58	2.97	3.44
凿岩台车	三臂液压	台时	0.20	0.27	0.34	0.39	0.44
平台车	液压	台时	0.08	0.11	0.13	0.14	0.15
挖掘机	液压 0.6m³	台时	0.84	0.84	0.84	0.84	0.84
载重汽车	5t	台时	0.46	0.46	0.46	0.46	0.46
其他机械使用费		元	57	57	57	57	57
石渣运输		m³	105	105	105	105	105
编号			20945	20946	20947	20948	20949

2.37 地下厂房石方开挖
（液压履带钻 ROC712）

适用范围：地下厂房石方开挖（顶拱、岩壁吊车梁开挖钻孔采用三臂液压凿岩台车，中下部、底部开挖钻孔采用液压履带钻钻孔，风钻配合）。

工作内容：钻孔、光面爆破、安全处理、翻渣、清面、最后修规格等。

单位：$100m^3$

项目		单位	岩石级别				
			Ⅴ～Ⅵ	Ⅶ～Ⅷ	Ⅸ～Ⅹ	Ⅺ～Ⅻ	ⅩⅢ～ⅩⅣ
高级熟练工		工时	5	6	7	8	10
熟练工		工时	21	25	30	35	43
半熟练工		工时	26	31	37	44	53
普工		工时	41	48	56	66	81
合计		工时	93	110	130	153	186
钻头	ϕ45～48	个	0.05	0.07	0.09	0.11	0.12
钻头	ϕ64～102	个	0.20	0.25	0.30	0.35	0.42
合金钻头		个	0.18	0.22	0.28	0.35	0.43
液压履带钻钻杆		kg	0.89	1.09	1.29	1.52	1.81
钻杆		kg	0.57	0.82	1.11	1.42	1.77
炸药		kg	74	88	100	114	129
非电毫秒雷管		个	52	61	70	79	89
导爆管		m	304	359	411	465	524
其他材料费		元	60	72	89	100	112
风钻	气腿式	台时	0.51	0.74	1.11	1.66	2.49
风钻	手持式	台时	2.62	3.70	5.44	8.04	11.91
液压履带钻	ROC712	台时	1.86	2.20	2.53	2.90	3.35
凿岩台车	三臂液压	台时	0.20	0.27	0.34	0.39	0.44
平台车	液压	台时	0.08	0.11	0.13	0.14	0.15
挖掘机	液压 $0.6m^3$	台时	0.84	0.84	0.84	0.84	0.84
载重汽车	5t	台时	0.46	0.46	0.46	0.46	0.46
其他机械使用费		元	57	57	57	57	57
石渣运输		m^3	105	105	105	105	105
编号			20950	20951	20952	20953	20954

2.38 地下厂房石方开挖
（液压履带钻 ROC742）

适用范围： 地下厂房石方开挖（顶拱、岩壁吊车梁开挖钻孔采用三臂液压凿岩台车，中下部、底部开挖钻孔采用液压履带钻钻孔，风钻配合）。

工作内容： 钻孔、光面爆破、安全处理、翻渣、清面、最后修规格等。

单位：100m³

项目		单位	岩石级别				
			Ⅴ～Ⅵ	Ⅶ～Ⅷ	Ⅸ～Ⅹ	Ⅺ～Ⅻ	ⅩⅢ～ⅩⅣ
高级熟练工		工时	3	4	4	4	4
熟练工		工时	12	14	15	16	18
半熟练工		工时	16	17	19	21	23
普工		工时	26	29	32	35	40
合计		工时	57	64	70	76	86
钻头	ϕ45～48	个	0.05	0.07	0.09	0.11	0.12
钻头	ϕ64～102	个	0.20	0.31	0.37	0.44	0.52
合金钻头		个	0.18	0.22	0.28	0.35	0.43
液压履带钻钻杆		kg	0.89	1.09	1.29	1.52	1.81
钻杆		kg	0.57	0.82	1.11	1.42	1.77
炸药		kg	74	88	100	114	129
非电毫秒雷管		个	50	59	67	76	86
导爆管		m	290	345	394	446	506
其他材料费		元	60	72	89	100	112
风钻	气腿式	台时	0.51	0.74	1.11	1.66	2.49
风钻	手持式	台时	2.62	3.70	5.44	8.04	11.91
液压履带钻	ROC 742	台时	1.80	2.13	2.44	2.78	3.19
凿岩台车	三臂液压	台时	0.20	0.27	0.34	0.39	0.44
平台车	液压	台时	0.08	0.11	0.13	0.14	0.15
挖掘机	液压 0.6m³	台时	0.84	0.84	0.84	0.84	0.84
载重汽车	5t	台时	0.46	0.46	0.46	0.46	0.46
其他机械使用费		元	57	57	57	57	57
石渣运输		m³	105	105	105	105	105
编号			20955	20956	20957	20958	20959

2.39 地下厂房石方开挖
（液压履带钻 D7）

适用范围： 地下厂房石方开挖（顶拱、岩壁吊车梁开挖钻孔采用三臂液压凿岩台车，中下部、底部开挖钻孔采用液压履带钻钻孔，风钻配合）。

工作内容： 钻孔、光面爆破、安全处理、翻渣、清面、最后修规格等。

单位：$100m^3$

项目		单位	岩石级别				
			Ⅴ～Ⅵ	Ⅶ～Ⅷ	Ⅸ～Ⅹ	Ⅺ～Ⅻ	ⅩⅢ～ⅩⅣ
高级熟练工		工时	3	3	4	4	4
熟练工		工时	11	12	14	17	19
半熟练工		工时	14	16	18	21	24
普工		工时	24	27	31	35	42
合计		工时	52	58	67	77	89
钻头	ϕ45～48	个	0.05	0.07	0.09	0.11	0.12
钻头	ϕ64～102	个	0.20	0.25	0.30	0.35	0.42
合金钻头		个	0.18	0.22	0.28	0.35	0.43
液压履带钻钻杆		kg	0.89	1.09	1.29	1.52	1.81
钻杆		kg	0.57	0.82	1.11	1.42	1.77
炸药		kg	74	88	100	114	129
非电毫秒雷管		个	50	59	67	76	86
导爆管		m	290	345	394	446	506
其他材料费		元	60	72	89	100	112
风钻	气腿式	台时	0.51	0.74	1.11	1.66	2.49
风钻	手持式	台时	2.62	3.70	5.44	8.04	11.91
液压履带钻	D7	台时	0.69	0.97	1.33	1.83	2.53
凿岩台车	三臂液压	台时	0.20	0.27	0.34	0.39	0.44
平台车	液压	台时	0.08	0.11	0.13	0.14	0.15
挖掘机	液压 $0.6m^3$	台时	0.84	0.84	0.84	0.84	0.84
载重汽车	5t	台时	0.46	0.46	0.46	0.46	0.46
其他机械使用费		元	57	57	57	57	57
石渣运输		m^3	105	105	105	105	105
编号			20960	20961	20962	20963	20964

2.40 平洞石方扩挖

2.40.1 风钻扩挖

适用范围：特大断面平隧洞台阶法施工风钻扩挖。

工作内容：钻孔、光面爆破、安全处理、翻渣、清面、修整等。

2.40.1.1 开挖断面面积≤20m²

单位：100m³

项目	单位	岩石级别				
		Ⅴ～Ⅵ	Ⅶ～Ⅷ	Ⅸ～Ⅹ	Ⅺ～Ⅻ	ⅩⅢ～ⅩⅣ
高级熟练工	工时	7	9	12	17	23
熟练工	工时	29	36	49	67	93
半熟练工	工时	54	68	91	125	174
普工	工时	64	82	109	150	209
合计	工时	154	195	261	359	499
合金钻头	个	2.55	3.43	4.67	6.28	8.36
风钻钻杆	kg	1.42	1.72	2.46	4.11	8.35
炸药	kg	74.72	84.47	95.32	106.17	117.01
非电毫秒雷管	个	60.18	68.34	76.70	85.88	94.86
导爆管	m	181	205	230	258	285
其他材料费	元	42	56	78	93	110
风钻 气腿式	台时	8.24	11.95	17.92	26.78	39.76
风钻 手持式	台时	3.57	5.13	7.66	11.44	17.06
修钎设备	台时	0.31	0.40	0.56	0.81	1.26
载重汽车 5t	台时	0.46	0.46	0.46	0.46	0.46
其他机械使用费	元	46	46	46	46	46
石渣运输	m³	106	106	106	106	106
编号		20965	20966	20967	20968	20969

2.40.1.2 开挖断面面积 $40m^2$

单位：$100m^3$

项　目	单位	岩石级别				
		Ⅴ～Ⅵ	Ⅶ～Ⅷ	Ⅸ～Ⅹ	Ⅺ～Ⅻ	ⅩⅢ～ⅩⅣ
高级熟练工	工时	7	9	12	17	23
熟练工	工时	29	36	49	67	93
半熟练工	工时	54	68	91	125	174
普工	工时	64	82	109	150	209
合计	工时	154	195	261	359	499
合金钻头	个	2.32	3.14	4.32	5.86	7.85
风钻钻杆	kg	1.48	1.81	2.62	4.41	9.02
炸药	kg	67.56	77.33	88.17	99.03	109.87
非电毫秒雷管	个	55.08	62.42	71.40	79.76	88.94
导爆管	m	165	187	214	239	267
其他材料费	元	36	49	67	80	94
风钻 气腿式	台时	7.21	10.92	16.89	24.72	37.70
风钻 手持式	台时	3.22	4.70	7.09	10.66	16.02
修钎设备	台时	0.30	0.39	0.54	0.79	1.27
载重汽车 5t	台时	0.46	0.46	0.46	0.46	0.46
其他机械使用费	元	40	40	40	40	40
石渣运输	m^3	106	106	106	106	106
编　号		20970	20971	20972	20973	20974

2.40.1.3 开挖断面面积＞$40m^2$

单位：$100m^3$

项目	单位	岩石级别				
		Ⅴ～Ⅵ	Ⅶ～Ⅷ	Ⅸ～Ⅹ	Ⅺ～Ⅻ	ⅩⅢ～ⅩⅣ
高级熟练工	工时	6	8	11	16	22
熟练工	工时	26	33	45	62	87
半熟练工	工时	48	63	84	116	164
普工	工时	59	75	101	140	195
合计	工时	139	179	241	334	468
合金钻头	个	2.20	3.01	4.17	5.68	7.63
风钻钻杆	kg	1.48	1.81	2.62	4.41	9.02
炸药	kg	64.44	74.20	85.05	95.90	106.74
非电毫秒雷管	个	52.02	60.18	68.54	77.72	85.88
导爆管	m	156	181	206	233	258
其他材料费	元	36	49	67	80	94
风钻 气腿式	台时	7.21	10.92	15.86	23.90	36.67
风钻 手持式	台时	3.08	4.51	6.83	10.33	15.57
修钎设备	台时	0.29	0.38	0.53	0.77	1.25
载重汽车 5t	台时	0.46	0.46	0.46	0.46	0.46
其他机械使用费	元	35	35	35	35	35
石渣运输	m^3	106	106	106	106	106
编号		20975	20976	20977	20978	20979

2.40.2 液压凿岩台车扩挖

适用范围：特大断面平隧洞台阶法施工三臂台车扩挖。

工作内容：钻孔、光面爆破、安全处理、翻渣、清面、修整等。

2.40.2.1 开挖断面面积≤$40m^2$

单位：$100m^3$

项目		单位	岩石级别				
			Ⅴ～Ⅵ	Ⅶ～Ⅷ	Ⅸ～Ⅹ	Ⅺ～Ⅻ	ⅩⅢ～ⅩⅣ
高级熟练工		工时	3	4	4	5	5
熟练工		工时	10	13	14	16	18
半熟练工		工时	16	20	23	26	28
普工		工时	20	23	27	30	33
合计		工时	49	60	68	77	84
钻头	ϕ45～48	个	0.30	0.40	0.48	0.54	0.60
钻头	ϕ100～102	个	0.06	0.08	0.10	0.11	0.12
钻杆		kg	2.77	3.98	5.33	6.56	7.80
炸药		kg	66.61	88.86	105.08	116.67	125.22
非电毫秒雷管		个	37.74	49.78	59.36	65.69	70.99
导爆管		m	150.96	199.10	237.46	262.75	283.97
其他材料费		元	80	96	119	133	147
凿岩台车	三臂液压	台时	1.02	1.41	1.74	2.01	2.29
平台车	液压	台时	0.42	0.56	0.67	0.75	0.80
挖掘机	液压 $0.6m^3$	台时	1.55	1.55	1.55	1.55	1.55
载重汽车	5t	台时	0.46	0.46	0.46	0.46	0.46
其他机械使用费		元	68	68	68	68	68
石渣运输		m^3	106	106	106	106	106
编号			20980	20981	20982	20983	20984

2.40.2.2 开挖断面面积 $60m^2$

单位：$100m^3$

项目		单位	岩石级别				
			Ⅴ～Ⅵ	Ⅶ～Ⅷ	Ⅸ～Ⅹ	Ⅺ～Ⅻ	XIII～XIV
高级熟练工		工时	3	3	4	4	4
熟练工		工时	9	11	13	14	16
半熟练工		工时	14	18	20	23	26
普工		工时	18	21	25	28	30
合计		工时	44	53	62	69	76
钻头	ϕ45～48	个	0.27	0.37	0.45	0.52	0.59
钻头	ϕ100～102	个	0.05	0.07	0.09	0.10	0.12
钻杆		kg	2.52	3.61	4.83	5.95	7.08
炸药		kg	60.38	80.60	95.29	105.75	113.63
非电毫秒雷管		个	33.66	45.70	53.45	59.57	63.85
导爆管		m	168.30	228.48	267.24	297.84	319.26
其他材料费		元	73	89	110	123	137
凿岩台车	三臂液压	台时	0.93	1.28	1.58	1.82	2.08
平台车	液压	台时	0.38	0.51	0.61	0.67	0.73
挖掘机	液压 $0.6m^3$	台时	1.26	1.26	1.26	1.26	1.26
载重汽车	5t	台时	0.46	0.46	0.46	0.46	0.46
其他机械使用费		元	57	57	57	57	57
石渣运输		m^3	106	106	106	106	106
编号			20985	20986	20987	20988	20989

2.40.2.3 开挖断面面积 100m²

单位：100m³

项目		单位	岩石级别				
			Ⅴ～Ⅵ	Ⅶ～Ⅷ	Ⅸ～Ⅹ	Ⅺ～Ⅻ	ⅩⅢ～ⅩⅣ
高级熟练工		工时	3	3	4	4	4
熟练工		工时	9	11	13	14	16
半熟练工		工时	14	18	20	23	26
普工		工时	18	21	25	28	30
合计		工时	44	53	62	69	76
钻头	ϕ45～48	个	0.27	0.37	0.47	0.55	0.63
钻头	ϕ100～102	个	0.05	0.07	0.09	0.11	0.12
钻杆		kg	2.51	3.59	4.81	5.92	7.05
炸药		kg	60.08	80.11	94.82	105.33	113.04
非电毫秒雷管		个	33.66	44.88	53.45	59.57	63.85
导爆管		m	201.96	269.28	320.69	357.41	383.11
其他材料费		元	62	75	93	104	116
凿岩台车	三臂液压	台时	0.93	1.27	1.57	1.82	2.07
平台车	液压	台时	0.38	0.51	0.61	0.67	0.73
挖掘机	液压 0.6m³	台时	0.98	0.98	0.98	0.98	0.98
载重汽车	5t	台时	0.46	0.46	0.46	0.46	0.46
其他机械使用费		元	57	57	57	57	57
石渣运输		m³	106	106	106	106	106
编号			20990	20991	20992	20993	20994

2.40.2.4 开挖断面面积＞100m²

单位：100m³

项目		单位	岩石级别				
			Ⅴ～Ⅵ	Ⅶ～Ⅷ	Ⅸ～Ⅹ	Ⅺ～Ⅻ	ⅩⅢ～ⅩⅣ
高级熟练工		工时	2	3	3	3	4
熟练工		工时	7	9	11	12	13
半熟练工		工时	11	15	17	19	20
普工		工时	13	17	20	22	25
合计		工时	33	44	51	56	62
钻头	ϕ45～48	个	0.21	0.31	0.40	0.48	0.55
钻头	ϕ100～102	个	0.04	0.06	0.08	0.10	0.11
钻杆		kg	2.05	2.94	3.94	4.85	5.76
炸药		kg	49.06	65.57	77.60	86.23	92.55
非电毫秒雷管		个	27.54	36.92	43.45	48.55	51.82
导爆管		m	165.24	221.54	260.71	291.31	310.90
其他材料费		元	51	62	76	86	95
凿岩台车	三臂液压	台时	0.75	1.04	1.29	1.49	1.69
平台车	液压	台时	0.31	0.42	0.50	0.55	0.59
挖掘机	液压 0.6m³	台时	0.85	0.85	0.85	0.85	0.85
载重汽车	5t	台时	0.46	0.46	0.46	0.46	0.46
其他机械使用费		元	57	57	57	57	57
石渣运输		m³	106	106	106	106	106
编号			20995	20996	20997	20998	20999

2.40.3 液压履带钻机、三臂凿岩台车配合扩挖

适用范围： 特大断面平隧洞台阶法施工扩挖（液压履带钻机中间钻孔拉槽、三臂凿岩台车两边墙钻孔）。

工作内容： 钻孔、爆破、安全处理、翻渣、两边墙光面爆破、清面、修整等。

2.40.3.1 开挖梯段高度 4～6m

单位：100m³

项目		单位	岩石级别				
			Ⅴ～Ⅵ	Ⅶ～Ⅷ	Ⅸ～Ⅹ	Ⅺ～Ⅻ	ⅩⅢ～ⅩⅣ
高级熟练工		工时	4	4	5	6	7
熟练工		工时	16	19	22	26	30
半熟练工		工时	20	23	27	32	37
普工		工时	27	33	37	44	51
合计		工时	67	79	91	108	125
履带钻钻头	ϕ64～102	个	0.10	0.12	0.15	0.18	0.21
钻头	ϕ45～48	个	0.13	0.18	0.22	0.25	0.27
液压履带钻钻杆		kg	0.47	0.57	0.68	0.80	0.96
台车钻杆		kg	1.28	1.83	2.45	3.02	3.58
炸药		kg	69.26	86.43	100.18	112.55	125.01
非电毫秒雷管		个	20.40	26.93	31.21	34.48	37.54
导爆管		m	122.40	161.57	187.27	206.86	225.22
其他材料费		元	51	62	76	86	95
液压履带钻	ROC712	台时	1.39	1.82	2.33	3.00	3.88
凿岩台车	三臂液压	台时	0.47	0.65	0.80	0.92	1.06
平台车	液压	台时	0.31	0.37	0.41	0.47	0.54
挖掘机	液压 0.6m³	台时	0.69	0.69	0.69	0.69	0.69
载重汽车	5t	台时	0.46	0.46	0.46	0.46	0.46
其他机械使用费		元	57	57	57	57	57
石渣运输		m³	106	106	106	106	106
编号			21000	21001	21002	21003	21004

2.40.3.2 开挖梯段高度 6～9m

单位：100m³

项目		单位	岩石级别				
			Ⅴ～Ⅵ	Ⅶ～Ⅷ	Ⅸ～Ⅹ	Ⅺ～Ⅻ	XⅢ～XⅣ
高级熟练工		工时	3	4	4	5	6
熟练工		工时	14	17	20	23	27
半熟练工		工时	18	21	24	28	33
普工		工时	25	28	33	39	46
合计		工时	60	70	81	95	112
履带钻钻头	ϕ64～102	个	0.11	0.14	0.17	0.19	0.23
钻头	ϕ45～48	个	0.10	0.14	0.16	0.18	0.20
液压履带钻钻杆		kg	0.51	0.62	0.74	0.87	1.04
台车钻杆		kg	0.94	1.35	1.82	2.23	2.65
炸药		kg	62.73	77.40	89.49	100.63	112.32
非电毫秒雷管		个	19.38	25.09	29.17	32.23	35.50
导爆管		m	116.28	150.55	175.03	193.39	212.98
其他材料费		元	45	55	68	76	85
液压履带钻	ROC712	台时	1.51	1.99	2.54	3.26	4.22
凿岩台车	三臂液压	台时	0.35	0.48	0.59	0.68	0.78
平台车	液压	台时	0.23	0.27	0.30	0.35	0.40
挖掘机	液压 0.6m³	台时	0.69	0.69	0.69	0.69	0.69
载重汽车	5t	台时	0.46	0.46	0.46	0.46	0.46
其他机械使用费		元	57	57	57	57	57
石渣运输		m³	106	106	106	106	106
编号			21005	21006	21007	21008	21009

2.40.4 潜孔钻中间拉槽、三臂凿岩台车边墙钻孔扩挖

适用范围：特大断面平隧洞台阶法施工扩挖（潜孔钻机中间钻孔拉槽、三臂凿岩台车两边墙钻孔）。

工作内容：钻孔、爆破、安全处理、翻渣、两边墙光面爆破、清面、修整等。

2.40.4.1 开挖梯段高度 4～6m

单位：$100m^3$

项目		单位	岩石级别				
			Ⅴ～Ⅵ	Ⅶ～Ⅷ	Ⅸ～Ⅹ	Ⅺ～Ⅻ	ⅩⅢ～ⅩⅣ
高级熟练工		工时	4	4	5	5	5
熟练工		工时	18	20	21	22	25
半熟练工		工时	22	25	27	28	30
普工		工时	30	33	36	38	40
合计		工时	74	82	89	93	100
潜孔钻钻头	ϕ100	个	0.09	0.11	0.14	0.16	0.18
钻头	ϕ45～48	个	0.12	0.17	0.21	0.24	0.27
潜孔钻钻杆		kg	0.27	0.32	0.37	0.43	0.50
台车钻杆		kg	1.16	1.66	2.22	2.73	3.25
炸药		kg	58.34	73.07	84.80	95.13	105.45
非电毫秒雷管		个	17.34	22.03	26.11	29.17	31.42
导爆管		m	104.04	132.19	156.67	175.03	188.50
其他材料费		元	51	62	76	86	95
潜孔钻	100型	台时	1.79	2.36	3.01	3.85	4.98
凿岩台车	三臂液压	台时	0.42	0.59	0.73	0.83	0.96
平台车	液压	台时	0.25	0.32	0.39	0.43	0.46
挖掘机	液压 $0.6m^3$	台时	0.69	0.69	0.69	0.69	0.69
载重汽车	5t	台时	0.46	0.46	0.46	0.46	0.46
其他机械使用费		元	57	57	57	57	57
石渣运输		m^3	106	106	106	106	106
编号			21010	21011	21012	21013	21014

2.40.4.2 开挖梯段高度 6～9m

单位：$100m^3$

项目		单位	岩石级别				
			Ⅴ～Ⅵ	Ⅶ～Ⅷ	Ⅸ～Ⅹ	Ⅺ～Ⅻ	ⅩⅢ～ⅩⅣ
高级熟练工		工时	4	4	5	5	5
熟练工		工时	18	20	20	22	23
半熟练工		工时	22	24	26	27	29
普工		工时	29	33	35	37	39
合计		工时	73	81	86	91	96
潜孔钻钻头	ϕ100	个	0.10	0.12	0.15	0.17	0.20
钻头	ϕ45～48	个	0.09	0.13	0.15	0.18	0.20
潜孔钻钻杆		kg	0.29	0.34	0.40	0.46	0.54
台车钻杆		kg	0.86	1.22	1.64	2.02	2.41
炸药		kg	52.22	64.71	74.75	84.09	93.68
非电毫秒雷管		个	15.30	19.99	23.05	25.30	28.36
导爆管		m	91.80	119.95	138.31	151.78	170.14
其他材料费		元	45	55	68	76	85
潜孔钻	100型	台时	1.97	2.57	3.27	4.20	5.43
凿岩台车	三臂液压	台时	0.32	0.44	0.54	0.62	0.70
平台车	液压	台时	0.19	0.24	0.28	0.32	0.34
挖掘机	液压 $0.6m^3$	台时	0.69	0.69	0.69	0.69	0.69
载重汽车	5t	台时	0.46	0.46	0.46	0.46	0.46
其他机械使用费		元	57	57	57	57	57
石渣运输		m^3	106	106	106	106	106
编号			21015	21016	21017	21018	21019

2.41 斜井石方扩挖
（风钻、井斜 25°～45°）

适用范围： 导井形成后的斜井自上而下全断面作业。

工作内容： 钻孔、光面爆破、安全处理、翻渣、清面、修整等。

2.41.1 开挖断面面积≤$20m^2$

单位：$100m^3$

项目	单位	岩石级别				
		Ⅴ～Ⅵ	Ⅶ～Ⅷ	Ⅸ～Ⅹ	Ⅺ～Ⅻ	ⅩⅢ～ⅩⅣ
高级熟练工	工时	11	15	20	27	38
熟练工	工时	45	59	79	109	152
半熟练工	工时	85	110	148	204	285
普工	工时	103	132	177	244	342
合计	工时	244	316	424	584	817
合金钻头	个	4.29	5.84	8.04	10.89	14.58
风钻钻杆	kg	2.67	3.28	4.74	7.99	16.32
炸药	kg	106	121	138	154	172
非电毫秒雷管	个	68	79	90	101	111
导爆管	m	205	236	269	302	334
其他材料费	元	66	89	123	146	173
风钻 气腿式	台时	10.77	15.68	23.62	35.52	53.33
风钻 手持式	台时	2.69	3.92	5.90	8.88	13.33
修钎设备	台时	0.55	0.71	1.00	1.46	2.32
载重汽车 5t	台时	0.46	0.46	0.46	0.46	0.46
其他机械使用费	元	37	37	37	37	37
石渣运输	m^3	106	106	106	106	106
编号		21020	21021	21022	21023	21024

2.41.2 开挖断面面积 $40m^2$

单位：$100m^3$

项目	单位	岩石级别				
		Ⅴ～Ⅵ	Ⅶ～Ⅷ	Ⅸ～Ⅹ	Ⅺ～Ⅻ	ⅩⅢ～ⅩⅣ
高级熟练工	工时	10	14	18	26	36
熟练工	工时	42	54	74	102	144
半熟练工	工时	78	102	138	192	270
普工	工时	95	122	166	230	324
合计	工时	225	292	396	550	774
合金钻头	个	3.93	5.40	7.49	10.24	13.81
风钻钻杆	kg	2.45	3.04	4.43	7.51	15.44
炸药	kg	105	122	140	158	177
非电毫秒雷管	个	63	72	84	95	106
导爆管	m	253	290	335	379	424
其他材料费	元	60	80	112	133	157
风钻 气腿式	台时	10.94	16.11	24.50	37.13	56.10
风钻 手持式	台时	2.73	4.02	6.12	9.28	14.02
修钎设备	台时	0.49	0.66	0.93	1.37	2.20
载重汽车 5t	台时	0.46	0.46	0.46	0.46	0.46
其他机械使用费	元	32	32	32	32	32
石渣运输	m^3	106	106	106	106	106
编号		21025	21026	21027	21028	21029

2.41.3 开挖断面面积 $60m^2$

单位：$100m^3$

项　　目	单位	岩石级别				
		Ⅴ～Ⅵ	Ⅶ～Ⅷ	Ⅸ～Ⅹ	Ⅺ～Ⅻ	ⅩⅢ～ⅩⅣ
高级熟练工	工时	10	13	18	25	35
熟练工	工时	40	52	71	100	140
半熟练工	工时	75	98	134	187	263
普工	工时	91	118	161	224	316
合计	工时	216	281	384	536	754
合金钻头	个	3.77	5.19	7.26	9.96	13.46
风钻钻杆	kg	2.35	2.92	4.28	7.31	15.06
炸药	kg	96	112	129	146	164
非电毫秒雷管	个	60	70	81	92	103
导爆管	m	301	351	403	459	515
其他材料费	元	60	80	112	133	157
风钻　气腿式	台时	10.46	15.51	23.71	36.08	54.66
风钻　手持式	台时	2.62	3.87	5.92	9.02	13.67
修钎设备	台时	0.47	0.63	0.90	1.33	2.14
载重汽车　5t	台时	0.46	0.46	0.46	0.46	0.46
其他机械使用费	元	28	28	28	28	28
石渣运输	m^3	106	106	106	106	106
编号		21030	21031	21032	21033	21034

2.41.4 开挖断面面积 100m²

单位：100m³

项目	单位	岩石级别				
		Ⅴ～Ⅵ	Ⅶ～Ⅷ	Ⅸ～Ⅹ	Ⅺ～Ⅻ	ⅩⅢ～ⅩⅣ
高级熟练工	工时	9	13	17	24	34
熟练工	工时	39	50	69	97	137
半熟练工	工时	72	95	130	181	256
普工	工时	88	113	156	217	308
合计	工时	208	271	372	519	735
合金钻头	个	3.60	5.00	7.02	9.67	13.11
风钻钻杆	kg	2.24	2.82	4.14	7.09	14.67
炸药	kg	87	102	119	135	151
非电毫秒雷管	个	57	67	78	90	100
导爆管	m	286	337	392	448	500
其他材料费	元	60	80	112	133	157
风钻 气腿式	台时	10.01	14.92	22.94	35.05	53.27
风钻 手持式	台时	2.50	3.73	5.74	8.76	13.32
修钎设备	台时	0.45	0.61	0.87	1.29	2.09
载重汽车 5t	台时	0.46	0.46	0.46	0.46	0.46
其他机械使用费	元	28	28	28	28	28
石渣运输	m³	106	106	106	106	106
编号		21035	21036	21037	21038	21039

2.41.5 开挖断面面积 150m²

单位：100m³

项目	单位	岩石级别				
		Ⅴ～Ⅵ	Ⅶ～Ⅷ	Ⅸ～Ⅹ	Ⅺ～Ⅻ	ⅩⅢ～ⅩⅣ
高级熟练工	工时	9	12	17	24	34
熟练工	工时	38	49	68	95	135
半熟练工	工时	71	92	127	178	252
普工	工时	84	111	152	213	302
合计	工时	202	264	364	510	723
合金钻头	个	3.50	4.87	6.88	9.49	12.90
风钻钻杆	kg	2.17	2.75	4.06	6.95	14.42
炸药	kg	81	94	111	126	142
非电毫秒雷管	个	56	65	77	88	99
导爆管	m	281	326	383	439	494
其他材料费	元	54	72	100	120	141
风钻 气腿式	台时	10.94	16.37	25.26	38.70	58.93
风钻 手持式	台时	1.22	1.82	2.80	4.30	6.55
修钎设备	台时	0.44	0.60	0.85	1.27	2.05
载重汽车 5t	台时	0.46	0.46	0.46	0.46	0.46
其他机械使用费	元	28	28	28	28	28
石渣运输	m³	106	106	106	106	106
编号		21040	21041	21042	21043	21044

2.41.6 开挖断面面积＞150m²

单位：100m³

项目	单位	岩石级别				
		Ⅴ～Ⅵ	Ⅶ～Ⅷ	Ⅸ～Ⅹ	Ⅺ～Ⅻ	XIII～XIV
高级熟练工	工时	9	12	17	24	34
熟练工	工时	37	49	67	94	133
半熟练工	工时	70	91	126	176	250
普工	工时	83	110	151	211	301
合计	工时	199	262	361	505	718
合金钻头	个	3.46	4.83	6.82	9.42	12.81
风钻钻杆	kg	2.14	2.72	4.02	6.91	14.34
炸药	kg	75	89	104	119	134
非电毫秒雷管	个	55	65	76	87	98
导爆管	m	275	325	381	434	490
其他材料费	元	54	72	100	120	141
风钻 气腿式	台时	10.80	16.21	25.05	38.41	58.55
风钻 手持式	台时	1.21	1.80	2.78	4.27	6.51
修钎设备	台时	0.43	0.59	0.85	1.26	2.04
载重汽车 5t	台时	0.46	0.46	0.46	0.46	0.46
其他机械使用费	元	28	28	28	28	28
石渣运输	m³	106	106	106	106	106
编号		21045	21046	21047	21048	21049

2.42 斜井石方扩挖（风钻、井斜 45°～75°）

适用范围： 导井形成后的斜井自上而下全断面作业。

工作内容： 钻孔、光面爆破、安全处理、翻渣、清面、修整等。

2.42.1 开挖断面面积≤20m²

单位：100m³

项目	单位	岩石级别				
		Ⅴ～Ⅵ	Ⅶ～Ⅷ	Ⅸ～Ⅹ	Ⅺ～Ⅻ	ⅩⅢ～ⅩⅣ
高级熟练工	工时	13	18	24	33	46
熟练工	工时	55	71	95	131	184
半熟练工	工时	103	133	178	246	344
普工	工时	124	159	214	295	413
合计	工时	295	381	511	705	987
合金钻头	个	4.29	5.84	8.04	10.89	14.58
风钻钻杆	kg	2.67	3.28	4.74	7.99	16.32
炸药	kg	115	132	150	169	187
非电毫秒雷管	个	68	79	90	101	111
导爆管	m	273	314	359	403	445
其他材料费	元	66	89	123	146	173
风钻 气腿式	台时	11.97	17.42	26.24	39.47	59.26
风钻 手持式	台时	2.99	4.35	6.56	9.87	14.81
修钎设备	台时	0.55	0.71	1.00	1.46	2.32
载重汽车 5t	台时	0.46	0.46	0.46	0.46	0.46
其他机械使用费	元	37	37	37	37	37
石渣运输	m³	106	106	106	106	106
编号		21050	21051	21052	21053	21054

2.42.2 开挖断面面积 $40m^2$

单位：$100m^3$

项目	单位	岩石级别				
		Ⅴ～Ⅵ	Ⅶ～Ⅷ	Ⅸ～Ⅹ	Ⅺ～Ⅻ	ⅩⅢ～ⅩⅣ
高级熟练工	工时	12	16	22	31	44
熟练工	工时	50	65	89	123	174
半熟练工	工时	95	123	167	231	325
普工	工时	114	147	201	277	391
合计	工时	271	351	479	662	934
合金钻头	个	3.93	5.40	7.49	10.24	13.81
风钻钻杆	kg	2.45	3.04	4.43	7.51	15.44
炸药	kg	105	122	140	158	177
非电毫秒雷管	个	63	72	84	95	106
导爆管	m	253	290	335	379	424
其他材料费	元	60	80	112	133	157
风钻 气腿式	台时	11.52	16.95	25.79	39.09	59.05
风钻 手持式	台时	2.87	4.24	6.45	9.78	14.76
修钎设备	台时	0.49	0.66	0.93	1.37	2.20
载重汽车 5t	台时	0.46	0.46	0.46	0.46	0.46
其他机械使用费	元	32	32	32	32	32
石渣运输	m^3	106	106	106	106	106
编号		21055	21056	21057	21058	21059

2.42.3 开挖断面面积 $60m^2$

单位：$100m^3$

项目		单位	岩石级别				
			Ⅴ～Ⅵ	Ⅶ～Ⅷ	Ⅸ～Ⅹ	Ⅺ～Ⅻ	ⅩⅢ～ⅩⅣ
高级熟练工		工时	12	16	22	30	43
熟练工		工时	48	63	86	120	170
半熟练工		工时	92	119	162	225	318
普工		工时	109	142	194	270	382
合计		工时	261	340	464	645	913
合金钻头		个	3.77	5.19	7.26	9.96	13.46
风钻钻杆		kg	2.35	2.92	4.28	7.31	15.06
炸药		kg	96	112	129	146	164
非电毫秒雷管		个	60	70	81	92	103
导爆管		m	241	281	322	367	412
其他材料费		元	60	80	112	133	157
风钻	气腿式	台时	11.01	16.32	24.96	37.98	57.55
风钻	手持式	台时	2.75	4.08	6.24	9.50	14.38
修钎设备		台时	0.47	0.63	0.90	1.33	2.14
载重汽车	5t	台时	0.46	0.46	0.46	0.46	0.46
其他机械使用费		元	28	28	28	28	28
石渣运输		m^3	106	106	106	106	106
编号			21060	21061	21062	21063	21064

2.42.4 开挖断面面积 100m²

单位：100m³

项目	单位	岩石级别				
		Ⅴ～Ⅵ	Ⅶ～Ⅷ	Ⅸ～Ⅹ	Ⅺ～Ⅻ	XⅢ～XⅣ
高级熟练工	工时	11	15	21	29	41
熟练工	工时	46	61	84	117	165
半熟练工	工时	88	114	157	219	309
普工	工时	105	137	188	262	371
合计	工时	250	327	450	627	886
合金钻头	个	3.60	5.00	7.02	9.67	13.11
风钻钻杆	kg	2.24	2.82	4.14	7.09	14.67
炸药	kg	87	102	119	135	151
非电毫秒雷管	个	57	67	78	90	100
导爆管	m	228	269	313	358	400
其他材料费	元	54	72	100	120	141
风钻 气腿式	台时	11.85	17.68	27.17	41.51	63.09
风钻 手持式	台时	1.32	1.96	3.02	4.61	7.01
修钎设备	台时	0.45	0.61	0.87	1.29	2.09
载重汽车 5t	台时	0.46	0.46	0.46	0.46	0.46
其他机械使用费	元	28	28	28	28	28
石渣运输	m³	106	106	106	106	106
编号		21065	21066	21067	21068	21069

2.42.5 开挖断面面积 $150m^2$

单位：$100m^3$

项目		单位	岩石级别				
			Ⅴ～Ⅵ	Ⅶ～Ⅷ	Ⅸ～Ⅹ	Ⅺ～Ⅻ	XⅢ～XⅣ
高级熟练工		工时	11	15	20	29	41
熟练工		工时	45	60	82	115	162
半熟练工		工时	85	112	153	214	304
普工		工时	103	134	184	258	365
合计		工时	244	321	439	616	872
合金钻头		个	3.50	4.87	6.88	9.49	12.90
风钻钻杆		kg	2.17	2.75	4.06	6.95	14.42
炸药		kg	81	94	111	126	142
非电毫秒雷管		个	56	65	77	88	99
导爆管		m	224	261	306	351	395
其他材料费		元	54	72	100	120	141
风钻	气腿式	台时	11.52	17.24	26.59	40.74	62.04
风钻	手持式	台时	1.28	1.92	2.95	4.53	6.90
修钎设备		台时	0.44	0.60	0.85	1.27	2.05
载重汽车	5t	台时	0.46	0.46	0.46	0.46	0.46
其他机械使用费		元	28	28	28	28	28
石渣运输		m^3	106	106	106	106	106
编号			21070	21071	21072	21073	21074

2.42.6 开挖断面面积＞150m²

单位：100m³

项目	单位	岩石级别				
		Ⅴ～Ⅵ	Ⅶ～Ⅷ	Ⅸ～Ⅹ	Ⅺ～Ⅻ	ⅩⅢ～ⅩⅣ
高级熟练工	工时	11	15	20	28	40
熟练工	工时	45	59	81	114	161
半熟练工	工时	84	111	152	213	302
普工	工时	101	133	183	255	363
合计	工时	241	318	436	610	866
合金钻头	个	3.46	4.83	6.82	9.42	12.81
风钻钻杆	kg	2.14	2.72	4.02	6.91	14.34
炸药	kg	75	89	104	119	134
非电毫秒雷管	个	55	65	76	87	98
导爆管	m	220	260	305	347	392
其他材料费	元	54	72	100	120	141
风钻 气腿式	台时	11.38	17.08	26.37	40.43	61.64
风钻 手持式	台时	1.27	1.90	2.93	4.49	6.85
修钎设备	台时	0.43	0.59	0.85	1.26	2.04
载重汽车 5t	台时	0.46	0.46	0.46	0.46	0.46
其他机械使用费	元	28	28	28	28	28
石渣运输	m³	106	106	106	106	106
编号		21075	21076	21077	21078	21079

2.43 竖井石方扩挖（风钻）

适用范围： 适用于井斜 75°～90°，导井形成后的竖井自上而下全断面扩挖作业。

工作内容： 钻孔、光面爆破、安全处理、翻渣、清面、修整等。

2.43.1 开挖断面面积≤20m²

单位：100m³

项目		单位	岩石级别				
			Ⅴ～Ⅵ	Ⅶ～Ⅷ	Ⅸ～Ⅹ	Ⅺ～Ⅻ	ⅩⅢ～ⅩⅣ
高级熟练工		工时	11	15	20	28	39
熟练工		工时	47	61	81	113	158
半熟练工		工时	89	114	153	211	295
普工		工时	106	136	183	253	354
合计		工时	253	326	437	605	846
合金钻头		个	3.68	5.01	6.89	9.33	12.50
风钻钻杆		kg	2.33	2.86	4.12	6.94	14.19
炸药		kg	100	115	131	146	163
非电毫秒雷管		个	92	105	120	134	149
导爆管		m	275	314	359	403	446
其他材料费		元	60	80	112	133	157
风钻	气腿式	台时	4.88	7.10	10.70	16.09	24.16
风钻	手持式	台时	11.38	16.57	24.96	37.54	56.36
修钎设备		台时	0.46	0.61	0.86	1.25	2.01
载重汽车	5t	台时	0.46	0.46	0.46	0.46	0.46
其他机械使用费		元	37	37	37	37	37
石渣运输		m³	106	106	106	106	106
编号			21080	21081	21082	21083	21084

2.43.2 开挖断面面积 40m²

单位：100m³

项 目		单位	岩 石 级 别				
			Ⅴ～Ⅵ	Ⅶ～Ⅷ	Ⅸ～Ⅹ	Ⅺ～Ⅻ	ⅩⅢ～ⅩⅣ
高级熟练工		工时	11	14	19	26	37
熟练工		工时	43	56	76	106	149
半熟练工		工时	81	105	143	198	279
普工		工时	98	126	172	238	335
合计		工时	233	301	410	568	800
合金钻头		个	3.37	4.62	6.42	8.78	11.84
风钻钻杆		kg	2.13	2.64	3.85	6.53	13.43
炸药		kg	92	106	122	138	154
非电毫秒雷管		个	84	96	112	126	140
导爆管		m	251	289	335	378	421
其他材料费		元	60	80	112	133	157
风钻	气腿式	台时	4.46	6.57	9.99	15.14	22.07
风钻	手持式	台时	10.40	15.32	23.30	35.32	53.35
修钎设备		台时	0.42	0.57	0.80	1.18	1.90
载重汽车	5t	台时	0.46	0.46	0.46	0.46	0.46
其他机械使用费		元	32	32	32	32	32
石渣运输		m³	106	106	106	106	106
编号			21085	21086	21087	21088	21089

2.43.3 开挖断面面积 60m²

单位：100m³

项　　目	单位	岩石级别				
		Ⅴ～Ⅵ	Ⅶ～Ⅷ	Ⅸ～Ⅹ	Ⅺ～Ⅻ	ⅩⅢ～ⅩⅣ
高级熟练工	工时	10	14	19	26	36
熟练工	工时	42	54	74	103	145
半熟练工	工时	78	102	139	193	272
普工	工时	94	122	167	232	327
合计	工时	224	292	399	554	780
合金钻头	个	3.23	4.45	6.22	8.54	11.53
风钻钻杆	kg	2.04	2.54	3.73	6.35	13.09
炸药	kg	84	97	113	127	142
非电毫秒雷管	个	81	93	108	123	137
导爆管	m	242	280	323	368	412
其他材料费	元	54	72	100	120	141
风钻　气腿式	台时	3.41	5.06	7.73	11.77	17.83
风钻　手持式	台时	7.96	11.80	18.04	27.46	41.60
修钎设备	台时	0.41	0.55	0.78	1.15	1.85
载重汽车　5t	台时	0.46	0.46	0.46	0.46	0.46
其他机械使用费	元	28	28	28	28	28
石渣运输	m³	106	106	106	106	106
编　号		21090	21091	21092	21093	21094

2.43.4 开挖断面面积 100m²

单位：100m³

项目	单位	岩石级别				
		Ⅴ～Ⅵ	Ⅶ～Ⅷ	Ⅸ～Ⅹ	Ⅺ～Ⅻ	ⅩⅢ～ⅩⅣ
高级熟练工	工时	10	13	18	25	35
熟练工	工时	40	52	72	100	142
半熟练工	工时	75	98	135	187	265
普工	工时	90	118	162	225	318
合计	工时	215	281	387	537	760
合金钻头	个	3.08	4.28	6.01	8.28	11.24
风钻钻杆	kg	1.95	2.45	3.60	6.16	12.75
炸药	kg	75	88	103	118	132
非电毫秒雷管	个	77	89	105	119	133
导爆管	m	230	268	314	357	400
其他材料费	元	48	64	89	106	125
风钻 气腿式	台时	3.27	4.87	7.48	11.44	17.37
风钻 手持式	台时	7.61	11.35	17.46	26.67	40.53
修钎设备	台时	0.39	0.53	0.75	1.11	1.81
载重汽车 5t	台时	0.46	0.46	0.46	0.46	0.46
其他机械使用费	元	28	28	28	28	28
石渣运输	m³	106	106	106	106	106
编号		21095	21096	21097	21098	21099

2.43.5 开挖断面面积 $150m^2$

单位：$100m^3$

项目	单位	岩石级别				
		Ⅴ～Ⅵ	Ⅶ～Ⅷ	Ⅸ～Ⅹ	Ⅺ～Ⅻ	ⅩⅢ～ⅩⅣ
高级熟练工	工时	9	13	18	25	35
熟练工	工时	39	51	70	98	139
半熟练工	工时	73	96	131	184	261
普工	工时	88	115	158	221	313
合计	工时	209	275	377	528	748
合金钻头	个	3.00	4.18	5.89	8.13	11.05
风钻钻杆	kg	1.89	2.39	3.53	6.05	12.54
炸药	kg	70	82	96	110	123
非电毫秒雷管	个	74	87	102	117	131
导爆管	m	223	262	307	351	394
其他材料费	元	48	64	89	106	125
风钻 气腿式	台时	3.17	4.75	7.33	11.21	17.08
风钻 手持式	台时	7.40	11.07	17.09	26.17	39.86
修钎设备	台时	0.38	0.51	0.74	1.09	1.78
载重汽车 5t	台时	0.46	0.46	0.46	0.46	0.46
其他机械使用费	元	28	28	28	28	28
石渣运输	m^3	106	106	106	106	106
编号		21100	21101	21102	21103	21104

2.43.6 开挖断面面积＞150m²

单位：100m³

项目	单位	岩石级别				
		Ⅴ～Ⅵ	Ⅶ～Ⅷ	Ⅸ～Ⅹ	Ⅺ～Ⅻ	XⅢ～XⅣ
高级熟练工	工时	9	13	17	24	35
熟练工	工时	38	51	70	97	138
半熟练工	工时	72	95	130	183	259
普工	工时	87	114	157	219	311
合计	工时	206	273	374	523	743
合金钻头	个	2.96	4.14	5.85	8.08	10.98
风钻钻杆	kg	1.87	2.36	3.50	6.01	12.47
炸药	kg	65	77	90	104	116
非电毫秒雷管	个	73	86	102	116	130
导爆管	m	220	259	305	348	390
其他材料费	元	48	64	89	106	125
风钻 气腿式	台时	3.13	4.70	7.27	11.13	16.97
风钻 手持式	台时	7.31	10.97	16.95	25.98	39.60
修钎设备	台时	0.37	0.51	0.73	1.08	1.76
载重汽车 5t	台时	0.46	0.46	0.46	0.46	0.46
其他机械使用费	元	28	28	28	28	28
石渣运输	m³	106	106	106	106	106
编号		21105	21106	21107	21108	21109

2.44 $1m^3$挖掘机装石渣 汽车运输

适用范围：露天作业。

工作内容：挖装、运输、卸除、空回。

单位：$100m^3$

项目		单位	运距（km）					每增运1km
			0.5	1	2	3	4	
高级熟练工		工时						
熟练工		工时						
半熟练工		工时						
普工		工时	5	5	5	5	5	
合计		工时	5	5	5	5	5	
零星材料费		元	16	16	16	16	16	
挖掘机	液压正铲 $1m^3$	台时	1.61	1.61	1.61	1.61	1.61	
推土机	74kW	台时	0.80	0.80	0.80	0.80	0.80	
自卸汽车	3.5t	台时	10.15	12.93	17.72	22.50	27.27	4.18
	5t	台时	7.83	9.77	13.12	16.47	19.82	2.93
	6.5t	台时	6.57	8.08	10.65	13.23	15.80	2.26
	8t	台时	5.80	7.01	9.11	11.20	13.29	1.83
	10t	台时	5.22	6.19	7.87	9.54	11.22	1.46
	12t	台时	4.75	5.56	6.96	8.35	9.74	1.22
	15t	台时	4.13	4.78	5.89	7.01	8.13	0.98
其他机械使用费		元	8	8	8	8	8	
编号			21110	21111	21112	21113	21114	21115

2.45　1.5m³挖掘机装石渣　汽车运输

适用范围：露天作业。

工作内容：挖装、运输、卸除、空回。

单位：100m³

项目		单位	运距（km）					每增运1km
			0.5	1	2	3	4	
高级熟练工		工时						
熟练工		工时						
半熟练工		工时						
普工		工时	4	4	4	4	4	
合计		工时	4	4	4	4	4	
零星材料费		元	16	16	16	16	16	
挖掘机	液压正铲 1.5m³	台时	1.17	1.17	1.17	1.17	1.17	
推土机	88kW	台时	0.59	0.59	0.59	0.59	0.59	
自卸汽车	5t	台时	7.17	9.12	12.46	15.81	19.16	2.93
	6.5t	台时	5.91	7.42	9.99	12.57	15.14	2.26
	8t	台时	5.14	6.36	8.45	10.54	12.63	1.83
	10t	台时	4.56	5.53	7.21	8.88	10.56	1.46
	12t	台时	4.09	4.90	6.30	7.69	9.08	1.22
	15t	台时	3.63	4.27	5.39	6.51	7.62	0.98
	18t	台时	3.27	3.81	4.74	5.68	6.60	0.81
其他机械使用费		元	8	8	8	8	8	
编号			21116	21117	21118	21119	21120	21121

2.46 $2m^3$挖掘机装石渣 汽车运输

适用范围：露天作业。

工作内容：挖装、运输、卸除、空回。

单位：$100m^3$

项目		单位	运距（km）					每增运1km
			0.5	1	2	3	4	
高级熟练工		工时						
熟练工		工时						
半熟练工		工时						
普工		工时	3	3	3	3	3	
合计		工时	3	3	3	3	3	
零星材料费		元	16	16	16	16	16	
挖掘机	液压正铲 $2m^3$	台时	0.99	0.99	0.99	0.99	0.99	
推土机	88kW	台时	0.49	0.49	0.49	0.49	0.49	
自卸汽车	6.5t	台时	5.64	7.15	9.72	12.29	14.86	2.26
	8t	台时	4.86	6.09	8.18	10.27	12.36	1.83
	10t	台时	4.28	5.26	6.93	8.61	10.28	1.46
	12t	台时	3.82	4.64	6.03	7.42	8.82	1.22
	15t	台时	3.35	4.00	5.12	6.23	7.34	0.98
	18t	台时	3.04	3.58	4.51	5.44	6.37	0.81
	20t	台时	2.87	3.37	4.20	5.04	5.87	0.73
其他机械使用费		元	8	8	8	8	8	
编号			21122	21123	21124	21125	21126	21127

2.47　$3m^3$挖掘机装石渣　汽车运输

适用范围：露天作业。

工作内容：挖装、运输、卸除、空回。

单位：$100m^3$

项目		单位	运距（km）					每增运1km
			0.5	1	2	3	4	
高级熟练工		工时						
熟练工		工时						
半熟练工		工时						
普工		工时	2	2	2	2	2	
合计		工时	2	2	2	2	2	
零星材料费		元	16	16	16	16	16	
挖掘机	液压正铲$3m^3$	台时	0.73	0.73	0.73	0.73	0.73	
推土机	88kW	台时	0.37	0.37	0.37	0.37	0.37	
自卸汽车	8t	台时	4.48	5.70	7.79	9.88	11.97	1.83
	10t	台时	3.90	4.87	6.55	8.22	9.90	1.46
	12t	台时	3.43	4.24	5.64	7.03	8.43	1.22
	15t	台时	2.97	3.62	4.73	5.85	6.96	0.98
	18t	台时	2.66	3.19	4.13	5.06	5.98	0.81
	20t	台时	2.50	2.99	3.82	4.66	5.50	0.73
	25t	台时	2.21	2.61	3.28	3.94	4.61	0.59
	27t	台时	2.14	2.51	3.14	3.76	4.39	0.55
	32t	台时	1.92	2.21	2.74	3.27	3.79	0.45
其他机械使用费		元	8	8	8	8	8	
编号			21128	21129	21130	21131	21132	21133

2.48 $4m^3$挖掘机装石渣 汽车运输

适用范围： 露天作业。

工作内容： 挖装、运输、卸除、空回。

单位：$100m^3$

项目		单位	运距（km）					每增运1km
			0.5	1	2	3	4	
高级熟练工		工时						
熟练工		工时						
半熟练工		工时						
普工		工时	2	2	2	2	2	
合计		工时	2	2	2	2	2	
零星材料费		元	16	16	16	16	16	
挖掘机	液压正铲 $4m^3$	台时	0.61	0.61	0.61	0.61	0.61	
推土机	132kW	台时	0.30	0.30	0.30	0.30	0.30	
自卸汽车	12t	台时	3.24	4.06	5.45	6.84	8.24	1.22
	15t	台时	2.77	3.42	4.54	5.65	6.77	0.98
	18t	台时	2.46	3.01	3.93	4.86	5.79	0.81
	20t	台时	2.31	2.79	3.64	4.47	5.30	0.73
	25t	台时	2.03	2.42	3.09	3.76	4.43	0.59
	27t	台时	1.96	2.32	2.95	3.57	4.20	0.55
	30t	台时	1.91	2.25	2.84	3.44	4.03	0.52
	32t	台时	1.78	2.09	2.61	3.13	3.66	0.45
	40t	台时	1.58	1.81	2.24	2.66	3.07	0.37
其他机械使用费		元	8	8	8	8	8	
编号			21134	21135	21136	21137	21138	21139

2.49 $5m^3$挖掘机装石渣 汽车运输

适用范围：露天作业。

工作内容：挖装、运输、卸除、空回。

单位：$100m^3$

项目		单位	运距（km）					每增运1km
			0.5	1	2	3	4	
高级熟练工		工时						
熟练工		工时						
半熟练工		工时						
普工		工时	2	2	2	2	2	
合计		工时	2	2	2	2	2	
零星材料费		元	16	16	16	16	16	
挖掘机	液压正铲$5m^3$	台时	0.52	0.52	0.52	0.52	0.52	
推土机	132kW	台时	0.26	0.26	0.26	0.26	0.26	
自卸汽车	15t	台时	2.64	3.29	4.40	5.52	6.63	0.98
	18t	台时	2.33	2.86	3.80	4.73	5.65	0.81
	20t	台时	2.17	2.66	3.49	4.33	5.17	0.73
	25t	台时	1.88	2.28	2.95	3.62	4.28	0.59
	27t	台时	1.81	2.18	2.81	3.44	4.06	0.55
	30t	台时	1.76	2.11	2.71	3.30	3.89	0.52
	32t	台时	1.65	1.95	2.47	3.00	3.52	0.45
	40t	台时	1.48	1.73	2.14	2.56	2.98	0.37
	45t	台时	1.37	1.59	1.97	2.34	2.71	0.33
	50t	台时	1.29	1.48	1.81	2.15	2.48	0.29
其他机械使用费		元	8	8	8	8	8	
编号			21140	21141	21142	21143	21144	21145

2.50 $6m^3$挖掘机装石渣 汽车运输

适用范围： 露天作业。

工作内容： 挖装、运输、卸除、空回。

单位：$100m^3$

项目		单位	运距（km）					每增运1km
			0.5	1	2	3	4	
高级熟练工		工时						
熟练工		工时						
半熟练工		工时						
普工		工时	1	1	1	1	1	
合计		工时	1	1	1	1	1	
零星材料费		元	16	16	16	16	16	
挖掘机	液压正铲$6m^3$	台时	0.45	0.45	0.45	0.45	0.45	
推土机	132kW	台时	0.23	0.23	0.23	0.23	0.23	
自卸汽车	18t	台时	2.24	2.78	3.71	4.64	5.56	0.81
	20t	台时	2.08	2.56	3.40	4.24	5.08	0.73
	25t	台时	1.80	2.18	2.85	3.52	4.19	0.59
	27t	台时	1.73	2.09	2.72	3.35	3.97	0.55
	30t	台时	1.67	2.02	2.62	3.20	3.80	0.52
	32t	台时	1.56	1.85	2.38	2.90	3.43	0.45
	40t	台时	1.40	1.65	2.06	2.48	2.90	0.37
	45t	台时	1.31	1.52	1.91	2.28	2.65	0.33
	50t	台时	1.23	1.42	1.76	2.09	2.43	0.29
	65t	台时	1.05	1.21	1.46	1.73	1.99	0.23
其他机械使用费		元	8	8	8	8	8	
编号			21146	21147	21148	21149	21150	21151

2.51 $8m^3$挖掘机装石渣 汽车运输

适用范围： 露天作业。

工作内容： 挖装、运输、卸除、空回。

单位：$100m^3$

项目		单位	运距（km）					每增运1km
			0.5	1	2	3	4	
高级熟练工		工时						
熟练工		工时						
半熟练工		工时						
普工		工时	1	1	1	1	1	
合计		工时	1	1	1	1	1	
零星材料费		元	16	16	16	16	16	
挖掘机	液压正铲$8m^3$	台时	0.37	0.37	0.37	0.37	0.37	
推土机	162kW	台时	0.19	0.19	0.19	0.19	0.19	
自卸汽车	25t	台时	1.67	2.06	2.73	3.40	4.07	0.59
	27t	台时	1.60	1.97	2.59	3.21	3.84	0.55
	30t	台时	1.55	1.90	2.48	3.08	3.68	0.52
	32t	台时	1.42	1.73	2.26	2.77	3.30	0.45
	40t	台时	1.28	1.51	1.94	2.36	2.77	0.37
	45t	台时	1.19	1.41	1.78	2.15	2.52	0.33
	50t	台时	1.13	1.33	1.66	2.00	2.33	0.29
	65t	台时	0.97	1.12	1.38	1.64	1.91	0.23
	68t	台时	0.95	1.10	1.35	1.61	1.86	0.23
	77t	台时	0.88	1.01	1.24	1.45	1.68	0.20
其他机械使用费		元	8	8	8	8	8	
编号			21152	21153	21154	21155	21156	21157

2.52 $10m^3$挖掘机装石渣 汽车运输

适用范围：露天作业。

工作内容：挖装、运输、卸除、空回。

单位：$100m^3$

项目		单位	运距（km）					每增运1km
			0.5	1	2	3	4	
高级熟练工		工时						
熟练工		工时						
半熟练工		工时						
普工		工时	1	1	1	1	1	
合计		工时	1	1	1	1	1	
零星材料费		元	16	16	16	16	16	
挖掘机	液压正铲 $10m^3$	台时	0.31	0.31	0.31	0.31	0.31	
推土机	162kW	台时	0.15	0.15	0.15	0.15	0.15	
自卸汽车	30t	台时	1.45	1.80	2.40	2.99	3.58	0.52
	32t	台时	1.34	1.64	2.16	2.69	3.21	0.45
	40t	台时	1.18	1.43	1.84	2.27	2.69	0.37
	45t	台时	1.10	1.32	1.69	2.07	2.44	0.33
	50t	台时	1.04	1.24	1.58	1.91	2.25	0.29
	65t	台时	0.91	1.06	1.32	1.59	1.84	0.23
	68t	台时	0.90	1.04	1.30	1.55	1.80	0.23
	77t	台时	0.82	0.95	1.17	1.40	1.62	0.20
其他机械使用费		元	8	8	8	8	8	
编号			21158	21159	21160	21161	21162	21163

2.53　1.5m³装载机装石渣　汽车运输

适用范围：露天作业。

工作内容：挖装、运输、卸除、空回。

单位：100m³

项目		单位	运距（km）					每增运1km
			0.5	1	2	3	4	
高级熟练工		工时						
熟练工		工时						
半熟练工		工时						
普工		工时	7	7	7	7	7	
合计		工时	7	7	7	7	7	
零星材料费		元	16	16	16	16	16	
装载机	1.5m³	台时	2.42	2.42	2.42	2.42	2.42	
推土机	88kW	台时	1.21	1.21	1.21	1.21	1.21	
自卸汽车	5t	台时	9.03	10.98	14.33	17.67	21.02	2.93
	6.5t	台时	7.79	9.28	11.86	14.43	17.01	2.26
	8t	台时	7.00	8.22	10.32	12.41	14.50	1.83
	10t	台时	6.19	7.17	8.85	10.52	12.18	1.46
	12t	台时	5.56	6.38	7.78	9.17	10.56	1.22
	15t	台时	4.93	5.58	6.71	7.82	8.93	0.98
	18t	台时	4.51	5.06	5.98	6.91	7.85	0.81
	20t	台时	4.31	4.79	5.63	6.47	7.30	0.73
其他机械使用费		元	8	8	8	8	8	
编号			21164	21165	21166	21167	21168	21169

2.54 $2m^3$装载机装石渣　汽车运输

适用范围： 露天作业。

工作内容： 挖装、运输、卸除、空回。

单位：$100m^3$

项　目		单位	运距（km）					每增运1km
			0.5	1	2	3	4	
高级熟练工		工时						
熟练工		工时						
半熟练工		工时						
普工		工时	6	6	6	6	6	
合计		工时	6	6	6	6	6	
零星材料费		元	16	16	16	16	16	
装载机	$2m^3$	台时	1.92	1.92	1.92	1.92	1.92	
推土机	88kW	台时	0.96	0.96	0.96	0.96	0.96	
自卸汽车	6.5t	台时	7.02	8.53	11.10	13.68	16.25	2.26
	8t	台时	6.24	7.47	9.56	11.65	13.74	1.83
	10t	台时	5.67	6.64	8.31	9.99	11.66	1.46
	12t	台时	5.06	5.87	7.27	8.66	10.05	1.22
	15t	台时	4.43	5.08	6.20	7.31	8.43	0.98
	18t	台时	4.01	4.55	5.48	6.41	7.34	0.81
	20t	台时	3.80	4.28	5.13	5.96	6.80	0.73
其他机械使用费		元	8	8	8	8	8	
编号			21170	21171	21172	21173	21174	21175

2.55　$3m^3$装载机装石渣　汽车运输

适用范围： 露天作业。

工作内容： 挖装、运输、卸除、空回。

单位：$100m^3$

项　　目		单位	运　距（km）					每增运1km
			0.5	1	2	3	4	
高级熟练工		工时						
熟　练　工		工时						
半熟练工		工时						
普　　工		工时	4	4	4	4	4	
合　　计		工时	4	4	4	4	4	
零星材料费		元	16	16	16	16	16	
装　载　机	$3m^3$	台时	1.38	1.38	1.38	1.38	1.38	
推　土　机	88kW	台时	0.69	0.69	0.69	0.69	0.69	
自卸汽车	8t	台时	4.90	6.13	8.22	10.31	12.40	1.83
	10t	台时	4.39	5.37	7.03	8.71	10.38	1.46
	12t	台时	4.01	4.82	6.21	7.60	9.00	1.22
	15t	台时	3.57	4.22	5.33	6.46	7.57	0.98
	18t	台时	3.21	3.75	4.69	5.61	6.54	0.81
	20t	台时	3.03	3.51	4.36	5.19	6.03	0.73
	25t	台时	2.70	3.09	3.76	4.43	5.10	0.59
	27t	台时	2.62	2.98	3.61	4.23	4.86	0.55
	30t	台时	2.55	2.89	3.49	4.09	4.68	0.52
其他机械使用费		元	8	8	8	8	8	
编　　号			21176	21177	21178	21179	21180	21181

2.56　$4m^3$装载机装石渣　汽车运输

适用范围： 露天作业。

工作内容： 挖装、运输、卸除、空回。

单位：$100m^3$

项目		单位	运距（km）					每增运1km
			0.5	1	2	3	4	
高级熟练工		工时						
熟练工		工时						
半熟练工		工时						
普工		工时	4	4	4	4	4	
合计		工时	4	4	4	4	4	
零星材料费		元	16	16	16	16	16	
装载机	$4m^3$	台时	1.13	1.13	1.13	1.13	1.13	
推土机	132kW	台时	0.57	0.57	0.57	0.57	0.57	
自卸汽车	12t	台时	4.04	4.85	6.25	7.64	9.03	1.22
	15t	台时	3.57	4.22	5.34	6.46	7.57	0.98
	18t	台时	3.23	3.78	4.71	5.63	6.57	0.81
	20t	台时	3.03	3.51	4.35	5.19	6.03	0.73
	25t	台时	2.65	3.04	3.71	4.38	5.05	0.59
	27t	台时	2.55	2.91	3.54	4.17	4.80	0.55
	30t	台时	2.48	2.82	3.42	4.02	4.60	0.52
	32t	台时	2.32	2.63	3.14	3.67	4.19	0.45
	40t	台时	2.10	2.35	2.77	3.18	3.61	0.37
其他机械使用费		元	8	8	8	8	8	
编号			21182	21183	21184	21185	21186	21187

2.57 $5m^3$ 装载机装石渣　汽车运输

适用范围：露天作业。

工作内容：挖装、运输、卸除、空回。

单位：$100m^3$

项目		单位	运距（km）					每增运1km
			0.5	1	2	3	4	
高级熟练工		工时						
熟练工		工时						
半熟练工		工时						
普工		工时	3	3	3	3	3	
合计		工时	3	3	3	3	3	
零星材料费		元	16	16	16	16	16	
装载机	$5m^3$	台时	0.99	0.99	0.99	0.99	0.99	
推土机	132kW	台时	0.49	0.49	0.49	0.49	0.49	
自卸汽车	15t	台时	3.35	4.00	5.12	6.23	7.34	0.98
	18t	台时	3.04	3.58	4.51	5.44	6.37	0.81
	20t	台时	2.87	3.37	4.20	5.04	5.87	0.73
	25t	台时	2.50	2.89	3.56	4.23	4.90	0.59
	27t	台时	2.40	2.77	3.40	4.02	4.65	0.55
	30t	台时	2.33	2.68	3.28	3.86	4.46	0.52
	32t	台时	2.17	2.47	3.00	3.52	4.04	0.45
	40t	台时	1.96	2.20	2.62	3.04	3.46	0.37
	45t	台时	1.85	2.07	2.44	2.81	3.18	0.33
	50t	台时	1.76	1.96	2.30	2.63	2.97	0.29
其他机械使用费		元	8	8	8	8	8	
编号			21188	21189	21190	21191	21192	21193

2.58 7m³装载机装石渣 汽车运输

适用范围： 露天作业。

工作内容： 挖装、运输、卸除、空回。

单位：100m³

项目		单位	运距（km）					每增运1km
			0.5	1	2	3	4	
高级熟练工		工时						
熟练工		工时						
半熟练工		工时						
普工		工时	2	2	2	2	2	
合计		工时	2	2	2	2	2	
零星材料费		元	16	16	16	16	16	
装载机	7m³	台时	0.78	0.78	0.78	0.78	0.78	
推土机	162kW	台时	0.39	0.39	0.39	0.39	0.39	
自卸汽车	20t	台时	2.58	3.06	3.89	4.74	5.57	0.73
	25t	台时	2.30	2.68	3.35	4.02	4.69	0.59
	27t	台时	2.19	2.56	3.18	3.81	4.44	0.55
	30t	台时	2.12	2.47	3.06	3.66	4.25	0.52
	32t	台时	1.96	2.27	2.79	3.32	3.83	0.45
	40t	台时	1.75	2.00	2.41	2.83	3.24	0.37
	45t	台时	1.64	1.86	2.24	2.61	2.98	0.33
	50t	台时	1.56	1.75	2.09	2.42	2.76	0.29
	65t	台时	1.38	1.53	1.79	2.06	2.32	0.23
	68t	台时	1.37	1.51	1.77	2.02	2.28	0.23
其他机械使用费		元	8	8	8	8	8	
编号			21194	21195	21196	21197	21198	21199

2.59 10m³装载机装石渣 汽车运输

适用范围：露天作业。

工作内容：挖装、运输、卸除、空回。

单位：100m³

项目		单位	运距（km）					每增运1km
			0.5	1	2	3	4	
高级熟练工		工时						
熟练工		工时						
半熟练工		工时						
普工		工时	2	2	2	2	2	
合计		工时	2	2	2	2	2	
零星材料费		元	16	16	16	16	16	
装载机	10m³	台时	0.67	0.67	0.67	0.67	0.67	
推土机	162kW	台时	0.34	0.34	0.34	0.34	0.34	
自卸汽车	30t	台时	2.00	2.35	2.95	3.53	4.13	0.52
	32t	台时	1.85	2.15	2.68	3.20	3.73	0.45
	40t	台时	1.64	1.88	2.31	2.72	3.14	0.37
	45t	台时	1.53	1.75	2.12	2.49	2.86	0.33
	50t	台时	1.44	1.64	1.98	2.31	2.65	0.29
	65t	台时	1.28	1.43	1.69	1.95	2.20	0.23
	68t	台时	1.26	1.40	1.66	1.92	2.16	0.23
	77t	台时	1.18	1.32	1.53	1.76	1.98	0.20
其他机械使用费		元	8	8	8	8	8	
编号			21200	21201	21202	21203	21204	21205

2.60 挖掘机（液压反铲）挖石渣

适用范围： 液压反铲挖沟槽、坑口等部位石渣。

工作内容： 转挖、堆放，不装车。

单位：$100m^3$

项目		单位	岩石级别	
			V～IX	IX～XV
高级熟练工		工时		
熟练工		工时		
半熟练工		工时		
普工		工时	4	4
合计		工时	4	4
零星材料费		元	16	16
挖掘机 液压反铲	$0.8m^3$	台时	1.65	1.73
	$1m^3$	台时	1.36	1.42
	$1.2m^3$	台时	1.15	1.22
	$1.6m^3$	台时	0.91	0.96
	$2.0m^3$	台时	0.79	0.83
	$2.5m^3$	台时	0.66	0.70
	$3.0m^3$	台时	0.58	0.61
其他机械使用费		元	8	8
编号			21206	21207

2.61 推土机推运石渣

适用范围：露天作业。

工作内容：推运、堆集、空回、平场。

单位：$100m^3$

项目		单位	推运距离（m）				每增运20m
			20	30	40	50	
高级熟练工		工时					
熟练工		工时					
半熟练工		工时					
普工		工时	6	6	6	6	
合计		工时	6	6	6	6	
零星材料费		元	16	16	16	16	
推土机	74kW	台时	2.67	3.48	4.30	5.02	1.44
	88kW	台时	2.58	3.34	4.15	4.96	1.31
	103kW	台时	2.39	3.12	3.79	4.47	1.17
	118kW	台时	2.26	2.98	3.56	4.15	1.08
	132kW	台时	2.08	2.67	3.30	3.88	1.04
	162kW	台时	1.99	2.53	3.16	3.71	0.99
	235kW	台时	1.36	1.80	2.26	2.67	0.95
	301kW	台时	1.31	1.76	2.16	2.58	0.91
其他机械使用费		元	8	8	8	8	
编号			21208	21209	21210	21211	21212

2.62 人工挑（抬）运石渣

适用范围：露天作业。

工作内容：撬移、解小、清渣、装筐、挑抬运、卸除、空回、平场等。

2.62.1 Ⅴ～Ⅶ 级 岩 石

单位：100m³

项目	单位	运距（m）						每增运10m
		10	20	40	60	80	100	
普工	工时	341	387	511	573	658	744	46
零星材料费	元	27	27	27	27	27	27	
编号		21213	21214	21215	21216	21217	21218	21219

2.62.2 Ⅷ～Ⅹ 级 岩 石

单位：100m³

项目	单位	运距（m）						每增运10m
		10	20	40	60	80	100	
普工	工时	379	434	542	636	735	829	49
零星材料费	元	27	27	27	27	27	27	
编号		21220	21221	21222	21223	21224	21225	21226

2.62.3 Ⅺ～ⅩⅤ 级 岩 石

单位：100m³

项目	单位	运距（m）						每增运10m
		10	20	40	60	80	100	
普工	工时	387	480	605	713	821	929	55
零星材料费	元	27	27	27	27	27	27	
编号		21227	21228	21229	21230	21231	21232	21233

2.63 人工装石渣　双胶轮车运输

适用范围：露天作业。

工作内容：撬移、解小、清渣、装车、运输、卸除、空回、平场等。

2.63.1 Ⅴ～Ⅶ 级 岩 石

单位：$100m^3$

项　　目	单位	运距（m）				每增运10m
		50	100	150	200	
普　　　　工	工时	390	441	491	541	10
零 星 材 料 费	元	27	27	27	27	
双　胶　轮　车	台时	62.81	93.97	125.12	156.28	6.23
编　　号		21234	21235	21236	21237	21238

2.63.2 Ⅷ～Ⅹ 级 岩 石

单位：$100m^3$

项　　目	单位	运距（m）				每增运10m
		50	100	150	200	
普　　　　工	工时	440	497	556	614	11
零 星 材 料 费	元	27	27	27	27	
双　胶　轮　车	台时	70.81	109.75	148.68	187.61	7.79
编　　号		21239	21240	21241	21242	21243

2.63.3 Ⅺ～ⅩⅤ 级 岩 石

单位：$100m^3$

项　　目	单位	运距（m）				每增运10m
		50	100	150	200	
普　　　　工	工时	490	556	621	687	13
零 星 材 料 费	元	27	27	27	27	
双　胶　轮　车	台时	78.21	122.36	166.50	210.64	8.83
编　　号		21244	21245	21246	21247	21248

2.64 人工装石渣　斗车运输

适用范围： 露天作业。

工作内容： 撬移、解小、清渣、装车、运输、卸除、空回、平场等。

2.64.1 Ⅴ～Ⅶ 级 岩 石

单位：$100m^3$

项　目	单位	运　距（m）				每增运50m
		50	100	150	200	
普　工	工时	285	295	303	312	9
零星材料费	元	27	27	27	27	
V形斗车　$0.6m^3$	台时	24.32	28.13	31.94	35.75	3.81
编　号		21249	21250	21251	21252	21253

2.64.2 Ⅷ～Ⅹ 级 岩 石

单位：$100m^3$

项　目	单位	运　距（m）				每增运50m
		50	100	150	200	
普　工	工时	325	335	345	354	9
零星材料费	元	27	27	27	27	
V形斗车　$0.6m^3$	台时	26.27	30.35	34.44	38.53	4.09
编　号		21254	21255	21256	21257	21258

2.64.3 Ⅺ～ⅩⅤ 级 岩 石

单位：$100m^3$

项　目	单位	运　距（m）				每增运50m
		50	100	150	200	
普　工	工时	389	400	411	421	10
零星材料费	元	27	27	27	27	
V形斗车　$0.6m^3$	台时	32.14	36.51	40.89	45.27	4.38
编　号		21259	21260	21261	21262	21263

2.65 人工装石渣 卷扬机牵引斗车运输

适用范围：露天作业。

工作内容：撬移、解小、清渣、装车、运输、卸除、空回、平场等。

2.65.1 坡度≤10°

单位：100m³

项目	单位	岩石级别	运距（m）				每增运50m
			50	100	150	200	
普工	工时	Ⅴ～Ⅶ	365	365	365	365	
	工时	Ⅷ～Ⅹ	396	396	396	396	
	工时	Ⅺ～ⅩⅤ	458	458	458	458	
零星材料费	元		27	27	27	27	
卷扬机 10t	台时		5.72	8.19	10.66	13.13	2.47
15t	台时		3.83	5.43	7.02	8.62	1.60
V形斗车 0.6m³	台时		74.94	107.49	140.04	280.08	32.55
编号			21264	21265	21266	21267	21268

2.65.2 坡度10°～20°

单位：100m³

项目	单位	岩石级别	运距（m）				每增运50m
			50	100	150	200	
普工	工时	Ⅴ～Ⅶ	375	375	375	375	
	工时	Ⅷ～Ⅹ	407	407	407	407	
	工时	Ⅺ～ⅩⅤ	469	469	469	469	
零星材料费	元		27	27	27	27	
卷扬机 10t	台时		6.94	9.91	12.88	15.84	2.97
15t	台时		4.67	6.65	8.64	10.63	1.99
V形斗车 0.6m³	台时		91.00	131.25	171.51	211.76	40.25
编号			21269	21270	21271	21272	21273

2.65.3 坡度 20°～30°

单位：100m^3

项　　目	单位	岩石级别	运　距（m）				每增运50m
			50	100	150	200	
普　　工	工时	Ⅴ～Ⅶ	383	383	383	383	
	工时	Ⅷ～Ⅹ	415	415	415	415	
	工时	Ⅺ～ⅩⅤ	478	478	478	478	
零星材料费	元		27	27	27	27	
卷扬机 10t	台时		7.89	11.34	14.79	18.24	3.35
15t	台时		5.19	7.54	9.89	12.24	2.35
V形斗车 0.6m^3	台时		103.96	149.07	194.19	239.30	45.11
编　号			21274	21275	21276	21277	21278

2.65.4 坡度 30°～45°

单位：100m^3

项　　目	单位	岩石级别	运　距（m）				每增运50m
			50	100	150	200	
普　　工	工时	Ⅴ～Ⅶ	396	396	396	396	
	工时	Ⅷ～Ⅹ	427	427	427	427	
	工时	Ⅺ～ⅩⅤ	491	491	491	491	
零星材料费	元		27	27	27	27	
卷扬机 10t	台时		9.32	13.27	17.21	21.16	3.94
15t	台时		6.12	8.83	11.54	14.24	2.71
V形斗车 0.6m^3	台时		121.25	173.92	226.58	279.24	52.66
编　号			21279	21280	21281	21282	21283

2.66 $0.4m^3$挖掘机（液压反铲）装石渣自卸汽车运输

适用范围：洞内作业。

工作内容：挖装、运输、卸除、空回。

单位：$100m^3$

项目		单位	运距（m）					洞内每增运200m	洞外每增运1km
			200	400	600	800	1000		
高级熟练工		工时							
熟练工		工时							
半熟练工		工时							
普工		工时	22	22	22	22	22		
合计		工时	22	22	22	22	22		
零星材料费		元	18	18	18	18	18		
挖掘机	液压反铲$0.4m^3$	台时	4.49	4.49	4.49	4.49	4.49		
推土机	59kW	台时	1.12	1.12	1.12	1.12	1.12		
自卸汽车	3.5t	台时	15.66	17.31	18.64	19.98	21.08	1.11	2.19
	5t	台时	12.30	13.47	14.40	15.33	16.11	0.77	1.53
	6.5t	台时	10.50	11.39	12.11	12.83	13.43	0.60	1.17
其他机械使用费		元	10	10	10	10	10		
编号			21284	21285	21286	21287	21288	21289	21290

2.67　$0.7m^3$挖掘机（液压反铲）装石渣自卸汽车运输

适用范围： 洞内作业。

工作内容： 挖装、运输、卸除、空回。

单位：$100m^3$

项目		单位	运距（m）					洞内每增运200m	洞外每增运1km
			200	400	600	800	1000		
高级熟练工		工时							
熟练工		工时							
半熟练工		工时							
普工		工时	14	14	14	14	14		
合计		工时	14	14	14	14	14		
零星材料费		元	18	18	18	18	18		
挖掘机	液压反铲$0.7m^3$	台时	2.99	2.99	2.99	2.99	2.99		
推土机	59kW	台时	0.75	0.75	0.75	0.75	0.75		
自卸汽车	3.5t	台时	14.15	15.82	17.15	18.48	19.59	1.11	2.19
	5t	台时	10.80	11.97	12.91	13.83	14.62	0.77	1.53
	6.5t	台时	9.00	9.90	10.62	11.33	11.93	0.60	1.17
	8t	台时	8.21	8.94	9.52	10.10	10.59	0.48	0.96
	10t	台时	7.17	7.75	8.22	8.68	9.06	0.39	0.76
	12t	台时	6.47	6.95	7.34	7.74	8.05	0.32	0.64
其他机械使用费		元	10	10	10	10	10		
编号			21291	21292	21293	21294	21295	21296	21297

2.68 $1m^3$挖掘机（液压反铲）装石渣自卸汽车运输

适用范围：洞内作业。

工作内容：挖装、运输、卸除、空回。

单位：$100m^3$

项目		单位	运距（m）					洞内每增运200m	洞外每增运1km
			200	400	600	800	1000		
高级熟练工		工时							
熟练工		工时							
半熟练工		工时							
普工		工时	12	12	12	12	12		
合计		工时	12	12	12	12	12		
零星材料费		元	18	18	18	18	18		
挖掘机	液压反铲$1m^3$	台时	2.49	2.49	2.49	2.49	2.49		
推土机	59kW	台时	0.62	0.62	0.62	0.62	0.62		
自卸汽车	3.5t	台时	13.66	15.32	16.66	17.98	19.09	1.11	2.19
	5t	台时	10.31	11.47	12.40	13.34	14.11	0.77	1.53
	6.5t	台时	8.50	9.39	10.11	10.84	11.43	0.60	1.17
	8t	台时	6.98	7.70	8.29	8.87	9.35	0.48	0.96
	10t	台时	6.27	6.85	7.31	7.79	8.17	0.39	0.76
	12t	台时	5.57	6.06	6.45	6.84	7.16	0.32	0.64
其他机械使用费		元	10	10	10	10	10		
编号			21298	21299	21300	21301	21302	21303	21304

2.69　1.4m³挖掘机（液压反铲）装石渣自卸汽车运输

适用范围：洞内作业。

工作内容：挖装、运输、卸除、空回。

单位：100m³

项目		单位	运距（m）					洞内每增运200m	洞外每增运1km
			200	400	600	800	1000		
高级熟练工		工时							
熟练工		工时							
半熟练工		工时							
普工		工时	9	9	9	9	9		
合计		工时	9	9	9	9	9		
零星材料费		元	18	18	18	18	18		
挖掘机	液压反铲 1.4m³	台时	1.93	1.93	1.93	1.93	1.93		
推土机	74kW	台时	0.48	0.48	0.48	0.48	0.48		
自卸汽车	5t	台时	9.73	10.91	11.83	12.76	13.54	0.77	1.53
	8t	台时	6.81	7.54	8.12	8.70	9.19	0.48	0.96
	10t	台时	6.10	6.68	7.15	7.61	8.00	0.39	0.76
	12t	台时	5.40	5.89	6.27	6.66	6.98	0.32	0.64
	15t	台时	4.71	5.10	5.41	5.72	5.97	0.26	0.52
	18t	台时	4.38	4.70	4.96	5.22	5.44	0.22	0.42
其他机械使用费		元	10	10	10	10	10		
编号			21305	21306	21307	21308	21309	21310	21311

2.70 $2m^3$挖掘机（液压反铲）装石渣自卸汽车运输

适用范围：洞内作业。

工作内容：挖装、运输、卸除、空回。

单位：$100m^3$

项目		单位	运距（m）					洞内每增运200m	洞外每增运1km
			200	400	600	800	1000		
高级熟练工		工时							
熟练工		工时							
半熟练工		工时							
普工		工时	7	7	7	7	7		
合计		工时	7	7	7	7	7		
零星材料费		元	18	18	18	18	18		
挖掘机	液压反铲$2m^3$	台时	1.46	1.46	1.46	1.46	1.46		
推土机	74kW	台时	0.36	0.36	0.36	0.36	0.36		
自卸汽车	8t	台时	6.34	7.08	7.65	8.24	8.72	0.48	0.96
	10t	台时	5.63	6.22	6.68	7.15	7.54	0.39	0.76
	12t	台时	4.94	5.43	5.82	6.20	6.53	0.32	0.64
	15t	台时	4.24	4.64	4.94	5.25	5.51	0.26	0.52
	18t	台时	3.91	4.24	4.50	4.76	4.97	0.22	0.42
	20t	台时	3.67	3.97	4.19	4.43	4.62	0.20	0.38
其他机械使用费		元	10	10	10	10	10		
编号			21312	21313	21314	21315	21316	21317	21318

2.71 $3m^3$挖掘机装石渣 自卸汽车运输

适用范围： 洞内作业。

工作内容： 挖装、运输、卸除、空回。

单位：$100m^3$

项目		单位	运距（m）					洞内每增运200m	洞外每增运1km
			200	400	600	800	1000		
高级熟练工		工时							
熟练工		工时							
半熟练工		工时							
普工		工时	5	5	5	5	5		
合计		工时	5	5	5	5	5		
零星材料费		元	18	18	18	18	18		
挖掘机	液压正铲 $3m^3$	台时	1.08	1.08	1.08	1.08	1.08		
推土机	74kW	台时	0.27	0.27	0.27	0.27	0.27		
自卸汽车	8t	台时	5.96	6.70	7.27	7.86	8.34	0.48	0.96
	10t	台时	5.25	5.84	6.30	6.77	7.16	0.39	0.76
	12t	台时	4.56	5.05	5.43	5.82	6.15	0.32	0.64
	15t	台时	3.86	4.25	4.56	4.87	5.13	0.26	0.52
	18t	台时	3.53	3.86	4.12	4.38	4.59	0.22	0.42
	20t	台时	3.29	3.58	3.81	4.05	4.24	0.20	0.38
	25t	台时	2.87	3.11	3.30	3.49	3.65	0.15	0.31
	27t	台时	2.73	2.96	3.13	3.30	3.45	0.14	0.29
	32t	台时	2.46	2.65	2.79	2.94	3.06	0.12	0.24
其他机械使用费		元	10	10	10	10	10		
编号			21319	21320	21321	21322	21323	21324	21325

2.72 $4m^3$挖掘机装石渣 自卸汽车运输

适用范围：洞内作业。

工作内容：挖装、运输、卸除、空回。

单位：$100m^3$

项目		单位	运距（m）					洞内每增运200m	洞外每增运1km
			200	400	600	800	1000		
高级熟练工		工时							
熟练工		工时							
半熟练工		工时							
普工		工时	4	4	4	4	4		
合计		工时	4	4	4	4	4		
零星材料费		元	18	18	18	18	18		
挖掘机	液压正铲 $4m^3$	台时	0.91	0.91	0.91	0.91	0.91		
推土机	88kW	台时	0.23	0.23	0.23	0.23	0.23		
自卸汽车	12t	台时	4.04	4.52	4.90	5.29	5.61	0.32	0.64
	15t	台时	3.50	3.88	4.20	4.51	4.77	0.26	0.52
	18t	台时	3.36	3.69	3.94	4.20	4.42	0.22	0.42
	20t	台时	3.12	3.41	3.65	3.87	4.07	0.20	0.38
	25t	台时	2.70	2.94	3.13	3.32	3.47	0.15	0.31
	27t	台时	2.56	2.78	2.96	3.13	3.28	0.14	0.29
	32t	台时	2.29	2.47	2.62	2.76	2.88	0.12	0.24
	40t	台时	2.01	2.16	2.28	2.39	2.49	0.09	0.20
	45t	台时	1.94	2.06	2.16	2.27	2.36	0.08	0.18
其他机械使用费		元	10	10	10	10	10		
编号			21326	21327	21328	21329	21330	21331	21332

2.73　$5m^3$挖掘机装石渣　自卸汽车运输

适用范围： 洞内作业。

工作内容： 挖装、运输、卸除、空回。

单位：$100m^3$

项目		单位	运距（m）					洞内每增运200m	洞外每增运1km
			200	400	600	800	1000		
高级熟练工		工时							
熟练工		工时							
半熟练工		工时							
普工		工时	4	4	4	4	4		
合计		工时	4	4	4	4	4		
零星材料费		元	18	18	18	18	18		
挖掘机	液压正铲 $5m^3$	台时	0.79	0.79	0.79	0.79	0.79		
推土机	88kW	台时	0.20	0.20	0.20	0.20	0.20		
自卸汽车	12t	台时	3.86	4.35	4.74	5.12	5.45	0.32	0.64
	15t	台时	3.33	3.72	4.03	4.34	4.59	0.26	0.52
	18t	台时	3.11	3.43	3.69	3.94	4.16	0.22	0.42
	20t	台时	3.01	3.30	3.52	3.76	3.96	0.20	0.38
	25t	台时	2.59	2.82	3.01	3.20	3.36	0.15	0.31
	27t	台时	2.45	2.67	2.84	3.02	3.16	0.14	0.29
	32t	台时	2.17	2.36	2.50	2.65	2.77	0.12	0.24
	40t	台时	1.90	2.04	2.16	2.28	2.38	0.09	0.20
	45t	台时	1.82	1.95	2.05	2.15	2.25	0.08	0.18
其他机械使用费		元	10	10	10	10	10		
编号			21333	21334	21335	21336	21337	21338	21339

2.74 1m³履带装载机（液压侧卸）装石渣自卸汽车运输

适用范围：洞内作业。

工作内容：挖装、运输、卸除、空回。

单位：100m³

项目		单位	运距（m）					洞内每增运200m	洞外每增运1km
			200	400	600	800	1000		
高级熟练工		工时							
熟练工		工时							
半熟练工		工时							
普工		工时	11	11	11	11	11		
合计		工时	11	11	11	11	11		
零星材料费		元	18	18	18	18	18		
履带装载机	侧卸1m³	台时	3.69	3.69	3.69	3.69	3.69		
推土机	59kW	台时	0.93	0.93	0.93	0.93	0.93		
自卸汽车	3.5t	台时	14.85	16.51	17.85	19.18	20.29	1.11	2.19
	5t	台时	11.51	12.67	13.60	14.53	15.31	0.77	1.53
	6.5t	台时	9.70	10.60	11.31	12.03	12.63	0.60	1.17
	8t	台时	8.57	9.30	9.88	10.46	10.95	0.48	0.96
	10t	台时	7.86	8.45	8.91	9.37	9.76	0.39	0.76
	12t	台时	7.17	7.65	8.04	8.43	8.76	0.32	0.64
其他机械使用费		元	10	10	10	10	10		
编号			21340	21341	21342	21343	21344	21345	21346

2.75　$1.5m^3$履带装载机（液压侧卸）装石渣自卸汽车运输

适用范围：洞内作业。

工作内容：挖装、运输、卸除、空回。

单位：$100m^3$

项目		单位	运距（m）					洞内每增运200m	洞外每增运1km
			200	400	600	800	1000		
高级熟练工		工时							
熟练工		工时							
半熟练工		工时							
普工		工时	8	8	8	8	8		
合计		工时	8	8	8	8	8		
零星材料费		元	18	18	18	18	18		
履带装载机	侧卸$1.5m^3$	台时	2.54	2.54	2.54	2.54	2.54		
推土机	59kW	台时	0.64	0.64	0.64	0.64	0.64		
自卸汽车	5t	台时	10.36	11.53	12.45	13.39	14.16	0.77	1.53
	8t	台时	7.43	8.16	8.73	9.32	9.81	0.48	0.96
	10t	台时	6.72	7.30	7.77	8.23	8.62	0.39	0.76
	12t	台时	6.03	6.51	6.89	7.28	7.61	0.32	0.64
	15t	台时	5.33	5.72	6.03	6.33	6.59	0.26	0.52
	18t	台时	5.00	5.33	5.58	5.84	6.06	0.22	0.42
其他机械使用费		元	10	10	10	10	10		
编号			21347	21348	21349	21350	21351	21352	21353

2.76　$2m^3$装载机（轮式侧卸）装石渣自卸汽车运输

适用范围：洞内作业。

工作内容：挖装、运输、卸除、空回。

单位：$100m^3$

项目		单位	运距（m）					洞内每增运200m	洞外每增运1km
			200	400	600	800	1000		
高级熟练工		工时							
熟练工		工时							
半熟练工		工时							
普工		工时	6	6	6	6	6		
合计		工时	6	6	6	6	6		
零星材料费		元	18	18	18	18	18		
装载机	侧卸$2m^3$	台时	2.00	2.00	2.00	2.00	2.00		
推土机	74kW	台时	0.50	0.50	0.50	0.50	0.50		
自卸汽车	8t	台时	6.89	7.61	8.20	8.78	9.27	0.48	0.96
	10t	台时	6.18	6.76	7.23	7.69	8.08	0.39	0.76
	12t	台时	5.48	5.96	6.36	6.75	7.07	0.32	0.64
	15t	台时	4.79	5.17	5.48	5.80	6.06	0.26	0.52
	18t	台时	4.46	4.78	5.04	5.29	5.51	0.22	0.42
	20t	台时	4.21	4.50	4.74	4.96	5.16	0.20	0.38
其他机械使用费		元	10	10	10	10	10		
编号			21354	21355	21356	21357	21358	21359	21360

2.77 $3m^3$装载机（轮式侧卸）装石渣自卸汽车运输

适用范围：洞内作业。

工作内容：挖装、运输、卸除、空回。

单位：$100m^3$

项目		单位	运距（m）					洞内每增运200m	洞外每增运1km
			200	400	600	800	1000		
高级熟练工		工时							
熟练工		工时							
半熟练工		工时							
普工		工时	4	4	4	4	4		
合计		工时	4	4	4	4	4		
零星材料费		元	18	18	18	18	18		
装载机	侧卸$3m^3$	台时	1.42	1.42	1.42	1.42	1.42		
推土机	74kW	台时	0.36	0.36	0.36	0.36	0.36		
自卸汽车	8t	台时	6.49	7.22	7.80	8.38	8.87	0.48	0.96
	10t	台时	5.78	6.37	6.83	7.29	7.68	0.39	0.76
	12t	台时	5.09	5.57	5.96	6.34	6.67	0.32	0.64
	15t	台时	4.39	4.78	5.09	5.40	5.65	0.26	0.52
	18t	台时	4.06	4.39	4.65	4.90	5.12	0.22	0.42
	20t	台时	3.81	4.11	4.34	4.57	4.77	0.20	0.38
	25t	台时	3.40	3.64	3.82	4.02	4.17	0.15	0.31
	27t	台时	3.27	3.48	3.66	3.83	3.98	0.14	0.29
	32t	台时	2.99	3.17	3.32	3.46	3.58	0.12	0.24
其他机械使用费		元	10	10	10	10	10		
编号			21361	21362	21363	21364	21365	21366	21367

2.78 $4m^3$装载机装石渣 自卸汽车运输

适用范围：洞内作业。

工作内容：挖装、运输、卸除、空回。

单位：$100m^3$

项目		单位	运距（m）					洞内每增运200m	洞外每增运1km
			200	400	600	800	1000		
高级熟练工		工时							
熟练工		工时							
半熟练工		工时							
普工		工时	4	4	4	4	4		
合计		工时	4	4	4	4	4		
零星材料费		元	18	18	18	18	18		
装载机	$4m^3$	台时	1.23	1.23	1.23	1.23	1.23		
推土机	88kW	台时	0.31	0.31	0.31	0.31	0.31		
自卸汽车	10t	台时	5.40	5.97	6.45	6.91	7.30	0.39	0.76
	12t	台时	4.70	5.18	5.57	5.96	6.28	0.32	0.64
	15t	台时	4.01	4.39	4.71	5.02	5.27	0.26	0.52
	18t	台时	3.68	4.00	4.25	4.51	4.73	0.22	0.42
	20t	台时	3.43	3.72	3.96	4.18	4.38	0.20	0.38
	25t	台时	3.02	3.25	3.44	3.63	3.79	0.15	0.31
	27t	台时	2.87	3.09	3.27	3.44	3.58	0.14	0.29
	32t	台时	2.61	2.78	2.93	3.07	3.19	0.12	0.24
	40t	台时	2.33	2.47	2.59	2.70	2.80	0.09	0.20
其他机械使用费		元	10	10	10	10	10		
编号			21368	21369	21370	21371	21372	21373	21374

2.79　5m³装载机装石渣　自卸汽车运输

适用范围： 洞内作业。

工作内容： 挖装、运输、卸除、空回。

单位：100m³

项目		单位	运距（m）					洞内每增运200m	洞外每增运1km
			200	400	600	800	1000		
高级熟练工		工时							
熟练工		工时							
半熟练工		工时							
普工		工时	3	3	3	3	3		
合计		工时	3	3	3	3	3		
零星材料费		元	18	18	18	18	18		
装载机	5m³	台时	1.01	1.01	1.01	1.01	1.01		
推土机	88kW	台时	0.25	0.25	0.25	0.25	0.25		
自卸汽车	15t	台时	3.79	4.18	4.49	4.80	5.06	0.26	0.52
	18t	台时	3.46	3.78	4.04	4.31	4.52	0.22	0.42
	20t	台时	3.21	3.50	3.74	3.98	4.16	0.20	0.38
	25t	台时	2.80	3.04	3.22	3.41	3.57	0.15	0.31
	27t	台时	2.66	2.87	3.05	3.22	3.37	0.14	0.47
	32t	台时	2.39	2.56	2.71	2.86	2.98	0.12	0.29
	40t	台时	2.11	2.26	2.37	2.49	2.59	0.09	0.20
	45t	台时	2.03	2.16	2.27	2.37	2.45	0.08	0.18
其他机械使用费		元	10	10	10	10	10		
编号			21375	21376	21377	21378	21379	21380	21381

2.80 洞内装载机自运石渣

2.80.1 装载机 1m³

适用范围：洞内作业。

工作内容：挖运、卸除、空回。

单位：100m³

项目	单位	运距（m）				洞内每增运50m
		50	100	150	200	
普工	工时	10	13	16	19	
合计	工时	10	13	16	19	
零星材料费	元	18	18	18	18	
装载机 1m³	台时	6.65	8.51	10.43	11.94	2.40
其他机械使用费	元	5	5	5	5	
编号		21382	21383	21384	21385	21386

2.80.2 装载机 1.5m³

单位：100m³

项目	单位	运距（m）				洞内每增运50m
		50	100	150	200	
普工	工时	7	9	11	12	
合计	元	7	9	11	12	
零星材料费	元	18	18	18	18	
装载机 1.5m³	台时	4.44	5.68	6.95	7.95	1.60
其他机械使用费	元	5	5	5	5	
编号		21387	21388	21389	21390	21391

2.80.3 装载机 2m³

单位：100m³

项目	单位	运距（m）				洞内每增运50m
		50	100	150	200	
普工	工时	5	7	8	10	
合计	工时	5	7	8	10	
零星材料费	元	18	18	18	18	
装载机 2m³	台时	3.53	4.46	5.43	6.18	1.19
其他机械使用费	元	5	5	5	5	
编号		21392	21393	21394	21395	21396

2.80.4 装载机 $3m^3$

单位：$100m^3$

项目	单位	运距（m）				洞内每增运50m
		50	100	150	200	
普工	工时	4	5	6	6	
合计	工时	4	5	6	6	
零星材料费	元	18	18	18	18	
装载机 $3m^3$	台时	2.44	3.06	3.70	4.20	0.80
其他机械使用费	元	5	5	5	5	
编号		21397	21398	21399	21400	21401

2.80.5 装载机 $4m^3$

单位：$100m^3$

项目	单位	运距（m）				洞内每增运50m
		50	100	150	200	
普工	工时	3	4	4	5	
合计	工时	3	4	4	5	
零星材料费	工时	18	18	18	18	
装载机 $4m^3$	台时	1.88	2.35	2.83	3.20	0.60
其他机械使用费	元	5	5	5	5	
编号		21402	21403	21404	21405	21406

2.80.6 装载机 $5m^3$

单位：$100m^3$

项目	单位	运距（m）				洞内每增运50m
		50	100	150	200	
普工	工时	2	3	4	4	
合计	工时	2	3	4	4	
零星材料费	元	18	18	18	18	
装载机 $5m^3$	台时	1.56	1.93	2.32	2.62	0.48
其他机械使用费	元	5	5	5	5	
编号		21407	21408	21409	21410	21411

2.81 洞内人工挑（抬）运石渣

适用范围： 洞内作业。

工作内容： 撬移、解小、清渣、装筐、挑（抬）运、卸除、空回、平场等。

单位：$100m^3$

项目	单位	装运卸 50m				增运 10m			
		Ⅴ～Ⅷ	Ⅸ～Ⅹ	Ⅺ～Ⅻ	ⅩⅢ～ⅩⅤ	Ⅴ～Ⅷ	Ⅸ～Ⅹ	Ⅺ～Ⅻ	ⅩⅢ～ⅩⅤ
高级熟练工	工时								
熟练工	工时								
半熟练工	工时								
普工	工时	357	407	454	495	37	42	47	52
合计	工时	357	407	454	495	37	42	47	52
零星材料费	元	29	29	29	29				
编号		21412	21413	21414	21415	21416	21417	21418	21419

2.82 洞内人工装石渣　双胶轮车运输

适用范围： 洞内作业。

工作内容： 撬移、解小、清渣、装车、运输、卸除、空回、平场等。

单位：$100m^3$

项目	单位	装运卸 50m				每增运 50m			
		Ⅴ～Ⅷ	Ⅸ～Ⅹ	Ⅺ～Ⅻ	ⅩⅢ～ⅩⅤ	Ⅴ～Ⅷ	Ⅸ～Ⅹ	Ⅺ～Ⅻ	ⅩⅢ～ⅩⅤ
高级熟练工	工时								
熟练工	工时								
半熟练工	工时								
普工	工时	276	308	333	357	48	55	61	67
合计	工时	276	308	333	357	48	55	61	67
零星材料费	元	29	29	29	29				
双胶轮车	台时	45.97	51.28	55.44	59.64	24.24	27.36	30.49	33.61
其他机械使用费	元	15	15	15	15				
编号		21420	21421	21422	21423	21424	21425	21426	21427

2.83 人工装石渣　斗车运输

适用范围：洞内作业。

工作内容：撬移、解小、清渣、装车、运输、卸除、空回、平场等。

单位：100m³

项目	单位	装运卸50m				洞内每增运50m	洞外每增运100m
		Ⅴ～Ⅷ	Ⅸ～Ⅹ	Ⅺ～Ⅻ	ⅩⅢ～ⅩⅤ		
高级熟练工	工时						
熟练工	工时						
半熟练工	工时						
普工	工时	284	323	353	383	24	33
合计	工时	284	323	353	383	24	33
零星材料费	元	29	29	29	29		
V形斗车 $0.6m^3$	台时	33.66	37.58	40.52	43.47	9.29	16.72
其他机械使用费	元	5	5	5	5		
编号		21428	21429	21430	21431	21432	21433

2.84 斜井人工装石渣　卷扬机牵引斗车运输

适用范围：洞内作业，适用于井斜6°～75°。

工作内容：撬移、解小、清渣、装车、运输、卸除、空回、平场等。

2.84.1 坡度≤10°

单位：100m³

项目	单位	装运卸50m				洞内每增运20m	洞外每增运50m
		Ⅴ～Ⅷ	Ⅸ～Ⅹ	Ⅺ～Ⅻ	ⅩⅢ～ⅩⅤ		
高级熟练工	工时						
熟练工	工时						
半熟练工	工时						
普工	工时	312	336	359	388		
合计	工时	312	336	359	388		
零星材料费	元	29	29	29	29		
卷扬机 10t	台时	4.64	4.64	4.64	4.64	0.72	1.50
15t	台时	3.09	3.09	3.09	3.09	0.48	1.00
V形斗车 $0.6m^3$	台时	57.76	61.04	64.30	68.39	9.26	19.29
其他机械使用费	元	5	5	5	5		
编号		21434	21435	21436	21437	21438	21439

2.84.2 坡度 10°～20°

单位：100m³

项目		单位	装运卸 50m				洞内每增运20m	洞外每增运50m
			Ⅴ～Ⅷ	Ⅸ～Ⅹ	Ⅺ～Ⅻ	XⅢ～XV		
高级熟练工		工时						
熟练工		工时						
半熟练工		工时						
普工		工时	315	338	362	391		
合计		工时	315	338	362	391		
零星材料费		元	29	29	29	29		
卷扬机	10t	台时	5.05	5.05	5.05	5.05	0.82	1.71
	15t	台时	3.37	3.37	3.37	3.37	0.56	1.17
V形斗车	0.6m³	台时	79.04	83.95	88.85	94.98	10.59	22.06
其他机械使用费		元	5	5	5	5		
编号			21440	21441	21442	21443	21444	21445

2.84.3 坡度 20°～30°

单位：100m³

项目		单位	装运卸 50m				洞内每增运20m	洞外每增运50m
			Ⅴ～Ⅷ	Ⅸ～Ⅹ	Ⅺ～Ⅻ	XⅢ～XV		
高级熟练工		工时						
熟练工		工时						
半熟练工		工时						
普工		工时	320	344	368	397		
合计		工时	320	344	368	397		
零星材料费		元	29	29	29	29		
卷扬机	10t	台时	5.92	5.92	5.92	5.92	1.02	2.13
	15t	台时	3.96	3.96	3.96	3.96	0.68	1.42
V形斗车	0.6m³	台时	82.56	87.47	92.37	98.50	13.08	27.25
其他机械使用费		元	5	5	5	5		
编号			21446	21447	21448	21449	21450	21451

2.84.4 坡度 30°～45°

单位：100m³

项目		单位	装运卸 50m				洞内每增运20m	洞外每增运50m
			Ⅴ～Ⅷ	Ⅸ～Ⅹ	Ⅺ～Ⅻ	ⅩⅢ～ⅩⅤ		
高级熟练工		工时						
熟练工		工时						
半熟练工		工时						
普工		工时	329	352	376	405		
合计		工时	329	352	376	405		
零星材料费		元	29	29	29	29		
卷扬机	10t	台时	7.17	7.17	7.17	7.17	1.30	2.71
	15t	台时	4.78	4.78	4.78	4.78	0.87	1.81
V形斗车	$0.6m^3$	台时	87.52	92.42	97.32	103.46	16.68	34.75
其他机械使用费		元	5	5	5	5		
编号			21452	21453	21454	21455	21456	21457

2.84.5 坡度 45°～75°

单位：100m³

项目		单位	装运卸 50m				洞内每增运20m	洞外每增运50m
			Ⅴ～Ⅷ	Ⅸ～Ⅹ	Ⅺ～Ⅻ	ⅩⅢ～ⅩⅤ		
高级熟练工		工时						
熟练工		工时						
半熟练工		工时						
普工		工时	372	399	425	458		
合计		工时	372	399	425	458		
零星材料费		元	29	29	29	29		
卷扬机	10t	台时	8.47	8.47	8.47	8.47	1.63	3.40
	15t	台时	5.64	5.64	5.64	5.64	1.08	2.25
吊桶	$0.6m^3$	台时	100.09	105.61	111.13	118.02	20.85	43.44
其他机械使用费		元	5	5	5	5		
编号			21458	21459	21460	21461	21462	21463

2.85 竖井人工装石渣 卷扬机提升吊桶运输

适用范围： 洞内作业，适用于井斜 75°～90°。

工作内容： 撬移、解小、装吊桶、清面、提升、卸除、空回、平场等。

单位：$100m^3$

项目	单位	装运卸 50m				洞内每增运20m
		Ⅴ～Ⅷ	Ⅸ～Ⅹ	Ⅺ～Ⅻ	ⅩⅢ～ⅩⅤ	
高级熟练工	工时					
熟练工	工时					
半熟练工	工时					
普工	工时	397	424	452	486	
合计	工时	397	424	452	486	
零星材料费	元	29	29	29	29	
卷扬机 10t	台时	9.77	9.77	9.77	9.77	1.96
15t	台时	6.51	6.51	6.51	6.51	1.30
吊桶 $0.6m^3$	台时	108.61	114.40	120.20	127.44	25.02
其他机械使用费	元	5	5	5	5	
编号		21464	21465	21466	21467	21468

2.86 装岩机装石渣 人工推斗车运输

适用范围： 洞内作业。

工作内容： 撬移、解小、扒渣、装车、运输、卸除、空回、卸渣场平场、搬道叉等。

2.86.1 $0.6m^3$斗车

单位：$100m^3$

项目	单位	运距（m）			洞内每增运 50m	洞外每增运 100m
		50	100	150		
普工	工时	97	115	134	24	33
零星材料费	元	29	29	29		
装岩机 $0.2m^3$	台时	11.14	11.14	11.14		
V形斗车 $0.6m^3$	台时	28.80	38.09	47.38	9.29	16.72
编号		21469	21470	21471	21472	21473

2.86.2 1.0m³ 斗车

单位：100m³

项　　目	单位	运　距（m）			洞内每增运 50m	洞外每增运 100m
		50	100	150		
普　　工	工时	102	118	135	22	30
零星材料费	元	29	29	29		
装岩机 $0.2m^3$	台时	11.68	11.68	11.68		
V 形斗车 $1m^3$	台时	22.25	27.80	33.36	5.56	10.01
编　　号		21474	21475	21476	21477	21478

2.86.3 0.6m³ 斗车

单位：100m³

项　　目	单位	运　距（m）			洞内每增运 50m	洞外每增运 100m
		50	100	150		
普　　工	工时	77	96	114	24	33
零星材料费	元	29	29	29		
装岩机 $0.45m^3$	台时	7.24	7.24	7.24		
V 形斗车 $0.6m^3$	台时	24.90	34.19	43.48	9.29	16.72
编　　号		21479	21480	21481	21482	21483

2.86.4 1.0m³ 斗车

单位：100m³

项　　目	单位	运　距（m）			洞内每增运 50m	洞外每增运 100m
		50	100	150		
普　　工	工时	76	93	109	22	30
零星材料费	元	29	29	29		
装岩机 $0.45m^3$	台时	7.34	7.34	7.34		
V 形斗车 $1m^3$	台时	17.90	23.46	29.03	5.56	10.01
编　　号		21484	21485	21486	21487	21488

2.87 洞内装岩机装石渣蓄电池机车牵引斗车运输

适用范围：洞内作业。

工作内容：撬移、解小、扒渣、装车、运输、卸除、空回、卸渣场平场、搬道叉等。

单位：100m^3

项目	单位	运距（km）				洞内每增运500m	洞外每增运500m
		1.5	2	3	4		
高级熟练工	工时						
熟练工	工时						
半熟练工	工时						
普工	工时	216	232	262	291	25	23
合计	工时	216	232	262	291	25	23
零星材料费	元	29	29	29	29		
装岩机 0.2m^3	台时	16.68	16.68	16.68	16.68		
蓄电池车 8t	台时	16.68	20.01	26.68	33.35	12.50	11.11
V形斗车 0.6m^3	台时	179.99	198.00	234.00	269.99	50.01	44.47
编号		21489	21490	21491	21492	21493	21494

2.88 洞内立爪式扒渣机装石渣蓄电池机车牵引梭式矿车运输

适用范围：洞内作业。

工作内容：撬移、解小、扒渣、装车、运输、卸除、空回、平场等。

单位：100m^3

项目	单位	装运卸（m）					洞内每增运200m	洞外每增运200m
		200	400	600	800	1000		
高级熟练工	工时							
熟练工	工时							
半熟练工	工时							
普工	工时	34	44	52	58	63		
合计	工时	34	44	52	58	63		
零星材料费	元	29	29	29	29	29		
梭式矿车 8m^3	台时	6.33	8.45	10.08	11.40	12.47	1.79	1.47
立爪式扒渣机 LZ–120D	台时	2.29	2.29	2.29	2.29	2.29		
蓄电池机车 8t	台时	6.33	8.45	10.08	11.40	12.47	1.79	1.47
其他机械使用费	元	10	10	10	10	10		
编号		21495	21496	21497	21498	21499	21500	21501

2.89 洞内立爪式扒渣机装石渣 自卸车运输

适用范围： 洞内作业。

工作内容： 撬移、解小、扒渣、装车、运输、卸除、空回、平场等。

单位：100m³

项目		单位	运距（m）					洞内每增运200m	洞外每增运1km
			200	400	600	800	1000		
高级熟练工		工时							
熟练工		工时	1	1	1	1	1		
半熟练工		工时							
普工		工时	6	6	6	6	6		
合计		工时	7	7	7	7	7		
零星材料费		元	29	29	29	29	29		
立爪式扒渣机	10HR	台时	1.22	1.22	1.22	1.22	1.22		
推土机	59kW	台时	0.30	0.30	0.30	0.30	0.30		
自卸汽车	3.5t	台时	10.03	11.69	13.02	14.36	15.46	1.11	2.19
	5t	台时	7.51	8.67	9.61	10.54	11.32	0.77	1.53
	6.5t	台时	6.16	7.06	7.77	8.49	9.08	0.60	1.17
	8t	台时	5.30	6.04	6.62	7.20	7.68	0.48	0.96
	10t	台时	4.84	5.43	5.89	6.36	6.75	0.39	0.76
	12t	台时	4.31	4.79	5.18	5.57	5.89	0.32	0.64
	15t	台时	3.87	4.26	4.57	4.88	5.14	0.26	0.52
其他机械使用费		元	10	10	10	10	10		
编号			21502	21503	21504	21505	21506	21507	21508

第 3 章

堆砌石工程

说　明

一、本章定额堆石、砌石、抛石等，共42节。适用于坝体堆石料开采、填筑、砌筑、护坡、护底、挡墙、明渠、隧洞等堆砌石工程。

二、本章定额计量单位，堆石料开采按自然方计，其他除注明外均按建筑实体方计。

三、根据施工技术规范规定允许的超填量及必要的施工附加量、损耗等所消耗的人工、材料、机械的数量和费用等均已计入定额。

四、本章定额石料规格及标准说明。

1. 碎石：指经破碎、加工分级后，粒径大于5mm的骨料。

2. 片石（毛石）：指每块体积一般为 0.01～0.05m^3，中部厚度大于15cm，无一定规则形状的石块。

3. 块石：指厚度大于20cm，长宽各为厚度的2～3倍，上下两面平行且大致平整，无尖角、薄边的石块。

4. 卵石：指最小粒径大于20cm的天然河卵石。

5. 毛条石：一般指长度大于60cm的长条形四棱方正的石料，表面凸凹不超过20mm。

6. 料石（粗料石）：指毛条石经过修边打荒加工，一般为长方形、外露面方正，各相邻面正交，表面凸凹不超过10mm，石料厚度不小于20cm，长度不小于厚度2倍的石料。

7. 砂砾料：指未经加工的天然砂卵（砾）石混合料。

8. 堆石料：岩石经爆破后，无一定规格，无一定大小，能够满足设计粒径和级配要求的上坝料。

9. 反滤料、过渡料：指土石坝或一般堆砌石工程的防渗体与坝壳（土料、砂砾料或堆石料）之间的过渡区石料，由粒径、级配均有一定要求的砂、砾石（碎石）等组成。

10. 垫层料：一般指具有良好的级配，最大粒径满足设计要求的石料。

五、本章材料消耗量定额中石料计量单位：填筑定额中堆石料、过渡料为自然方，反滤料为成品堆方；砌筑定额中块石、片石、卵石为码方，料石、条石为清料方。

六、第3.19～3.28节机械填筑土石坝堆石（砂砾、反滤、过渡）料为综合定额，其中机械填筑坝体砂砾料定额按挖掘机械采挖自然状态的砂砾混合料直接上坝编制；机械填筑堆石料定额按挖掘机械采挖山场经爆破后的堆石料上坝填筑编制，定额中堆石料只计钻爆费用；机械填筑反滤料、过渡料定额中的砂及卵（碎）石的数量和组成比例可按设计资料进行调整。

七、第3.19～3.28节定额，已按规定计入了从开采到坝面填筑的各项损耗以及超填量、施工附加量，采用该定额时不再调整。如需按单项定额编制（挖运定额采用第1、2、6章定额相关子目）综合补充定额时，可按下式调整计算：

每压实成品方需要的自然方量=（1+A）×设计干容重÷天然干容重

综合系数A，包括上坝运输、削坡、施工期沉陷、超填及施工附加量等损失因素。A值应根据建筑物结构、运输条件和施工技术参数分析确定，也可参考表3–1。

表3–1

填筑料	A（%）
坝体砂砾料、反滤料	3.2
堆石料、过渡料、垫层料	2.4

八、定额中不包含过渡料、垫层料需筛分时的筛分费用，筛分费用可参照第6章砂石备料工程定额计算。

九、定额中不包含堆石原料开采中的料场剥离、无用层处理费用。

3.1 人工铺筑砂石垫层

适用范围：铺筑砂石垫层。

工作内容：填筑砂石料、压实、修坡。

单位：100m³压实方

项目	单位	碎石垫层	反滤层
高级熟练工	工时		
熟练工	工时		
半熟练工	工时	197	197
普工	工时	296	296
合计	工时	493	493
碎（卵）石	m^3	102	81.6
砂	m^3		20.4
其他材料费	元	52	55
编号		30001	30002

3.2 人工抛石护底护岸

适用范围：护底、护岸。

工作内容：石料运输、抛石、整平。

单位：100m³抛投方

项目	单位	运输方式			
		人工	双胶轮车	木船	甲板驳
高级熟练工	工时				13
熟练工	工时				26
半熟练工	工时	24	41	19	39
普工	工时	371	186	219	181
合计	工时	395	227	238	259
块石	m^3	103	103	103	103
其他材料费	元	32	32	32	32
双胶轮车	台时		46.87		
木船 10～20 t	台时			27.15	
甲板船 100～200 t	台时				3.92
编号		30003	30004	30005	30006

3.3 石驳抛石护底护岸

适用范围： 护底、护岸。

工作内容： 吊装、运输、定位、抛石、空回。

3.3.1 120m³ 石驳抛石

单位：100m³ 抛投方

项目	单位	运 0～3km 块石粒径（cm） 20～70	运 0～3km 块石粒径（cm） 70 以上	每增运 1km 块石粒径（cm） 20～70	每增运 1km 块石粒径（cm） 70 以上
高级熟练工	工时				
熟练工	工时	5	5		
半熟练工	工时	12	15		
普工	工时	41	47		
合计	工时	58	67		
块石	m^3	108	108		
其他材料费	元	36	36		
履带起重机 15t	台时	2.82	2.97		
拖轮 353kW	台时	1.33	1.43	0.09	0.11
石驳 $120m^3$	台时	3.99	4.30	0.29	0.33
其他机械使用费	元	62	62		
编号		30007	30008	30009	30010

3.3.2 210m³ 石驳抛石

单位：100m³ 抛投方

项目	单位	运 0～3km 块石粒径（cm） 20～70	运 0～3km 块石粒径（cm） 70 以上	每增运 1km 块石粒径（cm） 20～70	每增运 1km 块石粒径（cm） 70 以上
高级熟练工	工时				
熟练工	工时	5.2	5.2		
半熟练工	工时	12.4	15.5		
普工	工时	41.2	47.4		
合计	工时	58.8	68.1		
块石	m^3	108	108		
其他材料费	元	36	36		
履带起重机 15t	台时	2.82	2.97		
拖轮 353kW	台时	1.21	1.27	0.07	0.07
石驳 $210m^3$	台时	3.61	3.81	0.21	0.22
其他机械使用费	元	62	62		
编号		30011	30012	30013	30014

3.4 干 砌 块 石

适用范围： 护底、护坡、基础、挡土墙、桥墩。
工作内容： 选石、修石、砌筑、填缝、找平。

单位：$100m^3$ 砌体方

项目	单位	护坡			护底	基础	挡土墙	桥墩
		平面	曲面	坝面				
高级熟练工	工时							
熟练工	工时	82	144	78	68	58	85	69
半熟练工	工时	252	287	241	205	167	262	209
普工	工时	297	288	283	297	297	306	356
合计	工时	631	719	602	570	522	653	634
块石	m^3	121	121	121	121	121	121	121
其他材料费	元	37	37	37	37	37	37	37
编号		30015	30016	30017	30018	30019	30020	30021

3.5 干 砌 卵 石

适用范围： 护底、护坡、基础、挡土墙、桥墩。
工作内容： 选石、砌筑、填缝、找平。

单位：$100m^3$ 砌体方

项目	单位	护坡		护底	基础	挡土墙	桥墩
		平面	曲面				
高级熟练工	工时						
熟练工	工时	95	163	77	66	97	79
半熟练工	工时	291	328	234	192	299	241
普工	工时	340	328	338	341	343	409
合计	工时	726	819	649	599	739	729
卵石	m^3	115	115	115	115	115	115
其他材料费	元	61	61	61	61	61	61
编号		30022	30023	30024	30025	30026	30027

3.6 浆砌块石

适用范围： 护底、护坡、基础、挡土墙、桥墩。

工作内容： 选石、修石、冲洗、拌制砂浆、砌筑、勾缝。

单位：$100m^3$ 砌体方

项目	单位	护坡		护底	基础	挡土墙	桥墩
		平面	曲面				
高级熟练工	工时						
熟练工	工时	117	196	103	87	109	158
半熟练工	工时	313	337	290	197	192	190
普工	工时	548	555	546	542	715	651
合计	工时	978	1088	939	826	1016	999
块石	m^3	118	118	118	118	118	118
水泥砂浆	m^3	35.3	35.3	35.3	34.0	34.4	34.8
其他材料费	元	47	47	47	46	49	49
编号		30028	30029	30030	30031	30032	30033

3.7 浆砌卵石

适用范围： 护底、护坡、基础、挡土墙、桥墩。

工作内容： 选石、冲洗、拌制砂浆、砌筑、勾缝。

单位：$100m^3$ 砌体方

项目	单位	护坡		护底	基础	挡土墙	桥墩
		平面	曲面				
高级熟练工	工时						
熟练工	工时	125	210	102	87	110	171
半熟练工	工时	333	363	288	196	193	204
普工	工时	583	597	540	539	722	705
合计	工时	1041	1170	930	822	1025	1080
卵石	m^3	112	112	112	112	112	112
水泥砂浆	m^3	37	37	37	35.7	37.9	36.5
其他材料费	元	116	116	116	114	121	121
编号		30034	30035	30036	30037	30038	30039

3.8 浆砌条料石

适用范围：护底、护坡、基础、挡土墙、桥墩、防浪墙。
工作内容：选石、修石、冲洗、拌制砂浆、砌筑、辅助工作。

单位：100m³ 砌体方

项目	单位	护坡	护底	基础	挡土墙	桥墩	帽石	防浪墙
高级熟练工	工时							
熟练工	工时	129	111	97	128	198	354	299
半熟练工	工时	343	314	186	523	580	1063	953
普工	工时	600	587	607	436	383	193	170
合计	工时	1072	1012	890	1087	1161	1610	1422
毛条石	m^3	86.7	86.7	86.7	86.7	36.7		
料石	m^3					50.0	93.8	93.8
水泥砂浆	m^3	26	26	26	26.5	25.5	17.4	17.4
其他材料费	元	54	54	54	61	66	96	96
编号		30040	30041	30042	30043	30044	30045	30046

3.9 浆砌预制混凝土块

适用范围：护底、护坡、挡土墙、桥台、闸墩。
工作内容：冲洗、拌制砂浆、砌筑、勾缝。

单位：100m³ 砌体方

项目	单位	护坡、护底	栏杆	挡土墙、桥台、闸墩
高级熟练工	工时			
熟练工	工时	147	252	114
半熟练工	工时	501	621	557
普工	工时	89	98	92
合计	工时	737	971	763
混凝土预制块	m^3	92	92	97
水泥砂浆	m^3	16	17.3	16.3
其他材料费	元	224	225	236
编号		30047	30048	30049

3.10 浆砌石拱圈

适用范围：砌石拱圈。

工作内容：拱架及支撑制作、安装、拆除，选石、修石、洗石、拌制砂浆、砌筑、填缝、勾缝。

单位：100m^3砌体方

项目	单位	料石拱	块石拱
高级熟练工	工时	90	84
熟练工	工时	423	341
半熟练工	工时	725	568
普工	工时	272	426
合计	工时	1510	1419
料石	m^3	86.7	
块石	m^3		110
水泥砂浆	m^3	25.9	35.4
板枋材	m^3	2.8	2.8
原木	m^3	1.3	1.3
铁件	kg	79.6	79.6
其他材料费	元	212	153
编号		30050	30051

3.11 浆砌石明渠

适用范围：岩石地基、非岩石地基。

工作内容：选石、修石、洗石、拌制砂浆、砌筑、填缝、勾缝。

单位：100m^3砌体方

项目	单位	非岩石地基					岩石地基				
		块石		条（料）石			块石		条（料）石		
		渠底宽度（m）					渠底宽度（m）				
		≤1	>1	≤2	2～3	>3	≤1	>1	≤2	2～3	>3
高级熟练工	工时			19	18	18			21	20	20
熟练工	工时	152	121	75	72	70	148	117	83	79	78
半熟练工	工时	294	322	470	452	442	309	330	520	497	487
普工	工时	643	564	376	362	353	688	618	416	398	389
合计	工时	1089	1007	940	904	883	1145	1065	1040	994	974
块石	m^3	110	110				110	110			
毛条（粗料）石	m^3			86.7	86.7	86.7			86.7	86.7	86.7
水泥砂浆	m^3	35.3	35.3	26	26	26	37	37	28	28	28
其他材料费	元	95	95	107	107	107	115	115	129	129	129
编号		30052	30053	30054	30055	30056	30057	30058	30059	30060	30061

3.12 浆砌石隧洞

适用范围： 砌石隧洞。

工作内容： 拱架及支撑制作、安装、拆除，选石、修石、洗石、拌制砂浆、砌筑、填缝、勾缝。

单位：100m^3砌体方

项目	单位	拱部	边墙	护底	洞门	拱背回填	边墙回填
高级熟练工	工时	148	49	33	54	47	40
熟练工	工时	544	237	170	163	145	121
半熟练工	工时	676	544	469	195	174	145
普工	工时	280	158	179	672	600	502
合计	工时	1648	988	851	1084	966	808
水泥砂浆	m^3	28.1	26.1	26.3	27.0	35.9	35.9
圆木	m^3	2.8					
板材	m^3	3.0					
铁件	m^3	93.1					
铁钉	kg	20.2					
料石	m^3	95.0	95.0	95.0	95.0		
块石	m^3					110.0	110.0
其他材料费	元	107	107	107	107	107	107
V形斗车 1m^3	台时	178.81	178.81	178.81	178.81	178.81	178.81
编号		30062	30063	30064	30065	30066	30067

3.13 砌石重力坝

适用范围： 砌石重力坝。

工作内容： 凿毛、冲洗、清理，选石、修石、洗石，砂浆（混凝土）拌制、砌筑、勾缝、养护。

单位：100m³砌体方

项目	单位	浆砌		混凝土砌	
		块石	条石	块石	条石
高级熟练工	工时	28	44	40	65
熟练工	工时	182	178	269	259
半熟练工	工时	338	311	496	452
普工	工时	365	356	537	515
合计	工时	913	889	1342	1291
块石	m^3	114		88	
条石	m^3		92		58
水泥砂浆	m^3	38.38	24.24		
混凝土	m^3			54.54	52.52
其他材料费	元	143	143	143	143
双胶轮车	台时	245.38	278.41	273.69	287.84
搅拌机 0.4m^3	台时	7.67	4.51	10.90	10.90
振捣器 2.2kW	台时			81.47	81.47
卷扬机 15t	台时	7.20	5.50	6.75	5.17
V形斗车 1m^3	台时	11.26	8.59	10.54	8.09
编号		30068	30069	30070	30071

3.14 砌条石拱坝

适用范围： 砌条石拱坝。

工作内容： 凿毛、冲洗、清理，选石、修石、洗石，砂浆（混凝土）拌制、砌筑、勾缝、养护。

单位：100m³砌体方

项目	单位	浆砌	混凝土砌
高级熟练工	工时	52	111
熟练工	工时	205	279
半熟练工	工时	358	446
普工	工时	409	558
合计	工时	1024	1394
条石	m^3	92	58
水泥砂浆	m^3	24.24	
混凝土	m^3		52.52
其他材料费	元	153	153
双胶轮车	台时	278.41	287.84
搅拌机 $0.4m^3$	台时	4.51	10.90
振捣器 2.2kW	台时		81.47
卷扬机 15t	台时	5.50	5.29
V形斗车 $1m^3$	台时	8.59	8.29
编号		30072	30073

3.15 砌体拆除

适用范围： 砌石体拆除。

工作内容： 拆除、清理、堆放。

单位：100m³砌体方

项目	单位	水泥浆砌石	石灰浆砌石	干砌石
高级熟练工	工时			
熟练工	工时			
半熟练工	工时			
普工	工时	1028	661	284
合计	工时	1028	661	284
其他材料费	元	16	16	16
编号		30074	30075	30076

3.16 打夯机压实砂砾料、反滤料（过渡料）

适用范围： 适用于土石坝体填筑压实。

工作内容： 推平、压实、洒水、补边夯、辅助工作。

单位：100m³压实方

项目	单位	砂砾料	反滤料（过渡料）
高级熟练工	工时		
熟练工	工时	0.9	1.0
半熟练工	工时	1.9	2.2
普工	工时	4.1	4.8
合计	工时	6.9	8.0
其他材料费	元	31	31
打夯机 1.0m³	台时	0.45	0.54
推土机 74kW	台时	0.37	0.40
蛙式打夯机 2.8kW	台时	0.95	1.03
其他机械使用费	元	1	1
编号		30077	30078

注 打夯机为挖掘机改装。

3.17 振动碾压实堆石料（砂砾料）、反滤料（过渡料）、垫层料

适用范围： 适用于土石坝体填筑压实。

工作内容： 推平、压实、洒水、补边夯、辅助工作。

3.17.1 振动碾压实堆石料（砂砾料）

单位：100m³压实方

项目	单位	堆石料（砂砾料）
高级熟练工	工时	
熟练工	工时	0.3
半熟练工	工时	0.8
普工	工时	1.6
合计	工时	2.7
其他材料费	元	31
振动碾 BW217AD	台时	0.16
推土机 132kW	台时	0.31
蛙式打夯机 2.8kW	台时	1.04
其他机械使用费	元	2
编号		30079

3.17.2 振动碾压实反滤料（过渡料）

单位：$100m^3$压实方

项　　目	单位	反滤料（过渡料）
高级熟练工	工时	
熟练工	工时	0.5
半熟练工	工时	0.8
普工	工时	2.4
合计	工时	3.7
其他材料费	元	31
振动碾 BW217AD	台时	0.27
推土机 74kW	台时	0.66
蛙式打夯机 2.8kW	台时	0.97
其他机械使用费	元	3
编　　号		30080

3.17.3 振动碾压实垫层料（水平、斜面）

项　　目	单位	水平	斜面
		$100m^3$	$100m^2$
高级熟练工	工时		
熟练工	工时	1.2	2.5
半熟练工	工时	2.0	3.7
普工	工时	5.8	11.0
合计	工时	9.0	17.2
其他材料费	元	31	61
振动碾 BW217AD	台时	0.64	1.23
推土机 74kW	台时	0.96	
推土机 164kW	台时		1.84
蛙式打夯机 2.8kW	台时	2.30	4.41
其他机械使用费	元	5	14
编　　号		30081	30082

3.18 推土机压实砂砾料、反滤料、过渡料

适用范围：适用于土石坝体填筑压实。

工作内容：推平、压实、洒水、补边夯、辅助工作。

单位：100m³压实方

项 目	单位	砂砾料、反滤料、过渡料
高级熟练工	工时	
熟练工	工时	2.3
半熟练工	工时	3.4
普工	工时	6.7
合计	工时	12.4
其他材料费	元	31
推土机 74kW	台时	1.12
蛙式打夯机 2.8kW	台时	1.04
其他机械使用费	元	3
编号		30083

3.19 机械填筑土石坝堆石（砂砾、反滤、过渡）料—1m³挖掘机装料汽车运输上坝

适用范围： 适用于土石坝体填筑运输压实。

工作内容： 挖装、运输、推平、碾压、洒水、补边夯及各种坝面辅助工作。

3.19.1 填筑堆石料

单位：100m³压实方

项目		单位	运距（km）					每增运1km
			0.5	1	2	3	4	
高级熟练工		工时						
熟练工		工时	0.3	0.3	0.3	0.3	0.3	
半熟练工		工时	0.8	0.8	0.8	0.8	0.8	
普工		工时	5.8	5.8	5.8	5.8	5.8	
合计		工时	6.9	6.9	6.9	6.9	6.9	
堆石料（自然方）		m³	80	80	80	80	80	
其他材料费		元	44	44	44	44	44	
挖掘机	液压正铲1.0m³	台时	1.29	1.29	1.29	1.29	1.29	
推土机	74kW	台时	1.05	1.05	1.05	1.05	1.05	
自卸汽车	3.5t	台时	8.12	10.34	14.17	18.00	21.82	3.35
	5t	台时	6.26	7.82	10.50	13.18	15.85	2.34
	6.5t	台时	5.26	6.46	8.52	10.58	12.64	1.80
	8t	台时	4.64	5.61	7.28	8.96	10.63	1.47
	10t	台时	4.18	4.95	6.30	7.63	8.97	1.17
	12t	台时	3.80	4.45	5.57	6.68	7.80	0.97
	15t	台时	3.30	3.82	4.71	5.61	6.50	0.78
振动碾	BW217AD	台时	0.17	0.17	0.17	0.17	0.17	
蛙式打夯机	2.8kW	台时	1.07	1.07	1.07	1.07	1.07	
其他机械使用费		元	9	9	9	9	9	
编号			30084	30085	30086	30087	30088	30089

3.19.2 填筑砂砾料

单位：100m³压实方

项目		单位	运距（km）					每增运1km
			0.5	1	2	3	4	
高级熟练工		工时						
熟练工		工时	0.3	0.3	0.3	0.3	0.3	
半熟练工		工时	0.9	0.9	0.9	0.9	0.9	
普工		工时	6.1	6.1	6.1	6.1	6.1	
合计		工时	7.3	7.3	7.3	7.3	7.3	
其他材料费		元	54	54	54	54	54	
挖掘机	液压正铲 1.0m³	台时	0.92	0.92	0.92	0.92	0.92	
推土机	74kW	台时	0.80	0.80	0.80	0.80	0.80	
自卸汽车	5t	台时	6.65	8.20	11.30	14.40	17.50	2.71
	6.5t	台时	5.44	6.63	9.01	11.39	13.77	2.08
	8t	台时	4.67	5.64	7.57	9.51	11.44	1.69
	10t	台时	4.10	4.88	6.42	7.97	9.52	1.36
	12t	台时	3.66	4.30	5.59	6.88	8.17	1.13
振动碾	BW217AD	台时	0.17	0.17	0.17	0.17	0.17	
蛙式打夯机	2.8kW	台时	1.07	1.07	1.07	1.07	1.07	
其他机械使用费		元	2	2	2	2	2	
编号			30090	30091	30092	30093	30094	30095

3.19.3 填筑反滤料

单位：100m³压实方

项目		单位	运距（km）					每增运1km
			0.5	1	2	3	4	
高级熟练工		工时						
熟练工		工时	0.5	0.5	0.5	0.5	0.5	
半熟练工		工时	0.9	0.9	0.9	0.9	0.9	
普工		工时	5.6	5.6	5.6	5.6	5.6	
合计		工时	7.0	7.0	7.0	7.0	7.0	
反滤料（成品堆方）		m³	119	119	119	119	119	
其他材料费		元	49	49	49	49	49	
挖掘机	液压正铲 1.0m³	台时	0.65	0.65	0.65	0.65	0.65	
推土机	74kW	台时	0.97	0.97	0.97	0.97	0.97	
自卸汽车	5t	台时	4.72	5.82	8.03	10.23	12.44	1.94
	6.5t	台时	3.86	4.71	6.40	8.10	9.79	1.48
	8t	台时	3.32	4.01	5.38	6.77	8.14	1.20
	10t	台时	2.92	3.47	4.57	5.67	6.78	0.97
振动碾	BW217AD	台时	0.28	0.28	0.28	0.28	0.28	
蛙式打夯机	2.8kW	台时	1.00	1.00	1.00	1.00	1.00	
其他机械使用费		元	3	3	3	3	3	
编号			30096	30097	30098	30099	30100	30101

3.19.4 填筑过渡料

单位：100m³压实方

项目		单位	运距（km）					每增运1km
			0.5	1	2	3	4	
高级熟练工		工时						
熟练工		工时	0.3	0.3	0.3	0.3	0.3	
半熟练工		工时	0.8	0.8	0.8	0.8	0.8	
普工		工时	5.8	5.8	5.8	5.8	5.8	
合计		工时	6.9	6.9	6.9	6.9	6.9	
过渡料（自然方）		m^3	83	83	83	83	83	
其他材料费		元	44	44	44	44	44	
挖掘机	液压正铲 $1.0m^3$	台时	1.29	1.29	1.29	1.29	1.29	
推土机	74kW	台时	1.05	1.05	1.05	1.05	1.05	
自卸汽车	3.5t	台时	8.12	10.34	14.17	18.00	21.82	3.35
	5t	台时	6.26	7.82	10.50	13.18	15.85	2.34
	6.5t	台时	5.26	6.46	8.52	10.58	12.64	1.80
	8t	台时	4.64	5.61	7.28	8.96	10.63	1.47
	10t	台时	4.18	4.95	6.30	7.63	8.97	1.17
	12t	台时	3.80	4.45	5.57	6.68	7.80	0.97
	15t	台时	3.30	3.82	4.71	5.61	6.50	0.78
振动碾	BW217AD	台时	0.17	0.17	0.17	0.17	0.17	
蛙式打夯机	2.8kW	台时	1.07	1.07	1.07	1.07	1.07	
其他机械使用费		元	9	9	9	9	9	
编号			30102	30103	30104	30105	30106	30107

3.20 机械填筑土石坝堆石（砂砾、反滤、过渡）料—2m³ 挖掘机装料汽车运输上坝

适用范围：适用于土石坝体填筑运输压实。

工作内容：挖装、运输、推平、碾压、洒水、补边夯及各种坝面辅助工作。

3.20.1 填筑堆石料

单位：100m³ 压实方

项目		单位	运距（km）					每增运1km
			0.5	1	2	3	4	
高级熟练工		工时						
熟练工		工时	0.3	0.3	0.3	0.3	0.3	
半熟练工		工时	0.8	0.8	0.8	0.8	0.8	
普工		工时	4.2	4.2	4.2	4.2	4.2	
合计		工时	5.3	5.3	5.3	5.3	5.3	
堆石料（自然方）		m³	80	80	80	80	80	
其他材料费		元	44	44	44	44	44	
挖掘机	液压正铲 2.0m³	台时	0.79	0.79	0.79	0.79	0.79	
推土机	88kW	台时	0.79	0.79	0.79	0.79	0.79	
自卸汽车	6.5t	台时	4.52	5.72	7.78	9.83	11.89	1.80
	8t	台时	3.89	4.87	6.54	8.22	9.89	1.47
	10t	台时	3.43	4.21	5.55	6.89	8.22	1.17
	12t	台时	3.06	3.71	4.82	5.93	7.05	0.97
	15t	台时	2.68	3.20	4.10	4.99	5.88	0.78
	18t	台时	2.43	2.87	3.61	4.35	5.09	0.65
	20t	台时	2.30	2.69	3.36	4.03	4.70	0.59
振动碾	BW217AD	台时	0.17	0.17	0.17	0.17	0.17	
蛙式打夯机	2.8kW	台时	1.07	1.07	1.07	1.07	1.07	
其他机械使用费		元	9	9	9	9	9	
编号			30108	30109	30110	30111	30112	30113

3.20.2 填筑砂砾料

单位：100m^{3}压实方

项目		单位	运距（km）					每增运1km
			0.5	1	2	3	4	
高级熟练工		工时						
熟练工		工时	0.3	0.3	0.3	0.3	0.3	
半熟练工		工时	0.9	0.9	0.9	0.9	0.9	
普工		工时	4.3	4.3	4.3	4.3	4.3	
合计		工时	5.5	5.5	5.5	5.5	5.5	
其他材料费		元	54	54	54	54	54	
挖掘机	液压正铲 2.0m^3	台时	0.54	0.54	0.54	0.54	0.54	
推土机	88kW	台时	0.64	0.64	0.64	0.64	0.64	
自卸汽车	8t	台时	4.11	5.08	7.01	8.95	10.88	1.69
	10t	台时	3.54	4.32	5.87	7.41	8.96	1.36
	12t	台时	3.10	3.74	5.03	6.32	7.61	1.13
	15t	台时	2.64	3.15	4.19	5.22	6.25	0.90
	18t	台时	2.34	2.77	3.63	4.49	5.35	0.76
	20t	台时	2.18	2.57	3.34	4.12	4.89	0.67
	25t	台时	1.91	2.22	2.84	3.46	4.07	0.54
振动碾	BW217AD	台时	0.17	0.17	0.17	0.17	0.17	
蛙式打夯机	2.8kW	台时	1.07	1.07	1.07	1.07	1.07	
其他机械使用费		元	2	2	2	2	2	
编号			30114	30115	30116	30117	30118	30119

3.20.3 填筑反滤料

单位：100m³压实方

项目		单位	运距（km）					每增运1km
			0.5	1	2	3	4	
高级熟练工		工时						
熟练工		工时	0.3	0.3	0.3	0.3	0.3	
半熟练工		工时	0.9	0.9	0.9	0.9	0.9	
普工		工时	3.6	3.6	3.6	3.6	3.6	
合计		工时	4.8	4.8	4.8	4.8	4.8	
反滤料（成品堆方）		m^3	119	119	119	119	119	
其他材料费		元	49	49	49	49	49	
挖掘机	液压正铲 2.0m^3	台时	0.40	0.40	0.40	0.40	0.40	
推土机	88kW	台时	0.83	0.83	0.83	0.83	0.83	
自卸汽车	6.5t	台时	3.49	4.34	6.03	7.73	9.43	1.48
	8t	台时	2.95	3.64	5.01	6.40	7.77	1.20
	10t	台时	2.54	3.09	4.19	5.30	6.40	0.97
	12t	台时	2.22	2.68	3.60	4.52	5.44	0.81
	15t	台时	1.97	2.37	3.15	3.93	4.72	0.69
	18t	台时	1.82	2.17	2.87	3.55	4.25	0.61
	20t	台时	1.71	2.02	2.65	3.28	3.91	0.55
	25t	台时	1.53	1.79	2.32	2.84	3.37	0.47
	27t	台时	1.45	1.69	2.18	2.67	3.15	0.43
振动碾	BW217AD	台时	0.28	0.28	0.28	0.28	0.28	
蛙式打夯机	2.8kW	台时	1.00	1.00	1.00	1.00	1.00	
其他机械使用费		元	3	3	3	3	3	
编号			30120	30121	30122	30123	30124	30125

3.20.4 填筑过渡料

单位：100m^{3}压实方

项目		单位	运距（km）					每增运1km
			0.5	1	2	3	4	
高级熟练工		工时						
熟练工		工时	0.3	0.3	0.3	0.3	0.3	
半熟练工		工时	0.8	0.8	0.8	0.8	0.8	
普工		工时	4.2	4.2	4.2	4.2	4.2	
合计		工时	5.3	5.3	5.3	5.3	5.3	
过渡料（自然方）		m^3	83	83	83	83	83	
其他材料费		元	44	44	44	44	44	
挖掘机	液压正铲 2.0m^3	台时	0.79	0.79	0.79	0.79	0.79	
推土机	88kW	台时	0.79	0.79	0.79	0.79	0.79	
自卸汽车	6.5t	台时	4.52	5.72	7.78	9.83	11.89	1.80
	8t	台时	3.89	4.87	6.54	8.22	9.89	1.47
	10t	台时	3.43	4.21	5.55	6.89	8.22	1.17
	12t	台时	3.06	3.71	4.82	5.93	7.05	0.97
	15t	台时	2.68	3.20	4.10	4.99	5.88	0.78
	18t	台时	2.43	2.87	3.61	4.35	5.09	0.65
	20t	台时	2.30	2.69	3.36	4.03	4.70	0.59
振动碾	BW217AD	台时	0.17	0.17	0.17	0.17	0.17	
蛙式打夯机	2.8kW	台时	1.07	1.07	1.07	1.07	1.07	
其他机械使用费		元	9	9	9	9	9	
编号			30126	30127	30128	30129	30130	30131

3.21 机械填筑土石坝堆石（砂砾、反滤、过渡）料—$3m^3$挖掘机装料汽车运输上坝

适用范围： 适用于土石坝体填筑运输压实。

工作内容： 挖装、运输、推平、碾压、洒水、补边夯及各种坝面辅助工作。

3.21.1 填筑堆石料

单位：$100m^3$压实方

项目		单位	运距（km）					每增运1km
			0.5	1	2	3	4	
高级熟练工		工时						
熟练工		工时	0.3	0.3	0.3	0.3	0.3	
半熟练工		工时	0.8	0.8	0.8	0.8	0.8	
普工		工时	3.3	3.3	3.3	3.3	3.3	
合计		工时	4.4	4.4	4.4	4.4	4.4	
堆石料（自然方）		m^3	80	80	80	80	80	
其他材料费		元	44	44	44	44	44	
挖掘机	液压正铲$3.0m^3$	台时	0.59	0.59	0.59	0.59	0.59	
推土机	88kW	台时	0.69	0.69	0.69	0.69	0.69	
自卸汽车	8t	台时	3.58	4.56	6.23	7.90	9.57	1.47
	10t	台时	3.12	3.90	5.24	6.58	7.92	1.17
	12t	台时	2.74	3.39	4.52	5.63	6.74	0.97
	15t	台时	2.37	2.89	3.78	4.68	5.57	0.78
	18t	台时	2.13	2.55	3.30	4.05	4.79	0.65
	20t	台时	2.00	2.39	3.06	3.72	4.40	0.59
	25t	台时	1.77	2.08	2.62	3.16	3.69	0.47
	27t	台时	1.71	2.01	2.51	3.01	3.51	0.44
	32t	台时	1.53	1.77	2.19	2.61	3.03	0.36
振动碾	BW217AD	台时	0.17	0.17	0.17	0.17	0.17	
蛙式打夯机	2.8kW	台时	1.07	1.07	1.07	1.07	1.07	
其他机械使用费		元	9	9	9	9	9	
编号			30132	30133	30134	30135	30136	30137

3.21.2 填筑砂砾料

单位：100m^{3}压实方

项目		单位	运距（km）					每增运1km
			0.5	1	2	3	4	
高级熟练工		工时						
熟练工		工时	0.3	0.3	0.3	0.3	0.3	
半熟练工		工时	0.9	0.9	0.9	0.9	0.9	
普工		工时	3.7	3.7	3.7	3.7	3.7	
合计		工时	4.9	4.9	4.9	4.9	4.9	
其他材料费		元	54	54	54	54	54	
挖掘机	液压正铲 3.0m^3	台时	0.42	0.42	0.42	0.42	0.42	
推土机	88kW	台时	0.58	0.58	0.58	0.58	0.58	
自卸汽车	12t	台时	2.88	3.53	4.82	6.11	7.40	1.13
	15t	台时	2.44	2.95	3.99	5.02	6.05	0.90
	18t	台时	2.14	2.57	3.43	4.29	5.15	0.76
	20t	台时	1.98	2.37	3.14	3.92	4.69	0.67
	25t	台时	1.71	2.02	2.64	3.26	3.87	0.54
	27t	台时	1.63	1.92	2.50	3.07	3.64	0.50
	30t	台时	1.53	1.79	2.31	2.83	3.34	0.46
	32t	台时	1.46	1.71	2.19	2.68	3.17	0.43
振动碾	BW217AD	台时	0.17	0.17	0.17	0.17	0.17	
蛙式打夯机	2.8kW	台时	1.07	1.07	1.07	1.07	1.07	
其他机械使用费		元	2	2	2	2	2	
编号			30138	30139	30140	30141	30142	30143

3.21.3 填筑反滤料

单位：100m³压实方

项目		单位	运距（km）					每增运1km
			0.5	1	2	3	4	
高级熟练工		工时						
熟练工		工时	0.3	0.3	0.3	0.3	0.3	
半熟练工		工时	0.9	0.9	0.9	0.9	0.9	
普工		工时	3.1	3.1	3.1	3.1	3.1	
合计		工时	4.3	4.3	4.3	4.3	4.3	
反滤料（成品堆方）		m^3	119	119	119	119	119	
其他材料费		元	49	49	49	49	49	
挖掘机	液压正铲 $3.0m^3$	台时	0.29	0.29	0.29	0.29	0.29	
推土机	88kW	台时	0.78	0.78	0.78	0.78	0.78	
自卸汽车	10t	台时	2.79	3.48	4.85	6.24	7.61	1.20
	12t	台时	2.07	2.52	3.44	4.36	5.28	0.81
	15t	台时	1.83	2.22	2.99	3.78	4.56	0.69
	18t	台时	1.66	2.01	2.71	3.40	4.09	0.61
	20t	台时	1.54	1.86	2.50	3.13	3.75	0.55
	25t	台时	1.37	1.63	2.16	2.68	3.21	0.47
	27t	台时	1.31	1.54	2.02	2.51	2.99	0.43
	30t	台时	1.21	1.42	1.85	2.29	2.72	0.38
	32t	台时	1.13	1.32	1.72	2.11	2.49	0.34
振动碾	BW217AD	台时	0.28	0.28	0.28	0.28	0.28	
蛙式打夯机	2.8kW	台时	1.00	1.00	1.00	1.00	1.00	
其他机械使用费		元	3	3	3	3	3	
编号			30144	30145	30146	30147	30148	30149

3.21.4 填筑过渡料

单位：100m³压实方

项目		单位	运距（km）					每增运1km
			0.5	1	2	3	4	
高级熟练工		工时						
熟练工		工时	0.3	0.3	0.3	0.3	0.3	
半熟练工		工时	0.8	0.8	0.8	0.8	0.8	
普工		工时	3.3	3.3	3.3	3.3	3.3	
合计		工时	4.4	4.4	4.4	4.4	4.4	
过渡料(自然方)		m^3	83	83	83	83	83	
其他材料费		元	44	44	44	44	44	
挖掘机	液压正铲 $3.0m^3$	台时	0.59	0.59	0.59	0.59	0.59	
推土机	88kW	台时	0.69	0.69	0.69	0.69	0.69	
自卸汽车	8t	台时	3.58	4.56	6.23	7.90	9.57	1.47
	10t	台时	3.12	3.90	5.24	6.58	7.92	1.17
	12t	台时	2.74	3.39	4.52	5.63	6.74	0.97
	15t	台时	2.37	2.89	3.78	4.68	5.57	0.78
	18t	台时	2.13	2.55	3.30	4.05	4.79	0.65
	20t	台时	2.00	2.39	3.06	3.72	4.40	0.59
	25t	台时	1.77	2.08	2.62	3.16	3.69	0.47
	27t	台时	1.71	2.01	2.51	3.01	3.51	0.44
	32t	台时	1.53	1.77	2.19	2.61	3.03	0.36
振动碾	BW217AD	台时	0.17	0.17	0.17	0.17	0.17	
蛙式打夯机	2.8kW	台时	1.07	1.07	1.07	1.07	1.07	
其他机械使用费		元	9	9	9	9	9	
编号			30150	30151	30152	30153	30154	30155

3.22 机械填筑土石坝堆石（砂砾、反滤、过渡）料—4m³挖掘机装料汽车运输上坝

适用范围： 适用于土石坝体填筑运输压实。

工作内容： 挖装、运输、推平、碾压、洒水、补边夯及各种坝面辅助工作。

3.22.1 填筑堆石料

单位：100m³压实方

项目		单位	运距（km）					每增运1km
			0.5	1	2	3	4	
高级熟练工		工时						
熟练工		工时	0.3	0.3	0.3	0.3	0.3	
半熟练工		工时	0.8	0.8	0.8	0.8	0.8	
普工		工时	3.3	3.3	3.3	3.3	3.3	
合计		工时	4.4	4.4	4.4	4.4	4.4	
堆石料(自然方)		m³	80	80	80	80	80	
其他材料费		元	44	44	44	44	44	
挖掘机	液压正铲4.0m³	台时	0.49	0.49	0.49	0.49	0.49	
推土机	132kW	台时	0.56	0.56	0.56	0.56	0.56	
自卸汽车	12t	台时	2.60	3.25	4.36	5.47	6.59	0.97
	15t	台时	2.22	2.74	3.63	4.52	5.41	0.78
	18t	台时	1.97	2.41	3.15	3.89	4.63	0.65
	20t	台时	1.85	2.23	2.91	3.58	4.24	0.59
	25t	台时	1.62	1.94	2.47	3.01	3.54	0.47
	27t	台时	1.57	1.85	2.36	2.86	3.36	0.44
	30t	台时	1.52	1.80	2.27	2.75	3.22	0.41
	32t	台时	1.43	1.67	2.08	2.50	2.93	0.36
	40t	台时	1.26	1.45	1.79	2.13	2.46	0.30
振动碾	BW217AD	台时	0.17	0.17	0.17	0.17	0.17	
蛙式打夯机	2.8kW	台时	1.07	1.07	1.07	1.07	1.07	
其他机械使用费		元	9	9	9	9	9	
编号			30156	30157	30158	30159	30160	30161

3.22.2 填筑砂砾料

单位：100m³压实方

项目		单位	运距（km）					每增运1km
			0.5	1	2	3	4	
高级熟练工		工时						
熟练工		工时	0.3	0.3	0.3	0.3	0.3	
半熟练工		工时	0.9	0.9	0.9	0.9	0.9	
普工		工时	3.3	3.3	3.3	3.3	3.3	
合计		工时	4.5	4.5	4.5	4.5	4.5	
其他材料费		元	54	54	54	54	54	
挖掘机	液压正铲 $4.0m^3$	台时	0.33	0.33	0.33	0.33	0.33	
推土机	132kW	台时	0.43	0.43	0.43	0.43	0.43	
自卸汽车	15t	台时	2.31	2.83	3.86	4.89	5.92	0.90
	18t	台时	2.01	2.44	3.30	4.16	5.02	0.76
	20t	台时	1.86	2.25	3.03	3.80	4.57	0.67
	25t	台时	1.58	1.89	2.51	3.14	3.76	0.54
	27t	台时	1.51	1.79	2.37	2.94	3.51	0.50
	30t	台时	1.41	1.66	2.18	2.70	3.21	0.46
	32t	台时	1.35	1.59	2.08	2.55	3.04	0.43
	40t	台时	1.18	1.38	1.76	2.15	2.54	0.34
	45t	台时	1.12	1.29	1.63	1.98	2.32	0.30
	50t	台时	1.07	1.22	1.52	1.84	2.15	0.27
振动碾	BW217AD	台时	0.17	0.17	0.17	0.17	0.17	
蛙式打夯机	2.8kW	台时	1.07	1.07	1.07	1.07	1.07	
其他机械使用费		元	2	2	2	2	2	
编号			30162	30163	30164	30165	30166	30167

3.22.3 填筑反滤料

单位：100m³压实方

项目		单位	运距（km）					每增运1km
			0.5	1	2	3	4	
高级熟练工		工时						
熟练工		工时	0.3	0.3	0.3	0.3	0.3	
半熟练工		工时	0.9	0.9	0.9	0.9	0.9	
普工		工时	2.8	2.8	2.8	2.8	2.8	
合计		工时	4.0	4.0	4.0	4.0	4.0	
反滤料（成品堆方）		m^3	119	119	119	119	119	
其他材料费		元	49	49	49	49	49	
挖掘机	液压正铲 $4.0m^3$	台时	0.23	0.23	0.23	0.23	0.23	
推土机	88kW	台时	0.75	0.75	0.75	0.75	0.75	
自卸汽车	15t	台时	1.73	2.12	2.90	3.68	4.46	0.69
	18t	台时	1.58	1.92	2.61	3.31	4.00	0.61
	20t	台时	1.45	1.77	2.40	3.03	3.65	0.55
	25t	台时	1.27	1.53	2.06	2.59	3.11	0.47
	27t	台时	1.21	1.45	1.92	2.41	2.90	0.43
	30t	台时	1.10	1.32	1.77	2.19	2.62	0.38
	32t	台时	1.03	1.23	1.62	2.01	2.40	0.34
	40t	台时	0.91	1.07	1.39	1.69	2.01	0.28
	45t	台时	0.81	0.93	1.18	1.43	1.68	0.22
振动碾	BW217AD	台时	0.28	0.28	0.28	0.28	0.28	
蛙式打夯机	2.8kW	台时	1.00	1.00	1.00	1.00	1.00	
其他机械使用费		元	3	3	3	3	3	
编号			30168	30169	30170	30171	30172	30173

3.22.4 填筑过渡料

单位：100m^3压实方

项目		单位	运距（km）					每增运1km
			0.5	1	2	3	4	
高级熟练工		工时						
熟练工		工时	0.3	0.3	0.3	0.3	0.3	
半熟练工		工时	0.8	0.8	0.8	0.8	0.8	
普工		工时	3.3	3.3	3.3	3.3	3.3	
合计		工时	4.4	4.4	4.4	4.4	4.4	
过渡料（自然方）		m^3	83	83	83	83	83	
其他材料费		元	44	44	44	44	44	
挖掘机	液压正铲 4.0m^3	台时	0.49	0.49	0.49	0.49	0.49	
推土机	132kW	台时	0.56	0.56	0.56	0.56	0.56	
自卸汽车	12t	台时	2.60	3.25	4.36	5.47	6.59	0.97
	15t	台时	2.22	2.74	3.63	4.52	5.41	0.78
	18t	台时	1.97	2.41	3.15	3.89	4.63	0.65
	20t	台时	1.85	2.23	2.91	3.58	4.24	0.59
	25t	台时	1.62	1.94	2.47	3.01	3.54	0.47
	27t	台时	1.57	1.85	2.36	2.86	3.36	0.44
	30t	台时	1.52	1.80	2.27	2.75	3.22	0.41
	32t	台时	1.43	1.67	2.08	2.50	2.93	0.36
	40t	台时	1.26	1.45	1.79	2.13	2.46	0.30
振动碾	BW217AD	台时	0.17	0.17	0.17	0.17	0.17	
蛙式打夯机	2.8kW	台时	1.07	1.07	1.07	1.07	1.07	
其他机械使用费		元	9	9	9	9	9	
编号			30174	30175	30176	30177	30178	30179

3.23 机械填筑土石坝堆石（砂砾、反滤、过渡）料—1.5m³装载机装料汽车运输上坝

适用范围：适用于土石坝体填筑运输压实。

工作内容：挖装、运输、推平、碾压、洒水、补边夯及各种坝面辅助工作。

3.23.1 填筑堆石料

单位：100m³压实方

项目		单位	运距（km）					每增运1km
			0.5	1	2	3	4	
高级熟练工		工时						
熟练工		工时	0.3	0.3	0.3	0.3	0.3	
半熟练工		工时	0.8	0.8	0.8	0.8	0.8	
普工		工时	7.5	7.5	7.5	7.5	7.5	
合计		工时	8.6	8.6	8.6	8.6	8.6	
堆石料（自然方）		m³	80	80	80	80	80	
其他材料费		元	44	44	44	44	44	
装载机	1.5m³	台时	1.94	1.94	1.94	1.94	1.94	
推土机	74kW	台时	1.40	1.40	1.40	1.40	1.40	
自卸汽车	5t	台时	7.23	8.78	11.46	14.14	16.82	2.34
	6.5t	台时	6.23	7.42	9.48	11.54	13.60	1.80
	8t	台时	5.60	6.58	8.26	9.93	11.60	1.47
	10t	台时	4.95	5.74	7.08	8.41	9.75	1.17
	12t	台时	4.45	5.10	6.22	7.33	8.45	0.97
	15t	台时	3.95	4.47	5.36	6.25	7.14	0.78
	18t	台时	3.61	4.05	4.79	5.53	6.28	0.65
	20t	台时	3.44	3.83	4.51	5.17	5.84	0.59
振动碾	BW217AD	台时	0.17	0.17	0.17	0.17	0.17	
蛙式打夯机	2.8kW	台时	1.07	1.07	1.07	1.07	1.07	
其他机械使用费		元	9	9	9	9	9	
编号			30180	30181	30182	30183	30184	30185

3.23.2 填筑砂砾料

单位：100m³压实方

项目		单位	运距（km）					每增运1km
			0.5	1	2	3	4	
高级熟练工		工时						
熟练工		工时	0.3	0.3	0.3	0.3	0.3	
半熟练工		工时	0.9	0.9	0.9	0.9	0.9	
普工		工时	11.7	11.7	11.7	11.7	11.7	
合计		工时	12.9	12.9	12.9	12.9	12.9	
其他材料费		元	54	54	54	54	54	
装载机	$1.5m^3$	台时	2.11	2.11	2.11	2.11	2.11	
推土机	74kW	台时	1.10	1.10	1.10	1.10	1.10	
自卸汽车	5t	台时	7.63	9.18	12.28	15.37	18.47	2.71
	6.5t	台时	6.40	7.60	10.00	12.38	14.76	2.08
	8t	台时	5.66	6.63	8.56	10.50	12.43	1.69
	10t	台时	5.09	5.87	7.41	8.96	10.51	1.36
	12t	台时	4.60	5.25	6.54	7.83	9.12	1.13
	15t	台时	4.00	4.52	5.55	6.58	7.61	0.90
	18t	台时	3.59	4.02	4.88	5.74	6.60	0.76
振动碾	BW217AD	台时	0.17	0.17	0.17	0.17	0.17	
蛙式打夯机	2.8kW	台时	1.07	1.07	1.07	1.07	1.07	
其他机械使用费		元	2	2	2	2	2	
编号			30186	30187	30188	30189	30190	30191

3.23.3 填筑反滤料

单位：100m³压实方

项目		单位	运距（km）					每增运1km
			0.5	1	2	3	4	
高级熟练工		工时						
熟练工		工时	0.3	0.3	0.3	0.3	0.3	
半熟练工		工时	0.9	0.9	0.9	0.9	0.9	
普工		工时	6.7	6.7	6.7	6.7	6.7	
合计		工时	7.9	7.9	7.9	7.9	7.9	
反滤料（成品堆方）		m^3	119	119	119	119	119	
其他材料费		元	49	49	49	49	49	
装载机	$1.5m^3$	台时	1.04	1.04	1.04	1.04	1.04	
推土机	74kW	台时	1.01	1.01	1.01	1.01	1.01	
自卸汽车	5t	台时	5.32	6.42	8.63	10.84	13.04	1.94
	6.5t	台时	4.44	5.30	7.00	8.69	10.39	1.48
	8t	台时	3.90	4.60	5.98	7.35	8.74	1.20
	10t	台时	3.51	4.06	5.16	6.26	7.37	0.97
	12t	台时	3.18	3.64	4.56	5.48	6.40	0.81
	15t	台时	2.87	3.26	4.04	4.83	5.61	0.69
	18t	台时	2.67	3.02	3.71	4.40	5.10	0.61
振动碾	BW217AD	台时	0.28	0.28	0.28	0.28	0.28	
蛙式打夯机	2.8kW	台时	1.00	1.00	1.00	1.00	1.00	
其他机械使用费		元	3	3	3	3	3	
编号			30192	30193	30194	30195	30196	30197

3.23.4 填筑过渡料

单位：100m³压实方

项目		单位	运距（km）					每增运1km
			0.5	1	2	3	4	
高级熟练工		工时						
熟练工		工时	0.3	0.3	0.3	0.3	0.3	
半熟练工		工时	0.8	0.8	0.8	0.8	0.8	
普工		工时	7.5	7.5	7.5	7.5	7.5	
合计		工时	8.6	8.6	8.6	8.6	8.6	
过渡料（自然方）		m^3	83	83	83	83	83	
其他材料费		元	44	44	44	44	44	
装载机	$1.5m^3$	台时	1.94	1.94	1.94	1.94	1.94	
推土机	74kW	台时	1.40	1.40	1.40	1.40	1.40	
自卸汽车	5t	台时	7.23	8.78	11.46	14.14	16.82	2.34
	6.5t	台时	6.23	7.42	9.48	11.54	13.60	1.80
	8t	台时	5.60	6.58	8.26	9.93	11.60	1.47
	10t	台时	4.95	5.74	7.08	8.41	9.75	1.17
	12t	台时	4.45	5.10	6.22	7.33	8.45	0.97
	15t	台时	3.95	4.47	5.36	6.25	7.14	0.78
	18t	台时	3.61	4.05	4.79	5.53	6.28	0.65
	20t	台时	3.44	3.83	4.51	5.17	5.84	0.59
振动碾	BW217AD	台时	0.17	0.17	0.17	0.17	0.17	
蛙式打夯机	2.8kW	台时	1.07	1.07	1.07	1.07	1.07	
其他机械使用费		元	9	9	9	9	9	
编号			30198	30199	30200	30201	30202	30203

3.24 机械填筑土石坝堆石（砂砾、反滤、过渡）料—2m³装载机装料汽车运输上坝

适用范围： 适用于土石坝体填筑运输压实。

工作内容： 挖装、运输、推平、碾压、洒水、补边夯及各种坝面辅助工作。

3.24.1 填 筑 堆 石 料

单位：100m³压实方

项　目		单位	运距（km） 0.5	1	2	3	4	每增运1km
高级熟练工		工时						
熟练工		工时	0.3	0.3	0.3	0.3	0.3	
半熟练工		工时	0.8	0.8	0.8	0.8	0.8	
普工		工时	6.6	6.6	6.6	6.6	6.6	
合计		工时	7.7	7.7	7.7	7.7	7.7	
堆石料（自然方）		m^3	80	80	80	80	80	
其他材料费		元	44	44	44	44	44	
装载机	2m³	台时	1.53	1.53	1.53	1.53	1.53	
推土机	74kW	台时	1.20	1.20	1.20	1.20	1.20	
自卸汽车	6.5t	台时	5.62	6.82	8.88	10.94	13.00	1.80
	8t	台时	4.99	5.97	7.65	9.32	10.99	1.47
	10t	台时	4.53	5.31	6.65	7.99	9.33	1.17
	12t	台时	4.05	4.70	5.82	6.93	8.04	0.97
	15t	台时	3.54	4.06	4.96	5.85	6.74	0.78
	18t	台时	3.21	3.64	4.38	5.13	5.88	0.65
	20t	台时	3.04	3.43	4.10	4.77	5.44	0.59
振动碾	BW217AD	台时	0.17	0.17	0.17	0.17	0.17	
蛙式打夯机	2.8kW	台时	1.07	1.07	1.07	1.07	1.07	
其他机械使用费		元	9	9	9	9	9	
编号			30204	30205	30206	30207	30208	30209

3.24.2 填筑砂砾料

单位：100m³压实方

项目		单位	运距（km）					每增运1km
			0.5	1	2	3	4	
高级熟练工		工时						
熟练工		工时	0.3	0.3	0.3	0.3	0.3	
半熟练工		工时	0.9	0.9	0.9	0.9	0.9	
普工		工时	9.6	9.6	9.6	9.6	9.6	
合计		工时	10.8	10.8	10.8	10.8	10.8	
其他材料费		元	54	54	54	54	54	
装载机	$2m^3$	台时	1.65	1.65	1.65	1.65	1.65	
推土机	74kW	台时	0.95	0.95	0.95	0.95	0.95	
自卸汽车	6.5t	台时	5.91	7.10	9.48	11.87	14.25	2.08
	8t	台时	5.16	6.12	8.06	10.00	11.93	1.69
	10t	台时	4.59	5.36	6.91	8.46	10.01	1.36
	12t	台时	4.13	4.78	6.07	7.36	8.65	1.13
	15t	台时	3.66	4.17	5.21	6.24	7.27	0.90
	18t	台时	3.26	3.69	4.55	5.41	6.27	0.76
	20t	台时	3.05	3.44	4.22	4.99	5.76	0.67
	25t	台时	2.69	3.00	3.61	4.24	4.86	0.54
振动碾	BW217AD	台时	0.17	0.17	0.17	0.17	0.17	
蛙式打夯机	2.8kW	台时	1.07	1.07	1.07	1.07	1.07	
其他机械使用费		元	2	2	2	2	2	
编号			30210	30211	30212	30213	30214	30215

3.24.3 填筑反滤料

单位：100m^{3}压实方

项目		单位	运距（km） 0.5	1	2	3	4	每增运1km
高级熟练工		工时						
熟练工		工时	0.3	0.3	0.3	0.3	0.3	
半熟练工		工时	0.9	0.9	0.9	0.9	0.9	
普工		工时	5.6	5.6	5.6	5.6	5.6	
合计		工时	6.8	6.8	6.8	6.8	6.8	
反滤料（成品堆方）		m^3	119	119	119	119	119	
其他材料费		元	49	49	49	49	49	
装载机	2m^3	台时	0.82	0.82	0.82	0.82	0.82	
推土机	74kW	台时	0.95	0.95	0.95	0.95	0.95	
自卸汽车	8t	台时	3.59	4.28	5.65	7.04	8.41	1.20
	10t	台时	3.17	3.73	4.83	5.93	7.04	0.97
	12t	台时	2.86	3.32	4.24	5.16	6.08	0.81
	15t	台时	2.61	3.00	3.79	4.57	5.36	0.69
	18t	台时	2.45	2.79	3.49	4.18	4.88	0.61
	20t	台时	2.30	2.61	3.24	3.87	4.50	0.55
	25t	台时	2.05	2.32	2.84	3.37	3.90	0.47
	27t	台时	1.97	2.21	2.68	3.17	3.65	0.43
振动碾	BW217AD	台时	0.28	0.28	0.28	0.28	0.28	
蛙式打夯机	2.8kW	台时	1.00	1.00	1.00	1.00	1.00	
其他机械使用费		元	3	3	3	3	3	
编号			30216	30217	30218	30219	30220	30221

3.24.4 填筑过渡料

单位：100m³压实方

项目		单位	运距（km）					每增运1km
			0.5	1	2	3	4	
高级熟练工		工时						
熟练工		工时	0.3	0.3	0.3	0.3	0.3	
半熟练工		工时	0.8	0.8	0.8	0.8	0.8	
普工		工时	6.6	6.6	6.6	6.6	6.6	
合计		工时	7.7	7.7	7.7	7.7	7.7	
过渡料（自然方）		m^3	83	83	83	83	83	
其他材料费		元	44	44	44	44	44	
装载机	$2m^3$	台时	1.53	1.53	1.53	1.53	1.53	
推土机	74kW	台时	1.20	1.20	1.20	1.20	1.20	
自卸汽车	6.5t	台时	5.62	6.82	8.88	10.94	13.00	1.80
	8t	台时	4.99	5.97	7.65	9.32	10.99	1.47
	10t	台时	4.53	5.31	6.65	7.99	9.33	1.17
	12t	台时	4.05	4.70	5.82	6.93	8.04	0.97
	15t	台时	3.54	4.06	4.96	5.85	6.74	0.78
	18t	台时	3.21	3.64	4.38	5.13	5.88	0.65
	20t	台时	3.04	3.43	4.10	4.77	5.44	0.59
振动碾	BW217AD	台时	0.17	0.17	0.17	0.17	0.17	
蛙式打夯机	2.8kW	台时	1.07	1.07	1.07	1.07	1.07	
其他机械使用费		元	9	9	9	9	9	
编号			30222	30223	30224	30225	30226	30227

3.25 机械填筑土石坝堆石（砂砾、反滤、过渡）料—3m³装载机装料汽车运输上坝

适用范围：适用于土石坝体填筑运输压实。

工作内容：挖装、运输、推平、碾压、洒水、补边夯及各种坝面辅助工作。

3.25.1 填筑堆石料

单位：100m³压实方

项目		单位	运距（km）					每增运1km
			0.5	1	2	3	4	
高级熟练工		工时						
熟练工		工时	0.3	0.3	0.3	0.3	0.3	
半熟练工		工时	0.8	0.8	0.8	0.8	0.8	
普工		工时	5.0	5.0	5.0	5.0	5.0	
合计		工时	6.1	6.1	6.1	6.1	6.1	
堆石料（自然方）		m³	80	80	80	80	80	
其他材料费		元	44	44	44	44	44	
装载机	3m³	台时	1.10	1.10	1.10	1.10	1.10	
推土机	74kW	台时	0.98	0.98	0.98	0.98	0.98	
自卸汽车	8t	台时	4.37	5.34	7.01	8.68	10.36	1.47
	10t	台时	3.90	4.68	6.02	7.36	8.70	1.17
	12t	台时	3.53	4.18	5.30	6.41	7.52	0.97
	15t	台时	3.12	3.64	4.53	5.43	6.32	0.78
	18t	台时	2.79	3.22	3.96	4.71	5.45	0.65
	20t	台时	2.62	3.01	3.68	4.35	5.02	0.59
	25t	台时	2.32	2.63	3.16	4.00	4.24	0.47
	27t	台时	2.24	2.53	3.03	3.53	4.04	0.44
	30t	台时	2.18	2.46	2.93	3.41	3.88	0.41
振动碾	BW217AD	台时	0.17	0.17	0.17	0.17	0.17	
蛙式打夯机	2.8kW	台时	1.07	1.07	1.07	1.07	1.07	
其他机械使用费		元	9	9	9	9	9	
编号			30228	30229	30230	30231	30232	30233

3.25.2 填筑砂砾料

单位：100m³压实方

项目		单位	运距（km）					每增运1km
			0.5	1	2	3	4	
高级熟练工		工时						
熟练工		工时	0.3	0.3	0.3	0.3	0.3	
半熟练工		工时	0.9	0.9	0.9	0.9	0.9	
普工		工时	7.3	7.3	7.3	7.3	7.3	
合计		工时	8.5	8.5	8.5	8.5	8.5	
其他材料费		元	54	54	54	54	54	
装载机	$3m^3$	台时	1.18	1.18	1.18	1.18	1.18	
推土机	74kW	台时	0.80	0.80	0.80	0.80	0.80	
自卸汽车	12t	台时	3.60	4.24	5.54	6.83	8.12	1.13
	15t	台时	3.14	3.66	4.69	5.72	6.75	0.90
	18t	台时	2.84	3.27	4.13	4.99	5.85	0.76
	20t	台时	2.68	3.07	3.84	4.62	5.39	0.67
	25t	台时	2.32	2.64	3.27	3.89	4.50	0.54
	27t	台时	2.22	2.51	3.08	3.66	4.23	0.50
	30t	台时	2.09	2.35	2.87	3.38	3.90	0.46
	32t	台时	2.03	2.27	2.74	3.23	3.71	0.43
振动碾	BW217AD	台时	0.17	0.17	0.17	0.17	0.17	
蛙式打夯机	2.8kW	台时	1.07	1.07	1.07	1.07	1.07	
其他机械使用费		元	2	2	2	2	2	
编号			30234	30235	30236	30237	30238	30239

3.25.3 填筑反滤料

单位：100m³压实方

项目		单位	运距（km）					每增运1km
			0.5	1	2	3	4	
高级熟练工		工时						
熟练工		工时	0.3	0.3	0.3	0.3	0.3	
半熟练工		工时	0.9	0.9	0.9	0.9	0.9	
普工		工时	4.6	4.6	4.6	4.6	4.6	
合计		工时	5.8	5.8	5.8	5.8	5.8	
反滤料（成品堆方）		m^3	119	119	119	119	119	
其他材料费		元	49	49	49	49	49	
装载机	$3m^3$	台时	0.61	0.61	0.61	0.61	0.61	
推土机	74kW	台时	0.87	0.87	0.87	0.87	0.87	
自卸汽车	10t	台时	2.86	3.41	4.51	5.61	6.72	0.97
	12t	台时	2.53	2.99	3.91	4.83	5.75	0.81
	15t	台时	2.29	2.68	3.47	4.25	5.03	0.69
	18t	台时	2.14	2.49	3.17	3.87	4.56	0.61
	20t	台时	2.03	2.34	2.97	3.59	4.22	0.55
	25t	台时	1.85	2.11	2.62	3.15	3.68	0.47
	27t	台时	1.74	1.99	2.48	2.95	3.44	0.43
	30t	台时	1.62	1.84	2.27	2.71	3.14	0.38
	32t	台时	1.52	1.72	2.11	2.50	2.88	0.34
振动碾	BW217AD	台时	0.28	0.28	0.28	0.28	0.28	
蛙式打夯机	2.8kW	台时	1.00	1.00	1.00	1.00	1.00	
其他机械使用费		元	3	3	3	3	3	
编号			30240	30241	30242	30243	30244	30245

3.25.4 填筑过渡料

单位：100m³压实方

项目		单位	运距（km）					每增运1km
			0.5	1	2	3	4	
高级熟练工		工时						
熟练工		工时	0.3	0.3	0.3	0.3	0.3	
半熟练工		工时	0.8	0.8	0.8	0.8	0.8	
普工		工时	5.0	5.0	5.0	5.0	5.0	
合计		工时	6.1	6.1	6.1	6.1	6.1	
过渡料（自然方）		m^3	83	83	83	83	83	
其他材料费		元	44	44	44	44	44	
装载机	$3m^3$	台时	1.10	1.10	1.10	1.10	1.10	
推土机	74kW	台时	0.98	0.98	0.98	0.98	0.98	
自卸汽车	8t	台时	4.37	5.34	7.01	8.68	10.36	1.47
	10t	台时	3.90	4.68	6.02	7.36	8.70	1.17
	12t	台时	3.53	4.18	5.30	6.41	7.52	0.97
	15t	台时	3.12	3.64	4.53	5.43	6.32	0.78
	18t	台时	2.79	3.22	3.96	4.71	5.45	0.65
	20t	台时	2.62	3.01	3.68	4.35	5.02	0.59
	25t	台时	2.32	2.63	3.16	4.00	4.24	0.47
	27t	台时	2.24	2.53	3.03	3.53	4.04	0.44
	30t	台时	2.18	2.46	2.93	3.41	3.88	0.41
振动碾	BW217AD	台时	0.17	0.17	0.17	0.17	0.17	
蛙式打夯机	2.8kW	台时	1.07	1.07	1.07	1.07	1.07	
其他机械使用费		元	9	9	9	9	9	
编号			30246	30247	30248	30249	30250	30251

3.26 机械填筑土石坝堆石（砂砾、反滤、过渡）料—$4m^3$装载机装料汽车运输上坝

适用范围：适用于土石坝体填筑运输压实。

工作内容：挖装、运输、推平、碾压、洒水、补边夯及各种坝面辅助工作。

3.26.1 填筑堆石料

单位：$100m^3$压实方

项目		单位	运距（km）					每增运1km
			0.5	1	2	3	4	
高级熟练工		工时						
熟练工		工时	0.3	0.3	0.3	0.3	0.3	
半熟练工		工时	0.8	0.8	0.8	0.8	0.8	
普工		工时	5.0	5.0	5.0	5.0	5.0	
合计		工时	6.1	6.1	6.1	6.1	6.1	
堆石料（自然方）		m^3	80	80	80	80	80	
其他材料费		元	44	44	44	44	44	
装载机	$4m^3$	台时	0.91	0.91	0.91	0.91	0.91	
推土机	88kW	台时	0.97	0.97	0.97	0.97	0.97	
自卸汽车	12t	台时	3.23	3.88	5.00	6.11	7.23	0.97
	15t	台时	2.86	3.38	4.27	5.17	6.06	0.78
	18t	台时	2.59	3.02	3.77	4.51	5.26	0.65
	20t	台时	2.42	2.81	3.48	4.15	4.82	0.59
	25t	台时	2.12	2.43	2.97	3.50	4.04	0.47
	27t	台时	2.04	2.33	2.83	3.34	3.84	0.44
	30t	台时	1.99	2.26	2.74	3.21	3.68	0.41
	32t	台时	1.85	2.10	2.51	2.93	3.35	0.36
	40t	台时	1.68	1.88	2.22	2.55	2.88	0.30
振动碾	BW217AD	台时	0.17	0.17	0.17	0.17	0.17	
蛙式打夯机	2.8kW	台时	1.07	1.07	1.07	1.07	1.07	
其他机械使用费		元	9	9	9	9	9	
编号			30252	30253	30254	30255	30256	30257

3.26.2 填筑砂砾料

单位：100m³压实方

项目		单位	运距（km）					每增运1km
			0.5	1	2	3	4	
高级熟练工		工时						
熟练工		工时	0.3	0.3	0.3	0.3	0.3	
半熟练工		工时	0.9	0.9	0.9	0.9	0.9	
普工		工时	6.3	6.3	6.3	6.3	6.3	
合计		工时	7.5	7.5	7.5	7.5	7.5	
其他材料费		元	54	54	54	54	54	
装载机	$4m^3$	台时	0.96	0.96	0.96	0.96	0.96	
推土机	88kW	台时	0.71	0.71	0.71	0.71	0.71	
自卸汽车	15t	台时	2.90	3.41	4.45	5.48	6.51	0.90
	18t	台时	2.60	3.03	3.89	4.75	5.61	0.76
	20t	台时	2.44	2.83	3.60	4.37	5.15	0.67
	25t	台时	2.17	2.48	3.10	3.71	4.35	0.54
	27t	台时	2.07	2.35	2.93	3.50	4.07	0.50
	30t	台时	1.94	2.19	2.71	3.23	3.74	0.46
	32t	台时	1.85	2.09	2.58	3.07	3.54	0.43
	40t	台时	1.63	1.82	2.21	2.60	2.98	0.34
	45t	台时	1.55	1.72	2.07	2.41	2.75	0.30
	50t	台时	1.46	1.62	1.94	2.24	2.55	0.27
振动碾	BW217AD	台时	0.17	0.17	0.17	0.17	0.17	
蛙式打夯机	2.8kW	台时	1.07	1.07	1.07	1.07	1.07	
其他机械使用费		元	2	2	2	2	2	
编号			30258	30259	30260	30261	30262	30263

3.26.3 填筑反滤料

单位：100m³压实方

项目		单位	运距（km）					每增运1km
			0.5	1	2	3	4	
高级熟练工		工时						
熟练工		工时	0.3	0.3	0.3	0.3	0.3	
半熟练工		工时	0.9	0.9	0.9	0.9	0.9	
普工		工时	4.1	4.1	4.1	4.1	4.1	
合计		工时	5.3	5.3	5.3	5.3	5.3	
反滤料（成品堆方）		m^3	119	119	119	119	119	
其他材料费		元	49	49	49	49	49	
装载机	$4m^3$	台时	0.50	0.50	0.50	0.50	0.50	
推土机	88kW	台时	0.81	0.81	0.81	0.81	0.81	
自卸汽车	15t	台时	2.14	2.52	3.30	4.08	4.87	0.69
	18t	台时	1.97	2.32	3.02	3.71	4.40	0.61
	20t	台时	1.85	2.17	2.81	3.43	4.06	0.55
	25t	台时	1.67	1.94	2.46	2.99	3.52	0.47
	27t	台时	1.61	1.85	2.33	2.82	3.30	0.43
	30t	台时	1.51	1.73	2.17	2.60	3.03	0.38
	32t	台时	1.41	1.61	2.00	2.39	2.77	0.34
	40t	台时	1.24	1.40	1.72	2.03	2.34	0.28
	45t	台时	1.10	1.23	1.47	1.73	1.97	0.22
振动碾	BW217AD	台时	0.28	0.28	0.28	0.28	0.28	
蛙式打夯机	2.8kW	台时	1.00	1.00	1.00	1.00	1.00	
其他机械使用费		元	3	3	3	3	3	
编号			30264	30265	30266	30267	30268	30269

3.26.4 填筑过渡料

单位：100m³压实方

项目		单位	运距（km）					每增运1km
			0.5	1	2	3	4	
高级熟练工		工时						
熟练工		工时	0.3	0.3	0.3	0.3	0.3	
半熟练工		工时	0.8	0.8	0.8	0.8	0.8	
普工		工时	5.0	5.0	5.0	5.0	5.0	
合计		工时	6.1	6.1	6.1	6.1	6.1	
过渡料（自然方）		m^3	83	83	83	83	83	
其他材料费		元	44	44	44	44	44	
装载机	$4m^3$	台时	0.91	0.91	0.91	0.91	0.91	
推土机	88kW	台时	0.97	0.97	0.97	0.97	0.97	
自卸汽车	12t	台时	3.23	3.88	5.00	6.11	7.23	0.97
	15t	台时	2.86	3.38	4.27	5.17	6.06	0.78
	18t	台时	2.59	3.02	3.77	4.51	5.26	0.65
	20t	台时	2.42	2.81	3.48	4.15	4.82	0.59
	25t	台时	2.12	2.43	2.97	3.50	4.04	0.47
	27t	台时	2.04	2.33	2.83	3.34	3.84	0.44
	30t	台时	1.99	2.26	2.74	3.21	3.68	0.41
	32t	台时	1.85	2.10	2.51	2.93	3.35	0.36
	40t	台时	1.68	1.88	2.22	2.55	2.88	0.30
振动碾	BW217AD	台时	0.17	0.17	0.17	0.17	0.17	
蛙式打夯机	2.8kW	台时	1.07	1.07	1.07	1.07	1.07	
其他机械使用费		元	9	9	9	9	9	
编号			30270	30271	30272	30273	30274	30275

3.27 机械填筑土石坝堆石（砂砾、反滤、过渡）料—5m³装载机装料汽车运输上坝

适用范围： 适用于土石坝体填筑运输压实。

工作内容： 挖装、运输、推平、碾压、洒水、补边夯及各种坝面辅助工作。

3.27.1 填筑堆石料

单位：100m³压实方

项目		单位	运距（km）					每增运1km
			0.5	1	2	3	4	
高级熟练工		工时						
熟练工		工时	0.3	0.3	0.3	0.3	0.3	
半熟练工		工时	0.8	0.8	0.8	0.8	0.8	
普工		工时	4.2	4.2	4.2	4.2	4.2	
合计		工时	5.3	5.3	5.3	5.3	5.3	
堆石料（自然方）		m^3	80	80	80	80	80	
其他材料费		元	44	44	44	44	44	
装载机	5m³	台时	0.79	0.79	0.79	0.79	0.79	
推土机	88kW	台时	0.89	0.89	0.89	0.89	0.89	
自卸汽车	15t	台时	2.68	3.20	4.10	4.99	5.88	0.78
	18t	台时	2.43	2.87	3.61	4.35	5.09	0.65
	20t	台时	2.30	2.69	3.36	4.03	4.70	0.59
	25t	台时	2.00	2.32	2.85	3.39	3.92	0.47
	27t	台时	1.92	2.22	2.72	3.21	3.72	0.44
	30t	台时	1.86	2.14	2.62	3.09	3.57	0.41
	32t	台时	1.74	1.98	2.40	2.82	3.23	0.36
	40t	台时	1.57	1.76	2.09	2.43	2.77	0.30
	45t	台时	1.48	1.66	1.95	2.25	2.55	0.26
	50t	台时	1.41	1.57	1.84	2.10	2.37	0.23
振动碾	BW217AD	台时	0.17	0.17	0.17	0.17	0.17	
蛙式打夯机	2.8kW	台时	1.07	1.07	1.07	1.07	1.07	
其他机械使用费		元	9	9	9	9	9	
编号			30276	30277	30278	30279	30280	30281

3.27.2 填筑砂砾料

单位：100m³压实方

项目		单位	运距（km）					每增运1km
			0.5	1	2	3	4	
高级熟练工		工时						
熟练工		工时	0.3	0.3	0.3	0.3	0.3	
半熟练工		工时	0.9	0.9	0.9	0.9	0.9	
普工		工时	5.7	5.7	5.7	5.7	5.7	
合计		工时	6.9	6.9	6.9	6.9	6.9	
其他材料费		元	54	54	54	54	54	
装载机	$5m^3$	台时	0.83	0.83	0.83	0.83	0.83	
推土机	88kW	台时	0.65	0.65	0.65	0.65	0.65	
自卸汽车	18t	台时	2.45	2.88	3.74	4.60	5.46	0.76
	20t	台时	2.29	2.68	3.46	4.23	5.00	0.67
	25t	台时	2.03	2.34	2.95	3.57	4.19	0.54
	27t	台时	1.88	2.24	2.95	3.38	3.96	0.50
	30t	台时	1.84	2.09	2.61	3.13	3.64	0.46
	32t	台时	1.75	1.99	2.48	2.97	3.46	0.43
	40t	台时	1.53	1.72	2.11	2.50	2.88	0.34
	45t	台时	1.45	1.62	1.96	2.31	2.65	0.30
	50t	台时	1.36	1.52	1.84	2.14	2.45	0.27
振动碾	BW217AD	台时	0.17	0.17	0.17	0.17	0.17	
蛙式打夯机	2.8kW	台时	1.07	1.07	1.07	1.07	1.07	
其他机械使用费		元	2	2	2	2	2	
编号			30282	30283	30284	30285	30286	30287

3.27.3 填筑反滤料

单位：100m³压实方

项目		单位	运距（km）					每增运1km
			0.5	1	2	3	4	
高级熟练工		工时						
熟练工		工时	0.3	0.3	0.3	0.3	0.3	
半熟练工		工时	0.9	0.9	0.9	0.9	0.9	
普工		工时	3.7	3.7	3.7	3.7	3.7	
合计		工时	4.9	4.9	4.9	4.9	4.9	
反滤料（成品堆方）		m^3	119	119	119	119	119	
其他材料费		元	49	49	49	49	49	
装载机	$5m^3$	台时	0.43	0.43	0.43	0.43	0.43	
推土机	88kW	台时	0.80	0.80	0.80	0.80	0.80	
自卸汽车	20t	台时	1.74	2.06	2.70	3.32	3.95	0.55
	25t	台时	1.56	1.83	2.35	2.88	3.41	0.47
	27t	台时	1.50	1.74	2.22	2.71	3.19	0.43
	30t	台时	1.40	1.62	2.05	2.49	2.92	0.38
	32t	台时	1.32	1.52	1.91	2.30	2.68	0.34
	40t	台时	1.16	1.32	1.64	1.96	2.27	0.28
	45t	台时	1.03	1.15	1.40	1.65	1.90	0.22
	50t	台时	0.98	1.09	1.31	1.54	1.78	0.20
	65t	台时	0.92	1.02	1.21	1.42	1.62	0.17
	68t	台时	0.89	0.99	1.19	1.39	1.58	0.17
振动碾	BW217AD	台时	0.28	0.28	0.28	0.28	0.28	
蛙式打夯机	2.8kW	台时	1.00	1.00	1.00	1.00	1.00	
其他机械使用费		元	3	3	3	3	3	
编号			30288	30289	30290	30291	30292	30293

3.27.4 填筑过渡料

单位：100m³压实方

项目		单位	运距（km）					每增运1km
			0.5	1	2	3	4	
高级熟练工		工时						
熟练工		工时	0.3	0.3	0.3	0.3	0.3	
半熟练工		工时	0.8	0.8	0.8	0.8	0.8	
普工		工时	4.2	4.2	4.2	4.2	4.2	
合计		工时	5.3	5.3	5.3	5.3	5.3	
过渡料（自然方）		m^3	83	83	83	83	83	
其他材料费		元	44	44	44	44	44	
装载机	$5m^3$	台时	0.79	0.79	0.79	0.79	0.79	
推土机	88kW	台时	0.89	0.89	0.89	0.89	0.89	
自卸汽车	15t	台时	2.68	3.20	4.10	4.99	5.88	0.78
	18t	台时	2.43	2.87	3.61	4.35	5.09	0.65
	20t	台时	2.30	2.69	3.36	4.03	4.70	0.59
	25t	台时	2.00	2.32	2.85	3.39	3.92	0.47
	27t	台时	1.92	2.22	2.72	3.21	3.72	0.44
	30t	台时	1.86	2.14	2.62	3.09	3.57	0.41
	32t	台时	1.74	1.98	2.40	2.82	3.23	0.36
	40t	台时	1.57	1.76	2.09	2.43	2.77	0.30
	45t	台时	1.48	1.66	1.95	2.25	2.55	0.26
	50t	台时	1.41	1.57	1.84	2.10	2.37	0.23
振动碾	BW217AD	台时	0.17	0.17	0.17	0.17	0.17	
蛙式打夯机	2.8kW	台时	1.07	1.07	1.07	1.07	1.07	
其他机械使用费		元	9	9	9	9	9	
编号			30294	30295	30296	30297	30298	30299

3.28 机械填筑土石坝堆石（砂砾、反滤、过渡）料—$7m^3$装载机装料汽车运输上坝

适用范围：适用于土石坝体填筑运输压实。

工作内容：挖装、运输、推平、碾压、洒水、补边夯及各种坝面辅助工作。

3.28.1 填筑堆石料

单位：$100m^3$压实方

项目		单位	运距（km）					每增运1km
			0.5	1	2	3	4	
高级熟练工		工时						
熟练工		工时	0.3	0.3	0.3	0.3	0.3	
半熟练工		工时	0.8	0.8	0.8	0.8	0.8	
普工		工时	3.3	3.3	3.3	3.3	3.3	
合计		工时	4.4	4.4	4.4	4.4	4.4	
堆石料（自然方）		m^3	80	80	80	80	80	
其他材料费		元	44	44	44	44	44	
装载机	$7m^3$	台时	0.63	0.63	0.63	0.63	0.63	
推土机	132kW	台时	0.62	0.62	0.62	0.62	0.62	
自卸汽车	20t	台时	2.06	2.45	3.11	3.79	4.46	0.59
	25t	台时	1.84	2.14	2.68	3.21	3.75	0.47
	27t	台时	1.76	2.05	2.55	3.05	3.55	0.44
	30t	台时	1.70	1.98	2.45	2.93	3.40	0.41
	32t	台时	1.57	1.81	2.23	2.65	3.07	0.36
	40t	台时	1.40	1.60	1.93	2.27	2.60	0.30
	45t	台时	1.31	1.49	1.79	2.08	2.38	0.26
	50t	台时	1.24	1.40	1.67	1.94	2.21	0.23
	65t	台时	1.10	1.23	1.43	1.65	1.85	0.18
	68t	台时	1.10	1.21	1.42	1.62	1.82	0.18
振动碾	BW217AD	台时	0.17	0.17	0.17	0.17	0.17	
蛙式打夯机	2.8kW	台时	1.07	1.07	1.07	1.07	1.07	
其他机械使用费		元	9	9	9	9	9	
编号			30300	30301	30302	30303	30304	30305

3.28.2 填筑砂砾料

单位：100m³压实方

项目		单位	运距（km）					每增运1km
			0.5	1	2	3	4	
高级熟练工		工时						
熟练工		工时	0.3	0.3	0.3	0.3	0.3	
半熟练工		工时	0.9	0.9	0.9	0.9	0.9	
普工		工时	4.8	4.8	4.8	4.8	4.8	
合计		工时	6.0	6.0	6.0	6.0	6.0	
其他材料费		元	54	54	54	54	54	
装载机	$7m^3$	台时	0.65	0.65	0.65	0.65	0.65	
推土机	132kW	台时	0.48	0.48	0.48	0.48	0.48	
自卸汽车	25t	台时	2.29	2.68	3.46	4.23	5.00	0.67
	27t	台时	1.75	2.04	2.61	3.18	3.76	0.50
	30t	台时	1.65	1.91	2.42	2.94	3.46	0.46
	32t	台时	1.59	1.84	2.32	2.80	3.28	0.43
	40t	台时	1.40	1.59	1.98	2.37	2.75	0.34
	45t	台时	1.32	1.49	1.84	2.18	2.52	0.30
	50t	台时	1.23	1.39	1.71	2.01	2.32	0.27
	65t	台时	1.08	1.19	1.42	1.66	1.91	0.22
	68t	台时	1.05	1.16	1.39	1.62	1.85	0.20
振动碾	BW217AD	台时	0.17	0.17	0.17	0.17	0.17	
蛙式打夯机	2.8kW	台时	1.07	1.07	1.07	1.07	1.07	
其他机械使用费		元	2	2	2	2	2	
编号			30306	30307	30308	30309	30310	30311

3.28.3 填筑反滤料

单位：100m³压实方

项目		单位	运距（km）					每增运1km
			0.5	1	2	3	4	
高级熟练工		工时						
熟练工		工时	0.3	0.3	0.3	0.3	0.3	
半熟练工		工时	0.9	0.9	0.9	0.9	0.9	
普工		工时	3.3	3.3	3.3	3.3	3.3	
合计		工时	4.5	4.5	4.5	4.5	4.5	
反滤料（成品堆方）		m^3	119	119	119	119	119	
其他材料费		元	49	49	49	49	49	
装载机	$7m^3$	台时	0.34	0.34	0.34	0.34	0.34	
推土机	88kW	台时	0.77	0.77	0.77	0.77	0.77	
自卸汽车	30t	台时	1.28	1.50	1.92	2.35	2.79	0.38
	32t	台时	1.20	1.40	1.79	2.17	2.56	0.34
	40t	台时	1.07	1.23	1.54	1.86	2.18	0.28
	45t	台时	0.94	1.07	1.31	1.57	1.81	0.22
	50t	台时	0.89	1.01	1.24	1.46	1.69	0.20
	65t	台时	0.83	0.93	1.13	1.34	1.53	0.17
	68t	台时	0.81	0.91	1.10	1.30	1.50	0.17
	77t	台时	0.76	0.85	1.02	1.19	1.36	0.15
振动碾	BW217AD	台时	0.28	0.28	0.28	0.28	0.28	
蛙式打夯机	2.8kW	台时	1.00	1.00	1.00	1.00	1.00	
其他机械使用费		元	3	3	3	3	3	
编号			30312	30313	30314	30315	30316	30317

3.28.4 填筑过渡料

单位：100m³压实方

项目		单位	运距（km）					每增运1km
			0.5	1	2	3	4	
高级熟练工		工时						
熟练工		工时	0.3	0.3	0.3	0.3	0.3	
半熟练工		工时	0.8	0.8	0.8	0.8	0.8	
普工		工时	3.3	3.3	3.3	3.3	3.3	
合计		工时	4.4	4.4	4.4	4.4	4.4	
过渡料（自然方）		m^3	83	83	83	83	83	
其他材料费		元	44	44	44	44	44	
装载机	$7m^3$	台时	0.63	0.63	0.63	0.63	0.63	
推土机	132kW	台时	0.62	0.62	0.62	0.62	0.62	
自卸汽车	20t	台时	2.06	2.45	3.11	3.79	4.46	0.59
	25t	台时	1.84	2.14	2.68	3.21	3.75	0.47
	27t	台时	1.76	2.05	2.55	3.05	3.55	0.44
	30t	台时	1.70	1.98	2.45	2.93	3.40	0.41
	32t	台时	1.57	1.81	2.23	2.65	3.07	0.36
	40t	台时	1.40	1.60	1.93	2.27	2.60	0.30
	45t	台时	1.31	1.49	1.79	2.08	2.38	0.26
	50t	台时	1.24	1.40	1.67	1.94	2.21	0.23
	65t	台时	1.10	1.23	1.43	1.65	1.85	0.18
	68t	台时	1.10	1.21	1.42	1.62	1.82	0.18
振动碾	BW217AD	台时	0.17	0.17	0.17	0.17	0.17	
蛙式打夯机	2.8kW	台时	1.07	1.07	1.07	1.07	1.07	
其他机械使用费		元	9	9	9	9	9	
编号			30318	30319	30320	30321	30322	30323

3.29 块石、片石开采

适用范围： 人工、机械开采。

工作内容： 打眼（钻孔）、爆破、堆放、清渣。

3.29.1 人工开采、人工清渣

单位：100m³ 成品码方

项目	单位	岩石级别		
		Ⅷ～Ⅹ	Ⅺ～Ⅻ	XⅢ～XⅣ
高级熟练工	工时			
熟练工	工时	62	88	98
半熟练工	工时	237	324	413
普工	工时	482	597	665
合计	工时	781	1009	1176
钢钎	kg	10.2	13.3	14.3
2号岩石铵梯炸药	kg	33.7	42.8	49.0
雷管	个	32.6	42.8	51.0
导线 导火线	m	91.8	102.0	122.4
导电线	m	153.0	193.8	214.2
其他材料费	元	58	74	84
编号		30324	30325	30326

3.29.2 机械开采、人工清渣

单位：100m³ 成品码方

项目	单位	岩石级别		
		Ⅷ～Ⅹ	Ⅺ～Ⅻ	XⅢ～XⅣ
高级熟练工	工时	10	11	12
熟练工	工时	82	88	106
半熟练工	工时	185	206	228
普工	工时	242	262	278
合计	工时	519	567	624
合金钻头 ϕ32～38	个	2.0	3.1	4.1
2号岩石铵梯炸药	kg	33.7	42.8	49.0
雷管	个	32.6	42.8	51.0
导火线	m	91.8	102.0	122.4
其他材料费	元	45	61	76
风钻 手持式	台时	9.27	16.48	26.78
其他机械使用费	元	20	36	58
编号		30327	30328	30329

3.29.3 机械开采、机械清渣

单位：100m³成品码方

项目	单位	岩石级别		
		Ⅷ～Ⅹ	Ⅺ～Ⅻ	ⅩⅢ～ⅩⅣ
高级熟练工	工时	6	7	8
熟练工	工时	63	74	84
半熟练工	工时	144	149	175
普工	工时	150	172	187
合计	工时	363	402	454
合金钻头 ϕ32～38	个	2.0	3.1	4.1
2 号岩石铵梯炸药	kg	33.7	42.8	49.0
雷管	个	32.6	42.8	51.0
导火线	m	91.8	102.0	122.4
其他材料费	元	45	61	75
风钻 手持式	台时	9.46	16.89	27.22
推土机 88kW	台时	0.99	0.99	0.99
其他机械使用费	元	34	49	72
编号		30330	30331	30332

3.30 人工捡集块石、片石

适用范围： 人工捡集。

工作内容： 撬石、解小、堆存。

单位：100m³成品码方

项目	单位	数量
高级熟练工	工时	
熟练工	工时	
半熟练工	工时	
普工	工时	350
合计	工时	350
其他材料费	元	16
编号		30333

3.31 人工开采条料石

适用范围： 人工开采料石、毛条石。

工作内容： 开采、清凿、堆存、清渣。

3.31.1 人工开采毛条石

单位：100m³清料方

项　　目	单位	岩石级别		
		Ⅷ～Ⅹ	Ⅺ～Ⅻ	ⅩⅢ～ⅩⅣ
高级熟练工	工时	65	78	96
熟练工	工时	367	446	544
半熟练工	工时	862	1050	1278
普工	工时	861	1050	1278
合计	工时	2155	2624	3196
2 号岩石铵梯炸药	kg	2.91	4.85	8.72
火雷管	个	14.28	25.50	41.82
导火线	m	19.38	31.62	52.02
其他材料费	元	10	12	14
编号		30334	30335	30336

3.31.2 人工开采料石

单位：100m³清料方

项　　目	单位	方正形			曲面圆头形		
		岩石级别					
		Ⅷ～Ⅹ	Ⅺ～Ⅻ	ⅩⅢ～ⅩⅣ	Ⅷ～Ⅹ	Ⅺ～Ⅻ	ⅩⅢ～ⅩⅣ
高级熟练工	工时	118	151	190	146	180	221
熟练工	工时	1452	1794	2227	1712	2122	2627
半熟练工	工时	1907	2363	2928	2251	2788	3451
普工	工时	653	822	1019	785	1091	1205
合计	工时	4130	5130	6364	4894	6181	7504
2 号岩石铵梯炸药	kg	2.91	4.85	8.72	2.91	4.85	8.72
火雷管	个	14.28	25.50	41.82	14.28	25.50	41.82
导火线	m	19.38	31.62	52.02	19.38	31.62	52.02
其他材料费	元	14	19	20	14	19	20
编号		30337	30338	30339	30340	30341	30342

3.32 人工运石料

适用范围： 抬运块、条、料石。

工作内容： 装、运、卸、堆放、空回。

单位：$100m^3$ 成品码方/清料方

项目	单位	运距 50m		每增运 10m	
		块（片）石	条料石	块（片）石	条料石
高级熟练工	工时				
熟练工	工时				
半熟练工	工时				
普工	工时	233	371	26	31
合计	工时	233	371	26	31
其他材料费	元	13	16		
编号		30343	30344	30345	30346

3.33 双胶轮车运石料

适用范围： 运块、条、料石。

工作内容： 装、运、卸、堆放、空回。

单位：$100m^3$ 成品码方/清料方

项目	单位	运距 100m		每增运 50m	
		块（片）石	条料石	块（片）石	条料石
高级熟练工	工时				
熟练工	工时				
半熟练工	工时				
普工	工时	200	335	35	60
合计	工时	200	335	35	60
其他材料费	元	13	13		
双胶轮车	台时	84.98	141.63	24.36	40.79
编号		30347	30348	30349	30350

3.34 斗（平）车运石料

适用范围： 运块、条、料石。

工作内容： 装、运、卸、堆放、空回。

单位：100m³成品码方/清料方

项目	单位	运距 100m		每增运 50m	
		块（片）石	条料石	块（片）石	条料石
高级熟练工	工时				
熟练工	工时				
半熟练工	工时				
普工	工时	165	228	8	13
合计	工时	165	228	8	13
其他材料费	元	13	13		
V形斗车 1m³	台时	56.65	81.89	2.83	4.53
编号		30351	30352	30353	30354

3.35 人工装车 自卸汽车运块石

适用范围： 运块石。

工作内容： 装、运、卸、堆放、空回。

单位：100m³成品码方

项目	单位	运距（km）					每增运 1km
		0.5	1	2	3	4	
高级熟练工	工时						
熟练工	工时						
半熟练工	工时						
普工	工时	146	146	146	146	146	
合计	工时	146	146	146	146	146	
其他材料费	元	16	16	16	16	16	
自卸汽车 汽油型 5t	台时	17.52	19.18	22.48	25.79	29.09	3.30
柴油型 8t	台时	15.27	15.98	17.42	18.84	20.28	1.43
编号		30355	30356	30357	30358	30359	30360

3.36 人工装卸 载重汽车运块石

适用范围： 运块石。

工作内容： 装、运、卸、堆放、空回。

单位：$100m^3$ 成品码方

项目		单位	运距（km）					每增运1km
			0.5	1	2	3	4	
高级熟练工		工时						
熟练工		工时						
半熟练工		工时						
普工		工时	239	239	239	239	239	
合计		工时	239	239	239	239	239	
其他材料费		元	13	13	13	13	13	
载重汽车	汽油型 5t	台时	27.74	28.74	30.78	32.83	34.87	2.04
	柴油型 8t	台时	23.54	24.22	25.62	27.02	28.42	1.40
编号			30361	30362	30363	30364	30365	30366

3.37 人工装卸 载重汽车运条料石

适用范围： 抬运条、料石。

工作内容： 装、运、卸、堆放、空回。

单位：$100m^3$ 清料方

项目		单位	运距（km）					每增运1km
			0.5	1	2	3	4	
高级熟练工		工时						
熟练工		工时						
半熟练工		工时						
普工		工时	556	556	556	556	556	
合计		工时	556	556	556	556	556	
其他材料费		元	16	16	16	16	16	
载重汽车	汽油型 5t	台时	57.30	59.63	64.31	68.99	73.66	4.21
	柴油型 8t	台时	54.17	55.35	57.68	60.02	62.36	2.11
编号			30367	30368	30369	30370	30371	30372

3.38　堆石料开采—梯段爆破（高风压潜孔钻 KQG150）

适用范围：堆石料开采，包括主堆石区、次堆石区及爆破后可直接用于填筑的其他石料。

工作内容：钻孔、爆破、翻渣、撬移、解小、岩埂处理、清面。

3.38.1　孔深 6～9m

单位：100m³

项　目		单位	岩石级别			
			Ⅶ～Ⅷ	Ⅸ～Ⅹ	Ⅺ～Ⅻ	ⅩⅢ～ⅩⅣ
高级熟练工		工时	0.20	0.30	0.50	0.60
熟练工		工时	3.00	4.00	6.00	8.00
半熟练工		工时	2.00	3.00	4.00	5.00
普工		工时	13.00	18.00	24.00	32.00
合计		工时	18.20	25.30	34.50	45.60
合金钻头		个	0.02	0.04	0.05	0.07
风钻钻杆		kg	0.21	0.28	0.36	0.44
钻头	150 型	个	0.02	0.02	0.03	0.05
潜孔钻钻杆		kg	0.17	0.21	0.26	0.32
冲击器		套	0.002	0.003	0.004	0.006
炸药		kg	52.19	59.65	67.66	76.73
导爆索		m	21.48	23.17	24.71	26.49
非电毫秒雷管		发	0.12	0.14	0.16	0.18
导爆管		m	0.87	1.02	1.16	1.31
其他材料费		元	31	37	45	55
风钻	手持式	台时	1.16	1.62	2.26	3.14
潜孔钻	KQG150	台时	0.80	1.10	1.51	2.07
空气压缩机	XHP750	台时	0.80	1.10	1.51	2.07
推土机	88kW	台时	0.05	0.05	0.05	0.05
载重汽车	5t	台时	0.50	0.52	0.52	0.52
其他机械使用费		元	13	15	19	23
编号			30373	30374	30375	30376

3.38.2 孔深＞9m

单位：100m^3

项目	单位	岩石级别			
		Ⅶ～Ⅷ	Ⅸ～Ⅹ	Ⅺ～Ⅻ	ⅩⅢ～ⅩⅣ
高级熟练工	工时	0.20	0.30	0.40	0.60
熟练工	工时	3.00	4.00	5.00	7.00
半熟练工	工时	2.00	2.00	3.00	5.00
普工	工时	12.00	16.00	22.00	29.00
合计	工时	17.20	22.30	30.40	41.60
合金钻头	个	0.02	0.04	0.05	0.07
风钻钻杆	kg	0.21	0.28	0.36	0.44
钻头 150型	个	0.02	0.02	0.03	0.04
潜孔钻钻杆	kg	0.14	0.17	0.22	0.27
冲击器	套	0.002	0.003	0.003	0.005
炸药	kg	47.51	54.30	61.60	69.87
导爆索	m	17.48	18.88	20.19	21.64
非电毫秒雷管	发	0.15	0.17	0.19	0.21
导爆管	m	1.08	1.24	1.38	1.53
其他材料费	元	27	33	40	48
风钻 手持式	台时	1.16	1.62	2.26	3.14
潜孔钻 KQG150	台时	0.70	0.95	1.31	1.80
空气压缩机 XHP750	台时	0.70	0.95	1.31	1.80
推土机 88kW	台时	0.05	0.05	0.05	0.05
载重汽车 5t	台时	0.50	0.52	0.52	0.52
其他机械使用费	元	12	14	17	21
编号		30377	30378	30379	30380

3.39 堆石料开采—梯段爆破（低风压潜孔钻 KQ150）

适用范围： 堆石料开采，包括主堆石区、次堆石区及爆破后可直接用于填筑的其他石料。

工作内容： 钻孔、爆破、翻渣、撬移、解小、岩埂处理、清面。

3.39.1 孔深 6～9m

单位：100m³

项目		单位	岩石级别			
			Ⅶ～Ⅷ	Ⅸ～Ⅹ	Ⅺ～Ⅻ	ⅩⅢ～ⅩⅣ
高级熟练工		工时	0.40	0.50	0.70	1.00
熟练工		工时	4.00	6.00	8.00	10.00
半熟练工		工时	3.00	4.00	6.00	8.00
普工		工时	18.00	24.00	32.00	44.00
合计		工时	25.40	34.50	46.70	63.00
合金钻头		个	0.02	0.04	0.05	0.07
风钻钻杆		kg	0.21	0.28	0.36	0.44
钻头	150型	个	0.05	0.07	0.09	0.13
潜孔钻钻杆		kg	0.21	0.26	0.33	0.42
冲击器		套	0.007	0.010	0.014	0.019
炸药		kg	52.19	59.65	67.66	76.73
导爆索		m	21.48	23.17	24.71	26.49
非电毫秒雷管		发	0.12	0.14	0.16	0.18
导爆管		m	0.87	1.02	1.16	1.31
其他材料费		元	33	40	48	58
风钻	手持式	台时	1.16	1.62	2.26	3.14
潜孔钻	KQ150	台时	1.25	1.71	2.35	3.23
推土机	88kW	台时	0.05	0.05	0.05	0.05
载重汽车	5t	台时	0.50	0.52	0.52	0.52
其他机械使用费		元	11	13	15	19
编号			30381	30382	30383	30384

3.39.2 孔深＞9m

单位：100m³

项　目	单位	岩石级别			
		Ⅶ～Ⅷ	Ⅸ～Ⅹ	Ⅺ～Ⅻ	ⅩⅢ～ⅩⅣ
高级熟练工	工时	0.30	0.50	0.60	0.90
熟练工	工时	4.00	5.00	7.00	9.00
半熟练工	工时	3.00	4.00	5.00	7.00
普工	工时	16.00	22.00	29.00	39.00
合计	工时	23.30	31.50	41.60	55.90
合金钻头	个	0.02	0.04	0.05	0.07
风钻钻杆	kg	0.21	0.28	0.36	0.44
钻头 150型	个	0.04	0.06	0.08	0.11
潜孔钻钻杆	kg	0.18	0.22	0.27	0.34
冲击器	套	0.006	0.008	0.011	0.016
炸药	kg	47.51	54.30	61.60	69.87
导爆索	m	17.48	18.88	20.19	21.64
非电毫秒雷管	发	0.15	0.17	0.19	0.21
导爆管	m	1.08	1.24	1.38	1.53
其他材料费	元	30	36	44	53
风钻 手持式	台时	1.16	1.62	2.26	3.14
潜孔钻 KQ150	台时	1.08	1.49	2.04	2.80
推土机 88kW	台时	0.05	0.05	0.05	0.05
载重汽车 5t	台时	0.50	0.52	0.52	0.52
其他机械使用费	元	10	12	14	17
编号		30385	30386	30387	30388

3.40 堆石料开采—梯段爆破（潜孔钻 CM351）

适用范围：堆石料开采，包括主堆石区、次堆石区及爆破后可直接用于填筑的其他石料。

工作内容：钻孔、爆破、翻渣、撬移、解小、岩埂处理、清面。

3.40.1 孔深 6～9m

单位：$100m^3$

项目	单位	岩石级别			
		Ⅶ～Ⅷ	Ⅸ～Ⅹ	Ⅺ～Ⅻ	ⅫⅠ～ⅩⅣ
高级熟练工	工时	0.40	0.60	0.80	1.10
熟练工	工时	5.00	6.00	8.00	11.00
半熟练工	工时	4.00	5.00	7.00	10.00
普工	工时	20.00	27.00	36.00	48.00
合计	工时	29.40	38.60	51.80	70.10
合金钻头	个	0.02	0.04	0.05	0.07
风钻钻杆	kg	0.21	0.28	0.36	0.44
钻头 100型	个	0.04	0.05	0.07	0.10
潜孔钻钻杆	kg	0.39	0.48	0.60	0.76
冲击器	套	0.005	0.007	0.009	0.012
炸药	kg	47.51	54.30	61.60	69.87
导爆索	m	29.79	32.64	35.48	38.72
非电毫秒雷管	发	0.12	0.14	0.16	0.18
导爆管	m	0.87	1.02	1.16	1.31
其他材料费	元	35	43	52	63
风钻 手持式	台时	1.16	1.62	2.26	3.14
潜孔钻 CM351型	台时	1.43	1.96	2.68	3.68
空气压缩机 XHP750	台时	1.43	1.96	2.68	3.68
推土机 88kW	台时	0.05	0.05	0.05	0.05
载重汽车 5t	台时	0.50	0.52	0.52	0.52
其他机械使用费	元	17	21	25	31
编号		30389	30390	30391	30392

3.40.2 孔深＞9m

单位：$100m^3$

项目		单位	岩石级别			
			Ⅶ～Ⅷ	Ⅸ～Ⅹ	Ⅺ～Ⅻ	ⅩⅢ～ⅩⅣ
高级熟练工		工时	0.40	0.50	0.70	1.00
熟练工		工时	4.00	6.00	8.00	10.00
半熟练工		工时	3.00	4.00	6.00	8.00
普工		工时	18.00	24.00	32.00	43.00
合计		工时	25.40	34.50	46.70	62.00
合金钻头		个	0.02	0.04	0.05	0.07
风钻钻杆		kg	0.21	0.28	0.36	0.44
钻头	100型	个	0.03	0.04	0.06	0.08
潜孔钻钻杆		kg	0.32	0.40	0.50	0.63
冲击器		套	0.004	0.005	0.008	0.010
炸药		kg	43.42	49.63	56.29	63.84
导爆索		m	24.39	26.74	29.09	31.75
非电毫秒雷管		发	0.15	0.17	0.19	0.21
导爆管		m	1.08	1.24	1.38	1.53
其他材料费		元	25	31	37	45
风钻	手持式	台时	1.16	1.62	2.26	3.14
潜孔钻	CM351型	台时	1.24	1.70	2.33	3.19
空气压缩机	XHP750	台时	1.24	1.70	2.33	3.19
推土机	88kW	台时	0.05	0.05	0.05	0.05
载重汽车	5t	台时	0.50	0.52	0.52	0.52
其他机械使用费		元	15	19	23	28
编号			30393	30394	30395	30396

3.41 堆石料开采—梯段爆破（液压履带钻）

适用范围：堆石料开采，包括主堆石区、次堆石区及爆破后可直接用于填筑的其他石料。

工作内容：钻孔、爆破、翻渣、撬移、解小、岩埂处理、清面。

3.41.1 孔深 6～9m

单位：100m³

项目		单位	岩石级别			
			Ⅶ～Ⅷ	Ⅸ～Ⅹ	Ⅺ～Ⅻ	ⅩⅢ～ⅩⅣ
高级熟练工		工时	0.20	0.30	0.40	0.50
熟练工		工时	3.00	4.00	4.00	5.00
半熟练工		工时	2.00	3.00	3.00	4.00
普工		工时	13.00	16.00	19.00	22.00
合计		工时	18.20	23.30	26.40	31.50
合金钻头		个	0.02	0.04	0.05	0.07
风钻钻杆		kg	0.21	0.28	0.36	0.44
钻头	ϕ89～105	个	0.05	0.06	0.09	0.12
液压钻钻杆	T45	kg	0.79	1.07	1.45	1.88
钎尾		个	0.02	0.02	0.03	0.04
炸药		kg	47.51	54.30	61.60	69.87
导爆索		m	29.79	32.64	35.48	38.72
非电毫秒雷管		发				
导爆管		m				
其他材料费		元	31	37	45	55
风钻	手持式	台时	1.16	1.62	2.26	3.14
液压履带钻	712 型	台时	0.80	1.03	1.31	1.66
推土机	88kW	台时	0.05	0.05	0.05	0.05
载重汽车	5t	台时	0.50	0.52	0.52	0.52
其他机械使用费		元	8	10	12	14
编号			30397	30398	30399	30400

3.41.2 孔深＞9m

单位：$100m^3$

项目		单位	岩石级别			
			Ⅶ～Ⅷ	Ⅸ～Ⅹ	Ⅺ～Ⅻ	ⅩⅢ～ⅩⅣ
高级熟练工		工时	0.20	0.30	0.30	0.40
熟练工		工时	3.00	3.00	4.00	5.00
半熟练工		工时	2.00	2.00	3.00	4.00
普工		工时	12.00	14.00	16.00	19.00
合计		工时	17.20	19.30	23.30	28.40
合金钻头		个	0.02	0.04	0.05	0.07
风钻钻杆		kg	0.21	0.28	0.36	0.44
钻头	ϕ89～105	个	0.04	0.05	0.07	0.10
液压钻钻杆	T45	kg	0.65	0.89	1.21	1.55
钎尾		个	0.01	0.02	0.03	0.04
炸药		kg	43.42	49.63	56.29	63.84
导爆索		m	24.39	26.74	29.09	31.75
非电毫秒雷管		发				
导爆管		m				
其他材料费		元	26	32	39	47
风钻	手持式	台时	1.16	1.62	2.26	3.14
液压履带钻	712型	台时	0.67	0.85	1.09	1.39
推土机	88kW	台时	0.05	0.05	0.05	0.05
载重汽车	5t	台时	0.50	0.52	0.52	0.52
其他机械使用费		元	7	9	11	13
编号			30401	30402	30403	30404

3.42 堆石料开采—洞室爆破

适用范围：洞室爆破（包括大石解小）。

工作内容：钻孔、爆破、翻渣、撬移、解小、安全处理、清面。

单位：$100m^3$

项目		单位	岩石级别			
			Ⅶ～Ⅷ	Ⅸ～Ⅹ	Ⅺ～Ⅻ	ⅩⅢ～ⅩⅣ
高级熟练工		工时	8.00	9.30	11.10	13.20
熟练工		工时	12.00	14.00	17.00	20.00
半熟练工		工时	14.00	17.00	20.00	24.00
普工		工时	34.00	41.00	48.00	57.00
合计		工时	68.00	81.30	96.10	114.20
合金钻头		个	0.74	0.89	1.08	1.30
风钻钻杆		kg	2.25	2.72	3.29	3.99
炸药		kg	52.41	63.51	76.85	92.99
导爆索		m	1.64	1.99	2.40	2.91
非电毫秒雷管		发	0.45	0.55	0.66	0.80
导爆管		m	0.48	0.58	0.70	0.84
导火线		m	9.60	11.64	14.08	17.03
火雷管		发	5.56	6.74	8.16	9.87
其他材料费		元	26	32	39	47
风钻	气腿式	台时	2.31	3.57	6.00	9.00
风钻	手持式	台时	1.22	1.71	2.38	3.30
修钎设备		台时	0.07	0.11	0.16	0.25
推土机	88kW	台时	0.30	0.31	0.31	0.31
载重汽车	5t	台时	0.30	0.31	0.31	0.31
其他机械使用费		元	7	9	11	13
编号			30405	30406	30407	30408

第 4 章

混凝土及模板工程

说　明

一、本章定额适用于坝、厂房、水闸、船闸、隧洞衬砌、竖井衬砌和各种水工建筑物的混凝土、模板工程。包括现浇混凝土、碾压混凝土、预制混凝土、混凝土钢筋、止水、伸缩缝、混凝土水平运输、混凝土垂直运输，以及浇筑混凝土的各种模板制作、安装、拆除、运行等，共112节。

二、本章混凝土定额的计量单位除注明者外，均为建筑物及构筑物的成品实体方（m^3），应按建筑物或构筑物的设计轮廓尺寸计算；模板定额的计量单位除注明者外，均为满足建筑物体形及施工分缝要求所需的立模面积（m^2），即混凝土与模板的接触面积。

三、本章定额不包括立模用脚手架（支撑）搭拆，脚手架（支撑）搭拆费用另按其他章节定额计算。

四、混凝土定额不包括加冰、通水、保温等温控措施及费用。

五、混凝土定额中的“混凝土”材料，系指完成单位产品所需的混凝土半成品量，其中已包括冲（凿）毛、干缩、施工损耗、运输损耗、施工技术规范允许的超填及必要的施工附加等消耗量。常态混凝土定额中的“混凝土”包括混凝土层面砂浆摊销量。

六、本章定额中未明示的其他构筑物，其混凝土单价计算可根据结构型式和部位参照本章类似定额，但应对定额中的混凝土超填和必要的施工附加量、立模面积等进行适当调整。

七、钢筋制作安装定额是按水电工程常用规格型号的钢筋综合拟定，并以地下工程和地面工程分列。定额中钢筋耗量包括加工制作损耗，未包括安装现场的搭接、焊接、施工架立筋等施工附加量。

八、现浇混凝土和碾压混凝土。

1. 定额中已包括混凝土的超填、施工附加、浇筑损耗量及其所消耗的人工、材料、机械，也包括混凝土拌制、运输过程中的材料损耗量。

2. 混凝土定额中的立模面积是指浇筑各种水工建筑物和构筑物的模板与混凝土的接触面积。定额中已根据各种水工建筑物的结构型式列示了每 100m^3（成品实体方）的立模面积。列示了取值范围的，除注明者外，使用中一般应根据建筑物或构筑物的具体情况分析后在范围内取值。大坝和厂房混凝土浇筑定额中的立模面积已包含廊道模板。

3. 常态混凝土坝（堰）是指非溢流坝、溢流坝和进水口坝段的坝身等建筑物，不包括闸墩、导墙、工作桥、公路桥、消力池、消力坎及坝顶其他构筑物等。定额按不同浇筑仓面面积列示子目，使用时应根据不同仓面面积所占比例综合分析套用相应子目。

4. 碾压混凝土坝（堰）仅指采用碾压混凝土浇筑的坝（堰）体。定额按不同浇筑仓面面积列示子目，使用时应根据不同仓面面积所占比例综合分析套用相应子目。

5. 地面厂房上部结构混凝土定额已综合主、副厂房的板、梁、柱、墙等，但不包括主、副厂房屋面板。主、副厂房屋面板按相关定额计算。

6. 地下厂房上部结构混凝土定额不包括岩锚梁。岩锚梁混凝土浇筑套用相应子目。

7. 厂房下部结构混凝土定额中的立模面积，不包括混凝土蜗壳、混凝土锥管、混凝土尾水肘管的表面模板，其立模面积应单独计算。

8. 混凝土衬砌定额表头所示的开挖断面面积为按设计开挖轮廓尺寸计算的断面面积，所示衬砌厚度不包括超挖部分。

9. 斜井混凝土衬砌套用竖井混凝土衬砌定额。

10. 本章定额未列明子目的其他地下结构混凝土，可套用相应地面结构混凝土定额，其中人工乘 1.1 系数。

九、预制混凝土。

1. 预制混凝土构件制作安装定额除 4.34 节预制混凝土块外，其他定额均包括构件预制和安装的人工、材料、机械消耗，但不包括预制构件的运输。预制构件运输套用本章预制构件运输定额计算。

2. 预制构件定额已包括模板制作安装中人工、材料、机械消耗的摊销。

3. 预制构件定额中“混凝土水平运输”指搅拌楼或搅拌机出料口至预制场地及安装现场的全部水平运输。

十、混凝土拌制。

1. 混凝土拌制按成品实体方计算，定额中已包括施工（拌制、运输、浇筑）过程损耗量所消耗的人工、机械，但不包括施工技术规范允许的超填及必要的施工附加量所消耗的人工、材料、机械。

2. 搅拌楼（机）的清洗用水已计入拌制定额的零星材料费中。

3. 骨料系统是指骨料进入搅拌楼前的成品料堆与搅拌楼相衔接必须配备的有关机械设备。包括自接料斗起至搅拌楼所有运输、供料设备。

4. 水泥系统是指水泥及掺合料进入搅拌楼前与搅拌楼相衔接必须配备的有关机械设备。包括自水泥罐和掺合料罐开始的水泥提升机械或空气输送设备。

5. 搅拌楼拌制混凝土定额，若采用双座搅拌楼同一地点联合作业时，人工乘 0.8 系数。

十一、混凝土运输。

1. 混凝土水平运输是指混凝土自搅拌楼或搅拌机出料口至仓面的全部水平运输。根据施工组织设计选定的水平运输方式和运输设备按相应的运输定额计算。

2. 混凝土垂直运输是指混凝土运至仓面所需的全部垂直运输。根据施工组织设计选定的垂直运输方式和运输设备按相应的运输定额计算。

3. 混凝土水平运输和垂直运输定额均按成品实体方计算，定额中已包括施工（运输、浇筑）过程损耗量所消耗的人工、机械，但不包括施工技术规范允许的超填及必要的施工附加量所消耗的人工、材料、机械。

十二、建筑物和构筑物模板。

1. 模板定额的计量单位均按模板与混凝土接触面积以 $100m^2$ 计。模板外露部分已摊销在定额中。

2. 已注明适用范围的模板综合定额，与对应的混凝土浇筑定额配套使用。定额中综合了建筑物和构筑物不同形式的模板，使用中一般不作调整；若无综合定额的，可根据构筑物型式按模板分项定额综合计算。大坝和厂房模板定额已包含廊道模板制作安装。

3. 模板定额包括施工准备、模板制作或拼装、场内运输、安装、拆除、清理、维修、除灰、刷脱模剂、基岩面钻插筋孔、埋设插筋等所需的人工、材料、机械消耗及模板的摊销。

4. 模板定额的材料中不包括悬空建筑物承重模板的支撑、廊道顶拱模板的托木及以下支撑结构系统。

5. 预制混凝土模板指在预制场完成成品预制所需的人工、材料、机械消耗，按 $100m^3$ 实体方计量，使用时应根据预制模板厚度折算成模板面积。

十三、地下洞室衬砌模板。

1. 模板定额的计量单位均按模板与混凝土接触面积，以 $100m^2$ 计。

2. 钢模台车、底拱模、针梁模、竖井滑模、斜井滑模、顶拱模定额中包括施工准备、脱模、整体移动、轨道移位、立模、测量校正及维护保养等工序所需的人工、材料、机械消耗。模板材料包括模板、支架型钢及卡口件等材料的摊销，不包括轨道、滑轨及安装轨道所需埋件以及台车的一次性安装拆除所需的人工、材料、机械消耗。

3. 钢模台车、针梁模、竖井滑模、斜井滑模、底拱模定额表头表示的衬砌成形断面面积或底拱圆弧直径，应根据设计选用相近的定额子目，不需进行内插计算。

4. 钢模台车、底拱模、针梁模、顶拱模定额中的模板量均按一套（长 9m）摊销 500m 洞长拟定，若施工组织设计的一套模板摊销量不等于 500m 时，定额中的相应模板消耗量乘下式计算的系数调整:

$$系数=\frac{500m}{一套模板摊销洞长(m)}$$

5. 竖井滑模、斜井滑模定额中的模板量均按一套（1.2m）摊销 200m 井深拟定，若施工组织设计的一套模板摊销量不等于 200m 时，定额中的相应模板消耗量乘下式计算的系数调整:

$$系数=\frac{200m}{一套模板摊销洞长(m)}$$

6. 4.106 节 4.111 节指在加工厂完成钢模台车、针梁模、顶拱模、底拱模、滑模的制作所需的人工、材料、机械消耗定额，按每吨成品计量，仅作为确定各种模板价格时参考。

十四、面板坝止水。

面板坝止水按趾板止水和面板止水列示子目。趾板止水按三道止水和二道止水列示子目，面板止水按二道止水和一道止水列示子目。面板与防浪墙间的止水可按止水道数选用相关定额；止水定额中的材料消耗按相应规范的材料尺寸拟定，若设计与规范有差异时，可按设计资料调整材料耗量。

4.1 常态混凝土坝（堰）

适用范围： 各种坝型及围堰。

工作内容： 施工准备、仓面冲（凿）毛、冲洗、清仓、验收、浇筑、养护等。

单位：$100m^3$

项目		单位	仓面面积（m^2）				
			≤200	200～500	500～800	800～1200	>1200
高级熟练工		工时	7	5	4	4	4
熟练工		工时	55	31	27	25	23
半熟练工		工时	71	46	42	39	37
普工		工时	76	50	47	45	43
合计		工时	209	132	120	113	107
混凝土		m^3	104	104	104	104	104
水		m^3	93	93	93	93	93
其他材料费		元	76	70	68	66	64
平仓机		台时		1.22	1.38	1.53	1.53
振捣机	3棒	台时		1.79	2.05	2.30	2.34
	4棒	台时		1.34	1.54	1.72	1.75
	5棒	台时		1.07	1.23	1.38	1.40
振捣器	变频 4.5kW	台时	9.85	1.82	0.91		
	插入式 2.2kW	台时	12.17	3.16	1.92	0.78	0.57
冲毛	高压冲毛机	台时	0.72	0.72	0.72	0.72	0.72
	风水枪	台时	7.32	7.32	7.32	7.32	7.32
其他机械使用费		元	50	66	67	69	68
混凝土拌制		m^3	101	101	101	101	101
混凝土水平运输		m^3	101	101	101	101	101
混凝土垂直运输		m^3	101	101	101	101	101
立模面积		m^2	26.3～31.8	15～18.1	10.6～12.8	7.5～9.1	6～7.2
编号			40001	40002	40003	40004	40005

4.2 碾压混凝土坝（堰）

适用范围： 各种坝型及围堰。

工作内容： 仓面准备、仓面冲（刷）毛、冲洗、清仓、验收、平仓摊铺、碾压（平层或斜层）、养护等。

单位：$100m^3$

项目	单位	仓面面积（m^2）			
		≤1000	1000～3000	3000～6000	＞6000
高级熟练工	工时	2	1	1	1
熟练工	工时	11	9	8	7
半熟练工	工时	16	12	11	10
普工	工时	41	38	36	35
合计	工时	70	60	56	53
混凝土	m^3	103	103	103	103
砂浆	m^3	1	1	1	1
水	m^3	93	93	93	93
其他材料费	元	151	151	151	151
平仓机	台时	2.37	2.17	1.98	1.98
振动碾 BW202AD	台时	2.28	2.09	1.90	1.90
振动碾 BW-75S	台时	1.20	0.90	0.63	0.53
高压冲毛机	台时	0.71	0.71	0.71	0.71
刷毛机	台时	0.21	0.21	0.21	0.21
其他机械使用费	元	38	38	38	38
混凝土拌制	m^3	101	101	101	101
混凝土水平运输	m^3	101	101	101	101
混凝土垂直运输	m^3	101	101	101	101
立模面积	m^2	18～25	8～11	4.5～6.4	3.3～5
编号		40006	40007	40008	40009

4.3 面板混凝土

适用范围： 堆石坝面板、趾板混凝土、蓄能电站库周面板。

工作内容： 面板：施工准备、清仓（验收）、浇筑、抹面、清理、养护等。

趾板：施工准备、仓面冲（凿）毛、冲洗、清仓、验收、浇筑、养护等。

单位：$100m^3$

项目		单位	面板（滑模）				趾板
			板厚（cm）			无砂混凝土垫层	
			30	50	≥80		
高级熟练工		工时	25	24	21	20	19
熟练工		工时	147	142	128	118	130
半熟练工		工时	261	211	171	209	124
普工		工时	231	165	123	185	150
合计		工时	664	542	443	532	423
混凝土		m^3	107	107	107	136	113
水		m^3	191	180	170	170	112
其他材料费		元	154	154	154	123	37.0
振捣器	插入式 2.2kW	台时	40	26	18	24	26
其他机械使用费		元	31	31	31	31	9
混凝土拌制		m^3	104	104	104	133	110
混凝土水平运输		m^3	104	104	104	133	110
混凝土垂直运输		m^3	104	104	104	133	110
立模面积		m^2	342	209	134	342	73
编号			40010	40011	40012	40013	40014

注 非岩石基础趾板混凝土消耗量调整为 $104m^3$，拌制运输混凝土调整为 $101m^3$。

4.4 堆石坝面板混凝土砂浆垫层

适用范围： 堆石坝面板底部整平层砂浆摊铺。

工作内容： 施工准备、人工摊铺、碾压。

单位：100m^3

项目	单位	数量
高级熟练工	工时	55
熟练工	工时	166
半熟练工	工时	663
普工	工时	550
合计	工时	1433
砂浆	m^3	103
水	m^3	92
其他材料费	元	61
振动碾 平斜两用 10t	台时	6.90
卷扬机 5t	台时	6.90
其他机械使用费	元	15
砂浆拌制	m^3	100
砂浆运输	m^3	100
编号		40015

4.5 心、斜墙

适用范围：截水墙、心墙、斜墙混凝土。

工作内容：施工准备、仓面冲（凿）毛、冲洗、清仓、验收、下料、推开铺平、振捣、养护等。

单位：100m³

项目	单位	墙厚（cm）			
		≤50	100	150	≥200
高级熟练工	工时	18	15	14	8
熟练工	工时	110	92	81	59
半熟练工	工时	137	115	103	76
普工	工时	60	56	55	50
合计	工时	324	279	253	194
混凝土	m^3	104	104	104	104
水	m^3	93	93	93	93
其他材料费	元	132	124	117	113
振捣器 插入式 2.2kW	台时	25	21	19	18
风水枪 2～6m^3/min	台时	12	12	12	12
其他机械使用费	元	33	31	30	29
混凝土拌制	m^3	101	101	101	101
混凝土水平运输	m^3	101	101	101	101
混凝土垂直运输	m^3	101	101	101	101
立模面积	m^2	401	202	136	103
编号		40016	40017	40018	40019

4.6 地面厂房混凝土

适用范围： 坝后式、岸边式、坝内式、河床式电站厂房及进出口段。

工作内容： 施工准备、仓面冲（凿）毛、冲洗、清仓、验收、下料、推开铺平、振捣、养护等。

单位：$100m^3$

项目	单位	厂房		河床厂房进出口段	
		上部	下部	上部	下部
高级熟练工	工时	24	18	23	20
熟练工	工时	140	107	140	120
半熟练工	工时	197	142	176	148
普工	工时	195	115	77	68
合计	工时	556	382	416	356
混凝土	m^3	106	106	105	104
水	m^3	103	103	102	101
其他材料费	元	564	220	318	121
振捣器 插入式 2.2kW	台时	33.70	24.74	31.28	26.71
风水枪 2～6m³/min	台时	9.51	9.51	9.51	9.51
其他机械使用费	元	196	109	133	83
混凝土拌制	m^3	103	103	102	101
混凝土水平运输	m^3	103	103	102	101
混凝土垂直运输	m^3	103	103	102	101
立模面积	m^2	350～428	40～49	66～81	27～33
编号		40020	40021	40022	40023

注 1. 厂房段（上部）：（1）发电机层楼板顶面以上的混凝土构筑物；（2）安装间和副厂房的梁、板、柱。

厂房段（下部）：发电机层楼板顶面以下的混凝土构筑物。

2. 河床式电厂进出口段（上部）：（1）进水口底板顶面以上的混凝土构筑物；（2）尾水管顶板底面以上的混凝土构筑物。

河床式电厂进出口段（下部）：（1）进水口底板顶面以下的混凝土构筑物；（2）尾水管顶板底面以下的混凝土构筑物。

3. 立模面积：厂房下部结构混凝土定额中的立模面积，不包括混凝土锥管、混凝土尾水肘管、混凝土蜗壳的表面模板。

4.7 地下厂房混凝土

4.7.1 地 下 厂 房 结 构

适用范围： 地下厂房上、下部混凝土。

工作内容： 施工准备、仓面冲（凿）毛、冲洗、清仓、验收、下料、推开铺平、振捣、养护等。

单位：$100m^3$

项　　目		单位	厂房上部	厂房下部	地下厂房岩锚梁
高级熟练工		工时	29	21	29
熟练工		工时	168	124	174
半熟练工		工时	236	162	259
普工		工时	234	110	109
合计		工时	667	417	571
混凝土		m^3	106	106	115
水		m^3	103	103	112
其他材料费		元	564	221	914
振捣器	插入式 2.2kW	台时	37.07	28.46	39.91
风水枪	2～6m^3/min	台时	10.46	11.88	7.13
其他机械使用费		元	216	70	144
混凝土拌制		m^3	103	102	112
混凝土水平运输		m^3	103	102	112
混凝土垂直运输		m^3	103	102	112
立模面积		m^2	235～287	46～57	79～97
编　　号			40024	40025	40026

注　1. 厂房段（上部）：（1）发电机层楼板顶面以上的混凝土构筑物；
（2）安装间和副厂房的梁、板、柱。
厂房段（下部）：发电机层楼板顶面以下的混凝土构筑物。
2. 立模面积：厂房下部结构混凝土定额中的立模面积，不包括混凝土锥管、混凝土尾水肘管、混凝土蜗壳的表面模板。

4.7.2 地下厂房衬砌

适用范围： 地下厂房、主变压器室、调压室顶拱及边墙衬砌混凝土。

工作内容： 施工准备、仓面冲（凿）毛、冲洗、清仓、验收、下料、推开铺平、振捣、养护等。

单位：100m³

项目		单位	顶拱衬砌厚度（cm）					
			≤50	80	100	120	150	200
高级熟练工		工时	35	28	26	24	22	21
熟练工		工时	175	137	131	120	109	105
半熟练工		工时	210	165	156	144	132	126
普工		工时	203	162	136	116	97	82
合计		工时	623	492	449	404	360	334
混凝土		m^3	143	124	120	118	115	113
水		m^3	142	123	119	116	114	111
其他材料费		元	185	160	155	152	149	145
振捣器	插入式 2.2kW	台时	48.51	37.86	36.10	33.13	30.25	29.07
风水枪	2～6m^3/min	台时	17.36	14.46	13.19	12.41	11.22	10.16
其他机械使用费		元	47	41	40	39	38	37
混凝土拌制		m^3	139	120	117	114	112	109
混凝土水平运输		m^3	139	120	117	114	112	109
混凝土垂直运输		m^3	139	120	117	114	112	109
立模面积		m^2	256	131	105	89	72	55
编号			40027	40028	40029	40030	40031	40032

续表 单位：$100m^3$

项目		单位	边墙衬砌厚度（cm）					
			≤50	80	100	120	150	200
高级熟练工		工时	31	26	24	23	21	20
熟练工		工时	154	127	122	113	104	100
半熟练工		工时	222	182	175	162	149	145
普工		工时	99	97	95	91	87	86
合计		工时	506	432	416	389	361	351
混凝土		m^3	126	115	112	111	109	108
水		m^3	125	113	111	110	108	107
其他材料费		元	163	148	145	143	141	139
振捣器	插入式 2.2kW	台时	42.67	34.99	33.75	31.21	28.72	27.80
风水枪	2～6m^3/min	台时	17.91	15.22	12.80	11.44	10.16	9.14
其他机械使用费		元	42	38	37	37	36	36
混凝土拌制		m^3	123	111	109	108	106	105
混凝土水平运输		m^3	123	111	109	108	106	105
混凝土垂直运输		m^3	123	111	109	108	106	105
立模面积		m^2	261	136	111	94	78	61
编号			40033	40034	40035	40036	40037	40038

4.7.3 地下厂房喷锚支护后衬砌

适用范围： 地下厂房、主变压器室、调压室顶拱及边墙衬砌混凝土。

工作内容： 施工准备、仓面冲（凿）毛、冲洗、清仓、验收、下料、推开铺平、振捣、养护等。

单位：$100m^3$

项目		单位	顶拱衬砌厚度（cm）					
			≤50	80	100	120	150	200
高级熟练工		工时	31	26	24	23	21	20
熟练工		工时	156	128	123	114	105	101
半熟练工		工时	186	154	147	137	126	121
普工		工时	180	151	129	111	93	79
合计		工时	553	459	423	384	345	322
混凝土		m^3	127	116	113	112	110	109
水		m^3	126	114	112	111	109	108
其他材料费		元	164	149	146	144	142	140
振捣器	插入式 2.2kW	台时	43.00	35.27	34.03	31.48	28.98	28.07
风水枪	2～$6m^3$/min	台时	17.36	14.46	13.19	12.41	11.22	10.16
其他机械使用费		元	42	38	37	37	36	36
混凝土拌制		m^3	123	112	110	108	107	106
混凝土水平运输		m^3	123	112	110	108	107	106
混凝土垂直运输		m^3	123	112	110	108	107	106
立模面积		m^2	256	131	105	89	72	55
编号			40039	40040	40041	40042	40043	40044

项目		单位	边墙衬砌厚度（cm）					
			≤50	80	100	120	150	200
高级熟练工		工时	31	26	24	23	21	20
熟练工		工时	154	127	122	113	104	100
半熟练工		工时	222	182	175	162	149	145
普工		工时	99	97	95	91	87	86
合计		工时	506	432	416	389	361	351
混凝土		m^3	126	115	112	111	109	108
水		m^3	125	113	111	110	108	107
其他材料费		元	163	148	145	143	141	139
振捣器	插入式 2.2kW	台时	42.67	34.99	33.75	31.21	28.72	27.80
风水枪	2～$6m^3$/min	台时	17.91	15.22	12.80	11.44	10.16	9.14
其他机械使用费		元	42	38	37	37	36	36
混凝土拌制		m^3	123	111	109	108	106	105
混凝土水平运输		m^3	123	111	109	108	106	105
混凝土垂直运输		m^3	123	111	109	108	106	105
立模面积		m^2	261	136	111	94	78	61
编号			40045	40046	40047	40048	40049	40050

4.8 隧洞衬砌

4.8.1 人工入仓

适用范围：各类平隧洞衬砌。

工作内容：施工准备、仓面冲（凿）毛、冲洗、清仓、验收、下料、推开铺平、振捣、养护等。

单位：$100m^3$

项目		单位	开挖断面（≤$10m^2$）			开挖断面（$30m^2$）			开挖断面（$60m^2$）		
			衬砌厚度（cm）								
			30	50	70	50	70	90	50	70	90
高级熟练工		工时	52	42	37	41	36	32	40	36	32
熟练工		工时	284	237	208	231	202	174	228	199	172
半熟练工		工时	385	321	283	313	275	240	309	271	238
普工		工时	884	614	483	599	469	399	590	462	394
合计		工时	1606	1215	1011	1184	983	845	1168	968	835
混凝土		m^3	183	155	143	151	139	132	149	137	130
水		m^3	82	69	64	67	62	59	66	61	58
其他材料费		元	71	56	47	54	46	42	53	45	42
振捣器	插入式 2.2kW	台时	64.17	51.86	45.71	50.54	44.41	40.14	49.83	43.74	39.67
风水枪	2～$6m^3$/min	台时	6.85	5.93	5.24	5.93	5.24	4.78	5.93	5.24	4.78
其他机械使用费		元	18	14	12	13	12	10	13	12	10
混凝土拌制		m^3	178	150	139	146	135	128	144	133	126
混凝土水平运输		m^3	178	150	139	146	135	128	144	133	126
混凝土垂直运输		m^3	178	150	139	146	135	128	144	133	126
立模面积		m^2	207～310	126～174	89～114	134～194	98～136	77～103	136～199	100～141	79～109
编号			40051	40052	40053	40054	40055	40056	40057	40058	40059

注 城门洞型断面立模面积取小值，圆形断面（全断面衬砌）立模面积取大值。

4.8.2 机　械　入　仓

适用范围： 各类平隧洞衬砌。

工作内容： 施工准备、仓面冲（凿）毛、冲洗、清仓、验收、下料、推开铺平、振捣、养护等。

单位：$100m^3$

项　　目		单位	开挖断面（≤$10m^2$）			开挖断面（$30m^2$）			开挖断面（$60m^2$）		
			衬砌厚度（cm）								
			30	50	70	50	70	90	50	70	90
高级熟练工		工时	46	39	35	38	34	28	38	33	28
熟练工		工时	279	233	205	227	199	171	224	196	169
半熟练工		工时	341	284	250	277	243	211	273	239	209
普工		工时	485	290	194	282	189	143	279	186	142
合计		工时	1151	846	684	824	664	554	813	655	547
混凝土		m^3	183	155	143	151	139	132	149	137	130
水		m^3	82	69	64	67	62	59	66	61	58
其他材料费		元	71	56	47	54	46	42	53	45	42
振捣器	插入式 2.2kW	台时	64.17	51.86	45.71	50.54	44.41	40.14	49.83	43.74	39.67
风水枪	2～$6m^3$/min	台时	12.17	8.91	7.27	8.68	7.06	6.11	8.56	6.96	6.04
其他机械使用费		元	18	14	12	13	12	10	13	12	10
混凝土拌制		m^3	178	150	139	146	135	128	144	133	126
混凝土水平运输		m^3	178	150	139	146	135	128	144	133	126
混凝土垂直运输		m^3	178	150	139	146	135	128	144	133	126
立模面积		m^2	207～310	126～174	89～114	134～194	98～136	77～103	136～199	100～141	79～109
编号			40060	40061	40062	40063	40064	40065	40066	40067	40068

续表　　　　　　　　　　　　　　　　　　　　　　单位：$100m^3$

项　　目		单位	开挖断面（$100m^2$）			开挖断面（$150m^2$）			开挖断面（≥$150m^2$）		
			衬砌厚度（cm）								
			70	90	110	70	90	110	90	110	150
高级熟练工		工时	33	27	25	33	27	25	27	25	23
熟练工		工时	193	167	155	193	166	155	166	155	136
半熟练工		工时	235	205	191	235	205	191	204	190	168
普工		工时	183	139	112	183	139	112	139	111	87
合计		工时	645	538	484	643	537	482	536	481	414
混凝土		m^3	135	128	124	134	128	124	128	123	118
水		m^3	60	57	55	60	57	55	57	55	53
其他材料费		元	44	41	37	44	41	37	41	37	36
振捣器	插入式 2.2kW	台时	43.08	39.03	35.69	42.97	38.93	35.59	38.87	35.54	31.13
风水枪	2～$6m^3$/min	台时	6.85	5.94	5.42	6.83	5.93	5.41	5.92	5.40	4.44
其他机械使用费		元	12	10	10	12	10	10	10	10	9
混凝土拌制		m^3	131	124	120	130	124	120	124	120	115
混凝土水平运输		m^3	131	124	120	130	124	120	124	120	115
混凝土垂直运输		m^3	131	124	120	130	124	120	124	120	115
立模面积		m^2	101～144	81～113	68～100	102～146	82～115	68～94	82～116	69～95	53～71
编号			40069	40070	40071	40072	40073	40074	40075	40076	40077

注　城门洞型断面立模面积取小值，圆形断面（全断面衬砌）立模面积取大值。

4.9 隧洞喷锚支护后衬砌

4.9.1 人 工 入 仓

适用范围： 各类平隧洞喷锚支护后衬砌。

工作内容： 施工准备、仓面冲（凿）毛、冲洗、清仓、验收、下料、推开铺平、振捣、养护等。

单位：$100m^3$

项目		单位	开挖断面（≤$10m^2$）			开挖断面（$30m^2$）			开挖断面（$60m^2$）		
			衬砌厚度（cm）								
			30	50	70	50	70	90	50	70	90
高级熟练工		工时	43	37	33	36	33	30	36	32	29
熟练工		工时	235	207	186	203	183	161	201	180	158
半熟练工		工时	319	280	253	276	249	222	272	245	219
普工		工时	732	535	432	527	424	368	520	419	364
合计		工时	1329	1058	904	1042	889	781	1029	877	770
混凝土		m^3	151	135	128	133	126	122	131	124	120
水		m^3	68	60	57	59	56	54	59	55	54
其他材料费		元	59	48	42	48	41	39	47	41	38
振捣器	插入式 2.2kW	台时	53.10	45.16	40.87	44.47	40.16	37.07	43.94	39.65	36.58
风水枪	2～$6m^3$/min	台时	10.07	7.76	6.50	7.64	6.39	5.65	7.55	6.31	5.57
其他机械使用费		元	15	12	11	12	11	9	11	11	9
混凝土拌制		m^3	147	131	124	129	122	118	127	120	117
混凝土水平运输		m^3	147	131	124	129	122	118	127	120	117
混凝土垂直运输		m^3	147	131	124	129	122	118	127	120	117
立模面积		m^2	207～310	126～174	89～114	134～194	98～136	77～103	136～199	100～141	79～109
编号			40078	40079	40080	40081	40082	40083	40084	40085	40086

注 城门洞型断面立模面积取小值，圆形断面（全断面衬砌）立模面积取大值。

4.9.2 机 械 入 仓

适用范围： 各类平隧洞喷锚支护后衬砌。

工作内容： 施工准备、仓面冲（凿）毛、冲洗、清仓、验收、下料、推开铺平、振捣、养护等。

单位：100m³

项目		单位	开挖断面（≤10m²）			开挖断面（30m²）			开挖断面（60m²）		
			衬砌厚度（cm）								
			30	50	70	50	70	90	50	70	90
高级熟练工		工时	38	34	31	33	30	26	33	30	26
熟练工		工时	231	203	184	200	180	158	197	178	156
半熟练工		工时	282	247	223	243	219	195	240	217	192
普工		工时	401	252	174	249	171	132	246	168	131
合计		工时	952	736	611	725	601	511	716	593	505
混凝土		m³	151	135	128	133	126	122	131	124	120
水		m³	68	60	57	59	56	54	59	55	54
其他材料费		元	59	48	42	48	41	39	47	41	38
振捣器	插入式 2.2kW	台时	53.10	45.16	40.87	44.47	40.16	37.07	43.94	39.65	36.58
风水枪	2~6m³/min	台时	6.85	5.93	5.24	5.93	5.24	4.78	5.93	5.24	4.78
其他机械使用费		元	15	12	11	12	11	9	11	11	9
混凝土拌制		m³	147	131	124	129	122	118	127	120	117
混凝土水平运输		m³	147	131	124	129	122	118	127	120	117
混凝土垂直运输		m³	147	131	124	129	122	118	127	120	117
立模面积		m²	207~310	126~174	89~114	134~194	98~136	77~103	136~199	100~141	79~109
编号			40087	40088	40089	40090	40091	40092	40093	40094	40095

续表 单位：$100m^3$

项目		单位	开挖断面（$100m^2$）			开挖断面（$150m^2$）			开挖断面（≥$150m^2$）		
			衬砌厚度（cm）								
			70	90	110	70	90	110	90	110	150
高级熟练工		工时	30	25	24	30	25	24	25	24	22
熟练工		工时	175	154	145	175	154	145	153	145	129
半熟练工		工时	213	189	179	213	189	178	189	178	159
普工		工时	166	128	104	166	128	104	128	104	83
合计		工时	585	497	451	584	496	451	496	450	393
混凝土		m^3	122	118	116	122	118	115	118	115	112
水		m^3	55	53	52	54	53	52	53	52	50
其他材料费		元	40	38	35	40	38	35	38	35	34
振捣器	插入式 2.2kW	台时	39.07	36.01	33.32	39.00	35.96	33.27	35.93	33.24	29.56
风水枪	2～$6m^3$/min	台时	5.24	4.78	4.51	5.24	4.78	4.51	4.78	4.51	3.86
其他机械使用费		元	11	9	9	11	9	9	9	9	9
混凝土拌制		m^3	119	115	112	118	115	112	114	112	109
混凝土水平运输		m^3	119	115	112	118	115	112	114	112	109
混凝土垂直运输		m^3	119	115	112	118	115	112	114	112	109
立模面积		m^2	101～144	81～113	68～100	102～146	82～115	68～94	82～116	69～95	53～71
编号			40096	40097	40098	40099	40100	40101	40102	40103	40104

注 城门洞型断面立模面积取小值，圆形断面（全断面衬砌）立模面积取大值。

4.10 竖 井 衬 砌

适用范围： 竖井、调压井衬砌。

工作内容： 仓面清洗、平仓振捣、钢筋维护、混凝土养护及人工凿毛。

单位：$100m^3$

项目		单位	开挖断面（≤$10m^2$）			开挖断面（$30m^2$）			开挖断面（$60m^2$）		
			衬砌厚度（cm）								
			30	50	70	50	70	90	50	70	90
高级熟练工		工时	49	42	36	40	34	30	39	34	29
熟练工		工时	296	248	217	240	209	178	235	204	174
半熟练工		工时	411	344	301	332	290	247	325	283	241
普工		工时	315	196	136	189	130	101	185	127	98
合计		工时	1071	830	690	801	663	556	784	648	543
混凝土		m^3	187	159	147	153	141	135	150	138	132
水		m^3	84	71	66	69	63	60	67	62	59
其他材料费		元	51	40	37	39	36	34	38	35	33
振捣器	插入式 2.2kW	台时	68.10	54.12	47.12	52.23	45.30	40.85	51.10	44.25	39.85
风水枪	2～$6m^3$/min	台时	6.11	5.51	5.02	5.51	5.02	4.65	5.51	5.02	4.65
卷扬机	10t	台时	4.78	4.72	4.65	4.72	4.65	4.59	4.72	4.65	4.59
其他机械使用费		元	13	11	9	10	8	8	10	8	8
混凝土拌制		m^3	182	154	143	149	137	131	146	134	128
混凝土水平运输		m^3	182	154	143	149	137	131	146	134	128
混凝土垂直运输		m^3	182	154	143	149	137	131	146	134	128
立模面积		m^2	299	163	103	183	125	92	188	130	98
编号			40105	40106	40107	40108	40109	40110	40111	40112	40113

续表 单位：$100m^3$

项目	单位	开挖断面（$100m^2$）			开挖断面（$150m^2$）			开挖断面（≥$150m^2$）		
		衬砌厚度（cm）								
		70	90	110	70	90	110	90	110	150
高级熟练工	工时	33	29	25	33	29	25	29	25	23
熟练工	工时	199	169	149	199	169	149	169	149	140
半熟练工	工时	276	236	210	276	235	209	234	209	197
普工	工时	124	96	78	124	96	78	95	78	64
合计	工时	633	530	463	631	528	461	527	461	425
混凝土	m^3	135	128	124	135	128	124	128	124	119
水	m^3	60	57	55	60	57	55	57	55	53
其他材料费	元	34	32	27	34	32	26	32	26	25
振捣器 插入式 2.2kW	台时	43.22	38.88	35.85	43.10	38.76	35.74	38.69	35.67	32.32
风水枪 2～$6m^3$/min	台时	5.02	4.65	4.34	5.02	4.65	4.34	4.65	4.34	3.98
卷扬机 10t	台时	4.65	4.59	4.52	4.65	4.59	4.52	4.59	4.52	4.40
其他机械使用费	元	8	7	7	8	7	7	7	7	7
混凝土拌制	m^3	131	125	121	131	124	120	124	120	115
混凝土水平运输	m^3	131	125	121	131	124	120	124	120	115
混凝土垂直运输	m^3	131	125	121	131	124	120	124	120	115
立模面积	m^2	133	101	97	135	103	83	104	84	60
编号		40114	40115	40116	40117	40118	40119	40120	40121	40122

4.11 竖井喷锚支护后衬砌

适用范围： 竖井、调压井喷锚支护后衬砌。

工作内容： 仓面清洗、平仓振捣、钢筋维护、混凝土养护及人工凿毛。

单位：100m³

项目		单位	开挖断面（≤10m²）			开挖断面（30m²）			开挖断面（60m²）		
			衬砌厚度（cm）								
			30	50	70	50	70	90	50	70	90
高级熟练工		工时	43	38	33	37	32	28	36	31	28
熟练工		工时	258	224	200	218	194	167	214	189	163
半熟练工		工时	358	311	277	302	269	232	296	263	227
普工		工时	274	177	125	172	121	95	169	118	93
合计		工时	933	750	635	729	616	523	714	602	511
混凝土		m³	163	144	135	140	131	127	137	128	124
水		m³	73	64	60	62	59	57	61	57	55
其他材料费		元	44	36	34	35	33	32	35	32	31
振捣器	插入式 2.2kW	台时	59.29	48.86	43.35	47.53	42.05	38.38	46.55	41.13	37.51
风水枪	2~6m³/min	台时	6.11	5.51	5.02	5.51	5.02	4.65	5.51	5.02	4.65
卷扬机	10t	台时	4.78	4.72	4.65	4.72	4.65	4.59	4.72	4.65	4.59
其他机械使用费		元	11	10	8	9	8	7	9	7	7
混凝土拌制		m³	158	139	131	136	127	123	133	125	120
混凝土水平运输		m³	158	139	131	136	127	123	133	125	120
混凝土垂直运输		m³	158	139	131	136	127	123	133	125	120
立模面积		m²	299	163	103	183	125	92	188	130	98
编号			40123	40124	40125	40126	40127	40128	40129	40130	40131

续表 单位：100m³

项目	单位	开挖断面（100m²）			开挖断面（150m²）			开挖断面（≥150m²）		
		衬砌厚度（cm）								
		70	90	110	70	90	110	90	110	150
高级熟练工	工时	30	27	24	30	27	24	27	24	22
熟练工	工时	185	160	142	185	159	142	159	141	135
半熟练工	工时	257	222	199	256	221	199	221	198	189
普工	工时	116	90	74	115	90	74	90	74	62
合计	工时	588	499	440	587	498	439	497	438	408
混凝土	m³	125	121	118	125	121	118	120	118	114
水	m³	56	54	53	56	54	53	54	52	51
其他材料费	元	32	30	25	32	30	25	30	25	24
振捣器 插入式 2.2kW	台时	40.17	36.60	34.04	40.09	36.52	33.97	36.48	33.93	31.08
风水枪 2～6m³/min	台时	5.02	4.65	4.34	5.02	4.65	4.34	4.65	4.34	3.98
卷扬机 10t	台时	4.65	4.59	4.52	4.65	4.59	4.52	4.59	4.52	4.40
其他机械使用费	元	7	7	7	7	7	7	7	7	7
混凝土拌制	m³	122	117	114	122	117	114	117	114	111
混凝土水平运输	m³	122	117	114	122	117	114	117	114	111
混凝土垂直运输	m³	122	117	114	122	117	114	117	114	111
立模面积	m²	133	101	97	135	103	83	104	84	60
编号		40132	40133	40134	40135	40136	40137	40138	40139	40140

4.12 压力管道回填

适用范围： 压力钢管道、埋管等回填混凝土。

工作内容： 仓面清洗、振捣、混凝土养护及人工凿毛。

单位：$100m^3$

项目		单位	开挖断面（≤$10m^2$）			开挖断面（$30m^2$）			开挖断面（$60m^2$）		
			衬砌厚度（cm）								
			30	50	70	50	70	90	50	70	90
高级熟练工		工时	31	25	21	24	20	19	23	20	19
熟练工		工时	154	123	109	118	105	95	117	104	94
半熟练工		工时	154	123	109	118	105	95	117	104	94
普工		工时	323	190	123	183	119	88	182	117	87
合计		工时	661	460	363	444	349	297	439	345	294
混凝土		m^3	187	158	146	152	140	134	151	139	132
水		m^3	83	71	65	68	63	60	67	62	59
其他材料费		元	58	49	45	47	44	42	47	43	41
振捣器	插入式 2.2kW	台时	42.27	34.02	29.98	32.81	28.79	26.18	32.47	28.48	25.87
风水枪	2～$6m^3$/min	台时	6.46	5.74	5.10	5.74	5.10	4.54	5.74	5.10	4.54
其他机械使用费		元	14	12	11	12	11	10	12	11	10
混凝土拌制		m^3	181	153	142	148	136	130	146	135	128
混凝土水平运输		m^3	181	153	142	148	136	130	146	135	128
混凝土垂直运输		m^3	181	153	142	148	136	130	146	135	128
立模面积（侧模）		m^2	17	17	17	17	17	17	17	17	17
编号			40141	40142	40143	40144	40145	40146	40147	40148	40149

续表

单位：100m^3

项目	单位	开挖断面（100m^2）			开挖断面（150m^2）			开挖断面（≥150m^2）		
		衬砌厚度（cm）								
		70	90	110	70	90	110	90	110	150
高级熟练工	工时	20	19	16	20	19	16	19	18	15
熟练工	工时	101	91	81	101	91	81	96	88	77
半熟练工	工时	101	91	81	101	91	81	96	88	77
普工	工时	114	85	68	114	85	68	108	82	65
合计	工时	337	286	246	335	285	245	318	275	234
混凝土	m^3	135	129	125	135	128	124	128	124	119
水	m^3	60	58	56	60	57	55	57	55	53
其他材料费	元	42	40	39	42	40	39	40	38	37
振捣器 插入式 2.2kW	台时	27.79	25.22	22.31	27.69	25.12	22.23	26.28	24.25	21.28
风水枪 2～6m^3/min	台时	5.10	4.54	4.28	5.10	4.54	4.28	5.10	4.54	4.28
其他机械使用费	元	11	10	10	10	10	10	10	10	9
混凝土拌制	m^3	132	125	121	131	125	121	124	120	115
混凝土水平运输	m^3	132	125	121	131	125	121	124	120	115
混凝土垂直运输	m^3	132	125	121	131	125	121	124	120	115
立模面积（侧模）	m^2	17	17	17	17	17	17	17	17	17
编号		40150	40151	40152	40153	40154	40155	40156	40157	40158

注 压力管道为竖、斜井时，立模面积为0。

4.13 压力管道喷锚支护后回填

适用范围：压力钢管喷锚支护后回填混凝土。

工作内容：仓面清洗、振捣、混凝土养护及人工凿毛。

单位：$100m^3$

项目		单位	开挖断面（≤$10m^2$）			开挖断面（$30m^2$）			开挖断面（$60m^2$）		
			衬砌厚度（cm）								
			30	50	70	50	70	90	50	70	90
高级熟练工		工时	25	21	19	21	18	18	21	18	18
熟练工		工时	126	106	97	104	94	87	103	94	86
半熟练工		工时	126	106	97	104	94	87	103	94	86
普工		工时	265	164	109	161	107	81	160	106	80
合计		工时	543	398	322	389	314	272	386	312	270
混凝土		m^3	153	137	130	134	126	122	133	126	122
水		m^3	68	61	58	60	56	55	59	56	54
其他材料费		元	48	42	40	41	39	38	41	39	38
振捣器	插入式 2.2kW	台时	34.72	29.40	26.58	28.75	25.93	23.97	28.57	25.76	23.80
风水枪	2～$6m^3$/min	台时	6.46	5.74	5.10	5.74	5.10	4.54	5.74	5.10	4.54
其他机械使用费		元	12	11	10	10	10	10	10	10	9
混凝土拌制		m^3	149	133	126	130	123	119	129	122	118
混凝土水平运输		m^3	149	133	126	130	123	119	129	122	118
混凝土垂直运输		m^3	149	133	126	130	123	119	129	122	118
立模面积（侧模）		m^2	17	17	17	17	17	17	17	17	17
编号			40159	40160	40161	40162	40163	40164	40165	40166	40167

续表 单位：100m^3

项目		单位	开挖断面（100m^2）			开挖断面（150m^2）			开挖断面（≥150m^2）		
			衬砌厚度（cm）								
			70	90	110	70	90	110	90	110	150
高级熟练工		工时	18	17	15	18	17	15	17	17	14
熟练工		工时	92	84	76	91	84	75	88	82	73
半熟练工		工时	92	84	76	91	84	75	88	82	73
普工		工时	104	78	63	103	78	63	100	76	61
合计		工时	305	264	229	304	263	228	294	257	222
混凝土		m^3	123	119	116	122	118	116	118	116	113
水		m^3	55	53	52	55	53	52	53	52	50
其他材料费		元	38	37	36	38	37	36	37	36	35
振捣器	插入式 2.2kW	台时	25.14	23.21	20.79	25.08	23.16	20.74	24.24	22.64	20.17
风水枪	2～6m^3/min	台时	5.10	4.54	4.28	5.10	4.54	4.28	5.10	4.54	4.28
其他机械使用费		元	10	9	9	9	9	9	9	9	9
混凝土拌制		m^3	119	115	113	119	115	112	115	112	109
混凝土水平运输		m^3	119	115	113	119	115	112	115	112	109
混凝土垂直运输		m^3	119	115	113	119	115	112	115	112	109
立模面积（侧模）		m^2	17	17	17	17	17	17	17	17	17
编号			40168	40169	40170	40171	40172	40173	40174	40175	40176

注 压力管道为竖、斜井时，立模面积为 0。

4.14 隧洞封堵

适用范围：各种隧洞封堵混凝土。

工作内容：仓面清洗、振捣、钢筋维护、混凝土养护及人工凿毛。

单位：$100m^3$

		开挖断面（m^2）					
		≤10	30	60	100	150	>150
高级熟练工	工时	31	30	29	29	28	28
熟练工	工时	123	119	115	112	112	112
半熟练工	工时	123	119	115	112	112	112
普工	工时	36	34	34	33	33	33
合计	工时	312	302	294	286	285	284
混凝土	m^3	115	111	108	105	105	105
水	m^3	51	50	48	47	47	47
其他材料费	元	33	32	31	31	31	30
振捣器 插入 2.2kW	台时	21.17	20.49	19.95	19.39	19.34	19.31
风水枪 2～6m^3/min	台时	6.18	6.18	6.18	6.18	6.18	6.18
其他机械使用费	元	9	9	8	8	8	8
混凝土拌制	m^3	111	108	105	102	102	102
混凝土水平运输	m^3	111	108	105	102	102	102
混凝土垂直运输	m^3	111	108	105	102	102	102
立模面积	m^2	10	10	10 25	10 19	10 15	10 14
编号		40177	40178	40179	40180	40181	40182

注 断面≤30m^2未考虑灌浆廊道。断面面积≥60m^2时，不设灌浆廊道时立模面积取小值，设灌浆廊道时立模面积取大值。

4.15 其他地下回填混凝土

适用范围： 断层、溶洞、不良地质段等地下回填混凝土。

工作内容： 仓面清洗、平仓振捣、钢筋维护、混凝土养护等。

单位：$100m^3$

项目	单位	数量
高级熟练工	工时	22
熟练工	工时	90
半熟练工	工时	90
普工	工时	23
合计	工时	225
混凝土	m^3	103
水	m^3	46
其他材料费	元	27
振捣器 插入 2.2kW	台时	15.47
风水枪 $2\sim6m^3/min$	台时	4.12
其他机械使用费	元	7
混凝土拌制	m^3	100
混凝土水平运输	m^3	100
混凝土垂直运输	m^3	100
编号		40183

4.16 水工混凝土墙

4.16.1 双面立模墙

适用范围： 各种双面立模墙。

工作内容： 施工准备、仓面冲（凿）毛、冲洗、清仓、验收、浇筑、养护等。

单位：$100m^3$

项目	单位	墙厚（cm）										
		20	50	100	150	200	250	300	350	400	450	500
高级熟练工	工时	26	23	21	18	18	17	17	17	16	16	16
熟练工	工时	179	161	144	125	123	119	115	114	112	111	110
半熟练工	工时	295	203	188	162	157	151	146	144	141	139	138
普工	工时	63	59	58	55	55	55	54	54	54	54	53
合计	工时	563	446	411	360	353	342	332	329	323	320	317
混凝土	m^3	104	104	104	104	104	104	104	104	104	104	104
水	m^3	91	91	91	91	91	91	91	91	91	91	91
其他材料费	元	144	132	124	115	107	103	99	98	96	95	93
振捣器 插入式 2.2kW	台时	35.23	31.71	28.19	24.67	24.23	23.45	22.68	22.46	22.23	22.00	21.77
风水枪 2～$6m^3$/min	台时	11.65	11.65	11.65	11.65	11.65	11.65	11.65	11.65	11.65	11.65	11.65
其他机械使用费	元	36	33	31	29	27	26	25	25	24	24	24
混凝土拌制	m^3	101	101	101	101	101	101	101	101	101	101	101
混凝土水平运输	m^3	101	101	101	101	101	101	101	101	101	101	101
混凝土垂直运输	m^3	101	101	101	101	101	101	101	101	101	101	101
立模面积	m^2	1001	402	203	139	107	88	77	70	63	61	57
编号		40184	40185	40186	40187	40188	40189	40190	40191	40192	40193	40194

注 墙厚＞500cm 套用坝体混凝土定额。

4.16.2 单面立模墙

适用范围： 各种单面立模墙。

工作内容： 施工准备、仓面冲（凿）毛、冲洗、清仓、验收、浇筑、养护等。

单位：100m³

项目		单位	墙厚（cm）										
			20	50	100	150	200	250	300	350	400	450	500
高级熟练工		工时	39	27	23	19	18	17	17	17	16	16	16
熟练工		工时	266	192	156	132	128	122	118	116	113	111	110
半熟练工		工时	439	241	205	172	163	155	149	145	143	139	138
普工		工时	94	72	63	58	57	57	55	55	55	54	53
合计		工时	838	532	447	381	366	351	339	333	327	320	317
混凝土		m³	154	124	114	111	109	108	107	106	106	105	105
水		m³	135	108	99	96	95	94	93	92	92	91	91
其他材料费		元	214	157	135	122	111	106	101	99	97	95	93
振捣器	插入式 2.2kW	台时	52.33	37.67	30.70	26.13	25.19	24.14	23.13	22.68	22.45	22.00	21.77
风水枪	2～6m³/min	台时	11.54	11.54	11.54	11.54	11.54	11.54	11.54	11.54	11.54	11.54	11.54
其他机械使用费		元	54	40	34	31	28	27	25	25	24	24	24
混凝土拌制		m³	150	120	110	107	105	104	103	102	102	101	101
混凝土水平运输		m³	150	120	110	107	105	104	103	102	102	101	101
混凝土垂直运输		m³	150	120	110	107	105	104	103	102	102	101	101
立模面积		m²	501	203	107	77	63	57	53	52	52	53	53
编号			40195	40196	40197	40198	40199	40200	40201	40202	40203	40204	40205

注 墙厚＞500cm 套用坝体混凝土定额。

4.17 墩

适用范围： 水闸、溢洪道等各类建筑物闸墩及桥墩混凝土。

工作内容： 施工准备、仓面冲（凿）毛、冲洗、清仓、验收、浇筑、养护等。

单位：$100m^3$

项目	单位	墩厚（cm）				
		100	200	300	400	500
高级熟练工	工时	24	22	21	20	20
熟练工	工时	129	118	109	103	100
半熟练工	工时	199	173	158	148	143
普工	工时	247	245	244	243	242
合计	工时	599	558	532	515	505
混凝土	m^3	104	104	104	104	104
水	m^3	94	94	94	94	94
其他材料费	元	189	180	173	162	152
振捣器 变频 4.5kW	台时	24	22	20	19	18
风水枪 2～6m^3/min	台时	13	13	13	13	13
其他机械使用费	元	30	30	30	30	30
混凝土拌制	m^3	101	101	101	101	101
混凝土水平运输	m^3	101	101	101	101	101
混凝土垂直运输	m^3	101	101	101	101	101
立模面积	m^2	72	72	72	71	71
编号		40206	40207	40208	40209	40210

注 1. 墩厚＞500cm 套用坝体混凝土定额。

2. 定额中的立模面积已综合闸门槽二期混凝土模板。

4.18 底板

4.18.1 岩石基础

适用范围：水闸底板、垫层、铺盖、阻滑板、护坦、消力池、明渠、隧洞底板和涵洞底板、抽水蓄能库底板等。

工作内容：施工准备、仓面冲（凿）毛、冲洗、清仓、验收、浇筑、养护等。

单位：100m³

项目	单位	地上					地下	
		厚度（cm）						
		≤40	80	150	200	＞200	≤50	＞50
高级熟练工	工时	17	15	14	14	14	18	16
熟练工	工时	100	90	85	84	82	107	98
半熟练工	工时	177	136	119	114	108	269	208
普工	工时	235	117	70	57	38	192	130
合计	工时	528	359	288	269	242	586	452
混凝土	m³	129	116	110	108	106	134	122
水	m³	115	103	98	96	94	60	55
其他材料费	元	42	38	36	35	35	53	48
振捣器 变频 4.5kW	台时	22.97	20.67	19.60	19.30	18.90	24.72	22.58
风水枪 2～6m³/min	台时	18.20	9.10	4.85	3.64	1.82	14.56	10.40
其他机械使用费	元	10	9	9	9	8	13	12
混凝土拌制	m³	125	113	107	105	103	130	119
混凝土水平运输	m³	125	113	107	105	103	130	119
混凝土垂直运输	m³	125	113	107	105	103	130	119
立模面积	m²	13	13	13	13	13	10	10
编号		40211	40212	40213	40214	40215	40216	40217

注 底板厚度＞200cm 时，若设廊道，立模面积中应增加廊道的立模面积。

4.18.2 非岩石基础

适用范围： 水闸底板、垫层、铺盖、阻滑板、护坦、消力池、明渠、隧洞底板和涵洞底板、抽水蓄能库底板等。

工作内容： 施工准备、清仓、验收、浇筑、养护等。

单位：100m³

项目	单位	地上					地下	
		厚度（cm）						
		≤40	80	150	200	>200	≤50	>50
高级熟练工	工时	14	14	13	13	14	14	14
熟练工	工时	84	82	81	81	80	86	85
半熟练工	工时	149	124	113	110	106	215	180
普工	工时	197	107	67	55	37	154	112
合计	工时	444	327	274	259	237	469	391
混凝土	m³	108	106	105	104	104	107	105
水	m³	97	94	93	92	92	48	47
其他材料费	元	35	35	34	34	34	42	41
振捣器 变频 4.5kW	台时	19.29	18.83	18.62	18.56	18.48	19.78	19.49
其他机械使用费	元	8	8	9	9	8	10	10
混凝土拌制	m³	105	103	102	101	101	104	103
混凝土水平运输	m³	105	103	102	101	101	104	103
混凝土垂直运输	m³	105	103	102	101	101	104	103
立模面积	m²	13	13	13	13	13	10	10
编号		40218	40219	40220	40221	40222	40223	40224

注　底板厚度>200cm时，若设廊道，立模面积中应增加廊道的立模面积。

4.19 溢流面、溢流堰

适用范围： 各种溢洪道溢流段的溢流面和各种溢流堰混凝土。

工作内容： 施工准备、仓面冲（凿）毛、冲洗、清仓、验收、浇筑、养护等。

单位：$100m^3$

项目	单位	溢流面	溢流堰
高级熟练工	工时	18	12
熟练工	工时	92	61
半熟练工	工时	195	90
普工	工时	155	80
合计	工时	460	244
混凝土	m^3	103	103
水	m^3	102	102
其他材料费	元	49	29
振捣器 插入式 2.2kW	台时	25	17
风水枪 $2\sim6m^3/min$	台时	9	11
其他机械使用费	元	64	59
混凝土拌制	m^3	100	100
混凝土水平运输	m^3	100	100
混凝土垂直运输	m^3	100	100
立模面积	m^2	61	50
编号		40225	40226

注 溢流面层以下混凝土套用坝体混凝土定额。

4.20 工作桥、公路桥

适用范围： 闸、坝及溢洪道直升门和弧形门的工作桥、公路桥混凝土。

工作内容： 施工准备、仓面冲（凿）毛、冲洗、清仓、验收、浇筑、养护等。

单位：$100m^3$

项目	单位	工作桥	公路桥
高级熟练工	工时	21	20
熟练工	工时	123	118
半熟练工	工时	193	189
普工	工时	85	85
合计	工时	422	411
混凝土	m^3	103	103
水	m^3	100	98
其他材料费	元	733	668
振捣器 插入式 2.2kW	台时	28.36	27.12
其他机械使用费	元	125	123
混凝土拌制	m^3	100	100
混凝土水平运输	m^3	100	100
混凝土垂直运输	m^3	100	100
立模面积	m^2	311	250
编号		40227	40228

注 1. 本定额适用现浇板梁式工作桥。若为预制构件，应套用预制混凝土相应定额。

2. 工作桥为框架式结构时，应套用现浇板梁柱定额。

4.21 进 水 口

适用范围： 当地材料坝、引水隧洞、泄水隧洞等的独立进水口混凝土。

工作内容： 施工准备、仓面冲（凿）毛、冲洗、清仓、验收、浇筑、养护等。

单位：$100m^3$

项 目	单 位	数 量
高级熟练工	工时	11
熟 练 工	工时	72
半 熟 练 工	工时	101
普 工	工时	90
合 计	工时	274
混 凝 土	m^3	105
水	m^3	94
其他材料费	元	128
振 捣 器 插入式 2.2kW	台时	20.92
风 水 枪 $2\sim6m^3/min$	台时	14.06
其他机械使用费	元	72
混凝土拌制	m^3	102
混凝土水平运输	m^3	102
混凝土垂直运输	m^3	102
立 模 面 积	m^2	50～60
编 号		40229

4.22 通航建筑物

4.22.1 大型船闸

适用范围： 大型船闸闸首、闸室和进、泄水段混凝土。

工作内容： 施工准备、仓面冲（凿）毛、冲洗、清仓、验收、浇筑、养护等。

单位：$100m^3$

项目		单位	船闸闸首	船闸闸室	船闸进、泄水段
高级熟练工		工时	13	14	16
熟练工		工时	92	101	113
半熟练工		工时	139	143	158
普工		工时	54	53	57
合计		工时	298	311	344
混凝土		m^3	105	105	105
水		m^3	102	102	102
其他材料费		元	82	82	108
振捣器	变频 4.5kW	台时	18.12	19.62	21.91
风水枪	$2\sim6m^3/min$	台时	18.36	18.71	18.90
其他机械使用费		元	53	53	60
混凝土拌制		m^3	102	102	102
混凝土水平运输		m^3	102	102	102
混凝土垂直运输		m^3	102	102	102
立模面积		m^2	25～33	25～35	35～43
编号			40230	40231	40232

4.22.2 中小型船闸

适用范围： 闸室宽 15m 以下且工作水头 10m 以下的船闸混凝土，包括船闸、套闸、简易船闸及过船构筑物。

工作内容： 施工准备、仓面冲（凿）毛、冲洗、清仓、验收、浇筑、养护等。

单位：$100m^3$

项目	单位	数量
高级熟练工	工时	21
熟练工	工时	125
半熟练工	工时	150
普工	工时	59
合计	工时	355
混凝土	m^3	106
水	m^3	102
其他材料费	元	337
振捣器 插入式 2.2kW	台时	29
风水枪 $2\sim6m^3/min$	台时	8
其他机械使用费	元	88
混凝土拌制	m^3	103
混凝土水平运输	m^3	103
混凝土垂直运输	m^3	103
立模面积	m^2	50~60
编号		40233

4.22.3 导航墙、靠船墩

适用范围： 大型船闸导航墙、靠船墩。

工作内容： 施工准备、仓面冲（凿）毛、冲洗、清仓、验收、浇筑、养护等。

单位：$100m^3$

项目	单位	导航墙		靠船墩
		墩板式	重力式	
高级熟练工	工时	18	12	13
熟练工	工时	89	59	67
半熟练工	工时	141	93	116
普工	工时	69	62	64
合计	工时	317	226	261
混凝土	m^3	106	105	106
水	m^3	102	102	102
其他材料费	元	155	90	161
振捣器 变频 4.5kW	台时	24.65	16.25	18.26
风水枪 2～6m^3/min	台时	23.08	12.42	20.75
其他机械使用费	元	40.31	23.11	41.91
混凝土拌制	m^3	103	102	103
混凝土水平运输	m^3	103	102	103
混凝土垂直运输	m^3	103	102	103
立模面积	m^2	75～95	30～55	75～100
编号		40234	40235	40236

注 导航墙、靠船墩模板安装及拆除按相应墩、墙模板定额计算。

4.23 消力坎

适用范围： 低水头水工建筑物的消力坎混凝土。

工作内容： 施工准备、仓面冲（凿）毛、冲洗、清仓、验收、浇筑、养护等。

单位：$100m^3$

项目		单位	数量
高级熟练工		工时	24
熟练工		工时	118
半熟练工		工时	165
普工		工时	65
合计		工时	371
混凝土		m^3	108
水		m^3	129
其他材料费		元	174
振捣器	插入式 2.2kW	台时	32.46
风水枪	2～6m^3/min	台时	27.04
其他机械使用费		元	44
混凝土拌制		m^3	105
混凝土水平运输		m^3	105
混凝土垂直运输		m^3	105
立模面积		m^2	21
编号			40237

4.24 板 梁 柱

适用范围： 水工建筑物的现浇板梁柱。

工作内容： 施工准备、仓面冲（凿）毛、冲洗、清仓、验收、浇筑、养护等。

单位：$100m^3$

项目	单位	板	梁	柱
高级熟练工	工时	17	22	22
熟练工	工时	100	131	135
半熟练工	工时	174	200	188
普工	工时	84	83	64
合计	工时	375	436	409
混凝土	m^3	103	103	103
水	m^3	92	102	102
其他材料费	元	447	816	500
振捣器 插入式 2.2kW	台时	22.98	30.16	31.03
风水枪 $2\sim6m^3/min$	台时			17.21
其他机械使用费	元	113	129	103
混凝土拌制	m^3	100	100	100
混凝土水平运输	m^3	100	100	100
混凝土垂直运输	m^3	100	100	100
立模面积	m^2	300～700	500～1200	419～833
编号		40238	40239	40240

4.25 涵 管（洞）

适用范围： 各种现浇涵管，土坝、泄水闸涵洞及一般箱式排水涵洞。

工作内容： 仓面清洗、平仓振捣、钢筋维护、混凝土养护及人工凿毛等。

单位：$100m^3$

项目		单位	涵管		箱式涵洞	
			岩石基础	非岩石基础	岩石基础	非岩石基础
高级熟练工		工时	31	30	28	26
熟练工		工时	185	176	162	151
半熟练工		工时	255	243	225	210
普工		工时	85	81	102	95
合计		工时	556	530	517	482
混凝土		m^3	108	103	110	103
水		m^3	92	88	92	86
其他材料费		元	56	53	49	46
振捣器	插入式 2.2kW	台时	42.55	40.52	37.33	34.89
风水枪	2～6m^3/min	台时	16.87	16.87	16.87	16.87
其他机械使用费		元	14	13	13	12
混凝土拌制		m^3	105	100	107	100
混凝土水平运输		m^3	105	100	107	100
混凝土垂直运输		m^3	105	100	107	100
立模面积		m^2	100～130	100～130	105～140	105～140
编号			40241	40242	40243	40244

4.26 顶　板

适用范围： 一般顶板及圬工涵洞顶板（有洞顶填土高度的顶板）。

工作内容： 仓面清洗、平仓振捣、钢筋维护、混凝土养护及人工凿毛等。

单位：$100m^3$

项目	单位	顶板 厚度（cm） ≤50	顶板 厚度（cm） >50
高级熟练工	工时	18	16
熟练工	工时	106	98
半熟练工	工时	167	155
普工	工时	119	91
合计	工时	410	360
混凝土	m^3	103	103
水	m^3	90	90
其他材料费	元	31	30
振捣器 平板式 2.2kW	台时	24	
振捣器 插入式 2.2kW	台时		22
风水枪 $2\sim6m^3/min$	台时	17	17
其他机械使用费	元	8	8
混凝土拌制	m^3	100	100
混凝土水平运输	m^3	100	100
混凝土垂直运输	m^3	100	100
立模面积	m^2	200～400	100～200
编号		40245	40246

4.27 护 坡

适用范围： 堤、坝、河岸混凝土护坡和明渠边坡混凝土。

工作内容： 仓面清洗、平仓振捣、钢筋维护、混凝土养护及人工凿毛等。

4.27.1 岩 石 基 础

单位：$100m^3$

项 目	单位	整体护坡（厚度 cm）				护坡框格（厚度 cm）		
		≤30	50	80	120	≤15	30	50
高级熟练工	工时	14	12	12	11	36	27	23
熟练工	工时	85	77	72	69	252	190	164
半熟练工	工时	129	115	107	103	376	282	243
普工	工时	162	96	65	48	508	221	132
合计	工时	390	300	256	231	1172	720	562
混凝土	m^3	133	120	113	108	167	133	120
水	m^3	120	108	101	98	150	120	108
其他材料费	元	35	32	30	29	1482	785	506
振捣器 插入式 2.2kW	台时	19.65	17.69	16.58	15.97	24.93	18.61	16.15
其他机械使用费	元	10	9	8	8	38	30	27
混凝土拌制	m^3	133	120	113	108	167	133	120
混凝土水平运输	m^3	133	120	113	108	167	133	120
混凝土垂直运输	m^3	133	120	113	108	167	133	120
立模面积	m^2	334	200	125	84			
编号		40247	40248	40249	40250	40251	40252	40253

注 护坡框格模板费用已含在其他材料费中。

4.27.2 非岩石基础

单位：$100m^3$

项目		单位	整体护坡（厚度 cm）				护坡框格（厚度 cm）		
			≤30	50	80	120	≤15	30	50
高级熟练工		工时	11	11	11	10	24	22	20
熟练工		工时	68	68	66	66	166	152	144
半熟练工		工时	103	101	98	98	247	226	213
普工		工时	130	84	60	46	334	177	116
合计		工时	312	264	235	220	771	577	493
混凝土		m^3	106	105	104	103	110	106	105
水		m^3	120	108	101	98	150	120	108
其他材料费		元	35	32	30	29	1482	785	506
振捣器	插入式 2.2kW	台时	15.72	15.52	15.21	15.21	16.40	14.89	14.17
其他机械使用费		元	10	9	8	8	38	30	27
混凝土拌制		m^3	103	102	101	100	107	103	102
混凝土水平运输		m^3	103	102	101	100	107	103	102
混凝土垂直运输		m^3	103	102	101	100	107	103	102
立模面积		m^2	334	200	125	84			
编号			40254	40255	40256	40257	40258	40259	40260

注 护坡框格模板费用已含在其他材料费中。

4.28 排　架

适用范围：各部位混凝土排架。

工作内容：仓面清洗、平仓振捣、钢筋维护、混凝土养护及人工凿毛等。

单位 100m³

项　目	单位	横断面积 m²				
		≤0.2	0.3	0.5	0.8	≥1.0
高级熟练工	工时	46	42	39	38	33
熟练工	工时	182	168	156	152	130
半熟练工	工时	236	219	203	198	171
普工	工时	146	81	78	77	71
合计	工时	610	510	476	465	405
混凝土	m³	103	103	103	103	103
水	m³	100	100	100	100	100
其他材料费	元	88	88	88	88	88
振捣器 插入式 2.2kW	台时	31.45	29.03	26.88	26.21	22.43
风水枪 2～6m³/min	台时	2.26	2.28	2.28	2.28	2.28
其他机械使用费	元	22	22	22	22	22
混凝土拌制	m³	100	100	100	100	100
混凝土水平运输	m³	100	100	100	100	100
混凝土垂直运输	m³	100	100	100	100	100
立模面积	m²	859	690	535	423	378
编号		40261	40262	40263	40264	40265

4.29 其他地面混凝土

适用范围： 各种基础、镇墩、支墩混凝土及回填混凝土等。

工作内容： 仓面清洗、平仓振捣、钢筋维护、混凝土养护及人工凿毛等。

单位：$100m^3$

项目	单位	排架基础		镇墩	支墩	回填混凝土
		柔性基础	刚性基础			
高级熟练工	工时	15	13	16	15	10
熟练工	工时	89	76	95	76	51
半熟练工	工时	112	85	136	115	59
普工	工时	213	211	88	119	84
合计	工时	429	385	335	325	204
混凝土	m^3	104	104	105	105	103
水	m^3	103	103	104	104	46
其他材料费	元	89	89	90	90	30
振捣器 插入式 2.2kW	台时	20.46	17.54	21.93	20.94	14.07
其他机械使用费	元	23	23	23	23	8
混凝土拌制	m^3	101	101	102	102	100
混凝土水平运输	m^3	101	101	102	102	100
混凝土垂直运输	m^3	101	101	102	102	100
立模面积	m^2	356	260	200	300	20
编号		40266	40267	40268	40269	40270

4.30 钢筋制作安装

适用范围： 水工建筑物各部位现浇混凝土及预制构件钢筋制作安装。

工作内容： 回直、除锈、切断、焊接、弯割、绑扎、加工场到施工现场场内运输及转运。

单位：t

项目		单位	地下工程	地面工程
高级熟练工		工时	3	3
熟练工		工时	21	18
半熟练工		工时	40	29
普工		工时	25	24
合计		工时	89	74
钢筋		t	1.02	1.02
铁丝		kg	5.00	5.00
电焊条		kg	4.00	4.00
其他材料费		元	14	14
钢筋调直机	14kW	台时	0.47	0.47
风水（砂）枪	2～6m^3/min	台时	0.95	0.95
钢筋切断机	20kW	台时	0.31	0.31
钢筋弯曲机	D6～40	台时	0.82	0.82
电焊机	直流 16～30kV·A	台时	5.19	4.32
对焊机	电弧 150型	台时	0.31	0.31
载重汽车	5t	台时	0.43	0.36
塔式起重机	10t	台时		0.09
汽车起重机	8t	台时	0.11	
其他机械使用费		元	4	4
编号			40271	40272

注　定额中钢筋包含制作加工损耗。

4.31 止　水

4.31.1 铜止水、铁止水、沥青砂柱止水

适用范围： 各种水工建筑物内的铜片止水、铁片止水、沥青砂柱止水。

工作内容： 清洗缝面、制作、安装、熔涂沥青和沥青砂柱止水的烤砂、拌和、洗模、拆模、安装。

单位：100 延米

项　目	单位	铜止水	铁止水	沥青砂柱止水（重量配合比）					
				1:2			2:1		
				直　径（cm）					
				≤10	10～20	20～30	≤10	10～20	20～30
高级熟练工	工时	24	17	10	19	34	10	19	34
熟　练　工	工时	172	120	69	135	241	67	131	235
半熟练工	工时	146	103	58	114	206	58	112	202
普　　工	工时	146	103	58	114	206	58	112	202
合　　计	工时	488	343	195	382	687	193	374	673
沥　　青	t	1.61	1.61	0.51	2.04	4.59	0.87	3.47	8
紫铜片 厚 1.5mm	kg	561							
铜电焊条	kg	1.59							
铜　　丝	kg	7.96							
氧　　气	m^3	8.67	1.35						
黑铁皮 厚 1.5mm	kg		379						
白铁皮 厚 0.82mm	kg		51.77						
电焊条	kg		5.30						
乙　　炔	kg	24.79	4.13						
硼　　砂	kg	5.30							
焊　　锡	kg		1.07						
砂	kg			0.70	2.82	6.33	0.30	1.18	2.66
其他材料费	元	114	114	114	114	114	114	114	114
电焊机 直流 16～30kV·A	台时	6.85	27.46						
双胶轮车	台时	9.06	8.45	6.18	24.31	54.80	5.36	21.42	48.62
其他机械使用费	元	4	4	4	4	4	4	4	4
编　号		40273	40274	40275	40276	40277	40278	40279	40280

注　1. 紫铜片规格 0.0015m×0.4m，损耗率 5%。

2. 黑铁片规格 0.0015m×0.4m，损耗率 5%；黑铁皮规格 0.0082m×0.30m，损耗率 5%。

3. 定额不包括外模制作的人工和材料。

4. 重量配合比指沥青：砂。

4.31.2 菱形接缝、塑料、橡胶止水、膨胀止水

适用范围： 各种水工建筑物内的菱形接缝、塑料、橡胶止水、膨胀止水。

工作内容： 清洗缝面、弯制、安装、熔涂沥青和沥青砂柱止水的烤砂、拌和、洗模、拆模、安装。

单位：100 延米

项目	单位	菱形接缝	塑料止水	橡胶止水	膨胀止水
高级熟练工	工时	32	7	8	8
熟练工	工时	227	51	54	54
半熟练工	工时	194	44	46	46
普工	工时	194	44	46	46
合计	工时	647	147	155	155
沥青	t	2.40			
缩节	节	67			
白铁管	m	210			
混凝土 U 管	m	108			
钢筋	kg	330			
铁件	kg	52			
水泥	kg	200			
橡胶止水	m			103	
塑料止水带 651	kg		385		
膨胀止水条	m				105
其他材料费	元	114	126	126	126
双胶轮车	台时	12.40			
其他机械使用费	元	4	7	7	7
编号		40281	40282	40283	40284

4.31.3 面板坝止水

适用范围： 堆石坝混凝土面板、趾板止水。

工作内容： 底座清刷、烘干、涂料、嵌缝、固定扣板、沥青杉板制作安装、橡胶止水带铺设和铜止水制作安装。

单位：100 延米

项目	单位	三道止水	二道止水	一道止水
高级熟练工	工时	80	72	31
熟练工	工时	338	282	175
半熟练工	工时	464	416	177
普工	工时	1156	1108	218
合计	工时	2038	1878	601
PVC 垫片 6mm	m	105	105	105
ϕ12 氯丁橡胶棒	m	105	105	
PVC 遮盖带	m	105	105	
填料	m^3	3.21	3.21	
镀锌膨胀螺栓 $\phi10\times75$	套	512	512	
铜焊条	kg	3.18	3.18	
镀锌角钢 L50×5	kg	711	711	
沥青	t	1.73	1.73	1.73
紫铜片 厚 1.0mm	kg	572	572	572
铜丝	kg	15.91	15.91	15.91
氧气	m^3	17.34	17.34	17.34
乙炔	kg	49.57	49.57	49.57
硼砂	kg	10.61	10.61	10.61
橡胶止水	m	105		
其他材料费	元	606	579	212
载重汽车 5t	台时	55.83	55.83	50.06
双胶轮车	台时	10.92	10.92	9.06
电焊机 直流 16～30kV·A	台时	13.88	13.88	
其他机械使用费	元	144	138	35
编号		40285	40286	40287

注 1. 材料消耗可根据设计资料调整。

2. 三道止水是指底部铜止水、中部橡胶止水和顶部塑性填料，表面用扣板保护、镀锌角钢固定。

3. 二道止水是指底部铜止水和顶部塑料性填料，表面用扣板保护、镀锌角钢固定。

4. 一道止水是指底部铜止水。

4.32 防 水 层

适用范围： 抹面水泥砂浆、涂沥青、麻布沥青、青麻沥青等各种防水层。

工作内容： 抹面水泥砂浆：清洗、拌和、抹面。

涂沥青：清洗、熔化、浇涂、搭拆跳板。

麻布沥青：清洗、熔化、裁铺麻布、浇涂、搭拆跳板。

青麻沥青：清洗、熔化、浸刷塞缝、浇涂沥青。

单位：$100m^2$

项目	单位	抹水泥砂浆	涂沥青	麻布沥青		青麻沥青
				一布二油	二布三油	
高级熟练工	工时	5	3	5	8	19
熟练工	工时	33	23	38	53	131
半熟练工	工时	28	20	31	46	112
普工	工时	28	20	31	46	112
合计	工时	94	66	105	153	374
沥青	t		0.27	0.60	0.60	0.89
麻布	m^2			122	245	
煤沥青	t					1.76
麻刀	kg					449
砂	m^3	2.85				
水泥	t	1.26				
水	m^3	1.02				
其他材料费	元	14	114	114	114	114
双胶轮车	台时	5.27				
其他机械使用费	元	10	10	10	10	10
编号		40288	40289	40290	40291	40292

4.33 伸 缩 缝

4.33.1 常态混凝土伸缩缝

适用范围：各种常态混凝土伸缩缝。

工作内容：沥青油毛毡：清洗缝面、熔化、涂刷沥青、铺油毡。

沥青木板：木板制作、熔化、涂沥青、安装。

水柏油木板：木板制作、蒸煮、烤干、浸柏油、埋设。

沥青砂板：熔化沥青、烤砂、拌和、清洗表面、洗换安装、拆模。

单位：$100m^2$

项目	单位	沥青油毛毡			沥青木板		水柏油木板	沥青砂板	
								重量比	
		一毡二油	二毡三油	三毡四油	闸墩	底板		1:2	1:3
高级熟练工	工时	6	9	12	12	12	34	12	12
熟练工	工时	45	66	86	84	81	235	85	85
半熟练工	工时	37	55	74	71	70	202	73	72
普工	工时	37	55	74	71	70	202	73	72
合计	工时	125	185	246	238	233	673	243	241
板材	m^3				2.24	2.24	8.74		
铁钉	kg						3.57	4.18	4.18
铁丝	kg							10.51	10.51
油毛毡	m^2	117	231	347					
沥青	t	1.24	1.87	2.49	1.26	1.26		1.50	1.50
砂	m^3							2.13	2.46
水柏油	kg						164		
其他材料费	元	14	14	14	14	14	14	14	14
双胶轮车	台时	1.73	2.76	3.58	3.46	3.46			
其他机械使用费	元	4	4	4	4	4		4	4
编号		40293	40294	40295	40296	40297	40298	40299	40300

4.33.2 碾压混凝土伸缩缝

适用范围： 坝（堰）体碾压、变态混凝土伸缩缝。

工作内容： 切缝、填缝等。

单位：100m²

项目	单位	数量
高级熟练工	工时	
熟练工	工时	
半熟练工	工时	8.29
普工	工时	8.29
合计	工时	16.59
填充材料 砂厚 2cm	m^3	2.14
PVC 板	m^2	105
镀锌板 厚 0.2mm	m^2	105
其他材料费	元	31
切缝机	台时	5.72
其他机械使用费	元	10
编号		40301

4.34 预制混凝土块

适用范围： 坝砌体及截流用预制混凝土块预制。

工作内容： 模板制作安装、浇筑、养护、预制件吊移。

单位：100m³

项目	单位	混凝土块体积（m^3）				
		≤1	1～2	2～3	3～4	4 以上
高级熟练工	工时	41	35	32	28	25
熟练工	工时	266	225	205	184	163
半熟练工	工时	1023	863	784	708	627
普工	工时	716	605	551	495	439
合计	工时	2046	1728	1572	1415	1254
钢模板	kg	310	222	222	193	172
预埋铁件	kg	47	39	34	29	26
电焊条	kg	2.75	2.24	1.94	1.75	1.53
混凝土	m^3	102	102	102	102	102
水	m^3	80	80	80	80	80
其他材料费	元	38	38	38	38	38
汽车起重机 10t	台时	10.30	10.30	10.30	10.30	10.30
振捣器 插入式 2.2kW	台时	32.96	32.96	28.84	28.84	28.84
载重汽车 5t	台时	1.48	1.48	1.48	1.48	1.48
电焊机 直流 16～30kV·A	台时	5.46	4.55	3.92	3.41	3.07
其他机械使用费	元	9	9	9	9	9
混凝土拌制	m^3	100	100	100	100	100
混凝土水平运输	m^3	100	100	100	100	100
编号		40302	40303	40304	40305	40306

4.35 预制混凝土闸门制作安装

适用范围： 混凝土闸门。

工作内容： 模板制作安装、浇筑、养护、预制件吊移及安装。

单位：100m^3

项目		单位	混凝土体积（m^3）		
			<1	1~3	3以上
高级熟练工		工时	55	45	40
熟练工		工时	289	247	219
半熟练工		工时	1113	952	847
普工		工时	769	659	586
合计		工时	2226	1903	1692
钢模板		kg	886	865	846
板材		m^3	0.49	0.44	0.39
圆木		m^3	0.43	0.43	0.43
铁件及预埋铁件		kg	1596	1542	1499
电焊条		kg	302	264	180
混凝土		m^3	112	109	108
水		m^3	270	270	270
其他材料费		元	170	138	121
汽车起重机	10t	台时	10.30	10.30	10.30
振捣器	插入式 2.2kW	台时	49.44	45.32	41.20
载重汽车	5t	台时	20.60		
载重汽车	10t	台时		16.48	
汽车拖车头	20t	台时			7.58
平板挂车	20t	台时			7.58
履带起重机	15t	台时	13.60		
履带起重机	20t	台时		10.71	
塔式起重机	25t	台时			8.65
电焊机	直流 16~30kV·A	台时	139.66	96.50	71.14
其他机械使用费		元	43	35	31
混凝土拌制		m^3	110	107	106
混凝土水平运输		m^3	110	107	106
编号			40307	40308	40309

4.36 预制混凝土柱、桩制作安装

适用范围：混凝土牛腿，围墙柱，矩型柱及各种圆形柱、桩等。

工作内容：预制件制作及安装。

单位：100m³

项目		单位	独立牛腿	围墙柱	柱 体积（m³） ≤0.5	柱 体积（m³） 0.5～1	柱 体积（m³） 1以上	桩（m） 10以内	桩（m） 10以上
高级熟练工		工时	37	48	44	38	36	48	49
熟练工		工时	200	269	245	206	191	268	277
半熟练工		工时	768	1034	945	792	735	1033	1067
普工		工时	531	718	654	548	509	717	741
合计		工时	1536	2069	1888	1584	1471	2066	2134
板枋材		m³	1.72	1.62	0.77	0.74	0.72	0.61	0.61
钢模板		kg	354	1436	775	561	439	989	989
圆木		m³	0.59	0.59	0.59	0.59	0.59	0.59	0.59
预埋铁件		kg	1594	126	217	551	982	551	551
电焊条		kg	3.80	16.11	7.96	5.81	4.49	10.20	10.20
铁钉		kg	10.56	4.28	0.82	0.71	0.71	0.31	0.31
混凝土		m³	107	107	107	107	107	107	107
水		m³	89	136	99	90	90	95	95
桩靴		kg						(5020)	(2330)
其他材料费		元	85	85	85	85	85	111	111
汽车起重机	10t	台时	20.60	20.60	20.60	20.60	20.60	20.60	20.60
振捣器	插入式 2.2kW	台时	44.50	44.50	44.50	44.50	44.50	41.20	41.20
载重汽车	5t	台时	1.48	1.48	1.48	1.48	1.48	1.48	1.48
履带起重机	15t	台时	15.66	15.66	15.66	15.66	15.66	15.66	15.66
电焊机	直流16～30kV·A	台时	5.75	17.40	12.11	8.73	6.71	15.30	15.30
其他机械使用费		元	22	22	22	22	22	29	29
混凝土拌制		m³	105	105	105	105	105	105	105
混凝土水平运输		m³	105	105	105	105	105	105	105
编号			40310	40311	40312	40313	40314	40315	40316

4.37 预制混凝土梁制作安装

适用范围： 工作桥梁、公路桥梁、厂房大梁等预制梁。

工作内容： 预制件制作及安装。

单位：100m^3

项目		单位	矩形梁 体积（m^3） ≤1	矩形梁 体积（m^3） 1～2	矩形梁 体积（m^3） 2～3	T形梁	吊车梁	过梁	I形梁	Π形梁
高级熟练工		工时	49	41	32	54	48	57	46	59
熟练工		工时	262	206	161	287	269	305	252	334
半熟练工		工时	1005	790	619	1102	1035	1171	973	1283
普工		工时	693	543	426	761	717	810	674	892
合计		工时	2009	1580	1238	2204	2069	2343	1945	2568
钢模板		kg	825	638	571	1219	1050	913	1648	2414
板材		m^3	0.49	0.49	0.44	0.49	0.44	0.49	0.44	0.44
圆木		m^3	0.43	0.43	0.43	0.43	0.43	0.43	0.43	0.43
铁件及预埋铁件		kg	184	157	108	922	1032	160	333	355
电焊条		kg	292	290	251	308	263	298	257	274
脱模剂		kg	92	77	56	61	97	102	61	92
混凝土		m^3	112	112	109	112	109	112	109	109
水		m^3	113	87	80	104	90	133	89	100
其他材料费		元	170	170	138	170	138	170	138	138
塔式起重机	10t	台时	20.60	20.60	20.60	20.60	20.60	20.60	20.60	20.60
振捣器	插入式 2.2kW	台时	40.79	38.32	37.08	43.26	39.55	55.62	43.26	43.26
载重汽车	5t	台时	1.48	1.48	1.48	1.48	1.48	1.48	1.48	1.48
履带起重机	15t	台时	13.60	13.60		13.60		13.60		
履带起重机	20t	台时			10.71		10.71		10.71	10.71
电焊机	直流 16～30kV·A	台时	132.81	129.91	85.08	159.88	104.41	143.45	94.00	122.37
其他机械使用费		元	43	43	35	43	35	43	35	35
混凝土拌制		m^3	110	110	107	110	107	110	107	107
混凝土水平运输		m^3	110	110	107	110	107	110	107	107
编号			40317	40318	40319	40320	40321	40322	40323	40324

4.38　预制混凝土板制作安装

适用范围： 工作桥、房屋面板、暖气沟、地沟、电缆沟、排水沟盖板及交通设施盖板。

工作内容： 预制件制作及安装。

单位：100m^3

项目		单位	空心板 构件孔数 4孔以下	空心板 构件孔数 4孔以上	平板	肋形或槽形板	地沟盖板	大型屋面板	泡沫混凝土板
高级熟练工		工时	47	44	38	67	41	48	15
熟练工		工时	275	253	217	407	236	285	71
半熟练工		工时	1058	975	833	1563	906	1099	273
普工		工时	735	678	579	1089	629	764	186
合计		工时	2115	1950	1667	3126	1812	2196	545
板枋材		m^3	0.40	0.40	1.21	2.35	3.32	2.03	1.30
圆木		m^3	0.63	0.63	0.63	0.63	0.63	0.63	0.63
钢模板		kg	266	216	60	58		114	
铁件及预埋铁件		kg	86	86	86	133	86	160	86
电焊条		kg	30.47	46.92	29.92	28.17	27.54	28.79	27.54
铁钉		kg	0.82	0.71	0.71	6.12	11.22	16.32	2.04
混凝土		m^3	111	108	111	111	111	108	9
泡沫混凝土		m^3							102
砂浆		m^3	1.33	1.12	1.33	1.33	1.33	1.12	1.33
水		m^3	253	245	245	235	271	287	102
其他材料费		元	338	338	109	124	109	124	124
塔式起重机	10t	台时	20.60	20.60	20.60	20.60	20.60	20.60	12.36
振捣器	插入式 2.2kW	台时	53.15	49.44	51.41	54.38	56.86	39.55	
载重汽车	5t	台时	1.48	1.48	1.48	1.48	1.48	1.48	1.48
履带起重机	20t	台时	14.42		14.42	14.42	14.42		14.42
塔式起重机	25t	台时		9.89				9.89	
电焊机	直流 16～30kV·A	台时	33.22	40.10	29.86	29.81	28.84	16.29	28.84
其他机械使用费		元	85	85	28	32	28	32	32
混凝土拌制		m^3	109	107	109	109	109	107	109
混凝土水平运输		m^3	109	107	109	109	109	107	109
编号			40325	40326	40327	40328	40329	40330	40331

4.39 预制混凝土压力管制作安装

适用范围：有压混凝土涵管。

工作内容：预制件制作及安装。

单位：$100m^3$

项目	单位	管内径（cm）								
		≤75			75～100			100 以上		
		内水压力（m）								
		≤10	10～20	20 以上	≤10	10～20	20 以上	≤10	10～20	20 以上
高级熟练工	工时	94	84	76	76	69	61	63	55	48
熟练工	工时	558	493	444	448	403	349	373	318	281
半熟练工	工时	2149	1898	1708	1720	1548	1339	1434	1223	1078
普工	工时	1496	1320	1188	1198	1076	931	999	852	751
合计	工时	4297	3795	3416	3442	3096	2680	2869	2448	2158
钢模板	kg	1859	1673	1471	1186	1101	922	851	734	703
板材	m^3	0.19	0.19	0.19	0.19	0.19	0.19	0.19	0.19	0.19
圆木	m^3	0.63	0.63	0.63	0.63	0.63	0.63	0.63	0.63	0.63
铁件及预埋铁件	kg	387	356	328	244	218	202	157	139	126
电焊条	kg	19.38	17.34	14.47	12.12	11.22	9.41	8.69	7.50	6.77
混凝土	m^3	112	112	112	112	112	112	112	112	112
砂浆	m^3	2	2	2	2	2	2	2	2	3
水	m^3	153	153	153	153	153	153	153	153	153
其他材料费	元	445	423	402	338	327	306	285	274	253
塔式起重机 10t	台时	20.60	20.60	20.60	20.60	20.60	20.60	20.60	20.60	20.60
振捣器 插入式 2.2kW	台时	49.44	49.44	49.44	49.44	49.44	49.44	49.44	49.44	49.44
载重汽车 5t	台时	1.48	1.48	1.48	1.48	1.48	1.48	1.48	1.48	1.48
履带起重机 15t	台时	34.61	34.61	34.61	28.43	28.43	28.43			
履带起重机 20t	台时							18.54	18.54	18.54
电焊机 直流 16～30kV·A	台时	28.54	25.73	21.77	18.25	16.94	14.15	13.08	11.29	10.18
其他机械使用费	元	112	107	102	85	83	78	72	70	64
混凝土拌制	m^3	112	112	112	112	112	112	112	112	112
混凝土水平运输	m^3	112	112	112	112	112	112	112	112	112
编号		40332	40333	40334	40335	40336	40337	40338	40339	40340

4.40 预制混凝土无压管制作安装

适用范围：无压或低压（水头5m以下）的涵管。

工作内容：预制件制作及安装。

单位：$100m^3$

项目	单位	管内径（cm）			
		≤50	75	100	>100
高级熟练工	工时	75	70	64	53
熟练工	工时	439	404	366	309
半熟练工	工时	1686	1552	1405	1187
普工	工时	1172	1077	977	826
合计	工时	3372	3103	2812	2375
板枋材	m^3	5.50	4.58	4.58	3.56
圆木	m^3	0.63	0.63	0.63	0.63
铁件	kg	697	584	482	370
电焊条	kg	5.47	4.57	3.75	2.86
铁钉	kg	46	39	33	24
混凝土	m^3	112	112	112	112
砂浆	m^3	2	2	2	2
水	m^3	153	153	153	153
其他材料费	元	370	370	370	327
塔式起重机 10t	台时	20.60	20.60	20.60	20.60
振捣器 插入式 2.2kW	台时	49.44	49.44	49.44	49.44
载重汽车 5t	台时	1.48	1.48	1.44	1.44
履带起重机 15t	台时	34.61	34.61	28.43	
履带起重机 20t	台时				18.54
电焊机 直流 16～30kV·A	台时	8.28	6.92	5.69	4.33
其他机械使用费	元	94	94	94	94
混凝土拌制	m^3	112	112	112	112
混凝土水平运输	m^3	112	112	112	112
编号		40341	40342	40343	40344

4.41 预制混凝土构件运输

适用范围：各型预制混凝土构件运输。

工作内容：装车、运输、卸车并按指定地点堆放等。

单位：$100m^3$

项目	单位	梁、柱、块						板					
		体积（m^3）											
		≤2			2～4			≤0.6			0.6～1.5		
		运距（km）											
		≤1	1～5	每增运5	≤1	1～5	每增运5	≤1	1～5	每增运5	≤1	1～5	每增运5
高级熟练工	工时												
熟工练	工时												
半熟练工	工时	60	98	42	45	71	30	75	91	40	49	66	32
普工	工时	60	98	42	45	71	30	75	91	40	49	66	32
合计	工时	120	196	84	90	142	60	150	182	80	98	132	64
枋材	m^3	0.17	0.17		0.10	0.10		0.15	0.15		0.31	0.31	
铁件	kg	12	12		8	8							
其他材料费	元	5	5	5	5	5	5	5	5	5	5	5	5
汽车起重机 10t	台时				14.42	19.36	9.89						
汽车起重机 5t	台时	18.95	40.79	21.84				24.72	49.44	20.60	18.13	35.43	17.30
汽车拖车头 20t	台时				14.42	19.36	9.89						
平板车 20t	台时				14.42	19.36	9.89						
载重汽车 10t	台时	18.95	40.79	21.84				24.72	49.44	20.60	18.13	35.43	17.30
其他机械使用费	元	10	10	10	10	10	10	10	10	10	10	10	10
编号		40345	40346	40347	40348	40349	40350	40351	40352	40353	40354	40355	40356

项目	单位	管						其他构件					
		直径（m）						体积（m^3）					
		≤0.75			0.75以上			≤0.3			0.3以上		
		运距（km）											
		≤1	1～5	每增运5	≤1	1～5	每增运5	≤1	1～5	每增运5	≤1	1～5	每增运5
高级熟练工	工时												
熟练工	工时												
半熟练工	工时	75	91	40	49	66	32	176	186	48	79	143	41
普工	工时	75	91	40	49	66	32	176	186	48	79	143	41
合计	工时	150	182	80	98	132	64	352	372	96	158	286	82
枋材	m^3	0.15	0.15		0.31	0.31		0.61	0.61		0.17	0.17	
铁件	kg	4	4		6	6							
其他材料费	元	5	5	5	5	5	5	5	5	5	5	5	5
汽车起重机 5t	台时	23.36	40.79	16.48	16.69	28.43	12.36	53.56	74.16	23.48	28.84	51.50	22.66
载重汽车 10t	台时	18.96	33.10	13.38	13.54	23.07	10.03	43.47	60.19	19.06	23.41	41.80	18.39
其他机械使用费	元	10	10	10	10	10	10	10	10	10	10	10	10
编号		40357	40358	40359	40360	40361	40362	40363	40364	40365	40366	40367	40368

4.42 预制混凝土构件安装

适用范围： 各型预制混凝土构件的安装。

工作内容： 连接铁件的安装、构件吊装校正、焊接固定及临时固定、填缝灌浆。

单位：100m³

项目		单位	梁		
			单个构件体积（m³）		
			≤2	2～3	3以上
高级熟练工		工时	20		
熟练工		工时	65	46	42
半熟练工		工时	248	176	160
普工		工时	164	116	105
合计		工时	497	338	307
板材		m³	0.49	0.44	0.39
圆木		m³	0.43	0.43	0.43
铁垫块		kg	100	66	44
铁丝		kg	8	8	8
电焊条		kg	284	246	163
混凝土预制构件		m³	100	100	100
混凝土		m³	10.40	7.24	6.12
砂浆		m³			
其他材料费		元	133	100	84
履带起重机	15t	台时	13.60		
履带起重机	20t	台时		10.71	
塔式起重机	25t	台时			8.65
电焊机	直流 16～30kV·A	台时	118.66	75.81	50.68
其他机械使用费		元	33	25	21
混凝土拌制		m³	10.40	7.24	6.12
混凝土水平运输		m³	10.40	7.24	6.12
编号			40369	40370	40371

续表

单位：$100m^3$

项目	单位	板			
		单个构件体积（m^3）			
		≤0.2	0.2～0.4	0.4～0.6	0.6～2.0
高级熟练工	工时				
熟练工	工时	51	41	31	29
半熟练工	工时	197	157	117	111
普工	工时	130	103	77	73
合计	工时	378	301	225	213
板材	m^3	0.19	0.19	0.64	0.19
圆木	m^3	0.63	0.63	0.63	0.63
铁垫块	kg			72	72
铁丝	kg	13	13	13	13
电焊条	kg			28	28
混凝土预制构件	m^3	100	100	100	100
混凝土	m^3	13.77	9.59	8.77	6.12
砂浆	m^3	1.84	1.63	1.33	1.12
其他材料费	元	71	71	71	71
履带起重机 15t	台时	30.49	24.31		
履带起重机 20t	台时			14.42	
塔式起重机 25t	台时				9.89
电焊机 直流 16～30kV·A	台时			28.84	14.42
其他机械使用费	元	18	18	18	18
混凝土拌制	m^3	15.61	10.40	9.59	7.24
混凝土水平运输	m^3	15.61	10.40	9.59	7.24
编号		40372	40373	40374	40375

续表 单位：$100m^3$

项目	单位	柱			管		
		单个构件体积（m^3）					
		≤2	2～5	5～8	≤0.2	0.2～0.4	0.4～0.6
高级熟练工	工时						
熟练工	工时	44	40	38	54	47	33
半熟练工	工时	168	153	146	209	180	126
普工	工时	111	101	97	138	119	83
合计	工时	323	294	281	401	346	242
板材	m^3	0.56	0.27	0.18	0.19	0.19	0.19
圆木	m^3	0.59	0.59	0.59	0.63	0.63	0.63
铁垫块	kg						
铁丝	kg		20	13	13	13	13
电焊条	kg						
混凝土预制构件	m^3	100	100	100	100	100	100
混凝土	m^3	5.10	8.16	8.16	10	10	10
砂浆	m^3				2.04	2.04	2.04
其他材料费	元	47	122	143	157	157	157
履带起重机 15t	台时	15.66			34.61	28.43	
履带起重机 20t	台时		14.83	11.54			18.54
塔式起重机 25t	台时						
电焊机 直流 16～30kV·A	台时						
其他机械使用费	元	12	31	36	40	40	40
混凝土拌制	m^3	5.10	8.16	8.16	12.24	12.24	12.24
混凝土水平运输	m^3	5.10	8.16	8.16	12.24	12.24	12.24
编号		40376	40377	40378	40379	40380	40381

续表 单位：100m^3

项目	单位	块			
		单个构件体积（m^3）			
		≤1	1～2	2～3	3以上
高级熟练工	工时				
熟练工	工时	32	30	29	28
半熟练工	工时	122	116	111	109
普工	工时	80	77	73	72
合计	工时	234	223	213	209
板材	m^3	0.12	0.12	0.12	0.12
圆木	m^3	0.43	0.43	0.43	0.43
铁垫块	kg	72	72	72	72
铁丝	kg	8	8	8	8
电焊条	kg	28	28	28	28
混凝土预制构件	m^3	100	100	100	100
混凝土	m^3	5.10	5.10	5.10	5.10
砂浆	m^3	2.04	2.04	2.04	2.04
其他材料费	元	80	80	80	80
履带起重机 15t	台时				
履带起重机 20t	台时				
塔式起重机 25t	台时	12.36	8.24	8.24	8.24
电焊机 直流 16～30kV·A	台时	20.60	20.60	20.60	20.60
其他机械使用费	元	20	20	20	20
混凝土拌制	m^3	7.14	7.14	7.14	7.14
混凝土水平运输	m^3	7.14	7.14	7.14	7.14
编号		40382	40383	40384	40385

4.43 自落式搅拌楼拌制常态混凝土

适用范围：各种常态混凝土拌制。

工作内容：储料、配料、分料、搅拌、加水、加外加剂、出料、机械清洗。

单位：100m³

项目	单位	搅拌楼型号							
		2×1	2×1.5	3×1	3×1.5	3×3	4×1.5	4×4.5	4×6
高级熟练工	工时								
熟练工	工时	9	7	6	4	2	4	1	1
半熟练工	工时	13	10	9	7	4	5	2	2
普工	工时	27	20	18	16	8	12	5	4
合计	工时	49	37	33	27	14	21	8	7
零星材料费	元	33	33	33	33	33	33	33	33
混凝土搅拌楼	台时	3.09	2.29	2.02	1.55	0.81	1.22	0.45	0.36
骨料系统	组时	3.09	2.29	2.02	1.55	0.81	1.22	0.45	0.36
水泥系统	组时	3.09	2.29	2.02	1.55	0.81	1.22	0.45	0.36
编号		40386	40387	40388	40389	40390	40391	40392	40393

4.44 强制式搅拌楼拌制常态混凝土

适用范围：各种常态混凝土拌制。

工作内容：储料、配料、分料、搅拌、加水、加外加剂、出料、机械清洗。

单位：100m³

项目	单位	搅拌楼型号			
		2×2.5	2×3	2×4.5	2×6
高级熟练工	工时				
熟练工	工时	3	2	2	1
半熟练工	工时	5	4	3	2
普工	工时	11	9	6	5
合计	工时	19	15	11	8
零星材料费	元	33	33	33	33
混凝土搅拌楼	台时	0.96	0.82	0.59	0.46
骨料系统	组时	0.96	0.82	0.59	0.46
水泥系统	组时	0.96	0.82	0.59	0.46
编号		40394	40395	40396	40397

4.45 强制式搅拌楼拌制碾压混凝土

适用范围：各种碾压混凝土拌制。

工作内容：储料、配料、分料、搅拌、加水、加外加剂、出料、机械清洗。

单位：100m^3

项目	单位	搅拌楼型号			
		2×2.5	2×3	2×4.5	2×6
高级熟练工	工时				
熟练工	工时	3	2	2	1
半熟练工	工时	6	5	3	3
普工	工时	13	11	6	6
合计	工时	22	18	11	10
零星材料费	元	33	33	33	33
混凝土搅拌楼	台时	0.99	0.90	0.60	0.50
骨料系统	组时	0.99	0.90	0.60	0.50
水泥系统	组时	0.99	0.90	0.60	0.50
编号		40398	40399	40400	40401

4.46 搅拌站拌制常态混凝土

适用范围：各种常态混凝土拌制。

工作内容：储料、配料、分料、搅拌、加水、加外加剂、出料、机械清洗。

单位：100m^3

项目	单位	搅拌站拌制混凝土				
		自落式		强制式		
		2×0.75	2×1.0	HZS90-IQ1500 1×1.5	HZS90-IQ120 1×1.5	HZS150-IQ300 1×1.5
高级熟练工	工时					
熟练工	工时	13	10	6	4	3
半熟练工	工时	6	5	9	7	5
普工	工时	45	34	24	20	14
合计	工时	64	49	39	31	22
零星材料费	元	33	33	33	33	33
混凝土搅拌站	台时	4.46	3.40	2.04	1.54	1.05
骨料系统	组时	4.46	3.40	2.04	1.54	1.05
水泥系统	组时	4.46	3.40	2.04	1.54	1.05
编号		40402	40403	40404	40405	40406

4.47 强制式搅拌站拌制碾压混凝土

适用范围：各种碾压混凝土拌制。

工作内容：储料、配料、分料、搅拌、加水、加外加剂、出料、机械清洗。

单位：100m³

项目	单位	HZS90-IQ1500 1×1.5	HZS120-IQ2000 1×2	HZS150-IQ3000 1×3
高级熟练工	工时			
熟练工	工时	7	5	3
半熟练工	工时	10	7	5
普工	工时	26	22	15
合计	工时	43	34	23
零星材料费	元	33	33	33
混凝土搅拌站	台时	2.24	1.70	1.15
骨料系统	组时	2.24	1.70	1.15
水泥系统	组时	2.24	1.70	1.15
编号		40407	40408	40409

4.48 搅拌机拌制混凝土

适用范围：各种常态混凝土拌制。

工作内容：储料、配料、分料、搅拌、加水、加外加剂、出料、机械清洗。

单位：100m³

项目	单位	搅拌机出料（m³）		
		0.35	0.75	1.0
高级熟练工	工时			
熟练工	工时			
半熟练工	工时		17	13
普工	工时	333	274	260
合计	工时	333	291	273
零星材料费	元	33	33	33
混凝土搅拌机	台时	21.26	11.43	9.28
双胶轮车	台时	86.17	86.17	86.17
编号		40410	40411	40412

4.49 强制式搅拌机拌制混凝土

适用范围： 各种常态混凝土和碾压混凝土拌制。

工作内容： 储料、配料、分料、搅拌、加水、加外加剂、出料、机械清洗。

单位：100m³

项目	单位	搅拌机出料（m³）		
		0.5	0.75	1.0
高级熟练工	工时			
熟练工	工时			
半熟练工	工时		10	7
普工	工时	252	212	199
合计	工时	252	222	206
零星材料费	元	33	33	33
强制式混凝土搅拌机	台时	9.70	6.64	5.11
双胶轮车	台时	86.17	86.17	86.17
编号		40413	40414	40415

4.50 搅拌机拌制水泥砂浆

适用范围： 各种水泥砂浆拌制。

工作内容： 储料、配料、分料、搅拌、加水、出料、机械清洗。

单位：100m³

项目	单位	搅拌机出料（m³）	
		0.35	0.75
高级熟练工	工时		
熟练工	工时		
半熟练工	工时		
普工	工时	305	190
合计	工时	305	190
零星材料费	元	33	33
搅拌机	台时	17.71	6.43
双胶轮车	台时	86.17	86.17
编号		40416	40417

4.51 缆索起重机吊运混凝土

适用范围：缆索起重机吊运各种常态混凝土和碾压混凝土入仓。

工作内容：装吊罐、吊运、卸料、空回、卸吊罐。

4.51.1 缆索起重机 20t

单位：100m^3

项目	单位	提升 50m 以下 滑行 50m 以下		提升每增 20m		滑行每增 50m	
		3m^3	6m^3	3m^3	6m^3	3m^3	6m^3
高级熟练工	工时						
熟练工	工时	5.44	3.14	0.46	0.26	0.42	0.23
半熟练工	工时	5.44	3.14	0.46	0.26	0.42	0.23
普工	工时	5.44	3.14	0.46	0.26	0.42	0.23
合计	工时	16.32	9.42	1.38	0.78	1.26	0.69
零星材料费	元	34	34				
缆索起重机 20t	台时	1.71	0.99	0.14	0.08	0.13	0.07
混凝土吊罐 3m^3	台时	1.71		0.14		0.13	
6m^3	台时		0.99		0.08		0.07
编号		40418	40419	40420	40421	40422	40423

4.51.2 缆索起重机 30t

单位：100m^3

项目	单位	提升 50m 以下 滑行 50m 以下		提升每增 20m		滑行每增 50m	
		6m^3	9m^3	6m^3	9m^3	6m^3	9m^3
高级熟练工	工时						
熟练工	工时	2.98	2.13	0.33	0.2	0.23	0.13
半熟练工	工时	2.98	2.13	0.33	0.2	0.23	0.13
普工	工时	2.98	2.13	0.33	0.2	0.23	0.13
合计	工时	8.94	6.39	0.99	0.6	0.69	0.39
零星材料费	元	34	34				
缆索起重机 30t	台时	0.94	0.67	0.10	0.06	0.07	0.04
混凝土吊罐 6m^3	台时	0.94		0.10		0.07	
9m^3	台时		0.67		0.06		0.04
编号		40424	40425	40426	40427	40428	40429

4.52 门座式起重机吊运混凝土

适用范围：吊运各种常态混凝土和碾压混凝土入仓。

工作内容：装吊罐、吊运、卸料、空回、卸吊罐。

单位：100m³

项目		单位	吊罐直接入仓								
			混凝土吊罐（m³）								
			6			3			1.6		
			提升高度（m）								
			≤10	10～30	>30	≤10	10～30	>30	≤10	10～30	>30
高级熟练工		工时									
熟练工		工时	4.13	5.11	6.06	7.14	9.27	11.40	12.25	16.24	20.21
半熟练工		工时	2.06	2.55	3.03	3.57	4.64	5.70	6.13	8.13	10.10
普工		工时	6.19	7.66	9.08	10.71	13.91	17.10	18.38	24.37	30.31
合计		工时	12.38	15.32	18.17	21.42	27.82	34.20	36.76	48.74	60.62
零星材料费		元	34	34	34	34	34	34	34	34	34
门座式起重机	10～30t	台时				2.25	2.91	3.58	3.85	5.11	6.36
	30～60t	台时	1.3	1.61	1.91						
混凝土吊罐	1.6m³	台时							3.85	5.11	6.36
	3m³	台时				2.25	2.91	3.58			
	6m³	台时	1.3	1.61	1.91						
编号			40430	40431	40432	40433	40434	40435	40436	40437	40438

续表　　　　　　　　　　　　　　　　　　　　单位：100m^3

项目		单位	经溜槽入仓								
			混凝土吊罐（m^3）								
			6			3			1.6		
			提升高度（m）								
			≤10	10～30	>30	≤10	10～30	>30	≤10	10～30	>30
高级熟练工		工时									
熟练工		工时	5.17	6.39	7.57	8.94	11.60	14.24	15.33	20.31	25.26
半熟练工		工时	2.59	3.19	3.78	4.47	5.80	7.13	7.66	10.16	12.63
普工		工时	7.77	9.58	11.35	13.41	17.40	21.37	22.99	30.46	37.88
合计		工时	15.53	19.16	22.70	26.82	34.80	42.74	45.98	60.93	75.77
零星材料费		元	34	34	34	34	34	34	34	34	34
门座式起重机	10～30t	台时				2.81	3.65	4.48	4.82	6.39	7.94
	30～60t	台时	1.63	2.01	2.38						
混凝土吊罐	1.6m^3	台时							4.82	6.39	7.94
	3m^3	台时				2.81	3.65	4.48			
	6m^3	台时	1.63	2.01	2.38						
编号			40439	40440	40441	40442	40443	40444	40445	40446	40447

4.53 塔式起重机吊混凝土

适用范围：吊运各种常态混凝土和碾压混凝土入仓。

工作内容：装吊罐、吊运、卸料、空回、卸吊罐。

单位：$100m^3$

项目		单位	吊罐直接入仓								
			混凝土吊罐（m^3）								
			6			3			1.6		
			吊高（m）								
			≤10	10～30	>30	≤10	10～30	>30	≤10	10～30	>30
高级熟练工		工时									
熟练工		工时	4.39	5.08	5.96	8.19	9.83	10.65	13.99	17.10	18.60
半熟练工		工时	2.19	2.54	2.98	4.09	4.91	5.32	6.99	8.55	9.30
普工		工时	4.39	5.08	5.96	8.19	9.83	10.65	13.99	17.10	18.60
合计		工时	10.97	12.70	14.90	20.47	24.57	26.62	34.97	42.75	46.50
零星材料费		元	34	34	34	34	34	34	34	34	34
塔式起重机	10/25t	台时				2.58	3.09	3.35	4.4	5.38	5.85
	60t	台时	1.38	1.6	1.87						
混凝土吊罐	$1.6m^3$	台时							4.4	5.38	5.85
	$3m^3$	台时				2.58	3.09	3.35			
	$6m^3$	台时	1.38	1.6	1.87						
编号			40448	40449	40450	40451	40452	40453	40454	40455	40456

续表

单位：100m³

项目		单位	经溜槽入仓								
			混凝土吊罐（m³）								
			6			3			1.6		
			吊　高（m）								
			≤10	10～30	>30	≤10	10～30	>30	≤10	10～30	>30
高级熟练工		工时									
熟练工		工时	5.50	6.36	7.47	10.25	12.29	13.30	17.49	21.39	23.26
半熟练工		工时	2.75	3.18	3.74	5.13	6.14	6.65	8.74	10.69	11.63
普工		工时	8.25	9.53	11.21	15.38	18.43	19.95	26.23	32.08	34.89
合计		工时	16.50	19.07	22.42	30.76	36.86	39.90	52.46	64.16	69.78
零星材料费		元	33	33	33	33	33	33	33	33	33
塔式起重机	10/25t	台时				3.22	3.86	4.18	5.5	6.73	7.31
	60t	台时	1.73	2	2.35						
混凝土吊罐	1.6m³	台时							5.5	6.73	7.31
	3m³	台时				2.99	3.75	4.38			
	6m³	台时	1.73	2	2.35						
编号			40457	40458	40459	40460	40461	40462	40463	40464	40465

4.54　高架门机吊混凝土

适用范围：吊运各种常态混凝土和碾压混凝土入仓。

工作内容：装吊罐、吊运、卸料、空回、卸吊罐。

单位：100m³

项目		单位	混凝土吊罐（m³）					
			6			3		
			吊　高（m）					
			≤10	10～30	>30	≤10	10～30	>30
高级熟练工		工时	1.31	1.63	2.33	2.76	3.66	4.44
熟练工		工时	1.31	1.63	2.33	2.76	3.66	4.44
半熟练工		工时	1.31	1.63	2.33	2.76	3.66	4.44
普工		工时	2.61	3.27	4.65	5.52	7.31	8.87
合计		工时	6.54	8.16	11.64	13.80	18.29	22.19
零星材料费		元	31	31	31	31	31	31
高架门机	MQ1000	台时				2.07	2.74	3.33
	MQ2000	台时	0.98	1.22	1.74			
混凝土吊罐	3m³	台时				2.07	2.74	3.33
	6m³	台时	0.98	1.22	1.74			
编号			40466	40467	40468	40469	40470	40471

4.55 泵送混凝土

适用范围：运送各种常态混凝土入仓。

工作内容：受料、泵送、清理等。

4.55.1 混凝土泵 30m³/h

单位：100m³

项目	单位	水平输送折算长度（m）						
		50	100	150	200	250	300	350
高级熟练工	工时							
熟练工	工时							
半熟练工	工时	8.27	8.70	9.19	9.72	11.02	11.48	11.81
普工	工时	16.55	17.42	18.38	19.45	22.04	22.97	23.63
合计	工时	24.82	26.12	27.57	29.17	33.06	34.45	35.44
零星材料费	元	41	45	49	54	59	65	71
混凝土输送泵 HB30	台时	5.71	6	6.33	6.71	7.6	7.92	8.15
编号		40472	40473	40474	40475	40476	40477	40478

注 本子目按5"钢管计算。垂直高度增加1m，折算水平距离为6m。

4.55.2 混凝土泵 60m³/h

单位：100m³

项目	单位	水平输送折算长度（m）						
		50	100	150	200	250	300	350
高级熟练工	工时							
熟练工	工时							
半熟练工	工时	4.09	4.31	4.55	5.12	5.45	5.85	6.30
普工	工时	8.19	8.60	9.12	10.25	10.91	11.71	12.61
合计	工时	12.28	12.91	13.67	15.37	16.36	17.56	18.91
零星材料费	元	41	45	49	54	59	65	71
混凝土输送泵 HB60	台时	2.82	2.97	3.14	3.53	3.76	4.04	4.35
编号		40479	40480	40481	40482	40483	40484	40485

注 本子目按5"钢管计算。计算垂直高度增加1m，折算水平距离为6m。

4.56 泵车送混凝土

适用范围：运送各种常态混凝土入仓。
工作内容：受料、泵送、清理等。

单位：100m³

项目	单位	水平输送折算长度（m）						
		50	100	150	200	250	300	350
高级熟练工	工时							
熟练工	工时							
半熟练工	工时	3.41	3.58	3.78	4.02	4.25	4.53	4.86
普工	工时	6.81	7.17	7.57	8.02	8.52	9.07	9.72
合计	工时	10.22	10.75	11.35	12.04	12.77	13.60	14.58
零星材料费	元	41	45	49	54	59	65	71
混凝土输送泵车 80m³/h	台时	2.14	2.26	2.38	2.52	2.68	2.85	3.06
编号		40486	40487	40488	40489	40490	40491	40492

注 本子目按5"钢管计算。垂直高度增加1m，折算水平距离为6m。

4.57 胎带机运混凝土

适用范围：运送各种常态混凝土和碾压混凝土入仓。
工作内容：受料、输运、卸料、清理等。

单位：100m³

项目	单位	数量
高级熟练工	工时	
熟练工	工时	3.44
半熟练工	工时	3.44
普工	工时	3.44
合计	工时	10.32
零星材料费	元	34
胎带机 CC200-24	台时	1.08
汽车起重机 25t	台时	0.22
编号		40493

注 实际生产效率可结合混凝土供料方式考虑。

4.58 顶（塔）带机运混凝土

适用范围：运送各种常态混凝土和碾压混凝土入仓。

工作内容：受料、输运、卸料、清理等。

单位：100m³

项目	单位	顶带机	塔带机
高级熟练工	工时		
熟练工	工时	2.1	1.86
半熟练工	工时	2.1	1.86
普工	工时		
合计	工时	4.1	3.72
零星材料费	元	34	34
顶带机 MD2200	台时	0.65	
塔带机 TC2400	台时		0.59
胶带输送机	组时	0.65	0.59
编号		40494	40495

4.59 胶带输送机运混凝土

适用范围：运送各种常态混凝土和碾压混凝土入仓。

工作内容：受料、输运、卸料、清理等。

单位：100m³

项目	单位	胶带输送机宽度（mm）				
		610	762	810	1000	1200
高级熟练工	工时					
熟练工	工时	1.90	1.90	1.90	1.90	1.90
半熟练工	工时					
普工	工时	0.95	0.95	0.95	0.95	0.95
合计	工时	2.85	2.85	2.85	2.85	2.85
零星材料费	元	34.0	34.0	34.0	34.0	34.0
给料机 电磁式	组时	0.94	0.6	0.54	0.35	0.25
胶带输送机	组时	0.94	0.6	0.54	0.35	0.25
编号		40496	40497	40498	40499	40500

注 实际生产效率可结合混凝土供料方式考虑。

4.60 挖掘机吊运混凝土

适用范围：挖掘机改装的起重机吊运混凝土入仓。

工作内容：吊运、卸料入仓或储料斗、清洗。

单位：100m³

项目	单位	吊高（m）	
		≤15	＞15
高级熟练工	工时		
熟练工	工时	2.72	3.81
半熟练工	工时	2.72	3.81
普工	工时	2.72	3.81
合计	工时	8.16	11.43
零星材料费	元	34	34
挖掘机 电铲 4m³	台时	1.71	2.4
混凝土吊罐 3m³	台时	1.71	2.4
编号		40501	40502

注 适用于吊罐直接入仓，如卸入溜筒入仓时，人工、机械定额乘以1.25系数。

4.61 溜槽运送混凝土

适用范围：各种常态混凝土和碾压混凝土。

工作内容：开关储料斗活门、扒料、冲洗料斗溜槽。

单位：100m³

项目	单位	溜槽斜长（m）			每增运2m
		≤5	5～7	7～9	
高级熟练工	工时				
熟练工	工时				
半熟练工	工时				
普工	工时	32.96	40.17	44.29	4.12
合计	工时	32.96	40.17	44.29	4.12
零星材料费	元	78	88	98	6
编号		40503	40504	40505	40506

注 溜槽摊销费已计入零星费用。

4.62 负压溜槽运输混凝土

适用范围：碾压混凝土和各种常态混凝土。

工作内容：开关储料斗活门、扒料、冲洗料斗溜槽。

单位：100m³

项目	单位	数量	
熟练工	工时		
半熟练工	工时	3.44	
普工	工时	6.88	
合计	工时	10.32	
零星材料费	元	31	
负压溜槽液压系统	台时	1.08	
编号		40507	

4.63 卷扬机吊运混凝土

4.63.1 卷扬机吊运混凝土（露天）

适应范围：露天吊运混凝土。

工作内容：储料斗装吊罐、运输、卸料入滑槽、清洗。

单位：100m³

项目	单位	单吊罐循环作业							
		垂直运距（m）							每增运5m
		10	20	30	40	50	60	70	
高级熟练工	工时								
熟练工	工时								
半熟练工	工时	19.65	23.45	26.04	28.54	31.22	33.80	36.47	1.34
普工	工时	19.65	23.45	26.04	28.54	31.22	33.80	36.47	1.34
合计	工时	39.30	46.90	52.08	57.08	62.44	67.60	72.94	2.68
零星材料费	元	34	34	34	34	34	34	34	
卷扬机 5t	台时	12.36	14.75	16.38	17.95	19.63	21.26	22.94	0.89
混凝土吊罐 0.25m³	台时	12.36	14.75	16.38	17.95	19.63	21.26	22.94	0.89
编号		40508	40509	40510	40511	40512	40513	40514	40515

注 如不用储料斗装车时，人工定额乘以 1.18。

续表

单位：100m³

项目	单位	双吊罐循环作业							
		垂直运距（m）							每增运5m
		10	20	30	40	50	60	70	
高级熟练工	工时								
熟练工	工时								
半熟练工	工时	9.72	12.88	16.18	19.49	22.60	26.07	29.38	1.66
普工	工时	9.72	12.88	16.18	19.49	22.60	26.07	29.38	1.66
合计	工时	19.44	25.76	32.36	38.98	45.20	52.14	58.76	3.32
零星材料费	元	34	34	34	34	34	34	34	
卷扬机 10t	台时	3.06	4.05	5.09	6.13	7.11	8.2	9.24	0.52
混凝土吊罐 0.4m³	台时	6.12	8.1	10.18	12.26	14.21	16.4	18.48	1.03
编号		40516	40517	40518	40519	40520	40521	40522	40523

注 如不用储料斗装车时，人工定额乘以1.18。

4.63.2 卷扬机吊运混凝土（洞内）

适应范围：洞内吊运混凝土。

工作内容：储料斗装吊罐、运输、卸料入滑槽、清洗。

单位：100m³

项目	单位	单吊罐循环作业							
		垂直运距（m）							每增运5m
		10	20	30	40	50	60	70	
高级熟练工	工时								
熟练工	工时								
半熟练工	工时	38.13	42.84	47.78	52.38	57.06	62.03	66.74	2.36
普工	工时	38.13	42.84	47.78	52.38	57.06	62.03	66.74	2.36
合计	工时	76.26	85.68	95.56	104.76	114.12	124.06	133.48	4.72
零星材料费	元	34	34	34	34	34	34	34	
卷扬机 5t	台时	15.99	17.96	20.03	21.96	23.93	26.01	27.99	1.30
混凝土吊罐 0.25m³	台时	15.99	17.96	20.03	21.96	23.93	26.01	27.99	1.30
编号		40524	40525	40526	40527	40528	40529	40530	40531

注 如不用储料斗装车时，人工定额乘以1.18。

续表 单位：100m^3

项目	单位	双吊罐循环作业							
		垂直运距（m）							每增运5m
		10	20	30	40	50	60	70	
高级熟练工	工时								
熟练工	工时								
半熟练工	工时	11.24	15.20	18.99	22.79	26.56	30.36	34.33	1.99
普工	工时	11.24	15.20	18.99	22.79	26.56	30.36	34.33	1.99
合计	工时	22.48	30.40	37.98	45.58	53.12	60.72	68.66	3.98
零星材料费	元	34	34	34	34	34	34	34	
卷扬机 10t	台时	3.53	4.78	5.97	7.17	8.35	9.55	10.79	0.78
混凝土吊罐 0.4m^3	台时	7.07	9.56	11.95	14.34	16.71	19.1	21.59	1.57
编号		40532	40533	40534	40535	40536	40537	40538	40539

注 如不用储料斗装车时，人工定额乘以 1.18。

4.64 斜坡道吊运混凝土

适应范围：露天吊运混凝土。

工作内容：储料斗滑槽装斗车、吊运、卸料、滑槽出料、清洗。

单位：100m^3

项目	单位	吊一个罐				
		吊运斜距（m）				每增运5m
		20	30	40	50	
高级熟练工	工时					
熟练工	工时					
半熟练工	工时	7.05	8.18	9.29	10.52	0.62
普工	工时	7.05	8.18	9.29	10.52	0.62
合计	工时	14.10	16.36	18.58	21.04	1.24
零星材料费	元	34	34	34	34	
卷扬机 10t	台时	2.96	3.43	3.89	4.41	0.26
混凝土吊罐 1.0m^3	台时	2.96	3.43	3.89	4.41	0.26
编号		40540	40541	40542	40543	40544

注 如不用储料斗装车时，人工定额乘以 1.18。

续表

单位：100m³

项目	单位	吊两个罐				
		吊运斜距（m）				每增运5m
		20	30	40	50	
高级熟练工	工时					
熟练工	工时					
半熟练工	工时	9.07	10.41	11.57	12.88	0.66
普工	工时	9.07	10.41	11.57	12.88	0.66
合计	工时	18.14	20.82	23.14	25.76	1.32
零星材料费	元	33	33	33	33	
卷扬机 15t	台时	2.85	3.28	3.64	4.05	0.21
混凝土吊罐 $1.0m^3$	台时	5.71	6.55	7.27	8.1	0.41
编号		40545	40546	40547	40548	40549

注 如不用储料斗装车时，人工定额乘以1.18。

4.65 人工运混凝土

4.65.1 露天

适用范围：各种混凝土。

工作内容：装、挑（抬）、运、卸、清洗。

单位：100m³

项目	单位	运距（m）					每增运20m
		10	20	30	40	50	
高级熟练工	工时						
熟练工	工时						
半熟练工	工时						
普工	工时	181	226	271	315	360	84
合计	工时	181	226	271	315	360	84
零星材料费	元	24	24	24	24	24	
编号		40550	40551	40552	40553	40554	40555

4.65.2 洞　内

适用范围：各种混凝土。

工作内容：装、挑（抬）、运、卸、清洗。

单位：100m³

项　目	单位	运距（m）					每增运20m
		10	20	30	40	50	
高级熟练工	工时						
熟练工	工时						
半熟练工	工时						
普工	工时	218	271	326	378	432	101
合计	工时	218	271	326	378	432	101
零星材料费	元	24	24	24	24	24	
编号		40556	40557	40558	40559	40560	40561

4.66 胶轮车运混凝土

4.66.1 露　天

适用范围：各种混凝土。

工作内容：装、运、卸、清洗。

单位：100m³

项　目	单位	运距（m）								每增运20m
		≤10	10～20	20～30	30～40	40～50	50～60	60～80	80～100	
高级熟练工	工时									
熟练工	工时									
半熟练工	工时									
普工	工时	55	59	65	71	78	84	92	106	12
合计	工时	55	59	65	71	78	84	92	106	12
零星材料费	元	24	24	24	24	24	24	24	24	
双胶轮车	台时	40.17	43.26	48.41	52.53	57.68	62.83	67.98	78.28	9.27
编号		40562	40563	40564	40565	40566	40567	40568	40569	40570

4.66.2 洞 内

适用范围：各种混凝土。

工作内容：装、运、卸、清洗。

单位：100m^3

项目	单位	运距（m）								每增运20m
		10	20	30	40	50	60	80	100	
高级熟练工	工时									
熟练工	工时									
半熟练工	工时									
普工	工时	81	87	96	106	116	125	135	156	18
合计	工时	81	87	96	106	116	125	135	156	18
双胶轮车	台时	60.77	64.89	72.10	79.31	87.55	93.73	100.94	116.39	13.39
零星材料费	元	24	24	24	24	24	24	24	24	
编号		40571	40572	40573	40574	40575	40576	40577	40578	40579

4.67 斗车运混凝土

适用范围：各种混凝土。

工作内容：装、运、卸、清洗。

单位：100m^3

项目	单位	运距（m）	
		50	每增运 50m
高级熟练工	工时		
熟练工	工时		
半熟练工	工时		
普工	工时	32.86	6.4
合计	工时	32.86	6.4
零星材料费	元	24	24
V形斗车 0.6m^3	台时	23	4.45
编号		40580	40581

注 洞内运输且运距 100m 以下，人工、斗车定额乘以 1.25 系数。

4.68 机动翻斗车运混凝土

适用范围：各种混凝土。

工作内容：装、运、卸、空回、清洗。

单位：$100m^3$

项目	单位	运距（m）						每增运50m
		50	100	150	200	250	300	
高级熟练工	工时							
熟练工	工时							
半熟练工	工时							
普工	工时	29	32	32	34	36	39	2
合计	工时	29	32	32	34	36	39	2
零星材料费	元	31	31	31	31	31	31	
机动翻斗车 1t	台时	19.70	21.97	22.09	23.68	25.16	26.63	1.51
编号		40582	40583	40584	40585	40586	40587	40588

4.69 侧卸汽车运混凝土

适用范围：配合搅拌楼，运各种常态混凝土和碾压混凝土。

工作内容：装车、运输、卸料、空回、清洗。

4.69.1 $3m^3$侧卸汽车运输

单位：$100m^3$

项目	单位	运距（m）						每增运500m
		500	1000	1500	2000	2500	3000	
高级熟练工	工时							
熟练工	工时							
半熟练工	工时	10	10	10	10	10	10	
普工	工时	10	10	10	10	10	10	
合计	工时	20	20	20	20	20	20	
零星材料费	元	34	34	34	34	34	34	
侧卸汽车 $3m^3$	台时	8.71	10.96	13.01	15.06	16.93	18.81	1.87
编号		40589	40590	40591	40592	40593	40594	40595

4.69.2 $6m^3$侧卸汽车运输

单位：$100m^3$

项目	单位	运距（m）						每增运500m
		500	1000	1500	2000	2500	3000	
高级熟练工	工时							
熟练工	工时							
半熟练工	工时	8	8	8	8	8	8	
普工	工时	8	8	8	8	8	8	
合计	工时	16	16	16	16	16	16	
零星材料费	元	34	34	34	34	34	34	
侧卸汽车 $6m^3$	台时	5.00	6.12	7.14	8.17	9.11	10.04	0.94
编号		40596	40597	40598	40599	40600	40601	40602

4.69.3 $9m^3$侧卸汽车运输

适用范围：配合搅拌楼，运各种常态混凝土和碾压混凝土。

工作内容：装车、运输、卸料、空回、清洗。

单位：$100m^3$

项目	单位	运距（m）						每增运500m
		500	1000	1500	2000	2500	3000	
高级熟练工	工时							
熟练工	工时							
半熟练工	工时	7	7	7	7	7	7	
普工	工时	7	7	7	7	7	7	
合计	工时	14	14	14	14	14	14	
零星材料费	元	33.66	33.66	33.66	33.66	33.66	33.66	
侧卸汽车 $9m^3$	台时	3.82	4.55	5.22	5.91	6.53	7.15	0.62
编号		40603	40604	40605	40606	40607	40608	40609

4.70 自卸汽车运混凝土

4.70.1 配合搅拌楼运输常态混凝土

适用范围：配合搅拌楼或设有储料箱装车常态混凝土。

工作内容：装车、运输、卸料、空回、清洗。

单位：100m^3

项目		单位	运距（m）						每增运500m	洞内每增运500m
			500	1000	1500	2000	2500	3000		
高级熟练工		工时								
熟练工		工时								
半熟练工		工时	10	10	10	10	10	10		
普工		工时	10	10	10	10	10	10		
合计		工时	20	20	20	20	20	20		
零星材料费		元	34	34	34	34	34	34		
自卸汽车	5t	台时	10.71	13.41	16.12	18.59	21.07	23.55	2.12	2.65
	8t	台时	6.67	8.36	10.05	11.60	13.14	14.69	1.32	1.66
	10t	台时	5.65	7.00	8.35	9.59	10.84	12.07	1.06	1.33
	12t	台时	4.71	5.83	6.95	7.99	9.02	10.05	0.89	1.10
	15t	台时	3.77	4.67	5.57	6.40	7.22	8.04	0.71	0.89
	20t	台时	3.07	3.75	4.43	5.05	5.67	6.28	0.53	0.66
	25t	台时	2.64	3.18	3.72	4.21	4.71	5.20	0.42	0.53
	30t	台时	2.19	2.65	3.10	3.51	3.92	4.34	0.35	0.44
	32t	台时	2.06	2.48	2.90	3.30	3.68	4.07	0.33	0.41
编号			40610	40611	40612	40613	40614	40615	40616	40617

4.70.2 配合搅拌机运输常态混凝土

适用范围：配合搅拌机装车常态混凝土。

工作内容：装车、运输、卸料、空回、清洗。

单位：$100m^3$

项目		单位	运距（m）						每增运500m	洞内每增运500m
			500	1000	1500	2000	2500	3000		
高级熟练工		工时								
熟练工		工时								
半熟练工		工时	11	11	11	11	11	11		
普工		工时	11	11	11	11	11	11		
合计		工时	22	22	22	22	22	22		
零星材料费		元	34	34	34	34	34	34		
自卸汽车	5t	台时	12.20	14.89	17.60	20.09	22.56	25.04	2.12	2.65
	8t	台时	7.61	9.29	10.98	13.14	14.07	15.61	1.32	1.66
	10t	台时	6.40	7.75	9.09	10.34	11.58	12.81	1.06	1.33
	12t	台时	5.33	6.45	7.57	8.61	9.64	10.67	0.89	1.10
	15t	台时	4.26	5.16	6.07	6.89	7.71	8.55	0.71	0.89
	20t	台时	3.44	4.12	4.80	5.42	6.04	6.65	0.53	0.66
编号			40618	40619	40620	40621	40622	40623	40624	40625

4.70.3 配合搅拌楼运输碾压混凝土

适用范围：配合搅拌楼或设有储料箱装车碾压混凝土。

工作内容：装车、运输、卸料、空回、清洗。

单位：$100m^3$

项目		单位	运距（m）						每增运500m
			500	1000	1500	2000	2500	3000	
高级熟练工		工时							
熟练工		工时							
半熟练工		工时	10	10	10	10	10	10	
普工		工时	10	10	10	10	10	10	
合计		工时	20	20	20	20	20	20	
零星材料费		元	34	34	34	34	34	34	
自卸汽车	5t	台时	10.51	13.15	15.80	18.23	20.66	23.09	2.08
	8t	台时	6.56	8.22	9.87	11.39	12.91	14.43	1.30
	10t	台时	5.53	6.85	8.18	9.38	10.60	11.81	1.04
	12t	台时	4.61	5.72	6.82	7.83	8.84	9.85	0.87
	15t	台时	3.69	4.57	5.46	6.26	7.08	7.88	0.69
	20t	台时	3.01	3.68	4.34	4.94	5.55	6.16	0.52
	25t	台时	2.59	3.11	3.64	4.13	4.61	5.10	0.41
	30t	台时	2.15	2.60	3.04	3.44	3.84	4.24	0.35
	32t	台时	2.02	2.43	2.84	3.22	3.61	3.99	0.33
编号			40626	40627	40628	40629	40630	40631	40632

4.71 搅拌车运混凝土

4.71.1 3m³ 搅拌车运输

适用范围：配合搅拌楼（机）直接装车各种常态混凝土。

工作内容：装车、运输、卸料、空回、清洗。

单位：$100m^3$

项目	单位	运距（m）						每增运500m	洞内每增运500m
		500	1000	1500	2000	2500	3000		
高级熟练工	工时								
熟练工	工时								
半熟练工	工时	10	10	10	10	10	10		
普工	工时	10	10	10	10	10	10		
合计	工时	21	21	21	21	21	21		
零星材料费	元	34	34	34	34	34	34		
混凝土搅拌车 $3m^3$	台时	6.52	8.19	9.24	10.79	12.31	13.73	1.39	1.75
编号		40633	40634	40635	40636	40637	40638	40639	40640

4.71.2 6m³ 搅拌车运输

适用范围：配合搅拌楼（机）直接装车各种常态混凝土。

工作内容：装车、运输、卸料、空回、清洗。

单位：$100m^3$

项目	单位	运距（m）						每增运500m	洞内每增运500m
		500	1000	1500	2000	2500	3000		
高级熟练工	工时								
熟练工	工时								
半熟练工	工时	7	7	7	7	7	7		
普工	工时	7	7	7	7	7	7		
合计	工时	14	14	14	14	14	14		
零星材料费	元	34	34	34	34	34	34		
混凝土搅拌车 $6m^3$	台时	4.47	5.31	5.83	6.61	7.37	8.08	0.69	0.88
编号		40641	40642	40643	40644	40645	40646	40647	40648

4.72 大坝混凝土模板

适用范围：大坝混凝土浇筑。

工作内容：模板拼装、场内运输、安装、拆除、清理、维修。

单位：$100m^2$

项目		单位	常态混凝土坝	碾压混凝土坝
高级熟练工		工时	34	16
熟练工		工时	107	59
半熟练工		工时	91	70
普工		工时	50	46
合计		工时	282	191
板枋材		m^3	1.00	0.40
组合钢模板		kg	112	107
铁件及预埋铁件		kg	561	419
卡扣件		个	136	137
电焊条		kg	3.72	3.14
混凝土		m^3		1.96
其他材料费		元	298	168
载重汽车	10t	台时	0.81	0.78
汽车起重机	8t	台时	5.85	2.63
门座式起重机	10/30t	台时	2.07	
电焊机	交流 25kV·A	台时	5.76	3.93
高压冲毛机		台时	1.24	1.08
其他机械使用费		元	158	113
编号			40649	40650

4.73 厂房混凝土模板

适用范围： 厂房混凝土浇筑。

工作内容： 模板拼装、场内运输、安装、拆除、清理、维修。

单位：$100m^2$

项目		单位	地面厂房		地下厂房		
			上部结构	下部结构	上部结构	下部结构	岩锚梁
高级熟练工		工时	52	94	57	103	24
熟练工		工时	107	252	118	277	102
半熟练工		工时	71	189	78	208	94
普工		工时	36	126	40	139	38
合计		工时	266	661	293	727	258
板枋材		m^3	0.14	2.48	0.14	2.48	0.57
组合钢模板		kg	116	49	116	49	109
复合面层		m^2		15.46		15.46	
铁件及预埋铁件		kg	214	448	214	448	554
卡扣件		个	156	79	156	79	223
电焊条		kg	4.45	4.11	4.45	4.11	3.36
其他材料费		元	120	266	120	266	202
载重汽车	5t	台时	0.93	3.55	1.02	3.91	2.24
汽车起重机	8t	台时	0.09	5.30	0.10	5.83	1.02
门座式起重机	10/30t	台时	0.66	0.75			
电焊机	交流 25kV·A	台时	1.07	5.37	1.18	5.91	5.36
高压冲毛机		台时	1.34	0.59	1.47	0.65	1.51
圆盘锯	$\phi500$	台时		14.91		14.91	
刨木机	500	台时		5.64		5.64	
其他机械使用费		元	18	303	20	333	50
编号			40651	40652	40653	40654	40655

4.74 抽水蓄能厂房下部结构模板

适用范围： 抽水蓄能厂房下部混凝土浇筑。

工作内容： 模板拼装、场内运输、安装、拆除、清理、维修。

单位：$100m^2$

项目		单位	数量
高级熟练工		工时	70
熟练工		工时	151
半熟练工		工时	96
普工		工时	41
合计		工时	358
板枋材		m^3	1.39
组合钢模板		kg	60
铁件及预埋铁件		kg	514
卡扣件		个	98
电焊条		kg	5.06
其他材料费		元	267
载重汽车	5t	台时	2.75
汽车起重机	8t	台时	0.93
门座式起重机	10/30t	台时	0.93
电焊机	交流 25kV·A	台时	6.64
高压冲毛机		台时	0.73
其他机械使用费		元	76
编号			40656

4.75 河床厂房进出水口段模板

适用范围：河床厂房进出水口段结构混凝土浇筑。

工作内容：模板拼装、场内运输、安装、拆除、清理、维修。

单位：$100m^2$

项目	单位	上部结构	下部结构
高级熟练工	工时	35	72
熟练工	工时	114	250
半熟练工	工时	96	215
普工	工时	35	153
合计	工时	280	690
板枋材	m^3	0.58	2.41
复合面层	m^2		21.04
组合钢模板	kg	112	78
铁件及预埋铁件	kg	678	465
卡扣件	个	135	122
电焊条	kg	5.83	3.16
其他材料费	元	349	300
载重汽车 5t	台时	1.81	3.37
汽车起重机 8t	台时	2.33	7.93
门座式起重机 10/30t	台时	2.85	1.96
电焊机 交流 25kV·A	台时	8.54	4.65
高压冲毛机	台时	1.04	0.86
圆盘锯 ϕ500	台时		20.29
刨木机 500	台时		7.67
其他机械使用费	元	64	121
编号		40657	40658

4.76 墩 模 板

适用范围：水闸闸墩、桥墩混凝土浇筑。

工作内容：模板安装、拆除、清理、维修、场内运输。

单位：$100m^2$

项 目	单位	闸 墩 厚（m）				
		0.5	1	2	3	4
高级熟练工	工时	48	46	46	45	44
熟 练 工	工时	162	149	148	138	134
半熟练工	工时	140	127	125	113	110
普 工	工时	36	35	38	38	38
合 计	工时	386	357	357	334	326
板 枋 材	m^3	0.19	0.23	0.51	0.58	0.74
组合钢模板	kg	123	120	106	103	93
铁件及预埋铁件	kg	173	225	447	545	645
卡 扣 件	个	223	218	137	133	161
电 焊 条	kg	0.43	0.69	3.49	4.06	5.14
其他材料费	元	121	143	307	352	435
载重汽车 5t	台时	0.90	1.02	1.76	2.04	2.37
汽车起重机 8t	台时			0.11	0.14	0.18
门座式起重机 10/30t	台时	0.62	0.63	1.39	1.57	1.87
电焊机 交流 25kV·A	台时	0.62	0.84	5.06	5.89	7.44
高压冲毛机	台时	1.38	1.35	1.12	1.08	0.94
其他机械使用费	元	19	21	45	49	59
编 号		40659	40660	40661	40662	40663

注 模板已综合平面、曲面、异型、牛腿等模板，墩厚 2m 及以上的子目中还综合了闸门槽一期、闸门槽二期模板。

4.77 进水口模板

适用范围：当地材料坝、引水隧洞、泄水隧洞等的独立进水口模板。
工作内容：模板安装、拆除、清理、维修、场内运输。

单位：100m²

项目	单位	数量
高级熟练工	工时	41
熟练工	工时	131
半熟练工	工时	110
普工	工时	41
合计	工时	323
板枋材	m^3	0.66
组合钢模板	kg	95
铁件及预埋铁件	kg	570
卡扣件	个	168
电焊条	kg	5.49
其他材料费	元	434
载重汽车 5t	台时	2.15
门座式起重机 10/30t	台时	0.81
电焊机 交流 25kV·A	台时	7.76
高压冲毛机	台时	1.05
汽车起重机 5t	台时	0.32
其他机械使用费	元	79
编号		40664

4.78 面板、溢流坝面钢滑模

适用范围：溢流坝（堰）面、面板坝面板、蓄能电站库周面板。

工作内容：钢滑模安装、拆除、清理、维修、场内运输。

单位：$100m^2$

项目		单位	面板	溢流坝（堰）面
高级熟练工		工时	11	29
熟练工		工时	33	118
半熟练工		工时	26	106
普工		工时	10	40
合计		工时	80	293
滑模		kg	43.93	95.69
板枋材		m^3	0.16	0.87
铁件及预埋铁件		kg	42.00	230.00
电焊条		kg	0.24	1.32
其他材料费		元	30	126
载重汽车	10t	台时	0.44	1.42
汽车起重机	8t	台时	4.18	9.12
钢滑模动力设备	<10t（卷扬机）	台时	11.91	5.90
门座式起重机	10/30t	台时		1.17
电焊机	交流 25kV·A	台时	0.35	1.89
其他机械使用费		元	26	82
编号			40665	40666

4.79 水工混凝土墙模板

适用范围：各种混凝土墙。

工作内容：模板拼装、场内运输、安装、拆除、清理、维修。

单位：100m²

项目	单位	墙厚（m）				
		0.5	1	2	3	4
高级熟练工	工时	46	42	37	32	26
熟练工	工时	160	145	131	113	94
半熟练工	工时	141	128	116	101	85
普工	工时	36	35	35	34	32
合计	工时	383	350	319	280	237
板枋材	m^3	0.12	0.12	0.12	0.12	0.12
组合钢模板	kg	126	126	126	126	126
铁件及预埋铁件	kg	154	197	352	454	561
卡扣件	个	230	230	165	165	230
电焊条	kg	0.20	0.33	2.02	2.50	3.05
其他材料费	元	115	134	204	257	291
载重汽车 10t	台时	0.80	0.86	1.29	1.53	1.77
模板吊装设备 8～10t	台时	0.61	0.61	0.73	0.80	0.86
电焊机 交流 25kV·A	台时	0.30	0.48	2.90	3.60	4.37
高压冲毛机	台时	1.41	1.41	1.41	1.41	1.41
其他机械使用费	元	16	16	31	31	39
编号		40667	40668	40669	40670	40671

4.80 边坡模板

适用范围：明渠边坡、其他边坡的护坡。

工作内容：模板拼装、场内运输、安装、拆除、清理、维修。

单位：$100m^2$

项目		单位	数量
高级熟练工		工时	39
熟练工		工时	111
半熟练工		工时	85
普工		工时	36
合计		工时	271
板枋材		m^3	0.21
组合钢模板		kg	128
卡扣件		个	232
电焊条		kg	3.13
其他材料费		元	204
风钻 手持式		台时	10.32
载重汽车	5t	台时	1.36
汽车式起重机	8t	台时	0.80
电焊机	交流 25kV·A	台时	4.89
高压冲毛机		台时	1.42
其他机械使用费		元	52
编号			40672

4.81 基础、镇墩、底板、趾板及回填混凝土模板

适用范围：基础、镇墩、底板、趾板及回填混凝土浇筑。

工作内容：模板拼装、场内运输、安装、拆除、清理、维修。

单位：$100m^2$

项目	单位	厚度（m）	
		≤1	>1
高级熟练工	工时	18	20
熟练工	工时	74	82
半熟练工	工时	68	76
普工	工时	28	31
合计	工时	188	209
板枋材	m^3	0.61	0.61
组合钢模板	kg	109	109
铁件及预埋铁件	kg	231	471
卡扣件	个	226	226
电焊条	kg	2.47	2.74
其他材料费	元	188	209
风钻 手持式	台时	3.82	4.24
载重汽车 5t	台时	1.69	1.88
汽车式起重机 8t	台时	0.81	0.90
电焊机 交流 25kV·A	台时	3.57	3.97
高压冲毛机	台时	1.38	1.38
其他机械使用费	元	43	43
编号		40673	40674

4.82 消力坎模板

适用范围：消力坎混凝土浇筑。

工作内容：模板拼装、场内运输、安装、拆除、清理、维修。

单位：$100m^2$

项目	单位	数量
高级熟练工	工时	20
熟练工	工时	78
半熟练工	工时	71
普工	工时	31
合计	工时	200
板枋材	m^3	0.36
组合钢模板	kg	118
型钢	kg	543
卡扣件	个	216
电焊条	kg	4.03
其他材料费	元	241
载重汽车 5t	台时	1.91
汽车式起重机 8t	台时	0.95
电焊机 交流 25kV·A	台时	5.88
高压冲毛机	台时	1.34
其他机械使用费	元	57
编号		40675

4.83 大型船闸模板

适用范围： 大型船闸混凝土浇筑。

工作内容： 模板制作、拼装、场内运输、安装、拆除、维修。

单位：$100m^2$

项目	单位	船闸闸首	船闸闸室	船闸进、泄水段
高级熟练工	工时	22	24	23
熟练工	工时	74	78	83
半熟练工	工时	64	67	74
普工	工时	28	28	30
合计	工时	179	182	211
板枋材	m^3	0.35	0.40	0.23
组合钢模板	kg	120	115	119
型钢	kg	556	563	568
卡扣件	个	181	173	211
电焊条	kg	3.91	4.11	4.52
其他材料费	元	255	298	270
载重汽车 5t	台时	1.20	1.24	1.65
汽车起重机 8t	台时	2.06	2.44	0.08
门座式起重机 10/30t	台时	2.02	1.73	1.26
电焊机 交流 25kV·A	台时	5.57	5.93	6.48
高压冲毛机	台时	1.22	1.22	1.29
其他机械使用费	元	79	85	52
编号		40676	40677	40678

4.84 中小型船闸模板

适用范围： 闸室宽 15m 以下且工作水头 10m 以下的船闸混凝土浇筑。

工作内容： 模板安装模板制作、拼装、场内运输、安装、拆除、维修。

单位：$100m^2$

项目	单位	数量
高级熟练工	工时	31
熟练工	工时	103
半熟练工	工时	88
普工	工时	33
合计	工时	256
板枋材	m^3	0.51
组合钢模板	kg	98
铁件及预埋铁件	kg	601
卡扣件	个	174
电焊条	kg	5.44
其他材料费	元	362
载重汽车 5t	台时	1.88
汽车起重机 8t	台时	0.92
门座式起重机 10/30t	台时	1.04
电焊机 交流 25kV·A	台时	7.84
高压冲毛机	台时	1.13
其他机械使用费	元	74
编号		40679

4.85 涵管（洞）模板

适用范围：各种现浇涵管，土坝、泄水闸涵洞及一般箱式排水涵洞。
工作内容：模板安装模板制作、场内运输、安装、拆除、维修。

单位：$100m^2$

项目	单位	涵管	箱式涵洞
熟练工	工时	88	89
半熟练工	工时	72	79
普工	工时	31	30
合计	工时	219	224
板枋材	m^3	0.29	0.19
组合钢模板	kg	109	116
铁件及预埋铁件	kg	557	510
卡扣件	个	194	207
电焊条	kg	4.64	4.47
其他材料费	元	212	195
载重汽车 5t	台时	1.80	1.44
汽车式起重机 8t	台时	0.95	0.72
电焊机 交流 25kV·A	台时	6.26	6.33
高压冲毛机	台时	1.23	1.38
其他机械使用费	元	93	32
编号		40680	40681

4.86 顶板模板

适用范围： 一般顶板及圬工涵洞顶板（有洞顶填土高度的顶板）混凝土浇筑。

工作内容： 模板安装模板制作、运输、安装、拆除、维修。

单位：$100m^2$

项目		单位	数量
高级熟练工		工时	61
熟练工		工时	110
半熟练工		工时	64
普工		工时	38
合计		工时	273
板枋材		m^3	0.16
组合钢模板		kg	110
铁件及预埋铁件		kg	77
卡扣件		个	130
电焊条		kg	5.04
其他材料费		元	61
载重汽车	5t	台时	0.87
汽车式起重机	8t	台时	0.56
电焊机	交流 25kV·A	台时	0.19
高压冲毛机		台时	1.30
其他机械使用费		元	15
编号			40682

4.87 钢模台车衬砌混凝土模板

4.87.1 顶拱和边墙

适用范围：地下洞室平洞钢模台车与拉模配合的混凝土衬砌。

工作内容：脱模、整体移动、轨道移位、立模、测量校正及维护保养等。

单位：$100m^2$

项目		单位	隧洞成形断面面积（m^2）						
			20	35	70	110	150	200	250
高级熟练工		工时	18	18	16	16	15	15	14
熟练工		工时	63	61	59	57	56	54	52
半熟练工		工时	54	52	50	48	47	45	44
普工		工时	44	43	42	41	39	38	37
合计		工时	179	174	167	162	157	152	147
台车整体模板		kg	426	430	494	588	743	792	877
铁件		kg	2.96	2.86	2.75	2.65	2.45	2.35	2.24
电焊条		kg	1.53	1.43	1.33	1.22	1.12	1.03	0.95
电		kW·h	83	69	58	48	41	35	30
脱模剂		kg	10.2	10.2	10.2	10.2	10.2	10.2	11.2
板枋材		m^3	0.35	0.35	0.34	0.33	0.33	0.32	0.32
其他材料费		元	36	36	36	36	36	36	37
载重汽车	5t	台时	2.37	1.75	1.24	1.01	0.82	0.72	0.72
电焊机	交流 25～30kV·A	台时	4.87	4.23	3.68	3.19	2.71	2.31	1.96
台车行走及液压系统	$20m^2$	台时	17.72						
台车行走及液压系统	$35m^2$	台时		13.39					
台车行走及液压系统	$70m^2$	台时			9.48				
台车行走及液压系统	$110m^2$	台时				7.62			
台车行走及液压系统	$150m^2$	台时					6.49		
台车行走及液压系统	$200m^2$	台时						5.56	
台车行走及液压系统	$250m^2$	台时							5.05
其他机械使用费		元	72	72	72	72	72	72	72
编号			40683	40684	40685	40686	40687	40688	40689

4.87.2 底 模

适用范围：圆形、马蹄形平洞底拱混凝土衬砌。

工作内容：脱模、整体移动、立模、测量校正及维护保养等。

单位：$100m^2$

项目		单位	模板圆弧直径（m）						
			4	6	8	10	12	15	18
高级熟练工		工时	15	15	14	14	13	13	13
熟练工		工时	55	53	52	49	48	47	45
半熟练工		工时	46	45	44	42	41	40	39
普工		工时	39	38	37	36	35	34	33
合计		工时	155	151	147	141	137	134	130
底拱整体模板		kg	486	465	470	486	517	536	549
铁件		kg	9.0	9.0	9.0	8.0	8.0	8.0	7.0
电焊条		kg	4.0	4.0	4.0	4.0	3.0	3.0	3.0
电		kW·h	120	100	83	69	58	49	42
脱模剂		kg	10.0	10.0	10.0	10.0	10.0	10.0	10.0
板枋材		m^3	0.22	0.21	0.21	0.20	0.20	0.20	0.19
其他材料费		元	36	36	36	36	36	36	36
载重汽车	5t	台时	3.91	3.40	2.99	2.58	2.27	1.96	1.65
电焊机	交流 25～30kV·A	台时	9.58	8.34	7.21	6.28	5.46	4.64	3.91
底模行走及液压系统	4m	台时	44.29						
底模行走及液压系统	6m	台时		29.46					
底模行走及液压系统	8m	台时			22.15				
底模行走及液压系统	10m	台时				17.72			
底模行走及液压系统	12m	台时					14.73		
底模行走及液压系统	15m	台时						11.85	
底模行走及液压系统	18m	台时							9.79
其他机械使用费		元	72	72	72	72	72	72	72
编号			40690	40691	40692	40693	40694	40695	40696

4.88　小钢模平洞衬砌混凝土模板

适用范围： 地下洞室平洞混凝土衬砌。

工作内容： 场内运输、现场拼装、整体就位、调试、脱模、整体移动、立模、测量校正及维护保养、拆除等工作。

单位：100m²

项目		单位	隧洞成形断面面积（m²）							
			3	7	13	20	30	50	80	100
高级熟练工		工时	25	24	26	25	24	23	22	22
熟练工		工时	82	80	88	85	82	78	75	73
半熟练工		工时	69	67	70	68	66	63	61	59
普工		工时	57	55	56	53	52	49	48	47
合计		工时	233	226	240	231	224	213	206	201
小钢摸		kg	162	158	368	361	350	325	310	305
钢板		kg	1.28	0.96	1.71	1.30	0.78	0.42	0.25	0.14
型钢		kg	1.94	1.46	2.61	1.97	1.14	0.64	0.36	0.21
铁件		kg	9.89	8.87	8.57	8.26	7.75	7.24	6.83	6.43
电焊条		kg	5.73	5.33	5.48	5.15	4.79	4.41	4.08	3.81
氧气		m³	0.40	0.40	0.80	0.80	0.70	0.70	0.60	0.60
乙炔		kg	0.20	0.20	0.30	0.30	0.30	0.30	0.30	0.30
电		kW·h	122	101	93	79	68	59	51	45
脱模剂		kg	10	10	10	10	10	10	10	10
板枋材		m³	0.30	0.29	0.29	0.28	0.28	0.27	0.27	0.26
其他材料费		元	45	45	57	57	56	56	56	57
电焊机	交流 25～30kV·A	台时	3.70	3.15	4.19	3.94	3.67	3.33	3.10	2.95
汽车起重机	5t	台时	4.35	4.45	5.32	3.33	3.51	3.62	3.77	3.96
载重汽车	5t	台时	0.42	0.41	0.95	0.93	0.90	0.84	0.80	0.79
卷扬机	5t	台时	41.41	27.40	20.70	15.86	13.80	10.30	8.24	7.31
其他机械使用费		元	90	90	113	112	111	109	109	109
编号			40697	40698	40699	40700	40701	40702	40703	40704

4.89 针梁模板

适用范围：地下洞室平洞混凝土衬砌。

工作内容：脱模、整体移位、立模、测量校正及维护保养等。

单位：$100m^2$

项目	单位	隧洞成形断面面积（m^2）					
		7	15	30	50	80	120
高级熟练工	工时	18	18	16	16	15	15
熟练工	工时	62	60	58	57	55	53
半熟练工	工时	53	52	49	48	46	45
普工	工时	44	43	41	40	39	38
合计	工时	177	173	164	161	155	151
针梁整体模板	kg	379	365	589	633	639	667
铁件	kg	4.69	4.49	4.28	4.08	3.88	3.67
电焊条	kg	1.63	1.53	1.43	1.33	1.22	1.12
电	kW·h	93	78	65	54	46	39
脱模剂	kg	10	10	10	10	10	10
板枋材	m^3	0.25	0.24	0.24	0.23	0.23	0.23
其他材料费	元	36	36	36	36	36	36
载重汽车 5t	台时	1.73	1.50	1.31	1.13	0.97	0.82
电焊机 交流 25～30kV·A	台时	2.05	1.78	1.55	1.34	1.14	0.97
针梁模行走及液压系统 $7m^2$	台时	22.97					
针梁模行走及液压系统 $15m^2$	台时		15.35				
针梁模行走及液压系统 $30m^2$	台时			11.12			
针梁模行走及液压系统 $50m^2$	台时				8.65		
针梁模行走及液压系统 $80m^2$	台时					6.90	
针梁模行走及液压系统 $120m^2$	台时						5.56
其他机械使用费	元	72	72	72	72	72	72
编号		40705	40706	40707	40708	40709	40710

4.90 斜井滑模

适用范围：地下洞室斜井混凝土衬砌。

工作内容：脱模、整体移位、升模、测量校正及维护保养等。

单位：100m²

项目		单位	隧洞成形断面面积（m²）					
			10	25	50	80	120	160
高级熟练工		工时	18	18	18	16	16	15
熟练工		工时	62	60	60	58	57	55
半熟练工		工时	53	52	52	49	48	46
普工		工时	44	43	43	41	40	39
合计		工时	177	173	173	164	161	155
斜井滑模		kg	465	479	641	872	736	747
铁件		kg	7.85	7.24	6.73	6.22	5.71	5.30
电焊条		kg	5.00	4.00	4.00	4.00	3.00	3.00
电		kW·h	154	154	129	109	93	79
板枋材		m^3	0.10	0.10	0.13	0.16	0.19	0.23
其他材料费		元	36	36	36	36	36	36
电焊机	交流 25～30kV·A	台时	3.61	3.09	2.68	2.27	1.96	1.65
载重汽车	5t	台时	4.53	3.91	3.40	2.88	2.47	2.06
卷扬机	8t	台时	16.07	14.01	12.15	10.30	8.76	7.42
斜井模行走及液压系统	10m²	台时	47.28					
斜井模行走及液压系统	25m²	台时		30.18				
斜井模行走及液压系统	50m²	台时			24.31			
斜井模行走及液压系统	80m²	台时				15.55		
斜井模行走及液压系统	120m²	台时					13.70	
斜井模行走及液压系统	160m²	台时						10.61
其他机械使用费		元	72	72	72	72	72	72
编号			40711	40712	40713	40714	40715	40716

4.91 竖井滑模

适用范围：地下洞室竖井混凝土衬砌。

工作内容：脱模、整体移位、升模、测量校正及维护保养等。

单位：$100m^2$

项目	单位	隧洞成形断面面积（m^2）						
		10	25	50	80	120	160	200
高级熟练工	工时	18	16	16	15	15	14	14
熟练工	工时	60	59	57	55	53	52	50
半熟练工	工时	52	50	48	47	45	44	43
普工	工时	43	42	40	39	38	37	36
合计	工时	173	167	161	156	151	147	143
竖井滑模	kg	144	145	161	168	170	186	197
铁件	kg	4.6	4.3	4.0	3.7	3.4	3.1	2.9
电焊条	kg	3.0	3.0	3.0	2.0	2.0	2.0	2.0
电	kW·h	204	170	142	118	101	86	73
板枋材	m^3	0.05	0.07	0.09	0.12	0.14	0.17	0.21
其他材料费	元	36	36	36	36	36	36	36
电焊机 交流 25～30kV·A	台时	1.85	1.65	1.44	1.24	1.03	0.93	0.82
载重汽车 5t	台时	2.88	2.47	2.16	1.85	1.55	1.34	1.13
卷扬机 5t	台时	17.00	14.73	12.77	11.12	9.48	8.03	6.80
竖井模行走及液压系统 $10m^2$	台时	66.23						
竖井模行走及液压系统 $25m^2$	台时		41.82					
竖井模行走及液压系统 $50m^2$	台时			29.56				
竖井模行走及液压系统 $80m^2$	台时				22.35			
竖井模行走及液压系统 $120m^2$	台时					19.06		
竖井模行走及液压系统 $160m^2$	台时						16.58	
竖井模行走及液压系统 $200m^2$	台时							14.83
其他机械使用费	元	72	72	72	72	72	72	70
编号		40717	40718	40719	40720	40721	40722	40723

4.92 地下洞室直墙模板

适用范围： 地下厂房、主变压器室、调压室及其他地下洞室直墙衬砌。

工作内容： 模板安装、拆除、清理、维修、场内运输，基岩面钻插筋孔、埋设插筋。

单位：100m^2

项　目		单位	数　量
高级熟练工		工时	47
熟练工		工时	133
半熟练工		工时	101
普工		工时	43
合计		工时	324
板枋材		m^3	0.21
组合钢模板		kg	128
铁件及预埋铁件		kg	796
卡扣件		个	232
电焊条		kg	5.22
其他材料费		元	204
风钻　手持式		台时	11.35
载重汽车	5t	台时	1.50
汽车起重机	100t	台时	1.77
电焊机	交流 25kV·A	台时	8.97
高压冲毛机		台时	1.56
其他机械使用费		元	57
编　号			40724

4.93 地下洞室顶拱钢模板

适用范围：地下厂房、主变压器室、调压室及其他地下洞室顶拱衬砌。

工作内容：模板安装、拆除、清理、维修、场内运输。

单位：$100m^2$

项目		单位	顶拱跨度（m）						
			5	8	12	16	20	25	30
高级熟练工		工时	24	24	23	23	23	22	22
熟练工		工时	82	81	79	78	77	76	75
半熟练工		工时	68	67	65	63	63	62	61
普工		工时	56	53	52	51	50	50	50
合计		工时	230	225	219	215	213	210	208
顶拱钢模板		kg	214	247	275	309	327	350	370
铁件及预埋铁件		kg	9	8	7	7	6	6	6
电焊条		kg	3.87	3.6	3.36	3.15	3.08	2.96	2.87
电		kW·h	72	62	55	48	45	42	39
氧气		m^3	0.26	0.29	0.30	0.32	0.34	0.37	0.39
乙炔气		m^3	0.10	0.12	0.12	0.13	0.13	0.14	0.16
脱模剂		kg	10	10	10	10	10	10	10
板枋材		m^3	0.29	0.28	0.28	0.27	0.26	0.25	0.25
其他材料费		元	48	50	52	54	56	59	62
电焊机	交流 25～30kV·A	台时	2.18	2.07	1.95	1.88	1.78	1.73	1.69
汽车起重机	5t	台时	0.60	0.69	0.77	0.87	0.97	1.09	1.21
载重汽车	5t	台时	2.59	2.36	2.12	2.00	1.90	1.81	1.74
卷扬机	5t	台时	41.41	27.4	20.7	15.86	13.35	11.14	9.61
其他机械使用费		元	96	100	103	106	112	117	122
编号			40725	40726	40727	40728	40729	40730	40731

4.94 地下异型木模板

适用范围：地下洞室混凝土衬砌。

工作内容：模板及桁架制作、安装、拆除、厂内搬运堆放等工作。

单位：100m²

项目		单位	隧洞成形断面面积（m²）					
			15	30	50	80	110	150
高级熟练工		工时	180	183	187	192	195	199
熟练工		工时	630	643	656	670	683	696
半熟练工		工时	540	551	562	574	585	597
普工		工时	450	459	469	478	488	497
合计		工时	1800	1836	1874	1914	1951	1989
板枋材		m^3	4.08	4.67	5.34	6.11	7.03	8.08
复合面层		m^2	81.40	80.99	80.59	80.19	79.79	79.39
铁件		kg	95	109	125	143	164	189
铁钉		kg	19.07	21.83	24.99	28.56	32.84	37.74
脱模剂		kg	14.28	14.28	14.28	14.28	14.28	14.28
电		kW·h	208	238	272	311	358	411
其他材料费		元	97	97	97	97	97	97
圆盘锯	ϕ500	台时	45.6	52.1	59.6	68.3	78.5	90.3
刨木机	500	台时	17.2	19.7	22.6	25.8	29.7	34.1
钻床	ϕ25	台时	6.1	6.9	7.9	9.1	10.4	12.0
桥式起重机	5t	台时	13.2	15.1	17.3	19.8	22.8	26.2
汽车起重机	5t	台时	16.3	18.5	21.2	24.3	27.9	32.1
载重汽车	5t	台时	4.0	4.6	5.4	6.1	7.0	8.0
叉式起重车	3t	台时	6.1	6.9	7.9	9.1	10.4	12.0
其他机械使用费		元	129	129	129	129	129	129
编号			40732	40733	40734	40735	40736	40737

4.95 压力钢管回填侧模

适用范围：压力钢管回填混凝土。

工作内容：安拆、清理、维修、场内运输。

单位：100m^2

项 目	单位	数 量
高级熟练工	工时	11
熟 练 工	工时	54
半熟练工	工时	50
普 工	工时	23
合 计	工时	135
板 枋 材	m^3	1.11
组合钢模板	kg	119
铁件及预埋铁件	kg	29
卡 扣 件	个	120
其他材料费	元	214
单面刨床	台时	0.37
载重汽车 10t	台时	1.36
汽车起重机 8t	台时	2.29
其他机械使用费	元	103
编 号		40738

4.96 板梁柱钢模板

适用范围：水工建筑物的工作桥、公路桥、板梁柱、排架等构筑物的现浇混凝土。

工作内容：模板拼装、场内运输、安装、拆除、清理、维修。

单位：100m^2

项目	单位	数量
高级熟练工	工时	19
熟练工	工时	89
半熟练工	工时	135
普工	工时	59
合计	工时	302
组合钢模板	kg	81
型钢	kg	44
铁件	kg	126
卡扣件	个	26
电焊条	kg	2.6
预制混凝土柱	m^3	0.3
其他材料费	元	36
载重汽车 5t	台时	14.97
汽车起重机 8t	台时	0.56
电焊机 交流 20～25kV·A	台时	3.32
其他机械使用费	元	46
编号		40739

4.97 多 卡 模 板

4.97.1 多卡平面悬臂模板

适用范围：闸、坝、厂房、墙、闸墩等平面、混凝土浇筑脱离基岩面 3m 以上部位。

工作内容：模板拼装、场内运输、安装、拆除、清理、维修。

单位：$100m^2$

项目		单位	模板高度（m）	
			2.4	3.1
高级熟练工		工时	9	9
熟练工		工时	34	33
半熟练工		工时	32	32
普工		工时	19	19
合计		工日	94	93
板枋材		m^3	0.06	0.06
平面多卡模板	（单套 3×2.4 或 3.1m）	套	0.20	0.15
锚固筋		根	32.30	24.36
塑料密封套环		个	32.30	24.36
其他材料费		元	156	139
载重汽车	10t	台时	0.37	0.37
汽车起重机	8t	台时	9.39	9.15
门座式起重机	10/30t	台时	0.93	1.05
高压冲毛机		台时	1.48	1.42
其他机械使用费		元	58	58
编号			40740	40741

注 1. 锚固钢筋与塑料密封套环配套使用，一套含一根锚固筋与一个套环，锚固筋的规格型号可以因钢材材质不同为直径ϕ22mm、长 55cm 或直径ϕ36mm、长 120cm 不等，在使用时可根据情况选用。

2. 表中多卡模板可以用维萨模板替换，数量不变。

3. 每套多卡模板所包含的主要内容为：钢面板、洞塞、标准件 M16×45、U 形卡、支架、竖围令、轴杆、连接模件、旋入架、悬杆、钩头螺栓、工作平台、定位锥、螺栓、钢管及零配件等。

4.97.2　多卡梯形键槽悬臂模板

适用范围：坝体混凝土浇筑。

工作内容：模板拼装、场内运输、安装、拆除、清理、维修。

单位：100m² 投影面积

项　目		单位	模板高度（m）	
			1.6	3.1
高级熟练工		工时	9	9
熟练工		工时	45	45
半熟练工		工时	47	47
普工		工时	31	31
合计		工时	132	132
板枋材		m^3	0.07	0.06
梯形键槽多卡模板	（单套3×1.6或3.1m）	套	0.31	0.15
钢筋		kg		225
锚固筋		根	50.15	24.13
塑料密封套环		个	50.15	24.13
电焊条		kg		
其他材料费		元	203	190
载重汽车	10t	台时	0.62	0.56
汽车起重机	8t	台时	11.74	11.00
门座式起重机	10/30t	台时	1.73	1.05
电焊机	交流 25kV·A	台时		6.38
高压冲毛机		台时	1.55	1.42
其他机械使用费		元	89	89
编　号			40742	40743

4.97.3 多卡三角键槽悬臂模板

适用范围：坝体混凝土浇筑。

工作内容：模板拼装、场内运输、安装、拆除、清理、维修。

单位：$100m^2$ 投影面积

项目		单位	模板高度（m）	
			1.6	3.1
高级熟练工		工时	9	9
熟练工		工时	45	49
半熟练工		工时	47	50
普工		工时	27	24
合计		工时	128	132
板枋材		m^3	0.07	0.06
三角键槽多卡模板	（单套 3×1.6 或 3.1m）	套	0.31	0.15
钢筋		kg		225
锚固筋		根	50.15	24.13
塑料密封套环		个	50.15	24.13
电焊条		kg		
其他材料费		元	200	188
载重汽车	10t	台时	0.49	0.43
汽车起重机	8t	台时	11.68	10.94
门座式起重机	10/30t	台时	1.42	1.11
电焊机	交流 25kV·A	台时		6.38
高压冲毛机		台时	1.55	1.42
其他机械使用费		元	89	89
编号			40744	40745

4.98 平面悬臂组合钢模板

适用范围：闸、坝、厂房、墙、闸墩等平面、混凝土浇筑脱离基岩面3m以上部位。

工作内容：模板拼装、场内运输、安装、拆除、清理、维修。

单位：$100m^2$

项　目	单位	数　量
高级熟练工	工时	15
熟练工	工时	42
半熟练工	工时	35
普工	工时	22
合计	工时	114
板枋材	m^3	0.48
组合钢模板	kg	131
型钢	kg	402
钢管	kg	5.79
钢筋	kg	101
螺栓	kg	46
卡扣件	个	108
电焊条	kg	2.15
其他材料费	元	147
载重汽车 10t	台时	0.87
汽车起重机 8t	台时	9.83
门座式起重机 10/30t	台时	0.99
电焊机 交流 25kV·A	台时	3.64
高压冲毛机	台时	1.48
其他机械使用费	元	68
编　号		40746

4.99 基础组合钢模板

适用范围：闸、坝、厂房、墩、墙等平面基础部位混凝土浇筑。

工作内容：模板安装、拆除、清理、维修、场内运输，基岩面钻插筋孔、埋设插筋。

单位：$100m^2$

项目		单位	外撑式	内拉式
高级熟练工		工时	23	21
熟练工		工时	96	98
半熟练工		工时	89	91
普工		工时	35	35
合计		工时	243	245
板枋材		m^3	1.39	0.58
组合钢模板		kg	86	104
铁件及预埋铁件		kg	308	781
卡扣件		个	231	216
电焊条		kg	0.33	4.82
其他材料费		元	163	173
风钻	手持式	台时	10.51	12.17
载重汽车	5t	台时	2.16	2.60
门座式起重机	10/30t	台时	1.05	1.05
电焊机	交流 25kV·A	台时	0.48	7.00
高压冲毛机		台时	1.42	1.36
其他机械使用费		元	52	52
编号			40747	40748

4.100 悬空承重顶板钢模板

适用范围：悬空梁、板结构，浇筑厚度 2m 以下。

工作内容：模板安装、拆除、清理、维修、场内运输。

单位：$100m^2$

项目		单位	数量
高级熟练工		工时	62
熟练工		工时	110
半熟练工		工时	64
普工		工时	38
合计		工时	274
板枋材		m^3	0.16
组合钢模板		kg	110
铁件及预埋铁件		kg	77
卡扣件		个	130
电焊条		kg	3.02
其他材料费		元	61
载重汽车	5t	台时	0.87
门座式起重机	10/30t	台时	0.56
高压冲毛机		台时	1.30
电焊机	交流 25kV·A	台时	0.11
其他机械使用费		元	15
编号			40749

4.101 廊道顶拱木模板

适用范围：廊道顶拱混凝土浇筑。

工作内容：模板制作、安装、拆除、场内运输。

单位：100m²

项目	单位	数量
高级熟练工	工时	39
熟练工	工时	127
半熟练工	工时	108
普工	工时	101
合计	工时	375
板枋材	m^3	5.33
铁钉	kg	21
其他材料费	元	357
单面刨床	台时	12.88
载重汽车 5t	台时	7.21
门座式起重机 10/30t	台时	4.12
高压冲毛机	台时	0.52
其他机械使用费	元	103
编号		40750

4.102 廊道边墙模板

适用范围：廊道边墙混凝土浇筑。

工作内容：模板安装、拆除、清理、维修、场内运输。

单位：$100m^2$

项目	单位	数量
高级熟练工	工时	23
熟练工	工时	99
半熟练工	工时	95
普工	工时	31
合计	工时	248
板枋材	m^3	0.27
组合钢模板	kg	111
铁件及预埋铁件	kg	533
卡扣件	个	212
电焊条	kg	5.15
其他材料费	元	189
载重汽车 5t	台时	1.36
门座式起重机 高架 30t	台时	0.68
高压冲毛机	台时	1.42
电焊机 交流 25kV·A	台时	8.27
其他机械使用费	元	31
编号		40751

4.103 键槽组合模板

适用范围：闸、坝、厂房、墩、墙、廊道等平面部位。

工作内容：模板安装、拆除、清理、维修、场内运输。

4.103.1 三角形键槽组合钢模板

单位：100m^2 投影面积

项目	单位	数量
高级熟练工	工时	23
熟练工	工时	91
半熟练工	工时	83
普工	工时	31
合计	工时	228
板枋材	m^3	0.11
组合钢模板	kg	171
铁件及预埋铁件	kg	582
卡扣件	个	236
电焊条	kg	6.14
其他材料费	元	230
载重汽车 5t	台时	1.61
门座式起重机 10/30t	台时	0.87
电焊机 交流 25kV·A	台时	8.90
高压冲毛机	台时	1.48
其他机械使用费	元	46
编号		40752

4.103.2 梯形键槽组合钢模板

单位：100m^2 投影面积

项目		单位	数量
高级熟练工		工时	24
熟练工		工时	97
半熟练工		工时	89
普工		工时	33
合计		工时	243
板枋材		m^3	0.11
组合钢模板		kg	182
铁件及预埋铁件		kg	689
卡扣件		个	248
电焊条		kg	8.04
其他材料费		元	265
载重汽车	5t	台时	1.85
门座式起重机	10/30t	台时	0.93
电焊机	交流 25kV·A	台时	11.64
高压冲毛机		台时	1.48
其他机械使用费		元	46
编号			40753

4.104 尾水肘管模板

适用范围：混凝土锥管、尾水肘管浇筑。

工作内容：模板制作、安装、拆除、场内运输。

单位：100m²

项目		单位	管直径（m）		
			4	6	8
高级熟练工		工时	545	403	371
熟练工		工时	866	843	803
半熟练工		工时	381	521	512
普工		工时	268	187	173
合计		工时	2060	1954	1859
板枋材		m^3	14.39	11.25	10.90
型钢		kg	14.95	11.36	11.04
钢筋		kg	2.81	2.26	2.25
螺栓		kg	124	103	88
铁件		kg	328	275	234
铁钉		kg	173	167	154
电焊条		kg	11.89	9.12	9.02
三夹板	δ3mm 144×222	m^2	4.78	4.78	4.53
桐油		kg	23.37	23.37	22.09
熟石膏粉		kg	15.59	15.59	14.71
清漆		kg	3.90	3.90	3.68
其他材料费		元	1102	923	877
手提圆锯机		台时	0.87	0.87	0.87
单面刨床		台时	6.61	6.61	6.24
桥式起重机	5t	台时	97.58	56.42	44.74
链式起重机	手动 5t	台时	51.48	51.48	48.70
电焊机	交流 25kV·A	台时	18.91	14.58	13.60
其他机械使用费		元	17	12	11
编号			40754	40755	40756

4.105 预制混凝土模板

适用范围：大体积模板和廊道模板。

工作内容：模板制作、安装、拆除、浇筑、凿毛、养护、预制件吊移。

单位：100m^3

项目		单位	大体积预制混凝土模板	预制廊道混凝土模板
高级熟练工		工时	41	49
熟练工		工时	267	323
半熟练工		工时	1027	1243
普工		工时	719	870
合计		工时	2054	2486
钢模板		kg	469	803
电焊条		kg	19	32
预埋铁件		kg	73	121
混凝土		m^3	102	102
水		m^3	100	100
其他材料费		元	39	38
塔式起重机	10t	台时	16.48	16.48
振捣器	插入式 2.2kW	台时	49.44	49.44
载重汽车	5t	台时	1.48	2.39
电焊机	直流 16～30kV·A	台时	15.24	24.72
其他机械使用费		元	9	9
混凝土拌制		m^3	100	100
混凝土水平运输		m^3	100	100
混凝土垂直运输		m^3	100	100
编号			40757	40758

4.106 钢模台车制作

适用范围：地下洞室平洞混凝土衬砌用钢模台车制作。

工作内容：下料加工、预拼装及调试、厂内搬运堆放等工作。

单位：t

项目		单位	隧洞成形断面面积（m^2）						
			20	35	70	110	150	200	250
高级熟练工		工时	30	29	29	28	27	27	26
熟练工		工时	90	88	85	83	81	79	77
半熟练工		工时	49	48	47	46	45	44	43
普工		工时	30	29	29	28	27	27	26
合计		工时	199	194	190	185	180	177	172
钢板		kg	746	743	739	735	732	728	725
型钢		kg	329	327	326	324	323	321	320
圆钢		kg	8.67	8.67	8.67	8.67	8.67	8.67	8.67
钢管		kg	13.36	13.26	13.16	13.06	12.95	12.85	12.75
铁件		kg	24.99	24.48	23.97	23.46	22.95	22.44	21.93
螺栓	M16～22mm	kg	6.94	7.34	7.75	8.16	8.57	8.98	9.38
电焊条		kg	37.84	38.66	39.47	40.29	41.11	41.92	42.74
氧气		m^3	18.97	18.77	18.56	18.36	18.16	17.95	17.75
乙炔		kg	7.65	7.55	7.45	7.34	7.24	7.14	7.04
板枋材		m^3	0.06	0.05	0.05	0.04	0.04	0.04	0.04
油漆		kg	6.73	6.53	6.32	6.12	5.92	5.71	5.51
电		kW·h	40	39	38	37	37	36	35
其他材料费		元	97	97	97	97	97	97	98
剪板机	20×2000mm	台时	0.72	0.72	0.72	0.72	0.72	0.72	0.72
刨边机	9m	台时	1.96	1.85	1.75	1.65	1.55	1.44	1.34
摇臂钻床	ϕ35～50	台时	2.37	2.27	2.16	2.06	1.96	1.85	1.75
车床	ϕ250～400	台时	5.77	5.56	5.36	5.15	4.94	4.74	4.53
牛头刨床		台时	3.50	3.40	3.30	3.19	2.99	2.88	2.78
空气压缩机	电动移动 $3m^3$/min	台时	1.65	1.55	1.44	1.34	1.24	1.13	1.03
半自动切割机		台时	1.75	1.65	1.55	1.44	1.34	1.24	1.13
电焊机	交流 25～30kV·A	台时	35.95	36.67	37.39	38.11	38.83	39.66	40.48
桥式起重机	15/3t	台时	2.37	2.27	2.16	2.06	1.96	1.85	1.75
叉式起重车	3t	台时	1.24	1.24	1.24	1.24	1.13	1.03	1.03
其他机械使用费		元	129	129	129	129	129	129	129
编号			40759	40760	40761	40762	40763	40764	40765

4.107 针梁模制作

适用范围：地下圆形平隧洞混凝土衬砌用针梁模板制作。

工作内容：下料加工、预拼装及调试、厂内搬运堆放等工作。

单位：t

项目		单位	隧洞成形断面面积（m^2）					
			7	15	30	50	80	120
高级熟练工		工时	31	31	30	30	29	28
熟练工		工时	94	92	90	89	85	82
半熟练工		工时	53	52	50	49	47	46
普工		工时	31	31	30	30	29	28
合计		工时	209	206	200	198	190	184
钢板		kg	768	765	761	757	754	750
型钢		kg	313	311	310	308	307	305
圆钢		kg	11.12	11.02	10.91	10.81	10.71	10.61
钢管		kg	5.7	5.6	5.5	5.4	5.3	5.2
铁件		kg	24.9	24.1	23.3	22.4	21.9	21.4
螺栓	M16～22mm	kg	8.26	8.47	8.67	8.87	9.28	9.79
电焊条		kg	40.4	41.2	42.0	42.8	43.7	44.6
氧气		m^3	20.6	20.2	19.8	19.4	19.2	19.0
乙炔		kg	8.36	8.16	7.96	7.75	7.65	7.55
板枋材		m^3	0.07	0.06	0.06	0.06	0.05	0.05
油漆		kg	6.43	6.32	6.22	6.12	5.10	5.00
电		kW•h	45	45	44	43	42	40
其他材料费		元	97	97	97	97	97	97
剪板机	20×2000mm	台时	0.82	0.82	0.82	0.82	0.82	0.82
刨边机	9m	台时	2.06	1.96	1.85	1.75	1.65	1.55
摇臂钻床	ϕ35～50	台时	2.58	2.47	2.37	2.27	2.06	1.85
车床	ϕ250～400	台时	7.11	6.49	5.87	5.36	4.94	4.53
牛头刨床		台时	4.43	4.02	3.61	3.30	2.99	2.78
空气压缩机	电动移动 $3m^3$/min	台时	1.75	1.55	1.44	1.34	1.24	1.13
半自动切割机		台时	2.16	1.96	1.75	1.55	1.44	1.34
电焊机	交流 25～30kV•A	台时	39.66	40.48	41.30	42.13	42.95	43.78
桥式起重机	15/3t	台时	3.19	2.88	2.58	2.37	2.16	1.96
叉式起重车	3t	台时	1.75	1.55	1.44	1.34	1.24	1.13
其他机械使用费		元	129	129	129	129	129	129
编号			40766	40767	40768	40769	40770	40771

4.108 斜井滑模制作

适用范围： 地下洞室斜井工程混凝土衬砌用斜井滑模制作。

工作内容： 下料加工、预拼装及调试、厂内搬运堆放等工作。

单位：t

项目		单位	隧洞成形断面面积（m^2）					
			10	25	50	80	120	160
高级熟练工		工时	31	31	30	29	28	28
熟练工		工时	94	92	90	88	84	82
半熟练工		工时	53	52	50	48	47	45
普工		工时	31	31	30	29	28	28
合计		工时	209	206	200	194	187	183
钢板		kg	228	226	224	223	222	221
型钢		kg	886	878	870	866	861	857
圆钢		kg	9.28	9.18	9.08	8.87	8.67	8.47
铁件		kg	24.99	24.48	23.97	23.46	22.95	22.54
螺栓	M16～22mm	kg	8.67	9.08	9.59	10.10	10.61	11.12
电焊条		kg	39.37	40.19	41.00	41.82	42.64	43.45
氧气		m^3	18.77	18.56	18.36	18.16	17.95	17.75
乙炔		kg	7.55	7.45	7.34	7.24	7.14	7.04
板枋材		m^3	0.06	0.06	0.06	0.05	0.05	0.05
油漆		kg	12.14	11.93	11.73	11.53	11.32	11.12
电		kW•h	51	50	49	48	47	46
其他材料费		元	97	97	97	97	97	97
剪板机	13×2500mm	台时	1.34	1.24	1.13	1.03	0.93	0.82
摇臂钻床	ϕ35～50	台时	3.50	3.40	3.30	2.99	2.78	2.58
车床	ϕ250～400	台时	3.40	3.09	2.78	2.58	2.37	2.16
牛头刨床		台时	4.02	3.61	3.30	2.99	2.78	2.58
空气压缩机	电动移动 3m^3/min	台时	1.55	1.44	1.34	1.24	1.13	1.03
半自动切割机		台时	1.44	1.34	1.24	1.13	1.03	0.93
电焊机	交流 25～30kV·A	台时	33.58	34.30	35.02	35.74	36.46	37.18
桥式起重机	10t	台时	3.50	3.40	3.30	3.19	3.09	2.99
叉式起重车	3t	台时	1.55	1.44	1.34	1.34	1.34	1.34
其他机械使用费		元	129	129	129	129	129	129
编号			40772	40773	40774	40775	40776	40777

4.109 竖井滑模制作

适用范围：地下洞室竖井工程混凝土衬砌用竖井滑模制作。

工作内容：下料加工、预拼装及调试、厂内搬运堆放等工作。

单位：t

项目		单位	竖井成形断面面积（m^2）						
			10	25	50	80	120	160	200
高级熟练工		工时	30	30	29	28	28	27	26
熟练工		工时	90	89	87	84	82	79	77
半熟练工		工时	50	49	48	47	45	44	43
普工		工时	30	30	29	28	28	27	26
合计		工时	200	198	193	187	183	177	172
钢板		kg	328	326	325	323	321	320	318
型钢		kg	765	761	757	754	750	746	742
圆钢		kg	10	10	10	9	9	9	8
铁件		kg	21.01	20.40	19.89	19.38	18.26	17.14	16.12
螺栓	M16～22mm	kg	7.45	7.85	8.26	8.67	9.08	9.49	10.00
电焊条		kg	42.13	41.31	40.49	39.68	38.86	38.05	37.33
氧气		m^3	18.97	18.77	18.56	18.36	18.16	17.95	17.75
乙炔		kg	7.55	7.45	7.34	7.24	7.14	7.04	6.94
板枋材		m^3	0.05	0.04	0.04	0.03	0.03	0.02	0.02
油漆		kg	14.99	14.69	14.38	14.08	13.77	13.46	13.16
电		kW·h	44	43	42	41	40	39	38
其他材料费		元	97	97	97	97	97	97	97
剪板机	13×2500mm	台时	1.34	1.24	1.13	1.03	0.93	0.82	0.72
卷板机	20×2000mm	台时	0.82	0.72	0.62	0.52	0.52	0.52	0.52
摇臂钻床	ϕ35～50	台时	3.30	3.19	3.09	2.99	2.78	2.58	2.37
车床	ϕ250～400	台时	4.02	3.61	3.30	2.99	2.78	2.58	2.37
牛头刨床		台时	3.30	2.99	2.68	2.47	2.27	2.06	1.85
空气压缩机	电动移动 3m^3/min	台时	2.16	1.96	1.75	1.55	1.44	1.34	1.24
半自动切割机		台时	1.55	1.44	1.34	1.24	1.13	1.03	0.93
电焊机	交流 25～30kV·A	台时	38.21	37.49	36.77	36.05	35.33	34.61	33.89
桥式起重机	20/5t	台时	3.30	3.19	3.09	2.99	2.88	2.78	2.68
叉式起重车	3t	台时	1.55	1.44	1.34	1.24	1.24	1.24	1.24
其他机械使用费		元	129	129	129	129	129	129	129
	编号		40778	40779	40780	40781	40782	40783	40784

4.110 顶拱钢模板制作

适用范围：地下洞室平洞工程顶拱混凝土衬砌。

工作内容：下料、加工、预拼装及调试、厂内搬运堆放等工作。

单位：t

项目		单位	隧洞成形断面跨度（m）			
			5	8	12	16
高级熟练工		工时	26	25	25	24
熟练工		工时	77	75	73	71
半熟练工		工时	43	42	41	39
普工		工时	26	25	25	24
合计		工时	172	167	164	158
钢板		kg	389	339	304	270
型钢		kg	299	315	323	373
钢管		kg	372	406	434	417
铁件		kg	11.40	11.20	11.00	10.80
螺栓	M16～22mm	kg	13.30	14.00	14.70	15.40
电焊条		kg	31.82	32.44	33.05	33.66
氧气		m^3	6.94	6.83	6.73	6.63
乙炔		kg	2.75	2.75	2.75	2.75
油漆		kg	18.16	17.65	16.93	16.22
电		kW·h	39	38	37	36
其他材料费		元	77	77	77	77
剪板机	20×2000mm	台时	1.44	1.34	1.24	1.13
卷板机	20×2000mm	台时	0.72	0.72	0.72	0.72
摇臂钻床	ϕ35～50	台时	2.16	2.06	1.96	1.85
空气压缩机	电动 3m³/min	台时	2.88	2.78	2.68	2.58
电焊机	交流 25～30kV·A	台时	34.51	35.23	35.95	36.67
桥式起重机	10t	台时	2.27	2.16	2.06	1.96
叉式起重车	3t	台时	0.72	0.72	0.72	0.72
其他机械使用费		元	108	108	108	108
编号			40785	40786	40787	40788

4.111 底拱模制作

适用范围：圆形、马蹄型平洞底拱混凝土衬砌用底拱模板制作。
工作内容：下料加工、预拼装及调试、厂内搬运堆放等工作。

单位：t

项目		单位	模板圆弧直径（m）						
			4	6	8	10	12	15	18
高级熟练工		工时	29	29	28	28	27	26	26
熟练工		工时	88	85	83	82	80	78	76
半熟练工		工时	48	47	46	45	45	43	42
普工		工时	29	29	28	28	27	26	26
合计		工时	194	190	185	183	179	173	170
钢板		kg	772	768	765	761	757	754	750
型钢		kg	315	313	312	310	308	307	305
圆钢		kg	11.2	11.1	11.0	10.9	10.8	10.7	10.6
钢管		kg	5.4	5.4	5.4	5.4	5.4	5.4	5.4
铁件		kg	23.46	22.95	22.44	21.93	21.42	20.91	20.40
螺栓	M16～22mm	kg	7.24	7.65	8.06	8.47	8.87	9.28	9.79
电焊条		kg	36.82	37.54	38.25	39.07	39.88	40.29	40.70
氧气		m^3	18.87	18.67	18.46	18.26	18.05	17.85	17.65
乙炔		kg	7.65	7.55	7.45	7.34	7.24	7.14	7.04
板枋材		m^3	0.06	0.06	0.06	0.05	0.05	0.05	0.05
油漆		kg	6.94	6.73	6.53	6.32	6.12	5.92	5.71
电		kW·h	46	45	44	43	42	41	40
其他材料费		元	77	77	77	77	77	77	77
剪板机	20×2000mm	台时	0.72	0.72	0.72	0.72	0.72	0.72	0.72
刨边机	9m	台时	2.06	1.96	1.85	1.75	1.65	1.55	1.44
摇臂钻床	ϕ35～50	台时	2.27	2.16	2.06	1.96	1.85	1.75	1.65
车床	ϕ250～400	台时	5.87	5.67	5.46	5.25	5.05	4.84	4.64
牛头刨床		台时	3.50	3.40	3.30	3.19	3.09	2.99	2.88
空气压缩机	电动移动 $3m^3/min$	台时	1.75	1.65	1.55	1.44	1.34	1.24	1.13
半自动切割机		台时	1.85	1.75	1.65	1.55	1.44	1.34	1.24
电焊机	交流 25～30kV·A	台时	33.68	34.40	35.12	35.84	36.57	37.29	38.01
桥式起重机	10t	台时	2.78	2.68	2.58	2.47	2.37	2.27	2.16
叉式起重车	3t	台时	1.13	1.13	1.13	1.13	1.13	1.03	1.03
其他机械使用费		元	108	108	108	108	108	108	108
编号			40789	40790	40791	40792	40793	40794	40795

中华人民共和国国家发展和改革委员会 批准

SHUIDIAN JIANZHU GONGCHENG GAISUAN DING'E

水电建筑工程概算定额（下册）

（2007年版）

水电水利规划设计总院
可再生能源定额站 颁布

中国电力出版社
CHINA ELECTRIC POWER PRESS

图书在版编目（CIP）数据

水电建筑工程概算定额：2007年版. 下册 / 中华人民共和国国家发展和改革委员会发布. —北京：中国电力出版社，2008（2021.9重印）

ISBN 978-7-5083-7363-8

Ⅰ. 水… Ⅱ. 中… Ⅲ. ①水利工程–概算定额–中国②水力发电工程–概算定额–中国 Ⅳ. TV512

中国版本图书馆CIP数据核字（2008）第082080号

中国电力出版社出版、发行

（北京市东城区北京站西街19号 100005 http://www.cepp.sgcc.com.cn）

三河市百盛印装有限公司印刷

各地新华书店经售

*

2008年6月第一版 2021年9月北京第四次印刷

889毫米×1194毫米 32开本 37.875印张 1094千字

上、下册定价 **290.00** 元

关于颁布《水电工程设计概算编制规定（2007年版）》、《水电工程设计概算费用标准（2007年版）》和《水电建筑工程概算定额（2007年版）》的通知

可再生定额［2008］5号

各有关单位：

为进一步加强和规范水电工程定额和造价管理工作，完善水电工程定额和造价管理体系，统一水电工程设计概算编制规则、计算方法以及费用和定额标准，充分发挥标准定额在水电工程建设管理中的引导约束作用，合理确定工程投资，确保市场有效配置资源，提高投资效益，维护工程参建各方的合法权益，促进水电建设事业的健康发展，根据《国家发展改革委办公厅关于印发〈可再生能源发电工程定额和造价工作管理办法〉的通知》（发改办能源［2008］649号）精神，经国家发展和改革委员会批准（发改办能源［2008］1250号），现颁布《水电工程设计概算编制规定（2007年版）》、《水电工程设计概算费用标准（2007年版）》和《水电建筑工程概算定额（2007年版）》，自颁布之日起施行。

《水电工程设计概算编制办法及计算标准（2002年版）》和《水力发电建筑工程概算定额（1997年版）》同时废止。

本标准由中国电力出版社出版、发行。

本标准配套软件由北京木联能软件技术有限公司开发。

执行中如有问题，请函告水电水利规划设计总院（可再生能源定额站）。

联系电话：010-62041369

传　　真：010-62352734

电子邮箱：dez@checc.cn

网　　址：http://www.hydrocost.org.cn

附件：

1. 国家发展改革委办公厅关于同意颁布水电工程设计概算编制规定、水电工程设计概算费用标准和水电建筑工程概算定额的复函（发改办能源［2008］1250号）

2. 水电工程设计概算编制规定（2007年版）（另发）

3. 水电工程设计概算费用标准（2007年版）（另发）

4. 水电建筑工程概算定额（2007年版）（另发）

水电水利规划设计总院

可再生能源定额站

二〇〇八年六月十八日

抄　送：国家发展和改革委员会，国家能源局，国家电力监管委员会，各省（区、市）发展和改革委员会，国家电网公司、南方电网公司、中国华能集团公司、中国大唐集团公司、中国国电集团公司、中国华电集团公司、中国电力投资集团公司、国家开发投资公司、中国长江三峡工程开发总公司、中国水电工程顾问集团公司、中国国际工程咨询公司、中国水利水电建设集团公司、中国葛洲坝集团公司、武警水电指挥部

国家发展改革委办公厅关于同意颁布水电工程设计概算编制规定、水电工程设计概算费用标准和水电建筑工程概算定额的复函

发改办能源［2008］1250号

水电水利规划设计总院：

报来《关于申请颁布水电工程设计概算编制规定、费用标准和建筑工程概算定额的请示》（水电规造价［2008］4号）收悉。经研究，现函复如下：

一、为统一水电工程设计概算的编制和计算规则，合理确定水电工程造价，完善水电工程定额和造价管理体系，规范水电建设市场秩序，维护工程建设各方的合法权益，促进水电建设的健康持续发展，根据我委印发的《可再生能源发电工程定额和造价工作管理办法》（发改办能源［2008］649 号），原则同意你院（可再生能源定额站）颁布《水电工程设计概算编制规定（2007 年版）》、《水电工程设计概算费用标准（2007 年版）》和《水电建筑工程概算定额（2007 年版）》，自颁布之日起施行。

二、设计概算是做好工程管理工作的重要依据。随着技术、政策和市场等因素的变化，概算定额和费用标准也会发生变化。请你院（可再生能源定额站）进一步加强对可再生能源工程定额和造价的管理，建立健全可再生能源定额和造价监测分析体系，根据可再生能源建设技术、政策和市场环境的变化情况，及时修订和完善造

价指标、概算定额和费用标准，并按有关程序要求及时进行发布，以规范和指导可再生能源工程概算编制工作。

特此复函。

国家发展和改革委员会办公厅

二〇〇八年六月四日

前　言

《水电建筑工程概算定额（2007年版）》（以下简称本定额）是根据《国家发展改革委办公厅关于印发＜可再生能源发电工程定额和造价工作管理办法＞的通知》（发改办能源［2008］649号）的精神，遵照国家法律、法规，并结合水电工程的建设特点以及有关规程、规范的要求编制的，其目的是为了进一步加强和规范水电工程定额和造价管理工作，充分发挥标准定额在水电工程建设过程中的引导和约束作用，合理确定工程投资，提高投资效益，维护水电工程建设各方的合法权益，促进水电建设事业的健康发展。

本定额在编制过程中汲取了《水力发电建筑工程概算定额（1997年版）》及以往各版本的编制经验和内容精华，主要以《水电建筑工程预算定额（2004年版）》为基础，根据水电工程可行性研究设计阶段深度要求对相应的项目进行了综合，并充分考虑了目前水电工程建设的施工工艺和技术水平。

本定额由水电水利规划设计总院提出，中华人民共和国国家发展和改革委员会批准颁布。

本定额由可再生能源定额站归口管理并解释。

本定额编制单位：可再生能源定额站。

本定额参编单位：中国水电顾问集团北京勘测设计研究院、中国水电顾问集团西北勘测设计研究院、中国水电顾问集团华东勘测设计研究院、中国水电顾问集团中南勘测设计研究院、中国水电顾问集团成都勘测设计研究院、中国水电顾问集团昆明勘测设计研究院。

本定额主要参编人：关宗印、易升、郭建欣、苏灵芝、徐爱香、王友政、王林、程宁、陈光、孙会东、李永林、吴荣民、徐旭敏、王建德、李小山、李胜文、殷许生、王少华、李芳、马理、陈家才、管昆翔、胡勇。

本定额主要审查人：王民浩、周尚洁、史立山、陈皓、王筱华、王嘉惠、黄汉成、王莉萍、姚汉平、周波、杜景灿、孟宪魁、陈宏宇、李国华、郑路华、孙镇西、林鹏、杨荣、张书军、陈晓彬、严作宾、张捍慧、陈华英、王学智、袁浩、汪克惠、江波、李志、王礼、吴道专、蔡建国、李汉银、胡玉强、幸新龙、庞汉文、何启敏、栾远新。

总 目 录

上 册

下 册

总　说　明

一、《水电建筑工程概算定额》（以下简称本定额），是在《水电建筑工程预算定额（2004 年版）》基础上，根据目前水电工程建设项目可行性研究设计阶段规程、规范要求，并结合水电工程造价控制和管理标准体系的需要编制而成。本定额包括土方工程、石方工程、堆砌石工程、混凝土及模板工程、锚喷支护工程、砂石备料工程、基础处理工程、疏浚工程、其他工程共九章及附录。

二、本定额适用于新建、扩建的大中型水电工程建设项目（表 0–1）。本定额是编制水电工程投资估算指标和其他扩大指标的依据，是编制水电工程可行性研究报告设计概算文件的指导性依据，是国家有关部门和单位监督水电工程项目投资管理的计价基础，是编制招标标底、投标报价和合同管理的计价参考。

表 0–1　　　水电枢纽工程的分等指标

工程等别	工程规模	水库总库容（亿 m^3）	装机容量（MW）
一	大（1）型	≥10	≥1200
二	大（2）型	<10 ≥1	<1200 ≥300
三	中型	<1 ≥0.1	<300 ≥50
四	小（1）型	<0.1 ≥0.01	<50 ≥10
五	小（2）型	<0.01	<10

注　水电枢纽工程的防洪作用与工程等别的关系，应按照 GB 50201—1994《防洪标准》的有关规定确定。

三、本定额适用于海拔高程低于或等于 2000m 地区的工程建设项目。海拔高程高于 2000m 的地区，应根据工程项目所在地的海拔高程确定的调整系数（见表0–2）调整计算。

表0–2　　高海拔地区人工、机械定额调整系数

项目	海拔高程（m）					
	2000～2500	2500～3000	3000～3500	3500～4000	4000～4500	4500～5000
人工	1.10	1.15	1.20	1.25	1.30	1.35
机械	1.25	1.35	1.45	1.55	1.65	1.75

注　1. 海拔高程以拦河坝或水闸顶的海拔高程为准，没有拦河坝或水闸的工程项目，以进水口或厂房顶的海拔高程为准。
2. 机械是指燃油动力机械和电动空气压缩机。
3. 高海拔植被良好地区，定额调整系数下调一挡。

四、本定额不包括冬季、雨季和特殊地区气候而影响施工的因素和因此增加的费用。

五、本定额按一日三班，每班八小时工作制拟定。在采用一日一班或一日两班工作制时，定额不需调整。

六、本定额的“工作内容”仅扼要说明各项目的主要施工过程及工序，次要的施工过程及工序和必要的辅助工作，虽未为列出，但已包括在定额内。

七、本定额均以工程设计几何轮廓尺寸进行计算的工程量为计量单位。即由完成每一有效单位实体所消耗的人工、材料、机械的数量定额组成。不构成实体的各种施工操作损耗、允许超挖及超填量和体积变化等因素已计入定额。

八、本定额中人工消耗量以“工时”为计量单位，是指完成该项定额子目工作内容所需的人工消耗量，它包括主要用工和辅助用工，并按完成该项定额子目工作内容所需人工的技术等级分别列示出高级熟练工、熟练工、半熟练工、普工的工时及其合计数。定额中人工工时包括基本工作、辅助工作，作业班内的准备与结束、不可避免的中断、必要的休息、工程检查、交接班、施工干扰、夜间施工工效影响，以及常用工具和机械维护保养、加油、加水等全部时间。

九、本定额中材料消耗量是指完成该项目工作内容所需的全部材料，它包括主要材料和辅助材料。主要材料以法定计量单位表示，辅助材料以“其他材料费”表示。没有主要材料但需发生辅助材料的定额子目，以“零星材料费”表示。

定额中消耗材料，未列示品种、规格的，均可根据一般常用或施工组织设计选定的品种、规格计算，但定额消耗量一般不需调整。

材料场内运输所消耗的人工、机械数量及费用，已包括在各相应定额内，除另有规定外一般不需调整。

十、本定额中机械消耗量以“台（组）时”为计量单位，是指完成该项定额子目工作内容所需的机械消耗量，它由主要机械和辅助机械组成，主要机械以“台（组）时”表示，辅助机械以“其他机械使用费”表示。定额中机械台（组）时只包括机械运转时间，非运转时间的机械自然损耗以及无形损耗已计入施工机械台时费定额中。

定额中机械消耗量单位以“组时”表示的，其机械数量的配备按施工组织设计选定计算，定额消耗量不变。

十一、本定额中挖掘机除注明外均按液压正铲编制，如改用其他形式挖掘机，相应定额子目中的挖掘机和人工消耗量乘调整系数，见表0–3。

表0–3　　挖掘机定额调整系数表

项　目		挖掘机调整系数	人工调整系数
挖掘机	油动液压正铲	1.00	1.00
	油动液压反铲	1.33	1.34
	电动	1.30	2.60

十二、本定额表中材料、机械的表示方式：

1. 在定额表中不同行中分别列出名称、型号、品种、规格的材料、机械，表示各行定额消耗量均属于计价部分。

2. 只在一行中列出材料、机械的名称，而在不同行中分别列出不同型号、品种、规格的，表示这种材料、机械只能选用其中一种型号、品种、规格的定额消耗量进行计价。

3. 在定额表不同行中列出材料、机械的名称，但各行所列的型号、品种、规格不相同的，表示这些相同的材料、机械定额消耗量都同时进行计价。

十三、本定额中的其他材料费、其他机械使用费、零星材料费是指定额未明确列示的材料和机械（如工作面内的脚手架、简易操作平台、消耗量小的机械等摊销费或使用费，地下工程工作面内的照明费及其他用量较少的材料费）均以金额表示，在使用定额时，可按定额主管部门的有关规定进行调整。

十四、本定额中定额子目以建筑物尺寸或运输距离等划分的定额，当需要选用定额介于两子目之间时，可用插入法进行定额调整。

十五、本定额中数字表示的适用范围：

1. 用一个数字，仅适用于该数字本身。

2. 数字后用“以上”、“以外”、“大于”、“超过”表示的，都不包括数字本身。

3. 数字后用“以下”、“以内”、“小于或等于”、“不大于”表示的，都包括数字本身。

4. 数字用“××～××”表示的，是用于这两个数字区间的范围，相当于“××以上至××以下”。

十六、本定额中的汽车运输定额，适用于一般水电工程施工路况和运输距离不大于10km的场内运输（当运输距离大于10km时，按场外运输和工程所在地区的运价标准计算）。使用时不再另计高差折平和路面等级系数。

十七、本定额中的人力运输定额，均按水平运输拟定。如在有坡度的施工场地运输，应按实际斜距乘坡度折平系数调整折算为该段水平距离长度，坡度折平系数见表0–4、表0–5、表0–6。

表0–4　　人力挑抬运输坡度折平系数表

项　目	上坡坡度（%）		下坡坡度（%）	
	5～30	＞30	16～30	＞30
系　数	1.8	3.5	1.3	1.9

表0–5　　人力胶轮车运输坡度折平系数表

项　目	上坡坡度（%）		下坡坡度（%）	
	3～10	＞10	≤10	＞10
系　数	2.5	4.0	1.0	2.0

表 0–6　　　　　　人力推斗车运输坡度折平系数表

项目	上坡坡度（%）	
	0.4～1.5	＞1.5
系数	1.7	2.4

十八、各定额章节说明或附注有关的定额的调整系数，除注明外，一般均按连乘计算。

十九、如工程遇到XIV级以上的岩石，可按相应各节XIII～XIV级岩石的开挖定额乘表 0–7 系数进行调整。

表 0–7　　　　　　XIV级以上岩石开挖定额调整系数表

项　目	调整系数		
	人工	材料	机械
风钻为主定额	1.30	1.10	1.40
潜孔钻为主定额	1.15	1.20	1.20
液压钻、多臂钻为主定额	1.18	1.10	1.20
地质钻为主定额	1.15	1.10	1.20

目　　录

第5章　锚喷支护工程

第6章 砂石备料工程

第7章 基础处理工程

第8章 疏 浚 工 程

第9章 其 他 工 程

附　录

第5章

锚喷支护工程

说　明

一、本章定额包括锚杆支护、岩体预应力锚杆及锚索支护、混凝土预应力锚索制作及安装、岩石面喷浆、混凝土面喷浆、喷混凝土等，共 43 节。

二、本章定额计量单位，锚杆按“根”计，锚索按“束”计。定额所列示长度为设计锚杆（索）嵌入岩体的有效长度，按规定应预留的外露部分及加工制作过程中的损耗等，均已计入定额中。设计超出有效长度时，定额中锚杆材料消耗量按设计长度加上外露 0.1m 后调整计算。普通锚杆材料为低合金钢筋。各类锚杆加工费用已包含在定额中。

三、药卷锚杆定额按全孔段锚固拟定，药卷材料（包括树脂药卷、水泥药卷）为充满相应孔径的胶凝材料，使用定额时可根据选用的黏结胶凝材料规格进行换算。

四、喷浆（混凝土）定额以喷后的设计有效面积（或体积）计算，定额中已包括拌制、运输、回弹等施工损耗。

五、加强长砂浆锚杆，按 3 根锚杆拟定，锚杆根数不同时，按设计要求的孔径调整定额。其中钻头规格、钻杆直径可根据孔径大小配套确定。

孔径调整系数：人工、水、钻机、空气压缩机定额按表 5–1 调整。

表 5–1　　孔径调整系数表

钻孔机械	项　目	孔　径（mm）					
		≤100	110	130	150	200	240
地质钻机	人　工	1.0	1.06	1.18	1.34	1.50	1.83
	钻机、水	1.0	1.08	1.22	1.43	1.62	2.04
潜孔钻 QZJ–100B	人　工	1.0	1.11	1.37			
	钻　机	1.0	1.15	1.50			
潜孔钻 CM351	人　工	1.0	1.06	1.19	1.35		
	钻机、空气压缩机	1.0	1.15	1.50	1.90		
液压钻 YMG–100	人　工	1.0	1.07	1.20			
	钻机、空气压缩机	1.0	1.14	1.40			

六、岩体预应力锚杆（索）定额均按露天作业、钻Ⅺ－Ⅻ岩石拟定。地下洞室作业时定额分别按表5–2、表5–3调整，钻不同级别岩石时定额分别按表5–4、表5–5调整。

表5–2　地下洞室作业调整系数表（适用于岩体预应力锚杆）

钻孔方式	调整内容	地下洞室高度调整（m）	
		≤5	>5
地质钻机	人工	1.07	1.04
	地质钻机	1.05	1.00
	其他机械	1.05	1.05
潜孔钻QZJ–100B	人工	1.07	1.05
	潜孔钻、链式起重机、风镐	1.08	1.05
	其他机械	1.05	1.05
液压潜孔钻MZ165	人工	1.07	1.05
	液压潜孔钻、空气压缩机、风镐	1.08	1.05
	其他机械	1.05	1.05

注　其他机械包括灰浆搅拌机、灌浆泵、电焊机、风砂枪、汽车起重机、张拉千斤顶、电动油泵、载重汽车。

表5–3　地下洞室作业调整系数表（适用于岩体预应力锚索）

钻孔方式	调整内容	地下洞室高度调整（m）	
		≤5	>5
地质钻机	人工	1.03	1.01
	地质钻机	1.05	1.00
潜孔钻QZJ–100B	人工	1.03	1.02
	潜孔钻、灌浆泵、链式起重机、风镐	1.08	1.05
	灰浆搅拌机	1.05	1.03
潜孔钻CM351	人工	1.02	1.01
	潜孔钻、空气压缩机、灌浆泵、风镐	1.08	1.05
	灰浆搅拌机	1.04	1.03
液压潜孔钻钻机	人工	1.02	1.01
	潜孔钻、空气压缩机、灌浆泵、风镐	1.08	1.05
	灰浆搅拌机	1.05	1.03

表 5-4 不同级别岩石调整系数表（适用于岩体预应力锚杆）

钻孔方式	调整内容	钻孔岩石级别调整			
		Ⅶ～Ⅷ	Ⅸ～Ⅹ	Ⅺ～Ⅻ	ⅩⅢ～ⅩⅣ
地质钻机	人工	0.84	0.90	1.00	1.25
	金刚石钻头、扩孔器、钻杆接头、钻杆、岩心管	0.57	0.73	1.00	1.68
	地质钻机	0.62	0.76	1.00	1.60
潜孔钻 QZJ-100B	人工	0.75	0.87	1.00	1.16
	钻头	0.67	0.81	1.00	1.23
	钻杆	0.83	0.91	1.00	1.06
	冲击器	0.65	0.83	1.00	1.22
	潜孔钻	0.68	0.83	1.00	1.21
液压潜孔钻 MZ165	人工	0.87	0.93	1.00	1.07
	钻头	0.68	0.82	1.00	1.21
	钻杆	0.82	0.91	1.00	1.10
	冲击器	0.63	0.75	1.00	1.13
	液压潜孔钻、空气压缩机	0.79	0.89	1.00	1.12

表 5-5 不同级别岩石调整系数表（适用于岩体预应力锚索）

钻孔方式	调整内容	钻孔岩石级别调整			
		Ⅶ～Ⅷ	Ⅸ～Ⅹ	Ⅺ～Ⅻ	ⅩⅢ～ⅩⅣ
地质钻机	人工	0.90	0.94	1.00	1.15
	金刚石钻头、扩孔器、钻杆接头、钻杆、岩心管	0.57	0.73	1.00	1.68
	地质钻机	0.62	0.76	1.00	1.60
潜孔钻 QZJ-100B	人工	0.90	0.95	1.00	1.07
	钻头	0.70	0.83	1.00	1.21
	钻杆	0.85	0.92	1.00	1.06
	冲击器	0.68	0.80	1.00	1.20
	潜孔钻机	0.71	0.84	1.00	1.19
潜孔钻 CM351	人工	0.95	0.97	1.00	1.03
	钻头	0.71	0.84	1.00	1.20

续表

钻孔方式	调整内容	钻孔岩石级别调整			
		Ⅶ～Ⅷ	Ⅸ～Ⅹ	Ⅺ～Ⅻ	ⅩⅢ～ⅩⅣ
潜孔钻 CM351	钻杆	0.84	0.92	1.00	1.08
	冲击器	0.78	0.82	1.00	1.29
	潜孔钻机、空气压缩机	0.71	0.84	1.00	1.19
液压潜孔钻	人工	0.97	0.98	1.00	1.02
	钻头	0.71	0.83	1.00	1.18
	钻杆	0.84	0.92	1.00	1.09
	冲击器	0.75	0.88	1.00	1.25
	液压潜孔钻机	0.81	0.90	1.00	1.11

七、定额 5.22、5.25、5.28、5.31 节中地质钻机钻锚杆（索）孔，定额按钻孔与水平夹角 0°～60° 拟定，钻孔与水平夹角不同时，按表 5–6 系数调整。

表 5–6　　钻孔与水平夹角调整系数表

钻孔与水平夹角	0°～60°	60°～85°	85°～90°
人工	1	0.95	0.94
金刚石钻头、扩孔器、钻杆接头、钻杆	1	0.87	0.84
地质钻机	1	0.87	0.84

八、定额 5.25～5.35 节列出了每束锚索钢绞线（钢丝）的根数，如设计要求的钢绞线（钢丝）根数与定额不同时可调整定额数量；张拉机械的规格型号与锚具配套选取。

九、定额 5.25～5.33 节综合了锚索钻孔、制作、安装。当地质条件复杂、成孔难度较大时，可参考预算定额编制补充定额。

十、本章定额不含所需施工操作平台搭拆费。对定额中列示空气压缩机的子目，相应钻机台时费计算时不再计算用风费用。

十一、喷浆、喷混凝土各节定额中不包括挂网制作安装，其费用按有关定额另行计算。喷射钢纤维混凝土，可参照本章定额 5.38～5.43 节子目对材料项目进行增减调整。

5.1 地面普通砂浆锚杆（风钻钻孔）

适用范围：露天作业。

工作内容：钻孔、清孔、拌制水泥砂浆、注浆锚杆制作安装、封孔。

5.1.1 锚杆长度 2m

单位：100 根

项目		单位	岩石级别			
			Ⅶ～Ⅷ	Ⅸ～Ⅹ	Ⅺ～Ⅻ	ⅩⅢ～ⅩⅣ
高级熟练工		工时	8	8	8	8
熟练工		工时	32	35	39	45
半熟练工		工时	62	68	77	88
普工		工时	73	88	109	138
合计		工时	175	199	233	279
合金钻头		个	4.56	5.52	6.68	8.08
风钻钻杆		kg	1.75	2.52	3.62	5.21
锚杆	ϕ18	kg	441	441	441	441
	ϕ20	kg	545	545	545	545
	ϕ22	kg	657	657	657	657
水泥砂浆		m^3	0.23	0.23	0.23	0.23
其他材料费		元	60	60	60	60
风钻	手持式	台时	21.14	27.88	37.26	50.33
其他机械使用费		元	60	60	60	60
编号			50001	50002	50003	50004

5.1.2 锚杆长度 4m

单位：100 根

项目		单位	岩石级别			
			Ⅶ～Ⅷ	Ⅸ～Ⅹ	Ⅺ～Ⅻ	ⅩⅢ～ⅩⅣ
高级熟练工		工时	9	9	9	9
熟练工		工时	50	57	67	82
半熟练工		工时	98	112	133	162
普工		工时	143	180	232	303
合计		工时	300	358	441	556
合金钻头		个	8.94	10.83	13.10	15.85
风钻钻杆		kg	3.46	4.98	7.17	10.33
锚杆	ϕ20	kg	1063	1063	1063	1063
	ϕ22	kg	1283	1283	1283	1283
	ϕ25	kg	1657	1657	1657	1657
	ϕ28	kg	2079	2079	2079	2079
	ϕ30	kg	2389	2389	2389	2389
水泥砂浆		m^3	0.45	0.45	0.45	0.45
其他材料费		元	160	160	160	160
风钻	手持式	台时	50.18	66.76	89.84	121.98
其他机械使用费		元	140	140	140	140
编号			50005	50006	50007	50008

5.1.3 锚杆长度 6m

单位：100 根

项目		单位	岩石级别			
			Ⅶ～Ⅷ	Ⅸ～Ⅹ	Ⅺ～Ⅻ	ⅩⅢ～ⅩⅣ
高级熟练工		工时	12	12	12	12
熟练工		工时	75	88	107	133
半熟练工		工时	147	174	211	263
普工		工时	244	311	404	534
合计		工时	478	585	734	942
合金钻头		个	12.65	15.30	18.52	22.41
风钻钻杆		kg	4.89	7.04	10.13	14.60
锚杆	ϕ20	kg	1582	1582	1582	1582
	ϕ22	kg	1909	1909	1909	1909
	ϕ25	kg	2466	2466	2466	2466
	ϕ28	kg	3094	3094	3094	3094
	ϕ30	kg	3555	3555	3555	3555
水泥砂浆		m^3	0.68	0.68	0.68	0.68
其他材料费		元	220	220	220	220
风钻	手持式	台时	92.11	122.03	163.70	221.71
其他机械使用费		元	259	259	259	259
编号			50009	50010	50011	50012

5.2 地面普通药卷锚杆（风钻钻孔）

适用范围：露天作业。

工作内容：钻孔、清孔、制作安放药卷、锚杆制作安装、锚定。

5.2.1 锚杆长度 2m

单位：100 根

项目		单位	岩石级别			
			Ⅶ～Ⅷ	Ⅸ～Ⅹ	Ⅺ～Ⅻ	ⅩⅢ～ⅩⅣ
高级熟练工		工时	6	6	6	6
熟练工		工时	25	27	32	37
半熟练工		工时	47	53	62	73
普工		工时	65	80	101	130
合计		工时	143	166	201	246
合金钻头		个	4.56	5.52	6.68	8.08
风钻钻杆		kg	1.75	2.52	3.62	5.21
锚杆	$\phi18$	kg	441	441	441	441
	$\phi20$	kg	545	545	545	545
	$\phi22$	kg	657	657	657	657
药卷		m	190.00	190.00	190.00	190.00
其他材料费		元	60	60	60	60
风钻	手持式	台时	23.71	30.46	39.83	52.90
其他机械使用费		元	60	60	60	60
编号			50013	50014	50015	50016

5.2.2　锚杆长度 4m

单位：100 根

项目		单位	岩石级别			
			Ⅶ～Ⅷ	Ⅸ～Ⅹ	Ⅺ～Ⅻ	ⅫⅠ～ⅩⅣ
高级熟练工		工时	11	11	11	11
熟练工		工时	49	57	67	82
半熟练工		工时	97	112	132	161
普工		工时	143	180	232	304
合计		工时	300	360	442	558
合金钻头		个	8.94	10.83	13.10	15.85
风钻钻杆		kg	3.46	4.98	7.17	10.33
锚杆	$\phi20$	kg	1063	1063	1063	1063
	$\phi22$	kg	1283	1283	1283	1283
	$\phi25$	kg	1657	1657	1657	1657
	$\phi28$	kg	2079	2079	2079	2079
	$\phi30$	kg	2389	2389	2389	2389
药卷		m	380.00	380.00	380.00	380.00
其他材料费		元	160	160	160	160
风钻	手持式	台时	53.61	70.19	93.27	125.41
其他机械使用费		元	140	140	140	140
编号			50017	50018	50019	50020

5.2.3 锚杆长度 6m

单位：100 根

项目		单位	岩石级别			
			Ⅶ～Ⅷ	Ⅸ～Ⅹ	Ⅺ～Ⅻ	ⅩⅢ～ⅩⅣ
高级熟练工		工时	18	18	18	18
熟练工		工时	82	95	114	140
半熟练工		工时	162	188	226	277
普工		工时	253	320	413	543
合计		工时	515	621	771	978
合金钻头		个	12.65	15.30	18.52	22.41
风钻钻杆		kg	4.89	7.04	10.13	14.60
锚杆	ϕ20	kg	1582	1582	1582	1582
	ϕ22	kg	1909	1909	1909	1909
	ϕ25	kg	2466	2466	2466	2466
	ϕ28	kg	3094	3094	3094	3094
	ϕ30	kg	3555	3555	3555	3555
药卷		m	570.00	570.00	570.00	570.00
其他材料费		元	220	220	220	220
风钻	手持式	台时	97.26	127.18	168.85	226.86
其他机械使用费		元	259	259	259	259
编号			50021	50022	50023	50024

5.3 地面普通砂浆锚杆（ROC742液压履带钻机钻孔）

适用范围： 露天作业。

工作内容： 钻孔、清孔、拌制水泥砂浆、锚杆制作安装、灌浆、封孔。

5.3.1 锚杆长度7m

单位：100根

项目		单位	岩石级别			
			Ⅶ～Ⅷ	Ⅸ～Ⅹ	Ⅺ～Ⅻ	ⅩⅢ～ⅩⅣ
高级熟练工		工时	29	30	32	34
熟练工		工时	90	93	97	101
半熟练工		工时	116	119	122	126
普工		工时	130	140	151	164
合计		工时	365	382	402	425
钻头	ϕ64	个	1.80	2.15	2.57	3.12
钻杆	T38	kg	32.20	38.25	45.47	54.03
连接套		个	1.67	1.95	2.36	2.79
钎尾（进口）		个	0.69	0.82	0.98	1.17
锚杆	ϕ25	kg	2870	2870	2870	2870
	ϕ28	kg	3601	3601	3601	3601
	ϕ30	kg	4138	4138	4138	4138
	ϕ32	kg	4704	4704	4704	4704
	ϕ36	kg	5957	5957	5957	5957
水泥砂浆		m^3	2.10	2.10	2.10	2.10
其他材料费		元	1060	1060	1060	1060
液压履带钻	ROC742	台时	18.11	20.39	22.88	25.73
灌浆泵	中低压砂浆	台时	19.61	19.61	19.61	19.61
灰浆搅拌机		台时	19.61	19.61	19.61	19.61
风砂枪	2～6m^3/min	台时	6.12	6.12	6.12	6.12
载重汽车	5t	台时	4.00	4.00	4.00	4.00
其他机械使用费		元	100	100	100	100
编号			50025	50026	50027	50028

5.3.2 锚杆长度 10m

单位：100 根

项目		单位	岩石级别			
			Ⅶ～Ⅷ	Ⅸ～Ⅹ	Ⅺ～Ⅻ	XIII～XIV
高级熟练工		工时	57	60	63	67
熟练工		工时	191	196	202	210
半熟练工		工时	251	256	262	269
普工		工时	252	269	288	309
合计		工时	751	781	815	855
钻头	ϕ76	个	2.57	3.07	3.68	4.46
钻杆	T38	kg	46.00	54.64	64.96	77.18
连接套		个	2.38	2.79	3.37	3.98
钎尾（进口）		个	0.99	1.17	1.39	1.68
锚杆	ϕ25	kg	4083	4083	4083	4083
	ϕ28	kg	5122	5122	5122	5122
	ϕ30	kg	5886	5886	5886	5886
	ϕ32	kg	6692	6692	6692	6692
	ϕ36	kg	8473	8473	8473	8473
定位钢筋		kg	408	408	408	408
电焊条		kg	87	87	87	87
水泥砂浆		m^3	4.30	4.30	4.30	4.30
其他材料费		元	1640	1640	1640	1640
液压履带钻	ROC742	台时	31.04	34.83	39.12	44.00
灌浆泵	中低压砂浆	台时	24.73	24.73	24.73	24.73
灰浆搅拌机		台时	24.73	24.73	24.73	24.73
风砂枪	2～6m^3/min	台时	8.70	8.70	8.70	8.70
电焊机	交流 30kV·A	台时	94.49	94.49	94.49	94.49
载重汽车	5t	台时	5.71	5.71	5.71	5.71
其他机械使用费		元	200	200	200	200
编号			50029	50030	50031	50032

5.3.3 锚杆长度 15m

单位：100 根

项目		单位	岩石级别			
			Ⅶ～Ⅷ	Ⅸ～Ⅹ	Ⅺ～Ⅻ	ⅩⅢ～ⅩⅣ
高级熟练工		工时	83	87	92	97
熟练工		工时	273	281	290	301
半熟练工		工时	358	366	375	385
普工		工时	369	395	424	456
合计		工时	1083	1129	1181	1239
钻头	ϕ76	个	3.85	4.61	5.51	6.70
钻杆	T38	kg	68.99	81.96	97.44	115.78
连接套		个	3.58	4.18	5.06	5.97
钎尾（进口）		个	1.48	1.76	2.09	2.51
锚杆	ϕ25	kg	6104	6104	6104	6104
	ϕ28	kg	7658	7658	7658	7658
	ϕ30	kg	8800	8800	8800	8800
	ϕ32	kg	10005	10005	10005	10005
	ϕ36	kg	12668	12668	12668	12668
定位钢筋		kg	667	667	667	667
电焊条		kg	141	141	141	141
水泥砂浆		m^3	6.45	6.45	6.45	6.45
其他材料费		元	2470	2470	2470	2470
液压履带钻	ROC742	台时	47.03	52.84	59.27	66.59
灌浆泵	中低压砂浆	台时	33.43	33.43	33.43	33.43
灰浆搅拌机		台时	33.43	33.43	33.43	33.43
风砂枪	2～6m^3/min	台时	13.02	13.02	13.02	13.02
电焊机	交流 30kV·A	台时	125.99	125.99	125.99	125.99
载重汽车	5t	台时	8.55	8.55	8.55	8.55
其他机械使用费		元	290	290	290	290
编号			50033	50034	50035	50036

5.3.4 锚杆长度 20m

单位：100 根

项　　目		单位	岩石级别			
			Ⅶ～Ⅷ	Ⅸ～Ⅹ	Ⅺ～Ⅻ	ⅩⅢ～ⅩⅣ
高级熟练工		工时	109	114	120	128
熟练工		工时	353	364	377	391
半熟练工		工时	461	473	485	499
普工		工时	486	520	558	602
合计		工时	1409	1471	1540	1620
钻头	ϕ76	个	5.13	6.14	7.35	8.93
钻杆	T38	kg	91.99	109.28	129.93	154.37
连接套		个	4.77	5.58	6.75	7.96
钎尾（进口）		个	1.98	2.34	2.79	3.35
锚杆	ϕ25	kg	8125	8125	8125	8125
	ϕ28	kg	10194	10194	10194	10194
	ϕ30	kg	11713	11713	11713	11713
	ϕ32	kg	13317	13317	13317	13317
	ϕ36	kg	16863	16863	16863	16863
定位钢筋		kg	926	926	926	926
电焊条		kg	197	197	197	197
水泥砂浆		m^3	8.60	8.60	8.60	8.60
其他材料费		元	3290	3290	3290	3290
液压履带钻	ROC742	台时	63.32	71.07	79.85	89.82
灌浆泵	中低压砂浆	台时	40.59	40.59	40.59	40.59
灰浆搅拌机		台时	40.59	40.59	40.59	40.59
风砂枪	2～6m^3/min	台时	17.32	17.32	17.32	17.32
电焊机	交流 30kV·A	台时	157.49	157.49	157.49	157.49
载重汽车	5t	台时	11.38	11.38	11.38	11.38
其他机械使用费		元	370	370	370	370
编　号			50037	50038	50039	50040

5.4　地面普通砂浆锚杆（QZJ–100B 潜孔钻机钻孔）

适用范围：露天作业。

工作内容：钻孔、清孔、拌制水泥砂浆、锚杆制作安装、灌浆、封孔。

5.4.1　锚杆长度 7m

单位：100 根

项　目		单位	岩石级别			
			Ⅶ～Ⅷ	Ⅸ～Ⅹ	Ⅺ～Ⅻ	ⅩⅢ～ⅩⅣ
高级熟练工		工时	100	119	140	166
熟练工		工时	319	372	438	516
半熟练工		工时	260	296	339	391
普工		工时	390	462	549	653
合计		工时	1069	1249	1466	1726
钻头	ϕ80	个	8.53	10.28	12.68	15.58
冲击器		套	1.061	1.289	1.584	1.949
钻杆		kg	20.87	23.03	25.23	26.84
锚杆	ϕ25	kg	2870	2870	2870	2870
	ϕ28	kg	3601	3601	3601	3601
	ϕ30	kg	4138	4138	4138	4138
	ϕ32	kg	4704	4704	4704	4704
	ϕ36	kg	5957	5957	5957	5957
水泥砂浆		m^3	3.36	3.36	3.36	3.36
其他材料费		元	1280	1280	1280	1280
潜孔钻	QZJ–100B	台时	175.30	212.36	257.17	310.95
灌浆泵	中低压砂浆	台时	19.61	19.61	19.61	19.61
灰浆搅拌机		台时	19.61	19.61	19.61	19.61
风砂枪	2～6m^3/min	台时	6.12	6.12	6.12	6.12
载重汽车	5t	台时	4.00	4.00	4.00	4.00
其他机械使用费		元	270	270	270	270
编　号			50041	50042	50043	50044

5.4.2 锚杆长度10m

单位：100根

项目		单位	岩石级别			
			Ⅶ～Ⅷ	Ⅸ～Ⅹ	Ⅺ～Ⅻ	ⅩⅢ～ⅩⅣ
高级熟练工		工时	155	181	212	248
熟练工		工时	508	584	676	786
半熟练工		工时	448	498	559	632
普工		工时	599	699	821	968
合计		工时	1710	1962	2268	2634
钻头	ϕ80	个	12.18	14.69	18.12	22.26
冲击器		套	1.517	1.836	2.266	2.790
钻杆		kg	29.82	32.91	36.04	38.34
锚杆	ϕ25	kg	4083	4083	4083	4083
	ϕ28	kg	5122	5122	5122	5122
	ϕ30	kg	5886	5886	5886	5886
	ϕ32	kg	6692	6692	6692	6692
	ϕ36	kg	8473	8473	8473	8473
定位钢筋		kg	408.00	408.00	408.00	408.00
电焊条		kg	86.86	86.86	86.86	86.86
水泥砂浆		m^3	4.80	4.80	4.80	4.80
其他材料费		元	1970	1970	1970	1970
潜孔钻	QZJ-100B	台时	248.98	301.08	364.05	439.52
灌浆泵	中低压砂浆	台时	24.73	24.73	24.73	24.73
灰浆搅拌机		台时	24.73	24.73	24.73	24.73
风砂枪	2～6m^3/min	台时	8.70	8.70	8.70	8.70
电焊机	交流30kV·A	台时	94.49	94.49	94.49	94.49
载重汽车	5t	台时	5.71	5.71	5.71	5.71
其他机械使用费		元	420	420	420	420
编号			50045	50046	50047	50048

5.4.3 锚杆长度 15m

单位：100 根

项目		单位	岩石级别			
			Ⅶ～Ⅷ	Ⅸ～Ⅹ	Ⅺ～Ⅻ	XⅢ～XⅣ
高级熟练工		工时	254	296	349	411
熟练工		工时	818	947	1102	1289
半熟练工		工时	698	784	887	1012
普工		工时	980	1152	1358	1607
合计		工时	2750	3179	3696	4319
钻头	ϕ80	个	18.27	22.03	27.18	33.39
冲击器		套	2.281	2.759	3.404	4.185
钻杆		kg	44.72	49.36	54.06	57.51
锚杆	ϕ25	kg	6104	6104	6104	6104
	ϕ28	kg	7658	7658	7658	7658
	ϕ30	kg	8800	8800	8800	8800
	ϕ32	kg	10005	10005	10005	10005
	ϕ36	kg	12668	12668	12668	12668
定位钢筋		kg	667.00	667.00	667.00	667.00
电焊条		kg	141.40	141.40	141.40	141.40
水泥砂浆		m^3	7.20	7.20	7.20	7.20
其他材料费		元	2965	2965	2965	2965
潜孔钻	QZJ-100B	台时	421.64	509.91	616.31	744.97
灌浆泵	中低压砂浆	台时	33.43	33.43	33.43	33.43
灰浆搅拌机		台时	33.43	33.43	33.43	33.43
风砂枪	2～6m^3/min	台时	13.02	13.02	13.02	13.02
电焊机	交流 30kV·A	台时	125.99	125.99	125.99	125.99
载重汽车	5t	台时	8.55	8.55	8.55	8.55
其他机械使用费		元	680	680	680	680
编号			50049	50050	50051	50052

5.4.4 锚杆长度 20m

单位：100 根

项目		单位	岩石级别			
			Ⅶ～Ⅷ	Ⅸ～Ⅹ	Ⅺ～Ⅻ	ⅩⅢ～ⅩⅣ
高级熟练工		工时	370	435	512	608
熟练工		工时	1185	1379	1610	1896
半熟练工		工时	985	1115	1269	1459
普工		工时	1438	1697	2005	2386
合计		工时	3978	4626	5396	6349
钻头	ϕ80	个	24.36	29.37	36.24	44.52
冲击器		套	3.034	3.672	4.533	5.579
钻杆		kg	59.63	65.81	72.07	76.68
锚杆	ϕ25	kg	8125	8125	8125	8125
	ϕ28	kg	10194	10194	10194	10194
	ϕ30	kg	11713	11713	11713	11713
	ϕ32	kg	13317	13317	13317	13317
	ϕ36	kg	16863	16863	16863	16863
定位钢筋		kg	926.00	926.00	926.00	926.00
电焊条		kg	196.95	196.95	196.95	196.95
水泥砂浆		m^3	9.60	9.60	9.60	9.60
其他材料费		元	3950	3950	3950	3950
潜孔钻	QZJ–100B	台时	634.52	768.26	927.21	1123.79
灌浆泵	中低压砂浆	台时	40.59	40.59	40.59	40.59
灰浆搅拌机		台时	40.59	40.59	40.59	40.59
风砂枪	2～6m^3/min	台时	17.32	17.32	17.32	17.32
电焊机	交流 30kV·A	台时	157.49	157.49	157.49	157.49
载重汽车	5t	台时	11.38	11.38	11.38	11.38
其他机械使用费		元	990	990	990	990
编号			50053	50054	50055	50056

5.4.5 锚杆长度 30m

单位：100 根

项目		单位	岩石级别			
			Ⅶ～Ⅷ	Ⅸ～Ⅹ	Ⅺ～Ⅻ	XⅢ～XⅣ
高级熟练工		工时	673	797	947	1133
熟练工		工时	2114	2487	2935	3494
半熟练工		工时	1671	1920	2218	2591
普工		工时	2630	3127	3725	4471
合计		工时	7088	8331	9825	11689
钻头	ϕ80	个	36.54	44.06	54.36	66.78
冲击器		套	4.551	5.509	6.799	8.369
钻杆		kg	89.45	98.72	108.11	115.02
锚杆	ϕ25	kg	12168	12168	12168	12168
	ϕ28	kg	15265	15265	15265	15265
	ϕ30	kg	17541	17541	17541	17541
	ϕ32	kg	19943	19943	19943	19943
	ϕ36	kg	25252	25252	25252	25252
定位钢筋		kg	1186.00	1186.00	1186.00	1186.00
电焊条		kg	251.49	251.49	251.49	251.49
水泥砂浆		m^3	14.40	14.40	14.40	14.40
其他材料费		元	5870	5870	5870	5870
潜孔钻	QZJ-100B	台时	1213.50	1469.66	1777.79	2162.42
灌浆泵	中低压砂浆	台时	51.69	51.69	51.69	51.69
灰浆搅拌机		台时	51.69	51.69	51.69	51.69
风砂枪	2～6m^3/min	台时	25.95	25.95	25.95	25.95
电焊机	交流 30kV·A	台时	188.98	188.98	188.98	188.98
载重汽车	5t	台时	17.07	17.07	17.07	17.07
其他机械使用费		元	1810	1810	1810	1810
编号			50057	50058	50059	50060

5.5 地面普通砂浆锚杆（YMG–100液压锚杆钻机钻孔）

适用范围：露天作业。

工作内容：钻孔、清孔、拌制水泥砂浆、锚杆制作安装、灌浆、封孔。

5.5.1 锚杆长度 7m

单位：100根

项目		单位	岩石级别			
			Ⅶ～Ⅷ	Ⅸ～Ⅹ	Ⅺ～Ⅻ	ⅩⅢ～ⅩⅣ
高级熟练工		工时	67	74	81	89
熟练工		工时	171	184	199	217
半熟练工		工时	142	148	155	163
普工		工时	209	230	251	276
合计		工时	589	636	686	745
钻头	ϕ76	个	7.99	9.64	11.67	14.15
冲击器		套	0.320	0.389	0.465	0.563
钻杆	ϕ50	kg	20.02	22.06	24.31	26.82
锚杆	ϕ25	kg	2870	2870	2870	2870
	ϕ28	kg	3601	3601	3601	3601
	ϕ30	kg	4138	4138	4138	4138
	ϕ32	kg	4704	4704	4704	4704
	ϕ36	kg	5957	5957	5957	5957
水泥砂浆		m^3	3.01	3.01	3.01	3.01
其他材料费		元	1160	1160	1160	1160
液压锚杆钻机	YMG–100	台时	72.71	81.69	91.81	103.20
空气压缩机	$20m^3/min$ 油动移动式	台时	38.20	42.91	48.19	54.18
灌浆泵	中低压砂浆	台时	19.61	19.61	19.61	19.61
灰浆搅拌机		台时	19.61	19.61	19.61	19.61
风砂枪	$2\sim6m^3/min$	台时	6.12	6.12	6.12	6.12
载重汽车	5t	台时	4.00	4.00	4.00	4.00
其他机械使用费		元	180	180	180	180
编号			50061	50062	50063	50064

5.5.2 锚杆长度10m

单位：100根

项目		单位	岩石级别			
			Ⅶ～Ⅷ	Ⅸ～Ⅹ	Ⅺ～Ⅻ	ⅩⅢ～ⅩⅣ
高级熟练工		工时	109	118	129	140
熟练工		工时	300	318	340	364
半熟练工		工时	280	289	300	311
普工		工时	343	371	403	438
合计		工时	1032	1096	1172	1253
钻头	ϕ76	个	11.41	13.78	16.67	20.22
冲击器		套	0.457	0.556	0.665	0.800
钻杆	ϕ50	kg	28.60	31.51	34.72	38.32
锚杆	ϕ25	kg	4083	4083	4083	4083
	ϕ28	kg	5122	5122	5122	5122
	ϕ30	kg	5886	5886	5886	5886
	ϕ32	kg	6692	6692	6692	6692
	ϕ36	kg	8473	8473	8473	8473
定位钢筋		kg	408	408	408	408
电焊条		kg	87	87	87	87
水泥砂浆		m^3	4.30	4.30	4.30	4.30
其他材料费		元	1780	1780	1780	1780
液压锚杆钻机	YMG–100	台时	103.87	116.70	131.16	147.43
空气压缩机	$20m^3/min$ 油动移动式	台时	54.57	61.31	68.85	77.39
灌浆泵	中低压砂浆	台时	24.73	24.73	24.73	24.73
灰浆搅拌机		台时	24.73	24.73	24.73	24.73
风砂枪	$2\sim6m^3/min$	台时	8.70	8.70	8.70	8.70
电焊机	交流30kV·A	台时	94.49	94.49	94.49	94.49
载重汽车	5t	台时	5.71	5.71	5.71	5.71
其他机械使用费		元	290	290	290	290
编号			50065	50066	50067	50068

5.5.3 锚杆长度15m

单位：100根

项目		单位	岩石级别			
			Ⅶ～Ⅷ	Ⅸ～Ⅹ	Ⅺ～Ⅻ	ⅩⅢ～ⅩⅣ
高级熟练工		工时	171	186	202	221
熟练工		工时	455	487	522	560
半熟练工		工时	411	426	442	461
普工		工时	534	580	632	690
合计		工时	1571	1679	1798	1932
钻头	ϕ76	个	17.12	20.66	25.00	30.33
冲击器		套	0.685	0.833	0.997	1.206
钻杆	ϕ50	kg	42.90	47.27	52.09	57.48
锚杆	ϕ25	kg	6104	6104	6104	6104
	ϕ28	kg	7658	7658	7658	7658
	ϕ30	kg	8800	8800	8800	8800
	ϕ32	kg	10005	10005	10005	10005
	ϕ36	kg	12668	12668	12668	12668
定位钢筋		kg	667	667	667	667
电焊条		kg	141	141	141	141
水泥砂浆		m^3	6.45	6.45	6.45	6.45
其他材料费		元	2680	2680	2680	2680
液压锚杆钻机	YMG-100	台时	169.86	190.78	214.45	240.87
空气压缩机	$20m^3$/min 油动移动式	台时	89.21	100.09	112.57	126.47
灌浆泵	中低压砂浆	台时	33.43	33.43	33.43	33.43
灰浆搅拌机		台时	33.43	33.43	33.43	33.43
风砂枪	2～$6m^3$/min	台时	13.02	13.02	13.02	13.02
电焊机	交流30kV·A	台时	125.99	125.99	125.99	125.99
载重汽车	5t	台时	8.55	8.55	8.55	8.55
其他机械使用费		元	455	455	455	455
编号			50069	50070	50071	50072

5.5.4 锚杆长度 20m

单位：100 根

项目		单位	岩石级别			
			Ⅶ～Ⅷ	Ⅸ～Ⅹ	Ⅺ～Ⅻ	ⅫⅠ～ⅩⅣ
高级熟练工		工时	188	204	222	241
熟练工		工时	638	685	738	797
半熟练工		工时	621	652	687	726
普工		工时	710	772	842	921
合计		工时	2157	2313	2489	2685
钻头	ϕ76	个	22.83	27.55	33.33	40.44
冲击器		套	0.913	1.111	1.329	1.610
钻杆	ϕ50	kg	57.21	63.02	69.45	76.64
锚杆	ϕ25	kg	8125	8125	8125	8125
	ϕ28	kg	10194	10194	10194	10194
	ϕ30	kg	11713	11713	11713	11713
	ϕ32	kg	13317	13317	13317	13317
	ϕ36	kg	16863	16863	16863	16863
定位钢筋		kg	926	926	926	926
电焊条		kg	197	197	197	197
水泥砂浆		m^3	8.60	8.60	8.60	8.60
其他材料费		元	3570	3570	3570	3570
液压锚杆钻机	YMG–100	台时	246.87	277.40	311.80	350.49
空气压缩机	$20m^3/min$ 油动移动式	台时	129.70	145.64	163.73	184.08
灌浆泵	中低压砂浆	台时	40.59	40.59	40.59	40.59
灰浆搅拌机		台时	40.59	40.59	40.59	40.59
风砂枪	2～$6m^3/min$	台时	17.32	17.32	17.32	17.32
电焊机	交流 30kV·A	台时	157.49	157.49	157.49	157.49
载重汽车	5t	台时	11.38	11.38	11.38	11.38
其他机械使用费		元	630	630	630	630
编号			50073	50074	50075	50076

5.5.5 锚杆长度 25m

单位：100 根

项目		单位	岩石级别			
			Ⅶ～Ⅷ	Ⅸ～Ⅹ	Ⅺ～Ⅻ	XIII～XIV
高级熟练工		工时	247	269	293	320
熟练工		工时	831	895	966	1047
半熟练工		工时	792	834	882	936
普工		工时	938	1022	1118	1226
合计		工时	2808	3020	3259	3529
钻头	$\phi 76$	个	28.53	34.44	41.66	50.55
冲击器		套	1.141	1.389	1.661	2.010
钻杆	$\phi 50$	kg	71.51	78.78	86.81	95.80
锚杆	$\phi 25$	kg	10147	10147	10147	10147
	$\phi 28$	kg	12729	12729	12729	12729
	$\phi 30$	kg	14627	14627	14627	14627
	$\phi 32$	kg	16630	16630	16630	16630
	$\phi 36$	kg	21058	21058	21058	21058
定位钢筋		kg	1186	1186	1186	1186
电焊条		kg	251	251	251	251
水泥砂浆		m^3	10.75	10.75	10.75	10.75
其他材料费		元	4470	4470	4470	4470
液压锚杆钻机	YMG–100	台时	336.55	378.11	424.88	478.07
空气压缩机	$20m^3/min$ 油动移动式	台时	176.70	198.58	223.00	251.01
灌浆泵	中低压砂浆	台时	47.36	47.36	47.36	47.36
灰浆搅拌机		台时	47.36	47.36	47.36	47.36
风砂枪	$2\sim6m^3/min$	台时	21.64	21.64	21.64	21.64
电焊机	交流 30kV·A	台时	188.98	188.98	188.98	188.98
载重汽车	5t	台时	14.22	14.22	14.22	14.22
其他机械使用费		元	835	835	835	835
编号			50077	50078	50079	50080

5.6 地面加强砂浆锚杆（ROC742液压履带钻机钻孔）

适用范围：露天作业。

工作内容：钻孔、清孔、拌制水泥砂浆、锚杆制作安装、灌浆、封孔。

5.6.1 锚杆长度7m

单位：100根

项目		单位	岩石级别			
			Ⅶ～Ⅷ	Ⅸ～Ⅹ	Ⅺ～Ⅻ	ⅩⅢ～ⅩⅣ
高级熟练工		工时	63	65	68	71
熟练工		工时	221	226	231	236
半熟练工		工时	297	302	307	313
普工		工时	258	273	288	306
合计		工时	839	866	894	926
钻头	ϕ89	个	1.80	2.15	2.57	3.12
钻杆	T38	kg	32.20	38.25	45.47	54.03
连接套		个	1.67	1.95	2.36	2.79
钎尾（进口）		个	0.69	0.82	0.98	1.17
锚杆	3×ϕ25	kg	8611	8611	8611	8611
	3×ϕ28	kg	10802	10802	10802	10802
	3×ϕ30	kg	12413	12413	12413	12413
	3×ϕ32	kg	14112	14112	14112	14112
	3×ϕ36	kg	17870	17870	17870	17870
定位钢筋		kg	148	148	148	148
电焊条		kg	31	31	31	31
水泥砂浆		m^3	3.99	3.99	3.99	3.99
其他材料费		元	1360	1360	1360	1360
液压履带钻	ROC742	台时	25.54	28.75	32.27	36.27
灌浆泵	中低压砂浆	台时	19.61	19.61	19.61	19.61
灰浆搅拌机		台时	19.61	19.61	19.61	19.61
风砂枪	2～6m^3/min	台时	18.36	18.36	18.36	18.36
电焊机	交流30kV·A	台时	68.91	68.91	68.91	68.91
载重汽车	5t	台时	8.29	8.29	8.29	8.29
其他机械使用费		元	170	170	170	170
编号			50081	50082	50083	50084

5.6.2 锚杆长度10m

单位：100根

项目		单位	岩石级别			
			Ⅶ～Ⅷ	Ⅸ～Ⅹ	Ⅺ～Ⅻ	ⅩⅢ～ⅩⅣ
高级熟练工		工时	90	94	97	102
熟练工		工时	318	325	332	340
半熟练工		工时	427	434	441	449
普工		工时	373	392	415	440
合计		工时	1208	1245	1285	1331
钻头	ϕ89	个	2.57	3.07	3.68	4.46
钻杆	T38	kg	46.00	54.64	64.96	77.18
连接套		个	2.38	2.79	3.37	3.98
钎尾（进口）		个	0.99	1.17	1.39	1.68
锚杆	3×ϕ25	kg	12249	12249	12249	12249
	3×ϕ28	kg	15367	15367	15367	15367
	3×ϕ30	kg	17657	17657	17657	17657
	3×ϕ32	kg	20075	20075	20075	20075
	3×ϕ36	kg	25420	25420	25420	25420
定位钢筋		kg	408	408	408	408
电焊条		kg	87	87	87	87
水泥砂浆		m^3	5.70	5.70	5.70	5.70
其他材料费		元	1970	1970	1970	1970
液压履带钻	ROC742	台时	36.95	41.46	46.56	52.36
灌浆泵	中低压砂浆	台时	24.73	24.73	24.73	24.73
灰浆搅拌机		台时	24.73	24.73	24.73	24.73
风砂枪	2～6m^3/min	台时	26.12	26.12	26.12	26.12
电焊机	交流30kV·A	台时	103.36	103.36	103.36	103.36
载重汽车	5t	台时	11.82	11.82	11.82	11.82
其他机械使用费		元	240	240	240	240
编号			50085	50086	50087	50088

5.6.3 锚杆长度 15m

单位：100 根

项 目		单位	岩石级别			
			Ⅶ～Ⅷ	Ⅸ～Ⅹ	Ⅺ～Ⅻ	ⅩⅢ～ⅩⅣ
高级熟练工		工时	132	137	143	149
熟练工		工时	462	472	483	495
半熟练工		工时	618	628	639	652
普工		工时	548	579	612	650
合计		工时	1760	1816	1877	1946
钻头	ϕ89	个	3.85	4.61	5.51	6.70
钻杆	T38	kg	68.99	81.96	97.44	115.78
连接套		个	3.58	4.18	5.06	5.97
钎尾（进口）		个	1.48	1.76	2.09	2.51
锚杆	3×ϕ25	kg	18313	18313	18313	18313
	3×ϕ28	kg	22974	22974	22974	22974
	3×ϕ30	kg	26399	26399	26399	26399
	3×ϕ32	kg	30014	30014	30014	30014
	3×ϕ36	kg	38004	38004	38004	38004
定位钢筋		kg	667	667	667	667
电焊条		kg	141	141	141	141
水泥砂浆		m^3	8.55	8.55	8.55	8.55
其他材料费		元	2950	2950	2950	2950
液压履带钻	ROC742	台时	55.97	62.88	70.53	79.24
灌浆泵	中低压砂浆	台时	33.43	33.43	33.43	33.43
灰浆搅拌机		台时	33.43	33.43	33.43	33.43
风砂枪	2～6m^3/min	台时	39.06	39.06	39.06	39.06
电焊机	交流 30kV·A	台时	137.81	137.81	137.81	137.81
载重汽车	5t	台时	17.71	17.71	17.71	17.71
其他机械使用费		元	350	350	350	350
编号			50089	50090	50091	50092

5.6.4 锚杆长度20m

单位：100根

项目		单位	岩石级别			
			Ⅶ～Ⅷ	Ⅸ～Ⅹ	Ⅺ～Ⅻ	ⅩⅢ～ⅩⅣ
高级熟练工		工时	173	180	188	197
熟练工		工时	603	617	631	648
半熟练工		工时	808	822	836	853
普工		工时	724	765	811	863
合计		工时	2308	2384	2466	2561
钻头	ϕ89	个	5.13	6.14	7.35	8.93
钻杆	T38	kg	91.99	109.28	129.93	154.37
连接套		个	4.77	5.58	6.75	7.96
钎尾（进口）		个	1.98	2.34	2.79	3.35
锚杆	3×ϕ25	kg	24376	24376	24376	24376
	3×ϕ28	kg	30581	30581	30581	30581
	3×ϕ30	kg	35140	35140	35140	35140
	3×ϕ32	kg	39952	39952	39952	39952
	3×ϕ36	kg	50589	50589	50589	50589
定位钢筋		kg	926	926	926	926
电焊条		kg	197	197	197	197
水泥砂浆		m^3	11.40	11.40	11.40	11.40
其他材料费		元	3940	3940	3940	3940
液压履带钻	ROC742	台时	75.36	84.57	95.02	106.88
灌浆泵	中低压砂浆	台时	40.59	40.59	40.59	40.59
灰浆搅拌机		台时	40.59	40.59	40.59	40.59
风砂枪	2～6m^3/min	台时	51.99	51.99	51.99	51.99
电焊机	交流30kV·A	台时	172.28	172.28	172.28	172.28
载重汽车	5t	台时	23.59	23.59	23.59	23.59
其他机械使用费		元	460	460	460	460
编号			50093	50094	50095	50096

5.7 地面加强砂浆锚杆（QZJ–100B 潜孔钻机钻孔）

适用范围：露天作业。

工作内容：钻孔、清孔、拌制水泥砂浆、锚杆制作安装、灌浆、封孔。

5.7.1 锚杆长度 7m

单位：100 根

项目		单位	岩石级别			
			Ⅶ～Ⅷ	Ⅸ～Ⅹ	Ⅺ～Ⅻ	ⅩⅢ～ⅩⅣ
高级熟练工		工时	162	186	216	252
熟练工		工时	536	610	699	806
半熟练工		工时	495	545	603	675
普工		工时	616	714	833	975
合计		工时	1809	2055	2351	2708
钻头	ϕ100	个	8.53	10.28	12.68	15.58
冲击器		套	1.062	1.285	1.587	1.953
钻杆		kg	20.87	23.03	25.23	26.84
锚杆	3×ϕ25	kg	8611	8611	8611	8611
	3×ϕ28	kg	10802	10802	10802	10802
	3×ϕ30	kg	12413	12413	12413	12413
	3×ϕ32	kg	14112	14112	14112	14112
	3×ϕ36	kg	17870	17870	17870	17870
定位钢筋		kg	148	148	148	148
电焊条		kg	31	31	31	31
水泥砂浆		m^3	5.18	5.18	5.18	5.18
其他材料费		元	1595	1595	1595	1595
潜孔钻	QZJ–100B	台时	242.07	292.71	353.94	427.31
灌浆泵	中低压砂浆	台时	19.61	19.61	19.61	19.61
灰浆搅拌机		台时	19.61	19.61	19.61	19.61
风砂枪	2～6m^3/min	台时	18.36	18.36	18.36	18.36
电焊机	交流 30kV·A	台时	68.91	68.91	68.91	68.91
载重汽车	5t	台时	8.29	8.29	8.29	8.29
其他机械使用费		元	400	400	400	400
编号			50097	50098	50099	50100

5.7.2 锚杆长度 10m

单位：100 根

项目		单位	岩石级别			
			Ⅶ～Ⅷ	Ⅸ～Ⅹ	Ⅺ～Ⅻ	ⅩⅢ～ⅩⅣ
高级熟练工		工时	232	266	309	360
熟练工		工时	768	873	1000	1153
半熟练工		工时	709	780	864	966
普工		工时	881	1021	1191	1394
合计		工时	2590	2940	3364	3873
钻头	ϕ100	个	12.18	14.69	18.12	22.26
冲击器		套	1.517	1.836	2.266	2.790
钻杆		kg	29.82	32.91	36.04	38.34
锚杆	3×ϕ25	kg	12249	12249	12249	12249
	3×ϕ28	kg	15367	15367	15367	15367
	3×ϕ30	kg	17657	17657	17657	17657
	3×ϕ32	kg	20075	20075	20075	20075
	3×ϕ36	kg	25420	25420	25420	25420
定位钢筋		kg	408	408	408	408
电焊条		kg	87	87	87	87
水泥砂浆		m^3	7.40	7.40	7.40	7.40
其他材料费		元	2300	2300	2300	2300
潜孔钻	QZJ-100B	台时	345.81	418.16	505.63	610.44
灌浆泵	中低压砂浆	台时	24.73	24.73	24.73	24.73
灰浆搅拌机		台时	24.73	24.73	24.73	24.73
风砂枪	2～6m^3/min	台时	26.12	26.12	26.12	26.12
电焊机	交流 30kV·A	台时	103.36	103.36	103.36	103.36
载重汽车	5t	台时	11.82	11.82	11.82	11.82
其他机械使用费		元	570	570	570	570
编号			50101	50102	50103	50104

5.7.3 锚杆长度 15m

单位：100 根

项目		单位	岩石级别			
			Ⅶ～Ⅷ	Ⅸ～Ⅹ	Ⅺ～Ⅻ	ⅩⅢ～ⅩⅣ
高级熟练工		工时	376	435	507	593
熟练工		工时	1233	1411	1627	1887
半熟练工		工时	1105	1224	1368	1541
普工		工时	1438	1676	1962	2308
合计		工时	4152	4746	5464	6329
钻头	ϕ100	个	18.27	22.03	27.18	33.39
冲击器		套	2.276	2.754	3.400	4.184
钻杆		kg	44.72	49.36	54.06	57.51
锚杆	3×ϕ25	kg	18313	18313	18313	18313
	3×ϕ28	kg	22974	22974	22974	22974
	3×ϕ30	kg	26399	26399	26399	26399
	3×ϕ32	kg	30014	30014	30014	30014
	3×ϕ36	kg	38004	38004	38004	38004
定位钢筋		kg	667	667	667	667
电焊条		kg	141	141	141	141
水泥砂浆		m^3	11.10	11.10	11.10	11.10
其他材料费		元	3445	3445	3445	3445
潜孔钻	QZJ-100B	台时	585.62	708.20	855.99	1034.69
灌浆泵	中低压砂浆	台时	33.43	33.43	33.43	33.43
灰浆搅拌机		台时	33.43	33.43	33.43	33.43
风砂枪	2～6m^3/min	台时	39.06	39.06	39.06	39.06
电焊机	交流 30kV·A	台时	137.81	137.81	137.81	137.81
载重汽车	5t	台时	17.71	17.71	17.71	17.71
其他机械使用费		元	935	935	935	935
编号			50105	50106	50107	50108

5.7.4 锚杆长度 20m

单位：100 根

项目		单位	岩石级别			
			Ⅶ～Ⅷ	Ⅸ～Ⅹ	Ⅺ～Ⅻ	ⅫⅠ～ⅩⅣ
高级熟练工		工时	547	637	744	877
熟练工		工时	1777	2047	2367	2765
半熟练工		工时	1554	1734	1948	2213
普工		工时	2102	2461	2890	3420
合计		工时	5980	6879	7949	9275
钻头	ϕ100	个	24.36	29.37	36.24	44.52
冲击器		套	3.034	3.672	4.533	5.579
钻杆		kg	59.63	65.81	72.07	76.68
锚杆	3×ϕ25	kg	24376	24376	24376	24376
	3×ϕ28	kg	30581	30581	30581	30581
	3×ϕ30	kg	35140	35140	35140	35140
	3×ϕ32	kg	39952	39952	39952	39952
	3×ϕ36	kg	50589	50589	50589	50589
定位钢筋		kg	926	926	926	926
电焊条		kg	197	197	197	197
水泥砂浆		m^3	14.80	14.80	14.80	14.80
其他材料费		元	4600	4600	4600	4600
潜孔钻	QZJ–100B	台时	881.27	1067.04	1287.79	1560.82
灌浆泵	中低压砂浆	台时	40.59	40.59	40.59	40.59
灰浆搅拌机		台时	40.59	40.59	40.59	40.59
风砂枪	2～6m^3/min	台时	51.99	51.99	51.99	51.99
电焊机	交流 30kV·A	台时	172.28	172.28	172.28	172.28
载重汽车	5t	台时	23.59	23.59	23.59	23.59
其他机械使用费		元	1370	1370	1370	1370
编号			50109	50110	50111	50112

5.7.5 锚杆长度 30m

单位：100 根

项目		单位	岩石级别			
			Ⅶ～Ⅷ	Ⅸ～Ⅹ	Ⅺ～Ⅻ	ⅩⅢ～ⅩⅣ
高级熟练工		工时	985	1158	1365	1624
熟练工		工时	3146	3664	4287	5064
半熟练工		工时	2617	2962	3377	3895
普工		工时	3820	4510	5340	6376
合计		工时	10568	12294	14369	16959
钻头	ϕ100	个	36.54	44.06	54.36	66.78
冲击器		套	4.551	5.509	6.799	8.369
钻杆		kg	89.45	98.72	108.11	115.02
锚杆	3×ϕ25	kg	36504	36504	36504	36504
	3×ϕ28	kg	45796	45796	45796	45796
	3×ϕ30	kg	52622	52622	52622	52622
	3×ϕ32	kg	59828	59828	59828	59828
	3×ϕ36	kg	75757	75757	75757	75757
定位钢筋		kg	1186	1186	1186	1186
电焊条		kg	251	251	251	251
水泥砂浆		m^3	22.20	22.20	22.20	22.20
其他材料费		元	6860	6860	6860	6860
潜孔钻	QZJ–100B	台时	1685.41	2041.19	2469.16	3003.36
灌浆泵	中低压砂浆	台时	51.69	51.69	51.69	51.69
灰浆搅拌机		台时	51.69	51.69	51.69	51.69
风砂枪	2～6m^3/min	台时	77.85	77.85	77.85	77.85
电焊机	交流 30kV·A	台时	206.73	206.73	206.73	206.73
载重汽车	5t	台时	35.34	35.34	35.34	35.34
其他机械使用费		元	2500	2500	2500	2500
编号			50113	50114	50115	50116

5.8 地面加强砂浆锚杆（YMG–100 液压锚杆钻机钻孔）

适用范围： 露天作业。

工作内容： 钻孔、清孔、拌制水泥砂浆、锚杆制作安装、灌浆、封孔。

5.8.1 锚杆长度 7m

单位：100 根

项目		单位	岩石级别			
			Ⅶ～Ⅷ	Ⅸ～Ⅹ	Ⅺ～Ⅻ	ⅩⅢ～ⅩⅣ
高级熟练工		工时	111	119	128	139
熟练工		工时	322	339	358	380
半熟练工		工时	327	335	344	355
普工		工时	350	375	404	435
合计		工时	1110	1168	1234	1309
钻头	ϕ90	个	7.99	9.64	11.67	14.15
冲击器		套	0.320	0.389	0.465	0.563
钻杆	ϕ50	kg	20.02	22.06	24.31	26.82
锚杆	3×ϕ25	kg	8611	8611	8611	8611
	3×ϕ28	kg	10802	10802	10802	10802
	3×ϕ30	kg	12413	12413	12413	12413
	3×ϕ32	kg	14112	14112	14112	14112
	3×ϕ36	kg	17870	17870	17870	17870
定位钢筋		kg	148	148	148	148
电焊条		kg	31	31	31	31
水泥砂浆		m^3	3.99	3.99	3.99	3.99
其他材料费		元	1460	1460	1460	1460
液压锚杆钻机	YMG–100	台时	93.21	104.73	117.71	132.31
空气压缩机	$20m^3/min$ 油动移动式	台时	48.97	55.02	61.79	69.46
灌浆泵	中低压砂浆	台时	19.61	19.61	19.61	19.61
灰浆搅拌机		台时	19.61	19.61	19.61	19.61
风砂枪	2～$6m^3/min$	台时	18.36	18.36	18.36	18.36
电焊机	交流 30kV·A	台时	68.91	68.91	68.91	68.91
载重汽车	5t	台时	8.29	8.29	8.29	8.29
其他机械使用费		元	260	260	260	260
编号			50117	50118	50119	50120

5.8.2 锚杆长度 10m

单位：100 根

项目		单位	岩石级别			
			Ⅶ～Ⅷ	Ⅸ～Ⅹ	Ⅺ～Ⅻ	ⅩⅢ～ⅩⅣ
高级熟练工		工时	159	171	184	198
熟练工		工时	461	486	513	544
半熟练工		工时	469	481	494	508
普工		工时	501	538	579	624
合计		工时	1590	1676	1770	1874
钻头	ϕ90	个	11.41	13.78	16.67	20.22
冲击器		套	0.457	0.556	0.665	0.804
钻杆	ϕ50	kg	28.60	31.51	34.72	38.32
锚杆	3×ϕ25	kg	12249	12249	12249	12249
	3×ϕ28	kg	15367	15367	15367	15367
	3×ϕ30	kg	17657	17657	17657	17657
	3×ϕ32	kg	20075	20075	20075	20075
	3×ϕ36	kg	25420	25420	25420	25420
定位钢筋		kg	408	408	408	408
电焊条		kg	87	87	87	87
水泥砂浆		m^3	5.70	5.70	5.70	5.70
其他材料费		元	2110	2110	2110	2110
液压锚杆钻机	YMG–100	台时	133.16	149.61	168.16	189.02
空气压缩机	$20m^3/min$ 油动移动式	台时	69.96	78.60	88.26	99.23
灌浆泵	中低压砂浆	台时	24.73	24.73	24.73	24.73
灰浆搅拌机		台时	24.73	24.73	24.73	24.73
风砂枪	2～$6m^3/min$	台时	26.12	26.12	26.12	26.12
电焊机	交流 30kV·A	台时	103.36	103.36	103.36	103.36
载重汽车	5t	台时	11.82	11.82	11.82	11.82
其他机械使用费		元	370	370	370	370
编号			50121	50122	50123	50124

5.8.3 锚杆长度 15m

单位：100 根

项目		单位	岩石级别			
			Ⅶ～Ⅷ	Ⅸ～Ⅹ	Ⅺ～Ⅻ	ⅩⅢ～ⅩⅣ
高级熟练工		工时	247	266	288	312
熟练工		工时	703	742	787	837
半熟练工		工时	693	712	734	758
普工		工时	778	837	904	978
合计		工时	2421	2557	2713	2885
钻头	ϕ90	个	17.12	20.66	25.00	30.33
冲击器		套	0.685	0.833	0.997	1.206
钻杆	ϕ50	kg	42.90	47.27	52.09	57.48
锚杆	3×ϕ25	kg	18313	18313	18313	18313
	3×ϕ28	kg	22974	22974	22974	22974
	3×ϕ30	kg	26399	26399	26399	26399
	3×ϕ32	kg	30014	30014	30014	30014
	3×ϕ36	kg	38004	38004	38004	38004
定位钢筋		kg	667	667	667	667
电焊条		kg	141	141	141	141
水泥砂浆		m^3	8.55	8.55	8.55	8.55
其他材料费		元	3160	3160	3160	3160
液压锚杆钻机	YMG–100	台时	217.77	244.58	274.93	308.80
空气压缩机	$20m^3/min$ 油动移动式	台时	114.37	128.31	144.32	162.14
灌浆泵	中低压砂浆	台时	33.43	33.43	33.43	33.43
灰浆搅拌机		台时	33.43	33.43	33.43	33.43
风砂枪	2～$6m^3/min$	台时	39.06	39.06	39.06	39.06
电焊机	交流 30kV·A	台时	137.81	137.81	137.81	137.81
载重汽车	5t	台时	17.71	17.71	17.71	17.71
其他机械使用费		元	580	580	580	580
编号			50125	50126	50127	50128

5.8.4 锚杆长度 20m

单位：100 根

项目		单位	岩石级别			
			Ⅶ～Ⅷ	Ⅸ～Ⅹ	Ⅺ～Ⅻ	XIII～XIV
高级熟练工		工时	280	301	323	349
熟练工		工时	978	1037	1104	1181
半熟练工		工时	1021	1062	1107	1157
普工		工时	1037	1117	1206	1307
合计		工时	3316	3517	3740	3994
钻头	$\phi 90$	个	22.83	27.55	33.33	40.44
冲击器		套	0.913	1.111	1.329	1.608
钻杆	$\phi 50$	kg	57.21	63.02	69.45	76.64
锚杆	$3\times\phi 25$	kg	24376	24376	24376	24376
	$3\times\phi 28$	kg	30581	30581	30581	30581
	$3\times\phi 30$	kg	35140	35140	35140	35140
	$3\times\phi 32$	kg	39952	39952	39952	39952
	$3\times\phi 36$	kg	50589	50589	50589	50589
定位钢筋		kg	926	926	926	926
电焊条		kg	197	197	197	197
水泥砂浆		m^3	11.40	11.40	11.40	11.40
其他材料费		元	4220	4220	4220	4220
液压锚杆钻机	YMG–100	台时	316.50	355.64	399.74	449.34
空气压缩机	$20m^3/min$ 油动移动式	台时	166.28	186.72	209.91	236.00
灌浆泵	中低压砂浆	台时	40.59	40.59	40.59	40.59
灰浆搅拌机		台时	40.59	40.59	40.59	40.59
风砂枪	$2\sim6m^3/min$	台时	51.99	51.99	51.99	51.99
电焊机	交流 30kV·A	台时	172.28	172.28	172.28	172.28
载重汽车	5t	台时	23.59	23.59	23.59	23.59
其他机械使用费		元	810	810	810	810
编号			50129	50130	50131	50132

5.8.5 锚杆长度 25m

单位：100 根

项目		单位	岩石级别			
			Ⅶ～Ⅷ	Ⅸ～Ⅹ	Ⅺ～Ⅻ	ⅩⅢ～ⅩⅣ
高级熟练工		工时	367	394	424	459
熟练工		工时	1268	1349	1441	1545
半熟练工		工时	1299	1354	1415	1484
普工		工时	1361	1469	1591	1730
合计		工时	4295	4566	4871	5218
钻头	ϕ90	个	28.53	34.44	41.66	50.55
冲击器		套	1.141	1.389	1.661	2.010
钻杆	ϕ50	kg	71.51	78.78	86.81	95.80
锚杆	3×ϕ25	kg	30440	30440	30440	30440
	3×ϕ28	kg	38188	38188	38188	38188
	3×ϕ30	kg	43881	43881	43881	43881
	3×ϕ32	kg	49890	49890	49890	49890
	3×ϕ36	kg	63173	63173	63173	63173
定位钢筋		kg	1186	1186	1186	1186
电焊条		kg	251	251	251	251
水泥砂浆		m^3	14.25	14.25	14.25	14.25
其他材料费		元	5270	5270	5270	5270
液压锚杆钻机	YMG-100	台时	431.48	484.76	544.72	612.91
空气压缩机	$20m^3$/min 油动移动式	台时	226.54	254.60	285.89	321.81
灌浆泵	中低压砂浆	台时	47.36	47.36	47.36	47.36
灰浆搅拌机		台时	47.36	47.36	47.36	47.36
风砂枪	2～$6m^3$/min	台时	64.91	64.91	64.91	64.91
电焊机	交流 30kV·A	台时	206.73	206.73	206.73	206.73
载重汽车	5t	台时	29.46	29.46	29.46	29.46
其他机械使用费		元	1075	1075	1075	1075
编号			50133	50134	50135	50136

5.9 地面加强砂浆锚杆（地质钻机钻孔）

适用范围：露天作业。

工作内容：钻孔、清孔、拌制水泥砂浆、锚杆制作安装、灌浆、封孔。

5.9.1 锚杆长度 10m

单位：100 根

项目		单位	岩石级别			
			Ⅶ～Ⅷ	Ⅸ～Ⅹ	Ⅺ～Ⅻ	ⅩⅢ～ⅩⅣ
高级熟练工		工时	175	204	253	377
熟练工		工时	712	800	963	1365
半熟练工		工时	1501	1791	2279	3495
普工		工时	1695	1840	2081	2692
合计		工时	4083	4635	5576	7929
金钢石钻头	ϕ91	个	29.13	38.40	53.91	92.82
扩孔器	ϕ91	个	10.24	13.45	18.91	32.50
钻杆接头		个	34.58	45.55	63.89	109.95
锚杆	3×ϕ25	kg	12249	12249	12249	12249
	3×ϕ28	kg	15367	15367	15367	15367
	3×ϕ30	kg	17657	17657	17657	17657
	3×ϕ32	kg	20075	20075	20075	20075
	3×ϕ36	kg	25420	25420	25420	25420
定位钢筋		kg	408	408	408	408
电焊条		kg	87	87	87	87
岩心管		m	44	58	81	140
钻杆		m	36	47	67	115
水泥砂浆		m^3	5.70	5.70	5.70	5.70
水		m^3	3402	4244	5646	9163
其他材料费		元	4050	4050	4050	4050
地质钻机	150 型	台时	875.09	1102.10	1481.76	2433.27
灌浆泵	中低压砂浆	台时	24.73	24.73	24.73	24.73
灰浆搅拌机		台时	24.73	24.73	24.73	24.73
风砂枪	2～6m^3/min	台时	26.12	26.12	26.12	26.12
电焊机	交流 30kV·A	台时	103.36	103.36	103.36	103.36
载重汽车	5t	台时	11.82	11.82	11.82	11.82
其他机械使用费		元	1100	1100	1100	1100
编号			50137	50138	50139	50140

5.9.2 锚杆长度15m

单位：100根

项目		单位	岩石级别			
			Ⅶ～Ⅷ	Ⅸ～Ⅹ	Ⅺ～Ⅻ	ⅩⅢ～ⅩⅣ
高级熟练工		工时	259	302	376	561
熟练工		工时	1052	1185	1429	2031
半熟练工		工时	2228	2664	3396	5219
普工		工时	2530	2746	3108	4025
合计		工时	6069	6897	8309	11836
金钢石钻头	ϕ91	个	43.69	57.60	80.87	139.23
扩孔器	ϕ91	个	15.36	20.18	28.36	48.75
钻杆接头		个	51.87	68.33	95.84	164.92
锚杆	3×ϕ25	kg	18313	18313	18313	18313
	3×ϕ28	kg	22974	22974	22974	22974
	3×ϕ30	kg	26399	26399	26399	26399
	3×ϕ32	kg	30014	30014	30014	30014
	3×ϕ36	kg	38004	38004	38004	38004
定位钢筋		kg	667	667	667	667
电焊条		kg	141	141	141	141
岩心管		m	66	87	122	209
钻杆		m	54	71	100	172
水泥砂浆		m^3	8.55	8.55	8.55	8.55
水		m^3	5103	6366	8469	13744
其他材料费		元	6070	6070	6070	6070
地质钻机	150型	台时	1313.04	1653.15	2222.74	3650.53
灌浆泵	中低压砂浆	台时	33.43	33.43	33.43	33.43
灰浆搅拌机		台时	33.43	33.43	33.43	33.43
风砂枪	2～6m^3/min	台时	39.06	39.06	39.06	39.06
电焊机	交流30kV·A	台时	137.81	137.81	137.81	137.81
载重汽车	5t	台时	17.71	17.71	17.71	17.71
其他机械使用费		元	1640	1640	1640	1640
编号			50141	50142	50143	50144

5.9.3 锚杆长度 20m

单位：100 根

项目		单位	岩石级别			
			Ⅶ～Ⅷ	Ⅸ～Ⅹ	Ⅺ～Ⅻ	ⅩⅢ～ⅩⅣ
高级熟练工		工时	342	400	499	746
熟练工		工时	1388	1566	1891	2694
半熟练工		工时	2953	3534	4510	6941
普工		工时	3363	3651	4133	5357
合计		工时	8046	9151	11033	15738
金钢石钻头	ϕ91	个	58.26	76.80	107.83	185.64
扩孔器	ϕ91	个	20.48	26.91	37.81	65.00
钻杆接头		个	69.16	91.10	127.79	219.90
锚杆	3×ϕ25	kg	24376	24376	24376	24376
	3×ϕ28	kg	30581	30581	30581	30581
	3×ϕ30	kg	35140	35140	35140	35140
	3×ϕ32	kg	39952	39952	39952	39952
	3×ϕ36	kg	50589	50589	50589	50589
定位钢筋		kg	926	926	926	926
电焊条		kg	197	197	197	197
岩心管		m	87	116	163	280
钻杆		m	72	95	133	229
水泥砂浆		m^3	11.40	11.40	11.40	11.40
水		m^3	6803	8488	11292	18325
其他材料费		元	8100	8100	8100	8100
地质钻机	150 型	台时	1750.18	2204.20	2963.52	4867.57
灌浆泵	中低压砂浆	台时	40.59	40.59	40.59	40.59
灰浆搅拌机		台时	40.59	40.59	40.59	40.59
风砂枪	2～6m^3/min	台时	51.99	51.99	51.99	51.99
电焊机	交流 30kV·A	台时	172.28	172.28	172.28	172.28
载重汽车	5t	台时	23.59	23.59	23.59	23.59
其他机械使用费		元	2170	2170	2170	2170
编号			50145	50146	50147	50148

5.9.4 锚杆长度 30m

单位：100 根

项目		单位	岩石级别			
			Ⅶ～Ⅷ	Ⅸ～Ⅹ	Ⅺ～Ⅻ	ⅩⅢ～ⅩⅣ
高级熟练工		工时	502	588	736	1107
熟练工		工时	2036	2302	2790	3995
半熟练工		工时	4363	5234	6699	10345
普工		工时	5007	5439	6162	7998
合计		工时	11908	13563	16387	23445
金钢石钻头	ϕ91	个	87.39	115.20	161.74	278.46
扩孔器	ϕ91	个	30.72	40.36	56.72	97.51
钻杆接头		个	103.75	136.65	191.68	329.85
锚杆	3×ϕ25	kg	36504	36504	36504	36504
	3×ϕ28	kg	45796	45796	45796	45796
	3×ϕ30	kg	52622	52622	52622	52622
	3×ϕ32	kg	59828	59828	59828	59828
	3×ϕ36	kg	75757	75757	75757	75757
定位钢筋		kg	1186	1186	1186	1186
电焊条		kg	251	251	251	251
岩心管		m	132	174	243	420
钻杆		m	108	142	200	343
水泥砂浆		m^3	17.10	17.10	17.10	17.10
水		m^3	10205	12732	16938	27488
其他材料费		元	12110	12110	12110	12110
地质钻机	150 型	台时	2625.26	3306.30	4445.27	7300.85
灌浆泵	中低压砂浆	台时	51.69	51.69	51.69	51.69
灰浆搅拌机		台时	51.69	51.69	51.69	51.69
风砂枪	2～6m^3/min	台时	77.85	77.85	77.85	77.85
电焊机	交流 30kV·A	台时	206.73	206.73	206.73	206.73
载重汽车	5t	台时	35.34	35.34	35.34	35.34
其他机械使用费		元	3220	3220	3220	3220
编号			50149	50150	50151	50152

5.10 地下普通砂浆锚杆（风钻钻孔）

适用范围： 地下洞室作业。

工作内容： 钻孔、清孔、拌制水泥砂浆、注浆、锚杆制作安装、封孔。

5.10.1 锚杆长度 2m

单位：100 根

项目		单位	岩石级别			
			Ⅶ～Ⅷ	Ⅸ～Ⅹ	Ⅺ～Ⅻ	ⅩⅢ～ⅩⅣ
高级熟练工		工时	8	8	8	8
熟练工		工时	33	36	40	46
半熟练工		工时	63	69	78	90
普工		工时	75	91	113	143
合计		工时	179	204	239	287
合金钻头		个	4.56	5.52	6.68	8.08
风钻钻杆		kg	1.75	2.52	3.62	5.21
锚杆	$\phi 18$	kg	441	441	441	441
	$\phi 20$	kg	545	545	545	545
	$\phi 22$	kg	657	657	657	657
水泥砂浆		m^3	0.23	0.23	0.23	0.23
其他材料费		元	370	370	370	370
风钻	气腿式	台时	22.10	29.14	38.95	52.61
其他机械使用费		元	75	75	75	75
编号			50153	50154	50155	50156

5.10.2 锚杆长度 4m

单位：100 根

项 目		单位	岩石级别			
			Ⅶ～Ⅷ	Ⅸ～Ⅹ	Ⅺ～Ⅻ	ⅩⅢ～ⅩⅣ
高级熟练工		工时	9	9	9	9
熟 练 工		工时	51	58	69	84
半熟练工		工时	100	115	137	167
普 工		工时	148	187	241	316
合 计		工时	308	369	456	576
合金钻头		个	8.94	10.83	13.10	15.85
风钻钻杆		kg	3.46	4.98	7.17	10.33
锚 杆	$\phi20$	kg	1063	1063	1063	1063
	$\phi22$	kg	1283	1283	1283	1283
	$\phi25$	kg	1657	1657	1657	1657
	$\phi28$	kg	2079	2079	2079	2079
	$\phi30$	kg	2389	2389	2389	2389
水泥砂浆		m^3	0.45	0.45	0.45	0.45
其他材料费		元	480	480	480	480
风 钻	气腿式	台时	52.46	69.79	93.92	127.52
其他机械使用费		元	180	180	180	180
编 号			50157	50158	50159	50160

5.10.3 锚杆长度 6m

单位：100 根

项目		单位	岩石级别			
			Ⅶ～Ⅷ	Ⅸ～Ⅹ	Ⅺ～Ⅻ	XⅢ～XⅣ
高级熟练工		工时	12	12	12	12
熟练工		工时	77	90	110	137
半熟练工		工时	151	179	218	272
普工		工时	254	324	421	556
合计		工时	494	605	761	977
合金钻头		个	12.65	15.30	18.52	22.41
风钻钻杆		kg	4.89	7.04	10.13	14.60
锚杆	ϕ20	kg	1582	1582	1582	1582
	ϕ22	kg	1909	1909	1909	1909
	ϕ25	kg	2466	2466	2466	2466
	ϕ28	kg	3094	3094	3094	3094
	ϕ30	kg	3555	3555	3555	3555
水泥砂浆		m^3	0.68	0.68	0.68	0.68
其他材料费		元	550	550	550	550
风钻	气腿式	台时	96.30	127.58	171.14	231.79
其他机械使用费		元	320	320	320	320
编号			50161	50162	50163	50164

5.11 地下普通药卷锚杆（风钻钻孔）

适用范围：地下洞室作业。

工作内容：钻孔、清孔、安放药卷、锚定。

5.11.1 锚杆长度 2m

单位：100 根

项目		单位	岩石级别			
			Ⅶ～Ⅷ	Ⅸ～Ⅹ	Ⅺ～Ⅻ	ⅩⅢ～ⅩⅣ
高级熟练工		工时	6	6	6	6
熟练工		工时	25	28	32	38
半熟练工		工时	48	55	63	76
普工		工时	67	83	104	135
合计		工时	146	172	205	255
合金钻头		个	4.56	5.52	6.68	8.08
风钻钻杆		kg	1.75	2.52	3.62	5.21
锚杆	$\phi 18$	kg	441	441	441	441
	$\phi 20$	kg	545	545	545	545
	$\phi 22$	kg	657	657	657	657
药卷		m	190.00	190.00	190.00	190.00
其他材料费		元	370	370	370	370
风钻	气腿式	台时	24.68	31.72	41.53	55.19
其他机械使用费		元	75	75	75	75
编号			50165	50166	50167	50168

5.11.2 锚杆长度 4m

单位：100 根

项目		单位	岩石级别			
			Ⅶ～Ⅷ	Ⅸ～Ⅹ	Ⅺ～Ⅻ	XIII～XIV
高级熟练工		工时	11	11	11	11
熟练工		工时	52	60	70	85
半熟练工		工时	102	118	139	169
普工		工时	157	194	248	323
合计		工时	322	383	468	588
合金钻头		个	8.94	10.83	13.10	15.85
风钻钻杆		kg	3.46	4.98	7.17	10.33
锚杆	$\phi 20$	kg	1063	1063	1063	1063
	$\phi 22$	kg	1283	1283	1283	1283
	$\phi 25$	kg	1657	1657	1657	1657
	$\phi 28$	kg	2079	2079	2079	2079
	$\phi 30$	kg	2389	2389	2389	2389
药卷		m	380.00	380.00	380.00	380.00
其他材料费		元	480	480	480	480
风钻	气腿式	台时	59.32	76.65	100.79	134.39
其他机械使用费		元	180	180	180	180
编号			50169	50170	50171	50172

5.11.3 锚杆长度 6m

单位：100 根

项目		单位	岩石级别			
			Ⅶ～Ⅷ	Ⅸ～Ⅹ	Ⅺ～Ⅻ	ⅩⅢ～ⅩⅣ
高级熟练工		工时	18	18	18	18
熟练工		工时	84	98	117	144
半熟练工		工时	165	193	232	286
普工		工时	263	333	430	565
合计		工时	530	642	797	1013
合金钻头		个	12.65	15.30	18.52	22.41
风钻钻杆		kg	4.89	7.04	10.13	14.60
锚杆	ϕ20	kg	1582	1582	1582	1582
	ϕ22	kg	1909	1909	1909	1909
	ϕ25	kg	2466	2466	2466	2466
	ϕ28	kg	3094	3094	3094	3094
	ϕ30	kg	3555	3555	3555	3555
药卷		m	570.00	570.00	570.00	570.00
其他材料费		元	550	550	550	550
风钻	气腿式	台时	101.45	132.73	176.29	236.94
其他机械使用费		元	320	320	320	320
编号			50173	50174	50175	50176

5.12 地下普通砂浆锚杆（锚杆台车钻孔）

适用范围： 地下洞室作业。

工作内容： 钻孔、清孔、拌制水泥砂浆、注浆、锚杆制作安装、封孔。

5.12.1 锚杆长度 3m

单位：100 根

项目		单位	岩石级别			
			Ⅶ～Ⅷ	Ⅸ～Ⅹ	Ⅺ～Ⅻ	ⅩⅢ～ⅩⅣ
高级熟练工		工时	5	6	6	7
熟练工		工时	25	26	28	30
半熟练工		工时	49	50	53	59
普工		工时	60	62	65	72
合计		工时	139	144	152	168
钻头	ϕ45～48	个	3.56	4.27	5.48	7.43
钻杆		kg	4.13	4.97	6.37	8.62
锚杆	ϕ18	kg	651	651	651	651
	ϕ20	kg	804	804	804	804
	ϕ22	kg	970	970	970	970
	ϕ25	kg	1253	1253	1253	1253
水泥砂浆		m^3	0.34	0.34	0.34	0.34
其他材料费		元	400	400	400	400
锚杆台车	H375	台时	9.12	10.90	16.26	27.15
其他机械使用费		元	170	170	170	170
编号			50177	50178	50179	50180

5.12.2 锚杆长度 4m

单位：100 根

项目		单位	岩石级别			
			Ⅶ～Ⅷ	Ⅸ～Ⅹ	Ⅺ～Ⅻ	XIII～XIV
高级熟练工		工时	6	6	6	7
熟练工		工时	26	26	28	32
半熟练工		工时	49	51	54	61
普工		工时	61	63	67	75
合计		工时	142	146	155	175
钻头	ϕ45～48	个	4.74	5.70	7.30	9.90
钻杆		kg	5.51	6.63	8.50	11.51
锚杆	ϕ20	kg	1063	1063	1063	1063
	ϕ22	kg	1283	1283	1283	1283
	ϕ25	kg	1657	1657	1657	1657
	ϕ28	kg	2079	2079	2079	2079
	ϕ30	kg	2389	2389	2389	2389
水泥砂浆		m^3	0.45	0.45	0.45	0.45
其他材料费		元	470	470	470	470
锚杆台车	H375	台时	10.66	12.73	18.99	31.69
其他机械使用费		元	200	200	200	200
编号			50181	50182	50183	50184

5.12.3　锚杆长度 5m

单位：100 根

项　目		单位	岩石级别			
			Ⅶ～Ⅷ	Ⅸ～Ⅹ	Ⅺ～Ⅻ	ⅩⅢ～ⅩⅣ
高级熟练工		工时	6	6	6	7
熟　练　工		工时	26	27	29	33
半熟练工		工时	50	52	56	64
普　　工		工时	63	64	68	78
合　　计		工时	145	149	159	182
钻　　头	ϕ45～48	个	5.93	7.13	9.13	12.37
钻　　杆		kg	6.90	8.29	10.63	14.40
锚　　杆	ϕ20	kg	1323	1323	1323	1323
	ϕ22	kg	1596	1596	1596	1596
	ϕ25	kg	2062	2062	2062	2062
	ϕ20	kg	2586	2586	2586	2586
	ϕ30	kg	2972	2972	2972	2972
水泥砂浆		m^3	0.56	0.56	0.56	0.56
其他材料费		元	505	505	505	505
锚杆台车	H375	台时	12.20	14.55	21.71	36.24
其他机械使用费		元	230	230	230	230
编　号			50185	50186	50187	50188

5.13 地下普通砂浆锚杆（多臂钻钻孔 液压台车二臂）

适用范围： 地下洞室随机锚固作业。

工作内容： 钻孔、清孔、拌制水泥砂浆、注浆、锚杆制作安装、封孔。

5.13.1 锚杆长度 2m

单位：100 根

项目		单位	岩石级别			
			Ⅶ～Ⅷ	Ⅸ～Ⅹ	Ⅺ～Ⅻ	ⅩⅢ～ⅩⅣ
高级熟练工		工时	5	5	6	6
熟练工		工时	25	25	26	26
半熟练工		工时	48	49	49	50
普工		工时	60	61	61	62
合计		工时	138	140	142	144
钻头	ϕ45～48	个	1.73	1.76	1.80	1.84
钻杆		kg	19.02	19.81	20.62	21.48
锚杆	ϕ18	kg	441	441	441	441
	ϕ20	kg	545	545	545	545
	ϕ22	kg	657	657	657	657
水泥砂浆		m^3	0.30	0.30	0.30	0.30
其他材料费		元	380	380	380	380
凿岩台车	液压 二臂	台时	3.47	3.60	3.76	3.98
液压平台车		台时	6.85	6.85	6.85	6.85
其他机械使用费		元	110	110	110	110
编号			50189	50190	50191	50192

5.13.2 锚杆长度 4m

单位：100 根

项目		单位	岩石级别			
			Ⅶ～Ⅷ	Ⅸ～Ⅹ	Ⅺ～Ⅻ	ⅩⅢ～ⅩⅣ
高级熟练工		工时	8	8	8	8
熟练工		工时	36	36	37	38
半熟练工		工时	69	70	71	73
普工		工时	85	86	88	89
合计		工时	198	200	204	208
钻头	ϕ45～48	个	3.47	3.53	3.61	3.68
钻杆		kg	38.05	39.62	41.25	42.96
锚杆	ϕ20	kg	1063	1063	1063	1063
	ϕ22	kg	1283	1283	1283	1283
	ϕ25	kg	1657	1657	1657	1657
	ϕ28	kg	2079	2079	2079	2079
	ϕ30	kg	2389	2389	2389	2389
水泥砂浆		m^3	0.60	0.60	0.60	0.60
其他材料费		元	490	490	490	490
凿岩台车	液压 二臂	台时	7.54	7.84	8.17	8.66
液压平台车		台时	13.75	13.75	13.75	13.75
其他机械使用费		元	231	231	231	231
编号			50193	50194	50195	50196

5.13.3 锚杆长度 6m

单位：100 根

项目		单位	岩石级别			
			Ⅶ～Ⅷ	Ⅸ～Ⅹ	Ⅺ～Ⅻ	XIII～XIV
高级熟练工		工时	11	11	11	12
熟练工		工时	49	50	52	53
半熟练工		工时	97	99	101	104
普工		工时	119	121	123	127
合计		工时	276	281	287	296
钻头	ϕ45～48	个	5.19	5.30	5.40	5.51
钻杆		kg	57.08	59.43	61.88	64.43
钻杆接头		个	3.47	3.53	3.61	3.68
锚杆	ϕ20	kg	1582	1582	1582	1582
	ϕ22	kg	1909	1909	1909	1909
	ϕ25	kg	2466	2466	2466	2466
	ϕ28	kg	3094	3094	3094	3094
	ϕ30	kg	3555	3555	3555	3555
水泥砂浆		m^3	0.90	0.90	0.90	0.90
其他材料费		元	590	590	590	590
凿岩台车	液压 二臂	台时	17.03	17.62	18.25	19.20
液压平台车		台时	20.6	20.6	20.6	20.6
其他机械使用费		元	470	470	470	470
编号			50197	50198	50199	50200

5.13.4 锚杆长度 8m

单位：100 根

项目		单位	岩石级别			
			Ⅶ～Ⅷ	Ⅸ～Ⅹ	Ⅺ～Ⅻ	ⅩⅢ～ⅩⅣ
高级熟练工		工时	13	14	14	14
熟练工		工时	62	64	65	67
半熟练工		工时	121	123	125	129
普工		工时	148	151	154	159
合计		工时	344	352	358	369
钻头	ϕ45～48	个	6.92	7.07	7.21	7.36
钻杆		kg	76.10	79.24	82.51	85.91
钻杆接头		个	4.62	4.71	4.81	4.90
锚杆	ϕ20	kg	2101	2101	2101	2101
	ϕ22	kg	2534	2534	2534	2534
	ϕ25	kg	3274	3274	3274	3274
	ϕ28	kg	1108	1108	1108	1108
	ϕ30	kg	4720	4720	4720	4720
水泥砂浆		m^3	1.20	1.20	1.20	1.20
其他材料费		元	680	680	680	680
凿岩台车	液压 二臂	台时	24.85	25.76	26.74	28.21
液压平台车		台时	27.5	27.5	27.5	27.5
其他机械使用费		元	680	680	680	680
编号			50201	50202	50203	50204

5.14 地下普通砂浆锚杆（多臂钻钻孔 液压台车三臂）

适用范围：地下洞室随机锚固作业。

工作内容：钻孔、清孔、拌制水泥砂浆、注浆、锚杆制作安装、封孔。

5.14.1 锚杆长度 2m

单位：100 根

项目	单位	岩石级别			
		Ⅶ～Ⅷ	Ⅸ～Ⅹ	Ⅺ～Ⅻ	ⅩⅢ～ⅩⅣ
高级熟练工	工时	5	5	5	5
熟练工	工时	23	23	23	24
半熟练工	工时	44	44	45	45
普工	工时	54	55	55	56
合计	工时	126	127	128	130
钻头 φ45～48	个	1.73	1.76	1.80	1.84
钻杆	kg	19.02	19.81	20.62	21.48
锚杆 φ18	kg	441	441	441	441
φ20	kg	545	545	545	545
φ22	kg	657	657	657	657
水泥砂浆	m^3	0.30	0.30	0.30	0.30
其他材料费	元	380	380	380	380
凿岩台车 液压 三臂	台时	2.32	2.41	2.51	2.67
液压平台车	台时	6.85	6.85	6.85	6.85
其他机械使用费	元	110	110	110	110
编号		50205	50206	50207	50208

5.14.2 锚杆长度 4m

单位：100 根

项目		单位	岩石级别			
			Ⅶ～Ⅷ	Ⅸ～Ⅹ	Ⅺ～Ⅻ	ⅩⅢ～ⅩⅣ
高级熟练工		工时	7	7	7	7
熟练工		工时	31	31	32	32
半熟练工		工时	61	61	62	63
普工		工时	74	75	76	77
合计		工时	173	174	177	179
钻头	ϕ45～48	个	3.47	3.53	3.61	3.68
钻杆		kg	38.05	39.62	41.25	42.96
锚杆	ϕ20	kg	1063	1063	1063	1063
	ϕ22	kg	1283	1283	1283	1283
	ϕ25	kg	1657	1657	1657	1657
	ϕ28	kg	2079	2079	2079	2079
	ϕ30	kg	2389	2389	2389	2389
水泥砂浆		m^3	0.60	0.60	0.60	0.60
其他材料费		元	490	490	490	490
凿岩台车	液压 三臂	台时	5.05	5.25	5.48	5.81
液压平台车		台时	13.75	13.75	13.75	13.75
其他机械使用费		元	231	231	231	231
编号			50209	50210	50211	50212

5.14.3 锚杆长度 6m

单位：100 根

项目		单位	岩石级别			
			Ⅶ～Ⅷ	Ⅸ～Ⅹ	Ⅺ～Ⅻ	XIII～XIV
高级熟练工		工时	9	9	9	10
熟练工		工时	42	43	43	44
半熟练工		工时	82	83	84	86
普工		工时	101	102	104	106
合计		工时	234	237	240	246
钻头	ϕ45～48	个	5.19	5.30	5.40	5.51
钻杆		kg	57.08	59.43	61.88	64.43
钻杆接头		个	3.47	3.53	3.61	3.68
锚杆	ϕ20	kg	1582	1582	1582	1582
	ϕ22	kg	1909	1909	1909	1909
	ϕ25	kg	2466	2466	2466	2466
	ϕ28	kg	3094	3094	3094	3094
	ϕ30	kg	3555	3555	3555	3555
水泥砂浆		m^3	0.90	0.90	0.90	0.90
其他材料费		元	590	590	590	590
凿岩台车	液压 三臂	台时	11.41	11.80	12.22	12.86
液压平台车		台时	20.6	20.6	20.6	20.6
其他机械使用费		元	469	469	469	469
编号			50213	50214	50215	50216

5.14.4 锚杆长度 8m

单位：100 根

项目		单位	岩石级别			
			Ⅶ～Ⅷ	Ⅸ～Ⅹ	Ⅺ～Ⅻ	ⅩⅢ～ⅩⅣ
高级熟练工		工时	11	11	12	12
熟练工		工时	52	53	54	55
半熟练工		工时	102	103	105	107
普工		工时	124	126	129	132
合计		工时	289	293	300	306
钻头	ϕ45～48	个	6.92	7.07	7.21	7.36
钻杆		kg	76.10	79.24	82.51	85.91
钻杆接头		个	4.62	4.71	4.81	4.90
锚杆	ϕ20	kg	2101	2101	2101	2101
	ϕ22	kg	2534	2534	2534	2534
	ϕ25	kg	3274	3274	3274	3274
	ϕ28	kg	4108	4108	4108	4108
	ϕ30	kg	4720	4720	4720	4720
水泥砂浆		m^3	1.20	1.20	1.20	1.20
其他材料费		元	680	680	680	680
凿岩台车	液压 三臂	台时	16.65	17.26	17.92	18.90
液压平台车		台时	27.5	27.5	27.5	27.5
其他机械使用费		元	680	680	680	680
编号			50217	50218	50219	50220

5.15 地下普通砂浆锚杆（ROC742液压履带钻机钻孔）

适用范围： 地下洞室作业。

工作内容： 钻孔、清孔、拌制水泥砂浆、锚杆制作安装、灌浆、封孔。

5.15.1 锚杆长度7m

单位：100根

项目		单位	岩石级别			
			Ⅶ～Ⅷ	Ⅸ～Ⅹ	Ⅺ～Ⅻ	ⅩⅢ～ⅩⅣ
高级熟练工		工时	31	32	34	36
熟练工		工时	96	99	103	108
半熟练工		工时	123	126	130	135
普工		工时	138	148	159	173
合计		工时	388	405	426	452
钻头	ϕ64	个	1.80	2.15	2.57	3.12
钻杆	T38	kg	32.20	38.25	45.47	54.03
连接套		个	1.67	1.95	2.36	2.79
钎尾（进口）		个	0.69	0.82	0.98	1.17
锚杆	ϕ25	kg	2870	2870	2870	2870
	ϕ28	kg	3601	3601	3601	3601
	ϕ30	kg	4138	4138	4138	4138
	ϕ32	kg	4704	4704	4704	4704
	ϕ36	kg	5957	5957	5957	5957
水泥砂浆		m^3	2.10	2.10	2.10	2.10
其他材料费		元	1170	1170	1170	1170
液压履带钻	ROC742	台时	19.02	21.41	24.03	27.01
灌浆泵	中低压砂浆	台时	20.98	20.98	20.98	20.98
灰浆搅拌机		台时	20.98	20.98	20.98	20.98
风砂枪	2～6m^3/min	台时	6.55	6.55	6.55	6.55
载重汽车	5t	台时	4.27	4.27	4.27	4.27
其他机械使用费		元	110	110	110	110
编号			50221	50222	50223	50224

5.15.2 锚杆长度 10m

单位：100 根

项目		单位	岩石级别			
			Ⅶ～Ⅷ	Ⅸ～Ⅹ	Ⅺ～Ⅻ	ⅩⅢ～ⅩⅣ
高级熟练工		工时	61	64	67	71
熟练工		工时	203	210	216	223
半熟练工		工时	267	273	280	287
普工		工时	267	284	304	326
合计		工时	798	831	867	907
钻头	ϕ76	个	2.57	3.07	3.68	4.46
钻杆	T38	kg	46.00	54.64	64.96	77.18
连接套		个	2.38	2.79	3.37	3.98
钎尾（进口）		个	0.99	1.17	1.39	1.68
锚杆	ϕ25	kg	4083	4083	4083	4083
	ϕ28	kg	5122	5122	5122	5122
	ϕ30	kg	5886	5886	5886	5886
	ϕ32	kg	6692	6692	6692	6692
	ϕ36	kg	8473	8473	8473	8473
定位钢筋		kg	408	408	408	408
电焊条		kg	87	87	87	87
水泥砂浆		m^3	1.30	1.30	1.30	1.30
其他材料费		元	1800	1800	1800	1800
液压履带钻	ROC742	台时	32.6	36.58	41.08	46.2
灌浆泵	中低压砂浆	台时	26.46	26.46	26.46	26.46
灰浆搅拌机		台时	26.46	26.46	26.46	26.46
风砂枪	2～6m^3/min	台时	9.31	9.31	9.31	9.31
电焊机	交流 30kV·A	台时	101.1	101.1	101.1	101.1
载重汽车	5t	台时	6.11	6.11	6.11	6.11
其他机械使用费		元	210	210	210	210
编号			50225	50226	50227	50228

5.15.3 锚杆长度 15m

单位：100 根

项目		单位	岩石级别			
			Ⅶ～Ⅷ	Ⅸ～Ⅹ	Ⅺ～Ⅻ	ⅩⅢ～ⅩⅣ
高级熟练工		工时	88	93	97	103
熟练工		工时	291	299	309	320
半熟练工		工时	381	390	400	411
普工		工时	391	418	448	482
合计		工时	1151	1200	1254	1316
钻头	ϕ76	个	3.85	4.61	5.51	6.70
钻杆	T38	kg	68.99	81.96	97.44	115.78
连接套		个	3.58	4.18	5.06	5.97
钎尾（进口）		个	1.48	1.76	2.09	2.51
锚杆	ϕ25	kg	6104	6104	6104	6104
	ϕ28	kg	7658	7658	7658	7658
	ϕ30	kg	8800	8800	8800	8800
	ϕ32	kg	10005	10005	10005	10005
	ϕ36	kg	12668	12668	12668	12668
定位钢筋		kg	667	667	667	667
电焊条		kg	141	141	141	141
水泥砂浆		m^3	6.45	6.45	6.45	6.45
其他材料费		元	2720	2720	2720	2720
液压履带钻	ROC742	台时	49.38	55.49	62.23	69.92
灌浆泵	中低压砂浆	台时	35.77	35.77	35.77	35.77
灰浆搅拌机		台时	35.77	35.77	35.77	35.77
风砂枪	2～6m^3/min	台时	13.93	13.93	13.93	13.93
电焊机	交流 30kV·A	台时	134.81	134.81	134.81	134.81
载重汽车	5t	台时	9.15	9.15	9.15	9.15
其他机械使用费		元	310	310	310	310
编号			50229	50230	50231	50232

5.15.4 锚杆长度 20m

单位：100 根

项目		单位	岩石级别			
			Ⅶ～Ⅷ	Ⅸ～Ⅹ	Ⅺ～Ⅻ	ⅩⅢ～ⅩⅣ
高级熟练工		工时	115	121	127	135
熟练工		工时	376	387	400	416
半熟练工		工时	491	503	517	531
普工		工时	514	550	590	636
合计		工时	1496	1561	1634	1718
钻头	ϕ76	个	5.13	6.14	7.35	8.93
钻杆	T38	kg	91.99	109.28	129.93	154.37
连接套		个	4.77	5.58	6.75	7.96
钎尾（进口）		个	1.98	2.34	2.79	3.35
锚杆	ϕ25	kg	8125	8125	8125	8125
	ϕ28	kg	10194	10194	10194	10194
	ϕ30	kg	11713	11713	11713	11713
	ϕ32	kg	13317	13317	13317	13317
	ϕ36	kg	16863	16863	16863	16863
定位钢筋		kg	926	926	926	926
电焊条		kg	197	197	197	197
水泥砂浆		m^3	8.60	8.60	8.60	8.60
其他材料费		元	3620	3620	3620	3620
液压履带钻	ROC742	台时	66.49	74.62	83.84	94.31
灌浆泵	中低压砂浆	台时	43.44	43.44	43.44	43.44
灰浆搅拌机		台时	43.44	43.44	43.44	43.44
风砂枪	2～6m^3/min	台时	18.54	18.54	18.54	18.54
电焊机	交流 30kV·A	台时	168.51	168.51	168.51	168.51
载重汽车	5t	台时	12.17	12.17	12.17	12.17
其他机械使用费		元	390	390	390	390
编号			50233	50234	50235	50236

5.16 地下普通砂浆锚杆（QZJ–100B 潜孔钻机钻孔）

适用范围： 地下洞室作业。

工作内容： 钻孔、清孔、拌制水泥砂浆、锚杆制作安装、灌浆、封孔。

5.16.1 锚杆长度 7m

单位：100 根

项目		单位	岩石级别			
			Ⅶ～Ⅷ	Ⅸ～Ⅹ	Ⅺ～Ⅻ	XIII～XIV
高级熟练工		工时	105	125	148	175
熟练工		工时	336	393	461	543
半熟练工		工时	275	312	358	412
普工		工时	411	486	577	687
合计		工时	1127	1316	1544	1817
钻头	ϕ80	个	8.53	10.28	12.68	15.58
冲击器		套	1.061	1.289	1.584	1.949
钻杆		kg	20.87	23.03	25.23	26.84
锚杆	ϕ25	kg	2870	2870	2870	2870
	ϕ28	kg	3601	3601	3601	3601
	ϕ30	kg	4138	4138	4138	4138
	ϕ32	kg	4704	4704	4704	4704
	ϕ36	kg	5957	5957	5957	5957
水泥砂浆		m^3	3.36	3.36	3.36	3.36
其他材料费		元	1410	1410	1410	1410
潜孔钻	QZJ–100B	台时	184.07	222.98	270.03	326.50
灌浆泵	中低压砂浆	台时	20.98	20.98	20.98	20.98
灰浆搅拌机		台时	20.98	20.98	20.98	20.98
风砂枪	2～6m^3/min	台时	6.55	6.55	6.55	6.55
载重汽车	5t	台时	4.27	4.27	4.27	4.27
其他机械使用费		元	280	280	280	280
编号			50237	50238	50239	50240

5.16.2 锚杆长度 10m

单位：100 根

项目		单位	岩石级别			
			Ⅶ～Ⅷ	Ⅸ～Ⅹ	Ⅺ～Ⅻ	ⅩⅢ～ⅩⅣ
高级熟练工		工时	164	191	223	262
熟练工		工时	537	617	713	827
半熟练工		工时	474	527	591	668
普工		工时	630	737	865	1019
合计		工时	1805	2072	2392	2776
钻头	ϕ80	个	12.18	14.69	18.12	22.26
冲击器		套	1.517	1.836	2.266	2.790
钻杆		kg	29.82	32.91	36.04	38.34
锚杆	ϕ25	kg	4083	4083	4083	4083
	ϕ28	kg	5122	5122	5122	5122
	ϕ30	kg	5886	5886	5886	5886
	ϕ32	kg	6692	6692	6692	6692
	ϕ36	kg	8473	8473	8473	8473
定位钢筋		kg	408	408	408	408
电焊条		kg	87	87	87	87
水泥砂浆		m^3	4.80	4.80	4.80	4.80
其他材料费		元	2170	2170	2170	2170
潜孔钻	QZJ–100B	台时	261.43	316.13	382.25	461.49
灌浆泵	中低压砂浆	台时	26.46	26.46	26.46	26.46
灰浆搅拌机		台时	26.46	26.46	26.46	26.46
风砂枪	2～6m^3/min	台时	9.31	9.31	9.31	9.31
电焊机	交流 30kV·A	台时	101.1	101.1	101.1	101.1
载重汽车	5t	台时	6.11	6.11	6.11	6.11
其他机械使用费		元	440	440	440	440
编号			50241	50242	50243	50244

5.16.3 锚杆长度 15m

单位：100 根

项目		单位	岩石级别			
			Ⅶ～Ⅷ	Ⅸ～Ⅹ	Ⅺ～Ⅻ	ⅩⅢ～ⅩⅣ
高级熟练工		工时	268	313	367	432
熟练工		工时	864	998	1161	1358
半熟练工		工时	739	829	937	1068
普工		工时	1033	1212	1430	1692
合计		工时	2904	3352	3895	4550
钻头	ϕ80	个	18.27	22.03	27.18	33.39
冲击器		套	2.281	2.759	3.404	4.185
钻杆		kg	44.72	49.36	54.06	57.51
锚杆	ϕ25	kg	6104	6104	6104	6104
	ϕ28	kg	7658	7658	7658	7658
	ϕ30	kg	8800	8800	8800	8800
	ϕ32	kg	10005	10005	10005	10005
	ϕ36	kg	12668	12668	12668	12668
定位钢筋		kg	667	667	667	667
电焊条		kg	141	141	141	141
水泥砂浆		m^3	7.20	7.20	7.20	7.20
其他材料费		元	3260	3260	3260	3260
潜孔钻	QZJ–100B	台时	442.72	535.4	647.13	782.22
灌浆泵	中低压砂浆	台时	35.77	35.77	35.77	35.77
灰浆搅拌机		台时	35.77	35.77	35.77	35.77
风砂枪	2～6m^3/min	台时	13.93	13.93	13.93	13.93
电焊机	交流 30kV·A	台时	134.81	134.81	134.81	134.81
载重汽车	5t	台时	9.15	9.15	9.15	9.15
其他机械使用费		元	720	720	720	720
编号			50245	50246	50247	50248

5.16.4 锚杆长度 20m

单位：100 根

项目		单位	岩石级别			
			Ⅶ～Ⅷ	Ⅸ～Ⅹ	Ⅺ～Ⅻ	ⅩⅢ～ⅩⅣ
高级熟练工		工时	391	458	540	639
熟练工		工时	1249	1453	1696	1996
半熟练工		工时	1042	1178	1340	1540
普工		工时	1514	1786	2109	2510
合计		工时	4196	4875	5685	6685
钻头	ϕ80	个	24.36	29.37	36.24	44.52
冲击器		套	3.034	3.672	4.533	5.579
钻杆		kg	59.63	65.81	72.07	76.68
锚杆	ϕ25	kg	8125	8125	8125	8125
	ϕ28	kg	10194	10194	10194	10194
	ϕ30	kg	11713	11713	11713	11713
	ϕ32	kg	13317	13317	13317	13317
	ϕ36	kg	16863	16863	16863	16863
定位钢筋		kg	926	926	926	926
电焊条		kg	197	197	197	197
水泥砂浆		m^3	9.60	9.60	9.60	9.60
其他材料费		元	4345	4345	4345	4345
潜孔钻	QZJ–100B	台时	666.24	806.68	973.57	1179.98
灌浆泵	中低压砂浆	台时	43.44	43.44	43.44	43.44
灰浆搅拌机		台时	43.44	43.44	43.44	43.44
风砂枪	2～6m^3/min	台时	18.54	18.54	18.54	18.54
电焊机	交流 30kV·A	台时	168.51	168.51	168.51	168.51
载重汽车	5t	台时	12.17	12.17	12.17	12.17
其他机械使用费		元	1050	1050	1050	1050
编号			50249	50250	50251	50252

5.16.5 锚杆长度30m

单位：100根

项目		单位	岩石级别			
			Ⅶ～Ⅷ	Ⅸ～Ⅹ	Ⅺ～Ⅻ	ⅩⅢ～ⅩⅣ
高级熟练工		工时	708	839	996	1191
熟练工		工时	2227	2618	3089	3676
半熟练工		工时	1765	2025	2339	2731
普工		工时	2768	3289	3916	4700
合计		工时	7468	8771	10340	12298
钻头	ϕ80	个	36.54	44.06	54.36	66.78
冲击器		套	4.551	5.509	6.799	8.369
钻杆		kg	89.45	98.72	108.11	115.02
锚杆	ϕ25	kg	12168	12168	12168	12168
	ϕ28	kg	15265	15265	15265	15265
	ϕ30	kg	17541	17541	17541	17541
	ϕ32	kg	19943	19943	19943	19943
	ϕ36	kg	25252	25252	25252	25252
定位钢筋		kg	1186	1186	1186	1186
电焊条		kg	251	251	251	251
水泥砂浆		m^3	14.40	14.40	14.40	14.40
其他材料费		元	6460	6460	6460	6460
潜孔钻	QZJ–100B	台时	1274.17	1543.14	1866.68	2270.54
灌浆泵	中低压砂浆	台时	55.3	55.3	55.3	55.3
灰浆搅拌机		台时	55.3	55.3	55.3	55.3
风砂枪	2～6m^3/min	台时	27.76	27.76	27.76	27.76
电焊机	交流30kV·A	台时	202.21	202.21	202.21	202.21
载重汽车	5t	台时	18.26	18.26	18.26	18.26
其他机械使用费		元	1910	1910	1910	1910
编号			50253	50254	50255	50256

5.17 地下普通砂浆锚杆（YMG–100 液压锚杆钻机钻孔）

适用范围：地下洞室作业。

工作内容：钻孔、清孔、拌制水泥砂浆、锚杆制作安装、灌浆、封孔。

5.17.1 锚杆长度 7m

单位：100 根

项目		单位	岩石级别			
			Ⅶ～Ⅷ	Ⅸ～Ⅹ	Ⅺ～Ⅻ	ⅩⅢ～ⅩⅣ
高级熟练工		工时	70	78	86	94
熟练工		工时	181	195	211	228
半熟练工		工时	151	157	165	173
普工		工时	221	242	265	291
合计		工时	623	672	727	786
钻头	ϕ76	个	7.99	9.64	11.67	14.15
冲击器		套	0.320	0.389	0.465	0.563
钻杆	ϕ50	kg	20.02	22.06	24.31	26.82
锚杆	ϕ25	kg	2870	2870	2870	2870
	ϕ28	kg	3601	3601	3601	3601
	ϕ30	kg	4138	4138	4138	4138
	ϕ32	kg	4704	4704	4704	4704
	ϕ36	kg	5957	5957	5957	5957
水泥砂浆		m^3	3.01	3.01	3.01	3.01
其他材料费		元	1280	1280	1280	1280
液压锚杆钻机	YMG–100	台时	76.34	85.77	96.40	108.37
空气压缩机	$20m^3/min$ 油动移动式	台时	40.11	45.06	50.60	56.88
灌浆泵	中低压砂浆	台时	20.98	20.98	20.98	20.98
灰浆搅拌机		台时	20.98	20.98	20.98	20.98
风砂枪	$2～6m^3/min$	台时	6.55	6.55	6.55	6.55
载重汽车	5t	台时	4.27	4.27	4.27	4.27
其他机械使用费		元	190	190	190	190
编号			50257	50258	50259	50260

5.17.2 锚杆长度 10m

单位：100 根

项目		单位	岩石级别			
			Ⅶ～Ⅷ	Ⅸ～Ⅹ	Ⅺ～Ⅻ	ⅩⅢ～ⅩⅣ
高级熟练工		工时	115	125	136	148
熟练工		工时	317	338	360	385
半熟练工		工时	298	308	318	330
普工		工时	362	391	425	463
合计		工时	1092	1162	1239	1326
钻头	ϕ76	个	11.41	13.78	16.67	20.22
冲击器		套	0.457	0.556	0.665	0.804
钻杆	ϕ50	kg	28.60	31.51	34.72	38.32
锚杆	ϕ25	kg	4083	4083	4083	4083
	ϕ28	kg	5122	5122	5122	5122
	ϕ30	kg	5886	5886	5886	5886
	ϕ32	kg	6692	6692	6692	6692
	ϕ36	kg	8473	8473	8473	8473
定位钢筋		kg	408	408	408	408
电焊条		kg	87	87	87	87
水泥砂浆		m^3	4.30	4.30	4.30	4.30
其他材料费		元	1960	1960	1960	1960
液压锚杆钻机	YMG-100	台时	109.06	122.53	137.72	154.81
空气压缩机	$20m^3/min$ 油动移动式	台时	57.30	64.37	72.29	81.26
灌浆泵	中低压砂浆	台时	26.46	26.46	26.46	26.46
灰浆搅拌机		台时	26.46	26.46	26.46	26.46
风砂枪	$2\sim6m^3/min$	台时	9.31	9.31	9.31	9.31
电焊机	交流 30kV·A	台时	101.1	101.1	101.1	101.1
载重汽车	5t	台时	6.11	6.11	6.11	6.11
其他机械使用费		元	310	310	310	310
编号			50261	50262	50263	50264

5.17.3 锚杆长度 15m

单位：100 根

项目		单位	岩石级别			
			Ⅶ～Ⅷ	Ⅸ～Ⅹ	Ⅺ～Ⅻ	XIII～XIV
高级熟练工		工时	180	196	213	233
熟练工		工时	483	515	551	593
半熟练工		工时	437	453	470	490
普工		工时	564	613	667	728
合计		工时	1664	1777	1901	2044
钻头	ϕ76	个	17.12	20.66	25.00	30.33
冲击器		套	0.685	0.833	0.997	1.206
钻杆	ϕ50	kg	42.90	47.27	52.09	57.48
锚杆	ϕ25	kg	6104	6104	6104	6104
	ϕ28	kg	7658	7658	7658	7658
	ϕ30	kg	8800	8800	8800	8800
	ϕ32	kg	10005	10005	10005	10005
	ϕ36	kg	12668	12668	12668	12668
定位钢筋		kg	667	667	667	667
电焊条		kg	141	141	141	141
水泥砂浆		m^3	6.45	6.45	6.45	6.45
其他材料费		元	2950	2950	2950	2950
液压锚杆钻机	YMG−100	台时	178.35	200.32	225.17	252.91
空气压缩机	$20m^3/min$ 油动移动式	台时	93.67	105.09	118.20	132.80
灌浆泵	中低压砂浆	台时	35.77	35.77	35.77	35.77
灰浆搅拌机		台时	35.77	35.77	35.77	35.77
风砂枪	$2\sim6m^3/min$	台时	13.93	13.93	13.93	13.93
电焊机	交流 30kV·A	台时	134.81	134.81	134.81	134.81
载重汽车	5t	台时	9.15	9.15	9.15	9.15
其他机械使用费		元	480	480	480	480
编号			50265	50266	50267	50268

5.17.4 锚杆长度 20m

单位：100 根

项目		单位	岩石级别			
			Ⅶ～Ⅷ	Ⅸ～Ⅹ	Ⅺ～Ⅻ	XⅢ～XⅣ
高级熟练工		工时	199	216	234	254
熟练工		工时	675	725	780	842
半熟练工		工时	659	692	729	770
普工		工时	749	815	888	971
合计		工时	2282	2448	2631	2837
钻头	ϕ76	个	22.83	27.55	33.33	40.44
冲击器		套	0.913	1.111	1.329	1.608
钻杆	ϕ50	kg	57.21	63.02	69.45	76.64
锚杆	ϕ25	kg	8125	8125	8125	8125
	ϕ28	kg	10194	10194	10194	10194
	ϕ30	kg	11713	11713	11713	11713
	ϕ32	kg	13317	13317	13317	13317
	ϕ36	kg	16863	16863	16863	16863
定位钢筋		kg	926	926	926	926
电焊条		kg	197	197	197	197
水泥砂浆		m^3	8.60	8.60	8.60	8.60
其他材料费		元	3930	3930	3930	3930
液压锚杆钻机	YMG–100	台时	259.21	291.27	327.39	368.01
空气压缩机	$20m^3/min$ 油动移动式	台时	136.18	152.92	171.92	193.29
灌浆泵	中低压砂浆	台时	43.44	43.44	43.44	43.44
灰浆搅拌机		台时	43.44	43.44	43.44	43.44
风砂枪	2～$6m^3/min$	台时	18.54	18.54	18.54	18.54
电焊机	交流 30kV·A	台时	168.51	168.51	168.51	168.51
载重汽车	5t	台时	12.17	12.17	12.17	12.17
其他机械使用费		元	660	660	660	660
编号			50269	50270	50271	50272

5.17.5 锚杆长度 25m

单位：100 根

项目		单位	岩石级别			
			Ⅶ～Ⅷ	Ⅸ～Ⅹ	Ⅺ～Ⅻ	ⅩⅢ～ⅩⅣ
高级熟练工		工时	262	284	308	337
熟练工		工时	879	946	1021	1106
半熟练工		工时	840	884	935	991
普工		工时	990	1079	1178	1292
合计		工时	2971	3193	3442	3726
钻头	$\phi76$	个	28.53	34.44	41.66	50.55
冲击器		套	1.141	1.389	1.661	2.010
钻杆	$\phi50$	kg	71.51	78.78	86.81	95.80
锚杆	$\phi25$	kg	10147	10147	10147	10147
	$\phi28$	kg	12729	12729	12729	12729
	$\phi30$	kg	14627	14627	14627	14627
	$\phi32$	kg	16630	16630	16630	16630
	$\phi36$	kg	21058	21058	21058	21058
定位钢筋		kg	1186	1186	1186	1186
电焊条		kg	251	251	251	251
水泥砂浆		m^3	10.75	10.75	10.75	10.75
其他材料费		元	4920	4920	4920	4920
液压锚杆钻机	YMG–100	台时	353.38	397.02	446.12	501.98
空气压缩机	$20m^3/min$ 油动移动式	台时	185.54	208.51	234.15	263.57
灌浆泵	中低压砂浆	台时	50.68	50.68	50.68	50.68
灰浆搅拌机		台时	50.68	50.68	50.68	50.68
风砂枪	$2\sim6m^3/min$	台时	23.15	23.15	23.15	23.15
电焊机	交流 30kV·A	台时	202.21	202.21	202.21	202.21
载重汽车	5t	台时	15.22	15.22	15.22	15.22
其他机械使用费		元	880	880	880	880
编号			50273	50274	50275	50276

5.18　地下加强砂浆锚杆（ROC742 液压履带钻机钻孔）

适用范围：地下洞室作业。

工作内容：钻孔、清孔、拌制水泥砂浆、锚杆制作安装、灌浆、封孔。

5.18.1　锚杆长度 7m

单位：100 根

项　目		单位	岩石级别			
			Ⅶ～Ⅷ	Ⅸ～Ⅹ	Ⅺ～Ⅻ	ⅩⅢ～ⅩⅣ
高级熟练工		工时	67	69	72	75
熟练工		工时	235	241	246	252
半熟练工		工时	318	322	328	334
普工		工时	275	289	305	324
合计		工时	895	921	951	985
钻头	ϕ89	个	1.80	2.15	2.57	3.12
钻杆	T42	kg	32.20	38.25	45.47	54.03
连接套		个	1.67	1.95	2.36	2.79
钎尾	（进口）	个	0.69	0.82	0.98	1.17
锚杆	3×ϕ25	kg	8611	8611	8611	8611
	3×ϕ28	kg	10802	10802	10802	10802
	3×ϕ30	kg	12413	12413	12413	12413
	3×ϕ32	kg	14112	14112	14112	14112
	3×ϕ36	kg	17870	17870	17870	17870
定位钢筋		kg	148	148	148	148
电焊条		kg	31	31	31	31
水泥砂浆		m^3	3.99	3.99	3.99	3.99
其他材料费		元	1500	1500	1500	1500
液压履带钻	ROC742	台时	26.81	30.19	33.88	38.09
灌浆泵	中低压砂浆	台时	20.98	20.98	20.98	20.98
灰浆搅拌机		台时	20.98	20.98	20.98	20.98
风砂枪	2～6m^3/min	台时	19.65	19.65	19.65	19.65
电焊机	交流 30kV·A	台时	73.73	73.73	73.73	73.73
载重汽车	5t	台时	8.87	8.87	8.87	8.87
其他机械使用费		元	180	180	180	180
编　号			50277	50278	50279	50280

5.18.2 锚杆长度 10m

单位：100 根

项目		单位	岩石级别			
			Ⅶ～Ⅷ	Ⅸ～Ⅹ	Ⅺ～Ⅻ	ⅩⅢ～ⅩⅣ
高级熟练工		工时	96	99	104	108
熟练工		工时	339	345	353	363
半熟练工		工时	456	463	471	479
普工		工时	396	416	440	467
合计		工时	1287	1323	1368	1417
钻头	ϕ89	个	2.57	3.07	3.68	4.46
钻杆	T42	kg	46.00	54.64	64.96	77.18
连接套		个	2.38	2.79	3.37	3.98
钎尾	（进口）	个	0.99	1.17	1.39	1.68
锚杆	3×ϕ25	kg	12249	12249	12249	12249
	3×ϕ28	kg	15367	15367	15367	15367
	3×ϕ30	kg	17657	17657	17657	17657
	3×ϕ32	kg	20075	20075	20075	20075
	3×ϕ36	kg	25420	25420	25420	25420
定位钢筋		kg	408	408	408	408
电焊条		kg	87	87	87	87
水泥砂浆		m^3	5.70	5.70	5.70	5.70
其他材料费		元	2170	2170	2170	2170
液压履带钻	ROC742	台时	38.79	43.52	48.88	54.98
灌浆泵	中低压砂浆	台时	26.46	26.46	26.46	26.46
灰浆搅拌机		台时	26.46	26.46	26.46	26.46
风砂枪	2～6m^3/min	台时	27.95	27.95	27.95	27.95
电焊机	交流 30kV·A	台时	110.59	110.59	110.59	110.59
载重汽车	5t	台时	12.65	12.65	12.65	12.65
其他机械使用费		元	260	260	260	260
编号			50281	50282	50283	50284

5.18.3 锚杆长度 15m

单位：100 根

项目		单位	岩石级别			
			Ⅶ～Ⅷ	Ⅸ～Ⅹ	Ⅺ～Ⅻ	ⅩⅢ～ⅩⅣ
高级熟练工		工时	140	146	152	158
熟练工		工时	492	503	515	528
半熟练工		工时	660	670	682	695
普工		工时	581	613	648	689
合计		工时	1873	1932	1997	2070
钻头	ϕ89	个	3.85	4.61	5.51	6.70
钻杆	T42	kg	68.99	81.96	97.44	115.78
连接套		个	3.58	4.18	5.06	5.97
钎尾（进口）		个	1.48	1.76	2.09	2.51
锚杆	3×ϕ25	kg	18313	18313	18313	18313
	3×ϕ28	kg	22974	22974	22974	22974
	3×ϕ30	kg	26399	26399	26399	26399
	3×ϕ32	kg	30014	30014	30014	30014
	3×ϕ36	kg	38004	38004	38004	38004
定位钢筋		kg	667	667	667	667
电焊条		kg	141	141	141	141
水泥砂浆		m^3	8.55	8.55	8.55	8.55
其他材料费		元	3250	3250	3250	3250
液压履带钻	ROC742	台时	58.77	66.02	74.05	83.21
灌浆泵	中低压砂浆	台时	35.77	35.77	35.77	35.77
灰浆搅拌机		台时	35.77	35.77	35.77	35.77
风砂枪	2～6m^3/min	台时	41.79	41.79	41.79	41.79
电焊机	交流 30kV·A	台时	147.47	147.47	147.47	147.47
载重汽车	5t	台时	18.94	18.94	18.94	18.94
其他机械使用费		元	370	370	370	370
编号			50285	50286	50287	50288

5.18.4 锚杆长度 20m

单位：100 根

项目		单位	岩石级别			
			Ⅶ～Ⅷ	Ⅸ～Ⅹ	Ⅺ～Ⅻ	ⅩⅢ～ⅩⅣ
高级熟练工		工时	185	192	200	209
熟练工		工时	643	657	673	690
半熟练工		工时	862	876	892	910
普工		工时	768	811	859	913
合计		工时	2458	2536	2624	2722
钻头	ϕ89	个	5.13	6.14	7.35	8.93
钻杆	T42	kg	91.99	109.28	129.93	154.37
连接套		个	4.77	5.58	6.75	7.96
钎尾（进口）		个	1.98	2.34	2.79	3.35
锚杆	3×ϕ25	kg	24376	24376	24376	24376
	3×ϕ28	kg	30581	30581	30581	30581
	3×ϕ30	kg	35140	35140	35140	35140
	3×ϕ32	kg	39952	39952	39952	39952
	3×ϕ36	kg	50589	50589	50589	50589
定位钢筋		kg	926	926	926	926
电焊条		kg	197	197	197	197
水泥砂浆		m^3	11.10	11.10	11.10	11.10
其他材料费		元	4330	4330	4330	4330
液压履带钻	ROC742	台时	79.12	88.81	99.77	112.23
灌浆泵	中低压砂浆	台时	43.44	43.44	43.44	43.44
灰浆搅拌机		台时	43.44	43.44	43.44	43.44
风砂枪	2～6m^3/min	台时	55.63	55.63	55.63	55.63
电焊机	交流 30kV·A	台时	184.34	184.34	184.34	184.34
载重汽车	5t	台时	25.24	25.24	25.24	25.24
其他机械使用费		元	480	480	480	480
编号			50289	50290	50291	50292

5.19 地下加强砂浆锚杆（QZJ–100B 潜孔钻机钻孔）

适用范围： 地下洞室作业。

工作内容： 钻孔、清孔、拌制水泥砂浆、锚杆制作安装、灌浆、封孔。

5.19.1 锚杆长度 7m

单位：100 根

项目		单位	岩石级别			
			Ⅶ～Ⅷ	Ⅸ～Ⅹ	Ⅺ～Ⅻ	ⅩⅢ～ⅩⅣ
高级熟练工		工时	171	196	227	265
熟练工		工时	567	644	738	850
半熟练工		工时	525	577	639	714
普工		工时	649	752	878	1027
合计		工时	1912	2169	2482	2856
钻头	ϕ100	个	8.53	10.28	12.68	15.58
冲击器		套	1.061	1.289	1.584	1.949
钻杆		kg	20.87	23.03	25.23	26.84
锚杆	3×ϕ25	kg	8611	8611	8611	8611
	3×ϕ28	kg	10802	10802	10802	10802
	3×ϕ30	kg	12413	12413	12413	12413
	3×ϕ32	kg	14112	14112	14112	14112
	3×ϕ36	kg	17870	17870	17870	17870
定位钢筋		kg	148	148	148	148
电焊条		kg	31	31	31	31
水泥砂浆		m^3	5.18	5.18	5.18	5.18
其他材料费		元	1750	1750	1750	1750
潜孔钻	QZJ–100B	台时	254.17	307.35	371.64	448.67
灌浆泵	中低压砂浆	台时	20.98	20.98	20.98	20.98
灰浆搅拌机		台时	20.98	20.98	20.98	20.98
风砂枪	2～6m^3/min	台时	19.65	19.65	19.65	19.65
电焊机	交流 30kV·A	台时	73.73	73.73	73.73	73.73
载重汽车	5t	台时	8.87	8.87	8.87	8.87
其他机械使用费		元	420	420	420	420
编号			50293	50294	50295	50296

5.19.2 锚杆长度 10m

单位：100 根

项目		单位	岩石级别			
			Ⅶ～Ⅷ	Ⅸ～Ⅹ	Ⅺ～Ⅻ	XIII～XIV
高级熟练工		工时	244	281	326	379
熟练工		工时	811	922	1056	1216
半熟练工		工时	753	826	914	1022
普工		工时	929	1076	1254	1468
合计		工时	2737	3105	3550	4085
钻头	ϕ100	个	12.18	14.69	18.12	22.26
冲击器		套	1.517	1.836	2.266	2.790
钻杆		kg	29.82	32.91	36.04	38.34
锚杆	3×ϕ25	kg	12249	12249	12249	12249
	3×ϕ28	kg	15367	15367	15367	15367
	3×ϕ30	kg	17657	17657	17657	17657
	3×ϕ32	kg	20075	20075	20075	20075
	3×ϕ36	kg	25420	25420	25420	25420
定位钢筋		kg	408	408	408	408
电焊条		kg	87	87	87	87
水泥砂浆		m^3	7.40	7.40	7.40	7.40
其他材料费		元	2530	2530	2530	2530
潜孔钻	QZJ–100B	台时	363.10	439.07	530.91	640.96
灌浆泵	中低压砂浆	台时	26.46	26.46	26.46	26.46
灰浆搅拌机		台时	26.46	26.46	26.46	26.46
风砂枪	2～6m^3/min	台时	27.95	27.95	27.95	27.95
电焊机	交流 30kV·A	台时	110.59	110.59	110.59	110.59
载重汽车	5t	台时	12.65	12.65	12.65	12.65
其他机械使用费		元	600	600	600	600
编号			50297	50298	50299	50300

5.19.3 锚杆长度 15m

单位：100 根

项目		单位	岩石级别			
			Ⅶ～Ⅷ	Ⅸ～Ⅹ	Ⅺ～Ⅻ	ⅩⅢ～ⅩⅣ
高级熟练工		工时	396	459	534	625
熟练工		工时	1302	1489	1715	1988
半熟练工		工时	1172	1296	1447	1629
普工		工时	1516	1765	2066	2430
合计		工时	4386	5009	5762	6672
钻头	ϕ100	个	18.27	22.03	27.18	33.39
冲击器		套	2.276	2.754	3.400	4.184
钻杆		kg	44.72	49.36	54.06	57.51
锚杆	3×ϕ25	kg	18313	18313	18313	18313
	3×ϕ28	kg	22974	22974	22974	22974
	3×ϕ30	kg	26399	26399	26399	26399
	3×ϕ32	kg	30014	30014	30014	30014
	3×ϕ36	kg	38004	38004	38004	38004
定位钢筋		kg	667	667	667	667
电焊条		kg	141	141	141	141
水泥砂浆		m^3	11.10	11.10	11.10	11.10
其他材料费		元	3790	3790	3790	3790
潜孔钻	QZJ–100B	台时	614.90	743.60	898.79	1086.43
灌浆泵	中低压砂浆	台时	35.77	35.77	35.77	35.77
灰浆搅拌机		台时	35.77	35.77	35.77	35.77
风砂枪	2～6m^3/min	台时	41.79	41.79	41.79	41.79
电焊机	交流 30kV·A	台时	147.47	147.47	147.47	147.47
载重汽车	5t	台时	18.94	18.94	18.94	18.94
其他机械使用费		元	980	980	980	980
编号			50301	50302	50303	50304

5.19.4 锚杆长度 20m

单位：100 根

项目		单位	岩石级别			
			Ⅶ～Ⅷ	Ⅸ～Ⅹ	Ⅺ～Ⅻ	ⅩⅢ～ⅩⅣ
高级熟练工		工时	577	671	783	922
熟练工		工时	1875	2158	2496	2913
半熟练工		工时	1646	1835	2059	2338
普工		工时	2214	2592	3042	3598
合计		工时	6312	7256	8380	9771
钻头	ϕ100	个	24.36	29.37	36.24	44.52
冲击器		套	3.034	3.672	4.533	5.579
钻杆		kg	59.63	65.81	72.07	76.68
锚杆	3×ϕ25	kg	24376	24376	24376	24376
	3×ϕ28	kg	30581	30581	30581	30581
	3×ϕ30	kg	35140	35140	35140	35140
	3×ϕ32	kg	39952	39952	39952	39952
	3×ϕ36	kg	50589	50589	50589	50589
定位钢筋		kg	926	926	926	926
电焊条		kg	197	197	197	197
水泥砂浆		m^3	14.80	14.80	14.80	14.80
其他材料费		元	5060	5060	5060	5060
潜孔钻	QZJ–100B	台时	925.33	1120.39	1352.18	1638.86
灌浆泵	中低压砂浆	台时	43.44	43.44	43.44	43.44
灰浆搅拌机		台时	43.44	43.44	43.44	43.44
风砂枪	2～6m^3/min	台时	55.63	55.63	55.63	55.63
电焊机	交流 30kV・A	台时	184.34	184.34	184.34	184.34
载重汽车	5t	台时	25.24	25.24	25.24	25.24
其他机械使用费		元	1440	1440	1440	1440
编号			50305	50306	50307	50308

5.19.5 锚杆长度 30m

单位：100 根

项目		单位	岩石级别			
			Ⅶ～Ⅷ	Ⅸ～Ⅹ	Ⅺ～Ⅻ	ⅩⅢ～ⅩⅣ
高级熟练工		工时	1038	1219	1437	1708
熟练工		工时	3318	3861	4515	5331
半熟练工		工时	2768	3130	3565	4110
普工		工时	4022	4746	5618	6706
合计		工时	11146	12956	15135	17855
钻头	ϕ100	个	36.54	44.06	54.36	66.78
冲击器		套	4.551	5.509	6.799	8.369
钻杆		kg	89.45	98.72	108.11	115.02
锚杆	3×ϕ25	kg	36504	36504	36504	36504
	3×ϕ28	kg	45796	45796	45796	45796
	3×ϕ30	kg	52622	52622	52622	52622
	3×ϕ32	kg	59828	59828	59828	59828
	3×ϕ36	kg	75757	75757	75757	75757
定位钢筋		kg	1186	1186	1186	1186
电焊条		kg	251	251	251	251
水泥砂浆		m^3	22.20	22.20	22.20	22.20
其他材料费		元	7550	7550	7550	7550
潜孔钻	QZJ-100B	台时	1769.68	2143.26	2592.62	3153.52
灌浆泵	中低压砂浆	台时	55.30	55.30	55.30	55.30
灰浆搅拌机		台时	55.30	55.30	55.30	55.30
风砂枪	2～6m^3/min	台时	83.30	83.30	83.30	83.30
电焊机	交流 30kV·A	台时	221.20	221.20	221.20	221.20
载重汽车	5t	台时	37.81	37.81	37.81	37.81
其他机械使用费		元	2520	2520	2520	2520
编号			50309	50310	50311	50312

5.20 地下加强砂浆锚杆（YMG–100 液压锚杆钻机钻孔）

适用范围：地下洞室作业。

工作内容：钻孔、清孔、拌制水泥砂浆、锚杆制作安装、灌浆、封孔。

5.20.1 锚杆长度 7m

单位：100 根

项目		单位	岩石级别			
			Ⅶ～Ⅷ	Ⅸ～Ⅹ	Ⅺ～Ⅻ	ⅫⅠ～ⅩⅣ
高级熟练工		工时	118	126	136	146
熟练工		工时	341	360	380	402
半熟练工		工时	348	357	367	378
普工		工时	370	397	427	461
合计		工时	1177	1240	1310	1387
钻头	ϕ90	个	7.99	9.64	11.67	14.15
冲击器		套	0.320	0.389	0.465	0.563
钻杆	ϕ50	kg	20.02	22.06	24.31	26.82
锚杆	3×ϕ25	kg	8611	8611	8611	8611
	3×ϕ28	kg	10802	10802	10802	10802
	3×ϕ30	kg	12413	12413	12413	12413
	3×ϕ32	kg	14112	14112	14112	14112
	3×ϕ36	kg	17870	17870	17870	17870
定位钢筋		kg	148	148	148	148
电焊条		kg	31	31	31	31
水泥砂浆		m^3	3.99	3.99	3.99	3.99
其他材料费		元	1610	1610	1610	1610
液压锚杆钻机	YMG–100	台时	97.88	109.97	123.59	138.93
空气压缩机	20m^3/min 油动移动式	台时	51.42	57.77	64.87	72.93
灌浆泵	中低压砂浆	台时	20.98	20.98	20.98	20.98
灰浆搅拌机		台时	20.98	20.98	20.98	20.98
风砂枪	2～6m^3/min	台时	19.65	19.65	19.65	19.65
电焊机	交流 30kV·A	台时	73.73	73.73	73.73	73.73
载重汽车	5t	台时	8.87	8.87	8.87	8.87
其他机械使用费		元	270	270	270	270
编号			50313	50314	50315	50316

5.20.2　锚杆长度 10m

单位：100 根

项　　目		单位	岩石级别			
			Ⅶ～Ⅷ	Ⅸ～Ⅹ	Ⅺ～Ⅻ	ⅩⅢ～ⅩⅣ
高级熟练工		工时	168	180	194	210
熟练工		工时	490	515	544	576
半熟练工		工时	500	512	526	541
普工		工时	531	569	611	659
合计		工时	1689	1776	1875	1986
钻头	ϕ90	个	11.41	13.78	16.67	20.22
冲击器		套	0.457	0.556	0.665	0.804
钻杆	ϕ50	kg	28.60	31.51	34.72	38.32
锚杆	3×ϕ25	kg	12249	12249	12249	12249
	3×ϕ28	kg	15367	15367	15367	15367
	3×ϕ30	kg	17657	17657	17657	17657
	3×ϕ32	kg	20075	20075	20075	20075
	3×ϕ36	kg	25420	25420	25420	25420
定位钢筋		kg	408	408	408	408
电焊条		kg	87	87	87	87
水泥砂浆		m^3	5.70	5.70	5.70	5.70
其他材料费		元	2320	2320	2320	2320
液压锚杆钻机	YMG–100	台时	139.82	157.10	176.56	198.47
空气压缩机	$20m^3$/min 油动移动式	台时	73.46	82.53	92.68	104.19
灌浆泵	中低压砂浆	台时	26.46	26.46	26.46	26.46
灰浆搅拌机		台时	26.46	26.46	26.46	26.46
风砂枪	2～$6m^3$/min	台时	27.95	27.95	27.95	27.95
电焊机	交流 30kV・A	台时	110.59	110.59	110.59	110.59
载重汽车	5t	台时	12.65	12.65	12.65	12.65
其他机械使用费		元	390	390	390	390
编号			50317	50318	50319	50320

5.20.3 锚杆长度 15m

单位：100 根

项目		单位	岩石级别			
			Ⅶ～Ⅷ	Ⅸ～Ⅹ	Ⅺ～Ⅻ	XⅢ～XⅣ
高级熟练工		工时	261	281	304	329
熟练工		工时	745	787	834	886
半熟练工		工时	739	758	781	807
普工		工时	823	885	955	1033
合计		工时	2568	2711	2874	3055
钻头	$\phi 90$	个	17.12	20.66	25.00	30.33
冲击器		套	0.685	0.833	0.997	1.206
钻杆	$\phi 50$	kg	42.90	47.27	52.09	57.48
锚杆	$3\times\phi 25$	kg	18313	18313	18313	18313
	$3\times\phi 28$	kg	22974	22974	22974	22974
	$3\times\phi 30$	kg	26399	26399	26399	26399
	$3\times\phi 32$	kg	30014	30014	30014	30014
	$3\times\phi 36$	kg	38004	38004	38004	38004
定位钢筋		kg	667	667	667	667
电焊条		kg	141	141	141	141
水泥砂浆		m^3	8.55	8.55	8.55	8.55
其他材料费		元	3480	3480	3480	3480
液压锚杆钻机	YMG–100	台时	228.66	256.81	288.68	324.24
空气压缩机	$20m^3/min$ 油动移动式	台时	120.09	134.73	151.54	170.25
灌浆泵	中低压砂浆	台时	35.77	35.77	35.77	35.77
灰浆搅拌机		台时	35.77	35.77	35.77	35.77
风砂枪	$2\sim6m^3/min$	台时	41.79	41.79	41.79	41.79
电焊机	交流 30kV·A	台时	147.47	147.47	147.47	147.47
载重汽车	5t	台时	18.94	18.94	18.94	18.94
其他机械使用费		元	610	610	610	610
编号			50321	50322	50323	50324

5.20.4 锚杆长度 20m

单位：100 根

项目		单位	岩石级别			
			Ⅶ～Ⅷ	Ⅸ～Ⅹ	Ⅺ～Ⅻ	ⅩⅢ～ⅩⅣ
高级熟练工		工时	297	318	342	368
熟练工		工时	1037	1100	1170	1249
半熟练工		工时	1087	1129	1175	1229
普工		工时	1097	1181	1275	1380
合计		工时	3518	3728	3962	4226
钻头	$\phi 90$	个	22.83	27.55	33.33	40.44
冲击器		套	0.913	1.111	1.329	1.608
钻杆	$\phi 50$	kg	57.21	63.02	69.45	76.64
锚杆	$3\times\phi 25$	kg	24376	24376	24376	24376
	$3\times\phi 28$	kg	30581	30581	30581	30581
	$3\times\phi 30$	kg	35140	35140	35140	35140
	$3\times\phi 32$	kg	39952	39952	39952	39952
	$3\times\phi 36$	kg	50589	50589	50589	50589
定位钢筋		kg	926	926	926	926
电焊条		kg	197	197	197	197
水泥砂浆		m^3	11.40	11.40	11.40	11.40
其他材料费		元	4640	4640	4640	4640
液压锚杆钻机	YMG–100	台时	332.33	373.42	419.73	471.81
空气压缩机	$20m^3/min$ 油动移动式	台时	174.59	196.06	220.40	247.80
灌浆泵	中低压砂浆	台时	43.44	43.44	43.44	43.44
灰浆搅拌机		台时	43.44	43.44	43.44	43.44
风砂枪	$2\sim 6m^3/min$	台时	55.63	55.63	55.63	55.63
电焊机	交流 30kV·A	台时	184.34	184.34	184.34	184.34
载重汽车	5t	台时	25.24	25.24	25.24	25.24
其他机械使用费		元	850	850	850	850
编号			50325	50326	50327	50328

5.20.5 锚杆长度 25m

单位：100 根

项目		单位	岩石级别			
			Ⅶ～Ⅷ	Ⅸ～Ⅹ	Ⅺ～Ⅻ	ⅩⅢ～ⅩⅣ
高级熟练工		工时	389	416	449	486
熟练工		工时	1343	1429	1525	1635
半熟练工		工时	1381	1438	1502	1575
普工		工时	1438	1552	1681	1826
合计		工时	4551	4835	5157	5522
钻头	ϕ90	个	28.53	34.44	41.66	50.55
冲击器		套	1.141	1.389	1.661	2.010
钻杆	ϕ50	kg	71.51	78.78	86.81	95.80
锚杆	3×ϕ25	kg	30440	30440	30440	30440
	3×ϕ28	kg	38188	38188	38188	38188
	3×ϕ30	kg	43881	43881	43881	43881
	3×ϕ32	kg	49890	49890	49890	49890
	3×ϕ36	kg	63173	63173	63173	63173
定位钢筋		kg	1186	1186	1186	1186
电焊条		kg	251	251	251	251
水泥砂浆		m^3	14.25	14.25	14.25	14.25
其他材料费		元	5800	5800	5800	5800
液压锚杆钻机	YMG–100	台时	453.05	509.00	571.94	643.56
空气压缩机	$20m^3/min$ 油动移动式	台时	237.86	267.32	300.19	337.90
灌浆泵	中低压砂浆	台时	50.68	50.68	50.68	50.68
灰浆搅拌机		台时	50.68	50.68	50.68	50.68
风砂枪	2～$6m^3/min$	台时	69.45	69.45	69.45	69.45
电焊机	交流 30kV·A	台时	221.20	221.20	221.20	221.20
载重汽车	5t	台时	31.52	31.52	31.52	31.52
其他机械使用费		元	1130	1130	1130	1130
编号			50329	50330	50331	50332

5.21 地下加强砂浆锚杆（地质钻机钻孔）

适用范围：地下洞室作业。

工作内容：钻孔、清孔、拌制水泥砂浆、锚杆制作安装、灌浆、封孔。

5.21.1 锚杆长度 10m

单位：100 根

项目		单位	岩石级别			
			Ⅶ～Ⅷ	Ⅸ～Ⅹ	Ⅺ～Ⅻ	ⅩⅢ～ⅩⅣ
高级熟练工		工时	183	213	263	391
熟练工		工时	743	835	1003	1417
半熟练工		工时	1561	1860	2363	3614
普工		工时	1755	1903	2152	2782
合计		工时	4242	4811	5781	8204
金钢石钻头	ϕ91	个	29.13	38.40	53.91	92.82
扩孔器	ϕ91	个	10.24	13.45	18.91	32.50
钻杆接头		个	34.58	45.55	63.89	109.95
锚杆	3×ϕ25	kg	12249	12249	12249	12249
	3×ϕ28	kg	15367	15367	15367	15367
	3×ϕ30	kg	17657	17657	17657	17657
	3×ϕ32	kg	20075	20075	20075	20075
	3×ϕ36	kg	25420	25420	25420	25420
定位钢筋		kg	408	408	408	408
电焊条		kg	87	87	87	87
岩心管		m	44	58	81	140
钻杆		m	36	47	67	115
水泥砂浆		m^3	5.70	5.70	5.70	5.70
水		m^3	3402	4244	5646	9163
其他材料费		元	4460	4460	4460	4460
地质钻机	150 型	台时	901.44	1135.18	1526.29	2506.61
灌浆泵	中低压砂浆	台时	26.46	26.46	26.46	26.46
灰浆搅拌机		台时	26.46	26.46	26.46	26.46
风砂枪	2～6m^3/min	台时	27.95	27.95	27.95	27.95
电焊机	交流 30kV·A	台时	110.59	110.59	110.59	110.59
载重汽车	5t	台时	12.65	12.65	12.65	12.65
其他机械使用费		元	1140	1140	1140	1140
编号			50333	50334	50335	50336

5.21.2 锚杆长度 15m

单位：100 根

项目		单位	岩石级别			
			Ⅶ～Ⅷ	Ⅸ～Ⅹ	Ⅺ～Ⅻ	ⅩⅢ～ⅩⅣ
高级熟练工		工时	270	315	391	582
熟练工		工时	1099	1236	1486	2107
半熟练工		工时	2316	2765	3519	5397
普工		工时	2618	2841	3213	4159
合计		工时	6303	7157	8609	12245
金钢石钻头	ϕ91	个	43.69	57.60	80.87	139.23
扩孔器	ϕ91	个	15.36	20.18	28.36	48.75
钻杆接头		个	51.87	68.33	95.84	164.92
锚杆	3×ϕ25	kg	18313	18313	18313	18313
	3×ϕ28	kg	22974	22974	22974	22974
	3×ϕ30	kg	26399	26399	26399	26399
	3×ϕ32	kg	30014	30014	30014	30014
	3×ϕ36	kg	38004	38004	38004	38004
定位钢筋		kg	667	667	667	667
电焊条		kg	141	141	141	141
岩心管		m	66	87	122	209
钻杆		m	54	71	100	172
水泥砂浆		m^3	8.55	8.55	8.55	8.55
水		m^3	5103	6366	8469	13744
其他材料费		元	6680	6680	6680	6680
地质钻机	150 型	台时	1352.17	1702.78	2289.44	3759.92
灌浆泵	中低压砂浆	台时	35.77	35.77	35.77	35.77
灰浆搅拌机		台时	35.77	35.77	35.77	35.77
风砂枪	2～6m^3/min	台时	41.79	41.79	41.79	41.79
电焊机	交流 30kV·A	台时	147.47	147.47	147.47	147.47
载重汽车	5t	台时	18.94	18.94	18.94	18.94
其他机械使用费		元	1690	1690	1690	1690
编号			50337	50338	50339	50340

5.21.3 锚杆长度 20m

单位：100 根

项目		单位	岩石级别			
			Ⅶ～Ⅷ	Ⅸ～Ⅹ	Ⅺ～Ⅻ	ⅩⅢ～ⅩⅣ
高级熟练工		工时	357	417	519	773
熟练工		工时	1450	1632	1968	2795
半熟练工		工时	3069	3668	4674	7177
普工		工时	3480	3777	4273	5533
合计		工时	8356	9494	11434	16278
金钢石钻头	ϕ91	个	58.26	76.80	107.83	185.64
扩孔器	ϕ91	个	20.48	26.91	37.81	65.00
钻杆接头		个	69.16	91.10	127.79	219.90
锚杆	3×ϕ25	kg	24376	24376	24376	24376
	3×ϕ28	kg	30581	30581	30581	30581
	3×ϕ30	kg	35140	35140	35140	35140
	3×ϕ32	kg	39952	39952	39952	39952
	3×ϕ36	kg	50589	50589	50589	50589
定位钢筋		kg	926	926	926	926
电焊条		kg	197	197	197	197
岩心管		m	87	116	163	280
钻杆		m	72	95	133	229
水泥砂浆		m^3	11.40	11.40	11.40	11.40
水		m^3	6803	8488	11292	18325
其他材料费		元	8910	8910	8910	8910
地质钻机	150 型	台时	1802.90	2270.37	3052.59	5013.22
灌浆泵	中低压砂浆	台时	43.44	43.44	43.44	43.44
灰浆搅拌机		台时	43.44	43.44	43.44	43.44
风砂枪	2～6m^3/min	台时	55.63	55.63	55.63	55.63
电焊机	交流 30kV·A	台时	184.34	184.34	184.34	184.34
载重汽车	5t	台时	25.24	25.24	25.24	25.24
其他机械使用费		元	2240	2240	2240	2240
编号			50341	50342	50343	50344

5.21.4 锚杆长度 30m

单位：100 根

项目		单位	岩石级别			
			Ⅶ～Ⅷ	Ⅸ～Ⅹ	Ⅺ～Ⅻ	ⅩⅢ～ⅩⅣ
高级熟练工		工时	523	612	766	1147
熟练工		工时	2125	2399	2902	4143
半熟练工		工时	4533	5431	6940	10695
普工		工时	5179	5624	6370	8260
合计		工时	12360	14066	16978	24245
金钢石钻头	ϕ91	个	87.39	115.20	161.74	278.46
扩孔器	ϕ91	个	30.72	40.36	56.72	97.51
钻杆接头		个	103.75	136.65	191.68	329.85
锚杆	3×ϕ25	kg	36504	36504	36504	36504
	3×ϕ28	kg	45796	45796	45796	45796
	3×ϕ30	kg	52622	52622	52622	52622
	3×ϕ32	kg	59828	59828	59828	59828
	3×ϕ36	kg	75757	75757	75757	75757
定位钢筋		kg	1186	1186	1186	1186
电焊条		kg	251	251	251	251
岩心管		m	132	174	243	420
钻杆		m	108	142	200	343
水泥砂浆		m^3	17.10	17.10	17.10	17.10
水		m^3	10205	12732	16938	27488
其他材料费		元	13320	13320	13320	13320
地质钻机	150 型	台时	2704.34	3405.55	4578.89	7519.83
灌浆泵	中低压砂浆	台时	55.30	55.30	55.30	55.30
灰浆搅拌机		台时	55.30	55.30	55.30	55.30
风砂枪	2～6m^3/min	台时	83.30	83.30	83.30	83.30
电焊机	交流 30kV·A	台时	221.20	221.20	221.20	221.20
载重汽车	5t	台时	37.81	37.81	37.81	37.81
其他机械使用费		元	3330	3330	3330	3330
编号			50345	50346	50347	50348

5.22 岩石预应力锚杆（地质钻机钻孔）

适用范围： 岩体预应力锚杆，露天作业。

工作内容： 包括选孔位、清孔面、钻孔、清孔、锚杆制作、运输、安装、浇筑混凝土垫墩、安装钢垫板、安装工作锚具及限位板、张拉、拌制水泥砂浆、灌浆、封孔、孔位转移等。

单位：根

项目		单位	锚杆长度（m）				
			10	15	20	25	30
高级熟练工		工时	4	6	8	9	11
熟练工		工时	20	26	32	39	43
半熟练工		工时	52	71	89	107	121
普工		工时	27	39	52	65	78
合计		工时	103	142	181	220	253
金刚石钻头	ϕ76	个	0.54	0.81	1.08	1.35	1.62
扩孔器	ϕ76	个	0.19	0.28	0.38	0.47	0.57
钻杆接头		个	0.64	0.96	1.28	1.60	1.92
钻杆		m	0.67	1.00	1.33	1.66	2.00
岩心管		m	0.81	1.22	1.63	2.03	2.44
锚杆	ϕ36	kg	92	134	176	218	260
钢筋		kg	17	20	22	26	26
电焊条		kg	1.44	2.36	3.28	4.20	4.20
水泥砂浆		m^3	0.10	0.15	0.20	0.25	0.30
混凝土		m^3	0.22	0.22	0.22	0.22	0.22
工作锚具		套	1.05	1.05	1.05	1.05	1.05
水		m^3	77	116	155	193	232
其他材料费		元	87	120	151	184	216
地质钻机	150型	台时	17.45	26.17	34.89	43.62	52.34
灌浆泵	中低压砂浆	台时	1.04	1.84	2.62	3.36	4.13
灰浆搅拌机		台时	1.04	1.84	2.62	3.36	4.13
电焊机	交流30kV·A	台时	1.59	2.06	2.53	3.01	3.01
风砂枪	2～6m^3/min	台时	0.15	0.22	0.29	0.35	0.41
汽车起重机	8t	台时	1.03	1.03	1.03	1.03	1.03
张拉千斤顶		台时	0.62	0.62	0.62	0.62	0.62
电动油泵	ZB4–500	台时	0.62	0.62	0.62	0.62	0.62
载重汽车	5t	台时	1.03	1.03	1.03	1.03	1.03
其他机械使用费		元	38	52	64	77	88
编号			50349	50350	50351	50352	50353

5.23 岩石预应力锚杆（潜孔钻机钻孔）

适用范围：岩体预应力锚杆，露天作业。

工作内容：包括选孔位、清孔面、钻孔、清孔、锚杆制作、运输、安装、浇筑混凝土垫墩、安装钢垫板、安装工作锚具及限位板、张拉、拌制水泥砂浆、灌浆、封孔、孔位转移等。

单位：根

项目		单位	锚杆长度（m）				
			10	15	20	25	30
高级熟练工		工时	5	8	11	16	21
熟练工		工时	25	34	46	61	75
半熟练工		工时	37	48	61	76	88
普工		工时	15	23	34	48	65
合计		工时	82	113	152	201	249
钻头	ϕ80	个	0.18	0.27	0.36	0.45	0.54
钻杆	ϕ50	kg	0.36	0.54	0.72	0.90	1.08
冲击器		套	0.023	0.034	0.045	0.057	0.068
锚杆	ϕ36	kg	92	134	176	218	260
钢筋		kg	17	20	22	26	26
电焊条		kg	1.44	2.36	3.28	4.20	4.20
水泥砂浆		m^3	0.10	0.15	0.20	0.25	0.30
混凝土		m^3	0.22	0.22	0.22	0.22	0.22
工作锚具		套	1.05	1.05	1.05	1.05	1.05
其他材料费		元	53	69	83	99	114
潜孔钻	QZJ-100D	台时	6.15	9.22	14.21	20.50	28.16
灌浆泵	中低压砂浆	台时	1.04	1.84	2.62	3.36	4.13
灰浆搅拌机		台时	1.04	1.84	2.62	3.36	4.13
链式起重机	1t	台时	0.53	0.79	1.06	1.32	1.59
风镐		台时	0.39	0.59	0.78	0.98	1.18
电焊机	交流 30kV·A	台时	1.59	2.06	2.53	3.01	3.01
风砂枪	2～6m^3/min	台时	0.15	0.22	0.29	0.35	0.41
汽车起重机	8t	台时	1.03	1.03	1.03	1.03	1.03
张拉千斤顶		台时	0.62	0.62	0.62	0.62	0.62
电动油泵	ZB4-500	台时	0.62	0.62	0.62	0.62	0.62
载重汽车	5t	台时	1.03	1.03	1.03	1.03	1.03
其他机械使用费		元	29	38	46	54	61
编号			50354	50355	50356	50357	50358

5.24 岩石预应力锚杆（液压潜孔钻机钻孔）

适用范围： 岩体预应力锚杆，露天作业。

工作内容： 包括选孔位、清孔面、钻孔、清孔、锚杆制作、运输、安装、浇筑混凝土垫墩、安装钢垫板、安装工作锚具及限位板、张拉、拌制水泥砂浆、灌浆、封孔、孔位转移等。

单位：根

项目		单位	锚杆长度（m）				
			10	15	20	25	30
高级熟练工		工时	3	4	6	7	9
熟练工		工时	17	23	28	34	38
半熟练工		工时	33	42	51	60	66
普工		工时	9	13	18	24	30
合计		工时	62	82	103	125	143
钻头	ϕ90	个	0.06	0.09	0.12	0.15	0.18
钻杆	ϕ76	kg	0.49	0.73	0.98	1.22	1.47
冲击器		套	0.008	0.011	0.015	0.019	0.023
锚杆	ϕ36	kg	92	134	176	218	260
钢筋		kg	17	20	22	26	26
电焊条		kg	1.44	2.36	3.28	4.20	4.20
水泥砂浆		m^3	0.10	0.15	0.20	0.25	0.30
混凝土		m^3	0.22	0.22	0.22	0.22	0.22
工作锚具		套	1.05	1.05	1.05	1.05	1.05
其他材料费		元	52	67	81	96	111
液压潜孔钻	MZ165	台时	1.33	2.00	2.89	3.94	5.18
空气压缩机	$20m^3/min$ 油动移动式	台时	1.40	2.10	3.04	4.14	5.44
灌浆泵	中低压砂浆	台时	1.04	1.84	2.62	3.36	4.13
灰浆搅拌机		台时	1.04	1.84	2.62	3.36	4.13
风镐		台时	0.39	0.59	0.78	0.98	1.18
电焊机	交流30kV·A	台时	1.59	2.06	2.53	3.01	3.01
风砂枪	$2\sim6m^3/min$	台时	0.15	0.22	0.29	0.35	0.41
汽车起重机	8t	台时	1.03	1.03	1.03	1.03	1.03
张拉千斤顶		台时	0.62	0.62	0.62	0.62	0.62
电动油泵	ZB4–500	台时	0.62	0.62	0.62	0.62	0.62
载重汽车	5t	台时	1.03	1.03	1.03	1.03	1.03
其他机械使用费		元	37	50	62	74	85
编号			50359	50360	50361	50362	50363

5.25 岩石预应力锚索-黏结式端头锚（地质钻机钻孔）

适用范围： 露天作业。

工作内容： 包括选孔位、清孔面、钻孔、清孔、编索、运索、装索、浇筑混凝土垫墩、内外锚头制作、内锚头段灌浆、安装钢垫板、安装工作锚具及限位板、张拉、锁定、封孔灌浆、孔位转移等。

5.25.1 设计张拉力 1000kN（6 根）

单位：束

项目		单位	锚索长度（m）							
			15	20	25	30	40	50	60	100
高级熟练工		工时	13	16	19	22	27	34	40	75
熟练工		工时	41	47	53	59	71	85	100	171
半熟练工		工时	81	99	116	133	173	216	263	505
普工		工时	81	100	119	138	183	233	287	585
合计		工时	216	262	307	352	454	568	690	1336
金刚石钻头	ϕ110	个	0.81	1.08	1.35	1.62	2.16	2.70	3.23	5.39
扩孔器	ϕ110	个	0.28	0.38	0.47	0.57	0.76	0.95	1.13	1.89
钻杆接头		个	0.96	1.28	1.60	1.92	2.56	3.19	3.83	6.39
钻杆		m	1.00	1.33	1.66	2.00	2.66	3.33	3.99	6.65
岩心管		m	1.22	1.63	2.03	2.44	3.25	4.06	4.88	8.13
钢绞线	ϕ15.24	kg	118	153	187	222	292	361	430	708
工作锚具		套	1	1	1	1	1	1	1	1
工具锚夹片摊销		副	0.6	0.6	0.6	0.6	0.6	0.6	0.6	0.6
定向钢套管	ϕ108×4	m	1.1	1.1	1.1	1.1	1.1	1.1	1.1	1.1
预埋钢管	1.5in①	m	1.1	1.1	1.1	1.1	1.1	1.1	1.1	1.1
编号			50364	50365	50366	50367	50368	50369	50370	50371

① 1in=0.0254m。

续表

单位：束

项目		单位	锚索长度(m)							
			15	20	25	30	40	50	60	100
灌浆管 聚氯乙烯	3/4in	m	38	54	69	85	115	146	177	301
定位止浆环		个	1	1	1	1	1	1	1	1
对中支架(隔离架)		个	20	26	32	38	52	64	77	127
铅丝	10号	kg	4	5	6	7	10	12	14	23
导向帽		个	1	1	1	1	1	1	1	1
钢筋		kg	45	45	45	45	45	45	45	45
混凝土墩钢垫板		kg	12	12	12	12	12	12	12	12
混凝土	C30	m^3	1.5	1.5	1.5	1.5	1.5	1.5	1.5	1.5
水泥砂浆		m^3								
水泥浆	1:0.4	m^3	0.11	0.11	0.11	0.11	0.11	0.11	0.11	0.11
水泥浆	1:0.5	m^3	0.20	0.30	0.40	0.50	0.70	0.90	1.10	1.90
水		m^3	116	155	193	232	309	387	464	773
其他材料费		元	299	378	448	517	656	785	914	1390
地质钻机	300型	台时	26.17	34.89	43.62	52.34	69.79	87.24	104.68	174.47
灌浆泵	中低压泥浆	台时	0.82	1.10	1.38	1.66	2.20	2.76	3.31	5.52
灰浆搅拌机		台时	0.82	1.10	1.38	1.66	2.20	2.76	3.31	5.52
电焊机	直流16～30kV·A	台时	0.54	0.54	0.54	0.54	0.54	0.54	0.54	0.54
汽车起重机	8t	台时	3.33	4.10	4.85	5.62	7.18	8.70	10.23	16.37
张拉千斤顶	YKD18	台时	0.54	0.58	0.60	0.62	0.66	0.69	0.71	0.79
张拉千斤顶	YCW150	台时	0.81	0.85	0.90	0.93	0.99	1.03	1.07	1.18
电动油泵	ZB4/500	台时	1.35	1.43	1.49	1.56	1.65	1.72	1.78	1.98
载重汽车	5t	台时	5.21	5.52	5.82	6.13	6.75	7.35	7.96	10.42
其他机械使用费		元	213	240	258	275	320	365	410	580
编号			50364	50365	50366	50367	50368	50369	50370	50371

5.25.2 设计张拉力 2000kN（12 根）

单位：束

项目		单位	锚索长度（m）							
			15	20	25	30	40	50	60	100
高级熟练工		工时	16	20	22	26	34	43	53	105
熟练工		工时	49	57	64	72	90	108	129	243
半熟练工		工时	105	129	153	176	234	299	371	770
普工		工时	108	135	162	189	258	334	422	929
合计		工时	278	341	401	463	616	784	975	2047
金刚石钻头	ϕ130	个	0.81	1.08	1.35	1.62	2.16	2.70	3.23	5.39
扩孔器	ϕ130	个	0.28	0.38	0.47	0.57	0.76	0.95	1.13	1.89
钻杆接头		个	0.96	1.28	1.60	1.92	2.56	3.19	3.83	6.39
钻杆		m	1.00	1.33	1.66	2.00	2.66	3.33	3.99	6.65
岩心管		m	1.22	1.63	2.03	2.44	3.25	4.06	4.88	8.13
钢绞线	ϕ15.24	kg	236	305	375	444	583	722	861	1416
工作锚具		套	1	1	1	1	1	1	1	1
工具锚夹片摊销		副	1.2	1.2	1.2	1.2	1.2	1.2	1.2	1.2
定向钢套管	ϕ127×4	m	1.1	1.1	1.1	1.1	1.1	1.1	1.1	1.1
预埋钢管	1.5in	m	1.1	1.1	1.1	1.1	1.1	1.1	1.1	1.1
灌浆管 聚氯乙烯	3/4in	m	35	51	66	82	112	143	174	298
定位止浆环		个	1	1	1	1	1	1	1	1
对中支架（隔离架）		个	12	15	17	20	25	30	35	56
铅丝	10 号	kg	4	5	6	8	10	12	15	24
导向帽		个	1	1	1	1	1	1	1	1
钢筋		kg	53	53	53	53	53	53	53	53
混凝土墩钢垫板		kg	26	26	26	26	26	26	26	26
混凝土	C35	m^3	1.5	1.5	1.5	1.5	1.5	1.5	1.5	1.5
水泥砂浆		m^3								
水泥浆	1:0.4	m^3	0.14	0.14	0.14	0.14	0.14	0.14	0.14	0.14
水泥浆	1:0.5	m^3	0.17	0.27	0.37	0.47	0.67	0.87	1.07	1.87
水		m^3	136	181	226	271	362	452	543	904
其他材料费		元	449	568	668	777	976	1155	1344	2010
地质钻机	300 型	台时	30.62	40.83	51.03	61.24	81.65	102.07	122.48	204.13
灌浆泵	中低压泥浆	台时	1.05	1.39	1.74	2.09	2.79	3.48	4.18	6.97
灰浆搅拌机		台时	1.05	1.39	1.74	2.09	2.79	3.48	4.18	6.97
电焊机	直流 16～30kV·A	台时	0.63	0.63	0.63	0.63	0.63	0.63	0.63	0.63
汽车起重机	8t	台时	5.93	7.47	9.01	10.54	13.61	16.69	19.76	32.02
张拉千斤顶	YKD18	台时	0.70	0.74	0.78	0.80	0.85	0.90	0.93	1.03
张拉千斤顶	YCW250	台时	1.05	1.11	1.16	1.21	1.28	1.34	1.39	1.53
电动油泵	ZB4/500	台时	1.75	1.86	1.95	2.02	2.13	2.24	2.32	2.56
载重汽车	5t	台时	6.25	6.86	7.48	8.09	9.32	10.55	11.77	16.69
其他机械使用费		元	273	300	338	375	440	515	580	860
编号			50372	50373	50374	50375	50376	50377	50378	50379

5.25.3 设计张拉力 3000kN（19 根）

单位：束

项目		单位	锚索长度（m）							
			15	20	25	30	40	50	60	100
高级熟练工		工时	22	26	30	35	45	57	70	144
熟练工		工时	66	76	86	96	120	145	174	336
半熟练工		工时	143	175	207	239	319	408	512	1097
普工		工时	150	187	224	261	358	468	594	1349
合计		工时	381	464	547	631	842	1078	1350	2926
金刚石钻头	ϕ165	个	0.81	1.08	1.35	1.62	2.16	2.70	3.23	5.39
扩孔器	ϕ165	个	0.28	0.38	0.47	0.57	0.76	0.95	1.13	1.89
钻杆接头		个	0.96	1.28	1.60	1.92	2.56	3.19	3.83	6.39
钻杆		m	1.00	1.33	1.66	2.00	2.66	3.33	3.99	6.65
岩心管		m	1.22	1.63	2.03	2.44	3.25	4.06	4.88	8.13
钢绞线	ϕ15.24	kg	373	483	593	702	922	1141	1361	2238
工作锚具		套	1	1	1	1	1	1	1	1
工具锚夹片摊销		副	1.9	1.9	1.9	1.9	1.9	1.9	1.9	1.9
定向钢套管	ϕ159×5	m	1.1	1.1	1.1	1.1	1.1	1.1	1.1	1.1
预埋钢管	1.5in	m	1.1	1.1	1.1	1.1	1.1	1.1	1.1	1.1
灌浆管 聚氯乙烯	3/4in	m	32	47	63	79	109	140	171	295
定位止浆环		个	1	1	1	1	1	1	1	1
对中支架(隔离架)		个	12	14	16	17	21	24	27	41
铅丝	10 号	kg	5	7	8	10	13	16	19	31
导向帽		个	1	1	1	1	1	1	1	1
钢筋		kg	62	62	62	62	62	62	62	62
混凝土墩钢垫板		kg	40	40	40	40	40	40	40	40
混凝土	C35	m^3	1.5	1.5	1.5	1.5	1.5	1.5	1.5	1.5
水泥砂浆		m^3								
水泥浆	1:0.4	m^3	0.20	0.20	0.20	0.20	0.20	0.20	0.20	0.20
水泥浆	1:0.5	m^3	0.17	0.29	0.42	0.54	0.79	1.03	1.28	2.26
水		m^3	164	218	273	327	436	545	654	1090
其他材料费		元	579	718	858	987	1236	1475	1704	2540
地质钻机	300 型	台时	36.90	49.20	61.50	73.80	98.40	123.00	147.60	246.01
灌浆泵	中低压泥浆	台时	1.46	1.95	2.43	2.93	3.89	4.87	5.84	9.73
灰浆搅拌机		台时	1.46	1.95	2.43	2.93	3.89	4.87	5.84	9.73
电焊机	直流 16～30kV·A	台时	0.74	0.74	0.74	0.74	0.74	0.74	0.74	0.74
汽车起重机	8t	台时	8.97	11.40	13.83	16.24	21.10	25.95	30.81	50.19
张拉千斤顶	YKD18	台时	0.92	0.97	1.01	1.05	1.11	1.16	1.21	1.34
张拉千斤顶	YCW400	台时	1.37	1.45	1.51	1.58	1.67	1.74	1.80	2.00
电动油泵	ZB4/500	台时	2.29	2.42	2.52	2.63	2.78	2.90	3.01	3.34
载重汽车	5t	台时	7.46	8.44	9.40	10.37	12.32	14.26	16.20	23.95
其他机械使用费		元	513	610	718	815	1020	1225	1430	2250
编号			50380	50381	50382	50383	50384	50385	50386	50387

5.26 岩石预应力锚索–黏结式端头锚（潜孔钻机钻孔）

适用范围：露天作业。

工作内容：包括选孔位、清孔面、钻孔、不良地段二次成孔、清孔、编索、运索、装索、浇筑混凝土垫墩、内外锚头制作、内锚头段灌浆、安装钢垫板、安装工作锚具及限位板、张拉、锁定、封孔灌浆、孔位转移等。

5.26.1 设计张拉力 1000kN（6 根）

单位：束

项目	单位	锚索长度（m）				
		15	20	25	30	40
高级熟练工	工时	16	21	28	35	49
熟练工	工时	53	66	83	102	141
半熟练工	工时	62	76	92	109	150
普工	工时	68	87	110	136	196
合计	工时	199	250	313	382	536
钻头 ϕ110	个	0.29	0.39	0.49	0.59	0.79
钻杆 ϕ50	kg	0.60	0.80	1.00	1.20	1.61
冲击器	套	0.037	0.049	0.062	0.074	0.099
钢绞线 ϕ15.24	kg	118	153	187	222	292
工作锚具	套	1	1	1	1	1
工具锚夹片摊销	副	0.6	0.6	0.6	0.6	0.6
定向钢套管 ϕ108×4	m	1.1	1.1	1.1	1.1	1.1
预埋钢管 1.5in	m	1.1	1.1	1.1	1.1	1.1
灌浆管 聚氯乙烯 3/4in	m	38	54	69	85	115
定位止浆环	个	1	1	1	1	1
对中支架(隔离架)	个	20	26	32	38	52
编号		50388	50389	50390	50391	50392

续表　　单位：束

项目		单位	锚索长度（m）				
			15	20	25	30	40
铅丝	10号	kg	4	5	6	7	10
导向帽		个	1	1	1	1	1
钢筋		kg	45	45	45	45	45
混凝土墩钢垫板		kg	12	12	12	12	12
混凝土	C30	m^3	1.50	1.50	1.50	1.50	1.50
水泥砂浆		m^3	0.11	0.14	0.18	0.21	0.28
水泥浆	1:0.4	m^3	0.11	0.11	0.11	0.11	0.11
水泥浆	1:0.5	m^3	0.20	0.30	0.40	0.50	0.70
其他材料费		元	250	313	367	420	527
潜孔钻	QZJ–100B	台时	10.02	15.47	22.27	30.59	46.87
灌浆泵	中低压砂浆	台时	1.70	2.26	2.83	3.40	4.53
灌浆泵	中低压泥浆	台时	0.82	1.10	1.38	1.66	2.20
灰浆搅拌机		台时	2.52	3.37	4.21	5.05	6.73
链式起重机	1t	台时	0.91	1.22	1.52	1.83	2.44
风镐		台时	0.59	0.78	0.98	1.18	1.57
电焊机	直流16～30kV·A	台时	0.54	0.54	0.54	0.54	0.54
汽车起重机	8t	台时	3.33	4.10	4.85	5.62	7.18
张拉千斤顶	YKD18	台时	0.54	0.58	0.60	0.62	0.66
张拉千斤顶	YCW150	台时	0.81	0.85	0.90	0.93	0.99
电动油泵	ZB4/500	台时	1.35	1.43	1.49	1.56	1.65
载重汽车	5t	台时	5.21	5.52	5.82	6.13	6.75
其他机械使用费		元	201	224	238	251	288
编号			50388	50389	50390	50391	50392

5.26.2 设计张拉力 2000kN（12 根）

单位：束

项目	单位	锚索长度（m）				
		15	20	25	30	40
高级熟练工	工时	20	27	34	44	64
熟练工	工时	65	84	105	130	183
半熟练工	工时	84	105	129	154	215
普工	工时	96	125	158	196	287
合计	工时	265	341	426	524	749
钻头 ϕ110	个	0.29	0.39	0.49	0.59	0.79
钻杆 ϕ50	kg	0.60	0.80	1.00	1.20	1.61
冲击器	套	0.037	0.049	0.062	0.074	0.099
钢绞线 ϕ15.24	kg	236	305	375	444	583
工作锚具	套	1	1	1	1	1
工具锚夹片摊销	副	1.2	1.2	1.2	1.2	1.2
定向钢套管 ϕ127×4	m	1.1	1.1	1.1	1.1	1.1
预埋钢管 1.5in	m	1.1	1.1	1.1	1.1	1.1
灌浆管 聚氯乙烯 3/4in	m	35	51	66	82	112
定位止浆环	个	1	1	1	1	1
对中支架（隔离架）	个	12	15	17	20	25
铅丝 10 号	kg	4	5	6	8	10
导向帽	个	1	1	1	1	1
钢筋	kg	53	53	53	53	53
编号		50393	50394	50395	50396	50397

续表

单位：束

项　　目	单位	锚索长度（m）				
		15	20	25	30	40
混凝土墩钢垫板	kg	26	26	26	26	26
混凝土 C35	m^3	1.50	1.50	1.50	1.50	1.50
水泥砂浆	m^3	0.11	0.14	0.18	0.21	0.28
水泥浆 1:0.4	m^3	0.14	0.14	0.14	0.14	0.14
水泥浆 1:0.5	m^3	0.17	0.27	0.37	0.47	0.67
其他材料费	元	400	503	587	680	847
潜孔钻 QZJ–100B	台时	13.03	20.11	28.94	39.76	60.94
灌浆泵 中低压砂浆	台时	1.70	2.26	2.83	3.40	4.53
灌浆泵 中低压泥浆	台时	1.05	1.39	1.74	2.09	2.79
灰浆搅拌机	台时	2.75	3.65	4.57	5.49	7.32
链式起重机 1t	台时	0.91	1.22	1.52	1.83	2.44
风镐	台时	0.59	0.78	0.98	1.18	1.57
电焊机 直流16～30kV·A	台时	0.63	0.63	0.63	0.63	0.63
汽车起重机 8t	台时	5.93	7.47	9.01	10.54	13.61
张拉千斤顶 YKD18	台时	0.70	0.74	0.78	0.80	0.85
张拉千斤顶 YCW250	台时	1.05	1.11	1.16	1.21	1.28
电动油泵 ZB4/500	台时	1.75	1.86	1.95	2.02	2.13
载重汽车 5t	台时	6.25	6.86	7.48	8.09	9.32
其他机械使用费	元	261	284	318	351	408
编　号		50393	50394	50395	50396	50397

5.26.3 设计张拉力 3000kN（19 根）

单位：束

项目		单位	锚索长度（m）						
			15	20	25	30	40	50	60
高级熟练工		工时	22	27	33	41	56	71	93
熟练工		工时	67	81	96	112	149	181	232
半熟练工		工时	105	127	149	173	235	304	395
普工		工时	113	141	172	204	291	385	511
合计		工时	307	376	450	530	731	941	1231
钻头	ϕ165	个	0.07	0.10	0.12	0.15	0.20	0.25	0.30
钻杆	ϕ76	kg	0.83	1.10	1.38	1.66	2.21	2.76	3.31
冲击器	DH6	套	0.010	0.013	0.016	0.019	0.025	0.032	0.038
钢绞线	ϕ15.24	kg	373	483	593	702	922	1141	1361
工作锚具		套	1	1	1	1	1	1	1
工具锚夹片摊销		副	1.9	1.9	1.9	1.9	1.9	1.9	1.9
定向钢套管	ϕ159×5	m	1.1	1.1	1.1	1.1	1.1	1.1	1.1
预埋钢管	1.5in	m	1.1	1.1	1.1	1.1	1.1	1.1	1.1
灌浆管 聚氯乙烯	3/4in	m	32	47	63	79	109	140	171
定位止浆环		个	1	1	1	1	1	1	1
对中支架（隔离架）		个	12	14	16	17	21	24	27
铅丝	10 号	kg	5	7	8	10	13	16	19
导向帽		个	1	1	1	1	1	1	1
钢筋		kg	62	62	62	62	62	62	62
编号			50398	50399	50400	50401	50402	50403	50404

续表　　　　　　　　　　　　　　　　　　　　　　　　　　　单位：束

项　　目		单位	锚索长度（m）						
			15	20	25	30	40	50	60
混凝土墩钢垫板		kg	40	40	40	40	40	40	40
混凝土	C35	m^3	1.50	1.50	1.50	1.50	1.50	1.50	1.50
水泥砂浆		m^3	0.15	0.20	0.25	0.31	0.41	0.51	0.61
水泥浆	1:0.4	m^3	0.20	0.20	0.20	0.20	0.20	0.20	0.20
水泥浆	1:0.5	m^3	0.17	0.29	0.42	0.54	0.79	1.03	1.28
其他材料费		元	524	646	767	879	1092	1295	1487
潜孔钻	CM351	台时	4.72	7.28	10.48	14.40	22.07	27.59	38.07
空气压缩机	$20m^3/min$ 油动移动式	台时	4.95	7.65	11.01	15.12	23.17	28.97	39.97
灌浆泵	中低压砂浆	台时	2.44	3.26	4.07	4.89	6.52	8.15	9.78
灌浆泵	中低压泥浆	台时	1.46	1.95	2.43	2.93	3.89	4.87	5.84
灰浆搅拌机		台时	3.91	5.21	6.50	7.81	10.41	13.02	15.62
风镐		台时	0.59	0.78	0.98	1.18	1.57	1.96	2.35
电焊机	直流 16～30kV・A	台时	0.74	0.74	0.74	0.74	0.74	0.74	0.74
汽车起重机	8t	台时	8.97	11.40	13.83	16.24	21.10	25.95	30.81
张拉千斤顶	YKD18	台时	0.92	0.97	1.01	1.05	1.11	1.16	1.21
张拉千斤顶	YCW400	台时	1.37	1.45	1.51	1.58	1.67	1.74	1.80
电动油泵	ZB4/500	台时	2.29	2.42	2.52	2.63	2.78	2.90	3.01
载重汽车	5t	台时	7.46	8.44	9.40	10.37	12.32	14.26	16.20
其他机械使用费		元	513	610	718	815	1020	1226	1431
编　号			50398	50399	50400	50401	50402	50403	50404

5.27 岩石预应力锚索-黏结式端头锚（液压潜孔钻机钻孔）

适用范围： 露天作业。

工作内容： 包括选孔位、清孔面、钻孔、不良地段二次成孔、清孔、编索、运索、装索、浇注混凝土垫墩、内外锚头制作、内锚头段灌浆、安装钢垫板、安装工作锚具及限位板、张拉、锁定、封孔灌浆、孔位转移等。

5.27.1 设计张拉力 1000kN（6 根）

单位：束

项目		单位	锚索长度（m）						
			15	20	25	30	40	50	60
高级熟练工		工时	13	15	19	22	29	36	44
熟练工		工时	40	47	54	62	78	93	113
半熟练工		工时	55	65	75	85	112	139	174
普工		工时	58	70	84	99	135	173	222
合计		工时	166	197	232	268	354	441	553
钻头	ϕ110	个	0.10	0.13	0.16	0.20	0.26	0.33	0.39
钻杆	ϕ76	kg	0.82	1.09	1.36	1.63	2.18	2.72	3.27
冲击器	DHD350	套	0.012	0.016	0.020	0.025	0.033	0.041	0.049
钢绞线	ϕ15.24	kg	118	153	187	222	292	361	430
工作锚具		套	1	1	1	1	1	1	1
工具锚夹片摊销		副	0.6	0.6	0.6	0.6	0.6	0.6	0.6
定向钢套管	ϕ108×4	m	1.1	1.1	1.1	1.1	1.1	1.1	1.1
预埋钢管	1.5in	m	1.1	1.1	1.1	1.1	1.1	1.1	1.1
灌浆管 聚氯乙烯	3/4in	m	38	54	69	85	115	146	177
定位止浆环		个	1	1	1	1	1	1	1
对中支架（隔离架）		个	20	26	32	38	52	64	77
铅丝	10 号	kg	4	5	6	7	10	12	14
编号			50405	50406	50407	50408	50409	50410	50411

续表 单位：束

项目		单位	锚索长度（m）						
			15	20	25	30	40	50	60
导向帽		个	1	1	1	1	1	1	1
钢筋		kg	45	45	45	45	45	45	45
混凝土墩钢垫板		kg	12	12	12	12	12	12	12
混凝土	C30	m^3	1.5	1.5	1.5	1.5	1.5	1.5	1.5
水泥砂浆		m^3	0.15	0.20	0.25	0.31	0.41	0.51	0.61
水泥浆	1:0.4	m^3	0.11	0.11	0.11	0.11	0.11	0.11	0.11
水泥浆	1:0.5	m^3	0.20	0.30	0.40	0.50	0.70	0.90	1.10
其他材料费		元	248	310	363	415	520	615	710
液压潜孔钻	MZ165	台时	2.21	3.20	4.36	5.74	8.31	10.39	13.59
空气压缩机	$20m^3/min$ 油动移动式	台时	2.32	3.36	4.58	6.02	8.73	10.91	14.27
灌浆泵	中低压砂浆	台时	2.44	3.26	4.07	4.89	6.52	8.15	9.78
灌浆泵	中低压泥浆	台时	0.82	1.10	1.38	1.66	2.20	2.76	3.31
灰浆搅拌机		台时	3.27	4.36	5.45	6.55	8.72	10.91	13.08
风镐		台时	0.59	0.78	0.98	1.18	1.57	1.96	2.35
电焊机	直流16～30kV·A	台时	0.54	0.54	0.54	0.54	0.54	0.54	0.54
汽车起重机	8t	台时	3.33	4.10	4.85	5.62	7.18	8.70	10.23
张拉千斤顶	YKD18	台时	0.54	0.58	0.60	0.62	0.66	0.69	0.71
张拉千斤顶	YCW150	台时	0.81	0.85	0.90	0.93	0.99	1.03	1.07
电动油泵	ZB4/500	台时	1.35	1.43	1.49	1.56	1.65	1.72	1.78
载重汽车	5t	台时	5.21	5.52	5.82	6.13	6.75	7.35	7.96
其他机械使用费		元	216	245	264	282	330	377	425
编号			50405	50406	50407	50408	50409	50410	50411

5.27.2 设计张拉力 2000kN（12 根）

单位：束

项目		单位	锚索长度（m）						
			15	20	25	30	40	50	60
高级熟练工		工时	15	19	22	27	37	46	59
熟练工		工时	48	57	66	76	98	119	147
半熟练工		工时	74	90	105	121	163	210	269
普工		工时	81	101	122	144	204	266	349
合计		工时	218	267	315	368	502	641	824
钻头	ϕ130	个	0.10	0.13	0.16	0.20	0.26	0.33	0.39
钻杆	ϕ76	kg	0.82	1.09	1.36	1.63	2.18	2.72	3.27
冲击器	DHD350	套	0.012	0.016	0.020	0.025	0.033	0.041	0.049
钢绞线	ϕ15.24	kg	236	305	375	444	583	722	861
工作锚具		套	1	1	1	1	1	1	1
工具锚夹片摊销		副	1.2	1.2	1.2	1.2	1.2	1.2	1.2
定向钢套管	ϕ127×4	m	1.1	1.1	1.1	1.1	1.1	1.1	1.1
预埋钢管	1.5in	m	1.1	1.1	1.1	1.1	1.1	1.1	1.1
灌浆管 聚氯乙烯	3/4in	m	35	51	66	82	112	143	174
定位止浆环		个	1	1	1	1	1	1	1
对中支架(隔离架)		个	12	15	17	20	25	30	35
铅丝	10 号	kg	4	5	6	8	10	12	15
导向帽		个	1	1	1	1	1	1	1
钢筋		kg	53	53	53	53	53	53	53
编号			50412	50413	50414	50415	50416	50417	50418

续表　　　　　　　　　　　　　　　　　　　　　单位：束

项　　目		单位	锚索长度（m）						
			15	20	25	30	40	50	60
混凝土墩钢垫板		kg	26	26	26	26	26	26	26
混凝土	C35	m^3	1.5	1.5	1.5	1.5	1.5	1.5	1.5
水泥砂浆		m^3	0.15	0.20	0.25	0.31	0.41	0.51	0.61
水泥浆	1:0.4	m^3	0.14	0.14	0.14	0.14	0.14	0.14	0.14
水泥浆	1:0.5	m^3	0.17	0.27	0.37	0.47	0.67	0.87	1.07
其他材料费		元	398	500	583	675	840	985	1140
液压潜孔钻	MZ165	台时	2.69	3.88	5.29	6.96	10.08	12.61	16.49
空气压缩机	$20m^3/min$ 油动移动式	台时	2.82	4.08	5.56	7.31	10.59	13.24	17.32
灌浆泵	中低压砂浆	台时	2.44	3.26	4.07	4.89	6.52	8.15	9.78
灌浆泵	中低压泥浆	台时	1.05	1.39	1.74	2.09	2.79	3.48	4.18
灰浆搅拌机		台时	3.49	4.65	5.81	6.98	9.31	11.63	13.96
风镐		台时	0.59	0.78	0.98	1.18	1.57	1.96	2.35
电焊机	直流 16～30kV・A	台时	0.63	0.63	0.63	0.63	0.63	0.63	0.63
汽车起重机	8t	台时	5.93	7.47	9.01	10.54	13.61	16.69	19.76
张拉千斤顶	YKD18	台时	0.70	0.74	0.78	0.80	0.85	0.90	0.93
张拉千斤顶	YCW250	台时	1.05	1.11	1.16	1.21	1.28	1.34	1.39
电动油泵	ZB4/500	台时	1.75	1.86	1.95	2.02	2.13	2.24	2.32
载重汽车	5t	台时	6.25	6.86	7.48	8.09	9.32	10.55	11.77
其他机械使用费		元	276	305	344	382	450	527	595
编　号			50412	50413	50414	50415	50416	50417	50418

5.27.3 设计张拉力 3000kN（19 根）

单位：束

项目		单位	锚索长度（m）						
			15	20	25	30	40	50	60
高级熟练工		工时	22	26	31	38	50	64	81
熟练工		工时	67	79	91	105	135	164	203
半熟练工		工时	108	130	153	176	238	308	397
普工		工时	120	149	181	214	301	397	521
合计		工时	317	384	456	533	724	933	1202
钻头	ϕ165	个	0.10	0.13	0.16	0.20	0.26	0.33	0.39
钻杆	ϕ76	kg	0.82	1.09	1.36	1.63	2.18	2.72	3.27
冲击器	DHD350	套	0.012	0.016	0.020	0.025	0.033	0.041	0.049
钢绞线	ϕ15.24	kg	373	483	593	702	922	1141	1361
工作锚具		套	1	1	1	1	1	1	1
工具锚夹片摊销		副	1.9	1.9	1.9	1.9	1.9	1.9	1.9
定向钢套管	ϕ159×5	m	1.1	1.1	1.1	1.1	1.1	1.1	1.1
预埋钢管	1.5in	m	1.1	1.1	1.1	1.1	1.1	1.1	1.1
灌浆管 聚氯乙烯	3/4in	m	32	47	63	79	109	140	171
定位止浆环		个	1	1	1	1	1	1	1
对中支架（隔离架）		个	12	14	16	17	21	24	27
铅丝	10 号	kg	5	7	8	10	13	16	19
导向帽		个	1	1	1	1	1	1	1
钢筋		kg	62	62	62	62	62	62	62
编号			50419	50420	50421	50422	50423	50424	50425

续表　　单位：束

项　　目		单位	锚索长度（m）						
			15	20	25	30	40	50	60
混凝土墩钢垫板		kg	40	40	40	40	40	40	40
混凝土	C35	m^3	1.5	1.5	1.5	1.5	1.5	1.5	1.5
水泥砂浆		m^3	0.15	0.20	0.25	0.31	0.41	0.51	0.61
水泥浆	1:0.4	m^3	0.20	0.20	0.20	0.20	0.20	0.20	0.20
水泥浆	1:0.5	m^3	0.17	0.29	0.42	0.54	0.79	1.03	1.28
其他材料费		元	528	650	773	885	1100	1305	1500
液压潜孔钻	MZ165	台时	3.63	5.25	7.15	9.40	13.63	17.04	22.28
空气压缩机	$20m^3/min$								
	油动移动式	台时	3.81	5.51	7.51	9.88	14.31	17.89	23.40
灌浆泵	中低压砂浆	台时	2.44	3.26	4.07	4.89	6.52	8.15	9.78
灌浆泵	中低压泥浆	台时	1.46	1.95	2.43	2.93	3.89	4.87	5.84
灰浆搅拌机		台时	3.91	5.21	6.50	7.81	10.41	13.02	15.62
风镐		台时	0.59	0.78	0.98	1.18	1.57	1.96	2.35
电焊机	直流 16～30kV·A	台时	0.74	0.74	0.74	0.74	0.74	0.74	0.74
汽车起重机	8t	台时	8.97	11.40	13.83	16.24	21.10	25.95	30.81
张拉千斤顶	YKD18	台时	0.92	0.97	1.01	1.05	1.11	1.16	1.21
张拉千斤顶	YCW400	台时	1.37	1.45	1.51	1.58	1.67	1.74	1.80
电动油泵	ZB4/500	台时	2.29	2.42	2.52	2.63	2.78	2.90	3.01
载重汽车	5t	台时	7.46	8.44	9.40	10.37	12.32	14.26	16.20
其他机械使用费		元	516	615	724	822	1030	1237	1445
编　　号			50419	50420	50421	50422	50423	50424	50425

5.27.4 设计张拉力 4000kN（22 根）

单位：束

项目	单位	锚索长度（m）				
		25	30	40	50	60
高级熟练工	工时	34	39	54	67	86
熟练工	工时	100	115	147	180	224
半熟练工	工时	170	197	267	346	446
普工	工时	196	232	329	435	573
合计	工时	500	583	797	1028	1329
钻头 ϕ180	个	0.16	0.20	0.26	0.33	0.39
钻杆 ϕ90	kg	1.36	1.63	2.18	2.72	3.27
冲击器	套	0.020	0.025	0.033	0.041	0.049
钢绞线 ϕ15.24	kg	687	815	1069	1324	1578
工作锚具	套	1	1	1	1	1
工具锚夹片摊销	副	2.2	2.2	2.2	2.2	2.2
定向钢套管 ϕ180×5.5	m	1.1	1.1	1.1	1.1	1.1
预埋钢管 1.5in	m	1.1	1.1	1.1	1.1	1.1
灌浆管 聚氯乙烯 3/4in	m	60	75	106	137	168
定位止浆环	个	1	1	1	1	1
对中支架(隔离架)	个	14	15	19	22	25
铅丝 10号	kg	9	10	14	17	20
导向帽	个	1	1	1	1	1
钢筋	kg	70	70	70	70	70
混凝土墩钢垫板	kg	71	71	71	71	71
编号		50426	50427	50428	50429	50430

续表 单位：束

项目		单位	锚索长度（m）				
			25	30	40	50	60
混凝土	C40	m^3	2.0	2.0	2.0	2.0	2.0
水泥砂浆		m^3	0.25	0.31	0.41	0.51	0.61
水泥浆	1:0.4	m^3	0.28	0.28	0.28	0.28	0.28
水泥浆	1:0.5	m^3	0.45	0.60	0.89	1.18	1.48
其他材料费		元	943	1085	1340	1595	1830
液压潜孔钻	Atlas A52	台时	6.53	8.58	12.43	15.54	20.32
空气压缩机	$20m^3/min$ 油动移动式	台时	6.85	9.01	13.05	16.32	21.34
灌浆泵	中低压砂浆	台时	4.07	4.89	6.52	8.15	9.78
灌浆泵	中低压泥浆	台时	2.75	3.30	4.40	5.50	6.59
灰浆搅拌机		台时	6.82	8.18	10.92	13.65	16.37
风镐		台时	0.98	1.18	1.57	1.96	2.35
电焊机	直流16～30kV·A	台时	0.83	0.83	0.83	0.83	0.83
汽车起重机	8t	台时	15.90	18.74	24.35	29.98	35.61
张拉千斤顶	YKD18	台时	1.18	1.26	1.32	1.36	1.44
张拉千斤顶	YCW500	台时	1.78	1.88	1.97	2.05	2.16
电动油泵	ZB4/500	台时	2.97	3.14	3.29	3.41	3.61
载重汽车	5t	台时	10.24	11.37	13.62	15.87	18.12
其他机械使用费		元	820	940	1179	1419	1659
编号			50426	50427	50428	50429	50430

注 本定额以Atlas Copco生产的Mustang A52–CB型钻机拟定，采用其他进口液压潜钻机时，定额数量不变，钻具材料均按国产拟定，改按进口材料计算时，钻具消耗量定额乘0.5。

5.27.5 设计张拉力 5000kN（27 根）

单位：束

项目		单位	锚索长度（m）				
			30	40	50	60	100
高级熟练工		工时	43	60	76	97	214
熟练工		工时	130	167	205	255	522
半熟练工		工时	230	313	408	527	1259
普工		工时	269	383	511	676	1692
合计		工时	672	923	1200	1555	3687
钻头	ϕ190	个	0.20	0.26	0.33	0.39	0.66
钻杆	ϕ90	kg	1.63	2.18	2.72	3.27	5.45
冲击器		套	0.025	0.033	0.041	0.049	0.082
钢绞线	ϕ15.24	kg	1000	1312	1625	1937	3187
工作锚具		套	1	1	1	1	1
工具锚夹片摊销		副	2.7	2.7	2.7	2.7	2.7
定向钢套管	ϕ194×5.5	m	1.7	1.7	1.7	1.7	1.7
预埋钢管	1.5in	m	2.2	2.2	2.2	2.2	2.2
灌浆管 聚氯乙烯	3/4in	m	72	103	134	165	289
定位止浆环		个	1	1	1	1	1
对中支架(隔离架)		个	13	16	18	21	33
铅丝	10 号	kg	11	15	18	21	35
导向帽		个	1	1	1	1	1
钢筋		kg	70	70	70	70	70
混凝土墩钢垫板		kg	113	113	113	113	113
编号			50431	50432	50433	50434	50435

续表 单位：束

项目		单位	锚索长度（m）				
			30	40	50	60	100
混凝土	C45	m^3	2.0	2.0	2.0	2.0	2.0
水泥砂浆		m^3	0.31	0.41	0.51	0.61	1.02
水泥浆	1:0.4	m^3	0.36	0.36	0.36	0.36	0.36
水泥浆	1:0.5	m^3	0.62	0.95	1.27	1.60	2.90
其他材料费		元	1265	1570	1855	2130	3131
液压潜孔钻	Atlas A52	台时	9.33	13.52	16.90	22.11	43.94
空气压缩机	$27m^3/min$ 油动移动式	台时	9.80	14.20	17.75	23.21	46.14
灌浆泵	中低压砂浆	台时	4.89	6.52	8.15	9.78	16.30
灌浆泵	中低压泥浆	台时	3.55	4.75	5.93	7.12	11.86
灰浆搅拌机		台时	8.44	11.27	14.08	16.89	28.15
风镐		台时	1.18	1.57	1.96	2.35	3.92
电焊机	直流 16～30kV·A	台时	0.83	0.83	0.83	0.83	0.83
汽车起重机	8t	台时	22.82	29.73	36.64	43.54	71.17
张拉千斤顶	YKD18	台时	1.55	1.64	1.71	1.77	1.87
张拉千斤顶	YCW650	台时	2.32	2.45	2.56	2.66	2.81
电动油泵	ZB4/500	台时	3.85	4.09	4.27	4.43	4.70
载重汽车	5t	台时	13.01	15.77	18.53	21.29	32.34
其他机械使用费		元	1110	1399	1689	1979	3139
编号			50431	50432	50433	50434	50435

注 本定额以 Atlas Copco 生产的 Mustang A52-CB 型钻机拟定，采用其他进口液压潜钻机时，定额数量不变，钻具材料均按国产拟定，改按进口材料计算时，钻具消耗量定额乘 0.5。

5.27.6 设计张拉力6000kN（33根）

单位：束

项目		单位	锚索长度（m）				
			30	40	50	60	100
高级熟练工		工时	48	67	86	111	248
熟练工		工时	149	193	237	295	608
半熟练工		工时	272	372	486	630	1515
普工		工时	317	452	607	804	2030
合计		工时	786	1084	1416	1840	4401
钻头	ϕ200	个	0.20	0.26	0.33	0.39	0.66
钻杆	ϕ90	kg	1.63	2.18	2.72	3.27	5.45
冲击器		套	0.025	0.033	0.041	0.049	0.082
钢绞线	ϕ15.24	kg	1241	1623	2005	2387	3914
工作锚具		套	1	1	1	1	1
工具锚夹片摊销		副	3.3	3.3	3.3	3.3	3.3
定向钢套管	ϕ203×6.5	m	1.7	1.7	1.7	1.7	1.7
预埋钢管	1.5in	m	2.2	2.2	2.2	2.2	2.2
灌浆管　聚氯乙烯	3/4in	m	60	78	96	115	189
对中支架(隔离架)		个	11	13	16	18	28
铅丝	10号	kg	81	106	131	157	258
导向帽		个	1	1	1	1	1
钢筋		kg	309	309	309	309	309
混凝土墩钢垫板		kg	339	339	339	339	339
混凝土	C50	m^3	3.2	3.2	3.2	3.2	3.2
编号			50436	50437	50438	50439	50440

续表　　　　　　　　　　　　　　　　　　　　　　　　单位：束

项　目		单位	锚索长度（m）				
			30	40	50	60	100
水泥砂浆		m^3	0.31	0.41	0.51	0.61	1.02
水泥浆	1:0.4	m^3	0.40	0.40	0.40	0.40	0.40
水泥浆	1:0.5	m^3	0.59	0.93	1.27	1.61	2.96
其他材料费		元	1435	1780	2105	2420	3551
液压潜孔钻	Atlas A52	台时	10.23	14.83	18.54	24.25	48.19
空气压缩机	$27m^3/min$						
	油动移动式	台时	10.74	15.57	19.46	25.46	50.61
灌浆泵	中低压砂浆	台时	4.89	6.52	8.15	9.78	16.30
灌浆泵	中低压泥浆	台时	3.90	5.20	6.51	7.81	13.01
灰浆搅拌机		台时	8.79	11.72	14.66	17.58	29.30
风镐		台时	1.18	1.57	1.96	2.35	3.92
电焊机	直流 16～30kV·A	台时	3.69	3.69	3.69	3.69	3.69
汽车起重机	8t	台时	28.15	36.60	45.04	53.49	87.24
张拉千斤顶	YKD18	台时	2.01	2.12	2.22	2.31	2.44
张拉千斤顶	YCW900	台时	3.01	3.18	3.34	3.46	3.66
电动油泵	ZB4/500	台时	5.02	5.31	5.55	5.76	6.10
载重汽车	5t	台时	15.14	18.52	21.89	25.27	38.77
其他机械使用费		元	1730	2169	2609	3059	4839
编　号			50436	50437	50438	50439	50440

注　本定额以 Atlas　Copco 生产的 Mustang A52–CB 型钻机拟定，采用其他进口液压潜钻机时，定额数量不变，钻具材料均按国产拟定，改按进口材料计算时，钻具消耗量定额乘 0.5。

5.27.7 设计张拉力 8000kN（43 根）

单位：束

项目		单位	锚索长度（m）				
			30	40	50	60	100
高级熟练工		工时	56	79	102	131	302
熟练工		工时	189	244	298	369	760
半熟练工		工时	349	476	622	805	1942
普工		工时	391	562	759	1008	2576
合计		工时	985	1361	1781	2313	5580
钻头	ϕ219	个	0.20	0.26	0.33	0.39	0.66
钻杆	ϕ90	kg	1.63	2.18	2.72	3.27	5.45
冲击器		套	0.025	0.033	0.041	0.049	0.082
钢绞线	ϕ15.24	kg	1617	2115	2612	3110	5100
工作锚具		套	1	1	1	1	1
工具锚夹片摊销		副	4.3	4.3	4.3	4.3	4.3
定向钢套管	ϕ219×6.5	m	1.7	1.7	1.7	1.7	1.7
预埋钢管	1.5in	m	2.2	2.2	2.2	2.2	2.2
灌浆管 聚氯乙烯	3/4in	m	60	78	96	115	189
对中支架(隔离架)		个	12	14	17	19	29
铅丝	10 号	kg	81	106	131	157	258
导向帽		个	1	1	1	1	1
钢筋		kg	314	314	314	314	314
混凝土墩钢垫板		kg	339	339	339	339	339
混凝土	C50	m^3	3.2	3.2	3.2	3.2	3.2
编号			50441	50442	50443	50444	50445

续表　　　　　　　　　　　　　　　　　　　　　　　　　　单位：束

项　　目		单位	锚索长度（m）				
			30	40	50	60	100
水泥砂浆		m^3	0.31	0.41	0.51	0.61	1.02
水泥浆	1:0.4	m^3	0.60	0.60	0.60	0.60	0.60
水泥浆	1:0.5	m^3	0.52	0.91	1.30	1.69	3.24
其他材料费		元	1745	2170	2565	2950	4331
液压潜孔钻	Atlas A52	台时	11.59	16.79	20.99	27.45	54.57
空气压缩机	$27m^3/min$						
	油动移动式	台时	12.17	17.63	22.04	28.83	57.31
灌浆泵	中低压砂浆	台时	4.89	6.52	8.15	9.78	16.30
灌浆泵	中低压泥浆	台时	4.34	5.79	7.23	8.68	14.47
灰浆搅拌机		台时	9.22	12.31	15.38	18.46	30.77
风镐		台时	1.18	1.57	1.96	2.35	3.92
电焊机	直流16～30kV·A	台时	3.75	3.75	3.75	3.75	3.75
汽车起重机	8t	台时	36.46	47.47	58.46	69.47	113.45
张拉千斤顶	YKD18	台时	3.39	3.59	3.75	3.89	4.12
张拉千斤顶	YCW900	台时	5.09	5.39	5.63	5.84	6.19
电动油泵	ZB4/500	台时	8.48	8.97	9.38	9.73	10.31
载重汽车	5t	台时	18.46	22.87	27.26	31.66	49.25
其他机械使用费		元	2150	2729	3299	3869	6159
编　号			50441	50442	50443	50444	50445

注　本定额以Atlas Copco生产的Mustang A52-CB型钻机拟定，采用其他进口液压潜钻机时，定额数量不变，钻具材料均按国产拟定，改按进口材料计算时，钻具消耗量定额乘0.5。

5.27.8 设计张拉力10000kN（55根）

单位：束

项目	单位	锚索长度（m）				
		30	40	50	60	100
高级熟练工	工时	67	93	121	158	369
熟练工	工时	251	317	385	473	960
半熟练工	工时	453	614	800	1030	2471
普工	工时	480	695	942	1256	3237
合计	工时	1251	1719	2248	2917	7037
钻头 ϕ254	个	0.20	0.26	0.33	0.39	0.66
钻杆 ϕ90	kg	1.63	2.18	2.72	3.27	5.45
冲击器	套	0.025	0.033	0.041	0.049	0.082
钢绞线 ϕ15.24	kg	2068	2705	3341	3978	6523
工作锚具	套	1	1	1	1	1
工具锚夹片摊销	副	5.6	5.6	5.6	5.6	5.6
定向钢套管 ϕ245×7.5	m	1.7	1.7	1.7	1.7	1.7
预埋钢管 1.5in	m	2.2	2.2	2.2	2.2	2.2
灌浆管 聚氯乙烯 3/4in	m	60	78	96	115	189
对中支架（隔离架）	个	12	14	17	19	29
铅丝 10号	kg	81	106	131	157	258
导向帽	个	1	1	1	1	1
钢筋	kg	322	322	322	322	322
混凝土墩钢垫板	kg	339	339	339	339	339
混凝土 C60	m^3	3.2	3.2	3.2	3.2	3.2
编号		50446	50447	50448	50449	50450

续表　　　　　　　　　　　　　　　　　　　　　　　　单位：束

项目		单位	锚索长度（m）				
			30	40	50	60	100
水泥砂浆		m^3	0.31	0.41	0.51	0.61	1.02
水泥浆	1:0.4	m^3	0.87	0.87	0.87	0.87	0.87
水泥浆	1:0.5	m^3	0.67	1.20	1.74	2.27	4.41
其他材料费		元	2045	2540	2995	3440	5051
液压潜孔钻	Atlas A52	台时	13.39	19.41	24.26	31.73	63.08
空气压缩机	$27m^3/min$ 油动移动式	台时	14.06	20.38	25.48	33.32	66.24
灌浆泵	中低压砂浆	台时	4.89	6.52	8.15	9.78	16.30
灌浆泵	中低压泥浆	台时	5.35	7.12	8.90	10.68	17.81
灰浆搅拌机		台时	10.23	13.64	17.05	20.46	34.10
风镐		台时	1.18	1.57	1.96	2.35	3.92
电焊机	直流16～30kV·A	台时	3.84	3.84	3.84	3.84	3.84
汽车起重机	8t	台时	46.43	60.51	74.57	88.65	144.91
张拉千斤顶	YKD18	台时	5.73	6.07	6.34	6.58	6.97
张拉千斤顶	YCW900	台时	8.59	9.11	9.52	9.87	10.45
电动油泵	ZB4/500	台时	14.32	15.17	15.86	16.45	17.43
载重汽车	5t	台时	22.45	28.08	33.70	39.34	61.84
其他机械使用费		元	2670	3389	4119	4849	7749
编号			50446	50447	50448	50449	50450

注　本定额以Atlas　Copco生产的Mustang A52–CB型钻机拟定，采用其他进口液压潜钻机时，定额数量不变，钻具材料均按国产拟定，改按进口材料计算时，钻具消耗量定额乘0.5。

5.28 岩石预应力锚索–黏结式对穿锚（地质钻机钻孔）

适用范围：露天作业。

工作内容：包括选孔位、清孔面、钻孔、编索、运索、装索、浇筑混凝土垫墩、锚头制作、安装钢垫板、安装工作锚具及限位板、张拉、锁定、封孔灌浆、孔位转移等。

5.28.1 设计张拉力 1000kN（6 根）

单位：束

项目		单位	锚索长度（m）						
			15	20	25	30	40	50	60
高级熟练工		工时	14	17	19	22	27	33	39
熟练工		工时	64	70	77	82	94	108	123
半熟练工		工时	108	125	143	160	196	239	283
普工		工时	95	113	132	149	192	240	293
合计		工时	281	325	371	413	509	620	738
金刚石钻头	ϕ110	个	0.81	1.08	1.35	1.62	2.16	2.70	3.23
扩孔器	ϕ110	个	0.28	0.38	0.47	0.57	0.76	0.95	1.13
钻杆接头		个	0.96	1.28	1.60	1.92	2.56	3.19	3.83
钻杆		m	1.00	1.33	1.66	2.00	2.66	3.33	3.99
岩心管		m	1.22	1.63	2.03	2.44	3.25	4.06	4.88
钢绞线	ϕ15.24	kg	132	167	201	236	305	375	444
工作锚具		套	2	2	2	2	2	2	2
工具锚夹片摊销		副	0.6	0.6	0.6	0.6	0.6	0.6	0.6
定向钢套管	ϕ108×4	m	2.2	2.2	2.2	2.2	2.2	2.2	2.2
预埋钢管	1.5in	m	2.2	2.2	2.2	2.2	2.2	2.2	2.2
编号			50451	50452	50453	50454	50455	50456	50457

续表 单位：束

项目		单位	锚索长度（m）						
			15	20	25	30	40	50	60
灌浆管 聚氯乙烯	3/4in	m	20	26	31	36	46	57	67
对中支架（隔离架）		个	19	25	31	38	51	64	76
铅丝	10号	kg	4	5	6	7	10	12	14
导向帽		个	1	1	1	1	1	1	1
钢筋		kg	89	89	89	89	89	89	89
混凝土墩钢垫板		kg	24	24	24	24	24	24	24
混凝土	C30	m^3	3	3	3	3	3	3	3
水泥砂浆		m^3							
水泥浆	1:0.5	m^3	0.30	0.40	0.50	0.60	0.80	1.00	1.20
水		m^3	116.00	155.00	193.00	232.00	309.00	387.00	464.00
其他材料费		元	299	378	448	517	656	785	914
地质钻机	300型	台时	26.17	34.89	43.62	52.34	69.79	87.24	104.68
灌浆泵	中低压泥浆	台时	0.82	1.10	1.38	1.66	2.20	2.76	3.31
灰浆搅拌机		台时	0.82	1.10	1.38	1.66	2.20	2.76	3.31
电焊机	直流16～30kV·A	台时	2.12	2.12	2.12	2.12	2.12	2.12	2.12
汽车起重机	8t	台时	3.64	4.41	5.16	5.93	7.47	9.01	10.54
张拉千斤顶	YKD18	台时	0.54	0.58	0.60	0.62	0.66	0.69	0.71
张拉千斤顶	YCW150	台时	0.81	0.85	0.90	0.93	0.99	1.03	1.07
电动油泵	ZB4/500	台时	1.35	1.43	1.49	1.56	1.65	1.72	1.78
载重汽车	5t	台时	4.47	4.78	5.08	5.39	5.99	6.61	7.22
其他机械使用费		元	183	210	228	245	290	335	380
编号			50451	50452	50453	50454	50455	50456	50457

5.28.2 设计张拉力 2000kN（12 根）

单位：束

项目		单位	锚索长度（m）						
			15	20	25	30	40	50	60
高级熟练工		工时	16	20	22	26	32	41	49
熟练工		工时	74	82	89	97	113	133	153
半熟练工		工时	132	156	179	202	254	317	384
普工		工时	121	146	172	198	259	335	418
合计		工时	343	404	462	523	658	826	1004
金刚石钻头	ϕ130	个	0.81	1.08	1.35	1.62	2.16	2.70	3.23
扩孔器	ϕ130	个	0.28	0.38	0.47	0.57	0.76	0.95	1.13
钻杆接头		个	0.96	1.28	1.60	1.92	2.56	3.19	3.83
钻杆		m	1.00	1.33	1.66	2.00	2.66	3.33	3.99
岩心管		m	1.22	1.63	2.03	2.44	3.25	4.06	4.88
钢绞线	ϕ15.24	kg	264	333	403	472	611	750	889
工作锚具		套	2	2	2	2	2	2	2
工具锚夹片摊销		副	1.2	1.2	1.2	1.2	1.2	1.2	1.2
定向钢套管	ϕ127×4	m	2.2	2.2	2.2	2.2	2.2	2.2	2.2
预埋钢管	1.5in	m	2.2	2.2	2.2	2.2	2.2	2.2	2.2
灌浆管 聚氯乙烯	3/4in	m	20	26	31	36	46	57	67
对中支架(隔离架)		个	8	10	13	15	20	25	30
铅丝	10 号	kg	4	5	6	8	10	12	15
导向帽		个	1	1	1	1	1	1	1
钢筋		kg	107	107	107	107	107	107	107
混凝土墩钢垫板		kg	53	53	53	53	53	53	53
混凝土	C35	m^3	3	3	3	3	3	3	3
水泥砂浆		m^3							
水泥浆	1:0.5	m^3	0.30	0.40	0.50	0.60	0.80	1.00	1.20
水		m^3	135.67	180.89	226.12	271.34	361.79	452.24	542.68
其他材料费		元	449	568	668	777	976	1155	1344
地质钻机	300 型	台时	30.62	40.83	51.03	61.24	81.65	102.07	122.48
灌浆泵	中低压泥浆	台时	1.05	1.39	1.74	2.09	2.79	3.48	4.18
灰浆搅拌机		台时	1.05	1.39	1.74	2.09	2.79	3.48	4.18
电焊机	直流 16～30kV·A	台时	2.55	2.55	2.55	2.55	2.55	2.55	2.55
汽车起重机	8t	台时	6.56	8.09	9.63	11.15	14.22	17.30	20.37
张拉千斤顶	YKD18	台时	0.70	0.74	0.78	0.80	0.85	0.90	0.93
张拉千斤顶	YCW250	台时	1.05	1.11	1.16	1.21	1.28	1.34	1.39
电动油泵	ZB4/500	台时	1.75	1.86	1.95	2.02	2.13	2.24	2.32
载重汽车	5t	台时	5.63	6.24	6.86	7.47	8.70	9.93	11.15
其他机械使用费		元	253	280	318	355	420	495	560
编号			50458	50459	50460	50461	50462	50463	50464

5.28.3 设计张拉力 3000kN（19 根）

单位：束

项目		单位	锚索长度（m）						
			15	20	25	30	40	50	60
高级熟练工		工时	20	24	28	32	41	51	63
熟练工		工时	95	105	114	124	146	172	199
半熟练工		工时	174	205	235	266	336	424	518
普工		工时	162	197	232	267	352	460	579
合计		工时	451	531	609	689	875	1107	1359
金刚石钻头	ϕ165	个	0.81	1.08	1.35	1.62	2.16	2.70	3.23
扩孔器	ϕ165	个	0.28	0.38	0.47	0.57	0.76	0.95	1.13
钻杆接头		个	0.96	1.28	1.60	1.92	2.56	3.19	3.83
钻杆		m	1.00	1.33	1.66	2.00	2.66	3.33	3.99
岩心管		m	1.22	1.63	2.03	2.44	3.25	4.06	4.88
钢绞线	ϕ15.24	kg	417	527	636	746	966	1185	1404
工作锚具		套	2	2	2	2	2	2	2
工具锚夹片摊销		副	1.9	1.9	1.9	1.9	1.9	1.9	1.9
定向钢套管	ϕ159×5	m	2.2	2.2	2.2	2.2	2.2	2.2	2.2
预埋钢管	1.5in	m	2.2	2.2	2.2	2.2	2.2	2.2	2.2
灌浆管 聚氯乙烯	3/4in	m	20	26	31	36	46	57	67
对中支架(隔离架)		个	5	7	8	10	13	17	20
铅丝	10 号	kg	5	7	8	10	13	16	19
导向帽		个	1	1	1	1	1	1	1
钢筋		kg	124	124	124	124	124	124	124
混凝土墩钢垫板		kg	82	82	82	82	82	82	82
混凝土	C35	m^3	3	3	3	3	3	3	3
水泥砂浆		m^3							
水泥浆	1:0.5	m^3	0.37	0.49	0.61	0.74	0.98	1.23	1.47
水		m^3	163.50	218.00	272.50	327.00	436.00	545.00	654.00
其他材料费		元	579	718	858	987	1236	1475	1704
地质钻机	300 型	台时	36.90	49.20	61.50	73.80	98.40	123.00	147.60
灌浆泵	中低压泥浆	台时	1.46	1.95	2.43	2.93	3.89	4.87	5.84
灰浆搅拌机		台时	1.46	1.95	2.43	2.93	3.89	4.87	5.84
电焊机	直流 16～30kV·A	台时	2.96	2.96	2.96	2.96	2.96	2.96	2.96
汽车起重机	8t	台时	9.94	12.37	14.78	17.21	22.07	26.91	31.75
张拉千斤顶	YKD18	台时	0.92	0.97	1.01	1.05	1.11	1.16	1.21
张拉千斤顶	YCW400	台时	1.37	1.45	1.51	1.58	1.67	1.74	1.80
电动油泵	ZB4/500	台时	2.29	2.42	2.52	2.63	2.78	2.90	3.01
载重汽车	5t	台时	6.98	7.96	8.92	9.90	11.85	13.78	15.72
其他机械使用费		元	523	620	728	825	1030	1235	1440
编号			50465	50466	50467	50468	50469	50470	50471

5.29 岩石预应力锚索–黏结式对穿锚（潜孔钻机钻孔）

适用范围： 露天作业。

工作内容： 包括选孔位、清孔面、钻孔、不良地段二次成孔、编索、运索、装索、浇筑混凝土垫墩、锚头制作、安装钢垫板、安装工作锚具及限位板、张拉、锁定、封孔灌浆、孔位转移等。

5.29.1 设计张拉力 1000kN（6 根）

单位：束

项目	单位	锚索长度（m）				
		15	20	25	30	40
高级熟练工	工时	17	22	28	35	49
熟练工	工时	75	89	106	126	164
半熟练工	工时	89	103	118	136	173
普工	工时	81	101	123	148	204
合计	工时	262	315	375	445	590
钻头 ϕ110	个	0.29	0.39	0.49	0.59	0.79
钻杆 ϕ50	kg	0.60	0.80	1.00	1.20	1.61
冲击器	套	0.04	0.05	0.06	0.07	0.10
钢绞线 ϕ15.24	kg	132	167	201	236	305
工作锚具	套	2	2	2	2	2
工具锚夹片摊销	副	0.6	0.6	0.6	0.6	0.6
定向钢套管 ϕ108×4	m	2.2	2.2	2.2	2.2	2.2
预埋钢管 1.5in	m	2.2	2.2	2.2	2.2	2.2
灌浆管 聚氯乙烯 3/4in	m	20	26	31	36	46
对中支架（隔离架）	个	19	25	31	38	51
编号		50472	50473	50474	50475	50476

续表　　　　　　　　　　　　　　　　　　　　　　　　　　单位：束

项　目		单位	锚索长度（m）				
			15	20	25	30	40
铅　丝	10号	kg	4	5	6	7	10
导向帽		个	1	1	1	1	1
钢　筋		kg	89	89	89	89	89
混凝土墩钢垫板		kg	24	24	24	24	24
混凝土	C30	m^3	3	3	3	3	3
水泥砂浆		m^3	0.11	0.14	0.18	0.21	0.28
水泥浆	1:0.5	m^3	0.30	0.40	0.50	0.60	0.80
其他材料费		元	248	310	363	415	520
潜孔钻	QZJ–100B	台时	10.02	15.47	22.27	30.59	46.87
灌浆泵	中低压砂浆	台时	1.70	2.26	2.83	3.40	4.53
灌浆泵	中低压泥浆	台时	0.82	1.10	1.38	1.66	2.20
灰浆搅拌机		台时	2.52	3.37	4.21	5.05	6.73
链式起重机	1t	台时	0.91	1.22	1.52	1.83	2.44
风　镐		台时	0.59	0.78	0.98	1.18	1.57
电焊机	直流16～30kV·A	台时	2.12	2.12	2.12	2.12	2.12
汽车起重机	8t	台时	3.64	4.41	5.16	5.93	7.47
张拉千斤顶	YKD18	台时	0.54	0.58	0.60	0.62	0.66
张拉千斤顶	YCW150	台时	0.81	0.85	0.90	0.93	0.99
电动油泵	ZB4/500	台时	1.35	1.43	1.49	1.56	1.65
载重汽车	5t	台时	4.47	4.78	5.08	5.39	5.99
其他机械使用费		元	171	194	208	221	258
编　号			50472	50473	50474	50475	50476

5.29.2 设计张拉力 2000kN（12 根）

单位：束

项目		单位	锚索长度（m）				
			15	20	25	30	40
高级熟练工		工时	20	27	34	44	62
熟练工		工时	89	108	130	155	206
半熟练工		工时	112	132	154	180	236
普工		工时	108	136	169	206	288
合计		工时	329	403	487	585	792
钻头	ϕ110	个	0.29	0.39	0.49	0.59	0.79
钻杆	ϕ50	kg	0.60	0.80	1.00	1.20	1.61
冲击器		套	0.04	0.05	0.06	0.07	0.10
钢绞线	ϕ15.24	kg	264	333	403	472	611
工作锚具		套	2	2	2	2	2
工具锚夹片摊销		副	1.2	1.2	1.2	1.2	1.2
定向钢套管	ϕ127×4	m	2.2	2.2	2.2	2.2	2.2
预埋钢管	1.5in	m	2.2	2.2	2.2	2.2	2.2
灌浆管 聚氯乙烯	3/4in	m	20	26	31	36	46
对中支架（隔离架）		个	8	10	13	15	20
铅丝	10 号	kg	4	5	6	8	10
导向帽		个	1	1	1	1	1
钢筋		kg	107	107	107	107	107
混凝土墩钢垫板		kg	53	53	53	53	53
混凝土	C35	m^3	3	3	3	3	3
水泥砂浆		m^3	0.11	0.14	0.18	0.21	0.28
水泥浆	1:0.5	m^3	0.30	0.40	0.50	0.60	0.80
其他材料费		元	398	500	583	675	840
潜孔钻	QZJ-100B	台时	13.03	20.11	28.94	39.76	60.94
灌浆泵	中低压砂浆	台时	1.70	2.26	2.83	3.40	4.53
灌浆泵	中低压泥浆	台时	1.05	1.39	1.74	2.09	2.79
灰浆搅拌机		台时	2.75	3.65	4.57	5.49	7.32
链式起重机	1t	台时	0.91	1.22	1.52	1.83	2.44
风镐		台时	0.59	0.78	0.98	1.18	1.57
电焊机	直流 16～30kV·A	台时	2.55	2.55	2.55	2.55	2.55
汽车起重机	8t	台时	6.56	8.09	9.63	11.15	14.22
张拉千斤顶	YKD18	台时	0.70	0.74	0.78	0.80	0.85
张拉千斤顶	YCW250	台时	1.05	1.11	1.16	1.21	1.28
电动油泵	ZB4/500	台时	1.75	1.86	1.95	2.02	2.13
载重汽车	5t	台时	5.63	6.24	6.86	7.47	8.70
其他机械使用费		元	241	264	298	331	388
编号			50477	50478	50479	50480	50481

5.29.3 设计张拉力3000kN（19根）

单位：束

项 目		单位	锚索长度（m）						
			15	20	25	30	40	50	60
高级熟练工		工时	20	25	31	38	52	65	86
熟练工		工时	96	110	123	140	176	208	256
半熟练工		工时	136	156	177	199	252	319	401
普工		工时	126	152	180	210	285	376	496
合计		工时	378	443	511	587	765	968	1239
钻头	ϕ165	个	0.07	0.10	0.12	0.15	0.20	0.25	0.30
钻杆	ϕ76	kg	0.83	1.10	1.38	1.66	2.21	2.76	3.31
冲击器	DH6	套	0.01	0.01	0.02	0.02	0.03	0.03	0.04
钢绞线	ϕ15.24	kg	417	527	636	746	966	1185	1404
工作锚具		套	2	2	2	2	2	2	2
工具锚夹片摊销		副	1.9	1.9	1.9	1.9	1.9	1.9	1.9
定向钢套管	ϕ159×5	m	2.2	2.2	2.2	2.2	2.2	2.2	2.2
预埋钢管	1.5in	m	2.2	2.2	2.2	2.2	2.2	2.2	2.2
灌浆管 聚氯乙烯	3/4in	m	20	26	31	36	46	57	67
对中支架(隔离架)		个	5	7	8	10	13	17	20
铅丝	10号	kg	5	7	8	10	13	16	19
导向帽		个	1	1	1	1	1	1	1
钢筋		kg	124	124	124	124	124	124	124
混凝土墩钢垫板		kg	82	82	82	82	82	82	82
混凝土	C35	m^3	3	3	3	3	3	3	3
水泥砂浆		m^3	0.15	0.20	0.25	0.31	0.41	0.51	0.61
水泥浆	1:0.5	m^3	0.37	0.49	0.61	0.74	0.98	1.23	1.47
其他材料费		元	523	644	765	876	1088	1290	1482
潜孔钻	CM351	台时	4.72	7.28	10.48	14.40	22.07	27.59	38.07
空气压缩机	$20m^3/min$ 油动移动式	台时	4.95	7.65	11.01	15.12	23.17	28.97	39.97
灌浆泵	中低压砂浆	台时	2.44	3.26	4.07	4.89	6.52	8.15	9.78
灌浆泵	中低压泥浆	台时	1.46	1.95	2.43	2.93	3.89	4.87	5.84
灰浆搅拌机		台时	3.91	5.21	6.50	7.81	10.41	13.02	15.62
风镐		台时	0.59	0.78	0.98	1.18	1.57	1.96	2.35
电焊机	直流16～30kV·A	台时	2.96	2.96	2.96	2.96	2.96	2.96	2.96
汽车起重机	8t	台时	9.94	12.37	14.78	17.21	22.07	26.91	31.75
张拉千斤顶	YKD18	台时	0.92	0.97	1.01	1.05	1.11	1.16	1.21
张拉千斤顶	YCW400	台时	1.37	1.45	1.51	1.58	1.67	1.74	1.80
电动油泵	ZB4/500	台时	2.29	2.42	2.52	2.63	2.78	2.90	3.01
载重汽车	5t	台时	6.98	7.96	8.92	9.90	11.85	13.78	15.72
其他机械使用费		元	523	620	728	825	1030	1236	1441
编号			50482	50483	50484	50485	50486	50487	50488

5.30 岩石预应力锚索-黏结式对穿锚(液压潜孔钻机钻孔)

适用范围： 露天作业。

工作内容： 包括选孔位、清孔面、钻孔、不良地段二次成孔、编索、运索、装索、浇筑混凝土垫墩、锚头制作、安装钢垫板、安装工作锚具及限位板、张拉、锁定、封孔灌浆、孔位转移等。

5.30.1 设计张拉力1000kN（6根）

单位：束

项目		单位	锚索长度(m)						
			15	20	25	30	40	50	60
高级熟练工		工时	14	16	19	22	29	35	43
熟练工		工时	63	70	78	85	100	116	136
半熟练工		工时	82	92	101	112	135	162	195
普工		工时	71	83	97	110	143	180	227
合计		工时	230	261	295	329	407	493	601
钻头	ϕ110	个	0.10	0.13	0.16	0.20	0.26	0.33	0.39
钻杆	ϕ76	kg	0.82	1.09	1.36	1.63	2.18	2.72	3.27
冲击器		套	0.012	0.016	0.020	0.025	0.033	0.041	0.049
钢绞线	ϕ15.24	kg	132	167	201	236	305	375	444
工作锚具		套	2	2	2	2	2	2	2
工具锚夹片摊销		副	0.6	0.6	0.6	0.6	0.6	0.6	0.6
定向钢套管	ϕ108×4	m	2.2	2.2	2.2	2.2	2.2	2.2	2.2
预埋钢管	1.5in	m	2.2	2.2	2.2	2.2	2.2	2.2	2.2
灌浆管 聚氯乙烯	3/4in	m	20	26	31	36	46	57	67
对中支架(隔离架)		个	19	25	31	38	51	64	76
编号			50489	50490	50491	50492	50493	50494	50495

续表 单位：束

项目		单位	锚索长度（m）						
			15	20	25	30	40	50	60
铅丝	10号	kg	4	5	6	7	10	12	14
导向帽		个	1	1	1	1	1	1	1
钢筋		kg	89	89	89	89	89	89	89
混凝土墩钢垫板		kg	24	24	24	24	24	24	24
混凝土	C30	m^3	3	3	3	3	3	3	3
水泥砂浆		m^3	0.15	0.20	0.25	0.31	0.41	0.51	0.61
水泥浆	1:0.5	m^3	0.30	0.40	0.50	0.60	0.80	1.00	1.20
其他材料费		元	246	308	360	412	516	610	704
液压潜孔钻	MZ165	台时	2.21	3.20	4.36	5.74	8.31	10.39	13.59
空气压缩机	$20m^3/min$								
	油动移动式	台时	2.32	3.36	4.58	6.02	8.73	10.91	14.27
灌浆泵	中低压砂浆	台时	2.44	3.26	4.07	4.89	6.52	8.15	9.78
灌浆泵	中低压泥浆	台时	0.82	1.10	1.38	1.66	2.20	2.76	3.31
灰浆搅拌机		台时	3.27	4.36	5.45	6.55	8.72	10.91	13.08
风镐		台时	0.59	0.78	0.98	1.18	1.57	1.96	2.35
电焊机	直流16～30kV·A	台时	2.12	2.12	2.12	2.12	2.12	2.12	2.12
汽车起重机	8t	台时	3.64	4.41	5.16	5.93	7.47	9.01	10.54
张拉千斤顶	YKD18	台时	0.54	0.58	0.60	0.62	0.66	0.69	0.71
张拉千斤顶	YCW150	台时	0.81	0.85	0.90	0.93	0.99	1.03	1.07
电动油泵	ZB4/500	台时	1.35	1.43	1.49	1.56	1.65	1.72	1.78
载重汽车	5t	台时	4.47	4.78	5.08	5.39	5.99	6.61	7.22
其他机械使用费		元	186	215	234	252	300	347	395
编号			50489	50490	50491	50492	50493	50494	50495

5.30.2 设计张拉力 2000kN（12根）

单位：束

项目		单位	锚索长度（m）						
			15	20	25	30	40	50	60
高级熟练工		工时	15	19	22	27	35	44	55
熟练工		工时	73	82	91	101	122	144	170
半熟练工		工时	102	116	131	147	184	229	282
普工		工时	94	112	132	154	205	267	345
合计		工时	284	329	376	429	546	684	852
钻头	ϕ130	个	0.10	0.13	0.16	0.20	0.26	0.33	0.39
钻杆	ϕ76	kg	0.82	1.09	1.36	1.63	2.18	2.72	3.27
冲击器		套	0.012	0.016	0.020	0.025	0.033	0.041	0.049
钢绞线	ϕ15.24	kg	264	333	403	472	611	750	889
工作锚具		套	2	2	2	2	2	2	2
工具锚夹片摊销		副	1.2	1.2	1.2	1.2	1.2	1.2	1.2
定向钢套管	ϕ127×4	m	2.2	2.2	2.2	2.2	2.2	2.2	2.2
预埋钢管	1.5in	m	2.2	2.2	2.2	2.2	2.2	2.2	2.2
灌浆管 聚氯乙烯	3/4in	m	20	26	31	36	46	57	67
对中支架(隔离架)		个	8	10	13	15	20	25	30
铅丝	10号	kg	4	5	6	8	10	12	15
导向帽		个	1	1	1	1	1	1	1
钢筋		kg	107	107	107	107	107	107	107
混凝土墩钢垫板		kg	53	53	53	53	53	53	53
混凝土	C35	m^3	3	3	3	3	3	3	3
水泥砂浆		m^3	0.15	0.20	0.25	0.31	0.41	0.51	0.61
水泥浆	1:0.5	m^3	0.30	0.40	0.50	0.60	0.80	1.00	1.20
其他材料费		元	396	498	580	672	836	980	1134
液压潜孔钻	MZ165	台时	2.69	3.88	5.29	6.96	10.08	12.61	16.49
空气压缩机	$20m^3$/min								
	油动移动式	台时	2.82	4.08	5.56	7.31	10.59	13.24	17.32
灌浆泵	中低压砂浆	台时	2.44	3.26	4.07	4.89	6.52	8.15	9.78
灌浆泵	中低压泥浆	台时	1.05	1.39	1.74	2.09	2.79	3.48	4.18
灰浆搅拌机		台时	3.49	4.65	5.81	6.98	9.31	11.63	13.96
风镐		台时	0.59	0.78	0.98	1.18	1.57	1.96	2.35
电焊机	直流16～30kV·A	台时	2.55	2.55	2.55	2.55	2.55	2.55	2.55
汽车起重机	8t	台时	6.56	8.09	9.63	11.15	14.22	17.30	20.37
张拉千斤顶	YKD18	台时	0.70	0.74	0.78	0.80	0.85	0.90	0.93
张拉千斤顶	YCW250	台时	1.05	1.11	1.16	1.21	1.28	1.34	1.39
电动油泵	ZB4/500	台时	1.75	1.86	1.95	2.02	2.13	2.24	2.32
载重汽车	5t	台时	5.63	6.24	6.86	7.47	8.70	9.93	11.15
其他机械使用费		元	256	285	324	362	430	507	575
编号			50496	50497	50498	50499	50500	50501	50502

5.30.3 设计张拉力 3000kN（19 根）

单位：束

项　　目		单位	锚索长度（m）						
			15	20	25	30	40	50	60
高级熟练工		工时	20	24	29	35	46	57	74
熟练工		工时	96	107	119	133	162	191	228
半熟练工		工时	139	160	180	203	256	323	403
普工		工时	132	160	189	220	295	389	506
合计		工时	387	451	517	591	759	960	1211
钻头	ϕ165	个	0.10	0.13	0.16	0.20	0.26	0.33	0.39
钻杆	ϕ76	kg	0.82	1.09	1.36	1.63	2.18	2.72	3.27
冲击器		套	0.012	0.016	0.020	0.025	0.033	0.041	0.049
钢绞线	ϕ15.24	kg	417	527	636	746	966	1185	1404
工作锚具		套	2	2	2	2	2	2	2
工具锚夹片摊销		副	1.9	1.9	1.9	1.9	1.9	1.9	1.9
定向钢套管	ϕ159×5	m	2.2	2.2	2.2	2.2	2.2	2.2	2.2
预埋钢管	1.5in	m	2.2	2.2	2.2	2.2	2.2	2.2	2.2
灌浆管　聚氯乙烯	3/4in	m	20	26	31	36	46	57	67
对中支架(隔离架)		个	5	7	8	10	13	17	20
铅丝	10 号	kg	5	7	8	10	13	16	19
导向帽		个	1	1	1	1	1	1	1
钢筋		kg	124	124	124	124	124	124	124
混凝土墩钢垫板		kg	82	82	82	82	82	82	82
混凝土	C35	m^3	3	3	3	3	3	3	3
水泥砂浆		m^3	0.15	0.20	0.25	0.31	0.41	0.51	0.61
水泥浆	1:0.5	m^3	0.37	0.49	0.61	0.74	0.98	1.23	1.47
其他材料费		元	526	648	770	882	1096	1300	1494
液压潜孔钻	MZ165	台时	3.63	5.25	7.15	9.40	13.63	17.04	22.28
空气压缩机	$20m^3/min$ 油动移动式	台时	3.81	5.51	7.51	9.88	14.31	17.89	23.40
灌浆泵	中低压砂浆	台时	2.44	3.26	4.07	4.89	6.52	8.15	9.78
灌浆泵	中低压泥浆	台时	1.46	1.95	2.43	2.93	3.89	4.87	5.84
灰浆搅拌机		台时	3.91	5.21	6.50	7.81	10.41	13.02	15.62
风镐		台时	0.59	0.78	0.98	1.18	1.57	1.96	2.35
电焊机	直流 16～30kV·A	台时	2.96	2.96	2.96	2.96	2.96	2.96	2.96
汽车起重机	8t	台时	9.94	12.37	14.78	17.21	22.07	26.91	31.75
张拉千斤顶	YKD18	台时	0.92	0.97	1.01	1.05	1.11	1.16	1.21
张拉千斤顶	YCW400	台时	1.37	1.45	1.51	1.58	1.67	1.74	1.80
电动油泵	ZB4/500	台时	2.29	2.42	2.52	2.63	2.78	2.90	3.01
载重汽车	5t	台时	6.98	7.96	8.92	9.90	11.85	13.78	15.72
其他机械使用费		元	526	625	734	832	1040	1247	1455
编　　号			50503	50504	50505	50506	50507	50508	50509

5.30.4 设计张拉力 4000kN（22 根）

单位：束

项　目		单位	锚 索 长 度（m）				
			25	30	40	50	60
高级熟练工		工时	30	36	49	61	77
熟练工		工时	133	147	178	211	251
半熟练工		工时	202	226	286	362	452
普工		工时	203	236	319	425	553
合计		工时	568	645	832	1059	1333
钻头	ϕ180	个	0.16	0.20	0.26	0.33	0.39
钻杆	ϕ90	kg	1.36	1.63	2.18	2.72	3.27
冲击器		套	0.020	0.025	0.033	0.041	0.049
钢绞线	ϕ15.24	kg	738	866	1120	1375	1629
工作锚具		套	2	2	2	2	2
工具锚夹片摊销		副	2.2	2.2	2.2	2.2	2.2
定向钢套管	ϕ180×5.5	m	2.2	2.2	2.2	2.2	2.2
顶埋钢管	1.5in	m	2.2	2.2	2.2	2.2	2.2
灌浆管　聚氯乙烯	3/4in	m	31	36	46	57	67
对中支架（隔离架）		个	8	10	13	17	20
铅丝	10 号	kg	9	10	14	17	20
导向帽		个	1	1	1	1	1
钢筋		kg	139	139	139	139	139
混凝土墩钢垫板		kg	142	142	142	142	142
编　号			50510	50511	50512	50513	50514

续表 单位：束

项目		单位	锚索长度（m）				
			25	30	40	50	60
混凝土	C40	m^3	4	4	4	4	4
水泥砂浆		m^3	0.25	0.31	0.41	0.51	0.61
水泥浆	1:0.5	m^3	0.73	0.88	1.17	1.46	1.75
其他材料费		元	940	1082	1336	1590	1824
液压潜孔钻	Atlas A52	台时	6.53	8.58	12.43	15.54	20.32
空气压缩机	$20m^3/min$						
	油动移动式	台时	6.85	9.01	13.05	16.32	21.34
灌浆泵	中低压砂浆	台时	4.07	4.89	6.52	8.15	9.78
灌浆泵	中低压泥浆	台时	2.75	3.30	4.40	5.50	6.59
灰浆搅拌机		台时	6.82	8.18	10.92	13.65	16.37
风镐		台时	0.98	1.18	1.57	1.96	2.35
电焊机	直流16～30kV·A	台时	3.32	3.32	3.32	3.32	3.32
汽车起重机	8t	台时	17.04	19.87	25.48	31.12	36.73
张拉千斤顶	YKD18	台时	1.18	1.26	1.32	1.36	1.44
张拉千斤顶	YCW500	台时	1.78	1.88	1.97	2.05	2.16
电动油泵	ZB4/500	台时	2.97	3.14	3.29	3.41	3.61
载重汽车	5t	台时	9.83	10.96	13.20	15.46	17.71
其他机械使用费		元	840	960	1199	1449	1689
编号			50510	50511	50512	50513	50514

注 本定额以 Atlas Copco 生产的 Mustang A52–CB 型钻机拟定，采用其他进口液压潜钻机时，定额数量不变，钻具材料均按国产拟定，改按进口材料计算时，钻具消耗量定额乘0.5。

5.30.5 设计张拉力 5000kN（27 根）

单位：束

项目	单位	锚索长度（m）			
		30	40	50	60
高级熟练工	工时	39	53	67	86
熟练工	工时	167	202	240	288
半熟练工	工时	261	333	424	532
普工	工时	271	369	495	647
合计	工时	738	957	1226	1553
钻头 ϕ190	个	0.20	0.26	0.33	0.39
钻杆 ϕ90	kg	1.63	2.18	2.72	3.27
冲击器	套	0.025	0.033	0.041	0.049
钢绞线 ϕ15.24	kg	1062	1375	1687	1999
工作锚具	套	2	2	2	2
工具锚夹片摊销	副	2.7	2.7	2.7	2.7
定向钢套管 ϕ194×5.5	m	3.3	3.3	3.3	3.3
预埋钢管 1.5in	m	2.2	2.2	2.2	2.2
灌浆管 聚氯乙烯 3/4in	m	36	46	57	67
对中支架（隔离架）	个	9	11	14	17
铅丝 10 号	kg	11	15	18	21
导向帽	个	1	2	3	4
钢筋	kg	139	139	139	139
混凝土墩钢垫板	kg	225	225	225	225
编号		50515	50516	50517	50518

续表　　　　　　　　　　　　　　　　　　　　　　　　单位：束

项　　目		单位	锚索长度（m）			
			30	40	50	60
混凝土	C45	m^3	4	4	4	4
水泥砂浆		m^3	0.31	0.41	0.51	0.61
水泥浆	1:0.5	m^3	0.98	1.30	1.63	1.96
其他材料费		元	1262	1566	1850	2124
液压潜孔钻	Atlas A52	台时	9.33	13.52	16.90	22.11
空气压缩机	$27m^3$/min 油动移动式	台时	9.80	14.20	17.75	23.21
灌浆泵	中低压砂浆	台时	4.89	6.52	8.15	9.78
灌浆泵	中低压泥浆	台时	3.55	4.75	5.93	7.12
灰浆搅拌机		台时	8.44	11.27	14.08	16.89
风镐		台时	1.18	1.57	1.96	2.35
电焊机	直流16～30kV·A	台时	3.32	3.32	3.32	3.32
汽车起重机	8t	台时	24.19	31.12	38.02	44.91
张拉千斤顶	YKD18	台时	1.55	1.64	1.71	1.77
张拉千斤顶	YCW650	台时	2.32	2.45	2.56	2.66
电动油泵	ZB4/500	台时	3.85	4.09	4.27	4.43
载重汽车	5t	台时	12.69	15.46	18.21	20.97
其他机械使用费		元	1140	1429	1719	2009
编　号			50515	50516	50517	50518

注　本定额以Atlas Copco生产的Mustang A52–CB型钻机拟定，采用其他进口液压潜钻机时，定额数量不变，钻具材料均按国产拟定，改按进口材料计算时，钻具消耗量定额乘0.5。

5.31 岩石预应力锚索-无黏结式（地质钻机钻孔）

适用范围：露天作业。

工作内容：包括选孔位、清孔面、钻孔、清孔、编索、运索、装索、浇筑混凝土垫墩、内外锚头制作、锚固灌浆、安装钢垫板、安装工作锚具及限位板、张拉、锁定、孔位转移等。

5.31.1 设计张拉力 1000kN（7 根）

单位：束

项目		单位	锚索长度（m）						
			15	20	25	30	40	50	60
高级熟练工		工时	14	17	21	24	33	44	55
熟练工		工时	62	72	81	89	109	132	156
半熟练工		工时	109	131	152	174	225	279	340
普工		工时	93	116	140	164	221	285	358
合计		工时	278	336	394	451	588	740	909
金刚石钻头	ϕ120	个	0.81	1.08	1.35	1.62	2.16	2.70	3.23
扩孔器	ϕ120	个	0.28	0.38	0.47	0.57	0.76	0.95	1.13
钻杆接头		个	0.96	1.28	1.60	1.92	2.56	3.19	3.83
钻杆		m	1.00	1.33	1.66	2.00	2.66	3.33	3.99
岩心管		m	1.22	1.63	2.03	2.44	3.25	4.06	4.88
无黏结钢绞线		kg	158	204	250	297	390	482	575
工作锚具		套	1	1	1	1	1	1	1
工具锚夹片摊销		副	0.7	0.7	0.7	0.7	0.7	0.7	0.7
定向钢套管	ϕ121×4	m	1.1	1.1	1.1	1.1	1.1	1.1	1.1
预埋钢管	1.5in	m	1.1	1.1	1.1	1.1	1.1	1.1	1.1
编号			50519	50520	50521	50522	50523	50524	50525

续表 单位：束

项目		单位	锚索长度（m）						
			15	20	25	30	40	50	60
灌浆管 聚氯乙烯	3/4in	m	35	45	57	67	88	108	129
内外支架		个	23	30	37	44	58	72	85
导向帽		个	1	1	1	1	1	1	1
钢筋		kg	45	45	45	45	45	45	45
混凝土墩钢垫板		kg	12	12	12	12	12	12	12
混凝土	C30	m^3	2	2	2	2	2	2	2
水泥砂浆		m^3							
水泥浆	1:0.32	m^3	0.30	0.40	0.50	0.60	0.80	1.00	1.20
水		m^3	125	167	209	250	334	417	501
其他材料费		元	348	436	522	603	759	907	1051
地质钻机	300型	台时	28.26	37.69	47.11	56.53	75.37	94.22	113.06
灌浆泵	中低压泥浆	台时	0.94	1.25	1.56	1.87	2.49	3.12	3.74
灰浆搅拌机		台时	0.94	1.25	1.56	1.87	2.49	3.12	3.74
电焊机	直流16～30kV·A	台时	0.54	0.54	0.54	0.54	0.54	0.54	0.54
汽车起重机	8t	台时	4.21	5.23	6.25	7.28	9.34	11.37	13.43
张拉千斤顶	YKD18	台时	0.54	0.57	0.59	0.61	0.65	0.68	0.70
张拉千斤顶	YCW150	台时	3.75	3.97	4.15	4.31	4.56	4.77	4.94
电动油泵	ZB4/500	台时	4.27	4.53	4.74	4.91	5.20	5.44	5.64
载重汽车	5t	台时	4.70	5.10	5.51	5.92	6.75	7.56	8.38
其他机械使用费		元	162	187	213	239	290	342	393
编号			50519	50520	50521	50522	50523	50524	50525

5.31.2 设计张拉力 1500kN（10 根）

单位：束

项目		单位	锚索长度（m）						
			15	20	25	30	40	50	60
高级熟练工		工时	16	20	24	29	41	53	67
熟练工		工时	71	82	92	102	128	156	188
半熟练工		工时	125	151	178	203	266	335	412
普工		工时	110	139	167	196	268	351	444
合计		工时	322	392	461	530	703	895	1111
金刚石钻头	ϕ130	个	0.81	1.08	1.35	1.62	2.16	2.70	3.23
扩孔器	ϕ130	个	0.28	0.38	0.47	0.57	0.76	0.95	1.13
钻杆接头		个	0.96	1.28	1.60	1.92	2.56	3.19	3.83
钻杆		m	1.00	1.33	1.66	2.00	2.66	3.33	3.99
岩心管		m	1.22	1.63	2.03	2.44	3.25	4.06	4.88
无黏结钢绞线		kg	225	292	358	424	557	689	822
工作锚具		套	1	1	1	1	1	1	1
工具锚夹片摊销		副	1.0	1.0	1.0	1.0	1.0	1.0	1.0
定向钢套管	ϕ168×5	m	1.1	1.1	1.1	1.1	1.1	1.1	1.1
预埋钢管	1.5in	m	1.1	1.1	1.1	1.1	1.1	1.1	1.1
灌浆管 聚氯乙烯	3/4in	m	35	45	57	67	88	108	129
内外支架		个	23	30	37	44	58	72	85
导向帽		个	1	1	1	1	1	1	1
钢筋		kg	45	45	45	45	45	45	45
混凝土墩钢垫板		kg	12	12	12	12	12	12	12
混凝土	C30	m^3	2	2	2	2	2	2	2
水泥砂浆		m^3							
水泥浆	1:0.32	m^3	0.38	0.51	0.64	0.77	1.03	1.28	1.54
水		m^3	136	181	226	271	362	452	540
其他材料费		元	442	554	661	762	956	1141	1319
地质钻机	300 型	台时	30.62	40.83	51.03	61.24	81.65	102.07	122.48
灌浆泵	中低压泥浆	台时	1.46	1.95	2.43	2.93	3.89	4.87	5.84
灰浆搅拌机		台时	1.46	1.95	2.43	2.93	3.89	4.87	5.84
电焊机	直流 16～30kV·A	台时	0.54	0.54	0.54	0.54	0.54	0.54	0.54
汽车起重机	8t	台时	5.70	7.18	8.63	10.09	13.03	15.95	18.89
张拉千斤顶	YKD18	台时	0.61	0.65	0.67	0.70	0.74	0.77	0.80
张拉千斤顶	YCW250	台时	4.27	4.52	4.74	4.91	5.20	5.44	5.63
电动油泵	ZB4/500	台时	4.87	5.16	5.40	5.59	5.93	6.20	6.43
载重汽车	5t	台时	5.28	5.88	6.47	7.05	8.22	9.39	10.57
其他机械使用费		元	190	223	257	290	358	425	492
编号			50526	50527	50528	50529	50530	50531	50532

5.31.3 设计张拉力 2000kN（12 根）

单位：束

项目		单位	锚索长度（m）						
			15	20	25	30	40	50	60
高级熟练工		工时	18	23	28	33	46	61	79
熟练工		工时	80	92	104	116	145	179	216
半熟练工		工时	143	174	205	236	311	392	485
普工		工时	127	162	196	231	318	415	527
合计		工时	368	451	533	616	820	1047	1307
金刚石钻头	ϕ165	个	0.81	1.08	1.35	1.62	2.16	2.70	3.23
扩孔器	ϕ165	个	0.28	0.38	0.47	0.57	0.76	0.95	1.13
钻杆接头		个	0.96	1.28	1.60	1.92	2.56	3.19	3.83
钻杆		m	1.00	1.33	1.66	2.00	2.66	3.33	3.99
岩心管		m	1.22	1.63	2.03	2.44	3.25	4.06	4.88
无黏结钢绞线		kg	270	350	429	509	668	827	986
工作锚具		套	1	1	1	1	1	1	1
工具锚夹片摊销		副	1.2	1.2	1.2	1.2	1.2	1.2	1.2
定向钢套管	ϕ180×5	m	1.1	1.1	1.1	1.1	1.1	1.1	1.1
预埋钢管	1.5in	m	1.1	1.1	1.1	1.1	1.1	1.1	1.1
灌浆管 聚氯乙烯	3/4in	m	35	45	57	67	88	108	129
内外支架		个	23	30	37	44	58	72	85
导向帽		个	1	1	1	1	1	1	1
钢筋		kg	45	45	45	45	45	45	45
混凝土墩钢垫板		kg	12	12	12	12	12	12	12
混凝土	C30	m^3	2	2	2	2	2	2	2
水泥砂浆		m^3							
水泥浆	1:0.32	m^3	0.46	0.61	0.76	0.92	1.22	1.53	1.83
水		m^3	164	218	273	327	436	545	654
其他材料费		元	528	660	786	906	1135	1352	1561
地质钻机	300 型	台时	36.90	49.20	61.50	73.80	98.40	123.00	147.60
灌浆泵	中低压泥浆	台时	1.65	2.19	2.75	3.30	4.40	5.50	6.59
灰浆搅拌机		台时	1.65	2.19	2.75	3.30	4.40	5.50	6.59
电焊机	直流 16～30kV·A	台时	0.54	0.54	0.54	0.54	0.54	0.54	0.54
汽车起重机	8t	台时	6.68	8.46	10.21	11.97	15.49	19.00	22.52
张拉千斤顶	YKD18	台时	0.69	0.73	0.77	0.79	0.84	0.89	0.92
张拉千斤顶	YCW250	台时	4.87	5.16	5.40	5.59	5.93	6.20	6.43
电动油泵	ZB4/500	台时	5.55	5.88	6.15	6.39	6.76	7.07	7.33
载重汽车	5t	台时	5.69	6.40	7.10	7.80	9.21	10.61	12.02
其他机械使用费		元	209	247	286	325	402	480	558
编号			50533	50534	50535	50536	50537	50538	50539

5.32 岩石预应力锚索–无黏结式（潜孔钻机钻孔）

适用范围： 露天作业。

工作内容： 包括选孔位、清孔面、钻孔、不良地段二次成孔、清孔、编索、运索、装索、浇筑混凝土垫墩、内外锚头制作、锚固灌浆、安装钢垫板、安装工作锚具及限位板、张拉、锁定、孔位转移等。

5.32.1 设计张拉力 1000kN（7 根）

单位：束

项目		单位	锚索长度（m）				
			15	20	25	30	40
高级熟练工		工时	17	24	31	40	59
熟练工		工时	76	94	115	139	190
半熟练工		工时	89	108	128	151	204
普工		工时	80	105	133	166	241
合计		工时	262	331	407	496	694
钻头	ϕ120	个	0.29	0.39	0.49	0.59	0.79
钻杆	ϕ50	kg	0.60	0.80	1.00	1.20	1.61
冲击器		套	0.037	0.049	0.062	0.074	0.099
无黏结钢绞线		kg	158	204	250	297	390
工作锚具		套	1	1	1	1	1
工具锚夹片摊销		副	0.7	0.7	0.7	0.7	0.7
定向钢套管	ϕ121×4	m	1.1	1.1	1.1	1.1	1.1
预埋钢管	1.5in	m	1.1	1.1	1.1	1.1	1.1
灌浆管 聚氯乙烯	3/4in	m	35	45	57	67	88
编号			50540	50541	50542	50543	50544

续表

单位：束

项目		单位	锚索长度（m）				
			15	20	25	30	40
内外支架		个	23	30	37	44	58
导向帽		个	1	1	1	1	1
钢筋		kg	45	45	45	45	45
混凝土墩钢垫板		kg	12	12	12	12	12
混凝土	C30	m^3	2	2	2	2	2
水泥砂浆		m^3	0.11	0.14	0.18	0.21	0.28
水泥浆	1:0.32	m^3	0.30	0.40	0.50	0.60	0.80
其他材料费		元	297	368	437	501	623
潜孔钻	QZJ-100B	台时	11.42	17.63	25.38	34.87	53.44
灌浆泵	中低压砂浆	台时	1.70	2.26	2.83	3.40	4.53
灌浆泵	中低压泥浆	台时	0.94	1.25	1.56	1.87	2.49
灰浆搅拌机		台时	2.64	3.51	4.39	5.27	7.02
链式起重机	1t	台时	0.91	1.22	1.52	1.83	2.44
风镐		台时	0.59	0.78	0.98	1.18	1.57
电焊机	直流 16～30kV·A	台时	0.54	0.54	0.54	0.54	0.54
汽车起重机	8t	台时	4.21	5.23	6.25	7.28	9.34
张拉千斤顶	YKD18	台时	0.54	0.57	0.59	0.61	0.65
张拉千斤顶	YCW150	台时	3.75	3.97	4.15	4.31	4.56
电动油泵	ZB4/500	台时	4.27	4.53	4.74	4.91	5.20
载重汽车	5t	台时	4.70	5.10	5.51	5.92	6.75
其他机械使用费		元	150	171	193	215	258
编号			50540	50541	50542	50543	50544

5.32.2 设计张拉力1500kN（10根）

单位：束

项目		单位	锚索长度（m）				
			15	20	25	30	40
高级熟练工		工时	20	27	37	47	70
熟练工		工时	87	108	133	160	221
半熟练工		工时	105	128	153	181	247
普工		工时	98	129	163	204	297
合计		工时	310	392	486	591	835
钻头	ϕ130	个	0.29	0.39	0.49	0.59	0.79
钻杆	ϕ50	kg	0.60	0.80	1.00	1.20	1.61
冲击器		套	0.037	0.049	0.062	0.074	0.099
无黏结钢绞线		kg	225	292	358	424	557
工作锚具		套	1	1	1	1	1
工具锚夹片摊销		副	1.0	1.0	1.0	1.0	1.0
定向钢套管	ϕ168×5	m	1.1	1.1	1.1	1.1	1.1
预埋钢管	1.5in	m	1.1	1.1	1.1	1.1	1.1
灌浆管 聚氯乙烯	3/4in	m	35	45	57	67	88
内外支架		个	23	30	37	44	58
导向帽		个	1	1	1	1	1
钢筋		kg	45	45	45	45	45
混凝土墩钢垫板		kg	12	12	12	12	12
混凝土	C30	m^3	2	2	2	2	2
水泥砂浆		m^3	0.11	0.14	0.18	0.21	0.28
水泥浆	1:0.5	m^3	0.38	0.51	0.64	0.77	1.03
其他材料费		元	391	486	576	660	820
潜孔钻	QZJ-100B	台时	10.03	20.11	28.91	39.76	60.91
灌浆泵	中低压砂浆	台时	1.70	2.26	2.83	3.40	4.53
灌浆泵	中低压泥浆	台时	1.46	1.95	2.43	2.93	3.89
灰浆搅拌机		台时	3.16	4.21	5.26	6.32	8.42
链式起重机	1t	台时	0.68	1.04	1.50	2.07	3.17
风镐		台时	0.59	0.78	0.98	1.18	1.57
电焊机	直流16～30kV·A	台时	0.54	0.54	0.54	0.54	0.54
汽车起重机	8t	台时	5.70	7.18	8.63	10.09	13.03
张拉千斤顶	YKD18	台时	0.61	0.65	0.67	0.70	0.74
张拉千斤顶	YCW250	台时	4.27	4.52	4.74	4.91	5.20
电动油泵	ZB4/500	台时	4.87	5.16	5.40	5.59	5.93
载重汽车	5t	台时	5.28	5.88	6.47	7.05	8.22
其他机械使用费		元	178	207	237	266	326
编号			50545	50546	50547	50548	50549

5.32.3 设计张拉力 2000kN（12 根）

单位：束

项目		单位	锚索长度（m）				
			15	20	25	30	40
高级熟练工		工时	18	24	31	39	57
熟练工		工时	81	96	113	132	175
半熟练工		工时	105	126	147	169	227
普工		工时	91	117	144	174	251
合计		工时	295	363	435	514	710
钻头	ϕ165	个	0.07	0.10	0.12	0.15	0.20
钻杆	ϕ76	kg	0.83	1.10	1.38	1.66	2.21
冲击器	DH6	套	0.010	0.013	0.016	0.019	0.025
无黏结钢绞线		kg	270	350	429	509	668
工作锚具		套	1	1	1	1	1
工具锚夹片摊销		副	1.2	1.2	1.2	1.2	1.2
定向钢套管	ϕ180×5	m	1.1	1.1	1.1	1.1	1.1
预埋钢管	1.5in	m	1.1	1.1	1.1	1.1	1.1
灌浆管 聚氯乙烯	3/4in	m	35	45	57	67	88
内外支架		个	23	30	37	44	58
导向帽		个	1	1	1	1	1
钢筋		kg	45	45	45	45	45
混凝土墩钢垫板		kg	12	12	12	12	12
混凝土	C30	m^3	2	2	2	2	2
水泥砂浆		m^3	0.15	0.20	0.25	0.31	0.41
水泥浆	1:0.5	m^3	0.46	0.61	0.76	0.92	1.22
其他材料费		元	472	586	693	795	987
潜孔钻	CM351	台时	4.72	7.28	10.48	14.40	22.07
空气压缩机	$20m^3/min$ 油动移动式	台时	4.95	7.65	11.01	15.12	23.17
灌浆泵	中低压砂浆	台时	2.44	3.26	4.07	4.89	6.52
灌浆泵	中低压泥浆	台时	1.65	2.19	2.75	3.30	4.40
灰浆搅拌机		台时	4.09	5.45	6.82	8.18	10.92
风镐		台时	0.59	0.78	0.98	1.18	1.57
电焊机	直流 16～30kV・A	台时	0.54	0.54	0.54	0.54	0.54
汽车起重机	8t	台时	6.68	8.46	10.21	11.97	15.49
张拉千斤顶	YKD18	台时	0.69	0.73	0.77	0.79	0.84
张拉千斤顶	YCW250	台时	4.87	5.16	5.40	5.59	5.93
电动油泵	ZB4/500	台时	5.55	5.88	6.15	6.39	6.76
载重汽车	5t	台时	5.69	6.40	7.10	7.80	9.21
其他机械使用费		元	209	247	286	325	402
编号			50550	50551	50552	50553	50554

5.33 岩石预应力锚索-无黏结式（液压潜孔钻机钻孔）

适用范围：露天作业。

工作内容：包括选孔位、清孔面、钻孔、不良地段二次成孔、清孔、编索、运索、装索、浇筑混凝土垫墩、内外锚头制作、锚固灌浆、安装钢垫板、安装工作锚具及限位板、张拉、锁定、孔位转移等。

5.33.1 设计张拉力 1000kN（7 根）

单位：束

项目		单位	锚索长度（m）						
			15	20	25	30	40	50	60
高级熟练工		工时	13	17	21	25	35	46	59
熟练工		工时	62	72	82	92	116	141	171
半熟练工		工时	81	95	108	123	159	197	245
普工		工时	67	84	102	122	170	221	289
合计		工时	223	268	313	362	480	605	764
钻头	ϕ120	个	0.10	0.13	0.16	0.20	0.26	0.33	0.39
钻杆	ϕ76	kg	0.82	1.09	1.36	1.63	2.18	2.72	3.27
冲击器	DHD350	套	0.012	0.016	0.020	0.025	0.033	0.041	0.049
无黏结钢绞线		kg	158	204	250	297	390	482	575
工作锚具		套	1	1	1	1	1	1	1
工具锚夹片摊销		副	0.7	0.7	0.7	0.7	0.7	0.7	0.7
定向钢套管	ϕ121×4	m	1.1	1.1	1.1	1.1	1.1	1.1	1.1
预埋钢管	1.5in	m	1.1	1.1	1.1	1.1	1.1	1.1	1.1
灌浆管 聚氯乙烯	3/4in	m	35	45	57	67	88	108	129
内外支架		个	23	30	37	44	58	72	85
编号			50555	50556	50557	50558	50559	50560	50561

续表 单位：束

项目		单位	锚索长度（m）						
			15	20	25	30	40	50	60
导向帽		个	1	1	1	1	1	1	1
钢筋		kg	45	45	45	45	45	45	45
混凝土墩钢垫板		kg	12	12	12	12	12	12	12
混凝土	C30	m^3	1.5	1.5	1.5	1.5	1.5	1.5	1.5
水泥砂浆		m^3	0.15	0.20	0.25	0.31	0.41	0.51	0.61
水泥浆	1:0.32	m^3	0.30	0.40	0.50	0.60	0.80	1.00	1.20
其他材料费		元	295	366	434	498	619	732	841
液压潜孔钻	MZ165	台时	2.43	3.52	4.79	6.30	9.13	11.41	14.93
空气压缩机	$20m^3/min$ 油动移动式	台时	2.55	3.69	5.03	6.62	9.59	11.99	15.68
灌浆泵	中低压砂浆	台时	2.44	3.26	4.07	4.89	6.52	8.15	9.78
灌浆泵	中低压泥浆	台时	0.94	1.25	1.56	1.87	2.49	3.12	3.74
灰浆搅拌机		台时	3.38	4.51	5.63	6.76	9.01	11.27	13.52
风镐		台时	0.59	0.78	0.98	1.18	1.57	1.96	2.35
电焊机	直流 16～30kV·A	台时	0.54	0.54	0.54	0.54	0.54	0.54	0.54
汽车起重机	8t	台时	4.21	5.23	6.25	7.28	9.34	11.37	13.43
张拉千斤顶	YKD18	台时	0.54	0.57	0.59	0.61	0.65	0.68	0.70
张拉千斤顶	YCW150	台时	3.75	3.97	4.15	4.31	4.56	4.77	4.94
电动油泵	ZB4/500	台时	4.27	4.53	4.74	4.91	5.20	5.44	5.64
载重汽车	5t	台时	4.70	5.10	5.51	5.92	6.75	7.56	8.38
其他机械使用费		元	165	192	219	246	300	354	408
编号			50555	50556	50557	50558	50559	50560	50561

5.33.2 设计张拉力 1500kN（10 根）

单位：束

项目		单位	锚索长度（m）						
			15	20	25	30	40	50	60
高级熟练工		工时	15	19	24	30	43	56	73
熟练工		工时	71	82	94	106	136	166	205
半熟练工		工时	95	112	130	148	195	246	310
普工		工时	83	105	127	152	214	283	371
合计		工时	264	318	375	436	588	751	959
钻头	ϕ130	个	0.10	0.13	0.16	0.20	0.26	0.33	0.39
钻杆	ϕ76	kg	0.82	1.09	1.36	1.63	2.18	2.72	3.27
冲击器	DHD350	套	0.012	0.016	0.020	0.025	0.033	0.041	0.049
无黏结钢绞线		kg	225	292	358	424	557	689	822
工作锚具		套	1	1	1	1	1	1	1
工具锚夹片摊销		副	1.0	1.0	1.0	1.0	1.0	1.0	1.0
定向钢套管	ϕ168×5	m	1.1	1.1	1.1	1.1	1.1	1.1	1.1
预埋钢管	1.5in	m	1.1	1.1	1.1	1.1	1.1	1.1	1.1
灌浆管 聚氯乙烯	3/4in	m	35	45	57	67	88	108	129
内外支架		个	23	30	37	44	58	72	85
导向帽		个	1	1	1	1	1	1	1
钢筋		kg	45	45	45	45	45	45	45
混凝土墩钢垫板		kg	12	12	12	12	12	12	12
编号			50562	50563	50564	50565	50566	50567	50568

续表　　单位：束

项目		单位	锚索长度（m）						
			15	20	25	30	40	50	60
混凝土	C30	m^3	2	2	2	2	2	2	2
水泥砂浆		m^3	0.15	0.20	0.25	0.31	0.41	0.51	0.61
水泥浆	1:0.32	m^3	0.38	0.51	0.64	0.77	1.03	1.28	1.54
其他材料费		元	389	484	573	657	816	966	1109
液压潜孔钻	MZ165	台时	2.69	3.88	5.29	6.96	10.08	12.61	16.49
空气压缩机	$20m^3/min$								
	油动移动式	台时	2.82	4.08	5.56	7.31	10.59	13.24	17.32
灌浆泵	中低压砂浆	台时	2.44	3.26	4.07	4.89	6.52	8.15	9.78
灌浆泵	中低压泥浆	台时	1.46	1.95	2.43	2.93	3.89	4.87	5.84
灰浆搅拌机		台时	3.91	5.21	6.50	7.81	10.41	13.02	15.62
风镐		台时	0.59	0.78	0.98	1.18	1.57	1.96	2.35
电焊机	直流 16～30kV·A	台时	0.54	0.54	0.54	0.54	0.54	0.54	0.54
汽车起重机	8t	台时	5.70	7.18	8.63	10.09	13.03	15.95	18.89
张拉千斤顶	YKD18	台时	0.61	0.65	0.67	0.70	0.74	0.77	0.80
张拉千斤顶	YCW250	台时	4.27	4.52	4.74	4.91	5.20	5.44	5.63
电动油泵	ZB4/500	台时	4.87	5.16	5.40	5.59	5.93	6.20	6.43
载重汽车	5t	台时	5.28	5.88	6.47	7.05	8.22	9.39	10.57
其他机械使用费		元	193	228	263	297	368	437	507
编号			50562	50563	50564	50565	50566	50567	50568

5.33.3 设计张拉力 2000kN（12 根）

单位：束

项目		单位	锚索长度（m）						
			15	20	25	30	40	50	60
高级熟练工		工时	18	23	29	36	51	68	89
熟练工		工时	80	94	109	125	161	198	246
半熟练工		工时	108	129	151	173	230	291	370
普工		工时	97	125	153	184	261	345	454
合计		工时	303	371	442	518	703	902	1159
钻头	ϕ165	个	0.10	0.13	0.16	0.20	0.26	0.33	0.39
钻杆	ϕ76	kg	0.82	1.09	1.36	1.63	2.18	2.72	3.27
冲击器	DHD350	套	0.012	0.016	0.020	0.025	0.033	0.041	0.049
无黏结钢绞线		kg	270	350	429	509	668	827	986
工作锚具		套	1	1	1	1	1	1	1
工具锚夹片摊销		副	1.2	1.2	1.2	1.2	1.2	1.2	1.2
定向钢套管	ϕ180×5	m	1.1	1.1	1.1	1.1	1.1	1.1	1.1
预埋钢管	1.5in	m	1.1	1.1	1.1	1.1	1.1	1.1	1.1
灌浆管 聚氯乙烯	3/4in	m	35	45	57	67	88	108	129
内外支架		个	23	30	37	44	58	72	85
导向帽		个	1	1	1	1	1	1	1
钢筋		kg	45	45	45	45	45	45	45
混凝土墩钢垫板		kg	12	12	12	12	12	12	12
编号			50569	50570	50571	50572	50573	50574	50575

续表 单位：束

项目		单位	锚索长度（m）						
			15	20	25	30	40	50	60
混凝土	C30	m^3	2	2	2	2	2	2	2
水泥砂浆		m^3	0.15	0.20	0.25	0.31	0.41	0.51	0.61
水泥浆	1:0.32	m^3	0.46	0.61	0.76	0.92	1.22	1.53	1.83
其他材料费		元	475	590	698	801	995	1177	1351
液压潜孔钻	MZ165	台时	3.63	5.25	7.15	9.40	13.63	17.04	22.28
空气压缩机	$20m^3/min$								
	油动移动式	台时	3.81	5.51	7.51	9.88	14.31	17.89	23.40
灌浆泵	中低压砂浆	台时	2.44	3.26	4.07	4.89	6.52	8.15	9.78
灌浆泵	中低压泥浆	台时	1.65	2.19	2.75	3.30	4.40	5.50	6.59
灰浆搅拌机		台时	4.09	5.45	6.82	8.18	10.92	13.65	16.37
风镐		台时	0.59	0.78	0.98	1.18	1.57	1.96	2.35
电焊机	直流 16～30kV·A	台时	0.54	0.54	0.54	0.54	0.54	0.54	0.54
汽车起重机	8t	台时	6.68	8.46	10.21	11.97	15.49	19.00	22.52
张拉千斤顶	YKD18	台时	0.69	0.73	0.77	0.79	0.84	0.89	0.92
张拉千斤顶	YCW250	台时	4.87	5.16	5.40	5.59	5.93	6.20	6.43
电动油泵	ZB4/500	台时	5.55	5.88	6.15	6.39	6.76	7.07	7.33
载重汽车	5t	台时	5.69	6.40	7.10	7.80	9.21	10.61	12.02
其他机械使用费		元	212	252	292	332	412	492	573
编号			50569	50570	50571	50572	50573	50574	50575

5.34 混凝土预应力锚索-预应力钢丝束锚索制作安装

适用范围：现浇混凝土结构内预应力锚索。

工作内容：支撑钢架制作安装、钢管埋设、编索、运索、装索、安装钢垫板、安装工作锚具、孔口管、灌浆管、张拉、锁定、封孔灌浆、孔位转移等全部工作。

5.34.1 设计张拉力 1000kN（钢丝 28 根）

单位：束

项目	单位	锚索长度（m）								
		5	10	15	20	25	30	40	50	60
高级熟练工	工时	14	22	28	35	42	49	63	77	91
熟练工	工时	39	49	59	69	79	90	110	131	151
半熟练工	工时	37	50	63	75	89	101	127	152	177
普工	工时	26	35	43	53	61	70	88	105	123
合计	工时	116	156	193	232	271	310	388	465	542
固定段锚具	套	1	1	1	1	1	1	1	1	1
张拉段锚具	套	1.05	1.05	1.05	1.05	1.05	1.05	1.05	1.05	1.05
高强钢丝 φ7	kg	62	107	151	195	240	284	373	462	550
钢筋	kg	22	45	68	90	112	135	180	225	270
型钢	kg	234	407	580	753	926	1099	1445	1792	2137
无缝钢管 φ121	kg	71	142	213	284	356	427	569	711	853
灌浆钢管 φ25	m	2.81	2.81	2.81	2.81	2.81	2.81	2.81	2.81	2.81
电焊条	kg	4.37	5.72	7.05	8.39	9.73	11.06	13.74	16.41	19.09
氧气	m^3	1.73	2.92	4.11	5.31	6.5	7.7	10.09	12.48	14.88
编号		50576	50577	50578	50579	50580	50581	50582	50583	50584

续表 单位：束

项目	单位	锚索长度（m）								
		5	10	15	20	25	30	40	50	60
乙炔气	m^3	0.58	0.97	1.37	1.77	2.17	2.57	3.36	4.16	4.96
防锈油	kg	0.13	0.22	0.31	0.4	0.49	0.59	0.77	0.95	1.13
水泥 42.5	kg	163	326	489	652	815	978	1304	1630	1956
环氧砂浆	m^3	0.07	0.07	0.07	0.07	0.07	0.07	0.07	0.07	0.07
其他材料费	元	190	240	280	330	380	430	530	630	730
钢筋调直机 4～14kW	台时	0.34	0.59	0.82	1.07	1.32	1.56	2.05	2.53	3.02
电焊机 交流30kV·A	台时	2.71	3.88	5.06	6.23	7.41	8.58	10.92	13.27	15.61
气割枪 ACM	台时	1.53	1.53	1.53	1.53	1.53	1.53	1.53	1.53	1.53
风砂枪	台时	0.11	0.21	0.30	0.39	0.48	0.58	0.76	0.95	1.12
砂轮机	台时	1.99	1.99	1.99	1.99	1.99	1.99	1.99	1.99	1.99
镦头机 LD20K	台时	2.08	2.08	2.08	2.08	2.08	2.08	2.08	2.08	2.08
履带起重机 5t	台时	2.79	2.95	3.10	3.25	3.41	3.55	3.86	4.17	4.47
塔式起重机 10t	台时	0.91	1.70	2.50	3.31	4.10	4.90	6.51	8.11	9.70
灌浆泵 中低压泥浆	台时	0.63	0.63	0.63	0.75	0.75	0.75	0.90	1.08	1.08
灰浆搅拌机	台时	0.63	0.63	0.63	0.75	0.75	0.75	0.90	1.08	1.08
张拉千斤顶 YCW150	台时	1.14	1.14	1.14	1.14	1.14	1.14	1.14	1.14	1.14
电动油泵 ZB4/500	台时	3.23	3.23	3.23	3.23	3.23	3.23	3.23	3.23	3.23
载重汽车 5t	台时	1.65	1.65	1.65	1.65	1.65	1.65	1.65	1.65	1.65
其他机械使用费	元	60	70	80	90	100	110	130	150	170
编号		50576	50577	50578	50579	50580	50581	50582	50583	50584

5.34.2　设计张拉力 2000kN（钢丝 56 根）

单位：束

项　目		单位	锚索长度（m）								
			5	10	15	20	25	30	40	50	60
高级熟练工		工时	18	26	34	42	50	59	75	93	109
熟练工		工时	46	61	75	90	104	118	147	176	205
半熟练工		工时	42	59	74	91	106	123	155	186	219
普工		工时	29	39	49	61	71	81	103	124	145
合计		工时	135	185	232	284	331	381	480	579	678
固定段锚具		套	1	1	1	1	1	1	1	1	1
张拉段锚具		套	1.05	1.05	1.05	1.05	1.05	1.05	1.05	1.05	1.05
高强钢丝	$\phi7$	kg	124	213	302	391	479	568	746	923	1101
钢筋		kg	22	45	68	90	112	135	180	225	270
型钢		kg	234	407	580	753	926	1099	1445	1792	2137
无缝钢管	$\phi140$	kg	83	165	248	331	414	496	662	827	993
灌浆钢管	$\phi25$	m	2.81	2.81	2.81	2.81	2.81	2.81	2.81	2.81	2.81
电焊条		kg	4.37	5.72	7.05	8.39	9.73	11.06	13.74	16.41	19.09
氧气		m^3	1.73	2.92	4.11	5.31	6.5	7.7	10.09	12.48	14.88
乙炔气		m^3	0.58	0.97	1.37	1.77	2.17	2.57	3.36	4.16	4.96
防锈油		kg	0.25	0.43	0.62	0.8	0.98	1.16	1.53	1.89	2.25
水泥	42.5	kg	163	326	489	652	815	978	1304	1630	1956
环氧砂浆		m^3	0.07	0.07	0.07	0.07	0.07	0.07	0.07	0.07	0.07
其他材料费		元	260	330	390	450	520	580	710	840	960
钢筋调直机	4～14kW	台时	0.68	1.16	1.66	2.14	2.63	3.12	4.09	5.07	6.04
电焊机	交流 30kV·A	台时	2.71	3.88	5.06	6.23	7.41	8.58	10.92	13.27	15.61
气割枪	ACM	台时	1.53	1.53	1.53	1.53	1.53	1.53	1.53	1.53	1.53
风砂枪		台时	0.21	0.35	0.50	0.66	0.81	0.97	1.27	1.58	1.88
砂轮机		台时	3.98	3.98	3.98	3.98	3.98	3.98	3.98	3.98	3.98
镦头机	LD20K	台时	4.17	4.17	4.17	4.17	4.17	4.17	4.17	4.17	4.17
履带起重机	5t	台时	3.01	3.32	3.62	3.92	4.22	4.53	5.14	5.75	6.36
塔式起重机	10t	台时	0.91	1.70	2.50	3.31	4.10	4.90	6.51	8.11	9.70
灌浆泵	中低压泥浆	台时	0.63	0.63	0.63	0.75	0.75	0.75	0.90	1.08	1.08
灰浆搅拌机		台时	0.63	0.63	0.63	0.75	0.75	0.75	0.90	1.08	1.08
张拉千斤顶	YCW150	台时	2.30	2.30	2.30	2.30	2.30	2.30	2.30	2.30	2.30
电动油泵	ZB4/500	台时	6.47	6.47	6.47	6.47	6.47	6.47	6.47	6.47	6.47
载重汽车	5t	台时	2.16	2.16	2.16	2.16	2.16	2.16	2.16	2.16	2.16
其他机械使用费		元	80	90	100	110	120	140	160	180	210
编　号			50585	50586	50587	50588	50589	50590	50591	50592	50593

5.34.3 设计张拉力3000kN（钢丝84根）

单位：束

项目		单位	锚索长度（m）								
			5	10	15	20	25	30	40	50	60
高级熟练工		工时	21	30	40	50	60	70	90	109	129
熟练工		工时	54	72	92	110	130	148	186	224	262
半熟练工		工时	47	68	88	107	128	147	187	227	267
普工		工时	32	44	58	70	83	96	122	147	173
合计		工时	154	214	278	337	401	461	585	707	831
固定段锚具		套	1	1	1	1	1	1	1	1	1
张拉段锚具		套	1.05	1.05	1.05	1.05	1.05	1.05	1.05	1.05	1.05
高强钢丝	ϕ7	kg	186	320	453	586	719	852	1119	1385	1651
钢筋		kg	22	45	68	90	112	135	180	225	270
型钢		kg	234	407	580	753	926	1099	1445	1792	2137
无缝钢管	ϕ168	kg	111	221	332	442	553	663	884	1106	1327
灌浆钢管	ϕ25	m	2.81	2.81	2.81	2.81	2.81	2.81	2.81	2.81	2.81
电焊条		kg	4.37	5.72	7.05	8.39	9.73	11.06	13.74	16.41	19.09
氧气		m^3	1.73	2.92	4.11	5.31	6.5	7.7	10.09	12.48	14.88
乙炔气		m^3	0.58	0.97	1.37	1.77	2.17	2.57	3.36	4.16	4.96
防锈油		kg	0.38	0.66	0.93	1.2	1.47	1.75	2.29	2.84	3.38
水泥	42.5	kg	163	326	489	652	815	978	1304	1630	1956
环氧砂浆		m^3	0.07	0.07	0.07	0.07	0.07	0.07	0.07	0.07	0.07
其他材料费		元	340	420	500	580	660	740	900	1070	1230
钢筋调直机	4～14kW	台时	1.02	1.75	2.48	3.21	3.94	4.68	6.14	7.6	9.05
电焊机	交流30kV·A	台时	2.71	3.88	5.06	6.23	7.41	8.58	10.92	13.27	15.61
气割枪	ACM	台时	1.53	1.53	1.53	1.53	1.53	1.53	1.53	1.53	1.53
风砂枪		台时	0.29	0.50	0.71	0.93	1.14	1.36	1.78	2.21	2.64
砂轮机		台时	5.97	5.97	5.97	5.97	5.97	5.97	5.97	5.97	5.97
镦头机	LD20K	台时	6.25	6.25	6.25	6.25	6.25	6.25	6.25	6.25	6.25
履带起重机	5t	台时	3.22	3.68	4.14	4.59	5.05	5.50	6.42	7.33	8.25
塔式起重机	10t	台时	0.91	1.70	2.50	3.31	4.10	4.90	6.51	8.11	9.70
灌浆泵	中低压泥浆	台时	0.63	0.63	0.63	0.75	0.75	0.75	0.90	1.08	1.08
灰浆搅拌机		台时	0.63	0.63	0.63	0.75	0.75	0.75	0.90	1.08	1.08
张拉千斤顶	YCW400	台时	3.44	3.44	3.44	3.44	3.44	3.44	3.44	3.44	3.44
电动油泵	ZB4/500	台时	9.69	9.69	9.69	9.69	9.69	9.69	9.69	9.69	9.69
载重汽车	5t	台时	2.68	2.68	2.68	2.68	2.68	2.68	2.68	2.68	2.68
其他机械使用费		元	100	110	120	140	150	160	190	220	240
编号			50594	50595	50596	50597	50598	50599	50600	50601	50602

5.34.4 设计张拉力 4000kN（钢丝 105 根）

单位：束

项目		单位	锚索长度（m）								
			5	10	15	20	25	30	40	50	60
高级熟练工		工时	23	34	44	56	66	77	99	121	142
熟练工		工时	59	81	103	126	147	169	213	258	302
半熟练工		工时	52	74	96	118	141	164	208	252	298
普工		工时	33	47	62	76	91	105	133	162	190
合计		工时	167	236	305	376	445	515	653	793	932
固定段锚具		套	1	1	1	1	1	1	1	1	1
张拉段锚具		套	1.05	1.05	1.05	1.05	1.05	1.05	1.05	1.05	1.05
高强钢丝	$\phi7$	kg	186	320	453	586	719	852	1119	1385	1651
钢筋		kg	22	45	68	90	112	135	180	225	270
型钢		kg	234	407	580	753	926	1099	1445	1792	2137
无缝钢管	$\phi180$	kg	119	237	356	475	594	712	950	1187	1425
灌浆钢管	$\phi25$	m	2.81	2.81	2.81	2.81	2.81	2.81	2.81	2.81	2.81
电焊条		kg	4.37	5.72	7.05	8.39	9.73	11.06	13.74	16.41	19.09
氧气		m^3	1.73	2.92	4.11	5.31	6.5	7.7	10.09	12.48	14.88
乙炔气		m^3	0.58	0.97	1.37	1.77	2.17	2.57	3.36	4.16	4.96
防锈油		kg	0.38	0.66	0.93	1.2	1.47	1.75	2.29	2.84	3.38
水泥	42.5	kg	163	326	489	652	815	978	1304	1630	1956
环氧砂浆		m^3	0.07	0.07	0.07	0.07	0.07	0.07	0.07	0.07	0.07
其他材料费		元	370	460	540	620	700	780	950	1110	1280
钢筋调直机	4～14kW	台时	1.02	1.75	2.48	3.21	3.94	4.68	6.14	7.6	9.05
电焊机	交流 30kV·A	台时	2.71	3.88	5.06	6.23	7.41	8.58	10.92	13.27	15.61
气割枪	ACM	台时	1.53	1.53	1.53	1.53	1.53	1.53	1.53	1.53	1.53
风砂枪		台时	0.29	0.50	0.71	0.93	1.14	1.36	1.78	2.21	2.64
砂轮机		台时	7.47	7.47	7.47	7.47	7.47	7.47	7.47	7.47	7.47
镦头机	LD20K	台时	7.82	7.82	7.82	7.82	7.82	7.82	7.82	7.82	7.82
履带起重机	5t	台时	3.22	3.68	4.14	4.59	5.05	5.50	6.42	7.33	8.25
塔式起重机	10t	台时	0.91	1.70	2.50	3.31	4.10	4.90	6.51	8.11	9.70
灌浆泵	中低压泥浆	台时	0.63	0.63	0.63	0.75	0.75	0.75	0.90	1.08	1.08
灰浆搅拌机		台时	0.63	0.63	0.63	0.75	0.75	0.75	0.90	1.08	1.08
张拉千斤顶	YCW500	台时	4.31	4.31	4.31	4.31	4.31	4.31	4.31	4.31	4.31
电动油泵	ZB4/500	台时	12.12	12.12	12.12	12.12	12.12	12.12	12.12	12.12	12.12
载重汽车	5t	台时	3.19	3.19	3.19	3.19	3.19	3.19	3.19	3.19	3.19
其他机械使用费		元	110	130	140	150	170	180	210	230	260
编号			50603	50604	50605	50606	50607	50608	50609	50610	50611

5.35 预应力钢绞线锚索制作安装

适用范围：现浇混凝土结构内预应力锚索。

工作内容：支撑钢架制作安装、钢管埋设、编索、运索、装索、安装钢垫板、安装工作锚具、孔口管、灌浆管、张拉、锁定、封孔灌浆、孔位转移等全部工作。

5.35.1 设计张拉力 1000kN（钢绞线 6 根）

单位：束

项目	单位	锚索长度（m）								
		5	10	15	20	25	30	40	50	60
高级熟练工	工时	12	19	24	30	36	42	55	66	78
熟练工	工时	33	40	47	54	61	68	82	97	110
半熟练工	工时	35	46	58	69	81	93	115	138	162
普工	工时	27	35	44	53	62	71	89	106	124
合计	工时	107	140	173	206	240	274	341	407	474
固定段锚具	套	1	1	1	1	1	1	1	1	1
张拉段锚具	套	1	1	1	1	1	1	1	1	1
工具锚夹片摊销	副	0.61	0.61	0.61	0.61	0.61	0.61	0.61	0.61	0.61
钢绞线 $\phi15.24$	kg	49	83	118	153	187	222	292	361	430
钢筋	kg	22	45	68	90	112	135	180	225	270
型钢	kg	234	407	580	753	926	1099	1445	1792	2137
无缝钢管 $\phi108$	kg	63	126	190	253	316	379	506	632	758
灌浆钢管 $\phi25$	m	2.81	2.81	2.81	2.81	2.81	2.81	2.81	2.81	2.81
电焊条	kg	4.37	5.72	7.05	8.39	9.73	11.06	13.74	16.41	19.09
编号		50612	50613	50614	50615	50616	50617	50618	50619	50620

续表 单位：束

项　目		单位	锚索长度（m）								
			5	10	15	20	25	30	40	50	60
氧　气		m^3	1.73	2.92	4.11	5.31	6.5	7.7	10.09	12.48	14.88
乙炔气		m^3	0.58	0.97	1.37	1.77	2.17	2.57	3.36	4.16	4.96
水　泥	42.5	kg	163	326	489	652	815	978	1304	1630	1956
环氧砂浆		m^3	0.07	0.07	0.07	0.07	0.07	0.07	0.07	0.07	0.07
其他材料费		元	130	170	210	260	300	340	430	520	610
电焊机	交流30kV·A	台时	2.71	3.88	5.06	6.23	7.41	8.58	10.92	13.27	15.61
气割枪	ACM	台时	1.53	1.53	1.53	1.53	1.53	1.53	1.53	1.53	1.53
砂轮机		台时	0.42	0.42	0.42	0.42	0.42	0.42	0.42	0.42	0.42
履带起重机	5t	台时	2.59	2.59	2.59	2.59	2.59	2.59	2.59	2.59	2.59
塔式起重机	10t	台时	0.91	1.70	2.50	3.31	4.10	4.90	6.51	8.11	9.70
灌浆泵	中低压泥浆	台时	0.63	0.63	0.63	0.63	0.63	0.63	0.63	0.63	0.63
灰浆搅拌机		台时	0.63	0.63	0.63	0.63	0.63	0.63	0.63	0.63	0.63
张拉千斤顶	YKD18	台时	0.49	0.52	0.54	0.58	0.60	0.62	0.66	0.69	0.71
张拉千斤顶	YCW150	台时	0.75	0.78	0.81	0.85	0.90	0.93	0.99	1.03	1.07
电动油泵	ZB4/500	台时	1.25	1.30	1.35	1.43	1.49	1.56	1.65	1.72	1.78
载重汽车	5t	台时	1.65	1.65	1.65	1.65	1.65	1.65	1.65	1.65	1.65
其他机械使用费		元	40	50	60	70	80	90	110	130	140
编　号			50612	50613	50614	50615	50616	50617	50618	50619	50620

5.35.2 设计张拉力2000kN（钢绞线12根）

单位：束

项目		单位	锚索长度（m）								
			5	10	15	20	25	30	40	50	60
高级熟练工		工时	12	20	26	33	39	45	59	72	85
熟练工		工时	34	42	50	59	68	76	93	109	126
半熟练工		工时	38	53	66	80	94	108	136	164	192
普工		工时	30	40	52	63	74	85	108	130	152
合计		工时	114	155	194	235	275	314	396	475	555
固定段锚具		套	1	1	1	1	1	1	1	1	1
张拉段锚具		套	1	1	1	1	1	1	1	1	1
工具锚夹片摊销		副	1.21	1.21	1.21	1.21	1.21	1.21	1.21	1.21	1.21
钢绞线	ϕ15.24	kg	97	167	236	305	375	444	583	722	861
钢筋		kg	22	45	68	90	112	135	180	225	270
型钢		kg	234	407	580	753	926	1099	1445	1792	2137
无缝钢管	ϕ140mm	kg	83	165	248	331	414	496	662	827	993
灌浆钢管	ϕ25	m	2.81	2.81	2.81	2.81	2.81	2.81	2.81	2.81	2.81
电焊条		kg	4.37	5.72	7.05	8.39	9.73	11.06	13.74	16.41	19.09
氧气		m^3	1.73	2.92	4.11	5.31	6.5	7.7	10.09	12.48	14.88
乙炔气		m^3	0.58	0.97	1.37	1.77	2.17	2.57	3.36	4.16	4.96
水泥	42.5	kg	163	326	489	652	815	978	1304	1630	1956
环氧砂浆		m^3	0.07	0.07	0.07	0.07	0.07	0.07	0.07	0.07	0.07
其他材料费		元	190	240	300	350	410	460	570	690	800
电焊机	交流30kV·A	台时	2.71	3.88	5.06	6.23	7.41	8.58	10.92	13.27	15.61
气割枪	ACM	台时	1.53	1.53	1.53	1.53	1.53	1.53	1.53	1.53	1.53
砂轮机		台时	0.85	0.85	0.85	0.85	0.85	0.85	0.85	0.85	0.85
履带起重机	5t	台时	2.59	2.59	2.59	2.59	2.59	2.59	2.59	2.59	2.59
塔式起重机	10t	台时	0.91	1.70	2.50	3.31	4.10	4.90	6.51	8.11	9.70
灌浆泵	中低压泥浆	台时	0.63	0.63	0.63	0.63	0.63	0.63	0.63	0.63	0.63
灰浆搅拌机		台时	0.63	0.63	0.63	0.63	0.63	0.63	0.63	0.63	0.63
张拉千斤顶	YKD18	台时	0.57	0.65	0.70	0.74	0.78	0.80	0.85	0.90	0.93
张拉千斤顶	YCW250	台时	0.84	0.97	1.05	1.11	1.16	1.21	1.28	1.34	1.39
电动油泵	ZB4/500	台时	1.41	1.62	1.75	1.86	1.95	2.02	2.13	2.24	2.32
载重汽车	5t	台时	2.16	2.16	2.16	2.16	2.16	2.16	2.16	2.16	2.16
其他机械使用费		元	50	60	70	80	90	90	110	130	150
编号			50621	50622	50623	50624	50625	50626	50627	50628	50629

5.35.3 设计张拉力3000kN（钢绞线19根）

单位：束

项目		单位	锚索长度（m）								
			5	10	15	20	25	30	40	50	60
高级熟练工		工时	13	21	28	36	43	50	65	79	94
熟练工		工时	36	46	56	66	75	85	105	125	144
半熟练工		工时	42	59	76	93	110	127	161	195	229
普工		工时	33	47	61	75	90	103	132	160	187
合计		工时	124	173	221	270	318	365	463	559	654
固定段锚具		套	1	1	1	1	1	1	1	1	1
张拉段锚具		套	1	1	1	1	1	1	1	1	1
工具锚夹片摊销		副	1.92	1.92	1.92	1.92	1.92	1.92	1.92	1.92	1.92
钢绞线	ϕ15.24	kg	154	263	373	483	593	702	922	1141	1361
钢筋		kg	22	45	68	90	112	135	180	225	270
型钢		kg	234	407	580	753	926	1099	1445	1792	2137
无缝钢管	ϕ168	kg	111	221	332	442	553	663	884	1106	1327
灌浆钢管	ϕ25	m	2.81	2.81	2.81	2.81	2.81	2.81	2.81	2.81	2.81
电焊条		kg	4.37	5.72	7.05	8.39	9.73	11.06	13.74	16.41	19.09
氧气		m^3	1.73	2.92	4.11	5.31	6.5	7.7	10.09	12.48	14.88
乙炔气		m^3	0.58	0.97	1.37	1.77	2.17	2.57	3.36	4.16	4.96
水泥	42.5	kg	163	326	489	652	815	978	1304	1630	1956
环氧砂浆		m^3	0.07	0.07	0.07	0.07	0.07	0.07	0.07	0.07	0.07
其他材料费		元	230	300	370	440	510	580	720	860	1000
电焊机	交流30kV·A	台时	2.71	3.88	5.06	6.23	7.41	8.58	10.92	13.27	15.61
气割枪	ACM	台时	1.53	1.53	1.53	1.53	1.53	1.53	1.53	1.53	1.53
砂轮机		台时	1.35	1.35	1.35	1.35	1.35	1.35	1.35	1.35	1.35
履带起重机	5t	台时	2.59	2.59	2.59	2.59	2.59	2.59	2.59	2.59	2.59
塔式起重机	10t	台时	0.91	1.70	2.50	3.31	4.10	4.90	6.51	8.11	9.70
灌浆泵	中低压泥浆	台时	0.63	0.63	0.63	0.63	0.63	0.63	0.63	0.63	0.63
灰浆搅拌机		台时	0.63	0.63	0.63	0.63	0.63	0.63	0.63	0.63	0.63
张拉千斤顶	YKD18	台时	0.73	0.84	0.92	0.97	1.01	1.05	1.11	1.16	1.21
张拉千斤顶	YCW400	台时	1.10	1.27	1.37	1.45	1.51	1.58	1.67	1.74	1.80
电动油泵	ZB4/500	台时	1.83	2.11	2.29	2.42	2.52	2.63	2.78	2.90	3.01
载重汽车	5t	台时	2.68	2.68	2.68	2.68	2.68	2.68	2.68	2.68	2.68
其他机械使用费		元	50	60	70	80	90	100	120	140	160
编号			50630	50631	50632	50633	50634	50635	50636	50637	50638

5.35.4 设计张拉力4000kN（钢绞线22根）

单位：束

项目		单位	锚索长度（m）								
			5	10	15	20	25	30	40	50	60
高级熟练工		工时	14	22	29	36	44	52	67	81	97
熟练工		工时	37	47	58	68	77	88	108	129	149
半熟练工		工时	43	61	79	97	114	133	168	204	240
普工		工时	34	49	64	79	94	109	139	169	199
合计		工时	128	179	230	280	329	382	482	583	685
固定段锚具		套	1	1	1	1	1	1	1	1	1
张拉段锚具		套	1	1	1	1	1	1	1	1	1
工具锚夹片摊销		副	2.22	2.22	2.22	2.22	2.22	2.22	2.22	2.22	2.22
钢绞线	ϕ15.24	kg	178	305	433	560	687	815	1069	1324	1578
钢筋		kg	22	45	68	90	112	135	180	225	270
型钢		kg	234	407	580	753	926	1099	1445	1792	2137
无缝钢管	ϕ108	kg	119	237	356	475	594	712	950	1187	1425
灌浆钢管	ϕ25	m	2.81	2.81	2.81	2.81	2.81	2.81	2.81	2.81	2.81
电焊条		kg	4.37	5.72	7.05	8.39	9.73	11.06	13.74	16.41	19.09
氧气		m^3	1.73	2.92	4.11	5.31	6.5	7.7	10.09	12.48	14.88
乙炔气		m^3	0.58	0.97	1.37	1.77	2.17	2.57	3.36	4.16	4.96
水泥	42.5	kg	163	326	489	652	815	978	1304	1630	1956
环氧砂浆		m^3	0.07	0.07	0.07	0.07	0.07	0.07	0.07	0.07	0.07
其他材料费		元	240	320	390	470	540	620	770	920	1070
电焊机	交流30kV·A	台时	2.71	3.88	5.06	6.23	7.41	8.58	10.92	13.27	15.61
气割枪	ACM	台时	1.53	1.53	1.53	1.53	1.53	1.53	1.53	1.53	1.53
砂轮机		台时	1.57	1.57	1.57	1.57	1.57	1.57	1.57	1.57	1.57
履带起重机	5t	台时	2.59	2.59	2.59	2.59	2.59	2.59	2.59	2.59	2.59
塔式起重机	10t	台时	0.91	1.70	2.50	3.31	4.10	4.90	6.51	8.11	9.70
灌浆泵	中低压泥浆	台时	0.63	0.63	0.63	0.63	0.63	0.63	0.63	0.63	0.63
灰浆搅拌机		台时	0.63	0.63	0.63	0.63	0.63	0.63	0.63	0.63	0.63
张拉千斤顶	YKD18	台时	0.85	0.99	1.07	1.13	1.18	1.26	1.32	1.36	1.44
张拉千斤顶	YCW500	台时	1.29	1.48	1.61	1.70	1.78	1.88	1.97	2.05	2.16
电动油泵	ZB4/500	台时	2.14	2.47	2.68	2.83	2.97	3.14	3.29	3.41	3.61
载重汽车	5t	台时	3.19	3.19	3.19	3.19	3.19	3.19	3.19	3.19	3.19
其他机械使用费		元	60	70	80	90	100	100	120	140	160
编号			50639	50640	50641	50642	50643	50644	50645	50646	50647

5.36 岩石面喷浆-人工喷水泥砂浆

适用范围：岩土、石面的临时和永久支护。

工作内容：岩面清理、冲洗、配料、喷浆、修饰、养护。

5.36.1 地 面 喷 浆

单位：$100m^2$

项目	单位	有钢筋网			无钢筋网				
		设计厚度(cm)							
		3	4	5	1	2	3	4	5
高级熟练工	工时	2	3	3	1	2	2	2	3
熟练工	工时	22	26	29	13	16	21	23	26
半熟练工	工时	122	141	159	77	94	112	128	145
普工	工时	97	112	128	62	75	90	102	116
合计	工时	243	282	319	153	187	225	255	290
水泥 32.5	t	2.45	3.27	4.09	0.82	1.63	2.45	3.27	4.09
砂	m^3	3.67	4.89	6.12	1.22	2.45	3.67	4.89	6.12
水	m^3	4	4	5	3	3	4	4	5
防水粉	kg	123	164	205	41	82	123	164	205
其他材料费	元	40	40	40	40	40	40	40	40
喷浆机 75L	台时	11.15	12.95	14.64	7.07	8.60	10.29	11.77	13.36
风水枪 2～6m^3/min	台时	5.90	5.90	5.90	4.82	4.82	4.82	4.82	4.82
载重汽车 5t	台时	0.91	1.22	1.51	0.3	0.61	0.91	1.22	1.51
其他机械使用费	元	10	10	10	10	10	10	10	10
编号		50648	50649	50650	50651	50652	50653	50654	50655

注 不用防水粉的不计。

5.36.2 地 下 喷 浆

单位：100m²

项目		单位	有钢筋网			无钢筋网				
			设计厚度（cm）							
			3	4	5	1	2	3	4	5
高级熟练工		工时	3	4	4	1	3	3	3	4
熟练工		工时	28	34	37	18	22	27	30	34
半熟练工		工时	158	183	206	101	122	146	166	188
普工		工时	126	146	166	80	98	116	133	151
合计		工时	315	367	413	200	245	292	332	377
水泥	32.5	t	2.45	3.27	4.09	0.82	1.63	2.45	3.27	4.09
砂		m^3	3.67	4.89	6.12	1.22	2.45	3.67	4.89	6.12
水		m^3	4	4	5	3	3	4	4	5
防水粉		kg	123	164	205	41	82	123	164	205
其他材料费		元	50	50	50	50	50	50	50	50
喷浆机	75L	台时	14.50	16.83	19.02	9.19	11.19	13.38	15.31	17.37
风水枪	2～6m^3/min	台时	7.67	7.67	7.67	6.26	6.26	6.26	6.26	6.26
载重汽车	5t	台时	1.18	1.58	1.98	0.39	0.79	1.18	1.58	1.98
其他机械使用费		元	10	10	10	10	10	10	10	10
编号			50656	50657	50658	50659	50660	50661	50662	50663

注 不用防水粉的不计。

5.37 岩石面喷浆–机械手喷水泥砂浆

适用范围：岩土、石面的临时和永久支护。

工作内容：岩面清理、冲洗、配料、喷浆、修饰、养护。

5.37.1 地 面 喷 浆

单位：$100m^2$

项目		单位	有钢筋网			无钢筋网				
			设计厚度（cm）							
			3	4	5	1	2	3	4	5
高级熟练工		工时	3	4	5	2	3	3	4	4
熟练工		工时	7	8	9	5	6	7	8	9
半熟练工		工时	3	4	5	2	3	3	4	4
普工		工时	3	4	5	2	3	3	4	4
合计		工时	16	20	24	11	15	16	20	21
水泥	32.5	t	2.03	2.7	3.38	0.66	1.32	1.97	2.63	3.29
砂		m^3	3.52	4.7	5.87	1.14	2.29	3.43	4.58	5.72
减水剂		kg	8.40	11.20	14.00	2.73	5.45	8.18	10.91	13.65
速凝剂		kg	143	191	239	47	93	140	186	233
硅藻土		kg	51	68	85	17	33	50	66	83
水		m^3	73	74	74	72	72	73	74	74
其他材料费		元	50	50	50	50	50	50	50	50
混凝土搅拌车	$3m^3$	台时	1.35	1.57	1.77	0.92	1.11	1.33	1.52	1.73
喷浆机（马可波罗）	PK–9700	台时	1.35	1.57	1.77	0.92	1.11	1.33	1.52	1.73
其他机械使用费		元	10	10	10	10	10	10	10	10
砂浆拌制		m^3	3.48	4.64	5.80	1.13	2.26	3.39	4.52	5.65
编号			50664	50665	50666	50667	50668	50669	50670	50671

5.37.2 地 下 喷 浆

单位：100m²

项目		单位	有钢筋网			无钢筋网				
			设计厚度（cm）							
			3	4	5	1	2	3	4	5
高级熟练工		工时	4	5	6	3	4	4	5	5
熟练工		工时	9	10	11	6	7	8	10	11
半熟练工		工时	4	5	6	3	4	4	5	5
普工		工时	4	5	6	3	4	4	5	5
合计		工时	21	25	29	15	19	20	25	26
水泥	32.5	t	2.27	3.03	3.78	0.74	1.48	2.22	2.96	3.7
砂		m^3	3.95	5.27	6.58	1.29	2.57	3.86	5.14	6.43
减水剂		kg	9.41	12.55	15.70	3.07	6.13	9.20	12.26	15.33
速凝剂		kg	161	214	268	52	105	157	209	261
硅藻土		kg	57	76	96	19	37	56	75	93
水		m^3	73	74	75	72	72	73	74	75
其他材料费		元	50	50	50	50	50	50	50	50
混凝土搅拌车	$3m^3$	台时	1.67	1.94	2.18	1.13	1.37	1.65	1.88	2.13
喷浆机（马可波罗）	PK–9700	台时	1.67	1.94	2.18	1.13	1.37	1.65	1.88	2.13
其他机械使用费		元	10	10	10	10	10	10	10	10
砂浆拌制		m^3	3.90	5.20	6.50	1.27	2.54	3.81	5.08	6.35
编号			50672	50673	50674	50675	50676	50677	50678	50679

5.38 混凝土面喷浆

适用范围： 旧混凝土面处理。

工作内容： 岩面清理、冲洗、配料、喷浆、修饰、养护。

5.38.1 地面喷浆

单位：$100m^2$

项目	单位	有钢筋网			无钢筋网				
		设计厚度（cm）							
		3	4	5	1	2	3	4	5
高级熟练工	工时	3	3	3	2	2	2	3	3
熟练工	工时	25	28	32	15	19	23	26	29
半熟练工	工时	136	158	177	85	105	124	143	162
普工	工时	108	126	142	68	84	99	114	130
合计	工时	272	315	354	170	210	248	286	324
水泥 32.5	t	2.18	2.91	3.64	0.73	1.45	2.18	2.91	3.64
砂	m^3	3.27	4.36	5.45	1.09	2.18	3.27	4.36	5.45
水	m^3	4	4	5	3	3	4	4	5
防水粉	kg	109.00	145.50	182.00	36.50	72.50	109.00	145.50	182.00
其他材料费	元	50	50	50	50	50	50	50	50
喷浆机 75L	台时	9.36	10.85	12.23	5.88	7.26	8.55	9.88	11.15
风水枪 2～6m^3/min	台时	4.90	4.90	4.90	3.41	3.41	3.41	3.41	3.41
载重汽车 5t	台时	0.81	1.08	1.35	0.27	0.54	0.81	1.08	1.35
其他机械使用费	元	10	10	10	10	10	10	10	10
编号		50680	50681	50682	50683	50684	50685	50686	50687

注 不用防水粉的不计。

5.38.2 地 下 喷 浆

单位：100m²

项目	单位	有钢筋网			无钢筋网				
		设计厚度（cm）							
		3	4	5	1	2	3	4	5
高级熟练工	工时	4	4	4	3	3	3	4	4
熟练工	工时	32	36	41	21	24	30	34	37
半熟练工	工时	177	205	231	111	137	161	186	210
普工	工时	141	164	184	89	110	129	148	169
合计	工时	354	409	460	224	274	323	372	420
水泥 32.5	t	2.18	2.91	3.64	0.73	1.45	2.18	2.91	3.64
砂	m³	3.27	4.36	5.45	1.09	2.18	3.27	4.36	5.45
水	m³	4	4	5	3	3	4	4	5
防水粉	kg	109.00	145.50	182.00	36.50	72.50	109.00	145.50	182.00
其他材料费	元	60	60	60	60	60	60	60	60
喷浆机 75L	台时	12.17	14.1	15.89	7.64	9.45	11.11	12.84	14.5
风水枪 2～6m³/min	台时	6.38	6.38	6.38	4.43	4.43	4.43	4.43	4.43
载重汽车 5t	台时	1.05	1.41	1.76	0.35	0.70	1.05	1.41	1.76
其他机械使用费	元	10	10	10	10	10	10	10	10
编号		50688	50689	50690	50691	50692	50693	50694	50695

注 不用防水粉的不计。

5.39 喷混凝土—人工干喷

适用范围：岩石面支护。

工作内容：岩面清理、配料、上料、拌和、喷射、处理回弹、养护。

5.39.1 地 面 护 坡

单位：$100m^3$

项 目	单位	有钢筋网				
		设计厚度（cm）				
		5	8	10	15	20
高级熟练工	工时	15	14	14	13	11
熟练工	工时	140	134	129	117	106
半熟练工	工时	779	743	718	654	588
普工	工时	623	594	574	523	471
合计	工时	1557	1485	1435	1307	1176
水泥 32.5	t	55.92	55.92	55.92	55.92	55.92
砂	m^3	74.93	74.93	74.93	74.93	74.93
小石	m^3	78.27	78.27	78.27	78.27	78.27
速凝剂	t	1.65	1.65	1.65	1.65	1.65
水	m^3	45	45	45	45	45
其他材料费	元	940	940	940	940	940
混凝土喷射机 $4\sim5m^3/h$	台时	53.72	51.23	49.52	45.14	40.59
强制式混凝土搅拌机 $0.25m^3$	台时	53.72	51.23	49.52	45.14	40.59
胶带输送机 800mm×30m	台时	53.72	51.23	49.52	45.14	40.59
其他机械使用费	元	310	310	310	310	310
编号		50696	50697	50698	50699	50700

续表　　　　单位：100m^3

项　目	单位	无钢筋网				
		设计厚度（cm）				
		5	8	10	15	20
高级熟练工	工时	15	14	14	13	11
熟练工	工时	140	133	129	117	106
半熟练工	工时	777	741	716	653	587
普工	工时	622	592	573	522	470
合计	工时	1554	1480	1432	1305	1174
水泥 32.5	t	54.57	54.57	54.57	54.57	54.57
砂	m^3	73.12	73.12	73.12	73.12	73.12
小石	m^3	76.38	76.38	76.38	76.38	76.38
速凝剂	t	1.61	1.61	1.61	1.61	1.61
水	m^3	45	45	45	45	45
其他材料费	元	940	940	940	940	940
混凝土喷射机 4～5m^3/h	台时	53.61	51.11	49.41	45.03	40.54
强制式混凝土搅拌机 0.25m^3	台时	53.61	51.11	49.41	45.03	40.54
胶带输送机 800mm×30m	台时	53.61	51.11	49.41	45.03	40.54
其他机械使用费	元	310	310	310	310	310
编号		50701	50702	50703	50704	50705

5.39.2 平洞支护

单位：$100m^3$

项目	单位	有钢筋网				
		设计厚度（cm）				
		5	8	10	15	20
高级熟练工	工时	18	16	16	14	13
熟练工	工时	157	149	144	132	118
半熟练工	工时	872	831	803	732	659
普工	工时	697	664	643	586	527
合计	工时	1744	1660	1606	1464	1317
水泥 32.5	t	60.29	60.29	60.29	60.29	60.29
砂	m^3	80.77	80.77	80.77	80.77	80.77
小石	m^3	84.37	84.37	84.37	84.37	84.37
速凝剂	t	1.78	1.78	1.78	1.78	1.78
水	m^3	47	47	47	47	47
其他材料费	元	1010	1010	1010	1010	1010
混凝土喷射机 $4\sim5m^3/h$	台时	60.19	57.33	55.39	50.43	45.44
强制式混凝土搅拌机 $0.25m^3$	台时	60.19	57.33	55.39	50.43	45.44
胶带输送机 800mm×30m	台时	60.19	57.33	55.39	50.43	45.44
其他机械使用费	元	340	340	340	340	340
编号		50706	50707	50708	50709	50710

续表 单位：100m^3

项目	单位	无钢筋网				
		设计厚度（cm）				
		5	8	10	15	20
高级熟练工	工时	18	16	15	14	13
熟练工	工时	156	148	143	130	117
半熟练工	工时	865	824	795	724	652
普工	工时	692	659	637	579	522
合计	工时	1731	1647	1590	1447	1304
水泥 32.5	t	58.33	58.33	58.33	58.33	58.33
砂	m^3	78.15	78.15	78.15	78.15	78.15
小石	m^3	81.64	81.64	81.64	81.64	81.64
速凝剂	t	1.72	1.72	1.72	1.72	1.72
水	m^3	47	47	47	47	47
其他材料费	元	1010	1010	1010	1010	1010
混凝土喷射机 4～5m^3/h	台时	59.74	56.86	54.94	50.05	45.07
强制式混凝土搅拌机 0.25m^3	台时	59.74	56.86	54.94	50.05	45.07
胶带输送机 800mm×30m	台时	59.74	56.86	54.94	50.05	45.07
其他机械使用费	元	340	340	340	340	340
编号		50711	50712	50713	50714	50715

5.39.3 6°～30°斜井支护

单位：100m³

项目	单位	有钢筋网				
		设计厚度（cm）				
		5	8	10	15	20
高级熟练工	工时	19	18	18	15	14
熟练工	工时	165	157	151	138	125
半熟练工	工时	916	872	844	769	692
普工	工时	732	697	675	615	554
合计	工时	1832	1744	1688	1537	1385
水泥 32.5	t	60.29	60.29	60.29	60.29	60.29
砂	m^3	80.77	80.77	80.77	80.77	80.77
小石	m^3	84.37	84.37	84.37	84.37	84.37
速凝剂	t	1.78	1.78	1.78	1.78	1.78
水	m^3	47	47	47	47	47
其他材料费	元	1010	1010	1010	1010	1010
混凝土喷射机 4～5m^3/h	台时	60.19	57.33	55.39	50.43	45.44
强制式混凝土搅拌机 0.25m^3	台时	60.19	57.33	55.39	50.43	45.44
胶带输送机 800mm×30m	台时	60.19	57.33	55.39	50.43	45.44
其他机械使用费	元	340	340	340	340	340
编号		50716	50717	50718	50719	50720

续表 单位：100m^3

项目	单位	无钢筋网				
		设计厚度（cm）				
		5	8	10	15	20
高级熟练工	工时	19	18	16	15	14
熟练工	工时	164	156	150	136	124
半熟练工	工时	908	865	835	760	685
普工	工时	727	692	668	608	548
合计	工时	1818	1731	1669	1519	1371
水泥 32.5	t	58.33	58.33	58.33	58.33	58.33
砂	m^3	78.15	78.15	78.15	78.15	78.15
小石	m^3	81.64	81.64	81.64	81.64	81.64
速凝剂	t	1.72	1.72	1.72	1.72	1.72
水	m^3	47	47	47	47	47
其他材料费	元	1010	1010	1010	1010	1010
混凝土喷射机 4～5m^3/h	台时	59.74	56.86	54.94	50.05	45.07
强制式混凝土搅拌机 0.25m^3	台时	59.74	56.86	54.94	50.05	45.07
胶带输送机 800mm×30m	台时	59.74	56.86	54.94	50.05	45.07
其他机械使用费	元	340	340	340	340	340
编号		50721	50722	50723	50724	50725

5.39.4 30°～75°斜井支护

单位：100m³

项目	单位	有钢筋网				
		设计厚度（cm）				
		5	8	10	15	20
高级熟练工	工时	21	20	20	18	16
熟练工	工时	187	179	173	159	142
半熟练工	工时	1046	997	964	879	791
普工	工时	836	797	771	703	632
合计	工时	2090	1993	1928	1759	1581
水泥 32.5	t	60.29	60.29	60.29	60.29	60.29
砂	m³	80.77	80.77	80.77	80.77	80.77
小石	m³	84.37	84.37	84.37	84.37	84.37
速凝剂	t	1.78	1.78	1.78	1.78	1.78
水	m³	47	47	47	47	47
其他材料费	元	1010	1010	1010	1010	1010
混凝土喷射机 4～5m³/h	台时	60.19	57.33	55.39	50.43	45.44
强制式混凝土搅拌机 0.25m³	台时	60.19	57.33	55.39	50.43	45.44
胶带输送机 800mm×30m	台时	60.19	57.33	55.39	50.43	45.44
其他机械使用费	元	340	340	340	340	340
编号		50726	50727	50728	50729	50730

续表　　单位：100m^3

项目	单位	无钢筋网				
		设计厚度（cm）				
		5	8	10	15	20
高级熟练工	工时	21	20	19	18	16
熟练工	工时	186	178	172	156	141
半熟练工	工时	1038	989	954	869	783
普工	工时	830	791	764	694	626
合计	工时	2075	1978	1909	1737	1566
水泥 32.5	t	58.33	58.33	58.33	58.33	58.33
砂	m^3	78.15	78.15	78.15	78.15	78.15
小石	m^3	81.64	81.64	81.64	81.64	81.64
速凝剂	t	1.72	1.72	1.72	1.72	1.72
水	m^3	47	47	47	47	47
其他材料费	元	1010	1010	1010	1010	1010
混凝土喷射机 4～5m^3/h	台时	59.74	56.86	54.94	50.05	45.07
强制式混凝土搅拌机 0.25m^3	台时	59.74	56.86	54.94	50.05	45.07
胶带输送机 800mm×30m	台时	59.74	56.86	54.94	50.05	45.07
其他机械使用费	元	340	340	340	340	340
编号		50731	50732	50733	50734	50735

5.40 喷混凝土—三联机干喷

适用范围：岩石面支护。

工作内容：岩面清理、配料、上料、拌和、喷射、处理回弹、养护。

5.40.1 地 面 护 坡

单位：$100m^3$

项 目	单位	有钢筋网				
		设计厚度（cm）				
		5	8	10	15	20
高级熟练工	工时	125	118	114	104	94
熟练工	工时	248	237	230	209	187
半熟练工	工时	248	237	230	209	187
普工	工时	311	297	286	262	235
合计	工时	932	889	860	784	703
水泥 32.5	t	55.92	55.92	55.92	55.92	55.92
砂	m^3	74.93	74.93	74.93	74.93	74.93
小石	m^3	78.27	78.27	78.27	78.27	78.27
速凝剂	t	1.65	1.65	1.65	1.65	1.65
水	m^3	96	96	96	96	96
其他材料费	元	940	940	940	940	940
混凝土喷射三联机	台时	40.42	38.54	37.26	33.96	30.53
载重汽车 5t	台时	32.45	32.45	32.45	32.45	32.45
其他机械使用费	元	260	260	260	260	260
编号		50736	50737	50738	50739	50740

续表 单位：$100m^3$

项目	单位	无钢筋网				
		设计厚度（cm）				
		5	8	10	15	20
高级熟练工	工时	122	115	112	102	92
熟练工	工时	243	232	224	204	183
半熟练工	工时	243	232	224	204	183
普工	工时	304	289	279	254	230
合计	工时	912	868	839	764	688
水泥 32.5	t	54.57	54.57	54.57	54.57	54.57
砂	m^3	73.12	73.12	73.12	73.12	73.12
小石	m^3	76.38	76.38	76.38	76.38	76.38
速凝剂	t	1.61	1.61	1.61	1.61	1.61
水	m^3	96	96	96	96	96
其他材料费	元	940	940	940	940	940
混凝土喷射三联机	台时	39.44	37.61	36.35	33.12	29.83
载重汽车 5t	台时	31.65	31.65	31.65	31.65	31.65
其他机械使用费	元	260	260	260	260	260
编号		50741	50742	50743	50744	50745

5.40.2 平 洞 支 护

单位：100m³

项目	单位	有钢筋网				
		设计厚度（cm）				
		5	8	10	15	20
高级熟练工	工时	147	141	136	124	111
熟练工	工时	295	281	272	248	222
半熟练工	工时	295	281	272	248	222
普工	工时	369	351	340	310	278
合计	工时	1106	1054	1020	930	833
水泥 32.5	t	60.28	60.28	60.28	60.28	60.28
砂	m³	80.77	80.77	80.77	80.77	80.77
小石	m³	84.37	84.37	84.37	84.37	84.37
速凝剂	t	1.78	1.78	1.78	1.78	1.78
水	m³	98	98	98	98	98
其他材料费	元	1010	1010	1010	1010	1010
混凝土喷射三联机	台时	47.92	45.70	44.17	40.26	36.20
载重汽车 5t	台时	34.97	34.97	34.97	34.97	34.97
其他机械使用费	元	330	330	330	330	330
编号		50746	50747	50748	50749	50750

续表 单位：$100m^3$

项目	单位	无钢筋网				
		设计厚度（cm）				
		5	8	10	15	20
高级熟练工	工时	143	136	132	119	108
熟练工	工时	285	272	263	240	216
半熟练工	工时	285	272	263	240	216
普工	工时	356	340	329	300	270
合计	工时	1069	1020	987	899	810
水泥 32.5	t	58.33	58.33	58.33	58.33	58.33
砂	m^3	78.16	78.16	78.16	78.16	78.16
小石	m^3	81.64	81.64	81.64	81.64	81.64
速凝剂	t	1.72	1.72	1.72	1.72	1.72
水	m^3	97	97	97	97	97
其他材料费	元	1010	1010	1010	1010	1010
混凝土喷射三联机	台时	46.37	44.21	42.73	38.95	35.07
载重汽车 5t	台时	33.84	33.84	33.84	33.84	33.84
其他机械使用费	元	330	330	330	330	330
编号		50751	50752	50753	50754	50755

5.41 喷混凝土—人工湿喷

适用范围： 岩石面支护。

工作内容： 岩面清理、配料、上料、拌和、喷射、处理回弹、养护。

5.41.1 地 面 护 坡

单位：100m³

项 目	单位	有钢筋网				
		设 计 厚 度（cm）				
		5	8	10	15	20
高级熟练工	工时	174	167	161	146	132
熟练工	工时	349	333	321	294	264
半熟练工	工时	349	333	321	294	264
普工	工时	872	832	804	733	659
合计	工时	1744	1665	1607	1467	1319
水泥 32.5	t	52.32	52.32	52.32	52.32	52.32
砂	m³	70.1	70.1	70.1	70.1	70.1
小石	m³	73.22	73.22	73.22	73.22	73.22
速凝剂	t	1.55	1.55	1.55	1.55	1.55
水	m³	55	55	55	55	55
其他材料费	元	880	880	880	880	880
混凝土喷射机 4～5m³/h	台时	56.71	54.08	52.27	47.65	42.85
强制式混凝土搅拌机 0.25m³	台时	56.71	54.08	52.27	47.65	42.85
胶带输送机 800mm×30m	台时	56.71	54.08	52.27	47.65	42.85
其他机械使用费	元	360	360	360	360	360
编号		50756	50757	50758	50759	50760

续表 单位：100m³

项目	单位	无钢筋网				
		设计厚度（cm）				
		5	8	10	15	20
高级熟练工	工时	173	165	160	145	131
熟练工	工时	346	330	319	290	262
半熟练工	工时	346	330	319	290	262
普工	工时	865	825	797	726	654
合计	工时	1730	1650	1595	1451	1309
水泥 32.5	t	51.87	51.87	51.87	51.87	51.87
砂	m^3	69.49	69.49	69.49	69.49	69.49
小石	m^3	72.59	72.59	72.59	72.59	72.59
速凝剂	t	1.53	1.53	1.53	1.53	1.53
水	m^3	54	54	54	54	54
其他材料费	元	880	880	880	880	880
混凝土喷射机 4～5m^3/h	台时	56.23	53.60	51.82	47.23	42.52
强制式混凝土搅拌机 0.25m^3	台时	56.23	53.60	51.82	47.23	42.52
胶带输送机 800mm×30m	台时	56.23	53.60	51.82	47.23	42.52
其他机械使用费	元	360	360	360	360	360
编号		50761	50762	50763	50764	50765

5.41.2 平 洞 支 护

单位：100m³

项目	单位	有钢筋网				
		设计厚度（cm）				
		5	8	10	15	20
高级熟练工	工时	199	190	183	167	150
熟练工	工时	399	380	367	335	301
半熟练工	工时	399	380	367	335	301
普工	工时	996	950	918	836	752
合计	工时	1993	1900	1835	1673	1504
水泥 32.5	t	54.27	54.27	54.27	54.27	54.27
砂	m^3	72.72	72.72	72.72	72.72	72.72
小石	m^3	75.95	75.95	75.95	75.95	75.95
速凝剂	t	1.6	1.6	1.6	1.6	1.6
水	m^3	55	55	55	55	55
其他材料费	元	910	910	910	910	910
混凝土喷射机 4～5m^3/h	台时	64.70	61.71	59.65	54.37	48.89
强制式混凝土搅拌机 0.25m^3	台时	64.70	61.71	59.65	54.37	48.89
胶带输送机 800mm×30m	台时	64.70	61.71	59.65	54.37	48.89
其他机械使用费	元	410	410	410	410	410
编号		50766	50767	50768	50769	50770

续表 单位：100m^3

项目	单位	无钢筋网				
		设计厚度（cm）				
		5	8	10	15	20
高级熟练工	工时	196	186	180	164	147
熟练工	工时	390	372	359	329	296
半熟练工	工时	390	372	359	329	296
普工	工时	976	931	900	820	739
合计	工时	1952	1861	1798	1642	1478
水泥 32.5	t	53.22	53.22	53.22	53.22	53.22
砂	m^3	71.31	71.31	71.31	71.31	71.31
小石	m^3	74.48	74.48	74.48	74.48	74.48
速凝剂	t	1.57	1.57	1.57	1.57	1.57
水	m^3	55	55	55	55	55
其他材料费	元	910	910	910	910	910
混凝土喷射机 4～5m^3/h	台时	63.47	60.50	58.49	53.31	47.99
强制式混凝土搅拌机 0.25m^3	台时	63.47	60.50	58.49	53.31	47.99
胶带输送机 800mm×30m	台时	63.47	60.50	58.49	53.31	47.99
其他机械使用费	元	410	410	410	410	410
编号		50771	50772	50773	50774	50775

5.41.3 6°～30°斜井支护

单位：$100m^3$

项目	单位	有钢筋网				
		设计厚度（cm）				
		5	8	10	15	20
高级熟练工	工时	209	199	193	175	158
熟练工	工时	418	399	385	351	316
半熟练工	工时	418	399	385	351	316
普工	工时	1045	997	964	879	790
合计	工时	2090	1994	1927	1756	1580
水泥 32.5	t	54.27	54.27	54.27	54.27	54.27
砂	m^3	72.72	72.72	72.72	72.72	72.72
小石	m^3	75.95	75.95	75.95	75.95	75.95
速凝剂	t	1.6	1.6	1.6	1.6	1.6
水	m^3	55	55	55	55	55
其他材料费	元	910	910	910	910	910
混凝土喷射机 4～$5m^3/h$	台时	64.70	61.71	59.65	54.37	48.89
强制式混凝土搅拌机 $0.25m^3$	台时	64.70	61.71	59.65	54.37	48.89
胶带输送机 800mm×30m	台时	64.70	61.71	59.65	54.37	48.89
其他机械使用费	元	410	410	410	410	410
编号		50776	50777	50778	50779	50780

续表

单位：100m³

项目	单位	无钢筋网				
		设计厚度（cm）				
		5	8	10	15	20
高级熟练工	工时	206	196	190	172	155
熟练工	工时	410	390	377	345	310
半熟练工	工时	410	390	377	345	310
普工	工时	1025	977	946	861	776
合计	工时	2051	1953	1890	1723	1551
水泥 32.5	t	53.22	53.22	53.22	53.22	53.22
砂	m^3	71.31	71.31	71.31	71.31	71.31
小石	m^3	74.48	74.48	74.48	74.48	74.48
速凝剂	t	1.57	1.57	1.57	1.57	1.57
水	m^3	55	55	55	55	55
其他材料费	元	910	910	910	910	910
混凝土喷射机 4～5m^3/h	台时	63.47	60.50	58.49	53.31	47.99
强制式混凝土搅拌机 0.25m^3	台时	63.47	60.50	58.49	53.31	47.99
胶带输送机 800mm×30m	台时	63.47	60.50	58.49	53.31	47.99
其他机械使用费	元	410	410	410	410	410
编号		50781	50782	50783	50784	50785

5.41.4 30°～75°斜井支护

单位：100m³

项目	单位	有钢筋网				
		设计厚度（cm）				
		5	8	10	15	20
高级熟练工	工时	239	228	220	200	180
熟练工	工时	478	456	440	402	361
半熟练工	工时	478	456	440	402	361
普工	工时	1195	1139	1101	1003	902
合计	工时	2390	2279	2201	2007	1804
水泥 32.5	t	54.27	54.27	54.27	54.27	54.27
砂	m³	72.72	72.72	72.72	72.72	72.72
小石	m³	75.95	75.95	75.95	75.95	75.95
速凝剂	t	1.6	1.6	1.6	1.6	1.6
水	m³	55	55	55	55	55
其他材料费	元	910	910	910	910	910
混凝土喷射机 4～5m³/h	台时	64.70	61.71	59.65	54.37	48.89
强制式混凝土搅拌机 0.25m³	台时	64.70	61.71	59.65	54.37	48.89
胶带输送机 800mm×30m	台时	64.70	61.71	59.65	54.37	48.89
其他机械使用费	元	410	410	410	410	410
编号		50786	50787	50788	50789	50790

续表 单位：100m³

项目	单位	无钢筋网				
		设计厚度（cm）				
		5	8	10	15	20
高级熟练工	工时	235	224	216	197	177
熟练工	工时	469	446	432	394	354
半熟练工	工时	469	446	432	394	354
普工	工时	1172	1118	1080	984	886
合计	工时	2345	2234	2160	1969	1771
水泥 32.5	t	53.22	53.22	53.22	53.22	53.22
砂	m^3	71.31	71.31	71.31	71.31	71.31
小石	m^3	74.48	74.48	74.48	74.48	74.48
速凝剂	t	1.57	1.57	1.57	1.57	1.57
水	m^3	55	55	55	55	55
其他材料费	元	910	910	910	910	910
混凝土喷射机 4～5m^3/h	台时	63.47	60.50	58.49	53.31	47.99
强制式混凝土搅拌机 0.25m^3	台时	63.47	60.50	58.49	53.31	47.99
胶带输送机 800mm×30m	台时	63.47	60.50	58.49	53.31	47.99
其他机械使用费	元	410	410	410	410	410
编号		50791	50792	50793	50794	50795

5.42 喷混凝土—机械湿喷

适用范围：岩石面支护。

工作内容：岩面清理、配料、上料、拌和、喷射、处理回弹、养护。

5.42.1 地 面 护 坡

单位：$100m^3$

项 目	单位	有钢筋网 设计厚度（cm） 5	8	10	15	20
高级熟练工	工时	88	83	80	73	66
熟练工	工时	174	167	161	146	132
半熟练工	工时	174	167	161	146	132
普工	工时	218	208	201	183	165
合计	工时	654	625	603	548	495
水泥 32.5	t	52.32	52.32	52.32	52.32	52.32
砂	m^3	70.10	70.10	70.10	70.10	70.10
小石	m^3	73.22	73.22	73.22	73.22	73.22
速凝剂	t	1.55	1.55	1.55	1.55	1.55
水	m^3	95	95	95	95	95
其他材料费	元	890	890	890	890	890
混凝土湿喷机 A90/C	台时	28.36	27.04	26.14	23.82	21.42
混凝土搅拌车 $3m^3$	台时	28.36	27.04	26.14	23.82	21.42
其他机械使用费	元	210	210	210	210	210
混凝土拌制	m^3	116	116	116	116	116
编号		50796	50797	50798	50799	50800

续表 单位：$100m^3$

项目	单位	无钢筋网				
		设计厚度（cm）				
		5	8	10	15	20
高级熟练工	工时	87	82	79	73	66
熟练工	工时	173	165	160	145	131
半熟练工	工时	173	165	160	145	131
普工	工时	216	206	200	181	164
合计	工时	649	618	599	544	492
水泥 32.5	t	51.87	51.87	51.87	51.87	51.87
砂	m^3	69.49	69.49	69.49	69.49	69.49
小石	m^3	72.59	72.59	72.59	72.59	72.59
速凝剂	t	1.53	1.53	1.53	1.53	1.53
水	m^3	95	95	95	95	95
其他材料费	元	890	890	890	890	890
混凝土湿喷机 A90/C	台时	28.12	26.80	25.91	23.62	21.26
混凝土搅拌车 $3m^3$	台时	28.12	26.80	25.91	23.62	21.26
其他机械使用费	元	210	210	210	210	210
混凝土拌制	m^3	115	115	115	115	115
编号		50801	50802	50803	50804	50805

5.42.2 平 洞 支 护

单位：100m³

项 目	单位	有钢筋网				
		设计厚度（cm）				
		5	8	10	15	20
高级熟练工	工时	100	95	92	83	75
熟练工	工时	199	190	183	167	150
半熟练工	工时	199	190	183	167	150
普工	工时	249	237	230	209	188
合计	工时	747	712	688	626	563
水泥 32.5	t	54.27	54.27	54.27	54.27	54.27
砂	m³	72.72	72.72	72.72	72.72	72.72
小石	m³	75.95	75.95	75.95	75.95	75.95
速凝剂	t	1.6	1.6	1.6	1.6	1.6
水	m³	55	55	55	55	55
其他材料费	元	910	910	910	910	910
混凝土湿喷机 A90/C	台时	32.35	30.85	29.83	27.19	24.44
混凝土搅拌车 3m³	台时	32.35	30.85	29.83	27.19	24.44
其他机械使用费	元	290	290	290	290	290
混凝土拌制	m³	120	120	120	120	120
编号		50806	50807	50808	50809	50810

续表 单位：100m^3

项目	单位	无钢筋网				
		设计厚度（cm）				
		5	8	10	15	20
高级熟练工	工时	98	93	90	82	74
熟练工	工时	196	186	180	164	147
半熟练工	工时	196	186	180	164	147
普工	工时	244	233	225	205	184
合计	工时	734	698	675	615	552
水泥 32.5	t	53.22	53.22	53.22	53.22	53.22
砂	m^3	71.31	71.31	71.31	71.31	71.31
小石	m^3	74.48	74.48	74.48	74.48	74.48
速凝剂	t	1.57	1.57	1.57	1.57	1.57
水	m^3	55	55	55	55	55
其他材料费	元	910	910	910	910	910
混凝土湿喷机 A90/C	台时	31.73	30.25	29.24	26.66	24.00
混凝土搅拌车 3m^3	台时	31.73	30.25	29.24	26.66	24.00
其他机械使用费	元	290	290	290	290	290
混凝土拌制	m^3	118	118	118	118	118
编号		50811	50812	50813	50814	50815

5.43 喷混凝土—水泥裹砂喷射

适用范围：岩石面支护。

工作内容：岩面清理、配料、上料、拌和、喷射、处理回弹、养护。

5.43.1 地 面 护 坡

单位：$100m^3$

项 目	单位	有钢筋网				
		设计厚度（cm）				
		5	8	10	15	20
高级熟练工	工时	158	150	145	133	119
熟练工	工时	315	301	290	265	238
半熟练工	工时	315	301	290	265	238
普工	工时	789	752	727	663	596
合计	工时	1577	1504	1452	1326	1191
水泥 32.5	t	53.22	53.22	53.22	53.22	53.22
砂	m^3	71.31	71.31	71.31	71.31	71.31
小石	m^3	74.48	74.48	74.48	74.48	74.48
速凝剂	t	1.57	1.57	1.57	1.57	1.57
水	m^3	75	75	75	75	75
其他材料费	元	900	900	900	900	900
水泥裹砂搅拌站 HZ5–IFSG250A	台时	51.27	48.89	47.27	43.08	38.74
强制式搅拌机 $0.35m^3$	台时	51.27	48.89	47.27	43.08	38.74
混凝土输送泵 $50m^3/h$	台时	51.27	48.89	47.27	43.08	38.74
混凝土喷射机 $4\sim5m^3/h$	台时	51.27	48.89	47.27	43.08	38.74
混凝土搅拌车 $3m^3$	台时	51.27	48.89	47.27	43.08	38.74
其他机械使用费	元	400	400	400	400	400
编 号		50816	50817	50818	50819	50820

续表 单位：100m^3

项目		单位	无钢筋网				
			设计厚度（cm）				
			5	8	10	15	20
高级熟练工		工时	157	149	144	132	118
熟练工		工时	313	299	288	263	237
半熟练工		工时	313	299	288	263	237
普工		工时	783	746	721	657	591
合计		工时	1566	1493	1441	1315	1183
水泥	32.5	t	52.77	52.77	52.77	52.77	52.77
砂		m^3	70.70	70.70	70.70	70.70	70.70
小石		m^3	73.85	73.85	73.85	73.85	73.85
速凝剂		t	1.56	1.56	1.56	1.56	1.56
水		m^3	75	75	75	75	75
其他材料费		元	900	900	900	900	900
水泥裹砂搅拌站	HZ5–IFSG250A	台时	50.85	48.48	46.87	42.71	38.45
强制式搅拌机	0.35m^3	台时	50.85	48.48	46.87	42.71	38.45
混凝土输送泵	50m^3/h	台时	50.85	48.48	46.87	42.71	38.45
混凝土喷射机	4～5m^3/h	台时	50.85	48.48	46.87	42.71	38.45
混凝土搅拌车	3m^3	台时	50.85	48.48	46.87	42.71	38.45
其他机械使用费		元	400	400	400	400	400
编号			50821	50822	50823	50824	50825

5.43.2 平 洞 支 护

单位：$100m^3$

项 目		单位	有钢筋网				
			设计厚度（cm）				
			5	8	10	15	20
高级熟练工		工时	183	174	169	153	138
熟练工		工时	366	349	337	307	276
半熟练工		工时	366	349	337	307	276
普工		工时	915	872	843	768	691
合计		工时	1830	1744	1686	1535	1381
水泥	32.5	t	56.07	56.07	56.07	56.07	56.07
砂		m^3	75.13	75.13	75.13	75.13	75.13
小石		m^3	78.48	78.48	78.48	78.48	78.48
速凝剂		t	1.66	1.66	1.66	1.66	1.66
水		m^3	76	76	76	76	76
其他材料费		元	940	940	940	940	940
水泥裹砂搅拌站	HZ5-IFSG250A	台时	59.43	56.67	54.79	49.94	44.91
强制式搅拌机	$0.35m^3$	台时	59.43	56.67	54.79	49.94	44.91
混凝土输送泵	$50m^3/h$	台时	59.43	56.67	54.79	49.94	44.91
混凝土喷射机	$4\sim5m^3/h$	台时	59.43	56.67	54.79	49.94	44.91
混凝土搅拌车	$3m^3$	台时	59.43	56.67	54.79	49.94	44.91
其他机械使用费		元	450	450	450	450	450
编号			50826	50827	50828	50829	50830

续表 单位：$100m^3$

项目		单位	无钢筋网				
			设计厚度（cm）				
			5	8	10	15	20
高级熟练工		工时	178	170	165	150	135
熟练工		工时	357	340	329	300	270
半熟练工		工时	357	340	329	300	270
普工		工时	892	851	823	750	675
合计		工时	1784	1701	1646	1500	1350
水泥	32.5	t	54.72	54.72	54.72	54.72	54.72
砂		m^3	73.32	73.32	73.32	73.32	73.32
小石		m^3	76.59	76.59	76.59	76.59	76.59
速凝剂		t	1.62	1.62	1.62	1.62	1.62
水		m^3	76	76	76	76	76
其他材料费		元	940	940	940	940	940
水泥裹砂搅拌站	HZ5-IFSG250A	台时	58.01	55.3	53.46	48.73	43.87
强制式搅拌机	$0.35m^3$	台时	58.01	55.30	53.46	48.73	43.87
混凝土输送泵	$50m^3/h$	台时	58.01	55.30	53.46	48.73	43.87
混凝土喷射机	$4\sim5m^3/h$	台时	58.01	55.30	53.46	48.73	43.87
混凝土搅拌车	$3m^3$	台时	58.01	55.30	53.46	48.73	43.87
其他机械使用费		元	450	450	450	450	450
编号			50831	50832	50833	50834	50835

第 6 章

砂石备料工程

说　明

一、本章定额包括天然砂石料开采及加工、人工砂石料开采及加工、砂石料运输等，共58节。适用于混凝土工程及填筑工程的砂石备料。

二、本章定额的计量单位除注明外均以成品堆方计。成品堆方是指每节定额规定的工作内容完成后的松散砂石料。

三、本章定额砂石料规格及标准。

1. 砂石料：指砂砾料、砾石、砂、碎石原料、碎石、骨料等的统称。

2. 砂砾料：指未经加工的天然砂石料。

3. 砾石：指砂砾料中粒径大于5mm的卵石。

4. 碎石原料：指未经破碎、加工的岩石开采料。

5. 碎石：指经破碎、加工分级后，粒径大于5mm的骨料。

6. 超径石：指砂石料中大于设计骨料最大粒径的砂石料。

7. 砂：指粒径小于5mm的骨料。

8. 骨料：指经加工分级后的砾石、碎石和砂。

四、砂石料加工的工序名称。

1. 开采：指按设计选定的方式开挖、采集砂砾料或开采可利用的碎石原料。适用于定额6.1、6.7～6.18、6.21各节。

2. 砂砾料预筛分：指将砂砾料隔离超径石的过程。适用于定额6.19节。

3. 超径石破碎：指为使砾石粒径适应下一工序对进料粒径需要，而将预筛分隔离的超径石进行一次或二次破碎的过程。适用于6.19节。

4. 筛洗：指砂砾料经筛分（或中间破碎）、冲洗，加工成各粒径组骨料并分别堆存的过程。适用于6.2、6.3、6.20各节。

5. 二次筛分：指骨料经远距离转运或长期堆放，造成逊径或含泥量超过规定，需要进行第二次筛洗的过程。适用于6.32节。

6. 粗碎：指将开采的碎石原料进行初始破碎，以适应下一工序对进料粒径需要的过程。适用于6.22节。

7. 预筛分：指将初始破碎（粗碎）的碎石破碎料进行筛分的过程。适用于6.23节。

8. 预筛分、中碎：指系统配置二次破碎及预筛分工序，以适应下一工序对进料粒径需要的加工过程。适用于6.24节。

9. 碎石筛分：指将粗、中（破）碎后的碎石料进行筛分、冲洗后分级堆放的过程。适用于6.25节。

10. 碎石细碎筛分：指系统配置碎石细碎后的碎石料进行筛分、冲洗后分级堆放的过程。适用于6.26节。

11. 制砂：指加工成品砂的过程，包括破碎机制砂、棒磨机制砂（包括砂细度模数调整）。适用于6.28～6.31节。

12. 运输：指在开采、加工各定额工序间转运砂石料及将加工过程中的半成品料或加工后的成品骨料运至供料地点的过程。适用于6.4～6.6及6.33～6.58各节。

五、砂石料规格。

表6–1

名　　称	砂石料				
	砂	小石	中石	大石	特大石
规格（mm）	<5	5～20	20～40	40～80	80～150

六、机械开采、加工、运输各节定额，均以控制产量的主要机械（见表6–2）制定。除砂石料加工机械外，凡定额中注明型号、规格的次要机械一般不需调整，砂石料加工机械可根据设计工艺流程配置进行分析调整；使用率较低的机械（如给料机等）可按设计需要的运行状况分析调整机械组时费用。

表6–2

节　　号	主要机械
6.7	索式挖掘机
6.8～6.13	液压反铲挖掘机
6.14	铲扬式挖泥船、拖轮、砂驳
6.15～6.18	采砂船、拖轮、砂驳

续表

节　　号	主 要 机 械
6.19	给料机械
6.20　6.23　6.25　6.32	筛分机组
6.22	破碎机
6.24　6.26　6.27	破碎机、筛分机组
6.28～6.31	制砂机械
6.33	胶带输送机
6.34～6.44	挖掘机、自卸汽车
6.45～6.55	装载机、自卸汽车
6.58	拖轮、砂驳

七、铲扬式挖泥船、链斗式采砂船采挖砂砾料各节，包括采运和转移采区、移锚定位、供油、供水等所必须配置的生产性辅助设备及辅机发电、生活供应等费用。

八、筛分楼仅用于筛砂时，筛洗用水及机械定额按筛洗砂砾料定额乘以1.35系数，人工及其他费用不变。

九、第22、27节定额和30～31节定额，适用于Ⅺ～Ⅻ级岩石。如岩石级别不同，按下表所列系数调整人工及机械定额。

岩 石 级 别	Ⅸ～Ⅹ	Ⅺ～Ⅻ	XIII～XIV
系数	0.9	1.0	1.1

十、砂石料运输中挖掘机装砂石料各节除标明型号外均为液压正铲挖掘机。

十一、砂石料单价计算。

1. 计算砂石料单价，应按各节定额计算出工序单价分别乘各工序单价系数后相加组成。单价系数按设计的工序流程选定，系数包括下道工序的加工损耗、加工中体积变化、运输损耗和堆存损耗等因素。工序单价系数未包括原料开采中的覆盖层、无用夹层、夹泥等废弃料因素。

2. 单价系数按加工工序流程共分十二类，如表 6–3 至表 6–14 所示。

表 6–3 **工序流程 Ⅰ**

序号	工序流程 Ⅰ			
	开采运输	预筛分、超径石破碎运输	筛洗（中间破碎）运输	二次筛分运输
Ⅰ—1	1.072	1.045	1.036	1
Ⅰ—2	1.034	1.009	1	
Ⅰ—3	1.026	1		
Ⅰ—4	1			

表 6–4 **工序流程 Ⅱ**

序号	工序流程 Ⅱ			
	开采运输	预筛分、超径石破碎运输	筛洗运输	二次筛分运输
Ⅱ—1	1.046	1.020	1.036	1
Ⅱ—2	1.010	0.984	1	
Ⅱ—3	1.026	1		
Ⅱ—4	1			

表 6–5 **工序流程 Ⅲ**

序号	工序流程 Ⅲ			
	开采运输	预筛分运输	筛洗（中间破碎）运输	二次筛分运输
Ⅲ—1	1.047	1.045	1.036	1
Ⅲ—2	1.011	1.009	1	
Ⅲ—3	1.002	1		
Ⅲ—4	1			

表 6–6　　　　　　工 序 流 程 Ⅳ

序　号	工　序　流　程　Ⅳ			
	开采运输	预筛分运输	筛洗运输	二次筛分运输
Ⅳ—1	1.022	1.020	1.036	1
Ⅳ—2	0.986	0.984	1	
Ⅳ—3	1.002	1		
Ⅳ—4	1			

表 6–7　　　　　　工 序 流 程 Ⅴ

序　号	工　序　流　程　Ⅴ			
	生产砂砾料		生　产　砂	
	开采运输	筛洗运输	开采运输	筛洗运输
Ⅴ—1	1.030	1	1.076	1
Ⅴ—2	1		1	

表 6–8　　　　　　工 序 流 程 Ⅵ

序　号	工　序　流　程　Ⅵ					
	原料开采	原料运输	粗碎运输	预筛分中碎运输	碎石筛分运输	二次筛分运输
Ⅵ—1	1.005	0.995	0.993	0.946	1.019	1
Ⅵ—2	0.986	0.976	0.974	0.929	1	
Ⅵ—3	1.062	1.051	1.049	1		
Ⅵ—4	1.012	1.002	1			
Ⅵ—5	1.010	1				
Ⅵ—6	1					

表 6–9　　工 序 流 程 Ⅶ

序　号	工 序 流 程 Ⅶ					
	原料开采	原料运输	粗碎运输	预筛分运输	碎石筛分运输	二次筛分运输
Ⅶ—1	0.994	0.984	0.982	0.936	1.019	1
Ⅶ—2	0.975	0.965	0.964	0.918	1	
Ⅶ—3	1.062	1.051	1.049	1		
Ⅶ—4	1.012	1.002	1			
Ⅶ—5	1.010	1				
Ⅶ—6	1					

表 6–10　　工 序 流 程 Ⅷ

序　号	工 序 流 程 Ⅷ						
	原料开采	原料运输	粗碎运输	预筛分中碎运输	碎石筛分运输	制砂、运输	
						棒磨机制砂	破碎机制砂
Ⅷ—1	1.097	1.086	1.084	1.033	1.112		1
Ⅷ—2	1.159	1.147	1.145	1.091	1.175	1	
Ⅷ—3	0.986	0.976	0.974	0.929	1		
Ⅷ—4	1.062	1.051	1.049	1			
Ⅷ—5	1.012	1.002	1				
Ⅷ—6	1.010	1					
Ⅷ—7	1						

表 6–11　　工 序 流 程 Ⅸ

序　号	工 序 流 程 Ⅸ						
	原料开采	原料运输	粗碎运输	预筛分中碎运输	碎石细碎筛分运输	制砂运输	
						棒磨机制砂	破碎机制砂
Ⅸ—1	1.109	1.098	1.096	1.044	1.112		1
Ⅸ—2	1.172	1.160	1.158	1.103	1.175	1	
Ⅸ—3	0.997	0.987	0.985	0.939	1		

续表

序号	工序流程Ⅸ						
	原料开采	原料运输	粗碎运输	预筛分中碎运输	碎石细碎筛分运输	制砂运输	
						棒磨机制砂	破碎机制砂
Ⅸ—4	1.062	1.051	1.049	1			
Ⅸ—5	1.012	1.002	1				
Ⅸ—6	1.010	1					
Ⅸ—7	1						

表 6–12　　工序流程Ⅹ

序号	工序流程Ⅹ						
	原料开采	原料运输	粗碎运输	预筛分运输	碎石筛分运输	制砂、运输	
						棒磨机制砂	破碎机制砂
Ⅹ—1	1.085	1.074	1.072	1.021	1.112		1
Ⅹ—2	1.146	1.135	1.132	1.079	1.175	1	
Ⅹ—3	1.022	0.965	0.964	0.918	1		
Ⅹ—4	1.062	1.051	1.049	1			
Ⅹ—5	1.012	1.002	1				
Ⅹ—6	1.010	1					
Ⅹ—7	1						

表 6–13　　工序流程Ⅺ

序号	工序流程Ⅺ						
	原料开采	原料运输	粗碎运输	预筛分运输	碎石细碎筛分运输	制砂、运输	
						棒磨机制砂	破碎机制砂
Ⅺ—1	1.096	1.085	1.083	1.032	1.112		1
Ⅺ—2	1.158	1.146	1.144	1.090	1.175	1	
Ⅺ—3	0.985	0.975	0.973	0.928	1		
Ⅺ—4	1.062	1.051	1.049	1			

续表

序号	工序流程 XI						
	原料开采	原料运输	粗碎运输	预筛分运输	碎石细碎筛分运输	制砂、运输	
						棒磨机制砂	破碎机制砂
XI—5	1.012	1.002	1				
XI—6	1.010	1					
XI—7	1						

表 6–14　　工序流程 XII

序号	工序流程 XII				
	原料开采	原料运输	粗碎运输	颚式破碎机破碎筛分运输	二次筛分运输
XII—1	1.006	0.996	0.994	1.019	1
XII—2	0.986	0.977	0.975	1	
XII—3	1.012	1.002	1		
XII—4	1.010	1			
XII—5	1				

3. 砾石制砂单价=砾石骨料单价×1.175+砾石制砂工序单价（棒磨机制砂）。

4. 计算二次筛分工序单价时，先按不同粒径分别计算，再按相应粒径骨料量占混凝土骨料总需要量的比例加权平均计算二次筛分工序综合单价。

5. 砂石料加工过程中，由于生产或级配平衡需要进行中间工序处理的砂石料，包括级配弃料、超径石弃料，应以料场勘测试验资料和施工组织设计级配平衡计算结果为依据。弃料单价应为选定处理工序处的砂石料单价与相应的工序单价系数组价计算，按处理量与骨料总需要量的比例摊入相应骨料单价。

十二、砂石料开采加工单价不包括地方政府和有关部门收取的资源费、植被补偿费、砂石料管理费、航道养护费、航运管理费、航标设置费、高边坡预裂及支护等费用。

6.1 人工开采砂砾料

适用范围：天然砂砾料。

工作内容：挖、装、运、堆存、空回。

6.1.1 陆 上 开 采

单位：$100m^3$

项目	单位	挖装运卸50m						每增运10m（综合）
		砂	含砾石率（%）					
			≤10	10～30	30～50	50～70	＞70	
高级熟练工	工时							
熟练工	工时							
半熟练工	工时							
普工	工时	241	244	260	278	299	325	27
合计	工时	241	244	260	278	299	325	27
零星材料费	元	12	12	12	12	12	12	
编号		60001	60002	60003	60004	60005	60006	60007

6.1.2 水 下 开 采

单位：$100m^3$

项目	单位	挖装运卸50m						每增运10m（综合）
		砂	含砾石率（%）					
			≤10	10～30	30～50	50～70	＞70	
高级熟练工	工时							
熟练工	工时							
半熟练工	工时							
普工	工时	301	305	324	347	375	406	32
合计	工时	301	305	324	347	375	406	32
零星材料费	元	12	12	12	12	12	12	
编号		60008	60009	60010	60011	60012	60013	60014

6.2 人工筛分砂砾料

适用范围： 经开采后堆存的砂砾料，10m 以内取料，成品料 10m 以内堆存。

工作内容： 上料、过筛、分级堆存，筛具安拆。

单位：100m³

项目	单位	三层筛	四层筛
高级熟练工	工时		
熟练工	工时		
半熟练工	工时	15	18
普工	工时	139	159
合计	工时	154	177
零星材料费	元	18	18
编号		60015	60016

6.3 人工溜洗骨料

适用范围： 经筛分后的骨料、取料和堆存运距各 10m。

工作内容： 上料、翻洗、堆存、溜槽及水管安拆。

6.3.1 洗砂砾石

单位：100m³

项目	单位	砂	砾石粒径（mm）		
			5～20	20～40	40～80
高级熟练工	工时				
熟练工	工时				
半熟练工	工时	41	21	25	34
普工	工时	235	113	138	190
合计	工时	276	134	163	224
水	m^3	75	50	50	50
其他材料费	元	14	14	14	14
编号		60017	60018	60019	60020

6.3.2 洗 碎 石

单位：100m³

项 目	单位	碎石粒径（mm）		
		5～20	20～40	40～80
高级熟练工	工时			
熟练工	工时			
半熟练工	工时	24	30	37
普工	工时	137	166	207
合计	工时	161	196	244
水	m^3	50	50	50
其他材料费	元	14	14	14
编号		60021	60022	60023

6.4 人工挑抬砂石料

适用范围：经开采、加工后的堆存料。

工作内容：装、运、卸、堆放、空回。

单位：100m³

项 目	单位	装运卸 50m				每增运 10m	
		砂	砾石	碎石	砂砾料	骨料	砂砾料
高级熟练工	工时						
熟练工	工时						
半熟练工	工时						
普工	工时	170	184	188	252	18	25
合计	工时	170	184	188	252	18	25
零星材料费	元	12	12	12	12		
编号		60024	60025	60026	60027	60028	60029

6.5　人工装砂石料双胶轮车运输

适用范围： 经开采、加工的堆存料。

工作内容： 装、运、卸、堆放、空回。

单位：$100m^3$

项　　目	单位	装运卸 50m				每增运 50m（综合）
		砂	砾石	碎石	砂砾料	
高级熟练工	工时					
熟练工	工时					
半熟练工	工时					
普工	工时	113	130	138	145	25
合计	工时	113	130	138	145	25
零星材料费	元	12	12	12	12	
双胶轮车	台时	52.32	52.82	52.82	52.82	21.70
编号		60030	60031	60032	60033	60034

6.6 人工装砂石料斗车运输

适用范围： 经开采、加工的堆存料。

工作内容： 装、运、卸、堆放、空回。

6.6.1 有站台装车

单位：100m³

项目	单位	装运卸50m				每增运50m（综合）
		砂	砾石	碎石	砂砾料	
高级熟练工	工时					
熟练工	工时					
半熟练工	工时					
普工	工时	68	80	83	88	10
合计	工时	68	80	83	88	10
零星材料费	元	12.24	12.24	12.24	12.24	
V型斗车 0.6m³	台时	16.60	16.60	16.60	18.27	4.59
编号		60035	60036	60037	60038	60039

6.6.2 无站台装车

单位：100m³

项目	单位	装运卸50m				每增运50m（综合）
		砂	砾石	碎石	砂砾料	
高级熟练工	工时					
熟练工	工时					
半熟练工	工时					
普工	工时	82	92	97	100	10
合计	工时	82	92	97	100	10
零星材料费	元	12	12	12	12	
V型斗车 0.6m³	台时	18.45	18.45	18.45	20.30	4.83
编号		60040	60041	60042	60043	60044

6.7 索式挖掘机采挖砂砾料

适用范围：天然砂砾料。

工作内容：挖、卸、堆集。

6.7.1 $1m^3$索式挖掘机

单位：$100m^3$

项目	单位	水下开挖	陆上开挖
高级熟练工	工时		
熟练工	工时		
半熟练工	工时		
普工	工时	9.52	5.46
合计	工时	9.52	5.46
零星材料费	元	18	18
挖掘机 索式 $1m^3$	台时	2.00	1.72
其他机械使用费	元	21	21
编号		60045	60046

6.7.2 $4m^3$索式挖掘机

单位：$100m^3$

项目	单位	水下开挖	陆上开挖
高级熟练工	工时		
熟练工	工时		
半熟练工	工时		
普工	工时	3.92	2.50
合计	工时	3.92	2.50
零星材料费	元	18	18
挖掘机 索式 $4m^3$	台时	0.62	0.53
其他机械使用费	元	21	21
编号		60047	60048

6.8 1m³液压反铲挖掘机采挖砂砾料

适用范围：天然砂砾料。

工作内容：挖、卸、堆集或装自卸汽车运输。

6.8.1 堆 集

单位：100m³

项 目		单位	水下开挖	陆上开挖
高级熟练工		工时		
熟练工		工时		
半熟练工		工时		
普工		工时	5.45	2.56
合计		工时	5.45	2.56
零星材料费		元	15	13
挖掘机	液压反铲 1m³	台时	1.14	0.81
其他机械使用费		元	21	21
编号			60049	60050

6.8.2 装自卸汽车运输（水下开挖）

单位：100m³

项 目		单位	运距（km）					每增运1km
			0.5	1	2	3	4	
高级熟练工		工时						
熟练工		工时						
半熟练工		工时						
普工		工时	7.84	7.84	7.84	7.84	7.84	
合计		工时	7.84	7.84	7.84	7.84	7.84	
零星材料费		元	17	17	17	17	17	
挖掘机	液压反铲 1m³	台时	1.24	1.24	1.24	1.24	1.24	
推土机	132kW	台时	0.25	0.25	0.25	0.25	0.25	
自卸汽车	5t	台时	5.75	7.05	9.27	11.49	13.72	1.95
	6.5t	台时	4.85	5.85	7.56	9.27	10.99	1.49
	8t	台时	4.30	5.11	6.50	7.89	9.28	1.22
	10t	台时	3.93	4.58	5.70	6.81	7.92	0.98
编号			60051	60052	60053	60054	60055	60056

6.8.3 装自卸汽车运输（陆上开挖）

单位：100m³

项目		单位	运距（km）					每增运1km
			0.5	1	2	3	4	
高级熟练工		工时						
熟练工		工时						
半熟练工		工时						
普工		工时	4.15	4.15	4.15	4.15	4.15	
合计		工时	4.15	4.15	4.15	4.15	4.15	
零星材料费		元	15	15	15	15	15	
挖掘机	液压反铲 1m³	台时	0.87	0.87	0.87	0.87	0.87	
推土机	132kW	台时	0.29	0.29	0.29	0.29	0.29	
自卸汽车	5t	台时	4.90	6.20	8.43	10.65	12.88	1.95
	6.5t	台时	4.07	5.07	6.78	8.49	10.21	1.49
	8t	台时	3.55	4.37	5.76	7.15	8.54	1.22
	10t	台时	3.17	3.82	4.93	6.05	7.16	0.98
	12t	台时	2.85	3.40	4.33	5.25	6.18	0.81
	15t	台时	2.54	2.98	3.72	4.46	5.20	0.65
编号			60057	60058	60059	60060	60061	60062

6.9 1.6m³液压反铲挖掘机采挖砂砾料

适用范围： 天然砂砾料。

工作内容： 挖、卸、堆集或装自卸汽车运输。

6.9.1 堆 集

单位：100m³

项目		单位	水下开挖	陆上开挖
高级熟练工		工时		
熟练工		工时		
半熟练工		工时		
普工		工时	3.66	1.75
合计		工时	3.66	1.75
零星材料费		元	15	13
挖掘机	液压反铲 1.6m³	台时	0.77	0.55
其他机械使用费		元	20.60	20.60
编号			60063	60064

6.9.2 装自卸汽车运输（水下开挖）

单位：100m³

项目		单位	运距（km） 0.5	1	2	3	4	每增运1km
高级熟练工		工时						
熟练工		工时						
半熟练工		工时						
普工		工时	5.27	5.27	5.27	5.27	5.27	
合计		工时	5.27	5.27	5.27	5.27	5.27	
零星材料费		元	17	17	17	17	17	
挖掘机	液压反铲 1.6m³	台时	0.83	0.83	0.83	0.83	0.83	
推土机	132kW	台时	0.17	0.17	0.17	0.17	0.17	
自卸汽车	5t	台时	5.12	6.42	8.64	10.87	13.09	1.95
	6.5t	台时	4.23	5.23	6.94	8.65	10.36	1.49
	8t	台时	3.68	4.49	5.88	7.27	8.66	1.22
	10t	台时	3.30	3.94	5.06	6.17	7.28	0.98
	12t	台时	2.96	3.49	4.42	5.35	6.27	0.81
	15t	台时	2.62	3.05	3.79	4.53	5.27	0.65
	18t	台时	2.33	2.69	3.31	3.92	4.54	0.55
	20t	台时	2.18	2.50	3.06	3.62	4.17	0.48
编号			60065	60066	60067	60068	60069	60070

6.9.3 装自卸汽车运输（陆上开挖）

单位：100m³

项目		单位	运距（km） 0.5	1	2	3	4	每增运1km
高级熟练工		工时						
熟练工		工时						
半熟练工		工时						
普工		工时	2.63	2.63	2.63	2.63	2.63	
合计		工时	2.63	2.63	2.63	2.63	2.63	
零星材料费		元	15	15	15	15	15	
挖掘机	液压反铲 1.6m³	台时	0.55	0.55	0.55	0.55	0.55	
推土机	132kW	台时	0.18	0.18	0.18	0.18	0.18	
自卸汽车	5t	台时	4.49	5.79	8.01	10.24	12.46	1.95
	6.5t	台时	3.66	4.66	6.37	8.08	9.80	1.49
	8t	台时	3.14	3.96	5.35	6.74	8.13	1.22
	10t	台时	2.76	3.41	4.52	5.63	6.75	0.98
	12t	台时	2.44	2.99	3.91	4.84	5.77	0.81
	15t	台时	2.13	2.56	3.31	4.05	4.79	0.65
	18t	台时	1.93	2.29	2.90	3.52	4.14	0.55
	20t	台时	1.82	2.15	2.71	3.27	3.82	0.48
编号			60071	60072	60073	60074	60075	60076

6.10　$2m^3$液压反铲挖掘机采挖砂砾料

适用范围：天然砂砾料。

工作内容：挖、卸、堆集或装自卸汽车运输。

6.10.1　堆　　集

单位：$100m^3$

项　目	单位	水下开挖	陆上开挖
高级熟练工	工时		
熟　练　工	工时		
半熟练工	工时		
普　　工	工时	3.23	1.58
合　　计	工时	3.23	1.58
零星材料费	元	15	13
挖　掘　机　液压反铲 $2m^3$	台时	0.68	0.50
其他机械使用费	元	21	21
编　号		60077	60078

6.10.2　装自卸汽车运输（水下开挖）

单位：$100m^3$

项　目		单位	运距（km）					每增运1km
			0.5	1	2	3	4	
高级熟练工		工时						
熟　练　工		工时						
半熟练工		工时						
普　　工		工时	4.65	4.65	4.65	4.65	4.65	
合　　计		工时	4.65	4.65	4.65	4.65	4.65	
零星材料费		元	17	17	17	17	17	
挖　掘　机	液压反铲 $2m^3$	台时	0.73	0.73	0.73	0.73	0.73	
推　土　机	132kW	台时	0.15	0.15	0.15	0.15	0.15	
自卸汽车	5t	台时	4.97	6.27	8.50	10.72	12.95	1.95
	6.5t	台时	4.09	5.08	6.80	8.51	10.22	1.49
	8t	台时	3.53	4.34	5.73	7.12	8.51	1.22
	10t	台时	3.14	3.79	4.90	6.02	7.13	0.98
	12t	台时	2.80	3.35	4.27	5.20	6.13	0.81
	15t	台时	2.47	2.90	3.65	4.39	5.13	0.65
	18t	台时	2.24	2.60	3.21	3.83	4.45	0.55
	20t	台时	2.08	2.41	2.97	3.52	4.08	0.48
	编　号		60079	60080	60081	60082	60083	60084

6.10.3 装自卸汽车运输（陆上开挖）

单位：$100m^3$

项目		单位	运距（km）					每增运1km
			0.5	1	2	3	4	
高级熟练工		工时						
熟练工		工时						
半熟练工		工时						
普工		工时	2.57	2.57	2.57	2.57	2.57	
合计		工时	2.57	2.57	2.57	2.57	2.57	
零星材料费		元	15	15	15	15	15	
挖掘机	液压反铲 $2m^3$	台时	0.54	0.54	0.54	0.54	0.54	
推土机	132kW	台时	0.18	0.18	0.18	0.18	0.18	
自卸汽车	6.5t	台时	3.54	4.54	6.25	7.96	9.67	1.49
	8t	台时	3.06	3.86	5.25	6.64	8.03	1.22
	10t	台时	2.67	3.32	4.43	5.54	6.65	0.98
	12t	台时	2.36	2.90	3.83	4.76	5.69	0.81
	15t	台时	2.05	2.48	3.22	3.97	4.71	0.65
	18t	台时	1.84	2.20	2.82	3.44	4.06	0.55
	20t	台时	1.74	2.06	2.62	3.17	3.73	0.48
	25t	台时	1.55	1.80	2.25	2.69	3.14	0.39
编号			60085	60086	60087	60088	60089	60090

6.11 $3m^3$液压反铲挖掘机采挖砂砾料

适用范围： 天然砂砾料。

工作内容： 挖、卸、堆集或装自卸汽车运输。

6.11.1 堆 集

单位：$100m^3$

项目		单位	水下开挖	陆上开挖
高级熟练工		工时		
熟练工		工时		
半熟练工		工时		
普工		工时	2.35	1.18
合计		工时	2.35	1.18
零星材料费		元	15	13
挖掘机	液压反铲 $3m^3$	台时	0.49	0.37
其他机械使用费		元	21	21
编号			60091	60092

6.11.2 装自卸汽车运输（水下开挖）

单位：100m³

项目		单位	运距（km）0.5	1	2	3	4	每增运1km
高级熟练工		工时						
熟练工		工时						
半熟练工		工时						
普工		工时	3.39	3.39	3.39	3.39	3.39	
合计		工时	3.39	3.39	3.39	3.39	3.39	
零星材料费		元	17	17	17	17	17	
挖掘机	液压反铲 $3m^3$	台时	0.53	0.53	0.53	0.53	0.53	
推土机	132kW	台时	0.11	0.11	0.11	0.11	0.11	
自卸汽车	10t	台时	2.84	3.49	4.60	5.72	6.83	0.98
	12t	台时	2.50	3.05	3.98	4.90	5.83	0.81
	15t	台时	2.16	2.60	3.34	4.08	4.82	0.65
	18t	台时	1.94	2.30	2.91	3.53	4.15	0.55
	20t	台时	1.83	2.15	2.71	3.27	3.82	0.48
	25t	台时	1.62	1.87	2.32	2.76	3.20	0.39
	27t	台时	1.53	1.77	2.18	2.60	3.01	0.36
	30t	台时	1.43	1.65	2.02	2.39	2.76	0.33
	32t	台时	1.38	1.59	1.93	2.28	2.63	0.31
编号			60093	60094	60095	60096	60097	60098

6.11.3 装自卸汽车运输（陆上开挖）

单位：100m³

项目		单位	运距（km）0.5	1	2	3	4	每增运1km
高级熟练工		工时						
熟练工		工时						
半熟练工		工时						
普工		工时	1.91	2.54	2.54	2.54	2.54	
合计		工时	1.91	2.54	2.54	2.54	2.54	
零星材料费		元	15	15	15	15	15	
挖掘机	液压反铲 $3m^3$	台时	0.40	0.40	0.40	0.40	0.40	
推土机	132kW	台时	0.13	0.13	0.13	0.13	0.13	
自卸汽车	10t	台时	2.46	3.11	4.22	5.34	6.45	0.98
	12t	台时	2.15	2.70	3.63	4.55	5.48	0.81
	15t	台时	1.84	2.28	3.02	3.76	4.50	0.65
	18t	台时	1.64	2.00	2.62	3.23	3.85	0.55
	20t	台时	1.53	1.85	2.41	2.97	3.52	0.48
	25t	台时	1.35	1.61	2.05	2.49	2.94	0.39
	27t	台时	1.29	1.53	1.95	2.36	2.77	0.36
	30t	台时	1.23	1.44	1.81	2.18	2.55	0.33
	32t	台时	1.18	1.39	1.73	2.08	2.43	0.31
编号			60099	60100	60101	60102	60103	60104

6.12 4m³液压反铲挖掘机采挖砂砾料

适用范围：天然砂砾料。

工作内容：挖、卸、堆集或装自卸汽车运输。

6.12.1 堆　　集

单位：100m³

项　目		单位	水下开挖	陆上开挖
高级熟练工		工时		
熟练工		工时		
半熟练工		工时		
普工		工时	1.87	0.94
合计		工时	1.87	0.94
零星材料费		元	15	13
挖掘机	液压反铲 4m³	台时	0.39	0.30
其他机械使用费		元	21	21
编　号			60105	60106

6.12.2 装自卸汽车运输（水下开挖）

单位：100m³

项　目		单位	运距（km）					每增运1km
			0.5	1	2	3	4	
高级熟练工		工时						
熟练工		工时						
半熟练工		工时						
普工		工时	2.69	2.69	2.69	2.69	2.69	
合计		工时	2.69	2.69	2.69	2.69	2.69	
零星材料费		元	17	17	17	17	17	
挖掘机	液压反铲 4m³	台时	0.42	0.42	0.42	0.42	0.42	
推土机	132kW	台时	0.08	0.08	0.08	0.08	0.08	
自卸汽车	15t	台时	2.00	2.43	3.17	3.91	4.66	0.65
	18t	台时	1.77	2.13	2.75	3.37	3.99	0.55
	20t	台时	1.66	1.99	2.54	3.10	3.66	0.48
	25t	台时	1.45	1.72	2.16	2.61	3.05	0.39
	27t	台时	1.40	1.64	2.05	2.46	2.87	0.36
	30t	台时	1.32	1.53	1.91	2.28	2.65	0.33
	32t	台时	1.27	1.47	1.81	2.16	2.51	0.31
	40t	台时	1.06	1.23	1.50	1.78	2.06	0.25
	45t	台时	1.05	1.19	1.44	1.69	1.94	0.22
编　号			60107	60108	60109	60110	60111	60112

6.12.3 装自卸汽车运输（陆上开挖）

单位：100m³

项目		单位	运距（km）					每增运1km
			0.5	1	2	3	4	
高级熟练工		工时						
熟练工		工时						
半熟练工		工时						
普工		工时	1.53	1.53	1.53	1.53	1.53	
合计		工时	1.53	1.53	1.53	1.53	1.53	
零星材料费		元	15	15	15	15	15	
挖掘机	液压反铲 $4m^3$	台时	0.32	0.32	0.32	0.32	0.32	
推土机	132kW	台时	0.11	0.11	0.11	0.11	0.11	
自卸汽车	15t	台时	1.72	2.15	2.89	3.64	4.38	0.65
自卸汽车	18t	台时	1.51	1.87	2.49	3.11	3.73	0.55
	20t	台时	1.41	1.74	2.30	2.85	3.41	0.48
	25t	台时	1.23	1.48	1.94	2.38	2.82	0.39
	27t	台时	1.17	1.41	1.82	2.24	2.65	0.36
	30t	台时	1.10	1.32	1.69	2.06	2.43	0.33
	32t	台时	1.06	1.27	1.62	1.96	2.31	0.31
	40t	台时	0.95	1.11	1.39	1.67	1.95	0.25
	45t	台时	0.88	1.02	1.27	1.51	1.76	0.22
	50t	台时	0.83	0.97	1.18	1.41	1.64	0.20
编号			60113	60114	60115	60116	60117	60118

6.13 $5m^3$液压反铲挖掘机采挖砂砾料

适用范围：天然砂砾料。

工作内容：挖、卸、堆集或装自卸汽车运输。

6.13.1 堆集

单位：100m³

项目		单位	水下开挖	陆上开挖
高级熟练工		工时		
熟练工		工时		
半熟练工		工时		
普工		工时	1.61	0.83
合计		工时	1.61	0.83
零星材料费		元	15	13
挖掘机	液压反铲 $5m^3$	台时	0.34	0.26
其他机械使用费		元	21	21
编号			60119	60120

6.13.2 装自卸汽车运输（水下开挖）

单位：$100m^3$

项目		单位	运距（km）					每增运1km
			0.5	1	2	3	4	
高级熟练工		工时						
熟练工		工时						
半熟练工		工时						
普工		工时	2.3	2.3	2.3	2.3	2.3	
合计		工时	2.3	2.3	2.3	2.3	2.3	
零星材料费		元	17	17	17	17	17	
挖掘机	液压反铲 $5m^3$	台时	0.37	0.37	0.37	0.37	0.37	
推土机	132kW	台时	0.07	0.07	0.07	0.07	0.07	
自卸汽车	18t	台时	1.69	2.05	2.67	3.29	3.90	0.55
	20t	台时	1.58	1.90	2.45	3.01	3.56	0.48
	25t	台时	1.37	1.63	2.07	2.52	2.97	0.39
	27t	台时	1.31	1.55	1.96	2.37	2.78	0.36
	30t	台时	1.24	1.45	1.82	2.19	2.56	0.33
	32t	台时	1.19	1.39	1.74	2.09	2.44	0.31
	40t	台时	1.04	1.21	1.48	1.76	2.04	0.25
	45t	台时	0.99	1.13	1.38	1.63	1.87	0.22
	50t	台时	0.93	1.06	1.28	1.50	1.72	0.20
	编号		60121	60122	60123	60124	60125	60126

6.13.3 装自卸汽车运输（陆上开挖）

单位：$100m^3$

项目		单位	运距（km）					每增运1km
			0.5	1	2	3	4	
高级熟练工		工时						
熟练工		工时						
半熟练工		工时						
普工		工时	1.3	1.3	1.3	1.3	1.3	
合计		工时	1.3	1.3	1.3	1.3	1.3	
零星材料费		元	15	15	15	15	15	
挖掘机	液压反铲 $5m^3$	台时	0.28	0.28	0.28	0.28	0.28	
推土机	132kW	台时	0.09	0.09	0.09	0.09	0.09	
自卸汽车	18t	台时	1.46	1.82	2.44	3.06	3.68	0.55
	20t	台时	1.35	1.68	2.24	2.79	3.35	0.48
	25t	台时	1.16	1.43	1.87	2.32	2.76	0.39
	27t	台时	1.11	1.35	1.76	2.17	2.59	0.36
	30t	台时	1.04	1.26	1.63	2.00	2.37	0.33
	32t	台时	1.01	1.21	1.56	1.91	2.25	0.31
	40t	台时	0.89	1.05	1.33	1.61	1.88	0.25
	45t	台时	0.85	1.00	1.25	1.49	1.74	0.22
	50t	台时	0.79	0.93	1.15	1.37	1.60	0.20
	编号		60127	60128	60129	60130	60131	60132

6.14 $4m^3$铲扬式挖泥船采挖砂砾料

适用范围： 水下15m以内采挖装砂驳、拖轮顶推运输、胶带机输送上岸。

工作内容： 挖、装、卸、空回、移位、转运上岸。

单位：$100m^3$

项目		单位	运距3km				每增运1km	过船闸增加
			含砾量小于10%	砾石粒径大于150mm含量(%)				
				≤10	10～15	＞15		
高级熟练工		工时	1	1	1	1		
熟练工		工时	2	2	2	2		
半熟练工		工时	2	2	2	2		
普工		工时	2	2	2	2		
合计		工时	8	8	8	9		
零星材料费		元	8	8	8	8		
挖泥船	铲扬$4m^3$	台时	0.70	0.70	0.75	0.78		
拖轮	353kW	台时	0.92	0.92	0.97	1.00	0.11	1.27
砂驳	$180m^3$	台时	1.84	1.84	1.94	2.00	0.22	2.53
输砂趸船	1500t/h	台时	0.25	0.25	0.26	0.28		
胶带输送机	1200mm	组时	0.25	0.25	0.26	0.28		
卷扬机	10t	台时	0.25	0.25	0.26	0.28		
拖轮	588kW	台时	0.01	0.01	0.01	0.01		
拖轮	110kW	台时	0.10	0.10	0.10	0.10		
水驳	60t	台时	0.10	0.10	0.10	0.10		
其他机械使用费		元	32	32	32	32		
编号			60133	60134	60135	60136	60137	60138

6.15 120m³/h 链斗式采砂船采挖砂砾料

适用范围： 水下7m以内采挖。

工作内容： 挖、装砂驳、拖轮顶推运输、胶带机转运上岸。

单位：100m³

项目		单位	运距 3km				每增运1km	过船闸增加
			含砾量小于10%	砾石粒径大于150mm含量(%)				
				≤10	10～15	＞15		
高级熟练工		工时	3	3	4	5		
熟练工		工时	5	5	6	7		
半熟练工		工时	4	4	4	5		
普工		工时	7	7	8	10		
合计		工时	19	19	22	27		
零星材料费		元	8	8	8	8		
采砂船	$120m^3/h$	台时	1.14	1.15	1.30	1.53		
拖轮	176kW	台时	1.55	1.55	1.63	1.81	0.24	0.96
砂驳	$60m^3$	台时	3.10	3.10	3.26	3.62	0.48	1.92
输砂趸船	800t/h	台时	0.39	0.39	0.39	0.39		
胶带输送机	800mm	组时	0.39	0.39	0.39	0.39		
卷扬机	5t	台时	0.39	0.39	0.39	0.39		
抛锚艇	118kW	台时	0.22	0.22	0.22	0.22		
拖轮	221kW	台时	0.21	0.21	0.21	0.21		
拖轮	110kW	台时	0.03	0.03	0.03	0.03		
水驳	60t	台时	0.03	0.03	0.03	0.03		
其他机械使用费		元	13	13	13	13		
编号			60139	60140	60141	60142	60143	60144

6.16 150m³/h 链斗式采砂船采挖砂砾料

适用范围：水下 7m 以内采挖。

工作内容：挖、装砂驳、拖轮顶推运输、胶带机转运上岸。

单位：100m³

项目		单位	运距 3km				每增运 1km	过船闸增加
			含砾量小于 10%	砾石粒径大于 150mm 含量(%)				
				≤10	10～15	＞15		
高级熟练工		工时	3	3	3	3		
熟练工		工时	4	4	4	4		
半熟练工		工时	4	4	4	5		
普工		工时	5	5	6	6		
合计		工时	16	16	17	18		
零星材料费		元	8	8	8	8		
采砂船	150m³/h	台时	0.80	0.80	0.92	0.98		
拖轮	176kW	台时	1.38	1.41	1.50	1.56	0.24	0.96
砂驳	60m³	台时	2.76	2.82	3.00	3.11	0.48	1.92
输砂趸船	800t/h	台时	0.39	0.39	0.39	0.39		
胶带输送机	800mm	组时	0.39	0.39	0.39	0.39		
卷扬机	5t	台时	0.39	0.39	0.39	0.39		
抛锚艇	118kW	台时	0.21	0.21	0.21	0.21		
拖轮	221kW	台时	0.21	0.21	0.21	0.21		
拖轮	110kW	台时	0.03	0.03	0.03	0.03		
水驳	60t	台时	0.03	0.03	0.03	0.03		
其他机械使用费		元	13	13	13	13		
编号			60145	60146	60147	60148	60149	60150

6.17　250m³/h 链斗式采砂船采挖砂砾料

适用范围： 水下 12m 以内采挖、装砂驳、拖轮顶推运输、胶带机转运上岸。

工作内容： 挖装、运输、卸至码头、空回、移位、转运上岸。

6.17.1　353kW 拖轮运输　运距≤10km

单位：100m³

项目	单位	运距 3km				每增运 1km	过船闸增加
		含砾量小于10%	砾石粒径大于 150mm 含量（%）				
			≤10	10～15	＞15		
高级熟练工	工时	2	2	2	3		
熟练工	工时	4	4	4	5		
半熟练工	工时	4	4	4	5		
普工	工时	6	6	6	8		
合计	工时	16	16	16	21		
零星材料费	元	8	8	8	8		
采砂船 250m³/h	台时	0.44	0.44	0.48	0.64		
拖轮 353kW	台时	1.04	1.04	1.12	1.28	0.11	0.63
砂驳 180m³	台时	1.04	1.04	1.12	1.28	0.11	0.63
输砂趸船 1500t/h	台时	0.21	0.21	0.21	0.21		
胶带输送机 1200mm	组时	0.21	0.21	0.21	0.21		
卷扬机 10t	台时	0.21	0.21	0.21	0.21		
抛锚艇 243kW	台时	0.05	0.05	0.05	0.05		
拖轮 397kW	台时	0.01	0.01	0.01	0.01		
拖轮 110kW	台时	0.05	0.05	0.05	0.05		
水驳 60t	台时	0.05	0.05	0.05	0.05		
其他机械使用费	元	12	12	12	12		
编号		60151	60152	60153	60154	60155	60156

6.17.2 397kW 拖轮运输 运距＞10km

单位：100m³

项目		单位	运距 10km				每增运1km	过船闸增加
			含砾量小于10%	砾石粒径大于 150mm 含量(%)				
				≤10	10～15	＞15		
高级熟练工		工时	2	2	2	3		
熟练工		工时	4	3	4	5		
半熟练工		工时	4	4	4	5		
普工		工时	6	6	6	8		
合计		工时	16	15	16	21		
零星材料费		元	8	8	8	8		
采砂船	$250m^3/h$	台时	0.44	0.43	0.48	0.64		
拖轮	397kW	台时	1.36	1.35	1.45	1.61	0.07	0.32
砂驳	$180m^3$	台时	2.71	2.70	2.91	3.23	0.14	0.64
输砂趸船	1500t/h	台时	0.21	0.21	0.21	0.21		
胶带输送机	1200mm	组时	0.21	0.21	0.21	0.21		
卷扬机	10t	台时	0.21	0.21	0.21	0.21		
抛锚艇	243kW	台时	0.05	0.05	0.05	0.05		
拖轮	353kW	台时	0.01	0.01	0.01	0.01		
拖轮	110kW	台时	0.05	0.05	0.05	0.05		
水驳	60t	台时	0.05	0.05	0.05	0.05		
其他机械使用费		元	12	12	12	12		
编号			60157	60158	60159	60160	60161	60162

6.17.3 1250kW 拖轮运输 运距≤10km

单位：100m³

项目		单位	运距 3km				每增(减)运1km	过船闸增加
			含砾量小于10%	砾石粒径大于150mm含量(%)				
				≤10	10～15	>15		
高级熟练工		工时	2	1	2	3		
熟练工		工时	3	3	3	4		
半熟练工		工时	3	3	3	4		
普工		工时	5	4	5	7		
合计		工时	13	11	13	18		
零星材料费		元	8	8	8	8		
采砂船	250m³/h	台时	0.35	0.35	0.39	0.55		
拖轮	1250kW	台时	0.68	0.68	0.72	0.90	0.03	0.09
砂驳	1200t	台时	0.68	0.68	0.72	0.90	0.03	0.09
输砂趸船	1500t/h	台时	0.21	0.21	0.21	0.21		
胶带输送机	1200mm	组时	0.21	0.21	0.21	0.21		
卷扬机	10t	台时	0.21	0.21	0.21	0.21		
抛锚艇	243kW	台时	0.04	0.04	0.04	0.04		
拖轮	397kW	台时	0.01	0.01	0.01	0.01		
拖轮	110kW	台时	0.04	0.04	0.04	0.04		
水驳	60t	台时	0.04	0.04	0.04	0.04		
其他机械使用费		元	12	12	12	12		
编号			60163	60164	60165	60166	60167	60168

6.17.4 1250kW 拖轮运输 运距＞10km

单位：100m³

项目		单位	运距 10km				每增运1km	过船闸增加
			含砾量小于10%	砾石粒径大于 150mm 含量（%）				
				≤10	10～15	＞15		
高级熟练工		工时	2	1	2	3		
熟练工		工时	3	3	3	4		
半熟练工		工时	3	3	3	4		
普工		工时	5	4	5	7		
合计		工时	13	11	13	18		
零星材料费		元	8	8	8	8		
采砂船	$250m^3/h$	台时	0.35	0.35	0.39	0.55		
拖轮	1250kW	台时	0.66	0.66	0.70	0.88	0.01	0.09
砂驳	1200t	台时	1.32	1.32	1.40	1.75	0.02	0.18
输砂趸船	1500t/h	台时	0.21	0.21	0.21	0.21		
胶带输送机	1200mm	组时	0.21	0.21	0.21	0.21		
卷扬机	10t	台时	0.21	0.21	0.21	0.21		
抛锚艇	243kW	台时	0.04	0.04	0.04	0.04		
拖轮	397kW	台时	0.01	0.01	0.01	0.01		
拖轮	110kW	台时	0.04	0.04	0.04	0.04		
水驳	60t	台时	0.04	0.04	0.04	0.04		
其他机械使用费		元	12	12	12	12		
编号			60169	60170	60171	60172	60173	60174

6.18 750m³/h 链斗式采砂船采挖砂砾料

适用范围：水下≤20m 以内采挖、装砂驳、拖轮项推运输、胶带机转运上岸。

工作内容：挖、装、运、卸、空回、移位、转运上岸。

6.18.1 353kW 拖轮运输 运距≤10km

单位：$100m^3$

项目		单位	运距 3km				每增运1km	过船闸增加
			含砾量小于10%	砾石粒径大于 150mm 含量（%）				
				≤10	10～15	＞15		
高级熟练工		工时	1	1	1	1		
熟练工		工时	2	2	3	4		
半熟练工		工时	1	1	2	2		
普工		工时	4	4	4	5		
合计		工时	8	8	10	12		
零星材料费		元	8	8	8	8		
采砂船	$750m^3/h$	台时	0.17	0.17	0.20	0.24		
拖轮	353kW	台时	0.84	0.84	0.90	1.07	0.11	0.64
砂驳	$180m^3$	台时	0.84	0.84	0.90	1.07	0.11	0.64
输砂趸船	1500t/h	台时	0.21	0.21	0.21	0.21		
胶带输送机	1200mm	组时	0.21	0.21	0.21	0.21		
卷扬机	10t	台时	0.21	0.21	0.21	0.21		
抛锚艇	243kW	台时	0.03	0.03	0.03	0.03		
拖轮	397kW	台时	0.01	0.01	0.01	0.01		
拖轮	110kW	台时	0.03	0.03	0.03	0.03		
水驳	60t	台时	0.03	0.03	0.03	0.03		
其他机械使用费		元	12	12	12	12		
编号			60175	60176	60177	60178	60179	60180

6.18.2 397kW 拖轮运输 运距＞10km

单位：$100m^3$

项目		单位	运距 10km				每增运1km	过船闸增加
			含砾量小于10%	砾石粒径大于 150mm 含量(%)				
				≤10	10～15	＞15		
高级熟练工		工时	1	1	1	1		
熟练工		工时	2	2	3	4		
半熟练工		工时	1	1	2	2		
普工		工时	4	4	4	5		
合计		工时	8	8	10	12		
零星材料费		元	8	8	8	8		
采砂船	$750m^3/h$	台时	0.17	0.17	0.20	0.24		
拖轮	397kW	台时	1.15	1.15	1.24	1.29	0.07	0.32
砂驳	$180m^3$	台时	2.30	2.30	2.48	2.57	0.14	0.64
输砂趸船	1500t/h	台时	0.21	0.21	0.21	0.21		
胶带输送机	1200mm	组时	0.21	0.21	0.21	0.21		
卷扬机	10t	台时	0.21	0.21	0.21	0.21		
抛锚艇	243kW	台时	0.03	0.03	0.03	0.03		
拖轮	353kW	台时	0.01	0.01	0.01	0.01		
拖轮	110kW	台时	0.03	0.03	0.03	0.03		
水驳	60t	台时	0.03	0.03	0.03	0.03		
其他机械使用费		元	12	12	12	12		
编号			60181	60182	60183	60184	60185	60186

6.18.3 1250kW 拖轮运输 运距≤10km

单位：100m^3

项目		单位	运距 3km				每增（减）运1km	过船闸增加
			含砾量小于10%	砾石粒径大于150mm含量（%）				
				≤10	10～15	>15		
高级熟练工		工时	1	1	1	1		
熟练工		工时	2	2	3	3		
半熟练工		工时	1	1	1	2		
普工		工时	3	3	4	5		
合计		工时	7	7	9	11		
零星材料费		元	8	8	8	8		
采砂船	750m^3/h	台时	0.15	0.15	0.18	0.22		
拖轮	1250kW	台时	0.48	0.48	0.57	0.60	0.01	0.09
砂驳	1200t	台时	0.48	0.48	0.57	0.60	0.01	0.09
输砂趸船	1500t/h	台时	0.21	0.21	0.21	0.21		
胶带输送机	1200mm	组时	0.21	0.21	0.21	0.21		
卷扬机	10t	台时	0.21	0.21	0.21	0.21		
抛锚艇	243kW	台时	0.03	0.03	0.03	0.03		
拖轮	397kW	台时	0.01	0.01	0.01	0.01		
拖轮	110kW	台时	0.03	0.03	0.03	0.03		
水驳	60t	台时	0.03	0.03	0.03	0.03		
其他机械使用费		元	12	12	12	12		
编号			60187	60188	60189	60190	60191	60192

6.18.4 1250kW 拖轮运输 运距＞10km

单位：100m³

项目		单位	运距 10km				每增运 1km	过船闸增加
			含砾量小于 10%	砾石粒径大于 150mm 含量（%）				
				≤10	10～15	＞15		
高级熟练工		工时	1	1	1	1		
熟练工		工时	2	2	3	3		
半熟练工		工时	1	1	1	2		
普工		工时	3	3	4	5		
合计		工时	7	7	9	11		
零星材料费		元	8	8	8	8		
采砂船	750m³/h	台时	0.15	0.15	0.18	0.22		
拖轮	1250kW	台时	0.46	0.46	0.51	0.54	0.01	0.09
砂驳	1200t	台时	0.93	0.93	1.01	1.09	0.02	0.18
输砂趸船	1500t/h	台时	0.21	0.21	0.21	0.21		
胶带输送机	1200mm	组时	0.21	0.21	0.21	0.21		
卷扬机	10t	台时	0.21	0.21	0.21	0.21		
抛锚艇	243kW	台时	0.03	0.03	0.03	0.03		
拖轮	397kW	台时	0.01	0.01	0.01	0.01		
拖轮	110kW	台时	0.03	0.03	0.03	0.03		
水驳	60t	台时	0.03	0.03	0.03	0.03		
其他机械使用费		元	12	12	12	12		
编号			60193	60194	60195	60196	60197	60198

6.19 砂砾料预筛分及超径石破碎

适用范围： 开采料的超径石处理。

工作内容： 经预筛分隔离超径砾石并经处理后转运堆存。

6.19.1 超 径 石 作 弃 料

单位：100m³

项目		单位	进料方式			
			自卸汽车	砂驳		
				60m³	180m³	1200t
高级熟练工		工时	1	1		
熟练工		工时	1	1	1	1
半熟练工		工时	1	1	1	1
普工		工时	6	4	3	3
合计		工时	9	7	5	5
零星材料费		元	10	10	10	10
给料机	槽式	组时	0.45	0.44	0.27	0.21
胶带输送机		组时	0.45	0.44	0.27	0.21
筛分机		组时	0.45	0.44	0.27	0.21
堆料机	摇臂	台时	0.45	0.44	0.27	0.21
	卸料小车	台时	0.45	0.44	0.27	0.21
其他机械使用费		元	10	10	10	10
编号			60199	60200	60201	60202

注 预筛分系统只设置隔离篦子，不设置筛分机或破碎机时，本定额应取消筛分机或破碎机。

6.19.2 超径石进行一次破碎

单位：100m^3

项目			单位	进料方式			
				自卸汽车	砂驳		
					60m^3	180m^3	1200t
高级熟练工			工时	1	1		
熟练工			工时	1	1	1	1
半熟练工			工时	1	2	1	1
普工			工时	7	6	4	4
合计			工时	10	10	6	6
零星材料费			元	14	14	14	14
给料机	槽式		组时	0.45	0.44	0.27	0.21
胶带输送机			组时	0.45	0.44	0.27	0.21
筛分机			组时	0.45	0.44	0.27	0.21
破碎机	旋回	500/75	台时	0.45	0.44	0.27	0.21
	颚式	600×900	台时	0.45	0.44	0.27	0.21
	锥式	2000	台时	0.45	0.44	0.27	0.21
堆料机	摇臂		台时	0.45	0.44	0.27	0.21
	卸料小车		台时	0.45	0.44	0.27	0.21
其他机械使用费			元	10	10	10	10
编号				60203	60204	60205	60206

注 预筛分系统只设置隔离篦子，不设置筛分机或破碎机时，本定额应取消筛分机或破碎机。

6.19.3 超径石进行二次破碎

单位：$100m^3$

项目		单位	进料方式			
			自卸汽车	砂驳		
				$60m^3$	$180m^3$	1200t
高级熟练工		工时	1	1	1	1
熟练工		工时	1	1	1	1
半熟练工		工时	2	2	1	1
普工		工时	9	8	5	4
合计		工时	13	12	8	7
零星材料费		元	18	18	18	18
给料机	槽式	组时	0.45	0.44	0.27	0.21
胶带输送机		组时	0.45	0.44	0.27	0.21
筛分机		组时	0.45	0.44	0.27	0.21
破碎机	旋回 500/75	台时	0.45	0.44	0.27	0.21
	颚式 600×900	台时	0.45	0.44	0.27	0.21
	锥式 2000	台时	0.45	0.44	0.27	0.21
破碎机	颚式 400×600	台时	0.45	0.44	0.27	0.21
	锥式 1750	台时	0.45	0.44	0.27	0.21
堆料机	摇臂	台时	0.45	0.44	0.27	0.21
	卸料小车	台时	0.45	0.44	0.27	0.21
其他机械使用费		元	10	10	10	10
编号			60207	60208	60209	60210

注　预筛分系统只设置隔离篦子，不设置筛分机或破碎机时，本定额应取消筛分机或破碎机。

6.20 筛 洗

6.20.1 砂砾料筛洗

适用范围： 经预筛分的砂砾料筛洗。

工作内容： 上料、筛选、分级转运堆存。

单位：100m³

项目		单位	筛分系统产量（t/h）								
			80	120	170	220	300	400	600	800	1000
高级熟练工		工时	3.61	2.41	1.70	1.30	0.96	0.72	0.49	0.36	0.29
熟练工		工时	7.21	4.82	3.41	2.61	1.92	1.45	0.98	0.72	0.58
半熟练工		工时	3.61	2.41	1.70	2.61	1.92	1.45	1.47	1.09	0.87
普工		工时	7.21	4.82	3.41	3.91	2.88	2.17	1.96	1.45	1.16
合计		工时	21.64	14.46	10.22	10.43	7.68	5.79	4.90	3.62	2.90
水		m³	75	75	75	75	75	75	75	75	75
其他材料费		元	11	11	11	11	11	11	11	11	11
筛分机		组时	1.99	1.33	0.94	0.72	0.53	0.40	0.27	0.20	0.16
螺旋分级机		组时	1.99	1.33	0.94	0.72	0.53	0.40	0.27	0.20	0.16
给料机	电磁式	组时	1.99	1.33	0.94	0.72	0.53	0.40	0.27	0.20	0.16
胶带输送机		组时	1.99	1.33	0.94	0.72	0.53	0.40	0.27	0.20	0.16
堆料机	摇臂	台时	1.99	1.33	0.94	0.72	0.53	0.40	0.27	0.20	0.16
	堆取料机	台时	1.99	1.33	0.94	0.72	0.53	0.40	0.27	0.20	0.16
	双臂	台时	1.99	1.33	0.94	0.72	0.53	0.40	0.27	0.20	0.16
	卸料小车	台时	1.99	1.33	0.94	0.72	0.53	0.40	0.27	0.20	0.16
其他机械使用费		元	2	2	2	2	2	2	2	2	2
编号			60211	60212	60213	60214	60215	60216	60217	60218	60219

注 本定额表中的筛分系统产量是指砂砾料筛洗工序（环节、单元）单位产出量。

6.20.2　砂砾料中间破碎筛洗

适用范围：经预筛分的设置中间破碎系统砂砾料筛洗。

工作内容：上料、筛选（中间破碎）、分级转运堆存。

单位：$100m^3$

项　目		单位	中间破碎筛分系统产量（t/h）								
			80	120	170	220	300	400	600	800	1000
高级熟练工		工时	3.61	2.41	1.70	1.30	0.96	0.72	0.49	0.36	0.29
熟练工		工时	7.21	4.82	3.41	2.61	1.92	1.45	0.98	0.72	0.58
半熟练工		工时	7.21	4.82	3.41	2.61	2.88	2.17	1.47	1.09	0.87
普工		工时	7.21	4.82	3.41	2.61	4.80	3.62	2.45	1.81	1.45
合计		工时	25.24	16.87	11.93	9.13	10.56	7.96	5.39	3.98	3.19
水		m^3	90	90	90	90	90	90	90	90	90
其他材料费		元	11	11	11	11	11	11	11	11	11
筛分机		组时	1.99	1.33	0.94	0.72	0.53	0.40	0.27	0.20	0.16
破碎机		组时	1.99	1.33	0.94	0.72	0.53	0.40	0.27	0.20	0.16
螺旋分级机		组时	1.99	1.33	0.94	0.72	0.53	0.40	0.27	0.20	0.16
给料机	电磁式	组时	1.99	1.33	0.94	0.72	0.53	0.40	0.27	0.20	0.16
胶带输送机		组时	1.99	1.33	0.94	0.72	0.53	0.40	0.27	0.20	0.16
堆料机	摇臂	台时	1.99	1.33	0.94	0.72	0.53	0.40	0.27	0.20	0.16
	堆取料机	台时	1.99	1.33	0.94	0.72	0.53	0.40	0.27	0.20	0.16
	双臂	台时	1.99	1.33	0.94	0.72	0.53	0.40	0.27	0.20	0.16
	卸料小车	台时	1.99	1.33	0.94	0.72	0.53	0.40	0.27	0.20	0.16
其他机械使用费		元	2	2	2	2	2	2	2	2	2
编号			60220	60221	60222	60223	60224	60225	60226	60227	60228

6.21 碎石原料开采

6.21.1 风钻钻孔一般爆破

适用范围：手风钻钻孔。

工作内容：钻孔、爆破、解小、安全处理、堆集、清理工作面。

单位：$100m^3$

项目		单位	岩石级别			
			Ⅶ～Ⅷ	Ⅸ～Ⅹ	Ⅺ～Ⅻ	XIII～XIV
高级熟练工		工时	1.28	1.47	1.85	2.42
熟练工		工时	8.27	9.60	12.04	15.73
半熟练工		工时	8.91	10.33	12.97	16.94
普工		工时	45.17	52.42	65.78	85.92
合计		工时	63.63	73.82	92.64	121.01
合金钻头		个	0.91	1.15	1.58	2.17
风钻钻杆		kg	0.36	0.52	0.85	1.39
炸药		kg	29.58	34.68	41.82	47.94
非电毫秒雷管		发	13.58	16.39	21.03	26.98
导爆管		m	56.45	68.18	87.45	112.19
其他材料费		元	20	22	26	31
风钻	手持式	台时	4.13	5.85	9.32	15.00
修钎设备		台时	0.10	0.13	0.19	0.28
载重汽车	5t	台时	0.34	0.34	0.34	0.34
其他机械使用费		元	5	8	13	20
编号			60229	60230	60231	60232

6.21.2 100型潜孔钻钻深孔爆破

工作内容：钻孔、爆破、解小、安全处理、堆集、清理工作面。

单位：100m³

项目		单位	岩石级别			
			Ⅷ	Ⅸ～Ⅹ	Ⅺ～Ⅻ	ⅩⅢ～ⅩⅣ
高级熟练工		工时	1.42	1.74	2.21	2.71
熟练工		工时	2.83	3.48	4.41	5.42
半熟练工		工时	1.83	2.25	2.85	3.50
普工		工时	15.73	19.31	24.46	30.06
合计		工时	21.81	26.78	33.93	41.69
合金钻头		个	0.05	0.07	0.09	0.12
风钻钻杆		kg	0.14	0.18	0.24	0.29
潜孔钻头100型		个	0.04	0.06	0.09	0.14
冲击器		套	0.004	0.005	0.006	0.006
钻杆		kg	0.21	0.25	0.30	0.36
炸药		kg	36.56	40.39	45.61	51.01
雷管		发	18.56	18.56	18.56	18.56
导线	火线	m	27.54	27.54	27.54	27.54
	电线	m	25.50	25.50	25.50	25.50
导爆索		m	16.00	16.00	16.00	16.00
导爆管		m	10.61	10.61	10.61	10.61
其他材料费		元	32	32	32	32
风钻	手持式	台时	0.78	1.06	1.48	2.05
潜孔钻	100型	台时	1.74	2.32	3.19	4.38
推土机	132kW	台时	0.05	0.05	0.05	0.05
载重汽车	5t	台时	0.34	0.34	0.34	0.34
其他机械使用费		元	27	27	27	27
编号			60233	60234	60235	60236

注 雷管与导爆索只选用一种。

6.21.3 液压履带钻深孔爆破开采碎石原料

工作内容： 钻孔、爆破、解小、安全处理、堆集、清理工作面。

单位：100m³

项目		单位	岩石级别			
			Ⅷ	Ⅸ～Ⅹ	Ⅺ～Ⅻ	ⅩⅢ～ⅩⅣ
高级熟练工		工时	0.14	0.18	0.22	0.29
熟练工		工时	1.98	2.25	2.61	3.07
半熟练工		工时	1.21	1.50	1.91	2.44
普工		工时	8.35	9.50	11.10	13.14
合计		工时	11.68	13.43	15.84	18.94
合金钻头		个	0.05	0.07	0.09	0.12
风钻钻杆		kg	0.14	0.18	0.24	0.29
钻头	100型	个	0.04	0.06	0.08	0.11
钎尾		个	0.02	0.02	0.03	0.04
钻杆		kg	0.80	1.04	1.40	1.88
炸药		kg	35.99	39.76	44.90	50.21
雷管		发	18.56	18.56	18.56	18.56
导线	火线	m	27.54	27.54	27.54	27.54
	电线	m	25.50	25.50	25.50	25.50
导爆索		m	16.00	16.00	16.00	16.00
导爆管		m	10.61	10.61	10.61	10.61
其他材料费		元	32	32	32	32
风钻	手持式	台时	0.78	1.06	1.48	2.05
液压履带钻	ROC742	台时	0.61	0.76	0.97	1.23
推土机	132kW	台时	0.05	0.05	0.05	0.05
载重汽车	5t	台时	0.34	0.34	0.34	0.34
其他机械使用费		元	27	27	27	27
编号			60237	60238	60239	60240

注　雷管与导爆索只选用一种。

6.21.4 KQ150型潜孔钻钻深孔爆破

工作内容：钻孔、爆破、解小、安全处理、堆集、清理工作面。

单位：100m³

项目		单位	岩石级别			
			Ⅷ	Ⅸ～Ⅹ	Ⅺ～Ⅻ	ⅩⅢ～ⅩⅣ
高级熟练工		工时	0.21	0.27	0.37	0.51
熟练工		工时	2.44	3.18	4.25	5.69
半熟练工		工时	1.73	2.30	3.16	4.33
普工		工时	10.37	13.51	18.10	24.28
合计		工时	14.75	19.26	25.88	34.81
合金钻头		个	0.05	0.07	0.09	0.12
风钻钻杆		kg	0.14	0.18	0.24	0.29
钻头	150型	个	0.03	0.04	0.06	0.08
冲击器		套	0.005	0.007	0.009	0.012
钻杆		kg	0.140	0.171	0.213	0.267
炸药		kg	39.98	44.17	49.88	55.79
雷管		发	18.56	18.56	18.56	18.56
导线	火线	m	27.54	27.54	27.54	27.54
	电线	m	25.50	25.50	25.50	25.50
导爆索		m	12.83	12.83	12.83	12.83
导爆管		m	10.61	10.61	10.61	10.61
其他材料费		元	32	32	32	32
风钻	手持式	台时	0.78	1.06	1.48	2.05
潜孔钻	KQ150型	台时	0.88	1.16	1.60	2.19
推土机	132kW	台时	0.05	0.05	0.05	0.05
载重汽车	5t	台时	0.34	0.34	0.34	0.34
其他机械使用费		元	27	27	27	27
编号			60241	60242	60243	60244

注 雷管与导爆索只选用一种。

6.21.5 CM-351潜孔钻机深孔爆破

工作内容：钻孔、爆破、解小、安全处理、堆集、清理工作面。

单位：$100m^3$

项目		单位	岩石级别			
			Ⅷ	Ⅸ～Ⅹ	Ⅺ～Ⅻ	ⅩⅢ～ⅩⅣ
高级熟练工		工时	0.25	0.33	0.45	0.62
熟练工		工时	2.78	3.62	4.87	6.53
半熟练工		工时	2.11	2.81	3.86	5.29
普工		工时	11.86	15.49	20.81	28.01
合计		工时	17.00	22.25	29.99	40.45
合金钻头		个	0.05	0.07	0.09	0.12
风钻钻杆		kg	0.14	0.18	0.24	0.29
钻头	ϕ100mm	个	0.03	0.04	0.05	0.07
冲击器		套	0.003	0.005	0.007	0.008
钻杆		kg	0.27	0.33	0.41	0.52
炸药		kg	37.13	41.02	46.32	51.80
雷管		发	18.56	18.56	18.56	18.56
导线	火线	m	27.54	27.54	27.54	27.54
	电线	m	25.50	25.50	25.50	25.50
导爆索		m	16.00	16.00	16.00	16.00
导爆管		m	10.61	10.61	10.61	10.61
其他材料费		元	32	32	32	32
风钻	手持式	台时	0.78	1.06	1.48	2.05
潜孔钻机	CM-351	台时	1.06	1.42	1.95	2.68
空压机	XHP750	台时	1.06	1.42	1.95	2.68
推土机	132kW	台时	0.05	0.05	0.05	0.05
载重汽车	5t	台时	0.34	0.34	0.34	0.34
其他机械使用费		元	27	27	27	27
编号			60245	60246	60247	60248

注　雷管与导爆索只选用一种。

6.21.6 KQG150型高风压潜孔钻机深孔爆破开采碎石原料

工作内容：钻孔、爆破、解小、安全处理、堆集、清理工作面。

单位：100m³

项目		单位	岩石级别			
			Ⅷ	Ⅸ～Ⅹ	Ⅺ～Ⅻ	ⅩⅢ～ⅩⅣ
高级熟练工		工时	0.12	0.18	0.24	0.33
熟练工		工时	1.90	2.45	3.25	4.32
半熟练工		工时	1.11	1.48	2.03	2.78
普工		工时	7.98	10.31	13.72	18.27
合计		工时	11.11	14.42	19.24	25.70
合金钻头		个	0.05	0.07	0.09	0.12
风钻钻杆		kg	0.14	0.18	0.24	0.29
钻头	150型	个	0.01	0.02	0.02	0.03
冲击器		套	0.001	0.002	0.003	0.004
钻杆		kg	0.11	0.13	0.17	0.21
炸药		kg	39.98	44.17	49.88	55.79
雷管		发	18.56	18.56	18.56	18.56
导线	火线	m	27.54	27.54	27.54	27.54
	电线	m	25.50	25.50	25.50	25.50
导爆索		m	12.83	12.83	12.83	12.83
导爆管		m	10.61	10.61	10.61	10.61
其他材料费		元	32	32	32	32
风钻	手持式	台时	0.78	1.06	1.48	2.05
潜孔钻	KQG150型	台时	0.56	0.75	1.03	1.41
空压机	XHP750	台时	0.56	0.75	1.03	1.41
推土机	132kW	台时	0.05	0.05	0.05	0.05
载重汽车	5t	台时	0.34	0.34	0.34	0.34
其他机械使用费		元	27	27	27	27
编号			60249	60250	60251	60252

注　雷管与导爆索只选用一种。

6.22 碎石粗碎

适用范围：人工砂石料系统。

工作内容：进料、破碎、堆存、清理工作面。

6.22.1 旋回式破碎机（一台破碎机）

单位：$100m^3$

项目	单位	碎石原料	
		洞挖回采料	一般或深孔爆破
高级熟练工	工时	0.45	0.48
熟练工	工时	0.91	0.95
半熟练工	工时	1.82	1.90
普工	工时	3.18	3.33
合计	工时	6.36	6.66
水	m^3	10	10
其他材料费	元	5.1	5.1
液压破碎锤 $0.6m^3$	台时	0.10	0.11
旋回式破碎机 PX900/150	台时	0.31	0.33
槽式给料机	组时	0.31	0.33
胶带输送机	组时	0.31	0.33
除铁器	台时	0.31	0.33
其他机械使用费用	元	3.09	3.09
编号		60253	60254

注 1. 如旋回破碎机型号不同时，机械及人工定额乘下表系数调整：

型号	PX 500/75	PX 700/130	PX 900/150	PX 1200/180	PX 1200/250	PX 1500/300
系数	2.94	1.67	1	0.5	0.33	0.14

2. 液压破碎锤为 $1m^3$ 液压挖掘机改装。

6.22.2 旋回式破碎机（二台破碎机）

单位：100m^3

项　　目	单位	碎石原料	
		洞挖回采料	一般或深孔爆破
高级熟练工	工时	0.23	0.24
熟练工	工时	0.45	0.47
半熟练工	工时	1.59	1.66
普工	工时	3.18	3.32
合计	工时	5.45	5.69
水	m^3	10	10
其他材料费	元	5	5
液压破碎锤 0.6m^3	组时	0.08	0.08
旋回式破碎机 PX900/150	组时	0.16	0.16
槽式给料机	组时	0.16	0.16
胶带输送机	组时	0.16	0.16
除铁器	组时	0.16	0.16
其他机械使用费用	元	3.09	3.09
编　　号		60255	60256

注　1. 如旋回破碎机型号不同时，机械及人工定额乘下表系数调整：

型　号	PX 500/75	PX 700/130	PX 900/150	PX 1200/180	PX 1200/250	PX 1500/300
系　数	2.94	1.67	1	0.5	0.33	0.14

2. 液压破碎锤为 1m^3 液压挖掘机改装。

6.22.3 颚式破碎机（一台破碎机）

适用范围： 人工砂石料系统一般或深孔爆破碎石原料。

工作内容： 进料、破碎、堆存、清理工作面。

单位：$100m^3$

项目		单位	碎石原料	
			洞挖回采料	一般或深孔爆破
高级熟练工		工时	0.91	0.96
熟练工		工时	1.82	1.91
半熟练工		工时	2.73	2.87
普工		工时	4.55	4.78
合计		工时	10.01	10.52
水		m^3	10	10
其他材料费		元	5	5
给料机		组时	0.63	0.66
颚式破碎机	900×1200	台时	0.63	0.66
胶带输送机		组时	0.63	0.66
其他机械使用费用		元	3	3
编号			60257	60258

注 1. 如需配振动筛按施工组织设计配置。

2. 如颚式破碎机型号不同时，机械及人工定额乘下表系数调整：

颚式破碎机型号	600×900	900×1200	1200×1500	1500×2100
系数	1.765	1	0.686	0.442

6.22.4 颚式破碎机（二台破碎机）

单位：$100m^3$

项目		单位	碎石原料	
			洞挖回采料	一般或深孔爆破
高级熟练工		工时	0.46	0.48
熟练工		工时	0.91	0.96
半熟练工		工时	2.28	2.39
普工		工时	4.55	4.78
合计		工时	8.20	8.61
水		m^3	10	10
其他材料费		元	5	5
给料机		组时	0.31	0.33
颚式破碎机	900×1200	组时	0.31	0.33
胶带输送机		组时	0.31	0.33
其他机械使用费用		元	3	3
编号			60259	60260

注 1. 如需配振动筛按施工组织设计配置。

2. 如颚式破碎机型号不同时，机械及人工定额乘下表系数调整：

颚式破碎机型号	600×900	900×1200	1200×1500	1500×2100
系数	1.765	1	0.686	0.442

6.23 预 筛 分

适用范围： 砂石料预筛分系统。

工作内容： 胶带机进料、预筛分、转运、堆存、清理工作面。

单位：$100m^3$

项目	单位	预筛分系统产量（t/h）										
		80	100	150	200	250	300	380	460	540	640	740
高级熟练工	工时	3.86	3.08	2.05	1.54	1.23	1.03	0.82	0.67	0.56	0.49	0.42
熟练工	工时	7.72	6.16	4.09	3.08	2.46	2.07	2.45	2.01	1.68	1.47	1.25
半熟练工	工时	3.86	3.08	2.05	1.54	1.23	1.03	1.63	1.34	1.12	0.98	0.83
普工	工时	7.72	6.16	4.09	3.08	2.46	2.07	2.45	2.01	1.68	1.47	1.25
合计	工时	23.16	18.48	12.28	9.24	7.38	6.20	7.35	6.03	5.04	4.41	3.75
水	m^3	50	50	50	50	50	50	50	50	50	50	50
其他材料费	元	10	10	10	10	10	10	10	10	10	10	10
振动给料机	组时	2.13	1.70	1.13	0.85	0.68	0.57	0.45	0.37	0.31	0.27	0.23
除铁器	台时	2.13	1.70	1.13	0.85	0.68	0.57	0.45	0.37	0.31	0.27	0.23
振动筛	组时	2.13	1.70	1.13	0.85	0.68	0.57	0.45	0.37	0.31	0.27	0.23
螺旋分级机	组时	2.13	1.70	1.13	0.85	0.68	0.57	0.45	0.37	0.31	0.27	0.23
胶带输送机	组时	2.13	1.70	1.13	0.85	0.68	0.57	0.45	0.37	0.31	0.27	0.23
其他机械使用费	元	7	7	7	7	7	7	7	7	7	7	7
编号		60261	60262	60263	60264	60265	60266	60267	60268	60269	60270	60271

续表 单位：100m^3

项目	单位	预筛分系统产量（t/h）									
		840	1050	1250	1450	1700	1950	2200	2500	3000	3500
高级熟练工	工时	0.36	0.29	0.25	0.22	0.18	0.16	0.14	0.13	0.11	0.09
熟练工	工时	1.09	1.45	1.27	1.09	0.91	1.14	1.01	0.89	0.76	0.63
半熟练工	工时	0.72	0.87	0.76	0.65	0.54	0.65	0.58	0.51	0.43	0.36
普工	工时	1.09	1.45	1.27	1.09	0.91	1.14	1.01	0.89	0.76	0.63
合计	工时	3.26	4.06	3.55	3.05	2.54	3.09	2.74	2.42	2.06	1.71
水	m^3	50	50	50	50	50	50	50	50	50	50
其他材料费	元	10	10	10	10	10	10	10	10	10	10
振动给料机	组时	0.20	0.16	0.14	0.12	0.10	0.09	0.08	0.07	0.06	0.05
除铁器	台时	0.20	0.16	0.14	0.12	0.10	0.09	0.08	0.07	0.06	0.05
振动筛	组时	0.20	0.16	0.14	0.12	0.10	0.09	0.08	0.07	0.06	0.05
螺旋分级机	组时	0.20	0.16	0.14	0.12	0.10	0.09	0.08	0.07	0.06	0.05
胶带输送机	组时	0.20	0.16	0.14	0.12	0.10	0.09	0.08	0.07	0.06	0.05
其他机械使用费	元	7	7	7	7	7	7	7	7	7	7
编号		60272	60273	60274	60275	60276	60277	60278	60279	60280	60281

注 1. 本定额表中的预筛分系统产量是指砂石料预筛分工序（环节、单元）单位产出量。

2. 如岩石夹泥层量大时增加水 40m^3。

3. 如采用干法施工时，定额中的水耗量调整为 5m^3，同时取消螺旋分级机。

6.24 预筛分、中碎

适用范围：人工砂石料系统。

工作内容：胶带机进料、预筛分、中碎、转运、堆存、清理工作面。

单位：100m³

项目	单位	预筛分、中碎系统产量（t/h）										
		80	100	150	200	250	300	380	460	540	640	740
高级熟练工	工时	3.86	3.08	2.05	1.54	1.23	1.03	0.82	0.67	0.56	0.49	0.42
熟练工	工时	11.58	9.24	6.14	4.62	3.70	3.10	3.26	2.68	2.25	1.96	1.67
半熟练工	工时	7.72	6.16	4.09	3.08	2.46	2.07	2.45	2.01	1.68	1.47	1.25
普工	工时	15.43	12.32	8.19	6.16	4.93	4.13	4.08	3.35	2.81	2.45	2.08
合计	工时	38.59	30.80	20.47	15.40	12.32	10.33	10.61	8.71	7.30	6.37	5.42
水	m^3	60	60	60	60	60	60	60	60	60	60	60
其他材料费	元	10	10	10	10	10	10	10	10	10	10	10
振动给料机	组时	2.13	1.70	1.13	0.85	0.68	0.57	0.45	0.37	0.31	0.27	0.23
除铁器	台时	2.13	1.70	1.13	0.85	0.68	0.57	0.45	0.37	0.31	0.27	0.23
振动筛	组时	2.13	1.70	1.13	0.85	0.68	0.57	0.45	0.37	0.31	0.27	0.23
螺旋分级机	组时	2.13	1.70	1.13	0.85	0.68	0.57	0.45	0.37	0.31	0.27	0.23
破碎机	组时	2.13	1.70	1.13	0.85	0.68	0.57	0.45	0.37	0.31	0.27	0.23
胶带输送机	组时	2.13	1.70	1.13	0.85	0.68	0.57	0.45	0.37	0.31	0.27	0.23
其他机械使用费	元	7	7	7	7	7	7	7	7	7	7	7
编号		60282	60283	60284	60285	60286	60287	60288	60289	60290	60291	60292

续表　　　　　　　　　　　　　　　　　　　　　　　单位：100m³

项　　目	单位	预筛分、中碎系统产量（t/h）									
		840	1050	1250	1450	1700	1950	2200	2500	3000	3500
高级熟练工	工时	0.36	0.29	0.25	0.22	0.18	0.16	0.14	0.13	0.11	0.09
熟练工	工时	1.45	1.74	1.52	1.30	1.09	1.30	1.16	1.01	0.87	0.72
半熟练工	工时	1.09	1.16	1.01	0.87	0.72	0.82	0.72	0.63	0.54	0.45
普工	工时	1.81	2.03	1.78	1.52	1.27	1.47	1.30	1.14	0.98	0.82
合计	工时	4.71	5.22	4.56	3.91	3.26	3.75	3.32	2.91	2.50	2.08
水	m^3	60	60	60	60	60	60	60	60	60	60
其他材料费	元	10	10	10	10	10	10	10	10	10	10
振动给料机	组时	0.20	0.16	0.14	0.12	0.10	0.09	0.08	0.07	0.06	0.05
除铁器	台时	0.20	0.16	0.14	0.12	0.10	0.09	0.08	0.07	0.06	0.05
振动筛	组时	0.20	0.16	0.14	0.12	0.10	0.09	0.08	0.07	0.06	0.05
螺旋分级机	组时	0.20	0.16	0.14	0.12	0.10	0.09	0.08	0.07	0.06	0.05
破碎机	组时	0.20	0.16	0.14	0.12	0.10	0.09	0.08	0.07	0.06	0.05
胶带输送机	组时	0.20	0.16	0.14	0.12	0.10	0.09	0.08	0.07	0.06	0.05
其他机械使用费	元	7	7	7	7	7	7	7	7	7	7
编号		60293	60294	60295	60296	60297	60298	60299	60300	60301	60302

注　1. 本定额表中的预筛分中碎系统产量是指砂石料预筛分和中碎工序（环节、单元）单位产出量。

2. 如岩石夹泥层量大时增加水 $40m^3$。

3. 如采用干法施工时，定额中的水耗量调整为 $5m^3$，同时取消螺旋分级机。

6.25 碎 石 筛 分

适用范围：人工砂石料系统。

工作内容：胶带机进料、筛分、转运、堆存、清理工作面。

单位：100m³

项目	单位	碎石筛分系统产量（t/h）										
		80	100	150	200	250	300	380	460	540	640	740
高级熟练工	工时	3.32	2.64	1.76	1.32	1.05	0.89	0.69	0.58	0.49	0.42	0.36
熟练工	工时	6.63	5.29	3.51	2.64	2.10	1.78	2.07	1.74	1.47	1.25	1.09
半熟练工	工时	3.32	2.64	1.76	1.32	1.05	0.89	1.38	1.16	0.98	0.83	0.72
普工	工时	6.63	5.29	3.51	2.64	2.10	1.78	2.07	1.74	1.47	1.25	1.09
合计	工时	19.90	15.86	10.54	7.92	6.30	5.34	6.21	5.22	4.41	3.75	3.26
水	m³	80	80	80	80	80	80	80	80	80	80	80
其他材料费	元	10	10	10	10	10	10	10	10	10	10	10
振动给料机	组时	1.83	1.46	0.97	0.73	0.58	0.49	0.38	0.32	0.27	0.23	0.20
筛分机	组时	1.83	1.46	0.97	0.73	0.58	0.49	0.38	0.32	0.27	0.23	0.20
螺旋分级机	组时	1.83	1.46	0.97	0.73	0.58	0.49	0.38	0.32	0.27	0.23	0.20
脱水筛分机	组时	1.83	1.46	0.97	0.73	0.58	0.49	0.38	0.32	0.27	0.23	0.20
胶带输送机	组时	1.83	1.46	0.97	0.73	0.58	0.49	0.38	0.32	0.27	0.23	0.20
卸料小车	台时	1.83	1.46	0.97	0.73	0.58	0.49	0.38	0.32	0.27	0.23	0.20
其他机械使用费	元	7	7	7	7	7	7	7	7	7	7	7
编号		60303	60304	60305	60306	60307	60308	60309	60310	60311	60312	60313

续表　　　　　　　　　　　　　　　　　　　　　　　　　　单位：$100m^3$

项目	单位	碎石筛分系统产量（t/h）									
		840	1050	1250	1450	1700	1950	2200	2500	3000	3500
高级熟练工	工时	0.31	0.25	0.22	0.18	0.16	0.13	0.13	0.11	0.09	0.07
熟练工	工时	0.92	1.27	1.09	0.91	0.82	0.89	0.89	0.76	0.63	0.51
半熟练工	工时	0.62	0.76	0.65	0.54	0.49	0.51	0.51	0.43	0.36	0.29
普工	工时	0.92	1.27	1.09	0.91	0.82	0.89	0.89	0.76	0.63	0.51
合计	工时	2.77	3.55	3.05	2.54	2.29	2.42	2.42	2.06	1.71	1.38
水	m^3	80	80	80	80	80	80	80	80	80	80
其他材料费	元	10	10	10	10	10	10	10	10	10	10
振动给料机	组时	0.17	0.14	0.12	0.10	0.09	0.07	0.07	0.06	0.05	0.04
筛分机	组时	0.17	0.14	0.12	0.10	0.09	0.07	0.07	0.06	0.05	0.04
螺旋分级机	组时	0.17	0.14	0.12	0.10	0.09	0.07	0.07	0.06	0.05	0.04
脱水筛分机	组时	0.17	0.14	0.12	0.10	0.09	0.07	0.07	0.06	0.05	0.04
胶带输送机	组时	0.17	0.14	0.12	0.10	0.09	0.07	0.07	0.06	0.05	0.04
卸料小车	台时	0.17	0.14	0.12	0.10	0.09	0.07	0.07	0.06	0.05	0.04
其他机械使用费	元	7	7	7	7	7	7	7	7	7	7
编号		60314	60315	60316	60317	60318	60319	60320	60321	60322	60323

注　1. 本定额表中的碎石筛分系统产量是指砂石料碎石筛分工序（环节、单元）单位产出量。

2. 如采用干法施工时，定额中的水耗量调整为 $5m^3$，同时取消螺旋分级机和脱水筛分机。

6.26 碎石细碎筛分

适用范围：人工砂石料系统。

工作内容：胶带机进料、细碎、筛分、转运、堆存、清理工作面。

单位：$100m^3$

项目	单位	碎石细碎筛分系统产量（t/h）										
		80	100	150	200	250	300	380	460	540	640	740
高级熟练工	工时	3.32	2.64	1.76	1.32	1.05	0.89	0.69	0.58	0.49	0.42	0.36
熟练工	工时	9.95	7.93	5.27	3.97	3.15	2.66	2.75	2.32	1.96	1.67	1.45
半熟练工	工时	6.63	5.29	3.51	2.64	2.10	1.78	2.07	1.74	1.47	1.25	1.09
普工	工时	13.26	10.58	7.03	5.29	4.20	3.55	3.44	2.90	2.45	2.08	1.81
合计	工时	33.16	26.44	17.57	13.22	10.50	8.88	8.95	7.54	6.37	5.42	4.71
水	m^3	90	90	90	90	90	90	90	90	90	90	90
其他材料费	元	10	10	10	10	10	10	10	10	10	10	10
振动给料机	组时	1.83	1.46	0.97	0.73	0.58	0.49	0.38	0.32	0.27	0.23	0.20
筛分机	组时	1.83	1.46	0.97	0.73	0.58	0.49	0.38	0.32	0.27	0.23	0.20
螺旋分级机	组时	1.83	1.46	0.97	0.73	0.58	0.49	0.38	0.32	0.27	0.23	0.20
脱水筛分机	组时	1.83	1.46	0.97	0.73	0.58	0.49	0.38	0.32	0.27	0.23	0.20
破碎机	组时	1.83	1.46	0.97	0.73	0.58	0.49	0.38	0.32	0.27	0.23	0.20
胶带输送机	组时	1.83	1.46	0.97	0.73	0.58	0.49	0.38	0.32	0.27	0.23	0.20
卸料小车	台时	1.83	1.46	0.97	0.73	0.58	0.49	0.38	0.32	0.27	0.23	0.20
其他机械使用费	元	7	7	7	7	7	7	7	7	7	7	7
编号		60324	60325	60326	60327	60328	60329	60330	60331	60332	60333	60334

续表　　　　　　　　　　　　　　　　　　　　　　　　　　　　单位：100m^3

项　　目	单位	碎石细碎筛分系统产量（t/h）									
		840	1050	1250	1450	1700	1950	2200	2500	3000	3500
高级熟练工	工时	0.31	0.25	0.22	0.18	0.16	0.13	0.13	0.11	0.09	0.07
熟练工	工时	1.23	1.52	1.30	1.09	0.98	1.01	1.01	0.87	0.72	0.58
半熟练工	工时	0.92	1.01	0.87	0.72	0.65	0.63	0.63	0.54	0.45	0.36
普工	工时	1.54	1.78	1.52	1.27	1.14	1.14	1.14	0.98	0.82	0.65
合计	工时	4.00	4.56	3.91	3.26	2.93	2.91	2.91	2.50	2.08	1.66
水	m^3	90	90	90	90	90	90	90	90	90	90
其他材料费	元	10	10	10	10	10	10	10	10	10	10
振动给料机	组时	0.17	0.14	0.12	0.10	0.09	0.07	0.07	0.06	0.05	0.04
筛分机	组时	0.17	0.14	0.12	0.10	0.09	0.07	0.07	0.06	0.05	0.04
螺旋分级机	组时	0.17	0.14	0.12	0.10	0.09	0.07	0.07	0.06	0.05	0.04
脱水筛分机	组时	0.17	0.14	0.12	0.10	0.09	0.07	0.07	0.06	0.05	0.04
破碎机	组时	0.17	0.14	0.12	0.10	0.09	0.07	0.07	0.06	0.05	0.04
胶带输送机	组时	0.17	0.14	0.12	0.10	0.09	0.07	0.07	0.06	0.05	0.04
卸料小车	台时	0.17	0.14	0.12	0.10	0.09	0.07	0.07	0.06	0.05	0.04
其他机械使用费	元	7	7	7	7	7	7	7	7	7	7
编　　号		60335	60336	60337	60338	60339	60340	60341	60342	60343	60344

注　1. 本定额表中的碎石筛分系统产量是指砂石料碎石筛分工序（环节、单元）单位产出量。

2. 如岩石夹泥层量大时增加水 80m^3。

6.27 颚式破碎机破碎筛分碎石

适用范围：单独生产碎石系统。

工作内容：进料、轧石、冲洗、筛分、堆存、清理工作面。

单位：$100m^3$

项目	单位	破碎机规格			
		250×400	400×600	450×600	450×750
高级熟练工	工时	4.12	3.40	2.68	1.85
熟练工	工时	26.78	23.79	18.75	12.98
半熟练工	工时	8.24	6.80	5.36	3.71
普工	工时	30.90	26.78	22.66	18.54
合计	工时	70.04	60.77	49.45	37.08
水	m^3	60	60	60	60
其他材料费	元	10	10	10	10
颚式破碎机	台时	18.77	5.12	4.04	2.84
筛分机	组时	18.77	5.12	4.04	2.84
胶带输送机	组时	18.77	5.12	4.04	2.84
其他机械使用费	元	7	7	7	7
编号		60345	60346	60347	60348

注　多台破碎机组成的系统，筛分机、胶带输送机定额，按表中相应定额数除以破碎机台数计算。

6.28 棒磨机碎石制砂

适用范围： 人工砂石料系统。

工作内容： 胶带机进料、磨砂、清洗、运输、堆存、清理工作面。

6.28.1 岩石级别Ⅸ～Ⅹ

单位：$100m^3$

项目		单位	棒磨机台数					
			1	2	3	4	5	6
高级熟练工		工时	3.02	1.52	1.01	0.75	0.61	0.50
熟练工		工时	6.05	4.55	5.03	3.77	3.03	2.51
半熟练工		工时	6.05	6.06	5.03	5.28	4.85	4.53
普工		工时	9.07	10.61	10.06	10.56	11.52	12.07
合计		工时	24.19	22.74	21.13	20.36	20.01	19.61
水		m^3	90	90	90	90	90	90
钢棒		kg	27.8	27.8	27.8	27.8	27.8	27.8
其他材料费		元	16	16	16	16	16	16
给料机		组时	3.34	1.67	1.11	0.83	0.67	0.56
棒磨机	2100×3600	组时	3.34	1.67	1.11	0.83	0.67	0.56
螺旋分级机		组时	3.34	1.67	1.11	0.83	0.67	0.56
脱水筛分机		组时	3.34	1.67	1.11	0.83	0.67	0.56
胶带输送机		组时	3.34	1.67	1.11	0.83	0.67	0.56
卸料小车		台时	3.34	1.67	1.11	0.83	0.67	0.56
其他机械使用费		元	9	9	9	9	9	9
编号			60349	60350	60351	60352	60353	60354

注 1. 石英含量不同时，钢棒耗量按下表调整。

石英含量（%）	≤5	5～10	10～20	20～30	30～40	40～60	60～90
钢棒调整系数	1.0	1.6	2.5	3.6	4.6	5.5	6.1

2. 棒磨机小时进料量不同时，人工及机械定额乘以下表系数，材料定额和其他费用不作调整。

进料量（t/h）	0～20	20～30	30～40	40～45	45～50	50～55	55～60
换算系数	2.5	1.66	1.25	1.11	1	0.91	0.83

3. 细度模数小于 2.4 的细砂，人工及机械定额乘以 1.1 的系数。

6.28.2 岩石级别Ⅺ～Ⅻ

单位：$100m^3$

项目		单位	棒磨机台数					
			1	2	3	4	5	6
高级熟练工		工时	3.36	1.68	1.12	0.84	0.67	0.56
熟练工		工时	6.72	5.05	5.59	4.19	3.37	2.79
半熟练工		工时	6.72	6.74	5.59	5.87	5.39	5.03
普工		工时	10.08	11.79	11.18	11.74	12.80	13.41
合计		工时	26.88	25.26	23.48	22.64	22.23	21.79
水		m^3	90	90	90	90	90	90
钢棒		kg	30.8	30.8	30.8	30.8	30.8	30.8
其他材料费		元	16	16	16	16	16	16
给料机		组时	3.71	1.86	1.23	0.93	0.66	0.62
棒磨机	2100×3600	组时	3.71	1.86	1.23	0.93	0.66	0.62
螺旋分级机		组时	3.71	1.86	1.23	0.93	0.66	0.62
脱水筛分机		组时	3.71	1.86	1.23	0.93	0.66	0.62
胶带输送机		组时	3.71	1.86	1.23	0.93	0.66	0.62
卸料小车		台时	3.71	1.86	1.23	0.93	0.66	0.62
其他机械使用费		元	9	9	9	9	9	9
编号			60355	60356	60357	60358	60359	60360

注 1. 石英含量不同时，钢棒耗量按下表调整。

石英含量（%）	≤5	5～10	10～20	20～30	30～40	40～60	60～90
钢棒调整系数	1.0	1.6	2.5	3.6	4.6	5.5	6.1

2. 棒磨机小时进料量不同时，人工及机械定额乘以下表系数，材料定额和其他费用不作调整。

进料量（t/h）	0～20	20～30	30～40	40～45	45～50	50～55	55～60
换算系数	2.5	1.66	1.25	1.11	1	0.91	0.83

3. 细度模数小于2.4的细砂，人工及机械定额乘以1.1的系数。

6.28.3 岩石级别XIII～XIV

单位：100m³

项目		单位	棒磨机台数					
			1	2	3	4	5	6
高级熟练工		工时	3.70	1.85	1.23	0.92	0.74	0.61
熟练工		工时	7.39	5.56	6.15	4.61	3.70	3.07
半熟练工		工时	7.39	7.41	6.15	6.46	5.93	5.53
普工		工时	11.09	12.97	12.30	12.91	14.08	14.75
合计		工时	29.57	27.79	25.83	24.90	24.45	23.96
水		m^3	90	90	90	90	90	90
钢棒		kg	33.8	33.8	33.8	33.8	33.8	33.8
其他材料费		元	16	16	16	16	16	16
给料机		组时	4.08	2.04	1.36	1.02	0.74	0.68
棒磨机	2100×3600	组时	4.08	2.04	1.36	1.02	0.74	0.68
螺旋分级机		组时	4.08	2.04	1.36	1.02	0.74	0.68
脱水筛分机		组时	4.08	2.04	1.36	1.02	0.74	0.68
胶带输送机		组时	4.08	2.04	1.36	1.02	0.74	0.68
卸料小车		台时	4.08	2.04	1.36	1.02	0.74	0.68
其他机械使用费		元	9	9	9	9	9	9
编号			60361	60362	60363	60364	60365	60366

注 1. 石英含量不同时，钢棒耗量按下表调整。

石英含量（%）	≤5	5～10	10～20	20～30	30～40	40～60	60～90
钢棒调整系数	1.0	1.6	2.5	3.6	4.6	5.5	6.1

2. 棒磨机小时进料量不同时，人工及机械定额乘以下表系数，材料定额和其他费用不作调整。

进料量（t/h）	0～20	20～30	30～40	40～45	45～50	50～55	55～60
换算系数	2.5	1.66	1.25	1.11	1	0.91	0.83

3. 细度模数小于2.4的细砂，人工及机械定额乘以1.1的系数。

6.29 棒磨机卵石制砂

适用范围： 砂石料系统。

工作内容： 胶带机进料、磨砂、清洗、运输、堆存、清理工作面。

单位：$100m^3$

项目		单位	棒磨机（台）	
			1	2
高级熟练工		工时	1.87	1.87
熟练工		工时	7.47	3.73
半熟练工		工时	3.73	1.87
普工		工时	3.73	1.87
合计		工时	16.80	9.34
水		m^3	90	90
钢棒		kg	154	154
其他材料费		元	16	16
给料机		组时	4.12	2.06
棒磨机	2100×3600	组时	4.12	2.06
螺旋分级机		组时	4.12	2.06
脱水筛分机		组时	4.12	2.06
胶带输送机		组时	4.12	2.06
卸料小车		台时	4.12	2.06
其他机械使用费		元	16	16
编号			60367	60368

注 1. 棒磨机小时进料量不同时，人工及机械定额乘以下表系数，材料定额和其他费用不作调整。

进料量（t/h）	0～20	20～30	30～40	40～45	45～50	50～55	55～60
换算系数	2.5	1.66	1.25	1.11	1	0.91	0.83

2. 细度模数小于 2.4 的细砂，人工及机械定额乘以 1.1 的系数。

6.30 圆锥式破碎机制砂（HP–500）

适用范围： 人工砂石料系统。

工作内容： 进料、破碎、筛分清洗、运输、堆存、清洗工作面。

单位：$100m^3$

项目	单位	破碎机组合（组×m^3/h）			
		1×200	2×200	3×200	4×200
高级熟练工	工时	2.49	1.24	0.82	0.62
熟练工	工时	9.94	7.46	6.59	5.59
半熟练工	工时	2.49	1.24	1.65	1.24
普工	工时	7.46	6.21	5.77	4.97
合计	工时	22.38	16.15	14.83	12.42
水	m^3	90	90	90	90
其他材料费	元	10	10	10	10
给料机	组时	2.14	1.07	0.71	0.54
圆锥式破碎机 HP500	组时	2.14	1.07	0.71	0.54
筛分机	组时	2.14	1.07	0.71	0.54
螺旋分级机	组时	2.14	1.07	0.71	0.54
脱水筛分机	组时	2.14	1.07	0.71	0.54
胶带输送机	组时	2.14	1.07	0.71	0.54
其他机械使用费	元	7	7	7	7
编号		60369	60370	60371	60372

注 1. 本节按破碎机单独设筛分系统拟定，如采用主筛分系统筛洗，取消相应筛洗机械，同时水量调整为 $5m^3$，人工数量乘 0.6 系数；

2. 圆锥式破碎机机型不同时，人工及机械定额乘以下表系数，材料定额和其他费用不作调整。

圆锥式破碎机	HP700	HP500	HP400	HP300	HP200	PYD-2200
系数	0.677	1	1.257	1.572	1.834	1.67

6.31 冲击式破碎机制砂（巴马克 B9000）

适用范围： 人工砂石料系统。

工作内容： 进料、破碎、筛分清洗、运输、堆存、清理工作面。

单位：100m³

项目	单位	破碎机组合（组×t/h）			
		1×330	2×330	3×330	4×330
高级熟练工	工时	2.26	1.14	0.67	0.61
熟练工	工时	8.95	6.81	6.02	5.49
半熟练工	工时	2.26	1.14	1.51	1.22
普工	工时	6.77	5.68	5.27	4.88
合计	工时	20.24	14.77	13.47	12.20
水	m³	25	25	25	25
其他材料费	元	10	10	10	10
给料机	组时	1.95	15.45	0.65	0.53
冲击式破碎机 B9000	组时	1.95	15.45	0.65	0.53
筛分机	组时	1.95	15.45	0.65	0.53
脱水筛分机	组时	1.95	15.45	0.65	0.53
胶带输送机	组时	1.95	15.45	0.65	0.53
其他机械使用费	元	7	7	7	7
编号		60373	60374	60375	60376

注 1. 本节按破碎机单独设筛分系统拟定，如采用主筛分系统筛洗，则取消本定额中的相应筛洗机械，同时水量调整为5m³，人工数量乘0.6系数；

2. 冲击式破碎机机型不同时，人工及机械定额乘以下表系数，材料定额和其他费用不作调整。

冲击式破碎机	B9000	B7000	B6000	B5000
系数	1	2.308	4.024	7.857

6.32 骨料二次筛分

适用范围：单种骨料处理超逊径。

工作内容：进料、筛洗、成品料运输、堆存、废渣清理。

6.32.1 筛洗 80～150mm 骨料

单位：$100m^3$

项目		单位	上层筛网尺寸（mm×mm）							
			1250×2500	1250×3000	1250×4000	1500×3000	1500×4000	1800×4800	2100×4800	2100×6000
高级熟练工		工时								
熟练工		工时	3.11	2.59	1.95	2.16	1.62	1.13	0.97	0.77
半熟练工		工时	3.11	2.59	1.95	2.16	1.62	1.13	0.97	0.77
普工		工时	3.11	2.59	1.95	2.16	1.62	1.13	0.97	0.77
合计		工时	9.34	7.78	5.84	6.49	4.86	3.38	2.90	2.32
水		m^3	60	60	60	60	60	60	60	60
其他材料费		元	8	8	8	8	8	8	8	8
筛分机		组时	1.07	0.90	0.67	0.75	0.56	0.39	0.33	0.27
螺旋分级机		台时	1.07	0.90	0.67	0.75	0.56	0.39	0.33	0.27
胶带运输机		组时	1.07	0.90	0.67	0.75	0.56	0.39	0.33	0.27
给料机	电磁式	组时	1.07	0.90	0.67	0.75	0.56	0.39	0.33	0.27
堆料机	摇臂	台时	1.07	0.90	0.67	0.75	0.56	0.39	0.33	0.27
其他机械使用费		元	8	8	8	8	8	8	8	8
编号			60377	60378	60379	60380	60381	60382	60383	60384

注　如骨料不需用水清洗，定额中的水量应扣除。

6.32.2 筛洗 40～80mm 骨料

单位：100m³

项　目	单位	上层筛网尺寸（mm×mm）							
		1250×2500	1250×3000	1250×4000	1500×3000	1500×4000	1800×4800	2100×4800	2100×6000
高级熟练工	工时								
熟练工	工时	3.62	3.01	2.26	2.51	1.88	1.31	1.12	0.90
半熟练工	工时	3.62	3.01	2.26	2.51	1.88	1.31	1.12	0.90
普工	工时	3.62	3.01	2.26	2.51	1.88	1.31	1.12	0.90
合计	工时	10.85	9.04	6.78	7.54	5.65	3.93	3.36	2.69
水	m^3	60	60	60	60	60	60	60	60
其他材料费	元	8	8	8	8	8	8	8	8
筛分机	组时	1.25	1.04	0.78	0.87	0.65	0.45	0.39	0.31
螺旋分级机	台时	1.25	1.04	0.78	0.87	0.65	0.45	0.39	0.31
胶带运输机	组时	1.25	1.04	0.78	0.87	0.65	0.45	0.39	0.31
给料机　电磁式	组时	1.25	1.04	0.78	0.87	0.65	0.45	0.39	0.31
堆料机　摇臂	台时	1.25	1.04	0.78	0.87	0.65	0.45	0.39	0.31
其他机械使用费	元	8	8	8	8	8	8	8	8
编　号		60385	60386	60387	60388	60389	60390	60391	60392

注　如骨料不需用水清洗，定额中的水量应扣除。

6.32.3 筛洗 20～40mm 骨料

单位：100m^3

项　　目	单位	上层筛网尺寸（mm×mm）							
		1250×2500	1250×3000	1250×4000	1500×3000	1500×4000	1800×4800	2100×4800	2100×6000
高级熟练工	工时								
熟练工	工时	4.32	3.60	2.70	3.00	2.25	1.56	1.34	1.07
半熟练工	工时	4.32	3.60	2.70	3.00	2.25	1.56	1.34	1.07
普工	工时	4.32	3.60	2.70	3.00	2.25	1.56	1.34	1.07
合计	工时	12.95	10.79	8.09	8.99	6.75	4.68	4.02	3.21
水	m^3	70	70	70	70	70	70	70	70
其他材料费	元	8	8	8	8	8	8	8	8
筛分机	组时	1.49	1.24	0.93	1.03	0.78	0.54	0.46	0.37
螺旋分级机	台时	1.49	1.24	0.93	1.03	0.78	0.54	0.46	0.37
胶带运输机	组时	1.49	1.24	0.93	1.03	0.78	0.54	0.46	0.37
给料机　电磁式	组时	1.49	1.24	0.93	1.03	0.78	0.54	0.46	0.37
堆料机　摇臂	台时	1.49	1.24	0.93	1.03	0.78	0.54	0.46	0.37
其他机械使用费	元	8	8	8	8	8	8	8	8
编号		60393	60394	60395	60396	60397	60398	60399	60400

注　如骨料不需用水清洗，定额中的水量应扣除。

6.32.4 筛洗 5~20mm 骨料

单位：100m³

项目		单位	上层筛网尺寸（mm×mm）							
			1250×2500	1250×3000	1250×4000	1500×3000	1500×4000	1800×4800	2100×4800	2100×6000
高级熟练工		工时								
熟练工		工时	7.04	5.87	4.40	4.89	3.67	2.55	2.18	1.75
半熟练工		工时	7.04	5.87	4.40	4.89	3.67	2.55	2.18	1.75
普工		工时	7.04	5.87	4.40	4.89	3.67	2.55	2.18	1.75
合计		工时	21.12	17.60	13.20	14.66	11.00	7.64	6.55	5.24
水		m^3	80	80	80	80	80	80	80	80
其他材料费		元	12	12	12	12	12	12	12	12
筛分机		组时	2.43	2.02	1.52	1.69	1.26	0.88	0.75	0.60
螺旋分级机		台时	2.43	2.02	1.52	1.69	1.26	0.88	0.75	0.60
胶带运输机		组时	2.43	2.02	1.52	1.69	1.26	0.88	0.75	0.60
给料机	电磁式	组时	2.43	2.02	1.52	1.69	1.26	0.88	0.75	0.60
堆料机	摇臂	台时	2.43	2.02	1.52	1.69	1.26	0.88	0.75	0.60
其他机械使用费		元	8	8	8	8	8	8	8	8
编号			60401	60402	60403	60404	60405	60406	60407	60408

注　如骨料不需用水清洗，定额中的水量应扣除。

6.33 胶带输送机运砂石料

适用范围：卸料漏斗给料。

工作内容：给料、运输、堆存、清理工作面。

6.33.1 运距≤1000m

单位：$100m^3$

项目		单位	砂砾料 碎石半成品料				骨料			
			胶带宽度（mm）							
			800	1000	1200	1400	800	1000	1200	1400
高级熟练工		工时								
熟练工		工时	1.75	1.12	0.74	0.55	1.85	1.18	0.78	0.58
半熟练工		工时	1.17	0.75	0.50	0.36	1.23	0.79	0.52	0.38
普工		工时	2.34	1.49	0.99	0.73	2.46	1.57	1.05	0.77
合计		工时	5.26	3.36	2.23	1.64	5.54	3.54	2.35	1.73
零星材料费		元	6	6	6	6	6	6	6	6
给料机	电磁式	组时	0.37	0.24	0.16	0.11	0.39	0.25	0.16	0.12
胶带输送机		组时	0.37	0.24	0.16	0.11	0.39	0.25	0.16	0.12
堆料机		台时	0.37	0.24	0.16	0.11	0.39	0.25	0.16	0.12
推土机	88kW	台时	0.18	0.12	0.08	0.06	0.19	0.12	0.08	0.06
其他机械使用费		元	12	12	12	12	12	12	12	12
编号			60409	60410	60411	60412	60413	60414	60415	60416

6.33.2 运距 1000～2000m

单位：100m³

项目	单位	砂砾料 碎石半成品料				骨料			
		胶带宽度（mm）							
		800	1000	1200	1400	800	1000	1200	1400
高级熟练工	工时								
熟练工	工时	1.84	1.17	0.78	0.57	1.93	1.23	0.82	0.60
半熟练工	工时	1.22	0.78	0.52	0.38	1.28	0.82	0.55	0.40
普工	工时	2.45	1.56	1.04	0.76	2.57	1.64	1.09	0.80
合计	工时	5.51	3.51	2.34	1.71	5.78	3.69	2.46	1.80
零星材料费	元	9	9	9	9	9	9	9	9
给料机 电磁式	组时	0.39	0.25	0.16	0.12	0.40	0.26	0.17	0.13
胶带输送机	组时	0.39	0.25	0.16	0.12	0.40	0.26	0.17	0.13
堆料机	台时	0.39	0.25	0.16	0.12	0.40	0.26	0.17	0.13
推土机 88kW	台时	0.19	0.12	0.08	0.06	0.20	0.13	0.09	0.06
其他机械使用费	元	12	12	12	12	12	12	12	12
编号		60417	60418	60419	60420	60421	60422	60423	60424

6.33.3 运距2000～3000m

位：100m^3

项目	单位	砂砾料 碎石半成品料				骨料			
		胶带宽度（mm）							
		800	1000	1200	1400	800	1000	1200	1400
高级熟练工	工时								
熟练工	工时	1.89	1.21	0.80	0.59	1.99	1.27	0.85	0.62
半熟练工	工时	1.26	0.81	0.54	0.39	1.33	0.85	0.56	0.41
普工	工时	2.53	1.62	1.07	0.79	2.66	1.70	1.13	0.83
合计	工时	5.68	3.64	2.41	1.77	5.98	3.82	2.54	1.86
零星材料费	元	12	12	12	12	12	12	12	12
给料机 电磁式	组时	0.40	0.25	0.17	0.12	0.42	0.27	0.18	0.13
胶带输送机	组时	0.40	0.25	0.17	0.12	0.42	0.27	0.18	0.13
堆料机	台时	0.40	0.25	0.17	0.12	0.42	0.27	0.18	0.13
推土机 88kW	台时	0.20	0.13	0.08	0.06	0.21	0.13	0.09	0.07
其他机械使用费	元	12	12	12	12	12	12	12	12
编号		60425	60426	60427	60428	60429	60430	60431	60432

6.33.4 运距≥3000m

单位：100m^3

项目	单位	砂砾料 碎石半成品料				骨料			
		胶带宽度（mm）							
		800	1000	1200	1400	800	1000	1200	1400
高级熟练工	工时								
熟练工	工时	1.92	1.23	0.82	0.60	2.04	1.30	0.87	0.64
半熟练工	工时	1.28	0.82	0.54	0.40	1.36	0.87	0.58	0.42
普工	工时	2.57	1.64	1.09	0.80	2.72	1.74	1.15	0.85
合计	工时	5.77	3.69	2.45	1.80	6.12	3.91	2.60	1.91
零星材料费	元	14	14	14	14	14	14	14	14
给料机 电磁式	组时	0.40	0.26	0.17	0.13	0.43	0.27	0.18	0.13
胶带输送机	组时	0.40	0.26	0.17	0.13	0.43	0.27	0.18	0.13
堆料机	台时	0.40	0.26	0.17	0.13	0.43	0.27	0.18	0.13
推土机 88kW	台时	0.20	0.13	0.09	0.06	0.21	0.14	0.09	0.07
其他机械使用费	元	12	12	12	12	12	12	12	12
编号		60433	60434	60435	60436	60437	60438	60439	60440

6.34 1m³液压正铲挖掘机装砂石料 自卸汽车运输

工作内容：装、运、卸、空回、清理工作面。

6.34.1 运 骨 料

单位：100m³

项目		单位	运距（km） 1	2	3	4	每增运1km
高级熟练工		工时					
熟练工		工时					
半熟练工		工时					
普工		工时	2.59	2.59	2.59	2.59	
合计		工时	2.59	2.59	2.59	2.59	
零星材料费		元	14	14	14	14	
挖掘机	液压正铲 1m³	台时	0.54	0.54	0.54	0.54	
推土机	132kW	台时	0.18	0.18	0.18	0.18	
自卸汽车	5t	台时	4.89	6.75	8.60	10.46	1.62
	6.5t	台时	3.95	5.38	6.81	8.23	1.25
	8t	台时	3.37	4.52	5.68	6.84	1.01
	10t	台时	2.91	3.84	4.76	5.69	0.81
编号			60441	60442	60443	60444	60445

6.34.2 运自然状态砂砾料

单位：100m³

项目		单位	运距（km） 1	2	3	4	每增运1km
高级熟练工		工时					
熟练工		工时					
半熟练工		工时					
普工		工时	3.16	3.16	3.16	3.16	
合计		工时	3.16	3.16	3.16	3.16	
零星材料费		元	16	16	16	16	
挖掘机	液压正铲 1m³	台时	0.66	0.66	0.66	0.66	
推土机	132kW	台时	0.22	0.22	0.22	0.22	
自卸汽车	5t	台时	5.89	8.11	10.34	12.56	1.95
	6.5t	台时	4.76	6.47	8.18	9.89	1.50
	8t	台时	4.05	5.44	6.83	8.22	1.22
	10t	台时	3.51	4.62	5.73	6.84	0.97
	12t	台时	3.09	4.01	4.94	5.87	0.81
编号			60446	60447	60448	60449	60450

6.34.3 运半成品骨料（松散状态砂砾料）

单位：$100m^3$

项　目		单位	运距（km）				每增运1km
			1	2	3	4	
高级熟练工		工时					
熟练工		工时					
半熟练工		工时					
普工		工时	2.96	2.96	2.96	2.96	
合计		工时	2.96	2.96	2.96	2.96	
零星材料费		元	15	15	15	15	
挖掘机	液压正铲 $1m^3$	台时	0.62	0.62	0.62	0.62	
推土机	132kW	台时	0.21	0.21	0.21	0.21	
自卸汽车	5t	台时	5.83	8.05	10.28	12.50	1.95
	6.5t	台时	4.70	6.41	8.12	9.83	1.50
	8t	台时	3.99	5.38	6.77	8.16	1.22
	10t	台时	3.44	4.56	5.67	6.78	0.97
	12t	台时	3.03	3.95	4.88	5.81	0.81
编　号			60451	60452	60453	60454	60455

6.34.4 运碎石原料

单位：$100m^3$

项　目		单位	运距（km）				每增运1km
			1	2	3	4	
高级熟练工		工时					
熟练工		工时					
半熟练工		工时					
普工		工时	5.55	5.55	5.55	5.55	
合计		工时	5.55	5.55	5.55	5.55	
零星材料费		元	20	20	20	20	
挖掘机	液压正铲 $1m^3$	台时	1.17	1.17	1.17	1.17	
推土机	162kW	台时	0.39	0.39	0.39	0.39	
自卸汽车	5t	台时	6.53	8.71	10.88	13.06	1.90
	6.5t	台时	5.43	7.10	8.78	10.45	1.46
	8t	台时	4.74	6.10	7.46	8.82	1.19
	10t	台时	4.20	5.29	6.38	7.47	0.95
编　号			60456	60457	60458	60459	60460

6.35 2m³液压正铲挖掘机装砂石料 自卸汽车运输

工作内容：装、运、卸、空回、清理工作面。

6.35.1 运骨料

单位：100m³

项目		单位	运距（km）				每增运1km
			1	2	3	4	
高级熟练工		工时					
熟练工		工时					
半熟练工		工时					
普工		工时	1.61	1.61	1.61	1.61	
合计		工时	1.61	1.61	1.61	1.61	
零星材料费		元	14	14	14	14	
挖掘机	液压正铲 2m³	台时	0.34	0.34	0.34	0.34	
推土机	132kW	台时	0.11	0.11	0.11	0.11	
自卸汽车	6.5t	台时	3.64	5.07	6.50	7.92	1.25
	8t	台时	3.06	4.21	5.37	6.53	1.01
	10t	台时	2.60	3.53	4.45	5.38	0.81
	12t	台时	2.25	3.02	3.80	4.57	0.68
	15t	台时	1.99	2.65	3.31	3.96	0.58
	18t	台时	1.82	2.41	2.99	3.57	0.51
	20t	台时	1.70	2.23	2.76	3.28	0.46
	25t	台时	1.50	1.95	2.39	2.83	0.39
	27t	台时	1.43	1.83	2.24	2.65	0.36
编号			60461	60462	60463	60464	60465

6.35.2 运自然状态砂砾料

单位：100m³

项目		单位	运距（km）				每增运1km
			1	2	3	4	
高级熟练工		工时					
熟练工		工时					
半熟练工		工时					
普工		工时	1.88	1.88	1.88	1.88	
合计		工时	1.88	1.88	1.88	1.88	
零星材料费		元	16	16	16	16	
挖掘机	液压正铲 $2m^3$	台时	0.39	0.39	0.39	0.39	
推土机	132kW	台时	0.13	0.13	0.13	0.13	
自卸汽车	8t	台时	3.65	5.04	6.43	7.82	1.22
	10t	台时	3.10	4.21	5.33	6.44	0.97
	12t	台时	2.68	3.61	4.54	5.46	0.81
	15t	台时	2.26	3.01	3.75	4.49	0.65
	18t	台时	1.99	2.60	3.22	3.84	0.54
	20t	台时	1.85	2.40	2.96	3.51	0.49
	25t	台时	1.60	2.04	2.49	2.93	0.39
编号			60466	60467	60468	60469	60470

6.35.3 运半成品骨料（松散状态砂砾料）

单位：100m³

项目		单位	运距（km）				每增运1km
			1	2	3	4	
高级熟练工		工时					
熟练工		工时					
半熟练工		工时					
普工		工时	1.83	1.83	1.83	1.83	
合计		工时	1.83	1.83	1.83	1.83	
零星材料费		元	15	15	15	15	
挖掘机	液压正铲 $2m^3$	台时	0.38	0.38	0.38	0.38	
推土机	132kW	台时	0.13	0.13	0.13	0.13	
自卸汽车	8t	台时	3.63	5.02	6.41	7.80	1.22
	10t	台时	3.09	4.20	5.31	6.42	0.97
	12t	台时	2.67	3.59	4.52	5.45	0.81
	15t	台时	2.25	2.99	3.73	4.47	0.65
	18t	台时	1.97	2.59	3.21	3.82	0.54
	20t	台时	1.83	2.39	2.94	3.50	0.49
	25t	台时	1.58	2.02	2.47	2.91	0.39
编号			60471	60472	60473	60474	60475

6.35.4 运碎石原料

单位：100m^3

项目		单位	运距（km）				每增运1km
			1	2	3	4	
高级熟练工		工时					
熟练工		工时					
半熟练工		工时					
普工		工时	3.45	3.45	3.45	3.45	
合计		工时	3.45	3.45	3.45	3.45	
零星材料费		元	20	20	20	20	
挖掘机	液压正铲 2m^3	台时	0.73	0.73	0.73	0.73	
推土机	162kW	台时	0.24	0.24	0.24	0.24	
自卸汽车	8t	台时	4.08	5.44	6.80	8.16	1.19
	10t	台时	3.54	4.63	5.72	6.81	0.95
	12t	台时	3.13	4.04	4.95	5.85	0.79
	15t	台时	2.73	3.45	4.18	4.90	0.63
	18t	台时	2.44	3.05	3.65	4.25	0.53
	20t	台时	2.27	2.81	3.36	3.90	0.48
编号			60476	60477	60478	60479	60480

6.36 $3m^3$液压挖掘机装砂石料 自卸汽车运输

工作内容：装、运、卸、空回、清理工作面。

6.36.1 运 骨 料

单位：$100m^3$

项 目		单位	运 距（km）				每增运1km
			1	2	3	4	
高级熟练工		工时					
熟 练 工		工时					
半熟练工		工时					
普 工		工时	1.19	1.19	1.19	1.19	
合 计		工时	1.19	1.19	1.19	1.19	
零星材料费		元	14	14	14	14	
挖 掘 机	液压正铲 $3m^3$	台时	0.25	0.25	0.25	0.25	
推 土 机	132kW	台时	0.08	0.08	0.08	0.08	
自卸汽车	10t	台时	2.92	4.08	5.24	6.40	1.01
	12t	台时	2.12	2.89	3.66	4.44	0.68
	15t	台时	1.86	2.52	3.17	3.83	0.58
	18t	台时	1.69	2.27	2.86	3.44	0.51
	20t	台时	1.57	2.10	2.62	3.15	0.46
	25t	台时	1.37	1.81	2.26	2.70	0.39
	27t	台时	1.29	1.70	2.11	2.52	0.36
	30t	台时	1.20	1.56	1.92	2.29	0.32
	32t	台时	1.11	1.44	1.77	2.09	0.29
编 号			60481	60482	60483	60484	60485

6.36.2 运自然状态砂砾料

单位：100m^3

项目		单位	运距（km）				每增运1km
			1	2	3	4	
高级熟练工		工时					
熟练工		工时					
半熟练工		工时					
普工		工时	1.41	1.41	1.41	1.41	
合计		工时	1.41	1.41	1.41	1.41	
零星材料费		元	16	16	16	16	
挖掘机	液压正铲 3m^3	台时	0.30	0.30	0.30	0.30	
推土机	132kW	台时	0.10	0.10	0.10	0.10	
自卸汽车	12t	台时	2.54	3.47	4.39	5.32	0.81
	15t	台时	2.12	2.86	3.60	4.34	0.65
	18t	台时	1.84	2.46	3.08	3.69	0.54
	20t	台时	1.70	2.26	2.81	3.37	0.49
	25t	台时	1.45	1.90	2.34	2.79	0.39
	27t	台时	1.38	1.79	2.20	2.61	0.36
	30t	台时	1.28	1.65	2.02	2.40	0.32
	32t	台时	1.23	1.58	1.93	2.27	0.30
编号			60486	60487	60488	60489	60490

6.36.3 运半成品骨料（松散状态砂砾料）

单位：$100m^3$

项目		单位	运距（km）				每增运1km
			1	2	3	4	
高级熟练工		工时					
熟练工		工时					
半熟练工		工时					
普工		工时	1.35	1.35	1.35	1.35	
合计		工时	1.35	1.35	1.35	1.35	
零星材料费		元	15	15	15	15	
挖掘机	液压正铲 $3m^3$	台时	0.28	0.28	0.28	0.28	
推土机	132kW	台时	0.09	0.09	0.09	0.09	
自卸汽车	12t	台时	2.52	3.44	4.37	5.30	0.81
	15t	台时	2.10	2.84	3.58	4.32	0.65
	18t	台时	1.82	2.44	3.06	3.67	0.54
	20t	台时	1.68	2.24	2.79	3.35	0.49
	25t	台时	1.43	1.87	2.32	2.76	0.39
	27t	台时	1.36	1.77	2.18	2.59	0.36
	30t	台时	1.26	1.63	2.00	2.37	0.32
	32t	台时	1.21	1.56	1.90	2.25	0.30
编号			60491	60492	60493	60494	60495

6.36.4 运碎石原料

单位：$100m^3$

项目		单位	运距（km）				每增运1km
			1	2	3	4	
高级熟练工		工时					
熟练工		工时					
半熟练工		工时					
普工		工时	2.55	2.55	2.55	2.55	
合计		工时	2.55	2.55	2.55	2.55	
零星材料费		元	20	20	20	20	
挖掘机	液压正铲 $3m^3$	台时	0.54	0.54	0.54	0.54	
推土机	162kW	台时	0.18	0.18	0.18	0.18	
自卸汽车	10t	台时	3.26	4.35	5.43	6.52	0.95
	12t	台时	2.85	3.76	4.66	5.57	0.79
	15t	台时	2.44	3.17	3.89	4.62	0.63
	18t	台时	2.17	2.77	3.38	3.98	0.53
	20t	台时	2.03	2.57	3.12	3.66	0.48
	25t	台时	1.79	2.23	2.67	3.11	0.39
	27t	台时	1.69	2.10	2.51	2.91	0.36
	30t	台时	1.57	1.93	2.30	2.66	0.32
	32t	台时	1.50	1.84	2.18	2.52	0.30
编号			60496	60497	60498	60499	60500

6.37 $4m^3$（电动）挖掘机装砂石料　自卸汽车运输

工作内容：装、运、卸、空回、清理工作面。

6.37.1 运　骨　料

单位：$100m^3$

项　目		单位	运　距（km）				每增运1km
			1	2	3	4	
高级熟练工		工时					
熟　练　工		工时					
半熟练工		工时					
普　　工		工时	2.01	2.01	2.01	2.01	
合　　计		工时	2.01	2.01	2.01	2.01	
零星材料费		元	14	14	14	14	
挖　掘　机	电动 $4m^3$	台时	0.25	0.25	0.25	0.25	
推　土　机	132kW	台时	0.08	0.08	0.08	0.08	
自卸汽车	15t	台时	1.86	2.52	3.18	3.84	0.58
	18t	台时	1.70	2.28	2.86	3.45	0.51
	20t	台时	1.57	2.10	2.63	3.16	0.46
	25t	台时	1.38	1.82	2.26	2.70	0.39
	27t	台时	1.30	1.71	2.11	2.52	0.36
	30t	台时	1.20	1.56	1.93	2.29	0.32
	32t	台时	1.12	1.45	1.77	2.10	0.29
	40t	台时	0.98	1.24	1.51	1.77	0.23
	45t	台时	0.87	1.08	1.28	1.49	0.18
编　号			60501	60502	60503	60504	60505

6.37.2 运自然状态砂砾料

单位：100m^3

项目		单位	运距（km）				每增运1km
			1	2	3	4	
高级熟练工		工时					
熟练工		工时					
半熟练工		工时					
普工		工时	2.47	2.47	2.47	2.47	
合计		工时	2.47	2.47	2.47	2.47	
零星材料费		元	16	16	16	16	
挖掘机	电动 4m^3	台时	0.31	0.31	0.31	0.31	
推土机	132kW	台时	0.10	0.10	0.10	0.10	
自卸汽车	15t	台时	2.14	2.88	3.62	4.37	0.65
	18t	台时	1.86	2.48	3.10	3.72	0.54
	20t	台时	1.72	2.28	2.83	3.39	0.49
	25t	台时	1.47	1.92	2.36	2.81	0.39
	27t	台时	1.40	1.81	2.22	2.63	0.36
	30t	台时	1.30	1.67	2.05	2.42	0.32
	32t	台时	1.25	1.60	1.95	2.29	0.30
	40t	台时	1.09	1.37	1.65	1.93	0.24
	45t	台时	1.03	1.27	1.52	1.77	0.22
	50t	台时	0.96	1.18	1.40	1.62	0.19
编号			60506	60507	60508	60509	60510

6.37.3 运半成品骨料（松散状态砂砾料）

单位：$100m^3$

项目		单位	运距（km）				每增运1km
			1	2	3	4	
高级熟练工		工时					
熟练工		工时					
半熟练工		工时					
普工		工时	2.30	2.30	2.30	2.30	
合计		工时	2.30	2.30	2.30	2.30	
零星材料费		元	15	15	15	15	
挖掘机	电动 $4m^3$	台时	0.29	0.29	0.29	0.29	
推土机	132kW	台时	0.10	0.10	0.10	0.10	
自卸汽车	15t	台时	2.11	2.85	3.59	4.33	0.65
	18t	台时	1.83	2.45	3.07	3.68	0.54
	20t	台时	1.69	2.25	2.80	3.36	0.49
	25t	台时	1.44	1.88	2.33	2.77	0.39
	27t	台时	1.37	1.78	2.19	2.60	0.36
	30t	台时	1.27	1.64	2.01	2.38	0.32
	32t	台时	1.22	1.57	1.92	2.26	0.30
	40t	台时	1.06	1.34	1.62	1.90	0.24
	45t	台时	1.01	1.25	1.50	1.75	0.22
	50t	台时	0.94	1.16	1.38	1.60	0.19
编号			60511	60512	60513	60514	60515

6.37.4 运碎石原料

单位：$100m^3$

项目		单位	运距（km） 1	2	3	4	每增运1km
高级熟练工		工时					
熟练工		工时					
半熟练工		工时					
普工		工时	4.42	4.42	4.42	4.42	
合计		工时	4.42	4.42	4.42	4.42	
零星材料费		元	20	20	20	20	
挖掘机	电动 $4m^3$	台时	0.56	0.56	0.56	0.56	
推土机	162kW	台时	0.19	0.19	0.19	0.19	
自卸汽车	15t	台时	2.47	3.20	3.92	4.65	0.63
	18t	台时	2.20	2.80	3.41	4.01	0.53
	20t	台时	2.06	2.61	3.15	3.69	0.48
	25t	台时	1.81	2.25	2.69	3.14	0.39
	27t	台时	1.71	2.12	2.53	2.93	0.36
	30t	台时	1.59	1.95	2.32	2.68	0.32
	32t	台时	1.52	1.86	2.20	2.54	0.30
	40t	台时	1.33	1.60	1.87	2.15	0.24
编号			60516	60517	60518	60519	60520

6.38　$4m^3$液压正铲挖掘机装砂石料　自卸汽车运输

工作内容：装、运、卸、空回、清理工作面。

6.38.1　运　骨　料

单位：$100m^3$

项　　目		单位	运　距（km）				每增运1km
			1	2	3	4	
高级熟练工		工时					
熟　练　工		工时					
半 熟 练 工		工时					
普　　　工		工时	0.94	0.94	0.94	0.94	
合　　　计		工时	0.94	0.94	0.94	0.94	
零星材料费		元	14	14	14	14	
挖　掘　机	液压正铲 $4m^3$	台时	0.20	0.20	0.20	0.20	
推　土　机	132kW	台时	0.07	0.07	0.07	0.07	
自 卸 汽 车	15t	台时	1.78	2.44	3.09	3.75	0.58
	18t	台时	1.61	2.20	2.78	3.36	0.51
	20t	台时	1.49	2.02	2.54	3.07	0.46
	25t	台时	1.29	1.73	2.18	2.62	0.39
	27t	台时	1.21	1.62	2.03	2.44	0.36
	30t	台时	1.12	1.48	1.84	2.21	0.32
	32t	台时	1.03	1.36	1.69	2.01	0.29
	40t	台时	0.89	1.16	1.43	1.69	0.23
	45t	台时	0.78	0.99	1.20	1.41	0.18
编　　号			60521	60522	605223	60524	60525

6.38.2 运自然状态砂砾料

单位：100m^3

项目		单位	运距（km）				每增运1km
			1	2	3	4	
高级熟练工		工时					
熟练工		工时					
半熟练工		工时					
普工		工时	1.14	1.14	1.14	1.14	
合计		工时	1.14	1.14	1.14	1.14	
零星材料费		元	16	16	16	16	
挖掘机	液压正铲 4m^3	台时	0.24	0.24	0.24	0.24	
推土机	132kW	台时	0.08	0.08	0.08	0.08	
自卸汽车	15t	台时	2.03	2.77	3.51	4.26	0.65
	18t	台时	1.75	2.37	2.99	3.61	0.54
	20t	台时	1.61	2.17	2.73	3.28	0.49
	25t	台时	1.36	1.81	2.25	2.70	0.39
	27t	台时	1.29	1.70	2.11	2.52	0.36
	30t	台时	1.19	1.57	1.94	2.31	0.32
	32t	台时	1.14	1.49	1.84	2.19	0.30
	40t	台时	0.99	1.26	1.54	1.82	0.24
	45t	台时	0.93	1.18	1.42	1.67	0.22
	50t	台时	0.87	1.10	1.32	1.54	0.19
编号			60526	60527	60528	60529	60530

6.38.3 运半成品骨料（松散状态砂砾料）

单位：100m³

项目		单位	运距（km）				每增运1km
			1	2	3	4	
高级熟练工		工时					
熟练工		工时					
半熟练工		工时					
普工		工时	1.09	1.09	1.09	1.09	
合计		工时	1.09	1.09	1.09	1.09	
零星材料费		元	15	15	15	15	
挖掘机	液压正铲 4m³	台时	0.23	0.23	0.23	0.23	
推土机	132kW	台时	0.08	0.08	0.08	0.08	
自卸汽车	15t	台时	2.02	2.76	3.50	4.24	0.65
	18t	台时	1.74	2.36	2.97	3.59	0.54
	20t	台时	1.60	2.15	2.71	3.27	0.49
	25t	台时	1.35	1.79	2.24	2.68	0.39
	27t	台时	1.27	1.68	2.10	2.51	0.36
	30t	台时	1.18	1.55	1.92	2.29	0.32
	32t	台时	1.13	1.47	1.82	2.17	0.30
	40t	台时	0.97	1.25	1.53	1.80	0.24
	45t	台时	0.91	1.16	1.41	1.66	0.22
	50t	台时	0.86	1.08	1.30	1.52	0.19
编号			60531	60532	60533	60534	60535

6.38.4 运碎石原料

单位：100m³

项目		单位	运距（km）				每增运1km
			1	2	3	4	
高级熟练工		工时					
熟练工		工时					
半熟练工		工时					
普工		工时	2.04	2.04	2.04	2.04	
合计		工时	2.04	2.04	2.04	2.04	
零星材料费		元	20	20	20	20	
挖掘机	液压正铲 4m³	台时	0.43	0.43	0.43	0.43	
推土机	162kW	台时	0.14	0.14	0.14	0.14	
自卸汽车	15t	台时	2.28	3.00	3.73	4.45	0.63
	18t	台时	2.01	2.61	3.21	3.82	0.53
	20t	台时	1.87	2.41	2.96	3.50	0.48
	25t	台时	1.64	2.08	2.52	2.96	0.39
	27t	台时	1.56	1.97	2.37	2.78	0.36
	30t	台时	1.46	1.82	2.19	2.55	0.32
	32t	台时	1.39	1.73	2.07	2.41	0.30
	40t	台时	1.20	1.47	1.74	2.02	0.24
编号			60536	60537	60538	60539	60540

6.39 5m³液压正铲挖掘机装砂石料 自卸汽车运输

工作内容：装、运、卸、空回、清理工作面。

6.39.1 运 骨 料

单位：100m³

项 目		单位	运 距（km）				每增运1km
			1	2	3	4	
高级熟练工		工时					
熟 练 工		工时					
半熟练工		工时					
普 工		工时	0.82	0.82	0.82	0.82	
合 计		工时	0.82	0.82	0.82	0.82	
零星材料费		元	14	14	14	14	
挖 掘 机	液压正铲 5m³	台时	0.17	0.17	0.17	0.17	
推 土 机	132kW	台时	0.06	0.06	0.06	0.06	
自卸汽车	18t	台时	1.58	2.16	2.74	3.32	0.51
	20t	台时	1.45	1.98	2.51	3.04	0.46
	25t	台时	1.26	1.70	2.14	2.58	0.39
	27t	台时	1.18	1.59	1.99	2.40	0.36
	30t	台时	1.08	1.44	1.81	2.17	0.32
	32t	台时	1.00	1.32	1.65	1.98	0.29
	40t	台时	0.86	1.12	1.39	1.65	0.23
	45t	台时	0.74	0.95	1.16	1.37	0.18
	50t	台时	0.70	0.89	1.08	1.28	0.17
	65t	台时	0.65	0.82	0.99	1.16	0.15
	68t	台时	0.64	0.80	0.97	1.13	0.14
编 号			60541	60542	60543	60544	60545

6.39.2 运自然状态砂砾料

单位：100m³

项目		单位	运距（km）				每增运1km
			1	2	3	4	
高级熟练工		工时					
熟练工		工时					
半熟练工		工时					
普工		工时	0.99	0.99	0.99	0.99	
合计		工时	0.99	0.99	0.99	0.99	
零星材料费		元	16	16	16	16	
挖掘机	液压正铲 5m³	台时	0.21	0.21	0.21	0.21	
推土机	132kW	台时	0.07	0.07	0.07	0.07	
自卸汽车	18t	台时	1.71	2.32	2.94	3.56	0.54
	20t	台时	1.57	2.12	2.68	3.24	0.49
	25t	台时	1.32	1.76	2.21	2.65	0.39
	27t	台时	1.24	1.65	2.07	2.48	0.36
	30t	台时	1.15	1.52	1.89	2.26	0.32
	32t	台时	1.10	1.44	1.79	2.14	0.30
	40t	台时	0.94	1.22	1.49	1.77	0.24
	45t	台时	0.88	1.13	1.38	1.63	0.22
	50t	台时	0.83	1.05	1.27	1.49	0.19
	65t	台时	0.70	0.87	1.05	1.22	0.15
编号			60546	60547	60548	60549	60550

6.39.3 运半成品骨料（松散状态砂砾料）

单位：100m³

项目		单位	运距（km）				每增运1km
			1	2	3	4	
高级熟练工		工时					
熟练工		工时					
半熟练工		工时					
普工		工时	0.95	0.95	0.95	0.95	
合计		工时	0.95	0.95	0.95	0.95	
零星材料费		元	15	15	15	15	
挖掘机	液压正铲 $5m^3$	台时	0.20	0.20	0.20	0.20	
推土机	132kW	台时	0.07	0.07	0.07	0.07	
自卸汽车	18t	台时	1.69	2.31	2.93	3.55	0.54
	20t	台时	1.55	2.11	2.67	3.22	0.49
	25t	台时	1.30	1.75	2.19	2.64	0.39
	27t	台时	1.23	1.64	2.05	2.46	0.36
	30t	台时	1.14	1.51	1.88	2.25	0.32
	32t	台时	1.08	1.43	1.78	2.13	0.30
	40t	台时	0.93	1.20	1.48	1.76	0.24
	45t	台时	0.87	1.12	1.37	1.61	0.22
	50t	台时	0.81	1.04	1.26	1.48	0.19
	65t	台时	0.69	0.87	1.04	1.21	0.15
编号			60551	60552	60553	60554	60555

6.39.4 运碎石原料

单位：$100m^3$

项目		单位	运距（km）				每增运1km
			1	2	3	4	
高级熟练工		工时					
熟练工		工时					
半熟练工		工时					
普工		工时	1.78	1.78	1.78	1.78	
合计		工时	1.78	1.78	1.78	1.78	
零星材料费		元	20	20	20	20	
挖掘机	液压正铲 $5m^3$	台时	0.37	0.37	0.37	0.37	
推土机	162kW	台时	0.12	0.12	0.12	0.12	
自卸汽车	18t	台时	1.92	2.53	3.13	3.74	0.53
	20t	台时	1.79	2.33	2.88	3.42	0.48
	25t	台时	1.56	2.00	2.44	2.88	0.39
	27t	台时	1.48	1.89	2.29	2.70	0.36
	30t	台时	1.38	1.74	2.11	2.47	0.32
	32t	台时	1.33	1.67	2.01	2.35	0.30
	40t	台时	1.15	1.42	1.69	1.96	0.24
	45t	台时	1.07	1.32	1.56	1.80	0.21
	50t	台时	1.00	1.22	1.44	1.66	0.19
编号			60556	60557	60558	60559	60560

6.40 6m^{3}液压正铲挖掘机装砂石料 自卸汽车运输

工作内容：装、运、卸、空回、清理工作面。

6.40.1 运 骨 料

单位：100m^3

项目		单位	运距（km）				每增运1km
			1	2	3	4	
高级熟练工		工时					
熟练工		工时					
半熟练工		工时					
普工		工时	0.72	0.72	0.72	0.72	
合计		工时	0.72	0.72	0.72	0.72	
零星材料费		元	14	14	14	14	
挖掘机	液压正铲 6m^3	台时	0.15	0.15	0.15	0.15	
推土机	132kW	台时	0.06	0.06	0.06	0.06	
自卸汽车	25t	台时	1.22	1.66	2.10	2.55	0.39
	27t	台时	1.14	1.55	1.96	2.37	0.36
	30t	台时	1.05	1.41	1.77	2.14	0.32
	32t	台时	0.96	1.29	1.62	1.94	0.29
	40t	台时	0.82	1.09	1.35	1.62	0.23
	45t	台时	0.71	0.92	1.13	1.34	0.18
	50t	台时	0.67	0.86	1.05	1.24	0.17
	65t	台时	0.62	0.79	0.96	1.13	0.15
	68t	台时	0.61	0.77	0.94	1.10	0.14
	77t	台时	0.56	0.70	0.85	0.99	0.13
编号			60561	60562	60563	60564	60565

6.40.2 运自然状态砂砾料

单位：100m^3

项目		单位	运距（km）				每增运1km
			1	2	3	4	
高级熟练工		工时					
熟练工		工时					
半熟练工		工时					
普工		工时	0.87	0.87	0.87	0.87	
合计		工时	0.87	0.87	0.87	0.87	
零星材料费		元	16	16	16	16	
挖掘机	液压正铲 6m^3	台时	0.18	0.18	0.18	0.18	
推土机	132kW	台时	0.07	0.07	0.07	0.07	
自卸汽车	25t	台时	1.28	1.72	2.17	2.61	0.39
	27t	台时	1.20	1.62	2.03	2.44	0.36
	30t	台时	1.11	1.48	1.85	2.22	0.32
	32t	台时	1.06	1.41	1.75	2.10	0.30
	40t	台时	0.90	1.18	1.46	1.74	0.24
	45t	台时	0.85	1.09	1.34	1.59	0.22
	50t	台时	0.79	1.01	1.23	1.46	0.19
	65t	台时	0.67	0.84	1.01	1.18	0.15
	68t	台时	0.66	0.82	0.98	1.15	0.14
	77t	台时	0.60	0.75	0.89	1.03	0.13
编号			60566	60567	60568	60569	60570

6.40.3 运半成品骨料（松散状态砂砾料）

单位：100m^3

项目		单位	运距（km）				每增运1km
			1	2	3	4	
高级熟练工		工时					
熟练工		工时					
半熟练工		工时					
普工		工时	0.84	0.84	0.84	0.84	
合计		工时	0.84	0.84	0.84	0.84	
零星材料费		元	15	15	15	15	
挖掘机	液压正铲 6m^3	台时	0.18	0.18	0.18	0.18	
推土机	132kW	台时	0.07	0.07	0.07	0.07	
自卸汽车	25t	台时	1.27	1.71	2.16	2.60	0.39
	27t	台时	1.19	1.61	2.02	2.43	0.36
	30t	台时	1.10	1.47	1.84	2.21	0.32
	32t	台时	1.05	1.40	1.74	2.09	0.30
	40t	台时	0.89	1.17	1.45	1.73	0.24
	45t	台时	0.84	1.08	1.33	1.58	0.22
	50t	台时	0.78	1.00	1.22	1.45	0.19
	65t	台时	0.66	0.83	1.00	1.17	0.15
	68t	台时	0.65	0.81	0.97	1.14	0.14
	77t	台时	0.59	0.74	0.88	1.03	0.13
编号			60571	60572	60573	60574	60575

6.40.4 运碎石原料

单位：$100m^3$

项目		单位	运距（km）				每增运1km
			1	2	3	4	
高级熟练工		工时					
熟练工		工时					
半熟练工		工时					
普工		工时	1.56	1.56	1.56	1.56	
合计		工时	1.56	1.56	1.56	1.56	
零星材料费		元	20	20	20	20	
挖掘机	液压正铲 $6m^3$	台时	0.33	0.33	0.33	0.33	
推土机	162kW	台时	0.13	0.13	0.13	0.13	
自卸汽车	20t	台时	1.72	2.26	2.81	3.35	0.48
	25t	台时	1.49	1.93	2.37	2.81	0.39
	27t	台时	1.41	1.82	2.23	2.63	0.36
	30t	台时	1.31	1.68	2.04	2.40	0.32
	32t	台时	1.26	1.60	1.94	2.28	0.30
	40t	台时	1.10	1.37	1.64	1.92	0.24
	45t	台时	1.03	1.27	1.51	1.75	0.21
	50t	台时	0.96	1.18	1.39	1.61	0.19
	65t	台时	0.82	0.99	1.16	1.33	0.15
	68t	台时	0.81	0.97	1.13	1.30	0.14
编号			60576	60577	60578	60579	60580

6.41　$7m^3$液压正铲挖掘机装砂石料　自卸汽车运输

工作内容：装、运、卸、空回、清理工作面。

6.41.1　运　骨　料

单位：$100m^3$

项　目		单位	运距（km）				每增运1km
			1	2	3	4	
高级熟练工		工时					
熟　练　工		工时					
半熟练工		工时					
普　　工		工时	0.64	0.64	0.64	0.64	
合　　计		工时	0.64	0.64	0.64	0.64	
零星材料费		元	14	14	14	14	
挖　掘　机	液压正铲 $7m^3$	台时	0.13	0.13	0.13	0.13	
推　土　机	132kW	台时	0.05	0.05	0.05	0.05	
自卸汽车	25t	台时	1.20	1.64	2.08	2.52	0.39
	27t	台时	1.12	1.53	1.93	2.34	0.36
	30t	台时	1.02	1.39	1.75	2.11	0.32
	32t	台时	0.94	1.27	1.59	1.92	0.29
	40t	台时	0.80	1.07	1.33	1.60	0.23
	45t	台时	0.69	0.90	1.11	1.31	0.18
	50t	台时	0.64	0.84	1.03	1.22	0.17
	65t	台时	0.59	0.76	0.93	1.10	0.15
	68t	台时	0.58	0.75	0.91	1.08	0.14
	77t	台时	0.54	0.68	0.82	0.97	0.13
编　号			60581	60582	60583	60584	60585

6.41.2 运自然状态砂砾料

单位：100m^3

项目		单位	运距（km）				每增运1km
			1	2	3	4	
高级熟练工		工时					
熟练工		工时					
半熟练工		工时					
普工		工时	0.79	0.79	0.79	0.79	
合计		工时	0.79	0.79	0.79	0.79	
零星材料费		元	16	16	16	16	
挖掘机	液压正铲 7m^3	台时	0.17	0.17	0.17	0.17	
推土机	132kW	台时	0.07	0.07	0.07	0.07	
自卸汽车	27t	台时	1.18	1.59	2.00	2.41	0.36
	30t	台时	1.09	1.46	1.83	2.20	0.32
	32t	台时	1.03	1.38	1.73	2.08	0.30
	40t	台时	0.88	1.15	1.43	1.71	0.24
	45t	台时	0.82	1.07	1.32	1.56	0.22
	50t	台时	0.76	0.99	1.21	1.43	0.19
	65t	台时	0.65	0.82	0.99	1.16	0.15
	68t	台时	0.63	0.79	0.96	1.12	0.14
	77t	台时	0.58	0.73	0.87	1.02	0.13
编号			60586	60587	60588	60589	60590

6.41.3 运半成品骨料（松散状态砂砾料）

单位：100m³

项目		单位	运距（km）				每增运1km
			1	2	3	4	
高级熟练工		工时					
熟练工		工时					
半熟练工		工时					
普工		工时	0.75	0.75	0.75	0.75	
合计		工时	0.75	0.75	0.75	0.75	
零星材料费		元	15	15	15	15	
挖掘机	液压正铲 7m³	台时	0.16	0.16	0.16	0.16	
推土机	132kW	台时	0.06	0.06	0.06	0.06	
自卸汽车	27t	台时	1.17	1.58	1.99	2.40	0.36
	30t	台时	1.07	1.44	1.81	2.18	0.32
	32t	台时	1.02	1.37	1.72	2.06	0.30
	40t	台时	0.86	1.14	1.42	1.70	0.24
	45t	台时	0.81	1.06	1.30	1.55	0.22
	50t	台时	0.75	0.97	1.20	1.42	0.19
	65t	台时	0.63	0.80	0.97	1.15	0.15
	68t	台时	0.62	0.78	0.95	1.11	0.14
	77t	台时	0.57	0.71	0.86	1.00	0.13
编号			60591	60592	60593	60594	60595

6.41.4 运碎石原料

单位：$100m^3$

项目		单位	运距（km）				每增运1km
			1	2	3	4	
高级熟练工		工时					
熟练工		工时					
半熟练工		工时					
普工		工时	1.41	1.41	1.41	1.41	
合计		工时	1.41	1.41	1.41	1.41	
零星材料费		元	20	20	20	20	
挖掘机	液压正铲 $7m^3$	台时	0.30	0.30	0.30	0.30	
推土机	162kW	台时	0.12	0.12	0.12	0.12	
自卸汽车	25t	台时	1.44	1.88	2.32	2.76	0.39
	27t	台时	1.36	1.77	2.18	2.58	0.36
	30t	台时	1.26	1.63	1.99	2.36	0.32
	32t	台时	1.21	1.55	1.89	2.23	0.30
	40t	台时	1.06	1.33	1.60	1.87	0.24
	45t	台时	1.00	1.24	1.48	1.72	0.21
	50t	台时	0.93	1.14	1.36	1.58	0.19
	65t	台时	0.79	0.96	1.13	1.29	0.15
	68t	台时	0.77	0.94	1.10	1.27	0.14
	77t	台时	0.71	0.86	1.00	1.15	0.13
编号			60596	60597	60598	60599	60600

6.42 8m^{3}液压正铲挖掘机装砂石料 自卸汽车运输

工作内容：装、运、卸、空回、清理工作面。

6.42.1 运 骨 料

单位：100m^3

项 目		单位	运距（km） 1	2	3	4	每增运1km
高级熟练工		工时					
熟 练 工		工时					
半熟练工		工时					
普 工		工时	0.58	0.58	0.58	0.58	
合 计		工时	0.58	0.58	0.58	0.58	
零星材料费		元	14	14	14	14	
挖 掘 机	液压正铲 8m^3	台时	0.12	0.12	0.12	0.12	
推 土 机	132kW	台时	0.05	0.05	0.05	0.05	
自卸汽车	32t	台时	0.92	1.25	1.58	1.90	0.29
	40t	台时	0.78	1.05	1.31	1.58	0.23
	45t	台时	0.67	0.88	1.09	1.30	0.18
	50t	台时	0.63	0.82	1.01	1.20	0.17
	65t	台时	0.58	0.74	0.91	1.08	0.15
	68t	台时	0.56	0.73	0.89	1.06	0.14
	77t	台时	0.52	0.66	0.81	0.95	0.13
编 号			60601	60602	60603	60604	60605

6.42.2 运自然状态砂砾料

单位：100m³

项目		单位	运距（km）				每增运1km
			1	2	3	4	
高级熟练工		工时					
熟练工		工时					
半熟练工		工时					
普工		工时	0.72	0.72	0.72	0.72	
合计		工时	0.72	0.72	0.72	0.72	
零星材料费		元	16	16	16	16	
挖掘机	液压正铲 8m³	台时	0.15	0.15	0.15	0.15	
推土机	132kW	台时	0.06	0.06	0.06	0.06	
自卸汽车	30t	台时	1.06	1.43	1.80	2.17	0.32
	32t	台时	1.01	1.36	1.71	2.05	0.30
	40t	台时	0.85	1.13	1.41	1.69	0.24
	45t	台时	0.80	1.05	1.29	1.54	0.22
	50t	台时	0.74	0.96	1.19	1.41	0.19
	65t	台时	0.62	0.79	0.96	1.14	0.15
	68t	台时	0.61	0.77	0.94	1.10	0.14
	77t	台时	0.56	0.70	0.85	0.99	0.13
编号			60606	60607	60608	60609	60610

6.42.3 运半成品骨料（松散状态砂砾料）

单位：100m³

项目		单位	运距（km）				每增运1km
			1	2	3	4	
高级熟练工		工时					
熟练工		工时					
半熟练工		工时					
普工		工时	0.68	0.68	0.68	0.68	
合计		工时	0.68	0.68	0.68	0.68	
零星材料费		元	15	15	15	15	
挖掘机	液压正铲 $8m^3$	台时	0.14	0.14	0.14	0.14	
推土机	132kW	台时	0.06	0.06	0.06	0.06	
自卸汽车	30t	台时	1.05	1.42	1.79	2.16	0.32
	32t	台时	1.00	1.35	1.69	2.04	0.30
	40t	台时	0.84	1.12	1.40	1.68	0.24
	45t	台时	0.79	1.03	1.28	1.53	0.22
	50t	台时	0.73	0.95	1.17	1.40	0.19
	65t	台时	0.61	0.78	0.95	1.12	0.15
	68t	台时	0.59	0.76	0.92	1.09	0.14
	77t	台时	0.55	0.69	0.84	0.98	0.13
编号			60611	60612	60613	60614	60615

6.42.4 运碎石原料

单位：100m³

项目		单位	运距（km）				每增运1km
			1	2	3	4	
高级熟练工		工时					
熟练工		工时					
半熟练工		工时					
普工		工时	1.26	1.26	1.26	1.26	
合计		工时	1.26	1.26	1.26	1.26	
零星材料费		元	20	20	20	20	
挖掘机	液压正铲 $8m^3$	台时	0.27	0.27	0.27	0.27	
推土机	162kW	台时	0.11	0.11	0.11	0.11	
自卸汽车	25t	台时	1.39	1.84	2.28	2.72	0.39
	27t	台时	1.32	1.72	2.13	2.54	0.36
	30t	台时	1.22	1.58	1.95	2.31	0.32
	32t	台时	1.17	1.51	1.85	2.19	0.30
	40t	台时	1.01	1.28	1.56	1.83	0.24
	45t	台时	0.96	1.20	1.44	1.68	0.21
	50t	台时	0.90	1.11	1.33	1.55	0.19
	65t	台时	0.76	0.93	1.10	1.26	0.15
	68t	台时	0.74	0.91	1.07	1.24	0.14
	77t	台时	0.68	0.83	0.97	1.12	0.13
编号			60616	60617	60618	60619	60620

6.43　$9m^3$液压正铲挖掘机装砂石料　自卸汽车运输

工作内容：装、运、卸、空回、清理工作面。

6.43.1　运　骨　料

单位：$100m^3$

项　　目		单位	运　距（km）				每增运1km
			1	2	3	4	
高级熟练工		工时					
熟　练　工		工时					
半熟练工		工时					
普　　工		工时	0.54	0.54	0.54	0.54	
合　　计		工时	0.54	0.54	0.54	0.54	
零星材料费		元	14	14	14	14	
挖　掘　机	液压正铲 $9m^3$	台时	0.11	0.11	0.11	0.11	
推　土　机	132kW	台时	0.05	0.05	0.05	0.05	
自卸汽车	40t	台时	0.77	1.03	1.30	1.56	0.23
	45t	台时	0.65	0.86	1.07	1.28	0.18
	50t	台时	0.61	0.80	0.99	1.19	0.17
	65t	台时	0.56	0.73	0.90	1.07	0.15
	68t	台时	0.55	0.71	0.88	1.04	0.14
	77t	台时	0.50	0.65	0.79	0.94	0.13
编　　号			60621	60622	60623	60624	60625

6.43.2 运自然状态砂砾料

单位：100m³

项目		单位	运距（km）				每增运1km
			1	2	3	4	
高级熟练工		工时					
熟练工		工时					
半熟练工		工时					
普工		工时	0.65	0.65	0.65	0.65	
合计		工时	0.65	0.65	0.65	0.65	
零星材料费		元	16	16	16	16	
挖掘机	液压正铲 9m³	台时	0.14	0.14	0.14	0.14	
推土机	132kW	台时	0.05	0.05	0.05	0.05	
自卸汽车	40t	台时	0.83	1.11	1.39	1.67	0.24
	45t	台时	0.78	1.02	1.27	1.52	0.22
	50t	台时	0.72	0.94	1.16	1.39	0.19
	65t	台时	0.60	0.77	0.94	1.11	0.15
	68t	台时	0.58	0.75	0.91	1.08	0.14
	77t	台时	0.54	0.68	0.83	0.97	0.13
编号			60626	60627	60628	60629	60630

6.43.3 运半成品骨料（松散状态砂砾料）

单位：100m³

项目		单位	运距（km）				每增运1km
			1	2	3	4	
高级熟练工		工时					
熟练工		工时					
半熟练工		工时					
普工		工时	0.61	0.61	0.61	0.61	
合计		工时	0.61	0.61	0.61	0.61	
零星材料费		元	15	15	15	15	
挖掘机	液压正铲 9m³	台时	0.13	0.13	0.13	0.13	
推土机	132kW	台时	0.05	0.05	0.05	0.05	
自卸汽车	40t	台时	0.82	1.10	1.38	1.66	0.24
	45t	台时	0.77	1.01	1.26	1.51	0.22
	50t	台时	0.71	0.93	1.15	1.38	0.19
	65t	台时	0.59	0.76	0.93	1.10	0.15
	68t	台时	0.57	0.74	0.90	1.07	0.14
	77t	台时	0.53	0.67	0.82	0.96	0.13
编号			60631	60632	60633	60634	60635

6.43.4 运碎石原料

单位：$100m^3$

项目		单位	运距（km）				每增运1km
			1	2	3	4	
高级熟练工		工时					
熟练工		工时					
半熟练工		工时					
普工		工时	1.15	1.15	1.15	1.15	
合计		工时	1.15	1.15	1.15	1.15	
零星材料费		元	20	20	20	20	
挖掘机	液压正铲 $9m^3$	台时	0.24	0.24	0.24	0.24	
推土机	162kW	台时	0.10	0.10	0.10	0.10	
自卸汽车	30t	台时	1.18	1.55	1.91	2.27	0.32
	32t	台时	1.13	1.47	1.81	2.15	0.30
	40t	台时	0.98	1.25	1.52	1.79	0.24
	45t	台时	0.92	1.16	1.41	1.65	0.21
	50t	台时	0.87	1.08	1.30	1.52	0.19
	65t	台时	0.73	0.90	1.07	1.24	0.15
	68t	台时	0.72	0.88	1.05	1.21	0.14
	77t	台时	0.66	0.80	0.95	1.09	0.13
编号			60636	60637	60638	60639	60640

6.44 $10m^3$液压正铲挖掘机装砂石料 自卸汽车运输

工作内容：装、运、卸、空回、清理工作面。

6.44.1 运 骨 料

单位：$100m^3$

项目		单位	运距（km）				每增运1km
			1	2	3	4	
高级熟练工		工时					
熟练工		工时					
半熟练工		工时					
普工		工时	0.49	0.49	0.49	0.49	
合计		工时	0.49	0.49	0.49	0.49	
零星材料费		元	14	14	14	14	
挖掘机	液压正铲 $10m^3$	台时	0.10	0.10	0.10	0.10	
推土机	132kW	台时	0.04	0.04	0.04	0.04	
自卸汽车	40t	台时	0.75	1.02	1.28	1.55	0.23
	45t	台时	0.64	0.85	1.06	1.27	0.18
	50t	台时	0.60	0.79	0.98	1.17	0.17
	65t	台时	0.55	0.72	0.89	1.06	0.15
	68t	台时	0.54	0.70	0.87	1.03	0.14
	77t	台时	0.49	0.63	0.78	0.92	0.13
编号			60641	60642	60643	60644	60645

6.44.2 运自然状态砂砾料

单位：100m³

项目		单位	运距（km）				每增运1km
			1	2	3	4	
高级熟练工		工时					
熟练工		工时					
半熟练工		工时					
普工		工时	0.59	0.59	0.59	0.59	
合计		工时	0.59	0.59	0.59	0.59	
零星材料费		元	16	16	16	16	
挖掘机	液压正铲 $10m^3$	台时	0.12	0.12	0.12	0.12	
推土机	132kW	台时	0.05	0.05	0.05	0.05	
自卸汽车	40t	台时	0.81	1.09	1.37	1.65	0.24
	45t	台时	0.76	1.01	1.25	1.50	0.22
	50t	台时	0.70	0.92	1.15	1.37	0.19
	65t	台时	0.58	0.75	0.93	1.10	0.15
	68t	台时	0.57	0.73	0.90	1.06	0.14
	77t	台时	0.52	0.67	0.81	0.95	0.13
	编号		60646	60647	60648	60649	60650

6.44.3 运半成品骨料（松散状态砂砾料）

单位：$100m^3$

项目		单位	运距（km）				每增运1km
			1	2	3	4	
高级熟练工		工时					
熟练工		工时					
半熟练工		工时					
普工		工时	0.57	0.57	0.57	0.57	
合计		工时	0.57	0.57	0.57	0.57	
零星材料费		元	15	15	15	15	
挖掘机	液压正铲 $10m^3$	台时	0.12	0.12	0.12	0.12	
推土机	132kW	台时	0.05	0.05	0.05	0.05	
自卸汽车	40t	台时	0.81	1.09	1.36	1.64	0.24
	45t	台时	0.75	1.00	1.25	1.49	0.22
	50t	台时	0.70	0.92	1.14	1.36	0.19
	65t	台时	0.58	0.75	0.92	1.09	0.15
	68t	台时	0.56	0.73	0.89	1.05	0.14
	77t	台时	0.51	0.66	0.80	0.95	0.13
编号			60651	60652	60653	60654	60655

6.44.4 运碎石原料

单位：100m^3

项目		单位	运距（km）				每增运1km
			1	2	3	4	
高级熟练工		工时					
熟练工		工时					
半熟练工		工时					
普工		工时	1.06	1.06	1.06	1.06	
合计		工时	1.06	1.06	1.06	1.06	
零星材料费		元	20	20	20	20	
挖掘机	液压正铲 10m^3	台时	0.22	0.22	0.22	0.22	
推土机	162kW	台时	0.09	0.09	0.09	0.09	
自卸汽车	32t	台时	1.10	1.44	1.78	2.12	0.30
	40t	台时	0.95	1.22	1.49	1.76	0.24
	45t	台时	0.89	1.14	1.38	1.62	0.21
	50t	台时	0.84	1.06	1.27	1.49	0.19
	65t	台时	0.71	0.88	1.05	1.22	0.15
	68t	台时	0.70	0.86	1.03	1.19	0.14
	77t	台时	0.64	0.79	0.93	1.07	0.13
编号			60656	60657	60658	60659	60660

6.45 $1m^3$装载机装砂石料 自卸汽车运输

工作内容：装、运、卸、空回、清理工作面。

6.45.1 运 骨 料

单位：$100m^3$

项 目		单位	运 距（km）				每增运1km
			1	2	3	4	
高级熟练工		工时					
熟 练 工		工时					
半 熟 练 工		工时					
普 工		工时	6.08	6.08	6.08	6.08	
合 计		工时	6.08	6.08	6.08	6.08	
零星材料费		元	14	14	14	14	
装 载 机	$1m^3$	台时	1.28	1.28	1.28	1.28	
推 土 机	132kW	台时	0.32	0.32	0.32	0.32	
自 卸 汽 车	5t	台时	5.99	7.85	9.70	11.56	1.62
	6.5t	台时	5.05	6.48	7.90	9.33	1.25
	8t	台时	4.46	5.62	6.78	7.94	1.01
	10t	台时	3.91	4.84	5.76	6.69	0.81
	12t	台时	3.47	4.24	5.02	5.79	0.68
编 号			60661	60662	60663	60664	60665

6.45.2　运自然状态砂砾料

单位：100m³

项　目		单位	运距（km）				每增运1km
			1	2	3	4	
高级熟练工		工时					
熟练工		工时					
半熟练工		工时					
普工		工时	9.93	9.93	9.93	9.93	
合计		工时	9.93	9.93	9.93	9.93	
零星材料费		元	16	16	16	16	
装载机	$1m^3$	台时	2.09	2.09	2.09	2.09	
推土机	132kW	台时	0.52	0.52	0.52	0.52	
自卸汽车	5t	台时	7.26	9.48	11.71	13.93	1.95
	6.5t	台时	6.13	7.84	9.55	11.26	1.50
	8t	台时	5.42	6.81	8.20	9.59	1.22
	10t	台时	4.74	5.85	6.96	8.07	0.97
	12t	台时	4.21	5.14	6.06	6.99	0.81
编　号			60666	60667	60668	60669	60670

6.45.3 运半成品骨料（松散状态砂砾料）

单位：100m³

项目		单位	运距（km）				每增运1km
			1	2	3	4	
高级熟练工		工时					
熟练工		工时					
半熟练工		工时					
普工		工时	6.91	6.91	6.91	6.91	
合计		工时	6.91	6.91	6.91	6.91	
零星材料费		元	15	15	15	15	
装载机	$1m^3$	台时	1.45	1.45	1.45	1.45	
推土机	132kW	台时	0.36	0.36	0.36	0.36	
自卸汽车	5t	台时	7.07	9.29	11.52	13.74	1.95
	6.5t	台时	5.94	7.65	9.36	11.07	1.50
	8t	台时	5.23	6.62	8.02	9.41	1.22
	10t	台时	4.61	5.72	6.84	7.95	0.97
	12t	台时	4.08	5.01	5.94	6.87	0.81
编号			60671	60672	60673	60674	60675

6.45.4 运碎石原料

单位：100m³

项目		单位	运距（km）				每增运1km
			1	2	3	4	
高级熟练工		工时					
熟练工		工时					
半熟练工		工时					
普工		工时	13.33	13.33	13.33	13.33	
合计		工时	13.33	13.33	13.33	13.33	
零星材料费		元	20	20	20	20	
装载机	$1m^3$	台时	2.80	2.80	2.80	2.80	
推土机	162kW	台时	0.70	0.70	0.70	0.70	
自卸汽车	5t	台时	8.85	11.03	13.20	15.38	1.90
	6.5t	台时	7.45	9.13	10.80	12.47	1.46
	8t	台时	6.58	7.94	9.30	10.66	1.19
	10t	台时	5.89	6.98	8.06	9.15	0.95
编号			60676	60677	60678	60679	60680

6.46 1.5m^{3}装载机装砂石料 自卸汽车运输

工作内容：装、运、卸、空回、清理工作面。

6.46.1 运 骨 料

单位：100m^3

项 目		单位	运 距（km）				每增运1km
			1	2	3	4	
高级熟练工		工时					
熟练工		工时					
半熟练工		工时					
普工		工时	4.16	4.16	4.16	4.16	
合计		工时	4.16	4.16	4.16	4.16	
零星材料费		元	14	14	14	14	
装载机	1.5m^3	台时	0.87	0.87	0.87	0.87	
推土机	132kW	台时	0.22	0.22	0.22	0.22	
自卸汽车	5t	台时	5.39	7.25	9.10	10.95	1.62
	6.5t	台时	4.45	5.88	7.30	8.73	1.25
	8t	台时	3.86	5.02	6.18	7.34	1.01
	10t	台时	3.41	4.33	5.26	6.19	0.81
	12t	台时	3.06	3.83	4.60	5.38	0.68
	15t	台时	2.74	3.40	4.06	4.72	0.58
	18t	台时	2.53	3.12	3.70	4.28	0.51
编号			60681	60682	60683	60684	60685

6.46.2 运自然状态砂砾料

单位：100m³

项目		单位	运距（km）				每增运1km
			1	2	3	4	
高级熟练工		工时					
熟练工		工时					
半熟练工		工时					
普工		工时	7.21	7.21	7.21	7.21	
合计		工时	7.21	7.21	7.21	7.21	
零星材料费		元	16	16	16	16	
装载机	1.5m³	台时	1.51	1.51	1.51	1.51	
推土机	132kW	台时	0.38	0.38	0.38	0.38	
自卸汽车	5t	台时	6.59	8.82	11.04	13.27	1.95
	6.5t	台时	5.46	7.17	8.89	10.60	1.50
	8t	台时	4.76	6.15	7.54	8.93	1.22
	10t	台时	4.21	5.32	6.44	7.55	0.97
	12t	台时	3.77	4.69	5.62	6.55	0.81
	15t	台时	3.24	3.98	4.72	5.46	0.65
	18t	台时	2.89	3.51	4.12	4.74	0.54
编号			60686	60687	60688	60689	60690

6.46.3 运半成品骨料（松散状态砂砾料）

单位：100m³

项目		单位	运距（km）				每增运1km
			1	2	3	4	
高级熟练工		工时					
熟练工		工时					
半熟练工		工时					
普工		工时	4.87	4.87	4.87	4.87	
合计		工时	4.87	4.87	4.87	4.87	
零星材料费		元	15	15	15	15	
装载机	$1.5m^3$	台时	1.02	1.02	1.02	1.02	
推土机	132kW	台时	0.26	0.26	0.26	0.26	
自卸汽车	6.5t	台时	5.30	7.01	8.72	10.43	1.50
	8t	台时	4.59	5.98	7.37	8.76	1.22
	10t	台时	4.05	5.16	6.27	7.38	0.97
	12t	台时	3.63	4.55	5.48	6.41	0.81
	15t	台时	3.13	3.87	4.61	5.35	0.65
	18t	台时	2.78	3.40	4.01	4.63	0.54
编号			60691	60692	60693	60694	60695

6.46.4 运碎石原料

单位：100m^3

项目		单位	运距（km）				每增运1km
			1	2	3	4	
高级熟练工		工时					
熟练工		工时					
半熟练工		工时					
普工		工时	9.38	9.38	9.38	9.38	
合计		工时	9.38	9.38	9.38	9.38	
零星材料费		元	20	20	20	20	
装载机	1.5m^3	台时	1.97	1.97	1.97	1.97	
推土机	162kW	台时	0.49	0.49	0.49	0.49	
自卸汽车	5t	台时	7.74	9.91	12.09	14.26	1.90
	6.5t	台时	6.63	8.30	9.97	11.65	1.46
	8t	台时	5.75	7.11	8.47	9.83	1.19
	10t	台时	5.06	6.15	7.23	8.32	0.95
	12t	台时	4.54	5.45	6.36	7.26	0.79
	15t	台时	4.03	4.75	5.48	6.20	0.63
编号			60696	60697	60698	60699	60700

6.47 $2m^3$装载机装砂石料 自卸汽车运输

工作内容：装、运、卸、空回、清理工作面。

6.47.1 运 骨 料

单位：$100m^3$

项目		单位	运距（km）				每增运1km
			1	2	3	4	
高级熟练工		工时					
熟练工		工时					
半熟练工		工时					
普工		工时	3.31	3.31	3.31	3.31	
合计		工时	3.31	3.31	3.31	3.31	
零星材料费		元	14	14	14	14	
装载机	$2m^3$	台时	0.70	0.70	0.70	0.70	
推土机	132kW	台时	0.17	0.17	0.17	0.17	
自卸汽车	8t	台时	3.59	4.75	5.91	7.07	1.01
	10t	台时	3.14	4.06	4.99	5.92	0.81
	12t	台时	2.79	3.56	4.33	5.10	0.68
	15t	台时	2.53	3.18	3.84	4.50	0.58
	18t	台时	2.35	2.93	3.52	4.10	0.51
	20t	台时	2.20	2.72	3.25	3.78	0.46
	25t	台时	1.95	2.39	2.83	3.27	0.39
	27t	台时	1.85	2.26	2.67	3.07	0.36
编号			60701	60702	60703	60704	60705

6.47.2 运自然状态砂砾料

单位：$100m^3$

项目		单位	运距（km）				每增运1km
			1	2	3	4	
高级熟练工		工时					
熟练工		工时					
半熟练工		工时					
普工		工时	5.66	5.66	5.66	5.66	
合计		工时	5.66	5.66	5.66	5.66	
零星材料费		元	16	16	16	16	
装载机	$2m^3$	台时	1.19	1.19	1.19	1.19	
推土机	132kW	台时	0.30	0.30	0.30	0.30	
自卸汽车	6.5t	台时	5.10	6.81	8.52	10.23	1.50
	8t	台时	4.39	5.79	7.18	8.57	1.22
	10t	台时	3.85	4.96	6.07	7.19	0.97
	12t	台时	3.43	4.36	5.28	6.21	0.81
	15t	台时	3.00	3.74	4.48	5.22	0.65
	18t	台时	2.65	3.26	3.88	4.50	0.54
	20t	台时	2.47	3.03	3.58	4.14	0.49
	25t	台时	2.16	2.60	3.05	3.49	0.39
编号			60706	60707	60708	60709	60710

6.47.3 运半成品骨料（松散状态砂砾料）

单位：100m³

项目		单位	运距（km）				每增运1km
			1	2	3	4	
高级熟练工		工时					
熟练工		工时					
半熟练工		工时					
普工		工时	3.85	3.85	3.85	3.85	
合计		工时	3.85	3.85	3.85	3.85	
零星材料费		元	15	15	15	15	
装载机	$2m^3$	台时	0.81	0.81	0.81	0.81	
推土机	132kW	台时	0.20	0.20	0.20	0.20	
自卸汽车	8t	台时	4.27	5.66	7.05	8.44	1.22
	10t	台时	3.72	4.84	5.95	7.06	0.97
	12t	台时	3.31	4.23	5.16	6.09	0.81
	15t	台时	2.89	3.63	4.37	5.11	0.65
	18t	台时	2.56	3.18	3.80	4.42	0.54
	20t	台时	2.39	2.94	3.50	4.06	0.49
	25t	台时	2.07	2.52	2.96	3.41	0.39
	27t	台时	1.98	2.39	2.80	3.21	0.36
编号			60711	60712	60713	60714	60715

6.47.4 运碎石原料

单位：100m³

项目		单位	运距（km）				每增运1km
			1	2	3	4	
高级熟练工		工时					
熟练工		工时					
半熟练工		工时					
普工		工时	7.40	7.40	7.40	7.40	
合计		工时	7.40	7.40	7.40	7.40	
零星材料费		元	20	20	20	20	
装载机	$2m^3$	台时	1.55	1.55	1.55	1.55	
推土机	162kW	台时	0.39	0.39	0.39	0.39	
自卸汽车	6.5t	台时	6.01	7.69	9.36	11.03	1.46
	8t	台时	5.32	6.68	8.04	9.40	1.19
	10t	台时	4.64	5.73	6.82	7.91	0.95
	12t	台时	4.13	5.04	5.94	6.85	0.79
	15t	台时	3.61	4.34	5.06	5.79	0.63
	18t	台时	3.27	3.88	4.48	5.08	0.53
	20t	台时	3.10	3.64	4.19	4.73	0.48
编号			60716	60717	60718	60719	60720

6.48 $3m^3$装载机装砂石料 自卸汽车运输

工作内容：装、运、卸、空回、清理工作面。

6.48.1 运 骨 料

单位：$100m^3$

项目		单位	运距（km）				每增运1km
			1	2	3	4	
高级熟练工		工时					
熟练工		工时					
半熟练工		工时					
普工		工时	2.44	2.44	2.44	2.44	
合计		工时	2.44	2.44	2.44	2.44	
零星材料费		元	14	14	14	14	
装载机	$3m^3$	台时	0.51	0.51	0.51	0.51	
推土机	132kW	台时	0.13	0.13	0.13	0.13	
自卸汽车	10t	台时	2.86	3.79	4.72	5.64	0.81
	12t	台时	2.51	3.29	4.06	4.83	0.68
	15t	台时	2.25	2.91	3.57	4.23	0.58
	18t	台时	2.09	2.67	3.25	3.84	0.51
	20t	台时	1.96	2.49	3.02	3.55	0.46
	25t	台时	1.77	2.21	2.65	3.09	0.39
	27t	台时	1.67	2.08	2.48	2.89	0.36
	30t	台时	1.55	1.91	2.27	2.64	0.32
	32t	台时	1.44	1.77	2.10	2.42	0.29
编号			60721	60722	60723	60724	60725

6.48.2 运自然状态砂砾料

单位：100m³

项目		单位	运距（km）				每增运1km
			1	2	3	4	
高级熟练工		工时					
熟练工		工时					
半熟练工		工时					
普工		工时	4.03	4.03	4.03	4.03	
合计		工时	4.03	4.03	4.03	4.03	
零星材料费		元	16	16	16	16	
装载机	$3m^3$	台时	0.85	0.85	0.85	0.85	
推土机	132kW	台时	0.21	0.21	0.21	0.21	
自卸汽车	12t	台时	3.05	3.97	4.90	5.83	0.81
	15t	台时	2.63	3.37	4.11	4.85	0.65
	18t	台时	2.35	2.97	3.58	4.20	0.54
	20t	台时	2.21	2.77	3.32	3.88	0.49
	25t	台时	1.90	2.34	2.79	3.23	0.39
	27t	台时	1.81	2.22	2.63	3.04	0.36
	30t	台时	1.69	2.06	2.43	2.80	0.32
	32t	台时	1.62	1.97	2.32	2.67	0.30
编号			60726	60727	60728	60729	60730

6.48.3 运半成品骨料（松散状态砂砾料）

单位：100m³

项目		单位	运距（km）				每增运1km
			1	2	3	4	
高级熟练工		工时					
熟练工		工时					
半熟练工		工时					
普工		工时	2.76	2.76	2.76	2.76	
合计		工时	2.76	2.76	2.76	2.76	
零星材料费		元	15	15	15	15	
装载机	$3m^3$	台时	0.58	0.58	0.58	0.58	
推土机	132kW	台时	0.15	0.15	0.15	0.15	
自卸汽车	12t	台时	2.96	3.89	4.82	5.74	0.81
	15t	台时	2.54	3.29	4.03	4.77	0.65
	18t	台时	2.27	2.88	3.50	4.12	0.54
	20t	台时	2.13	2.68	3.24	3.79	0.49
	25t	台时	1.84	2.29	2.73	3.18	0.39
	27t	台时	1.75	2.16	2.57	2.99	0.36
	30t	台时	1.63	2.00	2.38	2.75	0.32
	32t	台时	1.57	1.92	2.26	2.61	0.30
编号			60731	60732	60733	60734	60735

6.48.4 运碎石原料

单位：100m³

项目		单位	运距（km）				每增运1km
			1	2	3	4	
高级熟练工		工时					
熟练工		工时					
半熟练工		工时					
普工		工时	5.35	5.35	5.35	5.35	
合计		工时	5.35	5.35	5.35	5.35	
零星材料费		元	20	20	20	20	
装载机	$3m^3$	台时	1.12	1.12	1.12	1.12	
推土机	162kW	台时	0.28	0.28	0.28	0.28	
自卸汽车	10t	台时	4.14	5.23	6.32	7.40	0.95
	12t	台时	3.70	4.60	5.51	6.42	0.79
	15t	台时	3.18	3.91	4.63	5.36	0.63
	18t	台时	2.84	3.44	4.05	4.65	0.53
	20t	台时	2.67	3.21	3.76	4.30	0.48
	25t	台时	2.38	2.82	3.26	3.70	0.39
	27t	台时	2.28	2.69	3.09	3.50	0.36
	30t	台时	2.16	2.52	2.88	3.25	0.32
	32t	台时	2.09	2.43	2.77	3.11	0.30
编号			60736	60737	60738	60739	60740

6.49 $4m^3$装载机装砂石料 自卸汽车运输

工作内容：装、运、卸、空回、清理工作面。

6.49.1 运 骨 料

单位：$100m^3$

项目		单位	运距（km）				每增运1km
			1	2	3	4	
高级熟练工		工时					
熟练工		工时					
半熟练工		工时					
普工		工时	2.01	2.01	2.01	2.01	
合计		工时	2.01	2.01	2.01	2.01	
零星材料费		元	14	14	14	14	
装载机	$4m^3$	台时	0.42	0.42	0.42	0.42	
推土机	132kW	台时	0.11	0.11	0.11	0.11	
自卸汽车	15t	台时	2.12	2.78	3.43	4.09	0.58
	18t	台时	1.95	2.53	3.12	3.70	0.51
	20t	台时	1.83	2.35	2.88	3.41	0.46
	25t	台时	1.63	2.07	2.51	2.95	0.39
	27t	台时	1.55	1.96	2.37	2.77	0.36
	30t	台时	1.45	1.82	2.18	2.55	0.32
	32t	台时	1.35	1.68	2.01	2.33	0.29
	40t	台时	1.18	1.44	1.71	1.97	0.23
	45t	台时	1.03	1.24	1.45	1.66	0.18
编号			60741	60742	60743	60744	60745

6.49.2 运自然状态砂砾料

单位：100m³

项目		单位	运距（km） 1	2	3	4	每增运1km
高级熟练工		工时					
熟练工		工时					
半熟练工		工时					
普工		工时	3.29	3.29	3.29	3.29	
合计		工时	3.29	3.29	3.29	3.29	
零星材料费		元	16	16	16	16	
装载机	$4m^3$	台时	0.69	0.69	0.69	0.69	
推土机	132kW	台时	0.17	0.17	0.17	0.17	
自卸汽车	15t	台时	2.45	3.19	3.93	4.68	0.65
	18t	台时	2.17	2.79	3.41	4.03	0.54
	20t	台时	2.03	2.59	3.15	3.70	0.49
	25t	台时	1.78	2.23	2.67	3.12	0.39
	27t	台时	1.69	2.10	2.51	2.92	0.36
	30t	台时	1.57	1.94	2.31	2.68	0.32
	32t	台时	1.51	1.85	2.20	2.55	0.30
	40t	台时	1.31	1.59	1.86	2.14	0.24
	45t	台时	1.23	1.48	1.73	1.98	0.22
	50t	台时	1.16	1.39	1.61	1.83	0.19
编号			60746	60747	60748	60749	60750

6.49.3 运半成品骨料（松散状态砂砾料）

单位：100m³

项目		单位	运距（km）				每增运1km
			1	2	3	4	
高级熟练工		工时					
熟练工		工时					
半熟练工		工时					
普工		工时	2.27	2.27	2.27	2.27	
合计		工时	2.27	2.27	2.27	2.27	
零星材料费		元	15	15	15	15	
装载机	$4m^3$	台时	0.48	0.48	0.48	0.48	
推土机	132kW	台时	0.12	0.12	0.12	0.12	
自卸汽车	15t	台时	2.39	3.13	3.87	4.61	0.65
	18t	台时	2.11	2.73	3.35	3.96	0.54
	20t	台时	1.97	2.53	3.08	3.64	0.49
	25t	台时	1.72	2.16	2.61	3.05	0.39
	27t	台时	1.65	2.06	2.47	2.88	0.36
	30t	台时	1.53	1.90	2.27	2.64	0.32
	32t	台时	1.46	1.81	2.16	2.51	0.30
	40t	台时	1.27	1.54	1.82	2.10	0.24
	45t	台时	1.19	1.44	1.69	1.94	0.22
	50t	台时	1.12	1.34	1.57	1.79	0.19
编号			60751	60752	60753	60754	60755

6.49.4 运碎石原料

单位：100m^3

项目		单位	运距（km）				每增运1km
			1	2	3	4	
高级熟练工		工时					
熟练工		工时					
半熟练工		工时					
普工		工时	4.38	4.38	4.38	4.38	
合计		工时	4.38	4.38	4.38	4.38	
零星材料费		元	20	20	20	20	
装载机	4m^3	台时	0.92	0.92	0.92	0.92	
推土机	162kW	台时	0.23	0.23	0.23	0.23	
自卸汽车	15t	台时	2.98	3.70	4.43	5.16	0.63
	18t	台时	2.64	3.24	3.84	4.45	0.53
	20t	台时	2.46	3.01	3.55	4.10	0.48
	25t	台时	2.17	2.62	3.06	3.50	0.39
	27t	台时	2.08	2.48	2.89	3.30	0.36
	30t	台时	1.95	2.32	2.68	3.04	0.32
	32t	台时	1.89	2.23	2.57	2.91	0.30
	40t	台时	1.69	1.96	2.24	2.51	0.24
	45t	台时	1.62	1.86	2.10	2.35	0.21
编号			60756	60757	60758	60759	60760

6.50 $5m^3$装载机装砂石料 自卸汽车运输

工作内容：装、运、卸、空回、清理工作面。

6.50.1 运 骨 料

单位：$100m^3$

项目		单位	运距（km）				每增运1km
			1	2	3	4	
高级熟练工		工时					
熟练工		工时					
半熟练工		工时					
普工		工时	1.72	1.72	1.72	1.72	
合计		工时	1.72	1.72	1.72	1.72	
零星材料费		元	14	14	14	14	
装载机	$5m^3$	台时	0.36	0.36	0.36	0.36	
推土机	132kW	台时	0.09	0.09	0.09	0.09	
自卸汽车	20t	台时	1.73	2.26	2.79	3.32	0.46
	25t	台时	1.54	1.98	2.42	2.86	0.39
	27t	台时	1.46	1.87	2.27	2.68	0.36
	30t	台时	1.36	1.73	2.09	2.45	0.32
	32t	台时	1.28	1.61	1.93	2.26	0.29
	40t	台时	1.11	1.38	1.64	1.91	0.23
	45t	台时	0.97	1.18	1.39	1.60	0.18
	50t	台时	0.92	1.11	1.30	1.49	0.17
	65t	台时	0.85	1.02	1.19	1.36	0.15
	68t	台时	0.84	1.00	1.17	1.33	0.14
编号			60761	60762	60763	60764	60765

6.50.2 运自然状态砂砾料

单位：100m³

项目		单位	运距（km）				每增运1km
			1	2	3	4	
高级熟练工		工时					
熟练工		工时					
半熟练工		工时					
普工		工时	2.84	2.84	2.84	2.84	
合计		工时	2.84	2.84	2.84	2.84	
零星材料费		元	16	16	16	16	
装载机	$5m^3$	台时	0.60	0.60	0.60	0.60	
推土机	132kW	台时	0.15	0.15	0.15	0.15	
自卸汽车	18t	台时	2.07	2.68	3.30	3.92	0.54
	20t	台时	1.93	2.48	3.04	3.60	0.49
	25t	台时	1.68	2.12	2.57	3.01	0.39
	27t	台时	1.60	2.12	2.43	2.84	0.36
	30t	台时	1.50	1.87	2.24	2.61	0.32
	32t	台时	1.44	1.78	2.13	2.48	0.30
	40t	台时	1.24	1.52	1.79	2.07	0.24
	45t	台时	1.16	1.41	1.66	1.91	0.22
	50t	台时	1.09	1.32	1.54	1.76	0.19
编号			60766	60767	60768	60769	60770

6.50.3 运半成品骨料（松散状态砂砾料）

单位：100m³

项目		单位	运距（km）				每增运1km
			1	2	3	4	
高级熟练工		工时					
熟练工		工时					
半熟练工		工时					
普工		工时	1.97	1.97	1.97	1.97	
合计		工时	1.97	1.97	1.97	1.97	
零星材料费		元	15	15	15	15	
装载机	$5m^3$	台时	0.41	0.41	0.41	0.41	
推土机	132kW	台时	0.10	0.10	0.10	0.10	
自卸汽车	20t	台时	1.88	2.43	2.99	3.55	0.49
	25t	台时	1.63	2.07	2.52	2.96	0.39
	27t	台时	1.55	1.96	2.38	2.79	0.36
	30t	台时	1.46	1.83	2.20	2.57	0.32
	32t	台时	1.40	1.75	2.10	2.44	0.30
	40t	台时	1.20	1.48	1.76	2.04	0.24
	45t	台时	1.13	1.38	1.63	1.87	0.22
	50t	台时	1.06	1.28	1.50	1.73	0.19
	65t	台时	0.91	1.08	1.25	1.42	0.15
	68t	台时	0.89	1.06	1.22	1.39	0.14
编号			60771	60772	60773	60774	60775

6.50.4 运碎石原料

单位：$100m^3$

项目		单位	运距（km）				每增运1km
			1	2	3	4	
高级熟练工		工时					
熟练工		工时					
半熟练工		工时					
普工		工时	3.80	3.80	3.80	3.80	
合计		工时	3.80	3.80	3.80	3.80	
零星材料费		元	20	20	20	20	
装载机	$5m^3$	台时	0.80	0.80	0.80	0.80	
推土机	162kW	台时	0.20	0.20	0.20	0.20	
自卸汽车	18t	台时	2.51	3.12	3.72	4.33	0.53
	20t	台时	2.34	2.89	3.43	3.97	0.48
	25t	台时	2.05	2.49	2.93	3.38	0.39
	27t	台时	1.95	2.36	2.77	3.18	0.36
	30t	台时	1.83	2.19	2.56	2.92	0.32
	32t	台时	1.76	2.10	2.44	2.78	0.30
	40t	台时	1.57	1.84	2.11	2.39	0.24
	45t	台时	1.50	1.74	1.98	2.22	0.21
	50t	台时	1.43	1.65	1.86	2.08	1.94
编号			60776	60777	60778	60779	60780

6.51 6m³装载机装砂石料 自卸汽车运输

工作内容：装、运、卸、空回、清理工作面。

6.51.1 运骨料

单位：100m³

项目		单位	运距（km）				每增运1km
			1	2	3	4	
高级熟练工		工时					
熟练工		工时					
半熟练工		工时					
普工		工时	1.52	1.52	1.52	1.52	
合计		工时	1.52	1.52	1.52	1.52	
零星材料费		元	14	14	14	14	
装载机	$6m^3$	台时	0.32	0.32	0.32	0.32	
推土机	132kW	台时	0.08	0.08	0.08	0.08	
自卸汽车	25t	台时	1.48	1.92	2.36	2.80	0.39
	27t	台时	1.40	1.81	2.21	2.62	0.36
	30t	台时	1.30	1.66	2.03	2.39	0.32
	32t	台时	1.22	1.54	1.87	2.20	0.29
	40t	台时	1.07	1.34	1.60	1.87	0.23
	45t	台时	0.93	1.14	1.35	1.56	0.18
	50t	台时	0.87	1.07	1.26	1.45	0.17
	65t	台时	0.81	0.98	1.15	1.32	0.15
	68t	台时	0.80	0.96	1.13	1.29	0.14
	77t	台时	0.74	0.88	1.03	1.17	0.13
编号			60781	60782	60783	60784	60785

6.51.2 运自然状态砂砾料

单位：100m^3

项目		单位	运距（km）				每增运1km
			1	2	3	4	
高级熟练工		工时					
熟练工		工时					
半熟练工		工时					
普工		工时	2.50	2.50	2.50	2.50	
合计		工时	2.50	2.50	2.50	2.50	
零星材料费		元	16	16	16	16	
装载机	6m^3	台时	0.53	0.53	0.53	0.53	
推土机	132kW	台时	0.13	0.13	0.13	0.13	
自卸汽车	25t	台时	1.60	2.04	2.49	2.93	0.39
	27t	台时	1.52	1.93	2.34	2.76	0.36
	30t	台时	1.43	1.80	2.17	2.54	0.32
	32t	台时	1.38	1.72	2.07	2.42	0.30
	40t	台时	1.18	1.46	1.74	2.02	0.24
	45t	台时	1.11	1.36	1.60	1.85	0.22
	50t	台时	1.04	1.26	1.48	1.71	0.19
	65t	台时	0.89	1.06	1.23	1.40	0.15
	68t	台时	0.87	1.04	1.20	1.36	0.14
	77t	台时	0.81	0.96	1.10	1.25	0.13
编号			60786	60787	60788	60789	60790

6.51.3 运半成品骨料（松散状态砂砾料）

单位：100m³

项目		单位	运距（km）				每增运1km
			1	2	3	4	
高级熟练工		工时					
熟练工		工时					
半熟练工		工时					
普工		工时	1.74	1.74	1.74	1.74	
合计		工时	1.74	1.74	1.74	1.74	
零星材料费		元	15	15	15	15	
装载机	6m³	台时	0.37	0.37	0.37	0.37	
推土机	132kW	台时	0.09	0.09	0.09	0.09	
自卸汽车	25t	台时	1.55	2.00	2.44	2.89	0.39
	27t	台时	1.48	1.89	2.30	2.72	0.36
	30t	台时	1.39	1.76	2.13	2.50	0.32
	32t	台时	1.33	1.68	2.03	2.38	0.30
	40t	台时	1.16	1.43	1.71	1.99	0.24
	45t	台时	1.08	1.33	1.58	1.82	0.22
	50t	台时	1.01	1.23	1.46	1.68	0.19
	65t	台时	0.86	1.03	1.20	1.38	0.15
	68t	台时	0.84	1.01	1.17	1.34	0.14
	77t	台时	0.78	0.93	1.07	1.22	0.13
编号			60791	60792	60793	60794	60795

6.51.4 运碎石原料

单位：100m^3

项目		单位	运距（km）				每增运1km
			1	2	3	4	
高级熟练工		工时					
熟练工		工时					
半熟练工		工时					
普工		工时	3.37	3.37	3.37	3.37	
合计		工时	3.37	3.37	3.37	3.37	
零星材料费		元	20	20	20	20	
装载机	6m^3	台时	0.71	0.71	0.71	0.71	
推土机	162kW	台时	0.18	0.18	0.18	0.18	
自卸汽车	20t	台时	2.25	2.80	3.34	3.88	0.48
	25t	台时	1.96	2.40	2.85	3.29	0.39
	27t	台时	1.86	2.27	2.68	3.09	0.36
	30t	台时	1.74	2.10	2.47	2.83	0.32
	32t	台时	1.67	2.01	2.35	2.69	0.30
	40t	台时	1.48	1.75	2.02	2.30	0.24
	45t	台时	1.41	1.65	1.89	2.13	0.21
	50t	台时	1.34	1.56	1.77	1.99	0.19
	65t	台时	1.20	1.37	1.54	1.71	0.15
	68t	台时	1.19	1.35	1.51	1.68	0.14
编号			60796	60797	60798	60799	60800

6.52　$7m^3$装载机装砂石料　自卸汽车运输

工作内容：装、运、卸、空回、清理工作面。

6.52.1　运　骨　料

单位：$100m^3$

项　目		单位	运距（km）				每增运1km
			1	2	3	4	
高级熟练工		工时					
熟练工		工时					
半熟练工		工时					
普工		工时	1.38	1.38	1.38	1.38	
合计		工时	1.38	1.38	1.38	1.38	
零星材料费		元	14	14	14	14	
装载机	$7m^3$	台时	0.29	0.29	0.29	0.29	
推土机	132kW	台时	0.07	0.07	0.07	0.07	
自卸汽车	30t	台时	1.26	1.62	1.98	2.35	0.32
	32t	台时	1.17	1.50	1.83	2.15	0.29
	40t	台时	1.03	1.30	1.56	1.83	0.23
	45t	台时	0.90	1.11	1.32	1.53	0.18
	50t	台时	0.84	1.04	1.23	1.42	0.17
	65t	台时	0.78	0.95	1.12	1.29	0.15
	68t	台时	0.77	0.93	1.10	1.26	0.14
	77t	台时	0.71	0.85	1.00	1.14	0.13
编号			60801	60802	60803	60804	60805

6.52.2　运自然状态砂砾料

单位：100m^3

项目		单位	运距（km）				每增运1km
			1	2	3	4	
高级熟练工		工时					
熟练工		工时					
半熟练工		工时					
普工		工时	2.22	2.22	2.22	2.22	
合计		工时	2.22	2.22	2.22	2.22	
零星材料费		元	16	16	16	16	
装载机	7m^3	台时	0.47	0.47	0.47	0.47	
推土机	132kW	台时	0.12	0.12	0.12	0.12	
自卸汽车	25t	台时	1.92	2.48	3.03	3.59	0.49
	27t	台时	1.46	1.88	2.29	2.70	0.36
	30t	台时	1.37	1.74	2.11	2.48	0.32
	32t	台时	1.32	1.67	2.01	2.36	0.30
	40t	台时	1.15	1.42	1.70	1.98	0.24
	45t	台时	1.07	1.32	1.57	1.81	0.22
	50t	台时	1.00	1.22	1.45	1.67	0.19
	65t	台时	0.85	1.02	1.19	1.36	0.15
	68t	台时	0.83	1.00	1.16	1.33	0.14
	77t	台时	0.77	0.92	1.06	1.21	0.13
编号			60806	60807	60808	60809	60810

6.52.3 运半成品骨料（松散状态砂砾料）

单位：100m³

项目		单位	运距（km）				每增运1km
			1	2	3	4	
高级熟练工		工时					
熟练工		工时					
半熟练工		工时					
普工		工时	1.55	1.55	1.55	1.55	
合计		工时	1.55	1.55	1.55	1.55	
零星材料费		元	15	15	15	15	
装载机	7m³	台时	0.33	0.33	0.33	0.33	
推土机	132kW	台时	0.08	0.08	0.08	0.08	
自卸汽车	27t	台时	1.42	1.83	2.24	2.65	0.36
	30t	台时	1.33	1.70	2.07	2.44	0.32
	32t	台时	1.27	1.62	1.97	2.32	0.30
	40t	台时	1.12	1.39	1.67	1.95	0.24
	45t	台时	1.04	1.29	1.54	1.78	0.22
	50t	台时	0.97	1.19	1.42	1.64	0.19
	65t	台时	0.82	0.99	1.16	1.34	0.15
	68t	台时	0.80	0.97	1.13	1.30	0.14
	77t	台时	0.74	0.89	1.03	1.18	0.13
编号			60811	60812	60813	60814	60815

6.52.4 运碎石原料

单位：100m³

项目		单位	运距（km）				每增运1km
			1	2	3	4	
高级熟练工		工时					
熟练工		工时					
半熟练工		工时					
普工		工时	3.14	3.14	3.14	3.14	
合计		工时	3.14	3.14	3.14	3.14	
零星材料费		元	20	20	20	20	
装载机	$7m^3$	台时	0.66	0.66	0.66	0.66	
推土机	162kW	台时	0.16	0.16	0.16	0.16	
自卸汽车	25t	台时	1.91	2.35	2.80	3.24	0.39
	27t	台时	1.82	2.22	2.63	3.04	0.36
	30t	台时	1.69	2.06	2.42	2.78	0.32
	32t	台时	1.62	1.96	2.30	2.64	0.30
	40t	台时	1.43	1.70	1.98	2.25	0.24
	45t	台时	1.36	1.60	1.84	2.08	0.21
	50t	台时	1.29	1.51	1.72	1.94	0.19
	65t	台时	1.15	1.32	1.49	1.66	0.15
	68t	台时	1.14	1.30	1.46	1.63	0.14
	77t	台时	1.08	1.22	1.37	1.51	0.13
编号			60816	60817	60818	60819	60820

6.53 8m³装载机装砂石料 自卸汽车运输

工作内容：装、运、卸、空回、清理工作面。

6.53.1 运骨料

单位：100m³

项目		单位	运距（km）				每增运1km
			1	2	3	4	
高级熟练工		工时					
熟练工		工时					
半熟练工		工时					
普工		工时	1.25	1.25	1.25	1.25	
合计		工时	1.25	1.25	1.25	1.25	
零星材料费		元	14	14	14	14	
装载机	8m³	台时	0.26	0.26	0.26	0.26	
推土机	132kW	台时	0.07	0.07	0.07	0.07	
自卸汽车	32t	台时	1.13	1.46	1.79	2.11	0.29
	40t	台时	0.99	1.26	1.52	1.79	0.23
	45t	台时	0.87	1.08	1.29	1.50	0.18
	50t	台时	0.82	1.01	1.20	1.39	0.17
	65t	台时	0.75	0.92	1.09	1.26	0.15
	68t	台时	0.74	0.90	1.07	1.23	0.14
	77t	台时	0.68	0.83	0.97	1.11	0.13
编号			60821	60822	60823	60824	60825

6.53.2 运自然状态砂砾料

单位：100m³

项目		单位	运距（km）				每增运1km
			1	2	3	4	
高级熟练工		工时					
熟练工		工时					
半熟练工		工时					
普工		工时	2.04	2.04	2.04	2.04	
合计		工时	2.04	2.04	2.04	2.04	
零星材料费		元	16	16	16	16	
装载机	8m³	台时	0.43	0.43	0.43	0.43	
推土机	132kW	台时	0.11	0.11	0.11	0.11	
自卸汽车	27t	台时	1.42	1.83	2.24	2.66	0.36
	30t	台时	1.33	1.70	2.07	2.44	0.32
	32t	台时	1.27	1.62	1.97	2.32	0.30
	40t	台时	1.12	1.39	1.67	1.95	0.24
	45t	台时	1.04	1.29	1.54	1.78	0.22
	50t	台时	0.97	1.19	1.42	1.64	0.19
	65t	台时	0.82	0.99	1.16	1.34	0.15
	68t	台时	0.80	0.97	1.13	1.30	0.14
	77t	台时	0.75	0.89	1.03	1.18	0.13
编号			60826	60827	60828	60829	60830

6.53.3 运半成品骨料（松散状态砂砾料）

单位：100m³

项目		单位	运距（km）				每增运1km
			1	2	3	4	
高级熟练工		工时					
熟练工		工时					
半熟练工		工时					
普工		工时	1.43	1.43	1.43	1.43	
合计		工时	1.43	1.43	1.43	1.43	
零星材料费		元	15	15	15	15	
装载机	$8m^3$	台时	0.30	0.30	0.30	0.30	
推土机	132kW	台时	0.08	0.08	0.08	0.08	
自卸汽车	30t	台时	1.29	1.66	2.03	2.40	0.32
	32t	台时	1.24	1.58	1.93	2.28	0.30
	40t	台时	1.08	1.36	1.63	1.91	0.24
	45t	台时	1.02	1.26	1.51	1.76	0.22
	50t	台时	0.95	1.17	1.39	1.61	0.19
	65t	台时	0.80	0.97	1.14	1.31	0.15
	68t	台时	0.78	0.94	1.11	1.27	0.14
	77t	台时	0.72	0.86	1.01	1.15	0.13
编号			60831	60832	60833	60834	60835

6.53.4 运碎石原料

单位：$100m^3$

项目		单位	运距（km）				每增运1km
			1	2	3	4	
高级熟练工		工时					
熟练工		工时					
半熟练工		工时					
普工		工时	2.90	2.90	2.90	2.90	
合计		工时	2.90	2.90	2.90	2.90	
零星材料费		元	20	20	20	20	
装载机	$8m^3$	台时	0.61	0.61	0.61	0.61	
推土机	162kW	台时	0.15	0.15	0.15	0.15	
自卸汽车	27t	台时	1.77	2.17	2.58	2.99	0.36
	30t	台时	1.64	2.01	2.37	2.73	0.32
	32t	台时	1.57	1.91	2.25	2.59	0.30
	40t	台时	1.38	1.65	1.93	2.20	0.24
	45t	台时	1.31	1.55	1.79	2.03	0.21
	50t	台时	1.24	1.46	1.67	1.89	0.19
	65t	台时	1.10	1.27	1.44	1.61	0.15
	68t	台时	1.09	1.25	1.41	1.58	0.14
	77t	台时	1.03	1.17	1.32	1.46	0.13
编号			60836	60837	60838	60839	60840

6.54 $9m^3$装载机装砂石料 自卸汽车运输

工作内容： 装、运、卸、空回、清理工作面。

6.54.1 运 骨 料

单位：$100m^3$

项 目		单位	运 距（km）				每增运1km
			1	2	3	4	
高级熟练工		工时					
熟练工		工时					
半熟练工		工时					
普工		工时	1.15	1.15	1.15	1.15	
合计		工时	1.15	1.15	1.15	1.15	
零星材料费		元	14	14	14	14	
装载机	$9m^3$	台时	0.24	0.24	0.24	0.24	
推土机	132kW	台时	0.06	0.06	0.06	0.06	
自卸汽车	40t	台时	0.96	1.23	1.49	1.76	0.23
	45t	台时	0.85	1.06	1.27	1.48	0.18
	50t	台时	0.80	0.99	1.18	1.37	0.17
	65t	台时	0.73	0.90	1.07	1.24	0.15
	68t	台时	0.72	0.88	1.05	1.21	0.14
	77t	台时	0.66	0.81	0.95	1.09	0.13
编号			60841	60842	60843	60844	60845

6.54.2 运自然状态砂砾料

单位：100m^3

项目		单位	运距（km）				每增运1km
			1	2	3	4	
高级熟练工		工时					
熟练工		工时					
半熟练工		工时					
普工		工时	1.90	1.90	1.90	1.90	
合计		工时	1.90	1.90	1.90	1.90	
零星材料费		元	16	16	16	16	
装载机	9m^3	台时	0.40	0.40	0.40	0.40	
推土机	132kW	台时	0.10	0.10	0.10	0.10	
自卸汽车	32t	台时	1.23	1.58	1.93	2.28	0.30
	40t	台时	1.08	1.36	1.63	1.91	0.24
	45t	台时	1.02	1.26	1.51	1.76	0.22
	50t	台时	0.94	1.17	1.39	1.61	0.19
	65t	台时	0.80	0.97	1.14	1.31	0.15
	68t	台时	0.78	0.94	1.11	1.27	0.14
	77t	台时	0.72	0.86	1.01	1.15	0.13
编号			60846	60847	60848	60849	60850

6.54.3 运半成品骨料（松散状态砂砾料）

单位：$100m^3$

项目		单位	运距（km）				每增运1km
			1	2	3	4	
高级熟练工		工时					
熟练工		工时					
半熟练工		工时					
普工		工时	1.32	1.32	1.32	1.32	
合计		工时	1.32	1.32	1.32	1.32	
零星材料费		元	15	15	15	15	
装载机	$9m^3$	台时	0.28	0.28	0.28	0.28	
推土机	132kW	台时	0.07	0.07	0.07	0.07	
自卸汽车	40t	台时	1.04	1.32	1.60	1.88	0.24
	45t	台时	0.99	1.23	1.48	1.73	0.22
	50t	台时	0.92	1.14	1.37	1.59	0.19
	65t	台时	0.77	0.94	1.11	1.29	0.15
	68t	台时	0.75	0.92	1.08	1.25	0.14
	77t	台时	0.70	0.84	0.98	1.13	0.13
编号			60851	60852	60853	60854	60855

6.54.4 运碎石原料

单位：100m³

项目		单位	运距（km）				每增运1km
			1	2	3	4	
高级熟练工		工时					
熟练工		工时					
半熟练工		工时					
普工		工时	2.71	2.71	2.71	2.71	
合计		工时	2.71	2.71	2.71	2.71	
零星材料费		元	20	20	20	20	
装载机	9m³	台时	0.57	0.57	0.57	0.57	
推土机	162kW	台时	0.14	0.14	0.14	0.14	
自卸汽车	30t	台时	1.60	1.97	2.33	2.69	0.32
	32t	台时	1.54	1.88	2.22	2.56	0.30
	40t	台时	1.34	1.61	1.89	2.16	0.24
	45t	台时	1.27	1.51	1.75	2.00	0.21
	50t	台时	1.20	1.42	1.64	1.85	0.19
	65t	台时	1.06	1.23	1.40	1.57	0.15
	68t	台时	1.05	1.21	1.38	1.54	0.14
	77t	台时	0.99	1.13	1.28	1.42	0.13
编号			60856	60857	60858	60859	60860

6.55　$10m^3$装载机装砂石料　自卸汽车运输

工作内容： 装、运、卸、空回、清理工作面。

6.55.1　运　骨　料

单位：$100m^3$

项目		单位	运距（km）				每增运1km
			1	2	3	4	
高级熟练工		工时					
熟练工		工时					
半熟练工		工时					
普工		工时	1.09	1.09	1.09	1.09	
合计		工时	1.09	1.09	1.09	1.09	
零星材料费		元	14	14	14	14	
装载机	$10m^3$	台时	0.23	0.23	0.23	0.23	
推土机	132kW	台时	0.06	0.06	0.06	0.06	
自卸汽车	40t	台时	0.94	1.21	1.47	1.74	0.23
	45t	台时	0.83	1.04	1.25	1.46	0.18
	50t	台时	0.78	0.98	1.17	1.36	0.17
	65t	台时	0.72	0.89	1.06	1.23	0.15
	68t	台时	0.71	0.87	1.04	1.20	0.14
	77t	台时	0.65	0.79	0.94	1.08	0.13
编号			60861	60862	60863	60864	60865

6.55.2 运自然状态砂砾料

单位：100m³

项目		单位	运距（km）				每增运1km
			1	2	3	4	
高级熟练工		工时					
熟练工		工时					
半熟练工		工时					
普工		工时	1.79	1.79	1.79	1.79	
合计		工时	1.79	1.79	1.79	1.79	
零星材料费		元	16	16	16	16	
装载机	$10m^3$	台时	0.38	0.38	0.38	0.38	
推土机	132kW	台时	0.09	0.09	0.09	0.09	
自卸汽车	40t	台时	1.05	1.33	1.61	1.88	0.24
	45t	台时	1.00	1.24	1.49	1.74	0.22
	50t	台时	0.93	1.15	1.37	1.59	0.19
	65t	台时	0.78	0.95	1.12	1.29	0.15
	68t	台时	0.76	0.92	1.09	1.25	0.14
	77t	台时	0.70	0.84	0.99	1.13	0.13
编号			60866	60867	60868	60869	60870

6.55.3 运半成品骨料（松散状态砂砾料）

单位：$100m^3$

项目		单位	运距（km）				每增运1km
			1	2	3	4	
高级熟练工		工时					
熟练工		工时					
半熟练工		工时					
普工		工时	1.24	1.24	1.24	1.24	
合计		工时	1.24	1.24	1.24	1.24	
零星材料费		元	15	15	15	15	
装载机	$10m^3$	台时	0.26	0.26	0.26	0.26	
推土机	132kW	台时	0.07	0.07	0.07	0.07	
自卸汽车	40t	台时	1.02	1.30	1.58	1.85	0.24
	45t	台时	0.96	1.21	1.46	1.71	0.22
	50t	台时	0.91	1.13	1.35	1.57	0.19
	65t	台时	0.76	0.93	1.10	1.27	0.15
	68t	台时	0.74	0.90	1.07	1.23	0.14
	77t	台时	0.68	0.82	0.97	1.11	0.13
编号			60871	60872	60873	60874	60875

6.55.4 运碎石原料

单位：$100m^3$

项目		单位	运距（km）				每增运1km
			1	2	3	4	
高级熟练工		工时					
熟练工		工时					
半熟练工		工时					
普工		工时	2.59	2.59	2.59	2.59	
合计		工时	2.59	2.59	2.59	2.59	
零星材料费		元	20	20	20	20	
装载机	$10m^3$	台时	0.54	0.54	0.54	0.54	
推土机	162kW	台时	0.14	0.14	0.14	0.14	
自卸汽车	32t	台时	1.51	1.85	2.19	2.53	0.30
	40t	台时	1.32	1.59	1.86	2.13	0.24
	45t	台时	1.24	1.49	1.73	1.97	0.21
	50t	台时	1.17	1.39	1.61	1.83	0.19
	65t	台时	1.04	1.20	1.37	1.54	0.15
	68t	台时	1.02	1.19	1.35	1.51	0.14
	77t	台时	0.96	1.11	1.25	1.40	0.13
编号			60876	60877	60878	60879	60880

6.56 胶带输送机装砂石料　自卸汽车运输

适用范围：卸料漏斗装胶带机，胶带输送机装车。

工作内容：装、运、卸、空回。

6.56.1 装骨料

单位：100m³

项目		单位	运距（km）				每增运1km
			1	2	3	4	
高级熟练工		工时					
熟练工		工时	2.15	2.15	2.15	2.15	
半熟练工		工时	1.08	1.08	1.08	1.08	
普工		工时	3.23	3.23	3.23	3.23	
合计		工时	6.46	6.46	6.46	6.46	
零星材料费		元	11	11	11	11	
给料机		组时	0.68	0.68	0.68	0.68	
胶带输送机		组时	0.68	0.68	0.68	0.68	
自卸汽车	8t	台时	3.74	4.90	6.06	7.22	1.01
	10t	台时	3.34	4.26	5.19	6.12	0.81
	12t	台时	2.95	3.72	4.50	5.27	0.68
	15t	台时	2.66	3.32	3.98	4.64	0.58
	18t	台时	2.48	3.06	3.64	4.23	0.51
	20t	台时	2.42	2.95	3.48	4.00	0.46
	25t	台时	2.19	2.63	3.07	3.51	0.39
	27t	台时	2.10	2.51	2.91	3.32	0.36
	30t	台时	1.96	2.32	2.69	3.05	0.32
	32t	台时	1.83	2.16	2.49	2.81	0.29
	40t	台时	1.65	1.92	2.18	2.45	0.23
	45t	台时	1.45	1.66	1.87	2.08	0.18
	50t	台时	1.38	1.58	1.77	1.96	0.17
	65t	台时	1.30	1.47	1.64	1.81	0.15
	68t	台时	1.31	1.47	1.64	1.80	0.14
	77t	台时	1.13	1.28	1.42	1.56	0.13
编号			60881	60882	60883	60884	60885

6.56.2 装砂砾料及碎石半成品料

单位：100m³

项目		单位	运距（km）				每增运1km
			1	2	3	4	
高级熟练工		工时					
熟练工		工时	1.92	1.92	1.92	1.92	
半熟练工		工时	0.96	0.96	0.96	0.96	
普工		工时	2.89	2.89	2.89	2.89	
合计		工时	5.77	5.77	5.77	5.77	
零星材料费		元	11	11	11	11	
给料机		组时	0.61	0.61	0.61	0.61	
胶带输送机		组时	0.61	0.61	0.61	0.61	
自卸汽车	8t	台时	4.17	5.56	6.95	8.34	1.22
	10t	台时	3.68	4.79	5.90	7.02	0.97
	12t	台时	3.22	4.14	5.07	6.00	0.81
	15t	台时	2.76	3.50	4.24	4.98	0.65
	18t	台时	2.45	3.07	3.68	4.30	0.54
	20t	台时	2.38	2.93	3.49	4.04	0.49
	25t	台时	2.08	2.53	2.97	3.42	0.39
	27t	台时	2.00	2.41	2.82	3.23	0.36
	30t	台时	1.58	1.95	2.33	2.70	0.32
	32t	台时	1.52	1.87	2.22	2.57	0.30
	40t	台时	1.26	1.54	1.82	2.09	0.24
	45t	台时	1.12	1.37	1.61	1.86	0.22
	50t	台时	1.01	1.23	1.45	1.68	0.19
	65t	台时	0.78	0.95	1.12	1.29	0.15
	68t	台时	0.77	0.93	1.10	1.26	0.14
	77t	台时	0.68	0.82	0.96	1.11	0.13
编号			60886	60887	60888	60889	60890

6.57　漏斗装砂石料　自卸汽车运输

适用范围： 卸料漏斗装车。

工作内容： 装、运、卸、空回。

6.57.1　装　骨　料

单位：100m³

项　目		单位	运　距（km）				每增运1km
			1	2	3	4	
高级熟练工		工时					
熟　练　工		工时	1.59	1.59	1.59	1.59	
半熟练工		工时	0.79	0.79	0.79	0.79	
普　　工		工时	2.38	2.38	2.38	2.38	
合　　计		工时	4.76	4.76	4.76	4.76	
零星材料费		元	11	11	11	11	
给　料　机		组时	0.55	0.55	0.55	0.55	
自卸汽车	8t	台时	3.54	4.70	5.86	7.02	1.01
	10t	台时	3.13	4.06	4.98	5.91	0.81
	12t	台时	2.75	3.52	4.29	5.06	0.68
	15t	台时	2.46	3.12	3.77	4.43	0.58
	18t	台时	2.27	2.86	3.44	4.02	0.51
	20t	台时	2.21	2.74	3.27	3.80	0.46
	25t	台时	1.99	2.43	2.87	3.31	0.39
	27t	台时	1.90	2.30	2.71	3.12	0.36
	30t	台时	1.78	2.14	2.51	2.87	0.32
	32t	台时	1.68	2.01	2.34	2.66	0.29
	40t	台时	1.52	1.78	2.05	2.31	0.23
	45t	台时	1.31	1.52	1.73	1.94	0.18
	50t	台时	1.25	1.44	1.63	1.82	0.17
	65t	台时	1.17	1.34	1.51	1.68	0.15
	68t	台时	1.17	1.34	1.50	1.67	0.14
	77t	台时	1.10	1.24	1.39	1.53	0.13
编　号			60891	60892	60893	60894	60895

6.57.2 装砂砾料及碎石半成品料

单位：$100m^3$

项目		单位	运距（km）				每增运1km
			1	2	3	4	
高级熟练工		工时					
熟练工		工时	1.40	1.40	1.40	1.40	
半熟练工		工时	0.70	0.70	0.70	0.70	
普工		工时	2.11	2.11	2.11	2.11	
合计		工时	4.21	4.21	4.21	4.21	
零星材料费		元	11	11	11	11	
给料机		组时	0.48	0.48	0.48	0.48	
自卸汽车	8t	台时	3.99	5.38	6.77	8.16	1.22
	10t	台时	3.46	4.58	5.69	6.80	0.97
	12t	台时	3.00	3.93	4.85	5.78	0.81
	15t	台时	2.54	3.28	4.02	4.76	0.65
	18t	台时	2.23	2.85	3.47	4.08	0.54
	20t	台时	2.16	2.71	3.27	3.83	0.49
	25t	台时	1.86	2.31	2.75	3.20	0.39
	27t	台时	1.76	2.18	2.59	3.00	0.36
	30t	台时	1.70	2.08	2.45	2.82	0.32
	32t	台时	1.64	1.99	2.34	2.69	0.30
	40t	台时	1.50	1.78	2.06	2.33	0.24
	45t	台时	1.39	1.64	1.88	2.13	0.22
	50t	台时	1.30	1.52	1.74	1.97	0.19
	65t	台时	1.11	1.28	1.45	1.62	0.15
	68t	台时	1.11	1.27	1.44	1.60	0.14
	77t	台时	1.03	1.18	1.32	1.47	0.13
编号			60896	60897	60898	60899	60900

6.58 拖轮运骨料

适用范围： 廊道斗门，给料机给料、胶带输送机装砂驳。

工作内容： 装、运、卸、转运上岸、空回。

单位：$100m^3$

项目		单位	运距（km）			每增运1km	过船闸增加
			3	4	5		
高级熟练工		工时	0.69	0.69	0.69		
熟练工		工时	4.81	4.81	4.81		
半熟练工		工时	2.75	2.75	2.75		
普工		工时	5.49	5.49	5.49		
合计		工时	13.74	13.74	13.74		
零星材料费		元	8	8	8		
给料机	电磁式	组时	0.43	0.43	0.43		
胶带输送机		组时	0.43	0.43	0.43		
拖轮	397kW	台时	0.97	1.03	1.08	0.05	0.64
拖轮	176kW	台时	0.32	0.34	0.36		
砂驳	$180m^3$	台时	1.94	2.06	2.16	0.10	1.27
卷扬机	10t	台时	0.43	0.43	0.43		
钢质趸船	70t	台时	0.43	0.43	0.43		
其他机械使用费		元	15	15	15		
编号			60901	60902	60903	60904	60905

第 7 章

基础处理工程

说　明

一、本章定额包括固结灌浆钻孔、帷幕灌浆钻孔、钻高喷孔、钻排水孔、钻垂线孔、固结灌浆、回填灌浆、帷幕灌浆、超细水泥灌浆、预填骨料灌浆、接缝灌浆、土坝（堤）劈裂灌浆、化学灌浆、高压喷射灌浆、地下连续墙成槽和浇筑、钢筋笼制作安装、孤石预爆、灌注桩造孔及混凝土浇筑、碎石振冲桩、水位观测孔、镶铸孔口管等，共36节。

二、本章固结灌浆、帷幕灌浆钻孔均已包含灌浆孔和检查孔的钻孔和冲洗，固结灌浆、帷幕灌浆、回填灌浆、接缝灌浆均已包含灌浆前和检查孔压水（浆）试验、灌浆和封孔。

三、本章钻孔定额的岩石级别划分，除定额注明者外，均按十六级分类法的Ⅶ～XIV级划分。混凝土钻孔按X级岩石或参照骨料岩石级别计算。

四、使用本章钻孔定额的有关工程量计量规则：

1. 本章排水孔、垂线孔、高喷孔、灌注桩造孔等工程量均按设计造孔延长米计量；地下连续墙成槽按设计墙体的阻水面积（m^2）计量。

2. 本章岩石的水泥灌浆，均按充填岩体裂隙和钻孔的净水泥重量计量，施工过程的各种损耗已计入相应定额消耗量中。

3. 坝（闸）基砂砾石帷幕灌浆、高压喷射灌浆、土坝（堤）劈裂灌浆、化学灌浆均按设计造孔的延长米计量。

4. 回填灌浆按隧洞设计开挖断面周长的 1/3（即 120°）计算面积（m^2）计量，接缝（触）灌浆按设计被灌面积（m^2）计量。

五、地质钻机钻孔定额调整

1. 地质钻机和灌浆机钻灌不同角度时，人工、机械分别乘以表7–1系数。

表 7–1　　地质钻机和灌浆机钻孔角度调整系数表

钻孔与水平夹角	90°～85°	85°～75°	75°～60°	60°～5°	＜5°
系　数	1.0	1.02	1.05	1.18	1.25

2. 在廊道或隧洞内施工工作高度不同时，人工、机械定额乘以表 7–2 系数。

表 7–2　　隧洞（廊道）高度调整系数表

洞内工作高度（m）	≤5.0	＞5.0
人工系数	1.08	1.03
机械系数	1.05	1.00

六、坝（闸）基岩石帷幕灌浆、坝（闸）基岩石及隧洞固结灌浆的水泥单位注入量（kg/m）按灌浆试验资料确定。

七、化学灌浆定额中的材料用量，如有灌浆试验配比资料，可进行调整。

八、地下连续墙成槽定额：

1. 粒径 600～800mm 的漂石需套用相应定额，并按 7.34 节增加孤石预爆处理费用。

2. 孤石或单轴饱和抗压强度在 50MPa 以上的坚硬岩石需套用岩石 30～50MPa 定额，并按 7.34 节增加孤石预爆处理费用。

3. 工程量计算：

地下连续墙成墙面积（m^2）$=L\times H$

式中　L——轴线长度，m；

　　　H——平均墙深，m。

4. 定额中已包括混凝土接头凿除费用，未包括施工操作平台和导向槽措施费用。

7.1 固结灌浆钻孔

7.1.1 风钻钻孔，露天作业

适用范围：孔深 5m 以内的灌浆孔。

工作内容：钻灌浆孔、钻检查孔、冲洗、记录、孔位转移等。

单位：100m

项目	单位	岩石级别			
		Ⅶ～Ⅷ	Ⅸ～Ⅹ	Ⅺ～Ⅻ	ⅩⅢ～ⅩⅣ
高级熟练工	工时				
熟练工	工时	11	14	19	26
半熟练工	工时	22	29	39	53
普工	工时	22	29	39	53
合计	工时	55	72	97	132
合金钻头	个	2.35	2.84	3.44	4.16
风钻钻杆	kg	1.13	1.32	1.54	1.79
水	m^3	6	8	12	16
其他材料费	元	15	19	22	27
风钻 手持式	台时	12.36	16.42	22.07	29.94
其他机械使用费	元	27	33	39	47
编号		70001	70002	70003	70004

7.1.2 风钻钻孔，洞内作业

适用范围： 孔深5m以内的灌浆孔。

工作内容： 钻灌浆孔、钻检查孔、冲洗、记录、孔位转移等。

单位：100m

项目	单位	岩石级别			
		Ⅶ～Ⅷ	Ⅸ～Ⅹ	Ⅺ～Ⅻ	ⅩⅢ～ⅩⅣ
高级熟练工	工时				
熟练工	工时	13	16	23	31
半熟练工	工时	25	34	46	62
普工	工时	25	34	46	62
合计	工时	63	84	115	155
合金钻头	个	2.35	2.84	3.44	4.16
风钻钻杆	kg	1.13	1.32	1.54	1.79
水	m^3	6	8	12	16
其他材料费	元	14.78	18.85	22.06	27.42
风钻 气腿式	台时	14.49	19.25	25.87	35.10
其他机械使用费	元	32	38	46	55
编号		70005	70006	70007	70008

7.1.3 潜孔钻钻孔，露天作业

适用范围： 孔深12m以内的灌浆孔。

工作内容： 钻灌浆孔、钻检查孔、冲洗、记录、孔位转移等。

单位：100m

项目	单位	岩石级别			
		Ⅶ～Ⅷ	Ⅸ～Ⅹ	Ⅺ～Ⅻ	ⅩⅢ～ⅩⅣ
高级熟练工	工时	7	8	11	14
熟练工	工时	17	22	28	36
半熟练工	工时	17	21	27	34
普工	工时	19	25	31	40
合计	工时	60	76	97	124
潜孔钻钻头 ϕ80	个	1.28	1.54	1.87	2.26
冲击器	套	0.155	0.191	0.231	0.270
钻杆	kg	2.80	3.39	4.10	4.96
其他材料费	元	66	80	97	117
潜孔钻 QZJ-100B	台时	24.25	29.34	35.50	42.96
其他机械使用费	元	42	51	62	74
编号		70009	70010	70011	70012

7.1.4 潜孔钻钻孔，洞内作业

适用范围：孔深12m以内的灌浆孔。

工作内容：钻灌浆孔、钻检查孔、冲洗、记录、孔位转移等。

单位：100m

项目	单位	岩石级别			
		Ⅶ～Ⅷ	Ⅸ～Ⅹ	Ⅺ～Ⅻ	ⅩⅢ～ⅩⅣ
高级熟练工	工时	7	9	12	15
熟练工	工时	19	24	30	39
半熟练工	工时	18	23	29	37
普工	工时	21	27	34	43
合计	工时	65	83	105	134
钻头 ϕ80	个	1.28	1.54	1.87	2.26
冲击器	套	0.155	0.191	0.231	0.270
钻杆	kg	2.80	3.39	4.10	4.96
其他材料费	元	66	80	97	117
潜孔钻 QZJ-100B	台时	26.22	31.73	38.40	46.46
其他机械使用费	元	45	54	65	78
编号		70013	70014	70015	70016

7.1.5 地质钻钻孔，露天作业

适用范围：终孔直径≤76mm的灌浆孔，孔深≤50m。

工作内容：固定孔位，灌浆孔的钻孔、冲洗、记录、孔位转移，检查孔的钻孔、冲洗、记录、孔位转移等。

单位：100m

项目	单位	岩石级别			
		Ⅶ～Ⅷ	Ⅸ～Ⅹ	Ⅺ～Ⅻ	XIII～XIV
高级熟练工	工时	10	13	18	29
熟练工	工时	41	50	65	101
半熟练工	工时	104	131	176	289
普工	工时	137	150	173	230
合计	工时	292	344	432	649
镶合金块钻头	个	8.35			
合金块	kg	0.38			
金刚石钻头	个		3.67	5.15	8.86
扩孔器	个		1.28	1.80	3.10
钻杆	m	3.44	4.53	6.37	10.96
钻杆接头	个	3.30	4.35	6.11	10.52
岩芯管	m	4.66	6.14	8.62	14.84
水	m^3	286	357	474	769
其他材料费	元	94	186	257	437
地质钻机 150型	台时	81.01	101.86	137.11	225.31
载重汽车 5t	台时	4.05	5.09	6.86	11.27
其他机械使用费	元	182	231	314	411
编号		70017	70018	70019	70020

7.1.6 地质钻钻孔，洞内作业

适用范围： 终孔直径≤76mm 的灌浆孔，孔深≤50m。

工作内容： 固定孔位，灌浆孔的钻孔、冲洗、记录、孔位转移，检查孔的钻孔、冲洗、记录、孔位转移等。

单位：100m

项目	单位	岩石级别			
		Ⅶ～Ⅷ	Ⅸ～Ⅹ	Ⅺ～Ⅻ	ⅩⅢ～ⅩⅣ
高级熟练工	工时	11	14	18	30
熟练工	工时	43	52	68	106
半熟练工	工时	109	137	185	303
普工	工时	144	158	182	241
合计	工时	307	361	453	680
镶合金块钻头	个	8.35			
合金块	kg	0.38			
金刚石钻头	个		3.67	5.15	8.86
扩孔器	个		1.28	1.80	3.10
钻杆	m	3.44	4.53	6.37	10.96
钻杆接头	个	3.30	4.35	6.11	10.52
岩芯管	m	4.66	6.14	8.62	14.84
水	m^3	286	357	474	769
其他材料费	元	94	186	257	437
地质钻机 150型	台时	82.63	103.90	139.85	229.82
载重汽车 5t	台时	4.13	5.19	6.99	11.49
其他机械使用费	元	185	236	320	419
编号		70021	70022	70023	70024

7.2 帷幕灌浆钻孔

7.2.1 地质钻钻岩石孔，孔深≤50m

适用范围：露天作业，终孔直径≤76mm 的灌浆孔。

工作内容：固定孔位，灌浆孔的钻孔、冲洗、记录、孔位转移，检查孔的钻孔、取芯、岩芯装箱及编录、记录、孔位转移等。

单位：100m

项目	单位	岩石级别			
		Ⅶ～Ⅷ	Ⅸ～Ⅹ	Ⅺ～Ⅻ	ⅩⅢ～ⅩⅣ
高级熟练工	工时	12	14	19	31
熟练工	工时	46	55	71	111
半熟练工	工时	116	145	193	315
普工	工时	152	166	190	251
合计	工时	326	380	473	708
镶合金块钻头	个	8.95			
合金块	kg	0.40			
金刚石钻头	个		3.94	5.50	9.39
扩孔器	个		1.45	2.03	3.47
岩芯箱	个	2.04	2.04	2.04	2.04
钻杆	m	3.71	4.85	6.77	11.58
钻杆接头	个	3.56	4.66	6.50	11.12
岩芯管	m	4.98	6.54	9.14	15.65
水	m^3	310	384	507	815
其他材料费	元	99	195	269	458
地质钻机 150型	台时	90.13	112.99	151.45	247.76
载重汽车 5t	台时	4.51	5.65	7.57	12.39
其他机械使用费	元	190	242	329	431
编号		70025	70026	70027	70028

注 本节按自下而上灌浆法编制，若采用自上而下灌浆法时，人工乘以 1.19 系数，材料、机械分别乘以 1.21 系数。

7.2.2 地质钻钻岩石孔，孔深 50～100m

适用范围： 露天作业，终孔直径≤76mm 的灌浆孔。

工作内容： 固定孔位，灌浆孔的钻孔、冲洗、记录、孔位转移，检查孔的钻孔、取芯、岩芯装箱及编录、记录、孔位转移等。

单位：100m

项目	单位	岩石级别			
		Ⅶ～Ⅷ	Ⅸ～Ⅹ	Ⅺ～Ⅻ	ⅩⅢ～ⅩⅣ
高级熟练工	工时	12	14	19	31
熟练工	工时	46	55	71	111
半熟练工	工时	116	145	193	315
普工	工时	152	166	190	251
合计	工时	326	380	473	708
镶合金块钻头	个	8.95			
合金块	kg	0.40			
金刚石钻头	个		3.94	5.50	9.39
扩孔器	个		1.45	2.03	3.47
岩芯箱	个	2.04	2.04	2.04	2.04
钻杆	m	3.71	4.85	6.77	11.58
钻杆接头	个	3.56	4.66	6.50	11.12
岩芯管	m	4.98	6.54	9.14	15.65
水	m^3	310	384	507	815
其他材料费	元	99	195	269	458
地质钻机 300型	台时	90.13	112.99	151.45	247.76
载重汽车 5t	台时	4.51	5.65	7.57	12.39
其他机械使用费	元	190	242	329	431
编号		70029	70030	70031	70032

注 本节按自下而上灌浆法编制，若采用自上而下灌浆法时，人工乘以 1.19 系数，材料、机械分别乘以 1.21 系数。

7.2.3 地质钻钻岩石孔，孔深100～130m

适用范围： 露天作业，终孔直径≤76mm的灌浆孔。

工作内容： 固定孔位，灌浆孔的钻孔、冲洗、记录、孔位转移，检查孔的钻孔、取芯、岩芯装箱及编录、记录、孔位转移等。

单位：100m

项目	单位	岩石级别			
		Ⅶ～Ⅷ	Ⅸ～Ⅹ	Ⅺ～Ⅻ	ⅩⅢ～ⅩⅣ
高级熟练工	工时	12	15	20	33
熟练工	工时	48	58	75	116
半熟练工	工时	122	152	203	331
普工	工时	159	174	200	264
合计	工时	341	399	498	744
镶合金块钻头	个	8.95			
合金块	kg	0.40			
金刚石钻头	个		3.94	5.50	9.39
扩孔器	个		1.45	2.03	3.47
岩芯箱	个	2.04	2.04	2.04	2.04
钻杆	m	3.71	4.85	6.77	11.58
钻杆接头	个	3.56	4.66	6.50	11.12
岩芯管	m	4.98	6.54	9.14	15.65
水	m^3	310	384	507	815
其他材料费	元	99	195	269	458
地质钻机 300型	台时	94.63	118.64	159.03	260.15
载重汽车 5t	台时	4.73	5.93	7.95	13.01
其他机械使用费	元	200	255	345	452
编号		70033	70034	70035	70036

注 本节按自下而上灌浆法编制，若采用自上而下灌浆法时，人工乘以1.19系数，材料、机械分别乘以1.21系数。

7.2.4 地质钻钻岩石孔，孔深 130～150m

适用范围： 露天作业，终孔直径≤76mm 的灌浆孔。

工作内容： 固定孔位，灌浆孔的钻孔、冲洗、记录、孔位转移，检查孔的钻孔、取芯、岩芯装箱及编录、记录、孔位转移等。

单位：100m

项目		单位	岩石级别			
			Ⅶ～Ⅷ	Ⅸ～Ⅹ	Ⅺ～Ⅻ	XⅢ～XⅣ
高级熟练工		工时	13	16	22	36
熟练工		工时	52	63	81	126
半熟练工		工时	132	165	220	359
普工		工时	173	189	217	286
合计		工时	370	433	540	807
镶合金块钻头		个	8.95			
合金块		kg	0.40			
金刚石钻头		个		3.94	5.50	9.39
扩孔器		个		1.45	2.03	3.47
岩芯箱		个	2.04	2.04	2.04	2.04
钻杆		m	3.71	4.85	6.77	11.58
钻杆接头		个	3.56	4.66	6.50	11.12
岩芯管		m	4.98	6.54	9.14	15.65
水		m^3	310	384	507	815
其他材料费		元	99	195	269	458
地质钻机	300 型	台时	102.74	128.81	172.66	282.45
载重汽车	5t	台时	5.14	6.44	8.63	14.12
其他机械使用费		元	217	276	375	491
编号			70037	70038	70039	70040

注 本节按自下而上灌浆法编制，若采用自上而下灌浆法时，人工乘以 1.19 系数，材料、机械分别乘以 1.21 系数。

7.2.5 地质钻钻覆盖层孔，孔深≤50m

适用范围： 露天作业，终孔直径≤110mm 的灌浆孔。

工作内容： 固定孔位，灌浆孔的钻孔、冲洗、记录、孔位转移，检查孔的钻孔、取芯、岩芯装箱及编录、记录、孔位转移等。

单位：100m

项目		单位	地层分类					
			黏性土	粉土	砂	砾石	卵石	漂石
高级熟练工		工时	17	15	18	26	60	48
熟练工		工时	81	72	88	129	293	217
半熟练工		工时	113	102	121	173	405	640
普工		工时	122	109	130	185	432	682
合计		工时	333	298	357	513	1190	1587
镶合金块钻头		个	3.06	3.06	6.12	9.18		
合金块		kg	0.23	0.23	0.46	0.69		
铁砂钻头		个					15.30	18.36
铁砂		t					1.84	2.04
金刚石钻头		个	0.46	0.46	0.46	0.46	0.46	0.46
扩孔器		个	0.23	0.23	0.23	0.23	0.23	0.23
钻杆		m	3.10	3.10	4.12	4.63	5.65	7.69
钻杆接头		个	0.52	0.52	0.52	0.52	0.52	0.52
岩芯管、沉淀管		m	2.74	2.74	3.76	5.80	6.82	8.86
黏土		t	20	30	40	45	70	80
水		m^3	745	745	845	1245	1545	1745
其他材料费		元	182	202	263	355	1100	1263
地质钻机	150型	台时	67.20	60.81	71.45	100.05	214.89	336.48
灌浆泵	中压泥浆	台时	51.53	45.14	55.78	84.38	199.22	320.80
泥浆搅拌机	$2m^3$	台时	25.76	22.57	27.89	42.19	66.41	106.93
载重汽车	5t	台时	0.78	0.78	0.78	0.78	0.78	0.78
其他机械使用费		元	210	190	229	338	734	1169
编号			70041	70042	70043	70044	70045	70046

注 地质钻机钻岩石终孔孔径不同时，人工、机械定额乘以下表系数：

孔径(mm)	76	91	110	130	150
系数	0.91	0.93	1.00	1.13	1.33

7.3 地质钻机钻高喷孔

适用范围： 露天作业，覆盖层，孔径≤110mm，孔深 50m 以内的高喷孔、土坝（堤）灌浆孔、观测孔等。

工作内容： 固定孔位、泥浆制备输送、钻孔、清孔、记录、孔位转移等。

单位：100m

项目	单位	地层分类					
		黏性土	粉土	砂	砾石	卵石	漂石
高级熟练工	工时	15	13	16	24	58	46
熟练工	工时	74	65	80	121	286	209
半熟练工	工时	93	82	101	153	385	620
普工	工时	100	87	108	163	410	660
合计	工时	282	247	305	461	1139	1535
镶合金块钻头	个	3.06	3.06	6.12	9.18		
合金块	kg	0.23	0.23	0.46	0.69		
铁砂钻头	个					15.30	18.36
铁砂	t					1.84	2.04
钻杆	m	2.55	2.55	3.57	4.08	5.10	7.14
岩芯管、沉淀管	m	2.04	2.04	3.06	5.10	6.12	8.16
黏土	t	20	30	40	45	70	80
水	m^3	700	700	800	1200	1500	1700
其他材料费	元	163	184	245	337	1081	1244
地质钻机 150型	台时	51.53	45.14	55.78	84.38	199.22	320.80
灌浆泵 中压泥浆	台时	51.53	45.14	55.78	84.38	199.22	320.80
泥浆搅拌机 $2m^3$	台时	25.76	22.57	27.89	42.19	66.41	106.93
其他机械使用费	元	188	168	208	316	712	1147
编号		70047	70048	70049	70050	70051	70052

注 地质钻机钻岩石终孔孔径不同时，人工、机械定额乘以下表系数：

孔径（mm）	76	91	110	130	150
系数	0.91	0.93	1.00	1.13	1.33

7.4 全液压钻机钻高喷孔

适用范围：露天作业，覆盖层，孔径≤110mm，孔深20m以内的高喷孔、爆破孔等。

工作内容：固定孔位、开孔、钻孔、跟管、拔管、记录、孔位转移等。

单位：100m

项目	单位	砾石层	卵石层
高级熟练工	工时	5	12
熟练工	工时	41	96
半熟练工	工时	66	155
普工	工时	62	148
合计	工时	174	411
中心钻头	个	0.45	0.78
套管 ϕ127	m	10.81	24.07
钻杆 ϕ73	m	3.83	5.76
冲击器 CIR–90	套	0.673	0.643
其他材料费	元	622	969
全液压钻机 QDG–2型	台时	29.18	68.89
空气压缩机 $12m^3/min$	台时	29.18	68.89
振动锤 5.5kW	台时	7.29	17.22
汽车起重机 16t	台时	7.29	17.22
其他机械使用费	元	227	536
编号		70053	70054

注 1. 钻孔深度40m以内时，人工、机械定额分别乘以1.50系数。

2. 洞内作业，人工、机械定额分别乘以1.05系数。

7.5 排水孔钻孔

7.5.1 风钻钻孔，露天作业

适用范围：孔深 5m 以内的排水孔。

工作内容：钻孔、冲洗、记录、孔位转移等。

单位：100m

项目	单位	岩石级别			
		Ⅶ～Ⅷ	Ⅸ～Ⅹ	Ⅺ～Ⅻ	ⅩⅢ～ⅩⅣ
高级熟练工	工时				
熟练工	工时	10	13	18	25
半熟练工	工时	21	28	37	50
普工	工时	21	28	37	50
合计	工时	52	69	92	125
合金钻头	个	2.24	2.71	3.28	3.96
风钻钻杆	kg	1.08	1.26	1.47	1.71
水	m^3	6	8	12	15
其他材料费	元	14	18	21	26
风钻 手持式	台时	11.77	15.63	21.02	28.52
其他机械使用费	元	26	31	38	45
编号		70055	70056	70057	70058

7.5.2 风钻钻孔，洞内作业

适用范围：孔深 5m 以内的排水孔。

工作内容：钻孔、冲洗、记录、孔位转移等。

单位：100m

项目	单位	岩石级别			
		Ⅶ～Ⅷ	Ⅸ～Ⅹ	Ⅺ～Ⅻ	ⅩⅢ～ⅩⅣ
高级熟练工	工时				
熟练工	工时	12	16	22	29
半熟练工	工时	24	33	44	59
普工	工时	24	33	44	59
合计	工时	60	82	110	147
合金钻头	个	2.24	2.71	3.28	3.96
风钻钻杆	kg	1.08	1.26	1.47	1.71
水	m^3	6	8	12	15
其他材料费	元	14	18	21	26
风钻 气腿式	台时	13.80	18.33	24.64	33.43
其他机械使用费	元	31	37	44	52
编号		70059	70060	70061	70062

7.5.3 潜孔钻钻孔，露天作业

适用范围：孔深 12m 以内的排水孔。

工作内容：钻孔、冲洗、记录、孔位转移等。

单位：100m

项目	单位	岩石级别			
		Ⅶ～Ⅷ	Ⅸ～Ⅹ	Ⅺ～Ⅻ	ⅩⅢ～ⅩⅣ
高级熟练工	工时	6	8	10	13
熟练工	工时	16	21	27	34
半熟练工	工时	16	20	26	33
普工	工时	18	23	30	38
合计	工时	56	72	93	118
潜孔钻钻头 $\phi 80$	个	1.22	1.47	1.78	2.15
冲击器	套	0.147	0.182	0.220	0.257
钻杆	kg	2.67	3.23	3.91	4.73
其他材料费	元	63	76	92	111
潜孔钻 QZJ-100D	台时	23.09	27.94	33.81	40.91
其他机械使用费	元	40	49	59	71
编号		70063	70064	70065	70066

7.5.4 潜孔钻钻孔，洞内作业

适用范围： 孔深12m以内的排水孔。

工作内容： 钻孔、冲洗、记录、孔位转移等。

单位：100m

项目	单位	岩石级别			
		Ⅶ～Ⅷ	Ⅸ～Ⅹ	Ⅺ～Ⅻ	ⅩⅢ～ⅩⅣ
高级熟练工	工时	7	8	11	14
熟练工	工时	17	22	28	36
半熟练工	工时	17	21	27	34
普工	工时	19	25	31	40
合计	工时	60	76	97	124
潜孔钻钻头 $\phi80$	个	1.22	1.47	1.78	2.15
冲击器	套	0.147	0.182	0.220	0.257
钻杆	kg	2.67	3.23	3.91	4.73
其他材料费	元	63	76	92	111
潜孔钻 QZJ–100D	台时	24.25	29.34	35.50	42.96
其他机械使用费	元	42	51	62	74
编号		70067	70068	70069	70070

7.5.5 地质钻钻孔，露天作业

适用范围： 终孔直径 76mm、孔深 50m 以内的排水孔、观测孔等。

工作内容： 固定孔位、钻孔、冲洗、记录、孔位转移等。

单位：100m

项目	单位	岩石级别			
		Ⅶ～Ⅷ	Ⅸ～Ⅹ	Ⅺ～Ⅻ	ⅩⅢ～ⅩⅣ
高级熟练工	工时	10	12	17	28
熟练工	工时	39	47	61	96
半熟练工	工时	99	124	167	275
普工	工时	131	143	165	219
合计	工时	279	326	410	618
镶合金块钻头	个	7.95			
合金块	kg	0.36			
金刚石钻头	个		3.49	4.90	8.44
扩孔器	个		1.22	1.72	2.95
钻杆	m	3.28	4.32	6.06	10.44
钻杆接头	个	3.15	4.15	5.82	10.02
岩芯管	m	4.44	5.85	8.21	14.13
水	m^3	273	340	452	732
其他材料费	元	90	177	245	416
地质钻机 150型	台时	77.15	97.01	130.58	214.59
载重汽车 5t	台时	3.86	4.85	6.53	10.73
其他机械使用费	元	173	220	299	391
编号		70071	70072	70073	70074

注 1. 孔深大于 50m 时，钻机改为 300 型。

2. 孔深大于 100m 时，人工、机械乘以 1.05 系数。

7.5.6 地质钻钻孔，洞内作业

适用范围：终孔直径76mm、孔深50m以内的排水孔、观测孔等。

工作内容：固定孔位、钻孔、冲洗、记录、孔位转移等。

单位：100m

项目	单位	岩石级别			
		Ⅶ～Ⅷ	Ⅸ～Ⅹ	Ⅺ～Ⅻ	ⅩⅢ～ⅩⅣ
高级熟练工	工时	10	13	18	29
熟练工	工时	41	50	65	101
半熟练工	工时	104	131	176	289
普工	工时	137	150	173	230
合计	工时	292	344	432	649
镶合金块钻头	个	7.95			
合金块	kg	0.36			
金刚石钻头	个		3.49	4.90	8.44
扩孔器	个		1.22	1.72	2.95
钻杆	m	3.28	4.32	6.06	10.44
钻杆接头	个	3.15	4.15	5.82	10.02
岩芯管	m	4.44	5.85	8.21	14.13
水	m^3	273	340	452	732
其他材料费	元	90	177	245	416
地质钻机 150型	台时	78.70	98.95	133.19	218.88
载重汽车 5t	台时	3.93	4.95	6.66	10.94
其他机械使用费	元	177	225	305	399
编号		70075	70076	70077	70078

注 1. 孔深大于50m时，钻机改为300型。

2. 孔深大于100m时，人工、机械乘以1.05系数。

7.6 地质钻机钻垂线孔

适用范围： 露天作业，孔深 40m 以内。

工作内容： 机台搭拆、钻孔、工作管加工与安装、记录、孔位转移等。

单位：100m

项目		单位	岩石级别			
			Ⅶ～Ⅷ	Ⅸ～Ⅹ	Ⅺ～Ⅻ	ⅩⅢ～ⅩⅣ
高级熟练工		工时	361	454	611	1004
熟练工		工时	2155	2550	3216	4884
半熟练工		工时	1094	1376	1852	3044
普工		工时	1201	1350	1601	2230
合计		工时	4811	5730	7280	11162
铁砂钻头	ϕ275	个		2.90	3.32	4.39
金刚石钻头	ϕ219	个		9.06	11.17	14.82
金刚石钻头	ϕ168	个		0.84	1.04	1.37
镶合金块钻头	ϕ275	个	6.22			
镶合金块钻头	ϕ219	个	26.23			
镶合金块钻头	ϕ168	个	11.54			
合金复式钻头	ϕ168	个	4.36			
合金复式钻头	ϕ219	个	2.90			
铁砂		t		0.41	0.47	0.61
合金块		kg	4.63			
岩芯管	ϕ273	m	1.13	1.05	1.18	1.51
岩芯管	ϕ219	m	7.66	4.67	5.27	6.75
岩芯管	ϕ168	m	2.26	6.77	7.64	9.79
工作管	ϕ168	m	112.20	112.20	112.20	112.20
导向管	ϕ273	m	16.32	16.32	16.32	16.32
扩孔器	ϕ219	个		3.62	4.47	5.93
扩孔器	ϕ168	个		0.33	0.41	0.55
板枋材		m^3	2.16	2.16	2.16	2.16
水		m^3	4050	4050	4050	4050
其他材料费		元	4243	5671	6181	7222
地质钻机	500 型	台时	854	1073	1445	2374
灌浆泵	中压泥浆	台时	13.80	13.80	13.80	13.80
灰浆搅拌机	200L	台时	13.80	13.80	13.80	13.80
其他机械使用费		元	2740	3049	3543	5397
编号			70079	70080	70081	70082

注 1. 不同孔深人工、机械定额分别乘下表系数：

孔深	≤40m	40～60m	60～80m
孔深系数	1.00	1.20	1.40

2. 洞内作业人工乘 1.2 系数，机械乘 1.1 系数。

7.7 露天岩石固结灌浆

7.7.1 自下而上，孔深≤15m

适用范围： 岩石基础。

工作内容： 灌浆前和灌浆后检查孔的压水试验、制浆、灌浆、封孔、记录、孔位转移等。

单位：t

项目		单位	水泥单位注入量（kg/m）					
			≤10	30	50	70	100	200
高级熟练工		工时	8	5	4	3	2	2
熟练工		工时	29	17	13	10	8	6
半熟练工		工时	40	23	18	13	11	10
普工		工时	52	35	29	23	20	18
合计		工时	129	80	64	49	41	36
水泥	32.5	t	1.37	1.25	1.20	1.18	1.17	1.15
水		m^3	244	169	135	100	83	53
其他材料费		元	323	162	82	55	38	22
灌浆泵	中压泥浆	台时	38.27	20.52	16.03	11.41	9.23	6.65
灰浆搅拌机	200L	台时	35.63	19.65	15.52	11.04	8.97	6.52
灌浆自动记录仪		台时	27.20	16.66	13.17	9.37	7.61	5.53
载重汽车	5t	台时	0.69	0.66	0.66	0.65	0.65	0.65
地质钻机	300型	台时	1.54	0.51	0.31	0.22	0.15	0.08
其他机械使用费		元	406	218	141	108	86	64
编号			70083	70084	70085	70086	70087	70088

注　采用两孔并联灌浆时，灌浆泵、灰浆搅拌机和灌浆自动记录仪定额乘以0.5系数。

7.7.2　自下而上，孔深＞15m

适用范围： 岩石基础。

工作内容： 灌浆前和灌浆后检查孔的压水试验、制浆、灌浆、封孔、记录、孔位转移等。

单位：t

项　　目		单位	水泥单位注入量（kg/m）				
			≤10	30	50	100	200
高级熟练工		工时	10	6	4	2	1
熟练工		工时	36	21	14	7	5
半熟练工		工时	46	27	18	9	7
普工		工时	91	58	42	26	21
合计		工时	183	112	78	44	34
水泥	32.5	t	1.41	1.29	1.24	1.20	1.16
水		m^3	285	189	144	85	76
其他材料费		元	307	180	119	55	35
地质钻机		台时	23.89	14.19	9.52	4.78	3.39
灌浆泵	中压泥浆	台时	58.52	35.07	23.56	11.83	8.41
灰浆搅拌机	200L	台时	37.26	22.80	15.36	7.71	5.52
灰浆搅拌机	1000L	台时	9.31	5.70	3.84	1.93	1.38
灌浆自动记录仪		台时	31.67	19.38	13.05	6.56	4.69
载重汽车	5t	台时	0.70	0.67	0.66	0.65	0.65
其他机械使用费		元	52	26	17	9	6
编　　号			70089	70090	70091	70092	70093

注　采用两孔并联灌浆时，灌浆泵与灰浆搅拌机、灌浆自动记录仪定额乘以 0.5 系数。

7.7.3 自上而下，孔深≤15m

适用范围： 岩石基础。

工作内容： 灌浆前和灌浆后检查孔的压水试验、制浆、灌浆、封孔、记录、孔位转移等。

单位：t

项目		单位	水泥单位注入量（kg/m）					
			≤10	30	50	70	100	200
高级熟练工		工时	11	7	5	4	3	2
熟练工		工时	38	23	18	13	10	7
半熟练工		工时	52	30	24	17	15	14
普工		工时	70	46	39	31	27	24
合计		工时	171	106	86	65	55	47
水泥	32.5	t	1.37	1.25	1.20	1.18	1.17	1.15
水		m^3	244	169	135	100	83	53
其他材料费		元	323	162	82	55	38	22
灌浆泵	中压泥浆	台时	52.52	28.38	22.26	15.82	12.82	9.25
灰浆搅拌机	200L	台时	49.88	27.96	22.20	15.77	12.86	9.39
灌浆自动记录仪		台时	38.08	23.33	18.43	13.11	10.66	7.74
载重汽车	5t	台时	30.61	10.68	5.39	3.61	2.54	1.43
地质钻机	300型	台时	1.54	0.51	0.31	0.22	0.15	0.08
其他机械使用费		元	21	7	5	4	3	2
编号			70094	70095	70096	70097	70098	70099

注　采用两孔并联灌浆时，灌浆泵，灰浆搅拌机和灌浆自动记录仪定额乘以0.5系数。

7.7.4 自上而下，孔深＞15m

适用范围： 露天作业，岩石基础。

工作内容： 灌浆前和灌浆后检查孔的压水试验、制浆、灌浆、封孔、记录、孔位转移等。

单位：t

项目	单位	水泥单位注入量（kg/m）				
		≤10	30	50	100	200
高级熟练工	工时	12	7	4	2	2
熟练工	工时	44	25	16	8	5
半熟练工	工时	56	31	20	10	7
普工	工时	110	69	48	28	23
合计	工时	222	132	88	48	37
水泥 32.5	t	1.49	1.36	1.30	1.26	1.22
水	m^3	299	198	151	89	80
其他材料费	元	307	180	119	55	35
地质钻机	台时	36.92	21.55	13.96	6.87	4.81
灌浆泵 中压泥浆	台时	71.86	42.04	27.23	13.40	9.40
灰浆搅拌机 200L	台时	46.15	27.45	17.80	8.76	6.18
灰浆搅拌机 1000L	台时	11.54	6.86	4.45	2.19	1.54
灌浆自动记录仪	台时	39.23	23.33	15.13	7.44	5.25
载重汽车 5t	台时	0.71	0.68	0.67	0.66	0.66
其他机械使用费	元	60	30	19	10	6
编号		70100	70101	70102	70103	70104

7.8 隧洞固结灌浆

适用范围： 洞内作业，隧洞高度≤5m。

工作内容： 简易工作平台搭拆，灌浆前和灌浆后检查孔的压水试验、制浆、灌浆、封孔、记录、孔位转移等。

单位：t

项目	单位	水泥单位注入量（kg/m）					
		≤10	30	50	70	100	200
高级熟练工	工时	12	6	3	2	2	1
熟练工	工时	42	20	11	8	6	5
半熟练工	工时	57	27	15	11	8	6
普工	工时	76	41	27	21	18	16
合计	工时	187	94	56	42	34	28
水泥 32.5	t	1.37	1.25	1.20	1.18	1.17	1.15
水	m^3	197	134	105	84	68	49
其他材料费	元	323	162	82	55	38	22
灌浆泵 中压泥浆	台时	47.02	22.31	12.82	9.08	6.99	5.15
灰浆搅拌机 200L	台时	44.38	21.44	12.29	8.71	6.72	5.02
灌浆自动记录仪	台时	37.73	18.22	10.45	7.40	5.71	4.26
载重汽车 5t	台时	2.22	1.07	0.61	0.44	0.34	0.25
地质钻机 300型	台时	1.54	0.51	0.31	0.22	0.15	0.08
其他机械使用费	元	342	170	120	82	65	48
编号		70105	70106	70107	70108	70109	70110

注 1. 采用两孔并联灌浆时，灌浆泵、灰浆搅拌机、灌浆自动记录仪定额乘以 0.5 系数。

2. 隧洞高度不同时，人工、机械定额应乘以下表系数：

隧洞高度（m）	≤5	5～8	8以上
系数	1.00	1.12	1.36

3. 检查孔封孔采用单位注入量≤10kg/m 子目计算。

7.9 竖井、斜井固结灌浆

适用范围： 洞内作业，隧洞高度≤5m。

工作内容： 简易工作平台搭拆，灌浆前和灌浆后检查孔的压水试验、制浆、灌浆、封孔、记录、孔位转移等。

单位：t

项目		单位	水泥单位注入量（kg/m）					
			≤10	30	50	70	100	200
高级熟练工		工时	13	6	3	2	2	1
熟练工		工时	43	20	12	8	6	5
半熟练工		工时	59	28	16	11	9	6
普工		工时	78	42	28	22	19	16
合计		工时	193	96	59	43	36	28
水泥	32.5	t	1.37	1.25	1.20	1.18	1.17	1.15
水		m^3	197	134	105	84	68	49
其他材料费		元	323	162	82	55	38	22
灌浆泵	中压泥浆	台时	48.43	22.98	13.20	9.35	7.20	5.30
灰浆搅拌机	200L	台时	45.71	22.08	12.66	8.97	6.93	5.17
卷扬式启闭机	5t	台时	45.71	22.08	12.66	8.97	6.93	5.17
灌浆自动记录仪		台时	38.86	18.77	10.76	7.62	5.89	4.39
载重汽车	5t	台时	2.29	1.10	0.63	0.45	0.35	0.26
地质钻机	300型	台时	1.59	0.52	0.32	0.22	0.16	0.08
其他机械使用费		元	352	176	123	84	67	49
编号			70111	70112	70113	70114	70115	70116

注 采用两孔并联灌浆时，灌浆泵、灰浆搅拌机、灌浆自动记录仪定额乘以 0.5 系数。

7.10 隧洞回填灌浆

适用范围： 洞内作业衬砌混凝土和岩石之间灌浆处理。

工作内容： 预埋灌浆管、简易工作平台搭拆、通孔、制浆、灌浆、封孔、记录、孔位转移，检查孔的钻孔、压浆试验及封孔等。

单位：$100m^2$

项　目	单位	数　量
高级熟练工	工时	7
熟　练　工	工时	50
半熟练工	工时	45
普　　工	工时	55
合　　计	工时	157
水　　泥　32.5	t	6.90
水	m^3	50.00
灌　浆　管　25～38mm	m	14.40
其他材料费	元	378
灌　浆　泵　中压泥浆	台时	26.83
灰浆搅拌机　200L	台时	26.83
风　　钻	台时	15.67
载重汽车　5t	台时	0.79
其他机械使用费	元	84
编　号		70117

7.11 钢衬回填灌浆

适用范围： 洞内作业，衬砌钢板和混凝土接触面之间灌浆处理。

工作内容： 补充开孔、焊接灌浆管、简易工作平台搭拆、制浆、灌浆、封孔、记录、灌浆管装拆、锤击检查等。

单位：$100m^2$

项　　目	单位	数　　量
高级熟练工	工时	25
熟　练　工	工时	142
半熟练工	工时	212
普　　工	工时	125
合　　计	工时	504
水　　泥	t	0.38
水	m^3	25
灌　浆　管　12～19mm	m	4.80
电　焊　条	kg	1.33
其他材料费	元	30
灌　浆　泵　中压泥浆	台时	60.04
灰浆搅拌机　200L	台时	60.04
灌浆自动记录仪	台时	51.03
电　焊　机　交流　10kV・A	台时	3.60
载　重　汽　车　5t	台时	0.56
其他机械使用费	元	165
编　　号		70118

7.12 露天岩石帷幕灌浆

7.12.1 自 下 而 上

适用范围：岩石基础。

工作内容：灌浆前压水试验、安装灌浆塞、制浆、灌浆、封孔、记录、孔位转移，检查孔压水试验、灌浆或注浆封孔等。

单位：t

项目		单位	单位注入量（kg/m）							
			≤10	30	50	100	200	500	1000	2000
高级熟练工		工时	10	6	4	2	1	1	1	1
熟练工		工时	49	26	17	8	6	3	3	3
半熟练工		工时	64	33	21	11	7	5	3	3
普工		工时	96	60	43	27	21	17	17	15
合计		工时	219	125	85	48	35	26	24	22
水泥	32.5	t	1.47	1.31	1.25	1.20	1.17	1.15	1.14	1.13
水		m^3	375	219	162	94	80	76	73	72
其他材料费		元	344	193	126	58	37	21	16	14
地质钻机		台时	26.29	15.01	10.00	5.02	3.51	2.23	2.01	1.81
灌浆泵	中压泥浆	台时	71.67	39.52	26.19	13.15	9.07	5.74	5.07	4.56
灰浆搅拌机	200L	台时	38.69	23.30	15.64	7.86	5.59	3.65	3.29	3.00
灰浆搅拌机	1000L	台时	9.67	5.83	3.91	1.96	1.40	0.91	0.82	0.75
灌浆自动记录仪		台时	32.89	19.81	13.30	6.68	4.75	3.10	2.80	2.55
载重汽车	5t	台时	0.72	0.68	0.67	0.66	0.65	0.65	0.65	0.64
其他机械使用费		元	863	468	282	141	88	54	37	21
编号			70119	70120	70121	70122	70123	70124	70125	70126

7.12.2 自 上 而 下

适用范围： 岩石基础。

工作内容： 灌浆前压水试验、安装灌浆塞、制浆、灌浆、封孔、记录、孔位转移，检查孔压水试验、灌浆或注浆封孔等。

单位：t

项目		单位	单位注入量（kg/m）							
			≤10	30	50	100	200	500	1000	2000
高级熟练工		工时	12	7	4	2	2	1	1	1
熟练工		工时	57	30	19	9	6	3	3	3
半熟练工		工时	74	37	24	12	7	5	4	3
普工		工时	116	71	49	29	23	18	17	16
合计		工时	259	145	96	52	38	27	25	23
水泥	32.5	t	1.54	1.38	1.31	1.26	1.23	1.21	1.20	1.19
水		m^3	389	229	169	98	84	80	77	76
其他材料费		元	344	193	126	58	37	21	16	14
地质钻机		台时	39.82	22.55	14.54	7.16	4.96	3.13	2.71	2.42
灌浆泵	中压泥浆	台时	85.52	46.67	29.97	14.77	10.08	6.28	5.38	4.78
灰浆搅拌机	200L	台时	47.92	28.07	18.16	8.93	6.26	4.00	3.49	3.14
灰浆搅拌机	1000L	台时	11.98	7.02	4.54	2.23	1.57	1.00	0.87	0.79
灌浆自动记录仪		台时	40.73	23.86	15.43	7.59	5.33	3.40	2.97	2.67
载重汽车	5t	台时	0.73	0.69	0.67	0.66	0.66	0.65	0.65	0.65
其他机械使用费		元	533	297	191	94	65	41	35	31
编号			70127	70128	70129	70130	70131	70132	70133	70134

7.12.3 孔口封闭灌浆法

适用范围： 岩石基础。

工作内容： 灌浆前压水试验、安装灌浆塞、制浆、灌浆、封孔、记录、孔位转移，检查孔压水试验、灌浆或注浆封孔等。

单位：t

项目		单位	单位注入量（kg/m）							
			≤10	30	50	100	200	500	1000	2000
高级熟练工		工时	12	7	4	2	1	1	1	1
熟练工		工时	55	29	19	9	6	3	3	3
半熟练工		工时	71	37	24	12	7	5	4	3
普工		工时	24	31	36	22	19	16	14	14
合计		工时	162	104	83	45	33	25	22	21
水泥	32.5	t	1.54	1.38	1.31	1.26	1.23	1.21	1.20	1.19
水		m^3	389	229	169	98	84	80	77	76
其他材料费		元	318	178	116	54	35	20	16	13
地质钻机		台时	38.06	21.68	14.12	6.97	4.84	3.03	2.65	2.35
灌浆泵	中压泥浆	台时	59.27	31.50	20.34	10.06	6.79	4.15	3.55	3.12
灰浆搅拌机	200L	台时	45.63	26.94	17.61	8.69	6.11	3.87	3.41	3.05
灰浆搅拌机	1000L	台时	11.41	6.73	4.40	2.17	1.53	0.97	0.85	0.76
灌浆自动记录仪		台时	22.82	13.47	8.80	4.35	3.06	1.94	1.71	1.52
载重汽车	5t	台时	38.79	22.89	14.97	7.39	5.20	3.29	2.90	2.59
其他机械使用费		元	63	21	13	7	4	2	1	1
编号			70135	70136	70137	70138	70139	70140	70141	70142

7.13 露天砂砾石帷幕灌浆—循环灌浆法

适用范围： 砂砾石基础。

工作内容： 灌浆前的钻孔、制浆、灌浆、封孔、记录、孔位转移，检查孔压水试验、灌浆或注浆封孔等。

单位：100m

项目		单位	干料耗量（t/m）					
			0.5	1	2	3	4	5
高级熟练工		工时	99	140	192	223	243	264
熟练工		工时	434	557	712	805	866	928
半熟练工		工时	588	675	830	923	984	1046
普工		工时	1067	1691	2386	2849	3158	3467
合计		工时	2188	3063	4120	4800	5251	5705
铁砂钻头		个	7.80	7.80	7.80	7.80	7.80	7.80
镶合金块钻头		个	12.09	12.09	12.09	12.09	12.09	12.09
合金块		kg	0.91	0.91	0.91	0.91	0.91	0.91
铁砂		kg	928	928	928	928	928	928
钻杆		m	3.93	3.93	3.93	3.93	3.93	3.93
岩芯管、沉淀管		m	4.49	4.49	4.49	4.49	4.49	4.49
水泥	32.5	t	25.25	50.50	101.00	151.50	202.00	252.50
黏土		t	70.00	96.50	149.50	202.50	255.50	308.50
水		m^3	2622	1620	1938	2277	2617	2956
其他材料费		元	1605	1650	2194	2554	2794	3034
地质钻机	300型	台时	318.52	375.58	482.18	598.66	715.13	831.61
灌浆泵	中压泥浆	台时	396.05	548.19	717.95	832.85	909.45	986.05
泥浆搅拌机		台时	120.57	145.93	174.22	193.37	206.14	218.90
灰浆搅拌机		台时	104.57	206.00	319.17	395.77	446.84	497.91
灌浆自动记录仪		台时	26.14	51.50	79.79	98.94	111.71	124.48
载重汽车	5t	台时	88.89	175.10	271.29	336.41	379.81	423.22
其他机械使用费		元	3246.05	2730.11	3504.54	3883.03	4027.98	4153.60
编号			70143	70144	70145	70146	70147	70148

7.14 超细水泥灌浆

适用范围： 露天作业，岩石基础细微裂隙处理。

工作内容： 灌浆前压水试验、安装灌浆塞、制浆、灌浆、封孔、记录、孔位转移，检查孔压水试验、灌浆或注浆封孔等。

单位：t

项目	单位	单位注入量（kg/m）	
		≤10	10～30
高级熟练工	工时	9	4
熟练工	工时	46	20
半熟练工	工时	60	26
普工	工时	44	25
合计	工时	159	75
超细水泥	t	1.54	1.33
水	m^3	389	186
钻杆	m	8.67	3.43
其他材料费	元	966	343
地质钻机	台时	30.27	14.42
灰浆搅拌机 200L	台时	35.31	17.39
灌浆泵 高压	台时	35.31	17.39
灰浆搅拌机 1000L	台时	8.83	4.35
灌浆泵 中压泥浆	台时	31.29	13.27
灌浆自动记录仪	台时	30.01	14.78
载重汽车 5t	台时	0.73	0.68
其他机械使用费	元	1953	1201
编号		70149	70150

7.15 预填骨料灌浆

适用范围： 露天作业，预填骨料灌浆处理。

工作内容： 预埋灌浆管、风钻通孔、制浆、灌浆、压浆试验、封孔等。

单位：$100m^3$

项目	单位	数量
高级熟练工	工时	20
熟练工	工时	83
半熟练工	工时	59
普工	工时	327
合计	工时	489
水泥 32.5	t	40.80
砂	m^3	12.60
水	m^3	60.00
灌浆管 25～38mm	m	30.00
其他材料费用	元	291
风钻 手持式	台时	3.78
灌浆泵 中压砂浆	台时	45.48
灰浆搅拌机 200L	台时	45.48
载重汽车 5t	台时	7.35
其他机械使用费	元	58
编号		70151

7.16 坝体接缝灌浆

适用范围：露天作业，混凝土纵横缝及其他接缝灌浆处理。

工作内容：管道安装、开灌浆孔、安装灌浆盒、通水检查、冲洗、压水试验、制浆、灌浆、平衡通水及防堵通水，检查孔的钻孔、取芯、岩芯装箱及编录、记录、孔位转移等。

单位：$100m^2$

项目		单位	镀锌钢管	塑料拔管
高级熟练工		工时	7	6
熟练工		工时	38	31
半熟练工		工时	65	55
普工		工时	37	31
合计		工时	147	123
水泥	42.5	t	1.50	1.50
水		m^3	209	210
镀锌钢管	$\phi 40$	m	147	10
塑料管	$\phi 22$	m		7
灌浆盒		个	21	
管件		个	58	6
镶合金块钻头		个		
合金块		kg		
金刚石钻头		个	0.09	0.09
扩孔器		个	0.05	0.05
岩芯箱		个	0.41	0.41
钻杆		m	0.11	0.11
钻杆接头		个	0.10	0.10
岩芯管		m	0.14	0.14
其他材料费用		元	794	534
灌浆泵	中压泥浆	台时	14.00	14.00
灰浆搅拌机	200L	台时	1.52	1.52
地质钻机	300型	台时	3.27	3.27
载重汽车	5t	台时	0.16	0.16
其他机械使用费		元	48	48
编号			70152	70153

注 1. 如需使用灌浆自动记录仪，按灰浆搅拌机台时数量增列。

2. 灌区面积不同时，人工、机械定额乘以下表系数：

灌浆面积（m^2）	≤50	50～100	100～200	200～300	300～400
人工灰浆搅拌机	3.33	1.67	1.11	1.00	0.90
灌浆泵（中压泥浆）	1.28	1.09	1.02	1.00	0.99

3. 如系统供水且压力能满足要求时，灌浆泵时量减少12.12台时。

7.17 土坝（堤）劈裂灌浆

7.17.1 黏 土 浆

适用范围：露天作业，均质土坝（堤）劈裂灌浆处理。

工作内容：钻孔检查、制浆、灌浆、劈裂观测、冒浆处理、记录、复灌、封孔、孔位转移等。

单位：100m

项目	单位	干料耗量（t/m）			
		0.5	1.0	1.5	2.0
高级熟练工	工时	43	54	66	92
熟练工	工时	209	254	355	481
半熟练工	工时	187	227	303	425
普工	工时	282	372	591	850
合计	工时	721	907	1315	1848
黏土	t	50.16	90.59	148.34	206.09
水玻璃	kg	300	450	750	1050
水	m^3	138	171	239	306
其他材料费	元	158	214	265	286
灌浆泵 中压泥浆	台时	34.75	51.84	86.03	120.78
灌浆记录仪	台时	29.54	44.06	73.13	102.66
泥浆搅拌机	台时	34.30	61.93	101.42	140.96
其他机械使用费	元	258	340	417	453
编号		70154	70155	70156	70157

7.17.2 水泥黏土浆

适用范围： 露天作业，均质土坝（堤）劈裂灌浆处理。

工作内容： 钻孔检查、制浆、灌浆、劈裂观测、冒浆处理、记录、复灌、封孔、孔位转移等。

单位：100m

项目	单位	干料耗量（t/m）			
		0.5	1.0	1.5	2.0
高级熟练工	工时	43	54	66	92
熟练工	工时	209	253	354	481
半熟练工	工时	186	227	303	424
普工	工时	282	372	591	850
合计	工时	720	906	1314	1847
水泥 32.5	t	11.53	20.82	34.07	47.33
黏土	t	37.33	68.05	111.36	154.67
水	m^3	138	171	239	306
其他材料费	元	673	964	1178	1270
灌浆泵 中压泥浆	台时	34.75	51.84	86.03	120.78
灌浆记录仪	台时	29.54	44.06	73.13	102.66
泥浆搅拌机	台时	25.25	46.55	74.50	103.48
其他机械使用费	元	232	299	366	397
编号		70158	70159	70160	70161

7.18 化学灌浆

7.18.1 中化–798 灌浆

适用范围：洞内作业，混凝土底板厚 0.85～0.90m，孔口封闭灌浆、分散制浆。

工作内容：灌注孔口管：钻孔、下管、灌浆、灌注孔口管、分散制浆；
钻孔：自上而下钻灌交替、扫孔、钻孔、冲孔、孔位转移等；
灌浆：冲洗、风排水、灌注丙酮、高压风排除丙酮（回收）、二次配浆、孔口封闭灌浆、水泥顶化学浆、闭浆待凝、封孔、孔位转移。

项目		单位	灌注孔口管（单位：孔）	钻孔（单位：100m）	灌浆（单位：100m）
				Ⅸ～Ⅹ级岩石	＜1Lu
高级熟练工		工时	3	24	301
熟练工		工时	13	48	1131
半熟练工		工时	9	178	1246
普工		工时	15	212	1096
合计		工时	40	462	3774
金刚石钻头	ϕ130	个	0.022		
金刚石钻头	ϕ110	个	0.118		
金刚石钻头	ϕ56	个		4.253	
扩孔器		个	0.070	2.264	
钻杆		m	0.352	4.896	
岩芯管		m		7.344	
水泥	42.5	t	0.20		5.85
水		m^3	31	360	300
孔口管	130mm	m	0.71		
孔口管	110mm	m	3.30		
中化–798		kg			9125
丙酮		kg			203
其他材料费		元	31	102	2871
地质钻机	300 型	台时	11.66	131.26	
灌浆泵	3SNS	台时	3.20		46.51
灰浆搅拌机	340L	台时	3.20		46.51
计量泵	JZ–100/80	台时			862.72
轴流通风机	7kW	台时			862.72
载重汽车	5t	台时	0.29	0.52	1.18
其他机械费		元	31	176	2009
编号			70162	70163	70164

7.18.2 LW–水溶性聚氨脂灌浆

适用范围： 洞内作业，混凝土底板厚0.85～0.90m，孔口封闭灌浆、分散制浆。

工作内容： 灌注孔口管：钻孔、下管、灌浆、灌注孔口管、分散制浆；

钻孔：自上而下钻灌交替、扫孔（水泥浆）、钻孔、冲孔、孔位转移等；

灌浆：钻孔检查、洗孔、简易压水、二次配浆、灌注丙酮、高压风排除丙酮（回收）、孔口封闭灌浆、闭浆待凝、封孔、孔位转移。

项目		单位	灌注孔口管（单位：孔）	钻孔（单位：100m）	灌浆（单位：100m）
				Ⅸ～Ⅹ级岩石	<1Lu
高级熟练工		工时	2	61	329
熟练工		工时	9	122	1236
半熟练工		工时	7	484	1368
普工		工时	12	542	1197
合计		工时	30	1209	4130
金刚石钻头	ϕ130	个	0.022		
金刚石钻头	ϕ110	个	0.118		
金刚石钻头	ϕ56	个		4.25	
扩孔器		个	0.070	2.264	
钻杆		m	0.352	8.50	
岩芯管		m		7.3	
水泥	42.5	t	0.20		1.38
水		m^3	29	360	200
孔口管	130mm	m	0.71		
孔口管	110mm	m	3.30		
水溶性聚氨脂	LW	kg			7555
丙酮		kg			898
其他材料费		元	31	102	5641
地质钻机	300型	台时	8.97	316.21	
灌浆泵	3SNS	台时	2.99		1001.88
灰浆搅拌机	340L	台时	2.99		1.98
计量泵	JZ–100/80	台时			1001.88
空气压缩机	$3m^3/min$	台时			1001.88
载重汽车	5t	台时	0.27	0.52	0.67
其他机械使用费		元	31	309	7159
编号			70165	70166	70167

7.19 高压喷射灌浆

7.19.1 定　　喷

适用范围： 露天作业。

工作内容： 台车就位、孔口安装、接管路、喷射灌浆、管路冲洗、台车移开、回灌等。

单位：100m

项目		单位	地层			
			粉土	砂	砾石	卵石
高级熟练工		工时	7	6	8	11
熟练工		工时	103	100	120	168
半熟练工		工时	92	89	107	150
普工		工时	121	117	141	197
合计		工时	323	312	376	526
水泥	32.5	t	48	53	59	72
水玻璃		t				1.06
黏土		t				15.73
砂		m^3				12.75
水		m^3	485	527	587	808
板枋材		m^3	0.15	0.15	0.15	0.15
喷射管		m	1.53	1.53	1.53	2.04
高压胶管		m	6	6	8	10
普通胶管		m	7	7	7	10
其他材料费		元	826	898	1000	1295
高喷机	SGP30–5	台时	22.81	22.08	26.54	37.27
高压水泵	75kW	台时	22.81	22.08	26.54	37.27
空气压缩机	$3m^3/min$	台时	22.81	22.08	26.54	37.27
高速搅拌机	ZJ–400	台时	22.81	22.08	26.54	37.27
灌浆泵	中压泥浆	台时	22.81	22.08	26.54	37.27
灌浆记录仪		台时	19.39	18.77	22.56	31.68
灰浆搅拌机	200L	台时	22.81	22.08	26.54	37.27
排污泵	4kW	台时	11.41	11.04	13.27	18.64
电焊机	交流 10kV·A	台时	9.12	8.83	10.62	14.91
其他机械费		元	324	306	376	525
编号			70168	70169	70170	70171

7.19.2 摆 喷

适用范围： 露天作业。

工作内容： 台车就位、孔口安装、接管路、喷射灌浆、管路冲洗、台车移开、回灌等。

单位：100m

项目		单位	地层			
			粉土	砂	砾石	卵石
高级熟练工		工时	8	8	9	13
熟练工		工时	121	117	141	198
半熟练工		工时	108	104	125	176
普工		工时	142	138	165	232
合计		工时	379	367	440	619
水泥	32.5	t	57	62	69	85
水玻璃		t				1.25
黏土		t				18.50
砂		m^3				15.00
水		m^3	570	620	690	950
板枋材		m^3	0.15	0.15	0.15	0.15
喷射管		m	1.53	1.53	1.53	2.04
高压胶管		m	6	6	8	10
普通胶管		m	7	7	7	10
其他材料费		元	826	898	1000	1295
高喷机	SGP30–5	台时	26.84	25.97	31.23	43.85
高压水泵	75kW	台时	26.84	25.97	31.23	43.85
空气压缩机	$3m^3/min$	台时	26.84	25.97	31.23	43.85
高速搅拌机	ZJ–400	台时	26.84	25.97	31.23	43.85
灌浆泵	中压泥浆	台时	26.84	25.97	31.23	43.85
灌浆记录仪		台时	22.81	22.07	26.55	37.27
灰浆搅拌机	200L	台时	26.84	25.97	31.23	43.85
排污泵	4kW	台时	13.42	12.99	15.61	21.93
电焊机	交流 10kV·A	台时	10.74	10.39	12.49	17.54
其他机械费		元	381	361	443	618
编号			70172	70173	70174	70175

7.19.3 旋　　喷

适用范围： 露天作业。

工作内容： 台车就位、孔口安装、接管路、喷射灌浆、管路冲洗、台车移开、回灌等。

单位：100m

项　　目		单位	地　　层			
			粉土	砂	砾石	卵石
高级熟练工		工时	9	9	10	15
熟　练　工		工时	139	135	162	228
半熟练工		工时	124	120	144	202
普　　工		工时	163	158	190	267
合　　计		工时	435	422	506	712
水　　泥	32.5	t	57	62	69	85
水　玻　璃		t				1.25
黏　　土		t				18.50
砂		m^3				15.00
水		m^3	570	620	690	950
板　枋　材		m^3	0.15	0.15	0.15	0.15
喷　射　管		m	1.53	1.53	1.53	2.04
高压胶管		m	6	6	8	10
普通胶管		m	7	7	7	10
其他材料费		元	826	898	1000	1295
高　喷　机	SGP30–5	台时	30.86	29.87	35.91	50.43
高压水泵	75kW	台时	30.86	29.87	35.91	50.43
空气压缩机	$3m^3$/min	台时	30.86	29.87	35.91	50.43
高速搅拌机	ZJ–400	台时	30.86	29.87	35.91	50.43
灌　浆　泵	中压泥浆	台时	30.86	29.87	35.91	50.43
灌浆记录仪		台时	26.23	25.39	30.52	42.87
灰浆搅拌机	200L	台时	30.86	29.87	35.91	50.43
排　污　泵	4kW	台时	15.43	14.94	17.96	25.21
电　焊　机	交流　10kV·A	台时	12.35	11.95	14.37	20.17
其他机械费		元	438	415	509	711
编　　号			70176	70177	70178	70179

7.20 地下连续墙成槽—冲击钻机

适用范围： 墙厚 0.8m、孔深 50m 以内。

工作内容： 制备泥浆、造孔、出渣、清孔、换浆、记录。

单位：$100m^2$

项目	单位	地层				
		黏性土	粉土	粉细砂	中粗砂	砾石
高级熟练工	工时	78	66	210	148	135
熟练工	工时	229	192	637	423	388
半熟练工	工时	312	264	818	578	529
普工	工时	261	221	664	472	432
合计	工时	880	743	2329	1621	1484
板枋材	m^3	1.2	1.2	1.2	1.2	1.2
钢材	kg	75.8	63.3	221.3	135.1	124.9
电焊条	kg	69.1	57.7	201.8	123.2	113.7
黏土	t	78	80	159	136	125
碱粉	kg	545	559	1112	951	874
水	m^3	514	504	994	844	784
其他材料费	元	52	49	92	68	66
冲击钻机 CZ–22	台时	217.45	183.28	581.98	409.31	373.67
泥浆搅拌机 $2m^3$	台时	108.73	91.64	290.99	204.66	186.84
泥浆泵 3PN	台时	54.36	45.82	145.50	102.33	93.42
电焊机 交流 30kV·A	台时	69.83	58.28	203.74	124.40	114.85
空气压缩机 $6m^3/min$	台时	21.29	21.29	21.29	21.29	21.29
自卸汽车 3.5t	台时	36.78	37.07	48.70	45.31	43.69
载重汽车 5t	台时	0.42	0.41	0.61	0.54	0.51
装载机 $1.5m^3$	台时	9.19	9.27	12.17	11.33	10.92
汽车起重机 16t	台时	1.38	1.38	1.38	1.38	1.38
其他机械使用费	元	33	34	68	58	53
编号		70180	70181	70182	70183	70184

续表　　　　　　　　　　　　　　　　　　　　　　单位：$100m^2$

项　　目	单位	地　层				
		卵石	漂石	软岩 ≤10MPa	软岩 10～30MPa	硬岩 30～50MPa
高级熟练工	工时	196	246	184	379	868
熟练工	工时	578	722	543	1095	2373
半熟练工	工时	764	956	717	1469	3350
普工	工时	620	774	583	1184	2689
合计	工时	2158	2698	2027	4127	9280
板枋材	m^3	1.2	1.2	1.2	1.2	1.2
钢材	kg	193.2	238.8	181.8	401.9	923.5
电焊条	kg	176.2	217.8	165.7	321.8	633.9
黏土	t	198	278	153	210	266
碱粉	kg	1385	1945	1070	1469	1861
水	m^3	1194	1694	1004	1264	1604
其他材料费	元	84	96	84	147	296
冲击钻机　CZ–22	台时	542.92	681.40	509.08	1050.66	2404.64
泥浆搅拌机　$2m^3$	台时	271.46	340.70	110.56	147.75	184.94
泥浆泵　3PN	台时	135.73	170.35	55.28	73.88	92.47
电焊机　交流 30kV·A	台时	177.89	219.91	167.38	324.97	640.15
空气压缩机　$6m^3/min$	台时	21.29	21.29	21.29	21.29	21.29
自卸汽车　3.5t	台时	54.43	66.21	47.81	56.20	64.44
载重汽车　5t	台时	0.66	0.81	0.58	0.76	1.03
装载机　$1.5m^3$	台时	13.61	16.55	11.95	14.05	16.11
汽车起重机　16t	台时	1.38	1.38	1.38	1.38	1.38
其他机械使用费	元	93	119	66	90	114
编　号		70185	70186	70187	70188	70189

注　1. 不同墙厚时，人工、材料、机械乘以下表系数并调整冲击钻机机型：

墙　厚（m）	0.6	0.8	1	1.2	1.3	1.4
系　数	0.85	1.00	1.20	1.25	1.38	1.60
冲击钻机	CZ–22			CZ–30		

2. 不同槽孔深度，人工、冲击钻机分别乘以下表系数：

槽孔深度（m）	≤50	50～60	60～70	70～80
系　数	1	1.1	1.25	1.5

7.21 地下连续墙成槽—冲击反循环钻机

适用范围：墙厚 0.8m、孔深 50m 以内。

工作内容：制备泥浆、造孔、出渣、清孔、换浆、记录。

单位：$100m^2$

项目	单位	地层							
		粉土	粉细砂	中粗砂	砾石	卵石	软岩 ≤10MPa	软岩 10～30MPa	硬岩 30～50MPa
高级熟练工	工时	55	159	112	102	150	139	286	655
熟练工	工时	183	515	364	333	488	450	921	2102
半熟练工	工时	246	654	469	431	621	568	1141	2580
普工	工时	475	1180	876	817	1125	1026	1952	4282
合计	工时	959	2508	1821	1683	2384	2183	4300	9619
板枋材	m^3	1.0	1.0	1.0	1.0	1.0	1.0	1.0	1.0
钢材	kg	61.2	176.7	124.3	113.5	167.2	154.8	319.1	730.4
耐磨合金块	kg	30.3	87.7	61.7	56.3	82.9	76.8	158.3	362.3
吸砂管	m	2.5	2.8	3.2	3.7	4.3	3.8	6.6	8.0
电焊条	kg	55.7	161.0	113.3	103.4	152.2	141.0	290.6	665.2
膨润土	t	21	27	24	24	27	20	24	36
碱粉	kg	1071	1342	1196	1204	1326	1014	1207	1800
外加剂（CMC）	kg	107	134	120	120	133	101	121	180
水	m^3	643	803	723	723	793	613	723	1083
其他材料费	元	84	107	84	79	106	94	168	340
冲击反循环钻机 CZF–1200	台时	135.09	390.43	274.58	250.69	369.16	341.94	704.84	1613.12
编号		70190	70191	70192	70193	70194	70195	70196	70197

续表 单位：$100m^2$

项目	单位	地层							
		粉土	粉细砂	中粗砂	砾石	卵石	软岩 ≤10MPa	软岩 10～30MPa	硬岩 30～50MPa
泥浆净化机 JHB–200	台时	135.09	390.43	274.58	250.69	369.16	341.94	704.84	1613.12
高速搅拌机 NJ–1500	台时	67.55	195.21	137.29	125.34	184.58	26.84	30.14	40.33
泥浆泵 3PN	台时	33.77	97.61	68.65	62.67	92.29	20.94	24.24	34.43
电焊机 交流 30kV·A	台时	56.28	162.58	114.38	104.38	153.72	142.39	293.49	671.71
自卸汽车 3.5t	台时	28.64	29.49	29.04	29.06	29.44	28.47	29.07	30.90
载重汽车 5t	台时	2.75	2.78	2.77	2.76	2.78	2.77	2.83	2.96
汽车起重机 16t	台时	11.25	11.25	11.25	11.25	11.25	11.25	11.25	11.25
装载机 $1.5m^3$	台时	9.55	9.83	9.68	9.68	9.81	9.49	9.69	10.30
其他机械使用费	元	48	60	53	54	59	45	54	80
编号		70190	70191	70192	70193	70194	70195	70196	70197

注 1. 不同墙厚时，人工、材料、机械乘以下表系数并调整冲击反循环钻机机型：

墙厚（m）	0.6	0.8	1	1.2	1.3	1.4
系数	0.85	1.00	1.20	1.25	1.38	1.60
冲击反循环钻机	CZF–1200			CZF–1500		

2. 不同槽孔深度，人工、吸砂管、冲击反循环钻机、泥浆净化机分别乘以下表系数：

槽孔深度（m）	≤50	50～60	60～70	70～80
系数	1	1.1	1.25	1.5

7.22 地下连续墙成槽—抓斗

适用范围： 墙厚 0.8m、孔深 50m 以内。

工作内容： 制备泥浆、造孔、出渣、清孔、换浆、记录。

单位：$100m^2$

项目		单位	地层				
			黏性土	粉土	粉细砂	中粗砂	砾石
高级熟练工		工时	59	44	166	73	65
熟练工		工时	104	80	284	130	115
半熟练工		工时	54	46	114	65	61
普工		工时	159	152	235	177	174
合计		工时	376	322	799	445	415
板枋材		m^3	0.8	0.8	0.8	0.8	0.8
斗齿		套	1.9	1.5	5.4	2.4	2.1
耐磨合金块		kg					
钢丝绳		kg	159.7	121.0	448.6	199.6	177.5
钢绳卡		个	2.4	1.8	6.7	3.0	2.7
电焊条		kg	24.5	18.5	68.8	30.6	27.2
膨润土		t	15	15	19	17	17
碱粉		kg	738	743	971	845	855
外加剂（CMC）		kg	74	74	97	85	86
水		m^3	445	455	585	510	510
其他材料费		元	115	92	298	147	133
机械抓斗	HS843HD	台时	20.60	15.60	57.87	25.75	22.89
潜水砂石泵	150–SBQ–30	台时	4.12	4.12	4.12	4.12	4.12
空气压缩机	$6m^3/min$	台时	4.12	4.12	4.12	4.12	4.12
电焊机	交流 30kV•A	台时	24.72	18.73	69.43	30.90	27.47
高速搅拌机	NJ–1500	台时	12.67	12.75	16.67	14.50	14.68
泥浆泵	3PN	台时	12.67	12.75	16.67	14.50	14.68
自卸汽车	5t	台时	19.17	19.18	19.73	19.43	19.45
载重汽车	5.0t	台时	2.42	2.41	2.48	2.43	2.43
装载机	$1.5m^3$	台时	6.39	6.39	6.58	6.48	6.48
汽车起重机	16t	台时	9.16	9.16	9.16	9.16	9.16
其他机械使用费		元	33	33	43	38	38
编号			70198	70199	70200	70201	70202

续表　　　　　　　　　　　　　　　　　　　　　　　　　　　　单位：100m²

项　　目		单位	地　　层				
			卵石	漂石	软岩 ≤10MPa	软岩 10～30MPa	硬岩 30～50MPa
高级熟练工		工时	134	490	368	588	1040
熟练工		工时	231	833	622	993	1750
半熟练工		工时	100	301	213	329	563
普工		工时	221	468	329	452	707
合计		工时	686	2092	1532	2362	4060
板枋材		m^3	0.8	0.8	0.8	0.8	0.8
斗齿		套	4.4	16.0	12.0	19.1	31.9
耐磨合金块		kg		183.6	91.8	275.4	459.0
钢丝绳		kg	363.0	1331.0	998.2	1597.2	2662.0
钢绳卡		个	5.4	20.0	15.0	24.0	39.9
电焊条		kg	55.6	204.0	153.0	244.8	432.5
膨润土		t	20	34	18	21	26
碱粉		kg	995	1683	888	1028	1316
外加剂（CMC）		kg	100	168	89	103	132
水		m^3	600	1010	530	620	795
其他材料费		元	246	785	595	961	1636
机械抓斗	HS843HD	台时	46.81	171.67	128.75	206.00	363.93
潜水砂石泵	150–SBQ–30	台时	4.12	4.12	4.12	4.12	4.12
空气压缩机	$6m^3/min$	台时	4.12	4.12	4.12	4.12	4.12
电焊机	交流 30kV•A	台时	56.18	206.01	154.50	247.20	436.71
高速搅拌机	NJ–1500	台时	17.09	28.90	15.23	17.64	22.60
泥浆泵	3PN	台时	17.09	28.90	15.23	17.64	22.60
自卸汽车	5t	台时	19.79	21.44	19.53	19.87	20.56
载重汽车	5.0t	台时	2.46	2.66	2.58	2.70	2.92
装载机	$1.5m^3$	台时	6.60	7.15	6.51	6.62	6.85
汽车起重机	16t	台时	9.16	9.16	9.16	9.16	9.16
其他机械使用费		元	44	75	40	46	59
编　　号			70203	70204	70205	70206	70207

注　1. 不同墙厚时，人工、材料、机械乘以下表系数：

墙　厚（m）	0.6	0.8	1	1.2
系　　数	0.85	1	1.2	1.25

2. 不同槽孔深度，人工、钢丝绳、钢丝卡、机械抓斗分别乘以下表系数：

槽孔深度（m）	≤40	40～50	50～60
系　　数	1	1.1	1.25

7.23 地下连续墙成槽—两钻一抓

适用范围：墙厚 0.8m、孔深 50m 以内。

工作内容：制备泥浆、造孔、出渣、清孔、换浆、记录。

单位：$100m^2$

项目		单位	地层				
			黏性土	粉土	粉细砂	中粗砂	砾石
高级熟练工		工时	59	43	150	82	74
熟练工		工时	139	108	358	212	192
半熟练工		工时	139	114	327	221	202
普工		工时	195	282	667	476	442
合计		工时	532	547	1502	991	910
板枋材		m^3	0.9	0.8	0.8	0.8	0.8
钢材		kg	28.6	22.2	72.9	49.9	45.1
斗齿		套	1.0	0.7	2.8	1.2	1.1
耐磨合金块		kg		11.0	36.2	24.7	22.4
吸砂管		m		0.9	1.0	1.2	1.4
电焊条		kg	38.6	29.7	101.6	61.1	55.0
黏土		t	29				
膨润土		t	8	16	21	18	18
碱粉		kg	581	790	1025	897	906
外加剂（CMC）		kg	38	79	103	90	91
水		m^3	421	479	616	542	542
其他材料费		元	79	81	196	109	99
冲击钻机	CZ–22	台时	79.97				
冲击反循环钻机	CZF–1200	台时		48.91	160.94	110.11	99.63
泥浆净化机	JHB–200	台时		48.91	160.94	110.11	99.63
液压抓斗	BH12/CH–60	台时	10.56	8.00	29.66	13.20	11.73
泥浆搅拌机	$2m^3$	台时	14.99				
高速搅拌机	NJ–1500	台时	24.99	24.46	80.47	55.06	49.81
泥浆泵	3PN	台时	19.99	12.23	40.23	27.53	24.91
空气压缩机	$6m^3$/min	台时	10.36	2.11	2.11	2.11	2.11
电焊机	交流 30kV·A	台时	39.01	29.98	102.60	61.71	55.56
自卸汽车	5t	台时	21.64	19.29	19.86	19.55	19.57
载重汽车	5t	台时	2.40	2.40	2.42	2.41	2.41
装载机	$1.5m^3$	台时	7.21	6.43	6.62	6.52	6.52
汽车起重机	16t	台时	5.23	9.05	9.05	9.05	9.05
其他机械使用费		元	29	35	46	40	40
编号			70208	70209	70210	70211	70212

续表　　　　　　　　　　　　　　　　　　　　　　　　　　　单位：100m²

项目		单位	地层				
			卵石	漂石	软岩 ≤10MPa	软岩 10～30MPa	硬岩 30～50MPa
高级熟练工		工时	130	233	129	277	646
熟练工		工时	318	687	419	890	2070
半熟练工		工时	305	898	526	1100	2538
普工		工时	620	718	945	1871	4201
合计		工时	1373	2536	2019	4138	9455
板枋材		m^3	0.8	1.0	0.9	0.9	0.9
钢材		kg	68.7	228.2	144.1	308.4	719.7
斗齿		套	2.2				
耐磨合金块		kg	34.1		71.5	153.0	357.0
吸砂管		m	1.7		3.3	6.1	7.5
电焊条		kg	91.0	208.1	131.3	280.9	655.5
黏土		t		266			
膨润土		t	21		18	21	33
碱粉		kg	1031	1862	876	1068	1661
外加剂（CMC）		kg	103		88	107	166
水		m^3	619	1620	530	640	1000
其他材料费		元	169	90	87	160	333
冲击钻机	CZ–22	台时		646.21			
冲击反循环钻机	CZF–1200	台时	151.61		318.32	681.22	1589.51
泥浆净化机	JHB–200	台时	151.61		318.32	681.22	1589.51
液压抓斗	BH12/CH–60	台时	23.99				
泥浆搅拌机	$2m^3$	台时		323.11			
高速搅拌机	NJ–1500	台时	75.80		15.03	18.33	28.52
泥浆泵	3PN	台时	37.90	161.55	15.03	18.33	28.52
空气压缩机	$6m^3/min$	台时	2.11	18.81			
电焊机	交流 30kV·A	台时	91.92	210.12	132.56	283.66	661.88
自卸汽车	5t	台时	19.88	48.05	19.50	19.97	21.39
载重汽车	5t	台时	2.42	2.45	2.43	2.47	2.57
装载机	$1.5m^3$	台时	6.63	16.02	6.50	6.66	7.13
汽车起重机	16t	台时	9.05	1.22	9.93	9.93	9.93
其他机械使用费		元	46	114	39	48	74
编号			70213	70214	70215	70216	70217

注　1. 不同墙厚时，人工、材料、机械乘以下表系数并调整冲击钻机、冲击反循环钻机机型：

墙厚（m）	0.6	0.8	1	1.2	1.3	1.4
系数	0.75	1	1.2	1.25	1.38	1.6
冲击钻机	CZ–22			CZ–22		
冲击反循环钻机	CZF–1200			CZF–1500		

2. 不同槽孔深度，人工、吸砂管、冲击钻机、冲击反循环钻机、泥浆净化机、液压抓斗分别乘以下表系数：

槽孔深度（m）	≤50	50～60	60～70	70～80
系数	1	1.1	1.25	1.5

7.24 地下连续墙成槽—液压铣槽

适用范围： 墙厚 0.8m、孔深 50m 以内。

工作内容： 制备泥浆、造孔、出渣、清孔、换浆、记录。

单位：$100m^2$

项目		单位	地层					
			黏性土	粉土	粉细砂	中粗砂	砾石	卵石
高级熟练工		工时	41	31	50	37	45	78
熟练工		工时	101	76	122	91	111	185
半熟练工		工时	67	57	80	65	73	108
普工		工时	209	143	173	153	162	202
合计		工时	418	307	425	346	391	573
板枋材		m^3	0.5	0.5	0.5	0.5	0.5	0.5
铣齿		个	26.0	19.0	31.4	23.0	28.6	48.7
耐磨合金块		kg						
排渣钢丝管		m	2.1	1.6	2.6	1.9	2.3	4.0
钢丝绳		kg	7.1	5.2	8.6	6.3	7.8	13.3
电焊条		kg	21.4	15.7	25.9	19.0	23.6	40.1
膨润土		t	15	16	18	17	17	18
碱粉		kg	773	803	910	848	836	920
外加剂（CMC）		kg	77	80	91	85	84	92
水		m^3	460	480	550	510	500	550
其他材料费		元	1438	1418	1479	1438	1459	1530
液压铣槽机	BC–30	台时	9.36	6.87	11.31	8.28	10.30	17.55
泥浆净化机	BE–500	台时	9.36	6.87	11.31	8.28	10.30	17.55
履带起重机	50t	台时						
高速搅拌机	NJ–1500	台时	13.27	13.78	15.61	14.56	14.35	15.80
泥浆泵	3PN	台时	13.27	13.78	15.61	14.56	14.35	15.80
电焊机	交流 30kV·A	台时	21.63	15.86	26.12	19.14	23.79	40.54
自卸汽车	8t	台时	12.03	12.08	12.24	12.15	12.13	12.25
载重汽车	5t	台时	2.44	2.42	2.46	2.43	2.45	2.52
汽车起重机	16t	台时	6.41	6.41	6.41	6.41	6.41	6.41
装载机	$1.5m^3$	台时	4.01	4.03	4.08	4.05	4.04	4.08
其他机械使用费		元	1730	1277	2081	1535	1895	3224
编号			70218	70219	70220	70221	70222	70223

续表 单位：$100m^2$

项目		单位	地层				
			漂石	软岩 ≤10MPa	软岩 10～30MPa	硬岩 30～50MPa	混凝土
高级熟练工		工时	366	102	149	475	76
熟练工		工时	852	240	349	1101	182
半熟练工		工时	420	132	181	524	109
普工		工时	615	225	306	762	208
合计		工时	2253	699	985	2862	575
板枋材		m^3	0.5	0.5	0.5	0.5	0.5
铣齿		个	228.5	63.5	93.1	296.5	47.6
耐磨合金块		kg	183.6		275.4	459.0	
排渣钢丝管		m	18.8	5.2	7.7	24.4	3.9
钢丝绳		kg	62.3	17.3	25.4	80.9	13.0
电焊条		kg	188.5	52.3	76.8	244.6	39.3
膨润土		t	33	18	20	30	20
碱粉		kg	1632	905	986	1479	1003
外加剂（CMC）		kg	163	91	99	148	100
水		m^3	980	540	590	890	600
其他材料费		元	2162	1581	1714	1479	1520
液压铣槽机	BC–30	台时	82.40	22.89	33.58	106.93	17.17
泥浆净化机	BE–500	台时	82.40	22.89	33.58	106.93	17.17
履带起重机	50t	台时	30.90		14.69	60.15	
高速搅拌机	NJ–1500	台时	28.02	15.54	16.92	25.39	17.21
泥浆泵	3PN	台时	28.02	15.54	16.92	25.39	17.21
电焊机	交流 30kV·A	台时	190.30	52.86	77.54	246.97	39.64
自卸汽车	8t	台时	13.32	12.23	12.35	13.09	12.38
载重汽车	5t	台时	3.13	2.57	2.67	3.36	2.52
汽车起重机	16t	台时	6.41	6.41	6.41	6.41	6.41
装载机	$1.5m^3$	台时	4.44	4.08	4.12	4.36	0.84
其他机械使用费		元	15079	4192	6149	19560	3152
编号			70224	70225	70226	70227	70228

注 1. 墙厚 1.0m 时，人工、材料、机械乘以 1.20 系数。

2. 不同槽孔深度，人工、排渣钢丝管、钢丝绳、液压铣槽机、泥浆净化机、履带起重机分别乘以下表系数：

槽孔深度（m）	≤50	50～60
系数	1	1.1

3. 铣削混凝土工程量根据槽段搭接长度计算。

7.25 孤石预爆

适用范围： 地下连续墙内粒径600～800mm的漂石、孤石及单轴抗压强度大于50MPa的硬岩预爆。

工作内容： 爆破筒制作、下设、爆破。

单位：$100m^2$

项目		单位	爆破方法	
			钻孔爆破	聚能爆破
高级熟练工		工时	96	221
熟练工		工时	165	824
半熟练工		工时	165	824
普工		工时	96	221
合计		工时	522	2090
毫秒迟发雷管（电）		个	163	653
乳胶炸药		kg	245	1632
无缝钢管	ϕ75	kg	457	
钢板	4mm	kg	24	
铁皮	1.5mm	kg		692
电焊条		kg	24	98
其他材料费		元	235	296
电焊机	交流30kV·A	台时	41	165
钢筋切断机	10kW	台时	8	
气割枪		台时	8	165
其他机械使用费		元	10	31
编号			70229	70230

注 1. 钻孔根据岩石级别套用相应钻进定额。

2. 爆破段中钻孔工程量（m）= 爆破工程量（m^2）÷1.25孔距（m）。

3. 非爆破段的钻孔工程量按实计算。

7.26 地下连续墙混凝土浇筑—钻凿法、铣削法

适用范围： 墙厚 0.8m 的地下连续墙混凝土浇筑。

工作内容： 装拆导管及漏斗、搭拆浇筑平台、浇筑、记录，检查孔的钻孔、取芯、岩芯装箱及编录、记录、制浆、灌浆、封孔、孔位转移等。

单位：$100m^3$

项目		单位	墙段连接方式	
			钻凿法	铣削法
高级熟练工		工时	12	12
熟练工		工时	64	61
半熟练工		工时	115	110
普工		工时	102	98
合计		工时	293	281
混凝土		m^3	133	127
板枋材		m^3	0.6	0.6
钢导管		kg	13.6	13.0
橡皮板		kg	27.1	25.9
水		m^3	60	50
其他材料费		元	409	391
冲击钻机	CZ–22	台时	26.17	
汽车起重机	16t	台时		15.55
载重汽车	5t	台时	2.06	2.06
其他机械使用费		元	341	339
混凝土拌制		m^3	133	127
混凝土水平运输		m^3	133	127
编号			70231	70232

注 1. 采用钻凿法施工，混凝土及相应的拌制、运输定额数量根据不同墙厚按下表调整：

墙厚（m）	系数
0.6	0.98
0.8	1
1	1.02
1.2	1.05
1.3	1.06
1.4	1.08

2. 混凝土材料需垂直运输时，需增列混凝土垂直运输。

7.27 地下连续墙混凝土浇筑—接头板法、接头管法

适用范围：孔深 30m 以内采用接头板法，孔深 25m 以内采用接头管法。

工作内容：下设接头板或接头管、装拆导管及漏斗、搭拆浇筑平台、浇筑、起拔接头板或接头管、记录，检查孔的钻孔、取芯、岩芯装箱及编录、记录、制浆、灌浆、封孔、孔位转移等。

单位：$100m^3$

项目		单位	数量	
			接头板	接头管
高级熟练工		工时	33	38
熟练工		工时	115	135
半熟练工		工时	115	135
普工		工时	280	328
合计		工时	543	636
混凝土		m^3	115	121
板枋材		m^3	0.5	0.8
接头管		kg		496.1
接头板		kg	413.8	
钢导管		kg	12.5	13.0
橡皮板		kg	25.6	26.5
水		m^3	50	50
其他材料费		元	169	176
冲击钻机	CZ–22 型	台时		34.86
拔管（板）机	JTB200	台时	13.44	15.84
汽车起重机	16t	台时	19.08	
汽车起重机	25t	台时	7.53	8.87
载重汽车	5t	台时	3.76	4.43
其他机械使用费		元	339	331
混凝土拌制		m^3	115	121
混凝土水平运输		m^3	115	121
编号			70233	70234

注　混凝土材料需垂直运输时，需增列混凝土垂直运输。

7.28 地下连续墙固化灰浆浇筑

适用范围： 孔深 25m 以内。

工作内容： 制备泥浆、下设风管、抽浆、水泥砂浆搅拌及运输、填固化材料、原位搅拌、起拔风管、记录。

单位：100m³

项目		单位	数量
高级熟练工		工时	8
熟练工		工时	40
半熟练工		工时	99
普工		工时	107
合计		工时	254
板枋材		m^3	0.5
铁管	25mm	m	10.2
高压胶管	30mm	m	5.1
水泥	32.5	t	34.3
砂		m^3	18.3
水玻璃		t	4.8
木钙		kg	44.5
膨润土		t	9.7
碱粉		kg	485
水		m^3	150
其他材料费		元	38
混凝土搅拌机	$0.4m^3$	台时	12.99
动力翻斗车	1t	台时	25.98
潜水泵	2.2kW	台时	12.99
空气压缩机	$9m^3/min$	台时	6.44
高速搅拌机	NJ–1500	台时	8.48
泥浆泵	3PN	台时	8.48
自卸汽车	3.5t	台时	8.98
载重汽车	5t	台时	2.06
汽车起重机	16t	台时	3.61
其他机械使用费		元	52
编号			70235

7.29 塑性混凝土防渗墙—薄型抓斗成槽

适用范围： 墙厚 0.3m，孔深 20m 以内。

工作内容： 制备泥浆、抓槽、出渣、清孔、换浆、下设（起拔）接头管及导管，混凝土拌和、运输、浇筑、记录。

单位：$100m^2$

项目	单位	地层				
		黏性土	粉土	粉细砂	中粗砂	砾石
高级熟练工	工时	46	42	135	74	60
熟练工	工时	96	91	220	136	117
半熟练工	工时	105	102	151	121	117
普工	工时	202	200	255	222	222
合计	工时	449	435	761	553	516
板枋材	m^3	0.1	0.1	0.1	0.1	0.1
斗齿	套	0.6	0.6	1.8	1.1	1.0
电焊条	kg	9.1	8.6	23.1	13.9	11.8
膨润土	t	9	9	10	10	10
碱粉	kg	266	272	359	336	346
接头管	kg	225.8	225.8	225.8	225.8	225.8
钢导管	kg	6.0	6.0	6.0	6.0	6.0
橡皮板	kg	12.1	12.1	12.1	12.1	12.1
水泥 32.5	t	7	7	7	7	7
砂	m^3	23	23	23	23	23
石子	m^3	22	22	22	22	22
编号		70236	70237	70238	70239	70240

续表　　　　　　　　　　　　　　　　　　　　　　单位：$100m^2$

项目		单位	地层				
			黏性土	粉土	粉细砂	中粗砂	砾石
减水剂		kg	29	29	29	29	29
水		m^3	442	451	597	550	570
其他材料费		元	53	50	138	88	78
液压抓斗	WY-300	台时	13.91	12.71	40.45	22.25	17.80
自卸汽车	3.5t	台时	27.10	27.12	27.39	27.32	27.35
电焊机	交流 30kV·A	台时	9.23	8.69	23.31	14.00	11.87
高速搅拌机	ZJ-400	台时	4.56	4.67	6.17	5.76	5.94
泥浆泵	3PN	台时	4.56	4.67	6.17	5.76	5.94
混凝土搅拌机	$0.4m^3$	台时	7.45	7.45	7.45	7.45	7.45
动力翻斗车	1t	台时	14.90	14.90	14.90	14.90	14.90
载重汽车	5t	台时	1.75	1.75	1.76	1.75	1.75
汽车起重机	16t	台时	12.03	12.03	12.03	12.03	12.03
装载机	$1.5m^3$	台时	9.03	9.04	9.13	9.11	9.12
其他机械使用费		元	12	12	16	15	15
编号			70236	70237	70238	70239	70240

注 1. 墙厚 0.45m 时，人工、材料、机械乘以 1.5 系数。

2. 不同槽孔深度，人工、抓斗分别乘以下表系数：

槽孔深度（m）	≤20	20～30	30～40
系数	1	1.2	1.5

7.30 钢筋笼制作安装

适用范围： 地下连续墙和灌注桩钢筋笼制作安装。

工作内容： 除锈、调直、切断、弯曲、绑扎、焊接成型，场内运输、起吊、焊接、安放入槽（孔）、记录。

单位：t

项目		单位	整体钢筋笼重量	
			≤8t	≤20t
高级熟练工		工时	11	11
熟练工		工时	23	23
半熟练工		工时	33	33
普工		工时	35	35
合计		工时	102	102
钢筋		t	1.03	1.03
电焊条		kg	17.9	17.9
其他材料费		元	31	31
钢筋调直机	14kW	台时	0.58	0.58
风砂枪		台时	1.15	1.15
钢筋切断机	20kW	台时	2.31	2.31
钢筋弯曲机	ϕ6～40	台时	2.31	2.31
电焊机	交流 30kV·A	台时	30.08	30.08
对焊机	电弧 150 型	台时	0.77	0.77
载重汽车	8t	台时	0.72	0.72
汽车起重机	16t	台时	1.37	0.96
汽车起重机	30t	台时		0.48
其他机械使用费		元	21	21
编号			70241	70242

7.31 灌注桩造孔—冲击钻机

适用范围： 露天作业，孔径 0.8m，孔深 60m 以内。

工作内容： 孔口护筒埋设、钻机就位、制备泥浆、造孔、出渣、清孔、孔位转移、记录。

单位：100m

项目		单位	地层				
			黏性土	粉土	粉细砂	中粗砂	砾石
高级熟练工		工时	47	38	142	97	88
熟练工		工时	240	203	664	467	422
半熟练工		工时	262	231	725	524	475
普工		工时	304	276	741	556	506
合计		工时	854	748	2272	1644	1491
板枋材		m^3	0.2	0.2	0.2	0.2	0.2
钢材		kg	63.5	51.6	190.6	130.4	118.0
钢板	厚 4mm	kg	39.8	39.8	39.8	39.8	39.8
电焊条		kg	59.3	48.2	178.0	121.8	110.2
黏土		t	45	46	100	84	77
碱粉		kg	320	330	714	602	549
水		m^3	270	280	600	510	460
其他材料费		元	51	41	122	61	51
冲击钻机	CZ–22	台时	145.81	118.47	437.44	299.30	270.79
电焊机	交流 30kV·A	台时	59.90	48.67	179.70	122.95	111.24
泥浆搅拌机	$2m^3$	台时	72.91	59.24	218.72	149.65	135.40
泥浆泵	3PN	台时	36.45	29.62	109.36	74.82	67.70
汽车起重机	25t	台时	12.13	12.13	12.13	12.13	10.53
自卸汽车	3.5t	台时	20.70	20.90	28.86	26.54	25.43
载重汽车	5t	台时	1.76	1.76	1.79	1.77	1.77
装载机	$1.5m^3$	台时	5.17	5.22	7.21	6.63	6.36
其他机械使用费		元	35	36	78	66	60
编号			70243	70244	70245	70246	70247

续表 单位：100m

项目		单位	地层				
			卵石	漂石	软岩 <10MPa	软岩 10～30MPa	硬岩 30～50MPa
高级熟练工		工时	132	168	123	264	615
熟练工		工时	631	805	582	1194	2703
半熟练工		工时	733	969	645	1256	2677
普工		工时	761	996	668	1229	2511
合计		工时	2257	2938	2018	3943	8506
板枋材		m^3	0.2	0.2	0.2	0.2	0.2
钢材		kg	177.0	225.2	165.2	353.9	825.9
钢板	厚 4mm	kg	39.8	39.8	39.8	39.8	39.8
电焊条		kg	165.2	210.3	154.2	330.5	771.1
黏土		t	126	181	96	135	173
碱粉		kg	903	1291	685	961	1233
水		m^3	760	1090	580	810	1040
其他材料费		元	82	153	71	173	316
冲击钻机	CZ–22	台时	406.19	516.97	379.11	812.38	1895.56
电焊机	交流 30kV·A	台时	166.86	212.37	155.74	333.72	778.68
泥浆搅拌机	$2m^3$	台时	203.10	258.49	88.88	124.81	160.11
泥浆泵	3PN	台时	101.55	129.24	44.44	62.41	80.06
汽车起重机	25t	台时	12.13	12.13	12.13	12.13	12.13
自卸汽车	3.5t	台时	32.79	40.85	28.25	34.00	39.64
载重汽车	5t	台时	1.78	1.80	1.78	1.82	1.93
装载机	$1.5m^3$	台时	8.20	10.21	7.06	8.50	9.91
其他机械使用费		元	99	141	75	105	135
编号			70248	70249	70250	70251	70252

注 1. 不同桩径时，人工、材料、机械乘以下表系数并调整冲击钻机机型：

桩径（m）	0.6	0.8	1	1.2	1.3	1.4	1.5
系数	0.85	1.00	1.37	1.51	1.61	1.82	2.01
冲击钻机	CZ–22			CZ–30			

2. 孔深 40m 以内，人工、机械乘以 0.9 系数。

7.32 灌注桩造孔—冲击反循环钻机

适用范围： 露天作业，孔径 0.8m，孔深 60m 以内。

工作内容： 孔口护筒埋设、钻机就位、制备泥浆、造孔、出渣、清孔、孔位转移、记录。

单位：100m

项目		单位	地层			
			粉土	粉细砂	中粗砂	砾石
高级熟练工		工时	33	107	73	66
熟练工		工时	132	397	277	252
半熟练工		工时	166	494	344	315
普工		工时	301	824	586	538
合计		工时	631	1822	1280	1171
板枋材		m^3	0.2	0.2	0.2	0.2
钢材		kg	36.9	121.4	83.1	75.2
钢板	厚 4mm	kg	39.8	39.8	39.8	39.8
吸砂管		m	1.6	1.8	2.1	2.6
电焊条		kg	34.5	113.4	77.6	70.2
耐磨合金块		kg	12.2	40.3	27.6	24.9
膨润土		t	12	16	14	14
碱粉		kg	612	818	710	712
外加剂	CMC	kg	61	82	71	71
水		m^3	360	480	420	420
其他材料费		元	43	83	65	61
冲击反循环钻机	CZF–1200	台时	89.18	293.45	200.78	181.66
泥浆净化机	JHB–200	台时	89.18	293.45	200.78	181.66
电焊机	交流 30kV·A	台时	34.79	114.48	78.33	70.87
高速搅拌机	NJ–1500	台时	44.59	146.72	100.39	90.83
泥浆泵	3PN	台时	22.29	73.36	50.19	45.41
汽车起重机	25t	台时	7.06	7.06	7.06	7.06
自卸汽车	3.5t	台时	15.81	16.41	16.09	16.10
载重汽车	5t	台时	1.76	1.78	1.77	1.77
其他机械使用费		元	27	36	31	31
编号			70253	70254	70255	70256

续表 单位：100m

项目		单位	地层			
			卵石	软岩≤10MPa	软岩10～30MPa	硬岩30～50MPa
高级熟练工		工时	95	90	199	464
熟练工		工时	354	333	721	1662
半熟练工		工时	441	409	885	2042
普工		工时	739	690	1450	3297
合计		工时	1629	1522	3255	7465
板枋材		m^3	0.2	0.2	0.2	0.2
钢材		kg	107.6	101.5	225.5	526.1
钢板	厚4mm	kg	39.8	39.8	39.8	39.8
吸砂管		m	3.1	2.7	4.9	6.0
电焊条		kg	100.5	94.7	210.5	491.3
耐磨合金块		kg	35.7	33.7	74.8	174.5
膨润土		t	16	12	15	25
碱粉		kg	793	595	771	1267
外加剂	CMC	kg	79	59	77	127
水		m^3	470	350	450	750
其他材料费		元	76	73	132	275
冲击反循环钻机	CZF-1200	台时	260.10	245.24	544.97	1271.60
泥浆净化机	JHB-200	台时	260.10	245.24	544.97	1271.60
电焊机	交流30kV·A	台时	101.47	95.67	212.60	496.07
高速搅拌机	NJ-1500	台时	130.05	10.01	12.98	21.33
泥浆泵	3PN	台时	65.03	10.01	12.98	21.33
汽车起重机	25t	台时	7.06	7.06	7.06	7.06
自卸汽车	3.5t	台时	16.33	15.76	16.27	17.70
载重汽车	5t	台时	1.78	1.78	1.81	1.87
其他机械使用费		元	35	26	34	55
编号			70257	70258	70259	70260

注 1. 不同桩径时，人工、材料、机械乘以下表系数并调整冲击反循环钻机机型：

桩径（m）	0.6	0.8	1	1.2	1.3	1.4	1.5
系数	0.85	1	1.37	1.51	1.61	1.82	2.01
冲击反循环钻机	CZF-1200			CZF-1500			

2. 孔深40m以内，人工、机械乘以0.9系数。

7.33 灌注桩混凝土浇筑

适用范围：灌注桩混凝土浇筑。

工作内容：装拆导管及漏斗，浇筑、凿除混凝土桩头，记录。

单位：$100m^3$

项目	单位	数量
高级熟练工	工时	19
熟练工	工时	75
半熟练工	工时	112
普工	工时	133
合计	工时	339
混凝土	m^3	130
板枋材	m^3	0.2
钢导管	kg	13.3
橡皮板	kg	26.5
水	m^3	50
其他材料费	元	184
冲击钻机 CZ–22	台时	29.29
汽车起重机 8t	台时	7.32
载重汽车 5t	台时	2.93
其他机械使用费	元	88
混凝土拌制	m^3	130
混凝土水平运输	m^3	130
编号		70261

7.34 碎石振冲桩

7.34.1 孔深 8m 以内

适用范围：软基处理，排污范围在 80m 以内。
工作内容：准备、放线、造孔、加密、检测、记录等。

单位：100m

项目		单位	地层				
			粉细砂	粉土	黏土	中粗砂	淤泥质土
高级熟练工		工时	5	6	6	7	8
熟练工		工时	8	9	10	11	11
半熟练工		工时	40	45	48	54	58
普工		工时	50	56	61	68	73
合计		工时	103	116	125	140	150
卵（碎）石		m^3	92	92	92	92	100
水		m^3	120	120	130	150	150
其他材料费		元	112	112	112	143	143
汽车起重机	16t	台时	13.59	15.60	17.09	18.78	19.98
振冲器	ZCQ–30	台时	13.07	14.45	15.72	17.55	18.93
离心水泵	14kW	台时	13.07	14.45	15.72	17.55	18.93
污水泵	4kW	台时	13.07	14.45	15.72	17.55	18.93
潜水泵	7kW	台时	9.18	9.18	9.98	11.47	11.47
装载机	$1.5m^3$	台时	11.79	13.01	13.57	15.99	17.28
其他机械使用费		元	144	144	144	175	175
编号			70262	70263	70264	70265	70266

7.34.2 孔深 20m 以内

适用范围：软基处理，排污范围在 80m 以内。

工作内容：准备、放线、造孔、加密、检测、记录等。

单位：100m

项目	单位	地层				
		中粗砂	粉细砂	粉土	黏土	淤泥质土
高级熟练工	工时	7	7	9	10	10
熟练工	工时	9	10	12	13	14
半熟练工	工时	46	53	60	65	73
普工	工时	56	64	75	81	90
合计	工时	118	134	156	169	187
卵（碎）石	m^3	120	125	125	125	140
水	m^3	150	120	130	150	120
其他材料费	元	112	112	112	153	153
汽车起重机 25t	台时	13.24	14.72	17.36	18.48	20.94
振冲器 ZCQ–75	台时	11.99	13.44	15.82	17.23	19.00
离心水泵 22kW	台时	11.99	13.44	15.82	17.23	19.00
污水泵 22kW	台时	11.99	13.44	15.82	17.23	19.00
潜水泵 7kW	台时	11.99	9.18	10.56	11.68	9.18
装载机 $2.0m^3$	台时	11.01	13.28	14.06	14.96	17.13
其他机械使用费	元	134	134	134	175	175
编号		70267	70268	70269	70270	70271

7.35 水位观测孔安装

适用范围： 孔径 130～150mm。

工作内容： 下管、填反滤料、止水、洗孔、孔口工程、记录。

单位：孔

项目		单位	孔深（m）			
			50	75	100	150
高级熟练工		工时	10	14	18	29
熟练工		工时	33	45	58	87
半熟练工		工时	45	70	100	148
普工		工时	53	77	107	153
合计		工时	141	206	283	417
水泥	32.5	t	0.14	0.21	0.29	0.43
砂		m^3	0.28	0.42	0.58	0.86
镀锌钢管	$\phi70$	m	74.56	117.91	161.26	247.96
镀锌花管	$\phi70$	m	10.71	10.71	10.71	10.71
钢管接头		个	15.81	22.19	30.60	44.37
钢筋	$\phi6$	kg	14.03	14.03	14.03	14.03
过滤网		m^2	4.36	4.36	4.36	4.36
反滤料		m^3	0.93	1.40	1.86	2.78
水		m^3	280	350	450	625
其他材料费		元	139	177	221	299
地质钻机		台时	13.39	19.57	25.75	40.17
空气压缩机	$6m^3/min$	台时	9.37	13.70	18.03	28.12
离心水泵	14kW	台时	9.37	13.70	18.03	28.12
载重汽车	5t	台时	1.92	2.81	3.70	5.77
其他机械使用费		元	59	86	122	184
编号			70272	70273	70274	70275

7.36 镶铸孔口管

7.36.1 岩石基础

适用范围： 坝基岩石及覆盖层下岩石灌浆，孔口封闭法，孔口管管径 108mm 以内。

工作内容： 下管、制浆、镶铸孔口管、待凝、扫孔、记录等。

单位：孔

项目	单位	孔口管长（m）						
		2.5	5	10	15	20	30	40
高级熟练工	工时	1	1	3	4	5	7	9
熟练工	工时	2	4	8	12	16	21	28
半熟练工	工时	5	9	16	22	29	38	49
普工	工时	5	8	15	21	28	37	48
合计	工时	13	22	42	59	78	103	134
水泥 32.5	t	0.12	0.20	0.30	0.34	0.40	0.48	0.57
水	m^3	15	25	40	55	70	90	110
镶合金块钻头	个	0.17	0.34	0.68	1.02	1.36	2.05	2.73
岩芯管及孔口管	m	2.75	5.51	11.02	16.52	22.03	33.05	44.06
其他材料费	元	15	26	46	71	92	133	163
地质钻机	台时	2.92	5.19	9.79	14.39	18.98	25.56	33.59
灌浆泵 高压	台时	0.88	1.31	1.87	2.15	2.49	2.64	3.06
灰浆搅拌机 200L	台时		0.92	1.38	1.56	1.83	2.20	2.61
其他机械使用费	元	10	21	36	52	62	82	108
编号		70276	70277	70278	70279	70280	70281	70282

注 1. 工作内容不包括孔口管段的钻孔、灌浆。孔口管段钻孔、灌浆按设计或施工要求套用相应定额。

2. 地质钻机型号同钻孔机型。

3. 根据不同的灌浆压力选用高压灌浆泵或中低压灌浆泵。

7.36.2 覆 盖 层

适用范围： 覆盖层灌浆循环钻灌法。

工作内容： 下管、浇止浆环、制浆、铸管、待凝、扫孔、记录等。

单位：孔

项目		单位	孔口管长（m）				
			5	10	20	30	40
高级熟练工		工时	2	3	6	8	11
熟练工		工时	6	12	23	34	45
半熟练工		工时	12	19	35	49	64
普工		工时	12	20	35	49	64
合计		工时	32	54	99	140	184
水泥	32.5	t	0.32	0.48	0.79	0.92	0.98
水		m^3	15	28	50	70	90
镶合金块钻头		个	0.34	0.68	1.36	2.05	2.73
岩芯管及孔口管		m	6.12	12.24	24.48	36.72	48.96
其他材料费		元	77	117	235	337	439
地质钻机		台时	5.90	11.13	21.60	32.08	42.56
灌浆泵	中压泥浆	台时	1.03	1.64	2.51	2.86	3.04
灰浆搅拌机	200L	台时	0.87	1.31	2.18	2.53	2.71
其他机械使用费		元	21	36	72	103	129
编号			70283	70284	70285	70286	70287

注 1. 工作内容不包括孔口管段的钻孔、灌浆。孔口管段钻孔、灌浆按设计或施工要求套用相应定额。

2. 地质钻机型号同钻孔机型。

3. 根据不同的灌浆压力选用高压灌浆泵或中低压灌浆泵。

第8章

疏浚工程

说　明

一、本章定额包括绞吸式、链斗式、抓斗式、铲扬式挖泥船及索铲挖泥、挖砂等，共33节。

二、本定额适用于对河、湖、渠、海边的开挖、清淤和吹填工程。

三、本定额均以水下自然方为计量单位。如吹填工程以陆上吹填方为计量单位，应考虑施工期吹填土的沉陷方量、原地基因上部吹填荷载而产生的沉降土方量和流失土方量。其开挖过程中的超挖及倒淤等因素已综合计入定额。

四、疏浚工程的土类分级：

土类：按《疏浚工程施工技术规范》（SL17—1990）“疏浚土分级表”的前七级划分，其分级标准见附录《疏浚工程土类分级表》。

砂类：按《疏浚工程施工技术规范》（SL17—1990）“疏浚土分级表”中的砂类进行划分，其分级标准见附录《疏浚工程砂类划分表》。

五、绞吸式挖泥船定额，按排泥管线长度选用，如实际排泥管线长度介于定额两子目之间时，可用插入法计算。

六、由于风浪、雾天、潮汐、水流过速、船舶避让、芦苇、树根、水下障碍物等不可避免的外界原因，直接影响绞吸式挖泥船正常施工时，按表8–1所列系数调整定额。

表8–1

工况级别	一	二	三	四	五	六	七
客观影响时间率（%）	≤5	>5且≤10	>10且≤15	>15且≤20	>20且≤25	>25且≤30	>30且≤35
定额调整系数	1.0	1.07	1.14	1.23	1.33	1.45	1.60

七、绞吸式挖泥船定额是在挖深小于或等于基本挖深时的船舶每万立方米台时数，超过基本挖深后，每超过1m按表8–2增加系数调整定额。

表 8–2

船型 / 项目	1720m³/h	850 m³/h	500 m³/h	350 m³/h	200 m³/h	120 m³/h	80 m³/h	40 m³/h
基本挖深（m）	10	8	5	5	6	4	4	3
每超过基本挖深 1m 增加台时系数	0.01	0.02	0.02	0.03	0.03	0.04	0.04	0.05

八、本定额中的浮筒组时是指台时费定额中的组时，与其他章的组时概念不同，使用定额时不需调整。

8.1 绞吸式挖泥船陆上排泥管安装拆除

适用范围： 挖泥船施工所需的陆上排泥管安装拆除。

工作内容： 场地平整、上下坡填筑土堆、架设支撑、管线场内运输、安装和拆除。

单位：100m 管长

项　目	单位	排泥管径×单管长度（mm×mm）			
		700×6000	（560～600）×6000	300×4000	250×4000
高级熟练工	工时				
熟练工	工时				
半熟练工	工时	54	40	21	18
普工	工时	376	277	125	108
合计	工时	430	317	146	126
零星材料费	元	49.98	40.8	31.62	28.05
吹填区内管线安拆增加（普工）工时					
挖泥及细粉砂	工时	194	143	65	56
挖中（粗）砂	工时	97	71	32	28
编　号		80001	80002	80003	80004

注　吹填区内管线安拆工时=吹填区外管线安拆工时+吹填区内管线安拆增加（普工）工时。

8.2　40m³/h 绞吸式挖泥船挖泥及粉细砂

适用范围：河、湖、渠的开挖和清淤及吹填工程。

工作内容：固定船位、挖泥、排泥、工作面转移及辅助工作。

8.2.1　Ⅰ～Ⅱ 类 土

单位：$10000m^3$

项目		单位	排泥管线长度（km）			每增加100m排距
			≤0.2	0.3	0.4	
高级熟练工		工时				
熟练工		工时				
半熟练工		工时	42	44	47	
普工		工时	85	89	95	
合计		工时	127	133	142	
零星材料费		元	1000	1000	1000	
挖泥船	$40m^3/h$	台时	197.16	207.02	221.52	15.51
浮筒	$\phi250$	组时	3943	4140	4431	310
排泥管	$\phi250\times4000mm$	根时	4930	10351	16614	1163
锚艇	88kW	台时	49.30	51.76	55.38	3.88
其他机械使用费		元	2646	2778	2973	208
编号			80005	80006	80007	80008

注　适用于排高3m，排高每增（减）1m，加（减）定额量的3%。

8.2.2　Ⅲ 类 土

单位：$10000m^3$

项目		单位	排泥管线长度（km）			每增加100m排距
			≤0.2	0.3	0.4	
高级熟练工		工时				
熟练工		工时				
半熟练工		工时	56	58	63	
普工		工时	113	119	127	
合计			169	177	190	
零星材料费		元	1000	1000	1000	
挖泥船	$40m^3/h$	台时	262.88	276.02	295.35	20.67
浮筒	$\phi250$	组时	5258	5520	5907	413
排泥管	$\phi250\times4000mm$	根时	6572	13801	22151	1551
锚艇	88kW	台时	65.72	69.01	73.84	5.17
其他机械使用费		元	3528	3704	3964	277
编号			80009	80010	80011	80012

注　适用于排高3m，排高每增（减）1m，加（减）定额量的3%。

8.2.3 Ⅳ 类 土

单位：$10000m^3$

项目		单位	排泥管线长度（km）			每增加100m排距
			≤0.2	0.3	0.4	
高级熟练工		工时				
熟练工		工时				
半熟练工		工时	67	70	75	
普工		工时	136	143	153	
合计		工时	203	213	228	
零星材料费		元	1000	1000	1000	
挖泥船	$40m^3/h$	台时	315.46	317.42	339.65	23.78
浮筒	$\phi250$	组时	6309	6348	6793	476
排泥管	$\phi250\times4000mm$	根时	7887	15871	25474	1783
锚艇	88kW	台时	78.87	79.36	84.91	5.94
其他机械使用费		元	4233	14208	15202	1064
编号			80013	80014	80015	80016

注 适用于排高3m，排高每增（减）1m，加（减）定额量的3%。

8.3 $80m^3/h$ 绞吸式挖泥船挖泥及粉细砂

适用范围： 河、湖的开挖和清淤及吹填工程。

工作内容： 固定船位、挖泥、排泥、工作面转移及辅助工作。

8.3.1 Ⅰ～Ⅱ 类 土

单位：$10000m^3$

项目		单位	排泥管线长度（km）					每增加100m排距
			≤0.3	0.4	0.5	0.6	0.7	
高级熟练工		工时						
熟练工		工时						
半熟练工		工时	33	34	36	38	40	
普工		工时	67	69	72	77	81	
合计		工时	100	103	108	115	121	
零星材料费		元	900	900	900	900	900	
挖泥船	$80m^3/h$	台时	77.32	81.19	86.06	91.22	97.61	6.84
浮筒	$\phi300$	组时	3093	3248	3443	3649	3904	274
排泥管	$\phi300\times4000mm$	根时	1933	4060	6454	9122	12201	854
拖轮	125kW	台时	15.46	16.24	17.21	18.25	19.52	1.37
其他机械使用费		元	7828	8222	8714	9237	9884	693
编号			80017	80018	80019	80020	80021	80022

注 适用于排高4m，排高每增（减）1m，加（减）定额量的2%。

8.3.2 Ⅲ 类 土

单位：$10000m^3$

项 目		单位	排泥管线长度（km）					每增加100m排距
			≤0.3	0.4	0.5	0.6	0.7	
高级熟练工		工时						
熟练工		工时						
半熟练工		工时	44	45	48	50	53	
普工		工时	89	91	96	102	109	
合计		工时	133	136	144	152	162	
零星材料费		元	900	900	900	900	900	
挖泥船	$80m^3/h$	台时	103.09	108.25	114.74	121.63	130.14	9.11
浮筒	$\phi300$	组时	4124	4330	4590	4865	5206	364
排泥管	$\phi300\times4000mm$	根时	2577	5413	8606	12163	16268	1139
拖轮	125kW	台时	20.62	21.65	22.95	24.33	26.03	1.82
其他机械使用费		元	10437	10960	11618	12314	13177	923
编号			80023	80024	80025	80026	80027	80028

注 适用于排高4m，排高每增（减）1m，加（减）定额量的2%。

8.3.3 Ⅳ 类 土

单位：$10000m^3$

项 目		单位	排泥管线长度（km）					每增加100m排距
			≤0.3	0.4	0.5	0.6	0.7	
高级熟练工		工时						
熟练工		工时						
半熟练工		工时	52	54	57	60	64	
普工		工时	107	109	116	122	131	
合计		工时	159	163	173	182	195	
零星材料费		元	900	900	900	900	900	
挖泥船	$80m^3/h$	台时	123.71	129.90	137.69	145.96	156.17	10.93
浮筒	$\phi300$	组时	4948	5196	5508	5838	6247	437
排泥管	$\phi300\times4000mm$	根时	3093	6495	10327	14596	19521	1366
拖轮	125kW	台时	24.74	25.98	27.54	29.19	31.23	2.19
其他机械使用费		元	12526	13152	13942	14778	15813	1106
编号			80029	80030	80031	80032	80033	80034

注 适用于排高4m，排高每增（减）1m，加（减）定额量的2%。

8.3.4 Ⅴ 类 土

单位：$10000m^3$

项目	单位	排泥管线长度（km）					每增加100m排距
		≤0.3	0.4	0.5	0.6	0.7	
高级熟练工	工时						
熟练工	工时						
半熟练工	工时	74	77	81	85	91	
普工	工时	151	155	164	174	185	
合计	工时	225	232	245	259	276	
零星材料费	元	900	900	900	900	900	
挖泥船 $80m^3/h$	台时	175.25	184.03	195.06	206.77	221.24	15.49
浮筒 ϕ300	组时	7010	7361	7802	8271	8850	619
排泥管 ϕ300×4000mm	根时	4381	9201	14629	20677	27655	1936
拖轮 125kW	台时	35.05	36.81	39.01	41.35	44.25	3.10
其他机械使用费	元	17745	18632	19750	20935	22401	1567
编号		80035	80036	80037	80038	80039	80040

注 适用于排高4m，排高每增（减）1m，加（减）定额量的2%。

8.3.5 Ⅵ 类 土

单位：$10000m^3$

项目	单位	排泥管线长度（km）					每增加100m排距
		≤0.3	0.4	0.5	0.6	0.7	
高级熟练工	工时						
熟练工	工时						
半熟练工	工时	101	103	109	115	123	
普工	工时	204	210	222	234	249	
合计	工时	305	313	331	349	372	
零星材料费	元	900	900	900	900	900	
挖泥船 $80m^3/h$	台时	237.11	248.98	263.90	279.75	299.32	20.95
浮筒 ϕ300	组时	9484	9959	10556	11190	11973	838
排泥管 ϕ300×4000mm	根时	5928	12449	19793	27975	37415	2619
拖轮 125kW	台时	47.42	49.80	52.78	55.95	59.86	4.19
其他机械使用费	元	24008	25208	26721	28324	30305	2121
编号		80041	80042	80043	80044	80045	80046

注 适用于排高4m，排高每增（减）1m，加（减）定额量的2%。

8.4 80m³/h 绞吸式挖泥船挖中砂

适用范围：河、湖的开挖和清淤及吹填工程。

工作内容：固定船位、挖砂、排砂、工作面转移及辅助工作。

8.4.1 松 散 中 砂

单位：$10000m^3$

项目		单位	排泥管线长度（km）				每增加100m排距
			≤0.3	0.4	0.5	0.6	
高级熟练工		工时					
熟练工		工时					
半熟练工		工时	66	69	75	83	
普工		工时	134	139	152	169	
合计		工时	200	208	227	252	
零星材料费		元	1000	1000	1000	1000	
挖泥船	$80m^3/h$	台时	155.58	168.03	184.83	207.01	24.84
浮筒	ϕ300	组时	6223	6721	7393	8280	994
排泥管	ϕ300×4000mm	根时	3890	8402	13862	20701	2484
拖轮	125kW	台时	31.12	33.61	36.97	41.40	4.97
其他机械使用费		元	15752	17013	18714	20959	2515
编号			80047	80048	80049	80050	80051

注 适用于排高 3m，排高每增（减）1m，加（减）定额量的 3.3%。

8.4.2 中 密 中 砂

单位：$10000m^3$

项目		单位	排泥管线长度（km）				每增加100m排距
			≤0.3	0.4	0.5	0.6	
高级熟练工		工时					
熟练工		工时					
半熟练工		工时	76	79	86	96	
普工		工时	154	160	175	194	
合计		工时	230	239	261	290	
零星材料费		元	1000	1000	1000	1000	
挖泥船	$80m^3/h$	台时	178.92	193.23	212.55	238.06	28.57
浮筒	ϕ300	组时	7157	7729	8502	9522	1143
排泥管	ϕ300×4000mm	根时	4473	9662	15942	23806	2857
拖轮	125kW	台时	35.78	38.65	42.51	47.61	5.71
其他机械使用费		元	18116	19565	21521	24103	2892
编号			80052	80053	80054	80055	80056

注 适用于排高 3m，排高每增（减）1m，加（减）定额量的 3.3%。

8.5 80m³/h 绞吸式挖泥船挖粗砂

适用范围： 河、湖的开挖和清淤及吹填工程。

工作内容： 固定船位、挖砂、排砂、工作面转移及辅助工作。

单位：10000m³

项目		单位	排泥管线长度（km）		每增加100m排距
			≤0.3	0.4	
高级熟练工		工时			
熟练工		工时			
半熟练工		工时	77	87	
普工		工时	157	177	
合计		工时	234	264	
零星材料费		元	1000	1000	
挖泥船	80m³/h	台时	182.02	227.53	56.88
浮筒	ϕ300	组时	7281	9101	2275
排泥管	ϕ300×4000mm	根时	4551	11377	2844
拖轮	125kW	台时	36.4	45.51	11.38
其他机械使用费		元	18429	23037	5759
编号			80057	80058	80059

注　适用于排高3m，排高每增（减）1m，加（减）定额量的3.3%。

8.6 120m³/h 绞吸式挖泥船挖泥及粉细砂

适用范围： 河、湖的开挖和清淤及吹填工程。

工作内容： 固定船位、挖泥、排泥、工作面转移及辅助工作。

8.6.1 Ⅰ～Ⅱ类土

单位：10000m³

项目		单位	排泥管线长度（km）				每增加100m排距
			≤0.4	0.6	0.8	1.0	
高级熟练工		工时					
熟练工		工时					
半熟练工		工时	25	27	30	33	
普工		工时	52	54	60	68	
合计		工时	77	81	90	101	
零星材料费		元	900	900	900	900	
挖泥船	120m³/h	台时	60.00	66.00	73.92	84.27	5.90
浮筒	ϕ300	组时	2400	2640	2957	3371	236
排泥管	ϕ300×4000mm	根时	3240	6864	11384	17191	1204
拖轮	125kW	台时	12.00	13.20	14.79	16.86	1.18
其他机械使用费		元	6075	6683	7484	8533	598
编号			80060	80061	80062	80063	80064

注　适用于排高4m，排高每增（减）1m，加（减）定额量的3%。

8.6.2 Ⅲ 类 土

单位：$10000m^3$

项目		单位	排泥管线长度（km）				每增加100m排距
			≤0.4	0.6	0.8	1.0	
高级熟练工		工时					
熟练工		工时					
半熟练工		工时	34	36	40	45	
普工		工时	69	72	80	90	
合计		工时	103	108	120	135	
零星材料费		元	900	900	900	900	
挖泥船	$120m^3/h$	台时	80.00	88.00	98.56	112.36	7.87
浮筒	$\phi300$	组时	3200	3520	3942	4494	315
排泥管	$\phi300\times4000mm$	根时	4320	9152	15178	22921	1605
拖轮	125kW	台时	16.00	17.60	19.71	22.47	1.57
其他机械使用费		元	8101	8909	9978	11376	796
编号			80065	80066	80067	80068	80069

注 适用于排高4m，排高每增（减）1m，加（减）定额量的3%。

8.6.3 Ⅳ 类 土

单位：$10000m^3$

项目		单位	排泥管线长度（km）				每增加100m排距
			≤0.4	0.6	0.8	1.0	
高级熟练工		工时					
熟练工		工时					
半熟练工		工时	41	43	48	53	
普工		工时	82	86	96	109	
合计		工时	123	129	144	162	
零星材料费		元	900	900	900	900	
挖泥船	$120m^3/h$	台时	96.00	105.60	118.27	134.83	9.44
浮筒	$\phi300$	组时	3840	4224	4731	5393	378
排泥管	$\phi300\times4000mm$	根时	5184	10982	18214	27506	1925
拖轮	125kW	台时	19.20	21.12	23.65	26.97	1.89
其他机械使用费		元	9720	10692	11974	13651	957
编号			80070	80071	80072	80073	80074

注 适用于排高4m，排高每增（减）1m，加（减）定额量的3%。

8.6.4 Ⅴ 类 土

单位：$10000m^3$

项　　目		单位	排泥管线长度（km）				每增加100m排距
			≤0.4	0.6	0.8	1.0	
高级熟练工		工时					
熟练工		工时					
半熟练工		工时	58	60	67	76	
普工		工时	117	123	137	154	
合计		工时	175	183	204	230	
零星材料费		元	900	900	900	900	
挖泥船	$120m^3/h$	台时	136.00	149.60	167.55	191.01	13.37
浮筒	$\phi300$	组时	5440	5984	6702	7640	535
排泥管	$\phi300\times4000mm$	根时	7344	15558	25803	38966	2728
拖轮	125kW	台时	27.20	29.92	33.51	38.20	2.67
其他机械使用费		元	13769	15148	16965	19340	1355
编　号			80075	80076	80077	80078	80079

注　适用于排高4m，排高每增（减）1m，加（减）定额量的3%。

8.6.5 Ⅵ 类 土

单位：$10000m^3$

项　　目		单位	排泥管线长度（km）				每增加100m排距
			≤0.4	0.6	0.8	1.0	
高级熟练工		工时					
熟练工		工时					
半熟练工		工时	78	82	91	103	
普工		工时	159	167	185	208	
合计		工时	237	249	276	311	
零星材料费		元	900	900	900	900	
挖泥船	$120m^3/h$	台时	184.00	202.40	226.69	258.43	18.09
浮筒	$\phi300$	组时	7360	8096	9068	10337	724
排泥管	$\phi300\times4000mm$	根时	9936	21050	34910	52719	3690
拖轮	125kW	台时	36.80	40.48	45.34	51.69	3.62
其他机械使用费		元	18629	20494	22951	26165	1831
编　号			80080	80081	80082	80083	80084

注　适用于排高4m，排高每增（减）1m，加（减）定额量的3%。

8.7 120m³/h 绞吸式挖泥船挖中砂

适用范围： 河、湖的开挖和清淤及吹填工程。

工作内容： 固定船位、挖砂、排砂、工作面转移及辅助工作。

8.7.1 松 散 中 砂

单位：10000m³

项 目		单位	排泥管线长度（km）				每增加100m排距
			≤0.4	0.5	0.6	0.7	
高级熟练工		工时					
熟练工		工时					
半熟练工		工时	50	52	57	62	
普工		工时	103	107	116	127	
合计		工时	153	159	173	189	
零星材料费		元	1000	1000	1000	1000	
挖泥船	120m³/h	台时	119.06	128.59	140.16	154.17	15.42
浮筒	ϕ300	组时	4762	5144	5606	6167	617
排泥管	ϕ300×4000mm	根时	6429	10159	14577	19888	1989
拖轮	125kW	台时	23.81	25.72	28.03	30.83	3.08
其他机械使用费		元	12056	13019	14191	15610	1561
编号			80085	80086	80087	80088	80089

注 适用于排高4m，排高每增（减）1m，加（减）定额量的4.5%。

8.7.2 中 密 中 砂

单位：$10000m^3$

项 目		单位	排泥管线长度（km）				每增加100m排距
			≤0.4	0.5	0.6	0.7	
高级熟练工		工时					
熟练工		工时					
半熟练工		工时	58	60	66	72	
普工		工时	118	123	133	145	
合计		工时	176	183	199	217	
零星材料费		元	1000	1000	1000	1000	
挖泥船	$120m^3/h$	台时	136.92	147.88	161.18	177.30	17.73
浮筒	$\phi300$	组时	5477	5915	6447	7092	709
排泥管	$\phi300\times4000mm$	根时	7394	11682	16763	22871	2287
拖轮	125kW	台时	27.38	29.58	32.24	35.46	3.55
其他机械使用费		元	13863	14972	16320	17952	1795
编号			80090	80091	80092	80093	80094

注 适用于排高4m，排高每增（减）1m，加（减）定额量的4.5%。

8.8 120m³/h 绞吸式挖泥船挖粗砂

适用范围： 河、湖的开挖和清淤及吹填工程。

工作内容： 固定船位、挖砂、排砂、工作面转移及辅助工作。

单位：10000m³

项目	单位	排泥管线长度（km）						每增加100m排距
		松散粗砂			中密粗砂			
		≤0.4	0.5	0.6	≤0.4	0.5	0.6	
高级熟练工	工时							
熟练工	工时							
半熟练工	工时	59	65	80	68	75	92	
普工	工时	120	132	162	138	152	186	
合计	工时	179	197	242	206	227	278	
零星材料费	元	1000	1000	1000	1000	1000	1000	
挖泥船 120m³/h	台时	139.32	167.18	208.98	160.22	192.26	240.33	56.17
浮筒 ϕ300	组时	5573	6687	8359	6409	7690	9613	2247
排泥管 ϕ300×4000mm	根时	7523	13207	21734	8652	15188	24994	5841
拖轮 125kW	台时	27.86	33.44	41.80	32.04	38.45	48.07	11.24
其他机械使用费	元	14106	16928	21159	16223	19467	24333	5689
编号		80095	80096	80097	80098	80099	80100	80101

注 适用于排高 4m，排高每增（减）1m，加（减）定额量的 12%。

8.9　200m³/h 绞吸式挖泥船挖泥及粉细砂

适用范围：河、湖的开挖和清淤及吹填工程。

工作内容：固定船位、挖泥、排泥、工作面转移及辅助工作。

8.9.1　Ⅰ～Ⅱ 类 土

单位：10000m³

项　目	单位	排泥管线长度（km）					每增加100m 排距
		≤0.5	0.7	0.9	1.1	1.3	
高级熟练工	工时						
熟练工	工时						
半熟练工	工时	22	23	26	29	33	
普工	工时	45	47	52	58	66	
合计	工时	67	70	78	87	99	
零星材料费	元	1000	1000	1000	1000	1000	
挖泥船 200m³/h	台时	31.14	34.25	38.36	42.96	48.98	3.43
浮筒 ϕ400	组时	1557	1712	1918	2148	2449	172
排泥管 ϕ400×4000mm	根时	1339	3185	5485	8292	11901	834
拖轮 176kW	台时	7.78	8.56	9.59	10.74	12.25	0.86
其他机械使用费	元	5043	5545	6212	6957	7932	557
编号		80102	80103	80104	80105	80106	80107

注　适用于排高 6m，排高每增（减）1m，加（减）定额量的 1.5%。

8.9.2　Ⅲ 类 土

单位：10000m³

项　目	单位	排泥管线长度（km）					每增加100m 排距
		≤0.5	0.7	0.9	1.1	1.3	
高级熟练工	工时						
熟练工	工时						
半熟练工	工时	29	31	34	38	44	
普工	工时	60	62	70	78	88	
合计	工时	89	93	104	116	132	
零星材料费	元	1000	1000	1000	1000	1000	
挖泥船 200m³/h	台时	41.51	45.66	51.14	57.28	65.30	4.57
浮筒 ϕ400	组时	2076	2283	2557	2864	3265	229
排泥管 ϕ400×4000mm	根时	1785	4246	7313	11055	15868	1111
拖轮 176kW	台时	10.38	11.42	12.79	14.32	16.33	1.14
其他机械使用费	元	6723	7394	8282	9276	10575	741
编号		80108	80109	80110	80111	80112	80113

注　适用于排高 6m，排高每增（减）1m，加（减）定额量的 1.5%。

8.9.3 Ⅳ 类 土

单位：$10000m^3$

项目		单位	排泥管线长度（km）					每增加100m排距
			≤0.5	0.7	0.9	1.1	1.3	
高级熟练工		工时						
熟练工		工时						
半熟练工		工时	35	37	41	46	52	
普工		工时	72	74	84	93	107	
合计		工时	107	111	125	139	159	
零星材料费		元	1000	1000	1000	1000	1000	
挖泥船	$200m^3/h$	台时	49.81	54.79	61.37	68.74	78.36	5.49
浮筒	$\phi400$	组时	2491	2740	3068	3437	3918	274
排泥管	$\phi400\times4000mm$	根时	2142	5096	8776	13266	19041	1333
拖轮	176kW	台时	12.45	13.70	15.34	17.18	19.59	1.37
其他机械使用费		元	8067	8874	9937	11132	12690	888
编号			80114	80115	80116	80117	80118	80119

注 适用于排高6m，排高每增（减）1m，加（减）定额量的1.5%。

8.9.4 Ⅴ 类 土

单位：$10000m^3$

项目		单位	排泥管线长度（km）					每增加100m排距
			≤0.5	0.7	0.9	1.1	1.3	
高级熟练工		工时						
熟练工		工时						
半熟练工		工时	50	52	58	65	74	
普工		工时	101	106	119	132	151	
合计		工时	151	158	177	197	225	
零星材料费		元	1000	1000	1000	1000	1000	
挖泥船	$200m^3/h$	台时	70.57	77.62	86.94	97.38	111.01	7.77
浮筒	$\phi400$	组时	3528	3881	4347	4869	5551	389
排泥管	$\phi400\times4000mm$	根时	3034	7219	12432	18794	26975	1888
拖轮	176kW	台时	17.64	19.41	21.73	24.34	27.75	1.94
其他机械使用费		元	11427	12570	14079	15770	17978	1259
编号			80120	80121	80122	80123	80124	80125

注 适用于排高6m，排高每增（减）1m，加（减）定额量的1.5%。

8.9.5 Ⅵ 类 土

单位：10000m³

项 目		单位	排泥管线长度（km）					每增加100m 排距
			≤0.5	0.7	0.9	1.1	1.3	
高级熟练工		工时						
熟 练 工		工时						
半 熟 练 工		工时	67	71	79	88	100	
普 工		工时	137	143	161	179	203	
合 计		工时	204	214	240	267	303	
零星材料费		元	1000	1000	1000	1000	1000	
挖 泥 船	200m³/h	台时	95.47	105.02	117.62	131.74	150.19	10.51
浮 筒	ϕ400	组时	4774	5251	5881	6587	7510	526
排 泥 管	ϕ400×4000mm	根时	4105	9767	16820	25427	36496	2555
拖 轮	176kW	台时	23.87	26.25	29.41	32.94	37.55	2.63
其他机械使用费		元	15462	17007	19047	21334	24323	1703
编 号			80126	80127	80128	80129	80130	80131

注 适用于排高 6m，排高每增（减）1m，加（减）定额量的 1.5%。

8.10 200m³/h 绞吸式挖泥船挖中砂

适用范围： 河、湖的开挖和清淤及吹填工程。

工作内容： 固定船位、挖砂、排砂、工作面转移及辅助工作。

8.10.1 松 散 中 砂

单位：10000m³

项 目		单位	排泥管线长度（km）					每增加100m 排距
			≤0.5	0.6	0.7	0.8	0.9	
高级熟练工		工时						
熟 练 工		工时						
半 熟 练 工		工时	42	43	47	51	58	
普 工		工时	84	88	95	105	117	
合 计		工时	126	131	142	156	175	
零星材料费		元	1100	1100	1100	1100	1100	
挖 泥 船	200m³/h	台时	58.84	63.55	69.27	76.89	86.89	11.30
浮 筒	ϕ400	组时	2942	3178	3464	3845	4345	565
排 泥 管	ϕ400×4000mm	根时	2530	4321	6442	9073	12425	1615
拖 轮	176kW	台时	14.71	15.89	17.32	19.22	21.72	2.82
其他机械使用费		元	9529	10293	11219	12453	14072	1830
编 号			80132	80133	80134	80135	80136	80137

注 适用于排高 4m，排高每增（减）1m，加（减）定额量的 2.6%。

8.10.2 中 密 中 砂

单位：10000m³

项 目		单位	排泥管线长度（km）					每增加100m排距
			≤0.5	0.6	0.7	0.8	0.9	
高级熟练工		工时						
熟练工		工时						
半熟练工		工时	48	50	54	59	67	
普工		工时	97	101	109	121	135	
合计		工时	145	151	163	180	202	
零星材料费		元	1100	1100	1100	1100	1100	
挖泥船	200m³/h	台时	67.67	73.08	79.66	88.42	99.92	12.99
浮筒	ϕ400	组时	3383	3654	3983	4421	4996	650
排泥管	ϕ400×4000mm	根时	2910	4970	7408	10434	14289	1858
拖轮	176kW	台时	16.92	18.27	19.92	22.11	24.98	3.25
其他机械使用费		元	10957	11835	12900	14319	16181	2105
编号			80138	80139	80140	80141	80142	80143

注 适用于排高4m，排高每增（减）1m，加（减）定额量的2.6%。

8.11 200m³/h 绞吸式挖泥船挖粗砂

适用范围：河、湖的开挖和清淤及吹填工程。

工作内容：固定船位、挖砂、排砂、工作面转移及辅助工作。

单位：10000m³

项 目		单位	排泥管线长度（km）						每增加100m排距
			松散粗砂			中密粗砂			
			≤0.5	0.6	0.7	≤0.5	0.6	0.7	
高级熟练工		工时							
熟练工		工时							
半熟练工		工时	49	53	66	56	61	76	
普工		工时	99	109	133	114	125	153	
合计		工时	148	162	199	170	186	229	
零星材料费		元	1100	1100	1100	1100	1100	1100	
挖泥船	200m³/h	台时	68.84	82.60	103.25	79.17	94.99	118.74	27.75
浮筒	ϕ400	组时	3442	4130	5163	3958	4750	5937	1388
排泥管	ϕ400×4000mm	根时	2960	5617	9602	3404	6459	11043	2581
拖轮	176kW	台时	17.21	20.65	25.81	19.79	23.75	29.68	6.94
其他机械使用费		元	11148	13376	16722	12820	15384	19229	4495
编号			80144	80145	80146	80147	80148	80149	80150

注 适用于排高4m，排高每增（减）1m，加（减）定额量的5.6%。

8.12 350m³/h 绞吸式挖泥船挖泥及粉细砂

适用范围：河、湖、海边的开挖和清淤及吹填工程。

工作内容：固定船位、挖泥、排泥、工作面转移及辅助工作。

8.12.1 Ⅰ～Ⅱ 类 土

单位：$10000m^3$

项目	单位	排泥管线长度（km）				每增加100m排距
		≤0.5	0.7	0.9	1.1	
高级熟练工	工时					
熟练工	工时					
半熟练工	工时	12	13	14	15	
普工	工时	36	39	41	46	
合计	工时	48	52	55	61	
零星材料费	元	800	800	800	800	
挖泥船 $350m^3/h$	台时	17.09	18.45	20.30	22.74	1.36
浮筒 ϕ560	组时	854	923	1015	1137	69
排泥管 ϕ560×6000mm	根时	428	1070	1868	2842	171
拖轮 294kW	台时	4.28	4.62	5.08	5.68	0.34
其他机械使用费	元	4200	4538	4991	5591	338
编号		80151	80152	80153	80154	80155

注 适用于排高6m，排高每增（减）1m，加（减）定额量的2.5%。

8.12.2 Ⅲ 类 土

单位：$10000m^3$

项 目		单位	排泥管线长度（km）				每增加100m排距
			≤0.5	0.7	0.9	1.1	
高级熟练工		工时					
熟练工		工时					
半熟练工		工时	16	17	18	20	
普工		工时	49	51	55	61	
合计		工时	65	68	73	81	
零星材料费		元	800	800	800	800	
挖泥船	$350m^3/h$	台时	22.78	24.60	27.06	30.31	1.82
浮筒	$\phi560$	组时	1139	1230	1353	1516	91
排泥管	$\phi560\times6000mm$	根时	570	1427	2490	3789	227
拖轮	294kW	台时	5.70	6.15	6.77	7.58	0.45
其他机械使用费		元	5601	6049	6653	7454	447
编号			80156	80157	80158	80159	80160

注 适用于排高6m，排高每增（减）1m，加（减）定额量的2.5%。

8.12.3 Ⅳ 类 土

单位：$10000m^3$

项 目		单位	排泥管线长度（km）				每增加100m排距
			≤0.5	0.7	0.9	1.1	
高级熟练工		工时					
熟练工		工时					
半熟练工		工时	19	20	21	23	
普工		工时	56	59	63	70	
合计		工时	75	79	84	93	
零星材料费		元	800	800	800	800	
挖泥船	$350m^3/h$	台时	26.20	28.29	31.12	34.86	2.09
浮筒	$\phi560$	组时	1310	1415	1556	1743	105
排泥管	$\phi560\times6000mm$	根时	655	1641	2863	4357	261
拖轮	294kW	台时	6.55	7.07	7.78	8.71	0.52
其他机械使用费		元	6442	6958	7652	8571	516
编号			80161	80162	80163	80164	80165

注 适用于排高6m，排高每增（减）1m，加（减）定额量的2.5%。

8.12.4 Ⅴ 类 土

单位：10000m³

项目		单位	排泥管线长度（km）				每增加100m排距
			≤0.5	0.7	0.9	1.1	
高级熟练工		工时					
熟练工		工时					
半熟练工		工时	24	26	28	31	
普工		工时	73	77	83	92	
合计		工时	97	103	111	123	
零星材料费		元	800	800	800	800	
挖泥船	350m³/h	台时	34.17	36.90	40.59	45.47	2.73
浮筒	ϕ560	组时	1709	1845	2030	2273	136
排泥管	ϕ560×6000mm	根时	854	2140	3734	5683	341
拖轮	294kW	台时	8.54	9.23	10.15	11.37	0.68
其他机械使用费		元	8403	9073	9982	11178	669
编号			80166	80167	80168	80169	80170

注 适用于排高6m，排高每增（减）1m，加（减）定额量的2.5%。

8.12.5 Ⅵ 类 土

单位：10000m³

项目		单位	排泥管线长度（km）				每增加100m排距
			≤0.5	0.7	0.9	1.1	
高级熟练工		工时					
熟练工		工时					
半熟练工		工时	34	36	39	43	
普工		工时	103	107	116	128	
合计		工时	137	143	155	171	
零星材料费		元	800	800	800	800	
挖泥船	350m³/h	台时	47.84	51.66	56.83	63.65	3.82
浮筒	ϕ560	组时	2392	2583	2841	3183	191
排泥管	ϕ560×6000mm	根时	1196	2996	5228	7956	477
拖轮	294kW	台时	11.96	12.92	14.21	15.91	0.95
其他机械使用费		元	11763	12702	13971	15652	939
编号			80171	80172	80173	80174	80175

注 适用于排高6m，排高每增（减）1m，加（减）定额量的2.5%。

8.13 350m³/h 绞吸式挖泥船挖中砂

适用范围：河、湖、海边的开挖和清淤及吹填工程。

工作内容：固定船位、挖砂、排砂、工作面转移及辅助工作。

单位：10000m³

项目		单位	松散中砂			中密中砂			紧密中砂			每增加100m排距
			排泥管线长度（km）									
			≤0.5	0.7	0.9	≤0.5	0.7	0.9	≤0.5	0.7	0.9	
高级熟练工		工时										
熟练工		工时										
半熟练工		工时	23	25	29	27	29	33	35	37	44	
普工		工时	69	74	87	80	86	100	104	112	131	
合计		工时	92	99	116	107	115	133	139	149	175	
零星材料费		元	900	900	900	900	900	900	900	900	900	
挖泥船	350m³/h	台时	32.28	36.80	44.16	37.12	42.32	50.78	48.42	55.20	66.24	5.37
浮筒	ϕ560	组时	1614	1840	2208	1856	2116	2539	2421	2760	3312	269
排泥管	ϕ560×6000mm	根时	807	2134	4063	928	2455	4672	1211	3202	6094	494
拖轮	294kW	台时	8.07	9.20	11.04	9.28	10.58	12.70	12.11	13.80	16.56	1.34
其他机械使用费		元	7937	9048	10858	9127	10405	12486	11905	13572	16287	1322
编号			80176	80177	80178	80179	80180	80181	80182	80183	80184	80185

注　适用于排高4m，排高每增（减）1m，加（减）定额量的4%。

8.14　350m³/h 绞吸式挖泥船挖粗砂

适用范围：河、湖、海边的开挖和清淤及吹填工程。

工作内容：固定船位、挖砂、排砂、工作面转移及辅助工作。

单位：10000m³

项目		单位	松散粗砂		中密粗砂		紧密粗砂		每增加100m排距
			排泥管线长度（km）						
			≤0.5	0.7	≤0.5	0.7	≤0.5	0.7	
高级熟练工		工时							
熟练工		工时							
半熟练工		工时	27	32	31	37	40	49	
普工		工时	81	97	93	112	121	146	
合计		工时	108	129	124	149	161	195	
零星材料费		元	900	900	900	900	900	900	
挖泥船	350m³/h	台时	37.78	48.65	43.45	55.95	56.67	72.98	9.47
浮筒	ϕ560	组时	1889	2433	2172	2797	2834	3649	474
排泥管	ϕ560×6000mm	根时	945	2822	1086	3245	1417	4233	549
拖轮	294kW	台时	9.45	12.16	10.86	13.99	14.17	18.24	2.37
其他机械使用费		元	9289	11964	10681	13755	13936	17944	2330
编号			80186	80187	80188	80189	80190	80191	80192

注　适用于排高4m，排高每增（减）1m，加（减）定额量的6.8%。

8.15　500m³/h 绞吸式挖泥船挖泥及粉细砂

适用范围：河、湖、海边的开挖和清淤及吹填工程。

工作内容：固定船位、挖泥、排泥、工作面转移及辅助工作。

8.15.1　Ⅰ～Ⅱ 类 土

单位：10000m³

项　目		单位	排泥管线长度（km）					每增加100m排距
			≤0.6	0.8	1	1.2	1.4	
高级熟练工		工时						
熟练工		工时						
半熟练工		工时	9	10	10	11	12	
普工		工时	27	29	31	33	36	
合计		工时	36	39	41	44	48	
零星材料费		元	700	700	700	700	700	
挖泥船	500m³/h	台时	12.68	13.69	14.79	16.26	18.21	1.10
浮筒	ϕ600	组时	634	685	739	813	911	55
排泥管	ϕ600×6000mm	根时	583	1081	1671	2374	3260	196
拖轮	353kW	台时	4.23	4.57	4.93	5.42	6.07	0.37
其他机械使用费		元	4689	5066	5467	6013	6737	406
编　号			80193	80194	80195	80196	80197	80198

注　适用于排高 6m，排高每增（减）1m，加（减）定额量的 1.6%。

8.15.2 Ⅲ 类 土

单位：10000m^3

项目	单位	排泥管线长度（km）					每增加100m排距
		≤0.6	0.8	1.0	1.2	1.4	
高级熟练工	工时						
熟练工	工时						
半熟练工	工时	12	13	14	15	16	
普工	工时	36	38	41	44	49	
合计	工时	48	51	55	59	65	
零星材料费	元	700	700	700	700	700	
挖泥船	台时	16.90	18.25	19.71	21.68	24.28	1.46
浮筒 ϕ600	组时	845	913	986	1084	1214	73
排泥管 ϕ600×6000mm	根时	777	1442	2227	3165	4346	261
拖轮 353kW	台时	5.63	6.08	6.57	7.23	8.09	0.49
其他机械使用费	元	6250	6752	7292	8017	8980	540
编号		80199	80200	80201	80202	80203	80204

注 适用于排高6m，排高每增（减）1m，加（减）定额量的1.6%。

8.15.3 Ⅳ 类 土

单位：10000m³

项　　目		单位	排泥管线长度（km）					每增加100m排距
			≤0.6	0.8	1	1.2	1.4	
高级熟练工		工时						
熟练工		工时						
半熟练工		工时	14	15	16	17	19	
普工		工时	42	44	47	51	56	
合计		工时	56	59	63	68	75	
零星材料费		元	700	700	700	700	700	
挖泥船	$500m^3/h$	台时	19.44	20.99	22.67	24.93	27.92	1.68
浮筒	$\phi 600$	组时	972	1049	1133	1247	1396	84
排泥管	$\phi 600\times6000mm$	根时	894	1658	2561	3640	4998	300
拖轮	353kW	台时	6.48	7.00	7.56	8.31	9.31	0.56
其他机械使用费		元	7189	7760	8381	9222	10325	621
编　　号			80205	80206	80207	80208	80209	80210

注　适用于排高6m，排高每增（减）1m，加（减）定额量的1.6%。

8.15.4 Ⅴ 类 土

单位：$10000m^3$

项目	单位	排泥管线长度（km）					每增加100m排距
		≤0.6	0.8	1	1.2	1.4	
高级熟练工	工时						
熟练工	工时						
半熟练工	工时	18	19	21	22	25	
普工	工时	54	58	62	67	74	
合计	工时	72	77	83	89	99	
零星材料费	元	700	700	700	700	700	
挖泥船 $500m^3/h$	台时	25.35	27.38	29.57	32.52	36.42	2.19
浮筒 $\phi600$	组时	1268	1369	1478	1626	1821	109
排泥管 $\phi600\times6000mm$	根时	1166	2163	3341	4748	6519	391
拖轮 353kW	台时	8.45	9.13	9.86	10.84	12.14	0.73
其他机械使用费	元	9377	10125	10933	12026	13469	808
编号		80211	80212	80213	80214	80215	80216

注 适用于排高6m，排高每增（减）1m，加（减）定额量的1.6%。

8.15.5 Ⅵ 类 土

单位：$10000m^3$

项目	单位	排泥管线长度（km）					每增加100m排距
		≤0.6	0.8	1	1.2	1.4	
高级熟练工	工时						
熟练工	工时						
半熟练工	工时	25	27	29	31	34	
普工	工时	76	80	86	93	103	
合计	工时	101	107	115	124	137	
零星材料费	元	700	700	700	700	700	
挖泥船 $500m^3/h$	台时	35.49	38.33	41.39	45.53	50.99	3.06
浮筒 $\phi600$	组时	1775	1916	2070	2276	2549	153
排泥管 $\phi600\times6000mm$	根时	1633	3028	4677	6647	9127	548
拖轮 353kW	台时	11.83	12.78	13.80	15.18	17.00	1.02
其他机械使用费	元	13127	14172	15309	16835	18854	1132
编号		80217	80218	80219	80220	80221	80222

注 适用于排高6m，排高每增（减）1m，加（减）定额量的1.6%。

8.15.6 Ⅶ 类 土

单位：10000m³

项目		单位	排泥管线长度（km）					每增加100m排距
			≤0.6	0.8	1	1.2	1.4	
高级熟练工		工时						
熟练工		工时						
半熟练工		工时	37	40	43	46	51	
普工		工时	112	119	128	137	152	
合计		工时	149	159	171	183	203	
零星材料费		元	700	700	700	700	700	
挖泥船	500m³/h	台时	52.39	56.58	61.10	67.21	75.27	4.52
浮筒	ϕ600	组时	2620	2829	3055	3360	3763	226
排泥管	ϕ600×6000mm	根时	2410	4469	6904	9812	13473	808
拖轮	353kW	台时	17.46	18.86	20.37	22.40	25.09	1.51
其他机械使用费		元	19378	20924	22596	24853	27834	1671
编号			80223	80224	80225	80226	80227	80228

注 适用于排高 6m，排高每增（减）1m，加（减）定额量的 1.6%。

8.16 500m³/h 绞吸式挖泥船挖中砂

适用范围：河、湖、海边的开挖和清淤及吹填工程。

工作内容：固定船位、挖砂、排砂、工作面转移及辅助工作。

8.16.1 松 散 中 砂

单位：10000m³

项 目		单位	排泥管线长度（km）				每增加100m排距
			≤0.5	0.7	0.9	1.1	
高级熟练工		工时					
熟练工		工时					
半熟练工		工时	17	18	21	24	
普工		工时	51	54	62	73	
合计		工时	68	72	83	97	
零星材料费		元	800	800	800	800	
挖泥船	500m³/h	台时	23.96	26.83	31.13	37.35	3.74
浮筒	ϕ600	组时	1198	1342	1557	1868	187.00
排泥管	ϕ600×6000mm	根时	695	1690	2988	4818	482.00
拖轮	353kW	台时	7.99	8.94	10.38	12.45	1.25
其他机械使用费		元	8860	9925	11514	13815	1383
编 号			80229	80230	80231	80232	80233

注 适用于排高4m，排高每增（减）1m，加（减）定额量的2.7%。

8.16.2 中 密 中 砂

单位：10000m³

项 目		单位	排泥管线长度（km）				每增加100m排距
			≤0.5	0.7	0.9	1.1	
高级熟练工		工时					
熟 练 工		工时					
半 熟 练 工		工时	20	21	24	28	
普 工		工时	59	62	71	84	
合 计		工时	79	83	95	112	
零星材料费		元	800	800	800	800	
挖 泥 船	$500m^3/h$	台时	27.55	30.85	35.80	42.95	4.30
浮 筒	$\phi600$	组时	1378	1543	1790	2148	215
排 泥 管	$\phi600\times6000mm$	根时	799	1944	3437	5541	554
拖 轮	353kW	台时	9.18	10.28	11.93	14.32	1.43
其他机械使用费		元	10191	11412	13240	15887	1589
编 号			80234	80235	80236	80237	80238

注 适用于排高4m，排高每增（减）1m，加（减）定额量的2.7%。

8.16.3 紧 密 中 砂

单位：10000m³

项 目		单位	排泥管线长度（km）				每增加100m排距
			≤0.5	0.7	0.9	1.1	
高级熟练工		工时					
熟 练 工		工时					
半 熟 练 工		工时	26	27	31	37	
普 工		工时	77	81	94	110	
合 计		工时	103	108	125	147	
零星材料费		元	800	800	800	800	
挖 泥 船	$500m^3/h$	台时	35.94	40.25	46.70	56.03	5.60
浮 筒	$\phi600$	组时	1797	2012	2335	2801	280
排 泥 管	$\phi600\times6000mm$	根时	1042	2535	4483	7227	723
拖 轮	353kW	台时	11.98	13.42	15.57	18.68	1.87
其他机械使用费		元	13291	14882	17270	20718	2072
编 号			80239	80240	80241	80242	80243

注 适用于排高4m，排高每增（减）1m，加（减）定额量的2.7%。

8.17　500m³/h 绞吸式挖泥船挖粗砂

适用范围：河、湖、海边的开挖和清淤及吹填工程。

工作内容：固定船位、挖砂、排砂、工作面转移及辅助工作。

单位：10000m³

项目		单位	松散粗砂			中密粗砂		
			排泥管线长度（km）					
			≤0.5	0.7	0.9	≤0.5	0.7	0.9
高级熟练工		工时						
熟练工		工时						
半熟练工		工时	20	22	28	23	26	33
普工		工时	60	67	85	69	77	98
合计		工时	80	89	113	92	103	131
零星材料费		元	800	800	800	800	800	800
挖泥船	500m³/h	台时	28.03	34.19	45.14	32.23	39.32	51.91
浮筒	ϕ600	组时	1402	1710	2257	1612	1966	2596
排泥管	ϕ600×6000mm	根时	813	2154	4333	935	2477	4983
拖轮	353kW	台时	9.34	11.40	15.05	10.74	13.11	17.30
其他机械使用费		元	10369	12646	16693	11922	14541	19200
编号			80244	80245	80246	80247	80248	80249

续表 单位：$10000m^3$

项目	单位	紧密粗砂			每增加100m排距
		排泥管线长度（km）			
		≤0.5	0.7	0.9	
高级熟练工	工时				
熟练工	工时				
半熟练工	工时	30	34	43	
普工	工时	90	101	128	
合计	工时	120	135	171	
零星材料费	元	800	800	800	
挖泥船 $500m^3/h$	台时	42.05	51.29	67.71	26.36
浮筒 $\phi600$	组时	2102	2564	3386	1318
排泥管 $\phi600\times6000mm$	根时	1219	3231	6500	2530
拖轮 353kW	台时	14.02	17.10	22.57	8.79
其他机械使用费	元	15548	18965	25043	9748
编号		80250	80251	80252	80253

注　适用于排高4m，排高每增（减）1m，加（减）定额量的4.5%。

8.18 850m³/h 绞吸式挖泥船挖泥及粉细砂（海狸 1600 型）

适用范围：河、湖、海边的开挖和清淤及吹填工程。

工作内容：固定船位、挖泥、排泥、工作面转移及辅助工作。

8.18.1 Ⅰ～Ⅱ 类 土

单位：10000m³

项目	单位	排泥管线长度（km）					每增加100m排距
		≤1.0	1.5	2.0	2.5	3.0	
高级熟练工	工时						
熟练工	工时						
半熟练工	工时	9	10	11	13	15	
普工	工时	26	29	32	39	46	
合计	工时	35	39	43	52	61	
零星材料费	元	700	700	700	700	700	
挖泥船 850m³/h	台时	12.27	14.11	16.22	19.47	23.37	0.94
浮筒 ϕ500	组时	614	705	811	974	1168	47
排泥管 ϕ500×6000mm	根时	1276	2652	4396	6893	10233	410
拖轮 397kW	台时	4.09	4.71	5.41	6.49	7.79	0.31
其他机械使用费	元	4540	5216	5999	7203	8640	347
编号		80254	80255	80256	80257	80258	80259

注 适用于排高 6m，排高每增（减）1m，加（减）定额量的 0.7%。

8.18.2 Ⅲ 类土

单位：$10000m^3$

项　　目		单位	排泥管线长度（km）					每增加100m排距
			≤1.0	1.5	2.0	2.5	3.0	
高级熟练工		工时						
熟练工		工时						
半熟练工		工时	12	13	14	17	20	
普工		工时	35	38	43	51	61	
合计		工时	47	51	57	68	81	
零星材料费		元	700	700	700	700	700	
挖泥船	$850m^3/h$	台时	16.36	18.81	21.63	25.96	31.15	1.25
浮筒	$\phi500$	组时	818	941	1082	1298	1558	62
排泥管	$\phi500\times6000mm$	根时	1701	3536	5862	9190	13644	546
拖轮	397kW	台时	5.45	6.27	7.21	8.65	10.38	0.42
其他机械使用费		元	6051	6959	8002	9601	11523	459
编　号			80260	80261	80262	80263	80264	80265

注　适用于排高6m，排高每增（减）1m，加（减）定额量的0.7%。

8.18.3 Ⅳ 类土

单位：$10000m^3$

项　　目		单位	排泥管线长度（km）					每增加100m排距
			≤1.0	1.5	2.0	2.5	3.0	
高级熟练工		工时						
熟练工		工时						
半熟练工		工时	13	15	16	20	23	
普工		工时	40	44	49	59	70	
合计		工时	53	59	65	79	93	
零星材料费		元	700	700	700	700	700	
挖泥船	$850m^3/h$	台时	18.81	21.63	24.87	29.85	35.82	1.43
浮筒	$\phi500$	组时	941	1082	1244	1493	1791	72
排泥管	$\phi500\times6000mm$	根时	1957	4067	6741	10568	15690	628
拖轮	397kW	台时	6.27	7.21	8.29	9.95	11.94	0.48
其他机械使用费		元	6959	8002	9200	11041	13247	532
编　号			80266	80267	80268	80269	80270	80271

注　适用于排高6m，排高每增（减）1m，加（减）定额量的0.7%。

8.18.4 Ⅴ 类 土

单位：$10000m^3$

项目		单位	排泥管线长度（km）					每增加100m排距
			≤1.0	1.5	2.0	2.5	3.0	
高级熟练工		工时						
熟练工		工时						
半熟练工		工时	18	19	22	26	31	
普工		工时	53	58	65	77	92	
合计		工时	71	77	87	103	123	
零星材料费		元	700	700	700	700	700	
挖泥船	$850m^3/h$	台时	24.54	28.22	32.45	38.94	46.73	1.87
浮筒	$\phi500$	组时	1227	1411	1622	1947	2336	93
排泥管	$\phi500\times6000mm$	根时	2552	5304	8793	13785	20466	819
拖轮	397kW	台时	8.18	9.41	10.82	12.98	15.58	0.62
其他机械使用费		元	9075	10436	11998	14401	17279	690
编号			80272	80273	80274	80275	80276	80277

注 适用于排高6m，排高每增（减）1m，加（减）定额量的0.7%。

8.18.5 Ⅵ 类 土

单位：$10000m^3$

项目		单位	排泥管线长度（km）					每增加100m排距
			≤1.0	1.5	2.0	2.5	3.0	
高级熟练工		工时						
熟练工		工时						
半熟练工		工时	25	27	30	36	43	
普工		工时	74	80	89	107	128	
合计		工时	99	107	119	143	171	
零星材料费		元	700	700	700	700	700	
挖泥船	$850m^3/h$	台时	34.36	39.50	45.42	54.52	65.42	2.62
浮筒	$\phi500$	组时	1718	1975	2271	2726	3271	131
排泥管	$\phi500\times6000mm$	根时	3573	7426	12310	19299	28652	1146
拖轮	397kW	台时	11.45	13.17	15.14	18.17	21.81	0.87
其他机械使用费		元	12706	14607	16797	20162	24193	968
编号			80278	80279	80280	80281	80282	80283

注 适用于排高6m，排高每增（减）1m，加（减）定额量的0.7%。

8.19 850m³/h 绞吸式挖泥船挖中砂（海狸 1600 型）

适用范围：河、湖、海边的开挖和清淤及吹填工程。

工作内容：固定船位、挖砂、排砂、工作面转移及辅助工作。

8.19.1 松散中砂

单位：10000m³

项目		单位	排泥管线长度（km）					每增加100m排距
			≤0.5	1.0	1.5	2.0	2.5	
高级熟练工		工时						
熟练工		工时						
半熟练工		工时	12	14	18	24	34	
普工		工时	36	41	53	72	101	
合计		工时	48	55	71	96	135	
零星材料费		元	800	800	800	800	800	
挖泥船	850m³/h	台时	16.90	21.12	28.51	38.49	55.81	5.02
浮筒	φ500	组时	845	1056	1426	1925	2791	251
排泥管	φ500×6000mm	根时	355	2196	5360	10431	19757	1778
拖轮	397kW	台时	5.63	7.04	9.50	12.83	18.60	1.67
其他机械使用费		元	6250	7811	10546	14237	20642	1857
编号			80284	80285	80286	80287	80288	80289

注　适用于排高 4m，排高每增（减）1m，加（减）定额量的 1.4%。

8.19.2 中 密 中 砂

单位：10000m³

项　　目	单位	排泥管线长度（km）					每增加100m排距
		≤0.5	1.0	1.5	2.0	2.5	
高级熟练工	工时						
熟练工	工时						
半熟练工	工时	14	16	21	28	39	
普工	工时	42	47	62	83	116	
合计	工时	56	63	83	111	155	
零星材料费	元	800	800	800	800	800	
挖泥船 850m³/h	台时	19.44	24.29	32.79	44.26	64.18	5.78
浮筒 ϕ500	组时	972	1214	1639	2213	3209	289
排泥管 ϕ500×6000mm	根时	408	2526	6164	11995	22720	2045
拖轮 397kW	台时	6.48	8.10	10.93	14.75	21.39	1.93
其他机械使用费	元	7189	8980	12124	16369	23735	2137
编号		80290	80291	80292	80293	80294	80295

注　适用于排高4m，排高每增（减）1m，加（减）定额量的1.4%。

8.19.3 紧 密 中 砂

单位：10000m³

项　　目	单位	排泥管线长度（km）					每增加100m排距
		≤0.5	1.0	1.5	2.0	2.5	
高级熟练工	工时						
熟练工	工时						
半熟练工	工时	18	21	27	36	51	
普工	工时	54	62	80	108	152	
合计	工时	72	83	107	144	203	
零星材料费	元	800	800	800	800	800	
挖泥船 850m³/h	台时	25.35	31.68	42.77	57.74	83.72	7.53
浮筒 ϕ500	组时	1268	1584	2138	2887	4186	377
排泥管 ϕ500×6000mm	根时	532	3295	8040	15646	29635	2667
拖轮 397kW	台时	8.45	10.56	14.26	19.25	27.91	2.51
其他机械使用费	元	9377	11716	15814	21353	30961	2787
编号		80296	80297	80298	80299	80300	80301

注　适用于排高4m，排高每增（减）1m，加（减）定额量的1.4%。

8.20 850m^3/h 绞吸式挖泥船挖粗砂（海狸1600型）

适用范围： 河、湖、海边的开挖和清淤及吹填工程。

工作内容： 固定船位、挖砂、排砂、工作面转移及辅助工作。

单位：10000m^3

项目		单位	松散粗砂			中密粗砂			每增加100m排距
			排泥管线长度（km）						
			≤0.5	1.0	1.5	≤0.5	1.0	1.5	
高级熟练工		工时							
熟练工		工时							
半熟练工		工时	16	20	34	18	23	39	
普工		工时	47	59	103	55	68	118	
合计		工时	63	79	137	73	91	157	
零星材料费		元	800	800	800	800	800	800	
挖泥船	850m^3/h	台时	22.17	33.26	63.19	25.50	38.25	72.67	12.23
浮筒	ϕ500	组时	1109	1663	3160	1275	1912	3633	939
排泥管	ϕ500×6000mm	根时	466	3459	11880	535	3978	13662	3528
拖轮	397kW	台时	7.39	11.09	21.06	8.50	12.75	24.22	6.26
其他机械使用费		元	8201	12300	23372	9430	14143	26873	6943
编号			80302	80303	80304	80305	80306	80307	80308

注 适用于排高4m，排高每增（减）1m，加（减）定额量的2.8%。

8.21 1720m³/h 绞吸式挖泥船挖泥及粉细砂（海狸4600型）

适用范围：河、湖、海边的开挖和清淤及吹填工程。

工作内容：固定船位、挖泥、排泥、工作面转移及辅助工作。

8.21.1 Ⅰ～Ⅱ 类 土

单位：10000m³

项目		单位	排泥管线长度（km）						每增加100m排距
			≤1.5	2.0	2.5	3.0	3.5	4.0	
高级熟练工		工时							
熟练工		工时							
半熟练工		工时	8	8	9	10	11	12	
普工		工时	24	26	28	31	34	39	
合计		工时	32	34	37	41	45	51	
零星材料费		元	700	700	700	700	700	700	
挖泥船	1720m³/h	台时	5.52	6.07	6.68	7.34	8.44	9.71	0.29
浮筒	ϕ700	组时	552	607	668	734	844	971	29
排泥管	ϕ700×6000mm	根时	623	1196	1869	2666	3772	5144	155
拖轮	882kW	台时	1.84	2.03	2.23	2.45	2.82	3.24	0.10
其他机械使用费		元	2220	2444	2686	2958	3395	3907	120
编号			80309	80310	80311	80312	80313	80314	80315

注 适用于排高9m，排高每增（减）1m，加（减）定额量的0.6%。

8.21.2 Ⅲ 类 土

单位：10000m³

项 目		单位	排泥管线长度（km）						每增加100m排距
			≤1.5	2.0	2.5	3.0	3.5	4.0	
高级熟练工		工时							
熟练工		工时							
半熟练工		工时	10	11	12	13	14	17	
普工		工时	32	34	37	41	46	52	
合计			42	45	49	54	60	69	
零星材料费		元	700	700	700	700	700	700	
挖泥船	$1720m^3/h$	台时	7.35	8.09	8.90	9.79	11.25	12.94	0.39
浮筒	$\phi700$	组时	735	809	890	979	1125	1294	39
排泥管	$\phi700\times6000mm$	根时	831	1594	2492	3554	5029	6858	206
拖轮	882kW	台时	2.45	2.70	2.97	3.26	3.75	4.31	0.13
其他机械使用费		元	2958	3256	3579	3940	4527	5205	154
编号			80316	80317	80318	80319	80320	80321	80322

注 适用于排高 9m，排高每增（减）1m，加（减）定额量的 0.6%。

8.21.3 Ⅳ 类 土

单位：10000m³

项 目		单位	排泥管线长度（km）						每增加100m排距
			≤1.5	2	2.5	3	3.5	4	
高级熟练工		工时							
熟练工		工时							
半熟练工		工时	12	12	14	15	17	19	
普工		工时	37	40	43	47	52	60	
合计			49	52	57	62	69	79	
零星材料费		元	700	700	700	700	700	700	
挖泥船	$1720m^3/h$	台时	8.45	9.30	10.24	11.26	12.94	14.88	0.45
浮筒	$\phi700$	组时	845	930	1024	1126	1294	1488	45
排泥管	$\phi700\times6000mm$	根时	955	1833	2866	4087	5783	7887	237
拖轮	882kW	台时	2.82	3.10	3.41	3.75	4.31	4.96	0.15
其他机械使用费		元	3402	3740	4118	4529	5205	5985	179
编号			80323	80324	80325	80326	80327	80328	80329

注 适用于排高 9m，排高每增（减）1m，加（减）定额量的 0.6%。

8.21.4 Ⅴ 类 土

单位：10000m³

项目		单位	排泥管线长度（km）						每增加100m排距
			≤1.5	2.0	2.5	3.0	3.5	4.0	
高级熟练工		工时							
熟练工		工时							
半熟练工		工时	15	16	18	20	22	25	
普工		工时	48	52	56	62	68	79	
合计			63	68	74	82	90	104	
零星材料费		元	700	700	700	700	700	700	
挖泥船	1720m³/h	台时	11.03	12.14	13.35	14.69	16.88	19.41	0.58
浮筒	ϕ700	组时	1103	1214	1335	1469	1688	1941	58
排泥管	ϕ700×6000mm	根时	1246	2391	3738	5331	7543	10287	309
拖轮	882kW	台时	3.68	4.05	4.45	4.90	5.63	6.47	0.19
其他机械使用费		元	4433	4882	5372	5905	6789	7809	234
编号			80330	80331	80332	80333	80334	80335	80336

注 适用于排高 9m，排高每增（减）1m，加（减）定额量的 0.6%。

8.21.5 Ⅵ 类 土

单位：10000m³

项目		单位	排泥管线长度（km）						每增加100m排距
			≤1.5	2.0	2.5	3.0	3.5	4.0	
高级熟练工		工时							
熟练工		工时							
半熟练工		工时	21	23	25	27	30	35	
普工		工时	67	71	78	86	96	110	
合计		工时	88	94	103	113	126	145	
零星材料费		元	700	700	700	700	700	700	
挖泥船	1720m³/h	台时	15.44	16.99	18.69	20.56	23.63	27.17	0.82
浮筒	ϕ700	组时	1544	1699	1869	2056	2363	2717	82
排泥管	ϕ700×6000mm	根时	1744	3347	5233	7463	10560	14402	432
拖轮	882kW	台时	5.15	5.66	6.23	6.85	7.88	9.06	0.27
其他机械使用费		元	6209	6831	7519	8269	9501	10931	329
编号			80337	80338	80339	80340	80341	80342	80343

注 适用于排高 9m，排高每增（减）1m，加（减）定额量的 0.6%。

8.21.6 Ⅶ 类 土

单位：10000m³

项目		单位	排泥管线长度（km）						每增加100m排距
			≤1.5	2.0	2.5	3.0	3.5	4.0	
高级熟练工		工时							
熟练工		工时							
半熟练工		工时	31	33	36	40	45	51	
普工		工时	99	106	116	127	141	163	
合计		工时	130	139	152	167	186	214	
零星材料费		元	700	700	700	700	700	700	
挖泥船	1720m³/h	台时	22.79	25.08	27.59	30.35	34.88	40.11	1.20
浮筒	φ700	组时	2279	2508	2759	3035	3488	4011	120
排泥管	φ700×6000mm	根时	2575	4941	7725	11017	15589	21260	638
拖轮	882kW	台时	7.60	8.36	9.20	10.12	11.63	13.37	0.40
其他机械使用费		元	9163	10087	11098	12204	14028	16134	483
编号			80344	80345	80346	80347	80348	80349	80350

注 适用于排高9m，排高每增（减）1m，加（减）定额量的0.6%。

8.22 1720m³/h 绞吸式挖泥船潜管挖泥及粉细砂（海狸4600型）

适用范围： 河、湖、海边的开挖和清淤及吹填工程。

工作内容： 固定船位、挖泥、排泥、工作面转移及辅助工作。

8.22.1 Ⅰ～Ⅱ 类 土

单位：10000m³

项目		单位	排泥管线长度（km）						每增加100m排距
			≤1.5	2.0	2.5	3.0	3.5	4.0	
高级熟练工		工时							
熟练工		工时							
半熟练工		工时	8	9	10	11	12	14	
普工		工时	25	27	29	32	36	41	
合计		工时	33	36	39	43	48	55	
零星材料费		元	700	700	700	700	700	700	
挖泥船	1720m³/h	台时	5.76	6.32	6.96	7.65	8.80	10.12	0.30
浮筒	ϕ700	组时	576	632	696	765	880	1012	30
排泥管	ϕ700×6000mm	根时	363	929	1601	2395	3493	4857	146
潜管	ϕ700	套时	5.76	6.32	6.96	7.65	8.80	10.12	0.30
拖轮	882kW	台时	1.92	1.90	2.09	2.30	2.64	3.04	0.09
其他机械使用费		元	2317	1939	2134	2346	2697	3103	93
编号			80351	80352	80353	80354	80355	80356	80357

注 适用于排高9m，排高每增（减）1m，加（减）定额量的0.6%。

8.22.2 Ⅲ 类 土

单位：10000m³

项目		单位	排泥管线长度（km）						每增加100m排距
			≤1.5	2.0	2.5	3.0	3.5	4.0	
高级熟练工		工时							
熟练工		工时							
半熟练工		工时	11	12	13	14	16	18	
普工		工时	33	35	38	42	47	54	
合计		工时	44	47	51	56	63	72	
零星材料费		元	700	700	700	700	700	700	
挖泥船	1720m³/h	台时	7.67	8.43	9.28	10.20	11.73	13.49	0.40
浮筒	ϕ700	组时	767	843	928	1020	1173	1349	40
排泥管	ϕ700×6000mm	根时	483	1239	2134	3193	4657	6475	194
潜管	ϕ700	套时	7.67	8.43	9.28	10.20	11.73	13.49	0.40
拖轮	882kW	台时	2.56	2.53	2.78	3.06	3.52	4.05	0.12
其他机械使用费		元	3087	2583	2842	3125	3595	4134	123
编号			80358	80359	80360	80361	80362	80363	80364

注 适用于排高9m，排高每增（减）1m，加（减）定额量的0.6%。

8.22.3 Ⅳ 类 土

单位：10000m³

项目		单位	排泥管线长度（km）						每增加100m排距
			≤1.5	2.0	2.5	3.0	3.5	4.0	
高级熟练工		工时							
熟练工		工时							
半熟练工		工时	13	14	15	16	18	21	
普工		工时	38	41	44	48	54	62	
合计		工时	51	55	59	64	72	83	
零星材料费		元	700	700	700	700	700	700	
挖泥船	1720m³/h	台时	8.82	9.69	10.67	11.73	13.49	15.51	0.47
浮筒	ϕ700	组时	882	969	1067	1173	1349	1551	47
排泥管	ϕ700×6000mm	根时	556	1425	2455	3671	5355	7446	223
潜管	ϕ700	套时	8.82	9.69	10.67	11.73	13.49	15.51	0.47
拖轮	882kW	台时	2.94	2.91	3.20	3.52	4.05	4.65	0.14
其他机械使用费		元	3547	2970	3268	3595	4134	4751	143
编号			80365	80366	80367	80368	80369	80370	80371

注 适用于排高9m，排高每增（减）1m，加（减）定额量的0.6%。

8.22.4 Ⅴ 类 土

单位：10000m³

项目	单位	排泥管线长度（km）						每增加100m排距
		≤1.5	2.0	2.5	3.0	3.5	4.0	
高级熟练工	工时							
熟练工	工时							
半熟练工	工时	17	18	19	21	24	27	
普工	工时	50	53	58	63	71	81	
合计	工时	67	71	77	84	95	108	
零星材料费	元	700	700	700	700	700	700	
挖泥船 1720m³/h	台时	11.51	12.65	13.92	15.30	17.60	20.24	0.61
浮筒 ϕ700	组时	1151	1265	1392	1530	1760	2024	61
排泥管 ϕ700×6000mm	根时	725	1859	3202	4789	6985	9713	291
潜管 ϕ700	套时	11.51	12.65	13.92	15.30	17.60	20.24	0.61
拖轮 882kW	台时	3.84	3.79	4.18	4.59	5.28	6.07	0.18
其他机械使用费	元	4626	3873	4267	4688	5392	6200	185
编号		80372	80373	80374	80375	80376	80377	80378

注 适用于排高 9m，排高每增（减）1m，加（减）定额量的 0.6%。

8.22.5 Ⅵ 类 土

单位：10000m³

项目	单位	排泥管线长度（km）						每增加100m排距
		≤1.5	2.0	2.5	3.0	3.5	4.0	
高级熟练工	工时							
熟练工	工时							
半熟练工	工时	23	25	27	29	33	38	
普工	工时	69	74	80	88	100	113	
合计	工时	92	99	107	117	133	151	
零星材料费	元	700	700	700	700	700	700	
挖泥船 1720m³/h	台时	16.11	17.70	19.49	21.42	24.63	28.33	0.85
浮筒 ϕ700	组时	1611	1770	1949	2142	2463	2833	85
排泥管 ϕ700×6000mm	根时	1015	2602	4482	6704	9779	13598	408
潜管 ϕ700	套时	16.11	17.70	19.49	21.42	24.63	28.33	0.85
拖轮 882kW	台时	5.37	5.31	5.85	6.43	7.39	8.50	0.25
其他机械使用费	元	6477	5423	5973	6565	7547	8681	258
编号		80379	80380	80381	80382	80383	80384	80385

注 适用于排高 9m，排高每增（减）1m，加（减）定额量的 0.6%。

8.22.6 Ⅶ 类 土

单位：10000m^3

项目		单位	排泥管线长度（km）						每增加100m排距
			≤1.5	2.0	2.5	3.0	3.5	4.0	
高级熟练工		工时							
熟练工		工时							
半熟练工		工时	34	37	40	43	49	56	
普工		工时	102	110	119	130	147	167	
合计		工时	136	147	159	173	196	223	
零星材料费		元	700	700	700	700	700	700	
挖泥船	1720m^3/h	台时	23.78	26.13	28.77	31.62	36.36	41.82	1.25
浮筒	ϕ700	组时	2378	2613	2877	3162	3636	4182	125
排泥管	ϕ700×6000mm	根时	1490	3812	6617	9897	14436	20073	602
潜管	ϕ700	套时	23.78	26.13	28.77	31.62	36.36	41.82	1.25
拖轮	882kW	台时	7.93	7.84	8.63	9.49	10.91	12.55	0.38
其他机械使用费		元	9564	8007	8815	9690	11142	12816	386
编号			80386	80387	80388	80389	80390	80391	80392

注 适用于排高9m，排高每增（减）1m，加（减）定额量的0.6%。

8.23 1720m³/h 绞吸式挖泥船挖中砂（海狸 4600 型）

适用范围：河、湖、海边的开挖和清淤及吹填工程。

工作内容：固定船位、挖砂、排砂、工作面转移及辅助工作。

8.23.1 松 散 中 砂

单位：10000m³

项 目		单位	排泥管线长度（km）					每增100m排距
			≤1.5	2.0	2.5	3.0	3.5	
高级熟练工		工时						
熟练工		工时						
半熟练工		工时	14	15	18	22	27	
普工		工时	41	44	53	65	82	
合计		工时	55	59	71	87	109	
零星材料费		元	800	800	800	800	800	
挖泥船	1720m³/h	台时	9.57	11.00	13.20	16.50	21.45	1.29
浮筒	ϕ700	组时	957	1100	1320	1650	2145	129
排泥管	ϕ700×6000mm	根时	1081	2167	3696	5990	9588	575
拖轮	882kW	台时	3.19	3.67	4.40	5.50	7.15	0.43
其他机械使用费		元	3851	4424	5309	6636	8629	516
编号			80393	80394	80395	80396	80397	80398

注　适用于排高 5m，排高每增（减）1m，加（减）定额量的 1.1%。

8.23.2 中 密 中 砂

单位：$10000m^3$

项 目		单位	排泥管线长度（km）					每增100m排距
			≤1.5	2.0	2.5	3.0	3.5	
高级熟练工		工时						
熟练工		工时						
半熟练工		工时	16	17	20	25	31	
普工		工时	47	51	61	74	94	
合计		工时	63	68	81	99	125	
零星材料费		元	800	800	800	800	800	
挖泥船	$1720m^3/h$	台时	11.01	12.65	15.18	18.98	24.67	1.48
浮筒	$\phi700$	组时	1101	1265	1518	1898	2467	148
排泥管	$\phi700\times6000mm$	根时	1244	2492	4250	6888	11026	662
拖轮	882kW	台时	3.67	4.22	5.06	6.33	8.22	0.49
其他机械使用费		元	4426	5090	6105	7633	9920	596
编号			80399	80400	80401	80402	80403	80404

注 适用于排高5m，排高每增（减）1m，加（减）定额量的1.1%。

8.23.3 紧 密 中 砂

单位：$10000m^3$

项 目		单位	排泥管线长度（km）					每增100m排距
			≤1.5	2.0	2.5	3.0	3.5	
高级熟练工		工时						
熟练工		工时						
半熟练工		工时	21	22	26	32	41	
普工		工时	62	67	79	97	123	
合计		工时	83	89	105	129	164	
零星材料费		元	800	800	800	800	800	
挖泥船	$1720m^3/h$	台时	14.36	16.50	19.80	24.75	32.18	1.93
浮筒	$\phi700$	组时	1436	1650	1980	2475	3218	193
排泥管	$\phi700\times6000mm$	根时	1622	3251	5544	8984	14382	863
拖轮	882kW	台时	4.79	5.50	6.60	8.25	10.73	0.64
其他机械使用费		元	5775	6636	7963	9957	12942	779
编号			80405	80406	80407	80408	80409	80410

注 适用于排高5m，排高每增（减）1m，加（减）定额量的1.1%。

8.24 1720m³/h 绞吸式挖泥船潜管挖中砂（海狸 4600 型）

适用范围：河、湖、海边的开挖和清淤及吹填工程。

工作内容：固定船位、挖砂、排砂、工作面转移及辅助工作。

8.24.1 松 散 中 砂

单位：10000m³

项 目		单位	排泥管线长度（km）					每增100m排距
			≤1.5	2.0	2.5	3.0	3.5	
高级熟练工		工时						
熟练工		工时						
半熟练工		工时	14	15	18	22	28	
普工		工时	43	46	54	67	85	
合计		工时	57	61	72	89	113	
零星材料费		元	800	800	800	800	800	
挖泥船	1720m³/h	台时	9.99	11.49	13.78	17.23	22.40	1.34
浮筒	ϕ700	组时	999	1149	1378	1723	2240	134
排泥管	ϕ700×6000mm	根时	629	1689	3169	5393	8893	534
潜管	ϕ700	套时	9.99	11.49	13.78	17.23	22.40	1.34
拖轮	882kW	台时	3.33	3.45	4.13	5.17	6.72	0.40
其他机械使用费		元	4020	3522	4221	5280	6863	410
编号			80411	80412	80413	80414	80415	80416

注 适用于排高5m，排高每增（减）1m，加（减）定额量的1.1%。

8.24.2 中 密 中 砂

单位：10000m³

项 目		单位	排泥管线长度（km）					每增100m排距
			≤1.5	2.0	2.5	3.0	3.5	
高级熟练工		工时						
熟练工		工时						
半熟练工		工时	16	18	21	26	33	
普工		工时	49	53	62	77	98	
合计		工时	65	71	83	103	131	
零星材料费		元	800	800	800	800	800	
挖泥船	$1720m^3/h$	台时	11.49	13.21	15.85	19.81	25.76	1.55
浮筒	$\phi700$	组时	1149	1321	1585	1981	2576	155
排泥管	$\phi700\times6000mm$	根时	724	1942	3645	6202	10227	614
潜管	$\phi700$	套时	11.49	13.21	15.85	19.81	25.76	1.55
拖轮	882kW	台时	3.83	3.96	4.75	5.94	7.73	0.46
其他机械使用费		元	4619	4047	4853	6069	7894	472
编号			80417	80418	80419	80420	80421	80422

注 适用于排高 5m，排高每增（减）1m，加（减）定额量的 1.1%。

8.24.3 紧 密 中 砂

单位：10000m³

项 目		单位	排泥管线长度（km）					每增100m排距
			≤1.5	2.0	2.5	3.0	3.5	
高级熟练工		工时						
熟练工		工时						
半熟练工		工时	22	23	27	34	43	
普工		工时	65	69	81	101	128	
合计		工时	87	92	108	135	171	
零星材料费		元	800	800	800	800	800	
挖泥船	$1720m^3/h$	台时	14.99	17.24	20.67	25.85	33.60	2.02
浮筒	$\phi700$	组时	1499	1724	2067	2585	3360	202
排泥管	$\phi700\times6000mm$	根时	944	2534	4754	8089	13339	800
潜管	$\phi700$	套时	14.99	17.24	20.67	25.85	33.60	2.02
拖轮	882kW	台时	5.00	5.17	6.20	7.75	10.08	0.60
其他机械使用费		元	6026	5281	6333	7918	10295	615
编号			80423	80424	80425	80426	80427	80428

注 适用于排高 5m，排高每增（减）1m，加（减）定额量的 1.1%。

8.25 1720m³/h 绞吸式挖泥船挖粗砂（海狸 4600 型）

适用范围：河、湖、海边的开挖和清淤及吹填工程。

工作内容：固定船位、挖砂、排砂、工作面转移及辅助工作。

单位：10000m³

项目	单位	松散粗砂			中密中砂		
		排泥管线长度（km）					
		≤1.5	2.0	2.5	≤1.5	2.0	2.5
高级熟练工	工时						
熟练工	工时						
半熟练工	工时	17	21	37	20	25	43
普工	工时	51	64	111	59	74	128
合计	工时	68	85	148	79	99	171
零星材料费	元	800	800	800	800	800	800
挖泥船 1720m³/h	台时	11.98	17.96	34.13	13.78	20.65	39.25
浮筒 ϕ700	组时	1198	1796	3413	1378	2065	3925
排泥管 ϕ700×6000mm	根时	1354	3538	9556	1557	4069	10990
拖轮 882kW	台时	3.99	5.99	11.38	4.59	6.88	13.08
其他机械使用费	元	4819	7223	13729	5541	8308	15784
编号		80429	80430	80431	80432	80433	80434

续表 单位：$10000m^3$

项目		单位	紧密中砂			每增100m排距
			排泥管线长度（km）			
			≤1.5	2.0	2.5	
高级熟练工		工时				
熟练工		工时				
半熟练工		工时	26	32	56	
普工		工时	77	96	167	
合计		工时	103	128	223	
零星材料费		元	800	800	800	
挖泥船	$1720m^3/h$	台时	17.97	26.94	51.20	7.47
浮筒	$\phi700$	组时	1797	2694	5120	747
排泥管	$\phi700\times6000mm$	根时	2031	5307	14335	2093
拖轮	882kW	台时	5.99	8.98	17.07	2.49
其他机械使用费		元	7230	10835	20592	3007
编号			80435	80436	80437	80438

注 适用于排高5m，排高每增（减）1m，加（减）定额量的3.5%。

8.26 1720m³/h 绞吸式挖泥船潜管挖粗砂（海狸 4600 型）

适用范围： 河、湖、海边的开挖和清淤及吹填工程。

工作内容： 固定船位、挖砂、排砂、工作面转移及辅助工作。

单位：10000m^3

项目		单位	松散粗砂			中密粗砂		
			排泥管线长度（km）					
			≤1.5	2.0	2.5	≤1.5	2.0	2.5
高级熟练工		工时						
熟练工		工时						
半熟练工		工时	18	22	39	21	26	44
普工		工时	53	67	116	62	77	133
合计		工时	71	89	155	83	103	177
零星材料费		元	800	800	800	800	800	800
挖泥船	1720m³/h	台时	12.45	18.68	35.48	14.32	21.48	40.80
浮筒	ϕ700	组时	1245	1868	3548	1432	2148	4080
排泥管	ϕ700×6000mm	根时	784	2746	8160	902	3158	9384
潜管	ϕ700	套时	12.45	18.68	35.48	14.32	21.48	40.80
拖轮	882kW	台时	4.15	6.23	11.83	4.77	7.16	13.60
其他机械使用费		元	5010	7512	14269	5760	8639	16409
编号			80439	80440	80441	80442	80443	80444

续表 单位：10000m^3

项　目		单位	紧密粗砂			每增100m排距
			排泥管线长度（km）			
			≤1.5	2.0	2.5	
高级熟练工		工时				
熟练工		工时				
半熟练工		工时	27	34	58	
普工		工时	80	101	174	
合计		工时	107	135	232	
零星材料费		元	800	800	800	
挖泥船	1720m^3/h	台时	18.68	28.02	53.22	7.77
浮筒	ϕ700	组时	1868	2802	5322	777
排泥管	ϕ700×6000mm	根时	1177	4119	12241	1787
潜管	ϕ700	套时	18.68	28.02	53.22	7.77
拖轮	882kW	台时	6.23	9.34	17.74	2.59
其他机械使用费		元	7512	11269	21404	3123
编　号			80445	80446	80447	80448

注　适用于排高5m，排高每增（减）1m，加（减）定额量的3.5%。

8.27　750m³/h 链斗式挖泥船挖泥

适用范围：河、湖、海边的开挖和清淤。

工作内容：挖泥、运输、卸泥及船上辅助工作。

8.27.1　装 280m³ 泥驳

单位：10000m³

项目		单位	运距 2km 以内			每增运 1km		
			土质级别					
			Ⅱ～Ⅲ	Ⅳ	Ⅴ～Ⅵ	Ⅱ～Ⅲ	Ⅳ	Ⅴ～Ⅵ
高级熟练工		工时						
熟练工		工时						
半熟练工		工时	32	36	44			
普工		工时	162	182	219			
合计		工时	194	218	263			
零星材料费		元	900	900	900			
挖泥船	750m³/h	台时	20.42	22.92	27.62			
拖轮	353kW	台时	40.84	45.84	55.24	10.73	11.34	12.03
泥驳	280m³	台时	81.68	91.68	110.48	21.46	22.68	24.06
水驳	60t	台时	4.50	5.00	6.00			
其他机械使用费		元	3067	3284	3698			
编号			80449	80450	80451	80452	80453	80454

8.27.2　装 500m³ 泥驳

单位：10000m³

项目		单位	运距 2km 以内			每增运 1km		
			土质级别					
			Ⅱ～Ⅲ	Ⅳ	Ⅴ～Ⅵ	Ⅱ～Ⅲ	Ⅳ	Ⅴ～Ⅵ
高级熟练工		工时						
熟练工		工时						
半熟练工		工时	27	31	38			
普工		工时	134	152	187			
合计		工时	161	183	225			
零星材料费		元	900	900	900			
挖泥船	750m³/h	台时	16.88	19.18	23.65			
拖轮	353kW	台时	16.88	19.18	23.65	6.15	5.41	5.71
泥驳	280m³	台时	33.76	38.36	47.30	12.30	10.82	11.42
水驳	60t	台时	4.50	5.00	6.00			
其他机械使用费		元	2845	3050	3450			
编号			80455	80456	80457	80458	80459	80460

8.28 750m³/h 链斗式挖泥船挖中、粗砂

适用范围：河、湖、海边的开挖和清淤。

工作内容：挖泥、运输、卸泥及船上辅助工作。

8.28.1 装 280m³ 泥驳

单位：10000m³

项目		单位	运距 2km 以内			每增运 1km		
			土质级别					
			松散砂	中密砂	紧密砂	松散砂	中密砂	紧密砂
高级熟练工		工时						
熟练工		工时						
半熟练工		工时	36	41	44			
普工		工时	180	202	217			
合计		工时	216	243	261			
零星材料费		元	900	900	900			
挖泥船	750m³/h	台时	22.64	25.47	27.45			
拖轮	353kW	台时	45.28	50.94	54.90	12.03	13.45	13.45
泥驳	280m³	台时	67.92	76.41	82.35	18.05	20.18	20.18
水驳	60t	台时	5.00	6.00	6.50			
其他机械使用费		元	3267	3564	3749			
编号			80461	80462	80463	80464	80465	80466

8.28.2 装 500m³ 泥驳

单位：10000m³

项目		单位	运距 2km 以内			每增运 1km		
			土质级别					
			松散砂	中密砂	紧密砂	松散砂	中密砂	紧密砂
高级熟练工		工时						
熟练工		工时						
半熟练工		工时	28	31	34			
普工		工时	138	156	172			
合计		工时	166	187	206			
零星材料费		元	900	900	900			
挖泥船	750m³/h	台时	17.40	19.60	21.58			
拖轮	353kW	台时	17.40	19.60	21.58	6.06	4.55	4.55
泥驳	280m³	台时	34.80	39.20	43.16	12.12	9.10	9.10
水驳	60t	台时	4.50	5.00	5.50			
其他机械使用费		元	2877	3077	3258			
编号			80467	80468	80469	80470	80471	80472

8.29 抓斗挖泥船挖泥、砂

适用范围：河、湖、渠的开挖和清淤。

工作内容：挖泥、装泥、开底驳配合卸泥及船上辅助工作。

8.29.1 0.6m³抓斗挖泥船挖泥、砂

单位：10000m³

项目		单位	运距3km以下						每增运1km
			水深（m）						
			<2	3	4	5	6	7	
高级熟练工		工时							
熟练工		工时							
半熟练工		工时							
普工		工时	1101	1156	1233	1358	1431	1542	
合计		工时	1101	1156	1233	1358	1431	1542	
零星材料费		元	800	800	800	800	800	800	
挖泥船 抓斗式	0.6m³	台时	346.85	364.20	388.46	427.96	450.88	485.58	
拖轮	110kW	台时	346.85	364.20	388.46	427.96	450.88	444.68	246.36
泥驳底开	60m³	台时	693.69	728.39	776.91	855.92	901.77	889.35	275.01
其他机械使用费		元	32937	34584	36888	40639	42815	46110	
编号			80473	80474	80475	80476	80477	80478	80479

8.29.2 1m³抓斗挖泥船挖泥、砂

单位：10000m³

项目		单位	运距3km以下						每增运1km
			水深（m）						
			<2	3	4	5	6	7	
高级熟练工		工时							
熟练工		工时							
半熟练工		工时							
普工		工时	773	811	865	953	1003	1081	
合计		工时	773	811	865	953	1003	1081	
零星材料费		元	800	800	800	800	800	800	
挖泥船抓斗式	0.6m³	台时	121.71	127.80	136.31	150.17	158.21	170.39	
拖轮	110kW	台时	121.71	127.80	136.31	150.17	158.21	170.39	37.53
泥驳底开	60m³	台时	243.41	255.59	272.61	300.34	316.42	340.78	75.06
其他机械使用费		元	11557	12136	12943	14260	15024	16180	
编号			80480	80481	80482	80483	80484	80485	80486

8.29.3 1.5m^3抓斗挖泥船挖泥、砂

单位：10000m^3

项　目	单位	运距3km以下						每增运1km
		水　深（m）						
		<2	3	4	5	6	7	
高级熟练工	工时							
熟练工	工时							
半熟练工	工时							
普工	工时	595	625	667	735	775	834	
合计	工时	595	625	667	735	775	834	
零星材料费	元	800	800	800	800	800	800	
挖泥船　抓斗式 0.6m^3	台时	187.24	196.61	209.70	231.03	243.40	262.14	
拖轮　110kW	台时	187.24	196.61	209.70	231.03	243.40	262.14	17.87
泥驳底开　60m^3	台时	374.48	393.21	419.41	462.06	486.81	524.27	35.74
其他机械使用费	元	17780	18669	19913	21938	23113	24893	
编号		80487	80488	80489	80490	80491	80492	80493

8.30 1m^3索铲挖掘机挖土

适用范围：河、湖、渠的开挖和清淤。

工作范围：挖泥、卸泥及机上辅助工作。

8.30.1 Ⅱ类土

单位：10000m^3

项　目	单位	水上	水下（m）				
			≤1	2	3	4	5
高级熟练工	工时						
熟练工	工时						
半熟练工	工时						
普工	工时	336	406	425	439	455	469
合计	工时	336	406	425	439	455	469
零星材料费	元	800	800	800	800	800	800
挖掘机　索铲 1m^3	台时	141.12	170.35	178.42	184.46	191.02	197.06
编号		80494	80495	80496	80497	80498	80499

8.30.2 Ⅲ~Ⅳ 类 土

单位：10000m³

项 目	单位	水上	水 下（m）				
			≤1	2	3	4	5
高级熟练工	工时						
熟 练 工	工时						
半 熟 练 工	工时						
普 工	工时	275	331	349	360	373	385
合 计	工时	275	331	349	360	373	385
零星材料费	元	800	800	800	800	800	800
挖 掘 机 索铲 $1m^3$	台时	115.42	139.10	146.66	151.20	156.74	161.78
编 号		80500	80501	80502	80503	80504	80505

8.30.3 Ⅴ 类 土

单位：10000m³

项 目	单位	水上	水 下（m）				
			≤1	2	3	4	5
高级熟练工	工时						
熟 练 工	工时						
半 熟 练 工	工时						
普 工	工时	316	380	400	414	426	443
合 计	工时	316	380	400	414	426	443
零星材料费	元	800	800	800	800	800	800
挖 掘 机 索铲 $1m^3$	台时	132.55	159.77	167.83	173.88	178.92	185.98
编 号		80506	80507	80508	80509	80510	80511

8.30.4 Ⅵ 类 土

单位：$10000m^3$

项　　目	单位	水上	水　　下（m）				
			≤1	2	3	4	5
高级熟练工	工时						
熟　练　工	工时						
半 熟 练 工	工时						
普　　　工	工时	448	548	572	584	606	623
合　　　计	工时	448	548	572	584	606	623
零星材料费	元	800	800	800	800	800	800
挖　掘　机　索铲 $1m^3$	台时	187.99	230.33	240.41	245.45	254.52	261.58
编　　号		80512	80513	80514	80515	80516	80517

8.31 $4m^3$索铲挖掘机挖土

适用范围：河、湖、渠的开挖和清淤。

工作范围：挖泥、卸泥及机上辅助工作。

8.31.1 Ⅱ 类 土

单位：$10000m^3$

项　　目	单位	水上	水　　下（m）					
			≤2	3	4	5	6	7
高级熟练工	工时							
熟　练　工	工时							
半 熟 练 工	工时							
普　　　工	工时	106	126	137	142	146	151	156
合　　　计	工时	106	126	137	142	146	151	156
零星材料费	元	800	800	800	800	800	800	800
挖　掘　机　索铲 $4m^3$	台时	44.35	53.03	57.46	59.47	61.49	63.50	65.52
编　　号		80518	80519	80520	80521	80522	80523	80524

8.31.2 Ⅲ~Ⅳ 类 土

单位：10000m³

项目	单位	水上	水下（m）					
			≤2	3	4	5	6	7
高级熟练工	工时							
熟练工	工时							
半熟练工	工时							
普工	工时	86	104	109	115	119	122	126
合计	工时	86	104	109	115	119	122	126
零星材料费	元	800	800	800	800	800	800	800
挖掘机 索铲 $4m^3$	台时	36.29	43.85	45.86	48.38	49.90	51.41	52.92
编号		80525	80526	80527	80528	80529	80530	80531

8.31.3 Ⅴ 类 土

单位：10000m³

项目	单位	水上	水下（m）					
			≤2	3	4	5	6	7
高级熟练工	工时							
熟练工	工时							
半熟练工	工时							
普工	工时	98	118	125	130	132	139	143
合计	工时	98	118	125	130	132	139	143
零星材料费	元	800	800	800	800	800	800	800
挖掘机 索铲 $4m^3$	台时	41.33	49.39	52.42	54.43	55.44	58.46	59.98
编号		80532	80533	80534	80535	80536	80537	80538

8.31.4 Ⅵ 类 土

单位：10000m³

项 目	单位	水上	水下（m）					
			≤2	3	4	5	6	7
高级熟练工	工时							
熟 练 工	工时							
半 熟 练 工	工时							
普 工	工时	140	172	180	182	190	196	200
合 计	工时	140	172	180	182	190	196	200
零星材料费	元	800	800	800	800	800	800	800
挖 掘 机 索铲 4m³	台时	58.97	72.07	75.60	76.61	79.63	82.15	84.17
编 号		80539	80540	80541	80542	80543	80544	80545

8.32 4m³铲扬式挖泥船挖泥

适用范围： 河、湖、渠的开挖和清淤。

工作内容： 挖泥、运输、卸泥及船上辅助工作。

8.32.1 装 280m³泥驳

单位：10000m³

项 目	单位	运距 3km 以内			每增运 1km		
		土质级别					
		Ⅱ～Ⅲ	Ⅳ	Ⅴ～Ⅵ	Ⅱ～Ⅲ	Ⅳ	Ⅴ～Ⅵ
高级熟练工	工时						
熟 练 工	工时						
半 熟 练 工	工时						
普 工	工时	205	234	282			
合 计	工时	205	234	282			
零星材料费	元	900	900	900			
挖 泥 船 铲扬式 4m³	台时	64.63	73.86	88.68			
拖 轮 353kW	台时	64.63	73.86	88.68	10.73	11.34	12.03
泥 驳 280m³	台时	129.26	147.72	177.36	21.46	22.68	24.06
水 驳 60t	台时	4.00	4.50	6.00			
其他机械使用费	元	4527	5165	6274			
编 号		80546	80547	80548	80549	80550	80551

8.32.2 装 500m³ 泥驳

单位：10000m³

项目		单位	运距 3km 以内			每增运 1km		
			土质级别					
			Ⅱ～Ⅲ	Ⅳ	Ⅴ～Ⅵ	Ⅱ～Ⅲ	Ⅳ	Ⅴ～Ⅵ
高级熟练工		工时						
熟练工		工时						
半熟练工		工时						
普工		工时	196	222	268			
合计		工时	196	222	268			
零星材料费		元	900	900	900			
挖泥船	铲扬式 4m³	台时	61.71	69.86	84.42			
拖轮	353kW	台时	61.71	69.86	84.42	6.15	5.41	5.71
泥驳	280m³	台时	123.42	139.72	168.84	12.30	10.82	11.42
水驳	60t	台时	4.50	5.00	6.00			
其他机械使用费		元	4405	4976	6007			
编号			80552	80553	80554	80555	80556	80557

8.33　$4m^3$铲扬式挖泥船挖中、粗砂

适用范围：河、湖、渠的开挖和清淤。

工作内容：挖泥、运输、卸泥及船上辅助工作。

8.33.1　装 $280m^3$ 泥驳

单位：$10000m^3$

项　目		单位	运距 3km 以内		每增运 1km	
			土　质　级　别			
			松散砂	中密砂及紧密砂	松散砂	中密砂及紧密砂
高级熟练工		工时				
熟练工		工时				
半熟练工		工时				
普工		工时	208	274		
合计		工时	208	274		
零星材料费		元	900	900		
挖泥船	铲扬式 $4m^3$	台时	65.60	86.34		
拖轮	353kW	台时	65.60	86.34	12.03	13.45
泥驳	$280m^3$	台时	131.20	172.68	24.06	26.90
水驳	60t	台时	4.00	5.50		
其他机械使用费		元	4587	6066		
编　号			80558	80559	80560	80561

8.33.2　装 $500m^3$ 泥驳

单位：$10000m^3$

项　目		单位	运距 3km 以内		每增运 1km	
			土　质　级　别			
			松散砂	中密砂及紧密砂	松散砂	中密砂及紧密砂
高级熟练工		工时				
熟练工		工时				
半熟练工		工时				
普工		工时	196	254		
合计		工时	196	254		
零星材料费		元	900	900		
挖泥船	铲扬式 $4m^3$	台时	61.63	80.04		
拖轮	353kW	台时	61.63	80.04	6.06	4.55
泥驳	$280m^3$	台时	123.26	160.08	12.12	9.10
水驳	60t	台时	4.50	5.50		
其他机械使用费		元	4400	5671		
编　号			80562	80563	80564	80565

第 9 章

其他工程

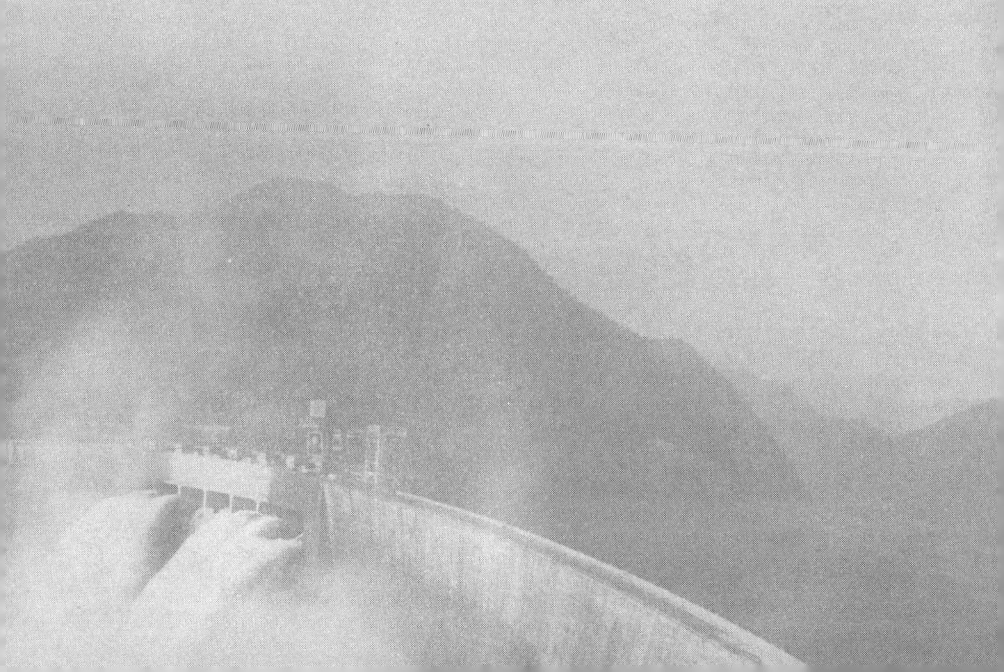

说　　明

一、本章定额包括围堰、薄膜防渗、沉井、公路、铁路、桥涵、管道、隧洞支撑等，共 24 节。

二、薄膜防渗斜铺定额已综合考虑了不同边坡，使用时不作调整。

三、涵洞工程高跨比为 1.5:1。如与设计图纸不同，可按设计图纸对材料用量进行调整，但人工、机械消耗量不需调整。

四、铁道铺设、移设定额系指铁道上部结构，包括直道、弯道、道岔、转辙器、护轨、车挡、道口及铺设碎石等，不包括路基、站台、通信设施等。洞内铺设、移设、拆除时，相应定额人工乘 1.2 系数。

五、管道工程定额已综合考虑了钢管的连接方式，是按地面铺设拟定，如采用埋设或架设，应另计埋设及架设的工程费用。

六、本章定额已包括材料的场内运输、超挖、超填、施工附加量及施工损耗等，使用时不需另行计算。

9.1 水下清基

适用范围：水下人工、机械清基。

工作内容：清除砂石，装船运卸。

单位：$100m^3$

项目		单位	潜水工清理	机械清基		
				空气压缩机冲吸	挖掘机抓挖	机械吊孤石
高级熟练工		工时	269	71		126
熟练工		工时	269	122		238
半熟练工		工时	1121	122		238
普工		工时	2825	294	412	979
合计		工时	4484	609	412	1581
零星材料费		元	97	57	57	57
木船	10～20t	台时	381	118	44	67
木船	20～30t	台时	381	21		67
钢质趸船	55t	台时			10	67
空气压缩机	$9m^3/min$	台时		21		
单斗挖掘机	$0.5m^3$	台时			10	
链式起重机	5t	台时				67
竹木排		台时				
潜水衣具		台时	381	21		67
编号			90001	90002	90003	90004

9.2 水下表面爆破

适用范围：水下砂砾、孤石爆破。

工作内容：冲走砂石，潜水置药，盖黄土麻袋，炸除。

单位：$100m^3$

项目	单位	数量
高级熟练工	工时	12
熟练工	工时	35
半熟练工	工时	49
普工	工时	59
合计	工时	155
胶质炸药	kg	118
电雷管	个	130
导电线	m	196
草袋或编织袋	条	137
黄土	m^3	3
其他材料费	元	15
木船 20～30t	台时	10
离心水泵 4.5kW	台时	10
潜水衣具	台时	10
其他机械使用费	元	26
编号		90005

注 不包括爆破后的清基工作。

9.3 土石围堰及草土混合围堰

9.3.1 土石围堰及草土混合围堰填筑

适用范围： 人工填筑，50m以内人工取料。

工作内容： 袋装土围堰：装土、封包、填筑。

草土围堰：草捆加工，分层沉放，填筑土石料。

单位：$100m^3$堰体方

项 目		单位	袋装土围堰	草土围堰
高级熟练工		工时		
熟 练 工		工时		155
半熟练工		工时	155	155
普 工		工时	1343	1232
合 计		工时	1498	1542
黄（黏）土		m^3	118	88
块 石		m^3		51
装 土 袋	草袋	条	2259	
	编织袋	条	3200	
麦（稻）草		t		10
铅 丝		kg		53
其他材料费		元	56	56
编 号			90006	90007

注 装土袋定额选一种。

9.3.2 围 堰 拆 除

适用范围：土、土石混合、草土、袋装土围堰拆除。

工作内容：反铲挖装汽车运输 2km 以内。

单位：$100m^3$ 压实方

项目		单位	液压反铲型号					
			水上			水下		
			$1.6m^3$	$2m^3$	$3m^3$	$1.6m^3$	$2m^3$	$3m^3$
高级熟练工		工时						
熟练工		工时						
半熟练工		工时	1.1	0.9	0.7	1.3	1.0	0.8
普工		工时	4.4	3.8	2.9	5.3	42.2	3.3
合计		工时	5.5	4.7	3.6	6.6	43.2	4.1
零星材料费		元	23	23	23	23	23	23
推土机	74kW	台时	0.34	0.29	0.22	0.18	0.14	0.11
挖掘机	液压反铲	台时	0.96	0.81	0.62	1.05	0.90	0.68
自卸汽车	5t	台时	10.63			11.69		
	8t	台时	7.45	7.24		8.19	7.96	
	12t	台时	5.76	5.55	5.24	6.33	6.11	5.77
	15t	台时	5.12	4.90	4.59	5.63	5.40	5.06
	20t	台时	4.40	4.18	3.87	4.84	4.60	4.26
	25t	台时		3.70	3.39		4.07	3.73
其他机械使用费		元	3	3	3	3	3	3
编号			90008	90009	90010	90011	90012	90013

注　汽车运输距离为 2km，若距离增减可按土方工程进行调整。

9.4 围堰水下混凝土及过水土石围堰溢流面混凝土

适用范围：临岸施工、人工施工。

工作内容：编织袋混凝土：混凝土配料拌和、装袋、潜水沉放。
水下封底混凝土：混凝土配料拌和、导管浇筑、水下检查。
过水堰溢流面混凝土：混凝土配料拌和、立模、浇筑、养护。

单位：100m^3 堰体方

项目		单位	编织袋混凝土	封底混凝土	溢流面混凝土
高级熟练工		工时	123	15	53
熟练工		工时	245	122	105
半熟练工		工时	707	239	158
普工		工时	1549	1454	545
合计		工时	2624	1830	861
混凝土		m^3	104	104	104
编织袋		条	3125		
混凝土导管		kg		15	
板枋材		m^3			0.2
组合钢模板及配件		kg			405
其他材料费		元	85	105	85
搅拌机	0.4m^3	台时	21	21	21
木船	10～20t	台时	82	9	
木船	20～30t	台时	35	32	
钢质趸船	35t	台时		15	
插入式振捣器	2.2kW	台时			23
双胶轮车		台时	86	86	148
潜水衣具		台时	82	9	
其他机械使用费		元	21	31	21
混凝土运输		m^3	100	100	100
编号			90014	90015	90016

9.5 钢板桩围堰

适用范围：钢板桩围堰。

工作内容：工作平台搭、拆，钢板桩打、拔桩的全部工作。

单位：10t

项目	单位	打桩		拔桩	
		陆地	船上	陆地	船上
高级熟练工	工时	19	24	13	7
熟练工	工时	35	47	26	13
半熟练工	工时	35	47	26	13
普工	工时	268	352	177	103
合计	工时	357	470	242	136
原木	m^3	1.37	1.48		
板枋材	m^3	0.89	0.86		
型钢	t	0.14	0.39		
电焊条	kg	0.10	18.16		
钢板桩	t	0.74	0.74		
铁件	kg	49	97		
其他材料费	元	112	143		
轮胎式起重机 10t	台时	8	12	3	8
振动打拔桩机 2～4t	台时	8	11		
拔桩机	台时			6	8
拖轮 45kW	台时		11		5
驳船 30t	台时		46		25
电焊机交流 30kV·A	台时	0.05	14.1		
其他机械使用费	元	21	175	62	62
编号		90017	90018	90019	90020

9.6 截流体填筑

适用范围：龙口截流体抛投。

工作内容：材料挖（吊）装、运输，截流体抛投，现场清理。

单位：100m^3抛投方

项目		单位	大块石	混凝土预制块
高级熟练工		工时		
熟练工		工时	1	2
半熟练工		工时	2	3
普工		工时	6	7
合计		工时	9	12
混凝土预制块		m^3		100
大块石		m^3	104	
其他材料费		元	204	102
挖掘机	电动 4 m^3	台时	1.05	
推土机	132kW	台时	2.16	0.22
汽车起重机	15t	台时		2.86
其他机械使用费		元	155	52
大块石、混凝土预制块运输		m^3	100	100
编号			90021	90022

9.7 薄 膜 防 渗

9.7.1 土 工 膜 铺 设

适用范围： 土石堰体防渗。

工作内容： 黏结拼宽，场内运输，铺设，黏结压缝，岸边及底部连接。

单位：100m² 铺设面积

项　　目	单位	平铺	斜铺
高级熟练工	工时	24	30
熟　练　工	工时	48	60
半 熟 练 工	工时	72	89
普　　　工	工时	93	118
合　　　计	工时	237	297
复合土工膜	m^2	106	106
LDJ　　胶	kg	38.7	38.7
PVC　　胶	kg	3.3	3.3
其他材料费	元	46	46
载 重 汽 车　4t	台时	1.03	1.03
编　　号		90023	90024

注　本定额土工膜消耗量按常规接缝计算，若设计另有要求，应按设计要求调整。

9.7.2 土 工 布 铺 设

适用范围： 土石坝、围堰的反滤层。

工作内容： 场内运输，铺设，接缝（针缝）。

单位：100m² 铺设面积

项　　目	单位	平铺	斜铺
高级熟练工	工时	1	1
熟　练　工	工时	2	2
半 熟 练 工	工时	3	5
普　　　工	工时	9	10
合　　　计	工时	15	18
土　工　布	m^2	107	107
其他材料费	元	26	26
编　　号		90025	90026

注　1. 本定额按 300g/m² 的土工布拟定。如土工布规格为 150、200、400g/m² 时，人工定额分别乘 0.7、0.8、1.2 的系数。

2. 本定额土工布消耗量按常规接缝计算，若设计另有要求，应按设计要求调整。

9.8 围堰石笼护面

适用范围：石笼护面（底），人工施工，50m 以内取料。

工作内容：编笼、安放、运石、装填、封口等。

单位：100m³ 成品方

项目	单位	钢筋笼	铅丝笼
高级熟练工	工时		
熟练工	工时	58	
半熟练工	工时	164	72
普工	工时	261	242
合计	工时	483	314
铅丝 8号	kg		395
钢筋 8～12mm	t	1.7	
块石	m^3	113	113
其他材料费	元	61	31
电焊机 直流 16～30kV·A	台时	18	
其他机械使用费	元	31	
编号		90027	90028

9.9 沉　井

9.9.1 沉井混凝土

适用范围： 施工场地狭窄的挡水建筑物，开挖断面 40～80m^2，井深 20m 以内。

工作内容： 模板制作、安装、拆除，混凝土拌和、浇筑、养护；沉井制造中包括垫木安装、拆除，刃角制作、安装等。

单位：100m^3

项目		单位	沉井制造	沉井封底
高级熟练工		工时	251	
熟练工		工时	387	79
半熟练工		工时	588	317
普工		工时	836	398
合计		工时	2062	794
板枋材		m^3	0.3	
组合钢模板		kg	84	
型钢		kg	2962	
卡扣件		kg	41	
铁件		kg	44	
电焊条		kg	51.2	
混凝土		m^3	103	103
水		m^3	122	122
钢筋		kg	54	
其他材料费		元	525	71
振捣器	插入式 2.2kW	台时	27	37
风水枪	2～6m^3/min	台时	5.3	11.6
混凝土搅拌机	0.4m^3	台时	21	21
载重汽车	5t	台时	2.8	0.2
电焊机	交流 20～25kV·A	台时	36	
其他机械使用费		元	149	21
混凝土运输		m^3	100	100
编号			90029	90030

9.9.2 沉井内土石方开挖

适用范围： 开挖断面40～80m^2，井深20m以内，人工挖装土，风钻钻孔，卷扬机吊运。

工作内容： 开挖、装渣、吊运出井、距井口5m以外卸渣堆放、纠偏、挖集水坑、排水、清底修平。

单位：100m^3

项目		单位	土壤级别		岩石级别		
			Ⅲ	Ⅳ	Ⅴ	Ⅵ	Ⅶ
高级熟练工		工时			33	36	39
熟练工		工时	22	31	179	196	213
半熟练工		工时	46	66	172	186	204
普工		工时	416	589	433	472	514
合计		工时	484	686	817	890	970
合金钻头		个			2.3	3.1	3.8
风钻钻杆		kg			1.5	1.8	2.3
炸药		kg			95	105	115
雷管		个			108	128	146
导电线		m			288	339	388
其他材料费		元	15	15	41	41	41
风钻	手持式	台时			11	13	15
载重汽车	5t	台时	0.5	0.5	0.5	0.5	0.5
卷扬机	3t	台时	33	33	35	37	39
离心水泵	7kW	台时	38.6	42.7	48.7	48.7	48.7
其他机械使用费		元	41	41	52	52	52
编号			90031	90032	90033	90034	90035

注 水泵耗用台时应根据水文地质资料确定。

9.10 公路路面垫层

适用范围：公路路面底层。

工作内容：挖路槽，培路基，各种垫层材料的铺砌及碾压等。

单位：1000m²

项目	单位	砂土及砂	砂砾石	碎石	块石
		压实厚度（cm）			
		10	10	10	10
高级熟练工	工时				
熟练工	工时	19	22	21	28
半熟练工	工时	132	149	132	193
普工	工时	228	255	243	332
合计	工时	379	426	396	553
砂土	m^3	131			
砂砾石	m^3		128		
碎石	m^3			128	23
块石	m^3				103
其他材料费	元	10	10	10	10
压路机 12～15t	台时	4.45	5.47	7.09	5.93
编号		90036	90037	90038	90039

注 压实厚度每增减1cm，人工定额增减8%，材料定额增减10%。

9.11 公 路 路 面

适用范围：适用于不同材料的公路面层。

工作内容：天然砂砾石路面：铺料、洒水、碾压撒铺松散保护层。

泥结（砾）石路面 ：铺料、灌泥浆、碾压、加铺级配砂砾磨耗层及砂土稳定保护层。

沥青碎石（混凝土）路面：准备工作、熬油、预热矿渣料、镶边、拌和、运输摊铺、整型、碾压、初期养护、培路肩。

混凝土路面：模板制作、安装与拆除、传力钢筋制作安装、混凝土配料、拌和运输、浇筑、振捣、抹平、养护、灌浆、沥青伸缩缝、培路肩。

单位：1000m^2

项　目	单位	天然砂砾石	泥结碎（砾）石	沥青碎石	沥青混凝土	混凝土
		压实（浇筑）厚度（cm）				
		20	20	6	6	20
高级熟练工	工时					
熟练工	工时	36	44	26	33	92
半熟练工	工时	252	312	180	229	641
普工	工时	434	535	310	392	1098
合计	工时	722	891	516	654	1831
砂及砂砾石	m^3	271	29	11	29	
黏土	m^3		71			
矿粉	t			3	11	
石屑	m^3		12	21	30	
编　号		90040	90041	90042	90043	90044

续表 单位：1000m^2

项目		单位	天然砂砾石	泥结碎（砾）石	沥青碎石	沥青混凝土	混凝土
			压实（浇筑）厚度（cm）				
			20	20	6	6	20
碎石		m^3		234	62	35	
板枋材		m^3			0.1	0.1	0.23
沥青（渣油）		t			6.81	6.49	0.11
钢筋		t					0.4
混凝土		m^3					206
其他材料费		元	10	20	92	102	122
压路机	12～15t	台时	3.61	9.58	7.17	7.17	
搅拌机	0.4m^3	台时					43
自卸汽车	3.5t	台时			8.03	10.06	35.22
推土机	55kW	台时					10.45
混凝土切缝机		台时					17.8
沥青混凝土摊铺机		台时			7.17	7.17	
沥青混凝土拌和机	0.35m^3	台时			10.8	10.8	
沥青洒布车	3.5t	台时			11.2		
其他机械使用费		元	5	10	52	52	82
编号			90040	90041	90042	90043	90044

注 1. 压实厚度增减 1cm，所需的工时定额上调或下降 4%，材料上调或下降 5%，机械上调或下降 4%。

2. 沥青路面人工增减 12%，材料增减 16%，机械增减 10%。

3. 汽车运输定额按运距 0.5km 拟定，不同运距需进行调整。

9.12 浆砌石拱涵洞

适用范围：浆砌石拱。

工作内容：排水，挖基础，支架，拱盔的制作、安装、拆除，基础、墙身、拱圈、护拱砌筑的全部工序，铺设拱顶防水层和后背排水设施，基坑回填夯实，洞身与洞口的河床铺砌及边墙加固。

单位：1道

项目	单位	标准跨度/涵洞长度（m）			
		1/13	2/13	3/13	4/13
高级熟练工	工时	101	212	408	606
熟练工	工时	201	424	816	1211
半熟练工	工时	703	1485	2853	4239
普工	工时	1005	2122	4075	6056
合计	工时	2010	4243	8152	12112
原木	m^3	0.51	1.07	1.43	1.96
板枋材	m^3	0.28	0.57	0.88	1.20
水泥 32.5	t	4.29	9.14	17.13	24.14
炸药	kg	3	6	10	14
生石灰	t	0.77	1.55	2.32	3.1
砂及砾石	m^3	24.8	55	108	154.2
块石	m^3	68.4	151.2	301.5	430.8
料石	m^3	0.3	0.5	0.7	0.9
其他材料费	元	10	15	20	26
离心水泵 17kW	台时	31.7	32.7	33.6	34.6
其他机械使用费	元	5	10	15	21
编号		90045	90046	90047	90048

9.13 钢筋混凝土圆管涵洞

适用范围： 现制混凝土圆管涵洞。

工作内容： 排水、挖基础、基底夯实、铺筑垫层、洞口铺筑及加固，基础、墙身砌筑全部工序，预制、运输、安装钢筋混凝土圆管，基坑回填压实。

单位：1道

项目	单位	标准跨度/涵洞长度（m）				
		0.75/13	1.00/13	1.25/13	1.50/13	2.00/13
高级熟练工	工时	46	66	92	112	165
熟练工	工时	91	132	183	225	330
半熟练工	工时	363	527	731	895	1317
普工	工时	409	592	824	1007	1482
合计	工时	909	1317	1830	2239	3294
原木	m^3	0.06	0.64	0.68	0.16	0.24
板枋材	m^3	0.05	0.08	0.11	0.15	0.22
钢筋	t	0.20	0.26	0.40	0.63	0.98
水泥	t	2.25	3.40	4.82	6.43	9.27
砂及砂砾石	m^3	15	22.8	31.8	41.9	63.3
碎石	m^3	2.3	3.8	5.6	7.8	11.0
块石	m^3	13.5	19.4	26.3	33.7	50.1
其他材料费	元	51	61	71	82	92
搅拌机 $0.4m^3$	台时	0.97	1.45	2.42	3.38	4.35
载重汽车 5t	台时	2.31	3.46	4.75	6.24	7.69
离心水泵 17kW	台时	16.43	16.91	17.40	18.36	19.82
其他机械使用费	元	10	21	41	62	82
编号		90049	90050	90051	90052	90053

9.14　钢筋混凝土盖板涵—石砌台、墙身

适用范围： 钢筋混凝土盖板砌石涵洞。

工作内容： 排水、挖基础、制作、安装、拆除扒杆及拌和混凝土，基础、墙砌筑或浇筑混凝土，洞身与洞口铺砌及加固。预制、运输、安装行车道板及栏杆、扶手，桥面铺装，基坑回填夯实。

单位：1道

项　目	单位	标准跨度/涵洞长度（m）				
		1.5/8.5	2.0/8.5	2.5/8.5	3.0/8.5	4.0/8.5
高级熟练工	工时	101	136	190	259	393
熟练工	工时	202	272	380	518	788
半熟练工	工时	806	1088	1518	2070	3150
普工	工时	907	1224	1709	2330	3542
合计	工时	2016	2720	3797	5177	7873
原木	m^3	0.58	0.83	2.05	2.70	3.57
板枋材	m^3	1.12	1.51	1.59	2.49	3.73
钢筋	t	0.18	0.24	0.36	0.48	0.70
水泥　32.5	t	8.95	12.41	16.90	21.18	32.35
炸药	kg	2	2	3	4	6
砂	m^3	23.4	33.4	45.4	59.2	93
碎石	m^3	19.2	24.8	33.4	37.8	52.6
块石	m^3	38.4	60	82.5	118.4	199.6
其他材料费	元	51	61	71	82	92
搅拌机　$0.4m^3$	台时	7.83	9.99	10.40	15.24	21.22
离心水泵　17kW	台时	31.7	33	32.7	34.1	36.5
其他机械使用费	元	72	103	134	165	227
编　号		90054	90055	90056	90057	90058

9.15 钢筋混凝土盖板涵—混凝土台、墙身

适用范围：钢筋混凝土涵洞。

工作内容：排水、挖基础、制作、安装、拆除扒杆及拌和混凝土，墙身浇筑混凝土，洞身与洞口铺砌及加固。

预制、运输、安装行车道板及栏杆、扶手，桥面铺装，基础回填夯实。

单位：1道

项目		单位	标准跨度/涵洞长度（m）				
			1.5/8.5	2.0/8.5	2.5/8.5	3.0/8.5	4.0/8.5
高级熟练工		工时	92	136	191	251	381
熟练工		工时	183	270	381	503	763
半熟练工		工时	732	1082	1524	2006	3053
普工		工时	818	1215	1714	2259	3434
合计		工时	1825	2703	3810	5019	7631
原木		m^3	0.41	0.69	1.92	2.55	3.45
板枋材		m^3	1.9	2.85	2.93.	5.47	9.19
钢筋		t	0.18	0.24	0.36	0.48	0.7
水泥	32.5	t	11.41	17.04	24.01	32.31	53.69
炸药		kg	2	2	3	4	6
砂		m^3	22.9	33.9	48.4	64.3	106.2
碎石		m^3	32.5	48	66.8	89.9	147.4
块石		m^3	8.2	12.5	18.0	24.6	40.7
其他材料费		元	51	61	71	82	92
搅拌机	$0.4m^3$	台时	14.4	21.3	30.8	40.4	66.3
离心水泵	17kW	台时	31.7	32.2	33.2	34.1	36.5
其他机械使用费		元	72	103	134	165	227
编号			90059	90060	90061	90062	90063

9.16 铁 道 铺 设

适用范围： 机车牵引的轨道。

工作内容： 平整路基，铺渣钉轨，检查修整，组合试运行。

9.16.1 木 枕 轨

单位：1km

项 目		单位	轨 距（mm）								
			610		762			1000			
			轨 重（kg/m）								
			8	11	11	15	18	11	15	18	24
高级熟练工		工时									
熟 练 工		工时	16	19	21	93	116	27	111	136	147
半 熟 练 工		工时	382	453	514	510	638	630	614	749	806
普 工		工时	1191	1415	1606	1714	2146	1971	2062	2517	2714
合 计		工时	1589	1887	2141	2317	2900	2628	2787	3402	3667
钢 轨		t	17.6	23.6	23.6	31	38	23.6	31	38	51.8
轨 枕		m^3	28.9	35.6	39.8	39.8	39.8	50.1	50.1	60.5	60.5
		根	1338	1508	1513	1513	1513	1506	1506	1520	1520
道 渣		m^3	387	582	643	645	791	730	731	983	988
铁 道 附 件		t	1.4	1.8	1.8	2.6	2.9	1.8	2.6	2.9	4.5
其他材料费		元	20	26	26	31	36	36	41	46	51
载 重 汽 车	5t	台时	9.9	12.4	13.4	15.2	16.7	15.7	17.3	21.0	24.1
编 号			90064	90065	90066	90067	90068	90069	90070	90071	90072

注 1. 铁道附件包括：鱼尾板、鱼尾螺栓、道钉、铁垫板和垫圈等。

2. 道渣按无垫层计，如加垫层可另增加。

3. 轨枕可按 m^3 或根计，不可重复计算。

9.16.2 混凝土枕轨

单位：1km

项目	单位	轨距（mm）								
		610		762			1000			
		轨重（kg/m）								
		8	11	11	15	18	11	15	18	24
高级熟练工	工时									
熟练工	工时	19	26	28	88	102	31	97	119	125
半熟练工	工时	413	558	607	559	645	672	615	749	792
普工	工时	1445	1950	2097	2294	2648	2352	2523	3074	3249
合计	工时	1877	2534	2732	2941	3395	3055	3235	3942	4166
钢轨	t	17.6	23.6	23.6	31	38	23.6	31	38	51.8
轨枕	m^3	30.89	30.89	40.99	40.99	40.99	51.09	51.09	61.34	61.93
	根	1534	1534	1534	1534	1534	1534	1534	1534	1549
道渣	m^3	387	582	643	645	791	730	731	983	988
铁道附件	t	1.3	1.54	1.54	2.1	1.92	1.55	2.11	1.92	3.57
木垫板	m^3	1.55	1.61	1.78	1.84	1.86	2.06	2.12	2.14	2.2
其他材料费	元	31	36	36	41	46	31	41	46	51
载重汽车 10t	台时	19.8	20.8	25.8	27.4	28.8	32.5	39.3	42.6	129.4
编号		90073	90074	90075	90076	90077	90078	90079	90080	90081

注 1. 铁道附件包括：鱼尾板、鱼尾螺栓、道钉、铁垫板和垫圈等。

2. 道渣按无垫层计，如加垫层可另增加。

3. 轨枕可按 m^3 或根计，不可重复计算。

9.17 铁 道 移 设

工作内容：旧轨拆除，修正配套，铺渣钉轨，检查修整，组合试行。

9.17.1 木 枕 轨

单位：1km

项 目		单位	轨 距（mm）								
			610		762			1000			
			轨 重（kg/m）								
			8	11	11	15	18	11	15	18	24
高级熟练工		工时									
熟 练 工		工时	22	28	32	168	210	38	202	248	266
半 熟 练 工		工时	578	712	808	806	1010	992	971	1184	1277
普 工		工时	1621	2000	2269	2388	2989	2785	2872	3501	3782
合 计		工时	2221	2740	3109	3362	4209	3815	4045	4933	5325
钢 轨		kg	173	231	231	303	373	231	303	373	505
轨 枕		m^3	2.62	2.62	2.94	2.94	2.94	3.71	3.71	4.45	4.45
		根	112	112	112	112	112	112	112	112	112
道 渣		m^3	144	176	195	195	200	218	218	222	222
铁 道 附 件		kg	69	90	90	122	129	90	122	129	195
其他材料费		元	20	26	26	31	36	26	31	36	41
载 重 汽 车	5t	台时	0.6	0.6	0.8	0.8	0.9	1.0	1.0	1.2	1.2
编 号			90082	90083	90084	90085	90086	90087	90088	90089	90090

注 轨枕可按 m^3 或根计，不可重复计算。

9.17.2 混凝土枕轨

单位：1km

项目	单位	轨距（mm）								
		610		762			1000			
		轨重（kg/m）								
		8	11	11	15	18	11	15	18	24
高级熟练工	工时									
熟练工	工时	28	37	41	174	200	45	191	233	247
半熟练工	工时	665	898	978	956	1103	1083	1051	1281	1353
普工	工时	2079	2808	3057	3215	3711	3383	3537	4308	4552
合计	工时	2772	3743	4076	4345	5014	4511	4779	5822	6152
钢轨	kg	173	231	231	303	373	231	303	373	505
轨枕	m^3	3	3	5	5	5	7	7	7	7
	根	197	197	197	197	197	197	197	197	197
道渣	m^3	144	176	195	195	200	218	218	222	222
铁道附件	kg	421	426	459	471	480	491	502	504	506
木垫板	m^3	0.19	0.19	0.19	0.19	0.19	0.19	0.19	0.19	0.19
其他材料费	元	31	36	36	41	46	36	41	46	51
载重汽车 5t	台时	1.8	1.8	2.8	2.8	2.8	3.8	3.8	3.8	3.8
编号		90091	90092	90093	90094	90095	90096	90097	90098	90099

注 轨枕可按 m^3 或根计，不可重复计算。

9.18 铁道拆除

工作内容：旧轨拆除，材料堆码及清理。

9.18.1 木枕轨

单位：1km

项目	单位	轨距（mm）								
		610		762			1000			
		轨重（kg/m）								
		8	11	11	15	18	11	15	18	24
高级熟练工	工时									
熟练工	工时				18	22		21	26	28
半熟练工	工时	60	71	81	70	88	99	83	102	110
普工	工时	59	70	81	87	108	98	105	128	138
合计	工时	119	141	162	175	218	197	209	256	276
零星材料费	元	31	36	36	41	46	36	41	46	51
编号		90100	90101	90102	90103	90104	90105	90106	90107	90108

9.18.2 混凝土枕轨

单位：1km

项目	单位	轨距（mm）								
		610		762			1000			
		轨重（kg/m）								
		8	11	11	15	18	11	15	18	24
高级熟练工	工时									
熟练工	工时				22	26		25	29	31
半熟练工	工时	71	96	105	89	102	115	98	119	126
普工	工时	71	96	104	112	128	115	122	149	157
合计	工时	142	192	209	223	256	230	245	297	314
零星材料费	元	36	41	41	46	51	41	46	51	56
编号		90109	90110	90111	90112	90113	90114	90115	90116	90117

9.19 轨道铺设与拆除

9.19.1 轻 轨 道

适用范围：人力推矿车轨道、卷扬机轨道。

工作内容：安放枕轨，铺设钢轨，检查修整，组合试运行，旧轨拆除，材料堆码及清理。

单位：100m

项 目		单位	轨 距（mm）				拆 除	
			610		762			
			轨 重（kg/m）					
			11	15	11	15	11	15
高级熟练工		工时						
熟 练 工		工时	13	15	13	15		
半 熟 练 工		工时	40	46	20	46	21	27
普 工		工时	187	240	187	240	22	27
合 计		工时	240	301	220	301	43	54
钢 轨		t	2.32	3.04	2.32	3.04		
木 枕		m^3	3.5	3.5	3.9	3.9		
铁 道 附 件		kg	150	210	150	210		
其他材料费		元	10	10	10	10		
载 重 汽 车	5t	台时	0.9	1.2	0.9	1.2		
编 号			90118	90119	90120	90121	90122	90123

9.19.2 门 机 轨 道

适用范围：在地梁上铺设轨道，适用于门、塔、缆机轨道。

工作内容：预埋插筋，安放轨道，检查修整，浇筑二期混凝土，组合试运行，旧轨拆除材料运出及清理。

单位：双 10m

项目		单位	轨重（kg/m）			
			24	50	80	100
高级熟练工		工时	14	22	27	33
熟练工		工时	29	43	54	66
半熟练工		工时	43	65	80	99
普工		工时	60	91	108	131
合计		工时	146	221	269	329
钢轨		kg	490	1030	1280	1780
铁道附件		kg	147	309	384	534
电焊条		kg	3.4	4.9	5.9	6.6
氧气		m^3	5.1	7.3	8.9	10.0
乙炔		m^3	2.2	3.2	3.9	4.3
其他材料费		元	10	10	10	10
汽车式起重机	5t	台时	1.6	1.9	2.5	2.8
电焊机	交流 25kV·A	台时	5.9	7.0	10.7	12.1
载重汽车	5t	台时	1	1	1	1
编号			90124	90125	90126	90127

注 1. 拆除的人工、机械定额按铺设的20%计。

2. 铺设时若需二期混凝土另计。

9.20 钢管铺设

适用范围：施工用临时风、水管道。

工作内容：钢管铺设，附件安装。

单位：1km

项目		单位	外径（mm）					
			32	50	80	100	200	300
高级熟练工		工时	21	24	30	32	67	98
熟练工		工时	40	48	61	63	135	196
半熟练工		工时	122	144	182	190	404	589
普工		工时	222	263	334	349	741	1081
合计		工时	405	479	607	634	1347	1964
钢管		m	1020	1020	1020	1020	1020	1020
管件		kg	142	122	59	55	323	414
阀门		个	18	15	14	13	10	8
法兰盘		副		3	131	185	60	60
法兰螺栓		kg			95	281	137	227
电焊条		kg		3	54	92	200	369
氧气		m^3		6	35	55	138	205
乙炔		kg		2	15	24	60	89
其他材料费		元	299	318	334	348	360	384
电焊机	交流 20kV·A	台时	11	27	143	253	320	477
汽车起重机	5t	台时					51	71
载重汽车	10t	台时	1	1	2	3	8	12
其他机械使用费		元	8	12	21	24	32	42
编号			90128	90129	90130	90131	90132	90133

续表 单位：1km

项目		单位	外径（mm）				
			400	500	600	700	800
高级熟练工		工时	121	272	199	229	256
熟练工		工时	242	544	398	458	513
半熟练工		工时	726	1630	1192	1374	1540
普工		工时	1331	2988	2185	2519	2822
合计		工时	2420	5434	3974	4580	5131
钢管		m	1020	1020	1020	1020	1020
管件		kg	781	1120	1368	1679	2263
阀门		个	7	5	4	3	2
法兰盘		副	7	5	4	3	2
法兰螺栓		kg					
电焊条		kg	329	321	553	632	720
氧气		m^3	209	137	182	208	237
乙炔		kg	113	59	79	90	103
其他材料费		元	407	429	441	465	491
电焊机	交流 20kV·A	台时	603	913	1074	1236	1399
汽车起重机	5t	台时	88	104	125	145	167
载重汽车	10t	台时	18	26	32	38	44
其他机械使用费		元	59	73	87	100	113
编号			90134	90135	90136	90137	90138

9.21 钢管移设

适用范围： 施工用临时风、水管道。

工作内容： 旧管拆除，修整配套，钢管铺设，附件安装。

单位：1km

项目		单位	外径（mm）					
			50	100	200	400	600	800
高级熟练工		工时	26	24	74	152	251	324
熟练工		工时	52	47	148	305	502	648
半熟练工		工时	156	142	445	915	1506	1945
普工		工时	286	260	815	1676	2760	3566
合计		工时	520	473	1482	3048	5019	6483
钢管		m	23	23	29	31	31	31
管件		kg	11	21	41	87	198	327
阀门		个	2	1	2	2	1	1
法兰盘		副	0.2	18	6	1		
电焊条		kg	3	15	122	365	701	912
氧气		m^3	4	16	81	159	184	240
乙炔		kg	2	7	35	69	80	104
其他材料费		元	327	389	415	442	462	496
电焊机	交流 20kV·A	台时	20	43	204	611	1087	1401
汽车起重机	5t	台时			49	83	125	167
载重汽车	10t	台时	1	3	6	18	32	44
其他机械使用费		元	16	34	40	59	79	119
编号			90139	90140	90141	90142	90143	90144

9.22 管 道 拆 除

适用范围：施工临时风、水管道。

工作内容：旧管拆除，修整配套，运到指定地点堆放。

单位：1km

项　目	单位	外　径（mm）					
		50	100	200	400	600	800
高级熟练工	工时						
熟练工	工时	14	17	36	63	102	131
半熟练工	工时	43	50	108	191	305	393
普工	工时	84	98	217	382	610	787
合计	工时	141	165	361	636	1017	1311
氧气	m^3		55	138	209	182	237
乙炔	kg		24	60	91	79	103
其他材料费	元	23	20	45	75	107	149
汽车起重机　5t	台时		28.9	17.5	29.7	50.7	71.7
载重汽车　10t	台时	0.5	1.4	2.9	11.0	20.1	29.1
其他机械使用费	元	10	10	21	21	21	21
编　号		90145	90146	90147	90148	90149	90150

9.23 隧洞钢支撑

适用范围：施工临时支护。

工作内容：制作、安装、拆除。

单位：t

项目		单位	支护高度（m）				
			≤4	≤6	≤8	≤10	＞10
高级熟练工		工时	7	10	13	16	19
熟练工		工时	10	15	20	26	28
半熟练工		工时	18	26	32	41	45
普工		工时	35	52	64	82	91
合计		工时	70	103	129	165	183
型钢		kg	950	960	960	960	960
钢材		kg	170	220	220	220	220
氧气		m^3	3.1	4.1	4.4	4.6	4.6
乙炔		kg	1.33	1.77	1.91	2	2
电焊条		kg	4	5	6	7	7
木材		m^3	0.33	0.50	0.54	0.56	0.56
其他材料费		元	51	51	51	51	51
电焊机	直流 16～30kV·A	台时	3.4	5.2	5.4	5.7	6.3
载重汽车	5t	台时	1	1	1	1	1
其他机械使用费		元	12	12	12	12	12
编号			90151	90152	90153	90154	90155

9.24 隧洞木支撑

适用范围：施工临时支护。

工作内容：制作、安装、拆除。

单位：延米

项目	单位	断面积（m^2）				
		≤10	10～20	20～40	40～80	80 以上
高级熟练工	工时	2	3	6	8	14
熟练工	工时	3	5	10	16	22
半熟练工	工时	5	8	18	25	36
普工	工时	10	15	35	49	72
合计	工时	20	31	69	98	144
圆木	m^3	0.26	0.37	1.21	1.62	2.60
板枋材	m^3	0.41	0.95	1.24	1.35	1.85
铁件	kg	1.77	2.33	3.88	6.24	8.10
其他材料费	元	61	61	61	61	61
双胶轮车	台时	2	4	7	9	12
编号		90156	90157	90158	90159	90160

附　　录

一、土石方松实系数表

项目	自然方	松方	实方	码方
土方	1	1.33	0.85	
石方	1	1.53	1.31	
砂	1	1.07	0.94	
混合料	1	1.19	0.88	
块石	1	1.75	1.43	1.67

二、土类分级表

土质级别	土质名称	自然湿密度（kg/m³）	外形特征	开挖方法
Ⅰ	1. 沙土 2. 种植土	1650～1750	疏松，黏着力差或易透水，略有黏性	用锹或略加脚踩开挖
Ⅱ	1. 壤土 2. 淤泥 3. 含壤种植土	1670～1850	开挖时能成块，并易打碎	用锹需用脚踩开挖
Ⅲ	1. 黏土 2. 干燥黄土 3.干淤泥 4. 含少量砾石黏土	1800～1950	黏手，看不见砂粒或干硬	用镐、三齿耙开挖或用锹需用力加脚踩开挖
Ⅳ	1. 坚硬黏土 2. 砾质黏土 3. 含卵石黏土	1900～2100	土壤结构坚硬，将土分离后能成块状或含黏粒砾石较多	用镐、三齿耙开挖

三、岩石分级表

岩石级别	岩石名称	实体岩石自然湿度时的平均密度（kg/m³）	时间（min/m）			极限抗压强度（kg/m²）	强度系数 f
			用ϕ30 合金钻头，凿岩机打眼（工作气压为4.5 个标准大气压）	用ϕ30 淬火钻头，凿岩机打眼（工作气压为4.5 个标准大气压）	用ϕ25 钻杆人工打眼		
Ⅴ	1. 砂藻土及软的白垩岩 2. 硬的石炭纪的黏土 3. 胶凝不紧的砾岩	1550 1950 1900～2200		≤3.5	≤30	≤200	1.5～2

续表

岩石级别	岩石名称	实体岩石自然湿度时的平均密度（kg/m^3）	时间（min/m）			极限抗压强度（kg/m^2）	强度系数 f
			用$\phi30$合金钻头，凿岩机打眼（工作气压为4.5个标准大气压）	用$\phi30$淬火钻头，凿岩机打眼（工作气压为4.5个标准大气压）	用$\phi25$钻杆人工打眼		
Ⅴ	4. 各种不坚实的页岩	2000		≤3.5	≤30	≤200	1.5～2
Ⅵ	1. 软的、有空隙的、节理多的石灰岩及贝壳石灰岩	1200		4（3.5～4.5）	45（30～60）	200～400	2～4
	2. 密实的白垩岩	2600					
	3. 中等坚实的页岩	2700					
	4. 中等坚实的泥灰岩	2300					
Ⅶ	1. 火成岩卵石经石灰质胶结而成的砾岩	2200		6（4.5～7）	78（61～95）	400～600	4～6
	2. 风化的节理多的黏土质砂岩	2200					
	3. 坚硬的泥质页岩	2800					
	4. 坚实的泥灰岩	2500					
Ⅷ	1. 角砾状花岗岩	2300	6.8（5.7～7.7）	8.5（7.1～10）	115（96～135）	600～800	6～8
	2. 泥灰质石灰岩	2300					
	3. 黏土质砂岩	2200					
	4. 云母页岩及砂质页岩	2300					
	5.硬石膏	2900					

续表

岩石级别	岩石名称	实体岩石自然湿度时的平均密度（kg/m^3）	时间（min/m）			极限抗压强度（kg/m^2）	强度系数 f
			用ϕ30合金钻头，凿岩机打眼（工作气压为4.5个标准大气压）	用ϕ30淬火钻头，凿岩机打眼（工作气压为4.5个标准大气压）	用ϕ25钻杆人工打眼		
Ⅸ	1. 软的、风化较多的花岗岩、片麻岩及正常岩	2500	8.5（7.8～9.2）	11.5（10.1～13）	157（136～175）	800～1000	8～10
	2. 滑石质的蛇纹岩	2400					
	3. 密实的石灰岩	2500					
	4. 水成岩卵石经硅质胶结的砾石	2500					
	5. 砂岩	2500					
	6. 砂质石灰质的页岩	2500					
Ⅹ	1. 白云岩	2700	10（9.3～10.8）	15（13.1～17）	195（176～215）	1000～1200	10～12
	2. 坚实的石灰岩	2700					
	3. 大理石	2700					
	4. 石灰质胶结的质密的砂岩	2600					
	5. 坚实的砂质页岩	2600					
Ⅺ	1. 颗粒花岗岩	2800	10.2（10.9～11.5）	18.5（17.1～20）	240（216～260）	1200～1400	12～14
	2. 特别坚实的白云岩	2900					
	3. 蛇纹岩	2600					
	4. 火成岩卵石经石灰质胶结的砾石	2800					
	5. 石灰质胶结的坚实的砂岩	2700					
	6. 粗粒正长岩	2700					

续表

岩石级别	岩石名称	实体岩石自然湿度时的平均密度（kg/m^3）	时间（min/m）			极限抗压强度（kg/m^2）	强度系数 f
			用ϕ30 合金钻头，凿岩机打眼（工作气压为4.5 个标准大气压）	用ϕ30 淬火钻头，凿岩机打眼（工作气压为4.5 个标准大气压）	用ϕ25 钻杆人工打眼		
XII	1. 有风化痕迹的安山岩及玄武岩 2. 片麻岩、粗面岩 3. 特别坚实的石灰岩 4. 火成岩卵石经渣质胶结的砾岩	2700 2600 2900 2600	12.2（11.6～13.3）	22（20.1～25）	290（261～320）	1400～1600	14～16
XIII	1. 粗粒花岗岩 2. 坚实的片麻岩 3. 辉绿岩 4. 玢岩 5. 坚实的粗面岩 6. 中粒正常岩	3100 2800 2700 2500 2800 2800	14.1（13.4～14.8）	27.5（25.1～30）	360（321～400）	1600～1800	16～18
XIV	1. 特别坚实的细粒花岗岩 2. 花岗片麻岩 3. 闪长岩 4. 最坚实的石灰岩 5. 坚实的玢岩	3300 2900 2900 3100 2700	15.5（14.9～18.2）	32.5（30.1～40）		1800～2000	18～20

续表

岩石级别	岩石名称	实体岩石自然湿度时的平均密度（kg/m^3）	时间（min/m）			极限抗压强度（kg/m^2）	强度系数 f
			用 ϕ30 合金钻头，凿岩机打眼（工作气压为 4.5 个标准大气压）	用 ϕ30 淬火钻头，凿岩机打眼（工作气压为 4.5 个标准大气压）	用 ϕ25 钻杆人工打眼		
XV	1. 安山岩、玄武岩、坚实角闪岩	3100					
	2. 最坚实的辉绿岩及闪长岩	2900	20（18.3～24）	46（40.1～60）		2000～2500	20～25
	3. 坚实的辉长岩及石英岩	2800					
XVI	1. 钙钠长石质橄榄石质玄武岩	3300	＞24	＞60		＞2500	＞25
	2. 特别坚实的辉长岩、辉绿岩、石英岩及玢岩	3000					

四、河道疏浚工程分类表

（一）疏浚工程土类分级表

疏浚土分类	土分类		天然状态或密实度	天然稠度		标准贯入击数 $N_{63.5}$	天然密度 ρ（t/m^3）
	符号	典型土名称举例		锥体沉入土中深度（mm）	稠度 B		
I	CL－OL	低、中塑有机粉土，有机黏土，泥碳等	流动	＞10	＞1.00	≤2	1.70
II	ML，MI	砂质粉土、粉土、中塑粉土，黏质粉土等	软塑	7～10	0.625～1.00	≤3	1.70～1.80
III	CI	中塑粉土，粉质黏土等	可塑	3～7	0.125～0.625	3～8	
	S－M（C）SM（C）	粉（黏）质土砂，粉（黏）土混合料	极松散			＜4	＜1.80

续表

疏浚土分类	土分类		天然状态或密实度	天然稠度		标准贯入击数 $N_{63.5}$	天然密度 ρ（t/m³）
	符号	典型土名称举例		锥体沉入土中深度（mm）	稠度 B		
Ⅳ	CI	中塑粉土，粉质黏土，砂质黏土等	硬塑	2～3	0～0.125	8～15	＞1.85
	S－M（C） SM（C）	黏质土砂，粉（黏）土混合料等	松散			4～10	＞1.90
Ⅴ	CH，OH	高塑黏土，肥黏土，中、高塑性黏土等	硬塑	2～3	0～0.125	8～15	＞1.85
Ⅵ	CI，CH	中塑黏土，粉质黏土，高塑性黏土等	硬	＜2	＜0	15～30	＞1.90
	S－M（C） SM（C）	粉（黏）质砂等	中密			10～30	＞2.0
Ⅶ	CH，OH	高塑黏土，肥黏土，膨胀土，高塑有机黏土	硬	＜2	＜0		＞1.90
	SC，SM	砂粉（黏）土混合料	紧密			30～50	＞2.0

（二）疏浚工程砂类划分表

1. 粗细度

名称	粒径（mm）	占权重的含量（%）
粉砂	0.05～0.1	＞50
粉细砂	0.005～0.05	20～50
细砂	0.1～0.25	＞75
中砂	0.25～0.5	＞50
粗砂	0.5～3.0	＞50

2. 密实度

名称	标准贯入击数 $N_{63.5}$	天然密度（t/m³）
松散	4～10	1.9
中密	10～30	2.0
紧密	30～50	2.0

五、地层分类与特征表

序号	地层名称	特征
1	黏性土	塑性指数大于 10，人工回填压实或天然的土。分为黏土、粉质黏土
2	粉土	塑性指数小于或等于 10，人工回填压实或天然的土
3	粉细砂	粒径大于 0.075mm 的颗粒超过权重 50%
4	中粗砂	粒径大于 0.5mm 的颗粒超过权重 50%
5	砾石	粒径大于 2mm 的颗粒，占权重 50%。分为角砾、圆砾
6	卵石	粒径大于 20mm 的颗粒，占权重 50%。包括碎石
7	漂石	粒径大于 200mm 的颗粒，占权重 50%。包括块石
8	混凝土	指水下浇筑、龄期不超过 28 天、标号不大于 C15 的地下连续墙接头混凝土
9	岩石	岩石按单轴饱和抗压强度分为软岩≤10MPa、软岩 10～30 MPa、硬岩 30～50MPa
10	孤石	粒径大于 800mm 的块石

六、材料预算价格参考表

（2007 年度水平）

序号	名　称	规格及型号	单位	预算价格（元）
		水　泥　类		
21001	普通硅酸盐水泥	32.5R	t	490.00
21002	普通硅酸盐水泥	42.5R	t	510.00
21003	纯硅酸盐大坝水泥		t	600.00
21004	普通硅酸盐大坝水泥		t	550.00
21005	矿渣硅酸盐大坝水泥		t	450.00
		钢　材　类		
22001	钢筋	综合	t	4280.00
22002	型钢	综合	t	5300.00
22003	圆钢	综合	t	
22004	扁钢	综合	t	
22005	工字钢	综合	t	3900.00
22006	槽钢	综合	t	3650.00
22007	角钢	综合	t	
22008	钢板	δ=0.7～4mm	t	5800.00
22009	钢板	δ=20～40mm	t	5500.00
22010	钢轨		t	5000.00
22011	钢板桩			5200.00
22012	镀锌钢管		t	4350.00
22013	焊接钢管	ϕ50～100	t	3820.00
22014	无缝钢管		t	5900.00
22015	高强钢丝		t	7200.00
22016	钢绞线		t	6230.00
22017	无黏结钢绞线		t	8000.00
22018	岩芯管、沉淀管	ϕ54	m	65.00
22019	岩芯管、沉淀管	ϕ73	m	75.00
22020	岩芯管、沉淀管	ϕ89	m	88.00

续表

序号	名　称	规格及型号	单位	预算价格（元）
22021	岩芯管、沉淀管	ϕ108	m	107.00
22022	岩芯管、沉淀管	ϕ127	m	120.00
22023	岩芯管、沉淀管	ϕ168	m	185.00
22024	岩芯管、沉淀管	ϕ219	m	265.00
22025	岩芯管、沉淀管	ϕ273	m	405.00
22026	孔口管	ϕ89	m	67.00
22027	孔口管	ϕ110	m	78.00
22028	孔口管	ϕ130	m	85.60
22029	灌浆钢管	ϕ20	m	8.23
22030	灌浆钢管	ϕ25	m	10.29
22031	灌浆钢管	ϕ40	m	16.46
22032	灌浆钢管	ϕ64	m	32.92
22033	灌浆钢管	ϕ83	m	46.96
22034	灌浆钢管	ϕ127	m	84.92
22035	灌浆钢管	ϕ168	m	120.97
22036	喷射管		m	460.00
22037	吸砂管		m	249.38
22038	排泥钢管	ϕ100	kg	8.00
		木　材　类		
23001	原木		m^3	1100.00
23002	板枋材		m^3	1400.00
23003	层板		m^2	30.00
		油　料　类		
24001	汽油		kg	7.00
24002	柴油		kg	6.00
24003	沥青		t	1500.00
24004	油漆		kg	8.00
		火工类		
25001	炸药	2 号	元/kg	5.88

续表

序号	名　称	规格及型号	单位	预算价格（元）
25002	炸药	2 号/4 号各半	元/kg	6.11
25003	炸药	4 号	元/kg	6.32
25004	火雷管	8 号（非金属壳）	元/发	0.44
25005	电雷管	8 号（非金属壳）	元/发	0.84
25006	非电毫秒雷管		元/发	2.00
25007	导爆管		元/m	0.27
25008	导爆索		元/m	1.03
25009	导电线		元/m	0.20
25010	导火线		元/m	0.67
		钻头与钻杆类		
26001	合金钻头	ϕ32～38	个	45.00
26002	钻头	ϕ64～102	个	410.00
26003	凿岩台车钻头	ϕ45～48	个	70.00
26004	凿岩台车钻头	ϕ100～102	个	500.00
26005	钻头	ϕ89～105	个	680.00
26006	潜孔钻钻头	80 型	个	220.00
26007	潜孔钻钻头	QZJ-100B 型	个	340.00
26009	潜孔钻钻头	KQ-150 型	个	900.00
26010	潜孔钻钻头	CM3511ϕ89～102	个	380.00
26011	锚杆台车钻头	H375	个	46.00
26012	液压履带钻钻头	ϕ64～102	个	350.00
26013	液压锚固钻机钻头	YMG100	个	500.00
26014	液压钻钻头（国产）	ϕ165	个	2000.00
26015	液压钻钻头（进口）	ϕ165	个	3300.00
26016	偏心钻头		个	700.00
26017	合金钻头		个	38.00
26018	铁砂钻头	ϕ75	个	75.00
26019	铁砂钻头	ϕ91	个	89.00
26020	铁砂钻头	ϕ110	个	105.00

续表

序号	名　称	规格及型号	单位	预算价格（元）
26021	铁砂钻头	ϕ130	个	124.00
26022	铁砂钻头	ϕ150	个	148.00
26023	铁砂钻头	ϕ168	个	205.00
26024	铁砂钻头	ϕ219	个	257.00
26025	铁砂钻头	ϕ275	个	299.00
26026	镶合金片钻头	ϕ56	个	40.00
26027	镶合金片钻头	ϕ75	个	42.00
26028	镶合金片钻头	ϕ91	个	46.00
26029	镶合金片钻头	ϕ110	个	53.00
26030	镶合金片钻头	ϕ130	个	68.00
26031	镶合金片钻头	ϕ168	个	140.00
26032	镶合金片钻头	ϕ219	个	175.00
26033	镶合金片钻头	ϕ275	个	315.00
26034	合金复式钻头	ϕ168	个	168.00
26035	合金复式钻头	ϕ219	个	210.00
26036	导孔钻头	ϕ216	个	
26037	扩孔钻头体	ϕ1200	个	
26038	普通钻杆	ϕ176	个	
26039	滚刀		个	
26040	合金块		个	180.00
26041	金刚石钻头	ϕ56	个	292.00
26042	金刚石钻头	ϕ75	个	415.00
26043	金刚石钻头	ϕ91	个	578.00
26044	金刚石钻头	ϕ110	个	825.00
26045	金刚石钻头	ϕ130	个	1045.00
26046	金刚石钻头	ϕ168	个	1450.00
26047	金刚石钻头	ϕ219	个	2200.00
26048	钢钎		kg	7.00
26049	风钻钻杆	风钻	kg	7.00

续表

序号	名　称	规格及型号	单位	预算价格（元）
26050	钻杆	液压履带钻	kg	8.00
26051	地质钻机钻杆	$\phi42$	m	71.00
26052	地质钻机钻杆	$\phi50$	m	84.00
26053	地质钻机钻杆	$\phi89$	m	111.00
26054	液压履带钻钻杆	ROC742	kg	35.76
26055	液压履带钻钻杆（进口）	ROC742	kg	71.52
26056	潜孔钻钻杆	KQ-150 型	kg	13.77
26057	潜孔钻钻杆	QZJ-100B	kg	32.14
26058	潜孔钻钻杆	CM351	kg	35.50
26059	液压潜孔钻钻杆		kg	35.76
26060	锚杆台车钻杆	H375	kg	7.00
26061	凿岩台车钻杆		kg	25.00
26062	全液压钻机钻杆	$\phi73$	m	282.00
26063	钻杆接头	$\phi50$	个	37.00
26064	钻杆接头	$\phi89$	个	68.00
26065	套管	$\phi127$　全液压钻机 QDG–2 钻孔	m	160.00
26066	连接套	ROC742 液压履带钻	个	281.00
26067	连接套		个	155.00
26068	钎尾		个	585.00
26069	钎尾（进口）	ROC742 液压履带钻	个	1900.00
26070	合金片		kg	180.00
26071	铁砂		kg	2.50
26072	扩孔器	$\phi56$	个	187.00
26073	扩孔器	$\phi75$	个	221.00
26074	扩孔器	$\phi91$	个	483.00
26075	扩孔器	$\phi110$	个	517.00
26076	扩孔器	$\phi130$	个	545.00
26077	扩孔器	$\phi168$	个	560.00

续表

序号	名　称	规格及型号	单位	预算价格（元）
26078	扩孔器	ϕ219	个	780.00
26079	冲击器		套	1712.00
26080	冲击器	CIR80	套	1900.00
26081	冲击器	CIR90	套	2100.00
26082	潜孔钻冲击器	100 型	套	2200.00
26083	冲击器	DH4	套	8000.00
26084	冲击器	DH6	套	9360.00
26085	冲击器	DHD360	套	10000.00
26086	冲击器	DHD350	套	8800.00
26087	液压钻冲击器（进口）		套	48000.00
26088	导正器	ϕ161	个	10500.00
26089	液压钻导正器（进口）	ϕ159	个	32000.00
26090	导正环		个	300.00
26091	导向帽	9kg	个	112.50
26092	加压钢板		kg	13.41
		模　板　类		
27001	钢模板		kg	5.50
27002	台车整体模板		kg	7.00
27003	底拱整体模板		kg	6.00
27004	小钢模		kg	7.00
27005	针梁整体模板		kg	7.00
27006	斜井滑模		kg	7.00
27007	竖井滑模		kg	7.00
27008	顶拱钢模板		kg	7.00
27009	钢板		kg	5.00
27010	组合钢模板		kg	6.96
27011	钩头螺栓	ϕ12　L=150mm	kg	4.50
27012	螺杆	M16　L=900mm	kg	5.40
27013	卡扣件	脚手架	个	5.00
27014	卡扣件	模板	个	1.00
27015	螺栓		kg	1.50

续表

序号	名　称	规格及型号	单位	预算价格（元）
27016	铁件及预埋铁件		kg	5.00
27017	铁钉		kg	4.60
27018	铅丝		kg	4.70
		其　他		
28001	白铁皮	δ=0.80mm	kg	5.50
28002	黑铁皮	δ=1.50mm	kg	4.50
28003	紫铜片	δ=1.51mm	kg	28.50
28004	电焊条		kg	6.83
28005	氧气	$6m^3$	瓶	15.78
28006	电石		kg	2.00
28007	乙炔气	$3m^3$	瓶	39.42
28008	硼砂		kg	10.00
28009	单根钢筋锚具		套	150.00
28010	锚索锚具	OVM15-6	套	300.00
28011	锚索锚具	OVM15-7	套	306.00
28012	锚索锚具	OVM15-12	套	853.00
28013	锚索锚具	OVM15-19	套	1176.00
28014	工具锚夹片		副	60.00
28015	定位止浆环		个	215.00
28016	对中支架	15-6	个	2.68
28017	对中支架	15-12	个	5.37
28018	对中支架	15-19	个	8.50
28019	锚杆附件		kg	5.00
28020	塑料止水带	651	kg	10.30
28021	橡胶止水带		m	100.00
28022	普通胶管	ϕ25～38mm	m	20.00
28023	高压胶管	ϕ25～30mm	m	65.00
28024	塑料管	ϕ12	m	1.00

续表

序号	名　称	规格及型号	单位	预算价格（元）
28025	塑料管	$\phi 25$	m	3.25
28026	钢丝绳		kg	18.00
28027	脱模剂		kg	1.00
28028	防锈油		kg	14.00
28029	树脂胶囊		kg	5.84
28030	树脂药包		m	4.00
28031	外加剂	综合	kg	6.00
28032	速凝剂		kg	3.00
28033	减水剂		kg	7.50
28034	硅藻土		kg	1.80
28035	锚固剂		kg	5.00
28036	防水粉		kg	3.00
28037	混凝土（砂浆）		m^3	200.00
28038	环氧砂浆		m^3	16035.00
28039	卵石、碎石		m^3	30.00
28040	砂		m^3	40.00